Köhler/Rögnitz

Maschinenteile

Teil 2

Herausgegeben von
Prof. Dr.-Ing. J. Pokorny

Bearbeitet von
Prof. Dipl.-Ing. E. Hemmerling
Prof. Dipl.-Ing. K.-H. Küttner
Prof. Dr.-Ing. E. Lemke
Prof. Dr.-Ing. J. Pokorny
Prof. Dipl.-Ing. G. Schreiner

6., neubearbeitete und erweiterte Auflage
Mit 300 Bildern und 10 Tafeln mit weiteren 44 Bildern

Beilage: Arbeitsblätter mit 39 Bildern und 87 Tafeln
mit weiteren 23 Bildern

Springer Fachmedien Wiesbaden GmbH 1981

Herausgeber Professor Dr.-Ing. Joachim Pokorny
Universität — Gesamthochschule — Paderborn, Abt. Soest

Bearbeiter Professor Dipl.-Ing. Ernst Hemmerling
Hochschule für Technik Bremen

Professor Dipl.-Ing. Karl-Heinz Küttner
Technische Fachhochschule Berlin

Professor Dr.-Ing. Erwin Lemke
Technische Fachhochschule Berlin

Professor Dr.-Ing. Joachim Pokorny
Universität — Gesamthochschule — Paderborn, Abt. Soest

Professor Dipl.-Ing. Gerhart Schreiner
Fachhochschule für Technik, Mannheim

CIP-Kurztitelaufnahme der Deutschen Bibliothek

Maschinenteile / Köhler / Rögnitz. – Stuttgart: Teubner

NE: Köhler, Günter [Hrsg.]

Teil 2. Hrsg. von J. Pokorny. Bearb. von E. Hemmerling . . . – 6., neubearb. u. erw. Aufl. – 1981.
ISBN 978-3-663-10751-4 ISBN 978-3-663-10750-7 (eBook)
DOI 10.1007/978-3-663-10750-7

NE: Pokorny, Joachim [Hrsg.]; Hemmerling, Ernst [Mitverf.]

Ursprünglich erschienen bei B.G. Teubner, Stuttgart 1981
Softcover reprint of the hardcover 6th edition 1981

Umschlaggestaltung: W. Koch, Sindelfingen

Vorwort

Die vorliegende sechste Auflage des Teil 2 der „Maschinenteile" wurde wie Teil 1 unter Berücksichtigung einer Reihe von Wünschen aus den Kreisen der Leser und unter Beachtung der technischen Entwicklung überarbeitet. So wurde auch der Text über die drehnachgiebigen Kupplungen, über hydrodynamische Axiallager und über Planetengetriebe erweitert. Die Normenangaben wurden auf den zur Zeit gültigen Stand gebracht.

Die Darlegung des Stoffes führt in den meisten Fällen im Sinne der Konstruktionsmethodik von der Aufgabenstellung über die Funktion, Berechnung und Gestaltung zu Lösungsmöglichkeiten. Die Berechnung wird durch reiches Zahlenmaterial und durch viele Zahlenbeispiele erläutert.

Durch die jedem Abschnitt vorangestellten wichtigsten Normen soll der Leser angeregt werden, sich mit den Original-DIN-Normblättern vertraut zu machen. Eine schnelle Unterrichtung über die wichtigsten Normen gestattet das vom DIN Deutsches Institut für Normung e. V. herausgegebene Buch: Klein „Einführung in die DIN-Normen". Wegen des Einflusses der Herstellverfahren auf die Konstruktion der Maschinenteile wurden, soweit im Rahmen des vorliegenden Werkes möglich, werkstoff- und fertigungsgerechtes Gestalten mit behandelt.

Für eine leichtere Auswertung beider Teile wurden „Arbeitsblätter" als Anhang gesondert beigefügt (s. a. „Hinweise für die Benutzung des Werkes" auf S. VIII). Die Arbeitsblätter enthalten den wesentlichen Stoff in knapper übersichtlicher Darstellung als Gleichungen in Tafeln oder als Bilder. Die Zusammenstellung der Gleichungen entspricht im allgemeinen dem Ablauf der Berechnung und Auslegung von Bauelementen. Es befinden sich im Lehrbuchteil keine Tafeln, so daß das Lesen nicht beeinträchtigt werden kann. Nachdem sich der Leser an Hand des Lehrbuches und, wenn zur leichteren Bewältigung des Stoffes notwendig, daneben an Hand des Arbeitsblattes über den Rechnungsgang der einzelnen Maschinenteile klargeworden ist, kann er die Arbeitsblätter – beispielsweise bei den Entwurfsübungen am Zeichenbrett usw. – für sich benutzen. Dabei sind diese für eine rezeptmäßige Anwendung von Formeln ohne Kenntnis der inneren Zusammenhänge nicht auswertbar. Sie sollen dem den Stoff beherrschenden Leser lediglich als Gedächtnisstütze dienen, den Auslegungs- bzw. Berechnungsfluß aufzeigen und das erforderliche Zahlenmaterial übersichtlich darbieten.

Die Arbeitsblätter können von den Studierenden auch zur Wiederholung oder als Formelnachschlagewerk benutzt werden.

Als zweckmäßig und vorteilhaft haben sich die Arbeitsblätter insbesondere auch bei der Betreuung von Studien- und Ingenieurarbeiten durch rasches Aufzeigen des Problems bewährt.

Die Umstellung der Einheiten auf das internationale, gesetzlich eingeführte SI-System erfolgte bereits in der fünften Auflage. Weil es auch jetzt noch notwendig ist, neben den SI-Einheiten die in der Vergangenheit gebräuchlichen Einheiten zu kennen (z. B. zum Lesen von älterer Literatur), sind Umrechnungsbeziehungen auf Seite VIII angegeben.

Die Formelzeichen wurden im wesentlichen nach DIN 1304 gewählt.

Um eine Einheitlichkeit der Formelzeichen durch alle Abschnitte zu erzielen, mußte von manchen in den betreffenden Normblättern angeführten Bezeichnungen abgewichen werden. So wurden die Bezeichnungen σ_B für die Bruchfestigkeit, σ_S für die Streckgrenze und σ_{02}, für die 0,2-Grenze beibehalten, jedoch die Bezeichnungen nach DIN 50145 in den Tafeln für Festigkeitswerte in Klammern hinzugefügt, z. B. (R_m). (R_e), (R_p). In einigen Normen z. B. für Zahnräder und in AD-Merkblättern wird für die Sicherheit das Formelzeichen S gesetzt. Um Verwechslungen auszuschließen, wurde daher in beiden Teilen des Werkes im Gegensatz zu DIN 1304 die Ober- und Querschnittsfläche mit A und die Sicherheit mit S bezeichnet.

Die Gleichungen sind meist als Größengleichungen nach DIN 1313, also für frei wählbare Einheiten geschrieben, in die die Zahlenwerte mit SI-Einheiten oder mit abgeleiteten SI-Einheiten eingesetzt werden können. Nur gelegentlich werden auch auf bestimmte Einheiten zugeschnittene Größen- bzw. Zahlenwertgleichungen verwendet (s. Hinweis für die Benutzung des Werkes auf S. VIII).

Ich danke allen Lesern, die zur Verbesserung des Werkes beigetragen haben, wie auch den Firmen, die Material zur Verfügung stellten. Nicht zuletzt gebührt mein Dank den Mitarbeitern, welche keine Mühen um die Weiterentwicklung ihrer Beiträge scheuten.

Verlag, Verfasser und Herausgeber würden sich freuen, auch weiterhin Anregungen aus den Kreisen der Benutzer zu erhalten.

Soest, im Sommer 1981 Joachim Pokorny

Inhalt

Beilage

Hinweise für die Benutzung des Werkes

1. Wo nicht ausdrücklich anders bemerkt, werden Größengleichungen geschrieben (s. DIN 1313). In diesen Gleichungen bedeuten die Formelzeichen physikalische Größen, also jeweils ein Produkt aus Zahlenwert (Maßzahl) und Einheit.

Hin und wieder werden Zahlenwertgleichungen benutzt. In solchen Gleichungen sind die Formelzeichen als Zahlenwerte definiert, denen jedoch bestimmte Einheiten zugeordnet sind.

Zur schnellen Orientierung über die Bedeutung eines Formelzeichens wird auf die den einzelnen Arbeitsblättern vorangestellten Formelzeichenlisten verwiesen.

2. Angaben zum Internationalen Einheitensystem und Umrechnungsbeziehungen:

Masse: $1\,\text{kp}\,\text{s}^2/\text{m} = 9{,}81\,\text{kg}$

Kraft: $1\,\text{N} = 1\,\text{kg}\,\text{m/s}^2$ $1\,\text{kp} = 9{,}81\,\text{kg}\,\text{m/s}^2 = 9{,}81\,\text{N} \approx 10\,\text{N}$

Die Gewichtskraft F_g, die auf den Körper der Masse $m = 1$ kg wirkt, beträgt:

$$F_g = mg = 1\,\text{kg} \cdot 9{,}81\,\text{m/s}^2 = 9{,}81\,\text{N}$$

Mechanische Spannung, Flächenpressung: $1\,\text{kp/mm}^2 = 9{,}81\,\text{N/mm}^2 \approx 10\,\text{N/mm}^2$

Druck: $1\,\text{Pa} = 1\,\text{N/m}^2 = 1 \cdot 10^{-5}\,\text{bar}$ $1\,\text{M Pa} = 1\,\text{N/mm}^2 = 1\,\text{MN/m}^2 = 10\,\text{bar} \approx 10\,\text{kp/cm}^2$
$1\,\text{bar} = 0{,}1\,\text{M Pa} = 0{,}1\,\text{N/mm}^2$
$1\,\text{at} = 1\,\text{kp/cm}^2 = 9{,}81 \cdot 10^4\,\text{N/m}^2 = 0{,}981\,\text{bar} \approx 1\,\text{bar}$

Arbeit: $1\,\text{J} = 1\,\text{Nm} = 1\,\text{Ws}$ $1\,\text{kpm} = 9{,}81\,\text{Nm} \approx 10\,\text{Nm}$ $1\,\text{kcal} = 427\,\text{kpm} = 4186{,}8\,\text{J}$

Leistung: $1\,\text{W} = 1\,\text{J/s} = 1\,\text{Nm/s}$ $1\,\text{kpm/s} = 9{,}81\,\text{J/s} = 9{,}81\,\text{W}$ $1\,\text{PS} = 75\,\text{kpm/s} \approx 736\,\text{W}$
$1\,\text{kW} = 1{,}36\,\text{PS}$

Trägheitsmoment: $1\,\text{kpm}\,\text{s}^2 = 9{,}81\,\text{Nm}\,\text{s}^2 = 9{,}81\,\text{kg}\,\text{m}^2$

Magnetische Flußdichte: $1\,\text{T}$ (Tesla) $= 1\,\text{Vs/m}^2 = 1\,\text{Nm/(m}^2\text{A)}$

Dynamische Viskosität: $1\,\text{Pa}\,\text{s} = 1\,\text{Ns/m}^2 = 1\,\text{kg/(ms)} = 10^3\,\text{cP}$ (Centipoise)

Kinematische Viskosität: $1\,\text{m}^2/\text{s} = 1\,\text{Pa}\,\text{s}\,\text{m}^3/\text{kg} = 10^4\,\text{St} = 10^6\,\text{cSt}$ (Centistokes)

3. Hinweise auf DIN-Normen in diesem Werk entsprechen dem Stande der Normung bei Abschluß des Manuskriptes. Maßgebend sind die jeweils neuesten Ausgaben der Normblätter des DIN Deutsches Institut für Normung e.V. im Format A 4, die durch die Beuth-Verlag GmbH, Berlin und Köln, zu beziehen sind. – Sinngemäß gilt das gleiche für alle in diesem Buche erwähnten amtlichen Bestimmungen, Richtlinien, Verordnungen usw.

4. Die Zahlen in den Hinweisen im Text auf Bilder z. B. (**41**.1), auf Gleichungen z. B. Gl. (46.3) und auf Tafeln, Bilder oder Gleichungen im Arbeitsblatt z. B. **A42**.2, Bild **A99**.1 bzw. Gl.(A831) zeigen die betreffende Seite an und beziehen sich auf die dort laufende Numerierung.

1. Achsen und Wellen*

DIN-Normen (Auswahl)

Allgemeines

Wellendurchmesser für Transmissionen	DIN 114
Lastdrehzahlen	804
Achshöhen	747
Rundstahl, Stahlwellen	668 bis 671

Wellenenden

Zylindrische Wellenenden	DIN 748, 73031, 20092
Kegelige Wellenenden	1448, 1449
Zapfwellen	9611
Keil- und Zahnwellenprofile	5461 bis 5465, 5471, 5472, 5480, 5481

Achsen

Bolzen	DIN 1433 bis 1436, 1438, 1439
Schmierlöcher für Bolzen	DIN 1442
Hebezeuge und Fördermittel, Achshalter	15058

Einzelheiten

Rundungen	DIN 250
Freistiche	509
Stellringe	703, 705
Sicherungsringe	471, 472, 983, 995
Sicherungsscheiben	6799
Paßscheiben	988
Zentrierbohrungen	332, 34311
Oberflächenrauheit	4763

Sonderausführungen

Wellen- und Kreuzgelenke	DIN 808
Biegsame Wellen	42995, 75532
Polygonprofile	32711, 32712

1.1. Aufgabe und Einteilung

Achsen tragen sich drehende Maschinenteile wie Laufräder, Rollen und Seiltrommeln. Sie werden – zum Unterschied von den Wellen – nur auf Biegung beansprucht.

Die feststehende Achse, um die sich z. B. ein Rad dreht, ist die günstigste Bauform: die Biegebeanspruchung tritt nur ruhend oder schwellend auf. Feststehende Achsen werden z. B. mit kreisförmigem Querschnitt im Hebezeugbau oder – zur Gewichtsersparnis – mit Rohr- oder I-Querschnitt im Kraftfahrzeugbau (1.1) verwendet.

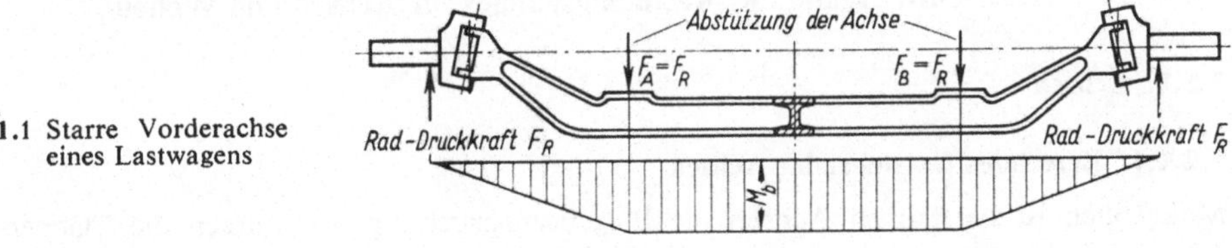

1.1 Starre Vorderachse eines Lastwagens

Die umlaufende Achse, die sich mit den auf ihr befestigten Rädern dreht, verwendet man besonders bei Schienenfahrzeugen (2.1). Diese Bauform ermöglicht den Ein- bzw. Ausbau vollständiger Radsätze und eine günstige Übertragung von Seitenkräften. Nachteilig ist die wechselnd wirkende Biegebeanspruchung.

---

* Hierzu Arbeitsblatt 1, s. Beilage S. A1 bis A12.

Bolzen (kurze Achsen) in Hebelgelenken stehen unter schwingender Belastung (s. Teil 1, Abschn. 4.4).

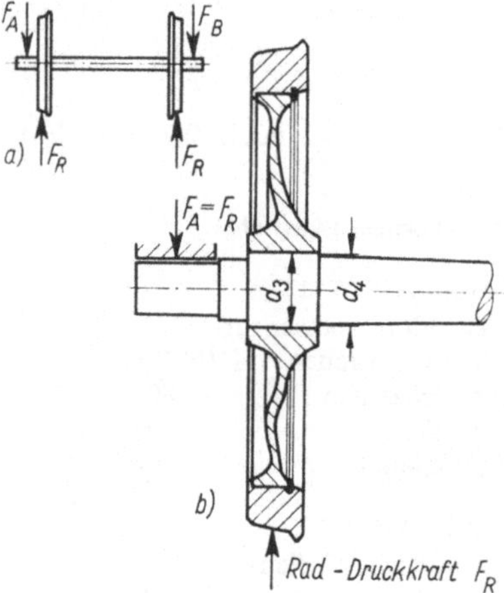

2.1 Umlaufende Radachse eines Schienenfahrzeuges (s. Teil 1, Abschn. 4.1.1)
a) Gesamtanordnung
b) Schnitt durch eine Achshälfte. Bedeutung der Durchmesser d_3 und d_4 s. Abschn. 1.2.1.2 und Bild 7.1 und 8.2

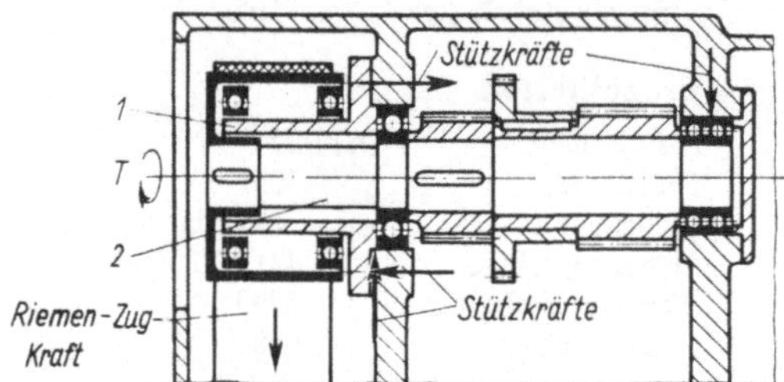

2.2 Von der Riemenzugkraft entlastete Welle: Getriebewelle einer Drehbank
1 Achsgehäuse 2 Getriebewelle

Wellen haben die Aufgabe, Drehmomente zu übertragen. Für die Einleitung bzw. Abgabe des Drehmomentes werden auf der Welle z. B. Kupplungen, Zahnräder, Riemenscheiben, Läufer von elektrischen Maschinen oder von Turbomaschinen fest angebracht. Dabei entstehen außer den Drehmomenten oft große Biegemomente. Bei der Bemessung von Wellen sind neben den Beanspruchungen die elastischen Verformungen und möglichen Schwingungen zu berücksichtigen.

Zur Entlastung einer Welle von erheblichen Biegebeanspruchungen kann man Welle und Achse ineinanderschachteln: In Bild 2.2 übernimmt das steife rohrförmige Achsgehäuse 1 das Biegemoment aus dem Riemenzug, die Getriebewelle 2 erhält von der Riemenscheibe her praktisch nur ein Drehmoment. Die statisch unbestimmte Lagerung der Welle ist bei genauer Nachrechnung zu beachten.

Gelenkwellen bzw. biegsame Wellen werden bei ortsveränderlicher Lage des antreibenden zum getriebenen Getriebeteil verwendet (s. Abschn. 1.4).

1.2. Entwicklung des Rechnungsganges für Achsen und Wellen

1.2.1. Achsen

1.2.1.1. Berechnen feststehender Achsen

Maßgeblich ist bei langen Achsen die Biegebeanspruchung, bei kurzen die Flächenpressung in Gleitlagerbuchsen; ferner ist der Lochleibungsdruck im Achslager zu untersuchen.

Die größte Biegebeanspruchung tritt bei Achsen mit glattem, nicht abgesetztem Querschnitt an der Stelle des größten Biegemomentes $M_{b\,max}$ auf. Dieses ist abhängig von der Last F, der Lastverteilung (Streckenlast oder Punktlast, s. Teil 1, Abschn. 1.3.1) und von der Stützweite l.

In Bild **3.1** ist der Biegemomentverlauf für die feste Achse einer Seilrolle mit einer Gleitlagerbuchse von der Länge l_1 dargestellt, die eine Streckenlast $F = 2F_S$ (F_S Seilkraft) auf die Achse abgibt. Die Streckenlastlänge ist gleich der Nabenlänge l_1. Bei der Lagerentfernung l zwischen Lager A und B ist das größte Biegemoment

$$M_{b\,max} = \frac{F}{2} \cdot \frac{l}{2} - \frac{F}{2} \cdot \frac{l_1}{4} = \frac{F}{4}\left(l - \frac{l_1}{2}\right)$$

Da l und l_1 nahezu gleich sind, kann gesetzt werden

$$M_{b\,max} \approx F\,\frac{l}{8}$$

Die Annahme einer Punktlast in der Mitte ist zu ungünstig (s. Teil 1, Abschn. 1.3.1).

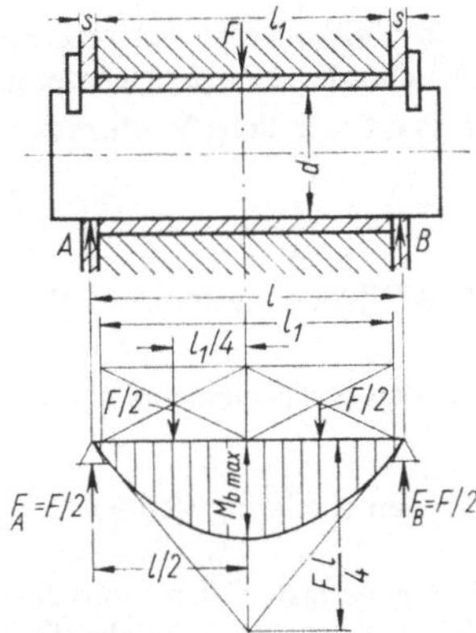

3.1 Seilrollennabe mit Gleitlagerbuchse, Biegemomentverlauf bei Streckenlast

Werden statt einer Gleitlagerbuchse Wälzlager verwendet, so ergibt sich der in Bild **3.2** gezeichnete Biegemomentverlauf aus den jeweils in Wälzlagermitte wirkenden Punktlasten $F/2$. Das maximale Biegemoment ist, wenn die Wälzlager dicht an die Achslager A und B herangerückt werden, geringer. Der Abstand a soll deshalb möglichst klein gewählt werden: $M_{b\,max} = Fa/2$.

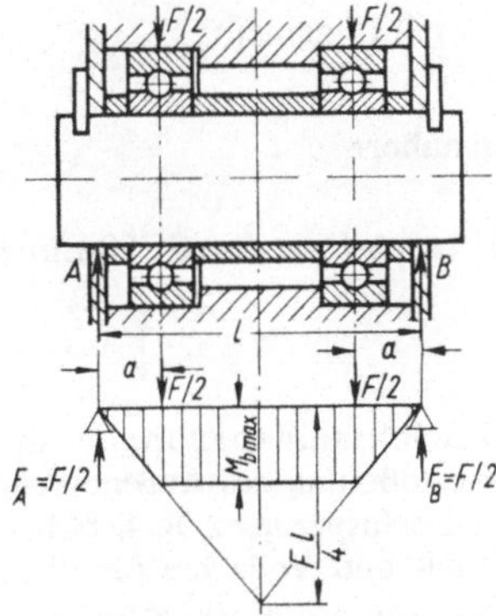

3.2 Seilrollennabe mit Wälzlagern, Biegemomentverlauf bei Punktlasten

Die Biegebeanspruchung σ_b an einer beliebigen Stelle der glatten Achse mit dem Biegemoment M_b bzw. $M_{b\,max}$ und dem Widerstandsmoment W_b ist

$$\sigma_b = \frac{M_b}{W_b} \quad \text{bzw.} \quad \sigma_{b\,max} = \frac{M_{b\,max}}{W_b} \tag{3.1}$$

Die nach Gl. (3.1) berechnete Biegespannung ist die in der Randfaser auftretende Normalspannung unter der Annahme eines linearen Spannungsverlaufes durch den Querschnitt (s. Teil 1, Abschn. 1.3.2). Für die feststehende Achse ist die Richtung der Kraft F und damit auch die Richtung von M_b unverändert. Die Biegezug- bzw. Biegedruckspannung tritt daher immer an derselben Stelle der Achse auf. Die Achse unterliegt somit einer ruhenden oder meistens einer – entsprechend der Zu- und Abnahme der Lastgröße – schwellenden Biegebeanspruchung. Für die Bemessung ist sinngemäß die Biegeschwellfestigkeit $\sigma_{b\,Sch}$ des Werkstoffes maßgebend. Sind die Abmessungen bekannt, so ermittelt man die vorhandene Sicherheit $S_D = \sigma_{b\,Sch}/\sigma_b$. Die zulässige Biegebeanspruchung $\sigma_{b\,zul}$ ist bei der üblichen Sicherheit $S_{kD} = 3 \cdots 4 \cdots 5$, in der die Kerbwirkung eingeschlossen ist,

$$\sigma_{b\,zul} = \frac{\sigma_{b\,Sch}}{S_{kD}} = \frac{\sigma_{b\,Sch}}{3 \cdots 5} \tag{3.2}$$

Für den häufig verwendeten Werkstoff St 50 ist nach Tafel **A5.2** $\sigma_{b\,Sch} = 370\ \text{N/mm}^2$ (s. auch Teil 1, Abschn. 1.3.2.3) und somit

$$\sigma_{b\,zul} = \frac{370\ \text{N/mm}^2}{3 \cdots 5} = 123{,}5 \cdots 74\ \text{N/mm}^2$$

Die Zahlenwerte entsprechen den Erfahrungswerten (Spannungsvergleichswerten; s. Teil 1, Abschn. 1.3.2.7) für Hebezeugachsen aus St 50 mit $\sigma_{b\,zul} = 80 \cdots 120$ N/mm².
Das erforderliche Widerstandsmoment W_b bestimmt man aus Gl. (3.1)

$$W_b = \frac{M_{b\,max}}{\sigma_{b\,zul}} \tag{4.1}$$

Das Widerstandsmoment W_b auf Biegung, das axiale Widerstandsmoment, beträgt

für den Kreisquerschnitt $W_b = \frac{\pi d^3}{32} \approx \frac{d^3}{10}$

für den Kreisring (Rohr) $W_b = \frac{\pi(d_a^4 - d_i^4)}{32 d_a}$

Die günstigste Querschnittsform ist im Hinblick auf den Leichtbau das Doppel-T-Profil (I) mit $W_b = I_x/e_{max}$ (I_x= axiales Trägheitsmoment, e_{max} = größter Randabstand von der Schwerachse).

Der Achsdurchmesser d der zylindrischen Vollachse kann aus $M_{b\,max}$ und $\sigma_{b\,zul}$ unmittelbar berechnet werden.

Es gilt allgemein $d \geqq \sqrt[3]{\frac{32 M_{b\,max}}{\pi \sigma_{b\,zul}}}$

genähert $d \geqq \sqrt[3]{\frac{10 M_{b\,max}}{\sigma_{b\,zul}}}$ (4.2)

Hieraus folgt für St 50 mit $\sigma_{b\,zul} = 100$ N/mm² (s. oben) die Zahlenwertgleichung

$$d \geqq \sqrt[3]{0{,}1 \cdot M_{b\,max}} \text{ in mm} \quad \text{mit } M_{b\,max} \text{ in N mm} \tag{4.3}$$

Gewichtseinsparungen sind durch Verwendung von Hohlachsen (**4.1**) bei nur geringer Vergrößerung des Außendurchmessers gegenüber einer gleichwertigen Vollachse möglich (Gewichtseinsparung z. B. 49 % bei 19 % Durchmesservergrößerung und dem Verhältnis $d_i/d_a = 0{,}8$; Hohl- und Vollachse für diese Werte sind im Diagramm von Bild **4.1** maßstäblich dargestellt).
Die Anpassung der Gestalt einer Achse an den Biegemomentverlauf (**1.1**) durch Ausbildung als Träger gleicher Biegefestigkeit ergibt das geringste Konstruktionsgewicht, aber höhere Fertigungskosten.

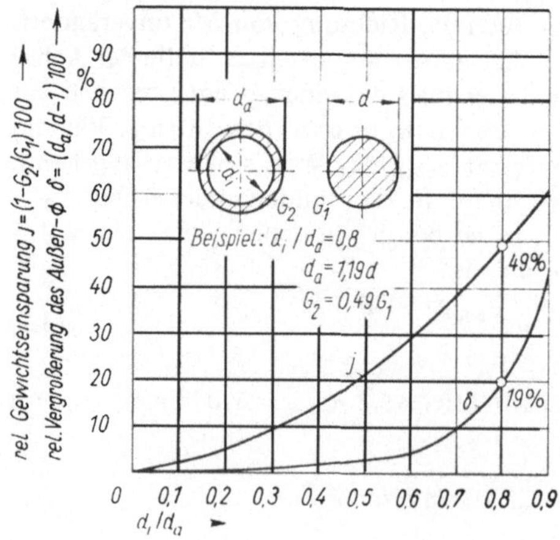

4.1 Vergleich der Abmessungen und Gewichte von Hohl- und Vollachsen bzw. -wellen mit gleichem Widerstandsmoment W_b

Die Flächenpressung p in den Buchsen der sich um die Achse drehenden Teile ist mit Belastung F, Buchsenlänge l_1 und Achsdurchmesser d

$$p = \frac{F}{l_1 d} \tag{4.4}$$

Die Werte von p_{zul} hängen ab vom gewählten Werkstoff (z. B. Rotguß, Bronze, Kunststoff) und von den Betriebsverhältnissen. Bei bekannter Buchsenlänge

($l_1 = 1 \cdots 1{,}5\, d$) und gegebenem Wert für p_{zul} ist der Achsdurchmesser $d \geqq F/(l_1 p_{zul})$. Diesen Wert vergleicht man mit dem Ergebnis aus Gl. (4.2) und führt dann den größeren Wert von d aus. Die Flächenpressung, die in den Achslagern bei A und B von Bild 3.1 ohne Gleitbewegung auftritt, wird Lochleibungsdruck σ_l genannt. Im Vergleich zur Flächenpressung in Gleitflächen p kann der Lochleibungsdruck σ_l sehr hoch gewählt werden (s. Teil 1, Abschn. 2.3). So ist z. B. für ein Achslager im Steg eines Walzprofiles aus St 37 der zulässige Wert $\sigma_{l\,zul}$ = 80 bis 120 N/mm². Die tragende Auflagebreite s (3.1) kann entsprechend schmal sein. Mit den Auflagerkräften F_A bzw. F_B wird

$$\sigma_l = \frac{F_A}{ds} \quad \text{bzw.} \quad \sigma_l = \frac{F_B}{ds} \tag{5.1}$$

Die erforderliche Auflagebreite s muß dann, unter Berücksichtigung etwaiger Ansenkungen der Bohrungen, $s \geqq F_A/(d\sigma_{l\,zul})$ bzw. $s \geqq F_B/(d\sigma_{l\,zul})$ sein.

Beispiel 1. Die feststehende Achse für die vier Seilrollen einer 320 kN-Kranhakenflasche nach Bild 5.1 aus St 50 ist zu berechnen.

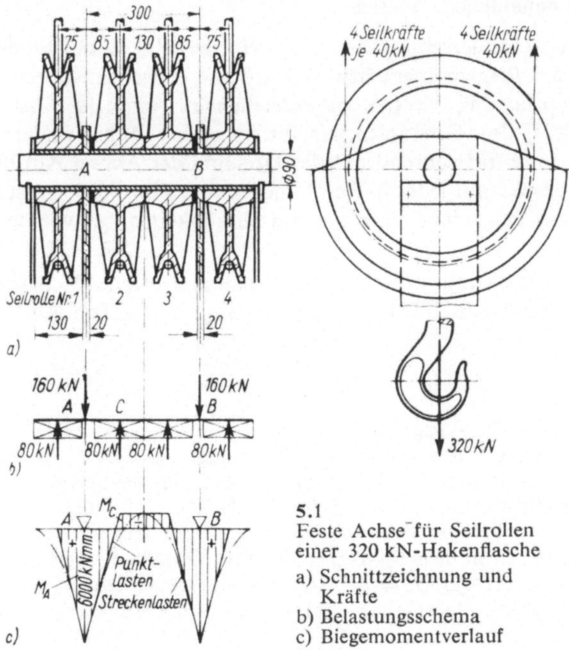

5.1
Feste Achse für Seilrollen einer 320 kN-Hakenflasche
a) Schnittzeichnung und Kräfte
b) Belastungsschema
c) Biegemomentverlauf

Die Biegemomente betragen beim Punkt A

$$M_A = 80\ \text{kN} \cdot 75\ \text{mm} = 6000\ \text{kNmm}$$

beim Punkt C

$$M_C = (80 \cdot 160 - 160 \cdot 85)\ \text{kNmm} = (12800 - 13600)\ \text{kNmm} = -800\ \text{kNmm}$$

Für die Berechnung ist das größte Moment $M_{b\,max}$ beim Punkt A maßgebend. Der erforderliche Achsdurchmesser d ist dann für St 50 nach Gl. (4.2)

$$d \geqq \sqrt[3]{\frac{10\,M_{b\,max}}{\sigma_{b\,zul}}} \geqq \sqrt[3]{\frac{10 \cdot 6000 \cdot 10^3\ \text{Nmm}}{100\ \text{N/mm}^2}} \geqq 10\ \sqrt[3]{600}\ \text{mm} = 84{,}2\ \text{mm}$$

mit dem Zahlenwert für $\sigma_{b\,zul}$ nach Gl. (3.2)

$$\sigma_{b\,zul} = \frac{\sigma_{b\,Sch}}{3\cdots5} = \frac{370\ \text{N/mm}^2}{3\cdots5} = 123{,}5\cdots74\ \text{N/mm}^2 \approx 100\ \text{N/mm}^2$$

Gewählt wird im Hinblick auf Verwendung von blankem Rundstahl DIN 671 der Achsdurchmesser $d = 90$ mm. Die Nachrechnung der Flächenpressung in den Buchsen ergibt nach Gl. (4.4) $p = 80\ \text{kN}/(90 \cdot 130\ \text{mm}^2) = 6{,}84\ \text{N/mm}^2$. Für Rotguß, z. B. Rg 7, sind $6\cdots8\ \text{N/mm}^2$ zulässig. Der Lochleibungsdruck in den Achslagern bei A bzw. B beträgt nach Gl. (5.1) $\sigma_l = 160\ \text{kN}/(90 \cdot 20\ \text{mm}^2) = 89\ \text{N/mm}^2$. Der Stahl St 37 erlaubt hier Beanspruchungen von $80\cdots120\ \text{N/mm}^2$.

Bemerkenswert ist die günstige Wahl der Achslagerung zwischen Seilrolle 1 und 2 bzw. 3 und 4. Eine Achslagerung außerhalb der ersten bzw. vierten Rolle würde bedeutend größere Biegemomente und damit einen größeren Achsdurchmesser ergeben.

1.2.1.2. Berechnen umlaufender Achsen

Den erforderlichen Achsquerschnitt bzw. das erforderliche Widerstandsmoment erhält man aus dem größten Biegemoment bzw. der größten Biegebeanspruchung und der zulässigen Biegebeanspruchung wie bei der feststehenden Achse [s. Abschn. 1.2.1.1; Gl. (3.1), (4.1) und (4.2)]. Im Gegensatz zur feststehenden Achse ändert sich die Richtung der Biegemomente fortwährend mit der Drehung der Achse. Auf der Achse wechseln Zug- und Druckseite mit jeder halben Umdrehung. Für die Bemessung ist daher die Biegewechselfestigkeit σ_{bW}, nicht die Biegeschwellfestigkeit σ_{bSch}, wie bei der feststehenden Achse, maßgebend.

Die zulässige Biegebeanspruchung $\sigma_{b\,zul}$ erhält man mit der Sicherheit $S_{kD} = 4\cdots6$, welche die Kerbwirkung einschließt, und aus der Biegewechselfestigkeit σ_{bW} (Tafel **A5**.2)

$$\sigma_{b\,zul} = \frac{\sigma_{bW}}{S_{kD}} = \frac{\sigma_{bW}}{4\cdots6} \tag{6.1}$$

Eine „Sicherheit" von $4\cdots6$ ist – gegenüber $3\cdots5$ bei der feststehenden Achse – erforderlich, weil die Gestaltung umlaufender Achsen mit Absätzen, Nuten usw. größere Kerbwirkungen zur Folge hat, die in Gl. (6.2) durch die Kerbwirkungszahl β_k, den Größenbeiwert b und den Oberflächenbeiwert $\varkappa$ genauer erfaßt werden können (s. Teil 1, Abschn. 1.3.2.4 und Teil 2, Bild A7.2). In Gl. (6.2) ist S_D eine wirkliche Sicherheit, die mit $1{,}5\cdots2$ einzusetzen ist. Faßt man die Sicherheit S_D in Gl. (6.2) mit dem β_k-Wert 2,0 und dem Größenbeiwert $b = 0{,}75$ zusammen, so erhält man mit $(1{,}5\cdots2) \cdot 2/0{,}75 = 4\cdots5{,}3$ etwa die „Sicherheiten" in Gl. (6.1) und (3.2), die richtiger als scheinbare Sicherheiten S_{kD} (einschließlich Kerbwirkung) bezeichnet würden.

$$\sigma_{b\,zul} = \frac{b\varkappa\sigma_{bW}}{\beta_k S_D} = \frac{b\varkappa\sigma_{bW}}{\beta_k(1{,}5\cdots2)} \tag{6.2}$$

siehe auch Teil 1, Tafel **A4**.2. Der Oberflächenbeiwert kann bei hoher Oberflächengüte $\varkappa \approx 1$ gesetzt werden.

Es ist z. B. für St 50 mit $\sigma_{bW} = 240\ \text{N/mm}^2$, für den Achsdurchmesser 100 mm mit dem Größenbeiwert $b = 0{,}64$, für $\beta_k = 1{,}5$ und $S_D = 2$ die zulässige Biegebeanspruchung

$$\sigma_{b\,zul} = \frac{0{,}64 \cdot 240\ \text{N/mm}^2}{1{,}5 \cdot 2} = 51{,}2\ \text{N/mm}^2$$

Nach Gl. (6.1) hätte man erhalten

$$\sigma_{b\,zul} = \frac{240\ \text{N/mm}^2}{4\cdots6} = 60\cdots40\ \text{N/mm}^2$$

Die Gestaltfestigkeit ist für Eisenbahnachsen durch Dauerversuche an Bauteilen in natürlicher Größe ermittelt worden. Die hieraus abgeleitete zuverlässige Berechnung von Laufachsen[1]) bei günstigster Gestaltung der Übergänge als Korbbogen (**7.1** und **8.1**) ermöglicht eine Bemessung mit hoher Ausnutzung des Werkstoffes (**8.2**) an den kritischen Stellen des Nabensitzes und Achsschaftes (**2.1**; s. hierzu auch Bild **105.1**).

Beispiel 2. Nachrechnung der umlaufenden Achse (**2.1**) eines Schienenfahrzeuges nach Bild **7.1**. Die gesamte Achslast 100 kN abzüglich des Radsatzgewichtes 9,35 kN ergibt die ruhende Achsschenkelbelastung $F_s = 90{,}65$ kN.

Nach dem Berechnungsblatt[2]) der Bundesbahn ist dann die Seitenkraft Q_H bei 100 km/h Fahrgeschwindigkeit

$$Q_H = yF_s = 0{,}28 \cdot 90{,}65\ \text{kN} = 25{,}38\ \text{kN}$$

Nach demselben Berechnungsblatt ist die dynamische Belastung des kurvenäußeren Achsschenkels bei einem Stoßzuschlag von 10 % und einem Zuschlag von 20 % für die Momentwirkung der Zentrifugalkraft der Wagenmasse $F_1 = [(1 + 0{,}1 + 0{,}2) \cdot 90{,}65\ \text{kN}]/2 = 58{,}92$ kN und die dynamische Belastung des kurveninneren Achsschenkels mit 10 % Stoßzuschlag abzüglich der Momentwirkung der Zentrifugalkraft $F_2 = [(1 + 0{,}1 - 0{,}2) \cdot 90{,}65\ \text{kN}]/2 = 40{,}80$ kN.

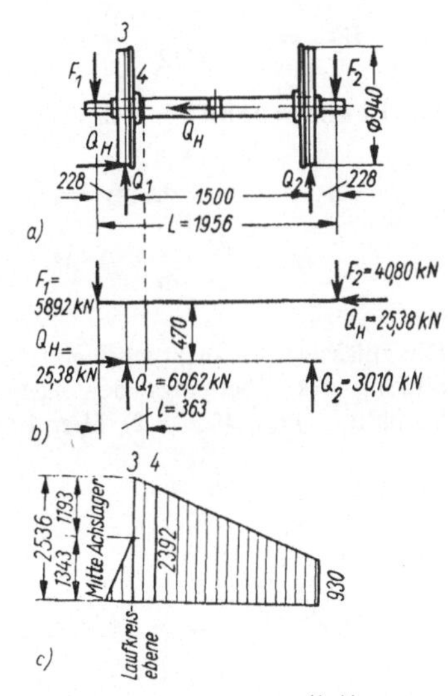

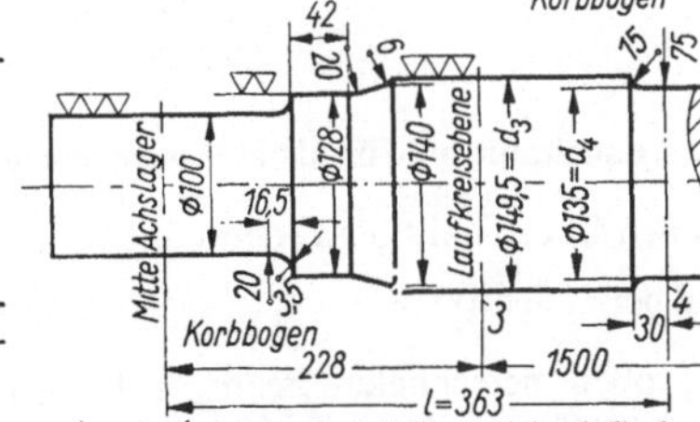

7.1 Umlaufende Radachse eines vierachsigen Dieseltriebwagens
a) Ansichtszeichnung und Kräfte
b) Belastungsschema
c) Biegemomentverlauf in kN cm
d) Achsschaft
3, 4 entsprechend den Bezeichnungen der amtlichen Berechnungsverfahren

Die dynamischen Radlasten sind dann nach Bild **7.1b**

$$Q_1 = \frac{58{,}92\,\text{kN}\,(1{,}5 + 0{,}228)\,\text{m} + 25{,}38\,\text{kN} \cdot 0{,}47\,\text{m} - 40{,}80\,\text{kN} \cdot 0{,}228\,\text{m}}{1{,}50\ \text{m}} = 69{,}62\ \text{kN}$$

$$Q_2 = 58{,}92\ \text{kN} + 40{,}80\ \text{kN} - 69{,}62\ \text{kN} = 30{,}10\ \text{kN}$$

[1]) Sperling, E.: Festigkeitsversuche an Eisenbahnwagenachsen als Grundlage für deren Berechnung. VDI-Z. **91** (1949) Nr. 6, S. 134ff.

[2]) Formblatt: Fw 28.02.08 (Achswellenberechnung für Laufradsätze von Vollwellen, 8. Ausgabe) der Deutschen Bundesbahn, Eisenbahnzentralamt Minden/Westf.

Das größte Biegemoment ist bei Punkt 3 in der Laufkreisebene (7.1c)

$$M_3 = (58{,}92 \cdot 22{,}8 + 25{,}38 \cdot 47)\,\text{kN cm} = 2536\,\text{kN cm}$$

Am Achsschaftanfang 4 tritt die größte Beanspruchung auf. Hier ist das Biegemoment

$$M_4 = [58{,}92 \cdot 36{,}3 + 25{,}38 \cdot 47 - 69{,}62 \cdot (36{,}3 - 22{,}8)]\,\text{kN cm}$$
$$= (2139 + 1193 - 940)\,\text{kN cm} = 2392\,\text{kN cm}$$

Für die Durchmesser $d_3 = 14{,}95$ cm und $d_4 = 13{,}5$ cm ergeben sich die Widerstandsmomente (S. 4)

$$W_{b3} = \frac{\pi (14{,}95\,\text{cm})^3}{32} = 328\,\text{cm}^3 \quad \text{und} \quad W_{b4} = \frac{\pi (13{,}5\,\text{cm})^3}{32} = 241{,}5\,\text{cm}^3$$

Die Beanspruchungen sind dann nach Gl. (3.1)

$$\sigma_{b3} = \frac{M_3}{W_{b3}} = \frac{2536\,\text{kN cm}}{328\,\text{cm}^3} = 7{,}73\,\text{kN/cm}^2 = 77{,}3\,\text{N/mm}^2 \quad \text{und}$$

$$\sigma_{b4} = \frac{M_4}{W_{b4}} = \frac{2392\,\text{kN cm}}{241{,}5\,\text{cm}^3} = 9{,}90\,\text{kN/cm}^2 = 99\,\text{N/mm}^2$$

Die zulässigen Beanspruchungen für den Durchmesser d_3 bzw. d_4 sind abhängig von der Ausbildung des Übergangs, der nach Bild 8.1 als Korbbogen vorgeschrieben ist, und von dem Verhältnis W_{b3}/W_{b4} (8.2). Hier ist es $W_{b3}/W_{b4} = 327{,}8\,\text{cm}^3/241{,}3\,\text{cm}^3 = 1{,}36$.

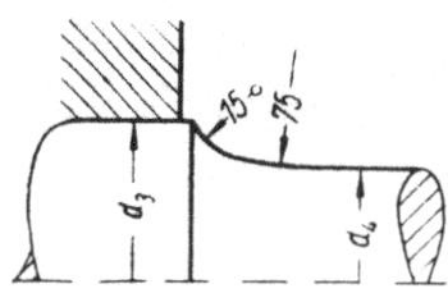

8.1 Übergangsbogen vom Nabensitz zum Achsschaft. Für d_3 und d_4 s. Bild **2.1** und **8.2**

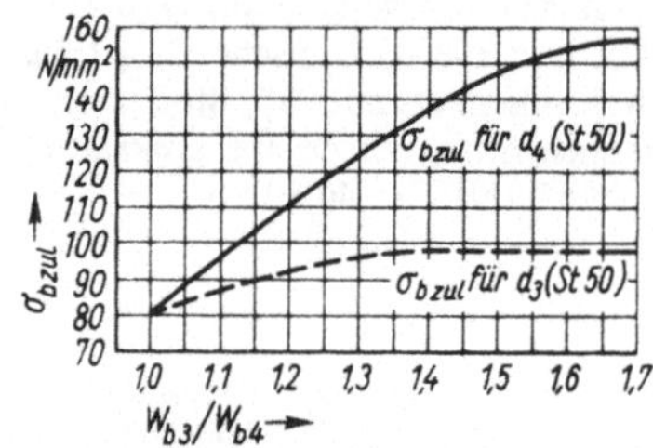

8.2 Zulässige Spannungen $\sigma_{b\,zul}$ in den Querschnitten d_3 und d_4 (**2.1**) mit Übergangsbogen nach Bild **8.1**[1])

Man entnimmt hierfür als zulässige Werte bei St 50

für den Querschnitt bei d_3 den Wert $\sigma_{b\,zul} = 97{,}5\,\text{N/mm}^2$

und bei d_4 den Wert $\sigma_{b\,zul} = 132{,}5\,\text{N/mm}^2$

Die oben berechneten Beanspruchungen σ_{b3} bzw. σ_{b4} liegen damit jeweils unterhalb der für die betreffenden Querschnitte zulässigen Werte; die Achse ist also ausreichend bemessen.

1.2.2. Wellen

Diese werden in manchen Fällen auf Torsion, im allgemeinen aber auf Torsion und Biegung beansprucht. Liegt diese zusammengesetzte Beanspruchung vor, so ist die Bemessung des Wellendurchmessers unter Berücksichtigung der Drehbeanspruchung allein nur eine Überschlagsrechnung, die für den ersten Entwurf ausreichen mag. Eine genaue Nachrechnung auf Drehung und Biegung muß sich anschließen unter Berücksichtigung von Kerbwirkung, Größeneinfluß und Sicherheit. In vielen Fällen muß ferner die elasti-

[1]) S. Fußnote 2 S. 7.

sche Durchbiegung und – seltener – die elastische Verdrehung, bei schnellaufenden Wellen außerdem die kritische Drehzahl untersucht werden.

1.2.2.1. Überschlägliche Berechnung der Drehbeanspruchung

Diese darf nur unter Annahme sehr geringer zulässiger Beanspruchungen erfolgen, da in der Regel – besonders bei großen Lagerabständen – für die nicht erfaßten Biegebeanspruchungen eine große Sicherheit ($S_{kD} = 10 \cdots 15$) erforderlich ist, die auch die Kerbwirkung (z. B. einer Paßfeder) einschließt. Die größte Drehbeanspruchung τ_t, die in der Randfaser der Welle auftritt (s. Teil 1, Abschn. 1.3.2.1), errechnet man, unter Berücksichtigung von Stößen mit dem Betriebsfaktor φ (A50.1), aus dem größten Drehmoment $T_{max} = \varphi T$ und dem polaren Widerstandsmoment W_p

$$\tau_t = \frac{T_{max}}{W_p} \tag{9.1}$$

Die zulässige Drehbeanspruchung $\tau_{t\,zul}$ wird aus der Dauerdrehfestigkeit bei schwellender Belastung $\tau_{t\,Sch}$, unter Berücksichtigung der Kerbwirkung (z. B. einer Paßfeder, s. Teil 1, Abschn. 4.2.2) $b\varkappa/\beta_{kt} = 2 \cdots 3$, die mit der Sicherheit (Unsicherheit) $S_D = 5$ zum Unsicherheitsfaktor $S_{kD} = 10 \cdots 15$ zusammengefaßt wird,

$$\tau_{t\,zul} = \frac{b\varkappa\tau_{t\,Sch}}{\beta_{kt} S_D} = \frac{\tau_{t\,Sch}}{S_{kD}} = \frac{\tau_{t\,Sch}}{10 \cdots 15} \tag{9.2}$$

So erhält man z. B. für St 50 mit $\tau_{t\,Sch} = 190$ N/mm² (A5.2) als zulässige Spannung einschließlich Kerbwirkung $\tau_{t\,zul} = 19{,}0 \cdots 12{,}5$ N/mm².

Bei Wellen, die nur von einem Drehmoment beansprucht sind, kann die Sicherheit kleiner gewählt werden, z. B. $S_{kD} = 4 \cdots 6$. Es empfiehlt sich aber, die vorhandene Sicherheit zu bestimmen, $S_D = b\varkappa\tau_{tSch}/(\beta_{kt}\tau_t)$. Hierbei kann aus Sicherheitsgründen, z. B. bei längsgenuteten Wellen, die Torsionsspannung auf den dem genuteten Querschnitt einbeschriebenen Kreisdurchmesser bezogen werden (s. Teil 1, Abschn. 4.2.2.).

Das erforderliche polare Widerstandsmoment einer Welle ist $W_p = T/\tau_{t\,zul}$ mit Drehmoment T und zulässiger Drehbeanspruchung $\tau_{t\,zul}$. Für die gebräuchlichen Wellenquerschnitte von Kreis (Durchmesser d) und Kreisring (Hohlwelle; Außendurchmesser d_a, Innendurchmesser d_i) ist das polare Widerstandsmoment

$$W_p = \pi d^3/16 \approx d^3/5 \quad \text{bzw.} \quad W_p = \frac{\pi(d_a^4 - d_i^4)}{16 d_a}$$

Der erforderliche Wellendurchmesser (Außendurchmesser) ist dann bei kreisförmigem Querschnitt

$$d \geqq \sqrt[3]{\frac{16\,T_{max}}{\pi\tau_{t\,zul}}} \quad \text{oder genähert} \quad d \approx \sqrt[3]{\frac{5\,T_{max}}{\tau_{t\,zul}}} \tag{9.3}$$

Führt man bestimmte Zahlenwerte für $\tau_{t\,zul}$ in N/mm² ein und faßt alle Zahlenwerte zu der Konstanten C vor der Wurzel zusammen, so erhält man die Zahlenwertgleichung

$$d \geqq C\sqrt[3]{T_{max}} \text{ in mm mit } T_{max} \text{ in Nmm} \tag{9.4}$$

Drückt man auch T nach Umstellung der Gleichung für die Nennleistung $P = \omega T$ durch eine Zahlenwertgleichung mit der Nenndrehfrequenz n und dem Betriebsfaktor φ, nämlich durch

$$T_{max} = \varphi\, 9{,}55 \cdot 10^6\, P/n \text{ in Nmm} \quad \text{mit } P \text{ in kW und der Umlauffrequenz } n \text{ in min}^{-1} \tag{9.5}$$

aus und faßt wiederum alle Zahlenwerte zu der Konstanten C_1 zusammen, so entsteht die Zahlenwertgleichung

$$d \geqq C_1 \sqrt[3]{\varphi P/n} \quad \text{in mm} \quad \text{mit } P \text{ in kW und } n \text{ in min}^{-1} \tag{10.1}$$

Aus der Umkehrung der Gl. (9.4) findet man mit der Konstanten C_2 die Zahlenwertgleichung

$$T_{\max\,\text{zul}} \leqq C_2 d^3 \quad \text{in Nmm} \quad \text{mit } d \text{ in mm} \tag{10.2}$$

Die Beiwerte C, C_1 und C_2 sind Tafel **10.1**, die zulässigen Drehmomente T in Nm für $\tau_{t\,\text{zul}} = 15\ \text{N/mm}^2$ und Wellendurchmesser nach DIN 668 der Tafel **A8.1** zu entnehmen. Aus dem Diagramm in Bild **A8.2** kann der Wellendurchmesser nach Gl. (10.2) für bestimmte Werte von τ_t abgelesen werden. Abmessungen und übertragbare Drehmomente für zylindrische Wellenenden nach DIN 748 s. Tafel **A9.1**. Abmessungen kegeliger Wellenenden s. Tafel **A11.2**.

Tafel **10.1** Gerundete Beiwerte C, C_1, C_2 für Gl. (9.4), (10.1) und (10.2) für verschiedene Werte von $\tau_{t\,\text{zul}}$

$\tau_{t\,\text{zul}}$ in N/mm²	≈ 10	≈ 12,5	**≈ 15**[1]	≈ 20	**≈ 35**[2]
$C = \sqrt[3]{\dfrac{16}{\pi\,\tau_{t\,\text{zul}}}}$	0,80	0,74	**0,70**	0,64	**0,53**
$C_1 = \sqrt[3]{\dfrac{16 \cdot 9{,}55 \cdot 10^6}{\pi\,\tau_{t\,\text{zul}}}}$	170	157	**148**	135	**111**
$C_2 = \dfrac{\pi}{16} \cdot \tau_{t\,\text{zul}}$	2	2,5	3	4	7

1.2.2.2. Genauere Berechnung der Dreh- und Biegebeanspruchung

Bei den meisten Wellen treten neben der Drehbeanspruchung erhebliche Biegebeanspruchungen durch einseitig wirkende Kräfte wie Riemen-, Seil- und Kettenzüge oder Umfangs-, Andrück- und Zahnkräfte auf. Die bei horizontaler Welle durch das Eigengewicht hervorgerufenen Biegemomente sind demgegenüber in der Regel vernachlässigbar klein, ausgenommen bei größeren Lagerentfernungen und schweren Läufern, z. B. von Turbomaschinen. Sind mehrere Räder auf einer Welle angebracht und ist die Richtung der angreifenden Kräfte verschieden, so zerlegt man zweckmäßigerweise alle Kräfte in horizontale und vertikale Komponenten und bestimmt daraus die Komponenten der Biegemomente in diesen Ebenen. Das resultierende Biegemoment gewinnt man nach Betrag und Richtung durch graphische Zusammensetzung der Komponenten der Biegemomente.

Die Biegemomente können durch konstruktive Maßnahmen beeinflußt werden. Günstig ist die Anordnung des Triebwerkteiles mit der größten biegenden Kraft dicht neben einem Lager, ungünstig dagegen die Anbringung auf einem fliegenden Wellenstück oder nahe der Mitte zwischen zwei Lagern.

Die Biegebeanspruchung tritt infolge der Drehbewegung der Welle wechselnd auf, sofern, was meist zutrifft, die Richtung der angreifenden Kraft unverändert bleibt. Die Biegebeanspruchung σ_b ist bei dem größten Biegemoment $M_{b\,\max}$ und dem Widerstandsmoment W_b

$$\sigma_b = \frac{M_{b\,\max}}{W_b} \tag{10.3}$$

[1]) Wert gilt für Biegung und Torsion (z. B. Riemenscheibe).

[2]) Wert gilt für reine Torsion (z. B. Kupplungsantrieb).

Die Drehbeanspruchung τ_t durch das größte Drehmoment T_{max} ist beim Widerstandsmoment W_p

$$\tau_t = \frac{T_{max}}{W_p} \tag{11.1}$$

Biege- und Drehbeanspruchungen treten gleichzeitig in der Außenfaser der Welle auf, s. Teil 1, Abschn. 1.3.2.1. Die Gesamtwirkung beurteilt man nach der aus der Hypothese der größten Gestaltänderungsenergie berechneten Vergleichsspannung σ_v (s. Teil 1, Abschn. 1.3.2.1). Diese muß mit der zulässigen Biegebeanspruchung verglichen werden.

$$\sigma_v = \sqrt{\sigma_b^2 + 3(\alpha_0 \tau_t)^2} \leqq \sigma_{b\,zul} \tag{11.2}$$

Hierin bedeutet α_0 das sog. Anstrengungsverhältnis nach Bach

$$\alpha_0 = \frac{\sigma_{b\,grenz}}{1{,}73\tau_{t\,grenz}} \tag{11.3}$$

In Gl. (11.3) sind die Grenzspannungen für den jeweils vorliegenden Belastungsfall einzusetzen; bei Wellen ist für Biegung der Lastfall III nach Bach (wechselnd), für Drehung dagegen der Lastfall II (schwellend) als zutreffend anzusehen (s. Teil 1, Abschn. 1.3.2.3 und 1.3.2.7).

Bei gleichbleibendem Drehmoment könnte für Drehung Lastfall I (ruhend) angenommen werden In der Regel wird aber mit einem veränderlichen Drehmoment in einer Drehrichtung zu rechnen sein. Bei Fahrantrieben, z. B. von Hebezeugen ändert sich von Zeit zu Zeit auch die Drehrichtung. Die Zahl der Richtungswechsel ist jedoch im Verhältnis zu den Dauerfestigkeits-Lastwechselzahlen so klein, daß man bei Annahme des Lastfalls II (schwellend) eine sichere Bemessung erhält.

Wenn man annimmt, daß das Verhältnis $\sigma_{b\,grenz}/\tau_{t\,grenz}$ dem Verhältnis der zugehörigen Dauerfestigkeitswerte entspricht, wird $\alpha_0 = \sigma_{bW}/(1{,}73\ \tau_{tSch})$. Für St 50 z. B., mit $\sigma_{bW} = 240\ \text{N/mm}^2$ und $\tau_{tSch} = 190\ \text{N/mm}^2$, wird $\alpha_0 = 0{,}73$, somit $3\,\alpha_0^2 = 1{,}6$ und dann die Vergleichsspannung nach Gl. (11.2)

$$\sigma_v = \sqrt{\sigma_b^2 + 1{,}6\tau_t^2}$$

Werte für σ_B, σ_{bW}, σ_{bSch}, τ_{tW}, τ_{tSch} enthält die Tafel **A5.2**, s. auch Teil 1, **A2.1**. Faßt man Dreh- und Biegemoment, ausgehend von Gl. (11.2), zu einem Vergleichsmoment

$$M_v = \sqrt{M_b^2 + (3/4)(\alpha_0 T_{max})^2} \tag{11.4}$$

zusammen, so läßt sich der erforderliche Wellendurchmesser für eine bestimmte zulässige Biegebeanspruchung direkt berechnen (s. Teil 1, Abschn. 1). Es ist

$$d_{erf} \geqq \sqrt[3]{\frac{32 M_v}{\pi \sigma_{b\,zul}}} \quad \text{für} \quad \sigma_v = \frac{M_v}{W_b} \leqq \sigma_{b\,zul} \tag{11.5) (11.6}$$

Die zulässige Biegebeanspruchung $\sigma_{b\,zul}$ wird aus der Biegewechselfestigkeit σ_{bW} unter Berücksichtigung der Kerbwirkungszahl β_{kb}, des Größenbeiwertes b, des Oberflächenbeiwertes $\varkappa$ und der zu wählenden Sicherheit S_D bestimmt, (Tafel **A7.1**, und Teil 1, Abschn. 1.3.2.5)

$$\sigma_{b\,zul} = \frac{b\varkappa\sigma_{bW}}{\beta_{kb}S_D} \tag{12.1}$$

Die Werte für σ_{bW} (Tafel **A5**.2) sind untere Grenzwerte der Biegewechselfestigkeit für Probestäbe mit 7,5···15 mm Durchmesser. Die Abnahme der Dauerfestigkeit für größere Durchmesser berücksichtigt der Größenbeiwert b (**A7**.2)[1]). Für die zu wählende wirkliche Sicherheit kann gesetzt werden S_D = 1,5···2···3 für normale Bemessung und S_D = 1,2···1,5 für Leichtbau sowie für solche Wellen, die bei niedriger Drehzahl (d. h. kleiner Biegewechselzahl bzw. niedriger prozentualer Häufigkeit der Höchstlast) nach der zugehörigen Zeitfestigkeit bemessen werden können[2]). Angenähert wird für eine Welle mit günstiger Formgebung ($\beta_{kb} \leqq 1{,}5$), hoher Oberflächengüte ($\varkappa = 1$) und mittlerem Wellendurchmesser (d = 50···100 mm) bei dem Größenbeiwert b = 0,6···0,7 und einer zwei- bis dreifachen Sicherheit die zulässige Biegebeanspruchung

$$\sigma_{b\,zul} = \frac{(0{,}6\cdots0{,}7)\,\sigma_{bW}}{1{,}5(2\cdots3)} = \frac{\sigma_{bW}}{4{,}3\cdots5{,}7} \approx \frac{\sigma_{bW}}{4\cdots6} \tag{12.2}$$

Man erhält z. B. für St 50 mit σ_{bW} = 240 N/mm² (Tafel **A5**.2) den Wert $\sigma_{b\,zul}$ = 40...60 N/mm². Dies entspricht dem Erfahrungswert für Hebezeugwellen aus St 50.

Rechnet man nicht mit Nennspannungen, sondern mit Kerbspannungen, so ändert sich Gl. (11.2) für die Vergleichsspannung

$$\sigma_v = \sqrt{(\sigma_{ba}\beta_{kb})^2 + 3(\alpha_0\tau_{ta}\beta_{kt})^2} \tag{12.3}$$

mit den Nennspannungsausschlägen σ_{ba} und τ_{ta}. Die vorhandene Sicherheit ist dann

$$S_D = b\varkappa\,\sigma_{bA}/\sigma_v \tag{12.4}$$

mit σ_{bA} als der Ausschlagfestigkeit eines glatten Probestabes. Leider ist auch dieser Ansatz unsicher, weil noch keine ausreichenden Kenntnisse über den Einfluß der Kerbwirkung bei Überlagerung von Biegung und Torsion vorliegen (s. Teil 1, Abschn. 1.3.3).

Ist die Kerbwirkungszahl für Biegung β_{kb} für die Bemessung der Wellen (und der Achsen) nicht bekannt, so kann sie durch den größeren Formfaktor für Biegung α_{kb} ersetzt werden. Die Bemessung bleibt auf der sicheren Seite, da α_{kb} größer als β_{kb} ist. Nach neueren Erkenntnissen[3]) ist das Spannungsgefälle an der Kerbstelle für eine eingehendere Berechnung zu berücksichtigen (s. Teil 1, Abschn. 1.3.2). Die β_{kb}- und α_{kb}-Werte werden, da sie von mehreren Faktoren abhängen, zweckmäßigerweise graphischen Darstellungen entnommen. Zahlentafeln können nur eingeschränkt, z. B. für bestimmte Werkstoffe, verwendet werden (Tafel **A7**.1, s. auch Teil 1, **A7**.1 und **A7**.2).

Bild **A5**.1 enthält die für Gl. (12.1) benötigten Zahlenwerte von σ_{bW} bzw. σ_{bW}/β_{kb} für verschiedene glatte und gekerbte Wellen, aufgetragen über der statischen Zugfestigkeit σ_B. Mit Hilfe der eingezeichneten dünnen β_{kb}-Linien lassen sich auch die zugehörigen β_{kb}-Werte ermitteln. Der Größenbeiwert b ist Bild **A7**.2 zu entnehmen. Die Umrechnung der β_{kb}-Werte für Wellenabsätze mit anderen D/d-Werten als 1,2 (die Bild **A5**.1 zugrunde

---

[1]) Hempel, M.: Stand der Erkenntnisse über den Einfluß der Probengröße auf die Dauerfestigkeit. Z. Draht (1957), H. 9, S. 385 bis 394

[2]) Hänchen, R.: Die zulässigen Spannungen der Wellen im Maschinenbau. Z. Werkstatt und Betrieb (1957) H. 5, S. 317 bis 321 und (1960) Heft 10, S. 667 bis 674

[3]) Siebel, E., und Meuth, H. O.: Die Wirkung von Kerben bei schwingender Beanspruchung. VDI-Z. **91** (1949) H. 13, S. 319 bis 323

gelegt sind) erfolgt nach Lehr[1]) mit Hilfe der Gleichung $\beta'_{kb} = 1 + C'(\beta_{kb} - 1)$ mit dem Faktor C' (nach Bild **A4.1**).

Beispiel 3. Berechnung der zulässigen Biegebeanspruchung einer abgesetzten Welle; Durchmesser $D = 100$ mm und $d = 60$ mm, Rundungshalbmesser $\varrho = 6$ mm, d. h. $\varrho/d = 0{,}1$. Werkstoff St 60, Sicherheit $S_D = 3$, Rundung poliert ($\varkappa_1 = 1$).

Aus Bild **A5.1** wird für $\sigma_B = 600$ N/mm² und $\varrho/d = 0{,}1$ abgelesen $\sigma_{bW}/\beta_{kb} = 230$ N/mm² und $\beta_{kb} = 1{,}2$. (Diese Werte gelten nur für $D/d = 1{,}2$.) Die Umrechnung auf β'_{kb} (nach Bild **A4.1**) für

$$D/d = 100 \text{ mm}/60 \text{ mm} = 1{,}67$$

mit Beiwert $C' = 2{,}1$ liefert $\beta'_{kb} = 1 + 2{,}1 \cdot (1{,}2 - 1) = 1{,}42$. Für $d = 60$ mm ist der Größenbeiwert $b = 0{,}67$ (Bild **A7.2**) und für St 60 $\sigma_{bW} = 280$ N/mm² (Bild **A5.2**).

Nach Gl. (12.1) wird dann

$$\sigma_{b\,zul} = \frac{0{,}67 \cdot 280 \text{ N/mm}^2}{1{,}42 \cdot 3} = 44 \text{ N/mm}^2$$

(s. auch Teil 1, Beisp. 3, S. 27 und das folgende Beispiel 4)

Beispiel 4. Die Getriebewelle einer Fräsmaschine (Bild **15.1**a) mit zwei Zahnrädern 1 und 2 ist zu berechnen. Die zu übertragende Leistung ist 28,5 kW bei der Drehfrequenz 684 min⁻¹. Werkstoff der Welle: St 60. Betriebsfaktor $\varphi = 1$.

Das Drehmoment ist nach der Zahlenwert-Gl. (9.5) $T = 955 \cdot 28{,}5/684 = 39{,}80$ in kN cm. Zunächst wird der Wellendurchmesser überschläglich, d. h. nur nach dem Drehmoment bemessen und der Tafel **A8.1** entnommen: $d \geqq 56$ mm. Da die Zahnräder auf der Welle Verschieberäder sind, wird eine Keilwelle 58 × 65 × 14 DIN 5472 (s. Teil 1, Abschn. 4.2.2) gewählt. Die Kerbwirkung der Keilwelle ist durch den niedrigen τ_t-Wert in Tafel **A8.1** und die Aufrundung des Drehmomentes nach oben zunächst berücksichtigt.

Nun erfolgt eine genaue Nachrechnung der Gesamtbeanspruchung aus Biegung und Drehung und die Feststellung der vorhandenen Sicherheit. In einer weiteren Nachrechnung wird die elastische Durchbiegung (Beispiel 7) untersucht. Für die Nachrechnung der Biegebeanspruchung ist die Kenntnis der Zahnkräfte der Zahnräder (mit Evolventenverzahnung 20°) erforderlich. Diese sind für das Zahnrad 1 mit dem Teilkreisdurchmesser $r_1 = 177$ mm (s. Abschn. Zahnräder)

$$F_1 = \frac{T}{r_1 \cos 20^\circ} = \frac{39{,}80 \text{ kN cm}}{8{,}85 \text{ cm} \cdot 0{,}94} = 4{,}79 \text{ kN}$$

und für das Zahnrad 2 mit dem Teilkreisdurchmesser $r_2 = 90$ mm

$$F_2 = \frac{T}{r_2 \cos 20^\circ} = \frac{39{,}80 \text{ kN cm}}{4{,}5 \text{ cm} \cdot 0{,}94} = 9{,}40 \text{ kN}$$

Die Zahnkräfte sind zunächst in ihre Vertikal- und Horizontalkomponenten zu zerlegen (Vorzeichen s. Bild **15.1**a, Mitte).

$$F_{1v} = 4{,}79 \text{ kN} \cdot \sin(20^\circ - 5^\circ\,40') = +1{,}185 \text{ kN} \qquad F_{1h} = 4{,}79 \text{ kN} \cdot \cos(14^\circ\,20') = +4{,}64 \text{ kN}$$

$$F_{2v} = 9{,}40 \text{ kN} \cdot \sin 70^\circ = -8{,}83 \text{ kN} \qquad F_{2h} = 9{,}40 \text{ kN} \cdot \sin 20^\circ = -3{,}22 \text{ kN}$$

Bei der gewählten Ausführung der Welle, mit gleichbleibendem Profil über die ganze Länge, wird von der Anwendung graphischer Verfahren – auch zur Ermittlung der Durchbiegung – ab-

---

[1]) Lehr, E.: Formgebung und Werkstoffausnutzung. Z. Stahl u. Eisen (1941) S. 965

gesehen und eine rein rechnerische Lösung gewählt. Die Komponenten der Auflagerkräfte F_A, F_B und die Biegemomente werden jeweils aus Gleichgewichtsbedingungen (s. Teil 1, Abschn. 1.3) berechnet:

Vertikalebene. Die Auflagerkraft F_{Av} ist (nach dem Ansatz: Summe aller Momente um den Punkt B = Null)

$$F_{Av} = \frac{(1{,}185 \cdot 23 - 8{,}83 \cdot 4{,}3)\,\text{kN cm}}{43{,}45\,\text{cm}} = -0{,}247\,\text{kN}$$

Das negative Vorzeichen bedeutet, daß die Summe der Momente innerhalb der Klammer infolge des Überwiegens der Kraftwirkung von F_{2v} negativ ist, daß somit F_{Av} für den Gleichgewichtszustand ein entgegengesetzt zu F_{2v} gerichtetes Moment hervorrufen muß, d. h., die Kraftrichtung von F_{Av} ist, wie eingetragen, entgegengesetzt zu F_{2v}. Man beachte, daß das Vorzeichen aus der vorstehenden Rechnung nur zur Feststellung der Drehrichtung einer Kraft um einen gewählten Drehpunkt dient, daß bei den nachfolgenden Rechnungen aber das Vorzeichen einzusetzen ist, das aus der in Bild **15.1** angegebenen Vorzeichenwahl hervorgeht (z. B. F_{1v} positiv, also auch F_{Av} positiv). Die Auflagerkraft F_{Bv} wird entsprechend (nach dem Ansatz: Summe aller Kräfte in der Vertikalebene = Null)

$$F_{Bv} = (0{,}247 + 1{,}185 - 8{,}83)\,\text{kN} = -7{,}4\,\text{kN}$$

Ähnlich wie oben bedeutet das Minuszeichen: Die Kraftwirkungen infolge von F_{Av}, die Kräfte F_{1v} und F_{2v}, ergeben eine negative resultierende, d. h. aufwärts gerichtete Kraft. Die Kraft F_{Bv} muß wegen des Kräftegleichgewichts entgegengesetzt, also senkrecht abwärts wirken, d. h., F_{Bv} hat dieselbe Richtung wie F_{Av}, und F_{1v} ist entgegengesetzt zu F_{2v} gerichtet.

$$M_{1v} = -0{,}247\,\text{kN} \cdot 20{,}45\,\text{cm} = -5{,}1\,\text{kN cm} \qquad M_{2v} = -7{,}4\,\text{kN} \cdot 4{,}3\,\text{cm} = -31{,}8\,\text{kN cm}$$

Die Biegemomente der Welle werden auf der Seite der gezogenen Faser aufgetragen (Vorzeichenwahl s. Bild **15.1**).

Horizontalebene. Hier betragen die Kräfte und Biegemomente

$$F_{Ah} = \frac{(4{,}64 \cdot 23 - 3{,}22 \cdot 4{,}3)\,\text{kN cm}}{43{,}45\,\text{cm}} = +2{,}14\,\text{kN}$$

$$F_{Bh} = (4{,}64 - 3{,}22 - 2{,}14)\,\text{kN} = -0{,}72\,\text{kN}$$

$$M_{1h} = +2{,}14\,\text{kN} \cdot 20{,}45\,\text{cm} = +43{,}8\,\text{kN cm}$$

$$M_{2h} = -0{,}72\,\text{kN} \cdot 4{,}3\,\text{cm} = -3{,}1\,\text{kN cm}$$

Die resultierenden Biegemomente sind bei

Rad 1 $\quad M_{b1} = \sqrt{M_{1v}^2 + M_{1h}^2} = \sqrt{5{,}1^2 + 43{,}8^2}\,\text{kN cm} = 44{,}1\,\text{kN cm}$

Rad 2 $\quad M_{b2} = \sqrt{31{,}8^2 + 3{,}1^2}\,\text{kN cm} = 32\,\text{kN cm}$

Für die weitere Rechnung ist als größtes Biegemoment $M_{b1} = 44{,}1$ kN cm maßgebend. Die resultierenden Lagerkräfte sind

$$F_A = \sqrt{F_{Av}^2 + F_{Ah}^2} = \sqrt{(0{,}247\,\text{kN})^2 + (2{,}14\,\text{kN})^2} = 2{,}15\,\text{kN}$$

$$F_B = \sqrt{F_{Bv}^2 + F_{Bh}^2} = \sqrt{(7{,}4\,\text{kN})^2 + (0{,}72\,\text{kN})^2} = 7{,}44\,\text{kN}$$

Ihre Richtungen können aus Bild **15.1** a, Mitte, entnommen werden.

Die Berechnung des axialen Trägheits- und Widerstandsmomentes I_x bzw. W_x geschieht bei ungünstigster Lage des Wellenprofiles, d. h. kleinstem Wert von I_x des Profiles (**15.1** e)

$$I_x = \pi 5{,}8^4\,\text{cm}^4/64 + 3 \cdot 3{,}05^2\,\text{cm}^2 \cdot 1{,}4\,\text{cm} \cdot 0{,}35\,\text{cm} = (55{,}55 + 13{,}67)\,\text{cm}^4 = 69{,}2\,\text{cm}^4$$

$$W_x = I_x/r_a = 69{,}2\,\text{cm}^4/3{,}25\,\text{cm} = 21{,}3\,\text{cm}^3$$

Das polare Trägheits- und Widerstandsmoment I_p bzw. W_p ist

$$I_p = 2I_x = 2 \cdot 69{,}2\,\text{cm}^4 = 138{,}4\,\text{cm}^4 \quad \text{bzw.} \quad W_p = 2 \cdot 21{,}3\,\text{cm}^3 = 42{,}6\,\text{cm}^3$$

Biege- und Drehbeanspruchung sind nach Gl. (10.3) und (11.1)

$$\sigma_b = \frac{44100\,\text{N cm}}{21{,}3\,\text{cm}^3} = 2070\,\text{N/cm}^2 \quad \text{bzw.} \quad \tau_t = \frac{39800\,\text{N cm}}{42{,}6\,\text{cm}^3} = 934\,\text{N/cm}^2$$

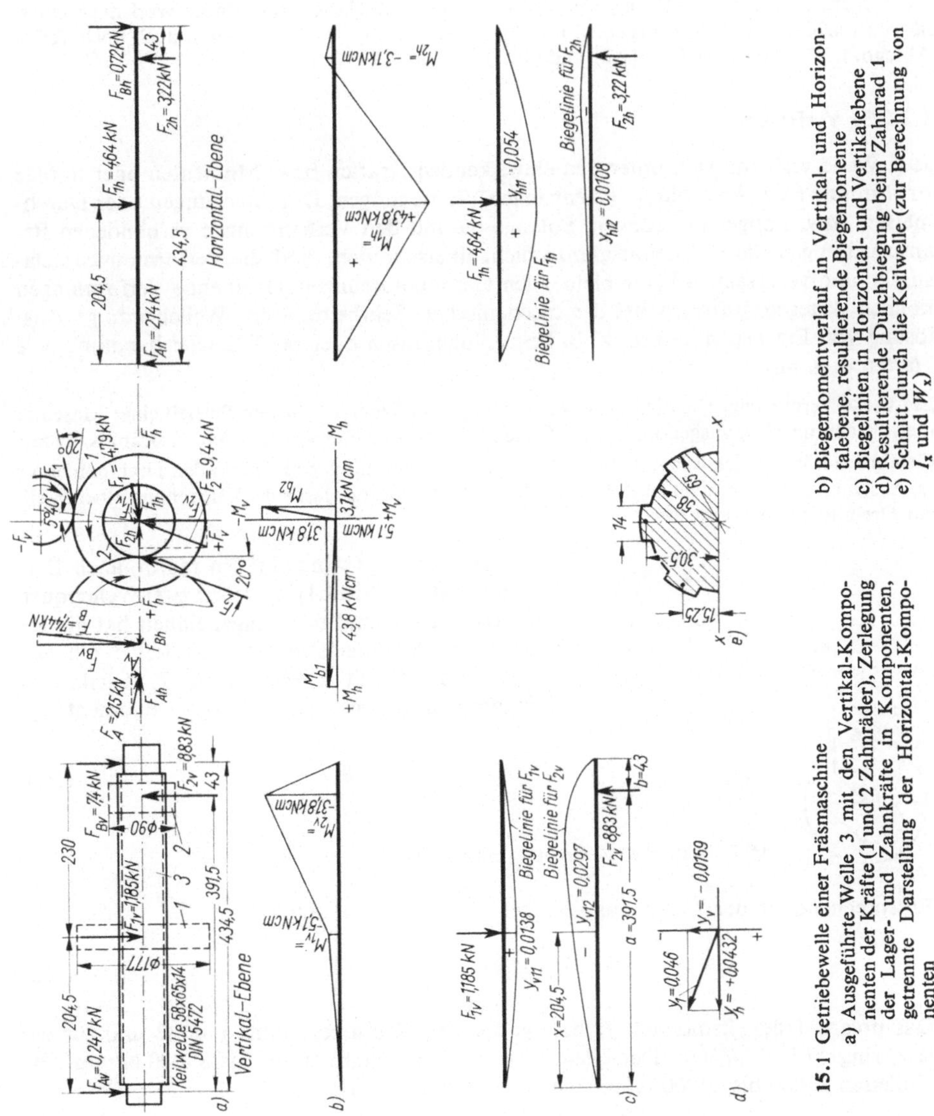

15.1 Getriebewelle einer Fräsmaschine
a) Ausgeführte Welle 3 mit den Vertikal-Komponenten der Kräfte (1 und 2 Zahnräder), Zerlegung der Lager- und Zahnkräfte in Komponenten, getrennte Darstellung der Horizontal-Komponenten
b) Biegemomentverlauf in Vertikal- und Horizontalebene, resultierende Biegemomente
c) Biegelinien in Horizontal- und Vertikalebene
d) Resultierende Durchbiegung beim Zahnrad 1
e) Schnitt durch die Keilwelle (zur Berechnung von I_x und W_x)

Aus Gl. (11.2) erhält man für St 60 mit $\sigma_{bW} = 280\,\text{N/mm}^2$, $\alpha_0 = 0{,}74$ nach Gl. (11.3) und $\beta_{kb} = 1{,}8 \cdots 2{,}0$ – hier eingesetzt $\beta_{kb} = 1{,}8$ (s. S. 11) – die Biege-Vergleichspannung

$$\sigma_v = \sqrt{\sigma_b^2 + 3(\alpha_0 \tau_t)^2} = \sqrt{2070^2 + 3 \cdot (0{,}74 \cdot 934)^2}\ \text{N/cm}^2 = 2390\,\text{N/cm}^2 = 23{,}9\,\text{N/mm}^2$$

und die vorhandene Sicherheit S_D durch Auflösen der Gl. (12.1) und mit dem Größenbeiwert $b = 0{,}66$ (s. Bild A7.2)

$$S_D = \frac{b\,\sigma_{bW}}{\beta_{kb}\,\sigma_v} = \frac{0{,}66 \cdot 280\,\text{N/mm}^2}{1{,}8 \cdot 23{,}9\,\text{N/mm}^2} = 4{,}3$$

Die Sicherheit wird bei Werkzeugmaschinen zur Erzielung glatter, ratterfreier Werkstück-Oberflächen reichlicher angesetzt als sonst im Maschinenbau. Die Sicherheit kann auch nach Teil 1, Abschn. 1.3.2.5 oder aus Gl. (12.3) und (12.4) bestimmt werden.

1.2.2.3. Verformung

Jede Welle verformt sich unter den einwirkenden Kräften bzw. Momenten oder infolge Erwärmung bzw. Abkühlung. Es entstehen Verdrehungen, Durchbiegungen oder Durchmesser- bzw. Längenänderungen. Solange die mit den Verformungen verbundenen Beanspruchungen die Elastizitätsgrenze nicht überschreiten, sind die Verformungen „elastisch" und verursachen keine bleibenden Gestaltänderungen. (Bleibende Verformungen können dagegen auftreten bei der mechanischen Bearbeitung der Wellen infolge Auslösung von Eigenspannungen, z. B. beim Nutenfräsen oder bei Wärmebehandlung, wie Härten u. ä. m.).

Elastische Verdrehung. Die elastische Verdrehung einer Welle ist für den Betrieb einer Maschine meist bedeutungslos, ausgenommen bei langen Steuer- oder Fahrwerkswellen, z. B. im Kranbau. Gefährlich können elastische Drehschwingungen bei rhythmisch sich ändernden Drehmomenten (s. Abschn. 1.3.2.4) werden. In der Meßtechnik nutzt man die elastische Verdrehung einer Welle zur Drehmomentmessung aus.

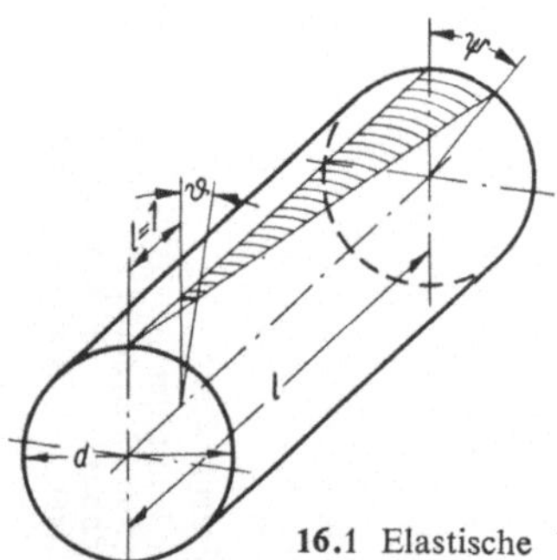

16.1 Elastische Verdrehung einer Welle

Der Verdrehungswinkel ϑ (in rad/m, auch Drillung genannt, s. Bild 16.1) zwischen zwei Wellenquerschnitten im Abstand der Längeneinheit hat die Dimension eines Winkels in rad, dividiert durch eine Länge und ist mit Drehmoment T, Gleitmodul (Schubmodul) G und polarem Trägheitsmoment I_p

$$\vartheta = \frac{T}{G I_p} \tag{16.1}$$

Entsprechend ist der Verdrehungswinkel ψ in rad im Abstand l

$$\psi = \vartheta l = \frac{T l}{G I_p} \tag{16.2}$$

Das polare Trägheitsmoment I_p beträgt für den Kreisquerschnitt $\pi\, d^4/32$ und für den Kreisring $\pi(d_a^4 - d_i^4)/32$. Der Gleitmodul G ist für Stahl 80000 bis 85000 N/mm², für Gußeisen 20000 bis 60000 N/mm² je nach der Gußeisensorte.

Aus Gl. (16.2) folgt für den Verdrehungswinkel eines Wellenstückes von 1 m (l = 1000 mm) Länge mit dem Zahlenwert G = 80000 (in N/mm²) die Zahlenwertgleichung

$$\psi_{1\text{m}} = \frac{T \cdot 1000 \cdot 32 \cdot 360}{80000 \cdot \pi \cdot d^4 \cdot 2 \cdot \pi} = \frac{7{,}3\,T}{d^4} \text{ in Winkelgrad } (°) \text{ für } l = 1 \text{ m} \tag{17.1}$$

Diese Gleichung erhält man mit der Definition des Winkels als Quotient aus Bogen und Halbmesser s/r bei Verwendung gleicher Einheiten für s und r (z. B. 1 m/m = 1 rad), der Einheitenbeziehung 1 rad = 360°/2π, mit T in N mm, I_p in mm⁴ und d in mm. Dem Diagramm (Bild **A8**.3) können die $\psi_{1\text{m}}$-Werte nach Gl. (17.1) für bestimmte Werte von T und d direkt entnommen werden.

Begrenzt man die Verdrehung auf einen zulässigen Wert ψ_{zul} und sucht den hierzu erforderlichen Wellendurchmesser d_{erf} bei einem bestimmten Drehmoment, so erhält man aus Gl. (16.2) durch Umformung die Zahlenwertgleichung

$$d_{\text{erf}} = \sqrt[4]{\frac{32 \cdot 180\,T l}{\pi^2 \psi_{\text{zul}} G}} \text{ in mm} \tag{17.2}$$

mit ψ_{zul} in Winkelgraden, T in N mm, G in N/mm² und der Länge l in mm. Im Kranbau setzt man den für 1 m Wellenlänge zulässigen Winkel $\psi_{1\text{m zul}}$ mit 0,5···0,25°an, je nach der Länge der Fahrwerkswelle und der Höhe der Fahrgeschwindigkeit. Nach Zusammenfassung der Konstanten von Gl. (17.2), Einführen des Zahlenwertes G = 80000 (in N/mm²) und für l = 1 m folgen die Zahlenwertgleichungen

$$d_{\text{erf}} \geqq 1{,}955 \sqrt[4]{T_{\max}} = 108{,}7 \sqrt[4]{\varphi \frac{P}{n}} \quad \text{in mm} \quad \text{für } \psi_{1\text{m zul}} = 0{,}5° \tag{17.3}$$

$$d_{\text{erf}} \geqq 2{,}32 \sqrt[4]{T_{\max}} = 129 \sqrt[4]{\varphi \frac{P}{n}} \quad \text{in mm} \quad \text{für } \psi_{1\text{m zul}} = 0{,}25° \tag{17.4}$$

mit $T_{\max}$ in N mm, P in kW, n in min⁻¹ und mit dem Betriebsfaktor φ (**A50**.1).

Die Gesamtverdrehung einer abgesetzten Welle, die in den einzelnen Wellenabschnitten verschieden großen Drehmomenten ausgesetzt ist, errechnet man aus der Summe der Teilverdrehungen der einzelnen Abschnitte. Mit G = 80000 (in N/mm²) ergibt sich aus Gl. (16.2 bzw. 17.1) die Zahlenwertgleichung

$$\psi = \frac{180 \cdot 32}{\pi^2 \cdot 80000} \sum \left(T \frac{l_x}{d_x^4}\right) = 7{,}3 \cdot 10^{-3} \sum \left(T \frac{l_x}{d_x^4}\right) \quad \text{in Winkelgrad } (°) \tag{17.5}$$

mit T in N mm sowie d_x und l_x als den Durchmessern und Längen der einzelnen Wellenabschnitte in mm.

Elastische Durchbiegung. Diese beeinträchtigt häufig Arbeitsweise und Güte der Maschinen, z. B. in Werkzeug- und elektrischen Maschinen, Turbinen, Getrieben. In diesen Fällen müssen die zulässigen Durchbiegungen bei der Bemessung berücksichtigt werden. Auch der Neigungswinkel der Mittellinie der durchgebogenen Welle gegen ihre Ausgangslage (α_1 in Bild **18**.1a), z. B. an einem Lager oder an der Eingriffsstelle von zwei Zahnrädern, darf Grenzwerte nicht überschreiten. Die Biegesteifigkeit EI bestimmt wesentlich die Größe der Durchbiegung und damit die biegekritische Drehzahl.

Die Durchbiegung wird z. B. von Zahn- und Riemenkräften, von Fliehkräften, sowie – bei horizontaler Welle – vom Eigengewicht der Bauteile hervorgerufen.

Das Eigengewicht kann bei kurzen Wellen vernachlässigt werden. Bei elektrischen Maschinen ist die Wirkung der magnetischen Kräfte auf die Durchbiegung zu beachten. Das Ermitteln der Durchbiegung erfordert einen gewissen Rechenaufwand, da abgesetzte Wellen in den einzelnen Wellenabschnitten verschiedene Biegesteifigkeit und zumeist auch eine unregelmäßig verteilte Belastung aufweisen. Die Berechnung kann z. B. mit der Summenformel erfolgen [10, S. 66/67]. Mittels elektronischer Rechenmaschinen[1]) können auch Einflüsse federnder Lagerungen auf die Biegelinie erfaßt werden.

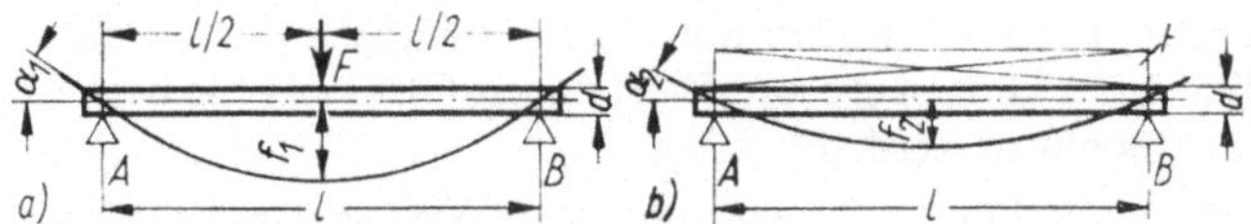

18.1 Durchbiegung einer Welle unter gleich großer Last F bei verschiedener Lastverteilung
a) unter einer Punktlast F
b) unter einer Streckenlast F $f_2 = \frac{5}{8} f_1$ $\alpha_2 = \frac{2}{3} \alpha_1$

Biegelinie bei Belastung in einer Ebene und zweifacher Lagerung (**18.1**). Der allgemeine Zusammenhang zwischen Durchbiegung f und Belastung F wird für eine Welle mit über die Lagerentfernung l konstantem Durchmesser d beschrieben durch die Gleichung

$$f = \frac{Fl^3}{KEI} \tag{18.1}$$

Die Konstante K hängt von der Lastverteilung ab. Mit dem Trägheitsmoment $I = \pi d^4/64$ erhält man gemäß Gl. (18.1) die folgenden Gleichungen:

1. bei mittiger Punktlast (**18.1** a)

$$f_1 = \frac{Fl^3}{48EI} = 0{,}424 \frac{Fl^3}{Ed^4} \tag{18.2}$$

2. bei Streckenlast F (**18.1** b)

$$f_2 = \frac{5Fl^3}{384EI} = 0{,}265 \frac{Fl^3}{Ed^4} \tag{18.3}$$

Der Elastizitätsmodul E ist für alle Stahlsorten, auch für die hochwertigen, nahezu gleich und beträgt $2{,}1 \cdot 10^5$ N/mm². Bei Wellen, die nach ihrer elastischen Durchbiegung zu bemessen sind, bringen somit Stähle höherer Festigkeit keinerlei Vorteil gegenüber normalen Stählen, z. B. St 50.

Alle übrigen metallischen Werkstoffe mit niedrigeren E-Werten haben daher größere Durchbiegungen zur Folge. Aluminium z. B. mit $E = 70000$ N/mm² würde die dreifache Durchbiegung gegenüber Stahl ergeben (s. Teil 1, Abschn. 6.2.1). Für Gußeisen[2]) ist $E = 1{,}18 \cdots 1{,}75 \cdot 10^5$ N/mm², eine Welle aus Gußeisen ist also elastischer als eine Stahlwelle.

[1]) FAG Berichte, Wälzlagertechnik (1970–1) S. 22 bis 27

[2]) Nachrichten der Zentrale für Gußverwendung Nummer 58.3, S. 11, bzw. Mitteilung Nr. 1108

Ein Abschätzen bzw. Eingrenzen der wirklichen Durchbiegung gelingt mit zwei einfachen Rechnungen. Man nimmt zunächst einen mittleren Durchmesser der abgesetzten Welle an (der Einfluß der Durchmesser nahe der Wellenmitte überwiegt) und denkt sich alle Lasten zusammen ersetzt

1. durch eine mittige Punktlast F; man berechnet hierfür die Durchbiegung f_1
2. durch eine gleichmäßig verteilte Gesamtbelastung F; hierfür berechnet man die Durchbiegung f_2.

Der genaue Wert wird sicher kleiner als f_1 und größer als f_2 sein, sowie meist näher bei f_2 liegen.

Die genaue Ermittlung der Biegelinie erfolgt mittels eines Elektronenrechners[1]) oder nach dem graphisch-rechnerischen Verfahren von Mohr. Dieses Verfahren begründet sich darauf, daß zwischen Biegemoment und Belastung der gleiche mathematische Zusammenhang wie zwischen Durchbiegung und Moment besteht (2. Ableitung des Biegemomentes M liefert die Belastung F und die 2. Ableitung der Durchbiegung y das Moment M)

$$\frac{d^2 M}{dx^2} = -\frac{F}{H} \quad \text{und} \quad \frac{d^2 y}{dx^2} = -\frac{M}{EI}$$

mit H als Polabstand der Polfigur für die Kräfte von Bild **22.1**. Die Anwendung des Verfahrens erfolgt in zwei ähnlichen Arbeitsgängen (s. auch ausführliches Beispiel 6, S. 21, und Bild **22.1**):

1. Zur gegebenen Belastung (**22.1** a) zeichnet man mittels Polfigur 1 und Seilstrahlen die Biegemomentlinie (**22.1** b).
2. a) Für alle Stellen 1, 2, 3 usw. bis 12, an denen sich die Größe von M oder I ändert, berechnet man die Einzelwerte M/I zweckmäßig in Tabellenform (Tafel **23.1**). Die aus Dreiecken und Trapezen bestehenden Flächen $\int \frac{M}{I}\, dl$, deren Größe berechnet wird, werden nun als Flächen-Lasten F aufgefaßt und vorübergehend durch Punktlasten F in den Schwerpunkten der einzelnen Flächen (kleine Kreise in Bild **22.1** c) ersetzt.
   b) Zu den Punktlasten F zeichnet man mittels Polfigur 2 und Seilstrahlen die zugehörige Biegemomentlinie. Dieser Linienzug stellt, wie oben erläutert, zugleich die elastische Biegelinie in entsprechender Vergrößerung dar. Die Biegelinie erscheint wegen der ersatzweisen Annahme punktförmiger Lasten F als ein Seileck, mit Eckpunkten unterhalb der Punktlasten. Führt man die wirkliche Lastverteilung – mit Flächenlasten F – wieder ein, so entsteht die wirkliche Biegelinie als stetig gekrümmte Kurve. Das obengenannte Seileck ist dann das Tangentenpolygon für die wirkliche Biegelinie mit Berührungspunkten jeweils unterhalb der Grenzen der gewählten Flächeneinteilungen. Die Berücksichtigung des anfangs außer acht gelassenen Elastizitätsmoduls E erfolgt bei der Auswertung der graphischen Darstellung.

Für die graphische Darstellung sind einzelne Maßstäbe frei wählbar (Kräfte, Längen), die nach DIN 1302 z. B. wie folgt geschrieben werden können: 1 cm ≙ 8,0 kN (lies 1 cm der Zeichnung entspricht 8,0 kN in der Natur). Für die Auswertung der Darstellung ist es hier jedoch zweckmäßig, den Quotienten 8,0 kN/1 cm zu verwenden. Diese Maßstabsgröße wird für die Kräfte mit m_F bezeichnet. Mit ihm kann man die Formeln weiterer Maßstäbe (z. B. für Momente, Durchbiegungen) als Größengleichungen schreiben. Für Beispiel 6 und Bild 22.1 gelten

---

[1]) ZVDI (1972) S. 97 bis 107 (s. Fußnote 1, S. 29)

Kräftemaßstab: 8,0 kN in der Natur entsprechen 1 cm in der Zeichnung (Zahlenwert 8,0 gewählt)

$$m_{F1} = \frac{8{,}0\ \text{kN}^{1)}}{1\ \text{cm}}$$

Längenmaßstab: 20 cm in der Natur entsprechen 1 cm in der Zeichnung (Zahlenwert 20 gewählt)

$$m_l = \frac{20\ \text{cm}}{1\ \text{cm}}\ ^{1)}$$

Momentmaßstab: Mit dem Polabstand H_1 (in cm) folgt dann aus den gewählten Maßstäben m_{F1} und m_l der Momentmaßstab $m_M = m_l m_{F1} H_1$, hier also

$$m_M = \frac{20\ \text{cm} \cdot 8{,}0\ \text{kN} \cdot 2{,}5\ \text{cm}}{1\ \text{cm} \cdot 1\ \text{cm}} = \frac{400\ \text{kN cm}}{1\ \text{cm}} \quad (H_1 = 2{,}5\ \text{cm gewählt})$$

Die Einheit für die Flächenkräfte F erhält man aus der Beziehung $F = (M/I)l$, also kNcm· · cm/cm^4 = kN/cm^2 = kN· cm^{-2}. Dann ist der

Flächenkräftemaßstab $$m_{F2} = \frac{5{,}0\ \text{kN cm}^{-2}}{1\ \text{cm}} \quad \text{(Zahlenwert 5,0 gewählt)}$$

Man findet den Maßstab für die Durchbiegung y, ähnlich wie den Biegemomentmaßstab, aus den Maßstäben m_l und m_{F2} unter Berücksichtigung des Polabstandes H_2 (H_2 = 2,1 cm gewählt) und des eingangs außer acht gelassenen Elastizitätsmoduls E (in kN/cm^2, als Faktor $1/E$ einzuführen, s. o.). Dann ist der

Durchbiegungsmaßstab $$m_y = \frac{m_l \cdot m_{F2} \cdot H_2}{E}$$

hier also $$m_y = \frac{20\ \text{cm} \cdot 5{,}0\ \text{kN/cm}^2 \cdot 2{,}1\ \text{cm}}{1\ \text{cm} \cdot 1\ \text{cm} \cdot 2{,}1 \cdot 10^4\ \text{kN/cm}^2} = \frac{0{,}01\ \text{cm}}{1\ \text{cm}}$$

Die Maßstäbe m_l und m_y für die Länge bzw. die Durchbiegung sind an sich einheitenfrei, sie werden jedoch wegen des besseren Verständnisses in der vorliegenden Form geschrieben. Einen bequemen Maßstab für die Durchbiegung – z. B. ihre zehnfach vergrößerte Darstellung auf der Zeichnung wie im folgenden – erhält man, wenn der Längen- und der Kräftemaßstab sowie der Quotient H_2/E als glatte Zahl gewählt wird.

Beispiel 5. Wählt man in einem praktischen Fall m_l = 50 cm/1 cm, m_{F1} = 2,0 kN/1 cm und H_1 = 5 cm, so ist der Momentmaßstab

$$m_M = \frac{50\ \text{cm} \cdot 2{,}0\ \text{kN} \cdot 5\ \text{cm}}{1\ \text{cm} \cdot 1\ \text{cm}} = 500\ \text{kN cm/1 cm}$$

Nunmehr ergibt sich mit den gewählten Werten für m_{F2} = 10 kN cm^{-2}/1 cm, H_2 = 4,2 cm und E = 2,1 · 10^4 kN/cm^2 (also H_2/E = 2 · 10^{-4} cm^3/kN) der Maßstab für die Durchbiegung

$$m_y = \frac{50\ \text{cm} \cdot 10\ \text{kN cm}^{-2} \cdot 2 \cdot 10^{-4}\ \text{cm}^3/\text{kN}}{1\ \text{cm} \cdot 1\ \text{cm}} = \frac{0{,}1\ \text{cm}}{1\ \text{cm}}$$

(0,1 cm in der Natur entspricht 1 cm in der Zeichnung)

---

[1]) Bisweilen wird hierfür geschrieben: $m_F = \dfrac{8{,}0\ \text{kN}}{1\ \text{cm}\ Z}$ bzw. $m_l = \dfrac{20\ \text{cm}}{1\ \text{cm}\ Z}$

Der Neigungswinkel α_x der elastischen Linie an einer beliebigen Stelle x, bzw. tan α_x, ist – entsprechend der allgemeinen Beziehung zwischen Querkraft und Biegemoment – gleich der Querkraft Q_F der Flächenkräfte F. Aus der Biegelinie bzw. der Funktion $y = f(x)$ entsteht durch Differenzieren die Querkraftlinie mit $Q_F = dy/dx = \tan \alpha_x$ (22.1d und e). Da es sich in der Praxis um sehr kleine Winkel α_x handelt, kann man $\tan \alpha_x \approx \alpha_x$ setzen. Somit gilt $\tan \alpha_x = Q_x/E$ mit Q_x als Querkraft an der Stelle x. Der Faktor $1/E$ ist wiederum einzufügen, da er in der Rechnung zunächst weggelassen wurde. An der Stelle der größten Durchbiegung y_{max} ist $\tan \alpha = 0$, d. h. $Q_F = 0$.

Die Querkräfte Q_F zeichnet man in demselben Maßstab wie die Flächenkräfte F. Am Auflager A ist für eine Welle ohne Kragarm $Q_F = A_F$ (Auflagerreaktion aus den Flächenkräften), am Auflager B ist $Q_F = B_F$; entsprechend sind die Neigungswinkel in den Lagern $\alpha_A \approx A_F/E$ und $\alpha_B \approx B_F/E$. Die Auflagerreaktionen A_F und B_F erhält man durch Übertragen der Schlußlinie S, in die zweite Polfigur (22.1e).

Zu beachten ist, daß die Winkel nicht aus der in der Darstellung überhöhten Biegelinie bestimmt werden dürfen, weil nur die Tangens-Werte der Winkel proportional vergrößert sind, die Winkel selbst nicht. Der Maßstab für tan α ist $m_{\tan\alpha} = m_y/m_l$.

Die Wirkung des belasteten Kragarmes einer Welle ist nicht nur für die Lagerbelastung und Biegebeanspruchung, sondern auch für die Durchbiegung und den Neigungswinkel am Kragarm wie am benachbarten Lager sehr ungünstig. Aus Bild 21.1 kann man die nachteiligen Einflüsse für eine Welle mit konstantem Durchmesser erkennen.

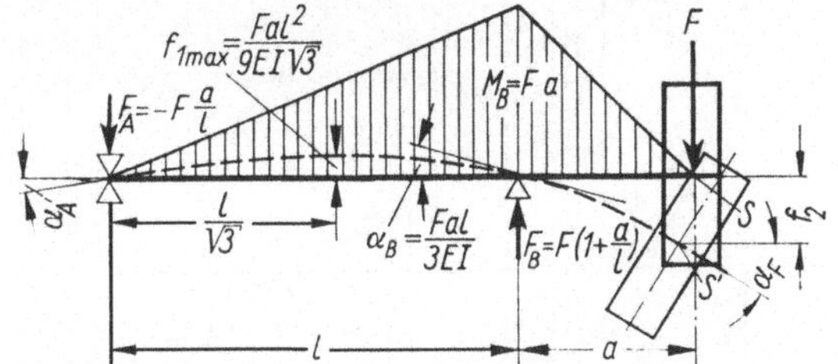

21.1 Welle mit Kragarm. Durchbiegung

$$f_2 = \frac{Fa^2(l + a)}{3EI}$$

$$\alpha_A = \frac{Fal}{6EI} \qquad \alpha_F = \alpha_A(2 + 3a/l)$$

Für die Aufzeichnung einer Biegelinie nach dem Mohrschen Verfahren denkt man sich vorübergehend die Welle am Kragarm, am Lastangriffspunkt gestützt und an der innen liegenden Lagerstelle mit einer Kraft gleich der wirklichen Stützkraft belastet. Dann bleiben sowohl die Biegemomente als auch das Seileck der Biegelinie unverändert. Die richtigen Werte der Durchbiegung – am Lager A und B gleich Null – ergeben sich von einer Nullinie (S_0 in Bild 22.1) aus, die in das Seileck (22.1e) von A nach B eingezeichnet wird. Überträgt man die Nullinie in die Polfigur 2, so folgen daraus die Q_F-Werte und die Neigungswinkel. In Beispiel 6 wird die Anwendung des Verfahrens von Mohr ausführlicher gezeigt.

Beispiel 6. Die Durchbiegung der Welle des Elektromotors 380 kW, 1500 min^{-1} (Bild 22.1a) infolge Eigengewichtskraft, einseitigem magnetischem Zug und Riemenzug ist graphisch und rechnerisch zu untersuchen. Gewichtskraft der Welle 1,58 kN, Gewichtskraft des Läuferblechpaketes (Rotor) 4,8 kN, Achsbelastung aus Riemenzug 14,8 kN, im Abstand von 290 mm von Lager A angreifend (Riemenscheibe 400 mm breit).

Annahmen: 1. Der magnetische Zug von 3,7 kN wirkt in Richtung der Schwerkraft (ungünstiger Fall), der Riemenzug am fliegenden Wellenende senkrecht aufwärts. 2. Lastverteilung: Riemenzug als Punktlast, Eigengewichtskraft von Welle und Läuferblechpaket sowie magnetische Zugkraft als Streckenlast über 480 mm (Länge des Rotors).

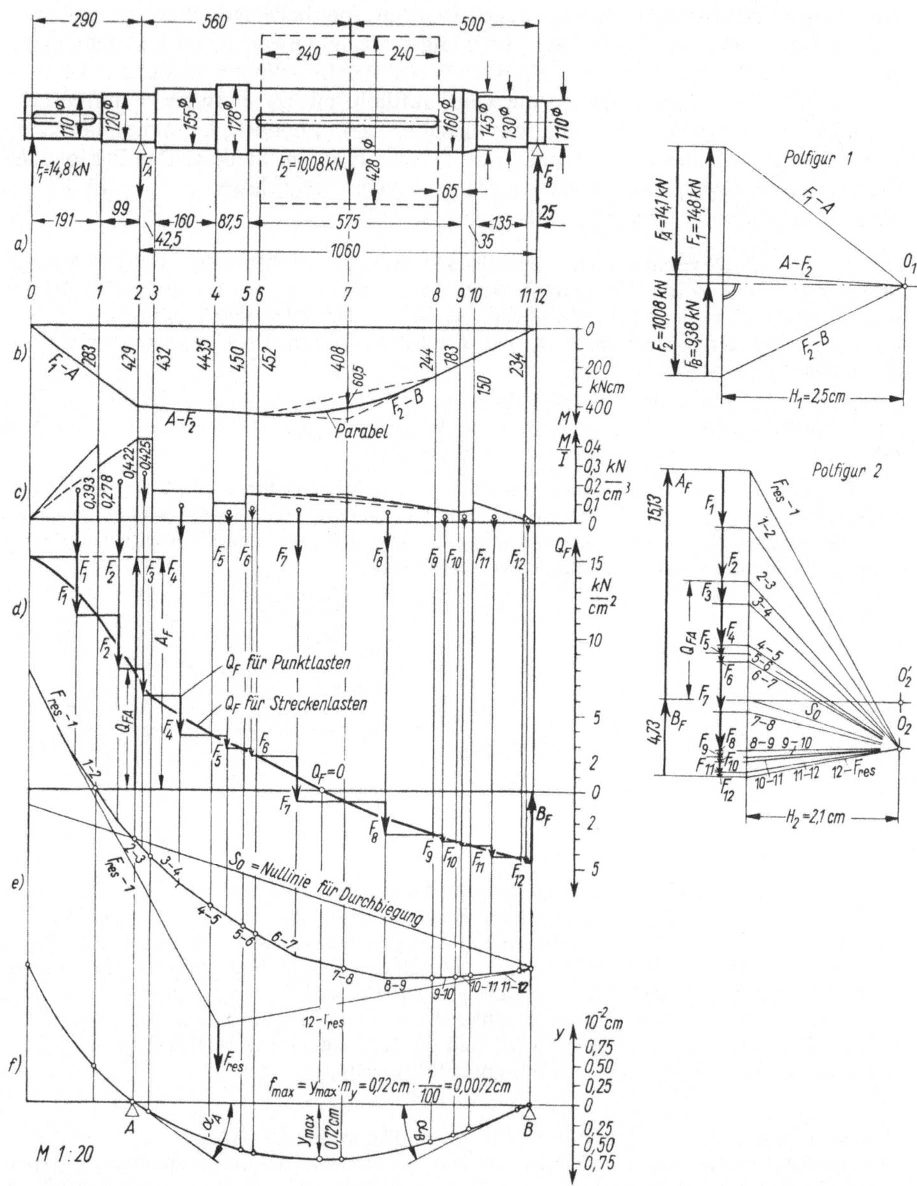

22.1 Ermitteln der Biegelinie der zweifach gelagerten Welle eines 380-kW-Elektromotors nach dem Verfahren von Mohr (zu Beispiel 6). $F_1 = 14{,}8$ kN (Riemenzug) $F_2 = 10{,}08$ kN (Läufereigengewichtskraft 4,8 kN + magnetische Zugkraft 3,7 kN + Eigengewichtskraft der Welle 1,58 kN

a) Werkstattzeichnung
b) Biegemomentlinie und Polfigur 1
c) Verlauf der Werte M/I
d) Querkraftlinie der Flächenlasten
e) Biegelinie als Tangentenpolygon und Polfigur 2
f) Biegelinie

Bestimmung der Lagerkräfte F_A und F_B

$$F_A = \frac{1}{1{,}06\ \text{m}}(10{,}08\ \text{kN} \cdot 0{,}5\ \text{m} - 14{,}8\ \text{kN} \cdot 1{,}35\text{m}) = -14{,}1\ \text{kN}$$

$$F_B = (14{,}1 + 10{,}08 - 14.8)\ \text{kp} = +0{,}938\ \text{kN}$$

Die Anwendung des Mohrschen Verfahrens zeigt Bild 22.1. Im Bildteil b, Biegemomentverlauf, Polfigur und Seilstrahlen, ist der Maßstab für die Biegemomente

$$m_M = m_l \cdot m_{F1} \cdot H_1 = \frac{20\ \text{cm} \cdot 8{,}0\ \text{kN} \cdot 2{,}5\ \text{cm}}{1\ \text{cm} \cdot 1\ \text{cm}} = 400\ \text{kN cm/1 cm}$$

Tafel 23.1 Zur Ermittlung der Durchbiegung nach dem Verfahren von Mohr für die Welle eines Elektromotors (zu Bild 22.1 und Beisp. 6)

Punkt Nr. in Bild 22.1a	Wellen-durch-messer in cm	$I = \frac{\pi d^4}{64}$ in cm⁴	M_b in kN cm	M_b/I in kN/cm³	$\int \frac{M}{I}\,dl = F_{1,2}$ usw. in kN/cm²
0	11,0	718,7	0	0	$\frac{1}{2} \cdot 0{,}393 \cdot 19{,}1 = 3{,}75 = F_1$
1			283	0,393	
1	12,0	1018		0,278	$\frac{9{,}9}{2}(0{,}278 + 0{,}422) = 3{,}46 = F_2$
2			429	0,422	$\frac{4{,}25}{2}(0{,}422 + 0{,}425) = 1{,}80 = F_3$
3			432	0,425	
3	15,5	2833		0,153	$\frac{16}{2}(0{,}153 + 0{,}157) = 2{,}48 = F_4$
4			443,5	0,157	$\frac{8{,}75}{2}(0{,}090 + 0{,}0912) = 0{,}793 = F_5$
4	17,8	4928		0,0900	
5			450	0,0912	$\frac{3}{2}(0{,}1397 + 0{,}1405) = 0{,}42 = F_6$
5	16,0	3217		0,1397	$\frac{24}{2}(0{,}1405 + 0{,}127) = 3{,}21 = F_7$
6			452	0,1405	
7			408	0,127	$\frac{24}{2}(0{,}127 + 0{,}0757) = 2{,}43 = F_8$
8			244	0,0757	$\frac{6{,}5}{2}(0{,}0757 + 0{,}0569) = 0{,}431 = F_9$
9			183	0,0569	$\frac{3{,}5}{2}(0{,}0569 + 0{,}0691) = 0{,}221 = F_{10}$
10	14,5	2170	150	0,0691	
10	13,0	1402		0,107	$\frac{13{,}5}{2}(0{,}107 + 0{,}0167) = 0{,}835 = F_{11}$
11			23,4	0,0167	
11	11,0	718,7		0,0326	$\frac{2{,}5}{2} \cdot 0{,}0326 = 0{,}041 = F_{12}$
12			0	0	
					$19{,}87 = \Sigma F$

Die Berechnung der Zahlenwerte von $I, M_b, M_b/I$ und von $F = \int(M/I)\,dl$ ist in Tafel **23.1** zusammengestellt. Für die Bestimmung der F-Werte wurden im Bereich der Streckenlasten, also von Punkt 6···8 in Bild 22.1 a, als Näherung trapezförmige Flächen angenommen. Als Maßstab für die Durchbiegung erhält man nach Wahl von $m_F = 5{,}0$ kN cm^{-2}/cm und $H_2 = 2{,}1$ cm

$$m_y = m_l m_{F2} H_2 \cdot 1/E = \frac{20\ \text{cm} \cdot 5{,}0\ \text{kN/cm}^2 \cdot 2{,}1\ \text{cm}}{1\ \text{cm} \cdot 1\ \text{cm} \cdot 2{,}1 \cdot 10^4\ \text{kN/cm}^2} = \frac{0{,}01\ \text{cm}}{1\ \text{cm}} \quad \text{oder} \quad 1:100$$

(1 cm in der Natur entsprechen 0,01 cm in der Zeichnung). Aus der auf eine horizontale Bezugslinie mit diesem Maßstab umgezeichneten Biegelinie (22.1 f) findet man die größte Durchbiegung zwischen Lager A und B, nämlich $y_{max} = 0{,}0072$ cm $= 0{,}072$ mm. Die Rechengröße des Luftspaltes, mit der der Elektromotor entworfen wurde, betrug 0,9 mm. Die tatsächliche Durchbiegung verhält sich demnach zum rechnerischen Luftspalt wie 0,072 mm/0,9 mm = 1/12,5 (hierfür wird ein Wert von 1/10 als noch zulässig angesehen).

Zur Bestimmung der Tangenswerte der Neigungswinkel an den Lagern A und B, für die die Winkel selbst gesetzt werden können, benötigt man den Quotient aus Änderung der Biegeordinate Δy und dem Längenabschnitt Δl. Dieser Quotient entspricht nach S. 21 der an der betreffenden Stelle wirkenden Querkraft aus den Flächenkräften Q_F multipliziert mit dem Kehrwert des Elastizitätsmoduls. Das Rechenergebnis, der Dimension nach eine Zahl, ist der Winkel in der Einheit rad. Die Querkräfte an der Welle mit Kragarm errechnet man nach Seite 21 wie folgt

Querkraft bei A (mit Kragarm) $\quad Q_{FA} = A_F - F_1 - F_2 = (15{,}13 - 3{,}75 - 3{,}46)\ \text{kN/cm}^2 = 7{,}92\ \text{kN/cm}^2$

Querkraft bei B $\quad Q_{FB} = B_F = 4{,}73\ \text{kN/cm}^2$

Dann erhält man (s. S. 21)

$$\alpha_A \approx \frac{7{,}92\ \text{kN/cm}^2}{2{,}1 \cdot 10^4\ \text{kN/cm}^2} = 3{,}77 \cdot 10^{-4}\ \text{rad} \qquad \alpha_B \approx \frac{4{,}73\ \text{kN/cm}^2}{2{,}1 \cdot 10^4\ \text{kN/cm}^2} = 2{,}25 \cdot 10^{-4}\ \text{rad}$$

Zum Vergleich wird noch eine überschlägliche Berechnung der Durchbiegung gezeigt mit zwei weiteren Annahmen: 1. Welle mit konstantem Durchmesser 155 mm; 2. F_2 als Streckenlast zwischen A und B. Dann erhält man für die Durchbiegung f_1 aus der Streckenlast F_2 allein nach Gl. (18.3)

$$f_1 = \frac{5Fl^3}{384EI} = \frac{5 \cdot 10{,}08\ \text{kN} \cdot (106\ \text{cm})^3}{384 \cdot 2{,}1 \cdot 10^4\ \text{kN/cm}^2 \cdot 2833\ \text{cm}^4} = 0{,}00263\ \text{cm}$$

und für die Durchbiegung im Feld $A-B$ aus dem Riemenzug allein nach der Gleichung in Bild 21.1 oben, dort $f_{1\,max}$ genannt,

$$f_2 = \frac{Fal^2}{9EI\sqrt{3}} = \frac{14{,}80\ \text{kN} \cdot 29\ \text{cm} \cdot (106\ \text{cm})^2}{9 \cdot 2{,}1 \cdot 10^4\ \text{kN/cm}^2 \cdot 2833\ \text{cm}^4 \cdot \sqrt{3}} = 0{,}0052\ \text{cm}$$

Die Gesamtdurchbiegung ist dann $f = f_1 + f_2 = (0{,}00263 + 0{,}0052)\ \text{cm} = 0{,}00783\ \text{cm} \approx 0{,}08$ mm.

Die Ergebnisse des graphischen und des rechnerischen Verfahrens (0,072 bzw. 0,08 mm) stimmen gut überein, was zugleich die Richtigkeit der hier zuletzt getroffenen beiden Annahmen bestätigt.

Die Biegelinie bei dreifacher Lagerung kann man z. B. mit Hilfe des Superpositionsgesetzes der Statik durch Zusammensetzen aus geeigneten Teillösungen bestimmen:

Teillösung 1. Eine Biegelinie y_1 wird nach Bild **25.1** b für die nur in den Lagern A und B gestützte Welle, also unter Fortlassen des Mittellagers C, mit der gegebenen Belastung in bekannter Weise ermittelt. Im Punkt C entsteht die Durchbiegung y_c.

Teillösung 2. An der Stelle des fortgelassenen Lagers C wird die Kraft F_c angebracht, welche die Durchbiegung y_c der Welle in C aus Teillösung 1 wieder rückgängig macht (25.1 d).

Da F_c aber noch unbekannt ist, setzt man vorläufig in C eine Belastung von 10 kN an. Eine Biegelinie y_2' wird für die in A und B gestützte und mit $F = 10$ kN in C belastete Welle gezeichnet. Die Durchbiegung in C sei y_{c1} (25.1 c). Die wirkliche Auflagerreaktion in C, die Kraft F_c, muß dann zur Aufhebung der Durchbiegung y_c aus Teillösung 1 wegen der Proportionalität zwischen Last und Durchbiegung $F_c = 1\,y_c/y_{c1}$ (in kN) sein. Die proportional vergrößerte Biegelinie y_2 zeigt Bild 25.1 d.

Die Zusammensetzung der Biegelinien y_1 (25.1 b) und y_2 (25.1 d) unter Beachtung der verschiedenen Richtung von y_1 und y_2 liefert dann die resultierende Biegelinie y (25.1 e), die bei Lager C natürlich den Wert $y = 0$ ergeben muß.

In gleicher Weise ergeben sich die resultierenden Biegemomente und Lagerreaktionen als Summe der Werte aus den Teillösungen.

Die Auflagerreaktion in C kann auch als eine äußere Kraft (F_c) aufgefaßt werden, und für die nur in A und B gestützte Welle unter den äußeren Belastungen F_1 und F_2 und der Kraft F_c kann dieselbe endgültige Biegelinie gefunden werden, wobei als Kontrolle die Schlußlinie des Seilecks die Biegelinie bei C schneiden muß.

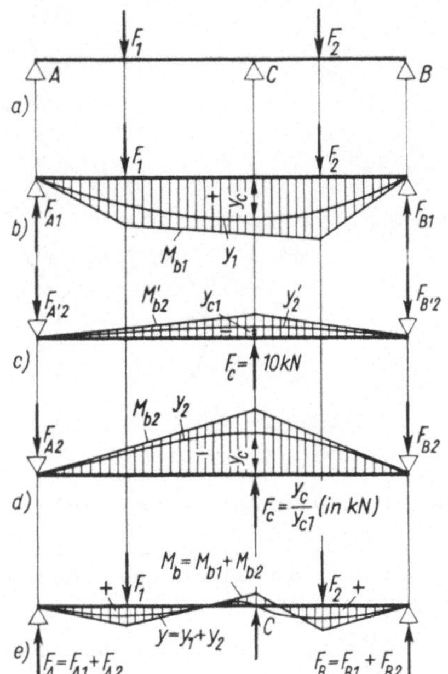

25.1 Ermitteln der Biegelinie einer Welle mit drei Lagern
a) Welle mit Belastung und drei Lagern
b) Biegelinie y_1 der Welle mit Belastung und zwei Lagern (ohne Lager C)
c) Biegelinie der Welle mit einer Einheitslast $F_c = 10$ kN in C und zwei Lagern A und B
d) Biegelinie y_2 der Welle mit einer Last $F_c = y_c/y_{c1}$ (in kN) in C und zwei Lagern A und B
e) resultierende Biegelinie y der Welle mit Belastung und drei Lagern

Die **Biegelinie bei Belastungen in verschiedenen Ebenen** wird, ebenfalls nach dem Superpositionsgesetz, so ermittelt, daß man die Kräfte in zwei Komponenten F_h und F_v in der horizontalen und vertikalen Ebene zerlegt und die Projektionen der Biegelinien auf diese Ebenen y_h und y_v in bekannter Weise bestimmt (26.1 a) bzw. b). Durch punktweise geometrische Addition der Durchbiegungen y_h und y_v erhält man die resultierende Durchbiegung y (26.1 c) nach Betrag und Richtung (Tangens des Richtungswinkels φ; φ ist bezogen auf eine Schnittebene senkrecht zur Welle)

$$y = \sqrt{y_h^2 + y_v^2} \qquad \tan\varphi = \frac{y_v}{y_h} \qquad (25.1)\ (25.2)$$

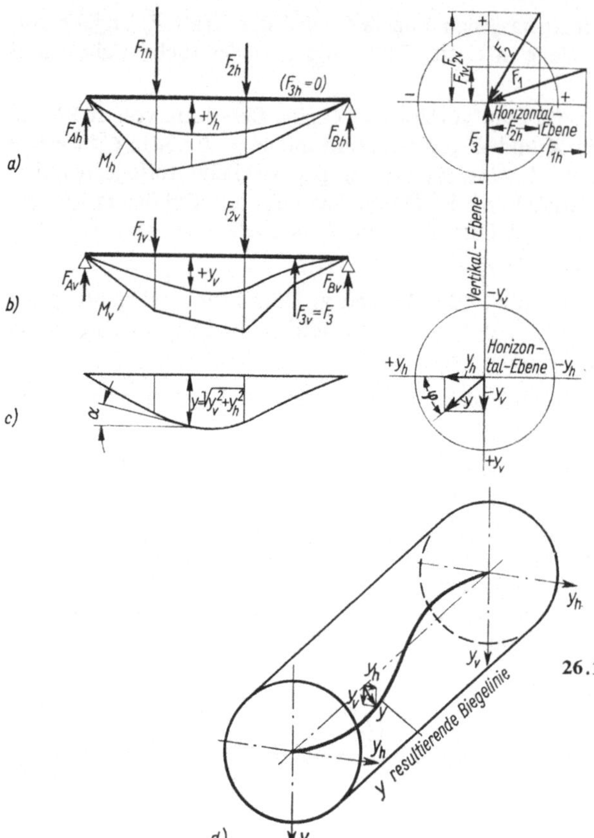

Die resultierende Biegelinie ist meist eine Raumkurve, dick ausgezogene Linie in Bild **26.1**d, die durch Verdrehen der Wellenquerschnitte als ebene Kurve dargestellt werden kann (**26.1**c). Die Längsneigung der Biegelinie kann aus dieser Darstellung mit hinreichender Genauigkeit über den Tangens des Winkels α entnommen werden, der mit dem Maßstabsfaktor m_y/m_l zu multiplizieren ist (S. 20 ff.).

26.1 Ermitteln der Biegelinie bei Belastung in verschiedenen Ebenen
a) Horizontalebene und Zerlegung der Belastung in Komponenten
b) Vertikalebene
c) resultierende Durchbiegung
d) räumliche Darstellung (nicht maßstäblich)

Beispiel 7. Nachrechnung der Getriebewelle in Beisp. 4, S. 13, auf elastische Verformung (**15.1**)

Es werden zunächst vier Teilwerte der Durchbiegungen bestimmt, die zu den je zwei Komponenten der beiden Kräfte F_1 und F_2 nach den folgenden Gleichungen (s. [3] oder Taschenbücher) errechnet werden.

In der Vertikalebene beträgt die Durchbiegung y_{v11} bei Rad 1 infolge der Kraft F_1

$$y_{v11} = \frac{F_{1v} a^2 b^2}{EI 3 l}$$

Mit den in der Praxis gebräuchlichen Einheiten (F_{1v} in kN, a, b und l in cm, E in kN/cm² und I in cm⁴) ergibt sich y_{v11} in cm

$$y_{v11} = \frac{1{,}185 \cdot 20{,}45^2 \cdot 23^2}{2{,}1 \cdot 10^4 \cdot 69{,}2 \cdot 3 \cdot 43{,}45} \text{ cm} = 1{,}185 \cdot 11{,}64 \cdot 10^{-4} \text{ cm} = 0{,}00138 \text{ cm}$$

Die Durchbiegung y_{v12} bei Rad 1 infolge der Kraft F_{2v} ist gegeben durch die Gleichung

$$y_{v12} = \frac{F_{2v} a^2 b^2}{EI 6 l} \left[\frac{2x}{a} + \frac{x}{b} - \frac{x^3}{a^2 b} \right]$$

Mit den in der Praxis üblichen Einheiten (F_{2v} in kN, a, b, l und x in cm, E in kN/cm² und I in cm⁴) erhält man y_{v12} in cm

$$y_{v12} = \frac{-8,83 \cdot 39,15^2 \cdot 4,3^2}{2,1 \cdot 10^4 \cdot 69,2 \cdot 6 \cdot 43,45} \cdot \left[2\frac{20,45}{39,15} + \frac{20,45}{4,3} - \frac{20,45^3}{39,15^2 \cdot 4,3}\right] \text{cm} =$$
$$= -8,83 \cdot 3,36 \cdot 10^{-4}\,\text{cm} = -0,00297\,\text{cm}$$

Entsprechend findet man in der Horizontalebene am Rad 1 die Durchbiegungen infolge der Kräfte F_{1h} und F_{2h}

$$y_{h11} = 4,64 \cdot 11,64 \cdot 10^{-4}\,\text{cm} = 0,0054\,\text{cm} \quad y_{h12} = -3,22 \cdot 3,36 \cdot 10^{-4}\,\text{cm} = -0,00108\,\text{cm}$$

Die Gesamtdurchbiegung am Rad 1 in der Vertikal- und Horizontalebene y_{v1} bzw. y_{h1} und die resultierende Durchbiegung y_1 sind nun

$$y_{v1} = y_{v11} + y_{v12} = (0,00138 - 0,00297)\,\text{cm} = -0,00159\,\text{cm} = -0,0159\,\text{mm}$$

$$y_{h1} = y_{h11} + y_{h12} = (0,0054 - 0,00108)\,\text{cm} = +0,00432\,\text{cm} = 0,0432\,\text{mm}$$

$$y_1 = \sqrt{y_{v1}^2 + y_{h1}^2} = \sqrt{(0,0159\,\text{mm})^2 + (0,0432\,\text{mm})^2} = 0,046\,\text{mm}$$

Für das Verhältnis y/l, hier 0,046 mm/434,5 mm = 1/9430, wird im Werkzeugmaschinenbau ein Wert bis zu 1/5000 zugelassen.

Zulässige Durchbiegung und zulässiger Neigungswinkel. Die Werte für f_{zul} und α_{zul} werden je nach den Güteanforderungen an die einzelnen Maschinen gewählt. So läßt man z. B. bei Werkzeugmaschinen[1]) $f_{zul} = l/5000$ und $\alpha_{zul} = 0,001$ rad zu. Bei elektrischen Maschinen ist f_{zul} abhängig vom theoretischen Luftspalt s zwischen Rotor und Stator, z. B. $f_{zul} \leqq s/10$. Sofern keine besonderen Forderungen bestehen, kann man im allgemeinen Maschinenbau nach dem Erfahrungswert $f_{zul} \leqq l/3000$ bemessen.

Für die Einhaltung einer zulässigen relativen Durchbiegung zur Lagerentfernung läßt sich aus Gl. (18.2) bei gegebenem Lagerabstand l der erforderliche Wellendurchmesser d oder bei gegebenem Wellendurchmesser der größtzulässige Lagerabstand l errechnen, wenn man $f_{zul}/l \leqq {}^1/_{3000}$, $E_{Stahl} = 2,1 \cdot 10^5$ N/mm² und die Gesamtbelastung F als mittig angeordnete Punktlast annimmt. Dies führt auf die Zahlenwertgleichungen

$$d \geqq \sqrt[4]{Fl^2/165} \text{ in mm} \qquad l \leqq 12,85\, d^2/\sqrt{F} \text{ in mm} \qquad (27.1)\,(27.2)$$

mit F in N und l in mm. Für $f_{zul}/l \leqq 1/5000$ ist in Gl. (27.1) die Zahl 100 (statt 165), in Gl. (27.2) die Zahl 10 (statt 12,85) zu setzen.

Welche **Neigungswinkel** α, z. B. an den Lagern, zulässig sind, muß nach den jeweiligen Verhältnissen (Lagerlänge, Passung, Lagerart) oder etwa im Hinblick auf den Eingriff zwischen zwei Zahnrädern nach der geforderten Güte des Getriebes beurteilt werden. Erfahrungsgemäß kann für den Neigungswinkel am Auflager tan $\alpha \approx 1/1000$ rad gesetzt werden.

Der Einfluß der auf der Welle angebrachten Räder oder örtlicher Querschnittsänderungen, etwa durch Nuten, auf die Durchbiegung ist schwer zu erfassen; i. allg. ergeben die Naben der Räder eine Versteifung (und damit eine Verringerung der Durchbiegung), die Nuten eine Schwächung der Welle.

---

[1]) Nach [8] wird für Arbeitsspindeln eine Starrheit von 250 bis 500 in N/μm verlangt.

Wärmedehnung[1]**).** Die radiale Wärmeausdehnung eines Lagerzapfens kann zur Veränderung des Lagerspieles führen, wenn Welle und Lager sich nicht gleichmäßig erwärmen. Ebenso ändert sich die Passung am Nabensitz eines Rades bei ungleichmäßiger Wärmeausdehnung, die entweder durch eine Temperaturdifferenz zwischen beiden Teilen oder durch unterschiedliche Wärmeausdehnungszahlen der Werkstoffe von Welle und Nabe hervorgerufen wird.

Eine Temperaturdifferenz kann ihre Ursache z. B. in der notwendigen Kühlung eines Lagers haben (s. Abschn. 2). Einen großen Unterschied in den Wärmeausdehnungszahlen findet man z. B. zwischen Grauguß und Messing bzw. Rotguß (Tafel **A12**.2).

Die Durchmesseränderung Δd bei der Temperaturdifferenz $\Delta\vartheta$ beträgt für eine Welle mit dem Durchmesser d und der Wärmeausdehnungszahl α

$$\Delta d = \alpha d \Delta \vartheta$$

Eine Wärmedehnung in Längsrichtung entsteht bei unterschiedlicher Erwärmung von Welle und Gehäuse. Sie kann zu Zwängungen in den Lagern führen, wenn keine Ausdehnungsmöglichkeit gegeben ist. Zweckmäßig ordnet man deshalb ein Fest- und ein Loslager an (s. Abschn. 3.3.5.2).

1.2.2.4. Schwingungen und kritische Drehfrequenzen (s. Abschn. 4.3.2 und Teil 1, Abschn. 6.1)

Jede Welle besitzt je nach ihrer Dreh- bzw. Biegesteifigkeit eine bestimmte Eigenschwingungszahl für Dreh- bzw. Biegeschwingungen und kann mithin bei geeigneter Anregung in elastische Dreh- oder Biegeschwingungen versetzt werden. Da die anregende Frequenz gewöhnlich durch die Drehfrequenz der Welle gegeben ist, spricht man von der kritischen Drehfrequenz bei Resonanz mit der Eigenschwingungszahl, weil bei längerem Verbleiben in dieser Drehfrequenz eine „kritische" oft nicht zu beherrschende Steigerung der Ausschläge eintritt, die zum Bruch führen kann.

Zur Anfachung von gefährlichen Drehschwingungen sind rhythmisch sich wiederholende Änderungen des Drehmomentes Voraussetzung, wie sie besonders in Kolbenmaschinen auftreten. Die Ermittlung der torsionskritischen Drehfrequenz bzw. Drehfrequenzen einer Welle ist daher für Kolbenmaschinen eine sehr wichtige Aufgabe (s. Abschn. Kurbelgetriebe). Biegeschwingungen werden durch Fliehkräfte an der sich drehenden Welle hervorgerufen. Die biegekritische Drehfrequenz einer Welle ist deshalb unabhängig von der Achsenlage, ob horizontal, vertikal oder in beliebiger Anordnung, und für alle schnellaufenden Wellen von Bedeutung.

Drehschwingungen. Die Eigen-Kreisfrequenz (Winkelfrequenz)[2] ω_e einer Welle für Drehschwingungen ist abhängig von der Drehsteife c' des Wellenstückes und dem polaren Massenträgheitsmoment J_p

$$\omega_e^2 = \frac{c'}{J_p} \quad \text{bzw.} \quad \omega_e = \sqrt{\frac{c'}{J_p}} \tag{28.1}$$

Hierin ist die Drehsteife c' der Quotient aus dem Drehmoment T und dem an dem Wellenstück hervorgerufenen Verdrehungswinkel ψ. Das Drehmoment T kann nach Gl. (16.1) und (16.2) durch den Gleitmodul G und das polare Flächenträgheitsmoment I_p

---

[1]) Meiners, K.: Wärmeübergang an der einseitig beheizten, waagerechten Welle. VDI-Z. **99** (1957) S. 667 bis 671

[2]) SI-Einheit für Kreisfrequenz ist 1/s. Da der Ausdruck Kreisfrequenz zur Annahme verleitet, daß die in der Zeit umfahrenen Vollkreise gemeint sind, empfiehlt DIN 1311 den Namen Winkelfrequenz.

des Wellenquerschnittes ausgedrückt werden. Dann ergibt sich mit $\psi = \vartheta l$ nach Gl. (16.2)

$$c' = \frac{T}{\psi} = \frac{T}{\vartheta l} = \frac{G I_p}{l} \tag{29.1}$$

Setzt man in diese Größengleichung z. B. T in Nm, G in N/m², I_p in m⁴ und l in m ein, so hat c' die Einheit Nm/rad. Das Massenträgheitsmoment J_p der Drehmasse eines zylindrischen Körpers wird mit dem Außendurchmesser D, der Breite b (**29**.1) und der Dichte ϱ angegeben durch die Gleichung

$$J_p = \frac{\pi}{32} \varrho D^4 b \tag{29.2}$$

Für eine ringförmige Masse mit dem Außen- bzw. Innendurchmesser D_a und D_i und der Breite b wird

$$J_p = \frac{\pi}{32} \varrho (D_a^4 - D_i^4) b$$

Gl. (28.1) gilt für ein System mit nur einer Drehmasse. Das einfachste schwingungsfähige System einer Welle besteht aber aus zwei Drehmassen mit J_{p1} und J_{p2}, die durch ein Wellenstück von der Länge l mit der Drehsteife c' verbunden sind (**29**.1). Für dieses Zweimassensystem ist die Eigen-Kreisfrequenz ω_e (hier und im folgenden wird die Masse der Welle selbst vernachlässigt)

$$\omega_e^2 = c' \left(\frac{1}{J_{p1}} + \frac{1}{J_{p2}} \right) \quad \text{bzw.} \quad \omega_e = \sqrt{c' \left(\frac{1}{J_{p1}} + \frac{1}{J_{p2}} \right)} \tag{29.3}$$

Wenn das Massenträgheitsmoment J_{p2} im Vergleich zu J_{p1} sehr groß wird, geht Gl. (29.3) mit $J_p = J_{p2}$ in Gl. (28.1) über.

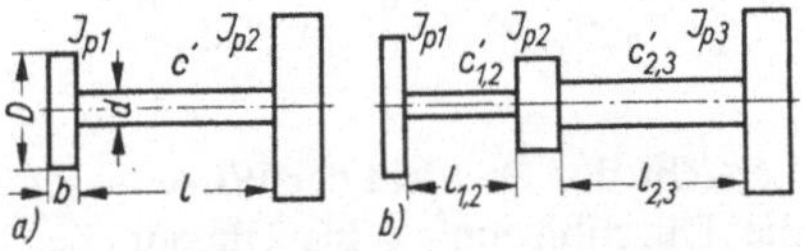

29.1 Drehschwingungssysteme
a) mit zwei Massen. Drehsteifigkeit $c' = G I_p / l$
b) mit drei Massen. $c'_{1,2}$ bzw. $c'_{2,3}$ sind die Drehsteifen der Wellenstücke zwischen den Drehmassen J_{p1} und J_{p2} bzw. J_{p2} und J_{p3}

Systeme mit mehr als zwei Drehmassen, verschieden langen Wellenstücken und verschiedenen Drehsteifen der einzelnen Stücke (**29**.1 b) besitzen auch mehrere Eigenkreisfrequenzen. Allgemein hat ein System mit n Massen und $(n-1)$ Wellenstücken zwischen diesen Massen $(n-1)$ verschiedene Eigenkreisfrequenzen. Die Bestimmung dieser Frequenzen ist bei Systemen mit mehr als drei Massen sehr umständlich und wird mittels rechnerischer[1]) oder zeichnerischer Näherungsverfahren durchgeführt [2].

Biegeschwingungen entstehen an Wellen meist durch Fliehkraftwirkungen von kleinen Unwuchten der sich drehenden Massen. Die Grundformel für die Eigen-Kreisfrequenz ω_e von Biegeschwingungen läßt sich verhältnismäßig leicht ableiten, wenn man vereinfachend den Fall annimmt, daß eine „glatte" Welle (zylindrisch, ohne Absätze, Bohrungen oder Nuten, d. h. mit konstantem Trägheitsmoment I) mit der Biegesteife c, vernachlässigbar kleiner Eigenmasse und einer aufgesetzten Masse m umläuft, deren Schwerpunkt S von der Wellenmitte M die Exzentrizität e hat (**30**.1). Auf die mit der Winkelgeschwindigkeit ω umlaufenden Masse m wirkt die Fliehkraft F. Unter dieser

[1]) Loomann, J.: Zusammenstellung von ENV-Programmen auf dem Gebiet der Antriebstechnik. ZVDI (1972) H. 2, S. 97 bis 107

Fliehkraft biegt sich die Welle um den Betrag y durch. Der Schwerpunkt S der Masse bewegt sich nun um die Drehachse 0–0 auf einer angenommenen Kreisbahn[1]) mit dem Radius r (**30.1**; $r = y + e$). Die Fliehkraft ist

$$F = mr\omega^2 = m(y + e)\omega^2 \tag{30.1}$$

Die **Biegesteife** c ist definiert als Quotient aus der Kraft F und der durch diese hervorgerufenen Wellendurchbiegung y; $c = F/y$. Die Biegesteife wird z. B. in N/m angegeben. Bei einer elastischen Auslenkung y der Welle mit der Biegesteife c tritt als Reaktion eine Rückstellkraft F_R auf, die der Auslenkung y und Biegesteife c proportional ist, es gilt $F_R = cy$. Die Rückstellkraft F_R wirkt der Fliehkraft F entgegen. Aus dem Gleichgewicht $F = F_R$ folgt, mit $F = m(y + e)\omega^2$ und $F_R = cy$

$$\omega^2 = \frac{cy}{m(y + e)} \tag{30.2}$$

und

$$y = \frac{e\omega^2}{c/m - \omega^2} \tag{30.3}$$

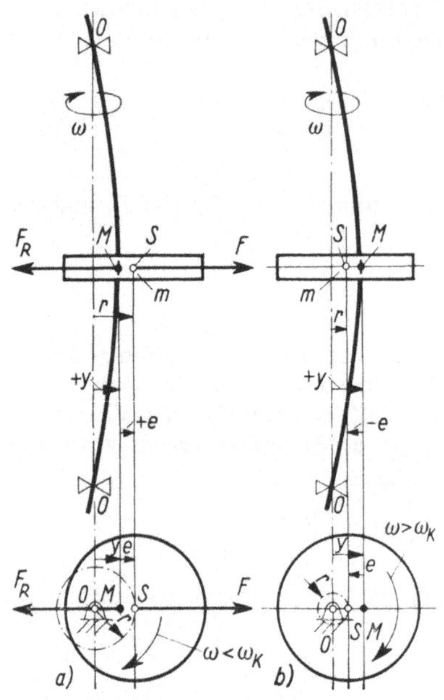

30.1 Einzelmasse auf biegesteifer, masseloser Welle
a) bei unterkritischer Winkelgeschwindigkeit ω, $r = y + e$
b) bei überkritischer Winkelgeschwindigkeit ω, $r = y - e$

Erreicht das Quadrat der Winkelgeschwindigkeit ω^2 in Gl. (30.3) den Wert c/m, so wächst die Durchbiegung y ins Unendliche. Es liegt dann die gefährliche **Resonanz** mit der Eigen-Kreisfrequenz ω_e, die **kritische Winkelgeschwindigkeit** ω_k vor

$$\omega_k^2 = \omega_e^2 = \frac{c}{m} \quad \text{bzw.} \quad \omega_k = \sqrt{\frac{c}{m}} \tag{30.4}$$

Die **biegekritische Drehfrequenz** f_k bzw. n_k des Einmassensystems ist gegeben durch die Zahlenwertgleichung

$$f_k = \frac{\omega_k}{2\pi} \quad \text{in s}^{-1} \qquad n_k = \frac{30}{\pi}\sqrt{\frac{c}{m}} \quad \text{in min}^{-1}$$

$$\text{mit } \omega_k \text{ in s}^{-1}, c \text{ in N/m und } m \text{ in Ns}^2/\text{m}. \tag{30.5}$$

Wird ω größer als ω_k, so wird, wie Gl. (30.3) zeigt, y negativ. Die Durchbiegung y ist in diesem „**überkritischen Bereich**" entgegengesetzt zur Exzentrizität e gerichtet, und der Massenschwerpunkt S liegt demnach zwischen Wellenmitte M und Drehachse 0–0 (**30.1**b).

[1]) Schäff, K., und Krieb, K.-K.: Schwingungserscheinungen an Turbogeneratoren mit Stahlfundamenten. VDI-Z. **101** (1959) S. 55 bis 62

Bei weiterer Steigerung von ω wird r im überkritischen Bereich immer kleiner und nähert sich schließlich dem Wert $r = 0$: Die Welle zentriert sich selbst und läuft ruhiger als im unterkritischen Bereich. Hier ist das Verhältnis r/e (**31.1**) immer größer als 1 und steigt oberhalb $\omega/\omega_k = 0{,}8$ sehr rasch an. Im überkritischen Bereich sinkt dagegen r/e sehr schnell und erreicht bereits bei $\omega/\omega_k = \sqrt{2}$ den Wert $r/e = 1{,}0$ und bei $\omega/\omega_k = \sqrt{3}$ den Wert 0,5. Trotz Drehfrequenzsteigerung verringert sich die Fliehkraft. Bei Anwachsen des Drehfrequenzverhältnisses $n/n_k = \omega/\omega_k$ von z. B. 1,1 auf 1,41 sinkt r/e von 4,762 auf 1,0 und die Fliehkraft $m r \omega^2$ auf den 2,88ten Teil.

Die Biegesteife c errechnet man aus der zu einer äußeren Belastung F der Welle gehörigen elastischen Durchbiegung y, wobei die Belastungsweise (Einzellast, mehrere Lasten, Streckenlast) der wirklichen Massenverteilung auf der Welle entsprechen muß. Als äußere Belastung wählt man zweckmäßigerweise die Eigengewichtskraft F_g der Welle und Scheibe. Daraus folgt – bei waagerechter Wellenlage – die Durchbiegung f_g, und die Biegesteife ist dann

$$c = F/y = F_g/f_g$$

Setzt man diesen Ausdruck und die Beziehung $F_g = mg$ (mit der Fallbeschleunigung $g = 981$ cm/s^2 und der Masse m in kg) in Gl. (30.5) ein, so ergibt sich die als Näherungsformel gebräuchliche Zahlenwertgleichung für die biegekritische Drehfrequenz

$$n_k \approx 300 \sqrt{\frac{1}{f_g}} \qquad \text{in min}^{-1} \quad \text{mit } f_g \text{ in cm} \qquad (31.1)$$

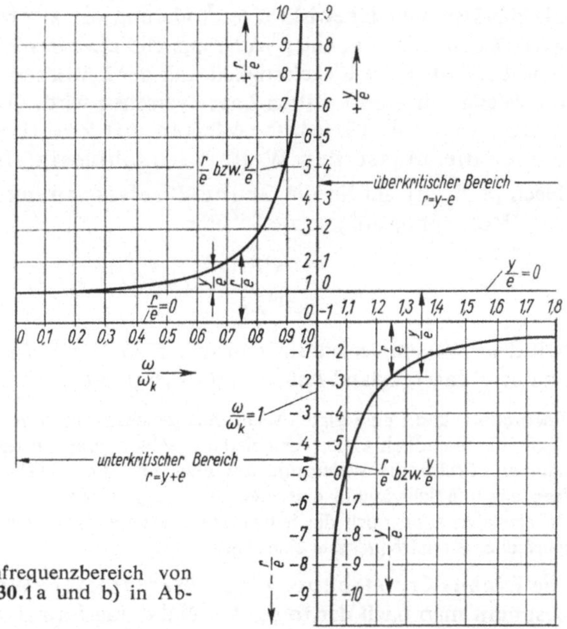

31.1 Unter- und überkritischer Drehfrequenzbereich von Wellen. Verhältnis r/e und y/e (**30.1** a und b) in Abhängigkeit von ω/ω_k

Gl. (31.1) liefert nur dann ein brauchbares Ergebnis, wenn für f_g lediglich die Durchbiegung infolge einer gedachten Belastung durch die Eigengewichtskraft der Welle und der sich drehenden Massen, die die Fliehkraftwirkung hervorrufen, eingesetzt wird. Nicht dagegen darf die Durchbiegung aus etwa vorhandenen einseitig wirkenden Kräften wie Zahndrücken, Riemenzügen usw. in diese Gleichung eingeführt werden, da diese äußeren Kräfte keine Fliehkräfte verursachen und somit keinen Einfluß auf die kritische Drehfrequenz haben. Die Lage der Welle (waagerecht oder senkrecht) ist ebenfalls gleichgültig, denn die Fliehkraftwirkungen sind bei allen Wellenlagen gleich groß, die kritische Drehfrequenz hat immer denselben Wert.

Bemerkenswert ist, daß auch die Exzentrizität e die kritische Drehfrequenz nicht beeinflußt. Mit Rücksicht auf die Fliehkräfte ist durch Auswuchten der Welle jedoch eine möglichst kleine Exzentrizität anzustreben.

Man erkennt die Einflußgrößen für die kritische Drehfrequenz am besten aus Gl. (30.4), aus der sich für eine Welle mit einer mittig sitzenden Scheibe die folgende Gleichung ergibt

$$\omega_k = \sqrt{\frac{c}{m}} = \sqrt{\frac{48EI}{ml^3}} = \sqrt{\frac{3\pi E}{4}}\sqrt{\frac{d^4}{ml^3}} \tag{32.1}$$

Mit der Biegesteife $c(= 48\,EI/l^3)$ in N/m, dem Elastizitätsmodul E in N/m², dem axialen Trägheitsmoment der Vollwelle $I(= \pi d^4/64)$ in m⁴. der Masse m in Ns²/m und Wellendurchmesser d sowie Lagerabstand l in m erhält man in dieser Größengleichung ω_k in s^{-1}. Die kritische Kreisfrequenz ω_k – und hiermit proportional die kritische Drehfrequenz n_k – einer Welle läßt sich somit durch Ändern der Biegesteife c beeinflussen, z. B. erhöhen. Dies kann am wirksamsten durch Heraufsetzen des Wellendurchmessers d oder – weniger wirksam – durch Verringern des Lagerabstandes l erreicht werden (ω_k erhöht sich hierbei proportional mit d^2 bzw. $1/l^{3/2}$). Auch durch Verkleinern von m läßt sich ω_k erhöhen (der Einfluß wirkt proportional mit $\sqrt{1/m}$). Der Elastizitätsmodul E bewirkt eine Änderung von n_k proportional $E^{1/2}$, z. B. hat die kritische Drehfrequenz n_k einer Welle aus GG etwa das 0,7fache des Wertes einer Stahlwelle. Eine Erhöhung der Biegefestigkeit und der kritischen Drehfrequenz tritt auch ein, wenn die Welle mit einem dritten Lager versehen wird. Die vorstehenden Gleichungen gelten aber nur für glatte Wellen mit zwei Lagern und mit einer Scheibe, wobei die Masse der Welle vernachlässigt ist (masselose Welle).

Nach [8, S. 33] gilt für die Grund-Kreisfrequenz ω_{e0} der glatten, massebehafteten Welle ohne aufgesetzte Scheibe

$$\omega_{e0} = \sqrt{\frac{\pi^4 EI}{l^4 \varrho A}} \tag{32.2}$$

Mit dem Wellenquerschnitt A in m², E in N/m², I in m⁴, ϱ in kg/m³ = Ns²/(m · m³) und dem Lagerabstand l in m ergibt sich in dieser Größengleichung ω_{e0} in s^{-1}.

Theoretisch kann eine glatte Welle mit gleichmäßig verteilter Eigenmasse ohne aufgesetzte Scheibe unendlich viele, verschiedene Schwingungsformen – ähnlich wie eine Saite – annehmen. Praktische Bedeutung hat aber nur die in Gl. (32.2) angegebene, sog. Grundkreisfrequenz (die Schwingung ersten Grades) mit je einem Schwingungsknoten an den beiden Lagern. Selten spielt auch noch die Schwingung zweiten Grades mit halber Schwingungslänge $l/2$ und vierfacher Kreisfrequenz ω eine Rolle.

Die Eigen-Kreisfrequenz ω_e einer glatten Welle mit mehreren Scheiben bestimmt man nach der folgenden Näherungsformel von Dunkerley, indem man zunächst, jeweils für sich, die Eigen-Kreisfrequenzen der Welle allein ω_{e0} nach Gl. (32.2) und jeder Scheibe mit masseloser Welle ω_{e1}, ω_{e2} ... nach Gl. (30.4) bzw. (31.1) errechnet

$$\frac{1}{\omega_e^2} \approx \frac{1}{\omega_{e0}^2} + \frac{1}{\omega_{e1}^2} + \frac{1}{\omega_{e2}^2} + \frac{1}{\omega_{e3}^2} + \cdots \tag{32.3}$$

Der nach dieser – empirisch gefundenen – Formel errechnete Wert ω_e liegt meist um 5···10 % unterhalb des tatsächlichen Wertes.

Die Eigen-Kreisfrequenz (bzw. die kritische Drehfrequenz) von abgesetzten Wellen mit mehreren Scheiben ermittelt man zweckmäßigerweise so, daß die elastische Biegelinie unter der Eigenbelastung nach dem Verfahren von Mohr (Abschn. 1.2.2.3 und Beisp. 6, S. 21) aufgezeichnet wird, daß aus dieser die größte Durchbiegung f_g entnommen und dann [mit Gl. (31.1), $n_k \approx 300 \sqrt{1/f_g}$ in min⁻¹ mit f_g in cm] die kritische Drehfrequenz errechnet wird.

Man erhält n_k um 4···5 % zu niedrig, weil dabei statt der durch die Fliehkräfte erzeugten dynamischen Biegelinie die statische Biegelinie herangezogen wird. Eine verbesserte Biegelinie gewinnt man, wenn man aus der statischen Biegelinie den Abstand r jeder Einzelmasse von der Drehachse entnimmt, die zugehörigen Fliehkräfte $mr\omega^2$ berechnet und dann für die Welle die dynamische Biegelinie infolge der Belastung durch diese Fliehkräfte nach dem Mohrschen Verfahren konstruiert. Den Größtwert der Durchbiegung f_F aus den Fliehkräften zieht man zur Berechnung einer genaueren kritischen Drehfrequenz n_{k1}, die gewöhnlich höher als n_k nach Gl. (31.1) ermittelt liegt, heran

$$n_{k1} \approx 300 \sqrt{\frac{1}{f_F}} \quad \text{in min}^{-1} \quad \text{mit } f_F \text{ in cm} \tag{33.1}$$

Dieser verbesserte Wert ist etwas größer als der tatsächliche, auf jeden Fall aber kommt er ihm näher als der Wert nach Gl. (31.1).

Die Betriebsdrehfrequenz n wählt man entweder

unterkritisch $n \leqq (0{,}90 \cdots 0{,}95)\, n_k$ oder überkritisch $n \geqq (1{,}10 \cdots 1{,}15)\, n_k$

mit n_k nach Gl. (31.1). Bei überkritischer Betriebsdrehfrequenz ist das Durchfahren der kritischen Drehfrequenz beim Anlauf möglichst schnell auszuführen, ggf. sind ein Schwingungsdämpfer oder eine mechanische Begrenzung für die entstehenden Ausschläge der Welle vorzusehen. Sind Drehfrequenzschwankungen aus betrieblichen oder konstruktiven Gründen (s. Gelenkwellen) zu erwarten, so muß die mittlere Betriebsdrehfrequenz um den Betrag der Schwankung weiter von den obengenannten Mindestwerten abgerückt werden. Im überkritischen Bereich sind Drehfrequenzen in der Nähe ganzzahliger Vielfacher von n_k zu vermeiden.

Das statische bzw. dynamische Auswuchten[1]) aller schnellaufenden Achsen[2]) und Wellen ist sehr wichtig. Für das statische Auswuchten genügt ein Massenausgleich, bei dem an der ruhenden Welle in jeder Drehlage ein Gleichgewichtszustand besteht. Für ein dynamisches Auswuchten muß der Massenausgleich durch Anbringen oder Entfernen kleiner Massen an bestimmten Stellen vorgenommen werden, damit vorhandene Unwuchten bestmöglich und derart ausgeglichen werden, daß auch bei umlaufender Welle die Lagerkräfte konstant bleiben und ferner Fliehkraftwirkungen wie Durchbiegungen, Schwingungsausschläge usw. auf einen Kleinstwert herabgesetzt werden. Auch bei größter Sorgfalt kann eine Unwucht in der Praxis nicht völlig beseitigt werden.

1.3. Gestalten und Fertigen

Für die Gestaltung und die Werkstoffwahl von Achsen und Wellen sind vorgegebene oder geforderte Hauptabmessungen, Belastungsweise, Betriebsverhältnisse, Fertigungsverfahren und Stückzahl maßgebend. Da die Hauptabmessungen (Durchmesser, Lagerent-

---

[1]) VDI-Richtlinie 2060: Beurteilungsmaßstäbe für den Auswuchtzustand rotierender starrer Körper

[2]) Ziegler, H.: Das Auswuchten der Radsätze von Schienenfahrzeugen. VDI-Z. **105** (1963) S. 45 bis 50

fernung) häufig die gesamte Konstruktion einer Maschine mit bestimmen, entsteht im Bestreben nach kleinen Baumaßnahmen leicht die irrige Annahme, daß bei der *Werkstoffwahl* die Verwendung eines Stahles hoher Festigkeit immer günstig sei. Die Mehrzahl der auftretenden Wellenbrüche hat ihre Ursache jedoch nicht in der Verwendung eines Werkstoffes zu geringer Festigkeit, sondern in der Unterschätzung der Kerbwirkungen, also in einer fehlerhaften Gestaltung oder mangelhaften Fertigung. Die Vorteile von Werkstoffen hoher Festigkeit werden oft durch höhere Kerbempfindlichkeit (s. Teil 1, Abschn. 1.3.2.5) gemindert; hinsichtlich elastischer Verformung im Betrieb bringen diese Werkstoffe überhaupt keine Verbesserung gegenüber den Stählen mittlerer Festigkeit. Bei der Werkstoffauswahl bzw. Oberflächenbearbeitung spielt für Lagerzapfen die Werkstoffpaarung Welle/Lager eine große Rolle[1]).

Für Achsen und Wellen mit mittlerer Beanspruchung werden unlegierte Stähle nach DIN 17100 z. B. St 50 K als blanker Rundstahl verwendet, bei geringeren Ansprüchen genügt der weniger verschleißfeste St 42. Wenn höhere Festigkeit notwendig ist, stehen die Stähle St 60 und St 70 zur Verfügung, die mit zunehmendem Kohlenstoffgehalt leichter zu härten, aber schwieriger zu bearbeiten sind. Für hochbeanspruchte Wellen ist es, auch wegen der Bearbeitbarkeit vorteilhafter, Vergütungsstähle nach DIN 17200 (Tafel **A5.2**), z. B. C 22, C 35 oder Einsatzstähle nach DIN 17210, z. B. 15 Cr 3 oder 16 Mn Cr 5 bzw. 20 Mn Cr 5 zu verwenden. Sowohl bei Einsatz- wie bei Vergütungsstählen soll man die Wellen nur an den Lagerlaufflächen, Nocken usw. mit der verschleißfesten Oberfläche versehen, z. B. durch Flammhärtung. Warmfeste Stähle sind für Dampfturbinenwellen und ähnliche Betriebsverhältnisse notwendig.

Die zweckmäßige *Gestaltung* von Achsen und Wellen unter Vermeidung vor allem der gefährlichen Kerbstellen ist eine wichtige Aufgabe des Konstrukteurs (s. Teil 1, Abschn. 1). In Tafel **34.1** und Bild **36.1** werden Hinweise für gutes Gestalten gegeben.

Tafel **34.1** Gestalten von Achsen und Wellen

unzweckmäßig	**zweckmäßig**	Erläuterungen
a) 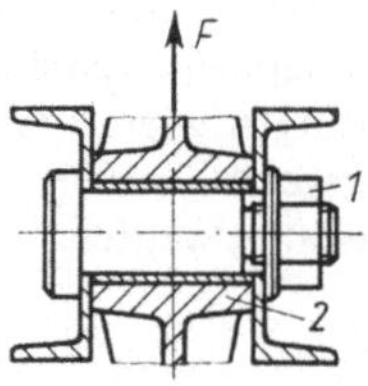 F, 1, 2	a) 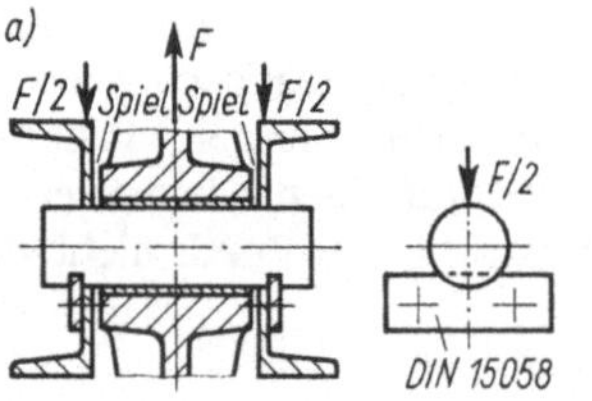 F, F/2, Spiel, Spiel, F/2; F/2, DIN 15058	a) *Längsführung und Drehsicherung für Achsen und Bolzen.* Die teure Schraubverbindung 1 wirkt verspannend und behindert die Drehung der Seilrolle 2. Einwandfrei sichert der genormte Achshalter (rechts, liegt in gefräster Nut der Achse auf der *unbelasteten* Achsenseite) gegen Längsverschiebung und Drehung (s. auch Bild **5.1**).
		b) *Längsführung an Wellen.* Die einseitige Führung sowohl im Lager A_1 als auch im Lager B_1 ergibt bei Wärmeausdehnung eine Verspannung. Das Maß l muß mit einer teuren Passung

[1]) VDI-Richtlinie 2203: Gestaltung von Lagerungen. Abschn. 6, Wellen- und Achsenwerkstoffe

Fortsetzung Tafel **34.1**

unzweckmäßig	zweckmäßig	Erläuterungen
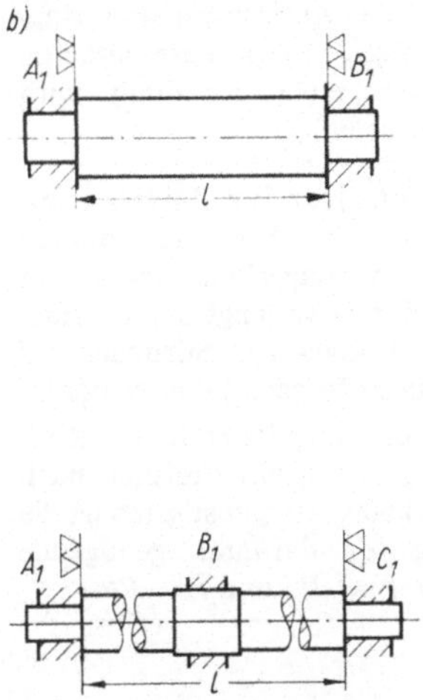 b)	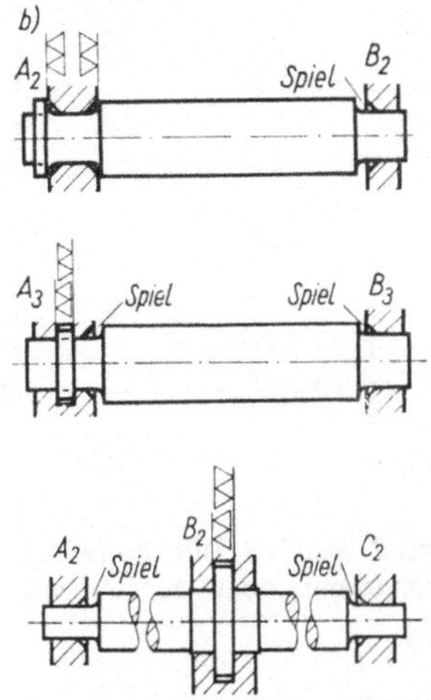 b)	gefertigt werden. Bei Spielpassung wandert die Welle. Dasselbe gilt für die gezeigte dreifach gelagerte Welle (unten) mit Führung in Lager A_1 und C_1. Abhilfe durch Längsführung in beiden Richtungen an einem Lager mit Außenführung – bei Lager A_2 z. B. durch Stellring und Wellenschulter – oder mit einer Innenführung wie beim Lager A_3 durch Kamm oder Stellring (Mitte). Die entspr. Lösung mit mittlerem „Fest"-Lager und Längsspiel in den beiden Außenlagern ist bei der dreifach gelagerten Welle möglich (unten).
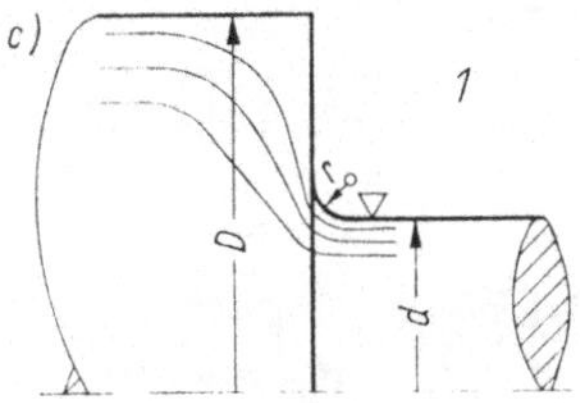 c)	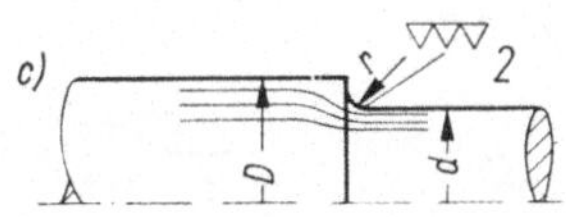 c)	c) Querschnittsänderung an Wellenschultern. Bei Form 1 ist $D/d > 2$ zu groß. Ausrundung r mit $r < d/50$ zu klein (s. ungünstigen Kraftlinienverlauf). Günstig sind wie bei Form 2 die Werte $D/d \leqq 1{,}1$ (bis 1,25), $r \geqq d/10$ ($\cdots d/20$). Werte für r nach DIN 250: $r = 1{,}6$; 2,5; 4; 6; 10 mm. Zum Schleifen Freistiche nach DIN 509 vorsehen. Oberfläche der Ausrundungen möglichst glatt ausführen (kalt gerollt, poliert, nitriert).
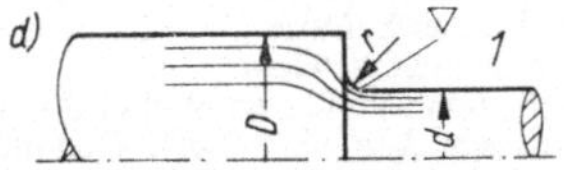 d)	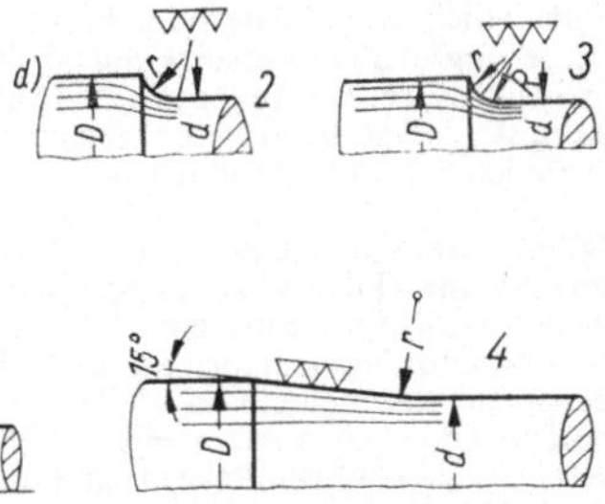 d)	d) Übergänge, hohe Oberflächengüte. Form 1. Rundung r nur geschruppt, Durchmesserverhältnis D/d mit $D/d > 1{,}5$ zu groß, Ausrundung r mit $r < d/10$ zu klein. Günstig wie bei Form 2 sind $D/d \leqq 1{,}1$; $r \geqq d/5$ ($\cdots d/10$) oder Korbbogen nach Form 3 mit $R = d/5$, $r = R/4$. Beste Gestaltung nach Form 4 mit Kegel bei halbem Kegelwinkel von 15° und Ausrundung $r = d/5$. Rundungen möglichst kalt gerollt, poliert oder nitriert;

(Fortsetzung s. nächste Seite)

Fortsetzung Tafel 34.1

unzweckmäßig	zweckmäßig	Erläuterungen
		auch das Aufbringen einer ringförmigen Entlastungsmulde vor Beginn einer Rundung wird empfohlen.
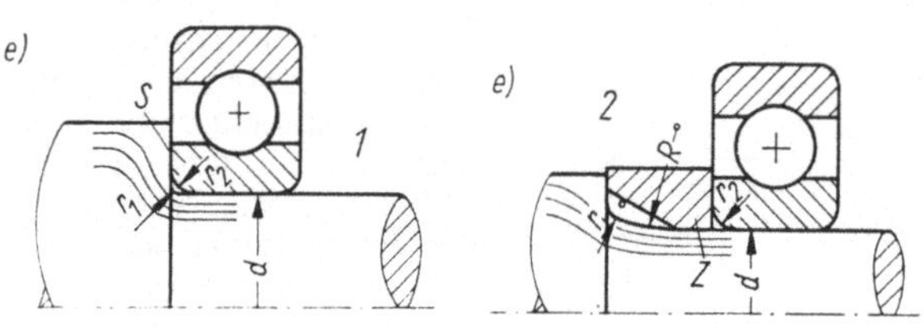		e) Schulter für Kugellager. Mängel von Form 1: Anliegen des Wälzlagerinnenringes mit Radius r_2 verlangt noch kleineren Radius r_1. Stirnfläche S kann nicht geschliffen werden. Zweckmäßig ist statt der Rundung mit r_1 ein Freistich nach DIN 509. Am günstigsten ist die Form 2 gestaltet mit Zwischenring Z; darunter genügende Ausrundung oder Korbbogen mit $R = d/5$ und $r = R/4$.

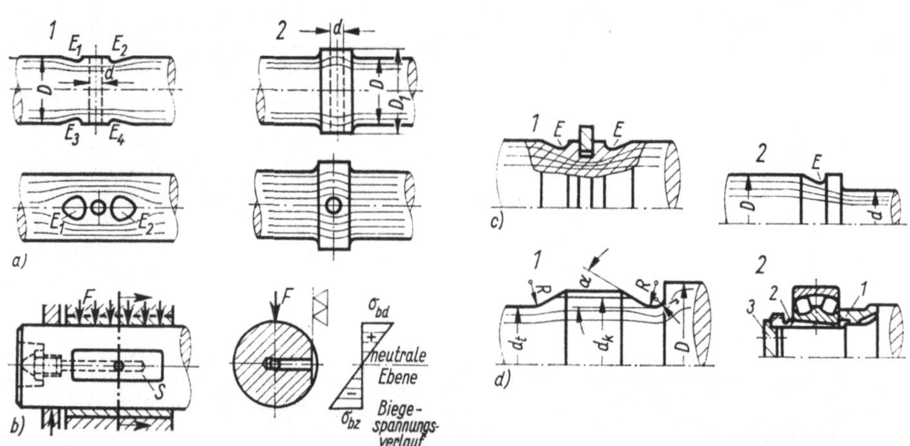

36.1 Beispiele zweckmäßiger Gestaltung zur Verminderung der Kerbwirkung durch Entlastungskerben und andere Gestaltungsmöglichkeiten

a) Querbohrungen. Man sieht örtlich eingefräste oder besser eingepreßte Entlastungskerben vor ($E_1 \ldots_4$ bei Form 1) oder eine ringförmige Verstärkung der Welle (Form 2).

b) Querbohrung und Schmiertasche an feststehenden Achsen. Querbohrung möglichst in die neutrale, spannungslose Ebene, also senkrecht zur Kraftrichtung F legen. Eine ebene Schmiertasche S ist bezüglich Schmierung und Kerbwirkung günstiger als eine Schmiernut.

c) Notwendige schroffe Durchmesseränderungen. Wird eine Sicherung gegen Längsbewegung durch einen Sicherungsring (DIN 471) erforderlich, so sieht man wie bei Form 1 zwei ringförmige Entlastungskerben E vor. Eine einzelne ringförmige Entlastungskerbe wie bei Form 2 ermöglicht auch große Durchmessersprünge D/d mit einer Schulter.

d) Gewinde sollen an hoch beanspruchten Stellen von Wellen vermieden werden. Gestaltung der Form 1: Kegelige Übergänge mit $\alpha = 15°$ auf einem kleineren Wellendurchmesser d_t (Taillendurchmesser) als dem Gewindekerndurchmesser d_k ($d_t \approx 0{,}9\, d_k$). Gewinde möglichst gerollt und nitriert, Gewindegrund gerundet. Übliche metrische Gewinde sind günstiger als spitze Feingewinde. Gestaltung der Form 2: Ersatz eines kerbempfindlichen Gewindes durch einen Zwischenring 1 mit einer Spannverbindung (geschlitzte Kegelhülse 2 und Spannschrauben 3 am unbelasteten Wellenende, s. Abschn. 3.3.5.3).

Die Fertigung der Achsen und Wellen erfolgt bei kleiner Stückzahl und kleinen Abmessungen entweder aus dem Vollen oder besser – vor allem bei größeren Abmessungen – zunächst spanlos durch Freiform- oder Gesenkschmieden. Dies ergibt einen günstigeren Faserverlauf und verringert die anschließende Zerspanungsarbeit und Fertigbearbeitung auf Dreh-, Fräs- und Schleifmaschinen. Bei größeren Stückzahlen, z. B. im Getriebebau, werden zuerst Gesenkschmiedeteile gefertigt, diese dann auf Kopierdreh- bzw. Fräsmaschinen bearbeitet und nach dem Vergüten geschliffen. Zu beachten ist, daß sich Wellen – insbesondere Wellen aus gezogenem Stahl – beim Einfräsen von Nuten leicht verziehen. Das Fräsen muß deshalb vor der Fertigbearbeitung erfolgen.

Für die Serienfertigung wird vorteilhafterweise auch Gußeisen mit Kugelgraphit[1]) nach DIN 1693 wegen seiner hohen Gestaltfestigkeit und guten Bearbeitbarkeit bei leichter Gestaltungsmöglichkeit verwendet, z. B. für Kurbelwellen[2]) und Hohlwellen. Das Oberflächenverdichten (Prägepolieren), Drücken und Sandstrahlen wird mit Erfolg zur Erhöhung der Dauerfestigkeit, die besonders an den Übergängen erwünscht ist, angewendet. Nitrierte Wellen besitzen eine außerordentlich geringe Kerbempfindlichkeit, die eine Steigerung der zulässigen Beanspruchung auf fast das Doppelte erlaubt. Nitrieren oder Nitrierhärten (DIN 17014) ist ein Glühen in Stickstoff abgebenden Mitteln zum Erzielen hoher Oberflächenhärte.

Die Normung (S. 1) auf dem Gebiete der Achsen und Wellen erstreckt sich auf

allgemeine Daten:	Durchmesser, Drehzahlen, Achshöhen, Werkstoffe, Rundstähle
Maßnahmen für den Zusammenbau:	zylindrische und kegelige Wellenenden (Tafel **A9.1** u. **A11.1**), Wellennuten für Paßfedern und Keile, Keil- und Kerbzahnwellen, Zahnwellenprofile (s. Teil 1, Abschn. 4.2)
Einzelheiten für die Fertigung:	Zentrierbohrungen, Schleifeinstiche, Rundungen und Zubehörteile, Achshalter, Stellringe (Tafel **A12.1**)

Eine Normung vollständiger Achsen und Wellen ist nur vereinzelt durchgeführt worden (Bolzen in verschiedenen Formen). Für Sonderausführungen liegen Normen von Wellengelenken und biegsamen Wellen vor.

1.4. Sonderausführungen

Gelenkwellen dienen der Übertragung von Drehbewegungen, wenn die Mittellinien der Lagerungen auf An- und Abtriebsseite nicht fluchten. Die Abweichung der Mittellinien voneinander kann entweder konstruktiv bedingt (dauernd gleichbleibend) oder betriebsmäßig bedingt (veränderlich) sein, z. B. parallel verschoben oder winklig (Gelenkwellen s. Abschn. 4.3.1). Biegsame Wellen kommen in Betracht zur Übertragung kleinerer Leistungen bei häufiger Lageänderung der getriebenen Wellen, wenn sie ohne feste Lagerung, z. B. von Hand geführt werden.

Biegsame Wellen werden vorwiegend zur Übertragung kleiner Drehmomente bzw. Leistungen bei Elektrowerkzeugen und Meßgeräten verwendet. Sie bestehen aus mehr-

---

[1]) Sieben, P.: Hochwertige Maschinenbauteile aus gegossenen Eisenwerkstoffen. ZGV-Nachrichten (1963) Nr. 1 – Gußeisen mit Kugelgraphit. Mitteilung der Zentrale für Gußverwendung (1958) H. 1401 mit geänderter Seite 2

[2]) Sonnenschein, Trapp, Walter und Rist: Gegossene Kurbelwellen für Großserien. Konstruieren und Gießen (1973) H. 1, S. 22 bis 27

lagigen, mit wechselnder Schlagrichtung übereinander gewickelten, vergüteten Federstahldrähten mit 2···12 Lagen je nach Wellendurchmesser. Die normale Ausführung ist für Rechtslauf geeignet, entsprechend der entgegengesetzt gerichteten Schlagrichtung der äußeren Drahtlage, welche durch die Drehbewegung nicht aufgewickelt werden darf (**38**.1) Die Wellen sind mit einem Schutzschlauch (**38**.2) zur Führung gegen seitliches Ausknicken und zur Aufnahme etwa auftretender Zugkräfte umgeben. Die Zuordnung der Wellendurchmesser *d*, Drehfrequenzen *n* und der übertragbaren Leistungen *P* zeigt Tafel **A11**.2. Im Betrieb ist darauf zu achten, daß die Biegehalbmesser der Welle möglichst groß sind, für Elektrowerkzeuge größer als 20*d*, für Meßwerkzeuge größer als (30···50) *d*. Regelmäßige Schmierung innerhalb des Schutzschlauches ist erforderlich. An den Wellenenden werden genormte Kupplungsteile (**38**.2) weich angelötet, bei kleinen Wellendurchmessern auch aufgepreßt.

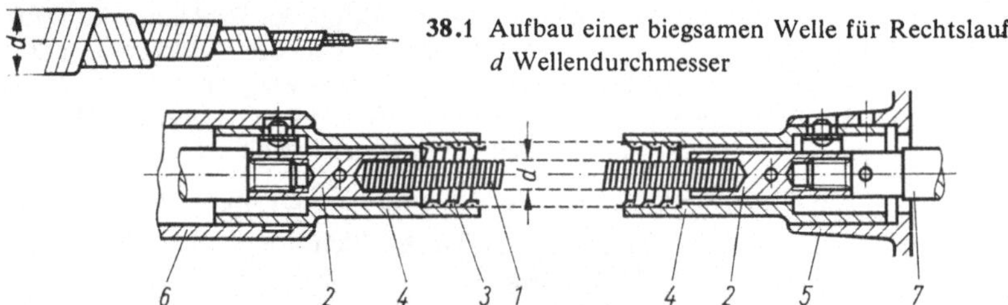

38.1 Aufbau einer biegsamen Welle für Rechtslauf
d Wellendurchmesser

38.2 Biegsame Welle 1 mit Durchmesser *d* für Elektrowerkzeuge
2 Wellenkupplung 3 Schutzschlauch 4 Schlauchhülse
5 Führungsmuffe auf der Antriebsseite (rechts) nach DIN 42995
6 Handstückhülse 7 Wellenende der Maschine

Für wechselnde Drehrichtung, z. B. bei Fernbedienung von Geräten, kommen Sonderausführungen zur Anwendung, die aus vielen Drahtlagen mit dünnen Drähten in wechselnden Schlagrichtungen gefertigt sind. Die elastische Verdrehung dieser biegsamen Wellen ist im Verhältnis zur Verdrehung normaler Biegewellen infolge besonderer konstruktiver Maßnahmen und durch Zuordnung kleinerer Nenndrehmomente sehr gering. Sie beträgt nur $\approx 1/3$ bis $1/8$ des Wertes üblicher Biegewellen je nach Drehrichtung, wobei die bevorzugte Drehrichtung mit der kleinsten elastischen Verdrehung durch die (entgegengesetzte) Schlagrichtung der äußeren Drahtlage bestimmt ist. Für ein genaues Anzeigen von Meßwerten sind biegsame Wellen im Meßgerätebau fest zu verlegen und dabei möglichst große Biegeradien anzuwenden.

Schrifttum

[1] Hänchen, R.: Neue Festigkeitsberechnung für den Maschinenbau. 3. Aufl. München 1967
[2] Holba, I. I.: Die kritischen Drehzahlen von geraden Wellen. Wien 1936
[3] Holzmann, G.; Meyer, H.; Schumpich, G.: Technische Mechanik, Teil 3: Festigkeitslehre. 4. Aufl. Stuttgart 1979
[4] Klein, M.: Einführung in die DIN-Normen. 8. Aufl. Stuttgart 1980
[5] Neuber, H.: Kerbspannungslehre. 2. Aufl. Berlin-Göttingen-Heidelberg 1958
[6] Repp, O.: Werkstoffe. Stuttgart 1964
[7] Rögnitz, H., und Köhler, G.: Fertigungsgerechtes Gestalten im Maschinen- und Gerätebau. 4. Aufl. Stuttgart 1968
[8] Schenk, O., und Pittroff, H.: Das Schwingungsverhalten des Systems der Spindel und Wälzlager. SKF Kugellagerfabriken 1962
[9] Schmid, F.: Berechnung und Gestaltung von Wellen. Konstruktionsbücher Bd. 10, 2. Aufl. Berlin-Heidelberg-New York 1967
[10] Stahlbau. Band 1. 2. Aufl. Köln 1961
[11] Tauscher, H.: Berechnung der Dauerfestigkeit. 8. Aufl. Leipzig 1964

2. Gleitlager*

DIN-Normen (Auswahl)

Lager Buchsen, Ringe, Schalen	DIN 118, 119, 502, 503, 504, 505, 506, 648, 31690, 31696···31698, E 31699, 1498, 1499, 1850, 7473, 7474, E ISO 3548, E ISO 4381···4383
Schmierstoffe	DIN-Taschenbuch 20
Werkstoffe	DIN 1850, E ISO 4381
Laufversuche an Quergleitlagern	50280
Reibung in Lagerungen	50281
Qualitätssicherung	DIN 31670, 31671
Berechnung	DIN E 31652

2.1. Aufgabe

Gleitlager sollen zwei Maschinenteile, die sich relativ zueinander bewegen, mit möglichst großer Genauigkeit führen, wobei in der Regel Kräfte übertragen werden. In diesem allgemeinen Sinne umfaßt der Begriff außer der üblichen Lagerung von umlaufenden Wellen (mit Führung in axialer und radialer Richtung) auch die Führung eines Kolbens in der Zylinderbuchse, die Kreuzkopfführung, die Schlittenführung in einer Werkzeugmaschine usw. Zur Durchführung eines Gleitvorgangs muß mechanische Energie aufgewendet werden, die sich in Wärme umsetzt. Der Energieverbrauch bestimmt den Wirkungsgrad des Lagers. Die Reibungswärme führt zu einer Temperaturerhöhung. Die Lagertemperatur muß auf zweckmäßiger Höhe gehalten werden. Eine bestimmte Wärmemenge wird infolge des Temperaturgefälles an die Umgebung abgeführt, größere Wärmemengen verlangen zusätzliche Kühlung.

2.2. Gleitvorgang

Ursache für den Energieverbrauch im Lager ist die Reibung. Bewegt man zwei feste Körper mit der Relativgeschwindigkeit u gleitend aufeinander, dann wirkt die Reibungskraft F_R der Bewegung entgegen. Das Produkt aus F_R und u ergibt den Energieverlust

$$P_R = F_R u \tag{39.1}$$

Coulomb stellte 1785 fest, daß beim Gleitvorgang zwischen zwei festen Körpern die Reibungskraft F_R in der Ebene der Gleitfläche und der Bewegung entgegen wirkt, und daß sie der senkrecht zur Gleitfläche gerichteten Normalkraft F_n (das ist hier die durch das Lager zu übertragende Kraft) proportional ist

$$F_R = \mu F_n \tag{39.2}$$

* Hierzu Arbeitsblatt 2, s. Beilage S. A13 bis A24.

Der Proportionalitätsfaktor μ heißt Reibungszahl. Er ist für zahlreiche Gleitvorgänge bekannt. Den reibungsmindernden Einfluß des Schmiermittels erkennt man aus den Zahlenwerten in Tafel **40.1**. (Über die Reibungsarten darin s. Abschn. 2.2.1.)

Tafel **40.1** Richtwerte für die Reibungszahl μ von Gleitlagern[1])

Reibungsart	Werkstoff, Art der Schmierung	μ
trockene Reibung	Stahl oder Bronze auf grauem Gußeisen, Stahl auf Bronze	0,2
Misch- bis Flüssigkeitsreibung	einfache Schmierlochschmierung	0,08
	Docht- und Tropfölschmierung	0,06
	Ringschmierung	0,02
	Preßölschmierung	0,01
Flüssigkeitsreibung	erreichbare Werte je nach Ölviskosität und Bearbeitungsgüte der Gleitflächen	0,006···0,0015

2.2.1. Reibung im Gleitlager

Im folgenden wird der praktisch weitaus häufigste Fall des vollumschließenden Radial-Gleitlagers behandelt. (Aus ihm lassen sich die Vorgänge in anderen flüssigkeitsgeschmierten Lagern ableiten.) Es besteht aus dem zylindrischen Zapfen einer Welle, der sich in einer zylindrischen Bohrung dreht. Vom Zapfen wird eine radial gerichtete Normalkraft F_n (Gewicht der Welle, Zahnkraft, Riemenkraft usw.) auf die Bohrung übertragen. Die verschiedenen Lagerbauarten sind in Abschn. 2.4 erläutert.

Im Jahre 1902 wies Stribeck[2]) durch Versuche nach, daß für das flüssigkeitsgeschmierte Lager das Coulombsche Gesetz, Gl. (39.2), nicht gilt. Die Reibungszahl μ ist nach Stribecks richtungsweisenden Versuchen von der Drehzahl n des Zapfens (mit dem Durchmesser d und der Lagerbreite b) und von der spezifischen Lagerbelastung

$$p_n = \frac{F_n}{db} \tag{40.1}$$

abhängig (**41**.1); über weitere Einflüsse gaben spätere Untersuchungen Aufschluß. Das wichtigste Ergebnis zeigt eine der von Stribeck in seinen Versuchen gemessenen Kurven, z. B. Kurve für $p_n = 1{,}2\ \mathrm{N/mm^2}$ in Bild **41**.1. Hierbei wird ein Lager unter Verwendung eines bestimmten Schmiermittels bei konstanter spezifischer Belastung p_n, vom Stillstand beginnend, mit steigender Drehfrequenz gefahren. Die Temperatur des Schmiermittels muß dabei möglichst gleich bleiben ($\eta \approx$ const). Die Reibungszahl μ kann durch das Drehmoment (Reibungsmoment) T_R bestimmt werden, das aufgewendet werden muß, um die Bewegung einzuleiten bzw. bei einer bestimmten Drehfrequenz aufrechtzuerhalten;

$$T_R = F_R r = \mu F_n r \qquad \mu = \frac{T_R}{F_n r} \tag{40.2}$$

[1]) Drescher, H.: Zur Mechanik der Reibung zwischen festen Körpern. VDI-Z. **101**, H. 17, S. 697 bis 707

[2]) Stribeck, R.: Die wesentlichen Eigenschaften der Gleit- und Rollenlager. VDI-Z. **46** (1902) S. 1341

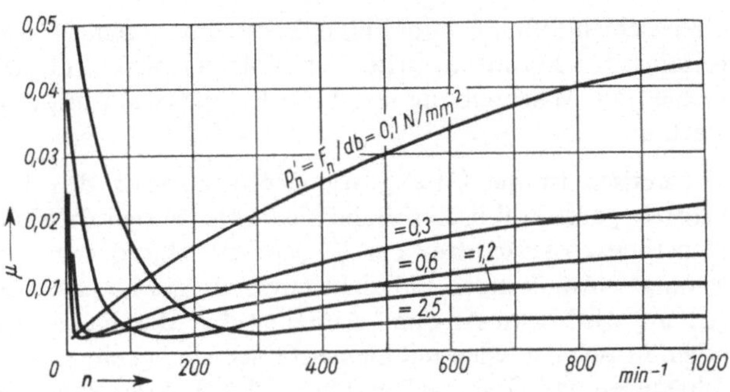

41.1 Reibungszahl μ bei verschiedenen Belastungen $p_n = F_n/(db)$, abhängig von der Drehfrequenz n (nach Untersuchungen von Stribeck an einem Ringschmierlager mit $d = 70$ mm). Zähigkeit des Schmiermittels $\eta \approx$ const

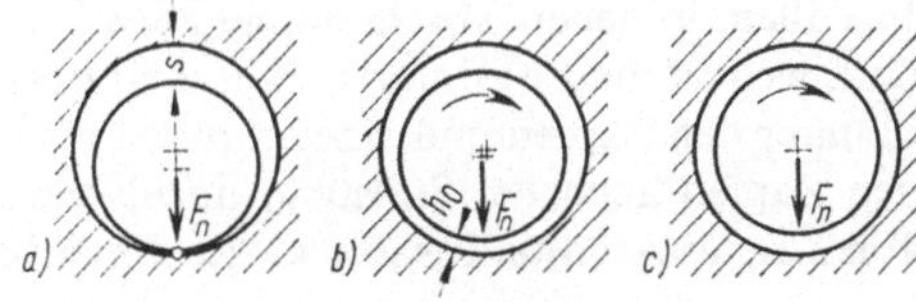

41.2 Wanderung des Zapfens in der Buchse bei steigender Umfangsgeschwindigkeit u bzw. Drehfrequenz n (schematisch); s Lagerspiel, h_0 engster Spalt, F_n Lagerbelastung
a) Stillstand (Drehfrequenz $n = 0$)
b) Ölkeil hat den Zapfen abgehoben (n groß)
c) Zapfen nahezu konzentrisch in der Buchse ($n \rightarrow \infty$)

Die von Stribeck ermittelten Kurven können folgendermaßen gedeutet werden:

1. Im Stillstand liegt der Zapfen an der tiefsten Stelle der Bohrung auf (**41**.2a). An der Berührungsstelle sind die von der Bearbeitung herrührenden Rauhigkeiten der Flächen verklammert. Die Rauhigkeiten sind von der Bearbeitungsart abhängig (Teil 1, Bild **A**.**36**.1). Sie betragen bei Gleitlagern 25 ··· 0,5 μm.

Zur Einleitung der Bewegung muß der Zapfen aus der Verklammerung herausgehoben werden. Aus dem hierzu erforderlichen Drehmoment ergibt sich die Reibungszahl für die Festkörperreibung (Ruhereibung, Anlaufreibung) [2]. Sie ist relativ hoch und verringert sich nach Beginn der Bewegung schnell dadurch, daß das Schmiermittel seine Schmierwirkung entfaltet (s. Abschn. 2.2.2).

2. Der Gleitvorgang spielt sich zunächst zwischen den sehr dünnen Grenzschichten des Schmiermittels ab, die den Gleitflächen sehr fest anhaften. Örtlich, an den höchsten Erhebungen der Oberflächen treten dabei Beanspruchungen auf, welche die Grenzschichten verletzen und zu metallischer Berührung und damit zu Verschleiß führen.

3. Mit zunehmender Gleitgeschwindigkeit wird vom Zapfen eine größere Schmiermittelmenge in den Spalt mitgerissen. In diesem Bereich der Mischreibung geht die metallische Berührung immer mehr zurück, der Zapfen beginnt auf der Flüssigkeitsschicht zu schwimmen (Flüssigkeitsreibung). Die Flüssigkeitsschicht im Schmierspalt h_0 unter dem Zapfen (**41**.2b) wird bei weiterer Drehfrequenzsteigerung dicker, der Reibungswiderstand steigt nun wieder langsam an.

Die Drehfrequenz, bei der die Reibungszahl den Kleinstwert erreicht hat (**41**.1), bei der also etwa die metallische Berührung aufhört, heißt Übergangszahl $n_ü$. Der Kurvenast rechts von dieser Drehfrequenz ($n > n_ü$) entspricht dem Bereich der Flüssigkeitsreibung in welchem wegen Fehlens der metallischen Berührung keine Abnutzung der Werkstoffe eintritt. Die Kurve verläuft hier relativ flach, d. h. die Reibungszahl μ (und damit Reibungsleistung und Reibungswärme) bleiben über einen größeren Drehfrequenzbereich niedrig. Der Kurvenast links von der Übergangsdrehfrequenz ($n < n_ü$) entspricht dem Bereich der Mischreibung, die so benannt ist, weil hier Festkörperreibung,

Grenzschichtreibung und Flüssigkeitsreibung gemeinsam vorhanden sind; infolge der metallischen Berührung tritt Werkstoffverschleiß und die Gefahr des Fressens auf. Im Gebiet der Mischreibung steigt die Reibungszahl mit abnehmender Drehfrequenz sehr stark an.

Theoretisch ist die Übergangsdrehfrequenz der ideale Betriebspunkt eines Gleitlagers. Praktisch soll die niedrigste Betriebsdrehfrequenz um einen ausreichenden Sicherheitsabstand über der Übergangsdrehfrequenz liegen, damit z. B. auch bei Belastungsschwankungen Flüssigkeitsreibung gewährleistet bleibt. Der Bereich der Mischreibung wird beim An- und Abstellen der Maschinen unvermeidlich durchlaufen. Zwischen Maschinenteilen mit kleiner Geschwindigkeit, z. B. bei Steuerungsteilen von Kraftfahrzeugen und Gestängelagerungen, findet in der Regel ebenfalls Mischreibung statt.

In Fällen, in denen Mischreibung auch bei extrem langsamer Bewegung nicht auftreten darf, wendet man hydrostatische Schmierung an. Eine Preßpumpe drückt Schmieröl unter den Zapfen und erzeugt damit einen Flüssigkeitsdruck, der hoch genug ist, um den Zapfen auch bei Stillstand anzuheben. Dies geschieht z. B. bei Spurzapfenlagern von Krananlagen und während des Anlaufvorgangs hochwertiger Turbinenlager[1]).

Verhalten der Lager im Bereich der Flüssigkeitsreibung. Wenn sich zwischen Wellenzapfen und Lagerbohrung eine Flüssigkeitsschicht befindet, auf welcher der Zapfen schwimmt, dann muß – unabhängig von allen anderen Einflüssen – Gleichgewicht bestehen zwischen der Lagerbelastung F_n und der vom Flüssigkeitsdruck p (**42**.1) abhängigen, der Lagerbelastung entgegengesetzt gerichteten Tragkraft F_F der Flüssigkeit (**42**.1). Die Reaktionskraft F_F, die die Flüssigkeit aufbringen muß, wenn sie den Lagerzapfen tragen soll, entspricht einem mittleren Flüssigkeitsdruck $\bar{p}$ multipliziert mit der Projektion der Lagerfläche $b\,d$; der erforderliche Druck ist $\bar{p} = F_F/bd$. Wegen $F_n = F_F$ kann auch geschrieben werden

$$\bar{p} = F_n/bd \qquad (42.1)$$

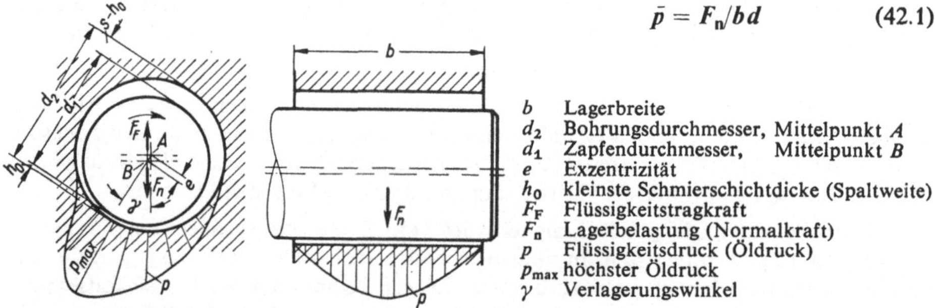

42.1 Druckverteilung im Bereich des Druckfeldes am umlaufenden Lagerzapfen bei Flüssigkeitsreibung (schematisch). Querschnitt und Längsschnitt durch das Lager

Der Flüssigkeitsdruck p bildet sich in der Schmiermittelschicht folgendermaßen aus: Der Zapfendurchmesser d_1 ist um das Lagerspiel s (**41**.2a) kleiner als der Bohrungsdurchmesser d_2. Das Lagerspiel s ist größer als die Dicke der Schmiermittelschicht h_0 an der engsten Stelle des Schmierspalts. Vor der engsten Stelle des Schmierspalts entsteht somit nach Bild **42**.1 ein keilförmiger Hohlraum, der vom Schmiermittel ausgefüllt wird. Das Schmiermittel haftet fest an den metallischen Flächen, es wird infolge seiner Zähigkeit (s. Abschn. 2.2.2) in den keilförmigen Spalt hineingerissen, und die Strömung

[1]) Peeken, H.: Hydrostatische Querlager. Z. Konstruktion 16 (1964) H 7, S. 266 bis 276.

im Spalt erzeugt nach den Gesetzen der Hydrodynamik den Flüssigkeitsdruck p mit dem in Bild **42.1** und **69.1** dargestellten sog. Druckfeld (s. auch[1])). Daher hat die hydrodynamische Schmiertheorie ihren Namen.

Einerseits nimmt also die in den Keilspalt hineingerissene Flüssigkeitsmenge mit steigender Drehfrequenz zu, andererseits muß nach Gl. (42.1) für jede Drehfrequenz Gleichgewicht zwischen spezifischer Tragkraft der Flüssigkeit $\bar{p}$ und der von der Drehfrequenz unabhängigen spezifischen Lagerbelastung F_n/bd bestehen. Beide Bedingungen sind gleichzeitig erfüllbar, weil der Lagerzapfen mit steigender Drehfrequenz stärker angehoben wird (**41.**2b und c). Hierdurch ändert sich die geometrische Form des Spalts, welche die Strömungsverhältnisse und damit die Druckverteilung maßgebend bestimmt.

Mit zunehmender Drehfrequenz bewegt sich der Zapfenmittelpunkt nach Bild **43.1** etwa auf einem Halbkreis. Seine Lage ist für jeden Betriebszustand durch den Verlagerungswinkel γ und die Exzentrizität e definiert. Zwischen der Exzentrizität e und der praktisch wichtigeren kleinsten Spaltweite h_0 besteht die einfache Beziehung $h_0 = s/2 - e$ (**42.**1). An den Stirnseiten des Lagers ist der Flüssigkeitsdruck gegenüber der Umgebung Null, weil dort die Flüssigkeit über den ganzen Zapfenumfang frei abfließen kann. Der Einfluß dieser Seitenabströmung[2]) wird durch das Breitenverhältnis $b/d = \beta$ erfaßt: Bei einem Lager mit kleinem Quotienten β kann eine größere Ölmenge seitlich abfließen als bei großem Wert von β (**43.**2a und b).

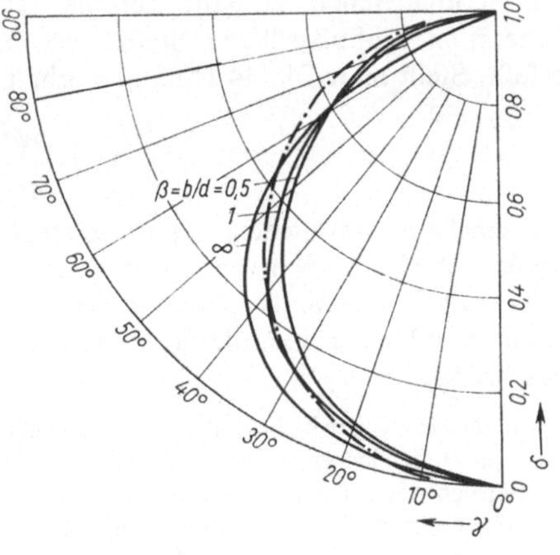

43.1
Lage des Zapfenmittelpunktes bei verschiedenen Breitenverhältnissen b/d nach Sassenfeld und Walther [8]. Zum Vergleich Halbkreis ·—·—·—
γ Verlagerungswinkel
δ relative Schmierschichtdicke (S. 44)

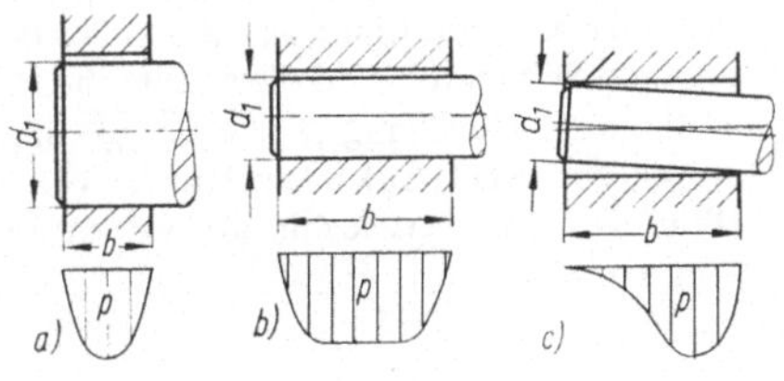

43.2
Verteilung des Öldrucks über den Längsschnitt bei gleichem Produkt $bd_1 = \varepsilon$
a) b/d klein b) b/d groß
c) wie b), aber Zapfen verkantet

Weitere Einflußgrößen für die Druckverteilung sind die mögliche Verkantung (**43.**2c) die eine Verzerrung des Druckfeldes in Längsrichtung des Zapfens ergibt, und der Umschließungswinkel als der Winkel, über den die Gleitfläche eine ununterbrochene

---

[1]) Lutz, O.: Der Schmierkeil mit beliebiger Randkontur, Teil 1. Z. Antriebstechnik **11** (1972) H. 5, S. 167 bis 171, und Teil 2. **12** (1973) H. 1, S. 1 bis 5 – Müller, P.: Druckübertragung an Gleitflächen bei erhöhtem Umgebungsdruck. Z. Konstruktion **24** (1972) H. 10, S. 401 bis 408

[2]) Bartz, W.: Vergleichende Untersuchung des Seitenflusses von Gleitlagern bei Schmierung mit strukturviskosen und reinviskosen Ölen VDI-Forschungsheft 530, Düsseldorf 1968.

Ausbildung des Flüssigkeitsdruckes erlaubt. Er beträgt 360° bei dem hier betrachteten vollumschließenden Lager und 180° beim halbumschließenden Lager (72.3); bei Mehrflächenlagern (S. 65) richtet er sich nach der Größe der Teilflächen.

Es ist zweckmäßig, anstelle der absoluten Größen d_1, d_2, s und h_0 bezogene Größen einzuführen: Anstelle des absoluten Lagerspiels $s = d_2 - d_1$ das relative Lagerspiel $\psi = s/d_2$ oder auch $\psi = s/d$ mit d als Lagerdurchmesser und anstelle der absoluten Schmierschichtdicke (Spaltweite) h_0 die relative Schmierschichtdicke

$$\delta = 2h_0/s = 2h_0/(d_2 - d_1) = h_0/(r_2 - r_1)$$

Man kann den Betriebszustand eines Lagers im Bereich der Flüssigkeitsreibung durch folgende allgemeingültige Beziehung beschreiben

$$\bar{p} = \text{So}\frac{\eta\omega}{\psi^2} \tag{44.1}$$

mit der Zähigkeit oder Viskosität η (s. Abschn. 2.2.2), der Winkelgeschwindigkeit ω, dem mittleren Flüssigkeitsdruck $\bar{p}$ nach Gl. (42.1) und mit der Sommerfeldzahl So. Diese Kenngröße ist ein Zahlenwert, der die Abhängigkeit der Druckverteilung von den geometrischen Verhältnissen des Schmierspalts unter Berücksichtigung der obengenannten Einflußgrößen (Breitenverhältnis, Umschließungswinkel und Verkantung) erfaßt. Stellt man Gl. (44.1) um, so erhält man

$$\text{So} = \frac{\bar{p}\psi^2}{\eta\omega} \tag{44.2}$$

Für ein Lager mit niedriger spezifischer Belastung p_n und kleinem relativem Lagerspiel ψ ergibt sich also bei Verwendung eines zähen Schmiermittels (η relativ groß) und bei hoher Drehzahl (ω ebenfalls relativ groß) ein kleiner Wert für So. Die Sommerfeldzahl ist somit eine Kenngröße, die die Betriebsverhältnisse eines Lagers mit einer einzigen Zahl beschreibt.

Erstmals wies Gümbel [6]; [7] nach, daß sich die Ergebnisse der Stribeckschen Versuche vereinfacht darstellen lassen, wenn man die von Stribeck festgestellten Zahlenwerte für die Reibungszahl im Bereich der Flüssigkeitsreibung in Abhängigkeit von einer Kennzahl aufträgt, die außer der Drehfrequenz (Winkelgeschwindigkeit) noch die Zähigkeit des Schmieröls und die spezifische Belastung $\bar{p}$ enthält (44.1). Der Kurvenverlauf entspricht dann der Gleichung $\mu = k\sqrt{\eta\omega/\bar{p}}$ bzw. der Gl. (45.5) und stimmt in seiner Tendenz sehr gut mit den Stribeckschen Kurven (41.1) überein. Weitere Untersuchungen führten dann schließlich zur Sommerfeldzahl als Kenngröße eines Gleitlagers.

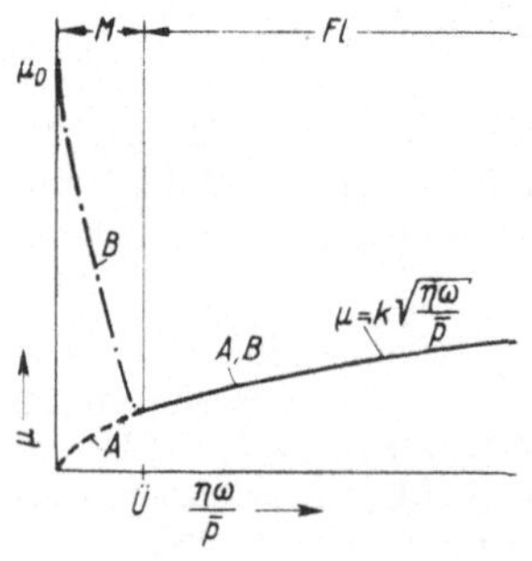

44.1 *A* Reibungsverlauf über der Gümbelschen Kennzahl $\eta\omega/\bar{p}$
B Stribeck-Kurve für Gleitlager im Gebiet So > 1 (ohne Maßstab)
μ_0 Reibungszahl der Ruhereibung (Festkörperreibung)
M Mischreibung
Fl Flüssigkeitsreibung
Ü Übergangspunkt

Vogelpohl [16] unterscheidet hoch belastete Lager (So > 1) und schnellaufende Lager (So < 1). Holland[1]) gibt folgende Hinweise: Lager mit Sommerfeldzahlen So > 10 sind bei normaler Oberflächengüte möglichst zu vermeiden, ebenso Lager mit So > 50, da diese trotz bester Oberflächengüte leicht in das Gebiet der Mischreibung geraten. Bei So < 0,3 wird die Wellenlage instabil (s. Abschn. 2.3.1), der Lagerzapfen läuft unruhig. Gleitlager mit So < 0,1 und Umfangsgeschwindigkeiten $u = r\omega \geqq 100$ m/s lassen sich in der Regel als Mehrflächengleitlager (**65.**1c) ausführen.

Reibungszahl im Bereich der Flüssigkeitsreibung. Läßt man einen zylindrischen Körper konzentrisch in einem zylindrischen, mit Flüssigkeit gefüllten Gefäß rotieren, dann muß wegen der Flüssigkeitsreibung ein Drehmoment aufgewendet werden, wenn die Bewegung nicht zum Stillstand kommen soll. Das gleiche gilt für den in einer Lagerbohrung konzentrisch umlaufenden Wellenzapfen. Zwischen Bohrung und Zapfenoberfläche überträgt die Flüssigkeit die Umfangskraft F'_R. Diese ist nach dem Gesetz von Newton (s. Abschn. 2.2.2) proportional der Zapfenoberfläche πdb, der Zähigkeit der Flüssigkeit η, der Umfangsgeschwindigkeit des Zapfens $u = r\omega$ und umgekehrt proportional der Schichtdicke der Flüssigkeit $s/2$

$$F'_R = \pi db \frac{\eta r \omega}{s/2} = \pi db \frac{\eta \omega}{\psi} \tag{45.1}$$

wenn man $s/2r = \psi$ setzt. Die Kraft F'_R steht nach den angegebenen Voraussetzungen physikalisch nicht in Beziehung zur Lagerbelastung F_n. Trotzdem bemühte man sich schon frühzeitig (Petroff 1883), ähnlich der Reibungszahl μ bei Festkörperreibung auch bei der Flüssigkeitsreibung im Gleitlager mit der Größe $\mu = F'_R/F_n$ zu arbeiten. Es erleichtert das Verständnis, wenn dieser heute nur noch historisch wichtige Gedankengang hier wiedergegeben wird. Unter Verwendung der Gl. (44.1) und (45.1) kann geschrieben werden

$$\mu = \frac{F'_R}{F_n} = \frac{\pi db \eta \omega/\psi}{db \mathrm{So} \eta \omega/\psi^2} \tag{45.2}$$

Durch Kürzen erhält man mit $\pi \approx 3$

$$\mu = \frac{\pi\psi}{\mathrm{So}} \quad \text{oder} \quad \frac{\mu}{\psi} \approx \frac{3}{\mathrm{So}} \tag{45.3}$$

Dieser Ausdruck stimmt gut mit Versuchsergebnissen an schnellaufenden Lagern, also solchen mit hoher Drehfrequenz und geringer Belastung überein, wogegen um so größere Abweichungen festgestellt wurden, je größer die Sommerfeldzahl wird, d. h., je stärker das Strömungsbild durch die Exzentrizität verzerrt wird und damit von der Strömung in einem konzentrischen Reibraum abweicht. Durch Vergleichen mit zahlreichen Versuchs- und Rechnungsergebnissen stellte Vogelpohl [16] folgende Näherungsgleichungen auf, die im Bereich kleiner Sommerfeldzahlen noch die Ähnlichkeit mit der Petroffschen Formel erkennen lassen:

für Schnellaufbereich (So < 1) $\quad \mu/\psi = k/\mathrm{So} \quad$ bzw. $\quad \mu = k\psi/\mathrm{So} \quad$ (45.4)

für Schwerlastbereich (So > 1) $\quad \mu/\psi = k/\sqrt{\mathrm{So}} \quad$ bzw. $\quad \mu = k\psi/\sqrt{\mathrm{So}} \quad$ (45.5)

---

[1]) Holland, J.: Die Ermittlung der Kenngrößen für zylindrische Gleitlager. Z. Konstruktion 13 (1961) S. 100

Nach Falz ist für vollumschließende Lager $k = 3{,}8$ zu setzen, nach Vogelpohl für halbumschließende Lager (die nur noch selten ausgeführt werden) $k = 2{,}0$. Vogelpohl empfiehlt, $k = 3$ zu setzen.

Übergangsdrehfrequenz. Die von Stribeck gemessenen Kurven (**41.1**) für die Reibungszahl weisen, jede bei einer definierten Drehfrequenz, ein Minimum auf. Diese Grenzdrehfrequenz zwischen Mischreibung und Flüssigkeitsreibung wird als Übergangsdrehfrequenz bezeichnet. Sie läßt sich durch Messung des Reibmoments T_R ermitteln. Auch durch Messung des elektrischen Widerstandes zwischen Zapfen und Bohrung kann man mit guter Genauigkeit eine Drehfrequenz ermitteln, bei der die metallische Berührung der Gleitflächen aufhört. Einer theoretischen Ableitung stehen aber erhebliche Schwierigkeiten im Wege.

Theoretisch würde die Übergangsdrehfrequenz bei einer Schmierfilmdicke $h_0 \to 0$ erreicht sein. Praktisch liegt sie bei sehr kleinen Werten von h_0, da Abweichungen zwischen der theoretisch exakten Form des Reibraumes und der Wirklichkeit nicht zu vermeiden sind. Ursache sind die Oberflächenrauhigkeit der Laufflächen, Verkantung zwischen Lagerschale und Zapfen, Maßabweichungen von der zylindrischen Form beider Teile durch die Herstellung sowie durch Belastung und Wärmeausdehnung. Erschwerend kommt hinzu, daß ein Teil dieser Faktoren, z. B. die Oberflächenrauhigkeit, die Verkantung durch Belastung (Wellendurchbiegung) und die Wärmedehnung, sich während des Betriebs ändern können.

Eine brauchbare Näherung zur Berechnung der kleinsten Schmierfilmdicke h_0 läßt sich mit der von Falz [5] hergeleiteten und von Bauer [1] für das endlich breite Lager bestimmten Formel ermitteln. Daraus ergibt sich mit der relativen Schmierfilmdicke $\delta = 2h_0/s$ und dem Lagerbreitenverhältnis $\beta = b/d$ die Schmierfilmdicke an der engsten Stelle des Schmierspalts (h_0 in Bild **42.1**)

$$\text{für} \quad \mathrm{So} > 1 \qquad h_0 = \frac{s}{2} \cdot \frac{1}{2\,\mathrm{So}} \cdot \frac{2\beta}{1+\beta} \tag{46.1}$$

$$\text{und für} \quad \mathrm{So} < 1 \qquad h_0 = \frac{s}{2} \left[1 - \frac{\mathrm{So}}{2} \cdot \frac{1+\beta}{2\beta}\right] \tag{46.2}$$

Die Gl. (46.1) stellt für $0 < \beta \leqq 2$ und die Gl. (46.2) für $0{,}5 \leqq \beta \leqq 2$ eine brauchbare Näherung dar. Ein Gleitlager läuft danach dann im Gebiet der Flüssigkeitsreibung, wenn die diesem Betriebszustand entsprechende Schmierfilmdicke h_0 größer ist als die Schmierfilmdicke $h_{0ü}$ bei der Übergangsdrehfrequenz, bei welcher die Rauhigkeitsspitzen der Laufflächen sich gerade berühren.

Versuche, praktisch befriedigende Berechnungsgleichungen für die Übergangsdrehfrequenz aufzustellen, gehen deshalb von der Annahme aus, daß als kleinste zulässige Schmierfilmdicke $h_{0ü}$ die Summe der Rauhtiefen von feinbearbeiteten Laufflächen erforderlich ist, damit sich hydrodynamisch eindeutig bestimmbare Verhältnisse im Schmierspalt einstellen.

Vogelpohl [16] hat eine Zahlenwertgleichung, die „Volumenformel", empfohlen

$$n_ü = \frac{F}{C_ü \eta V} \quad \text{in min}^{-1} \tag{46.3}$$

mit $F = F_n$ in N, Viskosität η in Pa s (Erläuterung dieser Einheit s. Abschn. 2.2.2) und Volumen des Wellenzapfens V in dm³; $C_ü$ ist eine Konstante, die nach der Auswertung von Meßergebnissen an ausgeführten Lagern durch Vogelpohl, allerdings in einem weiten Bereich, nämlich zwischen $C_ü = (1 \cdots 8) \cdot 10^4$ liegen kann. Die Gleichung wurde unter der Voraussetzung abgeleitet, daß der kleinstzulässige Wert für den Spalt $h_{0ü} = 3{,}3$ µm beträgt, ferner wurde der übliche Durchschnittswert $\psi = 1 \cdot 10^{-3}$ eingeführt. Vogelpohl empfiehlt, $C_ü = 1 \cdot 10^4$ zu setzen und die Anwendung der Gl. (46.3) auf Breitenverhältnisse $b/d = 0{,}5 \cdots 1{,}5$ zu beschränken.

Die VDI-Richtlinien 2204 geben Richtwerte für zulässige Schmierfilmdicken und für die Güte der Gleitflächenbearbeitung in Abhängigkeit vom Zapfendurchmesser d_1 an (Bild **A24**.2). In dieser Darstellung bedeuten R_t die Rauhtiefe, in deren Bereich sich die Bearbeitung halten soll, und T_f Richtwerte für zulässige Formabweichung nach DIN 7182 Bl. 4 Abschn. 1.4. Hiernach ist T_f der radiale Abstand zweier konzentrischer Kreiszylinder, zwischen denen die Gleitflächen des Lagerzapfens bzw. der Lagerschale eines kreiszylindrischen Lagers liegen müssen. Die Kurve $h_{0ü}$ entspricht der Schmierfilmdicke, bei der etwa der Übergang zur Mischreibung zu erwarten ist, und die Kurve h_{min} der Schmierfilmdicke, die nicht unterschritten werden sollte, wenn Mischreibung im Betrieb mit Sicherheit nicht eintreten soll. Die im Betrieb auftretende kleinste Schmierfilmdicke h_0 muß damit $\geqq h_{min}$ sein. Die Drehfrequenzen, die der Schmierfilmdicke h_{min} bzw. $h_{0ü}$ entsprechen, ergeben sich aus der Beziehung

$$n_{min} = \frac{h_{min}}{h_0} n \qquad \text{bzw.} \qquad n_ü = \frac{h_{0ü}}{h_0} n \qquad (h_0 > h_{min} > h_{0ü}) \qquad (47.1)\ (47.2)$$

Zur Ermittlung der Drehfrequenzgrenze n_{min} und der Übergangsdrehfrequenz $n_ü$ für Lager im Bereich So < 1 wird in die Gl. (47.1), (47.2) die Drehfrequenz

$$n_{(So=1)} = \bar{p}\psi^2/(\eta 2\pi)$$

bei So = 1 und die kleinste Schmierfilmdicke h_0 bei So = 1 nach Gl. (46.1)

$$h_{0(So=1)} = \frac{s}{4}[2\beta/(1+\beta)]$$

eingesetzt.

Reibungsleistung. Zur Überwindung des Reibungswiderstandes muß Arbeit bzw. Leistung aufgewendet werden. Die Reibungsleistung ist mit der Reibungszahl μ

$$P_R = \mu F_n u \qquad (47.3)$$

Setzt man in diese allgemeingültige Gleichung $F_n = \bar{p}db$ und $u = \pi dn$ (mit der Drehfrequenz n in s^{-1}) ein und berücksichtigt für μ die Gl. (45.4) bzw. (45.5), dann wird die Reibleistung für

$$\text{So} > 1 \qquad P_R = \left(k\pi d^2 bn\sqrt{\bar{p}2\pi n}\right)\sqrt{\eta} = \Phi\sqrt{\eta} \qquad (47.4)$$

mit dem Verlustfaktor $\Phi = 4kV\sqrt{\bar{p}n^3 2\pi}$

$$\text{und für} \quad \text{So} < 1 \qquad P_R = \left(kd^2bn^2 2\pi^2\frac{1}{\psi}\right)\eta = \Phi'\eta \qquad (47.5)$$

mit dem Verlustfaktor $\Phi' = 4kn^2 V 2\pi \dfrac{1}{\psi}$

In diesen Gleichungen bedeutet $V = (\pi d^2/4)b$ das Lagerzapfen-Volumen[1]).

Gl. (47.4) läßt erkennen, daß für den Bereich So > 1 die Reibungsleistung unabhängig vom Lagerspiel ist. Allerdings darf ψ nur in bestimmten Grenzen variiert werden. Die

[1]) Der Ausdruck V ergibt sich als vereinfachende Rechengröße durch Zusammenziehung der Begriffe Umfangsgeschwindigkeit $u = \pi d_1 n$ und der Zapfenfläche $\pi d_1 b$. Er hat nicht die physikalische Bedeutung eines Volumens. Entsprechendes gilt für V in Gl. (46.3).

untere Grenze ergibt sich für So = 1. Die obere Grenze für ψ wird durch die Betriebssicherheit des Lagers gesetzt (unruhiger Lauf).

Für den Bereich So < 1 zeigt Gl. (47.5), daß die Reibungsleistung unabhängig von der Belastung ist. Dagegen spielt hier aber das Lagerspiel eine entscheidende Rolle.

Reibungswärme. Die Reibungsleistung wird in Wärme umgesetzt. Da das Lager im Dauerbetrieb die obere für das Schmieröl zuträgliche Grenztemperatur von 60···80°C nicht überschreiten darf, muß diese Wärme abgeführt werden. Der Wärmestrom, den das Lager ohne zusätzliche Maßnahmen an die Umgebung abführt, ist proportional der Oberfläche des Lagerkörpers A und dem Temperaturgefälle zwischen der im Lager gemessenen Öltemperatur ϑ und der Temperatur der Umgebung des Lagers ϑ_0. Die Lagertemperatur stellt sich nach der Gleichgewichtsbedingung

$$P_R = \mu F_n u = \alpha^* A(\vartheta - \vartheta_0) \tag{48.1}$$

ein. Der Proportionalitätsfaktor α^* wird durch Versuche an vergleichbaren Lagern bestimmt. Er berücksichtigt alle zusätzlichen Einflüsse, die die Wärmeabgabe erschweren oder begünstigen, z. B. die Wärmezu- bzw. abführung durch die Welle bei Dampfturbinen bzw. Kühlmaschinen, Bewegung der das Lager umgebenden Luft (zusätzliche Kühlung durch den Fahrwind, durch Ventilation) usw. Für alle vorkommenden Verhältnisse anwendbare Berechnungsgleichungen liegen wegen der sehr unterschiedlichen Verhältnisse nicht vor.

Die nachstehende Zahlenwertgleichung (VDI-Richtl.) gilt für den Fall eines freistehenden Ringschmierlagers

$$\alpha^* = 7 + 12\sqrt{w} \qquad \text{in Nm/(m}^2\text{ s K)}$$

Hierin ist w in m/s die Geschwindigkeit, mit der die Luft das Lager umstreicht. Mit Rücksicht auf die Rotation der Welle kann für den Normalfall eine Luftgeschwindigkeit w = 1,25 m/s angenommen werden; hierfür ergibt sich α^* = 20 Nm/(m²s K).

Durch Umstellung von Gl. (48.1) und unter Berücksichtigung von Gl. (47.4) und (47.5) läßt sich die Lagertemperatur berechnen

$$\text{für So} > 1 \qquad \vartheta = \frac{\Phi\sqrt{\eta}}{\alpha^* A} + \vartheta_0 \tag{48.2}$$

$$\text{für So} < 1 \qquad \vartheta = \frac{\Phi'\eta}{\alpha^* A} + \vartheta_0 \tag{48.3}$$

Man kann hierin die das Lager kennzeichnenden Größen $\Phi/(\alpha^* A) = W$ bzw. $\Phi'/(\alpha^* A) = W'$ setzen und erhält dann

$$\text{für So} > 1 \qquad \vartheta = W\sqrt{\eta} + \vartheta_0 \tag{48.4}$$

$$\text{für So} < 1 \qquad \vartheta = W'\eta + \vartheta_0 \tag{48.5}$$

Diese Form eignet sich zur Darstellung in Netztafeln (**A23.1, A23.2**), durch deren Gebrauch unter Einsparung von Rechenarbeit der Zusammenhang zwischen den zu erwartenden Lagertemperaturen und dem nach seiner Betriebsviskosität geeigneten Schmieröl überblickt werden kann.

Die Übereinstimmung der auf dem angegebenen Weg ermittelten Lagertemperatur ϑ mit der Wirklichkeit ist davon abhängig, wie weit die Voraussetzungen des Rechnungsgangs mit der Wirklichkeit übereinstimmen: Auf S. 45 wurde auf die Auswirkung des sehr kleinen Wertes s auf den μ-Wert, auf Seite 48 auf die Schwierigkeiten der Ermittlung eines zutreffenden α^*-Wertes hingewiesen. Die Tafeln A23.1 und A23.2 sind berechnet für das V-T-Verhalten der Normalschmieröle (Bild A22.2) und für eine Umgebungstemperatur $\vartheta_0 = 20\,°C$. Die VDI-Richtlinien, denen diese Tafeln entnommen sind, enthalten weitere Netztafeln für $\vartheta_0 = 0\,°C$ und $\vartheta_0 = 40\,°C$. Für Öle mit anderem V-T-Verhalten, z. B. für Mehrbereichsöle, können die Netztafeln nicht angewendet werden. Trotz dieser Einschränkungen ist es jedoch möglich, für alle Fälle, die nicht allzusehr von den normalen Verhältnissen abweichen, die zu erwartende Lagertemperatur so weit abzuschätzen, daß die auf S. 50 besprochenen Korrekturen am fertigen Lager einen zuverlässigen Betrieb herzustellen erlauben sowie zu entscheiden, ob zusätzliche Kühlmaßnahmen erforderlich sind. Zusätzliche Kühlmaßnahmen sind: Erhöhung der Luftgeschwindigkeit durch Ventilation, Vergrößerung der Lageroberfläche durch Rippen, Vergrößerung des Ölvorratsraums (z. B. Kurbelwanne beim Kfz-Motor), Ölumlauf, Wasserkühlung innerhalb oder außerhalb des Lagerkörpers.

Den erforderlichen Kühlmitteldurchsatz bzw. auch die erforderliche Wassermenge zur Rückkühlung des Öls berechnet man ohne Berücksichtigung der Kühlung über die Oberfläche des Lagerkörpers. Durch die Vernachlässigung des Betrages $\alpha^* A(\vartheta - \vartheta_0)$ erhält man eine erwünschte Sicherheit für den Fall einer Lagerüberlastung. Die Lagertemperatur läßt sich später im Betrieb durch entsprechende Dosierung des den Ölkühler durchströmenden Kühlwassers genau einstellen (s. Abschn. 2.5). Der erforderliche Kühlmitteldurchsatz beträgt

$$Q_k = \frac{P_R}{c\varrho(\vartheta_2 - \vartheta_1)} \tag{49.1}$$

Mit der Reibleistung P_R, mit c als spezifischer Wärme des Kühlmittels, ϑ_2 bzw. ϑ_1 als Temperatur des Kühlmittels am Lageraus- bzw. -eintritt und der Dichte des Kühlmittels ϱ.

Die Größen sind mit folgenden Einheiten einzusetzen: P_R in Nm/s, c in Nm/(kg K), ϱ in kg/m³, ϑ in K. Für $(\vartheta_2 - \vartheta_1)$ wird je nach Lagerart und Umgebung $10 \cdots 20$ K eingesetzt. Der Kühler ist entsprechend zu bemessen.

Ölbedarf im Schmierspalt. Der Raum zwischen Zapfen und Bohrung des Lagers muß im Bereich des Druckfeldes vollständig mit Öl gefüllt und frei von Luft sein. Der zur Aufrechterhaltung eines ununterbrochenen Schmierfilms erforderliche Schmierstoffdurchsatz ergibt sich aus dem Spaltquerschnitt an der Stelle h_0 und der mittleren Umfangsgeschwindigkeit des Öls an der gleichen Stelle aus

$$Q_S \approx \varphi h_0 b \frac{u}{2} \tag{49.2}$$

Hierin ist φ der Schmierstoff-Durchsatzfaktor. Mit Rücksicht auf die seitlich austretende Ölmenge wird zur Sicherheit $\varphi = 1{,}5$ eingesetzt. Die im Betrieb tatsächlich benötigte Mindestölmenge ergibt sich durch Vergleich der Werte Q_K nach Gl. (49.1) und Q_S nach Gl. (49.2). Die größere der beiden Schmiermittelmengen ist vorzusehen.

Da das Frischöl in dem von hydrodynamischem Druck freien Bereich in den Spalt eintritt, ist der in der Frischölleitung erforderliche Öldruck nur gering, er muß lediglich die Reibungswiderstände der Zuleitung und die Zertrifugalkraft des umlaufenden Öls an der Eintrittsstelle überwinden. Bei den üblichen Umlaufpumpen entsteht der Druck in der Frischölleitung durch den Rückstau, wenn die Schluckfähigkeit der Verteilernut geringer ist als der Förderstrom der Pumpe. Die Druck- und Mengensteuerung erfolgt durch ein Überdruckventil in der Frischölleitung (73. 3).

Betrieb bei Grenz- und Mischreibung. Oft erreicht ein Gleitlager infolge sehr geringer Gleitgeschwindigkeit den Bereich der hydrodynamischen Reibung nicht. Beim Anfahren und Auslaufen kommen ohnehin alle Lager in den Bereich niedriger Geschwindigkeiten. Sämtliche Lager müssen also so ausgebildet sein, daß sie auch bei Drehfrequenzen unter der Übergangsdrehfrequenz im Bereich der Grenz- und Mischreibung betriebssicher sind. Die Gleitvorgänge spielen sich hier innerhalb dünnster Schmiermittelschichten, zum Teil unmittelbar zwischen Lager- und Wellenwerkstoff ab. Sie werden bestimmt durch das Verhalten der Werkstoffe zueinander (s. Abschn. 2.2.3) und zum Schmiermittel, das – zum Teil durch sein molekulares Verhalten, zum Teil durch chemische Einwirkung auf die Werkstoffoberfläche – wirksam ist. (Näheres s. [1]; [7].)

Die Bemessung des Lagers muß deshalb jedenfalls so erfolgen, daß die Flächenbelastung möglichst klein bleibt, der Verschleiß sich in tragbaren Grenzen hält, und daß keine den Lagerwerkstoff oder das Schmiermittel schädigenden Temperaturen auftreten.

Die Abmessungen b und d des Lagers werden durch die Flächenbelastung bestimmt. Sie ergibt sich für Radiallager (s. Abschn. 2.4.1) aus der Belastung F_n und der Pressung p_0 nach der Hertzschen Gleichung (s. Abschn. Zahnräder) für zwei ineinander gelagerte Zylinder

$$p_0 = 0{,}591 \sqrt{\frac{F_n}{b\,d}\,\psi\,\frac{2\,E_1\,E_2}{E_1 + E_2}} \tag{50.1}$$

Für eine gegebene Lagerbelastung F_n wird die Pressung also um so kleiner, je größer die Flächenprojektion $b\,d$ und je kleiner das relative Lagerspiel ψ ist: E_1 und E_2 sind die Elastizitätsmoduln der Werkstoffe von Zapfen und Bohrung. Der Wert von p_0 darf die Quetschgrenze des weicheren der beiden Werkstoffe nicht überschreiten.

Gl. (50.1) wird hier nur zur Orientierung über die geometrischen Einflüsse diskutiert. Die praktische Berechnung geht z. Z. noch von der nominellen Lagerbelastung $F_n/(b\,d)$ aus, da für eine theoretisch exakte rechnerische Behandlung der Mischreibung ausreichende Formeln noch nicht verfügbar sind. Der Wert von $F_n/(b\,d)$ muß $\leqq p_{zul}$ sein; dabei leitet man p_{zul} von bewährten vergleichbaren Ausführungen ab. Hierbei ist zu beachten, daß p_{zul} von der Gleitgeschwindigkeit u_{zul} abhängig ist. Man kann sich bei der Wahl von p_{zul} und u_{zul} auf Angaben der Werkstoffhersteller stützen, die vielfach die Ergebnisse von Prüfstands-Reihenversuchen darstellen. Mit Rücksicht auf die Zuverlässigkeit der Lager auch im rauhen Betrieb bei mangelhafter Pflege sollte man von diesen Werten noch einen angemessenen Sicherheitsabstand einhalten (Tafel **A19**.1).

Korrektur am fertigen Lager. Das einwandfreie Verhalten eines Gleitlagers ist äußerlich u. a. an der Lagertemperatur erkennbar. Diese soll im Dauerbetrieb etwa die vorausberechnete Höhe ohne Schwankungen beibehalten. Temperaturunterschreitungen sind unbedenklich.

1. Übertemperaturen treten insbesondere dann auf, wenn ein hydrodynamisches Lager nicht nur vorübergehend, also beim Anfahren und Abstellen der Maschine, sondern während längerer Betriebszeiten im Bereich der Mischreibung gefahren wird. Bei Verringerung der Drehfrequenz steigt dann die Lagertemperatur an. Mischreibung kann aber auch bei einwandfreiem Zusammenbau eintreten, wenn die rechnerischen Voraussetzungen im Betrieb nicht ausreichend genau eingehalten worden sind.

Abhilfe ist oft in einfacher Weise durch Verwendung eines Öls mit höherer Viskosität möglich: Nach Gl. (44.2) wird hierdurch die Sommerfeldzahl herabgesetzt; bei Lagern in den Bereichen So $\lesssim 1$ steigt mit abnehmender Sommerfeldzahl die absolute Schmierschichtdicke h_0 nach Gl. (46.1) bzw. (46.2). Die zunächst naheliegende Maßnahme, zur Herabsetzung der Lagertemperatur das Spiel s zu vergrößern, würde in diesem Fall das Gegenteil bewirken, wie man ebenfalls aus Gl. (44.2) erkennt. Eine Vergrößerung von s bedeutet eine Vergrößerung von ψ und damit eine Erhöhung der Sommerfeldzahl. Dadurch wird die Schmierdichtdicke h_0 noch kleiner und die Gefahr der Mischreibung größer. Eine Verringerung des Lagerspiels würde zwar im richtigen Sinne wirken, ist aber ohne neue Lagerschalen nicht zu verwirklichen.

2. Selten und weniger gefährlich ist eine Übertemperatur durch Betrieb des Lagers zu weit rechts auf der Stribeckkurve in Bild **41**.1 bzw. in Bild **44**.1.

Die einfachste und zugleich wirkungsvollste Abhilfemaßnahme ist in diesem Fall die Verwendung eines Öls mit geringerer Viskosität. Die Sommerfeldzahl wird dadurch angehoben, entsprechend sinkt der Wert μ und damit die Reibungsleistung P_R. Eine Vergrößerung von ψ würde nach Gl. (44.2) ebenfalls eine wirksame Besserung bringen; der Wert dieser Maßnahme wird aber dadurch abgeschwächt, daß die Reibungszahl μ nach Gl. (45.5) ebenfalls von ψ abhängt: Zur Berechnung von μ müssen die Funktionswerte mit ψ multipliziert werden. Im üblichen Betriebsbereich, also zwischen $h_0 = 3 \cdot 10^{-3}$ mm und $\delta = 0{,}5$ ergeben sich dadurch nur unwesentliche Verbesserungen, wenn nicht die untere Grenze $h_0 = 3 \cdot 10^{-3}$ mm unerwünscht unterschritten werden soll.

3. Einen gewissen automatischen Temperaturausgleich liefert im übrigen die Temperaturabhängigkeit der Viskosität (**A22**.2). Mit steigender Temperatur sinkt die Viskosität. So kann sich die Lagertemperatur auf einen Wert einspielen, der zwar höher liegt als der berechnete, der aber in vielen Fällen noch tragbar ist.

4. Es besteht die Möglichkeit, bei zusätzlich gekühlten Lagern die Kühlwirkung zu regulieren (s. unter Reibungswärme und Abschn. 2.5).

2.2.2. Eigenschaften der Schmiermittel[1])

Viskosität (Zähflüssigkeit). Sie ist als die Kraft definiert, die benachbarte Flüssigkeitsteilchen zufolge der inneren Reibung der Flüssigkeit einer gegenseitigen Verschiebung entgegensetzen. Die Viskosität von Sirup ist demnach anschaulich höher als die von Wasser. Für theoretische Untersuchungen wird die dynamische Viskosität η herangezogen. Sie hängt nach dem Gesetz von Newton (s. Abschn. 2.2.1) mit der auf die Flächeneinheit bezogenen Schubkraft τ, die zwei im Abstand h parallel zueinander liegende Flüssigkeitsschichten mit der Geschwindigkeit u gegeneinander verschiebt (51.1), wie folgt zusammen

$$\tau = \eta \, \mathrm{d}u/\mathrm{d}h \qquad (51.1)$$

Der Differentialquotient $\mathrm{d}u/\mathrm{d}h$ ist das sog. Schergefälle.

Für ein konstantes Schergefälle ergibt die Gl. (51.1) die Viskosität $\eta = \tau h/u$ in Ns/m² mit τ in N/m², h in m und u in m/s.

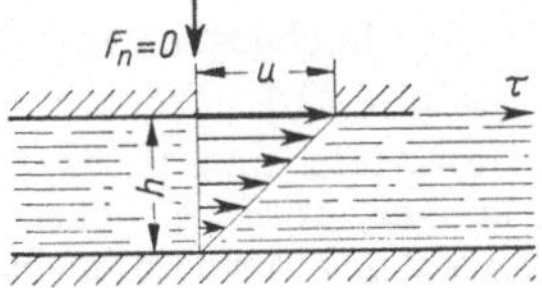

51.1 Schubspannung τ durch Zähigkeitsreibung zwischen zwei parallelen Flächen nach Newton

[1]) Ausführliche Angaben über Eigenschaften und Prüfung s. [3], [4]

Die Ermittlung von Zahlenwerten, die unmittelbar der Definition von η entsprechen, erfordert erheblichen wissenschaftlichen Aufwand. Für die Zwecke der Praxis hat sich deshalb die Einheit Grad Engler (E) als relativer Zähigkeitsmaßstab eingeführt: Die Ausflußzeit des Öls aus einem genormten Gerät (Engler-Viskosimeter) wird gemessen und ins Verhältnis zur Ausflußzeit von Wasser mit 293 K gesetzt. Eine Umrechnung zwischen dynamischer Zähigkeit und Engler-Viskosität ist mit ausreichender Genauigkeit möglich nach der Gleichung

$$\eta = (0{,}74e - 0{,}64/e)\varrho \cdot 10^{-2} \text{ in Ns/m}^2 \text{ oder in Pa s} \qquad (52.1)$$

mit e als der Viskosität in E und mit der Dichte des Öls ϱ in g/cm³.

Die in Amerika benutzte SAE-Einheit (SAE = Society of Automotive Engineers) erfaßt zusätzlich zur Viskosität noch insbesondere deren Temperaturabhängigkeit.

Bei Flüssigkeiten nimmt die Viskosität mit steigender Temperatur ab. Diese Abhängigkeit folgt keinem allgemeingültigen Gesetz; sie wird für jede Schmierölart durch Messung festgestellt und im V-T-Diagramm (Viskosität-Temperatur-Diagramm) dargestellt (Bild **A22.2**).

Um die Wiedergabe der gesamten V-T-Kurve für jeden Einzelfall zu vermeiden, wurden folgende Prüftemperaturen festgelegt, die etwa den durchschnittlichen Lagertemperaturen entsprechen,

Spindelöle, Öle für Kältemaschinen	20 °C
normale Maschinenöle	50 °C
Zylinderöle	100 °C

Die Prüftemperatur ist im Kurzzeichen anzugeben. Es bedeutet z. B. 3 E 50: Die Viskosität beträgt bei 50 Grad Celsius 3 Grad Engler. Zahlenwerte für die Viskosität gebräuchlicher Schmiermittel bietet Tafel **A22.1**.

Schmierfähigkeit. Ein einfacher Zusammenhang zwischen Schmierfähigkeit und Viskosität besteht nicht. Die Schmierfähigkeit entscheidet über die Eignung eines Schmiermittels im Bereich der Mischreibung und ist gut, wenn das Schmiermittel die Gleitflächen festhaftend benetzt, einen auch bei hohem Druck und hoher örtlicher Temperatur nicht zerstörbaren Schmierfilm bildet und zugleich möglichst geringe innere Reibung besitzt. Diese sich teilweise widersprechenden Eigenschaften können durch ein sie umfassendes, zahlenmäßig einfach auswertbares Prüfverfahren bis jetzt nicht ermittelt werden. Man ist auf praktische Erfahrungen angewiesen, die z. B. besagen, daß pflanzliche und tierische Schmiermittel (Knochenöl, Rizinusöl usw.) eine bessere Schmierfähigkeit haben als Mineralöle.

Schmiermittelarten. Mineralöl, das wichtigste flüssige Schmiermittel, wird aus Erdöl gewonnen. Viskosität und übrige Eigenschaften lassen sich in weiten Grenzen auf die verschiedenen Verwendungszwecke abstimmen. Neben den für zahlreiche Zwecke genormten Ölen (s. für den allgemeinen Bedarf insbesondere DIN 51501, Normalschmieröle) werden Spezialöle geliefert, bei denen bestimmte Eigenschaften durch besondere Zusätze hochgezüchtet sind, z. B. die „Einlauföle". Viskosität und Verwendungszwecke s. Tafel **A22.1**.

Pflanzliche und tierische Öle (Knochenöl, Rizinusöl, Specköl usw.) zeichnen sich durch sehr gute, auch bei höheren Temperaturen wirksame Schmierfähigkeit aus. Gegenüber den Mineralölen haben sie den Nachteil, daß sie an der Luft oxydieren, dadurch altern und unbrauchbar werden. Sie eignen sich nicht für Umlaufschmierung (s. Abschn. 2.5), bei der dasselbe Öl der Schmierstelle immer wieder zugeführt wird. Mischungen von Mineralöl und pflanzlichem oder tierischem Öl heißen Verbundöle.

Die Schmierfette sind Aufquellungen von Mineralölen und Seife. Ihre Eigenschaften werden maßgeblich durch die Art der verwendeten Seife bestimmt. Anwendungsbeispiele für Schmierfette: Wälzlager (s. Abschn. 3) sowie Gelenke bzw. Lager mit geringer Gleitgeschwindigkeit und hoher Flächenbelastung, bei denen nur geringe Schmiermittelmengen erforderlich sind (genormte Schmierfette s. DIN 51818, 51825).

2.2.3. Werkstoffe

Beim Versagen der Schmierung und im Gebiet der Mischreibung läßt sich eine Berührung von Zapfen- und Lagerwerkstoff nicht verhindern. Deshalb müssen auch bei Lagern, die sonst im Gebiet der Flüssigkeitsreibung laufen, diese Werkstoffe gute Laufeigenschaften besitzen. Wesentlich ist hierbei auch die richtige Werkstoffpaarung. Geeignete Werkstoffe bilden während der Einlaufzeit eine glatte, polierte Oberfläche, den Laufspiegel, ungeeignete rauhen sich auf und neigen zum „Fressen". Hierbei können selbst bei richtiger Werkstoffwahl, z. B. durch Versagen der Schmierung, örtlich an den Berührungsstellen Temperaturen auftreten, die den Schmelzpunkt von Stahl erreichen. Für die Lagerung wertvoller Maschinenteile, z. B. von Turbinenläufern, verwendet man aus diesem Grund einen Lagerwerkstoff mit niedrigem Erweichungs- bzw. Schmelzpunkt, z. B. Weißmetall. Dieses schmilzt bei Temperaturen, die für den Zapfen noch keine Gefahr bedeuten. Um nach dem Auslaufen des Lagermetalls bis zum Stillstand der Maschine noch eine gewisse Führung des Zapfens zu sichern und schwerere Schäden zu verhüten, wird das Weißmetall in Form eines Lagerausgusses auf eine tragfähige Stütz- bzw. Lagerschale aufgebracht, deren Werkstoff ebenfalls gute Laufeigenschaften besitzt (**63.1**). Ein so ausgebildetes Lager besitzt „Notlaufeigenschaften".

Zur Beurteilung des Gleitverhaltens von Werkstoffen gelten folgende Grundregeln: Ohne Rücksicht auf den Gegenwerkstoff sind die zähen und weichen Werkstoffe Kupfer, Reinaluminium, weicher Stahl und austenitischer Stahl ungeeignet. Gut geeignet sind harte und spröde Stoffe, gehärteter Stahl, hochzinnhaltige Bronze, Grauguß. Für die Gefügebestandteile der Eisenwerkstoffe gilt: Ferrit, Austenit, Phosphid sind ungünstig, Martensit, Perlit und Graphit günstig. Bei den typischen Lagerwerkstoffen Weißmetall und Bleibronze wurde die Einbettung härterer Trägerkristalle in eine weiche Grundmasse als zweckmäßig erkannt; hervorstehende und dadurch überbelastete Kristalle werden durch den Zapfen in die weiche Bettung zurückgedrückt, die Oberfläche des Lagerausgusses paßt sich der Zapfenoberfläche an, die Belastung verteilt sich gleichmäßig.

Gute Paarungen ergeben sich zwischen zwei Werkstoffen mit großen Härteunterschieden. Eine Ausnahme von dieser Regel bilden sehr harte Werkstoffe (gehärteter Stahl, Hartmetall), die in poliertem Zustand geringe Reibungswerte liefern. Bei Störungen sind allerdings die Schäden erheblich; infolgedessen werden Paarungen dieser Art nur bei geringen Gleitgeschwindigkeiten verwendet. Uhrenlager z. B. zeichnen sich durch sehr geringe Reibung und Abnutzung aus (gehärtete Stahlzapfen in Lagern aus Edelsteinen).

Lagerschalen aus Kunststoff haben den Nachteil, daß ihre Wärmeausdehnungskoeffizienten wesentlich größer sind als die der metallischen Werkstoffe. Infolgedessen besteht die Gefahr, daß die Lager bei Erwärmung durch Verringerung des vorgegebenen Lagerspiels klemmen; auch Maßänderungen infolge des Feuchtigkeitsgehaltes im Betrieb können sich störend auswirken. Diese Gefahren werden noch durch die schlechte Wärmeleitfähigkeit der Kunststoffe vergrößert. Man verwendet daher vorteilhaft dünne Schalen, deren Wanddicke von der Kunststoffart abhängt. Diese werden in der Bohrung oder auf der Welle befestigt. Gut bewährt haben sich z. B. 0,3 mm starke Polyamid-Gleitschichten[1]), die auf außen kreuzgerändelte Stahlschalen aufgesintert werden. Infolge ihrer kleinen Wanddicke ist eine gute Wärmeabfuhr gewährleistet. Auch die anderen oben genannten Nachteile der Kunststoffe werden hierdurch weitgehend gemindert. Vorteilhaft sind die Notlaufeigenschaften der Kunststoffe.

In Tafel **54.1** sind einige wichtige Lagerwerkstoffe zusammengestellt. Ausführliche Angaben über Lagerwerkstoffe s. [10], [13], [14], [15], [17].

Tafel **54.1** Gleitlager-Werkstoffe

Werkstoff	DIN	Verwendung	Ausführung
Lager-Weißmetall	1703	Lager für hochwertige Teile, wie Dampfturbinenläufer, Kurbelwellen, Kreiselpumpen, auch für Transmissionen	Ausguß auf Stützschale aus Bronze oder Grauguß, Dicke des Ausgusses 0,1···3 mm je nach Verwendung und Zapfendurchmesser
Bleibronze	1716	hochbeanspruchte Lager mit hoher Flächenpressung, Kurbelwellenlager von Kfz-Motoren, Turbinenlängslager	Ausguß auf Stützschale bzw. Blech, Dicke des Ausgusses 0,2··· 3 mm
Bronze	1705 1714 17662	Getriebe, Werkzeugmaschinen, auch als Stützschale mit guten Notlaufeigenschaften für Weißmetall und Bleibronze	massive Buchsen, Halbschalen, Blech gerollt
Rotguß	1705	wie für Bronze angegeben, aber bei geringeren Anforderungen, insbesondere geringerer Belastung	massive Buchsen
Messing	1709 17660	gewöhnliches Messing, z. B. Ms 58, für einfache Lagerungen z. B. von Gestängen; Sondermessing als Austauschwerkstoff für Bronze	möglichst aus Rohr mit genormten Abmessungen hergestellte Buchsen, auch Blech gerollt; Sondermessing als Guß für Buchsen und Schalen
Grauguß	1691	einfache, billige Lagerungen, meist unmittelbar im Gehäuse, z. B. Landmaschinen, Transmissionen; Gleitbahnen bei Werkzeug- und Kolbenmaschinen	möglichst mit Lagergehäuse in einem Stück; selten als Buchsen; auch als Stützschalen mit geringen Notlaufeigenschaften
Sintermetall	–	wartungsfreie Lager geringer Umfangsgeschwindigkeit; Haushaltsmaschinen, Landmaschinen, Baumaschinen	Buchsen oder Ringe aus gesintertem Metall (Eisen, Bronze) mit Blei- oder Graphitzusatz, mit Schmieröl getränkt
Holz	–	wassergeschmierte Lager; Propellerwellen von Schiffen, Baggerbau, Pumpen, Walzen	Stäbe aus Pockholz oder einheimischem Hartholz in Graugußschalen; möglichst Hirnholzseite als Lauffläche

[1]) VDI-Nachrichten (1963) Nr. 16, S. 5

Fortsetzung Tafel **54.1**

Werkstoff	DIN	Verwendung	Ausführung
Kunststoff (Phenolharz mit Füllstoffen)	7703	wie Holz	Buchsen, Halbschalen, Stäbe in Stützschale. Maßgebend für die Güte ist die Art des Füllstoffs (hochwertig: geschichtete Gewebebahnen)
Weichgummi		in Wasser laufende Lager z. B. bei Pumpen	auf Stahl-Stützschale oder Stahlbuchse vulkanisiert
Kunststoff[1]) (Polytetrafluoraethylen o. ä.) auch als Sinterwerkstoff mit Metall- oder Graphitpulver, Molybdändisulfid	–	wartungsfreie Lager ähnlich Sintermetall, auch für Betrieb in Flüssigkeiten	einbaufertig gepreßt, Buchsen, Ringe, Kugelschalen Wanddicke ≦ 3 mm oder aufgesinterte Gleitschicht mit 0,3 mm Dicke
Leichtmetall (nur Sonderlegierungen)	–	Kurbelwellenlager von Kraftfahrzeug-Motoren	Halbschalen plattiert oder massiv; Wärmeausdehnung beachten; Gefahr bei Kantenpressung, Ölmangel oder Ölverschmutzung; gute Wärmeleitung

2.3. Berechnen und Bemessen der Radiallager

Rechnungsgang. Lagerbelastung F_n und Drehfrequenz n sind vorgeschrieben, die Umgebungstemperatur des Lagers ϑ_0 wird notfalls geschätzt. In vielen Fällen ist die Ölsorte gegeben. Die vorgegebenen Werte können, abhängig oder unabhängig voneinander, auch veränderlich sein[2]). Die Berechnungen sind dann für die ungünstigsten Betriebsverhältnisse durchzuführen. Der folgende Rechnungsgang wird mit den Einheiten des internationalen Maßsystems durchgeführt (s. auch VDI-Richtlinien 2204).

Aus der Festigkeitsberechnung der Welle (s. Abschn. 1.2) ergibt sich der Mindestwert für den Zapfendurchmesser d. Festzulegen sind die Lagerbreite b, das Lagerspiel s und die Bearbeitungsgenauigkeit – die letzteren möglichst mit Passungs- bzw. Toleranzangaben –, das Schmiermittel und der Lagerwerkstoff, unter Beachtung des meist vorgeschriebenen Wellenwerkstoffs. Das Lagerspiel s kann i. allg. zweckmäßig gewählt werden; in bestimmten Fällen darf es mit Rücksicht auf die Führungsgenauigkeit einen bestimmten Höchstwert nicht überschreiten, z. B. bei Werkzeugmaschinenspindeln. Außerdem ist die erzeugte Reibungswärme zu berechnen; sie bestimmt die Art der Schmierung und damit die Lagerbauart, gegebenenfalls den Kühlmittelbedarf und die Betriebsviskosität des gewählten Öls.

[1]) Roemer, E. und Hodes, E.: Glycodur-Gleitlager ohne Schmierung. Z. Antriebstechnik **12** (1973) H. 1, S. 6 bis 9

[2]) Shawki, G. S. A.: Das Verhalten dynamisch belasteter Gleitlager-Berechnung mittels elektronischer Digitalrechner. Z. Konstruktion **24** (1972) H. 10, S. 386 bis 393

Der Betrieb im Bereich der Flüssigkeitsreibung ist stets anzustreben. Mit Rücksicht auf An- und Auslauf und zur Vermeidung großer Schäden beim vorübergehenden Ausfall der Schmierung müssen die Lager auch die Bedingungen bei Betrieb im Gebiet der Mischreibung erfüllen. Für Mehrflächen-Radiallager (**65**.1c) und hydrodynamisch arbeitende Axiallager gelten die gleichen Grundsätze[1]) (s. VDI-Richtlinien 2204).

2.3.1. Lagerbreite b und Verhältnis $\beta = b/d$ = Breite zu Durchmesser

Die tragende Breite b soll in einem zweckmäßigen Verhältnis zum Zapfendurchmesser d stehen: Je kleiner das Verhältnis b/d ist, um so stärker wirkt sich der Druckabfall im tragenden Ölfilm an den Stirnseiten des Lagers vermindernd auf die Gesamttragkraft des Ölfilms aus (s. die p-Diagramme in den Bildern **43**.2a und b), um so besser ist andererseits die Kühlwirkung des Öls, da infolge stärkerer seitlicher Abströmung eine größere Ölmenge das Lager durchströmt. Bei Lagern mit hoher Umfangsgeschwindigkeit wählt man deshalb b/d klein (**43**.2a), da hier der Bereich der Flüssigkeitsreibung ohne Schwierigkeiten erreicht wird. Bei Lagern mit kleiner Umfangsgeschwindigkeit und hoher Belastung sorgt man durch große Werte b/d für eine möglichst große und zuverlässige Tragfähigkeit des Ölfilms (**43**.2b). Je größer b/d wird, um so größer sind allerdings die Folgen der Kantenpressung (**43**.2c), durch die die Tragfähigkeit des Ölfilms beeinträchtigt wird[2]). Lager mit großem b/d sind deshalb einstellbar auszuführen (**62**.1d). Kleine Werte b/d und damit kleine Breite des Zapfens ist erforderlich, wenn eine Welle hohen Biegebeanspruchungen ausgesetzt ist, so z. B. eine mehrfach gelagerte Kurbelwelle. Eine Verkürzung der Zapfenbreite b ergibt dann u. a. eine Verringerung der Biegemomente. Richtwerte für $\beta = b/d$ enthält Tafel **A21**.2; sie liegen beim Radiallager zwischen 0,5 und 1,2.

Kontrollrechnungen. Dem Vergleich mit bewährten Ausführungen dienen in der Praxis auch heute noch die zulässige Flächenpressung p_{zul} (Tafel **A19**.1) und die zulässige Umfangsgeschwindigkeit u_{zul} der Zapfenoberfläche

$$p_{zul} \geqq \bar{p} \qquad u_{zul} \geqq u = \pi d n \tag{56.1}$$

sowie das Produkt (Tafel **A21**.1) $\quad (p \cdot u)_{zul} \geqq (\bar{p} \cdot u)$

Besondere Bedeutung haben diese Größen im Bereich der Mischreibung. Einen Überblick über den Betriebszustand im Bereich der Flüssigkeitsreibung gibt die Sommerfeldzahl So, die eine gegenseitige Abstimmung von b/d, ψ und η ermöglicht.

Als Richtwert wird für Weißmetallager $\bar{p} \approx 1 \cdots 3$ N/mm² und für Bronzelager $\bar{p} \approx 1 \cdots 8$ N/mm² empfohlen.

2.3.2. Lager im Bereich So > 1

In diesen Bereich gehören Lager mit hoher Belastung und niedriger Umdrehungsfrequenz. Ist von vornherein nicht zu erkennen, in welchen Bereich das Lager gehört, so beginnt man

---

[1]) Drescher, H.: Zur Berechnung von Axialgleitlagern mit hydrodynamischer Schmierung. Z. Konstruktion **8** (1956) H. 3, S. 94/104 – Frössel, W.: Berechnung axialer Gleitlager mit ebenen Gleitflächen. Z. Konstruktion **13** (1961) S. 138 u. S. 192 – Ders.: Berechnung axialer Gleitlager mit balligen Gleitflächen. Z. Konstruktion **13** (1961) S. 253

[2]) Buske, A.: Der Einfluß der Lagergestaltung auf die Belastbarkeit und Betriebssicherheit. Z. Stahl und Eisen **71** (1951) H. 26, S. 1420 bis 1433

den Rechnungsgang für den Bereich So > 1. Das dann z. B. aus Bild **A24.**1 ermittelte Lagerspiel ist entscheidend dafür, ob die Rechnung fortgesetzt werden kann oder ob wegen der Wahl eines kleineren Lagerspiels die Berechnung für den Bereich So < 1 erforderlich wird.

Die Betriebstemperatur ϑ und die Betriebsviskosität η werden zunächst bestimmt. Hierzu wird als Teil der Wärmebilanz-Gleichung (48.2) der Erwärmungsfaktor W für $k \approx 3$ und mit dem Lagerzapfenvolumen $V = 0{,}25 \cdot \pi d^2 b$ [s. Gl. (47.4)] ermittelt. Für den Normalfall setzt man $\alpha^* = 20$ Nm/(m²sK) in die Berechnung ein (s. S. 48).

Die Lagererwärmung folgt aus Gl. (48.2).

Ausgehend vom bereits bekannten Wert für W wird im Diagramm A23.1 für ein vorgesehenes Öl mit der Viskosität in Pa s bei 50 °C die Betriebstemperatur ϑ in °C abgelesen.

Mit der bekannten Betriebstemperatur ϑ ergibt sich aus Gl. (48.4) oder aus Bild A22.2 die Betriebsviskosität des gewählten Öls

$$\eta = \left(\frac{\vartheta - \vartheta_0}{W}\right)^2 \tag{57.1}$$

Ergab die Rechnung eine für die Betriebsverhältnisse zu hohe Temperatur ϑ, so muß das Lager zusätzlich gekühlt werden. In diesem Falle kann die Betriebstemperatur mit $\vartheta \approx 60$ °C angenommen werden. Für diese wird dann aus Bild A22.2 für das vorgesehene Öl die Betriebsviskosität η abgelesen.

Lagerspiel. Nach Gl. (46.1) bzw. Gl. (46.2) besteht mit $\delta = 2h_0/s$ die Beziehung für die relative Schmierfilmdicke

im Bereich So > 1 $$\delta = \frac{1}{2\,\mathrm{So}} \cdot \frac{2\beta}{1+\beta} \tag{57.2}$$

und im Bereich So < 1 $$\delta = 1 - \frac{\mathrm{So}}{2} \cdot \frac{1+\beta}{2\beta} \tag{57.3}$$

Daraus ergibt sich bei $\beta = 1$ und mit $\omega = 2\pi n$ in rad/s mit n in s⁻¹ das relative Lagerspiel

für So > 1 $\psi^2 = \frac{\pi}{\delta} \cdot \frac{\eta n}{\bar{p}}$ und für So < 1 $\psi^2 = 4\pi(1-\delta)\frac{\eta n}{\bar{p}}$ (57.4) (57.5)

Die Kurven im Bild **A24.1**, aus dem das relative Lagerspiel ψ entnommen werden kann, verlaufen im Bereich $0 < \delta \leqq 0{,}5$ nach Gl. (57.4) und im Bereich $0{,}5 \leqq \delta < 1$ nach Gl. (57.5). Gehört das Lager in den Bereich So > 1, dann muß das relative Lagerspiel ψ in Bild **A24.1** auch dem Bereich So > 1 entnommen werden. Die Grenze So = 1, die nach rechts nicht überschritten werden darf, liegt mit $\beta = b/d$ bei der relativen Schmierfilmdicke

$$\delta_{(\mathrm{So}=1)} = 0{,}5\,\frac{2\beta}{1+\beta} \tag{57.6}$$

Im Bild **A24.1** wird über der relativen Schmierfilmdicke δ, zweckmäßig im Bereich zwischen $\delta = 0{,}2 \cdots 0{,}4$, und mit dem Ordinatenwert

$$\frac{\eta n}{\bar{p}} \cdot \frac{2\beta}{1+\beta} \tag{57.7}$$

das relative Lagerspiel ψ ausgesucht und damit die Sommerfeldzahl

$$\mathrm{So} = \frac{\bar{p}\psi^2}{\eta 2\pi n} > 1 \tag{58.1}$$

sowie das Lagerspiel $s = \psi d$ errechnet, das beim betriebswarmen Lager notwendig ist.

Zur Fertigung der Lagerteile, die bei Raumtemperatur erfolgt, ist das Fertigungsspiel $s_0 = s + \Delta s$ zu beachten. Es berücksichtigt die Wärmedehnung der Welle $\Delta s_1 = \alpha_w (\vartheta - \vartheta_0) d$ und die Aufweitung der Lagerschale $\Delta s_2 = \alpha_L 0{,}7 (\vartheta - \vartheta_0) d$ unter Annahme einer gegenüber dem Lager um etwa 30% verminderten Erwärmung. Hierbei ist α_w bzw. α_L der Ausdehnungskoeffizient des Wellenwerkstoffes bzw. der Lagerschale. Somit ist das relative Fertigungsspiel

$$\psi_0 = \psi + [\alpha_w(\vartheta - \vartheta_0) - \alpha_L \cdot 0{,}7 \cdot (\vartheta - \vartheta_0)] \tag{58.2}$$

und das Fertigungsspiel

$$s_0 = \psi_0 d \tag{58.3}$$

Die Bearbeitungsgüte soll so gewählt werden, daß das Lagerspiel s bzw. s_0 möglichst dem Mittelwert der Toleranzfelder entspricht. Wenn auch die Paarung der extremen Toleranzwerte selten ist, empfiehlt sich eine Nachrechnung mit dem Kleinst- und Größtspiel.

Überdurchschnittliche Gütewerte können nur mit höheren Kosten für Bearbeitung und Kontrolle erreicht werden. Während der ersten Betriebszeit schleifen sich bei jedem Durchgang durch den Bereich der Mischreibung Rauhigkeitsspitzen ab; dies führt zu einer Vergrößerung des Lagerspiels, die mit der Zeit zum Stillstand kommen kann. Dieser Fall liegt z. B. bei Lagern von Kraftwerksturbinen vor, die bei gleichbleibender Belastung und Drehfrequenz mit seltenen Unterbrechungen laufen, während z. B. bei Lagern von Kraftfahrzeugmotoren infolge der stark wechselnden Betriebsverhältnisse und häufigen Stillstandszeiten mit fortlaufender Vergrößerung des Spiels durch Verschleiß gerechnet werden muß. Bei Kunststoff- und Holzlagern beeinflußt außerdem die unvermeidliche Quellung das Betriebsspiel.

Das Lagerspiel s soll mit Rücksicht auf die Führungsgenauigkeit so klein wie möglich gemacht werden. Die untere Grenze ist durch die Herstellungsgenauigkeit gegeben. Sie umfaßt die Genauigkeit der zylindrischen Form, der Parallelität der Achsen von Zapfen und Bohrung und die Rauhtiefen der Gleitflächen. Die Achsparallelität ist nicht nur von der Bearbeitung, sondern auch von der Montage und von unvermeidbarer Wellendurchbiegung abhängig. Die Rauhtiefen sind durch das Bearbeitungsverfahren gegeben; Bild **A24.2** liefert hierfür Anhaltswerte.

Schmierfilmdicke, Übergangsdrehfrequenz, Reibungszahl, Schmierstoff- und Kühlmitteldurchsatz (s. Arbeitsbl. 2)

Die kleinste Schmierfilmdicke ergibt sich für So > 1 nach Gl. (46.1) zu $h_0 = [s/(4\mathrm{So})]\,[2\beta/(1+\beta)]$. Die niedrigste zulässige Drehfrequenz wird nach Gl. (47.1) zu $n_{min} = n h_{min}/h_0$ und die Übergangsdrehfrequenz nach Gl. (47.2) zu $n_u = n h_{0u}/h_0$ errechnet. Die zulässigen Werte für h_{min} und $h_{0ü}$ werden in Abhängigkeit vom Durchmesser aus Bild **A24.2** entnommen. Nach Gl. (49.2) ist der erforderliche Schmierstoffdurchsatz $Q_s \approx 0{,}75 h_0 b u$.

Für das Gebiet So > 1 folgt aus Gl. (45.5) mit $k \approx 3$ die Reibungszahl $\mu = 3\psi/\sqrt{\mathrm{So}} = 7{,}5\sqrt{\eta n/\bar{p}} = 3\sqrt{\eta\omega/\bar{p}}$ und aus Gl. (47.4) $P_R = \Phi\sqrt{\eta}$.

Bedarf das Lager zusätzlicher Kühlung, so berechnet man die erforderliche Kühlmittelmenge nach Gl. (49.1) $Q = P_R/[c\varrho(\vartheta_2 - \vartheta_1)]$, wobei für $c\varrho = 1670 \cdot 10^3$ Nm/(m³K) als Mittelwert für Maschinenöl auf Mineralölbasis und je nach Kühler für $(\vartheta_2 - \vartheta_1) \approx$ 10···20 K eingesetzt werden. Zur Berechnung der Wassermenge für die Ölrückkühlung wählt man die Temperaturdifferenz $(\vartheta_2 - \vartheta_1) = 5$K; für Wasser ist $c\varrho = 4189 \cdot 10^3$ Nm/(m³ K) einzusetzen.

Beanspruchung. Wirkt auch im Stillstand die volle Belastung F_n, so muß noch die Beanspruchung des Gleitlagerwerkstoffes mit Hilfe der Gl. (50.1) $p_0 = 0{,}591\sqrt{\psi \bar{p} E}$ überprüft werden, wobei für $E = 2E_1E_2/(E_1 + E_2)$ einzusetzen ist. Der Elastizitätsmodul E_1 für das Lagermetall kann den Tabellen der Richtlinie VDI 2203, „Gleitwerkstoffe", entnommen werden; für Weißmetall ist $E_1 \approx 6{,}3 \cdot 10^{10}$ N/m². Der Elastizitätsmodul für die Stahlwelle beträgt $E_2 = 21 \cdot 10^{10}$ N/m².

Beispiel 1. Radiallager im Bereich So > 1. Lager für einen Walzmotor mit 2900/5100 kW bei 60···180 min⁻¹.

Gegeben: Lager-Nenndurchmesser $d = 0{,}4$ m, tragende Lagerbreite $b = 0{,}32$ m, Belastungskraft $F_n = 200000$ N, Drehfrequenz $n = 3\ \mathrm{s}^{-1}$, wärmeabgebende Oberfläche $A = 2{,}55$ m² und Umgebungstemperatur $\vartheta_0 = 20$ °C. Werkstoffpaarung: Stahl/Weißmetall.

Aus den gegebenen Größen wird berechnet: das Lagerbreitenverhältnis $\beta = b/d = 0{,}32$ m/0,4 m $= 0{,}8$, der mittlere Druck $\bar{p} = F_n/(bd) = 200000$ N/(0,32 m · 0,4 m) $= 15{,}6 \cdot 10^5$ N/m², das Lagerzapfenvolumen $V = 0{,}25 \cdot \pi d^2 \cdot b = 0{,}25 \cdot \pi \cdot 0{,}16\ \mathrm{m}^2 \cdot 0{,}32\ \mathrm{m} = 0{,}0402\ \mathrm{m}^3$ und die Umfangsgeschwindigkeit $u = \pi d n = \pi \cdot 0{,}4\ \mathrm{m} \cdot 3\ \mathrm{s}^{-1} = 3{,}77$ m/s. Angenommen wird die Wärmeabfuhrzahl normal $\alpha^* = 20$ Nm/m²s K und ein Öl mit 0,0315 Pa s bei 50 °C.

Gesucht: Betriebstemperatur ϑ, Lagerspiel s, Reibleistung P_R, untere Drehfrequenzgrenze n_{min}, Übergangsdrehfrequenz $n_ü$ und Schmierstoffdurchsatz Q_s

1. Erwärmungsfaktor für So > 1

$$W = \frac{30\,V\sqrt{\bar{p}n^3}}{\alpha^* A} = \frac{30 \cdot 0{,}0402\ \mathrm{m}^3 \sqrt{15{,}6 \cdot 10^5\ \mathrm{N/m}^2 \cdot 27\ \mathrm{s}^{-3}}}{20\ \mathrm{Nm/(m^2\,s\,K)} \cdot 2{,}55\ \mathrm{m}^2} = 153{,}5\ \mathrm{m\,K/(Ns)}^{1/2}$$

Mit diesem Wert findet man im Bild A23.1 für das vorgegebene Öl die Betriebstemperatur $\vartheta = 48$ °C.

2. Betriebsviskosität aus Bild A22.2 oder nach (Gl. 57.1)

$$\eta = \left(\frac{\vartheta - \vartheta_0}{W}\right)^2 = \left(\frac{28}{153{,}5}\right)^2 \frac{\mathrm{Ns}}{\mathrm{m}^2} = 34 \cdot 10^{-3}\ \mathrm{Ns/m}^2 = 0{,}034\ \mathrm{Pa\,s}$$

3. Ordinatenwert für Bild A24.1 ist nach Gl. (57.7)

$$\frac{\eta n}{\bar{p}} \cdot \frac{2\beta}{1+\beta} = \frac{34 \cdot 10^{-3}\ \mathrm{Ns/m}^2 \cdot 3\ \mathrm{s}^{-1}}{15{,}6 \cdot 10^5\ \mathrm{N/m}^2} \cdot \frac{1{,}6}{1{,}8} = 5{,}82 \cdot 10^{-8}$$

Die relative Schmierfilmdicke δ, für die aus Bild A24.1 das relative Lagerspiel ψ entnommen wird, muß für So > 1 unterhalb $\delta_{(So=1)}$ liegen, s. Gl. (57.6)

$$\delta_{(So=1)} = 0{,}5\,\frac{2\beta}{1+\beta} = 0{,}5\,\frac{1{,}6}{1{,}8} = 0{,}45$$

Aus Bild A24.1 ergibt sich das relative Lagerspiel $\psi = 0{,}8 \cdot 10^{-3}$ und das Betriebslagerspiel $s = \psi d = 0{,}8 \cdot 10^{-3} \cdot 0{,}4\ \mathrm{m} = 0{,}32 \cdot 10^{-3}$ m.

4. Sommerfeldzahl Gl. (44.2)

$$\mathrm{So} = \frac{\bar{p}\psi^2}{\eta 2\pi n} = \frac{15{,}6 \cdot 10^5\ \mathrm{N/m^2} \cdot 0{,}64 \cdot 10^{-6}}{34 \cdot 10^{-3}\ \mathrm{Ns/m^2} \cdot 2 \cdot \pi \cdot 3\ \mathrm{s^{-1}}} = 1{,}56$$

5. Reibungszahl Gl. (45.5)

$$\mu = 3\psi/\sqrt{\mathrm{So}} = 3 \cdot 0{,}8 \cdot 10^{-3}/\sqrt{1{,}56} = 1{,}92 \cdot 10^{-3}$$

6. Reibleistung Gl. (47.3)

$$P_R = \mu F_n u = 1{,}92 \cdot 10^{-3} \cdot 200000\ \mathrm{N} \cdot 3{,}77\ \mathrm{m/s} = 1450\ \mathrm{Nm/s} = 1{,}45\ \mathrm{kW}$$

7. Kleinste Schmierfilmdicke Gl. (46.1)

$$h_0 = \frac{s}{2}\left(\frac{1}{2\mathrm{So}} \cdot \frac{2\beta}{1+\beta}\right) = \frac{0{,}32 \cdot 10^{-3}\ \mathrm{m}}{2}\left(\frac{1}{2 \cdot 1{,}56} \cdot \frac{1{,}6}{1{,}8}\right) = 45{,}6 \cdot 10^{-6}\ \mathrm{m}$$

8. Untere Drehfrequenzgrenze bei Flüssigkeitsreibung, Gl. (47.1) mit $h_{min} = 14 \cdot 10^{-6}$ m aus Bild **A24**.2

$$n_{min} = \frac{h_{min}}{h_0} n = \frac{14 \cdot 10^{-6}\ \mathrm{m}}{45{,}6 \cdot 10^{-6}\ \mathrm{m}} \cdot 3\ \mathrm{s^{-1}} = 0{,}922\ \mathrm{s^{-1}}$$

9. Übergangsdrehfrequenz, Gl. (47.2), mit $h_{0ü} = 5{,}5 \cdot 10^{-6}$ m aus Bild **A24**.2

$$n_ü = \frac{h_{0ü}}{h_0} n = \frac{5{,}5 \cdot 10^{-6}\ \mathrm{m}}{45{,}6 \cdot 10^{-6}\ \mathrm{m}} \cdot 3\ \mathrm{s^{-1}} = 0{,}362\ \mathrm{s^{-1}}$$

10. Schmierstoffdurchsatz, Gl. (49.2)

$$Q_s \approx 0{,}75 \cdot h_0 b u = 0{,}75 \cdot 45{,}6 \cdot 10^{-6}\ \mathrm{m} \cdot 0{,}32\ \mathrm{m} \cdot 3{,}77\ \mathrm{m/s} = 0{,}041 \cdot 10^{-3}\ \mathrm{m^3/s}$$

2.3.3. Lager im Bereich So < 1

Zu diesem Bereich zählen die Lager mit niedriger Belastung und hoher Drehfrequenz. Man errechnet aus Gl. (48.3) den Erwärmungsfaktor

$$W' = \frac{\Phi'}{\alpha^* A} \quad \text{mit} \quad \Phi' = \frac{75\, V n^2}{\psi} \tag{60.1}$$

Der weitere Rechnungsgang erfolgt wie der für Lager im Bereich So > 1, jedoch unter Beachtung der für den vorliegenden Bereich So < 1 geltenden Formeln, s. folgendes Beispiel.

Beispiel 2. Radiallager im Bereich So < 1. Lager eines Asynchronmotors mit 5700 kW bei 1500 $\mathrm{min^{-1}}$. Gegeben: Lager-Nenndurchmesser $d = 0{,}2$ m, Lagerbreite $b = 0{,}16$ m, Belastung $F_n = 18200$ N, Drehfrequenz $n = 25\ \mathrm{s^{-1}}$, wärmeabgebende Oberfläche $A = 1\ \mathrm{m^2}$ und ein Öl mit der Zähigkeit 0,02 Pa s bei 50 °C.

Mit diesen Größen wird berechnet: $\beta = b/d = 0{,}16\ \mathrm{m}/0{,}20\ \mathrm{m} = 0{,}8$, der mittlere Druck $\bar{p} = F_n/(bd) = 18200\ \mathrm{N}/(0{,}16\ \mathrm{m} \cdot 0{,}2\ \mathrm{m}) = 5{,}68 \cdot 10^5\ \mathrm{N/m^2}$, das Lagerzapfenvolumen $V = 0{,}25 \cdot \pi d^2 \cdot b = 0{,}25 \cdot \pi \cdot 0{,}2^2\ \mathrm{m^2} \cdot 0{,}16\ \mathrm{m} = 0{,}00503\ \mathrm{m^3}$, die Umfangsgeschwindigkeit $u = \pi d n = \pi \cdot 0{,}2\ \mathrm{m} \cdot 25\ \mathrm{s^{-1}} = 15{,}7$ m/s und die Winkelgeschwindigkeit[1]) $\omega = 2\pi n = 2\pi\ \mathrm{rad} \cdot 25\ \mathrm{s^{-1}} = 157\ \mathrm{rad\ s^{-1}}$. Gesucht: Reibungsleistung P_R, untere Drehfrequenzgrenze n_{min}, Übergangsdrehfrequenz $n_ü$, Schmierstoffdurchsatz Q_s, Kühlmitteldurchsatz Q_k und Lagerspiel s.

---

[1]) Die SI-Einheit für die Winkelgeschwindigkeit ist rad/s. Da 1 rad = 1 m/1 m = 1 ist, wird das Einheitenzeichen rad in der Rechnung weggelassen.

1. Erwärmungsfaktor für So > 1

$$W = \frac{30 V \sqrt{\bar{p} n^3}}{\alpha A} = \frac{30 \cdot 5{,}03 \cdot 10^{-3}\ \text{m}^3 \sqrt{5{,}68 \cdot 10^5\ \text{N/m}^2 \cdot 25^3\ \text{s}^{-3}}}{20\ \text{Nm/(m}^2\ \text{s K)} \cdot 1\ \text{m}^2} = 706\ \text{m}\ \ \text{K/(Ns)}^{1/2}$$

Für diesen Wert und für das Öl mit 0,02 Pa s bei 50 °C entnimmt man aus Bild A23.1 die Betriebstemperatur $\vartheta = 80\,°\text{C}$ und hierfür aus Bild A22.2 die Viskosität $\eta = 0{,}007\ \text{Ns/m}^2$.

2. Ordinatenwert für Bild A24.1 ist

$$\frac{\eta n}{\bar{p}} \cdot \frac{2\beta}{1+\beta} = \frac{7 \cdot 10^{-3}\ \text{Ns/m}^2 \cdot 25^3\ \text{s}^{-1}}{5{,}68 \cdot 10^5\ \text{N/m}^2} \cdot \frac{1{,}6}{1{,}8} = 2{,}74 \cdot 10^{-7}$$

Die Grenze für den Geltungsbereich So > 1 liegt in Bild A24.1 bei

$$\delta_{(\text{So}=1)} = 0{,}5 \frac{2\beta}{1+\beta} = 0{,}5 \frac{1{,}6}{1{,}8} = 0{,}45$$

Will man das Lager im Bereich So > 1 betreiben, so ergibt sich ein relatives Lagerspiel $\psi > 1{,}5\,‰$ bzw. ein Lagerspiel $s = \psi d > 1{,}5 \cdot 10^{-3} \cdot 2 \cdot 10^2\ \text{mm} > 0{,}3\ \text{mm}$. Dieses Lagerspiel ist für den Asynchronmotor, der einen Luftspalt von nur 1,8 mm besitzt, zu groß. Das Lagerspiel wird deshalb mit $s = 0{,}2$ mm gewählt. Damit ergibt sich das relative Lagerspiel $\psi = s/d = 0{,}2\ \text{mm}/200\ \text{mm} = 0{,}001$. Aus Bild A24.1 geht hervor, daß hierfür die Grenze von $\delta_{(\text{So}=1)} = 0{,}45$ nach rechts überschritten ist. Das Lager fällt also in den Bereich So < 1. Die nachfolgende Berechnung wird daher mit den für den Bereich So < 1 geltenden Formeln durchgeführt.

3. Erwärmungsfaktor für So < 1 nach Gl. (60.1)

$$W' = \frac{\Phi'}{\alpha^* A} = \frac{75 V n^2}{\alpha^* A \cdot \psi} = \frac{75 \cdot 5{,}03 \cdot 10^{-3}\ \text{m}^3 \cdot 625\ \text{s}^{-2}}{20\ \text{Nm/(m}^2\ \text{s K)} \cdot 1\ \text{m}^2 \cdot 1 \cdot 10^{-3}} = 1{,}188 \cdot 10^4\ \text{m}^2\ \text{K/(Ns)}$$

Mit diesem Wert wird aus Bild A23.2 die Betriebstemperatur $\vartheta = 90\,°\text{C}$ für 0,02 Pa s bei 50 °C abgelesen. Da diese Temperatur zu hoch ist, benötigt das Lager zusätzliche Kühlung. Das Lager soll mit $\vartheta = 60\,°\text{C}$ betrieben werden. Für das gewählte Öl beträgt damit nach Bild A22.2 die Betriebsviskosität $\eta = 13 \cdot 10^{-3}\ \text{Ns/m}^2$.

4. Sommerfeldzahl $\quad \text{So} = \dfrac{\bar{p}\psi^2}{\eta\omega} = \dfrac{5{,}68 \cdot 10^5\ \text{N/m}^2 \cdot 1 \cdot 10^{-6}}{13 \cdot 10^{-3}\ \text{Ns/m}^2 \cdot 157\ \text{s}^{-1}} = 0{,}278$

6. Reibungszahl, Gl. (45.4) $\quad \mu = \dfrac{3\psi}{\text{So}} = \dfrac{3 \cdot 1 \cdot 10^{-3}}{0{,}278} = 10{,}78 \cdot 10^{-3}$

7. Reibleistung, Gl. (47.3)

$$P_R = \mu F_n u = 10{,}78 \cdot 10^{-3} \cdot 18200\ \text{N} \cdot 15{,}7\ \text{m/s} = 3080\ \text{Nm/s} = 3{,}08\ \text{kW}$$

8. kleinste Schmierfilmdicke nach Gl. (46.2) für So < 1

$$h_0 = \frac{s}{2}\left(1 - \frac{\text{So}}{2} \cdot \frac{1+\beta}{2\beta}\right) = \frac{0{,}2\ \text{mm}}{2}\left(1 - \frac{0{,}278}{2} \cdot \frac{1{,}8}{1{,}6}\right) = 0{,}084\ \text{mm} = 0{,}084 \cdot 10^{-3}\ \text{m}$$

9. Nur zu rechnen für Lager im Bereich So < 1; Drehfrequenz und kleinste Schmierschichtdicke bei So = 1

$$n_{(\text{So}=1)} = \frac{\bar{p}\psi^2}{2\pi\eta} = \frac{5{,}68 \cdot 10^5\ \text{N/m}^2 \cdot 1 \cdot 10^{-6}}{2\pi \cdot 13 \cdot 10^{-3}\ \text{Ns/m}^2} = 7\ \text{s}^{-1}$$

$$h_{0\,(\text{So}=1)} = \frac{s}{4} \cdot \frac{2\beta}{1+\beta} = \frac{0{,}2\ \text{mm}}{4} \cdot \frac{1{,}6}{1{,}8} = 44{,}5 \cdot 10^{-6}\ \text{m}$$

10. untere zulässige Drehfrequenz nach Gl. (47.1) mit $h_{min} = 0{,}012$ mm über $d = 0{,}2$ m aus Bild A24.2

$$n_{min} = \frac{h_{min}}{h_{0\,(So=1)}}\, n_{(So=1)} = \frac{0{,}012\ \text{mm}}{0{,}04\ \text{mm}} \cdot 7\ \text{s}^{-1} = 2{,}1\ \text{s}^{-1}$$

11. Übergangsdrehfrequenz, Gl. (47.2)

$$n_{ü} = \frac{h_{0ü}}{h_{0\,(So=1)}}\, n_{(So=1)} = \frac{0{,}0052\ \text{mm}}{0{,}0445\ \text{mm}} \cdot 7\ \text{s}^{-1} = 0{,}82\ \text{s}^{-1}$$

12. Schmierstoffdurchsatz, Gl. (49.2)

$$Q_s = 0{,}75\, h_0 b u = 0{,}75 \cdot 0{,}084 \cdot 10^{-3}\ \text{m} \cdot 0{,}16\ \text{m} \cdot 15{,}7\ \text{m/s} = 0{,}158 \cdot 10^{-3}\ \text{m}^3/\text{s}$$

13. Der erforderliche Kühlöldurchsatz wird nach Gl. (49.1) mit $c\varrho = 1670 \cdot 10^3$ Nm/(m³ K) als Mittelwert für Maschinenöle und mit der Erwärmung $\vartheta_2 - \vartheta_1 = 10$K

$$Q_K = \frac{P_R}{c\varrho(\vartheta_2 - \vartheta_1)} = \frac{3080\ \text{Nm/s}}{1670 \cdot 10^3\ \text{Nm/(m}^3\ \text{K)} \cdot 10\ \text{K}} = 0{,}184 \cdot 10^{-3}\ \text{m}^3/\text{s}$$

14. Die Wassermenge für die Ölrückkühlung ergibt sich mit $c_w \varrho_w = 4189 \cdot 10^3$ Nm/(m³ K) und mit $\vartheta_{w2} - \vartheta_{w1} = 5$ K nach Gl. (49.1) zu

$$Q_w = \frac{P_R}{c_w \varrho_w(\vartheta_{w2} - \vartheta_{w1})} = \frac{3080\ \text{Nm/s}}{4189 \cdot 10^3\ \text{Nm/(m}^3\ \text{K)} \cdot 5\ \text{K}} = 0{,}147 \cdot 10^{-3}\ \text{m}^3/\text{s}$$

2.4. Gleitlagerbauarten [1]), Einzelteile

Die Einteilung der Gleitlager kann beispielsweise nach der Belastungsrichtung geschehen. Lager, bei denen die Belastung F_n senkrecht zur Welle wirkt, heißen Radiallager, Querlager oder Traglager (62.1). Als Axial- oder Längslager werden solche Lager bezeichnet, die eine Belastung in Längsrichtung der Welle (Axial-

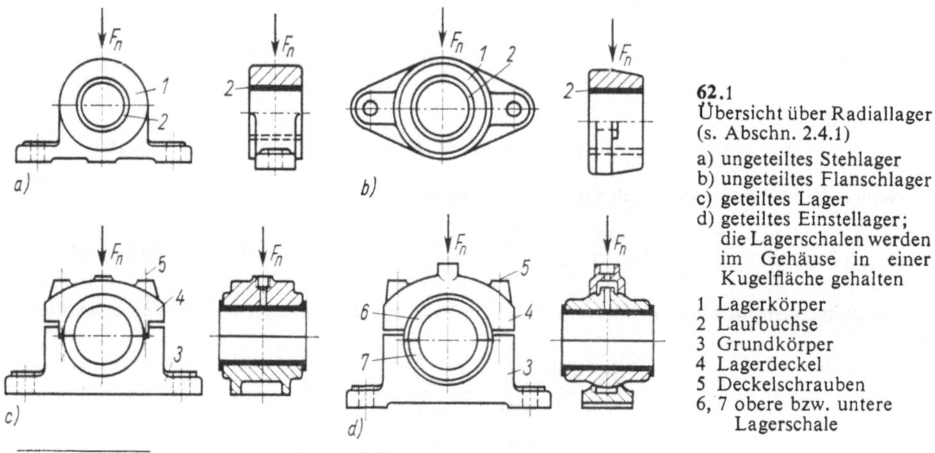

62.1 Übersicht über Radiallager (s. Abschn. 2.4.1)

a) ungeteiltes Stehlager
b) ungeteiltes Flanschlager
c) geteiltes Lager
d) geteiltes Einstellager; die Lagerschalen werden im Gehäuse in einer Kugelfläche gehalten

1 Lagerkörper
2 Laufbuchse
3 Grundkörper
4 Lagerdeckel
5 Deckelschrauben
6, 7 obere bzw. untere Lagerschale

[1]) Klemencic, A.: Bemessung und Gestaltung von Gleitlagern. VDI-Z. **87** (1943) S. 409

schub) aufnehmen (**68**.1; s. auch Abschn. 3.3.4). Die Axiallager werden nach der Bauart eingeteilt in Spurzapfenlager, Bundlager und Segmentlager.

Bei den Radiallagern unterscheidet man weiterhin nach der Ausbildung der Laufflächen:

1. Einteilige oder ungeteilte Lager. Sie heißen Augenlager und werden mit oder ohne Laufbuchse aus Gleitlagerwerkstoff ausgeführt (**62**.1a und b).

2. Offene oder geteilte Lager. Sie besitzen etwa in der Ebene der Lagerachse eine Teilfuge. In einfachen Fällen werden sie ohne Lagerschalen ausgeführt, i. allg. erhalten sie Halbschalen, bei denen die Lauffläche aus Gleitlagerwerkstoff besteht. Das Gehäuse besteht aus Grundkörper und Lagerdeckel (**62**.1c und d).

Die Art der Anbringung der Gleitlager ergibt folgende Einteilung:

1. Selbständige Lager. Das sind solche Lagereinheiten, die – in sich vollständig – auf Fundamenten oder an Maschinen befestigt werden. Sie werden z. B. zur Lagerung von Transmissionswellen oder Gestängen verwendet, aber auch bei Großmaschinen wie Wasserturbinen, liegenden Dampfmaschinen oder großen Pumpen (**62**.1a bis d).

2. Unselbständige Lager. Bei diesen bildet der Lager-Grundkörper eine Einheit mit einem Teil der Maschine, so z. B. beim Kurbelwellenlager der Motoren, beim Pleuellager, Kolbenbolzenlager usw. Unselbständige Lager werden statt selbständiger Lager in zunehmendem Maß verwendet, da sie größere Laufgenauigkeit und eine Gewichtsersparnis bieten (s. Abschn. 5 Kurbeltrieb).

2.4.1. Radiallager

Bild **64**.1 zeigt als Beispiel für ein vollständiges Radiallager ein Ringschmierlager. Bisweilen sind die Radiallager vereinfacht. Es werden dann einige Einzelteile zusammengefaßt, andere auch fortgelassen. So besteht das einfachste Lager z. B. lediglich aus einer Bohrung im Auge eines Maschinengehäuses mit einem offenen Schmierloch. Solche Lager findet man bei Haushalts- oder einfachen landwirtschaftlichen Maschinen.

Laufbuchsen und Lagerschalen. Der Teil des Lagers, der die Lauffläche enthält, heißt, wenn er ungeteilt (oder lediglich geschlitzt) ist, Laufbuchse (**62**.1a und b). Ist er geteilt, dann bezeichnet man die Hälften als Lagerschalen (**62**.1c und d, **63**.1 und **65**.1a bis c; die Werkstoffe sind in Abschn. 2.2.3 behandelt). Die Wanddicke von Buchse bzw. Schale wird nach Erfahrung gewählt. Einen Anhaltspunkt ergeben die beiden Faustformeln (Zahlenwertgleichungen, D_a Außendurchmesser, d_2 Bohrung)

$$\left.\begin{array}{ll}\text{Lagerbuchse} & D_a = 1{,}1\, d_2 + 5 \quad \text{in mm}\\ \text{Lagerschale} & D_a = 1{,}1\, d_2 + 6 \quad \text{in mm}\end{array}\right\} \text{mit } d_2 \text{ in mm} \tag{63.1}$$

Buchsen oder Schalen aus grauem Gußeisen werden wenige Millimeter dicker gewählt. Diese Formeln gelten für Lager im allgemeinen Maschinenbau, nicht aber für Lager kleinerer Durchmesser, z. B. Kurbelwellenlager von Kraftfahrzeugen oder Lager in Landmaschinen.

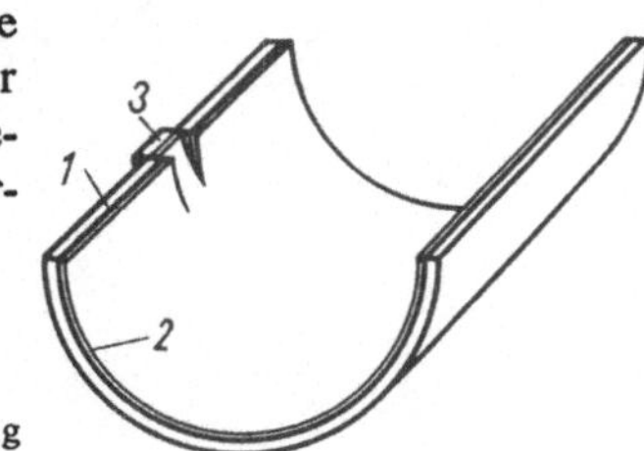

63.1 Aus Bronzeblech gerollte Lager-Halbschale mit Ausklinkung zur Lagensicherung 3, Lagerausguß aus Weißmetall 2

Diese erhalten heute vielfach dünnere Buchsen oder Schalen aus gerolltem Blech (63.1) oder gezogenem Rohr. Die Wanddicken liegen dann etwa zwischen 0,8 und 2,0 mm. Vorteile: Gewicht und Platzbedarf gering, billiges und schnelles Auswechseln abgenutzter Stücke; infolge der bei Massenherstellung erreichbaren Genauigkeit Austausch fast oder ganz ohne Nachbearbeitung.

Angaben über die Wanddicke von Kunststoff-Buchsen (64.2) enthält Tafel **A19.1**.

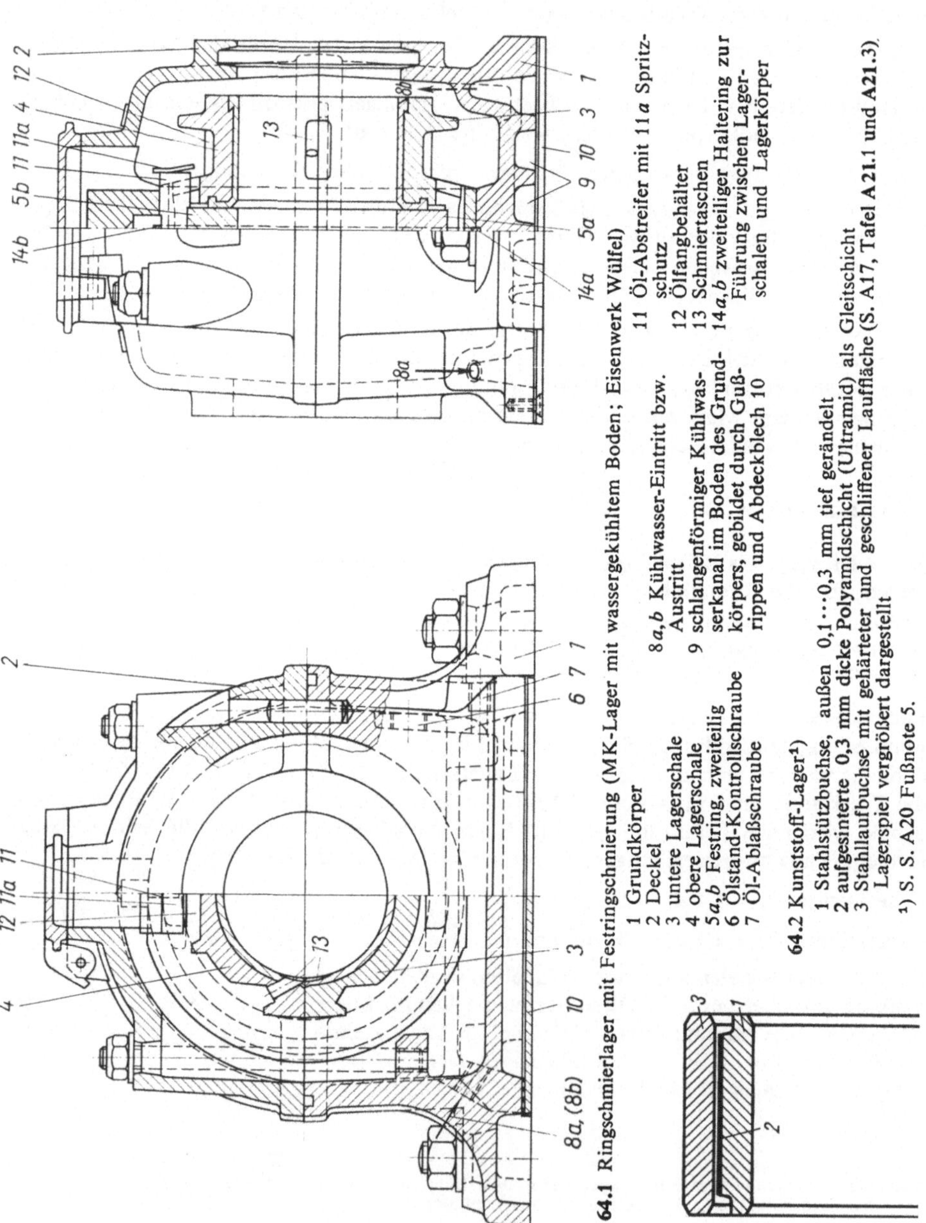

64.1 Ringschmierlager mit Festringschmierung (MK-Lager mit wassergekühltem Boden; Eisenwerk Wülfel)

1 Grundkörper
2 Deckel
3 untere Lagerschale
4 obere Lagerschale
5*a*,*b* Festring, zweiteilig
6 Ölstand-Kontrollschraube
7 Öl-Ablaßschraube
8*a*,*b* Kühlwasser-Eintritt bzw. Austritt
9 schlangenförmiger Kühlwasserkanal im Boden des Grundkörpers, gebildet durch Gußrippen und Abdeckblech 10
11 Öl-Abstreifer mit 11*a* Spritzschutz
12 Ölfangbehälter
13 Schmiertaschen
14*a*,*b* zweiteiliger Haltering zur Führung zwischen Lagerschalen und Lagerkörper

64.2 Kunststoff-Lager[1])

1 Stahlstützbuchse, außen 0,1···0,3 mm tief gerändelt
2 aufgesinterte 0,3 mm dicke Polyamidschicht (Ultramid) als Gleitschicht
3 Stahllaufbuchse mit gehärteter und geschliffener Lauffläche (S. A17, Tafel **A21.1** und **A21.3**) Lagerspiel vergrößert dargestellt

[1]) S. S. A20 Fußnote 5.

Schmiernuten: Anordnung und Form. Die richtige Anordnung und Form der Schmiernuten ist für einwandfreies Arbeiten des Lagers von entscheidender Bedeutung. Beim Radiallager mit umlaufendem Zapfen, das im Bereich der Flüssigkeitsreibung (hydrodynamische Schmierwirkung) arbeitet, darf die Ausbildung des tragenden Ölfilms nicht durch Unterbrechungen der Lagerlauffläche gestört werden: Jede Nut würde zum Zusammenbrechen des Öldrucks führen und die Tragfähigkeit beeinträchtigen. Geteilte Lager ordnet man deshalb so an, daß die Teilebene senkrecht zur Richtung der Lagerbelastung F liegt (**65.**1a): Die Unterschale bleibt frei von Nuten, die Ölzuführung erfolgt durch eine Bohrung und eine Längsnut in der Oberschale. Die Längsnut dient der gleichmäßigen Verteilung des Öls über die Lagerbreite. Die Kanten der Nut und der Teilfugen sind sehr gut zu runden, damit sie nicht wie Ölabstreifer wirken.

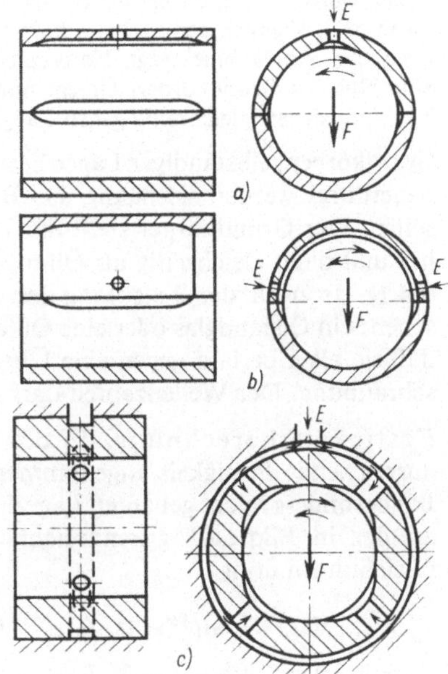

65.1 Anordnung und Form der Schmiernuten in Lagerschalen (E Öleintritt)
a) Ölverteilungsnut bei hydrodynamischer Umlaufschmierung
b) Öltasche in der Oberschale bei hydrodynamischer Umlaufschmierung (zusätzliche Kühlung)
c) Mehrflächen-Gleitlager mit ungeteilter Buchse

In Lagern, bei denen das Öl eine erhöhte Kühlwirkung haben soll, wird die Nut zu einer Tasche erweitert, die im äußersten Fall bis an die Teilfugen reichen darf (**65.**1b). Hierdurch wird eine gute Durchmischung des aus der Unterschale austretenden Öls mit einem größeren Vorrat von frischem, kühlem Öl erreicht.

Das „Mehrflächen-Gleitlager“[1]) – besonders für Werkzeugmaschinenspindeln geeignet, die mit hoher Geschwindigkeit und geringer Belastung bei geringstem Spiel laufen sollen – besitzt vier tragende Streifen. Die verbleibende Lauffläche wird durch das Schmieröl intensiv gekühlt (**65.**1c).

Lager, die hydrostatisch geschmiert werden (durch Drucköl), weil sich infolge geringer Umfangsgeschwindigkeit die hydrodynamische Schmierwirkung nicht einstellen kann, erhalten die Ölzuführung naturgemäß an der Stelle, an der die Lagerbelastung aufgenommen werden soll (**68.**1a; Axiallager). Ähnlich liegen die Verhältnisse bei Lagern mit wechselnder Kraftrichtung, wie z. B. bei Pleuelstangenlagern. Auch hier wird das Schmieröl der tragenden Fläche unmittelbar zugeführt und durch Nuten verteilt. Neuerdings ist die Anordnung der Ölzuführung bei Lagern mit wechselnder Kraftrichtung umstritten.

[1]) Frössel, W.: Rein hydraulisch geschmierte Gleitlager. Z. Stahl und Eisen, **71** (1951) S. 125 bis 128 – Ders.: Mehrgleitflächenlager im Werkzeugmaschinenbau. Industrie-Anzeiger 1955 H. 2 – Ders.: Berechnung von Gleitlagern mit radialen Gleitflächen. Z. Konstruktion **14** (1962) H. 5, S. 169 bis 180

Lagensicherung. Sie erfolgt bei ungeteilten und geschlitzten Buchsen durch Preßsitz; ein Bund verteuert die Herstellung und wird nur vorgesehen, wenn er als Anlauffläche dienen soll. Geteilte Lagerschalen werden an beiden Enden durch Bunde gegen Deckel und Grundkörper festgelegt.

Damit ein Herausnehmen der Schalen bei Reparaturen möglich ist, ohne daß die Welle angehoben werden muß, erfolgt die Sicherung gegen Umlaufen nicht im Grundkörper, sondern im Deckel. Vielfach benutzt man hierfür das Ölzuführungsrohr, das in eine entsprechende Bohrung der Schale hineinragt. Halbschalen aus Blech haben eine Ausklinkung (63.1), die sich in eine Nut des Grundkörpers einlegt und gegen den nicht ausgesparten Deckel stößt. Die Ausklinkung sichert gleichzeitig gegen Längsverschiebung.

Grundkörper selbständiger Lager bestehen in der Regel aus grauem Gußeisen (Grauguß), neuerdings werden sie häufig aus Blech geschweißt, die Verwendung von Stahlguß ist selten. Der Grundkörper stellt die Verbindung mit dem Fundament oder der Maschine her und dient gleichzeitig als Ölfang-, bei Ringschmierlagern auch als Ölvorratsbehälter (64.1). Je nach der Bedeutung des Lagers und nach dem Schmierverfahren sind vorzusehen: ein Ölstandglas oder eine Ölkontrollöffnung, die in solcher Höhe angebracht wird, daß sie als Überlauf gegen eine Überfüllung des Lagers schützt, sowie eine Ölablaßverschraubung. Der Wellenzapfen darf nicht in den Ölvorrat eintauchen.

Festigkeitsberechnung. In der Regel kann bei den üblichen gegossenen Stücken ausreichende Festigkeit angenommen werden, so daß sich eine Nachrechnung erübrigt. Bei besonders leicht gebauten Lagerkörpern ist eine Kontrolle der Biegespannung an den in Bild 66.1 gekennzeichneten gefährdeten Querschnitten nach den folgenden Gleichungen nötig

$$\sigma_{b1} = M_{b1}/W_{b1} \leqq \sigma_{b\,zul} \quad \text{darin} \quad M_{b1} = (F/2)a_1 \tag{66.1}$$

$$\sigma_{b2} = M_{b2}/W_{b2} \leqq \sigma_{b\,zul} \quad \text{darin} \quad M_{b2} = (F/2)a_2 \tag{66.2}$$

Bei grauem Gußeisen (Grauguß) ist $\sigma_{b\,zul} = 3000\ \text{N/mm}^2$ zu setzen, bei Stahlguß und Schweißkonstruktionen $\sigma_{b\,zul} = 5000\ \text{N/mm}^2$.

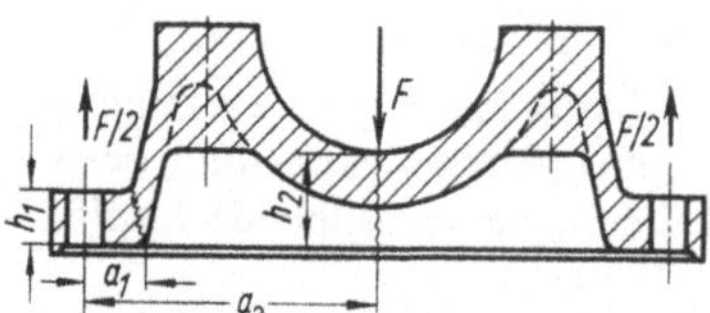

66.1 Zur Festigkeitsberechnung des Grundkörpers

Lagerdeckel. Als Werkstoff wählt man graues Gußeisen (Grauguß), Stahl geschweißt oder Stahlguß. Der Lagerdeckel dient der Verbindung von Oberschale, Unterschale und Grundkörper. Die Festlegung des Deckels auf dem Grundkörper geschieht durch Paßstifte oder auch durch Ausbildung der Deckelschrauben als Paßschrauben im Bereich der Teilfuge. In der Regel wird das Schmiermittel dem Lager durch den Lagerdeckel hindurch zugeführt. Eine besondere Abdichtung zwischen Lagerdeckel und Grundkörper erfolgt häufig nicht (64.1); wenn sie vorgesehen wird, ist eine Weichdichtung zu verwenden, damit die Aufgabe des Lagerdeckels, die Lagerschalen gegeneinander zu führen, nicht gestört wird. Eine Abdichtung gegen Spritzöl wird auch dadurch erreicht, daß man die Unterkante des Lagerdeckels so ausbildet, daß sie das Öl der Teilfuge fernhält (Übergreifen der inneren Deckelkante über die Teilfuge nach unten).

Festigkeitsberechnung. In der Regel werden Gleitlager so angeordnet und gebaut, daß die Lagerbelastung vom Grundkörper aufgenommen wird; der Lagerdeckel bleibt dann frei von Betriebslasten. Bei Wellen mit wechselnder Belastungsrichtung, z. B. bei Kurbelwellen doppeltwirkender Kolbenmaschinen, ist dies nicht der Fall. Hier hat der Lagerdeckel die gleichen Betriebslasten aufzunehmen wie der Grundkörper. Ohne Rücksicht auf die tatsächliche Richtung der Lagerbelastung wird in allen Fällen der Lagerdeckel so stark ausgebildet, daß er die volle Betriebsbelastung aufnehmen kann. Die Berechnung erfolgt ähnlich wie die des Grundkörpers (**67.1**). Demnach muß die Biegespannung

$$\sigma_b = M_b/W_b \quad \text{darin} \quad M_b = (F/2)(e/2 - d/4) \tag{67.1}$$

kleiner sein als $\sigma_{b\,zul}$ (Zahlenwerte wie im Anschluß an Gl. (66.2) angegeben). Das Widerstandsmoment W_b ist aus den Abmessungen des im Entwurf vorgesehenen Profils (z. B. Kastenprofil oder U-Profil) zu berechnen.

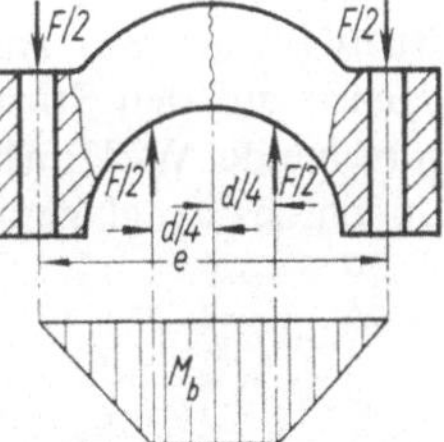

67.1 Zur Festigkeitsberechnung des Lagerdeckels

Bei Leichtbauweise, also z. B. bei Lagern von Fahrzeug-Kolbenmaschinen, wird der Deckel zur Gewichtsersparnis oft in Annäherung an einen Körper gleicher Biegefestigkeit, also mit einem nach den Seiten hin abnehmenden Widerstandsmoment ausgebildet. Zur Verminderung des Biegemoments sind ferner die Deckelschrauben so nahe wie möglich zur Mitte hin zu legen, das Maß e in Bild **67.1** ist deshalb klein zu halten.

Deckelschrauben. Man verwendet hochwertige Schrauben der Festigkeitsklassen 5.6 bis 12.9 (DIN 267). Um zu vermeiden, daß Schrauben kleinerer Lager beim Anziehen abgerissen werden, sieht man häufig – auch bei geringerer Betriebslast – einen Werkstoff hoher Festigkeit (z. B. bei M 10 die Festigkeitsklasse 8.8) vor. Die Schrauben sollen möglichst nicht Stiftschrauben, sondern Durchgangsschrauben großer Dehnlänge sein. (Berechnung s. Teil 1, Abschn. 5.) Die Deckelschrauben sind stets zu sichern. Bei ruhig laufenden Wellen (z. B. Transmissionslagern) genügt kraftschlüssige Sicherung, z. B. durch Kontermuttern, bei stoßhaftem Betrieb (z. B. Kurbelwellenlager) ist eine formschlüssige Sicherung zu wählen, z. B. eine Kronenmutter mit Splint.

Fußschrauben. Sie dienen der Verbindung des Lagers mit dem Fundament und sind so zu bemessen, daß auch bei Erschütterungen die Lage allein durch Reibung gesichert ist.

Lagerabdichtung. Zweck und Ausführung entsprechen den Wellenabdichtungen bei Wälzlagern (ausführliche Angaben s. Teil 1, Abschn. Dichtungen). Im allgemeinen genügen bei Gleitlagern die einfacheren Formen dieser Abdichtungen. Allerdings müssen das Schmiermittel schädigende Stoffe, in erster Linie Schmutz, Dampf und Wasser, dem Lager zuverlässig ferngehalten werden. Deshalb ist z. B. bei Dampfturbinen, Pumpen und ähnlichen Maschinen auf der Welle außerhalb des Lagers ein Schleuderring vorzusehen.

2.4.2. Axiallager[1])

Spurlager. Als Beispiel eines hydrostatischen Spurlagers zeigt Bild **68.**1a das Lager einer Kransäule. Das Ende der Welle stützt sich auf eine Spurplatte aus Bronze, die im Lagergehäuse kugelig gelagert und gegen Drehen gesichert ist. In das Wellenende ist eine Platte aus gehärtetem Stahl eingesetzt. Das Drucköl tritt durch die Mitte der Spurplatte ein, hebt die Welle an und wird über die ringförmigen, glatten und parallelen Laufflächen nach außen gedrückt. Damit werden metallische Berührung verhindert und die Reibung auf die geringe Zähigkeitsreibung reduziert. Bei senkrecht stehenden Wellen wird das Lagergehäuse als Topf ausgebildet, so daß der ganze Zapfen vom Ölvorrat bespült wird. Der Öldruck p_i nimmt im ringförmigen Reibraum nach außen logarithmisch auf $p = 0$ ab. Die axiale Tragkraft wird mit den Halbmessern des Ringes r_i und r_a $F_2 = (\pi/2)p_i(r_a^2 - r_i^2)/[\ln(r_a/r_i)]$.

Bundlager. Zur Aufnahme geringer Längskräfte wird eines der Traglager mit Laufflächen auf den Stirnseiten der Buchsen oder Schalen ausgerüstet, gegen die sich entsprechende Wellenbunde legen (**68.**1b). Die Schmierung erfolgt durch das an den Enden des Traglagers austretende Öl, Belastungswerte $(pu) \leqq 4$ Nm/(s mm²).

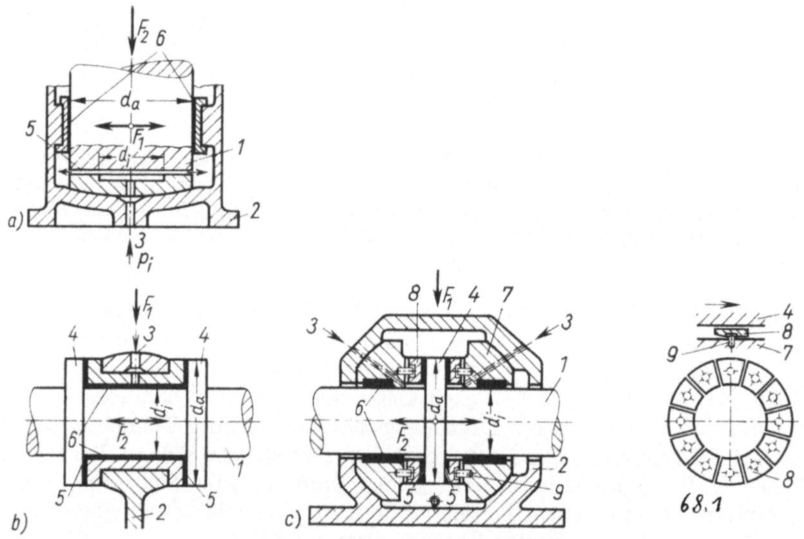

68.1 Übersicht über Axiallager (schematisch) F_1 Radiallast F_2 Axiallast
a) Spurzapfenlager b) Bundlager c) Segmentlager (rechts Anordnung der Segmente)

1 (Bild a···c) Welle
2 (Bild a···c) Lagerkörper
3 (Bild a···c) Ölzuführung
4 (Bild b···c) Wellenbund
5 (Bild a···c) Gleitflächen zur Aufnahme der Axialkraft
6 (Bild a, b···c) Gleitflächen zur Aufnahme der Radialkraft
7 (Bild c) Tragring für Segmente 8
8 (Bild c) Segmente zur Aufnahme der Axialkraft
9 (Bild c) Führungsstifte für Segmente

[1]) Gersdorfer, O.: Axialdruck-Gleitlager. Z. Konstruktion **8** (1956) H. 3, S. 94 bis 104
Peeken, H., und Heil, M.: Das optimale hydrostatische Axiallager. Z. Konstruktion **24** (1972) H. 10, S. 381 bis 386

Hydrodynamische Axiallager (**68.**1c u. **70.**1) werden bei höherer Belastung und größerer Umfangsgeschwindigkeit benutzt. Der erforderliche Druck, der den äußeren Kräften das Gleichgewicht hält und somit die Trennung der Gleitflächen bewirkt, wird, wie beim Radiallager, infolge der Relativbewegung der Gleitflächen und der Haftung des Schmierstoffs an den Oberflächen selbsttätig erzeugt, sofern das Lager hinreichend mit Schmierstoff versorgt wird, der Gleitraum richtig ausgebildet und die Gleitgeschwindigkeit genügend groß ist. Da hydrodynamischer Druck nur in einem sich verengendem Reibraum entstehen kann (**69.**1) müssen in eine der beiden Laufflächen Staustufen oder Keilflächen eingearbeitet sein (**69.**2). Der keilförmige Gleitraum kann auch durch ebene oder leicht gewölbte kippbeweglich gelagerte Segmente erzeugt werden, (**68.**1c, **69.**2 d und **70.**1). Um beim Stillstand oder Anlauf der Welle hohe Flächenpressung an den Austrittskanten der Keilspalte zu vermeiden, sind Rastflächen parallel zur Lauffläche vorgesehen. Bei höherer Belastung wird Umlauf oder Druckschmierung mit Ölkühlung vorgesehen. Bei Umlaufschmierung kann $(pu) \leqq 2$ Nm/(smm²), bei Druckschmierung $(pu) \leqq 6$ Nm/(smm²) gesetzt werden (s. S. 73).

Die Grundlagen für die Berechnung der Axiallager sind die gleichen wie bei den Radiallagern, jedoch unterscheiden sich die Gleichungen in ihrem Aufbau infolge der anderen geometrischen Verhältnisse. Den Rechnungsgang nach den VDI-Richtlinien 2204 s. Tafel **A13.**1 S. A 17 und Beispiel 3, S. 71.

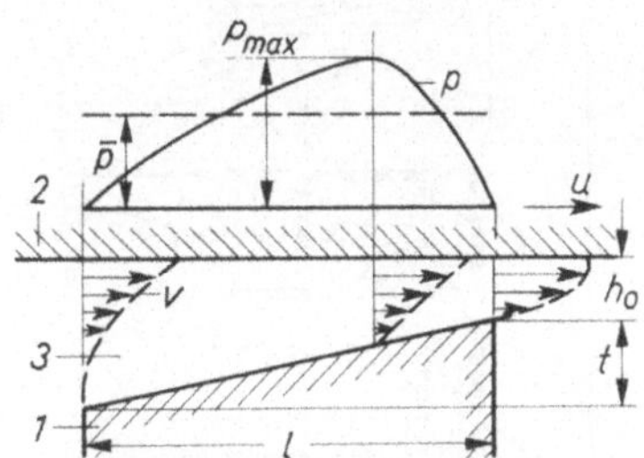

69.1 Hydrodynamischer Druck und Geschwindigkeitsverteilung im ebenen Schmierkeil (im mittleren Längsschnitt)

1 feststehender Teil
2 bewegter Teil
3 Keilspalt bzw. Staufeld
u Umfangsgeschwindigkeit
v Strömungsgeschwindigkeit des Schmierstoffes
p Lagerdruck
$\bar{p}$ mittlerer Lagerdruck
p_{max} maximaler Lagerdruck
h_0 kleinster Schmierspalt
t Keiltiefe
l wirksame Keilspalt- oder Staufeldlänge

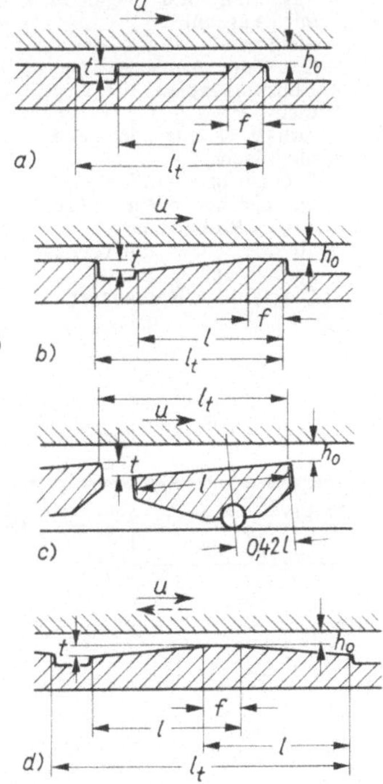

69.2 Gleitraumformen bei Axiallagern

a) gestufter Stauspalt
b) ebener Keilspalt durch eingearbeitete Keilflächen
c) ebener Keilspalt durch selbsttätige Einstellung kippbeweglicher Segmente
d) wie b), jedoch für beide Drehrichtungen
l wirksame Keilspalt- oder Staufeldlänge
f Länge der Rastfläche
h_0 kleinster Schmierspalt
t Keiltiefe bzw. Staufeldtiefe
l_t Segment-, Keilspalt- bzw. Staufeldteilung
u Umfangsgeschwindigkeit

Segmentlager (Michellager, Klotzlager). Das Segmentlager (**68.1**, **69.2**c und **70.1**) beruht auf der Anwendung der hydrodynamischen Schmiertheorie auf ebene Flächen [7]. Belastungswerte: $p \leqq 3\ \text{N/mm}^2$, $u \leqq 60\ \text{m/s}$. (In Einzelfällen wurden wesentlich höhere Werte erreicht.) Die Welle besitzt einen Bund, der sich auf einen in Einzelsegmente unterteilten Lagerring stützt. Die Rückseite jedes Einzelsegments hat eine radial verlaufende Kante (5 in Bild **70.1**), die – in Umlaufrichtung gesehen – kurz hinter der Mitte der Segmentfläche liegt und eine Kippbewegung ermöglicht. Mit ihr liegt das Segment auf der ringförmigen Tragfläche des Lagerkörpers auf, und die Lauffläche des Segments kann ihre Schrägstellung dem Ölkeil anpassen. Die gegenseitige Lage der Segmente auf der Tragfläche ist durch Zapfen gesichert.

Die volle Ausnutzung der Leistungsfähigkeit des Lagers nach Bild **70.1** ist wegen der notwendigen Ausmittigkeit der Kante nur bei einer Drehrichtung möglich. Lager, die bei Vor- und Rückwärtslauf gleiche Längskräfte aufnehmen sollen, erhalten statt der vorhin erwähnten Kante einen nach Erfahrung gestalteten Wulst, der unter der Mitte des Segments liegt.

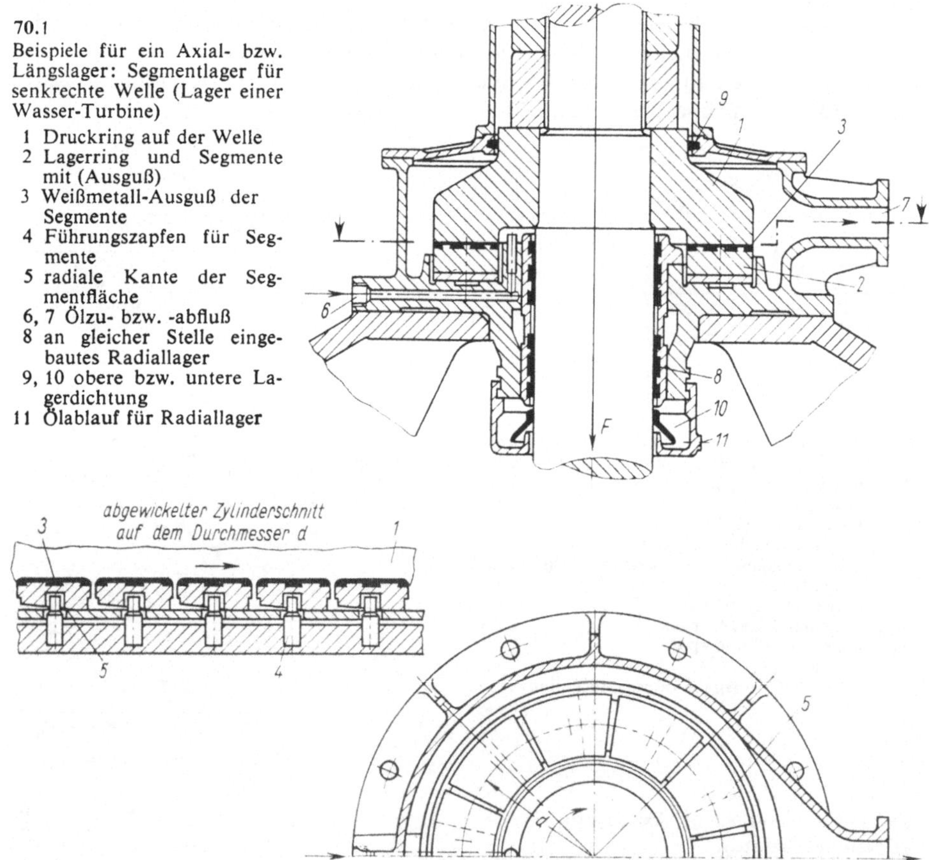

70.1
Beispiele für ein Axial- bzw. Längslager: Segmentlager für senkrechte Welle (Lager einer Wasser-Turbine)

1 Druckring auf der Welle
2 Lagerring und Segmente mit (Ausguß)
3 Weißmetall-Ausguß der Segmente
4 Führungszapfen für Segmente
5 radiale Kante der Segmentfläche
6, 7 Ölzu- bzw. -abfluß
8 an gleicher Stelle eingebautes Radiallager
9, 10 obere bzw. untere Lagerdichtung
11 Ölablauf für Radiallager

Die Ölzuführung muß wegen der Zentrifugalwirkung von innen erfolgen (**70.1**). Ein Teil des Öls tritt durch die Zwischenräume zwischen den Segmenten hindurch und bewirkt eine gute Kühlung. Als Werkstoff für die Gleitfläche des Segments verwendet man Weißmetall, bei höherer Flächenbelastung Bleibronze; der Wellenbund besteht aus gehärtetem oder im Einsatz gehärtetem Stahl, die Lauffläche ist feinstbearbeitet. Wechselt die Längskraft ihre Richtung, dann wird auf der Gegenseite des Wellenbundes ein zweites Segmentlager angeordnet.

Das Spiralrillen-Kalottenlager[1]) mit geprägten Rillen in einer Kalotte ist ein neu entwickeltes Lagerelement zur Aufnahme vorwiegend axialer Belastungen bei hoher Drehfrequenz. In diesem Endlager findet der Druckaufbau statt, wenn die Drehrichtung der Kugel mit der Richtung der Spiralrillen vom Kalottenflansch zum Kalottenscheitel übereinstimmt. Wegen der sphärischen Ausbildung kann dieses Lager auch radiale Belastungen aufnehmen. Anwendungsgebiete: Klein-Elektromotoren, hochtourige Kreiselpumpen und Gebläse, Zentrifugen sowie Hochgeschwindigkeitssysteme aus der Textiltechnik. Als Axial- und Radiallager wird das Spiralrillen-Scheibenlager zusammen mit einem Nadellager in einer Baueinheit hergestellt.

Beispiel 3. Axiallager eines 60-MW-Wasserkraftgenerators mit senkrechter Welle und kippbeweglichen Segmenten, s. (**70.**1). Werkstoffpaarung: Stahl/Weißmetall.

Gegeben: $d_a = 1{,}484$ m, $d_i = 0{,}866$ m, $l/b = 0{,}7$, $z = 12$, $F = 2300000$ N, $n = 5{,}55\ s^{-1}$, $\vartheta_0 = 20\,°C$, Öl: 0,315 Pas bei 50 °C. Daraus berechnet: $d_m = 1{,}175$ m, $b = 0{,}309$ m, $l = 0{,}216$ m, $\bar{p} = 28{,}7 \cdot 10^5\ N/m^2$, $u = 20{,}5$ m/s, mit $d_s = 1{,}215$ m und mit $\xi = 0{,}42$ für $\varepsilon = 1{,}25$ wird $x = 0{,}094$ m.

Gesucht: Reibungsleistung P_R, kleinste Schmierfilmdicke h_0, Schmierstoffdurchsatz Q_s und Kühlmitteldurchsatz Q_k.

Rechnungsgang s. Tafel **A13.**1: Axiallager dieser Größe benötigen zusätzliche Kühlung. Die Betriebstemperatur wird mit $\vartheta = 60\,°C$ festgelegt, hierfür aus Bild **A23.**1 $\eta = 2 \cdot 10^{-2}\ Ns/m^2$. Mit Faktor $k = 2{,}875$ aus Bild **A24.**4 wird $\mu = 1{,}951 \cdot 10^{-3}$ und $P_R = 92$ kW. Kleinster Schmierspalt $h_0 = 0{,}0528 \cdot 10^{-3}$ mit $So_{ax} = 0{,}06325$ bei $l/b = 0{,}7$ und $\varepsilon = 1{,}25$. $Q_s = 2{,}81 \cdot 10^{-3}\ m^3/s$, $Q_k = 3{,}67 \cdot 10^{-3}\ m^3/s$ bei $(\vartheta_2 - \vartheta_1) = 15$ K und $Q_w = 4{,}4 \cdot 10^{-3}\ m^3/s$.

2.5. Schmiereinrichtungen[2])

Fettschmierung. Schmierköpfe (nach DIN 3401 ··· 3405, Bild **72.**1a) werden durch Handschmierpressen bedient. Staufferbuchsen (DIN 3410 ··· 3412, Bild **72.**1b) halten einen begrenzten Fettvorrat an der Schmierstelle bereit, der nach Bedarf durch Drehen des Deckels dem Lager zugeführt wird. Fettbuchsen (**72.**1c) sind den Staufferbuchsen ähnlich, das Fett wird aber durch einen unter Federdruck stehenden Kolben ständig unter Druck an die Schmierstelle herangeführt. Fettpressen oder zentrale Fettpumpen werden durch die Maschine selbst angetrieben, sie haben einen größeren Schmiermittelvorrat und arbeiten wartungsfrei. Der Förderstrom ist für die Schmierstellen einzeln einstellbar. Bei der Brikettschmierung ist der Lagerdeckel als Kasten ausgebildet, in den ein Fettbrikett eingelegt wird. Dieses wird durch sein Eigengewicht oder durch Federdruck gegen die Welle gedrückt, die ihren Bedarf abstreift. Kennzeich-

[1]) Hüber, W., und Hållstedt, G.: Berechnung und Anwendung von Spiralrillen-Kalottenlagern. Z. Konstruktion **24** (1972) H. 10, S. 393 bis 397 – Hüber, W.: Spiralrillen-Scheibenlager in der Antriebstechnik. Z. Antriebstechnik **13** (1974) Nr. 3/4

[2]) Gersdorfer, O.: Konstruktion und Schmierung von Gleitlagern. VDI Z. **102** (1960) H. 24, S. 1129 bis 1138

nende Anwendungsfälle sind: für Schmierköpfe Gelenkbolzen (z. B. beim Kraftfahrzeug); für Staufferbuchsen: Laufrollen; für Fettbuchsen, Fettpressen und Fettpumpen: Maschinenlager, bei denen kontinuierliche Fettzuführung erforderlich ist; für Brikettschmierung: vorwiegend Walzenlager (z. B. in Druckereimaschinen).

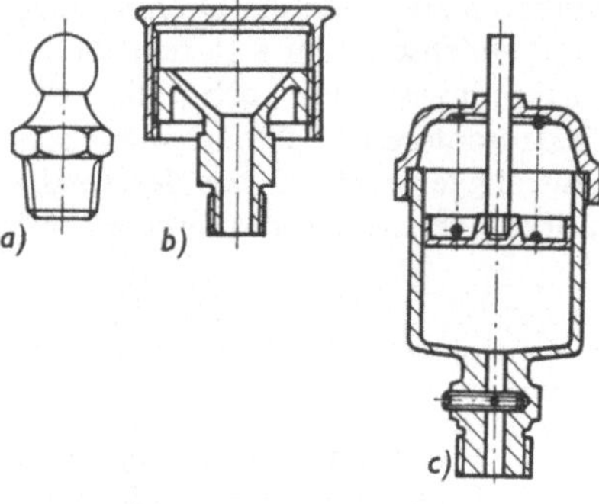

Ölschmierung. Die einfachste Form eines Ölers ist eine Bohrung in der Laufbuchse, die mit einem Handöler von Zeit zu Zeit nachgefüllt wird. Der Tropföler (72.2) ist ein Behälter, aus dessen Boden – durch eine konische Nadel regelbar – das Öl ausläuft; er muß bei Stillstand der Maschine abgestellt werden.

72.1 a) Kugelwulstschmierkopf nach DIN 3403, Schmierdruck > 150 bar
b) Staufferbuchse nach DIN 3411
c) Fettbuchse

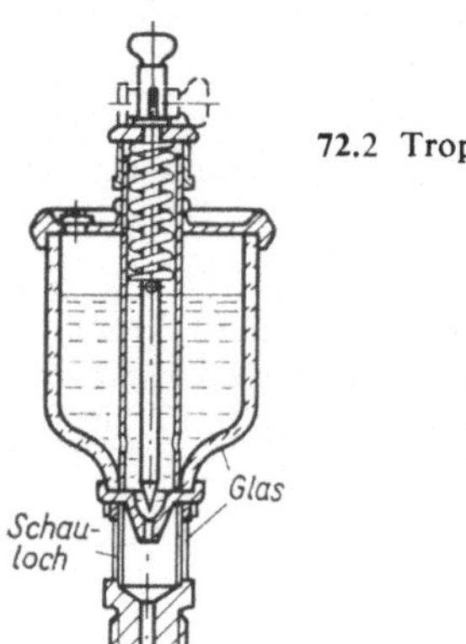

72.2 Tropföler

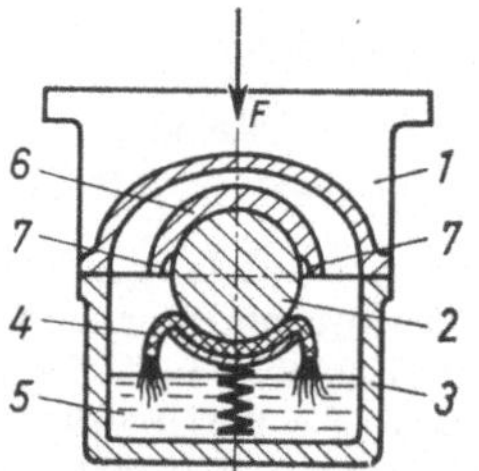

1 Grundkörper
2 Achse bzw. Zapfen
3 Ölvorratsbehälter
4 Filzkissen mit Saugfransen
5 Ölvorrat
6 obere Lagerschale
7 Ölverteilernut

72.3 Filzkissenschmierung für Achslager von Schienenfahrzeugen (schematisch). Diese Lager benötigen keine Unterschalen; das Fahrzeuggewicht F belastet über den Grundkörper 1 den Zapfen der umlaufenden Achse 2

Bei der Filzkissenschmierung (72.3) und bei der Dochtschmierung (73.1) wird das Öl durch die Saugwirkung der Faserstoffe dem Vorratsbehälter entnommen und der Schmierstelle zugeführt.

Anwendungsbeispiele für die einfache Ölbohrung: Nähmaschinenlager; für Tropföler und Dochtschmierung: einfache Maschinenlager mit geringem Ölbedarf im Bereich der Mischreibung; für die Filzkissenschmierung: Achslager von Schienenfahrzeugen.

Für größeren Ölbedarf, insbesondere bei Lagern mit Flüssigkeitsreibung, eignen sich außer der Filzkissenschmierung auch noch andere Verfahren: Bei der Ringschmierung z. B. (73.2) und ihrer Abart, der Kettenschmierung, liegt ein loser Ring (bzw. eine Kette) auf der Welle. Der Lagergrundkörper ist als Öl-Vorratsbehälter ausgebildet, der Ring taucht in den Ölvorrat ein. Dreht sich die Welle, dann wird er mitgenommen und fördert Öl auf die Lauffläche der Welle (73.2a). Die Schleuderschmierung benutzt einen auf der Welle befestigten Ring (73.2b; **64**.1), ein einfaches Schaufelrädchen oder auch eine Kurbelkröpfung, um Öl im Lagergehäuse hochzuschleudern. Der Lagerdeckel ist mit Fangrillen versehen, von denen das Öl der Lauffläche zugeführt wird.

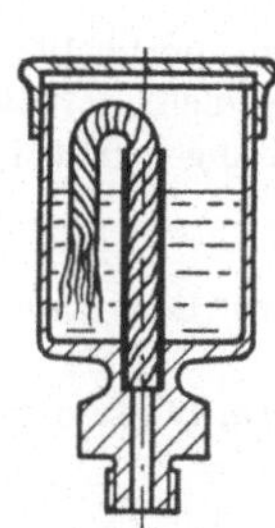

73.1 Dochtschmierung

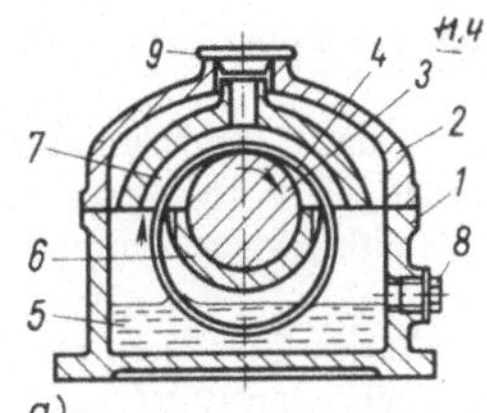

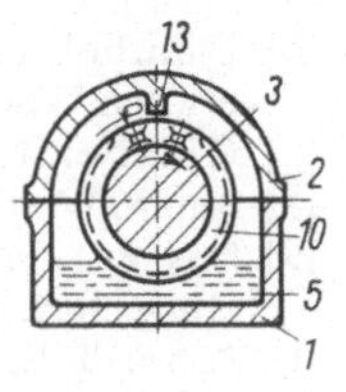

73.2 Ringschmierung

a) mit losem Schmierring
1 Gehäuse-Unterteil
2 Gehäuse-Oberteil
3 Wellenzapfen
4 loser Schmierring
5 Ölvorrat
6 untere Lagerschale
7 obere Lagerschale
8 Ölstand-Kontrollschraube

b) mit festem Schmierring (Schleuderschmierung)
9 Öleinfüllstutzen
10 Schmierring, konzentrisch auf der Welle befestigt
11 Öl-Verteilerrinnen
12 Bohrungen für die Ölzuführung zur Lauffläche
13 Abstreifleiste

Die intensivste Schmierung wird bei der Öl-Umlaufschmierung (73.3) erreicht. Eine Ölpumpe fördert aus dem Vorratsbehälter das Öl über ein Ölfilter durch Leitungen zu den Schmierstellen; von diesen wird es durch die Öl-Rücklaufleitung wieder dem Behälter zugeführt. Die Förderströme können beliebig groß gewählt werden, so daß dieses Verfahren sich auch für Lager mit Ölkühlung eignet. In diesem Fall wird in den Kreislauf ein Ölkühler eingeschaltet. Der Öldruck wird durch ein Überdruckventil eingestellt (je nach Art der Anlage 0,5 bis 5 bar). Entwikkelt die Pumpe höhere Drücke, so wird aus der Umlaufschmierung die Druckölschmierung.

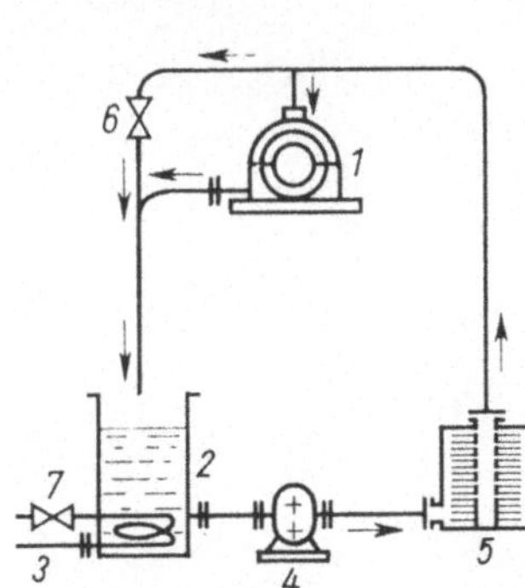

73.3 Öl-Umlaufschmierung

1 Lager 2 Ölbehälter 3 Kühlschlange
4 Kreislaufpumpe 5 Filter
6 Kurzschlußventil zur Regelung des Öldurchlaufs durch das Lager (auch als Überdruckventil ausgebildet)
7 Drosselventil in der Kühlwasserleitung zur Regelung der Öl-Vorlauftemperatur

Anwendungsbeispiele: Die Ringschmierung wird bei Lagern von Elektromotoren, Pumpen und zahlreichen vergleichbaren Maschinen, auch bei Transmissionslagern angewendet, die Schleuderschmierung z. B. in Motoren (die Kurbelwelle schleudert das Öl nach oben) zur Schmierung der Zylinderwände. Bei hochbeanspruchten Lagern vom Kurbelwellen-Grundlager des Kraftfahrzeugs bis zu den größten Einheiten bei Dampf- und Wasserturbinen wendet man Umlauf- oder Druckölschmierung an.

Schrifttum

[1] Bauer, K.: Einfluß der endlichen Breite des Gleitlagers auf Tragfähigkeit und Reibung. Z. Forsch. i. Ing.-Wes. **14** (1943) Nr. 2, S. 48ff.
[2] Bowden, F. P., und D. Tabor: Reibung und Schmierung fester Körper. 2. Aufl. Berlin-Göttingen-Heidelberg 1959
[3] Deutsche Texaco, Schmierung, Ausgabe Nr. 1 u. 2 1979
[4] DIN-Taschenbuch 20: Mineralöl- und Brennstoffnormen. Berlin-Köln-Frankfurt
[5] Falz, E.: Grundzüge der Schmiertechnik. 2. Aufl. Berlin 1931

[6] Gümbel, L.: Einfluß der Schmierung auf die Konstruktion. In Jahrbuch der Schiffbautechnischen Gesellschaft 18. 1917
[7] Gümbel, L., und Everling, E.: Reibung und Schmierung im Maschinenbau. Berlin 1925
[8] Kara, W.: Grundlagen der Lagerschmierung. Erdölbücherei Bd. 10. Mainz-Heidelberg 1959
[9] Sassenfeld, H., und Walther, A.: Gleitlagerberechnungen. VDI-Forschungsheft 441. Düsseldorf 1954
[10] Schmid, E. und Weber, R.: Gleitlager. Berlin-Göttingen-Heidelberg 1953
[11] VDI-Berichte Bd. 36. Gestaltung von Lagerungen mit Gleit- und Wälzlagern. Düsseldorf 1959
[12] VDI-Richtlinien 2002: Gestaltung und Verwendung von Preßstoff-Gleitlagern. Düsseldorf 1951
[13] VDI-Richtlinien 2004: Preßstoff-Walzenzapfenlager. Düsseldorf 1951
[14] VDI-Richtlinien 2005: Gestaltung und Anwendung von Gummiteilen. Düsseldorf 1950
[15] VDI-Richtlinien 2201 bis 2205: Gestaltung von Lagerungen. Düsseldorf 1968
[16] Vogelpohl, G.: Betriebssichere Gleitlager. Bd.1, 2. Aufl. Berlin-Heidelberg-New York 1967
[17] Weber, R.: Werkstoffe für Gleitlager. In Werkstoff-Handbuch Nichteisenmetalle. 2. Aufl. Düsseldorf 1960

3. Wälzlager*

DIN-Normen (Auswahl)

Grundlagen, Bezeichnungen, Berechnung	DIN 611, 612, 616, 620, 622, 623
Lagerbauarten (s. Abschn. 3.3.4)	
Kugellager	615, 625, 628, 630, 711, 715, 42966, 71972, 71974
Rollenlager	635, 720, 722, 728, 5412
Nadellager	617, 618, 5405
Passungen	5425
Schmierfette, Schmieröle	DIN-Taschenbuch 20

3.1. Aufbau und Eigenschaften

Wälzlager ermöglichen die Bewegung zwischen einem stillstehenden und einem umlaufenden Maschinenteil durch Abwälzen auf Wälzkörpern. Nach der Art der Wälzkörper unterscheidet man Kugellager, Zylinderrollenlager, Nadellager, Kegelrollenlager und Tonnenlager. Zu einem Wälzlager gehören die Wälzkörper, ein Außen- und ein Innenring, in der Regel ein Käfig zur Führung der Wälzkörper in Umfangsrichtung und in besonderen Fällen Elemente zur Lagensicherung (Federringe), zur Befestigung (Spannhülsen) oder zur Erleichterung des Ausbaus (Abziehhülsen). Bei Axiallagern heißen die Ringe, zwischen denen die Wälzkörper laufen, entsprechend ihrer Form Scheiben.

Wälzlager werden in Massenfertigung mit sehr großer Genauigkeit hergestellt. Herstellgenauigkeit und Einbaumaße sind international genormt. Hierdurch ist die Austauschbarkeit in sehr weiten Grenzen gewährleistet. Die große Herstellungsgenauigkeit erlaubt ihre bevorzugte Verwendung bei höchsten Anforderungen an die Laufgenauigkeit. Andererseits sind sie empfindlich gegen unsachgemäße Behandlung (besonders gegen unsachgemäßen Ein- und Ausbau und Verschmutzung), gegen höhere Temperaturen und Temperaturunterschiede zwischen Gehäuse und Welle. Diese Einflüsse sind durch zweckmäßige Gestaltung der Lagerstelle und Auswahl eines passenden Wälzlagers zu mildern. Die Reibungsverluste sind wesentlich geringer als die der Gleitlager, erhöhte Anlaufreibung tritt nicht auf (s. Abschn. 2 und 3.2.5). Wälzlager sind einbaufertige Maschinenteile; die Werkstoffe von Welle und Gehäuse können ohne Rücksicht auf die Lagerung ausgewählt werden.

---

* Hierzu Arbeitsblatt 3, s. Beilage S. A25 bis A38.

3.2. Kraftwirkungen im Wälzlager

3.2.1. Kräfte zwischen Laufbahn und Wälzkörper

Bei unbelastetem Lager erfolgt die Berührung zwischen einer Kugel bzw. Tonne und den Laufbahnen in einem Punkt, zwischen einer Zylinderrolle bzw. einem Kegel und den Laufbahnen in einer Linie, der Mantellinie des Wälzkörpers. Beim belasteten Lager bilden sich entsprechend geformte Berührungsflächen, die mit zunehmender Last größer werden (**76.1**). Die Werkstoffanstrengung wird um so günstiger, je größer die Berührungsfläche bei einer bestimmten Belastung ist; je geringer die spezifische Werkstoffanstrengung, um so größer die Last, die an der Berührungsstelle ohne Schaden für das Lager übertragen werden kann.

Je besser sich die Laufbahnfläche der Oberfläche des Wälzkörpers im unbelasteten Zustand anschmiegt, um so größer ist die Belastbarkeit. Hieraus erklärt es sich, daß Zylinderrollenlager höher belastet werden dürfen als vergleichbare Kugellager. Aus Bild **76.1** e erkennt man die ungünstige Auswirkung eines Verkantens der Zylinderrolle.

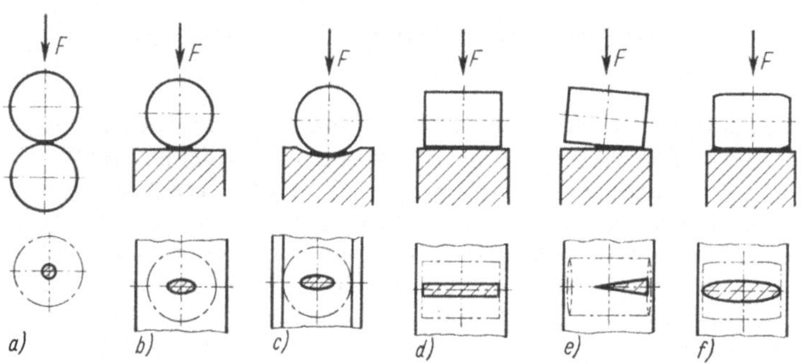

76.1 Berührungsflächen verschiedener Wälzkörperformen bei Belastung durch die Kraft F (schematisch)
a) Kugel gegen Kugel
b) Kugel gegen Zylinder
c) Kugel gegen Rillennut
d) Zylinderrolle gegen Zylinder
e) verkantete Zylinderrolle gegen Zylinder
f) Zylinderrolle mit verjüngten Enden gegen Zylinder

3.2.2. Verteilung des radialen Lastüberganges

Wird ein spielfrei eingebautes Lager durch eine Vertikalkraft F_r belastet (**77.1**), so platten sich die Wälzkörper und Laufbahnringe an den Kraftübergangsstellen (elastisch) ab. Der Innenring senkt sich, die Wälzkörper in der oberen Hälfte des Lagers bekommen Spiel, sie nehmen an der Kraftübertragung nicht teil. Bei einem Lager, das bereits im unbelasteten Zustand Spiel hatte, werden die seitlichen Wälzkörper weniger an der Kraftübertragung beteiligt: Die Beanspruchung der unten liegenden Wälzkörper wird größer als beim spielfrei eingebauten Lager. Da jeder Wälzkörper periodisch die Stelle der höchsten

Beanspruchung durchläuft, ist das mit Spiel eingebaute Lager ungünstiger beansprucht als das spielfrei eingebaute. In bestimmten Fällen läßt sich die Tragfähigkeit durch Herstellung mit leichter Vorspannung steigern.

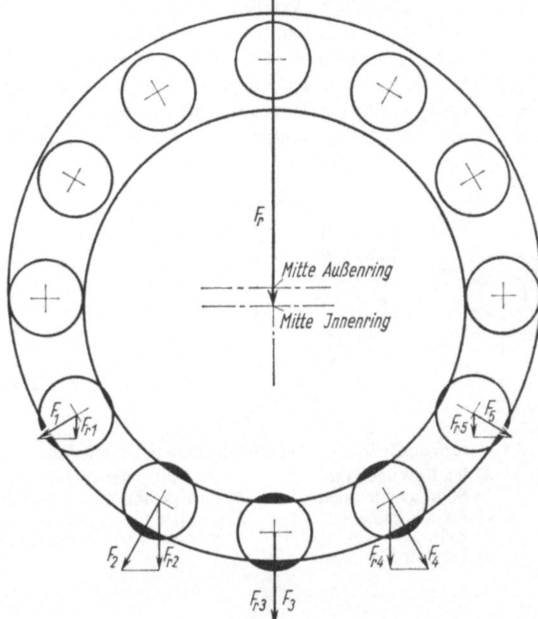

77.1
Verteilung der äußeren Vertikalkraft F_r auf die Rollkörper bei spielfrei eingebautem Lager (schematisch) $F_r = \Sigma(F_{r1} \cdots F_{r5})$

3.2.3. Berührungswinkel

Vernachlässigt man die bei Wälzlagern geringe Reibung (s. Abschn. 3.2.5), so kann zwischen einem Wälzkörper und seiner Laufbahn nur eine senkrecht zur Berührungsfläche wirkende Kraft F übertragen werden. Den Winkel zwischen dieser idealen Richtung von F und der Radialebene des Lagers bezeichnet man als Berührungswinkel (**78**.1). Bei Kugeln, Zylinderrollen, Nadeln und symmetrischen Tonnen erfährt die Kraftwirkungslinie beim Durchgang durch den Wälzkörper keine Ablenkung. Bei kegelförmigen Wälzkörpern und unsymmetrischen Tonnen laufen die Mantellinien nicht parallel. Der Winkel α_a (**78**.2), unter dem die Kraft F_a vom Außenring auf den Wälzkörper übergeht, ist ein anderer als der Winkel α_i beim Übergang der Kraft F_i vom Wälzkörper auf den Innenring. Hieraus ergibt sich eine Schubkraft, die den Wälzkörper in Richtung auf sein dickeres Ende hin zu verschieben sucht. Sie muß durch eine Reaktionskraft R' am Bord des Innenrings abgefangen werden.

Wird einem Wälzlager die Kraftübertragung in einer Richtung aufgezwungen, die dem Berührungswinkel α nicht gerecht wird (z. B. bei Belastung eines Radiallagers durch eine zusätzliche Axialkraft), so versuchen die beiden Lagerringe, sich in Richtung der Zusatzkomponente gegeneinander zu verschieben. Beim Zylinderrollenlager kann diese Verschiebung durch Borde abgefangen werden. Zwischen den Wälzkörpern und den Borden entsteht dann aber Reibung, die nicht nur Verluste bedingt, sondern auch die Wälzkörper verkanten kann. Axiale Kräfte sollen deshalb von Zylinderrollenlagern ferngehalten werden.

Bei Radialkugellagern bewirkt die Relativverschiebung zwischen Innen- und Außenring (sofern Lagerspiel vorhanden ist, das diese Verschiebung erlaubt) eine Verlagerung des Kraftangriffspunktes und damit eine Änderung des Berührungswinkels (**78**.3). Das Lager ist dadurch in der Lage, zusätzlich Axialkräfte aufzunehmen. Ähnlich verhalten sich Schrägkugellager. Eine aus Radial- und Axialkomponente zusammengesetzte Kraft kann aber immer nur dann einwandfrei übertragen werden, wenn Berührungswinkel und Richtung der resultierenden Lagerkraft übereinstimmen. Andernfalls treten Zusatzbeanspruchungen in den Ringen und Wälzkörpern auf, welche die Tragfähigkeit des Lagers herabsetzen. Die Verringerung der Tragfähigkeit wird durch Erfahrungskoeffizienten berücksichtigt (s. Abschn. 3.2.6.1.).

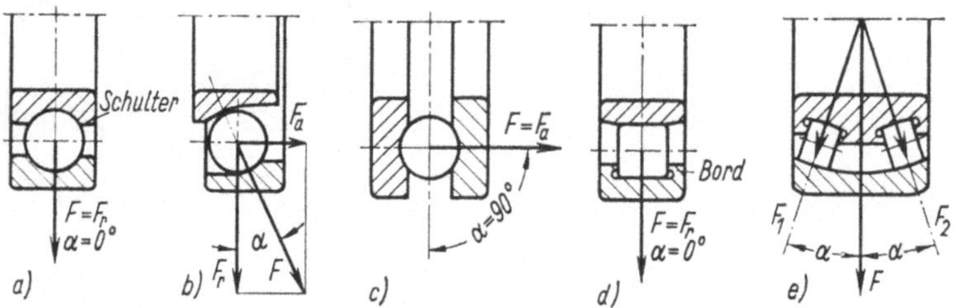

78.1 Berührungswinkel α bei verschiedenen Lagerarten

a) Radialkugellager
b) Schrägkugellager
c) Axialkugellager
d) Zylinderrollenlager
e) Pendelrollenlager

F Richtung der (resultierenden) Lagerkraft
F_a Kraftkomponente in Achsrichtung
F_r Kraftkomponente in Radialrichtung (senkrecht zur Lagerachse)

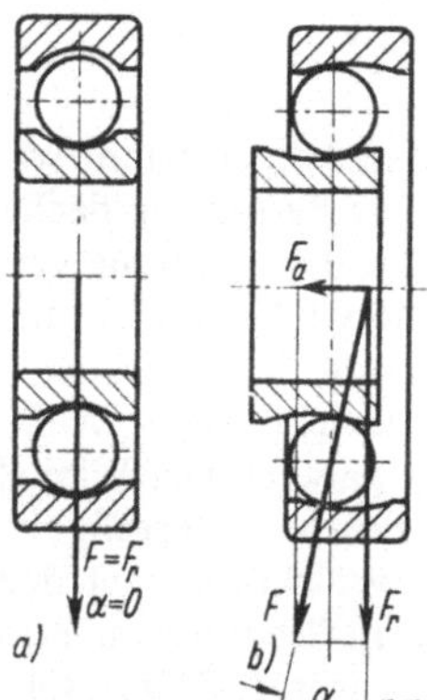

78.2 Berührungswinkel α_a und α_i beim Kegelrollenlager

F_a Richtung für den Kraftübergang vom Außenring auf den Wälzkörper
F_i Richtung für den Kraftübergang vom Innenring auf den Wälzkörper
R' Schubkraftkomponente

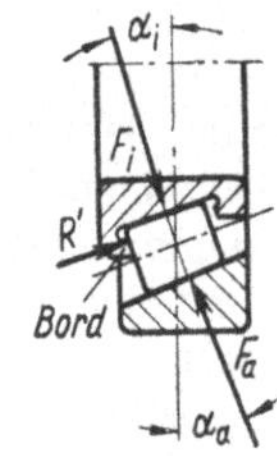

78.3 Berührungswinkel α bei einem Radialkugellager mit Spiel

a) radial belastet, $\alpha = 0$
b) Winkel α bei zusätzlicher Axialkraft F_a

3.2.4. Schwenkwinkel

Biegt sich eine Welle durch oder fluchten hintereinanderliegende Lagerstellen nicht, dann entsteht zwischen den Mittellinien von Welle und Lagergehäuse ein geringer Schwenkwinkel, und die Radialebenen von Innen- und Außenring liegen nicht mehr genau parallel. Die meisten Wälzlagerarten arbeiten aber dann nicht mehr einwandfrei, bereits geringe Abweichungen führen zu einer schnellen Zerstörung des Lagers. Lediglich Pendellager machen hier eine Ausnahme. Muß mit einer Schwenkbewegung der Welle gerechnet werden, z. B. infolge der Durchbiegung langer, dünner Wellen, dann ist eine geeignete Lagerbauart nach Abschn. 3.3.4 und Tafel **94.1** zu wählen.

3.2.5. Reibung

Die im Vergleich zu Gleitlagern (s. Abschn. 2.2.) geringen Reibungsverluste in Wälzlagern sind nicht auf den Abwälzvorgang, sondern auf Nebenerscheinungen zurückzuführen, die echte Gleitvorgänge auslösen. Reibung tritt bei käfiglosen Lagern zwischen zwei benachbarten Wälzkörpern, bei Käfiglagern zwischen den Wälzkörpern und den Käfigen auf, außerdem zwischen Käfig und Innenring, wenn der Käfig auf dem Innenring geführt ist, bei Bordlagern zwischen den Wälzkörpern und den Borden, bei Schulterlagern dann, wenn die Schultern eine zusätzliche Axiallast aufnehmen müssen. Ein Reibungsverlust ergibt sich auch durch zu reichliche Schmierung (s. Abschn. 3.3.5.6.). Unterschreitet das Spiel eines Wälzlagers infolge zu strammer Passung oder zu großer Schwenkbewegung der Welle den zulässigen Mindestwert, dann klemmt es, die Voraussetzungen für rein elastische Verformung beim Abrollen der Wälzkörper sind dann nicht mehr gegeben. Sobald plastische Verformung einsetzt, tritt eine Erwärmung des Lagers auf, der bald die Zerstörung folgt. Erwärmung durch Überschmierung und Verklemmen werden durch unsachgemäße Behandlung verursacht. Die in Tafel A38.2 aufgeführten Reibungszahlen gelten selbstverständlich für einwandfrei eingebaute und behandelte Lager.

Anlaufreibung tritt bei Wälzlagern nicht so ausgeprägt wie bei Gleitlagern auf[1]). Die Wälzlagerverluste sind weitgehend unabhängig von der Umfangsgeschwindigkeit (79.1). Für praktische Berechnungen können die durch Versuche ermittelten Werte in Tafel A38.2 verwendet werden. Das Reibungsmoment wird nach der Gleichung

$$T_R = \mu F_r d/2 \tag{79.1}$$

berechnet. Hierin ist F_r die radiale Lagerbelastung, für d setzt man den Bohrungsdurchmesser des Lagers ein. Die Verlustleistung ergibt sich dann als Produkt aus Reibungsmoment und Winkelgeschwindigkeit[2])

$$P_V = T_R \omega \tag{79.2}$$

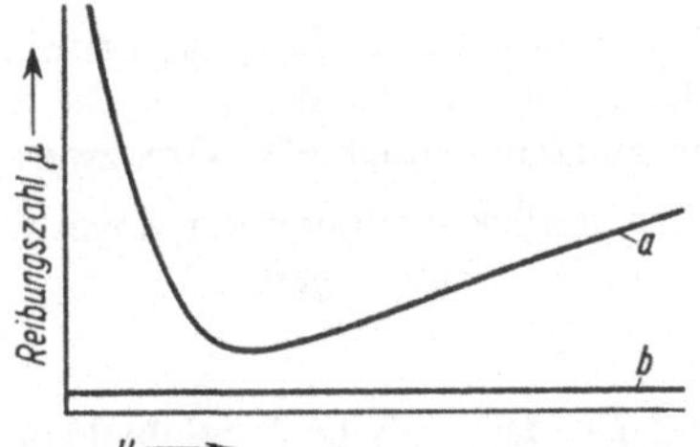

79.1 Reibungszahl bei Gleit- und Wälzlagern in Abhängigkeit von der Umfangsgeschwindigkeit u (schematisch)
a Gleitlager *b* Wälzlager

3.2.6. Gebrauchsdauer des Wälzlagers

In einer ausgereiften Konstruktion soll die Funktionsfähigkeit aller Einzelteile auf eine für den Verwendungszweck als wirtschaftlich erkannte Benutzungsdauer begrenzt sein. Je nach der Art der Konstruktion kann die Benutzungsdauer durch Abrostung (Korrosion), durch Verschleiß oder durch Dauerbruchgefahr (Zeitfestigkeit) bestimmt werden.

---

[1]) Münnich, H.: Einflüsse auf den Schmierungszustand von Wälzlagern. VDI-Berichte Nr. 141 (1970) S. 67 bis 74.

[2]) Genauere Rechnung, die allerdings nur in seltenen Sonderfällen erforderlich ist, s. z. B. SKF-Hauptkatalog.

Bei bestimmten Bauteilen, z. B. bei Kraftfahrzeugreifen oder Bremsbelägen, begrenzt man deren Funktionsfähigkeit zweckmäßigerweise auf einen Bruchteil der Benutzungsdauer der Gesamtkonstruktion; dann ist aber auf einfache Auswechselbarkeit zu achten. Ein Wälzlager nimmt im Vergleich zur Gesamtkonstruktion meist nur geringen Raum ein, sein Gewicht ist häufig unbedeutend. Manchmal aber bestimmen seine Abmessungen Maß und Gewicht der Gesamtkonstruktion. Aus diesem Grunde wählt man es dann so klein wie möglich, und man muß daher seine Gebrauchsdauer so genau wie möglich vorausbestimmen können. Wenn ein Auswechseln leicht möglich ist, kann es zweckmäßig sein, die Gebrauchsdauer des Lagers als Bruchteil derjenigen der Gesamtkonstruktion zu wählen. In Fällen, in denen der Ausfall des Lagers bzw. das Auswechseln erhebliche Betriebsstörungen verursacht, wird es jedoch überdimensioniert; man wählt dann seine Gebrauchsdauer größer als diejenige der Maschine und setzt dadurch die Wahrscheinlichkeit eines vorzeitigen Ausfalls herab. Voraussetzung für diese Konstruktionsregeln ist aber die Möglichkeit, die Dauer der Funktionsfähigkeit des Lagers mit ausreichender Sicherheit vorauszubestimmen. Die Gebrauchsdauer von Wälzlagern wird, von vermeidbaren Einbau- und Wartungsfehlern abgesehen, durch die im Betrieb auftretenden Kräfte oder durch unvermeidlichen Verschleiß bestimmt; die Kräfte führen bei umlaufenden Lagern zu Ermüdungsbrüchen, bei stillstehenden Lagern oder solchen mit langsamer Umlauf- oder Pendelbewegung zu plastischen Verformungen der Laufflächen an Wälzkörpern oder Ringen bzw. Scheiben. Verschleiß, auch in Verbindung mit Korrosion, führt zu einer Vergrößerung des Lagerspiels und dadurch zur Minderung der Führungsgenauigkeit und der Tragfähigkeit.

Die herkömmlichen Berechnungsverfahren ermitteln (DIN 622 in Übereinstimmung mit ISO[1]):

1. Die dynamische Tragfähigkeit, d. i. die Belastung, unter der das Lager bis zu den ersten Anzeichen eines Ermüdungsbruchs eine bestimmte Anzahl von Umläufen (Lebensdauer) erreicht.

2. Die statische Tragfähigkeit, d. i. die Belastung bei Stillstand oder geringfügiger Bewegung, bei der die plastische Verformung der Wälzkörper oder Wälzbahnen einen als zulässig betrachteten Grenzwert erreicht.

Eine Berücksichtigung der unvermeidbaren Verschleißvorgänge wurde von Eschmann[2]) vorgeschlagen.

3.2.6.1. Dynamische Tragfähigkeit

Nach DIN 622 ist die Lebensdauer eines einzelnen Lagers die Anzahl der Umdrehungen (oder daraus ermittelt: die Anzahl der Betriebsstunden bei unveränderter Drehfrequenz), die das Lager läuft, bis sich die ersten Anzeichen einer Werkstoffermüdung zeigen. Die nominelle Lebensdauer ist die Lebensdauer, die 90 % einer genügend großen Menge offensichtlich gleicher Lager erreichen; in dieser Begriffsbestimmung sind die Streuungen berücksichtigt, die sich trotz der hohen Genauigkeit der Lager durch Werkstoffeigenschaften und Herstellfehler unvermeidbar ergeben.

---

1) ISO R 76 (ISO International Standardising Organisation; R Recommendation)

2) Eschmann, P.: Betrachtungen zur Gebrauchsdauer von Wälzlagern. Z. Konstruktion **12** (1960) H. 8, S. 322

Die dynamische Tragzahl C ist die Belastung unveränderlicher Größe und Richtung, bei der eine nominelle Lebensdauer L_0 von einer Million Umdrehungen (Bezugslebensdauer) erreicht wird. Die Belastungsrichtung, für welche die Tragzahl C gilt, ist bei Radiallagern radial (Richtung von F in Bild **78.**1a); bei Schrägkugellagern und Kegelrollenlagern ist sie die Komponente der Belastungsrichtung, die eine radiale Verschiebung des Innenrings gegen den Außenring hervorruft (F_r in Bild **78.**1b); bei Axiallagern fällt die Wirkungslinie der Belastung mit der Lagerachse zusammen ($F = F_a$ in Bild **78.**1c) Die dynamische Tragzahl C ist für jedes Wälzlager durch Großzahlversuche bekannt und wird in den Listen der Wälzlagerhersteller angegeben; eine Auswahl für die gebräuchlichsten Lager enthält Tafel **A33.**1.

Die dynamische Tragzahl C kann man auch rechnerisch aus der Anzahl der Wälzkörper und deren Abmessungen, dem Berührungswinkel α, den Abmessungen der Ringe bzw. Scheiben und der Härte des Werkstoffs berechnen (DIN 622; [1]). Die Berechnungsgleichungen gehen, ähnlich wie die Gleichungen zur Berechnung der Flankenbeanspruchung von Zahnrädern (s. Teil 2, Abschnitte über Tragfähigkeitsberechnung), auf die Spannungsverteilung bei punkt- oder linienförmiger Berührung gewölbter Flächen zurück. Dem Konstrukteur sind aber in der Regel die erforderlichen Maßangaben unbekannt, da die Normblätter nur die Einbaumaße festlegen.

Lebensdauergleichung. Soll ein Lager eine größere Lebensdauer als $L_0 = 10^6$ Umdrehungen erreichen, dann muß die wirkliche Belastung F kleiner sein als die Tragzahl C. Soll das Lager die wirkliche Belastung $F > C$ aufnehmen, dann wird die Bezugslebensdauer L_0 von 10^6 Umdrehungen nicht erreicht. Der Zusammenhang zwischen den Bezugswerten C und L_0 einerseits und der wirklichen Belastung F und der wirklichen Lebensdauer L_u andererseits folgt aus der Zahlenwertgleichung

$$\frac{L_u}{L_0} = \left(\frac{C}{F}\right)^p \tag{81.1}$$

Der Exponent p ist für die verschiedenen Lagerarten durch Versuche ermittelt, er kann für Kugellager $p = 3$, für Rollenlager $p = 10/3$ gesetzt werden.

Dividiert man in Gl. (81.1) auf der linken Seite Zähler und Nenner durch 10^6, dann erhält man mit $L = L_u/10^6$ die wirkliche Lebensdauer aus der Zahlenwertgleichung, der sog. Lebensdauergleichung

$$L = (C/F)^p \quad \text{in } 10^6 \text{ Umdrehungen} \tag{81.2}$$

mit C und F in N.

Sie wird in der vorstehenden Form verwendet, wenn für ein bestimmtes Lager mit der Tragzahl C und für eine bestimmte Lagerbelastung F die Lebensdauer L in 10^6 Umdrehungen zu ermitteln ist.

Die Form $F = C\sqrt[p]{1/L}$ zieht man zur Berechnung der wirklichen Belastung F heran, wenn für ein bestimmtes Lager mit der Tragzahl C die Lebensdauer L vorgeschrieben ist, die Form $C = F\sqrt[p]{L}$ dann, wenn für eine bestimmte wirkliche Belastung F und eine Lebensdauer L ein Lager ausgewählt werden soll, das die erforderliche Tragzahl C besitzt.

Lebensdauerfaktor und Drehfreqenzfaktor. Die Lebensdauer von Maschinen wird meist in Betriebsstunden L_h (**A27.**1), die Drehfrequenz n in Umdrehungen pro Minute (min^{-1}) angegeben. Um die in diesen Einheiten bekannten Zahlenwerte zur Anwendung von Gl. (81.2) nicht in jedem Einzelfall auf die Lebensdauer L in 10^6 Umdrehungen umrechnen zu müssen, können die Ausdrücke für L_u und L_0 aus Gl. (81.1) wie folgt zerlegt werden (Zahlenwertgleichungen):

allgemein	Lebensdauer in Umdr. =	Betriebsstunden	in	h × 60 ×	Drehfrequenz	in min^{-1}
demnach	L_u in Umdr. =	L_h	in	h × 60 ×	n	in min^{-1}
und	L_0 in Umdr. =	L_{500}	in	h × 60 ×	n_0	in min^{-1}

Es ist $L_0 = 10^6$ Umdrehungen; wählt man für die nominelle Betriebsstundenzahl den konventionellen Wert L_{500} = 500 Betriebsstunden, dann ergibt sich für die nominelle Drehfrequenz $n_0 = 33^1/_3\ \text{min}^{-1}$; Gl. (81.1) erhält damit die Form der folgenden Zahlenwertgleichung

$$\frac{L_u}{L_0} = \frac{L_h \cdot 60 \cdot n}{500 \cdot 60 \cdot 33^1/_3} = \left(\frac{C}{F}\right)^p \qquad \frac{C}{F} = \sqrt[p]{\frac{L_h}{500} \cdot \frac{n}{33^1/_3}} \qquad (82.1)\ (82.2)$$

Setzt man nun $\sqrt[p]{\frac{L_h}{500}} = f_L$ und $\sqrt[p]{\frac{33^1/_3}{n}} = f_n$, dann kann man schreiben

$$C/F = f_L/f_n \qquad (82.3)$$

Hierin sind f_L der **Lebensdauerfaktor**, und f_n der **Drehfrequenzfaktor**. Beide sind einheitenfrei und können in Abhängigkeit von der Betriebsstundenzahl L_h bzw. der Drehfrequenz n aus Leitern (A27.1) abgelesen werden. Je nach der Aufgabenstellung wird Gl. (82.3) sinngemäß wie für Gl. (81.2) angegeben, nach C, F oder f_L aufgelöst.

Einfluß des Werkstoffs. Die in Normblättern und Herstellerlisten angegebenen Werte für die Tragzahl C gelten für Lager aus dem allgemein üblichen Wälzlagerwerkstoff (s. Abschn. 3.3.6). Muß für besondere Betriebsbedingungen ein Wälzlager aus rostfreiem Stahl oder einem anderen von der Norm abweichenden Werkstoff verwendet werden, so sind die Tragzahlen für diese Lager von den Herstellern zu erfragen.

Einfluß der Betriebstemperatur. Bei Temperaturen über etwa ϑ = 100 °C nimmt die Härte des Wälzlagerstahls und damit die Tragfähigkeit des Lagers in nicht mehr zu vernachlässigendem Maße ab. Wälzlager sollen wegen der Anlaßwirkung auch nicht vorübergehend Temperaturen über 100 °C ausgesetzt werden. Treten Betriebstemperaturen über 100 °C auf, dann ist die Verringerung der Tragfähigkeit durch den Temperaturfaktor f_ϑ in der Lebensdauergleichung (82.3) zu berücksichtigen (A27.1). Diese lautet dann

$$\frac{C}{F} = \frac{f_L}{f_n f_\vartheta} \qquad (82.4)$$

Lager für höhere Betriebstemperaturen als 100 °C werden vom Hersteller einer besonderen Wärmebehandlung unterzogen. Dies wird in der Normbezeichnung für diese Lager durch ein Nachsetzzeichen berücksichtigt, s. Abschn. 3.3.3 und Tafel 89.1.

Äquivalente Belastung. Die Lebensdauergleichung (81.2) setzt voraus, daß für F die gleichen Bedingungen gelten wie für die Tragzahl C: Die Richtung von F muß mit der Richtung von C übereinstimmen, der Außenring des Lagers muß **relativ zur Belastung** stillstehen, der Innenring muß **relativ zur Belastung** umlaufen, die Belastung F muß bei jeder Umdrehung in der gleichen Höhe wirken. Jede Abweichung von diesen Voraussetzungen beeinflußt die Lebensdauer. Vor Anwendung der Gl. (81.2) bzw. (82.3) bestimmt man deshalb aus den gegebenen Verhältnissen die **äquivalente Belastung** P, die auf das Lager die gleiche Wirkung hat wie die Belastung F. In die Gl. (81.1) bis (82.4) setzt man dann P statt F ein. Ob und wie weit eine **Abweichung zwischen der Richtung der wirklichen Belastung und der Richtung von** C zulässig ist, bestimmt die Lagerbauart (s. Abschn. 3.3.4). Gegebenenfalls zerlegt man die wirkliche Belastung in eine Radialkomponente F_r und eine Axialkomponente F_a und ermittelt die äquivalente Belastung P für Radiallager bzw. P_a für Axiallager nach der Gleichung

$$P \text{ bzw. } P_a = XF_r + YF_a \tag{83.1}$$

Hierin ist X der Radialfaktor und Y der Axialfaktor. Die Zahlenwerte für diese Faktoren sind den Tafeln **A28.**1, **A29.**1, **A30.**1 zu entnehmen. Die Angaben $X = 0$ oder $Y = 0$ bedeuten, daß das Lager in der entsprechenden Richtung keine Kraftkomponente übertragen darf.

Besondere Belastungsarten

Bei periodischen Änderungen der Höhe der Belastung zwischen einem Höchstwert F_{max} und einem Kleinstwert F_{min} errechnet man die äquivalente Belastung aus

$$P = \frac{F_{min} + 2F_{max}}{3} \tag{83.2}$$

Beispiele: Dieser Fall tritt z. B. bei Kurbelwellen von Kraftmaschinen oder beim Antrieb von Hobelmaschinen auf.

Ist das Lager verschiedenen, aber während ihrer Wirkungsdauer konstanten Belastungen ausgesetzt, dann ergibt sich die äquivalente Belastung

$$P = \sqrt[p]{F_1^p \frac{n_1}{33^1/_3} \frac{q_1}{100} + F_2^p \frac{n_2}{33^1/_3} \frac{q_2}{100} + \quad F_i^p \frac{n_i}{33^1/_3} \frac{q_i}{100}} \quad \text{in N} \tag{83.3}$$

F_1 bis F_i konstante wirkliche Belastungen bei den einzelnen Betriebzuständen in N
n_1 bis n_i zugehörige konstante Drehfrequenzen in min^{-1}
q_1 bis q_i Anteile der Wirkungsdauer der Betriebszustände an der Gesamtlebensdauer in %

Da P in Gl. (83.3) bereits auf die Bezugsdrehfrequenz $33^1/_3 \text{ min}^{-1}$ bezogen ist, ist in der Lebensdauergleichung $f_n = 1$ zu setzen. Diese erhält dann die Form der folgenden Zahlenwertgleichung

$$C = \frac{f_l}{1} \sqrt[p]{F_1^p \frac{n_1}{33^1/_3} \frac{q_1}{100} + F_2^p \frac{n_2}{33^1/_3} \frac{q_2}{100} - \quad F_i^p \frac{n_i}{33^1/_3} \frac{q_i}{100}} \quad \text{in N} \tag{83.4}$$

mit denselben Einheiten wie bei Gl. (83.3) angegeben.

Erforderlichenfalls sind die Einzelbelastungen $F_1 \cdots F_i$ aus den Komponenten F_r und F_a nach Gl. (83.1) zusammenzusetzen.

Beispiele für die vorstehende Belastungsart sind Wechselgetriebe von Werkzeugmaschinen oder Lager in Schaltgetrieben von Kraftfahrzeugen.

Überlagern sich einer konstanten Belastung F_c zusätzliche Kräfte, auch Stöße, die ihrer Höhe nach bekannt sind oder abgeschätzt werden können, dann ist die äquivalente Belastung

$$P = F_c f_z \tag{83.5}$$

Der Zuschlagfaktor f_z ist ein Erfahrungswert, der für häufiger vorkommende Fälle Tafel **A27.2** entnommen werden kann.

Beispiele für diese Belastungsart sind Straßen- und Schienenfahrzeuge, bei denen sich der durch das Fahrzeuggewicht gegebenen Grundbelastung F_c Fahrbahnstöße überlagern.

Sofern mit der äquivalenten Last P gerechnet werden muß, gilt Gl. (83.2).

Paarweiser Einbau von Wälzlagern. Werden zwei einreihige Schrägkugellager unmittelbar nebeneinander spiegelbildlich eingebaut, dann ist das Lagerpaar wie ein zweireihiges Schrägkugellager zu berechnen. Werden zwei oder mehr einreihige Rillenkugellager oder Schrägkugellager gleichsinnig unmittelbar hintereinander eingebaut, dann sind die Lager einzeln als einreihige Kugellager zu berechnen (DIN 622).

3.2.6.2. Statische Tragfähigkeit

Unter statischer Tragfähigkeit eines Wälzlagers versteht man die Belastung, die es im Stillstand oder bei kleinen Schwenkungen aufnehmen darf. In diesen Fällen ist eine Zerstörung nach den Gesetzen der Dauerfestigkeit nicht zu erwarten. Die höchstzulässige Belastung ist dann diejenige, bei der plastische Verformungen eintreten, durch die das Lager seine Aufgabe nicht mehr einwandfrei erfüllen kann. Plastische Verformungen werden hier nicht ausgeschlossen, weil dies bei streng theoretischer Betrachtung nicht möglich ist. Die zulässigen Verformungswerte sind aber sehr gering. Man bezeichnet die Belastung, bei der zwischen Rollbahn und Rollkörper eine plastische Verformung von 0,01 % des Rollkörperdurchmessers erreicht wird, als die statische Tragzahl C_0.

Die Werte, die für C_0 angegeben werden, sind Mittelwerte, bei denen erfahrungsgemäß ein Lager normalen Anforderungen an die Laufruhe noch genügt. Bei sehr hohen Anforderungen, z. B. bei Lagern für Meßeinrichtungen, wählt man die Lager so aus, daß die Tragzahl C_0 etwa 1,5- bis 2,5mal so groß ist wie die tatsächliche Belastung. Bei geringen Ansprüchen an die Laufruhe kann die tatsächliche Belastung bis zum Doppelten von C_0 gewählt werden, ohne daß Zerstörungserscheinungen das Lager unbrauchbar machen. Die statische Tragzahl entnimmt man für die gebräuchlichsten Lagerformen den Listen der Hersteller bzw. Tafel **A34**.1.

Die statische äquivalente Belastung P_0 ergibt sich nach DIN 622 für Radiallager aus

$$P_0 = X_0 F_r + Y_0 F_a \tag{84.1}$$

Hierin ist F_r die größte auftretende Radialbelastung, F_a die größte Axialbelastung. Der Radialfaktor X_0 und der Axialfaktor Y_0 sind Tafel **A30**.1 zu entnehmen. Gl. (84.1) gilt nur für Werte $P_0 \geqq F_r$; führt die Berechnung auf einen Wert kleiner als F_r, dann ist $P_0 = F_r$ zu setzen.

Für Axiallager (Kugel- und Rollenlager) gilt, sofern der Berührungswinkel α von 90° abweicht,

$$P_0 = F_a + 2{,}3\, F_r \tan \alpha \tag{84.2}$$

Die Genauigkeit der Gleichung nimmt im Fall einseitig wirkender Lager ab, wenn $F_r > 0{,}44\, F_a \cot \alpha$ ist.

3.2.6.3. Einfluß der Lagerabnutzung auf die Gebrauchsdauer

Auch bei sorgfältigem Einbau und vorschriftsmäßiger Pflege unterliegen Wälzlager dem Verschleiß; Ursachen hierfür sind: Reibvorgänge (s. Abschn. 3.2.5) zwischen den gegeneinander gleitenden Teilen (Wälzkörper gegen Käfige usw.), Verschmutzung des Schmiermittels durch eigenen oder fremden Abrieb (z. B. in Getrieben) und Korrosion, die durch

Kondenswasser als Folge von Temperaturunterschieden verursacht werden kann. Auch gröbere Einflüsse, Eindringen von Staub, Schmutz und Feuchtigkeit lassen sich trotz sorgfältiger Abdichtung nicht ganz verhindern. Der Verschleiß hat eine Vergrößerung des Lagerspiels zur Folge; je nach den Betriebsbedingungen schreitet diese schneller oder langsamer fort, bis schließlich das Lagerspiel einen Wert erreicht, bei dem das Lager die Forderung an die Führungsgenauigkeit nicht mehr erfüllt. Es muß ausgewechselt werden.

In der Lebensdauerberechnung (s. Abschn. 3.2.6.1.) ist der Verschleißvorgang nicht berücksichtigt, weil er der Theorie bis jetzt nicht zugänglich ist. Eschmann[1]) hat eine sehr große Zahl von Betriebsfällen untersucht und damit eine Grundlage geschaffen, die wenigstens eine Beurteilung der Größenordnung des Verschleißverhaltens erlaubt. In Bild **A36**.1 ist über der Betriebsstundenzahl die Zunahme des Lagerspiels aufgetragen. Als Maßstab für das Lagerspiel ist der Verschleißfaktor f_v eingeführt. Seine Bedeutung ergibt sich aus der Beziehung

$$f_v = V/e_0 \tag{85.1}$$

Hierin ist e_0 das optimale Lagerspiel, das aus Tafel **A38**.1 in Abhängigkeit vom Durchmesser d der Lagerbohrung abgelesen werden kann; V gibt die Vergrößerung des Lagerspiels durch den Verschleiß in μm an. Der Verschleißfaktor wird $f_v = 1$, wenn sich das ursprüngliche Lagerspiel auf den doppelten Wert vergrößert hat. Das optimale Lagerspiel ist das Spiel, das bei einem neuen Lager im eingebauten, betriebswarmen Zustand angestrebt wird. In Bild **A36**.1 stellt die Grenzkurve A die Spielvergrößerung für ein Lager dar, das unter günstigsten Bedingungen läuft, die Grenzkurve B gilt für Lager unter schlechten Bedingungen. Das Feld zwischen diesen Grenzkurven ist in Streifen $a \cdots k$ aufgeteilt, denen sich, je nach ihrer Betriebsart die verschiedenen Lager zuordnen. Im linken Teil von Bild **A36**.1 sind die Werte von f_v eingetragen, bei deren Erreichen ein Lager üblicherweise ausgewechselt wird.

Die Ermittlung der Gebrauchsdauer, soweit diese durch den Verschleiß bestimmt ist, sei am Beispiel des Lagers einer ortsfesten elektrischen Maschine erläutert. Ein solches Lager wird erfahrungsgemäß frühestens ausgewechselt, wenn $f_v = 2$ und spätestens, wenn $f_v = 3$ erreicht ist, s. Punkt 1 bzw. 2 in Bild **A36**.1. Der Verschleißgrad liegt bei dieser Lagerart in den Feldern b, c. Die Horizontalen durch die Punkte 1 und 2 schneiden aus den Streifen b und c die Fläche $3-4-5-6$ heraus. Sie gibt den Bereich an, innerhalb dessen die Erfahrungswerte für eine Lagerauswechslung liegen. Für mittlere Verhältnisse liest man unter Punkt 7 (Mittelpunkt der Fläche, unter Berücksichtigung der logarithmischen Koordinatenteilung) die Gebrauchsdauer von ≈ 23000 Betriebsstunden ab. Die Größe der Fläche liefert einen Anhalt für die Streuungen, mit denen gerechnet werden muß.

Bild **A36**.1 erlaubt weiterhin einen Vergleich der Gebrauchsdauer mit der Lebensdauerberechnung nach DIN 622 (s. Abschn. 3.2.6.1). Oben in diesem Bild sind deshalb die Betriebsstunden eingetragen, für die die Lebensdauer berechnet wird.

Für das in Bild **A36**.1 eingetragene Beispiel liest man unter den Punkten 8 und 9 die Werte 20000 bzw. 58000 Betriebsstunden ab. Diese Grenzen geben den Bereich an, aus dem für einen bestimmten Fall der Wert zur Berechnung der Lebensdauer nach Abschn. 3.2.6.1 ausgewählt wird. Der Vergleich läßt erkennen, daß im vorliegenden Fall das Lager mit großer Wahrscheinlichkeit wegen des zu erwarteten Verschleißes ausgewechselt werden muß, ehe die Gefahr eines Ermüdungsbruchs beginnt, d. h., ehe die rechnerische Lebensdauer erreicht ist.

---

[1]) S. S. 80 Fußnote 2.

3.3. Normung und Gestaltung der Lagerstelle

3.3.1. Herstellgenauigkeit (DIN 620)

Wälzlagerteile gehören zu den höchstbeanspruchten Maschinenteilen. Schon geringe Abweichungen von den theoretischen Voraussetzungen für den Kraftübergang zwischen Wälzkörpern und Laufbahnringen führen zu vorzeitiger Zerstörung. Die Anforderungen an die Herstellgenauigkeit sind entsprechend hoch. Die Prüfung erstreckt sich auf die Maß-, Form- und Laufgenauigkeit, außerdem wird das radiale Spiel geprüft. Die Lager müssen den Vorschriften nach DIN 620 genügen.

Wälzlager werden als fertige Bauelemente bezogen. Schadhafte Wälzlager werden deshalb nicht ausgebessert, sondern durch neue ersetzt. Ausnahmen hiervon machen nur Nadellager (s. Abschn. 3.3.4), bei denen Nadeln oder Käfige zum Einbau geliefert werden können, und sehr große, teure Wälzlager, bei denen in seltenen Sonderfällen Reparaturen vom Wälzlagerhersteller vorgenommen werden.

Die steigenden Anforderungen insbesondere an die Arbeitsgenauigkeit von Werkzeugmaschinen führten zur Entwicklung von „Genauigkeitslagern", für die eine erhöhte Maß-, Form- oder Laufgenauigkeit gewährleistet wird. Für sie wurde in DIN 620 eine „C-Klassifikation" eingeführt; auch Abweichungen vom normalen Lagerspiel werden durch diese erfaßt. In der genormten Lager-Kurzbezeichnung sind Angaben über die Herstellgenauigkeit nur enthalten, wenn erhöhte Anforderungen gestellt werden oder wenn ein vom Üblichen abweichendes Lagerspiel erforderlich ist (s. Abschn. 3.3.3).

3.3.2. Einbaumaße (DIN 616)

Die inneren Abmessungen der Wälzlager sind für den Konstrukteur, der ein Wälzlager als Bauteil bezieht, ohne Bedeutung. Sie sind auch nicht genormt. Genormt sind durch DIN 616 [3] die Einbaumaße (**87.1**). Dieses Normblatt umfaßt in vier Maßplänen die Einbaumaße der Radiallager, der Kegelrollenlager und der Axiallager (Scheibenlager). Die deutschen Maßpläne entsprechen einer ISO-Empfehlung, so daß die Austauschbarkeit international gesichert ist. Eine Ausnahme machen zur Zeit noch die Länder mit dem Zoll-Maßsystem. Nur wenige Sonderformen sind in DIN 616 nicht erfaßt.

DIN 616 ist ein systematisch ausgearbeitetes Schema, es umfaßt die Durchmesser d = 0,6 mm bis d = 2500 mm; nicht alle Abmessungen, die darin aufgeführt sind, werden in der Praxis hergestellt. Bei Neuentwicklungen dürfen aber keine Typen geschaffen werden, die nicht DIN 616 entsprechen. Die tatsächlich verfügbaren Lager ergeben sich aus den Normblättern für die verschiedenen Lagerarten (s. Abschn. 3.3.4) bzw. aus den Listen der Hersteller.

Grundlage für den Aufbau der Maßpläne nach DIN 616 ist der Nenndurchmesser d der Lagerbohrung, der dem Wellendurchmesser entspricht. Jedem Bohrungsdurchmesser d sind mehrere Außendurchmesser D zugeordnet (entsprechend der Gehäusebohrung), jedem Durchmesserpaar d und D mehrere Breiten B. Je größer bei gleichem Wert von d der Außendurchmesser D ist, um so größer ist die Tragfähigkeit; dasselbe gilt bezüglich der Breite bei Lagern mit gleichem Wert von d und D.

Bei den Radiallagern z. B. wurden nach den Außendurchmessern D sieben Durchmesserreihen gebildet; jeder Durchmesserreihe sind mehrere Breitenreihen zugeordnet; jede Durchmesserreihe ist mit den zugehörigen Breitenreihen zu verschiedenen Maßreihen zusammengefaßt (Tafel A31.1, A32.1). Ein Lager ist also in den Maßplänen durch die Angabe seines Bohrungsdurchmessers und der Bezeichnung für die Maßreihe eindeutig festgelegt.

Die Durchmesserreihen führen die Kennziffern 8–9–0–1–2–3–4, wobei die Durchmesser D von links nach rechts zunehmen.

Die Breitenreihen führen die Kennziffern 8–0–1–2–3–4–5–6, wobei die Breite von links nach rechts zunimmt. Durchmesserreihe und Breitenreihe ergeben eine zweiziffrige Zahl (die Maßreihe), in der die linke Ziffer die Breitenreihe, die rechte Ziffer die Durchmesserreihe angibt.

Erläuterungsbeispiel. Für eine Lagerbohrung mit d = 100 mm sind folgende Durchmesser D genormt:

Durchmesserreihe	8	9	0	1	2	3	4
Außendurchmesser D in mm	125	140	150	165	180	215	250

Für das Lager mit der Bohrung d = 100 mm und dem Außendurchmesser D = 150 mm, entsprechend der Durchmesserreihe 0, sind folgende Breiten genormt:

Durchmesserreihe	0	0	0	0	0	0	0
Breitenreihe	0	1	2	3	4	5	6
Maßreihe	00	10	20	30	40	50	60
Breite B in mm	16	24	30	37	50	67	90

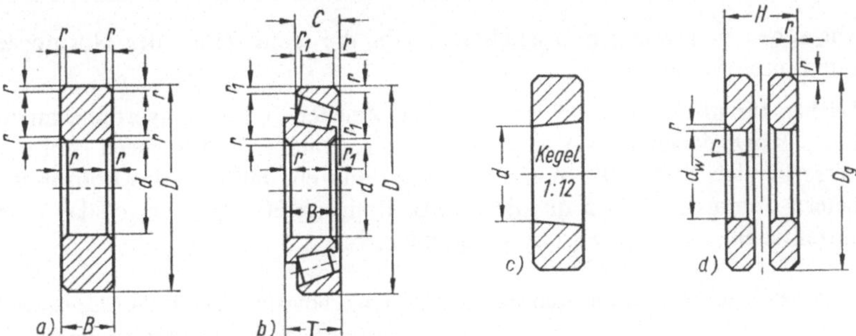

87.1 Einbaumaße der Wälzlager nach DIN 616

a) Radiallager, ausgenommen Kegelrollenlager b) Kegelrollenlager
c) Kegelige Bohrung für Radiallager d) Axiallager

B, T Breite des Lagers
B, C Breite des Innen- bzw. Außenrings
D, D_g Außendurchmesser des Lagers bzw. der gehäuseseitigen Scheibe
d Durchmesser der Lagerbohrung (bei kegeliger Bohrung kleinster Durchmesser an der Stirnseite des Lagers)
d_w Durchmesser der auf der Welle sitzenden Scheibe
H Höhe des Axiallagers = Abstand zwischen Wellenbund und Gehäuseauflage
r, r_1 Kantenabstand

Die systematische Ordnung nach DIN 616 bietet zwei Vorteile:

1. Lager, die hinsichtlich der Bohrung und der Maßreihe übereinstimmen, sind gegeneinander austauschbar. Man kann also z. B. ein Radial-Kugellager, dessen Tragfähigkeit sich als nicht ausreichend herausgestellt hat, ohne Änderung der Konstruktion durch ein Zylinderrollenlager ersetzen, das bei gleichen Abmessungen eine größere Tragfähigkeit besitzt.

2. Ist man gezwungen, eine bestimmte Lagerform, z. B. ein einreihiges Radial-Kugellager, zu verwenden, dann kann man für einen vorgeschriebenen Wellendurchmesser zwischen Lagern verschiedener Maßreihen so auswählen, daß sich bei voller Ausnutzung der Tragfähigkeit die kleinsten Abmessungen ergeben.

3.3.3. Normbezeichnungen (DIN 623)

Das genormte Kurzzeichen eines Wälzlagers setzt sich zusammen aus dem Kurzzeichen für die Lagerreihe (Tafel **94.1**), dem Zeichen für die Lagerbohrung (Tafel **88.1**) und gegebenenfalls einem Zusatzzeichen (Tafel **89.1**). Durch das Kurzzeichen werden alle Einzelheiten so festgelegt, daß Lager mit gleichem Kurzzeichen voll austauschbar sind.

Zeichen für die Lagerreihe. Die Kurzzeichen sind in verschiedenen Zeiten entstanden und sind verschiedener Herkunft. Da sie teilweise seit Jahrzehnten zu festen Begriffen wurden, sind zahlreiche Abweichungen von dem Schema nach DIN 616 vorhanden. Das Zeichen für die Lagerreihe soll aber stets Lagerart, Bauform und Maßreihe erkennen lassen.

Beispiel (Lager NU 23, s. Tafel **94.1**)

Lagerart	Bauform	Maßreihe	
Zylinderrollenlager N	Außenborde, U-Form des Außenrings U	Breitenreihe 2	Durchmesserreihe 3

Abgesehen von wenigen Ausnahmen, gibt die letzte Ziffer der Normbezeichnung die Durchmesserreihe an.

Zeichen für die Bohrung. Dieses ist dem Zeichen für die Lagerreihe anzufügen. Auch dieses Kurzzeichen wurde nicht einheitlich gebildet. In dem meist gebrauchten Durchmesserbereich 20···480 mm ergibt es sich dadurch, daß man das Bohrungsmaß in Millimetern durch die Zahl 5 dividiert, z. B. Bohrung 30 mm:5 ergibt das Kurzzeichen 06. Einzelheiten sind Tafel **88.1** zu entnehmen.

Tafel **88.1** Schema für die Kennzeichen der Lagerbohrung nach DIN 623; s. auch Tafel **94.1**

Bohrungs-⌀ in mm	Zeichen	Erläuterungen für den Regelfall[1])	Beispiele
0,6 1 1,5 2 2,5 3 4 : 9	··/0,6 ··1 ··/1,5 ··2 ··/2,5 ··3 ··4 : 9	Bis einschließlich 9 mm wird das Bohrungsmaß als Kennzeichen dem Zeichen der Lagerreihe nachgestellt. Durchmesser, die Dezimalstellen enthalten, werden durch einen Schrägstrich vom Zeichen der Lagerreihe getrennt	(Radial-)Rillenkugellager, nach DIN 625, Lagerreihe 62, mit 6 mm Bohrung: **626** desgl., mit 2,5 mm Bohrung (z. Z. nicht in DIN 625 enthalten): **62/2,5** (Die erste Zahl im Kurzzeichen der Lagerreihe 62 bedeutet Rillenkugellager, die zweite gibt die Durchmesserreihe an.)
10 12 15 17	··00 ··01 ··02 ··03	Die Zeichen werden unmittelbar dem Zeichen der Lagerreihe nachgestellt	Nadellager, nach DIN 617, Lagerreihe NA 49, mit 12 mm Bohrung: **NA 4901**

Fortsetzung Tafel **88.**1

Bohrungs-⌀ in mm	Zeichen	Erläuterungen für den Regelfall[1])	Beispiele
20	··04	Zeichen für die Bohrung = Durchmesser dividiert durch 5. Bei Zwischenwerten wird das Bohrungsmaß, durch Schrägstrich getrennt, dem Zeichen der Lagerreihe nachgestellt	(Radial-)Rillenkugellager, nach DIN 625, Lagerreihe 63, mit 50 mm Bohrung: **6310**
22	··/22		Desgl., mit 32 mm Bohrung: **63/32**
25	··05		
28	··/28		
30	··06		
32	··/32		
35	··07		
40	··08		
⋮	⋮		
480	··96		
500	··/500	Bei großen Lagern von d = 500 mm ab wird das Bohrungsmaß, durch Schrägstrich getrennt, dem Zeichen der Lagerreihe nachgestellt	Scheiben-Tonnenlager, einseitig wirkend, mit Spannführung, nach DIN 728, Lagerreihe 293, mit 1000 mm Bohrung: **293/1000**
530	··/530		
560	··/560		
600	··/600		
⋮	⋮		
2000	··/2000		

[1]) Ausnahmen:

a) Besteht das Zeichen einer Lagerreihe nur aus einem oder zwei Buchstaben (E, Bo, L, M; UK, UL, UM), so wird bei allen Durchmessern das Bohrungsmaß unmittelbar dem Zeichen für die Lagerreihe nachgestellt. Beispiel: Schulterkugellager n. DIN 615 mit 3 mm Bohrung: **E 3**

b) Bei Axiallagern unter 10 mm wird das Bohrungsmaß, durch einen Schrägstrich getrennt, dem Zeichen für die Lagerreihe nachgestellt. Beispiel: Axial-Rillenkugellager, einseitig wirkend, mit ebener Gehäusescheibe nach DIN 711 Lagerreihe 512 mit 8 mm Bohrung: **512/8**

Tafel **89.**1 Zusatzzeichen nach DIN 623 (Auswahl)

Zeichen	Bedeutung
Vorsetzzeichen	
K	Käfig mit Wälzkörpern eines zerlegbaren Lagers
L	freier Ring eines zerlegbaren Lagers
R	Ring mit Wälzkörperkranz eines zerlegbaren Lagers
Nachsetzzeichen	
innere Konstruktion	
A, B, C	Bedeutung im einzelnen nicht vereinbart, vom Hersteller meist vorübergehend angegeben, um bestimmte Konstruktionsmerkmale (z. B. Änderung der inneren Maße im Zuge der Weiterentwicklung) zu kennzeichnen
Außenmaße und äußere Form	
X	Lager und Zubehörteile, deren Außenmaße in Anpassung an internationale Normen geändert wurden. Zeichen wird nur während einer Übergangszeit verwendet
K	Lager mit kegeliger Bohrung, Kegel 1:12
K 30	Lager mit kegeliger Bohrung, Kegel 1:30
N	Lager mit Ringnut im Mantel
Abdichtung	
RS bzw. 2RS	Lager mit Dichtscheibe auf einer Seite bzw. auf beiden Seiten
Z bzw. 2Z	Lager mit Deckscheibe auf einer Seite bzw. auf beiden Seiten

(Fortsetzung s. nächste Seite)

Fortsetzung Tafel 89.1

Nachsetzzeichen

Käfigwerkstoffe

F Stahl oder Sondergußeisen	J Stahlblech	T Kunststoff mit Gewebeeinlage (Phenoplast)
L Leichtmetall	Y Messingblech	TN Kunststoff (Polyamid)
M Messing		

Lager ohne Käfig

V	Vollkugeliges oder vollrolliges Lager
VH	Vollrolliges Zylinderlager mit selbsthaltendem Rollensatz

Maß-, Form- und Laufgenauigkeit[1])

	Die Toleranzklasse 0 nach DIN 620 Bl. 2 (Normaltoleranz) wird nicht bezeichnet
P6, P5, P4	Toleranzklassen nach DIN E 620 Bl. 3

Lagerluft (DIN 620 Bl. 4)[1])

C2	radiale Lagerluft kleiner als normal
	Lagerluft normal wird nicht gekennzeichnet
C3	radiale Lagerluft größer als normal
C4	radiale Lagerluft größer als C3
C5	radiale Lagerluft größer als C4
NA	Lagerluftbereich eingeengt, Lagerteile nicht austauschbar
ZS	Lagerluftbereich eingeengt, Lagerteile austauschbar

Wärmebehandlung, Innen- und Außenring stabilisiert

SOO bis 120 °C SO bis 150 °C S1 bis 200 °C S2 bis 250 °C S bis 300 °C Betriebstemperatur

SOOB	nur Innenring bzw. Wellenscheibe stabilisiert bis 120 °C
SOB	nur Innenring bzw. Wellenscheibe stabilisiert bis 150 °C

[1]) Für Lager, deren Ausführung besonderen Anforderungen sowohl an Maß-, Form- oder Laufgenauigkeit als auch an die Lagerluft entspricht, werden die Zeichen zusammengezogen, z. B. P63 = P6 + C3.

Zusatzzeichen. Weitere Merkmale eines Lagers werden im Bedarfsfall durch Kurzzeichen angegeben, die entweder vor (Vorsetzzeichen) oder hinter (Nachsetzzeichen) dem Zeichen für Lagerreihe und Bohrung stehen. Durch Vorsetzzeichen werden Einzelteile eines Lagers bezeichnet. Beispiel NU 207: Vollständiges Zylinderrollenlager der Reihe NU 2 mit dem Bohrungsdurchmesser 35 mm; KNU 207 ist der Käfig mit den Wälzkörpern dieses zerlegbaren Lagers. Durch Nachsetzzeichen werden zusätzliche Angaben über innere Konstruktion, Außenmaße und äußere Form, Abdichtung, Käfig, Maß-, Form- und Laufgenauigkeit, Lagerluft oder Wärmebehandlung gemacht. Die Bedeutung der Zeichen ist Tafel 89.1 zu entnehmen. Beim Zusammentreffen mehrerer Nachsetzzeichen sind diese in der durch Tafel 89.1 gegebenen Reihenfolge anzugeben.

3.3.4. Bauarten, Eigenschaften und Verwendung

Die Form des Außen- und Innenringes bestimmt die Richtung der übertragbaren Kraft: Radiallager übertragen Kräfte senkrecht zur Lagerachse. Radiallager, die zusätzlich Axialkräfte in beiden Richtungen übertragen können, heißen Führungslager. Erlaubt die Bauart die Übertragung einer zusätzlichen Axialkraft nur in einer Richtung, dann spricht man von Stützlagern. Einstellager können in keiner Richtung Längskräfte übertragen. Axiallager dienen der Übertragung von Kräften in Richtung der Lagerachse. Zusatzkräfte in radialer Richtung können sie nicht übertragen. Schräglager übertragen Kräfte, die sich aus einer radialen und einer axialen Komponente zusammensetzen. Sie werden, nach der Richtung der größeren Kraftkomponente, jeweils den Radial- oder den Axiallagern zugerechnet. Zur Übertragung reiner Radialkräfte sind sie nicht geeignet, sofern sie nicht paarweise so angeordnet werden, daß sich die Axialkomponenten aufheben.

Tafel **94.**1 gibt einen Überblick über die wichtigsten genormten Bauarten. Im einzelnen wird zu den Angaben der Tafel folgendes bemerkt:

Radial-Kugellager

(Radial-)[1])Rillenkugellager nach DIN 625. Gebräuchlichstes Kugellager. Die Führung zwischen „Schultern" (**78.**1) erlaubt die Aufnahme größerer Längskräfte. Bei hohen Drehfrequenzen ist es zur Aufnahme von Längskräften besser geeignet als ein Axial-Kugellager. Bei mehrfach gelagerten Wellen kann eines der Lager als Festlager (s. Abschn. 3.3.5) eingebaut werden; Innen- und Außenring sind dann festzulegen, die übrigen Lager als Loslager einzubauen; die Lager müssen genau fluchten. Schwenkbewegungen sind nicht zulässig. (Lager- und Maßreihen genormter Lager s. Tafel **94.**1.)

Verwendung: Breite Anwendung im Maschinen- und Fahrzeugbau

(Radial-)Schrägkugellager, einreihig, nach DIN 628. Innen- und Außenring besitzen nur eine Schulter. Die Kraftübertragung erfolgt unter einem Winkel von 20 bis 30° gegen die Radialebene. Zusätzliche Axialkräfte können besser aufgenommen werden als von Rillenkugellagern. Wenn das dauernde Wirken einer Axialkraft nicht gesichert ist, ist zur Abstützung ein zweites Lager spiegelbildlich einzubauen. Die Ausführungen 72.. und 73.. sind nicht zerlegbar, 173.. kann zur Erleichterung des Ein- und Ausbaus zerlegt werden. Schwenkbewegungen sind nicht zulässig.

Verwendung: Werkzeugmaschinen; Laufrollen; Kraftfahrzeuge

(Radial-)Schrägkugellager, zweireihig, nach DIN 628. Das Lager entspricht im Aufbau einem einbaufertigen Paar von zwei einreihigen Schrägkugellagern, hat sehr geringes Axial- und Radialspiel und eignet sich zur spielfreien Aufnahme hoher zusätzlicher Axialkräfte in beiden Richtungen. Die hohe Genauigkeit des Lagers erfordert sehr sorgfältigen Einbau (vorgeschriebene Passung genau einhalten, sie darf nicht zu stramm sein). Das Lager ist sorgfältig gegen Schwenkbewegungen zu schützen. Kurze, biegungssteife Wellen mit genauer Fluchtung sind Voraussetzung für einwandfreies Arbeiten.

Verwendung: Lagerung von Kegelrädern: Zahnradlagerung bei Kraftfahrzeug-Getrieben

(Radial-)Pendelkugellager nach DIN 630. Die Rollbahnfläche des Außenrings hat Kugelform, der Innenring zwei Rillen. Hierdurch ist der Außenring schwenkbar. Das Lager kann Axialkräfte in beiden Richtungen spielfrei übertragen.

Verwendung: Das Lager ist neben dem einreihigen Rillenkugellager am weitesten verbreitet; es eignet sich vornehmlich zur Lagerung elastischer Wellen und zum Einbau an Stellen, an denen mit Fluchtungsfehlern gerechnet werden muß, z. B. bei Landmaschinen, Transmissionen, Holzbearbeitungsmaschinen, Textilmaschinen, Schiffswellen, im Mühlen- und Kranbau.

---

[1]) Die Bezeichnung (Radial-) wird nur bei Verwechslungsgefahr verwendet.

Radial-Rollenlager

(Radial-)Zylinderrollenlager nach DIN 5412. Seine Tragfähigkeit ist infolge linienförmiger Berührung zwischen zylindrischen Wälzkörpern und Rollbahnen größer als bei Kugellagern gleicher Abmessungen, bei denen nur punktförmige Berührung stattfindet. Schwenkbewegung ist nicht zulässig. Die Aufnahme geringer zusätzlicher Axialkräfte erfolgt durch Borde (**78**.1). Je nach deren Anordnung werden die Lager als Fest-, Stütz- oder Einstellager (s. Abschn. 3.3.5.2) verwendet.

Verwendung: Getriebe, Elektromotoren mittlerer und größerer Leistung, Achslager von Schienenfahrzeugen und Straßenfahrzeugen, Werkzeugmaschinen.

Nadellager nach DIN 617. Kennzeichnend ist der kleine Wälzkörper-Durchmesser und infolgedessen ein geringer Raumbedarf in radialer Richtung. Um ihn weiter zu verkleinern, erfolgt der Einbau häufig nur mit einem Ring, mit einer dünnwandigen Laufbuchse oder ohne Rollbahnringe. Voraussetzung hierfür: Die Gegenstücke sind aus Werkstoff hergestellt, der hochwertige, möglichst gehärtete Lauffläche besitzt. Wegen der geringen Wälzkörperdurchmesser ist die Führung der Nadeln in Längsrichtung durch Borde nur am Außen- oder Innenring möglich. Axialschübe sind daher durch zusätzlich eingebaute Kugellager aufzunehmen. Zu diesem Zweck werden auch Nadellager hergestellt, bei denen ein Längs- oder Schräg-Kugellager mit dem Nadellager zu einer baulichen Einheit verbunden ist (**109**.2).

Der geringe Durchmesser der Nadeln erlaubt die Unterbringung einer großen Zahl von Nadeln und ergibt eine relativ hohe Tragfähigkeit, vor allem bei käfiglosen Lagern. Käfiglose Lager sind aber nur für geringe Drehfrequenzen oder bei Pendelbewegungen geeignet (z. B. bei Kolbenbolzenlagern von Motoren), weil sie zum Verkanten der Nadeln neigen. Um den Anwendungsbereich auch auf übliche Drehfrequenzen auszudehnen, wurden Käfige entwickelt, die die Nadeln einwandfrei führen. Solche Käfige mit Nadeln werden einbaufertig, in Form von Ringen oder Halbschalen, geliefert.

Verwendung: Vollnadelig, d. h. ohne Käfig, bei Pleuellagern, Kipphebeln, Kardangelenken, Losrädern; als Käfiglager in Schleifmaschinen, Werkzeugmaschinen, Schneckenwellen und Getrieben (**108**.2).

(Radial-)Kegelrollenlager nach DIN 720. Die Achse der kegelförmigen Wälzkörper ist bei diesen Radiallagern nur wenig gegen die Wellenachse geneigt. Die Lager sind zur Aufnahme zusätzlicher Axialkräfte sehr gut geeignet, Einbaubedingungen ähnlich wie beim Schräg-Kugellager. (Wenn zusätzliche Axialkräfte nicht dauernd wirken, muß ein zweites, spiegelbildlich angeordnetes Lager für die erforderliche Andruckkraft sorgen.) Schwenkbewegungen können nicht aufgenommen werden. Die Lager sind zerlegbar: Der Wälzkörper mit Käfig und Innenring ist zu einer einbaufertigen Einheit verbunden, der Außenring kann getrennt eingebaut werden. Dies erlaubt, aber verlangt auch ein feinfühliges Einstellen des optimalen Spiels.

Verwendung: Vor allem bei Radnaben von Kraftfahrzeugen und Förderwagen, in Getrieben mit starkem Axialschub und gleichzeitig hohen Anforderungen an Spielfreiheit in axialer und radialer Richtung.

(Radial-)Pendelrollenlager nach DIN 635. Die Lager sind ein- und zweireihig, schwenkbar und eignen sich sehr gut zum Ausgleich von Fluchtungsfehlern und zum Einbau bei Wellen mit starker Durchbiegung. Die Achsen der Wälzkörper sind bei den zweireihigen Lagern ähnlich wie beim Kegellager gegen die Wellenachse geneigt. Beide Wälzkörperreihen sind spiegelbildlich zueinander angeordnet. Axialkräfte sind in jeder Richtung über die Mantelfläche der Wälzkörper übertragbar. In der Regel besitzt der Innenring Führungsborde (nur zur Führung der Wälzkörper, nicht zur Kraftübertragung).

Verwendung: Schiffswellen, schwere Stützrollen, Ruderschäfte, Steinbrecher, Kurbelwellen, Walzwerksmaschinen.

Axial-Kugellager

Axial-Rillenkugellager, einseitig wirkend, nach DIN 711. Die Kugeln bewegen sich in den Rillen zweier gegeneinander gestellter Scheiben, von denen sich die eine gegen das Gehäuse, die andere gegen einen Wellenabsatz stützt. Die Kraftübertragung erfolgt ausschließlich in Richtung der Wellenachse. Radialkräfte sind nicht übertragbar. Durch auf die Kugeln wirkende Zentrifugalkraft werden diese nach außen gedrängt (Klemmgefahr). Axial-Kugellager sind daher für große Drehfrequenzen nicht geeignet.

Die Wälzkörper können nur gleichmäßig tragen, wenn beide Scheiben genau parallel zueinander und senkrecht zur Wellenachse liegen. Um eine entsprechende Einstellmöglichkeit zu schaffen, sind die gehäuseseitigen Scheiben der Lager 532···, 533··· und 534··· ballig ausgeführt und in einer Scheibe mit entsprechend geformter Innenfläche gelagert. Die aufeinander gleitenden Kugelflächen müssen gut geschmiert sein; die Schwenkbewegung muß um einen Punkt erfolgen, der im Kugelmittelpunkt der balligen Flächen liegt, andernfalls stellt sich das Lager nicht selbständig ein.

Verwendung: In allen Fällen, in denen Radiallager zusätzlich Axialkräfte nicht aufnehmen können, oder wenn größere Führungsgenauigkeit in Achsrichtung mit Radiallagern nicht erreichbar, aber erforderlich ist. Werkzeugmaschinenspindeln, Kranhaken.

Axial-Rillenkugellager, zweiseitig wirkend, nach DIN 715. Ihre Eigenschaften sind die gleichen wie die der einseitig wirkenden Lager; der Verwendungsbereich ist derselbe, wenn Längskräfte in beiden Richtungen aufzunehmen sind.

Axial-Schrägkugellager nach DIN 71972, DIN 79201. Der Winkel zwischen Wälzkörper- und Wellenachse ist größer als der gleiche Winkel bei den Radial-Schrägkugellagern. Die Lager eignen sich daher zur Aufnahme von Axialkräften, wenn zusätzlich eine radiale Führung erforderlich ist.

Verwendung: Nur für Sonderfälle: Kupplungen bei Kraftfahrzeugen, Lenkung bei Motorrädern, Fahrrädern.

Axial-Pendelrollenlager nach DIN 728. Die Wälzkörper sind tonnenförmig, ihre Achse steht unter einem Winkel von etwa 45° zur Wellenachse. Die Laufbahn des Innenrings entspricht der Mantellinie der Wälzkörper, die des Außenrings hat die Form einer Kugelzone; hierdurch ist das Lager pendelnd einstellbar. Es kann außer hohen Radialkräften auch beträchtliche Axialkräfte aufnehmen; es wird daher als Axiallager für schweren Betrieb bei Einsparung eines Radiallagers verwendet.

Verwendung: Schiffsdrucklager, Spurlager im Kranbau, schwere Schneckengetriebe.

Tafel **94.1** Übersicht über die genormten Wälzlager

DIN	Benennung	Lagerreihe	Maßreihe	Durchmesserzeichen[1])	Bemerkungen
		Bezeichnung nach DIN 623			
Radiallager					
625 Bl. 1 und Bl. 2	Rillenkugellager, einreihig, ohne Füllnut	160	00	02···76	
		60	10	7···/500	auch 05N···26N; 00Z···10Z; 00-2Z···10-2Z; 00RS···10RS; 00-2RS···10-2RS; 05ZN···10ZN
		62	02	3···64	auch /22; /28; /32; ohne 8 auch 04K···64K; 00N···22N; 00Z···14Z; 00-2Z···14-2Z; 00RS···10RS; 00-2RS···10-2RS; 00ZN···14ZN[2])
		63	03	4; 5; 00···56	auch /22; /28; /32 auch 04K···56K; 00N···19N; 00Z···12Z; 00-2Z···12-2Z; 00RS···08RS;
		64	04	03···18	00-2RS···08-2RS; 00ZN···12ZN[2])
625 Bl. 3	Rillenkugellager, zweireihig, mit Füllnut	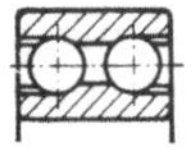 42	22	00···18	auch 08K···14K
628 Bl. 1	Schrägkugellager, selbsthaltend, einreihig	72	02	00···22	
		73	03	00···22	
	Schrägkugellager, selbsthaltend, zweireihig	32	32	00···22	
		33	33	02···22	
	Schrägkugellager, nicht selbsthaltend, einreihig, zweiseitig wirkend, geteilter Innenring	QJ2	02	05···40	
		QJ3	03	03···30	
	Schrägkugellager, selbsthaltend, zweireihig, mit Trennkugeln 	UK	20	20···200[3])	
		UL	02	15···170[3])	
		UM	03	20···100[3])	
628 Bl. 2	Schrägkugellager, nicht selbsthaltend, einreihig	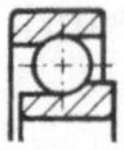 173	03[4])	02···10	auch /22; /28; /32

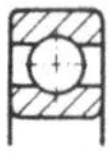

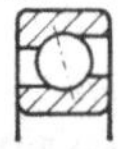

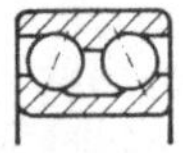

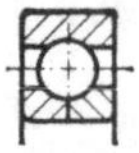

Fortsetzung Tafel **94.1**

DIN	Benennung		Bezeichnung nach DIN 623 Lager- reihe	Maß- reihe	Durchmesser- zeichen[1])	Bemerkungen
Radiallager (Fortsetzung)						
630 Bl. 1	Pendelkugellager	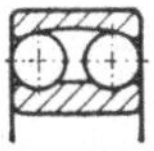	12	02	6; 7; 9; 00···22	auch 00K···22K
			22	22	00···22	auch 00K···22K
			13	03	5; 00···22	auch 00K···22K
			23	23	02···22	auch 02K···22K
			10	10	8	
630 Bl. 2	Pendelkugellager, mit breitem Innenring	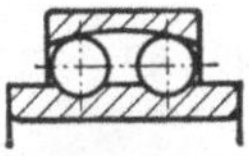	112	2[5])	04···10	
			113	3[5])	04···10	
	Pendelkugellager, Innenring mit Klemm-hülse	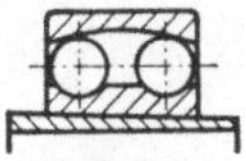	115	2[5])	04···10	
			116	3[5])	04···10	
615	Schulterkugellager	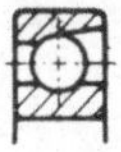	E	[6])	3; 4···13; 15; 19; 20[7])	zerlegbar
			Bo	[6])	15; 17[7])	
			L	[6])	17; 20; 25; 30[7])	
			M	[6])	20[2])	
5412 Bl. 1 und Bl. 3	Zylinderrollenlager, mit Außenborden, einreihig	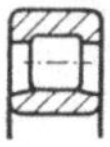	NU 49	49	00···19	auch /22; /28; /32
			NU 10	10	25···/500	
			NU 2	02	04···64	auch 04K···64K; 04N···22N
			NU 22	22	05···64	auch 05K···64K
			NU 3	03	04···56	auch 04K···56K; 04N···19N
			NU 23	23	05···56	
			NU 4	04	06···48	auch 06N···16N
	Zylinderrollenlager, mit Außenborden, einreihig, mit Stützring, Form J	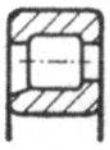	NJ 2	02	04···64	auch 04N···22N
			NJ 22	22	05···64	
			NJ 3	03	04···56	auch 04N···19N
			NJ 23	23	05···56	
			NJ 4	04	06···48	auch 06N···16N
	Zylinderrollenlager, mit Außenborden, einreihig, mit Stützring und Bordscheibe, Form P	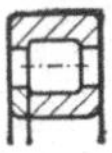	NUP 2	02	04···64	auch 04N···22N
			NUP 22	22	05···64	
			NUP 3	03	04···56	auch 04N···19N
			NUP 23	23	05···56	
			NUP 4	04	06···48	auch 06N···16N

[1]) Zwischenwerte 22, 28, 32 und 210 mm Durchmesser nur, wenn in Spalte Bemerkungen aufgeführt [2]) Lager mit zwei Deck- oder Dichtscheiben werden mit Fettfüllung geliefert.
[3]) Bezeichnung s. Tafel **88.1** Fußnote 1a. [4]) Innen- und Außenring stehen gegeneinander vor, daher ist die Einbaubreite größer als B in DIN 616. [5]) Durchmesserreihe
[6]) Die Einbaumaße weichen von DIN 616 ab. [7]) Bezeichnung s. Tafel **88.1** Fußnote 1.

Fortsetzung Tafel 94.1

DIN	Benennung	Bezeichnung nach DIN 623 Lager-reihe	Maß-reihe	Durchmesser-zeichen[1])	Bemerkungen
Radiallager (Fortsetzung)					
5412 Bl. 2 und Bl. 3	Zylinderrollenlager mit Innenborden, einreihig	N 2	02	03…64	auch 04 K…64 K
		N 3	03	04…56	auch 04 K…56 K
		N 4	04	06…48	
5412 Bl. 4	Zylinderrollenlager mit Außenborden, zweireihig	NNU 49	49	20…64	auch 20 K…64 K
	Zylinderrollenlager mit Innenborden, zweireihig	NN 30	30	06…64	auch 06 K…64 K
617	Nadellager	NA 49	49	00…20; 21…28	auch /22; /28; /32
720	Kegelrollenlager	320	20	06…48	
		302	02	03…30	
		322	22	06…24	
		303	03	02…24	
		323	23	02…24	
		313	13	05…14	
635 Bl. 1	Tonnenlager, einreihig	202	02	05…56	auch 05 K…56 K
		203	03	04…48	auch 05 K…48 K
		204	04	05…22	
635 Bl. 2	Pendelrollenlager, zweireihig	230	30	22…/500	auch 24 K…/500 K
		240	40	24…72	auch 24 K 30…72 K 30
		231	31	22…/500	auch 22 K…/500 K
		241	41	22…60	auch 22 K 30…60 K 30
		222	22	05…64	auch 08 K…64 K
		232	32	18; 20; 22…/500	
		213	03	04…22	auch 08 K…22 K
		223	23	08…56	auch 08 K…56 K
Axiallager					
711 Bl. 1	Axial-Rillenkugellager, einseitig wirkend, mit ebener Gehäusescheibe	511	11	00…18; 20; 22…72	
		512	12	/8; 00…18; 20; 22…72	
		513	13	05…18; 20; 22…40	
		514	14	05…18; 20; 22…72	

Fortsetzung Tafel **94**.1

DIN	Benennung	Bezeichnung nach DIN 623 Lager-reihe	Maß-reihe	Durchmesser-zeichen[1])	Bemerkungen
Axiallager (Fortsetzung)					
	Axial-Rillenkugellager, einseitig wirkend, mit kugeliger Gehäusescheibe; mit kugeliger Gehäusescheibe und Unterlegscheibe (U) 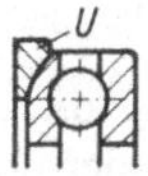	532	12	00···18; 20; 22···72	auch 00U···18U; 20U; 22H···72U
		533	13	05···18; 20; 22···40	auch 05U···18U; 20U; 22U···40U
		534	14	05···36; 20; 22···36	auch 05U···18U; 20U; 22U···36U
711 Bl. 3	Axial-Rillenkugellager, einseitig wirkend, mit Kappe, vollkugelig 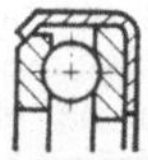	511	11	20Z···45Z[8])	auch 22Z; 28Z; 32Z
		512	12	20Z···45Z[8])	auch 22Z; 28Z; 32Z
715	Axial-Rillenkugellager, zweiseitig wirkend, mit ebenen Gehäusescheiben 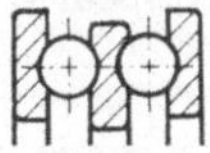	522	22	02; 04···18; 20; 22···44[9])	
		523	23	05···18; 20; 22···40[9])	
		524	24	05···18; 20; 22···36[9])	
	Axial-Rillenkugellager, zweiseitig wirkend, mit kugeligen Gehäusescheiben; mit kugeligen Gehäusescheiben und Unterlegscheiben (U) 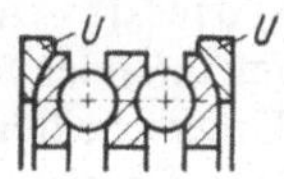	542	22	02; 04···18; 20; 22···44[9])	auch 02U; 04U···18U; 20U; 22U···44U
		543	23	05···18; 20; 22···24[9])	auch 05U···18U; 20U; 22U···24U
		544	24	05···18; 20[9])	auch 05U···18U; 20U
728 Bl. 1	Axial-Pendelrollenlager, einseitig wirkend, mit unsymmetrischen Rollen 	292	92	48···/1060	
		293	93	24···/950	
		294	94	12···/800	
728 Bl. 2	Axial-Pendelrollenlager, einseitig wirkend mit symmetrischen Rollen 	692	92	40···/1060	
		693	93	17···/950	
		694	94	12···/800	

[1]) s. S. 95
[8]) Nur für Schwenkbewegungen bestimmt
[9]) Bezogen auf d_{max}

3.3.5. Einbau der Wälzlager

Die Wälzlager können nur dann die vorausberechnete Lebensdauer erreichen und störungsfrei arbeiten, wenn die Lagerstelle mit entsprechender Sorgfalt gestaltet wird. Der Konstrukteur hat dafür zu sorgen, daß dem Wälzlager alle nicht in der Berechnung berücksichtigten Zusatzbeanspruchungen ferngehalten werden, daß es unbeschädigt ein- und ausgebaut werden und sorgfältig gegen Schmutzwirkung von außen und Überschmierung von innen geschützt werden kann.

3.3.5.1. Wälzlagerpassung

Allgemein gilt: Die Lagerringe müssen im Gehäuse und auf der Welle allein durch ihren Sitz so befestigt sein, daß eine Lockerung und ein Wandern in Umfangsrichtung ausgeschlossen ist, und daß im Betrieb das optimale Lagerspiel erreicht wird. Eine zu stramme Passung verkleinert das Spiel zwischen Ringen und Wälzkörpern unzulässig. Eine allgemeingültige Passung läßt sich wegen der Unterschiede im Verhalten der Gegenstücke nicht angeben. Im einzelnen ist zu beachten:

1. Die Ringe sind unter Berücksichtigung der hohen Genauigkeit als „weich" anzusehen, d. h., sie passen sich z. B. einer unrunden Welle oder Gehäusebohrung an und werden dabei selbst unrund; das vorgeschriebene Lagerspiel ist dann nicht mehr erreichbar.

Die Herstellungsgenauigkeit der Sitzflächen für die Lagerringe muß der Genauigkeit der Lager selbst entsprechen. Starre, dickwandige Gegenstücke (z. B. Vollwellen, dickwandige Lagergehäuse) verformen die „weichen" Wälzlagerringe bei gleichem Passungsmaß mehr als weiche Gegenstücke. Ein Gegenstück ist nicht nur bei geringer Wanddicke weich, sondern im Vergleich zum Wälzlagerring auch dann, wenn es aus einem Werkstoff mit niedrigerem Elastizitätsmodul besteht, also aus Leichtmetall, Bronze usw.

2. Die Ringe neigen dazu, sich infolge des Wälzvorgangs im Betrieb aufzuweiten. Hierdurch wird der Sitz des Innenrings während des Betriebs loser, der Sitz des Außenrings fester als im Einbauzustand. Die Passung des Innenrings muß deshalb beim Einbau strammer gewählt werden als die des Außenrings. Hierbei ist zusätzlich zu beachten, daß ein unter der Last umlaufender Ring stärker aufgeweitet wird als ein relativ zur Last ruhender Ring. Zur Unterscheidung dienen die Begriffe „Umfangslast" und „Punktlast". Umfangslast wirkt auf den Ring, der relativ zur Last umläuft; Punktlast wirkt auf den Ring, an dem die Last stets im gleichen Punkt angreift, der also relativ zur Lastrichtung stillsteht.

Beispiele: Bei einer Transmissionswelle steht das Lagergehäuse und mit ihm der Außenring des Wälzlagers still, die Last (Riemenzug) wirkt unverändert in der gleichen Richtung; der Innenring, der mit der Welle umläuft, dreht sich relativ zur Lastrichtung. Es wirkt Punktlast auf den Außenring, Umfangslast auf den Innenring.

Die Achse eines Fahrradlagers steht relativ zur Betriebslast still, die Nabe dreht sich mit dem Rad. Es wirkt Punktlast auf den Innenring, Umfangslast auf den Außenring.

3. Erschütterungen oder stoßartige Beanspruchungen einer Maschine verlangen einen festeren Sitz der Wälzlagerringe, damit eine Lockerung vermieden wird.

4. Temperaturunterschiede zwischen Welle und Gehäuse im Betrieb sind bei der Wahl der Einbau-Passung zu berücksichtigen.

5. Loslager sind Radiallager, die keine zusätzlichen Axialkräfte übertragen dürfen. Wenn hierfür keine Einstellager verwendet werden, muß die Passung eines der beiden Lagerringe, meist des Außenrings, eine Verschiebung in Achsrichtung zulassen, ehe durch eine Überbestimmung [5] schädliche Axialkräfte entstehen können.

6. Die elastische Verformbarkeit der Ringe ist nicht bei allen Lagerarten gleich. Es können auch Unterschiede zwischen Lagern der gleichen Bauart bei verschiedenen Herstellern vorhanden sein, da die inneren Abmessungen nicht genormt sind.

7. Zwischen der Passung des Innen- und Außenrings muß schließlich noch ein solcher Unterschied bestehen, daß sich bei der Zerlegung der Lagerstelle das Wälzlager entweder zuerst aus dem Gehäuse oder von der Welle löst. Der Ausbauvorgang, insbesondere die Reihenfolge der Zerlegung einer Lagerstelle, ist durch konstruktive Maßnahmen festzulegen.

Für den Konstrukteur ist es in der Regel nicht leicht, die günstigste Passungsvorschrift in jedem Einzelfall so festzulegen, daß alle Gesichtspunkte richtig berücksichtigt sind. (Einen Anhalt bietet Tafel **A37.1**; eingehende Angaben findet man in den Listen der Hersteller.)

3.3.5.2. Festlegen der Lager in Längsrichtung

1. Mehrfach gelagerte Wellen dürfen nur an einer Stelle gegen Verschieben in Längsrichtung festgelegt werden, sie dürfen nur ein „Festlager" besitzen. Alle anderen Lager sind als „Loslager" auszubilden, d. h., sie müssen sich so in Längsrichtung einstellen können, daß Zusatzkräfte durch Klemmen nicht entstehen können (s. Abschn. 3.4.2).

Welche Lagerarten sich als Festlager eignen, ergibt sich aus Abschn. 3.3.4. Reine Axiallager sollen mit Rücksicht auf gute Zentrierung nur in unmittelbarer Verbindung mit einem Radiallager verwendet werden (**104.1**). Es wurde bereits darauf hingewiesen, daß die Auflagefläche des Gehäuses genau senkrecht zur Lagerachse herzustellen ist (S. 97).

2. Einseitig wirkende Axial- oder Schräglager bedürfen einer Ergänzung, durch die eine Verschiebung der Welle in der Gegenrichtung verhindert wird, auch wenn eine solche rechnerisch nicht zu erwarten ist (3 in Bild **104.1**). Im einfachsten Fall, z. B. bei einem Kranhaken, genügt eine Anlaufscheibe oder ein Bund am Hakenschaft, der ein Abheben des Axiallagers verhindert. Einseitig wirkende Schräglager, gegebenenfalls auch Führungs-Radiallager, müssen in der Regel paarweise verwendet werden. Hierbei ist darauf zu achten, daß die beiden gegeneinanderwirkenden Lager möglichst nahe nebeneinander liegen, damit durch Unterschiede in der Wärmeausdehnung von Gehäuse und Welle während des Betriebs oder auch nur beim Anfahren keine Änderung des Axialspiels auftritt (1a und 1b in Bild **106.1**).

3. Lager, die Längskräfte übertragen sollen, müssen im Gehäuse und auf der Welle so festgelegt werden, daß sie die höchstmögliche Axialkraft mit Sicherheit übertragen können. Geeignete Befestigungsmittel sind Wellenabsätze, Seegerringe, Lagerdeckel oder Ringmuttern. Hierbei ist auf die Kerbgefahr für die Welle zu achten (s. Abschn. 1.3 und Tafel **34.1**). Stellringe dürften nur in seltenen Fällen eine ausreichend genaue und zuverlässige Lagensicherung ergeben. Die genaue Einstellung der Lager in Längsrichtung erfolgt durch Distanzscheiben, Distanzbuchsen oder durch das Anstellen von Ringmuttern, die wegen der notwendigen Einstellgenauigkeit Feingewinde und eine in jeder Stellung wirksame Muttersicherung besitzen müssen. Beispiele für die Lagensicherung s. Bilder in Abschn. 3.4.2.

4. Die übrigen Lager einer Welle, die als Loslager auszubilden sind, werden nur mit einem Laufring – meist auf der Welle – in Längsrichtung festgelegt, der andere Laufring muß sich einstellen können (s. Bild **107.2**; Außenring im Gehäuse einstellbar). Bei Einstellagern (Wälzkörper gegenüber mindestens einem Laufring axial verschiebbar) sind stets beide Laufringe festzulegen (9 in Bild **106.1**).

3.3.5.3. Befestigen auf langen Wellen

Zur Schonung des Lagers beim Einbau und insbesondere bei blank gezogenen langen Wellen sollen die Wälzlager bis an die Stelle ihres Sitzes lose über die Welle geschoben werden können. Die Welle muß also bis zum Lagersitz einen kleineren Durchmesser besitzen als die Bohrung des Wälzlagers. Andererseits würde die Bearbeitung langer Wellen gegenüber blank gezogenen und kalibrierten Wellen eine wesentliche Verteuerung bedeuten. Für diese Fälle sind Lager mit Spannhülsen zu verwenden; sie lassen sich lose über die Welle schieben und werden an der Einbaustelle durch die Spannhülse festgeklemmt (**107**.2). Da die Spannhülsen infolge des sehr kleinen Kegelwinkels erhebliche Radialspannungen und Aufweitungen im Innenring auslösen können, sind Spannhülsenlager bei größeren Ansprüchen an die Genauigkeit des Lagerspiels nicht geeignet.

3.3.5.4. Einbau und Ausbau

Die Empfindlichkeit der Wälzlager gegen Winkelbewegungen, Fluchtungsfehler, Verkanten, Abweichungen vom vorgeschriebenen Lagerspiel und geringfügige Verformungen setzt voraus, daß die Lagerstellen im Gehäuse genau fluchten und daß das Gehäuse nach Möglichkeit weder in der Ebene der Wellenachse noch senkrecht dazu (z. B. zwischen zwei Lagerstellen) geteilt ausgeführt wird. Andererseits sollen die Wellen mit den zugehörigen Teilen (Ritzel, Ankerwicklungen usw.) einfach und ohne Beschädigung irgendeines Teiles aus- und eingebaut werden können. Häufig lassen sich diese Bedingungen nicht in idealer Form gleichzeitig erfüllen.

Hinweise für die zweckmäßige Gestaltung der Lagerstellen:

1. Die Endbearbeitung aller Sitzstellen für die Wälzlagerringe zur Lagerung einer Welle soll in einem Arbeitsgang erfolgen. Geteilte Gehäuse müssen vor der Endbearbeitung der Sitzflächen zusammengebaut werden, und die Lage der Teile muß durch Paßstifte oder dgl. reproduzierbar festgelegt sein. Können die Lagerstellen nicht in einem Maschinenteil, z. B. in der Grundplatte einer Maschine, untergebracht werden, dann müssen Pendellager verwendet werden, die den Ausgleich von Fluchtungsfehlern ermöglichen (**107**.2 und **108**.1).

2. Eine Teilung des Gehäuses in der Ebene der Wellenachse soll dann vermieden werden, wenn noch andere konstruktive Lösungen für den einwandfreien Ein- und Ausbau der Teile möglich sind.

Beispiel: Die Möglichkeit, eine Ritzelwelle in ein Getriebegehäuse von der Seite einzubauen, ergibt sich dadurch, daß man in der Gehäusewand eine seitliche Öffnung vorsieht, deren Durchmesser etwas größer ist als der größte Durchmesser des einzubauenden Werkstückes. In diese Öffnung wird ein genau zentrierter Ring eingesetzt, der seinerseits die Bohrung zur Aufnahme des Wälzlager-Außenrings enthält (5 in Bild **106**.1 und 14 in Bild **108**.2). Diese Lösung hat zugleich den Vorteil, daß der Ring mit Gewindebohrungen zur Aufnahme einer Abziehvorrichtung versehen werden kann (13 in Bild **108**.2). Häufig erleichtert die Verwendung zerlegbarer Wälzlager den Ein- und Ausbau (**105**.1).

3. Kann eine Teilung des Gehäuses in der Wellenebene nicht vermieden werden (z. B. bei mehrfach gelagerten Transmissionswellen), dann sind Ober- und Unterteil des Lagergehäuses so starr auszuführen, daß beim Anziehen der Deckelschrauben eine Verformung des Lager-Außenrings nicht möglich ist. Die Endbearbeitung der Bohrung hat mit betriebsmäßig angezogenen Deckelschrauben zu erfolgen. Die Verwendung von Zwischenlagen zwischen Deckel und Gehäuse-Unterteil ist nicht zulässig. Man kann bei „weichen" Wälzlager-Außenringen das Wälzlager auch in einen Verstärkungsring aus Stahl einsetzen, der dann beim Einbau in das geteilte Gehäuse das Lager vor Verformungen schützt.

4. Für den Fall von Reparaturen an Maschinen ist bereits beim Entwurf der Lagerstelle darauf zu achten, daß die Lager bzw. die Lagerringe, die mit Passung eingesetzt sind, durch

zweckmäßige, möglichst handelsübliche Vorrichtungen abgezogen und unbeschädigt wieder eingebaut werden können. Keinesfalls darf die Abziehkraft oder die Aufpreßkraft von dem einen Ring über die Wälzkörper auf den anderen Ring übertragen werden. Für größere Lager hat SKF ein Verfahren entwickelt, bei dem Drucköl durch eine von außen zugängliche Bohrung in die Sitzfläche zwischen Lagerring und Welle bzw. Gehäusebohrung eingepreßt wird, bis der betreffende Ring leicht verschieblich wird.

3.3.5.5. Abdichtung

Die Abdichtung der Lagerstelle soll das Austreten von Schmiermitteln verhindern und außerdem Schmutz vom Lager fernhalten. In einigen Fällen, z. B. bei Kraftfahrzeug-Getrieben, müssen Wälzlager vor Überschmierung durch das in großer Menge im Getriebegehäuse herumgeschleuderte Öl geschützt werden (s. Teil 1 Abschn. Dichtungen).

3.3.5.6. Schmierung

Gleitreibungsvorgänge spielen im Wälzlager nur eine untergeordnete Rolle (s. Abschn. 3.2.5). Es genügt infolgedessen, wenn das Schmiermittel die Wälzlagerteile nur mit einer sehr dünnen Schicht umhüllt. Die wesentliche Aufgabe besteht darin, die am Wälzvorgang beteiligten Flächen vollkommen sauberzuhalten. In manchen Fällen muß das Schmiermittel auch zur Kühlung dienen. Überschmierung ist wesentlich schädlicher als Mangel an Schmierstoff. Als Schmiermittel wird Schmier-(Wälzlager-) Fett oder Schmieröl (DIN 51822, 51824, 51500···51505, 51508, 51509) verwendet.

Fettschmierung erfüllt die Schmierbedingungen der Wälzlager sehr gut. Die Benetzung aller dem Verschleiß ausgesetzten Teile ist voll ausreichend, um metallische Berührung zu verhindern. Überschüssiges Fett wird in die vorhandenen Hohlräume verdrängt. Es stört den Wälzvorgang nicht, wirkt schmutzbindend, geräuschdämpfend, ist wasserabweisend und verhindert das Eindringen von Feuchtigkeit. Fettgeschmierte Wälzlager brauchen nur sehr selten und mit geringen Fettmengen nachgeschmiert zu werden.

Für die Zuführung genügen einfache Schmierköpfe, sofern nicht eine Erneuerung des gesamten Fettvorrats bei regelmäßigen Überholungsarbeiten an der Maschine weiteres Nachschmieren ganz überflüssig macht. Bei jeder Überholung muß das Lager allerdings sehr sorgfältig von verunreinigtem Fett gesäubert werden, damit nicht der während des Betriebs vom Fett aufgenommene Schmutz mit den Lauf- und Gleitflächen erneut in Berührung kommt. Wälzlager, die einem Dauerbetrieb nicht ausgesetzt sind (z. B. Haushaltsmaschinen oder Kraftfahrzeugkupplungen) werden mit einem Fettvorrat gefüllt, gekapselt geliefert. Diese Fettfüllung genügt für die Lebensdauer der Maschine, so daß die Lager wartungsfrei laufen.

Ölschmierung wird bei Lagern angewendet, die in ölgeschmierten Räumen laufen (z. B. in Kraftfahrzeug-Getrieben) oder bei Lagern mit hohen Umfangsgeschwindigkeiten oder in Meßgeräten, wenn geringste Reibung Bedingung ist. In der Regel soll der Ölstand bei stehender Maschine die Mitte des untersten Wälzkörpers erreichen. Um Überschmierung zu verhindern, wird in der entsprechenden Höhe des Gehäuses eine Überlaufschraube angeordnet, die zweckmäßig zugleich als Füllschraube dient. Wälzlager in Gehäusen mit starkem Ölumlauf, z. B. Getrieben, müssen durch Spritzscheiben, Ölrücklaufgewinde oder Abdichtungen gegen Überschmierung geschützt werden (s. Bild **106.1** und Teil 1 Abschn. Dichtungen).

3.3.5.7. Hohe Umfangsgeschwindigkeiten

Die umlaufenden Teile eines Wälzlagers sind außer Betriebskräften dem Einfluß der Zentrifugalkraft ausgesetzt. Am ungünstigsten wirkt sie (s. Abschn. 3.3.4) auf die Kugeln von

Axiallagern. Für die zulässige Höchstdrehfrequenz ist neben der Lagerart die Käfigbauart, die Lagergröße, die Höhe der Belastung, die Art der Schmierung und die Kühlung bestimmend. Es gelten etwa folgende Grenz-Umfangsgeschwindigkeiten, bezogen auf den Wellendurchmesser:

auf Rollkörpern geführter gestanzter Blechkäfig	15 m/s
auf Rollkörpern geführter massiver Käfig	20 m/s
auf Schultern oder Borden geführter massiver Käfig	26 m/s
Käfige aus Leichtmetall, Sonderbronze, Faserstoff	bis 50 m/s

3.3.6. Werkstoffe

Rollbahnringe und Wälzkörper bestehen aus demselben Sonderstahl mit einem Kohlenstoffgehalt 0,9···1,2 % und einem Chromgehalt 0,4···1,8 %. Innerhalb dieser Grenzen erfolgt die Auswahl so, daß einwandfreie Durchhärtung erzielt wird. Es ist die Härte HRc = 63 in engen Grenzen zu gewährleisten, bei Reinheit und homogenem feinkörnigem Gefüge nach dem Härten (Zusammensetzung und Gewährleistungsbedingungen im Stahl-Eisen-Werkstoffblatt 350-49).

Für nichtrostende Lager verwendet man Chromstahl mit 13···17 % Chrom, für besondere Korrosionsbedingungen Wälzlager aus Spezialbronze. Da die genannten rostfreien Stähle nur die Härte HRc = 55···58 erreichen, ist ihre Belastbarkeit geringer. Auch Wälzlager aus keramischen Stoffen wurden schon hergestellt.

Käfige. Werkstoff und Ausführung der Käfige bestimmen die Eignung der Lager für den Betrieb bei hohen Umfangsgeschwindigkeiten und für geräuscharmen Lauf. Die üblichen Blechkäfige werden aus Eisenblech gestanzt. Massivkäfige für höhere Anforderungen werden aus Stahl, Kupferlegierungen, Leichtmetall oder Kunststoff hergestellt. Leichtmetall und Kunststoff eignen sich infolge ihres geringen spezifischen Gewichts bevorzugt für hohe Umfangsgeschwindigkeiten, Kunststoff besitzt ferner sehr gute Dämpfungsfähigkeit gegen Geräusche.

3.4. Beispiele

3.4.1. Berechnungsbeispiele

Beispiel 1. Für das Rillenkugellager 6320 DIN 625 ist nach Tafel **A33.1** die Tragzahl $C = 137$ kN. Es soll die Lebensdauer für die wirkliche Last $F = 100$ kN berechnet werden.

Nach Gl. (81.2) ist $L = (137/100)^3 = 2{,}57$ in 10^6 Umdrehungen.

Beispiel 2. Das Lager nach Beispiel 1 soll die Lebensdauer $L = 20 \cdot 10^6$ Umdrehungen erreichen. Wie hoch darf es belastet werden?

Nach Umstellung von Gl. (81.2) ist $F = 137 \cdot \sqrt[3]{1/20} = 50{,}5$ in kN.

Beispiel 3. Das Lager nach Beispiel 1 soll bei der Drehfrequenz $n = 3000\ \text{min}^{-1}$ mit $F = 10$ kN belastet werden. Welche Betriebsstundenzahl wird erreicht?

Aus Gl. (82.3) folgt $f_L = f_n C/F$. Die Tragzahl ist $C = 137$ kN wie in Beispiel 1. Den Drehfrequenzfaktor $f_n = 0{,}223$ für $n = 3000\ \text{min}^{-1}$ erhält man aus Bild **A27.1**. Hiermit wird $f_L = 0{,}223 \cdot 137/10 = 3{,}05$. Für $f_L = 3{,}05$ liest man aus Bild **A27.1** dann $L_h = 14000$ h (Betriebsstunden) ab.

Beispiel 4. Das Lager nach Beispiel 1 soll bei der Drehfrequenz 3000 min^{-1} die Lebensdauer L_h = 4000 Stunden erreichen. Wie hoch darf es belastet werden?

Nach Gl. (82.3) ist $F = Cf_n/f_L$. Die Werte f_n und f_L werden Bild A27.1 entnommen: $f_n = 0{,}223$ für $n = 3000\ \text{min}^{-1}$ und $f_L = 2{,}000$ für 4000 Betriebsstunden. Es ist $C = 137$ kN wie in Beispiel 1. Also wird nach Gl. (82.3) $F = 137 \cdot 0{,}223/2{,}000 = 15{,}30$ in kN. Man könnte auch aus $L_h = 4000$ Stunden und $n = 3000\ \text{min}^{-1}$ die Lebensdauer $L = 720 \cdot 10^6$ (in Umdrehungen) errechnen und dann nach Beispiel 2 verfahren.

Beispiel 5. Für die Belastung $F = 10$ kN, die Drehfrequenz $n = 3000\ \text{min}^{-1}$ und die Lebensdauer $L_h = 5000$ Stunden ist ein Radiallager auszuwählen.

Man errechnet mit $F = 10$ kN, $f_n = 0{,}223$ (aus Bild A27.1 für $n = 3000\ \text{min}^{-1}$) und $f_L = 2{,}15$ (aus demselben Bild für 5000 Betriebsstunden) die Tragzahl nach Gl. (82.3) $C = Ff_L/f_n = 10 \cdot 2{,}15/0{,}223 = 96{,}5$ in kN.

Aus den Normblättern für Radiallager, aus der Übersichtstafel A33.1 oder aus Unterlagen der Hersteller sucht man jetzt unter Berücksichtigung des – meist vorgeschriebenen – Wellendurchmessers, zweckmäßiger anderer Abmessungen und etwa geforderter besonderer Eigenschaften (entspr. Abschn. 3.3.4) ein geeignetes Lager aus, für das die Tragzahl $C \approx 96{,}5$ kN angegeben ist.

Beispiel 6. Für das Lager in Beispiel 4 wurde für $C = 137$ kN, $L_h = 4000$ Stunden und $n = 3000\ \text{min}^{-1}$ die Belastung $F = 15{,}3$ kN ermittelt. Soll dieses Lager bei der Betriebstemperatur $\vartheta = 150\,°\text{C}$ betrieben werden, dann verringert sich die zulässige Belastung auf $F_\vartheta = Ff_\vartheta = 15{,}3\ \text{kN} \cdot 0{,}94 = 14{,}4$ kN. Der Temperaturfaktor f_ϑ wird Bild A27.1 entnommen.

Beispiel 7. Ein Wälzlager soll entsprechend Abschn. 3.2.6.1 einer regelmäßig zwischen 6 und 12 kN wechselnden Belastung ausgesetzt sein. Nach Gl. (83.1) ist die äquivalente Last $P = (6 + 2 \cdot 12)\ \text{kN}/3 = 10$ kN. Die weitere Rechnung kann dann entsprechend Beispiel 5 verlaufen.

Beispiel 8. Ein Fahrstuhl fährt während 10 % seiner Lebensdauer mit halber Geschwindigkeit und voller Belastung, während 60 % seiner Lebensdauer mit voller Geschwindigkeit und $^3/_4$ Belastung und während 30 % seiner Lebensdauer mit halber Geschwindigkeit und halber Belastung. Die volle Drehfrequenz der zu lagernden Welle ist $n_{max} = 3000\ \text{min}^{-1}$, die volle Belastung des zu berechnenden Wälzlagers (z. B. durch Zahnradkräfte) $F_{max} = 1000$ N. Die Lebensdauer des Lagers soll bei täglich zweistündiger Benutzung 10 Jahre betragen. Für welche Tragzahl muß das Wälzlager ausgewählt werden?

In Gl. (83.3) sind einzusetzen

$$\begin{array}{lll} F_1 = 1000\ \text{N} & n_1 = 1500\ \text{min}^{-1} & q_1 = 10\,\% \\ F_2 = 750\ \text{N} & n_2 = 3000\ \text{min}^{-1} & q_2 = 60\,\% \\ F_3 = 500\ \text{N} & n_3 = 1500\ \text{min}^{-1} & q_3 = 30\,\% \end{array}$$

Dann ist die äquivalente Last

$$P = \sqrt[3]{1000^3\,\frac{1500}{33^1/_3}\cdot\frac{10}{100} + 750^3\,\frac{3000}{33^1/_3}\cdot\frac{60}{100} + 500^3\,\frac{1500}{33^1/_3}\cdot\frac{30}{100}} = 3070 \text{ in N}$$

Die Lebensdauer L_h ist (2 Stunden/Tag) × (365 Tage/Jahr) × 10 Jahre = 7300 Stunden. Da Gl. (83.3) auf die Bezugsdrehzahl $33^1/_3\ \text{min}^{-1}$ bezogen ist, ist der Drehfrequenzfaktor in der Lebensdauergleichung (83.4) $f_n = 1$ zu setzen. Für 7300 Betriebsstunden ist nach Bild A27.1 der Lebensdauerfaktor $f_L = 2{,}4$. Die erforderliche Tragzahl wird dann nach Gl. (82.3) $C = Pf_L/f_n = 3070 \cdot 2{,}4/1 = 7400$ in N.

Beispiel 9. Für einen bestimmten Einbaufall ist der Wellendurchmesser $d = 75$ mm vorgeschrieben. Auf das Lager wirkt die Radiallast $F_r = 10000$ N und die zusätzliche Axiallast $F_a = 2800$ N. Die Verhältnisse an der Einbaustelle verlangen ein Rillen-Kugellager nach DIN 625. Damit stehen die Lager 6215, 6315 und 6415 zur Wahl. Die Lebensdauer soll $L_h = 3000$ h bei $n = 850\,\text{min}^{-1}$ betragen.

Zunächst errechnet man für eines der drei Lager die erreichbare Lebensdauer: Für das Lager 6215 ist in Tafel **A33.1** die dynamische Tragzahl $C = 50000$ N und in Tafel **A34.1** die statische Tragzahl $C_0 = 42500$ N angegeben. Die äquivalente Belastung ist nach Gl. (83.1) $P = XF_r + YF_a$. Zur Bestimmung der Faktoren X und Y aus Tafel **A23.1** berechnet man den Quotienten $F_a/(F_r) = 2800/10000 = 0{,}28$ und den Quotienten $F_a/C_0 = 2800/42500 = 0{,}0659$. Durch Interpolation ergibt sich aus Tafel **A28.1** für $F_a/C_0 = 0{,}0659$ der Wert $e = 0{,}267$. Da F_a/F_r größer als e ist, liest man, ebenfalls interpolierend, aus der zugehörigen Spalte in Tafel **A28.1** den Wert $Y = 1{,}65$ ab. Für X findet man in derselben Tafel $X = 0{,}56$. Setzt man diese Werte in Gl. (83.1) ein, so erhält man für die äquivalente Belastung

$$P = 0{,}56 \cdot 10000\,\text{N} + 1{,}65 \cdot 2800\,\text{N} = 5600\,\text{N} + 4620\,\text{N} = 10220\,\text{N}$$

Der Lebensdauerfaktor wird durch Umformen von Gl. (82.3) mit $f_n = 0{,}34$ (Tafel **A27.1**) für $n = 850/\text{min}^{-1}$

$$f_L = f_n C/P = 0{,}34 \cdot 50000\,\text{N}/10220\,\text{N} = 1{,}66$$

Aus Tafel **A27.1** liest man für $f_L = 1{,}66$ die Lebensdauer $L_h = 2300$ h ab. Die vorgeschriebene Lebensdauer 3000 h wird von dem Lager 6215 also um 23 % unterschritten, und zwar infolge Überschreitung der zulässigen äquivalenten Belastung $P = f_n C/f_{3000} = 0{,}34 \cdot 50000\,\text{N}/1{,}82 = 9350$ N, das sind $[(10220 - 9350)\,\text{N}/9350\,\text{N}]\,100 \approx 9\%$. Der gleiche Rechnungsgang ergibt für das nächstschwerere Lager 6315 (DIN 625) die Lebensdauer $L_h = 10000$ h. Dieses Lager würde also auf jeden Fall ausreichen. Es ist nun zu überlegen, ob dieses Lager endgültig verwendet werden soll, oder ob man durch Wahl einer anderen Bauart bei ausreichender Lebensdauer den Vorteil geringerer Abmessungen in Anspruch nehmen will. Schließlich ist noch zu beachten, daß die für das Lager 6215 errechnete Lebensdauer zwar um 23 % unter der verlangten Lebensdauer liegt, daß aber die äquivalente Belastung, bei der die gewünschte Lebensdauer 3000 h erreicht würde, nur um 9 % niedriger liegt als diejenige, die aus F_r und F_a errechnet wurde. In vielen Fällen dürften die Belastungswerte F_r und F_a aus Sicherheitsgründen zunächst reichlich hoch geschätzt worden sein. Es empfiehlt sich deshalb, die Voraussetzungen für die Festlegung dieser Werte zu überprüfen. Bei Anlegen eines strengen Maßstabs wird sich häufig herausstellen, daß das ursprünglich gewählte Lager den Anforderungen der genauer ermittelten Kräfte noch voll genügt.

3.4.2. Einbaubeispiele

S. auch Bilder in den Abschnitten: Dichtungen, Achsen und Wellen, Kupplungen und Zahnrädergetriebe.

Reitstockspitze (104.1). Radiale Führung durch Zylinderrollen-Einstellager 1 und Schrägkugellager 3. Aufnahme des Axialschubs durch unmittelbar neben 1 befindliches Rillenkugellager 2. Das Schräg-Kugellager 3 am anderen Ende der Spindel sichert Spielfreiheit in Achsrichtung durch Federspannung 6. Ausbau der Spitze nach links: Lösen der Ringmutter 4, die gleichzeitig Labyrinthabdichtung darstellt, und der Seegerringe 5 und 8. Schmierung: nach Lösen der Schlitzschraube 7.

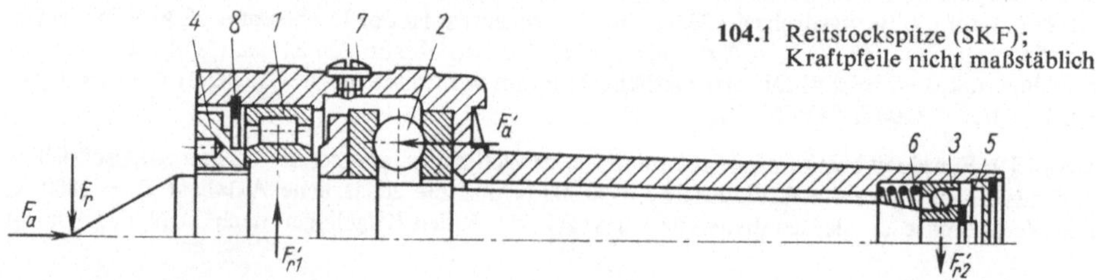

104.1 Reitstockspitze (SKF); Kraftpfeile nicht maßstäblich

Lagerkräfte: Auf die Reitstockspitze wirken von außen: In axialer Richtung F_a (Anstellkraft), in radialer Richtung F_r (vom Drehstahl her). Die Reaktionskräfte in den Lagern sind: Axialkraft F'_a, aufzunehmen von Lager 2, und die Radialkräfte F'_{r1} (Lager 1) und F'_{r2} (Lager 3).

Achslager für Eisenbahnwagen (105.1). Zwei Zylinderrollenlager 1 spiegelbildlich nebeneinander sichern ausreichend breite Auflage gegen Kippmoment und axiale Führung bei Kurvenfahrt. Einfacher Ausbau: Abnehmen des Deckels 2 und der Ringmutter 3. Austauschbarkeit ist bei diesem Lager vom Hersteller zu gewährleisten: Innenringe bleiben auf der Achse 4, Außenringe mit Käfigen und Wälzkörpern im Gehäuse 5. Auswechseln der Achsen oder Gehäuse ohne Abnehmen der zugehörigen Wälzlagerringe ist möglich (!). Abdichtung gegen die Welle: Filzring 6 und einfaches Labyrinth 7. Fettfüllung wird bei Inspektion nach etwa 300000 km erneuert. Kein Nachschmieren in der Zwischenzeit, keine Schmieröffnung. Distanzbuchse 8 überbrückt Hohlkehle der Welle.

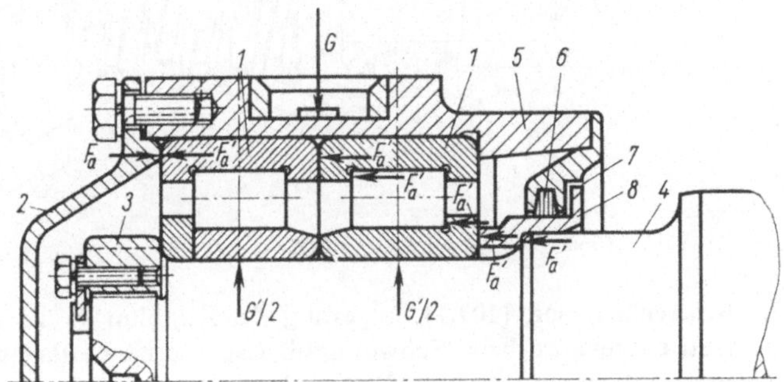

105.1 Achslager für Eisenbahnwagen (Bundesbahn-Einheitslager)

Lagerkräfte: Das Lagergehäuse 5 wirkt mit dem Anteil des Fahrzeuggewichts G, der auf diese Lagerstelle entfällt, senkrecht von oben nach unten (Radiallast), G verteilt sich auf die beiden Lager 1 gleichmäßig; Reaktionskräfte im Wellenzapfen $G'/2$. Bei Geradeausfahrt keine zusätzliche Axialkraft. Bei Kurvenfahrt drückt das Gehäuse, z. B. über den Bund des Deckels 2 mit F_a von links nach rechts. Die Kraftübergangsstellen durch die einzelnen Teile der Lagerstelle bis zum Wellenbund sind die Ringflächen, in denen jeweils die Reaktionskräfte F'_a wirken. Bei Fahrt durch die Gegenkurve drückt das Gehäuse sinngemäß umgekehrt, d. h. auf den Außenring des rechten Lagers, die Kraftaufnahmestelle der Welle ist die Ringmutter 3.

Schneckenlagerung (106.1). Anforderungen: Aufnahme großer Kräfte in radialer und axialer Richtung, genaue Einstellbarkeit des Schneckeneingriffs, Schutz gegen Überschmierung, da Schneckenverzahnung starke Schmierung verlangt. Spielfreie Axialführung durch Gegeneinanderstellen von zwei Kegellagern 1a, 1b; Einstellung der Spielfreiheit durch kalibrierte Unterlegscheiben 2, 14 und 15 zwischen Lager 1b, Lagerdeckel 4 und Lagertopf 5; Ausbau: Nach Lösen der Befestigungsschrauben 7 am Gehäuse 6 läßt sich der Lagertopf 5 ohne Veränderung der Lagereinstellung mit den beiden Kegellagern und der Schneckenwelle 8 ausbauen. Der Innenring des Zylinderrollen-Einstellagers 9 der anderen Seite verbleibt beim Ausbau auf der Welle. Schutz beider Lager gegen Überschmierung durch Öl-Abspritzringe 10a, 10b; Abdichtung des Zylinderlagers gegen Schmutz von außen durch Radialdichtung mit Gummimanschette 11 (Simmerring). Lagerstelle 1 ist Festlager, Lagerstelle 9 ist Loslager.

Lagerkräfte: Schneckeneingriff ergibt Radial- und relativ hohe Axialkräfte. Radialkraft verteilt sich gleichmäßig auf die Lagerstellen 1 (Lager 1a und 1b) und 9 mit je $F_r/2$. Axialkräfte F_{av} oder F_{ar} – je nach Drehsinn der Schnecke – werden von den Lagern 1a bzw. 1b aufgenommen. Richtung der Resultierenden aus F_{av} bzw. F_{ar} und $F_r/2$ soll möglichst mit der durch den Berührungswinkel α des Lagers gegebenen Richtung zusammenfallen. Der Wellendurchmesser im Bereich der Kupplungshülse 12 ist etwas kleiner als der im Bereich des Lagers 9, um Beschädigungen des Lager-Innenrings bei der Montage zu vermeiden.

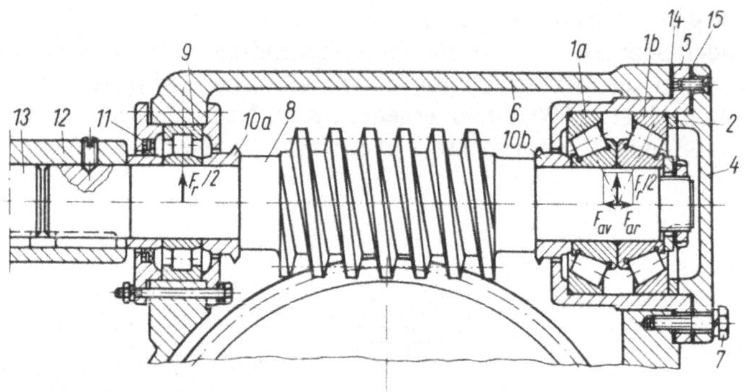

106.1 Schneckenlagerung (SKF)

Kraftwagenkupplung (107.1). Lagerung der Kupplungswelle mit Rillenkugellagern 2, 5 im Getriebegehäuse bzw. Schwungrad. Lager 2 ist Festlager (Festlegung außen durch Seegerring 4, innen durch Wellenbund und Seegerring); Lager 5 ist Loslager. Radialkräfte in diesen Lagern F'_{z1} und F'_{z2} ergeben sich nur durch Zahnkraft F_z im Getrieberad 3. Axialkraft durch Schrägverzahnung von Rad 3 wird durch Lager 2 aufgenommen. Kupplung im Ruhezustand eingekuppelt, Kupplungskraft K durch mehrere Federn 9. Zum Auskuppeln bewegt der Schalthebel 10 die Buchse 11 mit dem Rillenkugellager 1 nach links. Leerhub (zur Schonung des Lagers 1), bis Druckplatte 14 an den (drei oder mehr) Kupplungsfingern 7 zur Anlage kommt. Dann wirkt auf das Lager 1 die Schaltkraft S, die der Federkraft K über den Hebel 7 in Lager 8b das Gleichgewicht hält (K_1). Hebel 7 ist durch seinen Drehpunkt (Lager 8a) mit dem Schwungscheibendeckel 15 verbunden.

Lagerkräfte: Belastung des Rillenkugellagers 1 nur axial durch S, keine Radialkomponente. Belastung der Lager 8a und 8b nur radial durch R bzw. K_1, geringe Pendelbewegungen, daher Nadellager.

Lagerschmierung: Lager 2 durch Getriebeöl. Lager 1: Durch Betätigen der Zentralschmierung des Fahrzeugs wird Öl in die Fangschale der Buchse 11 gespritzt, das von dem Filzring 16 aufgefangen wird. Der Filzring schmiert die Lauffläche der Buchse 11. Lediglich der Ölüberschuß gelangt durch die oben sichtbare Nut von der Fangschale zum Wälzlager 1. Lager 5 wird mit Fett eingesetzt und läuft ohne Nachschmieren wartungsfrei.

Lagerabdichtung (wichtig, damit kein Abrieb der Kupplungsbeläge eindringen kann): Lager 5 durch Blechkappe 6, Lager 1 durch Druckplatte 14 und Blechkappe, Lager 2 keine Abdichtung zum Getriebe, Ölrücklaufgewinde 13 trennt Kupplungsraum sicher vom Getrieberaum.

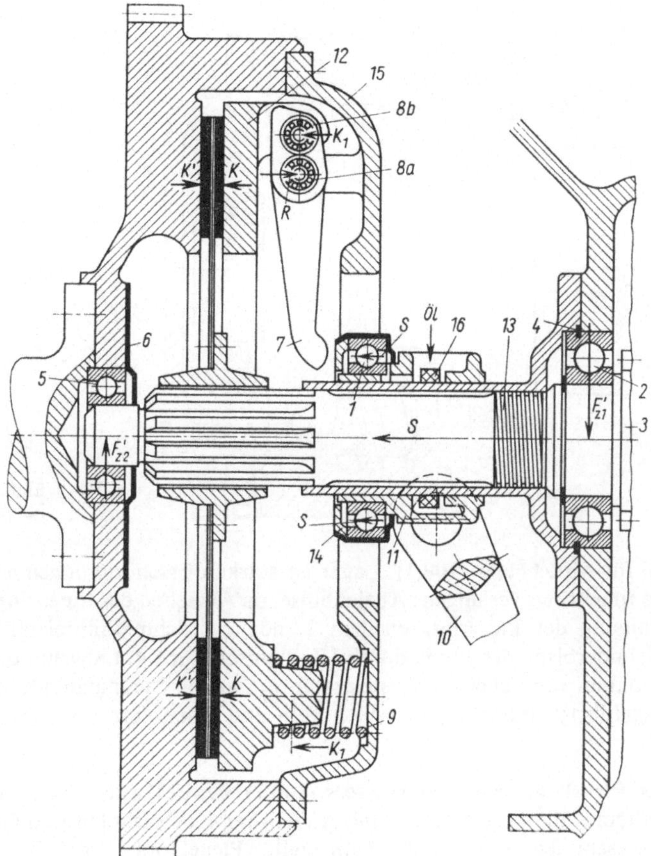

107.1 Kraftwagenkupplung

Lagerung einer Transmissionswelle (107.2). Anforderungen: Einbau des Lagers an beliebiger Stelle der kalibrierten, blank gezogenen Welle ohne spangebende Nachbearbeitung, daher Befestigung des Lagers durch Spannhülse 4. Einbau der durchlaufenden Welle 1 in das Lagergehäuse 2 verlangt geteiltes Gehäuse; Fluchtung der Welle ist nicht gesichert (Gehäuse auf Träger befestigt), daher Pendellager. Axiale Kräfte dürfen nicht auftreten, daher Außenring 5 in Längsrichtung nicht festgelegt.

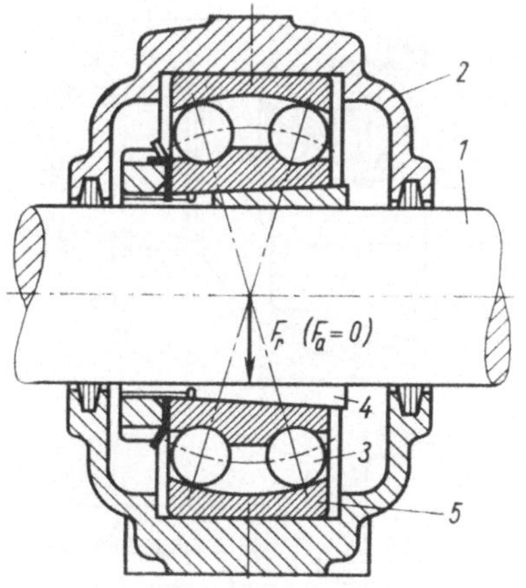

107.2 Lagerung einer Transmissionswelle

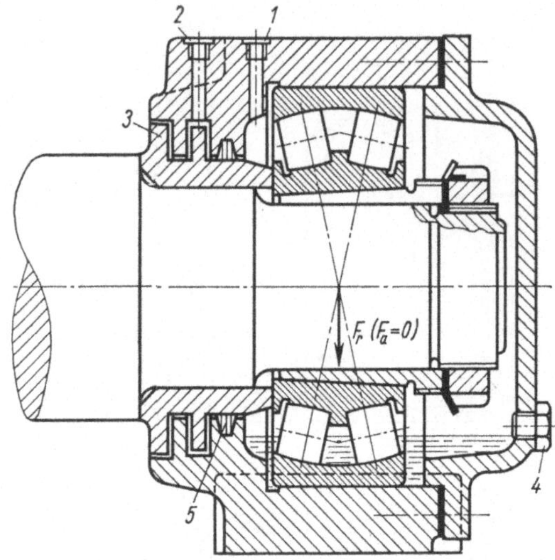

108.1 Einbaubeispiel für Abziehhülse

Einbaubeispiel für Abziehhülse (108.1). Lager ist starken Erschütterungen ausgesetzt, die festen Sitz des Innenrings verlangen; Abziehhülse, da Abziehen des Innenrings sonst nicht ohne Beschädigung der Labyrinthscheiben 3 möglich. Schmiermittelzuführung durch Bohrung 1; Schmierölstandregelung durch Überlaufschraube 4. Labyrinthdichtung dient nur dem Fernhalten von Schmutz (Gesteinsstaub), Fett für Schmutzbindung wird durch Bohrung 2 zugeführt; Abdichtung zwischen Fett- und Innenraum des Lagers durch Filzring 5.

Grundlager und Pleuellager eines Kompressors (108.2). Pleuellager: Zweireihiges Nadellager mit geteiltem Käfig 4 ohne Innen- und Außenring, Kurbelzapfen und Pleuelbohrung gehärtet und geschliffen. Kurbelwelle 2 ungeteilt, Pleuelkopf 3 geteilt. Die Teilfuge im Pleuelkopf stört hier nicht, da in ihrem Bereich keine nennenswerte Kraftübertragung erfolgt. Der Nadelkäfig übernimmt die Axialführung der Nadeln. Ein- und Ausbau des Pleuellagers von unten nach Abnehmen des Deckels 10.

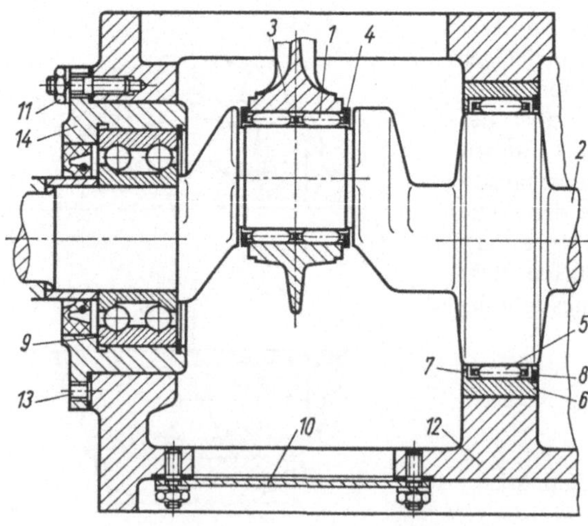

108.2 Pleuelstange eines Kompressors (ähnlich INA)

Grundlager 5 (Loslager): Nadeln laufen auf gehärtetem und geschliffenem Kurbelwellenzapfen ohne Innenring. Außenring 6 aus Stahl in das Gehäuse eingesetzt, da Grauguß keine ausreichenden Laufeigenschaften für Nadeln bietet. Außenring 6 dient außerdem der Axialführung des Nadelkäfigs durch Bund 7 und Sprengring 8.

Kurbelwellenendlager 9 übernimmt als Festlager die axiale Führung der Kurbelwelle; zweireihiges Schrägkugellager. Ausbau der Kurbelwelle nach links: Nach Lösen der Deckelmuttern 11 wird der Lagerkörper 14 durch Abdrückschrauben 13 zusammen mit dem Lager 9 abgezogen. – Verteilung des Schmieröls durch Schleuderwirkung der Kurbelkröpfung auf sämtliche Lager; keine weiteren Schmiereinrichtungen (s. Abschn. Kurbelgetriebe).

Nadel-Schrägkugellager (109.1). Der Magnetkörper 1 einer schleifringlosen Elektromagnet-Kupplung mit dem übertragbaren Drehmoment von 5 Nm ist auf einem Nadel-Schrägkugellager 2 gelagert.

Der Magnetkörper stützt sich am Maschinenrahmen gegen Drehung ab. Die axialen Kräfte zwischen Magnetkörper und Polring 3 werden über den Axialteil des Lagers aufgenommen. Nach dem Einschalten der Erregerspule 4 wird der magnetische Kraftschluß zwischen dem Anker 5 und dem mit der Welle verbundenen Polring über den Reibbelag 6 hergestellt. Das Lager ist mit Schmierfett eingesetzt und somit auf Lebensdauer geschmiert.

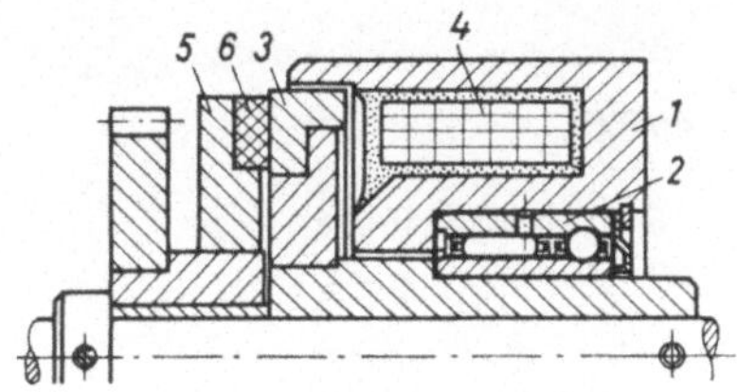

109.1 Nadel-Schrägkugellager (INA) mit Bohrung und Nutring für die Schmierung in einer Polreibungskupplung

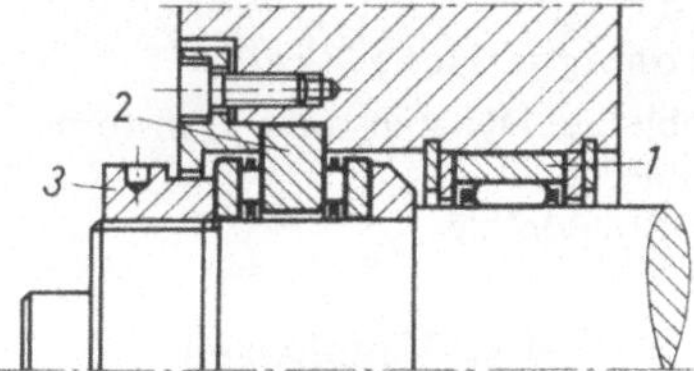

109.2 Axial-Nadellager (INA)

Axial-Nadellager (109.2). Für die Radiallagerung der Schwenkachse eines Bohrwerk-Rundtisches ist ein Nadellager 1 eingesetzt. Die axiale Führung übernimmt ein zweiseitig wirkendes, außenzentriertes Axial-Nadellager 2, welches über eine Mutter 3 spielfrei eingestellt wird. Die Mutter muß fein einstellbar und in jeder Stellung zu sichern sein.

Schrifttum

[1] Eschmann, P., Hasbargen, L., und Weigand, R.: Die Wälzlagerpraxis. 2. Aufl. München 1978
[2] Kamps, R., und Perret, H.: Lager- und Schmiertechnik. Düsseldorf 1970
[3] Klein, M.: Einführung in die DIN-Normen. 7. Aufl. Stuttgart 1980
[4] Palmgren, A.: Grundlagen der Wälzlagertechnik. 3. Aufl. Stuttgart 1963
[5] Rögnitz, H., und Köhler, G.: Fertigungsgerechtes Gestalten im Maschinen- und Gerätebau. 4. Aufl. Stuttgart 1968

4. Kupplungen und Bremsen*

DIN-Normen (Auswahl)

Kupplungen

Schalenkupplungen für Transmissionen	DIN 115
Scheiben- und andere Kupplungen sowie Teile dazu	116, 758, 759, 760, 15438, 15439, 28135
Nachgiebige Wellenkupplungen	740
Kupplungsbeläge, Kupplungsscheiben aus Reibbelag für Kraftfahrzeuge	73451, 73463, 73464 73476

Bremsen

Hydraulische Bremsen	74200
Bremsbeläge zum Aufnieten bzw. zum Aufkleben	74263
Bremsbacken aus Blech bzw. aus Aluminium-Gußlegierungen für Kraftfahrzeuge	74308, 74309
Berechnung von Doppel-Backenbremsen für Krane	15434

Elektromagnetische Kreise

Elektrobleche, Dynamo- und Transformatorenbleche	46400
Kupfer-Runddrähte	46431, 46435, 46436

4.1. Kupplungen

Kupplungen[1]), auch „Wellenschalter" genannt, dienen zur Übertragung von Leistungen bzw. Drehmomenten zwischen fluchtenden oder nahezu fluchtenden Wellenenden und zwischen parallelen oder sich kreuzenden Wellen.

Die Kupplungen werden in nichtschaltbare Kupplungen und schaltbare Kupplungen unterteilt (s. Taf. **A39.1**). Die Übertragung der Kräfte zwischen den zu kuppelnden Bauelementen erfolgt

1. formschlüssig 2. kraftschlüssig 3. hydrostatisch, hydrodynamisch oder elektromagnetisch d. h., elektrostatisch oder -dynamisch

Bei formschlüssigen Kupplungen ist das übertragbare Drehmoment durch die Festigkeit der Übertragungselemente begrenzt. Schlupf zwischen Kupplungshälften ist nicht möglich.

Bei kraftschlüssigen Kupplungen ist das übertragbare Drehmoment von der Anpreßkraft der zu kuppelnden Teile und von den Reibungsverhältnissen abhängig. Schlupf ist beim Einschalten und bei Überbelastung möglich.

Bei hydrostatischen und hydrodynamischen Kupplungen ist im Betrieb ständig ein Schlupf vorhanden. Elektrische Kupplungen übertragen das Drehmoment elektromagnetisch entweder nur mit Dauerschlupf (elektrodynamisch) oder sowohl mit Schlupf

---

* Hierzu Arbeitsblatt 4, s. Beilage S. A39 bis A53

[1]) Unterteilung s. [7]. – Wiedenroth, W.: Kupplungen. VDI-Z. **108** (1966) H. 6 – und VDI-Richtlinien: Wellenkupplungen. VDI 2240

als auch schlupflos (elektrostatisch). Der Schlupf steigt mit dem zu übertragenden Drehmoment an.

Nichtschaltbare Kupplungen werden in feste oder starre und in Ausgleichskupplungen unterteilt. Ausgleichskupplungen nehmen als bewegliche (gelenkige) Kupplungen Wellenverlagerungen auf oder dämpfen als drehnachgiebige Kupplungen Drehmomentstöße und Schwingungen. Eine vollkommene Ausgleichskupplung ist allseitig beweglich und drehnachgiebig[1]).

Bei Wellenverlagerungen werden Längsverlagerung (111.1a), Querverlagerung (111.1b), Winkelverlagerung (111.1c) und Verlagerung um einen Drehwinkel (111.1d) unterschieden. Längsverlagerung wird z. B. durch Temperaturdehnung oder – bei elektrischen Maschinen – durch Ankerverschiebung hervorgerufen. Quer- und Winkelverlagerung sind durch Montageungenauigkeiten, Fundamentsenkung, Verziehen von Maschinenrahmen oder elastische Lagerung bedingt. Drehmomentstöße und Drehschwingungen verursachen die Verlagerung um einen Drehwinkel. In manchen Antriebsfällen treten alle Verlagerungsarten gleichzeitig auf.

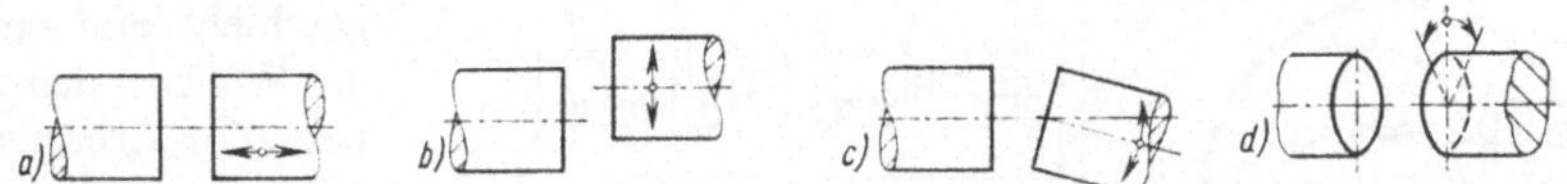

111.1 Wellenverlagerungen, Richtungspfeile zeigen Verschiebbarkeit der Wellen gegeneinander an

Bei den schaltbaren Kupplungen erfolgt eine Einteilung nach dem Schaltimpuls. Die eigentlichen Schaltkupplungen sind fremdbetätigte Kupplungen, bei denen der Schaltimpuls von außen entweder mechanisch, hydraulisch, pneumatisch oder elektromagnetisch bewirkt wird. Zu den selbstbetätigten Kupplungen zählen drehfrequenzbetätigte oder Fliehkraftkupplungen, momentbetätigte oder Sicherheitskupplungen und richtungsbetätigte oder Freilaufkupplungen. Fliehkraftkupplungen erhalten ihren Schaltimpuls in Abhängigkeit von der Drehfrequenz der treibenden Welle, Sicherheitskupplungen abhängig von der Größe des zu übertragenden Momentes, Freilaufkupplungen von der relativen Drehrichtung der kuppelnden Wellen. Schaltkupplungen können bei Drehfrequenzgleichheit oder -differenz geschaltet werden. Bei manchen Schaltkupplungen ist das Drehmoment steuerbar.

4.2. Nichtschaltbare starre Kupplungen

Starre Kupplungen verbinden zwei Wellenenden fest und drehstarr. Fluchtende Wellenlage muß gewährleistet sein, sonst entstehen zusätzliche Beanspruchungen.

Zur formschlüssigen Übertragung kleiner Drehmomente eignen sich einfache Stiftkupplungen (111.2). Der Kerbstift (s. Teil 1) wird auf Abscheren beansprucht.

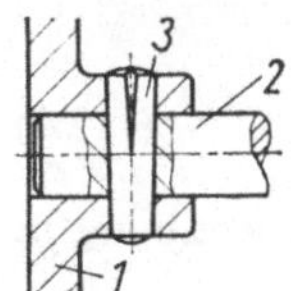

111.2 Stiftkupplung
1 Nabe
2 Zapfen
3 Kerbstift

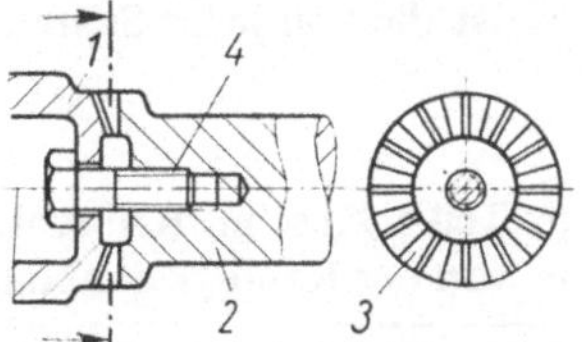

111.3 Plan-Kerb-Verzahnung (Hirth-Verzahnung)

[1]) Der Begriff drehnachgiebig beinhaltet hier Elastizitäts- und Dämpfungseigenschaft.

Die raum- und gewichtssparende Plan-Kerbverzahnung (Hirth-Verzahnung) nach Bild **111.3** überträgt große Drehmomente[1]). Die Übertragung erfolgt von der Nabe 1 über radial verlaufende Zähne 3, die durch eine Verschraubung 4 in axialer Richtung zusammengedrückt werden, auf den Zapfen 2. Diese Kupplung eignet sich vor allem auch zur lösbaren Verbindung zwischen Wellenenden und Zahnrädern, Scheiben oder Kurbelwangen (s. Abschn. 5). Die Verzahnung übernimmt gleichzeitig die Zentrierung der Teile.

Die Schalenkupplung (DIN 115) ist für leichte und mittlere Beanspruchung gebräuchlich (**112.1**). Sie besteht aus zwei gleichen Schalenhälften 1, die durch Verbindungsschrauben 2 auf die Wellenenden gepreßt werden. Für einen zuverlässigen Sitz der Schalenkupplung auf beiden Wellenenden ist eine genaue Übereinstimmung der Wellendurchmesser Bedingung. Das Drehmoment wird durch Reibung kraftschlüssig übertragen. Größere Kupplungen (mit über 50 mm Bohrungsdurchmesser) erhalten zur Sicherung eine Paßfeder 3.

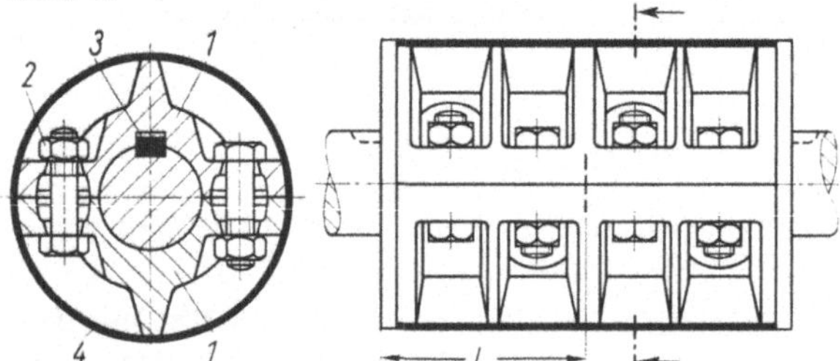

Das Montieren der Kupplung geschieht einfach und ohne die Wellenenden zu verschieben. Zur Erhöhung der Unfallsicherheit kann die Kupplung mit einem Stahlblechmantel 4 verkleidet werden[2])

112.1 Schalenkupplung

Berechnen einer Schalenkupplung

Nach Bild **113.1** wirkt auf ein Flächenelement $dA = r d\varphi l$ der Welle die Normalkraft $dF_n = p r d\varphi l$, wenn l (**112.1**) die Sitzlänge einer Kupplungsseite bedeutet. Die auf das Flächenelement bezogene Reibungskraft dF_R ist von der Ruhereibungszahl μ_r abhängig: $dF_R = \mu_r dF_n = \mu_r p r d\varphi l$. Die gesamte Reibungskraft am Umfang wird demnach

$$F_R = \mu_r p r l \int_0^{2\pi} d\varphi = 2\pi\mu_r p r l = \pi\mu_r p d_w l = \frac{\pi\mu_r F d_w l}{d_w l} = \pi\mu_r F \qquad (112.1)$$

wenn die Flächenpressung $p = F/(d_w l)$ mit dem Wellendurchmesser $d_w = 2r$ gesetzt wird. Es muß sein $F_R \geqq F_u = T/r$, wenn F_u die zu übertragende Umfangskraft ist. Die Anpreßkraft F für die Länge l einer Kupplungsseite ist, auf das Drehmoment $T = F_u r$ bezogen,

$$F = \frac{T}{\pi\mu_r r} = \frac{2T}{\pi\mu_r d_w} \qquad (112.2)$$

Bedeutet z die Anzahl der Schrauben auf der An- bzw. Abtriebsseite der Kupplung, so ist die von jeder Schraube aufzubringende Schraubenkraft

$$F_S = \frac{F}{z} = \frac{2T}{\pi\mu_r d_w z} \qquad (112.3)$$

(s. Teil 1 Abschn. Reibschlüssige Verbindungen). Die Reibungszahl der Ruhereibung μ_r ist von der Rauhigkeit abhängig und bei glatten Wellen gleich 0,2···0,25.

[1]) Matzke, G.: Verbindung v. Wellen durch Verzahnung. Z. Konstruktion 3 (1951) H. 7, S. 211 ff.

[2]) Zugängliche Kupplungen dürfen keine vorspringenden Teile aufweisen. Schutzkappen, -bleche, -ränder vorsehen!

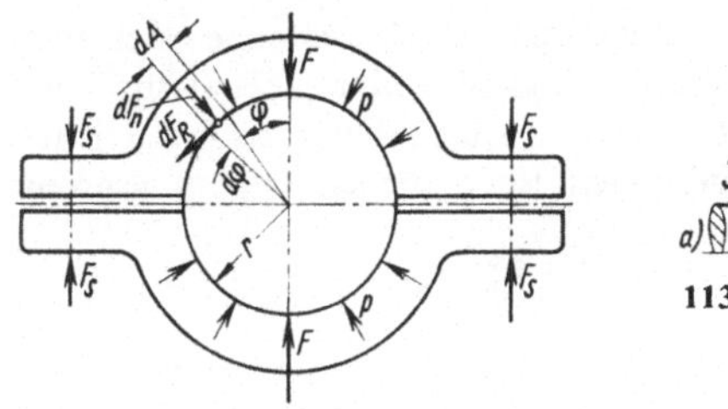

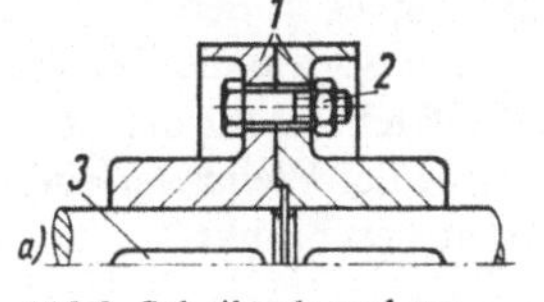

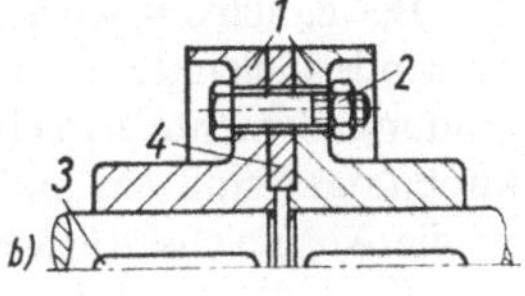

113.2 Scheibenkupplung
a) einfache b) mit geteiltem Zentrierring

113.1 Kräfte bei einer Schalenkupplung

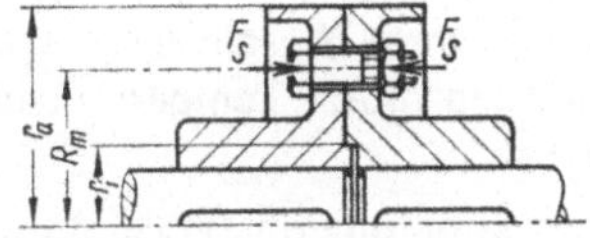

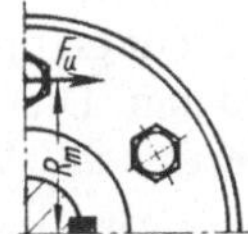

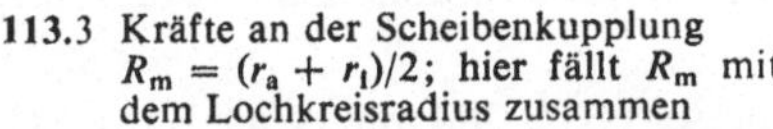

113.3 Kräfte an der Scheibenkupplung $R_m = (r_a + r_i)/2$; hier fällt R_m mit dem Lochkreisradius zusammen

Die Scheibenkupplung (113.2) eignet sich zur Übertragung kleiner bis größter Drehmomente und wird für Wellendurchmesser bis ≈ 250 mm serienmäßig hergestellt. Sie besteht entweder aus einfachen Scheiben 1 (DIN 760) oder aus längeren Naben (DIN 116). Die Scheiben sind auf die Wellenenden aufgeschrumpft (s. Teil 1 Abschn. Preß- und Schrumpfverbindungen), angeschweißt oder angeschmiedet. Die Kupplungsnaben werden meist auf die Wellen aufgetrieben oder – bei schweren Anlagen – warm aufgezogen. Zur Sicherung der Kraftübertragung erhalten die Naben Paßfedern 3 oder Keile. Schrauben 2 verbinden die Kupplungshälften miteinander. Sie müssen so fest angezogen werden, daß die Momentübertragung ausschließlich durch Reibung erfolgt. Die Kupplungshälften werden gegenseitig zentriert (113.2a), oder es wird, um eine Längsverschiebung der Welle oder des Maschinensatzes bei der Montage zu vermeiden, ein zweiteiliger Zentrierring 4 vorgesehen (113.2b). Sind die Kupplungshälften mit der Welle fest verbunden, so müssen Lager oder später aufzubringende Scheiben und Räder zweiteilig sein.

Berechnen einer Scheibenkupplung (113.3)

Durch Reibung wird das Moment $T = F_R R_m = \mu_r F_n R_m = \mu_r z F_S R_m$ übertragen (F_R Reibungskraft am Umfang, R_m mittlerer Radius der Anlagefläche bzw. Reibfläche beider Kupplungshälften, s. Gl. (146.1), F_n gesamte Anpreßkraft). Die Zugkraft in jeder Schraube ist

$$F_S = \frac{F_n}{z} = \frac{T}{\mu_r R_m z} \tag{113.1}$$

z Anzahl der Schrauben, μ_r Reibungszahl der Ruhereibung, $\mu_r = 0{,}2 \cdots 0{,}25$). Sicherheitshalber sind die Schrauben auf Abscheren zu berechnen. Die zu übertragende Umfangskraft F_u verteilt sich auf die Schrauben als Scherkraft

$$F_a = \frac{F_u}{z} = \frac{T}{R_m z} \tag{113.2}$$

4.3. Nichtschaltbare formschlüssige Ausgleichskupplungen

Ausgleichskupplungen werden hauptsächlich zwischen Kraft- und Arbeitsmaschinen eingebaut. Sie sollen Wellenverlagerungen, Drehmomentstöße und Schwingungen ausgleichen. Zu diesem Zweck müssen die Kupplungen beweglich und drehnachgiebig sein.

Die Beweglichkeit wird durch Spiel in den Kupplungsteilen, durch gleitende oder sich drehende Gelenkteile und – ebenso wie die Drehnachgiebigkeit – durch elastische Verbindungselemente erreicht. Maßgebend für die Auswahl und Ausbildung von Ausgleichskupplungen sind Art und Größe der Wellenverlagerungen. Bei manchen Kupplungsarten ist die Ausgleichsfähigkeit sehr beschränkt.

4.3.1. Bewegliche Kupplungen

Bewegliche Kupplungen, die nur in der Längsrichtung beweglich sind, dienen als Ausdehnungskupplung zum Ausgleichen von Längenänderungen der Wellen bis etwa 10 mm. Diese werden durch Temperaturschwankungen, veränderliche Axialkräfte u. a. verursacht (**111**.1a).

Eine Ausdehnungskupplung für Wellendurchmesser bis ≈ 200 mm ist die Klauenkupplung (**114**.1). Die Kupplungshälften 1 werden mit einem Ring 2 zentriert, auf dem die ineinandergreifenden Klauen 3 gleiten (zur Gestaltung der Klauen s. Rögnitz-Köhler, Fertigungsgerechtes Gestalten, Abschn. Gestalten von Werkstücken für spanabhebende Verfahren, Beispiele für Fräsen). Zur Vermeidung von Reibungsverlusten werden die Klauen geschmiert. Bei der Bolzenkupplung (**114**.2) erfolgt die Drehmomentübertragung über 6 bis 8 Bolzen, die in der gegenüberliegenden Kupplungshälfte genau geführt sein müssen. Die Bolzen, wie auch die Klauen, werden auf Biegung und Abscheren berechnet.

Wellen, die neben der Längenänderung noch eine Querverlagerung aufweisen, können mit der Oldham-Kreuzscheibenkupplung verbunden werden (**114**.3). Diese Kupplung arbeitet mit einem Gleitstein 1, der frei beweglich zwischen den Naben bzw. Kupplungshälften 2 sitzt und zwei um 90° versetzte Gleitführungen trägt. Zur Verminderung der Reibungsverluste ist eine gute Schmierung nötig (kinematische Eigenheiten)[1]).

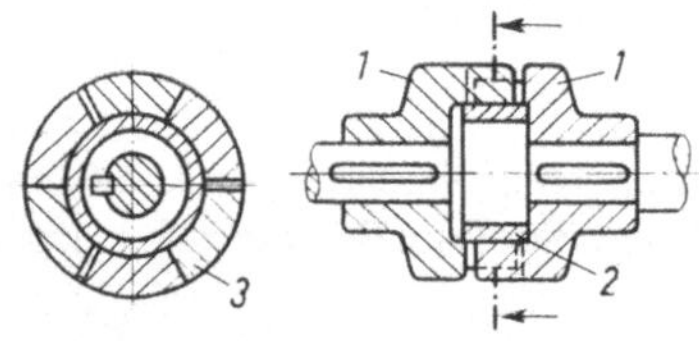

114.1 Klauenkupplung

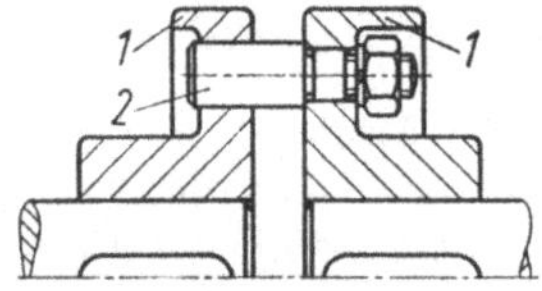

114.2 Bolzenkupplung
1 Naben 2 Paßbolzen

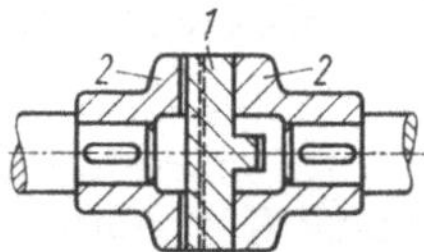

114.3 Oldham-Kreuzscheibenkupplung

Winkelverlagerungen von Wellen werden durch winkelbewegliche Kupplungen überbrückt. Ist nur ein Einfach-Wellengelenk (**115**.1) eingebaut, so entsteht eine ungleichförmige Drehbewegung der getriebenen Welle. Bei jeder Umdrehung schwankt das Verhältnis der Winkelgeschwindigkeiten ω_2/ω_1 zwischen den Werten $1/\cos\alpha$ und $\cos\alpha$; die Schwankung nimmt mit dem Ablenkungswinkel α (**115**.2) zu. Diese zeitlich sinusförmige Drehfrequenzschwankung ist wegen der damit verbundenen Schwingungen unerwünscht. Die Betriebsdrehfrequenz n wähle man $n = (1{,}6\ldots1{,}8)n_k$,[2]). Um Gleichlauf der An- und Abtriebswelle ($\omega_1 = \omega_2$) zu erzielen, müssen zwei einfache Gelenke in bestimmter Anordnung oder besondere Gleichgangsgelenke eingebaut werden. Die Anordnung der Gabeln an den Enden der Zwischenwelle ist zunächst dann richtig, wenn sie gleiche Lage

[1]) Duditza, F.: Querbewegliche Kupplungen. Z. Antriebstechnik **10** (1971) Nr. 11, S. 409 bis 419

[2]) Kritische Drehfrequenz n_k s. Abschn. 1.2.2.4 und 4.3.2

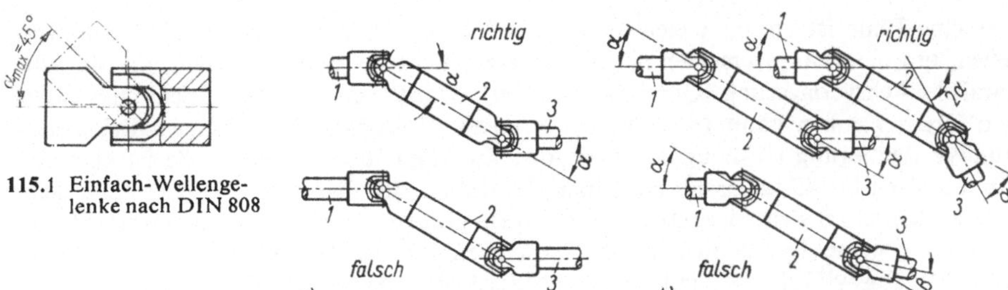

115.1 Einfach-Wellengelenke nach DIN 808

115.2 Wellengelenke. Gabelstellung und Ablenkungswinkel (nach DIN 808)
a) richtige, gleiche Gabelstellung (oben) und falsche Stellung (unten) an der Zwischenwelle (2)
b) richtige Anordnung (oben) mit gleichen Ablenkungswinkeln α von treibender (1) und getriebener Welle (3) zur Zwischenwelle (2) und falsche Anordnung (unten); $\beta \neq \alpha$

haben (**115.**2). Ferner müssen die treibende und die getriebene Welle, ob parallel oder unter einem Beugungswinkel zueinander stehend, an der Zwischenwelle an beiden Enden den gleichen Ablenkungswinkel α aufweisen, der damit halb so groß wie der Beugungswinkel 2α zwischen An- und Abtriebswelle ist. Nur die Zwischenwelle (**115.**2) behält die oben beschriebene Ungleichförmigkeit der Drehfrequenz. Die hierdurch entstehenden Massenkräfte haben Rückwirkungen auf die anschließenden Wellen.

Kugelgelenke und Wellengelenke nach DIN 808 (**115.**1) eignen sich für Werkzeugmaschinen und zur Übertragung kleiner Drehmomente. Ihre Befestigung auf der Welle erfolgt mit Kegelstift, Paßfeder oder Vierkant. Für größere Drehmomente kommen nur K r e u z g e l e n k e (auch Kardangelenke genannt) zur Anwendung, bei denen die unter 90° zueinander stehenden beiden Zapfen (**115.**3), deren Achsen sich schneiden müssen, meist mit Nadellagern versehen sind. Die Zwischenwelle ist zur Verkleinerung der Massen und damit der Rückwirkungen infolge der Ungleichförmigkeit rohrförmig gestaltet und ausgewuchtet.

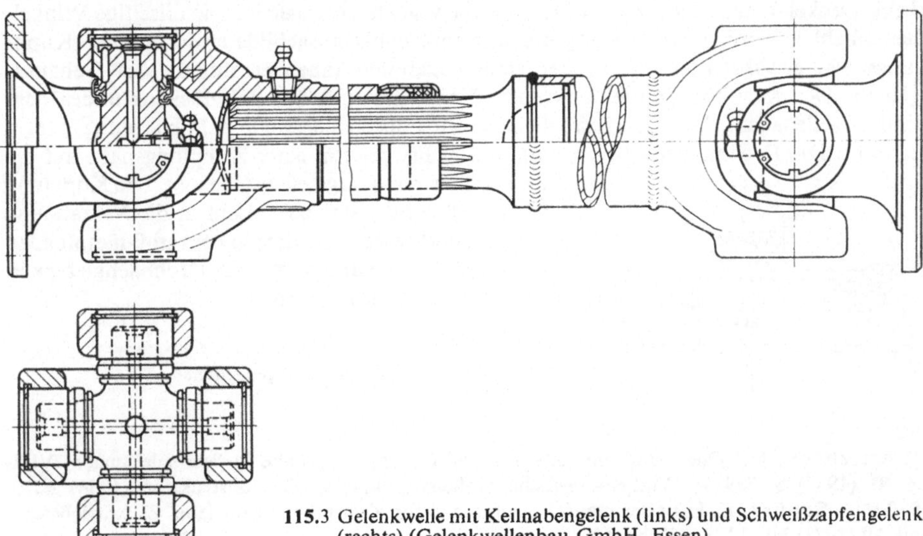

115.3 Gelenkwelle mit Keilnabengelenk (links) und Schweißzapfengelenk (rechts) (Gelenkwellenbau GmbH, Essen)

Das eine Ende ist an ein Gelenk angeschweißt, das andere mit Keilwellenprofil versehen, um eine Längsverschiebung in der Zwischenwelle zu ermöglichen, die für eine parallele Achsverlagerung (Querbeweglichkeit) erforderlich ist. Der Ablenkungswinkel von Kreuzgelenken kann 15···20°, bei Sonderausführungen 35° betragen. Bei gleichsinniger Abbiegung (W-Beugung) von An-, Zwischen- und Abtriebswelle ist eine Gesamtbeugung bis 45° zulässig. Baut man die beiden Gelenke einer Zwischenwelle dicht zusammen, so entsteht das Doppel-Wellen-Gelenk (**116**.1). Es hat wegen oft notwendiger gegenseitiger Zentrierung beider Wellen genauen Gleichlauf nur bei bestimmtem Beugungswinkel und geringe Winkelgeschwindigkeitsschwankungen bei anderen Winkeln (Gleichganggelenke mit beliebigen Ablenkungswinkeln)[1]).

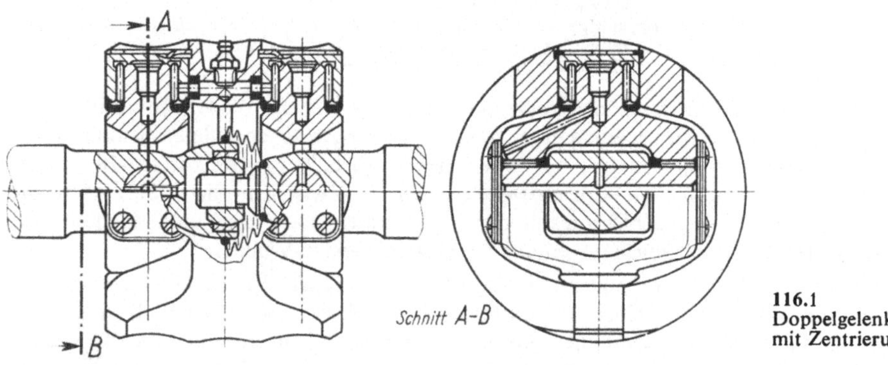

116.1 Doppelgelenk mit Zentrierung

Ähnlich wie die Doppel-Kreuzgelenke arbeitet die mehrgelenkige Zahnkupplung mit balligen Zähnen (**116**.2). Sie wird in Stahl oder Stahlguß für Drehmomente bis 4000 kNm hergestellt. Der Zahnkranz 1 der Kupplungsnabe 2 greift in ein innenverzahntes Gehäuse 3 mit Deckel 4 ein. Hierdurch ist die Längsbeweglichkeit gegeben. Die allseitige Winkelbeweglichkeit wird durch die bogenförmig und ballig ausgebildeten Zähne der Kupplungsnabe gewährleistet, die in der geradverzahnten Innenverzahnung des Gehäuses gleiten. Der Kreisbogenmittelpunkt der Zahnköpfe und des Zahnlückengrundes liegt in der Wellenachse. Die Querbeweglichkeit wird durch die zweite Zahnkupplung (**116**.2) erreicht. Die Drehmomentübertragung erfolgt hierbei von einer Kupplungsnabe auf die andere über ein quergeteiltes Gehäuse. Die Kupplung ist mit Öl gefüllt, das beim Lauf in die Verzahnung geschleudert wird und dort einen stoßdämpfenden Ölfilm bildet. Dadurch ist eine Drehnachgiebigkeit in geringem Maße gegeben.

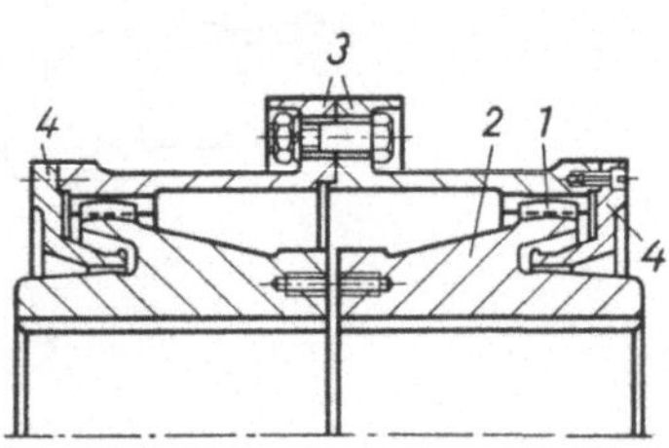

116.2 Zahnkupplung mit balligen Zähnen (Flender GmbH, Bocholt)

[1]) Kutzbach, K.: Quer- und winkelbewegliche Gleichganggelenke in Wellenleitungen. VDI-Z. **81** (1937) S. 889 – Winkelbewegliche Wellenkupplungen. Z. Konstruktion (1954) H. 6, S. 202 – Schütz, K. H.: Gleichlauf-Kugelgelenke für Kraftfahrzeugantriebe. Z. Antriebstechnik **10** (1971) Nr. 12, S. 437 bis 440

Die Ringspann-Wellen-Ausgleichskupplung (117.1) wird für Drehmomente bis über 18000 Nm gebaut. Sie ermöglicht die Verbindung von Wellen, die radial bis zu 2% des Kupplungsdurchmessers und bis zu 3° winklig gelagert sind. Die Drehbewegung wird winkeltreu und spielfrei übertragen.

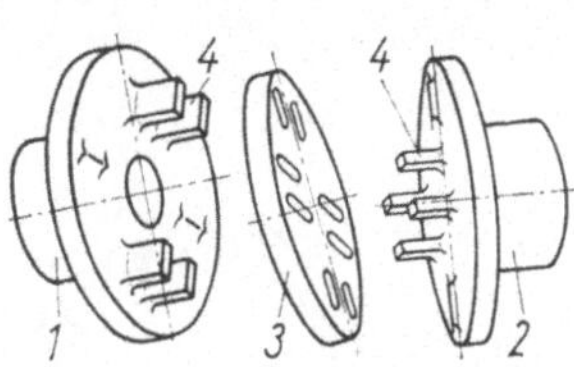

117.1 Ringspann-Wellen-Ausgleichskupplung (Ringspann A. Maurer KG, Bad Homburg)
1, 2 Kupplungsflansche
3 Zwischenscheibe aus verschleißfestem Kunststoff (z. B. Hartgewebe)
4 Mitnehmer, um 90° gegeneinander versetzt

4.3.2. Drehnachgiebige Kupplungen

Drehnachgiebige, drehfedernde oder drehelastische Kupplungen haben die Aufgabe,

1. Drehstöße in der Wellenleitung durch kurzzeitiges Speichern der Stoßenergie zu mildern,
2. schädliche Drehschwingungen in der Wellenanlage zu vermeiden.

Diese Aufgabe erfüllen federnde Bauteile aus Stahl oder Gummi zwischen den Kupplungshälften[1]). Sie bestehen aus Torsionsfedern, Biegefedern oder elastischen Bauelementen, die auf Druck, Zug oder Schub beansprucht werden. Die Bauformen drehnachgiebiger Kupplungen sind durch die Federform und die Anordnung der Federn zueinander bedingt (117.2).

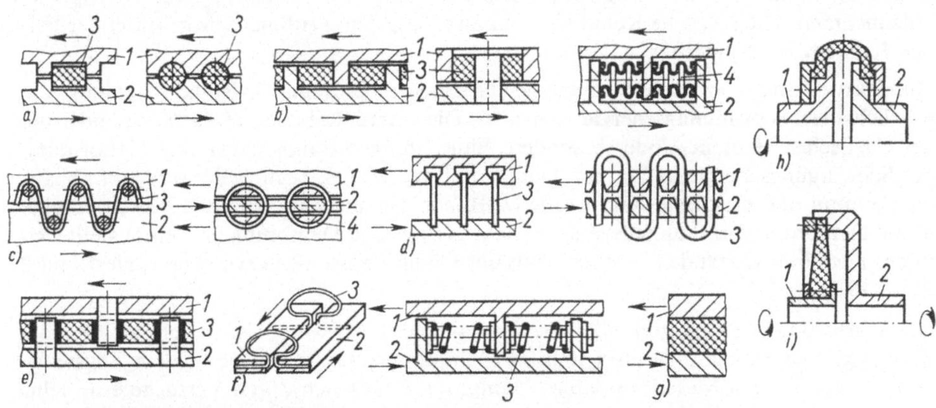

117.2 Anordnung elastischer Bauelemente zwischen den beiden Kupplungshälften 1 und 2
a) auf Abscheren beanspruchte Gummifedern 3 (120.4)
b) auf Druck beanspruchte Gummifedern 3 (120.5) bzw. Luft-Gummifedern 4
c) auf Zug beanspruchte Leder-, Gummi- oder Kunststoffbänder 3 oder -ringe 4
d) auf Biegung beanspruchte Stahlfedern 3; die Federkennlinie kann u. a. durch die Einbauart verändert werden (120.1)
e) auf Druck bzw. Zug beanspruchte einteilige Gummifeder 3 (121.3)
f) auf Drehung beanspruchte Einzel- und Schraubenfedern 3 (120.2 und 3)
g) Zylinder-Drehschubfeder (s. Maschinenteile Teil 1) aus Gummi (121.5)
h) Drehschubfeder aus ein- oder mehrteiligem Gummiwulst (121.6)
i) allseitig eingespannte elastische Platte, z. B. aus Gummi oder Vulkollan (Polyurethan); kein Axialschub bei Torsion vorhanden (122.3)

---

[1]) Altmann, F. G.: Drehfedernde Wellenkupplungen. VDI-Z. 80 (1936) H. 9

Kennzeichnend für das Betriebsverhalten einer drehnachgiebigen Kupplung ist die T-ψ-**Kennlinie**, in der über dem Verdrehungswinkel ψ beider Kupplungshälften gegeneinander das Drehmoment T aufgetragen ist (**118.1**). Aus dieser Kennlinie berechnet man für den jeweiligen Betriebspunkt die **Drehsteife** (s. Abschn. 1.2.2.4).

$$c' = \frac{dT}{d\psi} \tag{118.1}$$

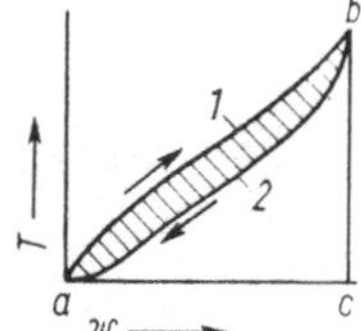

118.1 T-ψ-Kennlinie einer Gummiwulstkupplung bei zügiger Belastung
Kurve 1 Belastung, Kurve 2 Entlastung der Kupplung
Fläche a, b, c bei der Belastung zugeführte Arbeit
Fläche unter Kurve 2 bei Entlastung von der Kupplung zurückgegebene Arbeit
Fläche zwischen Linie 1 und 2 (schraffiert) von der Kupplung zurückgehaltene und in Wärme umgesetzte Arbeit

Sie ist bei der Ermittlung der Eigenkreisfrequenz der Wellenanlage von Bedeutung. Die Drehsteifigkeit gibt das Moment an, das zur Verdrehung der Kupplungshälften um eine Winkeleinheit (z. B. 1 rad = 57,2°) notwendig ist. Bei dynamischer Belastung ist die Drehsteifigkeit der Gummikupplungen je nach ihrer Shore-Härte (s. Teil 1) und je nach der Frequenz der periodischen Drehmomentschwankungen um $\approx 30 \cdots 120\%$ größer als bei statischer Belastung.
Um viskoelastische Einflüsse bei der Aufnahme der statischen Kupplungskennlinie weitgehend auszuschalten, ist es zweckmäßig, die vollständige Hysteresisschleife vom negativen zum positiven Maximalmoment punktweise mit Wartezeiten für jeden Meßpunkt aufzunehmen. Die statische Kennlinie wird dann aus dem arithmetischen Mittel der beiden Kurvenzüge ermittelt[1]).

Die **Dämpfung** von Drehschwingungen erfordert eine drehnachgiebige Kupplung, die möglichst viel Schwingungsenergie vernichtet. Die innere Reibung (infolge Formänderung des elastischen Bauteiles) oder besondere Einrichtungen ermöglichen eine Umformung der Schwingungsenergie in Wärme. Die Dämpfung ist u. a. vom Federwerkstoff abhängig. Gummi und elastische Kunststoffe (z. B. aus Polyurethan, Vulkollan) besitzen eine große Dämpfung, bei Stahlfedern ist sie sehr gering. Die Dämpfung (s. Teil 1) stellt sich in der Kennlinie durch den Flächeninhalt der Dämpfungsschleife zwischen Linie 1 und 2 dar (**118.1**).

Die Werkstoffdämpfung gummielastischer Bauteile wird, wie meist üblich, als verhältnismäßige Dämpfung angegeben und als Dämpfungsfaktor in die Schwingungsrechnung eingesetzt. Die verhältnismäßige Dämpfung ζ läßt sich durch Versuche ermitteln. Bei Verdrehung der Kupplung um einen kleinen Winkel $\pm\psi$ wird das in Bild **119.1** gezeichnete Diagramm durchlaufen. Die Verlust- bzw. Dämpfungsarbeit W_D bei **einer** Schwingung entspricht dem Flächeninhalt der Hysteresisschleife. Die elastische Formänderungsarbeit $W_{el} = T_{el}\,\psi/2$ wird durch den Inhalt des schraffierten Dreiecks in Bild **119.1** dargestellt. Die verhältnismäßige Dämpfung ist dann $\zeta = W_D/W_{el}$. Sie wird mit zunehmender Belastung und Frequenz kleiner. Bei genauer Schwingungsrechnung sollte diese Abhängigkeit berücksichtigt werden.

[1]) Japs, D.: Ein Beitrag zur analytischen Bestimmung des statischen und dynamischen Verhaltens gummielastischer Wulstkupplungen unter Berücksichtigung von auftretenden Axialkräften. Uni Dortmund 1979

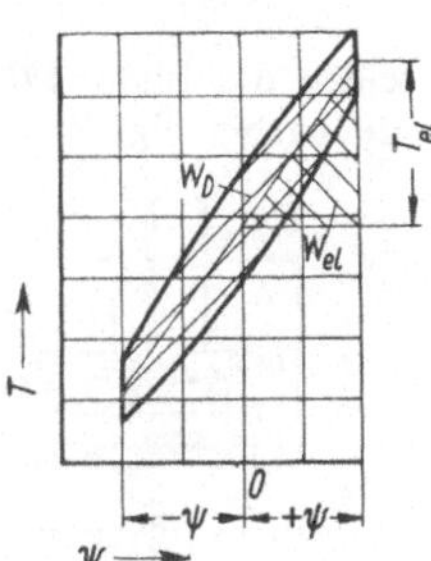

119.1 Hysteresisschleife einer drehnachgiebigen Kupplung zur Bestimmung der verhältnismäßigen Dämpfung

Die verhältnismäßige Dämpfung ζ kann auf einfache Weise auch aus dem logarithmischen Dekrement D bestimmt werden. Dazu wird eine Kupplungsseite fest eingespannt. An die andere Kupplungshälfte wird ein Hebelarm mit einem Gewicht angebracht, das die Kupplung mit einem Moment belastet. Die Kupplung führt gedämpfte Drehschwingungen aus, sobald der Hebel aus der Gewichtslage herausgebracht und wieder losgelassen wird. Mit einem Zeiger können diese gedämpften Drehschwingungen auf einem Papierstreifen, der sich mit konstanter Geschwindigkeit bewegt, aufgezeichnet werden. Aus dem Verhältnis der Absolutbeträge zweier aufeinanderfolgender Schwingungsausschläge s_1, s_2 berechnet man zunächst das logarithmische Dekrement $D = \ln (s_1/s_2)$. Für die verhältnismäßige Dämpfung gilt dann die vereinfachte Beziehung $\zeta \approx 2D$.

Gestaltung

Folgende Forderungen sind zu beachten:

1. Die Kupplung soll nicht nur drehnachgiebig, sondern auch längs-, quer- und winkelbeweglich sein.

2. Die Kupplung soll möglichst weich sein. Sie muß daher eine kleine Federsteife(-konstante) c' haben. Eine T-ψ-Kennlinie mit zunehmender Steigung und eine große Dämpfung sind vorteilhaft.

3. Die Drehnachgiebigkeit einer Kupplung soll durch Austausch oder Hinzufügen elastischer Bauteile veränderlich sein.

4. Bei der Verdrehung der Kupplung sollen keine oder nur geringe Axialkräfte entstehen.

5. Die Rückstellkräfte bei der Längs-, Quer- und Winkelbeweglichkeit sollen klein bleiben.

6. Für eine gute Abfuhr der Wärme, die durch Schwingungsdämpfung oder durch die Walkarbeit bei Wellenverlagerung entsteht, ist zu sorgen. [Die höchstzulässige Dauertemperatur im elastischen Bauteil hängt vom Werkstoff ab. Für Gummi ist etwa 80°C zulässig (s. Teil 1, Abschn. Gummifedern)].

7. Die Kupplung darf bei Schadhaftwerden eines elastischen Bauteiles noch nicht sofort ausfallen. Ist nur ein elastisches Bauteil vorhanden, so soll das völlige Versagen einer Kupplung bereits längere Zeit vorher an Teilbrüchen oder Anrissen erkennbar sein. Kupplungen für Lasthebemaschinen erhalten zusätzlich eine Sicherung, z. B. durch Klauen, so daß beim Bruch der elastischen Verbindung eine starre Verbindung hergestellt wird.

8. Schadhafte elastische Bauteile sollen schnell auswechselbar sein, möglichst ohne dabei die Kupplung ausbauen oder die Wellen axial verschieben zu müssen.

9. Ein spielfreier Drehrichtungswechsel soll gewährleistet sein.

10. Zur Erhöhung der Unfallsicherheit dürfen zugängliche Kupplungen keine vorspringenden Teile aufweisen.

Bei der Mannigfaltigkeit der Antriebsfälle ist es nicht notwendig, daß eine Kupplung alle genannten Forderungen erfüllt. Oft muß beim Entwurf einer Kupplung eine Forderung zugunsten der anderen zurückgestellt werden. Einige Beispiele ausgeführter drehnachgiebiger Kupplungen zeigen die Bilder **120.1** bis **122.4**. Zur schaltbaren elastischen Verbindung von Wellen werden drehnachgiebige Kupplungen mit Schaltkupplungen (s. Abschn. 4.4) vereinigt[1]).

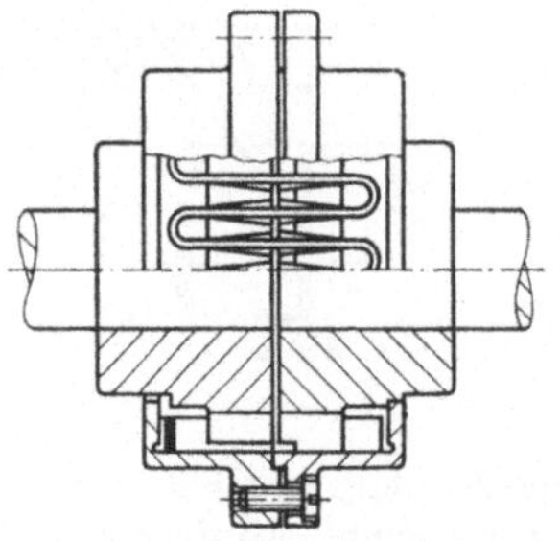

120.1
Bibby-Kupplung (Malmedie & Co., Düsseldorf)
In den beiden Kupplungshälften sind in Segmente unterteilte, schlangenförmig gebogene Stahlfedern eingesetzt. Die Schlitze der Kupplungsnaben sind kreisförmig erweitert (**117.2**). Hierdurch wird die Einspannlänge der Federn mit zunehmendem Verdrehwinkel verkleinert und die Federsteife vergrößert. Die Kupplung wird für Drehmomente bis 8600 kNm gebaut

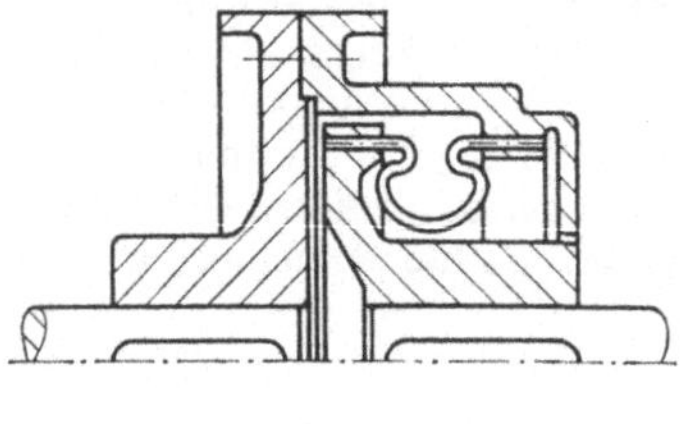

120.2
Voith-Maurer-Kupplung[2])
Bügelförmig gebogene Stahlfedern (Torsionsfedern) verbinden die Kupplungshälften (**117.2**)

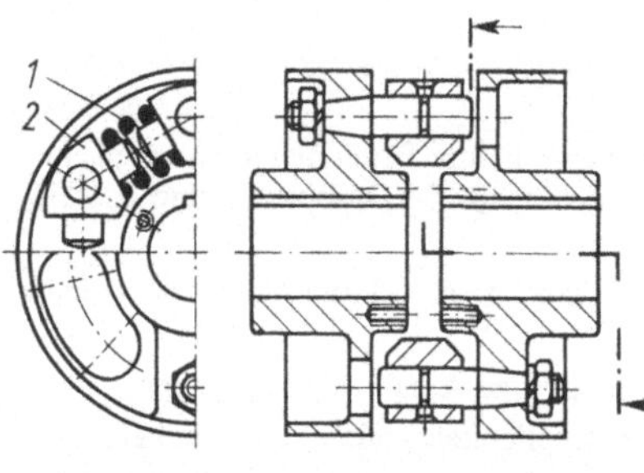

120.3
Cardeflex-Kupplung (Hochreuter & Baum, Ansbach)
Das Drehmoment wird durch tangential angeordnete, auf Drehung beanspruchte Schraubendruckfedern 1 übertragen, die unter Vorspannung zwischen schwenkbar gelagerten Führungskörpern 2 aus Grauguß sitzen (**117.2**). Die Kupplung ist allseitig beweglich. Verdrehungswinkel $\psi = \pm 5 \cdots 10°$. Der Drehrichtungswechsel erfolgt spielfrei

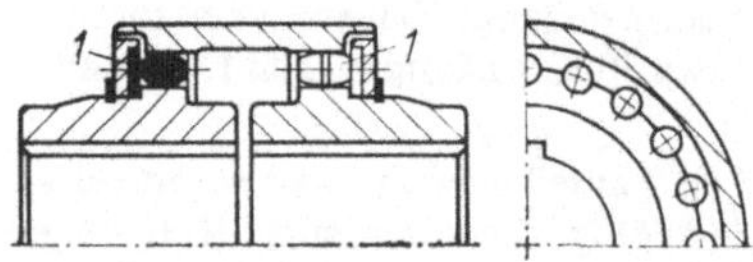

120.4
Elastoflex-Kupplung mit elastischen Bolzen (**117.2**) (Malmedie & Co., Düsseldorf)
Die Kupplungsbolzen 1 bestehen aus Kunststoff, z. B. Polyurethan (u. a. mit der Markenbezeichnung Vulkollan). Spielfreier Drehrichtungswechsel ist möglich

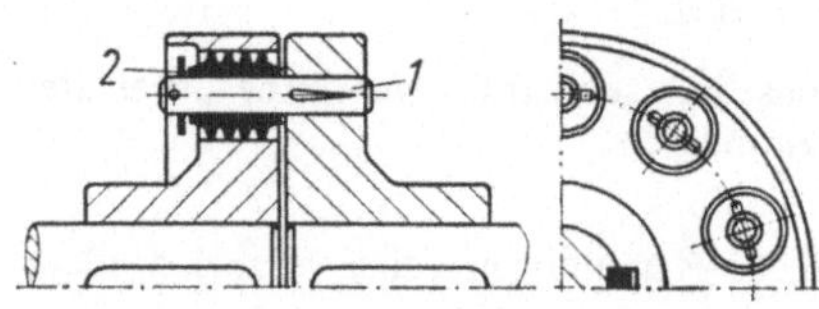

120.5
Elastische Bolzenkupplung (Eisenwerk Wülfel, Hannover-Wülfel)
Das freie Ende der Kerbstifte 1 steckt in einer elastischen Gummihülse 2 (**117.2**). Die Kupplung ist allseitig beweglich. Bei größeren Kupplungen treten an Stelle der Kerbstifte durch Verschraubung lösbare Stahlbolzen

---

[1]) Rüggen, W., und Stübner, K.: Ausgleichskupplungen als Vorschaltglied bei Schaltkupplungen. Maschine und Werkzeug (1971) H. 23
[2]) J. M. Voith GmbH, Heidenheim/Brenz

121.1
Eupex-Kupplung (Flender GmbH, Bocholt) mit rechteckigen Paketen 1 aus elastischem und dämpfungsfähigem Werkstoff (z. B. Hartgummi, Hartgewebe, Leder). Die Mitnehmer 2 greifen mit allseitigem Spiel hinter die Kupplungspakete. Ein spielfreier Gang beim Drehrichtungswechsel wird durch den Einbau verdickter Kupplungspakete erzielt

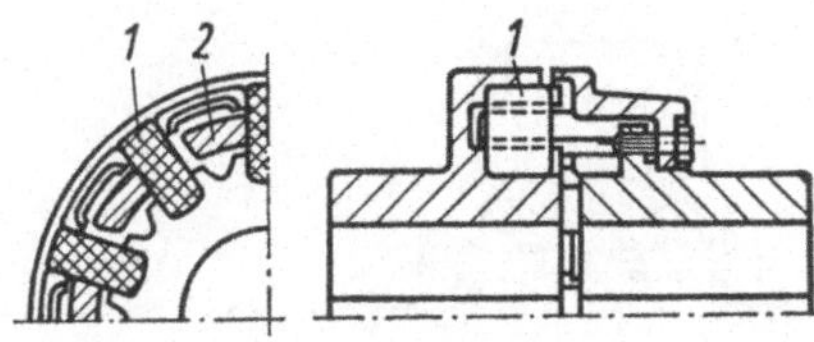

121.2
Gummi-Zahnkupplung
Auf einer profilierten Kupplungsnabe 1 ist ein Gummiring 2 aufgepreßt. In die Aussparungen des Gummikörpers greifen die Bolzen der zweiten Kupplungshälfte 3 ein. Die Kupplung ist allseitig beweglich und drehnachgiebig; 4 Gewebeeinlage

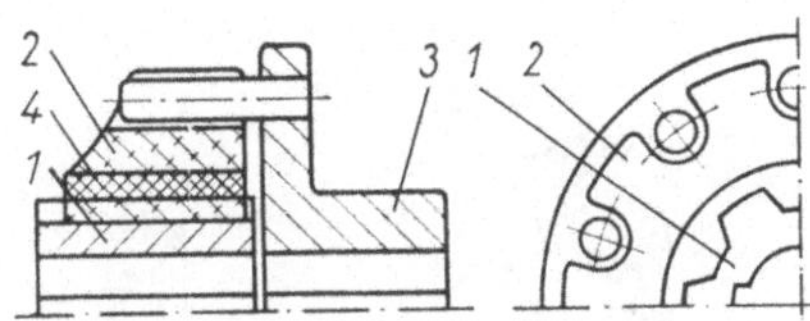

121.3
Kupplung mit eckigem Gummiring (**117.**2)
Zur Aufnahme der Schraubenbolzen 1 sind im Gummiring 2 Abstandsbuchsen 3 einvulkanisiert. Um unzulässige Zugbeanspruchungen zu vermeiden, steht der Ringquerschnitt im unbelasteten Zustand unter Druckvorspannung. Die Kupplung ist allseitig nachgiebig

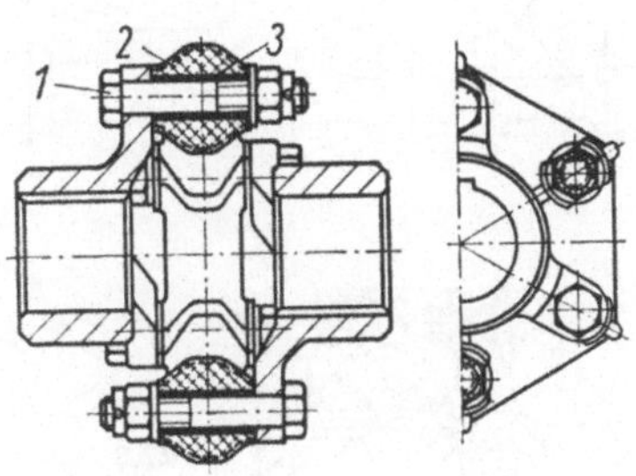

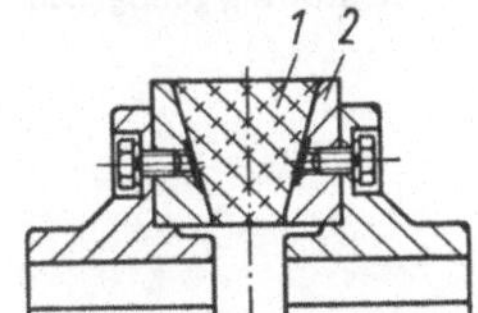

121.4
Kupplung mit Gummigewebescheibe zum Ausgleich geringer Wellenverlagerungen (Lohmann & Stolterfoht AG, Witten-Ruhr)

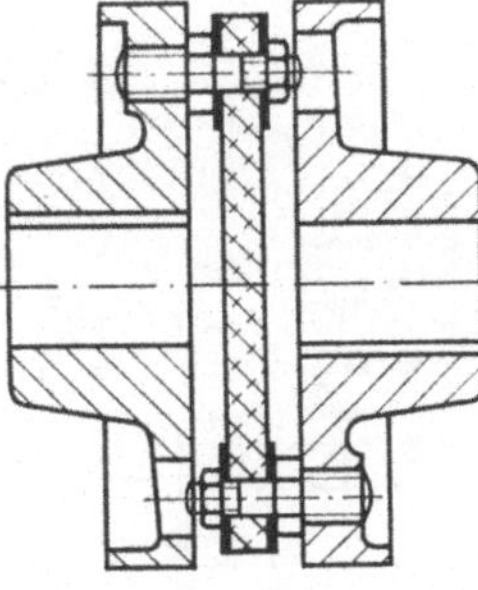

121.5
Kupplung mit Drehfederungsglied aus Gummi 1, das auf Stahlringe 2 aufvulkanisiert ist (**117.**2). Zur gleichmäßigen Spannungsverteilung wird die Gummischicht nach außen hin verbreitert. Der Ausgleich von Längs-, Quer- und Winkelverlagerungen ist in geringem Umfang möglich[1])

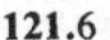

121.6
Periflex-Wellenkupplung[2])
Ein bogenförmiger, senkrecht zur Umfangsrichtung aufgeschnittener oder geteilter Reifen 1 (**117.**2) aus elastischem Werkstoff, z. B. Gummi mit Gewebeeinlage, Gummifasergemisch oder Polyurethan (Vulkollan), überträgt das Drehmoment. Der Reifen 1 wird mit Druckringen 2 fest an die Kupplungsnaben 3 gepreßt. Die Übertragung der Drehkraft erfolgt durch Reibung zwischen Reifen und Nabe. Die Kupplung ist allseitig beweglich und hochelastisch. Sie wird für Dauerbelastungen bis zu 40000 Nm hergestellt

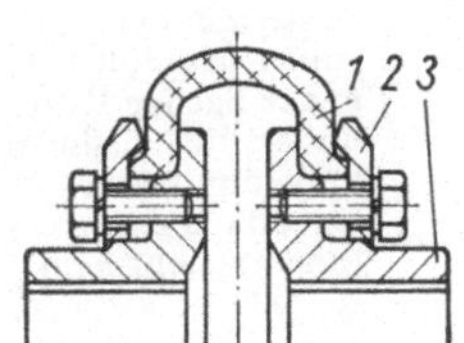

---

[1]) Continental Gummiwerke, Hannover
[2]) Maschinenfabrik Stromag GmbH, Unna/Westf.

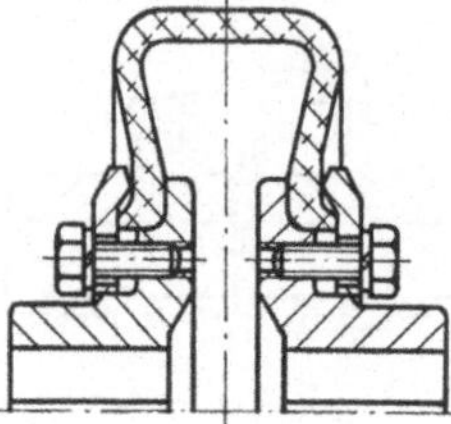

122.1
Periflex-Wellenkupplung ähnlich Bild **121.6**, aber für besonders große axiale und winklige Verlagerungen¹)

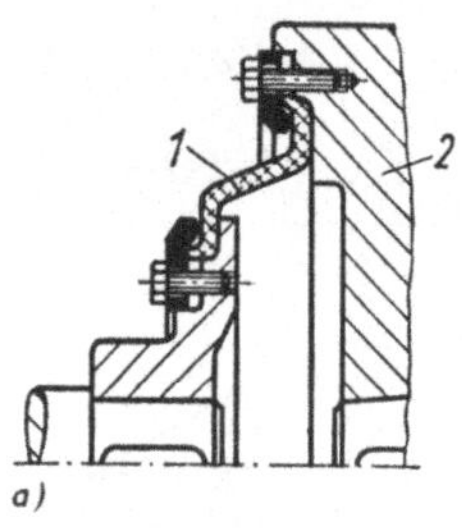

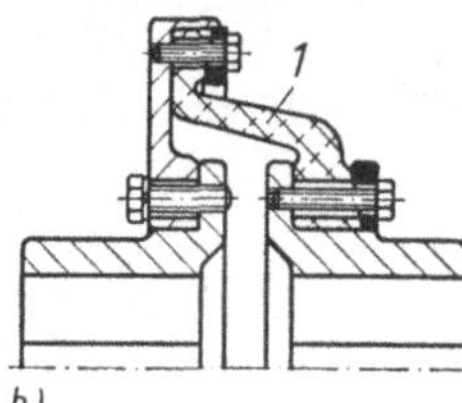

122.2
Periflex-Flanschkupplung¹)
Der tellerartige Flanschreifen 1 ist ungeteilt. Als Werkstoff wird Gummi mit Gewebeeinlage und Gummifasergemisch (a) oder – für hohe Drehzahlen – Polyurethan (Vulkollan) verwendet (b)
2 Schwungrad

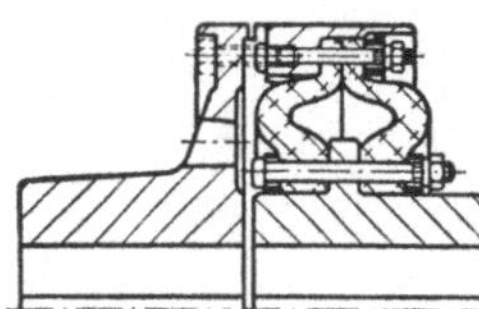

122.3
Vulkan-EZ-Kupplung²). Die Einspannstellen der wellenförmig gebogenen Gummischeiben liegen übereinander (**117.2**)

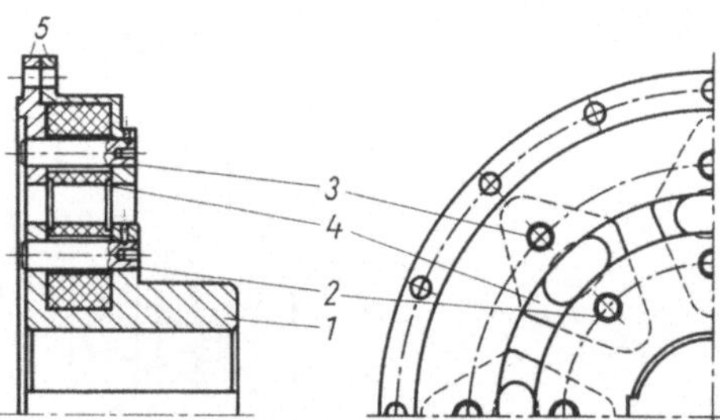

122.4 Gummi-Elementkupplung¹)
Das Drehmoment wird von der Nabe 1 über mehrere parallel geschaltete, sternförmig zur Drehachse auf zwei Zylinderstifte 2 und 3 gesteckte, mit Traggeweben armierte Gummielemente 4 zum Außenteil 5 übertragen. Jedes Gummielement ist ein auf Zug beanspruchter, rhombusförmiger flacher Körper mit einer durchgehenden ovalen Aussparung in der Körpermitte. Der Zylinderstift 2 befindet sich im Innenkörper 1 und der Zylinderstift 3 im Außenkörper 5 der Kupplung (ähnlich **117.2**). Geschlitzte Hülsen, die im Element eingebettet sind, legen sich bei Belastung fest an die Zylinderstifte und verhindern so Bewegung und Verschleiß. Bei Verdrehung der Kupplung entsteht kein Axialschub

¹) Maschinenfabrik Stromag GmbH, Unna/Westf.
²) Vulkan-Kupplungs- und Getriebebau, Wanne-Eickel

Berechnung

Maßgebend für die einsatzgerechte Auslegung einer drehnachgiebigen Kupplung sind neben der Drehsteife und Dämpfung, die Festigkeitseigenschaften der federnden Bauteile. Sie werden vom Hersteller angegeben und beziehen sich auf eine Umgebungstemperatur von 10 °C bis 30 °C. Manche Kennwerte ändern sich unter Einfluß von Belastung, Temperatur und Umdrehungsfrequenz.

Zum Nachweis der statischen Festigkeit der Kupplung wird ein Prüfdrehmoment T_{KP} festgelegt, das bei zügiger oder bei fortschreitender Belastung mit Wartezeiten ohne Beschädigung der Kupplung erreicht werden kann, das also noch unter dem Zerreißdrehmoment liegt.

Das von der Kupplung übertragbare größte Drehmoment $T_{K\,max}$ ist kleiner als das Prüfdrehmoment. Es ist das Drehmoment, das kurzzeitig mindestens 10^5mal als schwellender Drehmomentstoß bzw. mindestens $5 \cdot 10^4$mal als wechselnder Drehmomentstoß ohne Beschädigung ertragen werden kann. Dabei darf die Kupplungstemperatur 30 °C nicht überschreiten.

Das Nenndrehmoment T_{nK} gibt die Baugröße an und darf im gesamten zulässigen Drehzahlbereich dauernd übertragen werden. Manche Hersteller setzen für das Nenndrehmoment der Kupplung $T_{nK} = (0{,}5 \cdots 0{,}3)\ T_{K\,max}$. Die Faktoren $0{,}5 \cdots 0{,}3$ entsprechen der möglichen Überlastbarkeit der Kupplung in Antrieben mit Drehstrommotoren bis zum Kippmoment, das etwa 2- bis 3mal größer als der Motornennmoment ist.

Die Verdreh-Dauerwechselfestigkeit einer Kupplung wird durch das ertragbare Dauerwechseldrehmoment T_{WK}, auch ertragbarer Drehmomentausschlag genannt, ausgedrückt. Sie wird aus Versuchen bestimmt. Die Prüfungsergebnisse lassen sich in Form einer Wöhlerkurve und im Dauerfestigkeitsdiagramm darstellen. Das ertragbare Dauerwechseldrehmoment gibt die Ausschläge der dauernd zulässigen periodischen Drehmomentschwankungen bei einer Frequenz von 10 Hz und einer Grundlast bis zum Wert vom Nenndrehmoment T_{nK} an.

Versuche mit Gummikupplungen haben ergeben, daß für Lastwechsel über 10 Hz die Erwärmung des Gummikörpers die Dauerwechselfestigkeit stark beeinflußt. Wurde der ertragbare Momentausschlag bei 10 Lastwechsel je Sekunde ermittelt, so errechnet sich mit guter Näherung der ertragbare Ausschlag für eine beliebige Zahl von Lastwechseln je Sekunde aus der Zahlenwertgleichung

$$T_{WK} = \pm\, T_{WK\,(10\,Hz)} \sqrt{\frac{600}{in}} \qquad \text{in Nm} \qquad (123.1)$$

mit $T_{WK\,10\,(Hz)}$ als dem für 10 Lastwechsel je Sekunde ertragbaren Momentenausschlag in Nm, n als Umdrehungsfrequenz in min^{-1} und i als Zahl der Impulse je Umdrehung.

Wird eine drehnachgiebige Kupplung bei höherer Umgebungstemperatur als 30 °C eingesetzt, so muß das Absinken der Festigkeit von Gummielastischen Werkstoffen durch Wärmeeinwirkung berücksichtigt werden. Herrschen in unmittelbarer Umgebung der Kupplung Temperaturen von +40 °C bis 80 °C, so setzt man bei Naturgummielementen 90 % bis 55 % der Ausgangskennwerte $T_{K\,max}$, T_{nK} und T_{WK} in die Rechnung ein. Bei Polyurethanelementen fallen die Werte auf 83 % bei 40 °C und auf 66 % bei 60 °C.

Das Rechenverfahren 1 stützt sich auf Erfahrung. Die Bestimmung der Kupplungsgröße für einen beliebigen Antrieb richtet sich nach dem größten Drehmoment, das die betreffende Kraftmaschine über die Kupplung auf die Arbeitsmaschine überträgt. Das mittlere Lastmoment T_m oder das Nennmoment T_n wird mit einem Betriebsfaktor φ multipliziert und mit dem größten ertragbaren Drehmoment der Kupplung $T_{K\,max}$ verglichen.

Die Art der zu kuppelnden Maschinen wird näherungsweise durch den Betriebsfaktor φ (Unsicherheitsfaktor, Stoßzahl, s. Teil 1) berücksichtigt (Bild **A50.1**). Dieser Betriebsfaktor ist von der Momentungleichförmigkeit abhängig.
Die Kraftmaschinen geben nämlich entweder ein gleichbleibendes Drehmoment (Elektromotor, Turbine) oder ein periodisch veränderliches Drehmoment (Kolbenkraftmaschine s. Abschn. Kurbelgetriebe) ab. Die angetriebenen Arbeitsmaschinen arbeiten ebenfalls entweder mit einem gleichbleibenden Drehmoment (Kreiselpumpe, Gebläse) bzw. mit einem periodisch veränderlichen Drehmoment (Kolbenkompressor und Kolbenpumpe) oder sogar mit stoßweiser Belastung (Hebezeuge, Walzwerkantriebe).

Das größte Betriebsmoment T_{max} ergibt sich näherungsweise aus dem mittleren Lastdrehmoment T_m zu $T_{max} = \varphi T_m$. Häufig kann für T_m das Nenndrehmoment T_n der Antriebs- oder Abtriebsseite gesetzt werden. Das Betriebsmoment T_{max} errechnet sich somit aus dem der Nennleistung P_n entsprechenden Drehmoment $T_n = P_n/\omega$ zu $T_{max} = \varphi T_n$ oder nach der Zahlenwertgleichung zu

$$T_{max} = \varphi \cdot 9550 \frac{P_n}{n} \quad \text{in Nm} \tag{124.1}$$

mit P_n als Nennleistung der Antriebsmaschine in kW, n als Drehfrequenz der Kupplungswelle in min^{-1} bei der Nenndrehfrequenz n_n der Antriebsmaschine und φ als Betriebsfaktor.

Das größte zu übertragende Drehmoment T_{max} muß aus Sicherheitsgründen möglichst kleiner als das ertragbare Maximalmoment $T_{K\,max}$ der Kupplung sein, die für diesen Antriebsfall vorgesehen werden soll.

In manchen Antriebsfällen arbeitet eine nach Verfahren 1 berechnete Kupplung nicht zuverlässig. Die vorstehende Berechnungsmethode berücksichtigt nämlich nicht, daß die Momentungleichförmigkeit vom Massenverhältnis der zu kuppelnden Maschine abhängt und daß die gekuppelten Massen mit der elastischen Kupplung ein schwingungsfähiges System bilden. Periodische Drehmomentimpulse der Maschinen können heftige Drehschwingungen anregen, die die drehnachgiebige Kupplung zerstören. Daher ist es zweckmäßig, die Kupplungsgröße für Kolbenmaschinen durch eine Schwingungsrechnung zu bestimmen[1]), auf der das folgende Rechenverfahren 2 beruht.

Nach dem Rechenverfahren 2 wird die Kupplungsgröße nach der im Betrieb vorkommenden ungünstigsten Lastart ermittelt und entweder nach dem Nenndrehmo-

---

[1]) Benz, W.: Zur Berechnung drehelastischer Kupplungen. MTZ **3** (1941) H. 1 – Schach, W.: Die Berechnung einer drehfedernden Kupplung. Z. Werkstatt und Betrieb **83** (1950) H. 12 – Ders.: Anwendung einer drehelastischen Kupplung in Schiffs-Hauptanlagen. MTZ **19** (1958) H. 11, S. 377ff. – Steinhilper, W.: Berechnung von drehelastischen Kupplungen mit nichtlinearer Kennlinie. Z. Konstruktion **18** (1966) H. 2

ment T_{nK} oder nach ihrer Dauerwechselfestigkeit T_{WK} und nach ihrem übertragbaren Maximaldrehmoment $T_{K\,max}$ ausgelegt.

Im allgemeinen soll das aus der Nennleistung und der Nennumdrehungsfrequenz der Antriebs- oder Abtriebsseite bestimmte Nenndrehmoment $T_n \leqq T_{nK}$, das selten auftretende größte Drehmoment $T_{max} < T_{Kmax}$ und ein dauernd auftretendes Wechseldrehmoment $T_{aK} < T_{WK}$ sein.

Belastung durch Drehmomentstöße. Beim Starten vom Maschinenanlagen wie Dieselmotor-Generator, Dieselmotor-Schiffspropeller, Elektromotor-Kompressor und Asynchronmotor-Arbeitsmaschine wird die drehnachgiebige Kupplung durch den Anfahrstoß[1]) stark beansprucht. Als Ursache für die hohe Anfahrbelastung im Drehschwingungssystem ist der instationäre, pendelnde Verlauf des Moments der Kraft- bzw. Arbeitsmaschine während der Anlaufphase anzusehen. So regt z. B. auch das ungleichförmige Luftspaltmoment eines Asynchronmotors während der Anlaufphase das Antriebssystem zu hohen Schwingungsausschlägen an, die von der Kupplungskennlinie, der Dämpfung, dem Massenverhältnis und von der Erregerfrequenz abhängen. Hierbei können die Drehmomentspitzen in der drehnachgiebigen Kupplung das Nennmoment des antreibenden Motors um ein Vielfaches überschreiten[2]).

Überschläglich kann für die Anfahrbelastung bei antriebsseitigem bzw. lastseitigem Stoß

$$T_{AS} = k' T_{max} \frac{J_2}{J_1 + J_2} \quad \text{bzw.} \quad T_{LS} = k' T_{max} \frac{J_1}{J_1 + J_2} \qquad (125.1)\ (125.2)$$

gesetzt werden. In den vorstehenden Gleichungen bedeuten J_1 das Massenträgheitsmoment der Antriebsseite und J_2 das Massenträgheitsmoment der Abtriebsseite. Der Faktor $k' = 1{,}5 \cdots 2{,}0$ gibt die Vergrößerung des antriebs- bzw. lastseitigen Drehmomentstoßes an. Für Gl. (125.1) ist das größte Motormoment T_{max} für Dieselmaschinen aus Tafel **A50**.2 zu entnehmen. Bei Elektromotoren und bei Kompressoranlagen mit Elektromotorenantrieb ist das Kippmoment als T_{max} einzusetzen. Lastseitiger Stoß kann z. B. bei Laständerungen und bei Bremsungen auftreten. In Gl. (125.2) werden daher für T_{max} die Spitzenwerte der entsprechenden Drehmomente eingesetzt. Die Anfahrbelastung T_{AS} bzw. T_{LS}, und bei beidseitigem Stoß die Summe $T_{AS} + T_{LS}$, sollte je nach Anfahrhäufigkeit $T_{S\,zul} = (0{,}75 \cdots 0{,}1)\ T_{K\,max}$ nicht überschreiten, wobei bei $T_{K\,max}$ noch die Minderung der Festigkeit durch Wärme zu berücksichtigen ist.

Belastung durch ein Wechseldrehmoment. Das durch Schwingungsrechnung zu ermittelnde Wechseldrehmoment T_{aK} muß im Resonanzpunkt kleiner als das größte übertragbare Kupplungsmoment $T_{K\,max}$ sein. Bei längerem Fahren im Resonanzbereich bzw. im Dauerbetrieb mit niedrigster Betriebsumdrehungsfrequenz darf die Wechselfestigkeit T_{WK} vom Wechseldrehmoment nicht überschritten werden. Es muß sein $T_{aK} \leqq T_{WK}$.

Schwingungsrechnung. Hierbei wird die Eigenkreisfrequenz ersten Grades ω_e eines drehfedernden Zweimassensystems und die kupplungskritische Drehfrequenz ersten

[1]) Steinhilper, W.: Stoßdrehmomente und Stoßfaktoren in Maschinenanlagen mit drehstarren und drehelastischen Kupplungen. Z. Maschinenmarkt 71 (1965) H. 99

[2]) Peeken, H., Troeder, Ch., Diekhans, G.: Beanspruchung elastischer Kupplungen in Antriebssystemen mit Asynchron-Motoren. Z. antriebstechnik 18 (1979) H. 10

Grades $i$ter Ordnung berechnet. Die kritische Drehfrequenz n_k muß weit unter der Betriebsumdrehungsfrequenz liegen, wenn der Momentausschlag $\pm T_{aK}$ (Wechseldrehmoment), der dem mittleren Drehmoment T_m überlagert ist und die Kupplung beansprucht, möglichst klein bleiben soll (T_m = mittleres Drehmoment der Kolbenmaschine) (Drehmomentverlauf s. Abschn. Kurbeltrieb).

Für die Eigenkreisfrequenz eines drehelastischen Zweimassensystems gilt die Gleichung

$$\omega_e = \sqrt{c'\left(\frac{1}{J_1} + \frac{1}{J_2}\right)} = \sqrt{\frac{c'}{J_1}}\sqrt{m+1} \qquad (126.1)$$

mit Massenträgheitsmoment der Erregerseite J_1 (z. B. Dieselmotor mit Kupplungshälfte oder Kompressor mit Kupplungshälfte), Massenträgheitsmoment der Kupplungsseite ohne Erregermomente J_2 (z. B. Kupplungshälfte mit Arbeitsmaschine wie Generator oder Kupplungshälfte mit Elektromotor als Antrieb eines Kolbenkompressors), Verhältnis der Trägheitsmomente $m = J_1/J_2$ und der Drehsteife c' der Kupplung (Bestimmung von J in kgm² s. Bild A53.2. Über Drehschwingungen s. auch Abschn. 1.2.2.4).

Mit der Eigenkreisfrequenz ω_e ergibt sich die Eigenfrequenz aus der Zahlenwertgleichung

$$f_e = \frac{\omega_e}{2\pi} \text{ in s}^{-1} \text{ bzw.} \qquad n_e = \frac{30}{\pi}\omega_e \text{ in min}^{-1} \qquad (126.2)$$

mit ω_e in s^{-1}. Bei einem Wechseldrehmoment $i$ter Ordnung T_{ai} (Zahlenwerte s. Tafel A50.2) kommen i Impulse auf eine Umdrehung. Daher ist die **kritische Drehfrequenz** $i$ter Ordnung

$$f_k = \frac{\text{Eigenfrequenz}}{\text{Ordnungszahl}} = \frac{f_e}{i} \text{ in s}^{-1} \quad \text{bzw.} \quad n_k = \frac{n_e}{i} \text{ in min}^{-1} \qquad (126.3)$$

Der Drehmomentausschlag $\pm T_{ai}$, der von der Kraft- oder Arbeitsmaschine ausgeht, beansprucht die Kupplung durch ein **Wechseldrehmoment**

$$T_{aK} = \pm T_{ai}\frac{J_2}{J_1 + J_2}V = \pm T_{ai}\frac{1}{m+1}V \qquad (126.4)$$

Hierin ist V der Vergrößerungsfaktor, der die Vergrößerung eines erregenden Drehmomentes in einem Schwingungssystem angibt (s. Gl. (126.6) bis (127.2) und Tafel A51.1).

Das Wechseldrehmoment T_{aK} ist dem mittleren Drehmoment T_m überlagert. Somit wird die Kupplung bei der Betriebsdrehfrequenz n mit dem schwellenden Moment

$$T = T_m \pm T_{ai}\frac{1}{m+1}V \qquad (126.5)$$

belastet. Der **Vergrößerungsfaktor** $V = \sqrt{\dfrac{1 + \dfrac{\zeta^2}{4\pi^2}}{\left[1 - \left(\dfrac{n}{n_k}\right)^2\right]^2 + \dfrac{\zeta^2}{4\pi^2}}}$ (126.6) ist von der verhältnismäßigen Dämpfung ζ und vom Verhältnis der Betriebsdrehfrequenz n zur kritischen Drehfrequenz n_k abhängig (Zahlenwerte s. Tafel A51.1). Wird das Verhältnis $n/n_k > 3$, so kann näherungsweise

$$V \approx \left(\frac{n_k}{n}\right)^2 \tag{127.1}$$

gesetzt werden. Bei Resonanz ($n = n_k$) hat der Vergrößerungsfaktor seinen Größtwert

$$V_{max} = \sqrt{\frac{4\pi^2}{\zeta^2} + 1} \tag{127.2}$$

Bei Gummikupplungen ist die verhältnismäßige Dämpfung ζ von der Belastung abhängig. I. allg. kann mit $\zeta = 0{,}8 \cdots 2{,}0$ gerechnet werden.

Zur Berechnung der Wechselbelastung T_{aK} nach Gl. (126.4) ist die Kenntnis des Drehmomentausschlages (Wechseldrehmoment) $\pm T_{ai}$ der Kolbenmaschine erforderlich (Anhaltswerte s. Tafel A50.2). Bei einem Verbrennungsmotor oder einem Kolbenkompressor ist das mittlere Drehmoment T_m nur ein Bruchteil des größten Momentes T_{max}, das während des Arbeitstaktes auftritt. Die harmonische Analyse des Drehmomentverlaufs ergibt beim Zweitaktmotor und beim Kolbenkompressor harmonische Komponenten mit den Ordnungszahlen 1, 2, 3 usw. und beim Viertaktmotor Komponenten mit den Ordnungszahlen 0,5, 1, 1,5, 2 usw.

Für die Berechnung einer drehnachgiebigen Kupplung hinter einem Dieselmotor bzw. zwischen Elektromotor und Kolbenkompressor kommen hauptsächlich die in Tafel A50.2 verzeichneten Ordnungszahlen in Frage.

Die Gl. (126.4) und (125.1) zeigen, daß die Beanspruchung einer drehnachgiebigen Kupplung durch Vergrößern der Schwungmasse (Trägheitsmoment) J_1 herabgedrückt werden kann.

Reicht eine „weiche" drehnachgiebige Kupplung nicht aus, die Eigenkreisfrequenz ω_e auf einen geforderten niedrigen Wert zu bringen, so besteht nach Gl. (126.1) die Möglichkeit, durch Vergrößern von J_2, z. B. durch eine Zusatzschwungmasse, die Eigenkreisfrequenz der Anlage zu vermindern. Dabei ist zu beachten, daß das Anfahrmoment T_{AS} nach Gl. (125.1) und der Momentausschlag der Kupplung T_{aK} nach Gl. (126.4) in den zulässigen Grenzen bleibt. Ein unzulässig hohes Anfahrmoment läßt sich mit Hilfe einer Rutschkupplung (s. Abschn. 4.4.2.2) auffangen. Die Rutschkupplung wird vor die drehnachgiebige Kupplung geschaltet.

Beispiel 1: Berechnen einer drehnachgiebigen Kupplung zwischen Dieselmotor und Generator. (Die Kenngrößen der Kupplung entsprechen etwa denen einer Periflex-Flanschkupplung nach Bild 122.2a). Nenndaten des vorgegebenen Sechszylinder-Viertakt-Dieselmotors: Motornennleistung $P_n = 56{,}5$ kW, Nenndrehfrequenz $n_n = 1500\ \text{min}^{-1}$, mittleres Motordrehmoment (Zahlenwertgleichung mit P_n in kW und n in min^{-1}) $T_m = 9550\ P_n/n_n = 360$ in Nm, Massenträgheitsmoment des Motorschwungrades $J_M = 2{,}5\ \text{kgm}^2$ und des Generators $J_G = 1{,}25\ \text{kgm}^2$.

(Es genügt i. allg., das Massenträgheitsmoment des Motorschwungrades zu berücksichtigen; die Trägheitsmomente der anderen umlaufenden Triebwerksteile sind meist vernachlässigbar.)

Größenauswahl der Kupplung. Das größte Betriebsmoment, das die Kupplung nach Berechnungsverfahren 1 auf Torsion beansprucht, ist nach Gl. (124.1) und mit $\varphi = 2$ aus Bild **A50**.1 hier $T_{max} = \varphi T_m = 2 \cdot 360$ Nm $= 720$ Nm. (Der Bestimmung des Betriebsfaktors φ wurde leichter Anlauf mit unbelastetem Generator und tägliche Laufzeit von 8 Stunden unter Vollast mit geringen Stößen zugrunde gelegt.) Das übertragbare Maximal-Drehmoment der Kupplung muß gleich oder größer als das größte Betriebsmoment sein: $T_{K\,max} \geqq T_{max}$. Es wird eine Kupplung mit einem Maximalmoment $T_{K\,max} = 2000$ Nm gewählt. Die Kenngrößen der Kupplung, die einschlägigen Katalogen der Hersteller entnommen wurden, sind

übertragbares Maximal-Drehmoment	$T_{Kmax} = 2\,T_{nK} = 2000$ Nm
Drehsteife	$c' = 10 \cdot 10^3$ Nm/rad
Dämpfungsfaktor	$\zeta = 1{,}0$
Dauerwechselfestigkeit	$T_{WK(10Hz)} = \pm 300$ Nm
Massenträgheitsmoment der Kupplung auf der Motorseite	$J_{K1} = 1{,}25$ kgm^2
auf der Generatorseite	$J_{K2} = 0{,}125$ kgm^2

Kritische Drehfrequenz und Kupplungsbeanspruchung nach Verfahren 2. Mit dem Massenträgheitsmoment auf der Motorseite $J_1 = J_M + J_{K1} = (2{,}50 + 1{,}25)$ kgm^2 $= 3{,}75$ kgm^2 $= 3{,}75$ Nm s^2 und mit dem Massenträgheitsmoment auf der Generatorseite $J_2 = J_G + J_{K2} =$ $(1{,}25 + 0{,}125)$ kgm^2 $= 1{,}375$ kgm^2 $= 1{,}375$ Nm s^2 errechnet sich das Verhältnis der Trägheitsmomente $m = J_1/J_2 = 2{,}73$. Damit wird nach Gl. (126.1) die Eigenkreisfrequenz

$$\omega_e = \sqrt{\frac{10 \cdot 10^3 \text{ Nm}}{3{,}75 \text{ Nm s}^2}}\,\sqrt{3{,}73} = 99{,}7\ \text{s}^{-1}$$

und nach Gl. (126.2) die Eigenfrequenz $n_e = 952$ in min^{-1}.

Nach Tafel A50.2 wird beim 6-Zylinder-Motor die kritische Drehfrequenz ersten Grades dritter Ordnung berücksichtigt, die nach Gl. (126.3) $n_k = 317$ min^{-1} ist. Das Wechseldrehmoment dritter Ordnung des Motors ist nach Tafel A50.2 $T_{a1} = \pm 2{,}0\, T_m = \pm 720$ Nm. Es belastet nach Gl. (126.4) die Kupplung mit dem Wechseldrehmoment $T_{aK} = \pm 8{,}6$ Nm, wenn für die Betriebsdrehfrequenz $n = n_n$ der Vergrößerungsfaktor nach Gl. (121.6) $V = 0{,}044$ gesetzt wird. Das Wechseldrehmoment T_{aK} ist somit wesentlich kleiner als die zulässige Dauerwechselfestigkeit $T_{WK} = \pm 110$ Nm nach Gl. (123.1). Bei der Betriebsdrehfrequenz n_n wird die Kupplung nach Gl. (126.5) mit dem Moment $T = 360 \pm 8{,}6$ Nm belastet. Beim unbelasteten Anfahren durch den Resonanzbereich bleibt das Wechseldrehmoment nach Gl. (126.4) mit $V_{max} = 6{,}36$ nach Gl. (127.2) kleiner als das größte ertragbare Drehmoment: $T_{aK} = 1228$ Nm $< T_{Kmax} = 2000$ Nm. Der Verdrehungswinkel der Kupplung beträgt bei der Normalbelastung, s. Gl. (118.1),

$$\psi = \frac{180}{\pi} \cdot \frac{T}{c'} \approx 2°$$

Mit dem größten Drehmoment des Motors $T_{max} \approx 1100$ Nm (nach Tafel **A50**.2) und dem Faktor $k' = 1{,}8$ ergibt sich nach Gl. (125.1) das größte Anfahrmoment T_{AS} zu 530 Nm. Zulässig ist $T_{Szul} = (0{,}75 \cdots 1) T_{K\,max}$, also für diese Kupplung $1500 \cdots 2000$ Nm.

Ungleichförmigkeitsgrad des Generators. Für die Lichtstromerzeugung ist der Ungleichförmigkeitsgrad des Generators von Bedeutung. Der Ungleichförmigkeitsgrad der Generatormasse (Trägheitsmoment) J_2 ist

$$\delta = \delta_{starr} V = \frac{2\,T_{a1}}{(J_1 + J_2)\, i\, \omega^2}\, V \qquad (128.1)$$

Hierin bedeuten δ_{starr} Ungleichförmigkeitsgrad mit starrer Kupplung und ω Winkelgeschwindigkeit bei der Betriebsdrehfrequenz. Im Vergleich zur starren Kupplung verbessert die elastische Kupplung nur dann den Ungleichförmigkeitsgrad, wenn der Vergrößerungsfaktor kleiner als Eins ist. Die Betriebsdrehfrequenz muß daher weit über der kritischen Drehfrequenz liegen. Um flimmerfreies Licht zu erhalten, soll $\delta \leqq 1/175 \cdots 1/300$ sein. Im Beispiel ist bei $n_n = 1500\ \text{min}^{-1}$ der Ungleichförmigkeitsgrad $\delta \approx 1/6000$; im Vergleich zu $\delta_{starr} = 1/270$ ist damit die vorstehende Forderung erfüllt.

4.4. Schaltbare Kupplungen (Verlustarbeit bzw. -wärme)

Schaltkupplungen ermöglichen es, die Übertragung von Drehmomenten zwischen zwei Wellen durch einen Schaltvorgang jederzeit herstellen oder unterbrechen zu können. Werden zwei Maschinen mit unterschiedlicher Drehfrequenz (z. B. Motor- und Arbeitsmaschine) kraftschlüssig gekuppelt (129.1), so wird die beim Anlauf- oder Schaltvorgang in der Kupplung verlorene Arbeit [1] in Wärme umgesetzt. Die Auswahl der passenden Kupplungsgrößen muß daher für einen bestimmten Antrieb u. a. auch nach thermischen Gesichtspunkten erfolgen (s. Abschn. 4.4.1).

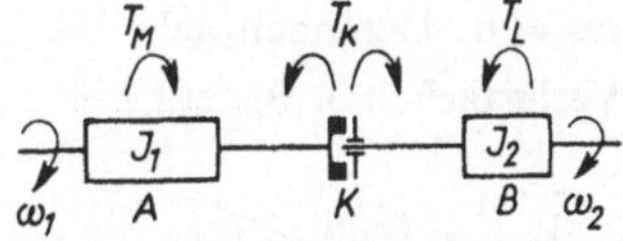

129.1 Anlaufvorgang
A Antrieb (Motor) *B* Abtrieb (Arbeitsmaschine)
K Schaltkupplung
Die Massen mit den Trägheitsmomenten J_1 und J_2 werden auf gleiche Winkelgeschwindigkeit gebracht

Allgemeines. Wird angenommen, daß die Arbeitsmaschine bereits belastet anfährt, so sind

1. der Beschleunigungswiderstand der zu bewegenden Massen und
2. der Lastwiderstand (Nutzwiderstand + Reibungswiderstand) der zu kuppelnden Abtriebsseite zu überwinden.

Der Lastwiderstand und damit das Lastmoment T_L seien konstant (130.1a). Nach dem Einschalten, von der Zeit $t = 0$ an, soll das von der Kupplung auf die getriebene Welle übertragene Moment T_K beliebig nach der Funktion $T_K = f(t)$ ansteigen. (Bei Reibungskupplungen verursacht die Änderung der Reibungszahl ein veränderliches Moment. Ein ansteigendes Moment ist auch durch Steigerung der Anpreßkraft zu erreichen.) Während der Anlaufzeit, von $t = 0$ bis $t = t_A$, soll die Winkelgeschwindigkeit[1]) der treibenden Welle ω_1 = const bleiben. Somit geht das Massenträgheitsmoment des Motors J_1 in die Berechnung nicht ein [s. aber Gl. (132.5)], und das vom Motor abgegebene Drehmoment ist $T_M = T_K$ [s. Gl. (132.6)].

Nach dem Einschalten der Kupplung bleibt die Abtriebseite noch so lange in Ruhe, bis das von der Kupplung übertragene Moment T_K größer als das Lastmoment T_L geworden ist. Erst dann, also vom Zeitpunkt t_1 an, kann der Motor über die Kupplung ein Überschuß- und damit Beschleunigungsmoment $T_B = T_K - T_L$ abgeben, das die Massen auf der Abtriebseite beschleunigt. Es gilt

$$T_B = T_K - T_L = J_2 \alpha_2 = J_2 \mathrm{d}\omega_2/\mathrm{d}t \tag{129.1}$$

Die Winkelbeschleunigung[1]) α_2 ist also proportional dem Beschleunigungsmoment T_B, wenn das Massenträgheitsmoment J_2 konstant bleibt (zur Bestimmung von J s. Bild A53.2. Befindet sich ein Getriebe in der Anlage, so müssen die entsprechenden Massenträgheitsmomente auf die Kupplungswelle reduziert werden).

---

[1]) SI-Einheit für die Winkelgeschwindigkeit ist rad/s, für die Winkelbeschleunigung rad/s². Da 1 rad = 1 m/1 m = 1 ist, wird zur Vereinfachung in die folgenden Berechnungen für 1 rad = 1 eingesetzt

Die von der α_2-Kurve und der Abszisse eingeschlossene Fläche in Bild **130.1** a ist gleich der Winkelgeschwindigkeit auf der Abtriebseite ω_2

$$\omega_2 = \int_{t_1}^{t} \alpha_2 \mathrm{d}t = \int_{t_1}^{t} \frac{T_K - T_L}{J_2} \mathrm{d}t \tag{130.1}$$

Der Beschleunigungsvorgang ist beendet bei $\omega_2 = \omega_1$ (**130.1** b). Hier sinkt das Motormoment T_M auf das Lastmoment T_L ab.

Verlustleistung. Zur Beschleunigung der Massen steht die Leistung $P_{1B} = T_B \omega_1 = (T_K - T_L)\omega_1$ zur Verfügung (**130.1** c). Davon wird jedoch nur die Leistung $P_{2B} = T_B \omega_2 = (T_K - T_L)\omega_2$ zur Beschleunigung verwendet (Indizes 1 und 2 gelten für An- bzw. Abtriebseite). Somit ergibt sich ein Leistungsverlust $P_{VB} = P_{1B} - P_{2B} = T_B (\omega_1 - \omega_2) = (T_K - T_L)(\omega_1 - \omega_2)$.

Um dem Lastmoment T_L das Gleichgewicht zu halten, steht die Leistung $P_{1L} = T_L \omega_1$ zur Verfügung. Davon wird nur der Teil $P_{2L} = T_L \omega_2$ ausgenutzt. Die Leistung $P_{VL} = P_{1L} - P_{2L} = T_L(\omega_1 - \omega_2)$ geht als Wärme verloren. Bis zum Anlaufen ($t = t_1$) ist $\omega_2 = 0$. Demnach geht bis zu diesem Zeitpunkt die gesamte Leistung $T_K \omega_1$ verloren.

Verlustarbeit[1]. Bis zur Zeit t_A ist die vom Motor aufgewendete Gesamtarbeit (**130.1** c)

$$W = \int_0^{t_A} T_K \omega_1 \mathrm{d}t = W_{V0} + W_{1B} + W_{1L}$$

Zur Beschleunigung steht die Arbeit

$$W_{1B} = \int_{t_1}^{t_A} (T_K - T_L)\omega_1 \mathrm{d}t$$

oder, mit Gl. (129.1),

$$W_{1B} = J_2 \omega_1 \int_0^{\omega_2 = \omega_1} \mathrm{d}\omega_2 = J_2 \omega_1^2$$

zur Verfügung. Hiervon wird für die Beschleunigung die Arbeit

$$W_{2B} = \int_{t_1}^{t_A} (T_K - T_L)\omega_2 \mathrm{d}t = J_2 \int_0^{\omega_2 = \omega_1} \omega_2 \mathrm{d}\omega_2 = \frac{J_2 \omega_1^2}{2}$$

verwendet. Somit ist der Arbeitsverlust während der Massenbeschleunigung

$$W_{VB} = W_{1B} - W_{2B} = J_2 \omega_1^2/2 = W_{1B}/2$$

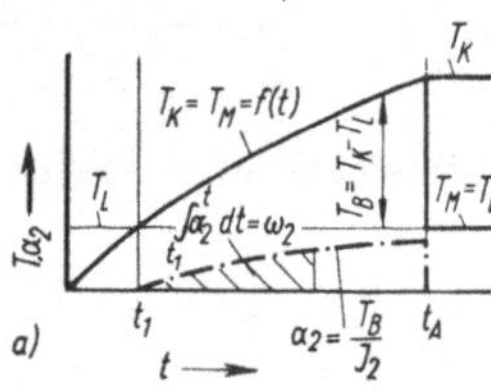

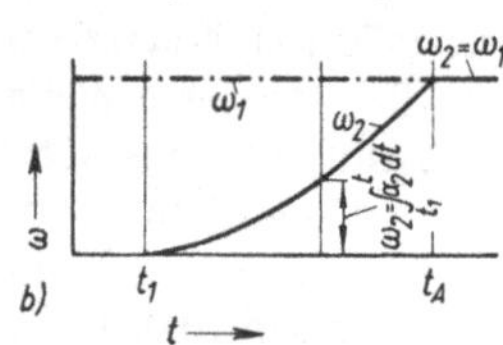

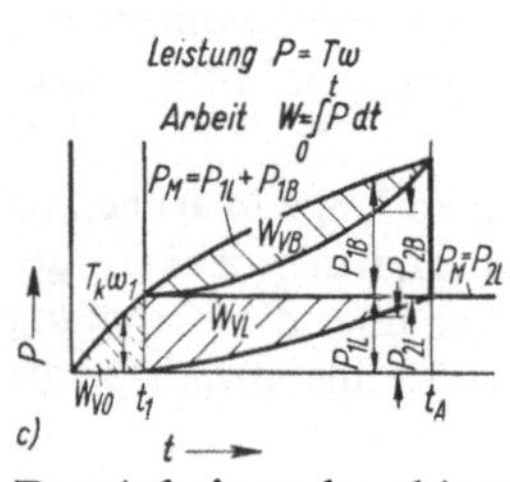

130.1 Arbeitsverluste beim Anlaufvorgang [ω_1, T_L = const; $T_K = f(t)$]

Der Arbeitsverlust bis zum Einsetzen der Beschleunigung ist

$$W_{V0} = \int_0^{t_1} T_K \omega_1 \mathrm{d}t$$

Von der Arbeit $\qquad W_{1L} = \int_{t_1}^{t_A} T_L \omega_1 \mathrm{d}t = T_L \omega_1 (t_A - t_1)$

[1]) Die Einführung der Einheit rad/s für ω ermöglicht eine Unterscheidung zwischen der Arbeit als Produkt aus Kraft und Weg (Nm) und der Arbeit eines Momentes bei drehender Bewegung (Nm rad) bzw. nach dem Energiesatz (Nm rad[2])

die für das Lastmoment T_L zur Verfügung steht, wird nur der Teil

$$W_{2L} = \int_{t_1}^{t_A} T_L \omega_2 \, dt$$

verbraucht; verloren geht die Arbeit

$$W_{VL} = W_{1L} - W_{2L} = T_L \left[\omega_1(t_A - t_1) - \int_{t_1}^{t_A} \omega_2 \, dt \right]$$

Der gesamte Arbeitsverlust W_V beim Anlaufvorgang setzt sich somit zusammen aus den Verlusten 1. vor dem Beschleunigen W_{V0}, 2. beim Beschleunigen W_{VB} und 3. bei der Überwindung der Lastwiderstände W_{VL}

$$W_V = W_{V0} + W_{VB} + W_{VL} = \omega_1 \int_0^{t_1} T_K \, dt + \frac{J_2 \omega_1^2}{2} + T_L \left[\omega_1(t_A - t_1) - \int_{t_1}^{t_A} \omega_2 \, dt \right] \qquad (131.1)$$

Beeinflussung der Verlustarbeit. Ein kleiner Arbeitsverlust W_V ist unter folgenden Bedingungen zu erreichen (s. Gl. (131.1) und Bild **130.1**):

1. Wenn das Kupplungsmoment T_K vom Schaltbeginn an größer als das Lastmoment T_L ist. Hierbei setzt der Anlauf der getriebenen Welle sofort beim Kuppeln ein, und der Verlust W_{V0} wird gleich Null.

2. Wenn die Arbeitsmaschine unbelastet angefahren wird. Dadurch bleibt der Arbeitsverlust W_{VL} klein. Er kann in der Rechnung vernachlässigt werden, wenn die Reibungswiderstände gering sind. Bei $T_L = 0$ und $t_1 = 0$ ist der Arbeitsverlust nur noch von den zu beschleunigenden Massen und von der Antriebsdrehzahl abhängig

$$W_V = W_{VB} = J_2 \omega_1^2 / 2 \qquad (131.2)$$

oder – in Form einer Zahlenwertgleichung mit den in der Praxis gebräuchlichen Einheiten –

$$W_V = \frac{J_2 n_1^2}{182{,}4} = 5{,}48 \cdot 10^{-3} \, J_2 n_1^2 \text{ in Nm} \qquad (131.3)$$

mit Massenträgheitsmoment J_2 in kgm² bzw. Nms² und Drehfrequenz n_1 in min⁻¹. Es ist zu beachten, daß der Verlust bei der Beschleunigung unabhängig vom Momentverlauf ist und immer die Hälfte der ganzen aufgewendeten Beschleunigungsarbeit beträgt.

3. Wenn das Kupplungsmoment T_K sofort beim Einschalten seinen Höchstwert erreicht und danach konstant bleibt. Unter dieser Voraussetzung verkürzt sich die Anlaufzeit t_A, und es steigt wegen $\alpha_2 = T_B/J_2 = \text{const}$ die Funktion $\omega_2 = f(t)$ geradlinig an. Dadurch wird der Arbeitsverlust W_{VL} verkleinert.

Oft ist die Funktion $T_K = f(t)$ unbekannt. In einem solchen Fall wird der Arbeitsverlust unter der Annahme errechnet, daß das Kupplungsmoment T_K vom Schaltbeginn an größer als das Lastmoment T_L ist, und daß beide Momente konstant bleiben. Somit ist von $t = 0$ an das Beschleunigungsmoment $T_B = T_K - T_L = \text{const}$. Eine Anlaufverzögerung von $t = 0$ bis $t = t_1$ wie in Bild **130.1**a tritt nicht ein. Außerdem ist $\alpha_2 = \text{const}$ und ω_2 steigt geradlinig über der Anlaufzeit an.

Weiter ist mit Gl. (129.1) und (130.1) $$\omega_2 = \frac{T_B}{J_2}\int_0^{t_A} dt = \frac{T_B}{J_2} t_A \tag{132.1}$$

Mit $\omega_2 = \omega_1$ am Ende der Anlaufzeit $$t_A = J_2\omega_1/T_B \tag{132.2}$$

– bzw. als Zahlenwertgleichung $$t_A = \frac{J_2 n_1}{9{,}55\, T_B} = 0{,}1047\,\frac{J_2 n_1}{T_B} \text{ in s} \tag{132.3}$$

mit J_2 in kgm², n_1 in min⁻¹ und T_B in Nm – errechnet sich die aufgewendete Arbeit zu

$$W_{2L} = T_L \int_0^{t_A} \omega_2\, dt = T_L \int_0^{t_A} \omega_1 \frac{t}{t_A}\, dt = \frac{T_L \omega_1 t_A}{2} = \frac{W_{1L}}{2}$$

Wärmeverlust. Die gesamte Verlustarbeit, die unter der Bedingung $T_K > T_L = \text{const}$ und $\omega_1 = \text{const}$ beim Anlaufvorgang in der Kupplung in Wärme übergeht, ist [s. Gl. (131.1)]

$$W_V = \frac{J_2\omega_1^2}{2} + \frac{T_L\omega_1 t_A}{2} = \frac{T_B\omega_1 t_A}{2} + \frac{T_L\omega_1 t_A}{2} = \frac{T_K\omega_1 t_A}{2} \tag{132.4}$$

Ist die Winkelgeschwindigkeit ω_1 mit der Zeit veränderlich (**132.1**), dann wird auch das Massenträgheitsmoment des Motors J_1 (**129.1**) in die Berechnung einbezogen. Es wird vorausgesetzt, daß das Motormoment T_M, das Kupplungsmoment T_K und das Lastmoment T_L während der Anlaufzeit von $t = 0$ bis $t = t_A$ konstant bleiben. Beim Einschalten im Zeitpunkt $t = 0$ haben die Winkelgeschwindigkeiten der antreibenden und getriebenen Seite die Werte $\omega_1 = \omega_{10}$ und $\omega_2 = \omega_{20}$. Für den An- und Abtrieb gelten dann die Beziehungen

$$T_{1B} = T_M - T_K = J_1\frac{d\omega_1}{dt} \qquad T_{2B} = T_K - T_L = J_2\frac{d\omega_2}{dt} \tag{132.5}$$

Bei Berücksichtigung der Anfangsbedingungen ergibt die Integration der Gl. (132.5)

$$\frac{T_M - T_K}{J_1}\int_0^t dt = \int_{\omega 10}^{\omega 1} d\omega_1 \quad \text{und} \quad \frac{T_K - T_L}{J_2}\int_0^t dt = \int_{\omega 20}^{\omega 2} d\omega_2$$

die Winkelgeschwindigkeiten

$$\omega_1 = \omega_{10} + \frac{T_M - T_K}{J_1} t \qquad \omega_2 = \omega_{20} + \frac{T_K - T_L}{J_2} t \tag{132.6}$$

Für $T_K = T_M$ bleibt die Winkelgeschwindigkeit ω_1 konstant. Sie wird für $T_K > T_M$ mit der Zeit t kleiner. Die Winkelgeschwindigkeit ω_2 nimmt bei $T_K > T_L$ mit der Zeit t zu (**132.1**).

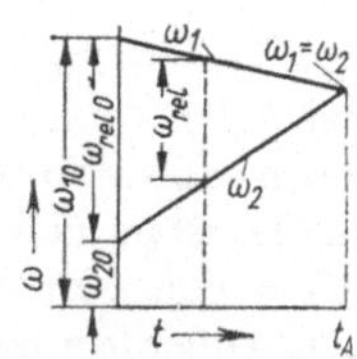

132.1 Verlauf der Winkelgeschwindigkeiten ω_1 und ω_2 beim Anlaufvorgang

Die für die Wärmeerzeugung maßgebende Relativwinkelgeschwindigkeit ist

$$\omega_{rel} = \omega_{10} - \omega_{20} + \left(\frac{T_M - T_K}{J_1} - \frac{T_K - T_L}{J_2}\right) t \tag{133.1}$$

Der Anlaufvorgang ist beendet bei $\omega_{rel} = 0$. Hierfür beträgt dann mit $\omega_{10} - \omega_{20} = \omega_{rel\,0}$ die Anlaufzeit

$$t_A = \frac{\omega_{rel\,0}}{\dfrac{T_K - T_M}{J_1} + \dfrac{T_K - T_L}{J_2}} \tag{133.2}$$

Nach dem Anlauf bleiben ω_1 und ω_2 gleich groß und konstant, wenn $T_M = T_L$ ist. Die je Zeiteinheit der Kupplung zugeführte Wärme bzw. die Verlustleistung $P_V = T_K(\omega_1 - \omega_2)$ ist beim Einschalten $P_{V t 0} = T_K \omega_{rel\,0}$. Sie fällt mit der Zeit t ab und ist Null im Zeitpunkt t_A (133.1). Die gesamte Verlustarbeit, die in der Kupplung in Wärme übergeht, beträgt somit [s. Gl. (132.4)]

$$W_V = \frac{P_{V t 0} t_A}{2} = \frac{T_K \omega_{rel\,0} t_A}{2} \tag{133.3}$$

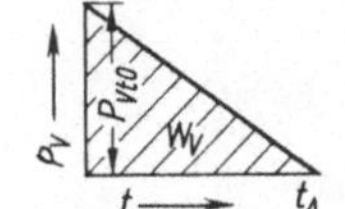

133.1 Verlustleistung bzw. Wärmezufuhr je Zeiteinheit beim Anlaufvorgang (T_K, T_L = const; $T_K > T_L$). Die Fläche W_V stellt die gesamte Verlustarbeit dar

Werden zwei Massenträgheitsmomente gekuppelt, ohne daß ein Motor- bzw. Antriebsmoment T_M und ein Lastmoment T_L vorhanden ist ($T_M, T_L = 0$), so gilt nach Gl. (133.3) mit t_A nach Gl. (133.2) für die Verlustarbeit die Beziehung

$$W_V = \frac{J_1 J_2}{J_1 + J_2} \cdot \frac{\omega_{rel\,0}^2}{2} \tag{133.4}$$

Aus Gl. (133.3) bzw. (132.4) errechnet sich die sekundlich entwickelte Wärme nach der Gleichung

$$Q_s = \frac{T_K \omega_{rel\,0} t_A z}{2} \quad \text{in} \frac{\text{Nm}}{\text{s}} \quad \text{bzw. in W} \tag{133.5}$$

mit T_K in Nm, $\omega_{rel\,0}$ in rad/s, t_A in s und z als Zahl der Schaltungen je Sekunde in s^{-1}. Für Gl. (133.5) wird t_A nach Gl. (132.2) bzw. (133.2) bestimmt und $\omega_{rel\,0} = \omega_{10}$ bzw. ω_1 gesetzt, wenn $\omega_{20} = 0$ ist. Soll die Kupplungstemperatur in zulässigen Grenzen bleiben, so muß $Q_s \leqq Q_{s\,zul}$ sein.

Kupplungen mit geringen Schaltzahlen z werden oft als Wärmespeicher gebaut, der sich zwischen den langen Schaltpausen abkühlt. Für eine solche Kupplung ist die entwickelte zulässige Wärmemenge je Schaltung

$$Q_{zul} = mc(\vartheta_{zul} - \vartheta_u) \tag{133.6}$$

Bedeuten m die Masse der wärmespeichernden Kupplungsteile in kg, c die spezifische Wärme in J/(kg K) – für Stahl ist c = 420 J/(kg K) –, ϑ_u die Umgebungstemperatur und ϑ_{zul} die zulässige mittlere Temperatur der Kupplung in °C, so erhält man in der vorstehenden Größengleichung Q_{zul} in J (Joule) bzw. in Ws[1]).

[1]) 1 J = 1 Nm = 1 Ws

Für häufiges Schalten oder Dauerschlupf werden die Kupplungen als Wärmeaustauscher ausgebildet, die bei guter Kühlung die entsprechende Wärme schnell abgeben. Bei einer Kupplung mit der kühlenden Oberfläche A_a ist die sekundlich entwickelte zulässige Wärmemenge Q_s gleich oder kleiner dem nach außen abfließenden Wärmestrom Φ zu setzen

$$Q_{s\,zul} \leqq \Phi = q_a A_a (\vartheta_{zul} - \vartheta_u) \tag{134.1}$$

Die Wärmemenge $Q_{s\,zul}$ ergibt sich in W, wenn man die Außenfläche A_a in m², ϑ_{zul} als die zu $Q_{s\,zul}$ gehörige Temperatur und ϑ_u als Umgebungstemperatur in °C und den Wärmeabgabewert q_a in W/(m² K) einsetzt; q_a berücksichtigt die Wärmeabgabe durch Konvektion und Strahlung sowie durch Leitung über die Welle und die angeflanschten Teile. Sein Zahlenwert ist von Einbau- und Kühlungsverhältnissen und von der Umfangsgeschwindigkeit der Kupplung abhängig. Der Wärmeabgabewert q_a wird durch Versuche ermittelt. Bei Luftkühlung beträgt $q_a \approx 5 \cdots 9$ W/(m² K) für eine Umfangsgeschwindigkeit $v < 1$ m/s und $q_a = 9v^{0,2} \cdots 9v^{0,7}$ für $v > 1$ m/s (Bild A52.2).

Die Zeit t, die vergeht, bis die Kupplungstemperatur ϑ_{zul} erreicht ist, hängt hauptsächlich von der je Zeiteinheit zugeführten Wärme Q_s und vom Verhältnis der zu erwärmenden Masse m zur kühlenden Oberfläche ab.

Es ist[1])

$$t = \frac{mc}{q_a A_a} \ln \frac{1}{1 - \dfrac{q_a A_a}{Q_s}(\vartheta_{zul} - \vartheta_u)} \tag{134.2}$$

4.4.1. Formschlüssige Kupplungen

Formschlüssige Kupplungen lassen sich nur bei Stillstand, bei Drehfrequenzgleichheit oder bei geringen Relativdrehfrequenzen der beiden Kupplungshälften gegeneinander schalten. Nach dem Einschalten, das mechanisch über ein Gestänge oder elektromagnetisch erfolgt, ist eine Relativbewegung der starren Kupplungshälften zueinander natürlich nicht möglich, somit kann in der Kupplung auch keine Wärme durch Verlustarbeit entstehen.

Zur formschlüssigen schaltbaren Verbindung dienen Bolzen, Klauen oder Zähne. Ihre hohe Festigkeit erlaubt die Übertragung großer Drehmomente bei kleinen Kupplungsabmessungen. Daher finden diese Kupplungen u. a. im Schwermaschinenbau Verwendung.

Die einfachen schaltbaren Klauenkupplungen bestehen aus zwei Kupplungshälften, deren Stirnseite mit Klauen versehen sind. Die eine Kupplungshälfte sitzt drehfest und axial gesichert auf der treibenden Welle, die andere läßt sich mit einem Schaltring entlang zweier Gleitfedern auf dem Wellenende axial verschieben. Ist die Kupplung eingeschaltet, so greifen die Klauen beider Kupplungshälften formschlüssig ineinander. Zahnkupplungen besitzen an Stelle der Klauen eine Verzahnung, die entweder an der Stirnseite oder am Umfang der Kupplungshälften angeordnet ist. Klauen- und Zahnkupplungen lassen sich auch bei geringer Relativdrehfrequenz nur dann einschalten, wenn die Klauen bzw. Zähne abgeschrägt sind (elastisch einrastende Zahn-Kupplungen)[2]).

---

[1]) Einheiten s. Gl. (133.6) und (134.1) und Fußnote 1 S. 133

[2]) Stübner, K.: Elastisch einrastende Elektromagnet-Zahnkupplungen. Z. Antriebstechnik **11** (1972) Nr. 12, S. 457 bis 462

Bei elektromagnetisch betätigten[1]) Zahnkupplungen erzeugt ein Elektromagnet die Schaltkraft und bewirkt die Verbindung oder die Lösung der zu kuppelnden Teile. Ein Schaltgestänge wie bei mechanisch betätigten Kupplungen ist also nicht nötig. Elektromagnetisch geschaltete Kupplungen können von beliebigen Stellen aus bei unbegrenzter Anzahl der Schaltstellen betätigt werden. Die Erregerspule wird entweder über gleitende Kontakte, also über Bürsten und Schleifringe, oder – bei schleifringlosen Kupplungen – über feste Kontakte mit Gleichstrom gespeist. Als Zusatzgeräte sind deshalb vor allem Gleichrichter, daneben Schnellschaltgerät, Vorschaltwiderstand, Schütz und Schalter nötig. Die Kupplungen werden auf der Gleichstromseite des Netzgleichrichters geschaltet. Größere Kupplungen erfordern einen Schutz gegen die beim Ausschalten entstehende Selbstinduktions-Überspannung.

Gestaltungsbeispiele. Die Bilder **135**.1 und 2 zeigen elektromagnetisch betätigte Zahnkupplungen. Bei der Zahnkupplung (**135**.1) sind der Polkörper 1 und die Nabe 2 auf den Wellenenden aufgefedert und gegen axiale Verschiebung gesichert. Der Polkörper nimmt in einer Ringnut die Erregerspule 3 auf. Beide Teile sind durch isolierendes Gießharz fest miteinander verbunden. Die Spule wird über zwei auf einem Isolierring 4 sitzende Schleifringe 5 erregt. Die Nabe führt in einer Verzahnung mit Evolventenprofil 6 (s. Teil 1) den Ankerkörper 7. Auf diesem sowie auf dem Polkörper ist je ein Ring 8 mit einer Planverzahnung befestigt. Bei Erregung der Spule zieht die Magnetkraft den Ankerkörper – bis auf den Betrag eines kleinen Luftspaltes – gegen den Polkörper, wobei die Verzahnung der beiden Ringe 8 ineinandergreift und eine formschlüssige Verbindung bildet. Nach Abschalten des Spulenstromes drücken die Abdruckfedern 9 den Ankerkörper aus dem Eingriff heraus. Umgekehrt kuppelt die Federdruckzahnkupplung durch Federkraft ein und durch Magnetkraft aus.

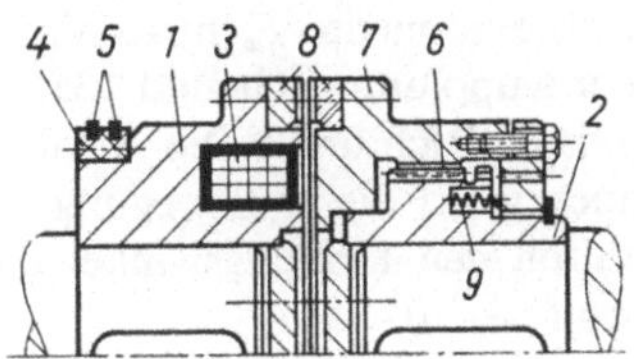

135.1 Elektromagnetisch betätigte Zahnkupplung mit Schleifringen (Stromag)

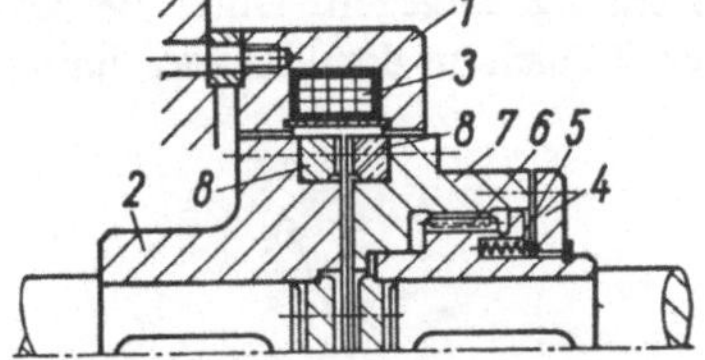

135.2 Elektromagnetisch betätigte, schleifringlose Zahnkupplung (Stromag)

Die schleifringlose Zahnkupplung (**135**.2) kuppelt durch Magnetkraft ein und durch Federkraft aus. Der Polkörper 1 mit der Spule 3 ist als feststehender Ringmagnet ausgebildet. (Die Stromzuführung erfolgt über ruhende Kontakte.) Die Nabe 2 und der Ankerkörper 7 laufen um. Beim Schließen des Stromkreises zieht die Magnetkraft den Ankerkörper 7, der in der Evolventenverzahnung 6 gleitet, gegen die Nabe 2 und bringt so die Planverzahnung 8 in Eingriff. Nach dem Öffnen des Stromkreises bewirkt die sich gegen den Ring 4 abstützende Abdruckfeder 5 das Entkuppeln.

---

[1]) Elektromagnetisch betätigte Kupplungen werden oft kurz als Elektromagnetkupplungen bezeichnet, z. B. auch die elektromagnetisch betätigten Reibungskupplungen (s. Abschn. 4.4.2.1).

Berechnung

Die Berechnung formschlüssiger Kupplungen soll für den häufig vorkommenden Fall der elektromagnetisch betätigten Zahnkupplung entwickelt werden (s. Beispiel 2 S. 139). Die Zugkraft des Elektromagneten fällt mit größer werdendem Luftspalt zwischen Polfläche und Ankerscheibe stark ab. Dadurch wird der nutzbare Verschiebeweg der Ankerscheibe praktisch auf wenige Millimeter begrenzt. Vom Verschiebeweg hängt die Höhe der Planverzahnung ab. Um ein schnelles Ausschalten der Kupplung mit kleinen Kräften zu erreichen, wird zwischen Ankerscheibe und Polflächen ein Restluftspalt l_L vorgesehen und einer der beiden Zahnringe aus Bronze hergestellt (Restmagnetismus).

In vielen Fällen sollen Zahnkupplungen unter Last ausgeschaltet werden. Dies gelingt mit kleinem Kraftaufwand nur dann, wenn die Zähne der Planräder abgeschrägt sind. Bei der Festigkeitsberechnung der Planverzahnung (s. Abschn. 8) ist zu beachten, daß die Umfangskraft beim Ausschalten unter Vollast am Ende des Schalthubes an den Kanten der Zähne angreift.

Kräfte an Zahnkupplungen. Wird eine Zahnkupplung nach Bild **135.1** oder 2 mit einem Drehmoment T belastet, so wirkt im mittleren Radius R_1 (**136.**1) der Planverzahnung die Umfangskraft

$$F_u = T/R_1 \qquad (136.1)$$

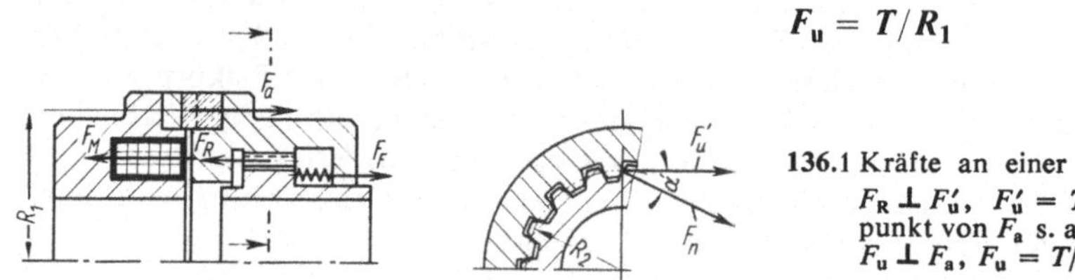

136.1 Kräfte an einer Zahnkupplung
$F_R \perp F_u'$, $F_u' = T/R_2$ (Angriffspunkt von F_a s. a. Bild **136.2**)
$F_u \perp F_a$, $F_u = T/R_1$

Sie ergibt bei Zähnen mit dem Flankenwinkel α eine Kraftkomponente F_a in axialer Richtung, die die Planräder auseinanderdrückt (**136.**2). (In der Kupplung nach Bild **135.**1 entfernt sich der Ankerkörper 7 vom Spulenkörper 1 in axialer Richtung.) Die Axialkomponente der Reibungskraft μF_n zwischen den Planzähnen wirkt dieser Bewegungsrichtung entgegen. Unter Berücksichtigung der Reibung durch den Reibungswinkel ϱ ergibt sich an der Planverzahnung die Axialkraft $F_a = F_u \tan(\alpha - \varrho)$.

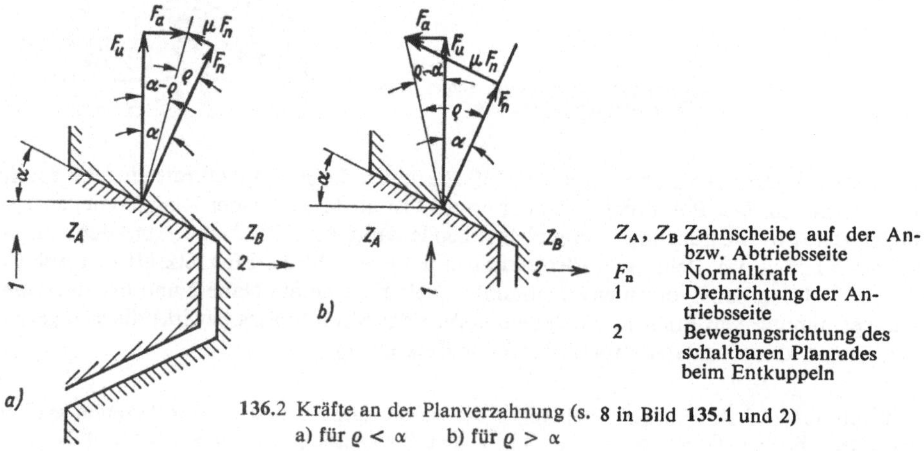

Z_A, Z_B Zahnscheibe auf der An- bzw. Abtriebsseite
F_n Normalkraft
1 Drehrichtung der Antriebsseite
2 Bewegungsrichtung des schaltbaren Planrades beim Entkuppeln

136.2 Kräfte an der Planverzahnung (s. 8 in Bild **135.1** und 2)
a) für $\varrho < \alpha$ b) für $\varrho > \alpha$

Da die Reibungszahl $\mu = \tan\varrho$ stark streut, kann bei Flankenwinkeln bis $\alpha \approx 25°$ mit genügender Genauigkeit für die Axialkraft

$$F_a \approx F_u(\tan\alpha - \mu) \tag{137.1}$$

gesetzt werden. Bei $\mu < \tan\alpha$ bzw. $\varrho < \alpha$ drückt F_a die Zahnscheiben auseinander (**136**.2a). Ist $\mu > \tan\alpha$ bzw. $\varrho > \alpha$, so wirkt F_a gegen die Bewegungsrichtung der Ankerscheibe beim Ausschalten (**136**.2b).

Im mittleren Radius R_2 der Gleitführung (**136**.1) ergibt das Moment T eine Umfangskraft

$$F'_u = T/R_2 = F_u R_1/R_2 \tag{137.2}$$

Ihre Normalkomponente erzeugt in der Gleitführung mit Evolventenprofilen (s. Teil 1, Abschn. 4.2) die Reibungskraft

$$F_R = \mu' F'_u/\cos\alpha' \tag{137.3}$$

die beim Ausschalten gegen die Bewegungsrichtung der Ankerscheibe wirkt (μ' Reibungszahl in der Gleitführung, α' Eingriffswinkel der Evolventenverzahnung).

Die Federkraft F_F drückt beim Ausschalten der Kupplung in die Bewegungsrichtung der Ankerscheibe. Die erforderliche Federkraft zum Lüften der unter Vollast laufenden Kupplung ist somit nach Abschalten der Spule (Magnetkraft $F_M = 0$)

$$F_F = F_R - F_a = F_u \left[\frac{R_1}{R_2} \, \frac{\mu'}{\cos\alpha'} - (\tan\alpha - \mu)\right] \tag{137.4}$$

Zur Vereinfachung darf mit $\mu' \approx \mu$ gerechnet werden. Die zum Lüften erforderliche Federkraft wird mit zunehmendem μ größer. Bei Vergrößerung des Flankenwinkels α der Planzähne wird die erforderliche Federkraft kleiner.

Eine Federkraft ist zum Lüften nur dann notwendig, wenn $F_R > F_a$ ist. Dies ist je nach dem Verhältnis R_1/R_2 der Fall bei (Bild A52.3)

$$\mu > \mu_{gr} = \frac{\tan\alpha}{\left(1 + \dfrac{R_1}{R_2\cos\alpha'}\right)} \tag{137.5}$$

Beim Grenzwert μ_{gr} ist $F_R = F_a$. In die Konstruktionsberechnung wird $\mu > \mu_{gr}$ eingesetzt. Obgleich bei geringer Reibung im praktischen Einsatz beim Ausschalten unter Last keine Federkraft notwendig ist, so sind dennoch Rückholfedern vorzusehen, um die Ankerscheibe in Stellung „Aus" zu halten. Zudem sind Rückholfedern für das Schalten bei unbelasteter Kupplung notwendig.

Die Planverzahnung soll bei Belastung der Zahnkupplung im Eingriff bleiben. Die erforderliche Haltekraft eines Elektromagneten hierzu ist

$$F_M = F_a - F_R + F_F = F_u\left(\tan\alpha - \mu - \frac{R_1}{R_2}\cdot\frac{\mu'}{\cos\alpha'}\right) + F_F \tag{137.6}$$

Damit die Kupplung das Drehmoment auch bei verölten Zähnen (bei kleiner Reibungszahl) mit Sicherheit überträgt, ist in der Entwurfsrechnung $\mu < \mu_{gr}$ zu setzen.

Elektromagnetisch geschaltete Zahnkupplungen mit großen Zahnwinkeln (bis 30°) werden oft als Sicherheitskupplungen eingesetzt, die bei Überschreiten eines bestimmten Drehmomentes ausrücken (es wird $F_a - F_R + F_F > F_M$).

Elektromagnet. Die erforderliche Zugkraft des Elektromagneten für die Zahnkupplung ist nach Gl. (137.6) bekannt. Hierfür ist die Erregerspule des Elektromagneten zu berechnen.

Magnetischer Kreis. Für die Zugkraft eines Magneten gilt als Näherung die Zahlenwertgleichung[1])

$$F_M = 40\, B_L^2 A \quad \text{in N} \tag{138.1}$$

wobei die im Luftspalt vorhandene Flußdichte B_L in T (Tesla) und die gesamte Polfläche A in cm² einzusetzen sind. Dann ist die Fläche je Pol

$$A_P = A/2 \tag{138.2}$$

Die Werte für B_L liegen bei den heute im Kupplungsbau verwendeten Werkstoffen (Grauguß nach DIN 1691 und Stahlguß nach DIN 1681) zwischen 0,65 T und 1,4 T[2]), so daß sich spezifische Zugkräfte F_M/A von $\approx 17 \ldots 80$ N/cm² erreichen lassen. Der erforderliche Platzbedarf für die Spule, die Sättigung des Eisens und die vorhandene Polfläche A bestimmen die Grenzwerte von B_L. Ist B_L gewählt, so läßt sich die Polfläche A aus Gl. (138.1) errechnen. Sie wird bei der Zahnkupplung nach Bild **135.1** zu gleichen Teilen auf die beiden Pole des Polkörpers verteilt [Gl. (138.2) und Beispiel 2 S. 139].

Für die Erzeugung der Flußdichte B_L ist nach dem Durchflutungsgesetz

$$Iw = \Sigma Hl = H_L 2 l_L + H_E l_E \tag{138.3}$$

der magnetische Kreis (Bild in Tafel **A46.1**) zu berechnen. In Gl. (138.3) sind I Spulenstrom, w Windungszahl der Spule, H_L ($\approx 8 \cdot 10^3 B_L$) und H_E magnetische Feldstärke in Luft[3]) bzw. Eisen, $2 l_L$ gesamter Kraftlinienweg in Luft (er ist gleich der zweifachen Luftspaltbreite l_L) und l_E Kraftlinienweg im Eisen. (Führt man in diese Größengleichung in der üblichen Weise H_L bzw. H_E in A/cm und l_L bzw. l_E in cm ein, so ergibt sich die Durchflutung Iw in A.) Für eine Anordnung nach dem Bild in Tafel **A46.1** ist längs des gesamten Eisenweges die Flußdichte im Eisen

$$B_E \approx B_L/0{,}75 \tag{138.4}$$

H_E ergibt sich dann aus der Magnetisierungskurve der verwendeten Eisensorte (Bild **A52.4**).

Erregerspule. Bei vorgegebener bzw. gewählter Spannung U und mittlerer Windungslänge $l_m = \pi d_m$ (d_m mittlerer Spulendurchmesser) ist nach dem Ohmschen Gesetz $U = IR = Iw l_m \varrho / q$ der je Längeneinheit des Spulendrahtes bei der Betriebstemperatur ϑ erforderliche Widerstand

$$r_\vartheta = \frac{\varrho}{q} = \frac{U}{Iw l_m} \tag{138.5}$$

[1]) Abgeleitet aus: $F_M = 0{,}5\, A B_L^2/\mu_0$ in N mit A in m², B_L in Vs/m² und mit der magnetischen Feldkonstanten $\mu_0 = 1{,}26 \cdot 10^{-6}$ Vs/Am

[2]) SI-Einheit für Flußdichte B: 1 T (Tesla) = 1 Vs/m² = 1 Nm/(cm² A)

[3]) $H_L = B_L/\mu_0 \approx 8 \cdot 10^3 B_L$ in A/cm mit B_L in T und $\mu_0 = 1{,}26 \cdot 10^{-4}$ T cm/A

In diesen Beziehungen bedeuten neben den schon erläuterten Größen R Ohmscher Widerstand, ϱ spezifischer Widerstand, q Drahtquerschnitt. (Setzt man wie üblich ϱ in $\Omega\,\text{mm}^2/\text{m}$, q in mm^2, U in V, Iw in A und l_m in m ein, so erhält man r_ϑ in Ω/m.)

Es ist nun ein Drahtdurchmesser zu ermitteln, dessen Widerstand je Längeneinheit bei der Betriebstemperatur ϑ höchstens gleich dem vorstehend berechneten Wert r_ϑ ist. (Infolge des mit der Betriebstemperatur wachsenden Ohmschen Widerstandes fällt die Zugkraft des Elektromagneten bei steigender Spulentemperatur ab.) Aus DIN 46431, 46435 Bl. 1 und 46436 Bl. 2 (Auszug daraus s. Tafel **A53.1**) läßt sich für den Widerstand je Meter r_{20} – bezogen auf die Temperatur von 20°C – der Durchmesser von Spulendrähten entnehmen. Der Widerstand r_{20} für die Temperatur von 20°C ist (Zahlenwertgleichung)

$$r_{20} = \frac{r_\vartheta}{1 + \alpha(\vartheta - 20)} \quad \text{in } \Omega/\text{m} \tag{139.1}$$

mit r_ϑ nach Gl. (138.5) in Ω/m, dem Temperaturkoeffizienten α in 1/K (für Kupfer ist $\alpha = 0{,}0039/\text{K}$) und der Betriebstemperatur ϑ in °C. Überschläglich darf bei Kupplungen mit $r_{20} \approx 0{,}8 r_\vartheta$ gerechnet werden. Dies entspricht dann einer Betriebstemperatur von $\vartheta \approx 84\,°\text{C}$. Zulässig sind Betriebstemperaturen von 80···100···120°C.

Es wird nun ermittelt, wieviele Windungen w unter Berücksichtigung der Isolation im Spulenraum untergebracht werden können (für den Platzbedarf der Spulenisolierung s. Tafel **A46.1**).

Aus der Drahtlänge $l = w l_m$ ergibt sich der Widerstand

$$R = lr \tag{139.2}$$

Für die Temperatur von 20°C ist $r = r_{20}$ und für den betriebswarmen Zustand $r = r_\vartheta$ einzusetzen. Mit R und der Spannung U ergeben sich der Strom

$$I = U/R \tag{139.3}$$

und die von der Spule aufgenommene Leistung

$$P = UI \tag{139.4}$$

Es bleibt noch zu prüfen, ob mit Rücksicht auf die Spulenerwärmung die Stromdichte im Spulendraht

$$i = I/q \tag{139.5}$$

und die spezifische Wärmebelastung der Spulenoberfläche A_O, also

$$P_O = P/A_O = UI/A_O \tag{139.6}$$

in den zulässigen Grenzen bleibt. Zulässig sind $i = 3{,}6 \cdots 8\ \text{A/mm}^2$ und $P_O = 10 \cdots 15$ Watt/dm².

Beispiel 2. Berechnen einer elektromagnetisch betätigten Zahnkupplung für ein Drehmoment von $T = 400$ Nm nach Bild **140.1**

Kräfte an der Verzahnung. Mit dem mittleren Radius der Planverzahnung $R_1 = (D_{pa} + D_{pi})/4 = 7{,}75$ cm, wobei $D_{pa} = 17$ cm und $D_{pi} = 14$ cm der Außen- bzw. Innendurchmesser der Planverzahnung sind, ergibt sich die Umfangskraft an der Planverzahnung $F_u = T/R_1 = 40000$ Ncm/7,75 cm $= 5160$ N.

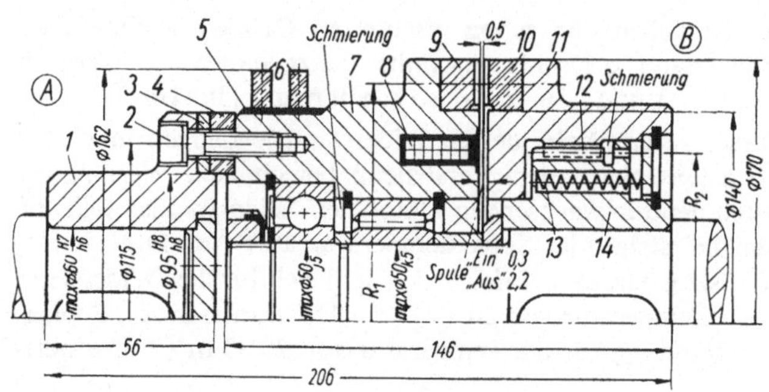

140.1 Elektromagnetisch betätigte Zahnkupplung
A Antrieb *B* Abtrieb[1])

1 Antriebsnabe
2 Schrauben M 8, um 30° versetzt
3 geteilter Zwischenring
4 ungeteilter Zentrierring (nichtmagnetischer Werkstoff)
5 Isolierring
6 Schleifringe (z. B. aus Bronze)
7 Polkörper 8 Erregerspule
9 Planradverzahnung (Stahl)
10 Planradverzahnung (nichtmagnetischer Werkstoff, z. B. Bronze)
11 Ankerscheibe
12 Gleitführung (Evolventenverzahnung)
13 Rückholfeder
14 Abtriebsnabe

Die Umfangskraft in der Gleitführung mit dem Radius $R_2 = 5{,}5$ cm ist $F_u = T/R_2 = 40\,000$ Ncm/5,5 cm = 7270 N. Für das Verhältnis $R_1/(R_2 \cos \alpha')$ und für den Flankenwinkel der Planzähne und der Gleitführung von $\alpha = \alpha' = 20°$ wird der Grenzwert der Reibungszahl μ_{gr} aus Bild A52.3 zu 0,146 entnommen oder nach Gl. (137.5) berechnet. Unter der Annahme, daß in der Verzahnung die Reibungszahl $\mu = \mu' > \mu_{gr}$, hier z. B. $\mu = 0{,}156$ ist, ergibt sich die Axialkomponente der Umfangs- und Reibungskraft an der Planverzahnung nach Gl. (137.1) zu

$$F_a = F_u (\tan \alpha - \mu) = 5160 \text{ N} (0{,}364 - 0{,}156) = 1070 \text{ N}$$

und die Reibungskraft in der Gleitführung nach Gl. (137.3) zu

$$F_R = \mu' F_u / \cos \alpha' = 0{,}156 \cdot 7270 \text{ N}/0{,}94 = 1200 \text{ N}$$

Die erforderliche Federkraft zum Lüften der unter Vollast laufenden Kupplung nach Abschalten der Erregerspule wird somit nach Gl. (137.4)

$$F_F = F_R - F_a = 1200 \text{ N} - 1070 \text{ N} = 130 \text{ N}$$

Magnetischer Kreis bei eingeschalteter Kupplung (Stellung „Ein"). Damit die Kupplung das Drehmoment mit Sicherheit überträgt, wird in Gl. (137.6) für die Haltekraft des Elektromagneten F_M die Reibungszahl $\mu' = \mu = 0{,}055 < \mu_{gr}$ eingesetzt. Hiermit ergibt sich nach vorstehendem Berechnungsgang $F_a = 1600$ N, $F_R = 425$ N und damit

$$F_M = F_a - F_R + F_F = 1600 \text{ N} - 425 \text{ N} + 130 \text{ N} \approx 1320 \text{ N}$$

Für die Haltekraft $F_M = 1320$ N und mit einer angenommenen Flußdichte in Luft von $B_L = 0{,}72$ T ergibt sich aus der Zahlenwertgleichung (138.1) die erforderliche Gesamtpolfläche zu

$$A = \frac{F_M}{40 B_L^2} = \frac{1320}{40 \cdot 0{,}519} = 64 \quad \text{in cm}^2$$

Somit ist für jeden Pol die Fläche $A_P = A/2 = 32 \text{ cm}^2$. Damit wird bei einem Außenpol-Außendurchmesser von $D_a = 13{,}7$ cm der Außenpol-Innendurchmesser

$$D_i = \sqrt{\frac{4}{\pi}\left(\frac{\pi D_a^2}{4} - A_P\right)} = \sqrt{\frac{4}{\pi}\left(\frac{\pi (13{,}7 \text{ cm})^2}{4} - 32 \text{ cm}^2\right)} = 12{,}2 \text{ cm} \qquad (140.1)$$

[1]) In diesem Abschn. sind An- und Abtriebseite durch *A* bzw. *B* gekennzeichnet, falls beide Seiten nicht vertauschbar sind.

Der Innenpol-Innendurchmesser ist durch Wellen- und Lagerdurchmesser bestimmt. Er betrage hier $d_i = 8$ cm. Somit bleibt für den Innenpol-Außendurchmesser

$$d_a = \sqrt{\frac{4}{\pi}\left(\frac{\pi d_i^2}{4} + A_P\right)} = \sqrt{\frac{4}{\pi}\left(\frac{\pi(8\text{ cm})^2}{4} + 32\text{ cm}^2\right)} = 10{,}2\text{ cm} \qquad (141.1)$$

Zur Berechnung der gesamten erforderlichen Durchflutung nach Gl. (138.3) wird zunächst mit der magnetischen Feldstärke in Luft $H_L = 8 \cdot 10^3\, B_L = 8 \cdot 10^3 \cdot 0{,}72 = 5760$ A/cm und mit dem „Ein"-Luftspalt zwischen Polkörper und Ankerscheibe

$$l_L = l_{L\,ein} + 0{,}01\text{ cm} = (0{,}03 + 0{,}01)\text{ cm} = 0{,}04\text{ cm} \qquad (141.2)$$

die Durchflutung im Luftspalt zu $Iw = H_L \cdot 2l_L = 5760$ A/cm $\cdot$ 0,08 cm = 461 A ermittelt. Aus der Magnetisierungslinie für Stahlguß (s. Bild A52.4) entnimmt man bei einer Flußdichte von $B_E = B_L/0{,}75 = 0{,}72$ T/0,75 = 0,96 T die magnetische Feldstärke $H_E = 5{,}8$ A/cm. Hiermit ergibt sich die Durchflutung im Eisen zu $H_E l_E = 5{,}8$ A/cm $\cdot$ 11,5 cm = 67 A, wenn der konstruktive Entwurf für den Kraftlinienweg im Eisen $l_E = 11{,}5$ cm ergibt. Die gesamte erforderliche Durchflutung bei eingeschalteter Kupplung und bei Betriebstemperatur ist somit

$$Iw = H_L 2 l_L + H_E l_E = 461\text{ A} + 67\text{ A} = 528\text{ A} \qquad (141.3)$$

Magnetischer Kreis bei ausgeschalteter Kupplung (Stellung „Aus"). Es muß noch nachgeprüft werden, ob ein Magnet mit der vorstehend berechneten Durchflutung ausreicht, um beim Einschalten der Erregerspule die Ankerscheibe über den „Aus"-Luftspalt gegen die Kraft der Rückholfedern anzuziehen. Soll der Magnet die Zugkraft

$$F_{M\,aus} = 1{,}1\, F_{F\,min} = 34\text{ N} \qquad (141.4)$$

aufbringen, dann ist hierfür nach der Zahlenwertgleichung (138.1) die Flußdichte in Luft

$$B_L = \sqrt{\frac{F_{M\,aus}}{40\,A}} = \sqrt{\frac{34}{40 \cdot 64}} = 0{,}115 \quad \text{in T} \qquad (141.5)$$

erforderlich. Mit $H_L = 8 \cdot 10^3\, B_L = 8 \cdot 10^3 \cdot 0{,}115 = 920$ in A/cm und einem Luftspalt $l_{L\,aus} = 0{,}22$ cm ergibt sich die Durchflutung im Luftspalt zu $H_L 2 l_{L\,aus} = 920$ A/cm $\cdot$ 0,44 cm = 404 A. Für eine Flußdichte im Eisen von $B_E = B_L/0{,}75 = 0{,}115$ T/0,75 = 0,153 T liest man in der Magnetisierungslinie für Stahlguß (Bild A52.4) die magnetische Feldstärke $H_E \approx 1{,}2$ A/cm ab. Hiermit wird die Durchflutung im Eisen $H_E l_E = 1{,}2$ A/cm $\cdot$ 11,5 cm = 14 A. Die erforderliche Durchflutung bei ausgeschalteter Kupplung $Iw = H_L 2 l_{L\,aus} + H_E l_E = (404 + 14)$ A = 418 A ist somit kleiner als die Durchflutung bei eingeschalteter Kupplung (418 A < 528 A).

Erregerspule. Wird für die Spule eine Gleichspannung von 110 V vorgesehen, so ist mit der mittleren Windungslänge

$$l_m = \pi d_m = \pi(D_i + d_a)/2 = \pi(0{,}122\text{ m} + 0{,}102\text{ m})/2 = 0{,}352\text{ m} \qquad (141.6)$$

für die Durchflutung $Iw = 528$ A nach Gl. (138.5) bei der Betriebstemperatur (84 °C) ein Drahtwiderstand je Längeneinheit

$$r_\vartheta = \frac{U}{Iw\, l_m} = \frac{110\text{ V}}{528\text{ A} \cdot 0{,}352\text{ m}} = 0{,}592\ \Omega/\text{m}$$

nötig. Dem erforderlichen Widerstand bei 20 °C von $r_{20} = 0{,}8\, r_\vartheta = 0{,}474\ \Omega$/m entspricht nach Tafel A53.1 ein Draht von $D = 0{,}255$ mm Durchmesser mit $r_{20} = 0{,}4615\ \Omega$/m. Unter Berücksichtigung der Abmessungen der Spulenisolierung b_1, b_2, h_1, h_2 (Tafel A46.1) bleibt von der gewählten Tiefe des Spulenraumes von $a = 26$ mm für die Wickelbreite $b = a - (b_1 + b_2) =$ 2,6 mm − (3,5 mm + 1 mm) = 21,5 mm und von der Höhe des Spulenraumes $c = 10$ mm für die Wickelhöhe $h = c - (h_1 + h_2) = (10 - 2)$ mm = 8 mm übrig. Bei diesen Abmessungen des Spulenraumes lassen sich in der Breite $w_1 = b/D = 21{,}5$ mm/0,255 mm = 84 Windungen und in der Höhe $w_2 = h/(D + 0{,}05) = 8$ mm/0,305 mm = 26 Windungen, also insgesamt $w = w_1 w_2 = 84 \cdot 26 = 2184$ Windungen, unterbringen. Der Strom durch die Spule beträgt nach dem Ohmschen Gesetz

$$I = \frac{U}{R} = \frac{U}{lr} = \frac{U}{w l_m r} = \frac{110\,\text{V}}{2184 \cdot 0{,}352\,\text{m} \cdot 0{,}592\,\Omega/\text{m}} = 0{,}242\,\text{A}$$

Mit $q = 0{,}038\,\text{mm}^2$ Querschnitt wird dann die Stromdichte im Leiter $i = I/q = 0{,}242\,\text{A}/0{,}038\,\text{mm}^2 = 6{,}37\,\text{A/mm}^2$. Die Stromdichte liegt demnach unter dem zulässigen Wert von 6,5 A/mm². Die Leistungsaufnahme der Spule von $P = UI = 110\,\text{V} \cdot 0{,}242\,\text{A} = 26{,}6\,\text{W}$ ergibt auf die Spulenoberfläche $A_0 = 2(a + c) l_m = 2(0{,}26\,\text{dm} + 0{,}10\,\text{dm})\,3{,}52\,\text{dm} = 2{,}55\,\text{dm}^2$ bezogen die spezifische Belastung $P_0 = P/A_0 = 26{,}6\,\text{W}/2{,}55\,\text{dm}^2 = 10{,}4\,\text{W/dm}^2$. Sie liegt unter der zulässigen Belastung von $15\,\text{W/dm}^2$.

4.4.2. Kraftschlüssige (Reibungs-)Kupplungen

Kraftschlüssige Schaltkupplungen ermöglichen ein Schalten auch bei Drehfrequenzdifferenz der beiden Wellen. Die Kraftübertragung erfolgt durch Gleitreibung oder bei Gleichlauf durch Ruhereibung. Sinngemäß wird das von der Kupplung übertragene Moment als Gleitmoment (Schaltmoment) oder dynamisches Moment bzw. als Ruhemoment oder statisches Moment bezeichnet.

Entsprechend der großen Bedeutung der Reibungskupplungen in der Antriebstechnik als Schalt-, Wende- oder Überlastungskupplungen wurden zahlreiche Bauformen entwickelt. Sie lassen sich nach Anordnung der Reibflächen in drei Grundformen, in Scheiben-, Kegel- und Zylinderreibungskupplungen einteilen. Außerdem wird noch zwischen Naß- und Trockenkupplungen unterschieden, je nachdem ob die Reibflächen geölt werden oder trocken bleiben müssen. Die Erzeugung der Anpreßkraft erfolgt durch Hebel, Federn, Elektromagnete, Preßluft, Drucköl oder durch Fliehkraft (s. Abschn. 4.1).

Berechnung

Ihr liegt die Gleichung von Amontons und Coulomb, μ bzw. $\mu_r = F_R/F_n$, zugrunde. Hier sind μ Reibungszahl der Gleitreibung und μ_r die der Ruhereibung, F_R Reibungskraft und F_n Normalkraft. Flächenpressung, Temperatur, Gleitgeschwindigkeit, Oberflächenbeschaffenheit, Werkstoffpaarung und Verschleiß beeinflussen die Reibung zwischen trockenen oder geölten Reibflächen.

Die Reibungszahl der Ruhereibung μ_r ist unabhängig von der Flächenpressung. Sie steigt mit zunehmender Oberflächenrauhigkeit an. Bei Reibpaarungen mancher Asbest- oder Sinterbronzewerkstoffe gegen Stahl oder Gußeisen ist im Trockenlauf $\mu_r \leqq \mu$. Gleitgeschwindigkeit, Temperatur oder Verschleiß kann das Verhältnis μ_r/μ während des Betriebes stark ändern. Bei geölten Reibflächen (Naßlauf) ist im allgemeinen $\mu_r > \mu$.

Die Reibung zwischen geölten Reibflächen läßt sich an Hand der Stribeck-Kurve (s. Abschn. Gleitlager) erklären. Die Reibungszahl μ fällt mit zunehmender Gümbelscher Kennzahl $\eta\,\omega/p$ im Mischreibungsgebiet zunächst ab und steigt dann im Gebiet der Flüssigkeitsreibung wieder an. (In der dimensionslosen Gümbelschen Kennzahl sind η Viskosität des Öles, ω relative Winkelgeschwindigkeit der Reibscheiben und p Flächenpressung.)

Im Gebiet der Flüssigkeitsreibung gilt die Formel von Gümbel und Falz [2] für den Reibwert $\mu = k\sqrt{\eta\omega/p}$. Die Reibungsvorzahl (Wurzelbeiwert) k ist von der Oberflächenform, von Fehlern in der Planparallelität, von der Verwerfung durch Wärmedehnung, von der Rauhigkeit und von der Reibflächenbreite abhängig. Schmale Reibflächen und Lamellen mit Spiralnuten ergeben hohe Reibungsvorzahlen, $k > 20$[1]).

Werkstoffpaarungen, bei denen $\mu_r > \mu$ ist, erzeugen bei geringer Gleitgeschwindigkeit Rattern und somit Schwingungen, die sich nachteilig auf den Maschinensatz auswirken können.

In die Berechnung einer Reibungskupplung werden mittlere Reibungszahlen eingesetzt (Tafel **A51**.2). Ist die Reibungszahl beim praktischen Einsatz der Kupplung kleiner als angenommen wurde, dann läßt sich das geforderte Moment i. allg. durch Erhöhen der Anpreßkraft erreichen.

Maßgebend für die Wahl der Flächenpressung p sind Erwärmung [s. Gl. (133.6), (134.1) und (146.5)] und Verschleiß. Für Schaltkupplungen und Bremsen mit den Werkstoffpaarungen Asbestbelag–Stahl oder Stahl–Stahl geölt beträgt $p = 0{,}2 \cdots 0{,}6\ \text{N/mm}^2$ und mit Sinterbronze–Stahl bis 1,0 N/mm² (Tafel **A52**.1). Für Kupplungen und Bremsen mit geringer Wärmeentwicklung sind höhere Flächenpressungen zulässig.

Werkstoffe

Eine hohe Reibungszahl ist nicht allein für die Wahl einer Werkstoffpaarung ausschlaggebend; z. B. muß der Verschleiß in angemessenen Grenzen bleiben. Die Paarung darf weder im Trockenlauf noch bei geringer Schmierung fressen (verschweißen) oder rattern. Gutes Wärmeleitvermögen und große spezifische Wärme der Werkstoffe erhöhen die zulässige Schalthäufigkeit einer Kupplung. Hohe mechanische Festigkeit der Reibwerkstoffe ist erforderlich, um die oft stoßartigen Drehmomente betriebssicher zu übertragen. Folgende Paarungen haben sich bewährt:

Trockenlauf	Naßlauf (z. B. in Getrieben)
Gußeisen–Stahl	Stahl–Stahl
Sinterbronze–Stahl	Sinterbronze–Stahl
Asbest und Kunststoff oder ähnliches–Stahl oder Gußeisen	Kork–Stahl

Gußeisen mit seinem hohen Graphitgehalt hat gute Gleit- und Verschleißeigenschaften. Sinterbronze wurde als Reibwerkstoff entwickelt. Durch Beimischen von Graphit, Blei, Eisen oder Quarz lassen sich die Gleit- und Verschleißeigenschaften der Sinterbronze beeinflussen[1]).

Die Herstellung z. B. von Sinterbronze-Reibscheiben erfolgt nach zwei Verfahren:

1. Aus einem Stahlblech, auf das beidseitig der Sinterwerkstoff aufgewalzt ist, wird die fertige Reibscheibe ausgestanzt.

2. Auf bereits ausgestanzten Stahlscheiben (Lamellen) wird der Werkstoff aufgesintert. Um Planparallelität zu erzielen, werden die Gleitflächen geschliffen.

Reibbeläge aus Asbest oder Hanf in Verbindung mit Kunststoff befinden sich für die verschiedensten Ansprüche in mannigfaltigen Arten im Handel. Sie sind besonders durch die Verwendung in Kraftfahrzeugbremsen und -kupplungen bekannt. Reibbeläge aus Asbest o. ä. werden entweder aufgenietet oder aufgeklebt.

[1]) Pokorny, J.: Untersuchungen der Reibungsvorgänge in Kupplungen mit Reibscheiben aus Stahl und Sintermetall. Diss. TH Stuttgart 1960

Gestaltung

Folgende allgemeine Forderungen sind zu berücksichtigen:

1. Bei Kupplungen mit großer Schalthäufigkeit ist für gute Kühlung zu sorgen: Kurze Wege für die Wärmeableitung, für Luft und Öl Durchlässe vorsehen, ggf. Kühlrippen anbringen.
2. Der Kraftfluß sollte sich in der Kupplung schließen, um Axialkräfte auf die gekuppelten Wellen zu vermeiden.
3. Das erforderliche Drehmoment soll durch Änderung der Anpreßkraft einstellbar bzw. bei Verschleiß nachstellbar sein. Die Einstellvorrichtung soll sich bequem und eindeutig bedienen lassen.
4. Die sich reibenden Teile sollen bei Verschleiß leicht auswechselbar sein.
5. Das Schwungmoment der angetriebenen Kupplungsseite soll möglichst klein sein.
6. Die Leerlaufreibung muß gering sein.

Je nach Antriebsfall und Kupplungsart treten zu diesen allgemeinen Forderungen noch die verschiedensten besonderen hinzu. Es sollen z. B. die Schaltkräfte am Hand- oder Fußhebel klein sein. Elektromagnetisch betätigte Kupplungen für Kopiereinrichtungen an Werkzeugmaschinen müssen kurze Schaltzeiten aufweisen. Das Gleitmoment einer Sicherheitskupplung soll sich nach Überschreiten des statischen Momentes möglichst klein ergeben.

4.4.2.1. Fremdbetätigte Reibscheibenkupplungen

Einflächenbauart

Den grundsätzlichen Aufbau einer elektromagnetisch betätigten Einflächen-Reibscheibenkupplung für Trockenlauf zeigt Bild **144.1**. Der Polkörper 1 ist über die Nabe 2 drehfest mit der Antriebswelle (Antriebsseite A) verbunden. Die Erregerspule 3 wird über zwei Schleifringe 4 erregt. Der Reibscheibenring 5 läßt sich über ein Gewinde auf dem Polkörper verstellen und mittels Gegenmutter 6 und Ziehkeilen 7 gegen Verdrehung sichern. Die Abtriebswelle (Abtriebsseite B) trägt aufgefedert die Mitnehmernabe 8, auf der die Ankerscheibe 9 in der Verzahnung 10 axial beweglich geführt ist. Auf der Ankerscheibe ist leicht auswechselbar der mehrteilige Reibbelag 11 befestigt. Die Distanzscheiben 12 verhindern ein Anlaufen der beiden Kupplungsnaben. Bei ausgeschalteter Erregerspule halten die Druckfedern 13 die Ankerscheibe vom Polkörper 1 fern.

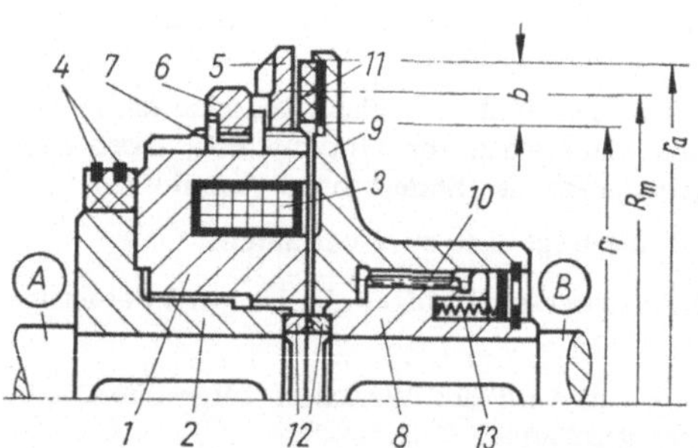

144.1 Elektromagnetisch betätigte Einflächen-Reibscheibenkupplung (Stromag)

Die Kupplung ist kraftschlüssig. Sie übt daher keine Axialkraft auf die Wellen aus. Im eingeschalteten Zustand bleibt zwischen Ankerscheibe und Magnetpolen ein Restluftspalt („Ein"-Luftspalt) bestehen, der durch Reibscheibenverschleiß kleiner wird. Mit abnehmendem Restluftspalt steigt die Magnetkraft und damit das Kupplungsmoment an. Soll ein bestimmtes Moment eingehalten werden, so ist zeitweilig eine Nachstellung der Reibscheibe am Polkörper erforderlich.

Elektromagnetisch betätigte Einflächenkupplungen werden auch schleifringlos mit feststehender Erregerspule hergestellt (**145.1**).(s. Abschn. 4.4.1, Bild **135.2** und Bild **109.1**).

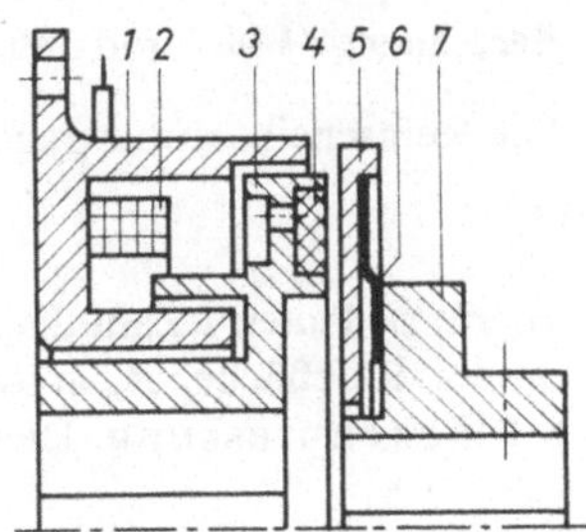

145.1 Polreibungskupplung mit Membran (Stromag)
Der Spulenkörper 1 muß an einer geeigneten, stillstehenden Gegenfläche zentriert und befestigt werden
2 Spule
3 Rotor
4 Träger mit Reibbelag
5 Ankerscheibe
6 Membran
7 Nabe

Zweiflächenbauart

Bei der in Bild **145**.2 dargestellten Zweiflächen-Reibscheibenkupplung für Trokkenlauf erfolgt die Schaltung über ein Gestänge mit dem Schaltring 1, der die Schaltmuffe 2 und Buchse 3 gegen eine radialgeschlitzte Tellerfeder 4 (s. Maschinenteile Teil 1) drückt. Dadurch wird diese Ringfeder gespannt und rückt dabei den Kupplungsring 5 und die Reibscheibe 6 gegen die Reibfläche der Nabe 7, die in der Nabe 8 zentriert ist. Die Tellerfeder übersetzt durch Hebelwirkung die Schaltkraft in eine vielfach größere Anpreßkraft. Bei eingeschalteter Kupplung liegt die Schaltkugel 9 zur Hälfte in einer Nut der Nabe und sperrt den Rückgang des Kupplungsringes. Wird der Schaltring ausgerückt, so gelangt die Schaltkugel zur Hälfte in die Aussparung der Schaltmuffe und gibt den Weg zur Federentspannung frei.

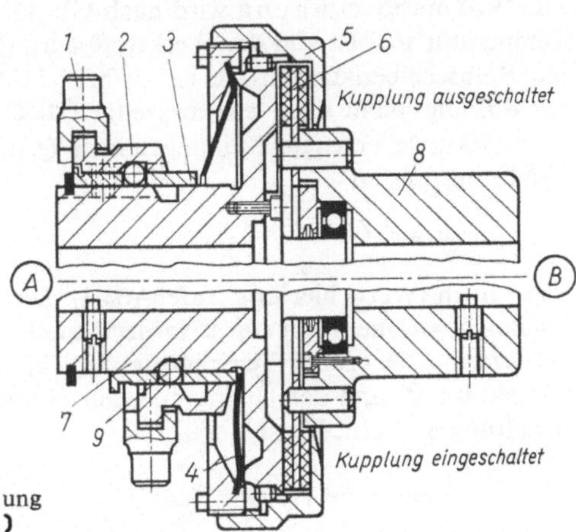

145.2 Ringspann-Zweiflächen-Reibscheibenkupplung (Ringspann A. Maurer KG, Bad Homburg)

Federbelastete Zweiflächen-Reibscheibenkupplungen sind im Kraftfahrzeugbau gebräuchlich. I. allg. ist bei diesen Kupplungen die Kupplungsscheibe axial verschiebbar oder elastisch angeordnet, um die Einstellung der Reibscheiben zwischen den Druckscheiben zu ermöglichen. Die Anpreßkraft kann auf zweierlei Weise aufgebracht werden:

1. Die Federkraft drückt die Reibbeläge zusammen. Ausschalten erfolgt durch Abheben der Reibscheiben gegen die Federkraft. Die Federn sind dauernd belastet. Diese Kupplungen – z. B. Kraftfahrzeugkupplungen (**107.1**) – sind leicht ein- und schwer auszuschalten.

2. Die Federkraft wird beim Einschalten erzeugt. Beim Ausschalten werden die Federn entlastet. Diese Kupplungen sind schwer ein- und leicht auszuschalten.

Berechnung (**144.**1 und **149.**1)

Die Reibscheiben übertragen das Drehmoment

$$T_K = i\mu F_n R_m = i\mu p A R_m \tag{146.1}$$

Hierin bedeuten i Zahl der Reibflächen, μ Reibungszahl, F_n Normalkraft (Anpreßkraft) an der Reibfläche, R_m mittlerer Halbmesser der Reibfläche, A Größe einer Reibfläche, p Flächenpressung. Diese ist

$$p = \frac{F_n}{A} = \frac{F_n}{\pi(r_a^2 - r_i^2)} \tag{146.2}$$

Für die Kreisringfläche mit den Halbmessern r_a und r_i ist der mittlere Radius

$$R_m = (r_a + r_i)/2 \tag{146.3}$$

Es ist i. allg. nicht erforderlich, in Gl. (146.1), der genauen Ableitung entsprechend, den Schwerpunkthalbmesser der Reibfläche $R_m = (2/3) \cdot [(r_a^3 - r_i^3)/(r_a^2 - r_i^2)]$ einzusetzen.

Die Berechnung des magnetischen Kreises für elektromagnetisch betätigte Reibungskupplungen kann nach Abschn. 4.4.1 erfolgen.

Die Wärmeberechnung wird nach Gl. (132.4) bis (134.1) durchgeführt. Die zulässige Temperatur ϑ_{zul} ist von der Werkstoffpaarung abhängig. Bei elektromagnetisch betätigten Reibscheibenkupplungen ist zu berücksichtigen, daß die Temperatur der Erregerspule i. allg. nicht mehr als kurzzeitig 120 °C betragen darf. Es ist gebräuchlich, die in einer Sekunde erzeugte Reibungswärme Q_s auf die Reibfläche A zu beziehen und mit Erfahrungswerten

$$q_{zul} \geqq Q_s/iA \tag{146.4}$$

zu rechnen (Werte hierfür s. Tafel A**52.**1). Die spezifische Wärmebelastung q_{zul} läßt nicht erkennen, welche Temperatur in der Reibfläche herrscht. Sie ist daher nicht immer zu verwerten. Die größte Temperatur ϑ_{max} in einer Reibfläche ergibt sich aus der Endtemperatur ϑ_e und der Übertemperatur (Temperaturspitze) ϑ_{sp}, die kurzzeitig bei jeder Schaltung entsteht. Es ist

$$\vartheta_{max} = \vartheta_e + \vartheta_{sp} \leqq \vartheta_{zul} \tag{146.5}$$

Für Ein- oder Zweiflächen-Reibscheibenkupplungen, Kegelkupplungen und Backen- oder Bandbremsen (s. Abschn. 4.5) läßt sich die Temperaturspitze bei kurzer Anlaufzeit (bzw. Bremszeit bei Bremsen) nach folgender Zahlenwertgleichung berechnen[1])

$$\vartheta_{sp} = 0{,}266\,\frac{R\varkappa T_K \omega_1}{\varrho c i A}\sqrt{\frac{t_A}{a}} \quad \text{in °C} \quad \text{mit } R = \frac{3(1 - r_i^2/r_a^2)}{2(1 - r_i^3/r_a^3)} \tag{146.6}$$

Für die Formelzeichen gilt folgende Einheitenvorschrift:

$\varkappa = 1{,}946$ Faktor, Zahlenwert gilt für Reibung zwischen Stahl und Asbestreibbelag

[1]) Hasselgruber, H.: Temperaturen an schnellgeschalteten mechanischen Reibungskupplungen. Z. Konstruktion 5 (1953) H. 8, S. 265ff. – Für Lamellenkupplung: Krüger, H.: Reibungs- und Temperaturverhalten der nassen Lamellenkupplung. Diss. TH Hannover 1964

$a = 0{,}139$ in cm²/s	Temperaturleitzahl für Stahl
$\varrho = 7{,}85 \cdot 10^{-3}$ in kg/cm³	Dichte für Stahl
$c = 465$ in J/(kg K)	spezifische Wärme für Stahl
T_K in Nm	Kupplungsmoment, das als konstant angenommen wird
ω_1 in rad/s	Winkelgeschwindigkeit der Antriebseite
A in cm²	Reibflächengröße
i	Zahl der Reibflächen
r_i, r_a in cm	Innen- bzw. Außenradius der Kreisringreibfläche
t_A in s	Anlaufzeit, s. Gl. (132.3) und (133.2)

Werden die Konstanten der Gl. (146.6) zusammengefaßt, so ergibt sich mit dem Faktor $R = 1{,}1$ für Ein- oder Zweiflächen-Reibscheibenkupplungen mit schmalen Ringflächen bei kurzer Anlaufzeit die Spitzentemperatur nach der Zahlenwertgleichung

$$\vartheta_{sp} = 2{,}63 \frac{T_K n_1}{i A} \sqrt{t_A} \quad \text{in °C} \tag{147.1}$$

mit T_K in Nm, n_1 in s^{-1}, A in cm² und t_A in s

Beispiel 3. Ein Drehstrom-Asynchronmotor (Nenndrehfrequenz $n_n = 1430\ \text{min}^{-1}$) treibt über eine elektromagnetisch betätigte Einflächen-Reibscheibenkupplung (**144.1**) eine Arbeitsmaschine an. Der Motor wird im Leerlauf angefahren und bleibt dauernd eingeschaltet. Mit der Kupplung sollen 120 Schaltungen je Stunde ($z = 0{,}0333\ s^{-1}$) ausgeführt werden, wobei jedesmal das Massenträgheitsmoment der Arbeitsmaschine $J_2 = 0{,}64$ kg m² in maximal 0,6 s zu beschleunigen ist. Während der Anlaufzeit beträgt das Lastmoment der Arbeitsmaschine $T_L = 30$ Nm, danach erhöht es sich auf 210 Nm. Zur Vereinfachung wird $T_M = T_K = \text{const}$ und $\omega_1 = \text{const}$ angenommen (s. Abschn. 4.4).

Motorleistung und Kupplungsgrößen. Für die Anlaufzeit $t_{A\,zul} = 0{,}6$ s ist nach der Gl. (132.2) bei der Betriebsdrehfrequenz $n_1 = n_n$ bzw. für $\omega_1 = 2\pi n_1 = 150$ rad/s mit $n_1 = 23{,}8\ s^{-1}$ ein Beschleunigungsmoment

$$T_B = \frac{J_2 \omega_1}{t_A} = \frac{0{,}64\ \text{kg m}^2 \cdot 150\ \text{s}^{-1}}{0{,}6\ \text{s}} = 160\ \frac{\text{kg m}^2}{\text{s}^2} = 160\ \text{Nm}$$

erforderlich. Die Kupplung muß somit beim Beschleunigen das Moment $T_K = T_B + T_L = 160\ \text{Nm} + 30\ \text{Nm} = 190$ Nm aufbringen. Da nach dem Anlauf das Lastmoment $T_L = 210$ Nm ist, wird eine Kupplung mit einem übertragbaren Moment von $T_K = 250$ Nm gewählt. Mit diesem Moment ergibt sich die erforderliche Nennleistung des Motors nach der Gleichung

$$P_n = T_n \omega_1 = 250\ \text{Nm} \cdot 150\ \text{s}^{-1} = 37500\ \text{Nm/s} = 37{,}5\ \text{kW}$$

Der Drehstrom-Asynchronmotor kann bei Überlastung der Arbeitsmaschine das 1,5···2,5fache seines Nennmomentes abgeben. Da hier Kupplungs- und Motornennmoment gleich sind, rutscht die Kupplung bei Überlastung durch und schützt so die Anlage.

Reibfläche. Die notwendige Reibfläche A ist nach Gl. (146.1) mit der Annahme $\mu_r \approx \mu = 0{,}3$ für Asbestbelag–Stahl (Tafel A51.2), mit $p = 40$ N/cm² (Tafel A52.1) und mit $R_m = 120$ mm

$$A = \frac{T_K}{i \mu p R_m} = \frac{25000\ \text{Ncm}}{1 \cdot 0{,}3 \cdot 40\ \text{N/cm}^2 \cdot 12\ \text{cm}} = 175\ \text{cm}^2$$

Zur Abführung des Verschleißabriebs wird der Reibbelag mit Radialnuten versehen, wodurch sich die wirksame Reibfläche um ≈ 10% verkleinert. Die erforderliche Reibflächenbreite ist somit

$$b = \frac{1{,}1 A}{2\pi R_m} = \frac{1{,}1 \cdot 175\ \text{cm}^2}{2\pi \cdot 12\ \text{cm}} = 2{,}6\ \text{cm}$$

Damit wird (144.1) $r_a = R_m + b/2 = (120 + 13)$ mm $= 133$ mm und $r_i = R_m - b/2 = (120 - 13)$ mm $= 107$ mm. Die Haltekraft des Elektromagneten muß nach Gl. (146.2)

$$F_n = pA = 40 \frac{\text{N}}{\text{cm}^2} 175\ \text{cm}^2 = 7000\ \text{N}$$

betragen. Die Auslegung des Elektromagneten erfolgt nach Abschn. 4.4.1.

Wärmebelastung. Das Massenträgheitsmoment der zu beschleunigenden Kupplungsscheibe wird berücksichtigt. Es ist mit $J = 0{,}06$ kg m² aus der Entwurfszeichnung ermittelt worden (Bild A 53.2). Somit beträgt die gesamte zu beschleunigende Masse $J_2 = 0{,}7$ kg m² $= 0{,}7$ Nm s². Zur Beschleunigung steht das Moment $T_B = T_K - T_L = (250 - 30)$ Nm $= 220$ Nm zur Verfügung. Die Schaltzeit wird nach Gl. (132.2)

$$t_A = \frac{J_2 \omega_1}{T_B} = \frac{0{,}7\ \text{Nm s}^2 \cdot 150\ \text{s}^{-1}}{220\ \text{Nm}} = 0{,}47\ \text{s}$$

Mit $\omega_{rel\,0} = \omega_1$ ergibt die Zahlenwertgleichung (133.5) die sekundlich entwickelte Wärmemenge

$$Q_s = \frac{T_K \omega_1 t_A z}{2} = \frac{250\ \text{Nm} \cdot 150\ \text{s}^{-1} \cdot 0{,}47\ \text{s} \cdot 0{,}0333\ \text{s}^{-1}}{2} = 293 \frac{\text{Nm}}{\text{s}} = 293\ \text{W}$$

Auf die Reibfläche bezogen beträgt die spezifische Wärmebelastung (s. S. 146f.)

$$q = \frac{Q_s}{A} = \frac{293\ \text{W}}{175\ \text{cm}^2} = 1{,}68 \frac{\text{W}}{\text{cm}^2}$$

Damit bleibt q unter dem zulässigen Wert von 2,3 W/cm² (Tafel A52.1). Die Temperaturspitze bei jeder Schaltung ist nach der Zahlenwertgleichung (147.1)

$$\vartheta_{sp} = 2{,}63 \frac{250 \cdot 23{,}8}{175} \cdot \sqrt{0{,}47} = 61{,}5 \quad \text{in °C}$$

Die Kühlfläche wird nach Gl. (134.1) berechnet. Mit dem Wärmeabgabewert (nach Bild A52.2) $q_a = 16$ W/(m² K) bei der Umfangsgeschwindigkeit $v = 17{,}6$ m/s, bezogen auf R_m, und mit der Kupplungsendtemperatur $\vartheta_{e\,zul} = 100$ °C bei $\vartheta_u = 20$ °C wird die erforderliche Kupplungsoberfläche

$$A_a = \frac{Q_s}{q_a(\vartheta_{e\,zul} - \vartheta_u)} = \frac{293\ \text{W}}{16\ \text{W/(m}^2\ \text{K)} \cdot (100 - 20)\ \text{K}} = 0{,}23\ \text{m}^2$$

Um zusätzlich auch die Spulenwärme abführen zu können, muß die Kühlfläche entsprechend größer als vorstehend berechnet ausgeführt werden.

Temperatur. Mit der gewählten Kupplungsendtemperatur und der berechneten Spitzentemperatur ergibt sich die höchste Reibflächentemperatur zu

$$\vartheta_{max} = \vartheta_e + \vartheta_{sp} = 100\text{°C} + 61{,}5\text{°C} = 161{,}5\text{°C}$$

Dieser Wert liegt unter der zulässigen Temperatur von 200 °C (Tafel A51.2).

Vielflächen-Reibscheibenkupplungen

Mit diesen lassen sich bei kleinen Abmessungen hohe Drehmomente übertragen, da das übertragbare Drehmoment proportional der Reibflächenzahl zunimmt [s. Gl. (146.1)].

Lamellenkupplung. Bild **149.**1 zeigt eine handbetätigte Lamellenkupplung. Das Lamellenpaket 1 besteht aus hintereinander angeordneten dünnen Reibscheiben nach

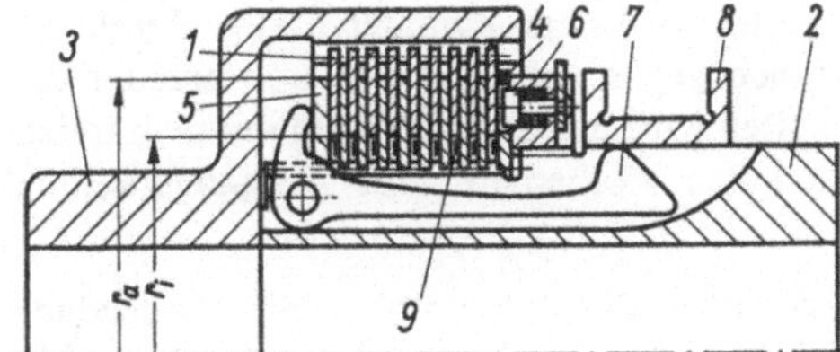

149.1
Handbetätigte Lamellenkupplung
[für r_a, r_i s. Gl. (142.1)] (Stromag)

Bild 149.2. Sie werden in Nuten oder Zähnen abwechselnd als Innenlamelle auf dem Innenkörper 2 und als Außenlamelle im Außenkörper 3 axialverschieblich geführt. Druckscheiben 4 und 5 begrenzen das Lamellenpaket. Vor der Druckscheibe 4 sitzt auf einem Gewinde des Innenkörpers die Stellmutter mit Sicherungsbolzen 6. Der Anpreßdruck wird von drei symmetrisch zur Kupplungsachse angeordneten Hebeln 7 (Biegefedern) erzeugt. Der kurze Hebelarm preßt die Lamelle zusammen, sobald bei Einschalten die Schiebemuffe 8 den längeren Hebelarm in Richtung zur Wellenmitte drückt. Die Kupplung ist selbstsperrend und die Schaltmuffe von rückwirkenden Kräften entlastet.

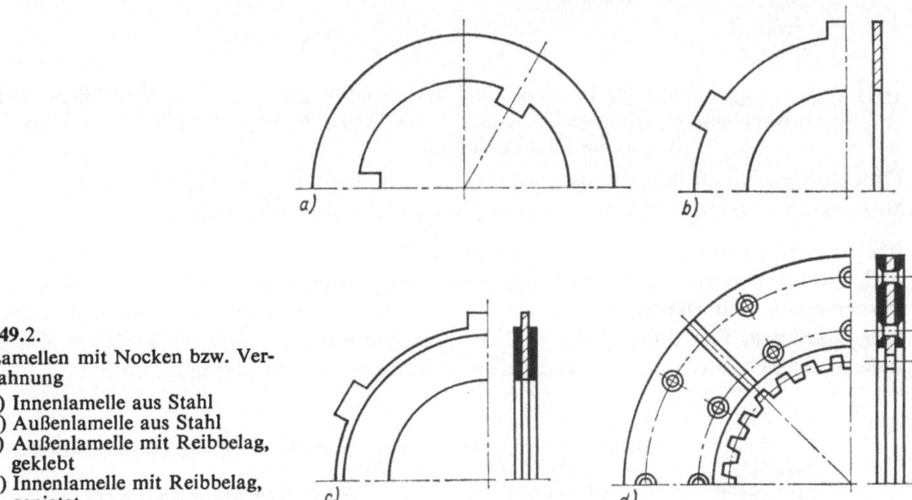

149.2.
Lamellen mit Nocken bzw. Verzahnung
a) Innenlamelle aus Stahl
b) Außenlamelle aus Stahl
c) Außenlamelle mit Reibbelag, geklebt
d) Innenlamelle mit Reibbelag, genietet

Nach dem Ausschalten kleben geölte Lamellen zusammen. Der geringe Lamellenabstand hat ein hohes Leerlaufmoment zur Folge. (Das Leerlaufmoment ist vom Lamellenabstand, von der Ölzähigkeit und von der Gleitgeschwindigkeit abhängig.) Um ein geringes Leerlaufmoment zu erreichen, müssen die Lamellen durch axiale Kräfte getrennt werden. Diese Axialkräfte werden in Bild **149.1** durch gewellte Ringfedern 9 aufgebracht, die zwischen zwei Innenlamellen auf dem Innenkörper sitzen Die Rückstellkräfte können auch von federnden Lamellen erzeugt werden. Zu diesem Zweck sind z. B. die Innenlamellen in Umfangsrichtung wellenförmig durchgebogen (Sinus-Lamellen). Reibscheiben mit Radial- oder Tangentialnuten schleudern das Öl aus dem Reibraum und vermindern so bei ölberieselten Lamellen die Leerlaufreibung[1]).

Bei öldruck- oder druckluftbetätigten Kupplungen (**150.1**) befindet sich das Lamellenpaket zwischen einer kräftigen Endscheibe 1 und einem Ringkolben 2, der axialbeweglich in einem Druckzylinder 3 sitzt. Der Kolben ist mit Metall- oder Gummiring 4

[1]) S. S. 143 Fußnote 1.

gegen den Zylinder abgedichtet. Das Druckmittel wird dem Zylinder i. allg. durch die drehende Welle zugeleitet. Es preßt den Kolben gegen die Lamellen und erzeugt die Axialkraft für das Drehmoment. Beim Ausschalten wird der Zylinderraum mit dem freien Ablauf verbunden. Rückstellfedern 5 drücken den Kolben in seine Ausgangsstellung zurück. (Vakuumkupplung s.[1])).

Öldruck- oder druckluftbetätigte Kupplungen gestatten Fernbedienung. Bei Verwendung elektromagnetischer Schieber für die Druckmittelverteilung können diese Kupplungen in elektrisch gesteuerte Arbeitsläufe einbezogen werden. Das Kupplungsmoment ist durch Druckänderung einstellbar. Der Lamellenverschleiß wird durch den Kolbenhub selbsttätig ausgeglichen. Um kurze Schaltzeiten erreichen zu können, muß das Hubvolumen möglichst klein bzw. der Rohrleitungsquerschnitt möglichst groß gewählt werden.

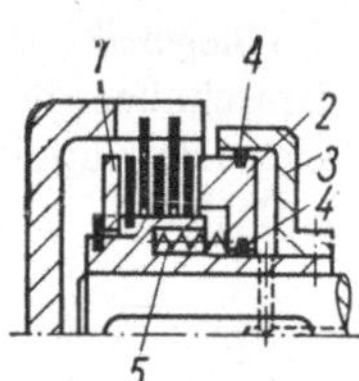

150.1 Öldruck betätigte Kupplung

Zum Schalten der Öldruckkupplungen wird das im Getriebe vorhandene Öl verwendet und der erforderliche Öldruck durch Zahnradpumpen erzeugt. Der Betriebsdruck beträgt (5···30) bar.

Bei der Berechnung öldruckgeschalteter Kupplungen ist zu beachten, daß die Fliehkraft in mit Öl gefüllten rotierenden Zylindern zusätzlich die Axialkraft

$$F_a = \frac{\pi}{4} \varrho \omega^2 (R_a^4 - R_i^4)$$

erzeugt. In dieser Gleichung sind ϱ die Dichte der Druckflüssigkeit, ω Winkelgeschwindigkeit der Welle, R_a und R_i äußerer bzw. innerer Radius des Druckzylinders.

Druckluftgeschaltete Kupplungen werden zweckmäßig für einen Druck von 4···8 bar ausgelegt. Sie finden am häufigsten in Pressen und Scheren Verwendung.

Elektromagnetisch betätigte Lamellenkupplungen werden meist in Haupt- und Vorschubgetrieben von Werkzeugmaschinen eingebaut. Wegen ihrer einfachen Fernbedienbarkeit eignen sie sich für den Einsatz in automatisch gesteuerten Werkzeugmaschinen. Die Bilder **150.2** und **151.1** zeigen elektromagnetisch betätigte Kupplungen, die sich durch die Art der Kraftlinienführung voneinander unterscheiden.

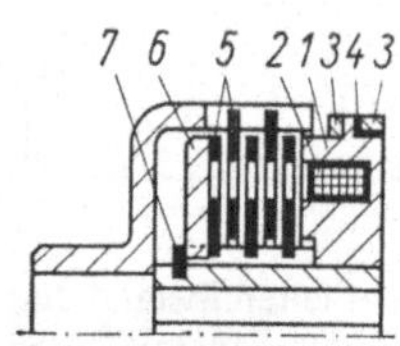

150.2 Elektromagnetisch betätigte Lamellenkupplung (Ortlinghaus-Werke GmbH, Wermelskirchen/Rhld.)

1 Polkörper
2 Spule
3 Schleifringe (Stahl)
4 Isolierung
5 Lamellenpaket Stahl—Stahl
6 Ankerscheibe
7 Haltering

Bei der Kupplung nach Bild **150.2** befindet sich das Lamellenpaket im magnetischen Kreis, der sich über die Ankerscheibe 6 schließt. Die Lamellen 5 sind durch eine ausgestanzte Ringzone in eine äußere und innere Ringpolfläche unterteilt, die durch schmale Stege miteinander verbunden bleiben. Voraussetzung für die unbehinderte Ausbildung des magnetischen Flusses ist die Verwendung von ferromagnetischem Lamellenwerkstoff. Mit zunehmender Reibflächenzahl wächst der Widerstand im magnetischen Kreis und die Anzahl der magnetischen Kurzschlüsse über die Verbindungsstege. Daher ist die Anpreßkraft in der Reibfläche neben dem Spulenkörper größer als in der Reibfläche neben

[1]) Stübner, K.: Schnellschaltende Kupplung. Die Vakuumkupplung. Z. Antriebstechnik 9 (1970) Nr. 12, S. 469 bis 472

der Ankerscheibe. Das Kupplungsmoment nimmt nicht im gleichen Verhältnis mit der Reibflächenzahl i zu. Beträgt die Lamellendicke z. B. $\approx 0{,}8 \cdots 1{,}2$ mm, so erreicht das Moment bei einer Lamellenzahl von ≈ 10 seinen größten Wert. Dünne Lamellen können im Vergleich zu dicken Lamellen ein größeres Moment übertragen. Der Lamellenverschleiß wird durch Nachrücken der Ankerscheibe im eingeschalteten Zustand selbsttätig ausgeglichen.

Bei der Kupplung nach Bild **151.1** liegt das Lamellenpaket außerhalb des magnetischen Kreises. Der Magnet zieht eine Ankerscheibe 4 an, die die Kraft auf das Lamellenpaket überträgt. Die Anpreßkraft ist unabhängig vom Lamellenwerkstoff. Zwischen Ankerscheibe und Polkörper 2 bleibt ein Luftspalt ($\approx 0{,}3$ mm) bestehen, der sich mit zunehmendem Verschleiß verringert und daher zeitweilig nachgestellt werden muß.

Elektromagnetisch betätigte Lamellenkupplungen werden für $12 \cdots 24$ V Gleichspannung ausgelegt. Bei Naßlauf werden bis zu 6 A über einen Schleifring und Masse (**151.1**), größere Stromstärken über zwei Schleifringe (**144.1**) zugeführt. Auf den gehärteten Stahlschleifring wird eine Kupfergewebebürste (**151.2**) gepreßt. Je nach Gleitgeschwindigkeit, spezifischer Flächenpressung, Ölviskosität und Schmierung kann sich zwischen Bürste und Schleifring ein Ölfilm ausbilden; Funkenbildung und Zerstörung der Schleifringe sind dann die Folge. Um Betriebssicherheit zu gewährleisten, soll die Gleitgeschwindigkeit nicht über 12 m/s betragen und die Gleitfläche nur sparsam geschmiert sein. Bei Trockenlauf auf Bronzeschleifringen sind für Köcher- oder Schenkelbürstenhalter mit Bronzekohle Gleitgeschwindigkeiten von $30 \cdots 40$ m/s zulässig.

Völlige Gewähr für störungsfreie Stromzuführung bietet die schleifringlose Lamellenkupplung mit feststehender Erregerwicklung. Hierbei kann der Polkörper entweder als Ringmagnet vom mechanischen Teil getrennt (**135.2**) oder neben diesem auf Wälzlagern zentriert (**151.3**) angeordnet werden (s. auch **109.1**, **145.1**).

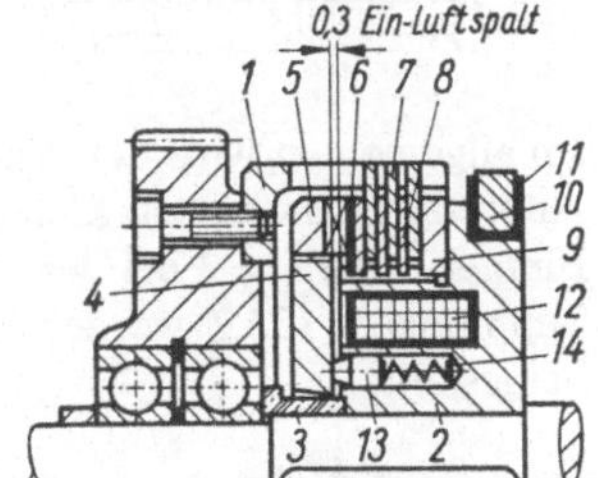

151.1 Elektromagnetisch betätigte Lamellenkupplung (Stromag)

1 Außenkörper
2 Polkörper
3 Buchse
4 Ankerscheibe
5 Stellmutter
6 Abschirmlamelle
7 Außenlamelle
8 Innenlamelle
9 Druckscheibe
10 Schleifring (Stahl)
11 Isolierung
12 Spule
13 Lüftbolzen
14 Lüftfeder

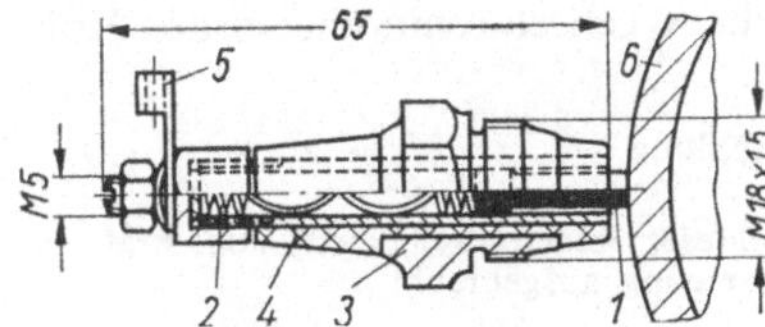

151.2 Köcherbürstenhalter (Stromag)

1 Bürste für Naßlauf aus Kupfergewebe (Belastung 6 Ampere) oder für Trockenlauf aus Bronzekohle (Belastung 3 Ampere)
2 Feder
3 Schraube
4 Isolationsrohr
5 Kabelschuh
6 Schleifring

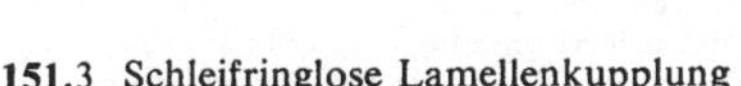

151.3 Schleifringlose Lamellenkupplung

1 feststehender Polkörper
2 axialbewegliche Ankerscheibe
3 Druckscheibe
4 Stellmutter
5 Endscheibe
6 Abdrückfeder

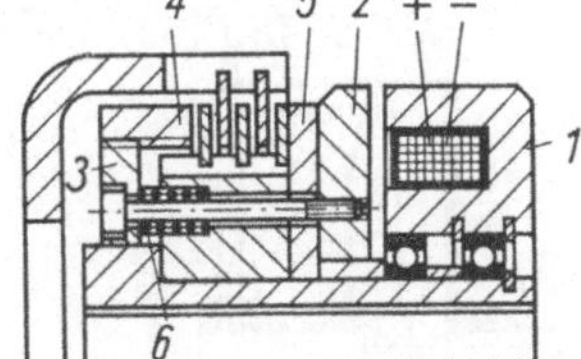

Während der Einschaltzeit ist das Moment einer geölten Reibscheibenkupplung nicht konstant. Die Kupplung überträgt ein Gleitmoment, das von Null ansteigt und am Ende der Beschleunigungszeit im stationären Zustand den Höchstwert, das Ruhemoment, erreicht (Das mittlere Moment wird oft als Schaltmoment bezeichnet.) Der Gleitmomentverlauf ist von der Reibwert- und Anpreßkraftänderung abhängig. „Hartes oder weiches Fassen“ einer Naßkupplung ist auf einen steilen bzw. flachen Gleitmomentanstieg nach dem Einschaltbeginn zurückzuführen. Ein schnell ansteigendes Moment wird dann erreicht, wenn in kürzester Zeit Mischreibung mit überwiegender Grenzflächenreibung entsteht. Zu diesem Zweck werden die Gleitflächen der Sinterbronze-Reibscheiben mit ≈ 1 mm breiten Spiralnuten versehen. Lamellen mit glatter Oberfläche schalten weich. Bei elektrisch betätigten Kupplungen kann der Anpreßdruck z. B. durch elektrische Widerstände im Erregerkreis so beeinflußt werden, daß weiches oder hartes Anfahren, schnelles Kuppeln und schnelles Lüften möglich ist.

Sonderbauarten. Die einfache mechanisch betätigte Kegelreibungskupplung (**152.**1) besteht aus einem Hohlkegel 1, der auf der treibenden Welle befestigt ist. Gegen diesen wird ein auf der Abtriebswelle axialverschiebbarer, kegelförmiger Kupplungskörper 2 mit Reibbelag gepreßt. In die Ringnut 3 greift ein Schaltring ein. Das Kupplungsmoment wird mit der Axialkraft (Einrückkraft) $F_a = F_n \sin \alpha$ nach Gl. (146.1) berechnet

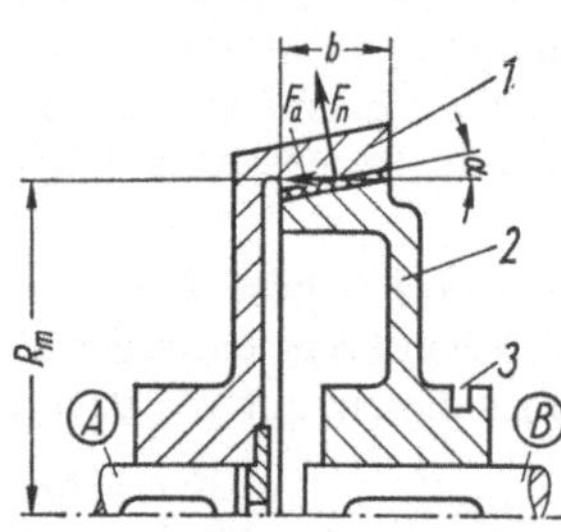

$$T_K = \frac{i \mu F_a R_m}{\sin \alpha} \quad (152.1)$$

Auf die Reibfläche $A = 2\pi R_m b / \cos \alpha$ (152.2)

wirkt die Pressung $p = \frac{F_n}{A} = \frac{F_a}{2\pi R_m b \tan \alpha}$ (152.3)

152.1 Kegelreibungskupplung
Normalkraft F_n und Axialkraft F_a wirken auf Hohlkegel 1

Im allgemeinen wird der Winkel α (**152.**1) zwischen $10 \cdots 20°$ ausgeführt. Die erforderliche Anpreßkraft ist um so kleiner, je kleiner α wird. Die Reibflächenanzahl ist $i = 1$ bei der Einfach- und $i = 2$ bei der Doppelkegelkupplung. Mechanisch geschaltete Doppelkegelkupplungen (**152.**2) werden für große Drehmomente in den verschiedensten Ausführungen hergestellt.

Eine Vereinigung von Kegel- und Zylinder-Reibungskupplungen stellt die Kupplung mit schwimmendem Reibring dar (**152.**3). Sie überträgt die Wechseldrehmomente der Kol-

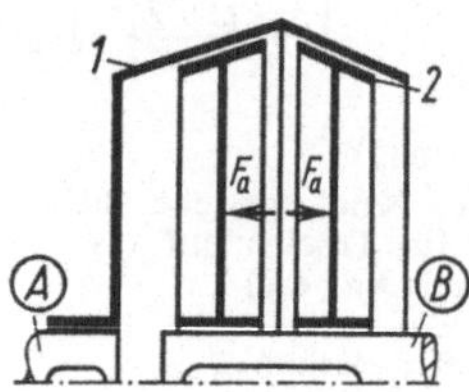

152.2 Doppelkegel-Reibungskupplung
1 Doppelhohlkegel
2 axialverschiebbare, drehfeste Kegelreibscheiben; Axialkraft F_a wird durch Hebelübersetzung aufgebracht

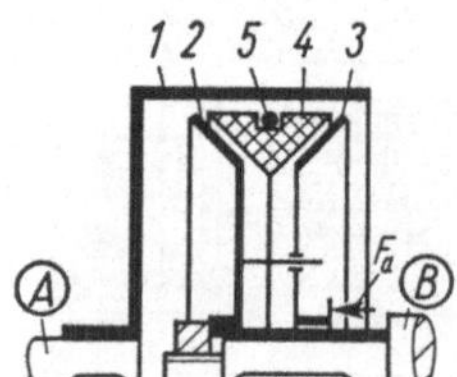

152.3 Kupplung mit schwimmendem Reibring (H. Desch GmbH, Neheim-Hüsten)
1 Außenkörper als Reibfläche
2 aufgefederte Kegelreibscheibe
3 axialverschiebbare Reibscheibe
4 Reib-Segmentring durch Zugfeder 5 zusammengehalten und gegen die Flächen 2, 3 gezogen
F_a Axialkraft, durch Hebel und Feder erzeugt, rückt Keilflächen 2, 3 zusammen und Reibring 4 nach außen

benmaschinen spielfrei. Die Gefahr des Ausschlagens formschlüssig verbundener Kupplungselemente, z. B. durch das Zahnflankenspiel bei Lamellenkupplungen, besteht hierbei nicht.

Eine druckluftbetätigte, allseitig bewegliche, drehnachgiebige Trockenkupplung mit zylindrischen Reibflächen ist in Bild 153.1 dargestellt. Zwischen zwei konzentrischen Trommeln 1, 2 befindet sich ein Gummischlauch 3, der entweder auf der inneren oder äußeren Trommel fest aufvulkanisiert ist. Die freie Schlauchfläche trägt einen Segmenttreibbelag 4. Dieser legt sich fest an die gegenüberliegende Trommelfläche, sobald beim Einschalten Druckluft über die Rohrleitung 5 in den Schlauch gedrückt wird. Die Wärmebelastung der Kupplung hängt von der zulässigen Schlauchtemperatur ab.

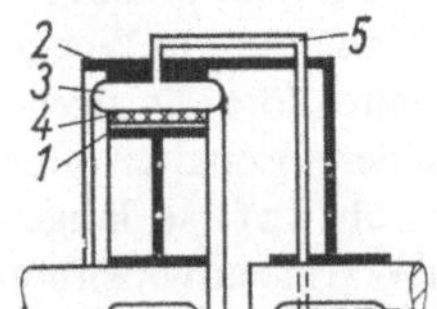

153.1 Luftschlauch-Zylinder-Reibungskupplung (Kauermann KG, Düsseldorf-Gerresheim)

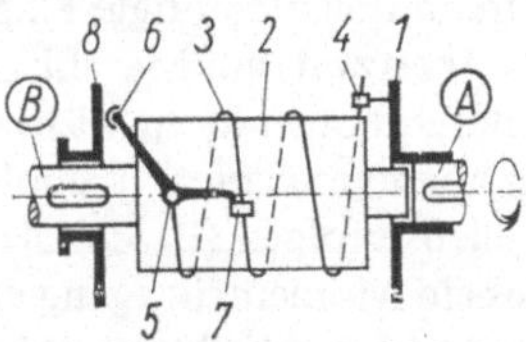

153.2 Stahlfederband-Kupplung

Die mechanisch betätigte Stahlfederband-Kupplung (**153.**2) ist eine Zylinder-Reibungskupplung, die sich durch ihre robuste Bauweise auszeichnet. Sie hat sich besonders dort bewährt, wo starke Stöße im Betrieb auftreten. Ihre Arbeitsweise beruht auf der „Seilreibung“.

Die Treibscheibe 1 sitzt auf der treibenden Welle *A* und die Muffe 2 auf der Antriebswelle *B*. Das lose um die Muffe geschlungene Schraubenfeder-Stahlband 3 ist an einem Ende mit einem Federbandnocken 4 in die Treibscheibe 1 eingehängt. Das freie Ende 5 nimmt einen drehbar gelagerten Winkelhebel 6 auf (Drehung um 5). Der kurze Hebelarm stützt sich über eine Einstellschraube gegen einen Nocken 7 des Federbandes ab, wenn beim Einschalten der Kupplung die Schaltscheibe 8 gegen den langen Hebelarm drückt. Er zieht dabei die letzte Bandwindung um die noch stillstehende Muffe, wobei die Reibungskräfte die Drehbewegung dieser Windung verzögern. Gleichzeitig zieht die Treibscheibe die übrigen Windungen immer fester um die Muffe. Hierbei wird zwischen Federband und Muffe zunächst ein Gleitmoment – und sobald kein Gleiten mehr vorhanden ist – ein statisches Moment übertragen. Die Schaltvorrichtung ist nicht selbstsperrend, so daß im Betrieb der Einrückdruck auf die Schaltscheibe beibehalten werden muß. Beim Ausschalten wird die Schaltscheibe zurückgezogen. Dabei federt das Schraubenband in sich zurück und löst den Reibungsschluß.

Um ein Heißlaufen zu vermeiden, müssen die Gleitflächen geschmiert werden. Die Drehrichtung der Welle ist durch die Windungsrichtung des Federbandes festgelegt. Das Kupplungsmoment errechnet sich zu $T_K = \ddot{u} F_a (e^{\mu\alpha} - 1) R$. Hierin bedeuten F_a Einrückkraft am langen Hebelarm, $\ddot{u}$ Hebelübersetzung, α Umschlingungswinkel, μ Reibungszahl, R Muffendurchmesser (Zahlenwerte für $e^{\mu\alpha}$ s. Bild A53.3).

Die Magnetöl- oder Magnetpulver-Kupplung (**153.**3) überträgt das Moment durch Zähigkeitsreibung. Zwischen zwei Gleitflächen, die einen Abstand von 1,5···2,5 mm

153.3 Magnetölkupplung (Elektro-Mechanik GmbH, Wendenerhütte/Olpe, Westf.)
1 Ringspule
2 zylindrischer Polkörper
3 Außenkörper (Anker)
4 Arbeitsspalt mit magnetisierbarer Flüssigkeit
5 Weg der magnetischen Kraftlinien
6 Schleifringe

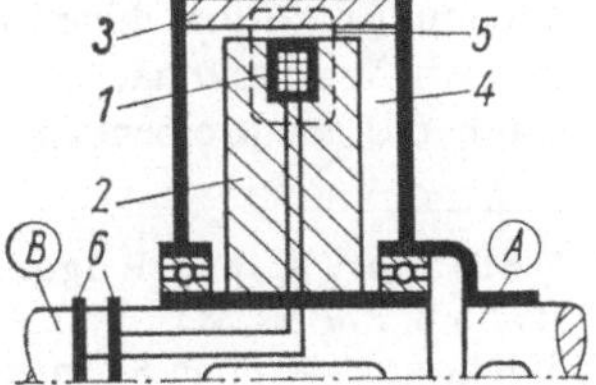

haben, befindet sich eine magnetisierbare Flüssigkeit (oder Eisenpulver), deren Zähigkeit durch Magnetisierung vergrößert wird. Hierdurch nimmt die innere Reibung der Flüssigkeit und damit das Kupplungsmoment zu. Es wächst in einem großen Bereich linear mit dem Erregerstrom für das Magnetfeld an und ist fast unabhängig von der Relativgeschwindigkeit der Gleitflächen. Die Anlaufzeit eines Antriebs kann durch entsprechende Wahl des Erregerstromes in weiten Grenzen geändert werden. I. allg. ist ein Dauergleiten bei 100 % Schlupf vorübergehend bis zu einer Minute möglich. Die zulässige Wärmebelastung hängt hauptsächlich von der zulässigen Temperatur der Erregerspule ab.

4.4.2.2. Drehmomentbetätigte Kupplungen

Drehmomentbetätigte Kupplungen haben die Aufgabe, das übertragene Drehmoment zu begrenzen, um Maschinen vor Schäden durch Überlastung zu bewahren oder um Wechseldrehmomente zu dämpfen. Bei Überschreiten des Höchstmomentes löst die drehmomentgeschaltete Kupplung entweder ganz – dann muß das Wiedereinschalten von außen erfolgen (Brechbolzenkupplung, Ausklinkorgane) – oder sie schlupft so lange, bis ein Momentrückgang eintritt. Die zulässige Schlupfzeit ist von der Wärmeentwicklung und von der Kühlung abhängig.

Als drehmomentgeschaltete Kupplung ist jede Kupplung verwendbar, die eine möglichst genaue Einstellung des Höchstdrehmomentes zuläßt und zuverlässig schaltet (z. B. Brechbolzen-, Reibungs-, Magnetpulver-, Fliehkraft-, elektrische und Flüssigkeitskupplungen)[1]).

Reibscheibenkupplungen, die als Sicherheits- oder Rutschkupplungen ausschließlich zur Drehmomentbegrenzung benutzt werden, besitzen keine Schaltvorrichtung. Die Anpreßkraft wird entweder durch mehrere kleine Federn (154.1 a) oder durch eine große Feder erzeugt (154.1 b). Die Federn können mit dem Außen- oder mit dem Innenkörper verbunden sein. S. auch (228.1).

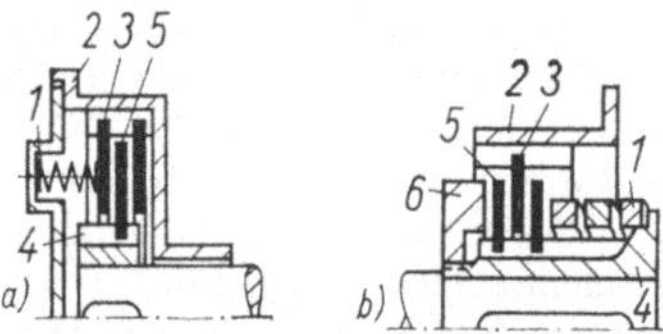

154.1 Reibscheibenkupplung zur Drehmomentbegrenzung
a) mit mehreren Federn 1 auf dem Umfang
b) mit einer Feder 1
2 Außenkörper
3 Außenlamelle
4 Innenkörper
5 Innenlamelle
6 Stellmutter

4.4.2.3. Drehfrequenzbetätigte Kupplungen

Drehfrequenzbetätigte bzw. „Anlauf"-Kupplungen wirken kraftschlüssig. Sie arbeiten entweder als Reibflächenkupplungen, bei denen die Anpressung durch Fliehkörper[2]) hervorgerufen wird, oder mit Füllgut (z. B. Stahlsand- oder Stahlkugeln), das unter Einwirkung der Fliehkraft eine kraftschlüssige Verbindung herstellt. Das übertragbare Drehmoment ist von der Fliehkraft abhängig.

Drehfrequenzbetätigte Kupplungen werden mit Vorteil als Anlaufkupplungen hinter Verbrennungskraftmaschinen und Drehstrom-Kurzschlußmotoren verwendet. Sie ermöglichen es dem Motor, zunächst fast unbelastet in seiner Drehfrequenz hochzulaufen und erst dann die anzutreibenden Massen auf die Betriebsdrehfrequenz zu beschleunigen. Die

---

[1]) Stübner, K., und Rüggen, W.: Momentgeschaltete Kupplungen. Klepzig-Fachberichte 6 (1972) S. 277 bis 283

[2]) Rüggen, W., und Stübner, K.: Fliehkraftkupplungen. Ingenieurdigest 9 (1970) H. 12

Anlaufzeit ist von der Betriebsdrehfrequenz, von den zu beschleunigenden Massen und vom Kupplungsdrehmoment abhängig [s. Gl. (132.2) und (133.2)].

Die Verwendung von Anlaufkupplungen hat im Vergleich zur starren Verbindung den Vorteil, daß kleinere, besser ausgenutzte Motoren eingesetzt werden können. Bei Drehstrom-Kurzschlußläufermotoren entfällt die Polumschaltung. Der hohe Anlaßstrom hält nur Bruchteile einer Sekunde an, wodurch unerwünschte Rückwirkungen auf Netz und Motorsicherungen vermieden werden.

Bild **155.**1 zeigt eine Kupplung mit Stahlkugelfüllung (Metalluk-Kupplung). Die geölten Stahlkugeln 1 von ≈ 5···10 mm Durchmesser befinden sich zu gleichen Gewichtsteilen in Kammern verteilt, die von den Schaufeln des antreibenden Innenkörpers 2 gebildet werden. Die Fliehkraft drückt die Kugeln gegen den zylindrischen Außenkörper 3. Während der Schlupfzeit wird das Drehmoment durch Rollreibung übertragen. Im Augenblick des Gleichlaufes der beiden Kupplungshälften tritt Ruhereibung ein. Hierbei steigt das übertragbare Drehmoment an. Durch Ändern des Füllungsgewichtes läßt sich das Kupplungsmoment einstellen. Der auf der Nabe des Schaufelrades frei drehbar gelagerte Außenkörper 3 wird je nach Bedarf als Flach- oder Keilriemenscheibe, Ritzelantrieb oder als Wellenkupplung ausgebildet. (Kupplung in beiden Drehrichtungen verwendbar.)

Bei der Granulat-Kupplung (**155.**2) dient als Kraftübertragungsmittel ein mit Graphit vermengter Stahlsand. Sie besteht aus einem mit Kühlrippen versehenen, zweiteiligen Leichtmetallgehäuse 1, das mit der Antriebsnabe 2 verschraubt ist. In dem innen glattwandigen Gehäuse befindet sich der gewellte Stahlblechrotor 3. Dieser ist auf der Abtriebsnabe 4 befestigt. Beide Kupplungshälften sind durch Wälzlager ineinander gelagert. Eine Füllschraube am Gehäuse dient zum Ein- und Nachfüllen des erforderlichen Stahlsandes.

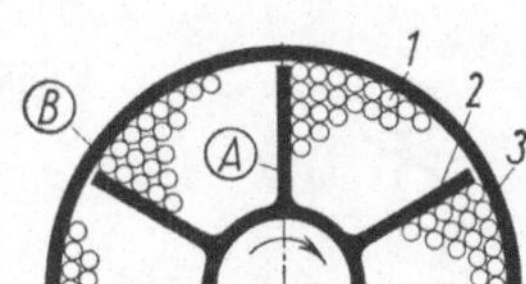

155.1 Metalluk-Fliehkraftkupplung mit Stahlkugelfüllung (J. Cawe, Bamberg)

Beim Stillstand der Kupplung befindet sich der Sand im unteren Teil des Gehäuses. Wird das Gehäuse vom Motor in Drehung versetzt, so verteilt sich der Sand im Gehäuse und wird durch die Fliehkraft gegen die Wandungen gepreßt. Es bildet sich ein fester Ring aus, der durch Reibungsschluß den Rotor langsam mitnimmt und mit konstantem Moment beschleunigt. Nach erfolgtem Anlauf wird das Drehmoment ohne Schlupf übertragen. Hierbei ist das übertragbare Drehmoment ≈ 1,2mal größer als das bei Schlupf. Das Moment hängt vom Gewicht der Sandfüllung ab und ändert sich mit dem Quadrat der Motordrehfrequenz[1]).

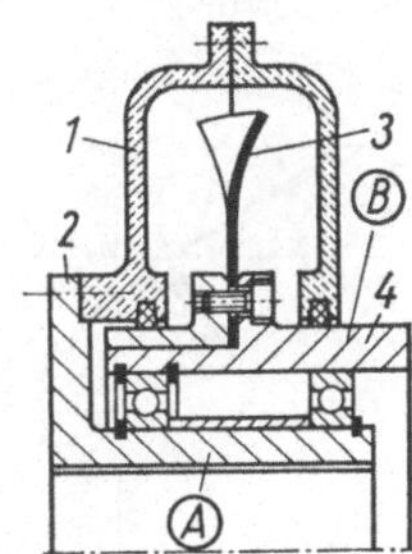

155.2 Granulat-Anlaufkupplung mit Stahlsandfüllung

4.4.2.4. Richtungsbetätigte Kupplungen

Richtungsbetätigte Kupplungen haben als Überhol- oder Freilaufkupplungen die Aufgabe, das Drehmoment nur in einer Drehrichtung zu übertragen. Sie wirken entweder form- oder kraftschlüssig. Eine einfache formschlüssige Freilaufkupplung ist die Klinke (**156.**1).

---

[1]) Sebulke, J.: Theoretische und experimentelle Untersuchung der Granulat-Anlaufkupplung. Z. antriebstechnik 17 (1978) Nr. 7/8

Sie hat i. allg. beim Schalten einen großen toten Gang und kann nur da verwendet werden, wo kleine Massenkräfte auftreten. Die kraftschlüssigen Klemmklotz- und Klemmrollen-Freiläufe (**156**.2 und **156**.3) vermeiden diesen Nachteil durch einen weichen, stoßfreien Eingriff.

Der Außenring dieser Kupplungen kann sich gegenüber dem Innenring in einer Richtung frei drehen. Bei Drehung in entgegengesetzter Richtung verspannen die Klemmstücke bzw. die Rollen Innen- und Außenring gegeneinander. Durch diese radiale Verspannung ist eine schlupffreie Kraftübertragung gewährleistet. Um Raum zu sparen, können die Laufbahnen an den zu kuppelnden Maschinenteilen selbst vorgesehen werden. Eine genaue Zentrierung der einzelnen Teile ist hierbei Bedingung. Freilaufkupplungen dieser Art werden für Drehmomente bis über 50 000 N hergestellt (zur Berechnung des Klemmrollen-Freilaufs nach Bild **156**.3 s. Tafel **A43.1**).

Die kraftschlüssige Federband-Freilaufkupplung nach Bild **156**.4 (s. a. Bild **153**.2) trägt auf der Kupplungsseite 1, die frei auf der Welle der Antriebsseite A läuft, einen drehbar gelagerten Hebel 2, gegen den sich die Nocken 3, 4 der Federbandenden anlegen. Durch eine Erregerfeder 5 wird der erste Gang des Federbandes dauernd mit einer geringen Reibung gegen die auf der Welle aufgefederte Muffe 6 gedrückt. Bei entsprechender Drehrichtung der Muffe zieht sich das Federband durch Reibung zu. Eine Drehrichtungsumkehr löst den Reibungsschluß.

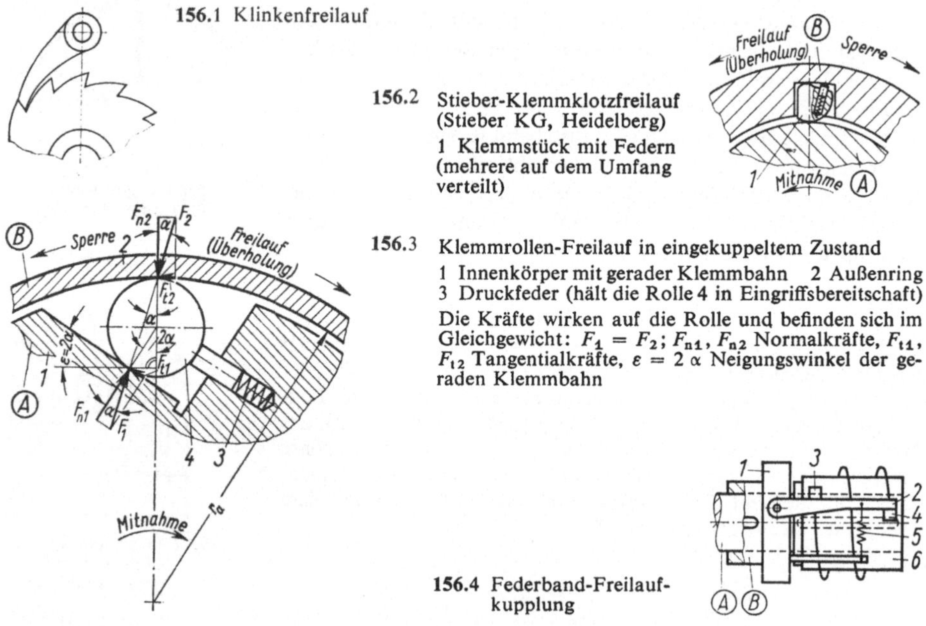

156.1 Klinkenfreilauf

156.2 Stieber-Klemmklotzfreilauf (Stieber KG, Heidelberg)
1 Klemmstück mit Federn (mehrere auf dem Umfang verteilt)

156.3 Klemmrollen-Freilauf in eingekuppeltem Zustand
1 Innenkörper mit gerader Klemmbahn 2 Außenring
3 Druckfeder (hält die Rolle 4 in Eingriffsbereitschaft)
Die Kräfte wirken auf die Rolle und befinden sich im Gleichgewicht: $F_1 = F_2$; F_{n1}, F_{n2} Normalkräfte, F_{t1}, F_{t2} Tangentialkräfte, $\varepsilon = 2\alpha$ Neigungswinkel der geraden Klemmbahn

156.4 Federband-Freilaufkupplung

4.4.3. Elektrische Kupplungen

Die elektrische (elektrodynamische) Schlupfkupplung (**157**.1) besteht aus Außen- und Innenläufer 1, 2, die voneinander durch einen kleinen Luftspalt getrennt sind. Der Innenläufer ist als gleichstromerregtes Polrad mit Einzelspulen 3, der äußere als Kurzschlußkäfiganker 4 ausgebildet. Es wird auch der Außenläufer als Polrad und der Innenläufer als Käfiganker ausgebildet. Der Strom wird über Schleifringe 5 zugeführt.

Elektrische Schlupfkupplungen werden für große Drehmomente gebaut. Da sie infolge elektromagnetischer Verluste Drehschwingungen dämpfen, können sie vorteilhaft in Schiffsanlagen mit Dieselmotorantrieb eingesetzt werden [5]. Bei der Auslegung einer Schlupfkupplung für einen bestimmten Antrieb ist die Wärmeentwicklung durch den Schlupfverlust zu beachten.

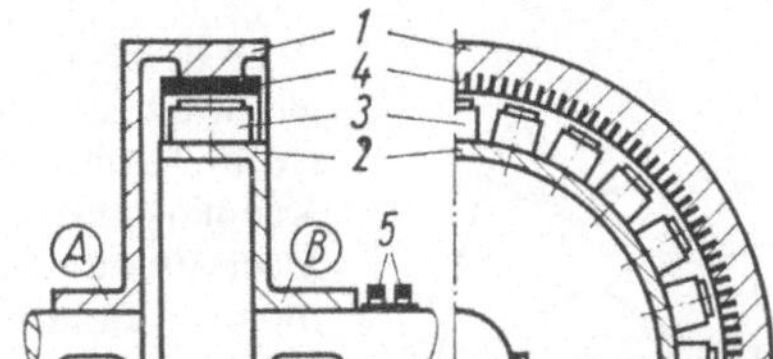

157.1 Elektrische Schlupfkupplung

Die elektrische Schlupfkupplung nach Bild **157.1** arbeitet wie ein Asynchronmotor. Das konstant erregte drehfelderzeugende Polrad ist mit dessen Ständer und der Käfiganker mit dem Läufer dieses Motors vergleichbar. Bei Relativbewegungen beider Kupplungshälften gegeneinander wird durch Änderung des magnetischen Flusses in den Käfigstäben eine Wechselspannung induziert. Da die Stäbe durch Kurzschlußringe miteinander verbunden sind, fließt in ihnen ein Wirbelstrom, der zusammen mit dem Drehfeld des umlaufenden Polrades die kuppelnde Tangentialkraft entwickelt. Diese nimmt den stehenden bzw. langsamer drehenden Kupplungsteil mit. Es ist hierbei gleichgültig, welche der beiden Kupplungshälften angetrieben wird.

Eine elektrische Kupplung, bei der das Polrad mit einer Ringspule erregt wird, zeigt Bild **157.2**. Am äußeren Umfang des Polrades bzw. Innenläufers 1 sind beiderseits der Ringspule 2 die Magnetpole 3 angeordnet. Im Außenläufer (Käfiganker) 4 befinden sich nur so viele kurzgeschlossene Käfigstäbe 5, daß die Anzahl der dazwischen befindlichen Felder (Pole) mit der Polzahl des Innenläufers übereinstimmt. Mit einer solchen Polanordnung überträgt die Kupplung das Drehmoment nicht nur im Schlupf, sondern auch schlupffrei. Die Gleichstromerregung geschieht über die Schleifringe 6. Die Kühlringe am Außenläufer 4 dienen der Vergrößerung der kühlenden Oberfläche. Diese Kupplung eignet sich als Anlauf- und als Sicherheitskupplung.

Für Antriebe, bei denen die Kupplung dauernd unter Schlupf laufen muß, wie z. B. beim Aufwickeln von Draht oder Papier[1]), wird der Außenläufer zweckmäßig als glatter Ankerring ohne Kurzschlußkäfig ausgeführt. Das umlaufende Magnetfeld durchflutet den Ankerring und erzeugt in ihm Wirbelströme, die das Drehmoment hervorrufen.

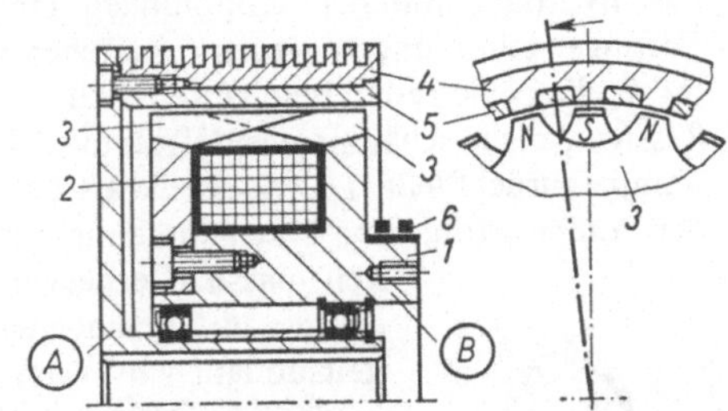

157.2 Stromag-Induktions-Kupplung

Kennlinien elektrischer Schlupfkupplungen. Der Drehmomentverlauf einer elektrischen Schlupfkupplung in Abhängigkeit vom Schlupf *s* hängt hauptsächlich von der Art des Käfigankers ab. Es gelten die gleichen Verhältnisse wie beim Drehmomentverlauf eines Asynchronmotors. Durch Vergrößern der Erregung wird das übertragbare Drehmoment erhöht.

[1]) Ziesel, K.: Wickelprobleme einfach gelöst. Z. Draht 9 (1958) H. 5

Die Momentkennlinien [übertragbares Moment $T_K = f(s)$] für Schlupfkupplungen mit Einzelspulen-Polrad in Bild **158.**1 beziehen sich auf einen Doppelkäfiganker (Kennlinie 1) und auf einen Tiefstab-Käfiganker (Kennlinie 2). Das Nennmoment liegt bei Schlupf $s \approx 1 \cdots 3\,\%$.

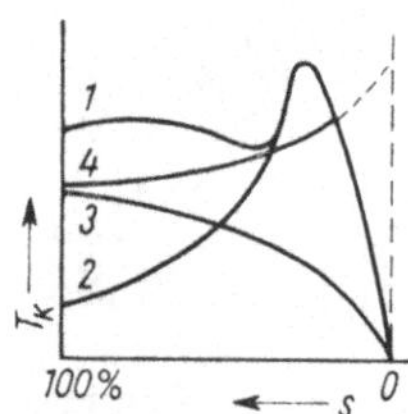

158.1 Kennlinien elektrischer Kupplungen

Wird durch Belastung das Nennmoment überschritten, dann steigt bei gleichzeitiger Schlupfvergrößerung das übertragbare Drehmoment bis zu einem Höchstwert (Kippmoment), und fällt dann wieder ab. Dieser Kennlinienverlauf bietet einen wirksamen Schutz gegen schädliche Überlastung der Anlage. Das bei großem Schlupf übertragbare Drehmoment kann je nach Ausbildung des Kurzschlußkäfigs verschiedene Werte annehmen (vgl. Kennlinie 1 mit 2). Dieses Verhalten beruht auf der bei großem Schlupf unterschiedlichen Wirkung der Stromverdrängung im Anker.

Die Kennlinie 3 in Bild **158.**1 kennzeichnet den Momentverlauf einer Schlupfkupplung mit Ringspule nach Bild **157.**2, aber mit glattem Ankerring ohne Käfigstäbe.

Bei einer elektrischen Schlupfkupplung muß immer ein gewisser Drehfrequenzunterschied zwischen Polrad und Anker vorhanden sein, damit im Käfig eine Spannung induziert werden kann. Reine Schlupfkupplungen übertragen bei Drehfrequenzgleichheit also kein Drehmoment (s. Kennlinien 1, 2, 3 in Bild **158.1**).

Ist die Polzahl des Innen- und Außenläufers gleich groß (**157.**2), dann steigt das Drehmoment mit abnehmendem Schlupf an (Kennlinie 4 in Bild **158.**1). Bei Drehfrequenzgleichheit stellen sich die Pole der beiden Kupplungsteile so zueinander ein, daß der Leitwert des magnetischen Kreises möglichst groß wird. Durch die elektrostatische Magnetkraft wird ein statisches Drehmoment übertragen, das größer als das Moment bei Schlupf ist. Das statische Moment und das Schlupfmoment hängen von der Erregung ab, die elektronisch geregelt werden kann.

4.4.4. Hydrodynamische Kupplungen [4]

Die hydrodynamischen Kupplungen (**158.**2), häufig auch Strömungs-, Turbo- oder Föttinger-Kupplungen genannt, bestehen aus einem Pumpenrad 1 und einem Turbinenrad 2, die beide radial beschaufelt sind. Die Pumpe fördert die Betriebsflüssigkeit (dünnflüssiges, nicht schäumendes Öl) unmittelbar in die Turbine, von der aus sie wieder zur Pumpe zurückfließt. Die Massenkraft der Flüssigkeit bewirkt die Kraftübertragung. In der Pumpe erfolgt eine Beschleunigung und in der Turbine eine Verzögerung der Flüssigkeitsmasse. Hierbei geht die in der Pumpe aufgenommene Strömungsenergie im Turbinenlaufrad in mechanische Arbeit über. Ein Flüssigkeitsumlauf wird erreicht, wenn ein Druckunterschied zwischen den beiden Laufrädern vorhanden ist. Dies ist aber nur bei einem Drehzahlunterschied zwischen An- und Abtriebseite der Fall. Beim Gleichlauf der Räder überträgt die Strömungskupplung kein Drehmoment. Das auf der Antriebseite eingeleitete Drehmoment T_1 ist so groß wie das an die Abtriebswelle abgegebene Drehmoment T_2.

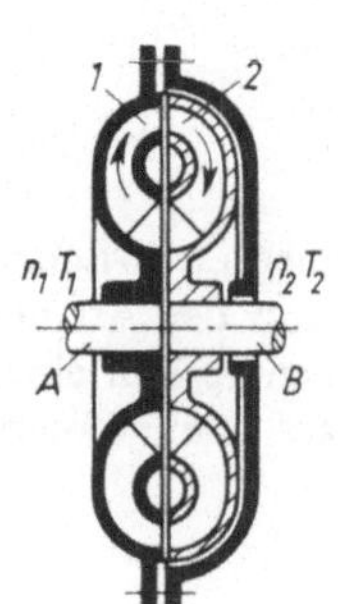

158.2 Hydrodynamische Kupplung (Voith-Turbo KG, Crailsheim)

Das Verhältnis der abgegebenen zur aufgenommenen Leistung ergibt den Wirkungsgrad $\eta = T_2 n_2/(T_1 n_1)$, wobei n_1 Antriebs- und n_2 Abtriebsdrehfrequenz bedeuten. Da das übertragbare Drehmoment T_K bzw. $T_2 = T_1$ ist, wird unter Vernachlässigung geringer Luftreibungsverluste der Wirkungsgrad $\eta = n_2/n_1$. Unter Einführung des Schlupfes $s = 100\,(1 - n_2/n_1)$ in % wird auch $\eta = (100 - s)$ in % erhalten.

Die je Zeiteinheit der Kupplung zugeführte Wärme bzw. die Verlustleistung P_V ist die Differenz zwischen An- und Abtriebsleistung P_1 bzw. P_2. Sie erwärmt die Betriebsflüssigkeit.

$$P_V = P_1 - P_2 = \left(1 - \frac{n_2}{n_1}\right) P_1 = \left(\frac{n_1}{n_2} - 1\right) P_2 = T_1\omega_1 - T_2\omega_2 = T_K\omega_{rel}$$

Das **übertragbare Drehmoment** T_K einer Strömungskupplung ist gleich dem Produkt aus der je Zeiteinheit umlaufenden Flüssigkeitsmasse und der Dralländerung in den Laufrädern. Hierfür gilt die Eulersche Gleichung

$$T_K = \varrho \dot{V}\,(r_a c_{ua} - r_i c_{ui})$$

Es bedeuten: $\dot{V}$ umlaufendes Flüssigkeitsvolumen je Zeiteinheit, ϱ Dichte, r_i und r_a mittlere Radien am Pumpenradein- und -austritt, c_{ui} bzw. c_{ua} Komponenten der Absolutgeschwindigkeit in Umfangsrichtung am Ein- bzw. Austritt.

Für die Vorausberechnung der Drehmomente fehlt insbesondere bei größerem Schlupf die Kenntnis des umlaufenden Flüssigkeitsvolumens. Das übertragbare Drehmoment und der hierbei auftretende Schlupf werden daher fast ausschließlich durch den praktischen Versuch bestimmt und nach dem Modellgesetz auf andere Kupplungen bezogen. Wie bei allen Strömungsmaschinen gilt auch für die Kupplung bei geometrisch ähnlicher Strömung zwischen Drehmoment, Drehzahl und einem Bezugsdurchmesser die Beziehung $T_K = \text{const}\, n^2 D^5$.

Bei gegebener Antriebsdrehfrequenz n_1 ändert sich das übertragbare Drehmoment T_K mit dem Schlupf. Es steigt bei gleichbleibendem Schlupf mit dem Quadrat der Antriebsdrehfrequenz an (**159.1** a). Die Kupplung wird so ausgelegt, daß beim Nennmoment der Schlupf 2···3% beträgt. Eine Verminderung der Flüssigkeitsfüllung hat bei konstantem Schlupf ein kleineres Drehmoment bzw. bei konstantem Moment einen größeren Schlupf zur Folge (**159.1** b).

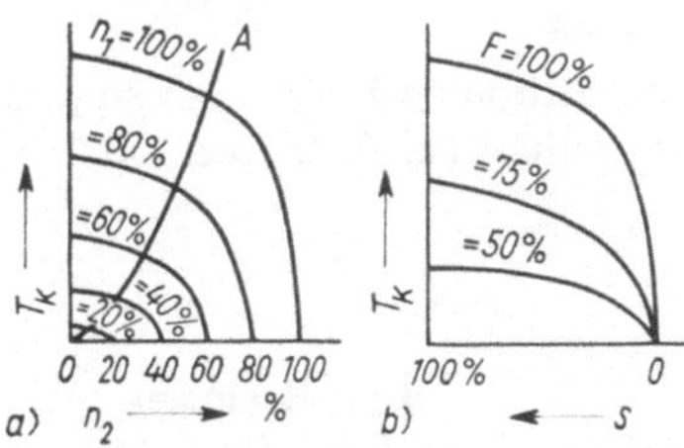

159.1 Strömungskupplung
a) Kennlinien $T_K = f(n_2)$ bei n_1 = const. Parabel OA bei Steigerung von n_1 und gleichbleibendem Schlupf s
b) Kennlinien $T_K = f(s)$ bei verschiedener Füllung F

Durch **Füllungsänderung** ist es möglich, die Momentkennlinie den Erfordernissen verschiedenartiger Antriebe anzugleichen. So soll z. B. bei Verwendung als Anfahrkupplung in Verbindung mit Kurzschluß- oder Dieselmotoren oder als Sicherheitskupplung das übertragbare Moment beim Anfahren und im Bereich größeren Schlupfes klein sein. Ein lastfreies Anfahren des Motors wird bei der Voith-Turbokupplung mit Hilfe einer Füllungsverzögerung erreicht (**160.1**). Beim Stillstand sammelt sich in einer Kammer 3 ein Teil der Betriebsflüssigkeit, der dann beim

Anfahren zunächst fehlt. Nach kurzer Zeit gelangt diese Flüssigkeit durch Düsen in den Arbeitskreislauf. Durch entsprechende Bemessung der Düsen kann die Anlaufzeit beeinflußt werden. Das sonst hohe Drehmoment bei großem Schlupf wird dadurch herabgesetzt, daß mit zunehmendem Schlupf die Strömung im langsamer laufenden Turbinenrad 2 immer mehr zur Achse hin abgedrängt wird. Hierbei füllt sich die Staukammer 4 mit Flüssigkeit, während die Füllung im Pumpenrad 1 sowie im Turbinenrad geringer wird. Der Antrieb erfolgt über eine Ausgleichskupplung 5.

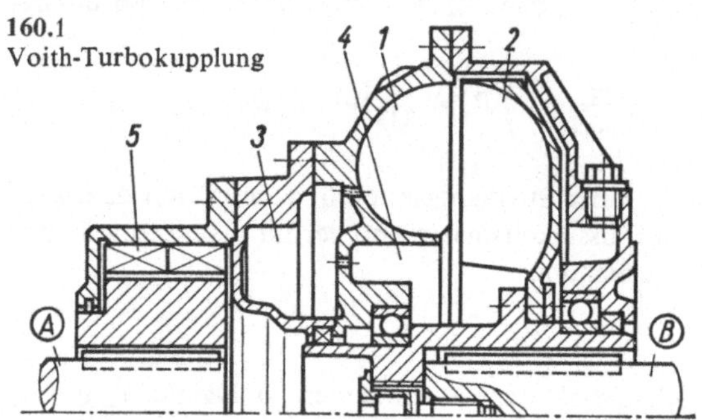

160.1 Voith-Turbokupplung

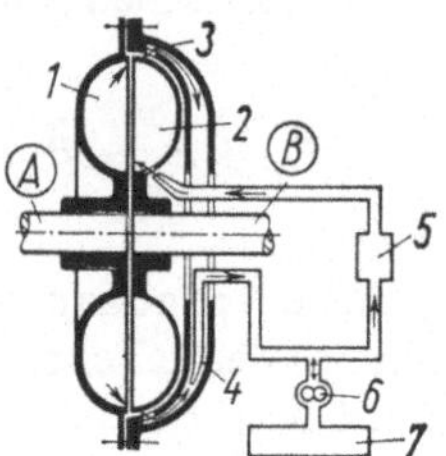

160.2 Turbokupplung mit pumpengesteuerter Füllungsänderung

Das Betriebsverhalten kann auch durch von außen gesteuerte Füllungsänderung beeinflußt werden. In Bild **160**.2 ist das Schema einer Kupplung mit pumpengesteuerter Füllungsänderung dargestellt. Das ständig aus dem Arbeitskreislauf (Pumpe 1, Turbine 2) durch Düsen 3 ausspritzende Öl bildet im äußeren Kupplungsgehäuse infolge der Fliehkräfte einen Flüssigkeitsring. In diesen taucht ein feststehendes Schöpfrohr 4 ein. Der Staudruck treibt die Flüssigkeit durch einen Ölkühler 5 wieder in die Kupplung zurück. An diesen Kreislauf ist eine Zahnradpumpe 6 angeschlossen, die Flüssigkeit aus dem Behälter 7 entweder entnimmt oder zusetzt. Hierdurch wird während des Betriebes die Füllung der Kupplung und damit bei konstanter Motordrehfrequenz die Abtriebsdrehfrequenz verändert, so daß eine stufenlose Drehfrequenzregelung möglich ist.

Bei Kupplungen mit gleichbleibender Füllung, bei denen die Kühlung nur durch die Oberfläche erfolgt, sorgt insbesondere beim Einsatz unter Tage eine Schmelzsicherungsschraube dafür, daß eine zulässige Höchsttemperatur nicht überschritten wird. Bei etwa 180 °C schmilzt ein Sicherungspfropfen durch, worauf die Flüssigkeit vollständig ausläuft.

Die Strömungskupplung dämpft Stöße und Schwingungen besonders gut. Sie wird daher vorteilhaft bei Antrieben mit Verbrennungsmotoren eingesetzt.

4.5. Bremsen

Bremsen dienen zum Sperren, Stoppen oder Regeln einer Bewegung oder zum Belasten einer Kraftmaschine auf dem Prüfstand. Während der Bewegung wird in der Bremse Arbeit in Wärme umgesetzt. Jede schaltbare Kupplung läßt sich auch als Bremse verwenden. Hierbei muß sich das Drehmoment an einer feststehenden Kupplungsseite abstützen können. Die Ausbildung und Bedienung der Bremsen richtet sich nach ihrer Verwendung (Tafel **161**.1).

Tafel 161.1 Einteilung der Bremsen nach ihrem Verwendungszweck und Vergleich mit Kupplungsbauarten

Verwendungszweck und Aufgabe	Vergleich mit Kupplungsbauarten
Sperre. Verhindert Bewegung in einer bestimmten Drehrichtung	richtungsbetätigte Kupplung (s. Abschn. 4.4.2.4)
Haltebremse. Verhindert Bewegung in beiden Drehrichtungen. Wird zum Festhalten einer Last verwendet und oft nur im Stillstand geschaltet	formschlüssige Schaltkupplung (s. Abschn. 4.4.1); fremdbetätigte Reibungskupplung (s. Abschn. 4.4.2.1); elektrische Kupplung mit gleicher Polzahl am Innen- und Außenläufer (**157**.2)
Stoppbremse. Bremst eine Bewegung bis zum Stillstand ab. Das Bremsmoment ist bis zum Stillstand vorhanden	fremdbetätigte Reibungskupplung (s. Abschn. 4.4.2.1); elektrische Kupplung mit gleicher Polzahl am Innen- und Außenläufer (**157**.2)
Regelungsbremse. Zur Geschwindigkeits- bzw. Drehfrequenzregelung	fremd- und drehfrequenzbetätigte Reibungskupplung (s. Abschn. 4.4.2.1 und 4.4.2.3); elektrische und Flüssigkeitskupplung (s. Abschn. 4.4.3 und 4.4.4)
Belastungsbremse. Zur Belastung einer Kraftmaschine (bei Leistungsmessungen)	fremdbetätigte Reibungskupplung (s. Abschn. 4.4.2.1); elektrische und Flüssigkeitskupplung (s. Abschn. 4.4.3 und 4.4.4)

In der Fördertechnik wird bei elektrischen Antrieben häufig die einstellbare, betriebssichere elektrische Bremsung benutzt. Hierbei wird dann der Motor als Generator angetrieben. Die Bremsenergie wird entweder in Widerständen in Wärme umgesetzt oder als elektrische Energie ins Leitungsnetz zurückgeführt.

4.5.1. Berechnung

Die Gleichung für das aufzubringende Bremsmoment entspricht der für das Kupplungsmoment [Gl. (129.1) bzw. (132.5)]. An die Stelle der Beschleunigung tritt die Verzögerung. Außerdem wirkt das Lastmoment T_L im gleichen Sinne wie das Bremsmoment. Somit ist das aufzubringende Bremsmoment

$$T'_{Br} = T_V - T_L = J\alpha + maR - T_L = J\frac{\omega}{t_{Br}} + m\frac{V}{t_{Br}}R - T_L \qquad (161.1)$$

Hierin bedeuten T_V Moment zur Verzögerung der umlaufenden und geradlinig bewegten Massen, auf Bremswelle bzw. auf Bremsradius R bezogen ,$\alpha = \omega/t_{Br}$ Winkelverzögerung, $a = v/t_{Br}$ Verzögerung der geradlinig bewegten Massen m, t_{Br} Bremszeit, ω Winkelgeschwindigkeit, v geradlinige Geschwindigkeit, J Massenträgheitsmoment der umlaufenden Teile, auf die Bremswelle reduziert (s. **A**53.2).

Beim Abbremsen einer sinkenden Last von der Masse m – z. B. bei Hubwerken – wirkt das Lastmoment $T_L = F_g R$[1]) gegen und das Moment der Triebwerkreibung T_R im gleichen Sinne wie das Bremsmoment. Also ist

$$T'_{Br} = T_V + T_L - T_R \qquad (161.2)$$

Das erzeugte Bremsmoment T_{Br} muß mindestens so groß wie das aufzubringende Bremsmoment T'_{Br} sein: $T_{Br} \geqq T'_{Br}$.

[1]) Gewichtskraft $F_g = mg$ in N mit m in kg, g in 9,81 m/s²

4.5.2. Bauarten

4.5.2.1. Scheibenbremsen

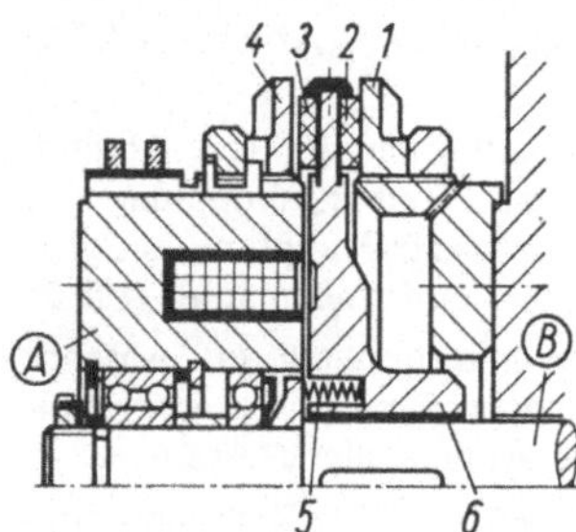

Einflächen-Reibscheibenbremse. Bild **162.**1 zeigt die Verbindung einer Einflächen-Reibscheibenbremse mit einer elektromagnetisch betätigten Einflächen-Reibscheibenkupplung. Die Anpreßkraft für die Bremse wird durch Federn 5 erzeugt. Sie drücken den auf der längsbeweglichen Ankerscheibe 6 befestigten Reibbelag 2 gegen einen feststehenden Reibring 1. Magnetkraft löst die Bremse und schaltet gleichzeitig die Kupplung mit Reibbelag 3 und Reibscheibe 4 ein.

162.1 Elektromagnetisch betätigte Einflächen-Reibscheibenbremse und -kupplung (Stromag)

Öldruckbetätigte Scheibenbremse. Im Kraftfahrzeugbau ist u. a. eine öldruckbetätigte Scheibenbremse (**162.**2) mit selbsttätiger Nachstellung und mit leicht auswechselbaren Reibklötzen gebräuchlich.

In Bild **162.**2 werden die Kolben 3 und die Rückzugbuchse 4 vom Flüssigkeitsdruck im Zylinder 5 zur Bremsscheibe 2 (die sich mit dem Rad dreht) bewegt. Die spiralig um den Stift 6 liegende Rückzugbuchse nimmt diesen durch Reibungskraft mit. Die unter dem Stauchkopf des Stiftes befindliche Buchse 7 spannt hierbei die Scheibenfedern 8. Der Weg des Stiftes wird von der Kappe 9 begrenzt. Hat der Reibklotz 10 die Bremsscheibe noch nicht erreicht, so muß die Rückzugbuchse zwangsläufig auf dem Stift gleiten, bis der Klotz fest auf die Scheibe gepreßt wird. Geht der Flüssigkeitsdruck zurück, so entspannen sich die Scheibenfedern. Der Kolben wird um den Weg des Lüfterspiels zwischen Buchse und Kappe zurückgezogen, und die Klötze heben sich von der Bremsscheibe ab. Die Rückzugbuchse bleibt dem Abrieb der Klötze entsprechend in ihrer neuen Stellung auf dem Stift haften. Eine Gummikappe 11 schützt die Zylinderbohrung gegen Eindringen von Wasser und Staub (Sattel 1 ist mit der Fahrzeugachse fest verschraubt.) Wegen ihrer hohen Bremsleistung werden öldruckbetätigte Scheibenbremsen auch in Hebezeugen eingebaut.

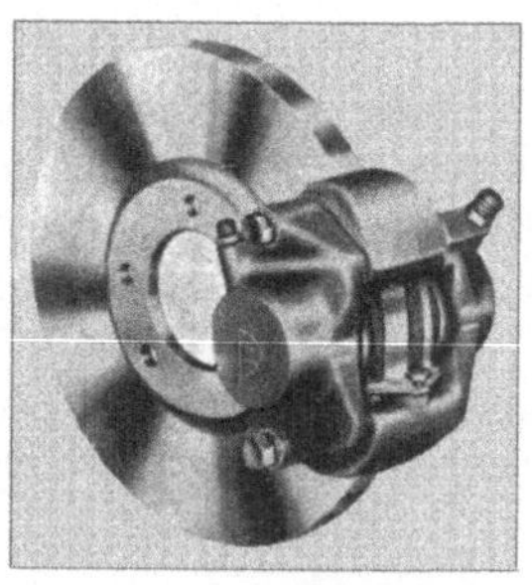

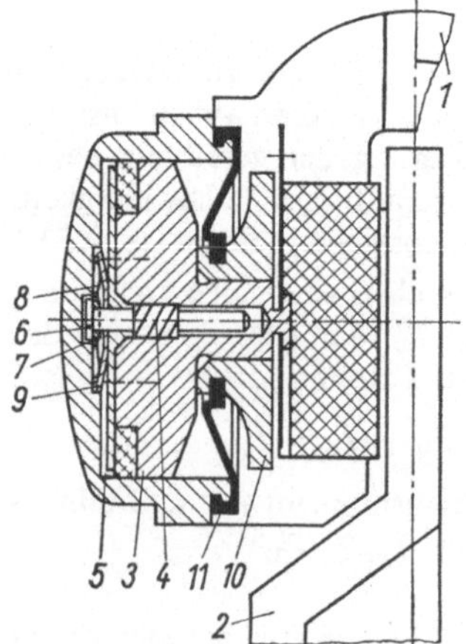

162.2 Öldruckbetätigte Scheibenbremse für Kraftfahrzeuge (Alfred Teves, Maschinen- und Armaturenfabrik KG, Frankfurt a. M.)

4.5.2.2. Backenbremsen

Außenbackenbremsen finden hauptsächlich im Hebezeugbau Verwendung. Sie haben gute Kühlwirkung. Für kleine Bremsleistung ist die einfache Backenbremse geeignet (**163.**1 a).

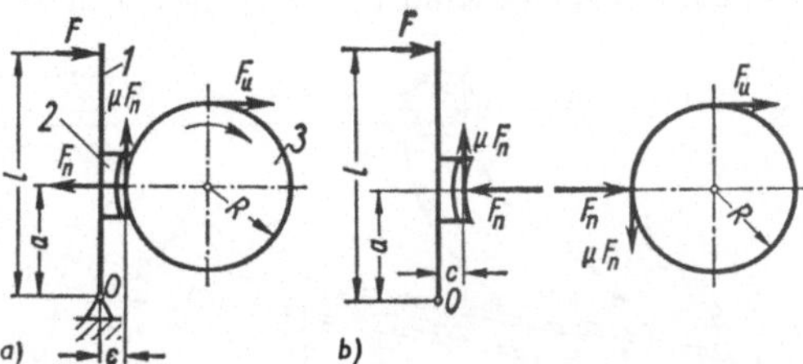

163.1 a) Einfache, b) freigemachte Backenbremse

Die zum Bremsen erforderliche Kraft F greift am Bremshebel 1 an. Sie kann durch Federn, von Hand oder bei waagerechter Hebellage durch Gewichte erzeugt werden. Die Anpreßkraft F_n drückt einen Klotz mit Reibbelag 2, die Bremsbacke, gegen die umlaufende Bremsscheibe 3 und ruft die Reibungskraft $\mu F_n = F_R$ hervor, die mindestens so groß wie die abzubremsende Umfangskraft $F_u = T'_{Br}/R$ sein muß. Durch Freimachen der Einzelteile (s. Teil 1) erhält man die Kräfte, die an den einzelnen Bauteilen angreifen (**163.**1b). Unter Annahme gleicher Flächenpressung auf der ganzen Reibfläche lautet die Momentgleichung in bezug auf den Drehpunkt des Bremshebels O

$$\Sigma M_O = Fl - F_n a - \mu F_n c = 0 \tag{163.1}$$

Somit ist die Bremskraft

$$F = F_n \frac{a \pm \mu c}{l} = F_R \frac{a}{l}\left(\frac{1}{\mu} \pm \frac{c}{a}\right) \tag{163.2}$$

Hierbei gilt das Pluszeichen für Rechts- und das Minuszeichen für Linksdrehung. Für $c/a = 1/\mu$ ist bei Linksdrehung die erforderliche Bremskraft $F = 0$. Die Bremse wirkt dann selbsttätig als Reibungssperre. Um mit gleicher Bremskraft für beide Drehrichtungen das gleiche Bremsmoment $T_{Br} = \mu F_n R$ zu erreichen, muß der Hebel 1 so abgekröpft werden, daß sein Drehpunkt O auf der Bremsscheibentangente liegt. Somit wird $c = 0$ und der Faktor $\mu F_n c$ ist ohne Einfluß auf die Drehrichtung; Gl. (163.2) gilt jeweils für die entgegengesetzte Drehrichtung, wenn der Drehpunkt O innerhalb der Tangente angeordnet ist (c negativ). Die Welle einer Einbackenbremse wird durch die einseitige Anpreßkraft auf Biegung beansprucht.

Doppelbackenbremsen (**164.**2, **164.**1) vermeiden den Nachteil einer in beiden Drehrichtungen biegebeanspruchten Welle und einer ungleichmäßigen Belastung der Bremsbacken bzw. -beläge (Bremsbacken und -beläge s. DIN 74308, 74309 und 74263) bei gleicher Bremskraft F, wenn $c = 0$ ist. Doppelbackenbremsen werden durch Gewichte (**164.**2) oder durch Federn (**164.**1) belastet und elektromagnetisch oder hydraulisch gelüftet.

Wirkt an jedem Bremsklotz (**164.**2) die gleiche Reibungskraft μF_n, so ist das Bremsmoment

$$T_{Br} = 2\mu F_n R = 2\mu i \eta F'_g R \qquad \text{mit } i = \frac{l}{a} \cdot \frac{a_2}{a_1} \cdot \frac{u}{u_2} \tag{163.3}$$

als Übersetzung des Gestänges bis zum Angriff des Lüfters, mit $\eta \approx 0{,}9$ als Wirkungs- oder Umsetzungsgrad des Gestänges und F'_g als Belastungskraft am Angriff des Lüfters. Die Kräfte in Bild **164.**2 erhält man durch systematisches Freimachen (s. Teil 1) aller Einzelteile der Bremse und entsprechendes Zusammenfassen der in Bild **165.**1 angeschriebenen Gleichungen. Mit F'_g

nach Gl. (163.3) und unter Berücksichtigung des Gewichtskraftanteils F_{g2} des Lüfters ergibt sich die Bremsgewichtskraft zu

$$F_{g1} = \frac{(F'_g - F_{g2})u}{u_1} \tag{164.1}$$

Vom Lüfter muß die Kraft $F_z = F'_g$ aufgebracht werden.

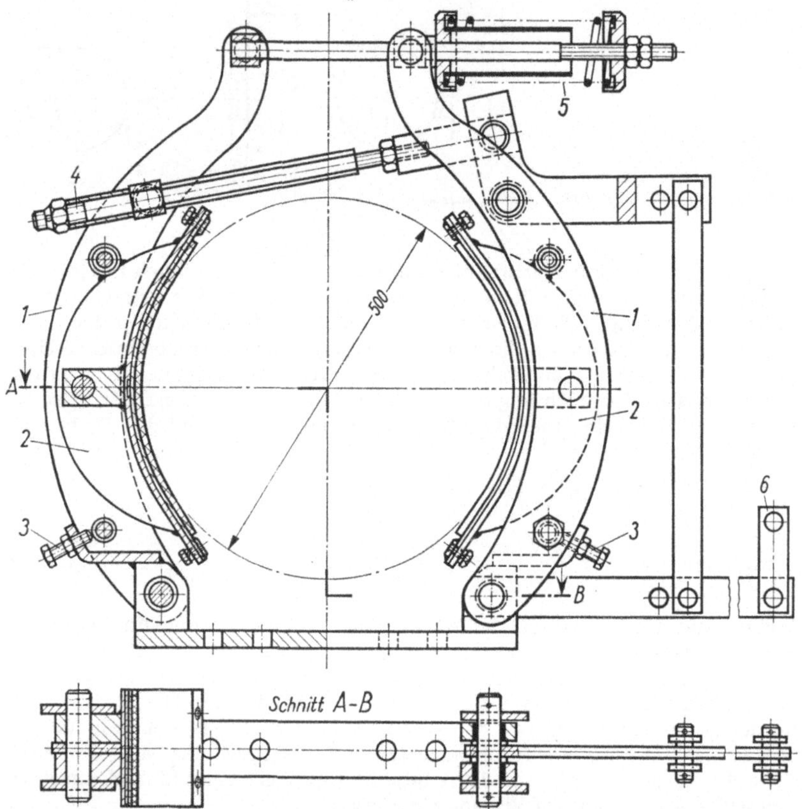

164.1 Federbelastete Doppelbackenbremse mit Bremslüfter
1 Backenhebel
2 Bremsbacken mit Reibbelag
3 Stellschrauben zum Einstellen des Lüftweges
4 nachstellbare Zugstange
5 Druckfeder
6 Anschluß des Lüfters

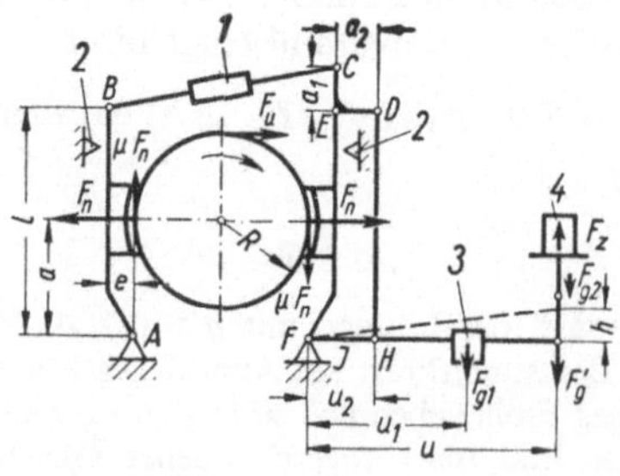

164.2 Gewichtsbelastete Doppelbackenbremse mit Bremslüfter
1 Nachstellung 2 Anschlag
3 Gewicht 4 Lüftgerät *h* Lüftweg

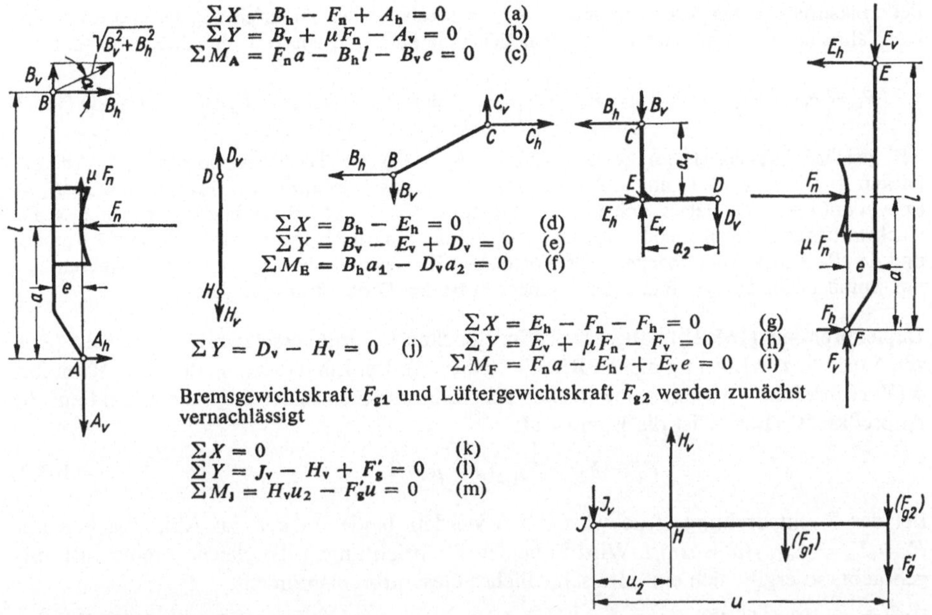

165.1 Doppelbackenbremse mit Gewichtsbelastung nach Bild **164.2** freigemacht. Die Kräfte sind nicht maßstäblich, sondern nur nach Lage und Richtung eingezeichnet. (Geometrische Punkte und andere Bezeichnungen entsprechen Bild **164.2**; Indizes v und h für Vertikal- und Horizontalkräfte, Br für Bremse). Das Bremsmoment ist unter Heranziehung der Gl. (a) bis (m) $T_{Br} = 2\,\mu F_n R$ und mit F_n aus Gl. (c) $T_{Br} = 2\,\mu \dfrac{B_h l + B_v e}{a} R$. Bei Vernachlässigung von $B_v e$ und mit B_h aus Gl. (f) und mit $D_v = H_v$ folgt $T_{Br} = 2\,\mu \dfrac{H_v a_2 l}{a_1 a} R$ und mit H_v aus Gl. (m) $T_{Br} = 2\,\mu \dfrac{F_g' u a_2 l}{u_2 a_1 a} R$ $= 2\,\mu i F_g' R$ (i Gestängeübersetzung)

Innenbackenbremsen [6] werden als Simplex-, Duplex- und Servobremsen hergestellt (**165**.2, **166**.1) und hauptsächlich im Fahrzeugbau verwendet. Die Bremskraft wird bei mechanisch betätigten Bremsen über Gestänge und Seilzug auf einen Bremsnocken übertragen, der die Backen gegen die Bremstrommel spreizt. Hydraulische Bremsen erzeugen die Bremskraft mit Öldruck über einen Kolben.

Simplexbremsen (**165**.2a) bestehen aus zwei Bremsbacken 1, 2, die auf einem Bolzen 5 drehbar gelagert sind. Der Bolzen ist mit dem (feststehenden) Bremsgehäuse verbunden. Eine Rückholfeder 3 lüftet die Bremsbacken.

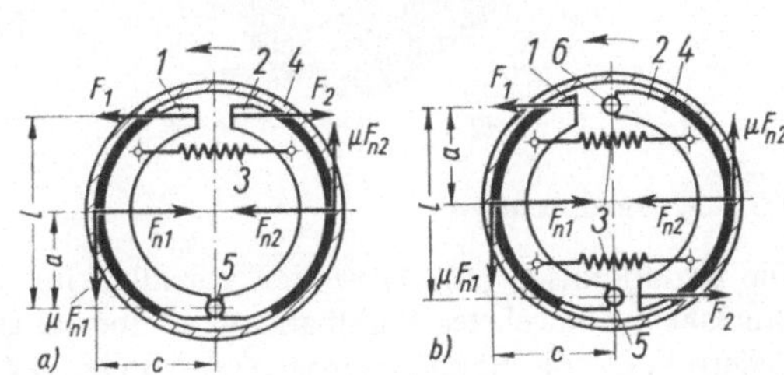

165.2 a) Simplexbremse
b) Duplexbremse

Bei Linksdrehung der Bremstrommel 4 – entsprechend der Drehrichtung bei Vorwärtsfahrt von Fahrzeugen – sind nach der Momentgleichung (163.1) Bremskraft und Bremsmoment

$$F_1 = F_{n1} \frac{a - \mu c}{l} \qquad F_2 = F_{n2} \frac{a + \mu c}{l} \qquad \text{und } T_{Br} = \mu(F_{n1} + F_{n2})R \qquad (166.1)\ (166.2)$$

Bei gleicher Bremskraft an beiden Backen ($F_1 = F_2$) ist das Bremsmoment am Auflaufbacken 1 größer als das am Ablaufbacken 2. Für das Verhältnis der Bremskräfte $F_1/F_2 = (a - \mu c)/(a + \mu c)$ ergeben sich gleiche Belastungen für beide Bremsbacken ($F_{n1} = F_{n2}$). Bei Rückwärtsfahrt, entsprechend einer Trommeldrehrichtung nach rechts, ist der Backen 2 Auflauf- und der Backen 1 Ablaufbacken. Die Vorzeichen für den Faktor μc in Gl. (163.2) kehren sich um. Somit bleibt das gesamte Bremsmoment in beiden Drehrichtungen gleich.

Duplexbremsen (**165**.2b) haben zwei Einzelbacken 1, 2 mit versetzten Drehpunkten (Bolzen 5 und 6; zur Lüftung dienen Rückholfedern 3). Bei Linksdrehung der Bremstrommel 4 (Vorwärtsfahrt) wirken beide Backen als Auflaufbacken selbsttätig verstärkend auf die Anpreßkraft. Hierfür ist die Bremskraft

$$F_1 = F_2 = F_{n1,2}(a - \mu c)/l \qquad (166.3)$$

Bei der Rechtsdrehung (Rückwärtsfahrt) werden beide Backen zu Ablaufbacken mit $F_1 = F_2 = F_{n1,2}(a + \mu c)/l$. Wird in beiden Drehrichtungen die gleiche Bremskraft aufgebracht, so ergibt sich ein unterschiedliches Gesamtbremsmoment.

Servobremsen (**166**.1) bestehen aus zwei hintereinandergeschalteten Backen 1, 2, die z. B. mit hydraulischem Bremszylinder 3 betätigt und durch Rückholfedern 5 gelöst werden. Bei Linksdrehung (Vorwärtsfahrt) stützt sich nach Einleitung der Kraft F_1, Backen 1 auf Backen 2 ab. Dieser legt sich mit seinem Ende gegen einen Anschlag am Bremszylinder. Beide Backen wirken hierbei als Auflaufbacken wie bei der Duplexbremse. Bei Rechtsdrehung (Rückwärtsfahrt) stützt sich der Backen 2 am Anschlag des Führungsstückes 4 ab, so daß Backen 2 als Auflaufbacken eine größere Anpreßkraft als der Ablaufbacken 1 liefert. Hierdurch wird die Servobremse zur Simplexbremse.

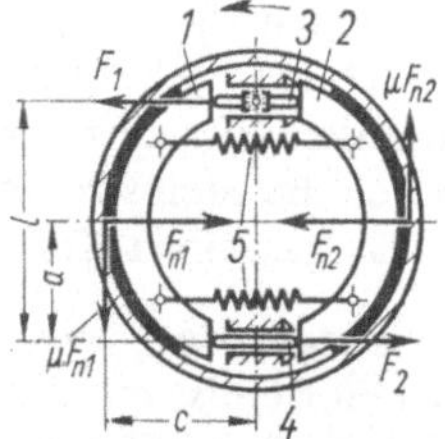

166.1 Servobremse für Kraftfahrzeuge (Alfred Teves, Frankfurt a. M.)

4.5.2.3. Bandbremsen

Die Bandbremsen (**167**.1) werden vor allem im Hebezeugbau verwendet. Ein mit einem Bremsbelag bewehrtes Stahlband wird über eine Scheibe gelegt und durch Gewichte, Federn oder von Hand angezogen (s. Abschn. 4.4.2.1 und 4.4.2.4).

Für die Kräfte F_S im Bremsband gilt $F_{S1} = F_{S2} e^{\mu\alpha}$ und für die Reibungskraft $F_R = F_{S1} - F_{S2} \geqq F_u$. Hierin bedeuten F_{S1}, F_{S2} Zugkraft im auflaufenden bzw. im ablaufenden Bandende, α Umschlingungswinkel, F_u abzubremsende Umfangskraft. Die Flächenpressung zwischen einem Band mit der Breite b und einer Bremsscheibe mit dem Radius R ist am auflaufenden Bandende am größten und beträgt

$$p_{max} = \frac{F_R}{b R} \cdot \frac{e^{\alpha\mu}}{(e^{\mu\alpha} - 1)} \tag{167.1}$$

Die Bremswelle wird durch die Resultierende aus den Bandkräften F_{S1} und F_{S2} auf Biegung beansprucht.

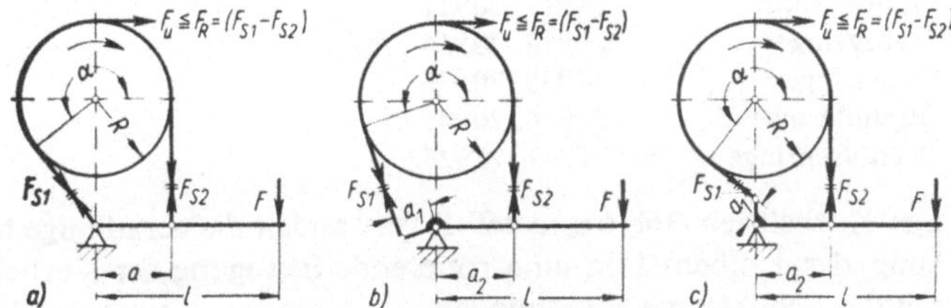

167.1
a) Einfache Bandbremse
b) Differentialbandbremse
c) Summenbandbremse

Man unterscheidet zwischen **einfacher** (**167.1**a), **Differential-** (**167.1**b) und **Summenbandbremse** (**167.1**c). Bei entgegengesetzter Drehrichtung vertauschen sich die Bandkräfte. Daher ist die Bremskraft F (Tafel **A48.1**) für gleiche Reibungskraft F_R in beiden Drehrichtungen unterschiedlich, außer bei der Summenbandbremse, wenn $a_1 = a_2 = a$ ist. (Berechnungsgleichungen für die verschiedenen Bauarten der Bandbremsen, aus den Kräften und Abmessungen in Bild **167.1** entwickelt, s. Tafel **A48.1**.)

Schrifttum

[1] vom Ende, E.: Wellenkupplungen und Wellenschalter (Einzelkonstruktionen aus dem Maschinenbau, Heft 11) Berlin–Göttingen–Heidelberg 1931

[2] Falz, E.: Grundzüge der Schmiertechnik. 2. Aufl. Berlin–Göttingen–Heidelberg 1931

[3] Hasselgruber, H.: Temperaturberechnungen für mechanische Reibkupplungen. Schriftenreihe Antriebstechnik Bd. 21. Braunschweig 1959

[4] Kickbusch, E.: Föttinger-Kupplungen und Föttinger-Getriebe. (Konstruktionsbücher Bd. 21.) Berlin–Heidelberg–New York 1963

[5] Klamt, J.: Elektrische Schlupfkupplungen für Schiffsantriebe. Tagungsheft Kupplungen. Essen 1957

[6] Kößler, P.: Berechnung von Innenbackenbremsen für Kraftfahrzeuge. 7. Aufl. Stuttgart 1958

[7] Martyrer, E.: Arten und Aufgaben der nachgiebigen und schaltbaren Kupplungen. Schriftenreihe Antriebstechnik Bd. 12. Braunschweig 1954

[8] Niemann, G.: Maschinenelemente. Bd. 1. 2. Aufl. 1975 und 2 (2. Neudr.) Berlin–Heidelberg–New York 1965

[9] Schalitz, A.: Kupplungs-Atlas. Bauarten und Auslegung von Kupplungen und Bremsen. 4. Aufl. Ludwigsburg/Württ. 1974

[10] Stölzle, K., und Hart, S.: Freilaufkupplungen (Konstruktionsbücher Bd. 19). Berlin–Göttingen–Heidelberg 1961

5. Kurbeltrieb*

DIN-Normen (Auswahl)[1])

Kolbenringe[2])

Übersicht	DIN 24909, 70909
Rechteckringe	24910, 70910
Minutenringe	24911, 70911
Trapezringe	24914, 70914
Nasenringe	24930, 70930
Ölschlitzringe	24946, 70946
Dachfasenringe	24947, 70927

Triebwerksteile

Kolbenbolzen für Dieselmotoren	DIN 73124
Kolbenbolzen für Ottomotoren	73125

Der Kurbeltrieb (168.1 und 169.1) verwandelt die geradlinige hin- und hergehende Bewegung des Kolbens 1 in eine rotierende Bewegung der Kurbel 2. Beide Teile sind hierzu mit der Schubstange 3 verbunden.

Nach den AWF-Getriebeblättern [1] ist als Kennzeichen (169.1c) für den festen Drehpunkt *M* der Kurbel ein kleiner geschwärzter Kreis und für die in einer Ebene beweglichen Drehpunkte *B* und *K* der Schubstange ein Nullenkreis üblich.

Der Kurbeltrieb, im Maschinenbau kurz Triebwerk genannt, dient zur Energieübertragung und Steuerung. Triebwerke werden in Brennkraft- und Dampfmaschinen, Verdichtern, Pumpen und Pressen, sowie für hydraulische und pneumatische Antriebe verwendet [7].

Bauarten. Es werden Tauchkolben- und Kreuzkopf-Triebwerke unterschieden. Beim Tauchkolben-Triebwerk (169.1) ist der Kolben 1 durch den Kolbenbolzen 4 mit der Schubstange 3 direkt verbunden. Diese einfache Konstruktion hat geringe Massen und ist für Leistungen ≦ 300 kW pro Triebwerk und Drehfrequenz ≦ 10000 min^{-1} geeignet. Beim Kreuzkopf-Triebwerk (168.1) wird der Kolben 1 durch die Kolbenstange 4 geführt, die mit dem Kreuzkopf 5, der sich auf der Gleitbahn 6 bewegt, verschraubt ist. Im Kreuzkopfzapfen 7 lagert die Schubstange 3, die mit der Kurbel 2 verbunden ist. Die Schubstangenlagerung im Kreuzkopf entlastet den Kolben von Kräften, die senkrecht zu seiner Bewegungsrichtung wirken. Beide Kolbenseiten sind zur Energieübertragung benutzbar. Kreuzkopfmaschinen werden bei großen Dieselmotoren verwendet, die pro Triebwerk Leistungen ≦ 1800 kW und Drehfrequenzen ≦ 1000 min^{-1} [9]; [10] aufweisen.

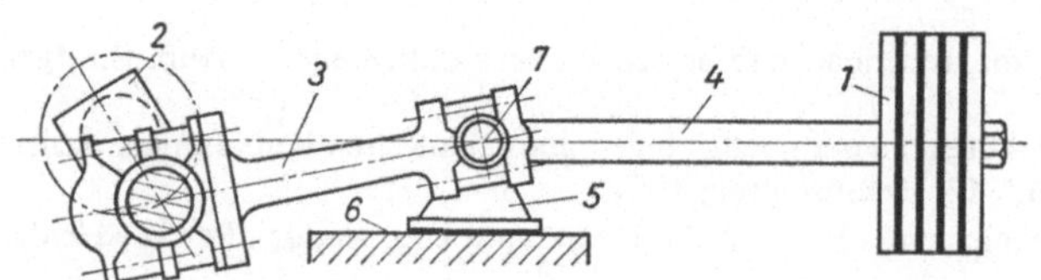

168.1 Triebwerk eines doppelt wirkenden Verdichters

* Hierzu Arbeitsblatt 5, s. Beilage S. A54 bis A59

[1]) S. a. AWF-VDMA-VDI-Getriebehefte und -Getriebeblätter [1]; [2]

[2]) Anfangsziffern: 24 Maschinenbau, 70 Kraftfahrzeugbau

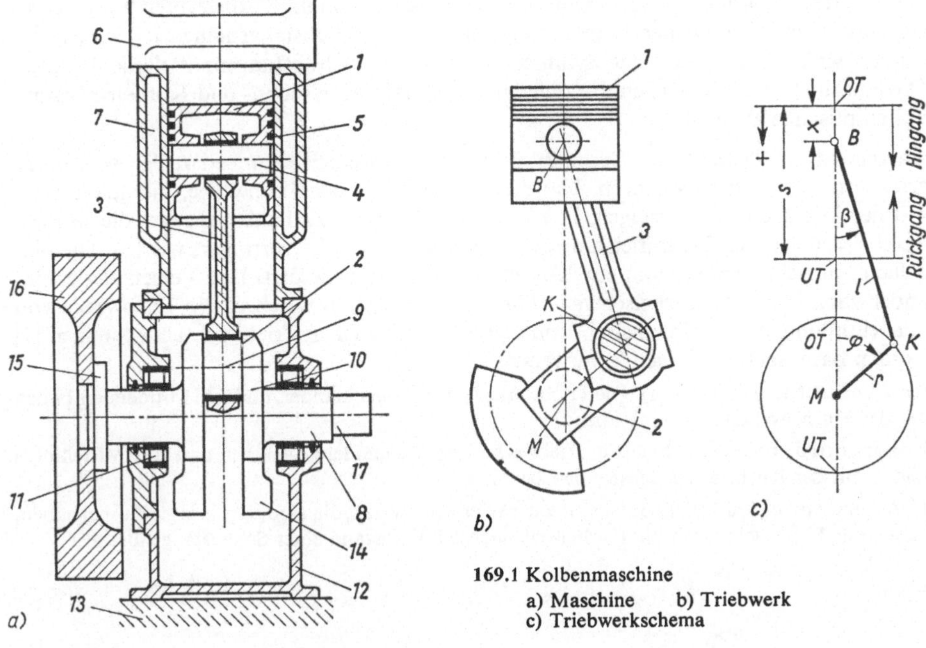

169.1 Kolbenmaschine
a) Maschine b) Triebwerk
c) Triebwerkschema

5.1. Tauchkolbentriebwerk

Diese Triebwerke erfordern wenig Raum und Material und sind daher besonders leicht und für hohe Drehfrequenzen geeignet. Sie werden häufig in Kraftfahrzeugmotoren verwendet und in großen Serien preisgünstig hergestellt.

Aufbau und Wirkungsweise (169.1). Der Kolben 1 mit dem Bolzen 4 und den Kolbenringen 5 gleitet in dem vom Kopf 6 abgeschlossenen Zylinder 7. Dieser durch die Kolbenringe abgedichtete Raum wird mit einem Arbeitsmedium gefüllt. Die Kolbenbewegung erstreckt sich beim Hingang vom oberen Tot- oder Umkehrpunkt *OT* in Richtung der Kurbel zum unteren Totpunkt *UT*, beim Rückgang vom *UT* zum *OT*. Die Verbindungslinie der beiden Totpunkte, die Zylindermittellinie, geht beim geraden Kurbeltrieb durch den Kurbeldrehpunkt *M*. Der Kolbenweg x zählt vom *OT* aus und sein Maximalwert ist der Hub s.

Die Kurbel 2 besteht aus den Wellenzapfen 8 und dem Kurbelzapfen 9, die durch die Wangen 10 verbunden sind. Die Wellenzapfen liegen in den Grundlagern 11 (Mittelpunkt *M*) des Gestells 12, das den Zylinder 7 aufnimmt und mit dem Fundament 13 verbunden ist. Die Wangen 10 tragen gegenüber dem Kurbelzapfen 9 die Gegengewichte 14 zum Ausgleich von Massenkräften. An einem Wellenende befindet sich die Kupplung 15 zur Energieübertragung und zur Aufnahme des Schwungrades 16, das die Winkelgeschwindigkeitsschwankungen ausgleicht. Am anderen Ende liegt der Zapfen 17 zur Aufnahme der Hilfsantriebe. Der Mittenabstand von Kurbel- und Wellenzapfen heißt Kurbelradius r. Der Drehwinkel φ der Kurbel zählt vom *OT* aus.

Die Schubstange 3 ist im Kolbenbolzen 4 (Punkt B) und im Kurbelzapfen 9 (Punkt K) gelagert. Den Abstand der Lagermitten nennt man Schubstangenlänge l. Der Schubstangenwinkel β wird von der Zylinder- und von der Schubstangenmittellinie gebildet. Die einzelnen Punkte der Schubstange laufen gemäß der Kolben- und Kurbelbewegung auf elliptischen Bahnen.

Anordnung der Triebwerke. Geringes Gewicht und kleiner Raumbedarf der Maschinen erfordern hohe Drehfrequenzen. Um die Massenkräfte der Triebwerke, die quadratisch mit der Drehfrequenz ansteigen, in ertragbaren Grenzen zu halten, müssen die Massen durch Verteilen der Gesamtleistung auf mehrere Triebwerke verringert werden. Die einzelnen Kurbeln werden dann zur Kurbelwelle zusammengesetzt. Ihre Versetzung zueinander wird in einem Kurbelschema (**170.1** d) festgelegt, in welchem die Triebwerke von der Kupplung aus zu zählen sind. Von den vielen möglichen Triebwerksanordnungen [7] werden hauptsächlich folgende verwendet:

Reihenanordnung (**170.1**a). Die Triebwerke liegen nebeneinander, und ihre Mittellinien bilden mit der Kurbelwellenachse eine Ebene.

Boxeranordnung (**170.1**b). Die Triebwerke liegen einander gegenüber, und ihre Mittellinien bilden mit der Kurbelwellenachse eine Ebene.

V-Anordnung (**170.1**c). Die Mittellinien zweier Triebwerke, die eine gemeinsame Kurbel haben, bilden ein *V*. Sie schneiden die Kurbelwellenachse im Abstand einer Schubstangenbreite.

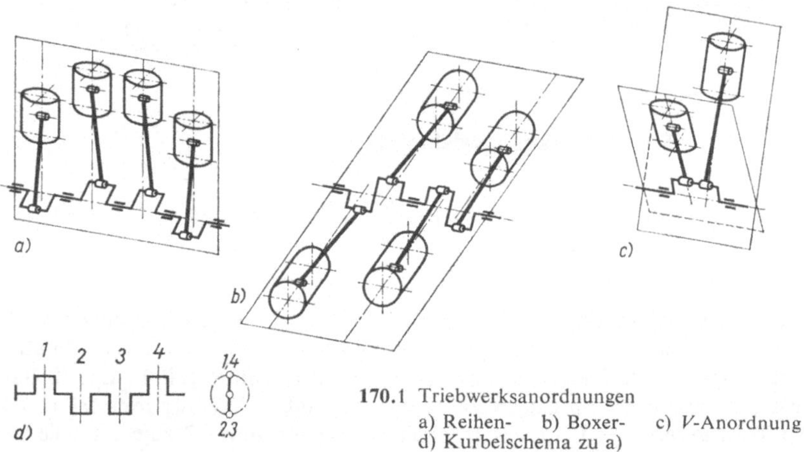

170.1 Triebwerksanordnungen
a) Reihen- b) Boxer- c) *V*-Anordnung
d) Kurbelschema zu a)

5.2. Berechnungsgrundlagen

Kurbel. Bei konstanter Drehfrequenz n durchläuft die Kurbel den vollen Drehwinkel $\varphi = 2\pi$ rad in der Umlaufzeit $T_Z = 1/n$. Die Drehfrequenz, die Winkelgeschwindigkeit[1]) und die Umfangsgeschwindigkeit des Kurbelzapfens betragen mit dem Hub $s = 2r$

$$n = \frac{1}{T_Z} \qquad \omega = \frac{2\pi}{T_Z} = 2\pi n \qquad c_Z = \omega r = \pi n s \qquad (170.1)\ (170.2)\ (170.3)$$

[1]) Die SI-Einheit für die Winkelgeschwindigkeit ist rad/s, abgeleitet aus $\omega = 2\pi$ rad · (1/s). Als Zahlenwertgleichung: $\omega = 2\pi n$ in rad/s mit n in s^{-1}. Da 1 rad = 1 m/1 m = 1 ist, wird zur Vereinfachung in den Rechnungen für rad/s = 1/s gesetzt.

Kolben. Seine mittlere Geschwindigkeit beträgt, da er während der Umlaufzeit T_Z zweimal den Hub s durchläuft, mit Gl. (170.1)

$$c_m = \frac{2s}{T_Z} = 2sn = \frac{2c_Z}{\pi} \qquad (171.1)\,(171.2)\,(171.3)$$

Gebräuchliche Werte für die mittlere Kolbengeschwindigkeit sind $c_m = 7 \cdots 12$ m/s bei Verbrennungsmotoren und $c_m = 3 \cdots 6$ m/s bei Verdichtern.

Das Hubvolumen, das die Stirnfläche $A_K = \pi D^2/4$ des Kolbens vom Durchmesser D während eines Hubes s durchläuft, ist mit dem Hubverhältnis s/D

$$V_h = A_K s = \frac{\pi}{4} D^2 s = \frac{\pi}{4} D^3 \left(\frac{s}{D}\right) \qquad (171.4)\,(171.5)\,(171.6)$$

Das Hubverhältnis beträgt bei Verbrennungsmotoren $s/D = 0{,}8 \cdots 1{,}5$.

Schubstange. Eine kennzeichnende Größe ist das Schubstangenverhältnis

$$\lambda = \frac{r}{l} \qquad (171.7)$$

Hierbei bedeuten: $r = s/2$ = Kurbelradius und l = Schubstangenlänge

Zur Verringerung der Abmessungen wird der Wert λ möglichst groß gewählt: $\lambda = 1:3{,}5 \cdots 1:4{,}5$, wobei die kleineren Werte für V-Maschinen gelten.

Kupplung. Die mittlere Arbeit an der Kupplung errechnet sich mit dem effektiven Druck p_e und mit dem Hubvolumen V_h nach Gl. (171.4) bei z Triebwerken bzw. bei z Zylindern zu $W_m = z p_e A_K s$ bzw. $W_m = z p_e V_h$. Die Leistung ist daher bei der Zweitaktmaschine $P_e = W_m/T_Z$ und bei der Viertaktmaschine, die zwei Umdrehungen pro Arbeitsspiel benötigt, $P_e = W_m/(2T_Z)$. Mit Gl. (170.1) folgt daraus die Leistung für den

$$\text{Zweitakt } P_e = z p_e V_h n \qquad \text{Viertakt } P_e = \frac{z p_e V_h n}{2} \qquad (171.8)\,(171.9)$$

Bei Zweitakt-Verbrennungsmotoren beträgt der effektive Druck $p_e \approx 5 \cdots 6$ bar und bei Viertaktmotoren $p_e = 8 \cdots 10$ bar[1]). Kraftmaschinen geben die Leistung an die Kurbelwelle ab, Arbeitsmaschinen nehmen sie dort auf. Abgesehen von der Viertakt-Brennkraftmaschine arbeiten alle Kolbenmaschinen nach dem Zweitaktverfahren. Sie haben also ein Arbeitsspiel pro Kurbelumdrehung.

Das mittlere Drehmoment ergibt sich mit Gl. (170.2) zu

$$T = \frac{P_e}{\omega} = \frac{P_e}{2\pi n} \qquad (171.10)$$

Beispiel 1. Das Triebwerk eines Viertakt-Ottomotores mit $z = 6$ Zylindern, der Leistung $P_e = 80$ kW und der Drehfrequenz $n = 5000\ \text{min}^{-1}$ ist auszulegen. Der effektive Druck soll $p_e = 9{,}0$ bar, das Hub- und Schubstangenverhältnis $s/D = 0{,}9$ und $\lambda = 1:3{,}5$ betragen. Gesucht: Hub-Durchmesser und mittlere Geschwindigkeit des Kolbens, Schubstangenlänge und Radius, Umlaufzeit, Winkelgeschwindigkeit der Kurbel, Geschwindigkeit des Kurbelzapfens und Drehmoment.

Mit $n = 5000\ \text{min}^{-1}/(60\ \text{s/min}) = 83{,}3\ \text{s}^{-1}$, $80\ \text{kW} = 80 \cdot 10^3\ \text{Nm/s}$ und $p_e = 9{,}0\ \text{bar} = 9{,}0 \cdot 10^5\ \text{N/m}^2$ folgt:

---

[1]) 1 bar = 10^5 Pa = 0,1 MPa = 10^5 N/m² 1 Pa = 1 N/m² 1 at ≈ 1 bar

Hubvolumen nach Gl. (171.9) $V_h = \frac{2P_e}{zp_e n} = \frac{2 \cdot 80 \cdot 10^3 \text{ Nm/s}}{6 \cdot 9{,}0 \cdot 10^5 \text{ N/m}^2 \cdot 83{,}3 \text{ s}^{-1}} =$

$= 3{,}55 \cdot 10^{-4} \text{ m}^3 = 355 \text{ cm}^3$

Kolbendurchmesser nach Gl. (171.6) $D^3 = \frac{4V_h}{\pi(s/D)} = \frac{4 \cdot 355 \text{ cm}^3}{\pi \cdot 0{,}9} = 502 \text{ cm}^3 \quad D \approx 80 \text{ mm}$

Hub, Kurbelradius $s = D\left(\frac{s}{D}\right) = 80 \text{ mm} \cdot 0{,}9 = 72 \text{ mm} \quad r = \frac{s}{2} = 36 \text{ mm}$

Kolbengeschwindigkeit nach Gl. (171.2) $c_m = 2sn = 2 \cdot 0{,}072 \text{ m} \cdot 83{,}3 \text{ s}^{-1} = 12 \text{ m/s}$

Schubstangenlänge nach Gl. (171.7) $l = \frac{r}{\lambda} = 36 \text{ mm} \cdot 3{,}5 = 126 \text{ mm}$

Umlaufzeit der Kurbel nach Gl. (170.1) $T_Z = \frac{1}{n} = \frac{1}{83{,}3 \text{ s}^{-1}} = 0{,}012 \text{ s} = 12 \text{ ms}$

Winkelgeschwindigkeit nach Gl. (170.2) $\omega = 2\pi n = 2\pi \cdot 83{,}3 \text{ s}^{-1} = 524 \text{ s}^{-1}$

Kurbelzapfengeschwindigkeit nach Gl. (170.3) $c_Z = \omega r = \pi n s = \pi \cdot 83{,}3 \text{ s}^{-1} \cdot 72 \text{ mm} = 18{,}8 \text{ m/s}$

Drehmoment nach Gl. (171.10) $T = \frac{P_e}{2\pi n} = \frac{80 \cdot 10^3 \text{ Nm/s}}{2\pi \cdot 83{,}3 \text{ s}^{-1}} = 152{,}5 \text{ Nm}$

5.3. Kinematik des Kurbeltriebes

Die Kinematik ermittelt den Weg, die Geschwindigkeit und die Beschleunigung des Kolbens bei konstanter Winkelgeschwindigkeit der Kurbelwelle. Dabei wird nur der Punkt B (**169.**1 b, c) betrachtet, da alle anderen Punkte des Kolbens die gleiche Bewegung mit einer konstanten Versetzung ausführen. Die Bewegungsgleichungen werden zunächst in ihrer exakten, aber komplizierten Form [3] (ohne Index) angegeben, deren Auswertung mit Digitalrechnern erfolgen kann. In der Praxis werden meist Näherungsgleichungen (Index K), für die die Fehler angegeben sind, benutzt. Die einfachsten Gleichungen (Index KS), für deren Berechnung eine unendlich lange Schubstange, also $\lambda = 0$ zugrunde gelegt ist, entsprechen den Bewegungen einer Kreuzschubkurbel.

Graphische Verfahren, die praktisch so genau wie die Näherungsgleichungen sind, werden in der Konstruktion wegen ihrer einfachen Durchführung gern benutzt.

5.3.1. Kolbenweg

Der Kolbenweg x und der Kurbelwinkel φ zählen vom OT aus. Daher ist für den Hin- bzw. Rückgang (**173.**1)

$$x = a + f = r(1 - \cos\varphi) + f$$

Hieraus folgt mit dem Fehlerglied $f = \overline{BN} - \overline{BL} = \overline{BK} - \overline{BL} = l(1 - \cos\beta)$, das die Abweichung des Kolbenweges x von der Projektion des Kurbelzapfenweges auf die

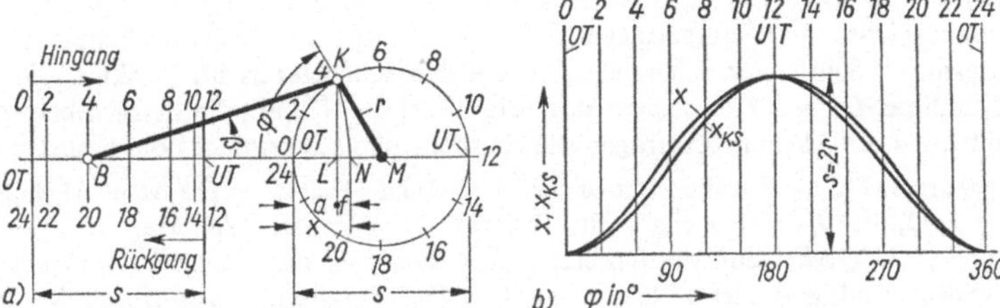

173.1
a) Kurbeltrieb
b) Kolbenweg
$\lambda = r/l = 1/3$

Mittellinie angibt und mit $\lambda = r/l$

$$x = r(1 - \cos\varphi) + l(1 - \cos\beta) = r\left(1 - \cos\varphi + \frac{1 - \cos\beta}{\lambda}\right) \tag{173.1}$$

Für den Schubstangenwinkel β ergibt sich aus der gemeinsamen Höhe $\overline{KL}$ der Dreiecke BKL und MKL der Wert $l \sin\beta = r \sin\varphi$ bzw. mit $\lambda = r/l$

$$\sin\beta = \lambda \sin\varphi \tag{173.2}$$

Mit $\cos\beta = \sqrt{1 - \sin^2\beta} = \sqrt{1 - \lambda^2 \sin^2\varphi}$ nach Gl. (173.2) folgt dann

$$x = r\left[1 - \cos\varphi + \frac{1}{\lambda}\left(1 - \sqrt{1 - \lambda^2 \sin^2\varphi}\right)\right] \tag{173.3}$$

Wird der Wurzelausdruck in die Potenzreihe $\sqrt{1 - y} = 1 - \frac{1}{2}y - \frac{1}{8}y^2 - \frac{1}{16}y^3 - \dots$ bzw. $\sqrt{1 - \lambda^2 \sin^2\varphi} = 1 - \frac{1}{2}\lambda^2 \sin^2\varphi - \frac{1}{8}\lambda^4 \sin^4\varphi - \frac{1}{16}\lambda^6 \sin^6\varphi - \dots$ entwickelt, so ergibt sich der exakte Wert für den Kolbenweg

$$x = r\left(1 - \cos\varphi + \frac{\lambda}{2}\sin^2\varphi + \frac{\lambda^3}{8}\sin^4\varphi + \frac{\lambda^5}{16}\sin^6\varphi + \cdots\right) \tag{173.4}$$

Bei Berücksichtigung der ersten drei Glieder lautet der Näherungswert für den Kolbenweg

$$x_K = r\left(1 - \cos\varphi + \frac{\lambda}{2}\sin^2\varphi\right) \tag{173.5}$$

Für die Kreuzschubkurbel, bei der $\lambda = 0$ ist, ergeben die Gl. (173.1 ... 173.3)

$$x_{KS} = r(1 - \cos\varphi) \tag{173.6}$$

Hier ist also das Fehlerglied $f = l(1 - \cos\beta)$ gegenüber der exakten Gleichung (173.1) vernachlässigt.

Der größte Fehler, der sich als Differenz zwischen den exakten Werten des Kolbenwegs nach Gl. (173.4) und den Näherungswerten nach Gl. (173.5) bzw. nach Gl. (173.6) darstellt, tritt bei $\varphi = 90°$ auf. Er beträgt unter Berücksichtigung der ersten drei Sinusglieder der Gl. (173.4)

$$x - x_K \approx r\frac{\lambda^3}{8}\left(1 + \frac{\lambda^2}{2}\right) \qquad x - x_{KS} = r\left[\frac{\lambda}{2} + \frac{\lambda^3}{8}\left(1 + \frac{\lambda^2}{2}\right)\right] \tag{173.7}$$

Für das praktisch kaum erreichbare Schubstangenverhältnis $\lambda = 1/3$ werden die Höchstwerte der Differenzen $x - x_K \approx r/200$ und $x - x_{KS} \approx r/6$.

Als graphisches Verfahren zur Ermittlung des Kolbenweges wird das **Brixsche bizentrische Kurbeldiagramm** neben der maßstäblichen Darstellung des Kurbeltriebes (173.1), angewendet.

Konstruktion (**174.1a**). Vom Mittelpunkt M des Kurbelkreises aus wird die Strecke $\overline{MM'} = \lambda r/2$ in Richtung UT aufgetragen und im Punkt M' mit $\overline{OTM'}$ als Schenkel der Kurbelwinkel φ gezeichnet. Sein freier Schenkel schneidet den Kurbelkreis im Punkt K'. Das Lot $\overline{K'L}$ auf die Mittellinie $OT-UT$ schneidet dort die Strecke $\overline{OTL}$ ab, die den Kolbenweg x_K darstellt. Der Hilfskreis um M' zum Auftragen des Kurbelwinkels vereinfacht die Konstruktion.

Beweis (**174.1b**). Für die Strecke $\overline{OTM'} = \overline{OTL} + \overline{LM'} = \overline{OTM} + \overline{MM'}$ gilt $x_K + \varrho \cos\varphi = r + \lambda r/2$, da $\overline{LM'} = \varrho \cos\varphi$ im Dreieck $M'K'L$ ist. Weiterhin ist $\varrho - r = \lambda r \cos \varphi/2$ im Dreieck $M'QM$, wenn die Differenz $\overline{QQ'}$ zwischen dem Lot $\overline{MQ}$ und dem Kreisbogen MQ' mit dem Radius ϱ vernachlässigt werden. Die Elimination von ϱ aus den beiden Gleichungen ergibt die Näherungsgleichung (173.5). Der Fehler beträgt hierbei für $\varphi = 90°$ maximal $0{,}02\,r$ beim Schubstangenverhältnis $\lambda = 1/3$.

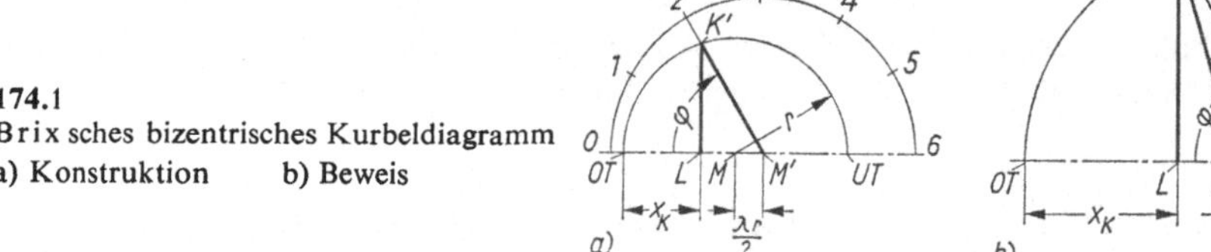

174.1
Brixsches bizentrisches Kurbeldiagramm
a) Konstruktion b) Beweis

Beispiel 2. Eine Zweitakt-Dieselmaschine (**174.2**), bei der die Spülluftzufuhr so lange erfolgt wie die Kolbenoberkante die Spülschlitze freigibt, hat den Hub $s = 180$ mm, ein Schubstangenverhältnis $\lambda = 1/4$ und läuft mit einer Drehfrequenz $n = 2000\ \text{min}^{-1}$. Gesucht sind:

1. Abstand Kolbenbolzen-Kurbelwelle für die Kolbenstellung OT
2. Höhe der Spülschlitze in Prozent vom Kolbenhub, wenn die Spülung 52° vor UT beginnen soll.
3. Zeit für das Einbringen einer Ladung
4. Kolbenwegdiagramm als Funktion des Kurbelwinkels und der Zeit

Zu 1. Nach Bild **173.1** gilt, wenn der Kolben in OT steht

$$\overline{BM} = r + l = \frac{s}{2}(1 + 1/\lambda) = 90\ \text{mm}\,(1 + 4) = 450\ \text{mm}$$

Zu 2. Da der Zählbeginn in OT liegt, beträgt der Kurbelwinkel $\varphi = 180° - 52°$ und die Schlitzhöhe mit Gl. (169.5)

$$h = 2r - x_K \approx r\left(1 + \cos\varphi - \frac{\lambda}{2}\sin^2\varphi\right) = 90\ \text{mm}\left(1 - \cos 52° - \frac{1}{8}\sin^2 52°\right) = 27{,}6\ \text{mm}$$

Somit ist $100\,h/s \approx 100 \cdot 28\ \text{mm}/180\ \text{mm} = 15{,}5\,\%$.

Zu 3. Die Ladung wird beim Durchlaufen eines Kurbelwinkels von $2 \cdot 52° = 104°$ bei der Drehfrequenz $n = 2000\ \text{min}^{-1} = 33{,}3\ \text{s}^{-1}$ eingebracht. Für die Zeit folgt dann mit Gl. (170.1)

$$t = T_Z \frac{\varphi}{360°} = \frac{\varphi}{n \cdot 360°} = \frac{104°}{33{,}3\ \text{s}^{-1} \cdot 360°} = 0{,}0087\ \text{s} = 8{,}7\ \text{ms}$$

Zu 4. S. Kolbenwegdiagramm (**174.2**).

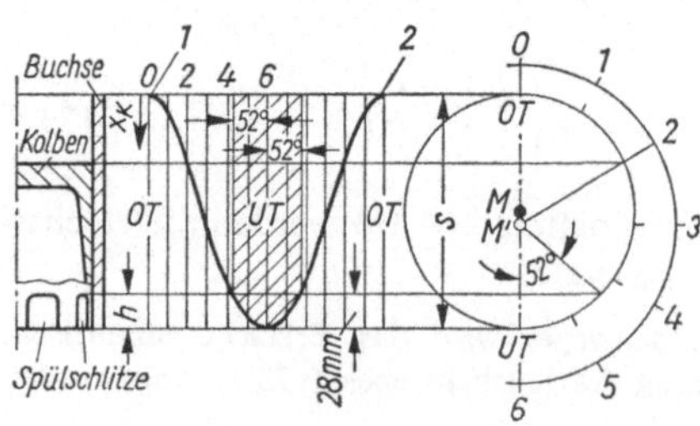

174.2 Ermittlung des Kolbenweges eines Zweitakt-Dieselmotors

5.3.2. Kolbengeschwindigkeit

Die Kolbengeschwindigkeit beträgt mit $\varphi = \omega t$

$$c = \frac{dx}{dt} = \frac{dx}{d\varphi} \cdot \frac{d\varphi}{dt} = \omega \frac{dx}{d\varphi} \tag{175.1}$$

Der exakte Wert folgt hieraus mit Gl. (173.1 und 173.3) zu

$$c = r\omega \frac{\sin(\varphi + \beta)}{\cos\beta} = r\omega\left(\sin\varphi + \frac{\lambda}{2} \cdot \frac{\sin 2\varphi}{\sqrt{1 - \lambda^2 \sin^2\varphi}}\right) \qquad (175.2)\ (175.3)$$

Aus Gl. (173.4) und Gl. (175.1) ergibt sich mit den goniometrischen Beziehungen

$$\sin^2\varphi = \frac{1}{2}(1 - \cos 2\varphi) \qquad \sin^4\varphi = \frac{1}{8}(3 - 4\cos 2\varphi + \cos 4\varphi)$$

und $\sin^6\varphi = \frac{1}{32}(10 - 15\cos 2\varphi + 6\cos 4\varphi - \cos 6\varphi)$

$$c = r\omega\left[\sin\varphi + \left(\frac{\lambda}{2} + \frac{\lambda^3}{8} + \frac{15\lambda^5}{256}\right)\sin 2\varphi - \left(\frac{\lambda^3}{16} + \frac{3\lambda^5}{64}\right)\sin 4\varphi + \frac{3\lambda^5}{256}\sin 6\varphi + \cdots\right] \tag{175.4}$$

Vorstehende Gleichung gibt die harmonische Analyse der Geschwindigkeit an. Der Näherungswert für die Kolbengeschwindigkeit folgt aus Gl. (175.1) mit Gl. (173.5) zu

$$c_K = r\omega\left(\sin\varphi + \frac{\lambda}{2}\sin 2\varphi\right) \tag{175.5}$$

Für die Kreuzschubkurbel gilt nach Gl. (175.1) und Gl. (173.6)

$$c_{KS} = r\omega \sin\varphi \tag{175.6}$$

Der Fehler, das ist die Differenz der Geschwindigkeiten nach Gl. (175.4) und Gl. (175.5) bzw. Gl. (175.6), ist bei $\varphi = 45°$ am größten. Bei Berücksichtigung der ersten vier Glieder der Gl. (175.4) ist der maximale Fehler

$$c - c_K = r\omega \frac{\lambda^3}{8}\left(1 + \frac{3}{8}\lambda^2\right) \qquad c - c_K = r\omega\left[\frac{\lambda}{2} + \frac{\lambda^3}{8}\left(1 + \frac{3}{8}\lambda^2\right)\right] \qquad (175.7)\ (175.8)$$

Für $\lambda = 1/3$ ergeben sich die Höchstwerte $c - c_K = r\omega/207$ und $c - c_{KS} = r\omega/6$.

Funktionsverlauf. Die Kolbengeschwindigkeit (**176.**1) wächst nach Gl. (175.1···6) mit der Kurbelzapfengeschwindigkeit $c_Z = r\omega$ an und ändert sich periodisch mit dem doppelten Hub. Ihre Wirkungslinie (**176.**1a) ist die Zylindermittellinie $\overline{OTM}$. Die Richtung (**176.**1a) beim Hingang vom OT nach M zählt positiv. Die Nullstellen der Kolbengeschwindigkeit (**176.**1b und c) treten in den Totpunkten auf. Der Maximalwert (**176.**1a) liegt kurz hinter der Stelle, wo die Schubstange $\overline{BK}$ an den Kurbelkreis tangiert, also $\varphi + \beta = 90°$ ist [6]. Setzt man nach dem Dreieck BKM die Werte $\tan\beta = r/l = \lambda$ bzw.

$\cos\beta = 1/\sqrt{1 + \lambda^2}$ und $\sin(\varphi + \beta) = 1$ in Gl. (175.2) ein, so folgt für die größte Kolbengeschwindigkeit

$$c_{\max} \approx r\omega \sqrt{1 + \lambda^2} = c_Z \sqrt{1 + \lambda^2} \tag{176.1}$$

Der Schubstangenwinkel, bei dem die Kolbengeschwindigkeit ihren Höchstwert $c_{\max}$ hat, folgt mit $\tan\beta = \lambda$, da β klein ist, angenähert zu $\beta = \lambda$ bzw. aus der Zahlenwertgleichung $\beta = 180°\,\lambda/\pi = 57{,}3°\,\lambda$. Nach Vogel[1]) ist der genauere Wert $\beta = 56{,}5°\,\lambda$.

Die Kurbelzapfengeschwindigkeit c_Z (**176**.1 a) hat den konstanten Betrag $r\omega$ und steht im Punkte K senkrecht zur Kurbel $\overline{MK}$. Ihre Pfeilspitze zeigt die Drehrichtung der Kurbel an.

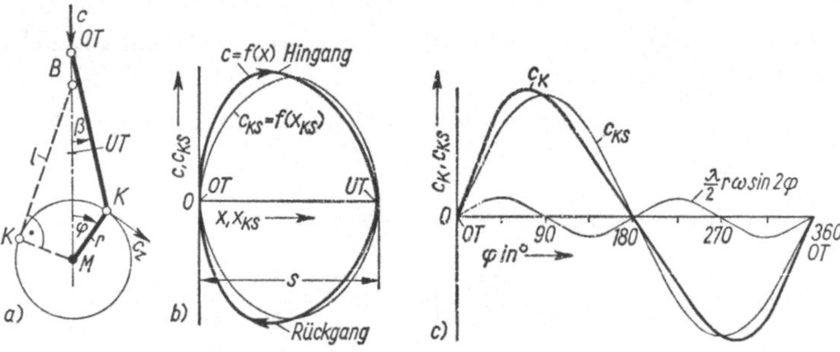

176.1 Geschwindigkeiten; $\lambda = 1/3$
a) Kurbeltrieb mit Vektoren (Tangentiallage der Schubstange gestrichelt)
b) und c) Kolbengeschwindigkeit als Funktion des Kolbenweges bzw. des Kurbelwinkels

Zur graphischen Ermittlung der Kolbengeschwindigkeit ist das Verfahren der gedrehten Geschwindigkeiten am einfachsten durchzuführen (**176**.2). Die Kurbelzapfengeschwindigkeit c_Z wird vom Drehpunkt M aus in Richtung der Kurbel $\overline{MK}$, also um 90° entgegen dem Uhrzeigersinn gedreht, aufgetragen (**176**.2). Die Parallele zur Schubstange $\overline{BK}$ durch ihre Spitze U schneidet auf der Senkrechten zu Zylindermittellinie $\overline{OTM}$ durch den Punkt M die Strecke $\overline{MV}$ ab. Diese stellt die gedrehte Kolbengeschwindigkeit dar. Die tatsächliche Geschwindigkeit c ist beim Hingang vom OT nach M hin und beim Rückgang entgegengesetzt gerichtet. Als Beweis folgt aus dem Dreieck MUV mit dem Sinussatz

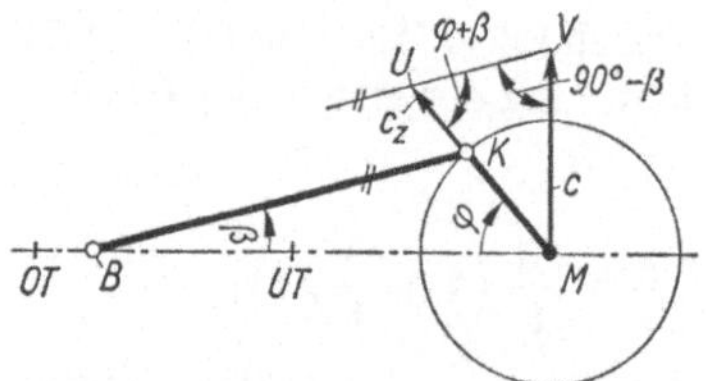

$$c/\sin(\varphi + \beta) = c_z/\sin(90° - \beta).$$

Hieraus ergibt sich mit $c_z = r\omega$ die Gl. (175.2). Die Konstruktion liefert also die exakte Kolbengeschwindigkeit c.

176.2 Graphische Ermittlung der Kolbengeschwindigkeit

Beispiel 3. Ein Viertakt-Ottomotor hat die Drehfrequenz $n = 5000\ \text{min}^{-1}$, den Hub $s = 60$ mm und das Schubstangenverhältnis $\lambda = 1/3{,}5$. Seine Einlaßventile öffnen beim Kurbelwinkel $\varphi_\text{ö} = 30°$ und schließen bei $\varphi_s = 270°$. Gesucht sind die hierbei auftretenden Kolbengeschwindigkeiten, die mit dem Maximal- und dem Mittelwert zu vergleichen sind.

Aus der Kurbelzapfengeschwindigkeit nach Gl. (170.3)

$$c_z = r\omega = \pi n_s = \frac{\pi \cdot 5000\ \text{min}^{-1} \cdot 0{,}06\ \text{m}}{60\ \text{s/min}} = 15{,}70\ \frac{\text{m}}{\text{s}}$$

---

[1]) Vogel, W.: Einfluß des Schubstangenverhältnisses. Z. Automobiltechn. **40** (1933) S. 336 ff.

folgt die Kolbengeschwindigkeit nach Gl. (175.5)

$$c_K = r\omega\left(\sin\varphi + \frac{\lambda}{2}\sin 2\varphi\right)$$

für das Öffnen und Schließen der Ventile

$$c_{K\ddot{o}} = 15{,}70\,\frac{\text{m}}{\text{s}}\left(\sin 30^\circ + \frac{1}{2\cdot 3{,}5}\sin 60^\circ\right) = 9{,}80\,\frac{\text{m}}{\text{s}}$$

$$c_{Ks} = 15{,}70\,\frac{\text{m}}{\text{s}}\left(\sin 270^\circ + \frac{1}{2\cdot 3{,}5}\sin 540^\circ\right) = -15{,}70\,\frac{\text{m}}{\text{s}}$$

Das Minuszeichen bei c_{Ks} deutet auf den Kolbenrückgang hin.
Die mittlere und maximale Kolbengeschwindigkeit betragen dann nach den Gl. (171.2 und 176.1)

$$c_m = 2sn = \frac{2\cdot 0{,}06\text{ m}\cdot 5000\text{ min}^{-1}}{60\text{ s/min}} = 10\,\frac{\text{m}}{\text{s}}$$

$$c_{max} \approx \frac{\pi}{2}c_m\sqrt{1+\lambda^2} = \frac{\pi}{2}\,10\,\frac{\text{m}}{\text{s}}\sqrt{1+\frac{1}{3{,}5^2}} = 16{,}35\,\frac{\text{m}}{\text{s}}$$

Die Kolbengeschwindigkeiten beim Öffnen und Schließen der Ventile betragen demnach 60,0 % bzw. 97 % des Maximal- oder 98,0 % bzw. 158 % des Mittelwertes.

5.3.3. Kolbenbeschleunigung

Die Kolbenbeschleunigung beträgt mit $\varphi = \omega t$

$$a = \frac{\mathrm{d}c}{\mathrm{d}t} = \frac{\mathrm{d}c}{\mathrm{d}\varphi}\cdot\frac{\mathrm{d}\varphi}{\mathrm{d}t} = \omega\,\frac{\mathrm{d}c}{\mathrm{d}\varphi} = \omega^2\,\frac{\mathrm{d}^2x}{\mathrm{d}\varphi^2} \tag{177.1}$$

Mit den Werten aus Gl. (175.2 und 175.3) ergibt die Gl. (177.1) den exakten Wert

$$a = r\omega^2\left[\frac{\cos(\varphi+\beta)}{\cos\beta} + \frac{\sin\beta}{\sin\varphi}\cdot\frac{\cos^2\varphi}{\cos^3\beta}\right] = r\omega^2\left[\cos\varphi + \lambda\frac{\cos 2\varphi + \lambda^2\sin^4\varphi}{\sqrt{(1-\lambda^2\sin^2\varphi)^3}}\right]$$

(177.2) (177.3)

Aus Gl. (177.1 und 175.4) folgt die Gleichung für die harmonische Analyse der Kolbenbeschleunigung

$$a = r\omega^2\left[\cos\varphi + \left(\lambda + \frac{\lambda^3}{4} + \frac{15\lambda^5}{128}\right)\cos 2\varphi - \left(\frac{\lambda^3}{4} + \frac{3\lambda^5}{16}\right)\cos 4\varphi + \right.$$
$$\left. + \frac{9\lambda^5}{128}\cos 6\varphi + \cdots\right] \tag{177.4}$$

Der **Näherungswert** ergibt sich aus Gl. (177.1 und 175.5)

$$a_K = r\omega^2(\cos\varphi + \lambda\cos 2\varphi) \tag{177.5}$$

Für die **Kreuzschubkurbel** errechnet man mit Gl. (177.1) und (175.6) die Beschleunigung

$$a_{KS} = r\omega^2\cos\varphi \tag{177.6}$$

Der **Fehler**, die Differenz zwischen dem exakten Wert der Beschleunigung nach Gl. (177.4) und dem Näherungswert nach Gl. (177.5) bzw. nach Gl. (177.6), ist für $\varphi = 90^\circ$ am größten

Er beträgt bei Berücksichtigung der vier ersten Glieder der Gl. (177.4)

$$a - a_K = -r\omega^2 \frac{\lambda^3}{2}\left(1 + \frac{3}{4}\lambda^2\right) \qquad a - a_{KS} = -r\omega^2\left[\lambda + \frac{\lambda^3}{2}\left(1 + \frac{3}{4}\lambda^2\right)\right] \qquad (178.1)\ (178.2)$$

Das Minuszeichen bedeutet, daß hier die Näherungswerte zu groß sind. Für $\lambda = 1/3$ werden die Höchstwerte der Differenzen $a - a_K = -r\omega^2/50$ und $a - a_{KS} = -r\omega^2/2{,}83$.

Funktionsverlauf. Die Kolbenbeschleunigung (**178.**1) verläuft periodisch mit der Umlaufzeit T_Z der Kurbel. Sie ist proportional dem Betrag der Normalbeschleunigung $a_Z = r\omega^2 = c_z^2/r$, die in der Kurbel $\overline{KM}$ zum Punkt M hingerichtet wirkt. Die Wirkungslinie der Kolbenbeschleunigung (**178.**1a) ist die Zylindermittellinie $\overline{OTM}$. Die Richtung von OT nach M zählt positiv. In den Totpunkten betragen die Kolbenbeschleunigungen nach Gl. (177.2) bis (177.4) mathematisch exakt

in OT $\quad a_{OT} = r\omega^2(1 + \lambda) \quad$ mit $\quad \varphi = \beta = 0°$ $\qquad$ (178.3)

in UT $\quad a_{UT} = -r\omega^2(1 - \lambda) \quad$ mit $\quad \varphi = 180° \quad \beta = 0°$ $\qquad$ (178.4)

Die Näherungsgleichung (177.5) liefert diese Werte für die Totpunkte ebenfalls exakt. Die Gl. (178.3) und (178.4) stellen die Extremwerte der Beschleunigung dar; für das Minimum allerdings nur, falls $\lambda < 1/4$ ist. Bei größeren λ-Werten liegen die Minima vor und hinter UT und betragen

$$a_{K\,min} = -r\omega^2 \frac{1 + 8\lambda^2}{8\lambda} \quad \text{bei} \quad \cos\varphi = -\frac{1}{4\lambda}$$

Die Nullstellen der Kolbenbeschleunigung stimmen mit der Lage der größten Kolbengeschwindigkeit (**176.**1) überein. Dort wechselt die Beschleunigung ihr Vorzeichen.

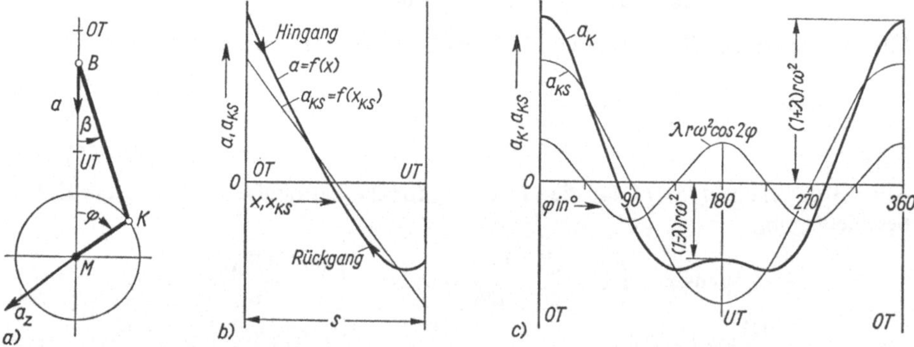

178.1 Beschleunigungen; $\lambda = 1/3$
a) Kurbeltrieb mit Vektoren
b) und c) Kolbenbeschleunigung als Funktion des Kolbenweges bzw. des Kurbelwinkels

Graphisch wird die Kolbenbeschleunigung am schnellsten durch Aufzeichnen der sog. Beschleunigungsparabel (**179.**1) ermittelt. Diese stellt die Beschleunigung als Funktion des Weges dar und ist hinreichend genau, falls $\lambda \leq 1/3{,}8$ ist. Zu ihrer Konstruktion werden die Beschleunigungen nach Gl. (178.3) und (178.4) ihrem Vorzeichen entsprechend über den Totpunkten mit dem Abstand s aufgetragen. Die Verbindungsgerade $\overline{AB}$ ihrer Endpunkte schneidet die Strecke $\overline{OT-UT}$ im Punkt C, von dem aus senkrecht nach unten die Strecke $\overline{CD} \mathrel{\widehat{=}} 3\lambda r\omega^2$ abzutragen ist. Dann werden die Strecken $\overline{AD}$ und $\overline{BD}$ je in die gleiche Anzahl von Teilstrecken aufgeteilt und diese von A bzw. von D aus beziffert. Die Verbindungslinien der Punkte gleicher Ziffern bilden dann die Einhüllende der Beschleunigungsparabel.

Die Konstruktion stellt die Parabel der Gleichung $a_K = f(x_K)$ dar, die sich durch Eliminieren des Parameters φ aus Gl. (173.5) und (177.5) ergibt.

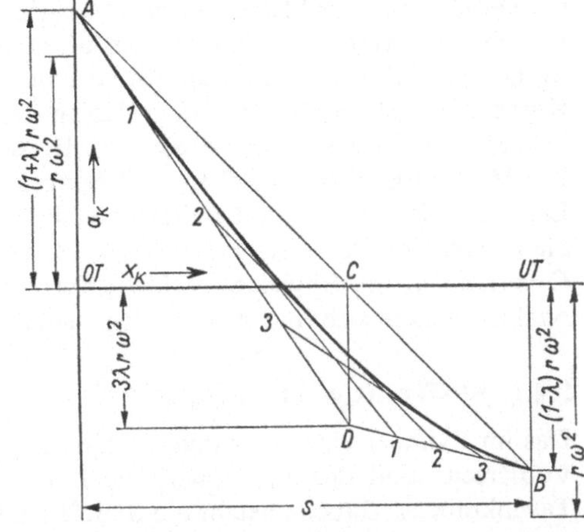

179.1 Beschleunigungsparabel; $\lambda = 1/5$

Beispiel 4. Ein stehender Großdieselmotor hat den Hub $s = 1{,}6$ m, die Drehfrequenz $n = 115\ \text{min}^{-1}$ und das Schubstangenverhältnis $\lambda = 1/5$. Seine wassergekühlten Kolben (179.2) sind mit den hohlen Kolbenstangen verschraubt.

Gesucht sind: Die Kolbenbeschleunigung in den Totpunkten und die Drehzahl, bei der die Planschwirkung des Wassers, das den Kolbenboden kühlt, aufhört.

Mit der Winkelgeschwindigkeit nach Gl. (170.2)

$$\omega = 2\pi n = \frac{2\pi \cdot 115\ \text{min}^{-1}}{60\ \text{s/min}} = 12{,}05\ \text{s}^{-1}$$

und mit der Kurbelzapfenbeschleunigung bei $r = s/2$

$$a_Z = r\omega^2 = 0{,}8\ \text{m} \cdot 12{,}05^2\ \text{s}^{-2} = 116\ \text{m/s}^2$$

folgt die Kolbenbeschleunigung im OT bzw. im UT nach Gl. (178.3) und (178.4)

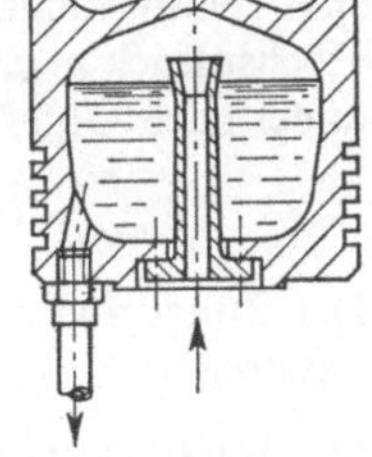

179.2 Wassergekühlter Kolben

$$a_{OT} = r\omega^2 (1 + \lambda) = 116\ (\text{m/s}^2)(1 + 1/5) = 139{,}2\text{m/s}^2$$

$$a_{UT} = -r\omega^2(1 - \lambda) = -116\ (\text{m/s}^2)(1 - 1/5) = -92{,}8\ \text{m/s}^2$$

Die Planschwirkung des Wassers hört auf, wenn die maximale Trägheitskraft des Wassers kleiner als seine ihr entgegengerichtete Schwerkraft wird. Dieser Fall tritt ein, wenn die Kolbenbeschleunigung im OT kleiner als die Fallbeschleunigung ist. Die Grenze liegt bei $r\omega^2(1 + \lambda) = g$ bzw. mit Gl. (170.2) bei der Drehfrequenz

$$n = \frac{\omega}{2\pi} = \frac{1}{2\pi}\sqrt{\frac{g}{r(1 + \lambda)}} = \frac{60\ \text{s/min}}{2\pi}\sqrt{\frac{9{,}81\ \text{m/s}^2}{0{,}8\ \text{m}(1 + 1/5)}} = 30{,}5\ \text{min}^{-1}$$

Beim Unterschreiten dieser Drehfrequenz und Ausfall der Kühlmittelpumpe kann der Kolbenboden durchbrennen, da er dann nicht mehr gekühlt wird.

5.4. Dynamik des Kurbeltriebes

In der Dynamik werden die Kräfte im Triebwerk als Funktion des Kurbelwinkels oder des Kolbenweges bei konstanter Winkelgeschwindigkeit behandelt. Dabei sind die primären oder Stoffkräfte und die sekundären oder Massenkräfte von Bedeutung, wogegen die verhältnismäßig kleinen Gewichtskräfte der Triebwerksteile vernachlässigbar sind. Die Stoffkräfte, vom Druck des im Zylinder eingeschlossenen Mediums erzeugt, werden vom Deckel aus durch Zylinder und Gestell sowie vom Kolben aus durch den Kurbeltrieb geleitet. Sie bewirken das an der Kupplung übertragene Drehmoment und hängen vom Kolbendurchmesser, von der Belastung und vom Arbeitsverfahren [7] ab. Die Massenkräfte entstehen im Triebwerk und werden von der Kurbelwelle über die Lager auf das Gestell und weiter über das Fundament auf die Umgebung übertragen. Sie hängen von den Abmessungen und Massen des Kurbeltriebes sowie vom Quadrat der Drehfrequenz ab. Obgleich der Mittelwert der Massenkräfte während einer Umdrehung Null ist, wirken sich ihre Amplituden aus und müssen daher besonders beachtet werden.

5.4.1. Stoffkräfte und Leistungen

Das im Zylinder eingeschlossene Medium wirkt mit seinem absoluten Druck p auf die Vorderseite und der atmosphärische Druck p_a auf die Rückseite der Fläche A_K des Tauchkolbens. Dabei entsteht die Stoffkraft

$$F_S = (p - p_a) A_K \tag{180.1}$$

Sie ist periodisch und wirkt in der Zylindermittellinie. Ihre Richtung zum Kurbeldrehpunkt hin zählt positiv. Negative Werte für $p < p_a$ treten meist beim Ansaugen auf und sind relativ klein. Die maximale Stoffkraft, das ist die Gestängekraft F_{max} beim Höchstdruck p_{max} bzw. bei Verbrennungsmotoren die Zündkraft F_Z beim Zünddruck p_Z, bildet nach Gl. (180.1) die Berechnungsgrundlage für die Maschine

$$F_{max} = (p_{max} - p_a) A_K \qquad F_Z = (p_Z - p_a) A_K \qquad (180.2)\ (180.3)$$

Der Zünddruck beträgt $p_Z = 50 \dots 60$ bar bei Otto- und $p_Z = 70 \dots 120$ bar bei Dieselmotoren.

Der Druckverlauf im Zylinder ist vom Arbeitsverfahren und von der Belastung der Maschine abhängig. Er wird als Funktion der Zeit (**180.1** a) bzw. des Kurbelwinkels oder im Indikatordiagramm (**180.1** b) als Funktion des Weges mit Oszillographen oder mechanischen Indikatoren aufgenommen.

Für den Viertakt-Dieselmotor stellt sich der Druck im Zylinder in folgendem Ablauf dar (**180.1**): Ansaugen von Punkt 0 bis 1 beim ersten Takt (erster Hingang), Verdichten von 1 bis 2 und anschließender Gleichraumverbrennung von 2 bis 3 beim zweiten Takt (erster Rückgang), Gleichdruckverbrennung von 3 bis 4 und Expansion von 4 bis 5 beim dritten Takt (zweiter Hingang) und schließlich Ausschieben von 5 bis 0 beim vierten Takt (zweiter Rückgang). Das Arbeitsspiel umfaßt demnach zwei Hin- und Rückgänge bzw. zwei Umdrehungen.

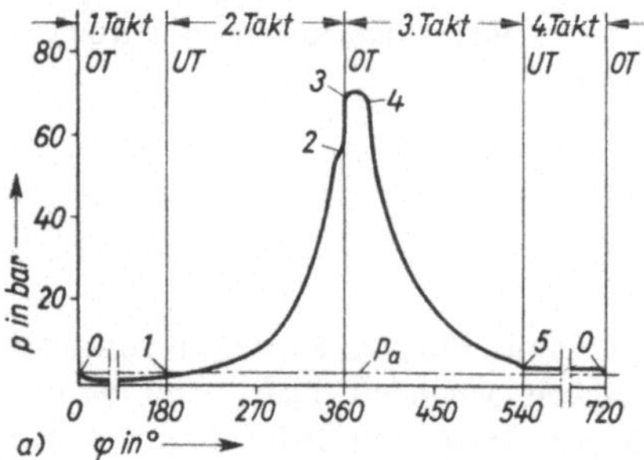

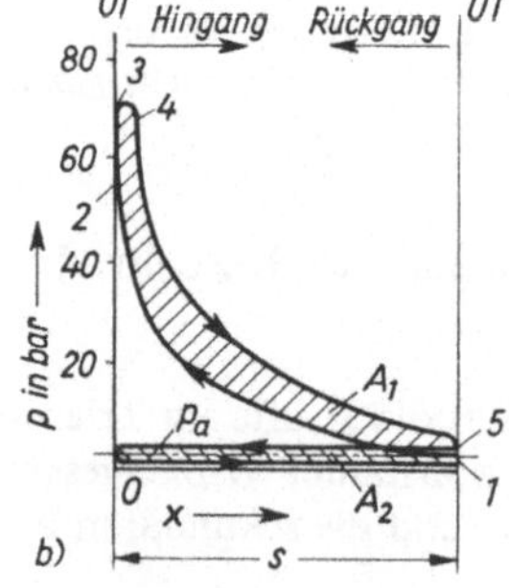

180.1
Druckverlauf in einem Viertakt-Dieselmotor als Funktion
a) des Kurbelwinkels
b) des Kolbenweges

Zur Leistungsbestimmung dient der mittlere indizierte Druck

$$p_i = \frac{A_D}{l_D \varphi} \tag{181.1}$$

Hierin ist A_D die vom Indikatordiagramm (**180.**1 b) eingeschlossene Fläche, die durch planimetrieren ermittelt wird, und l_D die Diagrammlänge; φ berücksichtigt den Druckmaßstab (z. B. in mm/bar). Im Indikatordiagramm (**180.**1 b) eines Viertaktmotors ist die maßgebliche Diagrammfläche $A_D = A_1 - A_2$, die Differenz aus der Fläche A_1 für die technische Arbeit (nach rechts aufwärts schraffiert) und der Fläche A_2 für die verhältnismäßig kleine Drosselarbeit (links aufwärts schraffiert).

Wie die Gl. (171.8) und (171.9) für die effektive Leistung P_e, so werden auch die folgenden Gl. (181.2) und (181.3) für die im Zylinder umgesetzte indizierte Leistung P_i abgeleitet. So beträgt für z Zylinder die indizierte Leistung beim

Zweitakt $P_i = z p_i V_h n$ Viertakt $P_i = \dfrac{z p_i V_h n}{2}$ (181.2) (181.3)

Kraftmaschinen (Verbrennungsmotoren) wird die indizierte Leistung P_i vom Medium dem Kolben zugeführt. Sie wird dann nur zum Teil als effektive Leistung P_e über die Kupplung z. B. an einen Generator abgegeben, der andere Teil geht als Reibleistung P_{RT} im Triebwerk verloren. Die Leistungsbilanz lautet $P_i = P_e + P_{RT}$, wobei $P_i > P_e$.

Arbeitsmaschinen (Pumpen, Verdichtern) wird z. B. durch einen Elektromotor, die effektive Leistung P_e über die Kupplung zugeführt. Ein Teil davon wird vom Kolben an das Medium als indizierte Leistung P_i übertragen, wogegen der andere Teil als Reibleistung P_{RT} im Triebwerk verloren geht. Hierfür lautet die Bilanz: $P_e = P_i + P_{RT}$ mit $P_e > P_i$.

Zur Beurteilung der Reibungsverluste im Triebwerk ist der mechanische Wirkungsgrad η_m als das Verhältnis der abgegebenen zur zugeführten Leistung definiert. Demnach ist für

Kraftmaschinen $\eta_m = \dfrac{p_e}{p_i} = \dfrac{P_e}{P_i}$ Arbeitsmaschinen $\eta_m = \dfrac{p_i}{p_e} = \dfrac{P_i}{P_e}$ (181.4) (181.5)

Erfahrungswerte: $\eta_m = 0{,}85 \cdots 0{,}92$ bei Großmaschinen und $\eta_m = 0{,}8 \cdots 0{,}85$ bei kleineren Maschinen.

5.4.2. Massenkräfte

Im Kurbeltrieb führen der Kolben mit Stange und Kreuzkopf eine hin- und hergehende (oszillierende) und die Kurbel eine rotierende Bewegung aus, wogegen die Bewegung der Schubstange aus beiden Bewegungsformen zusammengesetzt ist. Die Beschleunigungen dieser beiden Formen sind unterschiedlich. Die Trägheitskräfte werden daher zweckmäßig in oszillierende, in der Zylindermittellinie $\overline{OTM}$ wirkende und in rotierende, in der Kurbel $\overline{KM}$ wirkende Massenkräfte aufgeteilt. Die Berechnung der Massenkräfte setzt die Bestimmung der Massen von Schubstange und Kurbelwelle voraus.

Massen. Die Masse der Schubstange (**182.**1a) wird entsprechend den Auflagerkräften ihrer im Stangenschwerpunkt S_{St} angreifenden Gewichtskraft aufgeteilt. Mit der Schubstangenmasse m_{St}, mit der Länge l und dem Schwerpunktabstand r_{St} ergibt sich für die Anteile der oszillierenden Masse in B und der rotierenden Masse in K

$m_{oSt} = m_{St} \dfrac{r_{St}}{l}$ $m_{rSt} = m_{St} \dfrac{l - r_{St}}{l}$ (181.6) (181.7)

Schubstangen von gleicher Bauart und mit gleichem Schubstangenverhältnis λ weisen eine ähnliche Massenverteilung auf. Für Schubstangen üblicher Bauart mit $\lambda \approx 1/4$ und $r_{St} \approx l/3$ folgt aus Gl. (181.6) und (181.7)

$$m_{oSt} \approx m_{St}/3 \qquad m_{rSt} \approx 2m_{St}/3 \tag{182.1) (182.2}$$

Die rotierende Masse der Kurbel (**182.1**b) wird auf die Kurbelzapfenmittellinie bezogen. Da die Wellenzapfen durch ihre Lage in der Drehachse keinen Fliehkraftanteil bringen, ist lediglich die Masse m_W der beiden Kurbelwangen mit ihrem Schwerpunktradius r_W auf den Kurbelradius r zu reduzieren. Da die Fliehkraft durch die Reduktion nicht geändert werden darf, gilt für die reduzierte Masse der Wangen

$$m_{red\,W}\, r\, \omega^2 = m_W r_W \omega^2 \quad \text{oder} \quad m_{red\,W} = m_W r_W / r$$

Die Kurbel hat dann einschließlich der Kurbelzapfenmasse m_Z folgende rotierende Masse:

$$m_{rKW} = m_Z + m_{red\,W} = m_Z + m_W \frac{r_W}{r} \tag{182.3}$$

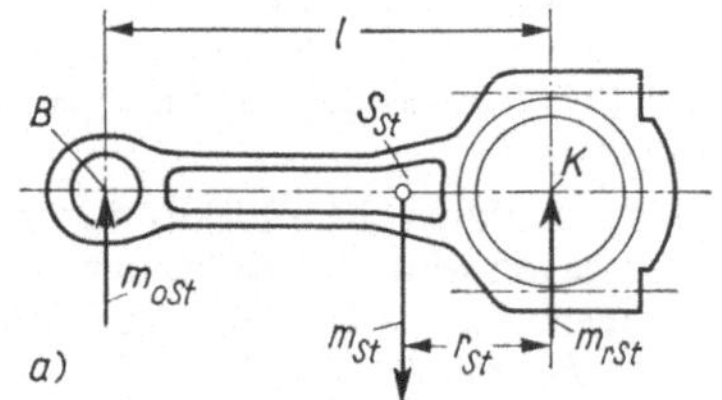

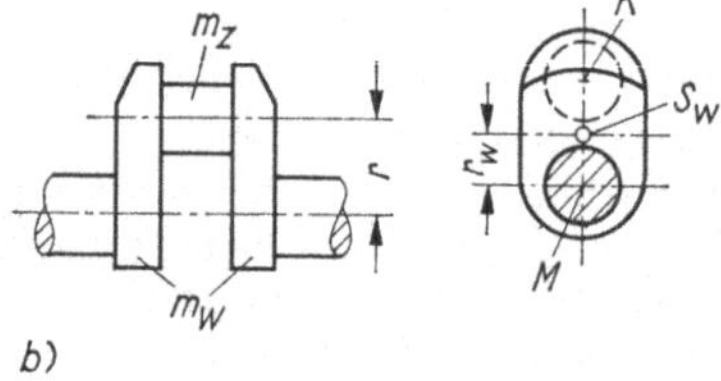

182.1 Oszillierende und rotierende Massen
a) Schubstange b) Kurbel

Rotierende Masse. Insgesamt zählen hierzu die Masse der Kurbelwelle nach Gl. (182.3) und der Massenanteil der Schubstange nach Gl. (181.7)

$$m_r = m_{rKW} + m_{rSt} = m_Z + m_W \frac{r_W}{r} + m_{St} \frac{l - r_{St}}{l} \tag{182.4}$$

Oszillierende Masse. Sie umfaßt die Masse des Kolbens m_K, der Kolbenstange m_{Ks} des Kreuzkopfes m_{Kr} und dem Massenanteil der Schubstange m_{oSt} nach Gl. (181.6)

$$m_o = m_K + m_{Ks} + m_{Kr} + m_{oSt} \tag{182.5}$$

Oszillierende Massenkräfte. Da die Bewegung der hin- und hergehenden Teile der Kolbenbewegung entspricht, folgt aus dem Newtonschen Gesetz und der Näherungsgleichung (177.5) die oszillierende Massenkraft

$$F_o = m_o a_K = m_o r \omega^2 (\cos \varphi + \lambda \cos 2\varphi) \tag{182.6}$$

Diese Kraft ist der Kolbenbeschleunigung (**178.1**) entgegengerichtet. Man unterteilt die oszillierende Massenkraft zweckmäßig in Kräfte I. und II. Ordnung

$$F_I = m_o r \omega^2 \cos \varphi = P_I \cos \varphi \tag{182.7}$$

$$F_{II} = \lambda m_o r \omega^2 \cos 2\varphi = P_{II} \cos 2\varphi \tag{182.8}$$

Hierin sind $P_I = m_o r \omega^2$ und $P_{II} = \lambda m_o r \omega^2 = \lambda P_I$ die Amplituden der Massenkräfte.

Die periodischen Kräfte I. und II. Ordnung (**183.1**) wirken in der Zylindermittellinie $\overline{OTM}$ und sind positiv, wenn sie zum OT zeigen. Ihre Darstellung (**183.1**b und c) erfolgt durch Vektoren der Länge P_{I} bzw. P_{II}, die mit der Kurbel bzw. ihrem doppelten Winkel umlaufen und auf die Zylindermittellinie projiziert werden. An Extremwerten treten auf: $F_{\mathrm{I\,max}} = P_{\mathrm{I}}$ bei $\varphi = 0°$ und $F_{\mathrm{I\,min}} = -P_{\mathrm{I}}$ bei $\varphi = 180°$ sowie $F_{\mathrm{II\,max}} = P_{\mathrm{II}}$ bei $\varphi = 0°$ und $180°$ und $F_{\mathrm{II\,min}} = -P_{\mathrm{II}}$ bei $\varphi = 90°$ und $270°$. Nullstellen sind für F_{I} bei $\varphi = 90°$ und $270°$ sowie für F_{II} bei $\varphi = 45°, 135°, 225°$ und $315°$.

Rotierende Massenkraft. Da die Bewegung der umlaufenden Teile der Drehung des Kurbelzapfens entspricht, beträgt die rotierende Massenkraft

$$F_{\mathrm{r}} = m_{\mathrm{r}} r \omega^2 \tag{183.1}$$

Sie ist also eine mit der Kurbel $\overline{MK}$ umlaufende Fliehkraft (183.1) konstanten Betrages, ist nach K gerichtet und zählt im OT positiv. Ihre Komponente (**183.1**b) $F_{\mathrm{r}} \cos \varphi$ wirkt in der Zylindermittellinie und die verbleibende Komponente $F_{\mathrm{r}} \sin \varphi$ senkrecht dazu.

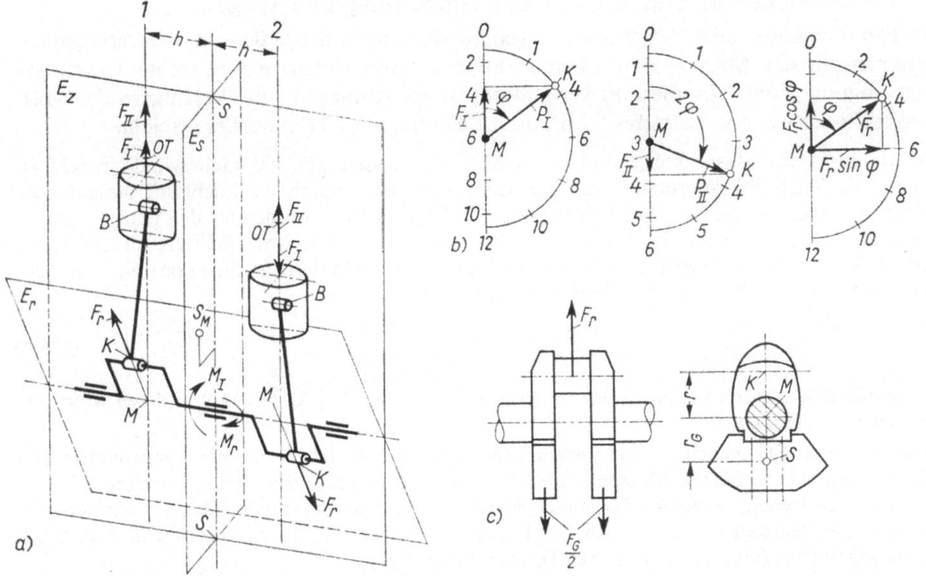

183.1 Massenkräfte und Momente
a) Zweizylinder-Reihenmaschine b) Kräfte eines Triebwerkes c) Kurbel mit Gegengewicht

Momente. Mehrzylindermaschinen (**183.1**a) werden durch die Massenkräfte um ihren Schwerpunkt S_{M} gekippt. Die Massenkräfte bilden Momente, von denen nur die, wegen ihrer Größe, von Bedeutung sind, welche auf die senkrecht zur Kurbelwellenachse $\overline{MM}$ stehenden Schwereebene E_{s} mit der Spur $\overline{SS}$ bezogen sind. Die Momente versetzen die Kräfte der einzelnen Triebwerke zur Addition in die Schwereebene, ihre Hebelarme h sind gleich dem Abstand der Zylindermittellinien $\overline{MOT}$ von der Schwerelinie $\overline{SS}$. Bei Drehung im Uhrzeigersinn zählen die Momente positiv.

Den Massenkräften entsprechend betragen mit Gl. (182.7) und (182.8) die **oszillierenden Momente I. und II. Ordnung**

$$M_{\text{I}} = m_0 r\omega^2 h \cos\varphi = D_{\text{I}} \cos\varphi \qquad M_{\text{II}} = \lambda m_0 r\omega^2 h \cos 2\varphi = D_{\text{II}} \cos 2\varphi$$

(184.1) (184.2)

wobei $D_{\text{I}} = m_0 r\omega^2 h = P_{\text{I}} h$ und $D_{\text{II}} = \lambda m_0 r\omega^2 h = \lambda D_{\text{I}} = P_{\text{II}} h = \lambda P_{\text{I}} h$

die Amplituden der Massenmomente I. und II. Ordnung sind.

Diese Momente wirken in der von der Zylindermittellinie $\overline{OTM}$ und der Kurbelwellenachse $\overline{MM}$ gebildeten Ebene E_z (**183**.1 a).

Die **rotierenden Momente** betragen nach Gl. (183.1)

$$M_{\text{r}} = F_{\text{r}} h = m_{\text{r}} r\omega^2 h \tag{184.3}$$

Sie sind dem Betrage nach konstant und laufen mit der von der Kurbel $\overline{MK}$ und der Kurbelwellenachse $\overline{MM}$ gebildeten Ebene E_{r} (**183**.1 a) um.

Die **Massenkräfte** und auch die Massenmomente **werden in voller Größe auf das Fundament und damit auf die Umgebung übertragen.**

Haben Gebäude oder Maschinen Eigenschwingungszahlen, die mit den erregenden Frequenzen der Massenkräfte übereinstimmen, dann treten unerwünschte Resonanzschwingungen auf. Um diese zu verhindern, ist ein Aufheben bzw. Verringern der Massenkräfte notwendig. Letzteres wird durch Leichtbau des Triebwerkes erreicht.

Massenausgleich. Massenkräfte und deren Momente lassen sich bei Mehrzylindermaschinen durch die Triebwerksanordnung und Kurbelfolge [7] oder durch die Fliehkraft umlaufender Gegengewichte ausgleichen. Die beiden Gegengewichte (**183**.1 c) werden an den Wangen gegenüber den Kurbeln angebracht. Mit der Gesamtmasse m_G und mit ihrem Schwerpunktsradius r_G ergibt sich die zum Ausgleich der rotierenden Massenkraft erforderliche Fliehkraft $F_G = F_r$ oder $m_G r_G \omega^2 = m_r r \omega^2$ bzw. die erforderliche Gesamtmasse

$$m_G = m_r \frac{r}{r_G} \tag{184.4}$$

In Sonderfällen lassen sich auch die oszillierende Massenkraft I. Ordnung und deren Momente teilweise ausgleichen.

Fundament. Bei manchen Triebwerksanordnungen lassen sich bestimmte Massenkräfte und Momente nicht ausgleichen. Es empfielt sich, diese Maschinen bzw. ihre Fundamente auf federnde Elemente zu stellen, wobei die Federsteifigkeit so gewählt werden muß, daß unerwünschte Resonanzschwingungen sich nicht ausbilden können oder aber z. B. durch Einsatz von Federn mit guter Dämpfung (Gummifedern s. Teil I), klein bleiben [8].

Beispiel 5. Ein Zweizylinder-Dieselmotor in Reihenanordnung (**183**.1 a) hat die Drehfrequenz $n = 1800\ \text{min}^{-1}$, den Hub $s = 160$ mm und das Schubstangenverhältnis $\lambda = 1/4$. Der Abstand der Zylinder (**185**.1) beträgt $a = 200$ mm und der Abstand der Gegengewichte $b = 320$ mm. Die oszillierende Masse eines Kurbeltriebes ist $m_o = 6$ kg, seine rotierende Masse $m_r = 10$ kg. Der Schwerpunktradius der Gegengewichte sei $r_G = 120$ mm.

Gesucht sind die Massenkräfte und Momente für die Stellung eines Kolbens im OT sowie die Masse der Gegengewichte zum Ausgleich der rotierenden Momente.

Mit dem Hub $r = s/2 = 0{,}08$ m und der Winkelgeschwindigkeit nach Gl. (170.2)

$$\omega = 2\pi n = \frac{2\pi \cdot 1800\ \text{min}^{-1}}{60\ \text{s/min}} = 188{,}5\ \text{s}^{-1}$$

folgt für die Amplituden der Massenkräfte I. und II. Ordnung nach den Gl. (182.7), (182.8) mit 1 N = 1 kg m/s²

$$P_{\mathrm{I}} = m_{o} r \omega^{2} = 6\,\mathrm{kg} \cdot 0{,}08\,\mathrm{m} \cdot 188{,}5^{2}\,\mathrm{s}^{-2} = 17100\,\mathrm{N}$$

$$P_{\mathrm{II}} = \lambda P_{\mathrm{I}} = \frac{17100\,\mathrm{N}}{4} = 4260\,\mathrm{N}$$

und für die rotierende Kraft nach Gl. (183.1)

$$F_{r} = \frac{m_{r}}{m_{o}} P_{\mathrm{I}} = \frac{10\,\mathrm{kg}}{6\,\mathrm{kg}} 17100\,\mathrm{N} = 28500\,\mathrm{N}$$

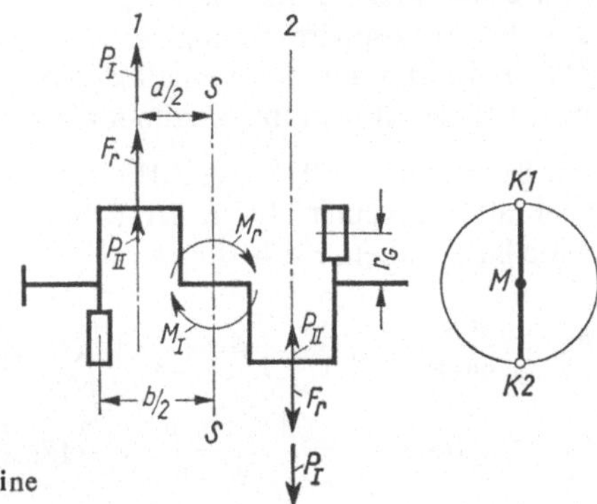

185.1 Kurbelschema einer Zweizylinder-Reihenmaschine mit Massenkräften und -Momenten

Resultierende Kräfte und Momente (**183.1** a). Steht der Kolben 1 im *OT*, so wird mit $\varphi_1 = 0°$ für Zylinder 1 und $\varphi_2 = 180°$ für Zylinder 2 mit den Gl. (182.7), (182.8) und Gl. (183.1) für die Kräfte

$$F_{r\,\mathrm{res}} = F_{\mathrm{I\,res}} = 0 \qquad F_{\mathrm{II\,res}} = 2P_{\mathrm{II}} = 8520\,\mathrm{N}$$

Mit dem Hebelarm $h = a/2$ folgt mit den Gl. (184.1 bis 184.3) für die Momente (**185.1**)

$$M_{\mathrm{I\,res}} = 2P_{\mathrm{I}}h = P_{\mathrm{I}}a = 17100\,\mathrm{N} \cdot 0{,}2\,\mathrm{m} = 3420\,\mathrm{Nm} \qquad M_{\mathrm{II\,res}} = 0$$

$$M_{r\,\mathrm{res}} = F_{r}a = 28500\,\mathrm{N} \cdot 0{,}2\,\mathrm{m} = 5700\,\mathrm{Nm}$$

Steht der Kolben 2 im *OT*, so wechseln die Momente ihre Richtung.

Gegengewichte. An jeder der beiden äußeren Wangen ist ein Gewicht angebracht. Um das rotierende Moment auszugleichen, muß das entgegenwirkende Moment der Gegengewichtsfliehkräfte $M_G = M_r$ oder $m_G r_G \omega^2 b = m_r r \omega^2 a$ sein. Also hat ein Gegengewicht die Masse

$$m_G = m_r \frac{r a}{r_G b} = 10\,\mathrm{kg} \frac{80\,\mathrm{mm} \cdot 200\,\mathrm{mm}}{120\,\mathrm{mm} \cdot 320\,\mathrm{mm}} = 4{,}16\,\mathrm{kg}$$

5.4.3. Kräfte im Triebwerk

Es werden die in den Drehpunkten *B*, *K* und *M* des Kurbeltriebes auftretenden Kräfte ohne Berücksichtigung der Lagerreibung und der geringen Gewichtskräfte in stehenden Triebwerken ermittelt (**186.1** a).

Tangentialkraft und Drehmoment. Zu ihrer Bestimmung sind die am Kolben angreifenden und weitergeleiteten Kräfte in den Gelenkpunkten zu zerlegen. Es werden nur die für das Drehmoment wirksamen oszillierenden Massenkräfte berücksichtigt. Bei der Ermittlung der Wellenzapfen- bzw. Lagerbelastung müssen noch die rotierenden Massenkräfte hinzukommen.

Aus der Differenz der Stoffkraft nach Gl. (180.1) und der oszillierenden Massenkraft nach Gl. (182.6) ergibt sich die Kolbenkraft

$$F_K = F_S - F_o \tag{185.1}$$

Sie wirkt periodisch in der Zylindermittellinie. Als positive Richtung wird, da die Stoffkräfte überwiegen, die Richtung zum Drehpunkt M hin festgelegt. Bei Motoren, die aus der Atmosphäre ansaugen, liegt das Maximum der Kolbenkraft kurz hinter dem OT (**186.1** b), wenn das Verhältnis $F_Z/F_o > 2$ ist, wobei F_Z die Zündkraft nach Gl. (180.3) bedeutet. Sonst liegt ihr Maximum in der Nähe des UT.

Als Stangen- und Normalkraft (**186.1** a und b) werden die Komponenten der Kolbenkraft bezeichnet, die in der Schubstangenrichtung $\overline{BK}$ und senkrecht zur Zylindermittellinie wirken. Sie betragen mit Gl. (173.2)

$$F_{St} = \frac{F_K}{\cos\beta} = \frac{F_K}{\sqrt{1 - \lambda^2 \sin^2\varphi}} \tag{186.1}$$

$$F_N = F_K \tan\beta = \frac{\lambda F_K \sin\varphi}{\sqrt{1 - \lambda^2 \sin^2\varphi}} \tag{186.2}$$

und $$F_{St} = \sqrt{F_K^2 + F_N^2} \tag{186.3}$$

Der periodische Verlauf der Stangenkraft F_{St} weist bei $F_K = 0$ eine Nullstelle auf, wogegen die Normalkraft außer bei $F_K = 0$ noch im OT und UT eine Nullstelle hat.

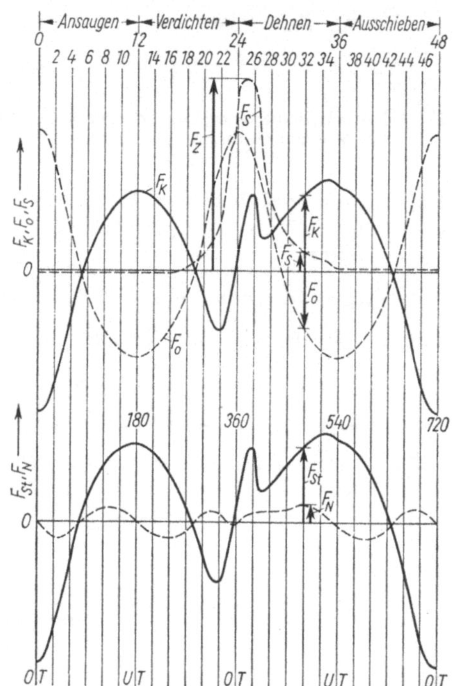

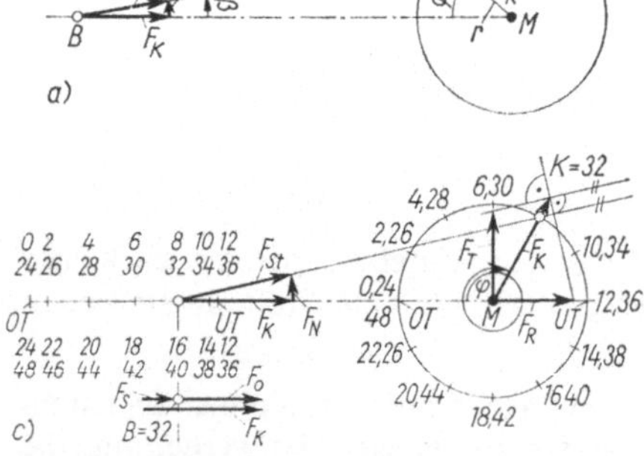

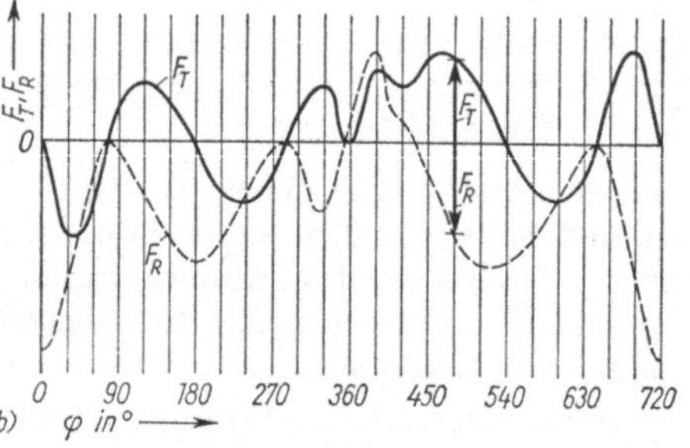

c)

186.1 Tangentialkraft
a) Kraftzerlegung am Kurbeltrieb
b) Kraftverlauf über dem Kurbelwinkel
c) Ermittlung der Kräfte für $\varphi = 480°$ bzw. für Punkt 32

Die Stangenkraft F_{St} wird an den Kurbelzapfen weitergeleitet, wo sie in eine tangentiale und radiale Komponente zerlegt werden kann. Nach Bild **186.1** a ergibt sich für die Tangentialkraft

$$F_T = F_{St} \sin(\varphi + \beta) = F_K \frac{\sin(\varphi + \beta)}{\cos \beta} = F_K \left(\sin \varphi + \frac{\lambda}{2} \cdot \frac{\sin 2\varphi}{\sqrt{1 - \lambda^2 \sin^2 \varphi}} \right) \tag{187.1}$$

für die Radialkraft

$$F_R = F_{St} \cos(\varphi + \beta) = F_K \frac{\cos(\varphi + \beta)}{\cos \beta} = F_K \left(\cos \varphi - \frac{\lambda \sin^2 \varphi}{\sqrt{1 - \lambda^2 \sin^2 \varphi}} \right) \tag{187.2}$$

und aus den Komponenten für die Stangenkraft

$$F_{St} = \sqrt{F_T^2 + F_R^2} \tag{187.3}$$

Die Tangentialkraft zählt positiv, wenn ihr Pfeil in die Drehrichtung zeigt. Ihre Nullstellen liegen bei $F_K = 0$ sowie im OT und UT. (Da eine Kraftmaschine bei $F_T = 0$, also im OT oder UT nicht anfahren kann, werden diese Punkte Totpunkte genannt.) Die Radialkraft ist positiv in Richtung des Drehpunktes M und wird Null für $F_K = 0$.

Die Tangentialkraft bildet mit dem Kurbelradius r das periodisch verlaufende Drehmoment

$$T = F_T r \tag{187.4}$$

Näherungsgleichungen. Aus den Gl. (186.1), (186.2), (187.1) und (187.2) folgen für $\cos \beta = \sqrt{1 - \lambda^2 \sin^2\varphi} = 1$ die mit dem Index K versehenen Näherungswerte für F_{St}, F_N, F_T, F_R

$$F_{StK} = F_K \qquad F_{NK} = \lambda F_K \sin \varphi \tag{187.5, 187.6}$$

$$F_{TK} = F_K \left(\sin \varphi + \frac{\lambda}{2} \sin 2\varphi \right) \qquad F_{RK} = F_K (\cos \varphi - \lambda \sin^2 \varphi) \tag{187.7, 187.8}$$

Der größte relative Fehler für die Normalkraft beträgt $(F_N - F_{NK})/F_N = 0{,}06$ für $\lambda = 1/3$ und $\varphi = 90°$ und für die Tangentialkraft $(F_T - F_{TK})/F_T = 0{,}01$ bei $\lambda = 1/3$ und $\varphi = 45°$.

Graphisches Verfahren (**187.1**). Zur Ermittlung der Tangentialkraft F_T wird die positive Kolbenkraft F_K als Strecke $\overline{MS}$ in Richtung der Kurbel von M nach K, die negative entgegengesetzt aufgetragen. Die Parallele zur Schubstange $\overline{BK}$ durch die Spitze S der Kolbenkraft schneidet auf der Senkrechten zur Zylindermittellinie durch M die Strecke $\overline{MR}$ ab. Diese entspricht der Tangentialkraft, die in der Richtung von M nach K' positiv ist. Der Kurbelpunkt K' tritt bei $\varphi = 90°$ auf. Zum Beweis (**187.1**) wird die Gl. (187.1) mit dem Sinussatz aus dem Dreieck MSR abgeleitet.

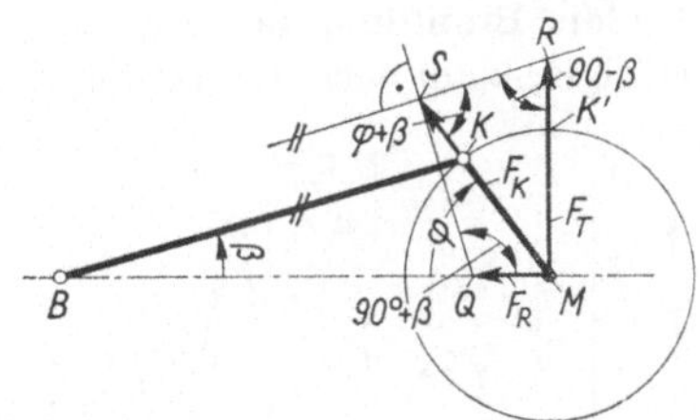

187.1 Konstruktion der Tangential- und Radialkraft

Zur Konstruktion der Radialkraft F_R wird durch die Spitze S der Kolbenkraft $\overline{MS}$ die Senkrechte zur Schubstange $\overline{BK}$ bis zu ihrem Schnittpunkt Q mit der Zylindermittellinie gezeichnet. Die Strecke $\overline{MQ}$ stellt dann die Radialkraft dar, die negativ ist, wenn der Punkt Q von M aus gesehen in der Richtung B liegt. Zum Beweis (**187.1**) ist aus dem Dreieck MSQ mit dem Sinussatz die Gl. (187.2) abzuleiten.

Laufruhe und Schwungrad. Die während eines Arbeitsspiels periodisch veränderliche Tangentialkraft bewirkt Schwankungen des Drehmomentes bzw. des Energieflusses zwischen Kraft und Arbeitsmaschine um einen Mittelwert. Diese regen die angekuppelden Massen zu Drehschwingungen an und verursachen dadurch zusätzliche Belastungen der Wellenanlage sowie durch den ungleichförmigen Lauf, z. B. beim Generator, Schwankungen der Spannung (s. Abschn. Kupplungen). Wie aus dem Energiesatz abgeleitet werden kann, läßt sich die Ungleichförmigkeit der Winkelgeschwindigkeit durch die zusätzliche Masse eines Schwungrades auf einen belanglosen Wert verringern.

Der Ungleichförmigkeitsgrad stellt die auf den Mittelwert bezogene größte Winkelgeschwindigkeitsänderung der Schwungmassen dar. Mit ω_{max} der größten und ω_{min} der kleinsten Winkelgeschwindigkeit, also mit dem Mittelwert $\omega_m = (\omega_{max} + \omega_{min})/2$ ist der Ungleichförmigkeitsgrad

$$\delta = \frac{\omega_{max} - \omega_{min}}{\omega_m} = 2\,\frac{\omega_{max} - \omega_{min}}{\omega_{max} + \omega_{min}} \tag{188.1}$$

Folgende Erfahrungswerte sind gebräuchlich:

Für Fahrzeugmotoren $\delta = 1/30 \cdots 1/300$, für Verdichter $\delta = 1/50 \cdots 1/100$, für Drehstromaggregate $\delta = 1/250 \cdots 1/300$.

Mit der durch die größte Energieänderung bewirkten Winkelgeschwindigkeitsänderung $\omega_{max} - \omega_{min}$ der bewegten Teile sowie mit ihrem Massenträgheitsmoment J folgt nach dem Energiesatz das Arbeitsvermögen

$$W_S = \max \int (T - T_m)\,d\varphi = J(\omega_{max}^2 - \omega_{min}^2)/2 \tag{188.2}$$

Das mittlere Drehmoment T_m (**188.1**) beträgt für die Periode φ_P, wenn A_M die gesamte Fläche zwischen der Drehmomentenlinie und ihrer Abszissenachse und $\overline{m}_T$ der Momenten- sowie $\overline{m}_\varphi$ der Winkelmaßstab, z. B. mit der Einheit Nm/mm und °/mm, sind

$$T_m = \frac{1}{\varphi_P}\int_0^{\varphi_P} T\,d\varphi = \overline{m}_T \overline{m}_\varphi \frac{A_M}{\varphi_P} \tag{188.3}$$

Bei einer Anzahl von z Zylindern wird für den Zweitakt die Momentenperiode $\varphi_P = 360°/z$ und für den Viertakt $\varphi_P = 720°/z$ eingesetzt. Zur Kontrolle empfiehlt es sich, das mittlere Drehmoment auch aufgrund folgender Überlegung zu bestimmen:

Da die Ermittlung der Tangentialkraft ohne Berücksichtigung der Triebwerksreibung erfolgte, kann nach Gl. (181.4) $\eta_m = 1$ und $P_e = P_i$ gesetzt werden. Mit Gl. (181.2), (181.3) und (171.10) folgt das mittlere Drehmoment für den

$$\text{Zweitakt} \quad T_m = \frac{p_i z V_h}{2\pi}$$

$$\text{Viertakt} \quad T_m = \frac{p_i z V_h}{4\pi} \tag{188.4}$$

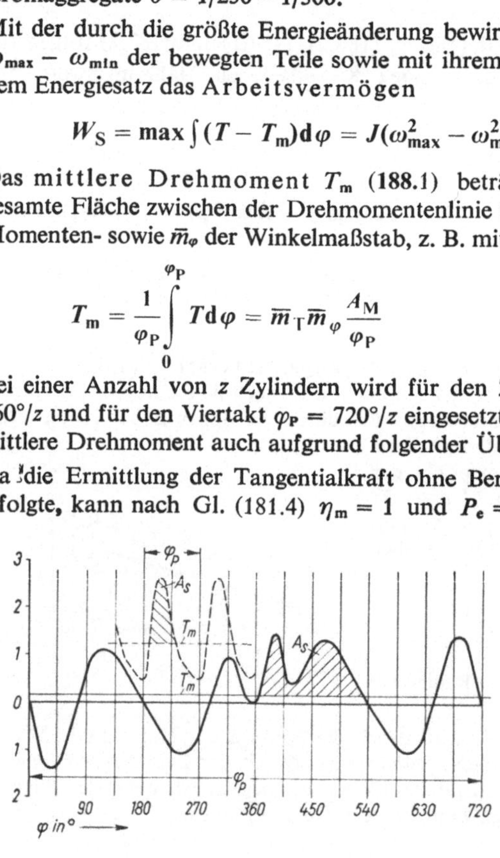

188.1 Drehmomentendiagramm eines Viertakt-Dieselmotors: $F_Z/F_o = 1{,}82$
ausgezogen: 1 Zylinder
gestrichelt: 8 Zylinder in Reihe

Die größte Energieänderung (**188.**1) entspricht der maximalen Fläche A_S (schraffiert) zwischen der Drehmomentenlinie und dem zu ihrer Abszissenachse parallelen Mittelwert

$$W_S = \max \int_0^{\varphi_P} (T - T_m)\,d\varphi = \bar{m}_T \bar{m}_\varphi A_S \tag{189.1}$$

Das Arbeitsvermögen W_S hängt vom Arbeitsverfahren und von der Drehfrequenz, bei Mehrzylindermaschinen auch von der Zahl und Anordnung der Triebwerke sowie vom Kurbelversatz ab.

Schwungradgröße. Aus dem Energiesatz, Gl. (188.2), ergibt sich bei einem bestimmten Arbeitsvermögen W_S des Triebwerks und bei einer vorgegebenen Drehfrequenz n das für einen gewählten Ungleichförmigkeitsgrad δ erforderliche Massenträgheitsmoment

$$J = \frac{W_S}{\delta \omega_m^2} = \frac{W_S}{4\pi^2 \delta n^2} \tag{189.2}$$

wenn in die Gl. (188.2) für $\omega_{max} - \omega_{min} = \delta\omega_m$ und für $\omega_{max} + \omega_{min} = 2\omega_m$ nach Gl. (188.1) sowie für $\omega_m = 2\pi n$ eingesetzt wird.

Das Massenträgheitsmoment J umfaßt das Trägheitsmoment J_T der Triebwerke und das Trägheitsmoment J_S des Schwungrades. Der Konstruktion des Schwungrades wird demnach das Trägheitsmoment $J_S = J - J_T$ zugrunde gelegt. Langsamlaufende Einzylindermaschinen mit großem Arbeitsvermögen erhalten sehr große Schwungräder. Ihre Größe nimmt mit steigender Zylinder- und Drehfrequenz schnell ab.

Belastungen der Triebwerksteile (190.1). Es werden die in den Einzelteilen eines Tauchkolbentriebwerkes wirkenden Kräfte unter Vernachlässigung der Reibung ermittelt. Hierzu werden die Massen m_K des Kolbens auf den Punkt B, die Massen m_{oSt} und m_{rSt} der Schubstange auf die Punkte B und K und die Masse m_{rKW} der Kurbel auf K reduziert.

Kolben (190.1a). Auf den Kolbenboden wirkt die Stoffkraft F_S nach Gl. (180.1) und am Mantel die Normalkraft F_N nach Gl. (186.2), die den Kolben um seinen Schwerpunkt, der nicht im Punkt B liegt, kippt. Die Massenkraft des Kolbens ist mit seiner Beschleunigung a_K nach Gl. (177.5) $F_{oK} = m_K a_K$. Auf den Kolbenbolzen wirken die Kräfte F_{oK}, F_S und F_N. Die Bolzenkraft (**190.**1d) wird damit

$$F_B = \sqrt{(F_S - F_{oK})^2 + F_N^2} \tag{189.3}$$

Schubstange (190.1b). Am oberen Kopf (Punkt B) greifen die Kraft $-F_B$ und die oszillierende Massenkraft der Stange $F_{oSt} = m_{oSt} a_K$ an. Da für Tauchkolbentriebwerke nach Gl. (182.5) $m_{oSt} + m_K = m_o$ ist, wird $F_o = F_{oSt} + F_{oK}$. Außerdem gilt nach Gl. (185.1) für die Kolbenkraft $F_K = F_S - F_o = F_S - F_{oSt} - F_{oK}$. Die Lagerkraft (**190.**1e) beträgt also

$$F_{BL} = \sqrt{(F_S - F_{oSt} - F_{oK})^2 + F_N^2} = \sqrt{F_K^2 + F_N^2} = -F_{St} \tag{189.4}$$

Sie ist der Stangenkraft F_{St} nach Gl. (186.1) entgegengerichtet.

Der untere Kopf (Punkt K) nimmt die rotierende Kraft der Schubstange $F_{rSt} = m_{rSt} r\,\omega^2$ und die Stangenkraft $F_{St} = \sqrt{F_T^2 + F_R^2}$ auf. Hierbei sind F_T die Tangential- und F_R die Radialkraft, die aufeinander senkrecht stehen. Die Kraft F_R hat dabei die gleiche Wirkungslinie wie die rotierende Kraft F_{rSt}. Für die Lagerbelastung (**190.**1g und h) ergibt sich dann

$$F_{KL} = \sqrt{F_T^2 + (F_R - F_{rSt})^2} \tag{189.5}$$

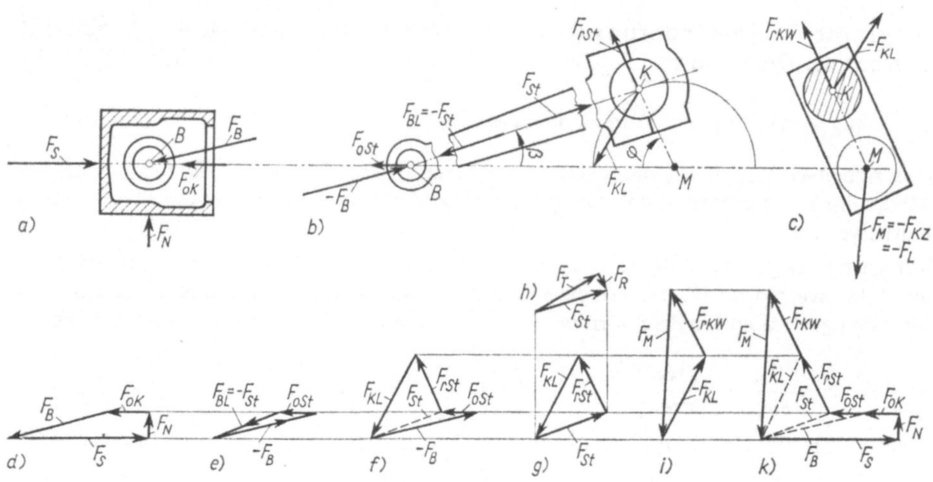

190.1 Kräfte im Kurbeltrieb
a) und d) Kolben
b) und f) Schubstange
c) und i) Kurbel
b), e) und f) oberer und unterer Schubstangenkopf
g), h) Stangenkraftzerlegung
k) gesamte Maschine

Der Stangenschaft wird durch die Kräfte F_{St} und $-F_{St}$ hauptsächlich auf Druck belastet.

Kurbelwelle (**190.**1c). Am Kurbelzapfen greifen die Massenkraft der Kurbel $F_{rKW} = m_{rKW}\,r\,\omega^2$ und die Kraft $-F_{KL}$ an. Mit der rotierenden Gesamtmassenkraft $F_r = F_{rKW} + F_{rSt}$, die sich aus $m_r = m_{rSt} + m_{rKW}$ nach Gl. (182.4) ergibt, folgt die Kurbelzapfenbelastung (**190.**1i)

$$F_{KZ} = \sqrt{F_T^2 + (F_R - F_r)^2} \qquad (190.1)$$

Die Wellenzapfen werden mit der Kraft $F_M = -F_{KZ}$, die Lager mit der Kraft $F_L = F_{KZ}$ belastet. Die Kräfte F_M und F_L werden durch Gegengewichte wesentlich verringert. Bei Ausgleich der rotierenden Kräfte wird die bei hohen Drehfrequenzen (**191.**1) sonst sehr große Kraft $F_r = 0$ also $F_M = -F_{St}$ und $F_L = F_{St}$. Die Zapfenkraft F_M steht mit den am Kurbeltrieb angreifenden Kräften (**190.**1k) $F_K = F_S - F_{oK} - F_{oSt}$, F_N, F_{rSt} und F_{rKW} im Gleichgewicht.

Zylinder und Gestell. Der Zylinderdeckel nimmt die Kraft $-F_S$, der Zylindermantel die Kraft $-F_N$ auf. Diese Kräfte beanspruchen Zylinder und Gestell auf Zug bzw. auf Biegung. Auf das Gestell wirkt noch das Moment $-F_N\,(l \cos\beta + r \cos\varphi) = F_T r$, das dem von der Kurbel übertragenen Moment $T = F_T r$ nach Gl. (187.4) entgegengerichtet ist. Es wird von den Schrauben, die das Gestell mit dem Fundament verbinden, aufgenommen.

Gesamte Maschine. Gestell und Zylinder nehmen die Kräfte $-F_S$ und $-F_N$, der Kurbeltrieb (**190.**1k) die Kräfte F_S, $F_o = F_{oSt} + F_{oK}$, F_N und $F_r = F_{rSt} + F_{rKW}$ auf. Die für das Gleichgewicht fehlenden Kräfte $-F_o$ und $-F_r$ sind dann am Grundlager anzubringen. Die Massenkräfte F_o und F_r werden also auf das Fundament und die Umgebung übertragen.

Extremwerte. Sie sind für die Berechnung der Dauerfestigkeit maßgebend. Bei Brennkraftmaschinen treten sie oft in den Totpunkten auf, wenn die Stoffkraft F_S beim Ladungswechsel und die Abweichung ihres Maximalwertes der Zündkraft F_Z vom *OT* vernachlässigbar sind. In den Totpunkten ist mit $\varphi = 0$ im *OT* und $\varphi = 180°$ im *UT* nach Gl. (187.1) die Tangentialkraft $F_T = 0$ und nach Gl. (185.1) und (187.2) die Radialkraft $F_R = F_K = F_S - F_o$. Die oszillierenden Massenkräfte werden nach Gl. (182.6) bis (182.8) $F_{oOT} = P_I + P_{II}$ und $F_{oUT} = -P_I + P_{II}$. Die Kurbelzapfenbelastung des Zweitaktmotors beträgt dann mit $F_S = F_Z$ im *OT* und $F_S = 0$ im *UT* nach Gl. (190.1) mit der Abkürzung F für F_{KZ}

$$F_{OT} = F_Z - P_I - P_{II} - F_r \qquad F_{UT} = P_I - P_{II} + F_r \qquad (191.1)\ (191.2)$$

Bei der Viertaktmaschine (**191**.1) ergibt sich noch ein weiterer Extremwert im *OT* beim Ansaugen

$$F_{OTS} = -P_I - P_{II} - F_r \qquad (191.3)$$

Liegen die Extremwerte nicht in den Totpunkten, so sind sie aus dem Kraftverlauf (**191**.1) zu ermitteln.

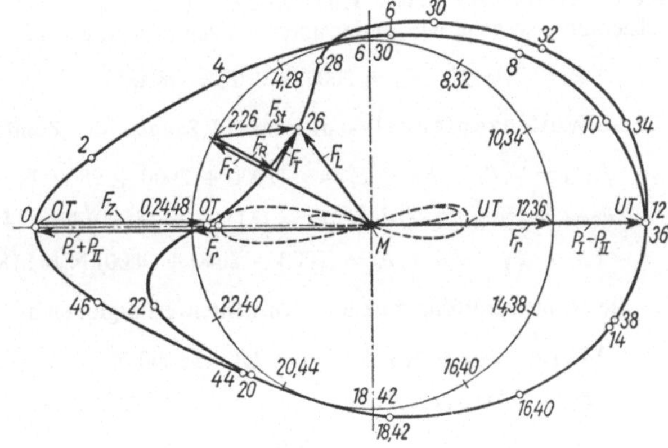

191.1
Belastung des Kurbelzapfens eines Einzylinder-Viertakt-Dieselmotors
ausgezogen: ohne Gegengewichte
gestrichelt: rotierende Massenkraft ausgeglichen

Beispiel 6. Ein Viertakt-Dieselmotor hat folgende Daten: Kolbendurchmesser $D = 75$ mm, Hub $s = 100$ mm, Schubstangenverhältnis $\lambda = 1/3{,}5$, Zünddruck $p_z = 76$ bar, oszillierende bzw. rotierende Masse $m_o = 0{,}8$ kg bzw. $m_r = 1{,}12$ kg. Die Drehfrequenzgrenzen liegen bei $n_{max} = 4000\ \text{min}^{-1}$ und $n_{min} = 1000\ \text{min}^{-1}$. Der Saugdruck ist $p_a = 1$ bar. Gesucht sind für die Drehfrequenzgrenzen die Belastungen des Wellenzapfens in den Totpunkten, ihre größte Differenz und ihr Mittelwert. Die Stoffkräfte beim Ladungswechsel sind hierbei zu vernachlässigen.

Die Zündkraft beträgt nach Gl. (180.3) mit 1 bar $= 10^5\ \text{N/m}^2 = 10\ \text{N/cm}^2$

$$F_Z = (p_Z - p_a)A_K = (p_Z - p_a)\frac{\pi}{4}D^2 = (760) - 10)\frac{\text{N}}{\text{cm}^2}\cdot\frac{\pi}{4}\,7{,}5^2\ \text{cm}^2 = 33100\ \text{N}$$

Untere Drehfrequenzgrenze. Mit der Drehfrequenz $n = 1000\ \text{min}^{-1} = 16{,}66\ \text{s}^{-1}$, mit der Winkelgeschwindigkeit nach Gl. (170.2) und mit der Kurbelzapfenbeschleunigung

$$\omega = 2\pi n = 2\pi\cdot 16{,}66\ \text{s}^{-1} = 104{,}5\ \text{s}^{-1} \qquad r\omega^2 = 0{,}05\ \text{m}\cdot 104{,}5^2\ \text{s}^{-2} = 546\ \text{ms}^{-2}$$

betragen die Amplituden der Massenkräfte nach Gl. (182.7), (182.8) und (183.1)

$$P_I = m_o r\omega^2 = 0{,}8\ \text{kg}\cdot 546\ \text{ms}^{-2} = 437\ \text{N} \qquad P_{II} = \lambda P_I = \frac{437\ \text{N}}{3{,}5} = 125\ \text{N}$$

und $\quad F_r = m_r r\omega^2 = 1{,}12\ \text{kg}\cdot 546\ \text{ms}^{-2} = 612\ \text{N}$

Für die Wellenzapfenbelastungen folgt damit für den *OT* Saugen und angenähert für den *OT* Zünden mit Gl. (191.1) bis (191.3)

$$F_{OTS} = -P_I - P_{II} - F_r = (-437 - 125 - 612)\,\mathrm{N} = -1174\,\mathrm{N}$$

$$F_{OTZ} = F_Z - P_I - P_{II} - F_r = (33100 - 1174)\,\mathrm{N} = 31926\,\mathrm{N}$$

für den *UT* gilt

$$F_{UT} = P_I - P_{II} + F_r = (437 - 125 + 612)\,\mathrm{N} = 924\,\mathrm{N}$$

Die größte Kraftdifferenz und ihr Mittelwert betragen dann

$$\Delta F_{K1} = F_{OTZ} - F_{OTS} = F_Z = 33100\,\mathrm{N}$$

$$F_m = 0{,}5(F_{OTZ} + F_{OTS}) = 0{,}5\,(31826 - 1174)\,\mathrm{N} = 15376\,\mathrm{N}$$

Obere Drehfrequenzgrenze. Hier ist die Drehfrequenz viermal und die Massenkräfte sind sechzehnmal so groß wie an der unteren Grenze. Damit wird

$$P_I = 7000\,\mathrm{N} \quad P_{II} = 2000\,\mathrm{N} \quad F_r = 9800\,\mathrm{N}$$

Für die Wellenzapfenbelastung im *OT* Saugen und Zünden bzw. im *UT* wird also

$$F_{OTS} = -P_I - P_{II} - F_r = -(7000 + 2000 + 9800)\,\mathrm{N} = -18800\,\mathrm{N}$$

$$F_{OTZ} = F_Z - P_I - P_{II} - F_r = (33100 - 18800)\,\mathrm{N} = 14300\,\mathrm{N}$$

$$F_{UT} = P_I - P_{II} + F_r = (7000 - 2000 + 9800)\,\mathrm{N} = 14800\,\mathrm{N}$$

Für die größte Kraftdifferenz und den Mittelwert ergibt sich

$$\Delta F_{K2} = F_{OTS} - F_{UT} = 2(P_I + F_r) = 33600\,\mathrm{N}$$

$$F_m = 0{,}5(F_{OTS} + F_{UT}) = -P_{II} = -2000\,\mathrm{N}$$

Diskussion. Das Maximum der Kraftdifferenz liegt hier bei der Höchstdrehzahlfrequenz, bei welcher $\Delta F_{K2} > \Delta F_{K1}$ ist. Die Grenze liegt dann bei

$$\Delta F_{K1} = \Delta F_{K2}, \quad \text{also bei} \quad F_Z = 2(P_I + F_r) = 2(m_0 + m_r)r\omega^2$$

mithin bei der Drehfrequenz

$$n = \frac{1}{2\pi}\sqrt{\frac{F_Z}{2(m_0 + m_r)r}} = \frac{1}{2\pi}\sqrt{\frac{33100\,\mathrm{kg\,m/s^2}}{2(0{,}8 + 1{,}12)\,\mathrm{kg}\cdot 0{,}05\,\mathrm{m}}} = 67{,}9\,\mathrm{s^{-1}} = 4074\,\mathrm{min^{-1}}$$

Bis zu dieser Drehfrequenz ist ΔF_{K1} die größte Kraftdifferenz.

5.5. Aufbau, Funktion und Gestaltung der Triebwerksteile

5.5.1. Kolben

Aufbau. Der Kolben (193.1) besteht aus Boden und Mantel. Der Boden nimmt die Stoffkräfte, Gl. (180.1), auf. Der Mantel dient als Geradführung, trägt die Elemente zur Abdichtung des Arbeitsraumes, meist Ringe, und gleitet geschmiert in Zylindern oder Laufbuchsen aus Gußstahl, Grauguß oder Leichtmetall. Bei gasförmigen Medien wird der Kolben stark erwärmt und daher nicht nur thermisch, sondern auch mechanisch hoch beansprucht. Die Wärme wird über die Kolbenringe an die Zylinderwand abgeführt. Da der Kolben die höhere Temperatur hat, dehnt er sich stärker als der Zylinder aus. Verschiedene Kolbenspiele sind daher notwendig: das radiale Kaltspiel für die Bearbeitung und den Einbau, das Warmspiel im Betrieb, das ein Laufsitzspiel sein soll, sowie das axiale Spiel, um ein Anstoßen des Bodens an den Deckel zu verhüten.

Bauarten. Die Grundformen sind der Tauch-, Scheiben-, Plunger- und der gebaute Kolben.

Der Scheibenkolben (**193.1** a), dessen Bohrung die Kolbenstange aufnimmt, wird bei doppeltwirkenden Kreuzkopftriebwerken verwendet.

Gebaute Kolben sind aus mehreren Scheiben zur Aufnahme ungeteilter Dichtelemente, wie Kohleringe oder Gummimanschetten, zusammengeschraubt. Beim Hydraulikkolben (**193.1** b) dichten die Nutringmanschetten 1 mit den Stützringen 2 den Zylinder und der Gummiring 3 die Stange ab. Der Plungerkolben (**193.1** c) gleitet in der Führungsbuchse 4 des Zylinders 5. Sein glatter Mantel 6 wird durch die über eine Brille 7 von außen nachstellbare Packung 8 abgedichtet. Wegen des hierfür langen Mantels ist er schwer und nur für die Hydraulik brauchbar.

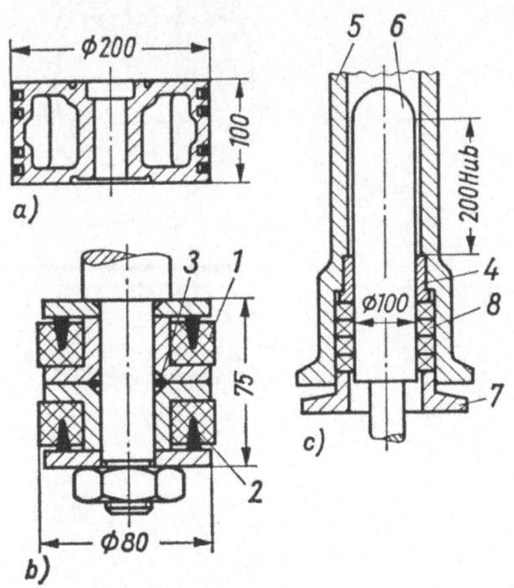

193.1 Kolbenformen
a) Scheibenkolben eines Verdichters
b) gebauter Hydraulikkolben
c) Plungerkolben einer Preßpumpe

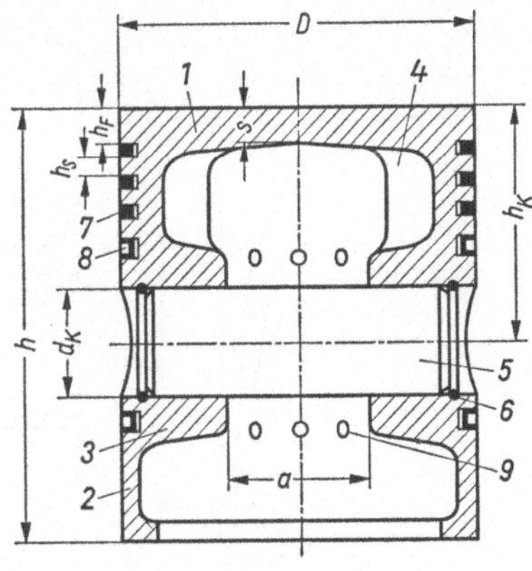

193.2 Kolben eines Verbrennungsmotors mit Hauptabmessungen

Tauchkolben. Der Kolbenkörper (**193.2**) mit dem Boden 1, dem Mantel 2, den Augen 3 und den Rippen 4 nimmt den Bolzen 5 mit seinen Sicherungen 6 sowie die Verdichtungsringe 7 und die Ölabstreifer 8 mit ihren Abflußbohrungen 9 auf. Als Werkstoff dient neben Stahl und Grauguß auch Aluminium mit Silizium-, Mangan- und Nickelzusätzen. Es zeichnet sich durch eine geringe Dichte $\approx 2{,}85\ \mathrm{g/cm^3}$, gute Wärmeleitfähigkeit $\approx 125\ \mathrm{W/(mK)}$ und eine hohe Wechselbiegefestigkeit $\approx 80\ \mathrm{N/mm^2}$ aus. Die hohe Wärmedehnzahl von $\approx 2 \cdot 10^{-5}\ 1/\mathrm{K}$ erfordert aber besondere konstruktive Maßnahmen [2].

Gestaltung des Tauchkolbens. Der Kolbenboden (**193**.2) geht zur Abfuhr der Wärme, nach außen stärker werdend, mit großer Rundung in den Mantel über. Der Boden nimmt häufig Mulden für die Ventile und den Brennraum und bei größeren Abmessungen eingegossene Schlangen für die Ölkühlung auf. Der Mantel (**193**.2) ist oben zur Aufnahme der Kolbenringe, unten zum Einspannen bei der Bearbeitung verstärkt. Seine Länge ist durch die Flächenpressung von $\approx 0{,}4 \ldots 1\ \mathrm{N/mm^2}$ infolge der Normalkraft, s. Gl. (186.2), festgelegt. Die Bolzenaugen (**193**.2) sind am Mantel angegossen. Da sie durch die Bolzenkraft nach Gl. (189.3) stark auf Biegung belastet werden, sind sie durch Rippen gegen den Kolbenboden abgestützt. Das radiale Laufspiel, bedingt durch den Temperaturverlauf (**194**.1a), erfordert einen Formschliff oder dehnungsregelnde Glieder. Beim Formschliff (**194**.1b) ist der Längsschnitt des Kolbens ballig ausgeführt. Der Durchmesser wird der im Betrieb zu erwartenden Temperaturverteilung angeglichen und zum höchsten Temperaturpunkt, zum Kolbenboden hin, kleiner gehalten. Der Querschnitt ist dabei ein Oval, dessen kleinster Durchmesser in der sich am stärksten dehnenden Bolzenachse C liegt. Beim Autothermikkolben (**194**.1c) bilden die Wand aus Aluminium und die darin eingegossenen Bleche 1 einen Bimetallstreifen. Dieser verringert die Dehnung senkrecht zur Bolzenachse, die sich sonst auf die Strecke $2a+b$ auswirkt, auf die Länge $2a$.

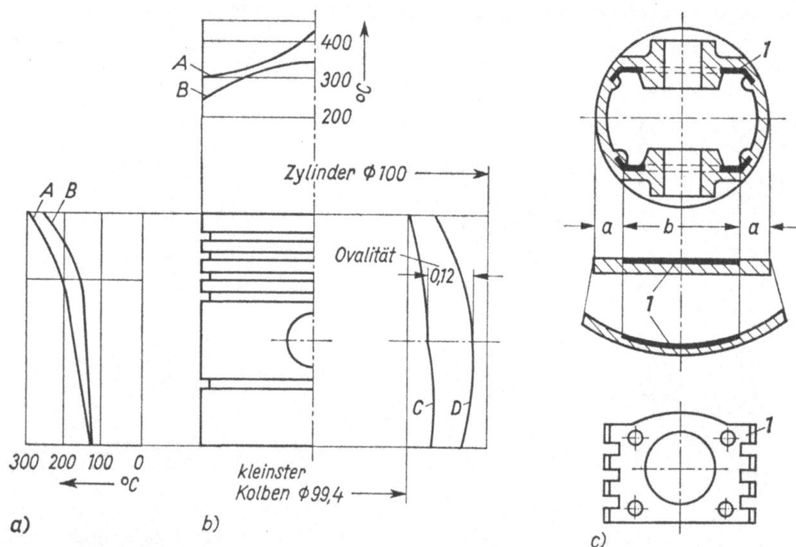

194.1 Temperaturen und Spiele der Kolben

a) Temperaturverlauf im Aluminiumkolben; A Diesel-, B Ottomotor
b) Laufsitzspiel beim Ottomotor (C in der Bolzenachse, D senkrecht dazu)
c) Autothermikkolben
1 Blecheinlage

Entwurfsmaße. Die Kolben der Verbrennungsmotoren werden meist vom Kolben- und Motorenhersteller gemeinsam entwickelt, da eine Reihe von Versuchen notwendig sind, um unerwünschte Spannungen und Verformungen des Kolbens auszuschließen. Für den Vorentwurf sind in Tafel **195**.1 die Hauptmaße des Kolbens (**193**.2) als Funktion seines Außendurchmessers D angegeben. Nach Fertigstellung einer Entwurfszeichnung müssen noch Kontrollrechnungen, z. B. für den Kolbenbolzen, erfolgen.

Tafel **195.1** Kolbenabmessungen (Bild (**193.2**) nach Mahle

Bezeichnung	Formelzeichen	Ottomotor	Dieselmotor
Gesamthöhe	h/D	0,9···1,3	1,1···1,6
Kompressionshöhe	h_K/D	0,4···0,6	0,55···0,85
Augenabstand	a/D	0,3···0,4	0,3···0,4
kleinste Bodendicke	s/D	0,05···0,07	0,08···0,25
Feuersteghöhe	h_F/D	0,06···0,1	0,1···0,16
Steghöhe	h_S/D	0,03···0,06	0,04···0,07
Kolbenbolzendurchmesser	d_K/D	0,26···0,28	0,33···0,4
Anzahl der Kompressionsringe		2···3	3···4
Ölabstreifringe		1···2	2

Kolbenzubehör. Hierzu zählen die Kolbenbolzen mit ihren Sicherungsringen sowie die Kolbenringe. Der Kolbenbolzen ist in Augen gelagert, nimmt den Schubstangenkopf auf und wird zur Gewichtsersparnis hohlgebohrt. Als Werkstoffe dienen Einsatz- und Vergütungsstähle, um bei größter Steife die hohen Beanspruchungen durch Biegung und Flächenpressung infolge der Bolzenkraft nach Gl. (189.3) aufzunehmen. Die Oberflächen sind gehärtet und mit Rauhtiefen von ≈ 0,3 µm feinstbearbeitet, da das Bolzenlager in der Schubstange nur kleine Pendelbewegungen bei sparsamster Schmierung ausführt. Das Bolzenspiel in den Augen nimmt bei Kolben aus Leichtmetall im Betrieb durch die Erwärmung zu. Der Bolzen schwimmt also und wird durch Spreng- oder Federringe gegen Anlaufen am Zylinder gesichert. Die Passungen sind so bemessen, daß die Bolzen in den auf ≈ 60°C erwärmten Kolben mit der Hand eingedrückt werden können. Dazu müssen Kolben und Bolzen nach Toleranzen sortiert sein oder sehr kleine Toleranzen eingehalten werden. Die Normung der Bolzen ist in DIN 73121 und 73122 und DIN 73124 und 73125 durchgeführt.

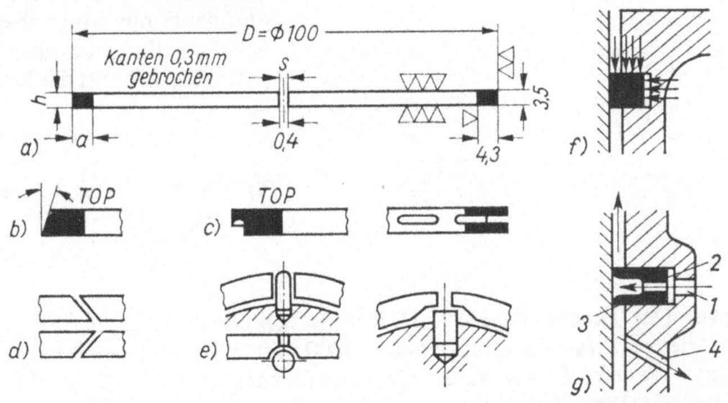

195.2 Kolbenringe
a) Kompressionsring: gerader Stoß
b) Minutenring
c) Nasen- und Ölschlitzring
d) schräger Stoß, links/rechts
e) Flanken- und Innensicherung
f) und g) Funktion des Kompressions- und Ölschlitzringes
TOP ≙ zum Kolbenboden hin
Zu Oberflächenzeichen s. Legende Bild **204.1**

Die Kolbenringe sitzen in Ringnuten des Kolbens und sind für den Einbau geschlitzt. Nach DIN 24909 werden Kompressionsringe (**195.2**a), die den Arbeitsraum abdichten, und Ölabstreifringe als Nasen- oder Schlitzringe (195.2c) unterschieden. Ihre Abmessungen, wie der Nenn- bzw. Zylinderdurchmesser D, die Ringhöhe h und die radiale Stärke a sind in DIN 24910, 24930 und 24947 festgelegt.

Kompressionsringe. Zur Abdichtung (195.2f) im Betrieb drückt das Medium den Ring über seine Innenfläche an die Zylinderwand und über seine Flanke an die Gegenseite der Nut. Die axiale Passung hat nur das zum Einbau notwendige Spiel, das klein sein muß, damit die Ringe beim Richtungswechsel des Kolbens nicht die Nuten ausschlagen. Der Stoß (195.2d) wird gerade oder schräg ausgeführt. Kolbenringe für Zweitaktmotoren erhalten eine Stiftsicherung (195.1e), damit sich die im Betrieb aufbiegenden Stöße an den Steuerschlitzen nicht festhaken. Das Stoßspiel s darf wegen der Leckverluste nicht zu groß und wegen der Dehnungsbehinderung am Umfang nicht zu klein sein. Der Ringquerschnitt ist rechteckig und seine Stärke a beträgt $\approx 1/25$ des Nenndurchmessers. Als Werkstoff dient ein Sondergrauguß, dessen Härte kleiner als die der Laufflächen ist, so daß sich die leichter ersetzbaren Ringe schneller abnutzen. Die Biegebeanspruchung ist beim Überstreifen der Ringe mit ≈ 400 N/mm² am größten. Die Flächenpressung beträgt je nach Ringgröße $p = 0{,}04 \cdots 0{,}2$ N/mm². Sie bestimmt den Reibungsverlust der Ringe, der bis zu 10 % der Zylinderleistung ansteigt. Um ein Verformen der Nuten zu vermeiden und die Ölkoksbildung zu mildern, liegt der oberste Ring im Kolbenmantel, um die Feuersteghöhe h_F (193.2) von der oberen Kolbenkante entfernt. Dann folgen ein bis zwei weitere Ringe mit dem Abstand der Steghöhe h_S (193.2). Zur Verkürzung der Einlaufzeit werden Minutenringe (195.2b) nach DIN 24911 verwendet.

Ölabstreifringe. Zur Schmierung (195.2g) verteilen sie beim Hingang das Spritzöl vom Innern des Kolbens über die Bohrungen 1 und die Ringschlitze 2 an die Zylinderwand. Dabei schabt die Ringkante 3 das Öl, das durch die Bohrungen 4 abfließt, von der Wand ab. Üblich sind ein Ring oberhalb und oft ein zweiter unterhalb des Bolzens (193.2). Der untere Ring darf dabei mit seiner oberen Kante im UT die Zylinderunterkante nicht überschleifen, da sonst der Kolben festhakt.

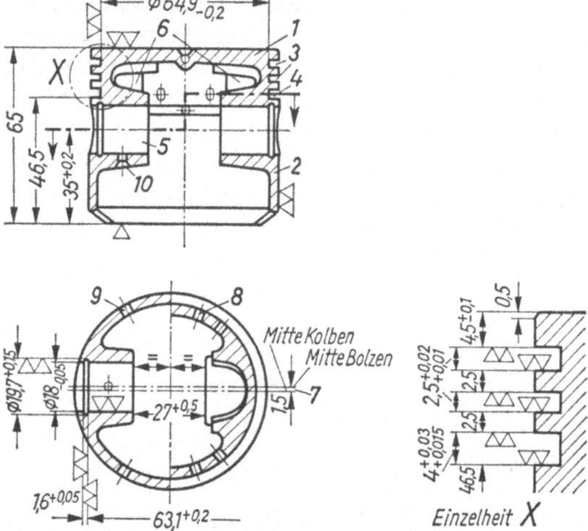

196.1 Kolben eines Viertakt-Ottomotors
Zu Oberflächenzeichen s. Legende Bild 204.1

Gestaltungsbeispiel. Der Tauchkolben (196.1) eines luftgekühlten Viertakt-Ottomotors der Leistung 4,5 kW je Triebwerk bei der Drehfrequenz 3000 min⁻¹ hat den Durchmesser 72 mm und den Hub 72 mm. Weitere Daten sind: die Zündkraft ≈ 2300 N, die Massenkraft im $OT \approx 1500$ N, die mittlere Temperatur am Rand des Bodens ≈ 250 °C und die Temperatur in der Kolbenbodenmitte ≈ 360 °C. Als Werkstoff dient eine Aluminiumlegierung mit 12 % Silicium und je 1 % Kupfer, Nickel und Magnesium. Der Boden 1 ist nach außen hin verstärkt und hat in der Mitte eine Zentrierung zur Bearbeitung. Der Kolbenmantel 2 trägt zwei Kompressionsringe 3 und einen Ölabstreifer 4 und ist mit Formschliff versehen. Die Bolzenaugen 5 sind mit je zwei Rippen 6 gegen den Kolbenmantel abgestützt. Der Kolbenbolzen ist schwimmend gelagert. Seine Achse 7 ist um 1,5 mm desaxiert bzw. gegenüber der Mittellinie versetzt, um Geräusche und Ölkoksbildung zu vermeiden. Das Schmieröl für den Ölabstreifer fließt über die Bohrungen 8 zu und über 9 ab. Der Bolzen wird über die Bohrung 10 geschmiert.

5.5.2. Schubstangen

Die Schubstange überträgt die Stangenkraft vom Kolben auf die Kurbelwelle und vergrößert die Massenkraft im Triebwerk. Die Hauptteile (**197.1**) bilden der obere Kopf 1, mit dem Kolbenbolzenlager 2 und der untere Kopf 3 mit dem Kurbelzapfenlager 4. Die Köpfe sind durch den Schaft 5 verbunden und können geteilt werden. Die abgetrennten Teile, die Deckel, werden durch Dehnschrauben mit der restlichen Kopfhälfte (**197.1**,b bis d) verbunden. Die umlaufende Stange wird von einer geigenförmigen Kurve (**197.2**) eingehüllt. Diese stellt den Grundriß der im Gestell und Zylinder für das Triebwerk reinzuhaltenden Räume dar.

Köpfe. Die einfachste Form einer Schubstange entsteht durch ungeteilte Köpfe (**197.1** a). Sie erfordert aber Stirnkurbeln (**200.1** e) oder gebaute Kurbelwellen (**200.1** d), die in der Herstellung und Montage kompliziert sind.

Daher wird der untere Kopf (**197.1** b und c) meist geteilt ausgeführt, um Kurbelwellen aus einem Stück (**200.1** a bis c) zu verwenden. Schräge Teilungen (**197.1** c) erhalten oft die wegen der großen Zündkräfte sehr starken Köpfe der Dieselmotoren. Die Stangen lassen sich dann durch die Zylinderbohrungen ausbauen. Eine Gabelung (**197.1** d) der oberen bzw. der unteren Köpfe kommt bei Kreuzkopf bzw. bei V-Maschinen vor [9; 10]. Die Dehn-

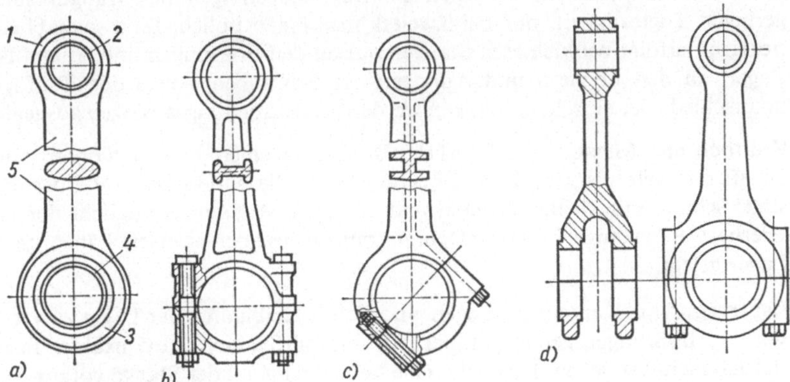

197.1 Schubstangenformen
a) ungeteilte Köpfe
b) gerade Teilung
c) schräge Teilung
d) Gabelung und Teilung

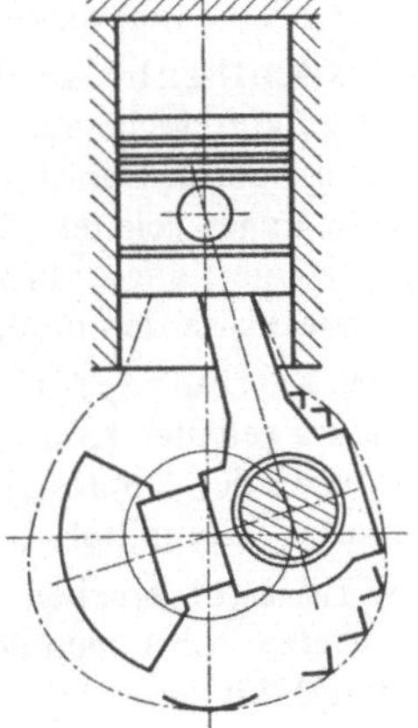

197.2 Platzbedarf der umlaufenden Schubstange

schrauben zur Befestigung der Deckel (**197**.1 b und c) sind meist Kopfschrauben, die mit dem Stangenkopf verschraubt oder als Durchsteckschrauben ausgebildet werden. Zur Zentrierung der Deckel dienen bei Durchsteckschrauben Paßbunde an der Teilfuge. Sonst sind Paßstifte in den äußeren Ecken der Teilfuge, bei schräggeteilten Köpfen auch verzahnte Teilfugen üblich.

Schaft. Bei Langsamläufern mit geringen Massenkräften erhält der Schaft einen Rechteck-, Kreis- oder Ovalquerschnitt. Bei Schnelläufern ist der *I*- oder *H*-Querschnitt (**197**.1 b und c) gebräuchlich, von denen der erste geringere Massen, der zweite aber bessere Übergänge zu den Köpfen hat.

Gestaltung der Schubstange. Hierfür sind Herstellung, Kraftfluß, Masse und Lagerung maßgebend.

Herstellung. Sie richtet sich nach den Werkstoffen, wie Einsatzstahl, Gußstahl, Grauguß oder auch Leichtmetall. Stahlstangen werden im Gesenk, für das der *I*-Querschnitt zweckmäßige Formen ergibt, mit einem Schmiedeanzug von 5···10° geschlagen. Die Kerbempfindlichkeit des Stahles soll gering sein. Der Rohling darf keine Kerbrisse oder Quetschfalten enthalten. Einfache, aus Stahlplatten gebrannte Stangen haben einen Rechteckquerschnitt. Stangen von Großmaschinen, die in der Freiformschmiede hergestellt werden, erhalten Kreisquerschnitte. Schubstangen aus Grauguß sind, wegen der geringen Zugfestigkeit, nur bei Zweitaktmaschinen üblich. Eine spanabhebende Bearbeitung erfolgt bei kleineren Stangen nur an den Bohrungen und Anlaufflächen für die Lager, an den Löchern und Auflagen der Schrauben, sowie den Teilfugen. Massenunterschiede der einzelnen Stangen werden an Bearbeitungsansätzen ausgeglichen.

Kraftfluß und Masse. Der Kraftfluß verlangt einen zu den Köpfen hin erweiterten Schaft mit weit ausgerundeten Übergängen, die besonders beim *H*-Querschnitt möglich sind. Schäfte mit kleinen Köpfen und geringen Massen ermöglicht der *I*-Querschnitt. Hierbei werden lange, schlanke Dehnschrauben aus hochlegierten Stählen ganz nahe an die Lager gelegt.

Lagerung. Um Kantenpressungen und damit Heißlaufen der Lager zu vermeiden, müssen ihre Bohrungen genau parallel sein und dürfen sich, trotz exakter Bearbeitung, im Betrieb nicht verziehen. Dies setzt eine hohe Steifigkeit der Stange voraus.

Gleitlager. Sie bestehen aus einer Stahlstützschale von ≈ 2 mm Dicke, auf die eine 0,25 bis 0,5 mm dicke Laufschicht aufgebracht ist. Diese Bauweise ergibt kleine Köpfe.

Das Kolbenbolzenlager, eine in den oberen Pleuelkopf eingepreßte Buchse, besitzt eine Laufschicht aus Guß-Zinnbronze. Zur Schmierung wird das Spritzöl im Kolbeninnern durch Bohrungen oder durch eine Ausfräsung (**199**.1) im Kopf aufgefangen und zum Lager geleitet. Zweckmäßiger ist jedoch der Anschluß an die Umlaufschmierung über eine Längsbohrung durch die Stange, die, falls erforderlich, dazu mit einer Wulst verstärkt werden muß.

Das Kurbelzapfenlager erhält i. allg. eine Laufschicht aus Weißmetall oder Bleibronze. Im geteilten Kopf (**199**.1) werden die Lagerhälften durch je eine Nase, die in eine Ausfräsung des Kopfes eingreift, gesichert. Das Schmieröl wird über Bohrungen durch die Kurbelwelle mittels Umlaufschmierung zugeführt.

Wälzlager ergeben, selbst wenn ihre durch Käfige geführten Rollkörper in den gehärteten Bohrungen der Stange oder auf den Bolzen bzw. Zapfen laufen, größere Schubstangenköpfe.

Die Kolbenbolzen sind meist mit Nadellagern, die Kurbelzapfen mit Zylinderrollenlagern versehen. Sie erfordern ungeteilte Köpfe, wenn auf die Laufringe verzichtet wird. Zur Schmierung der Wälzlager genügt Spritzöl.

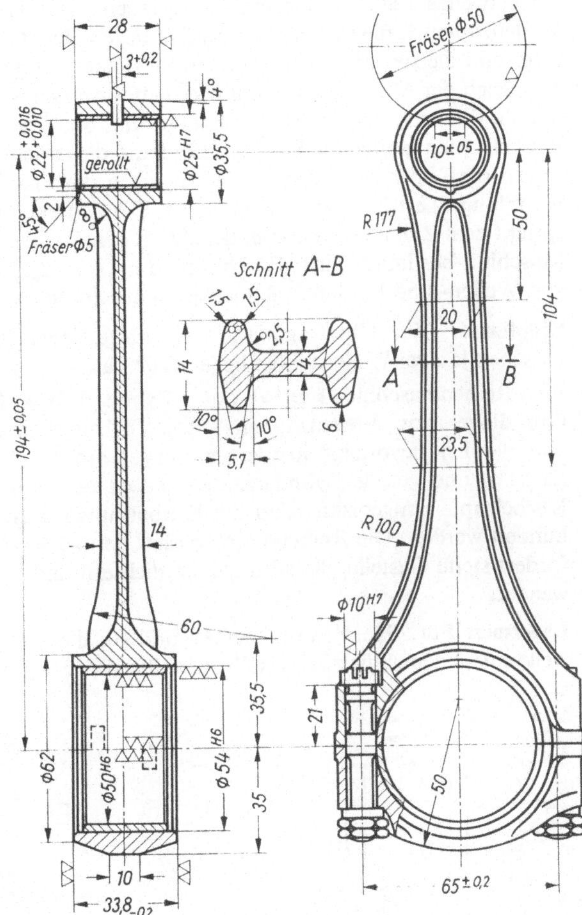

(199.1)
Schubstange eines Viertakt-Dieselmotors (Daimler-Benz AG) (s. Bild 200.1)

Zu Oberflächenzeichen s. Legende Bild **204.1**

Gestaltungsbeispiel. Die Schubstange (**199.1**) gehört zu einem Viertakt-Dieselmotor mit der Leistung 7,5 kW pro Triebwerk, bei der Drehfrequenz 3000 min^{-1}. Der Zylinderdurchmesser beträgt 75 mm, der Hub 100 mm. Die Zündkraft ist 25000 N, die rotierende Massenkraft 2500 N und die oszillierende Kraft im *OT* 1500 N. Der Schmiederohling aus dem Einsatzstahl CK 45 muß frei von Schmiedefalten und Kerbrissen sein. Der Schaft hat einen I-Querschnitt mit 10° Schmiedeanzug und geht, dem Kraftfluß entsprechend, im weiten Bogen auf die Köpfe über. Im oberen Kopf ist eine 1,5 mm dicke Bronzebuchse eingepreßt und in den Nuten verstemmt. Ihre gerollte Lauffläche hat die zulässige Rauhtiefe 6 µm. Zur Schmierung wird Spritzöl über eine 3 mm breite Ausfräsung zugeführt. Beim unteren Kopf mit gerader Teilung wird der Deckel durch zwei Paßschrauben mit Dehnschaft gehalten und zentriert. Am Schraubenkopf sitzt eine Kerbverzahnung, die sich zur Drehsicherung in den Schubstangenkopf eingräbt. Die Zugmutter hat das Anzugmoment 35 Nm, das die Schraube um 0,1 mm dehnt. In der gerollten Lagerbohrung sitzt ein 2 mm dickes, mit Nasen gesichertes Mehrstofflager. Für die Parallelität der Lagerbohrung ist die Abweichung 0,1 mm auf 100 mm zulässig.

5.5.3. Kurbelwellen

Kurbelwellen (**200.1** a) sind aus Kröpfungen zusammengesetzt. Diese bestehen aus den Wellenzapfen 1, die in den Grundlagern liegen, den Kurbelzapfen 2 für die Schubstangenlager und die sie verbindenden Wangen 3. Die Wangen tragen die Gegengewichte 4 zum Ausgleich der Massenkräfte und Momente. An den Kurbelwellenenden liegen die Kupplung 5, die auch das Schwungrad trägt, und der Zapfen 6 für die Hilfsantriebe. An den Kurbelzapfen greifen die Stangenkräfte und die rotierenden Massenkräfte, in den Grundlagern die Lagerkräfte und an den Wangen die Fliehkräfte der Gegengewichte an. Die Kupplung überträgt das Drehmoment. Die Mittenentfernung zweier Kurbelzapfen entspricht dem Zylinderabstand a, der durch den Kolbendurchmesser D und die Bauart der Maschine bestimmt wird. Er beträgt $a = (1{,}2 \cdots 1{,}6)\, D$. Der Abstand der Mittellinien von Wellen- und Kurbelzapfen ist der Kurbelradius r.

Kröpfungen. Zur Übertragung großer Kräfte eignet sich eine Welle, deren Kurbelzapfen zwischen je zwei Wellenzapfen liegen (**200.1** a).

Eine Reihenmaschine (**170.1** a) mit z Zylindern bzw. Kurbelzapfen besitzt dann $z + 1$ Grundlager bzw. Wellenzapfen. Diese Kurbelwellen sind sehr biege- und torsionssteif und werden bevorzugt in Verbrennungsmotoren eingebaut. Für kleinere Kräfte (**200.1** b) und gerade Zylinderzahlen genügt es, wenn zwischen zwei Wellenzapfen zwei Kurbelzapfen angeordnet und die Kurbelzapfen durch eine schrägliegende Wange verbunden werden. Die Reihenmaschine hat dann $1 + z/2$ Wellenzapfen. Diese Bauart erfordert steife Gestelle. Sie wird bei Verdichtern und kleineren Brennkraftmaschinen verwendet.

Lagerung. Für Gleitlager (**200.1** a und b), die beliebig teilbar sind, wird die Kurbelwelle aus einem Stück hergestellt. Geteilte Wälzlager nutzen sich an ihren Fugen oft zu

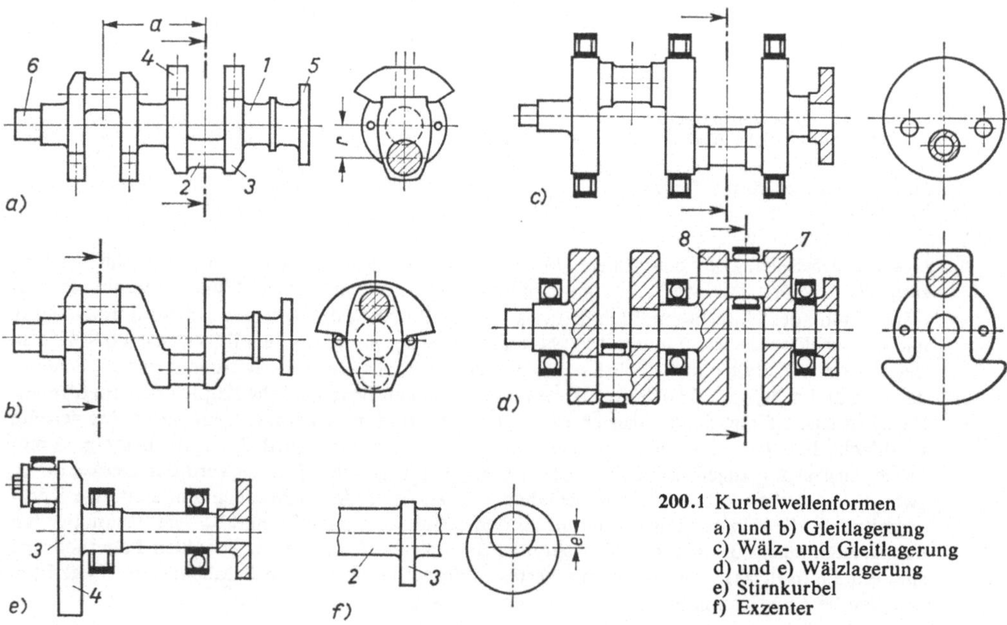

200.1 Kurbelwellenformen
a) und b) Gleitlagerung
c) Wälz- und Gleitlagerung
d) und e) Wälzlagerung
e) Stirnkurbel
f) Exzenter

schnell ab. Bei Wälzlagerung in den Grundlagern (**200.**1c) sind die Wellenzapfen 1 über die Kurbelzapfen 2 hinaus erweitert und übernehmen gleichzeitig die Funktion der Wangen. Die Kurbelwelle wird dann bei Verwendung von ungeteilten Zylinderrollenlagern mit den Laufringen zusammen ausgebaut. Zum Ausgleich der Massenkräfte sind die Kurbelzapfen hohl, und die Wellenzapfen erhalten zusätzliche Bohrungen. Bei vollständiger Wälzlagerung (**200.**1d) ist eine gebaute Kurbelwelle notwendig. Ihre Elemente, hier die Wange 7 mit Kurbelzapfen und Ansatz sowie Bohrung für den Wellenzapfen bzw. Wange 8 mit Bohrung für den Kurbelzapfen und festem Wellenzapfen ermöglichen nach dem Auseinanderbau das Abziehen der Lager. Die Elemente werden durch Schrauben oder Schrumpfverbindungen bzw. mit Hirth-Verzahnungen zusammengehalten. Das Auswechseln der Lager ist hierbei sehr schwierig, besonders da die Wangen wieder neu ausgerichtet werden müssen.

Sonderbauarten. Die Stirnkurbel (**200.**1e) ermöglicht Gleit- und Wälzlagerung. Die einzige Wange 3 muß hierfür jedoch kräftig ausgebildet werden.

Beim Exzenter (**200.**1f) ist der Kurbelzapfen 3 über den Wellenzapfen 2 hinaus erweitert und ersetzt gleichzeitig die Wange. Diese Bauart wird für sehr kleine Kurbelradien bzw. Exzentrizitäten e verwendet

Herstellung. Maßgebend hierfür sind Werkstoff und Form der Kurbelwelle. Geschmiedete Wellen (**200.**1a und b) aus Einsatz- und Vergütungsstahl werden meist in mehreren Gesenken hergestellt. Ihre Lagerzapfen werden gehärtet. Um die spanabhebende Bearbeitung einzuschränken, bleiben Wangen und angeschmiedete Gegengewichte meist roh. Gegossene Kurbelwellen (**201.**1) aus Gußstahl, Temper- oder Sphäroguß lassen sich wegen der leichteren Verformbarkeit des Werkstoffes freier gestalten. Sie erfordern aber mehr Bearbeitung. Durch bessere Gestaltung können sie trotz der geringeren Belastbarkeit der Werkstoffe die erforderlichen Beanspruchungen aufnehmen.

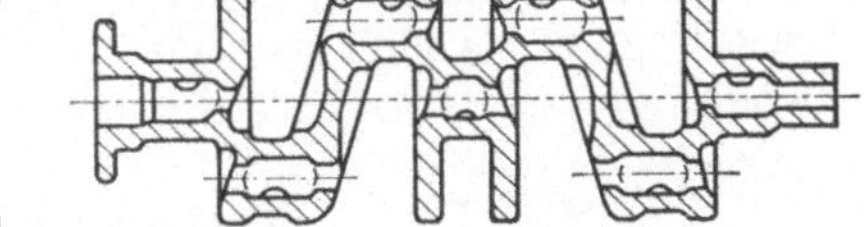

201.1 Gegossene Kurbelwelle nach Thum

Gestaltfestigkeit. Sie hängt vom Kraftfluß in der Kurbelwelle ab. An den Übergängen von Zapfen und Wangen liegen die schärfsten Umlenkungen und damit die Spannungsspitzen, die noch durch Anschneiden der Schmiedefaser bei der Bearbeitung erhöht werden. Um an diesen Stellen die Kerbwirkung herabzusetzen, soll das Verhältnis vom Rundungsradius ϱ zum Zapfendurchmesser d mindestens $\varrho/d = 0{,}05$ sein. Die Spannungen lassen sich auch durch ovale Wangen mit Abschrägungen an den Kurbelzapfen und durch dickere Wangen verringern. Üblich sind hierfür die Verhältnisse Wangenbreite $b/d = 1{,}2 \cdots 1{,}8$ und Wangendicke $h/d = 0{,}3 \cdots 0{,}5$. Weitere Verbesserungen (**202.**1) bringen elliptische Übergänge, Freistiche und Entlastungskerben. Werden bei hohlen Zapfen die Bohrungen tonnenförmig und die Wangen oval ausgebildet, so erhöht sich die Gestaltfestigkeit um das Doppelte. Auch Ölbohrungen sind die Ursache von Kerbwirkung. Um ihre Anzahl und Länge zu verringern, werden die Kurbelzapfen vom benachbarten Grundlager aus mit Öl versorgt. Zum Abbau der Spannungsspitzen sollen die Bohrungen möglichst weit von den Zapfenübergängen entfernt liegen. Weitere Verbesserungen werden durch Ausrunden der Bohrungen, Entlastungskerben und durch Einziehungen und Wülste bei Hohlzapfen erreicht (s. auch Abschn. 1).

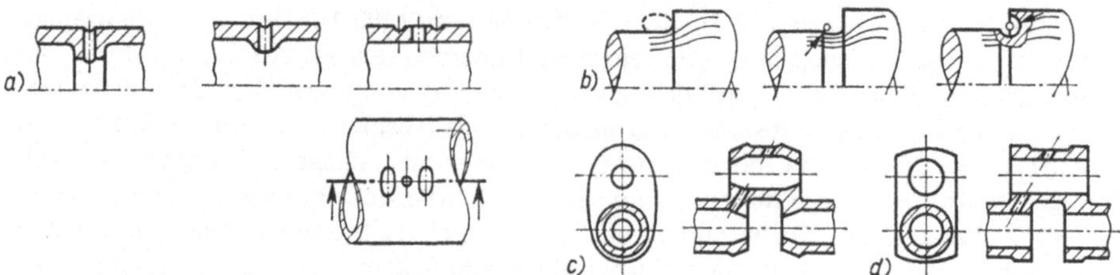

202.1 Maßnahmen zur Erhöhung der Festigkeit
a) Einziehung. Wulst und Entlastungskerben für Ölbohrungen
b) Elliptischer Übergang und Freistiche nach DIN 509
c) und d) Verbesserung der Gestaltfestigkeit nach Mickel bei c) 120 N/mm², bei d) 60 N/mm²

Gestaltungsbeispiel. Die Kurbelwelle (**204.1**) aus dem Einsatzstahl CK 45 ist im Gesenk geschmiedet. Sie ist zweimal im geteilten Gehäuse gelagert und nimmt zwei Schubstangen (**199.1**) auf. Die Wellen- und Kurbelzapfen sind gehärtet. Ihre Radien zu den Wangen bleiben aber weich, um Kerbwirkung zu verhüten. Der Wellenzapfen 1 nimmt das Los-, der Zapfen 2 das Festlager auf. Von den geraden Wangen 3 und 4 ist wegen der zusätzlichen Stoßbeanspruchung des schweren Schwungrades die Wange 4 verstärkt. Die angeschmiedeten Gegengewichte 5 und 6, von gleicher Dicke wie die Wangen, gleichen die rotierenden Momente und 50 % der Momente I. Ordnung aus. Dabei hat das Gewicht 6 einen Absatz, damit es nicht an die Ölleitung anstößt. Die mittlere Wange 7 liegt schräg und ist, um der Kurbelwelle die nötige Steife zu geben, kräftig ausgebildet. Der angeschmiedete Flansch 8 trägt das Schwungrad, das die Kupplung aufnimmt. Auf den linken Zapfen 9 werden die Riemenscheibe für den Lüfter und das Zahnrad zum Nockenwellenantrieb aufgesetzt. Das Öl wird über die Bohrungen 10 von den Wellenzapfen- zu den Kurbelzapfenlagern geführt. Zur Erhöhung des Öldurchsatzes, also zur Verbesserung der Abfuhr der Reibungswärme, sind die geraden Wangen oben am Kurbelzapfen bei 11 angeschnitten. Zur Abdichtung des Kurbelraumes dient der Dichtring 12. Eine Förderschnecke 13 transportiert das sich hier ansammelnde Öl an den Spritzring 14, der es in den Kurbelraum zurückschleudert. (Darstellung der geschnittenen Kurbelwelle (**204.1**) s. Bild **205.1**.)

5.6. Festigkeitsberechnung der Triebwerksteile

Es werden nur die einfachsten Berechnungsverfahren angegeben, die der Konstrukteur zur ersten Bestimmung der Abmessungen benutzt. Zusätzlich sind noch Kontrollen nach den Methoden der höheren Festigkeitslehre und bei Lagern nach der hydrodynamischen Theorie notwendig [2]; [8]. Da die Triebwerksteile wechselnd mit Verspannung belastet sind, müssen für die Berechnung der Dauerfestigkeit [8] die Ober- und Unterspannungen und dazu die maximalen und minimalen Kräfte ermittelt werden (s. Abschn. 5.4.3).

5.6.1. Kolben

Kolbenkörper. Der Boden wird auf Biegung wie eine Platte mit konstanter Druckbelastung beansprucht. Diese ist bei Tauchkolben am Rande, bei Scheibenkolben in der Mitte eingespannt. Die Beanspruchung des Mantels entspricht der eines Rohres mit äußerem Überdruck. Die Flächenpressung durch die Normalkraft soll 0,4 bis 1,0 N/mm² nicht übersteigen. Wegen der schwer erfaßbaren Wärmespannungen sind für den Kolbenentwurf meist Erfahrungswerte nach Tafel **195.1** üblich, die am ausgeführten Kolben durch Versuche überprüft werden.

Kolbenbolzen (**203.**1a). Die Bolzenkraft F_B nach Gl. (189.3) beansprucht den Bolzen mit dem Durchmesser D und der Bohrung d auf Biegung. Der Bolzen entspricht einem Balken auf zwei Stützen, dessen Lagerentfernung l gleich dem Abstand der Mitten der Berührungsflächen von Bolzen und Auge ist. Die Bolzenkraft F_B ist als Streckenlast über die Breite b des Schubstangenkopfes verteilt. Das größte Biegemoment, das Widerstandsmoment und die Biegespannung betragen

$$M_b = \frac{1}{4} F_B \left(l - \frac{b}{2}\right) \qquad W_b = \frac{\pi}{32} \cdot \frac{D^4 - d^4}{D} \qquad \sigma_b = \frac{M_b}{W_b} \tag{203.1}$$

Für Kolbenbolzen aus Vergütungsstählen beträgt die zulässige Biegewechselspannung $\sigma_{b\,zul} \approx 150\ \text{N/mm}^2$.

5.6.2. Schubstangen

Es werden die Beanspruchungen im Kopf, Deckel und Schaft von Schubstangen mit geteiltem unteren Kopf ermittelt, wie sie in Tauchkolben-Triebwerken verwendet werden.

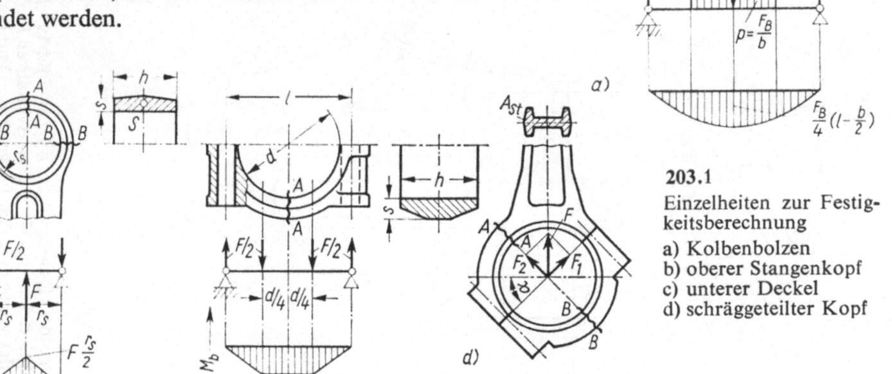

203.1 Einzelheiten zur Festigkeitsberechnung
a) Kolbenbolzen
b) oberer Stangenkopf
c) unterer Deckel
d) schräggeteilter Kopf

Oberer Kopf (**203.**1b). Die Belastung F ist beim Zweitaktmotor die oszillierende Massenkraft der oberen Kopfhälfte, bei der Viertaktmaschine kommt noch im OT Ansaugen die Bolzenkraft F_B hinzu. Die größte Biegebeanspruchung tritt im Querschnitt A–A in der Stangenmittellinie auf. Zu ihrer vereinfachten Berechnung wird die obere Kopfhälfte als gerader Träger auf zwei Stützen mit der Auflagerentfernung $2\,r_S$ angesehen, in dessen Mitte die Kraft F angreift. Mit dem Radius r_S des Schwerpunktes S des gefährdeten Querschnittes A–A und mit dem Widerstandsmoment W_b errechnet man das Biegemoment bzw. die Biegespannung

$$M_b = \frac{F r_S}{2} \qquad \sigma_b = \frac{M_b}{W_b} = \frac{F r_S}{2\,W_b} \tag{203.2}$$

Die größte Zugbeanspruchung liegt im Querschnitt B–B mit der Fläche A_B. Die Zugspannung ist

$$\sigma_z = \frac{F}{2\,A_B} \tag{203.3}$$

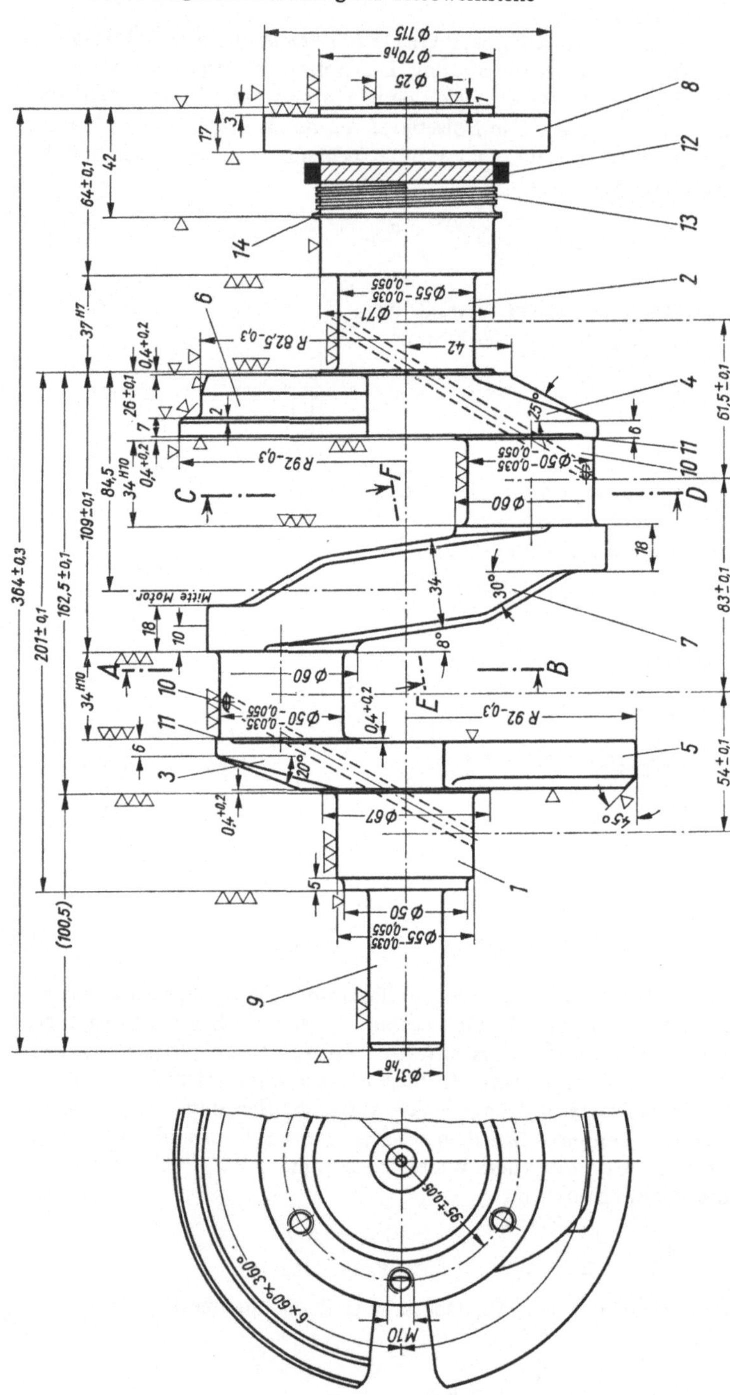

204.1 Kurbelwelle eines Zweizylinder-Viertakt-Dieselmotors (Daimler-Benz AG) (s. Bild **199.1** und Abschn. 5.5.3)
Die Oberflächenzeichen (Dreiecke) nach DIN 3141 stellen das Herstellungsverfahren frei. Bei Umstellung auf Angaben der Oberflächenbeschaffenheit nach DIN ISO 1302 sind unter Beachtung der vom Hersteller festgelegten Deutung der Oberflächenzeichen Herstellverfahren und Rauheiten anzugeben

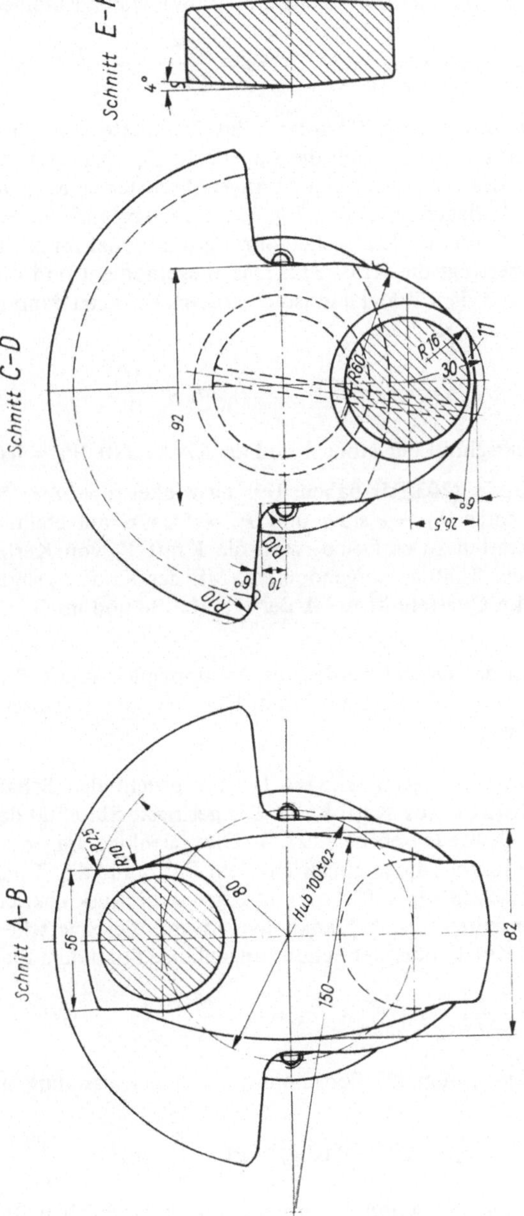

205.1 Schnitte der Kurbelwelle nach Bild **204.1**

Die Querschnitte sind bei Vernachlässigung des Schmiedeanzuges meist Rechtecke mit der Höhe h und der Dicke s. Ihre Fläche und ihr Widerstandsmoment sind dann

$$A_B = hs \qquad W_b = \frac{hs^2}{6} \tag{206.1}$$

Deckel (**203.1**c). Ihre Belastung F erfolgt beim Zweitaktmotor durch die Fliehkraft des Deckels, beim Viertaktmotor durch die Lagerkraft F_{KL} nach Gl. (189.5) im *UT* Ansaugen. Die Biegebeanspruchung gleicht angenähert der eines geraden Trägers auf zwei Stützen, dessen Auflagerentfernung l gleich dem Abstand der Schraublöcher ist. Die Lagerschale liegt hierbei in der Deckelbohrung d zweimal im Abstand $d/4$ von der Mittellinie auf und überträgt die Kraft $F/2$. Das Biegemoment und die Biegespannung im Querschnitt A–A mit dem Widerstandsmoment W_b betragen dann bei senkrecht zur Stangenmittellinie geteilten Köpfen

$$M_b = \frac{F}{4}\left(l - \frac{d}{2}\right) \qquad \sigma_b = \frac{M_b}{W_b} \tag{206.2}$$

Für einen Rechteckquerschnitt der Höhe h und der Dicke s ist $W_b = hs^2/6$.

Schräggeteilte Köpfe (**203.1**d) haben Teilungswinkel $\alpha = 38° \cdots 50°$. Die Kraft F wird in die Komponenten $F_1 = F \sin\alpha$ und $F_2 = F \cos\alpha$ aufgeteilt. Um die Dehnschrauben von Querkräften zu entlasten, wird die Kraft F_1 von Kerbstiften oder von einer Verzahnung in der Teilfuge aufgenommen. Mit der Kraft F_2 sind nach Gl. (206.2) die Biegespannungen im Querschnitt A–A der Kopfhälfte und im Querschnitt B–B des Deckels zu berechnen.

Die Dehnschrauben der Deckel werden bis zur doppelten Kraft F vorgespannt und im Schaft bis zu 70 % der Streckgrenze belastet. Der Schaftdurchmesser beträgt ≈ 80 % des Gewindekerndurchmessers.

Schaft. Die Stangenkraft F_{St} nach Gl. (186.1) beansprucht den Schaft auf Druck. Es besteht dadurch die Gefahr des Knickens. Die geringste Stabilität des Schaftes gegen Knicken liegt in der Bewegungsebene (**197.2**). Die gelenkige Lagerung der Stange im Kolbenbolzen und im Kurbelzapfen entspricht dem Fall 2 für die Knickbelastung nach Euler. Der Schaftquerschnitt A_{St} (**203.1**d) muß gegen diese Ausknickrichtung das größte Trägheitsmoment J_y erhalten. Der Schlankheitsgrad und die Eulersche Knickspannung betragen dann mit der Knick- oder der Schubstangenlänge l und dem Elastizitätsmodul E

$$\lambda_S = \frac{l}{\sqrt{J_y/A_{St}}} \qquad \sigma_k = \pi^2 \frac{E}{\lambda_S^2} \tag{206.3) (206.4}$$

Meist ist $\lambda_S < 90$, dann genügt die Berechnung der Knickspannung nach Tetmajer, für Stahl

$$\sigma_K = 335 - 0{,}62\,\lambda_S \quad \text{in} \quad \text{N/mm}^2 \tag{206.5}$$

Die Spannungen nach Gl. (206.4 und 5) werden mit der tatsächlichen Druckspannung infolge der Kraft F_{St} verglichen. Es muß sein

$$\sigma_d = \frac{F_{St}}{A_{St}} < \sigma_k \tag{206.6}$$

Als Sicherheit gegen Knicken wird $S = \sigma_k/\sigma_d = 5 \cdots 8$ gewählt, so daß die Stange auch ausreichend für die Querkräfte bemessen ist, die aus der Normalbeschleunigung der Stange entstehen. Ist $\lambda_s < 50$, genügt die Kontrolle der Druckspannung nach Gl. (206.6).

5.6.3. Kurbelwellen

Ihre Zapfen werden auf Biegung und Torsion, ihre Wangen zusätzlich auf Zug und Druck beansprucht. Nach Messungen sind die Biegespannungen in der Hohlkehle zwischen der Wange und dem Kurbelzapfen am größten, und zwar an der Stelle, die der Drehachse zugewendet ist. Hier liegt die schärfste Kraftumlenkung vor.

Biegung in der unteren Zapfenhohlkehle. An Kräften sind nur die Radialkraft F_R nach Gl. (187.2) und die rotierenden Kräfte F_r nach Gl. (183.1) wirksam. Für die Biegung durch die Tangentialkraft verläuft hier die neutrale Faser.

Die Biegemomente werden aus den in ihren Zapfen als statisch bestimmt gelagerten Kröpfungen berechnet. Die Einspannmomente der statisch unbestimmten Lagerung verringern meist die Biegemomente und damit die Spannungen. Für eine Kröpfung (**207.1** a) mit dem Lagerabstand l, der Belastung $F = F_R - F_r$ in ihrer Mitte, den Lagerreaktionen A und B sowie dem Abstand e der Hohlkehle von der Lagermitte gilt dann

$$M_b = Ae = F\frac{e}{2} \tag{207.1}$$

Die Kerbwirkung (**207.1**) ist hierbei beachtlich. Sie hängt vom Rundungsradius ϱ der Hohlkehle, von der Breite b und der Dicke h der Wangen sowie von der Überschneidung u vom Kurbel- und Wellenzapfen ab. Sie wird mit Formzahlen f (**207.1** b) erfaßt, die sich aus den auf den Kurbelzapfendurchmesser d bezogenen, dimensionslosen Kenngrößen ϱ/d, h/d, b/d und u/d ergeben. Die Gesamtformzahl beträgt dann

$$\alpha_b = 11{,}0 f(\varrho/d) \cdot f(h/d) \cdot f(b/d) \cdot f(u/d) \tag{207.2}$$

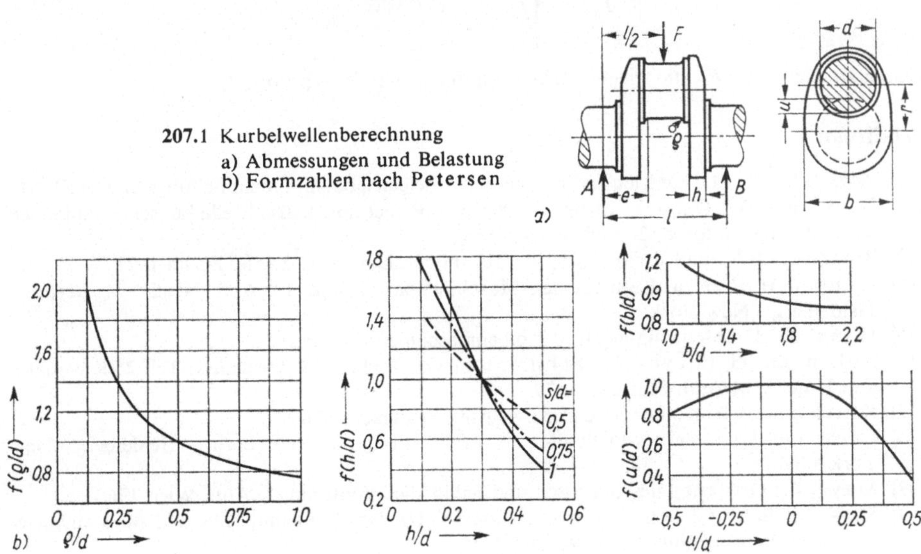

207.1 Kurbelwellenberechnung
a) Abmessungen und Belastung
b) Formzahlen nach Petersen

Die Biegespannung ist mit Gl. (207.1) und (207.2)

$$\sigma_b = \alpha_b \frac{M_b}{W_b} \tag{208.1}$$

Hierbei ist $W_b = \pi d^3/32$ das Widerstandsmoment des Kurbelzapfens bei vernachlässigten Bohrungen.

Torsionsbeanspruchungen entstehen infolge des periodisch veränderlichen Drehmoments nach Gl. (187.4) und führen im Resonanzgebiet zu Brüchen der Kurbelwelle [5]. Sie treten in langen Wellenleitungen wie bei Schiffs- und Generatorantrieben von Dieselmaschinen auf (s. Abschn. 4).

5.6.4. Lager

Ihre Belastungen F sind: für das Kolbenbolzenlager F_{BL} nach Gl. (189.4), für das Kurbelzapfenlager F_{KL} nach Gl. (189.5) und für das Wellenzapfenlager (**191.1**) F_M nach Gl. (190.1).

Gleitlager. Sie werden nach der Flächenpressung vordimensioniert. Mit dem Bohrungsdurchmesser D, der Lagerlänge l und mit der größten Lagerbelastung F_{max} ergibt sich die Flächenpressung bzw. mit p_{zul} aus Tafel **A59**.2 die Fläche,

$$p = \frac{F_{max}}{l D} \qquad l D = \frac{F_{max}}{p_{zul}} \tag{208.2}$$

Die hieraus ermittelten Abmessungen sind nach der hydrodynamischen Schmiertheorie unter Beachtung des Verlaufs der Lagerkräfte als Funktion des Kurbelwinkels zu überprüfen [8].

Wälzlager. Die Berechnungsgrundlage bildet hier der kubische Mittelwert der Lagerkraft F über ein Arbeitsspiel

$$F_m = \sqrt[3]{\frac{1}{2\pi} \int_0^{2\pi} F^3 \, d\varphi} \tag{208.3}$$

Dabei ist die Kraft F_m die ideelle Belastung der Lager (s. Abschn. 3).

Schrifttum

[1] AWF-VDMA-VDI-Getriebehefte: Ebene Kurbelgetriebe mit einem Schubgelenk. AEF 512

[2] Bensinger, W. D., und Meier, A.: Kolben, Pleuel und Kurbelwelle bei schnellaufenden Verbrennungsmotoren. 2. Aufl. Berlin 1961

[3] Biezeno, C. B., und Grammel, R.: Technische Dynamik. 2 Bde. Berlin 1971

[4] Dubbel, H.: Taschenbuch für den Maschinenbau. 2 Bde. 13. Aufl. Neudr. 74. Berlin–Heidelberg–New York

[5] Haug, K.: Drehschwingungen in Kolbenmaschinen. Berlin 1952

[6] Holzmann, G., Meyer, H., Schumpich, G.: Technische Mechanik. Teil 2: Kinematik und Kinetik. 4. Aufl. Stuttgart 1979

[7] Küttner, K. H., Kolbenmaschinen. 4. Aufl. Stuttgart 1978

[8] Lang, O.: Triebwerke schnellaufender Verbrennungsmotoren. Berlin–Heidelberg–New York 1966

[9] Mayr, F.: Ortsfeste Dieselmotoren und Schiffsdieselmotoren. 3. Aufl. Wien 1960

[10] Sass, F.: Bau und Betrieb von Dieselmaschinen. Bd. 1: Grundlagen und Maschinenelemente Berlin–Göttingen–Heidelberg 1948

6. Kurvengetriebe*

Kurvengetriebe wandeln Bewegungen und Energien um. Ihre Hauptteile (**209.1** a) sind der Kurventräger *a*, das Eingriffsglied *b* und der Steg *c*, der vom Gestell gebildet wird. Der Kurventräger als Antrieb kann eine Dreh-, Schiebe- oder Schwingbewegung ausführen. Das Eingriffsglied als Abtrieb bewegt sich geradlinig oder schwingend [7]. An der Eingriffstelle *E* berühren sich der Kurventräger und das Eingriffsglied auf der Breite *b* (**209.1** c). Das Eingriffsglied besitzt zur Verringerung der Reibung eine Kuppe oder eine Rolle. Das Bewegungsgesetz ergibt sich aus dem Umriß des Kurventrägers und der Form des Eingriffsgliedes an der Eingriffstelle [3]; [5]. Der Zwanglauf oder die Einhaltung des Bewegungsgesetzes erfordert eine ständige Berührung zwischen Kurventräger und Eingriffsglied. Diese wird durch Kraftschluß mit einer Feder (**209.1** a), durch Betriebskräfte oder durch Formschluß erzwungen [3]. Der Formschluß entsteht z. B. durch eine Nut im Kurventräger (**209.1** b), in der die Rollen des Eingriffsgliedes laufen.

6.1. Nockensteuerungen

Sie werden bei Brennkraftmaschinen [6] für die Ventile, Einspritzpumpen und Zündverteiler in Kühlschrankkompressoren, sowie für Werkzeug- und Textilmaschinen verwendet. Der Nocken mit geradem Tellerstößel (**209.1** c) ist die einfachste Form der Nockensteuerungen [4]. Der Nocken ist eine symmetrische Kurvenscheibe und besteht aus dem Grund- und Spitzenkreis mit den Radien R bzw. r_s, den Mittelpunkten M_1 und M_2 und dem Abstand $l = \overline{M_1 M_2}$. Diese Kreise sind durch mindestens ein Paar Flankenkurven verbunden. Der Grundkreis, dessen Mittelpunkt M_1 in der Drehachse liegt, stellt dabei eine Rast oder einen Stillstand des Stößels dar.

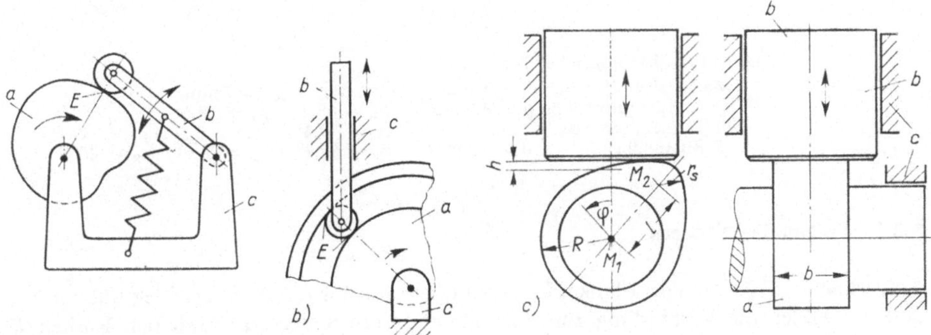

209.1 Formen der Kurvengetriebe
a) Kurvenscheibe mit Schwinghebel b) Nutkurve mit Schieber c) Nocken mit Flachstößel

* Hierzu Arbeitsblatt 6, s. Beilage S. A59 bis A61.

Bewegungsgesetze. Der Drehwinkel φ (**209.1** c) des Nockens zählt in seiner Umlaufrichtung ohne Berücksichtigung der Rast im Grundkreis. Der Stößelhub h (**209.1** c) ist der Abstand der Gleitfläche des Stößels vom Grundkreis. Die Geschwindigkeit bzw. die Beschleunigung des Stößels ist der erste bzw. der zweite Differentialquotient des Hubes nach der Zeit. Die Übergänge von den Kreisen zu den Flankenkurven haben eine besondere Bedeutung. Liegt eine gemeinsame Tangente vor, so besitzt die Geschwindigkeit (**211.1** c) einen Knick und die Beschleunigung einen Sprung. Diese plötzliche Änderung von Größe und Richtung der Beschleunigung und damit der Massenkräfte heißt Ruck. Für hohe Drehfrequenzen ist jedoch der ruckfreie Nocken [1] vorzuziehen. Bei diesem haben die Übergangsstellen gleiche erste sowie zweite Differentialquotienten also gemeinsame Tagenten und Krümmungskreise. Dann weist lediglich die Beschleunigungskurve einen Knick auf.

6.2. Kreisbogennocken mit geradem Tellerstößel

Bei diesen Nocken (**210.1**) besteht die Trägerkurve allein aus Kreisbögen, seine Herstellung ist daher einfach und seine Berechnung übersichtlich. Er erzeugt eine harmonische Bewegung, die durch sin- oder cos-Funktionen beschrieben wird und heißt daher harmonischer Nocken. Da aber Kreisbögen verschiedener Radien nur gemeinsame Tangenten besitzen, weist die Beschleunigung einen Sprung auf. Dieser Nocken ist daher nur stoß-, aber nicht ruckfrei.

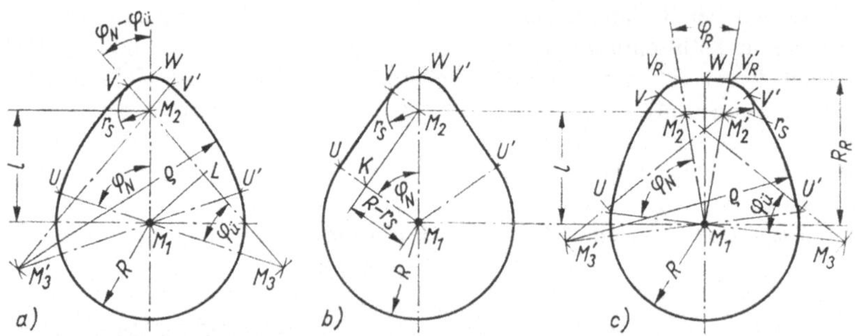

210.1 Aufbau harmonischer Nocken
Maße: $R = 18$ mm $r_S = 5$ mm $l = 20$ mm $h_{max} = 7$ mm
a) Kreisbogennocken $\varrho = 43$ mm $\varphi_N = 65{,}2°$ $\varphi_ü = 28{,}6°$
b) Tangentnocken $\varphi_N = 49{,}4°$
c) Rastnocken $\varrho = 43$ mm $\varphi_N = 65{,}2°$ $\varphi_ü = 28{,}6°$ $\varphi_R = 20°$

6.2.1. Aufbau des Nockens

Trägerkurve (**210.1** a). Die Flankenkreise mit dem Radius ϱ und den Mittelpunkten M_3 und M_3' bilden die Verbindung zum Grund- und zum Spitzenkreis mit den Radien R und r_S, den Mittelpunkten M_1 und M_2 und dem Mittelpunktsabstand $l = \overline{M_1M_2}$. In ihren Übergangspunkten U, U' und V, V' haben die Kreise gemeinsame Tangenten und Normalen. Die Normalen sind durch die Strecken $\overline{UM_3}$ und $\overline{U'M_3'}$, auf denen der gemeinsame Drehpunkt M_1 liegt, und durch $\overline{VM_3}$ und $\overline{V'M_3'}$ mit dem Schnittpunkt M_2, sämtlich von der Länge ϱ festgelegt. Außerdem liegen auf den Normalen die Mittelpunktsabstände $\overline{M_1M_3} = \overline{M_1M_3'} = \varrho - R$ und $\overline{M_2M_3} = \overline{M_2M_3'} = \varrho - r_s$.

Konstruktion. Die Kreisbögen um die Punkte M_1 und M_2 vom Abstand l mit den Radien $\varrho - R$ und $\varrho - r_s$ schneiden sich in den Punkten M_3 und M_3'. Die Übergangspunkte U, U' und V, V' liegen im Abstand ϱ von den Punkten M_3 und M_3' aus auf den Geraden durch $\overline{M_3M_1}$, $\overline{M_3'M_1}$, $\overline{M_3M_2}$ und $\overline{M_3'M_2}$. Von ihren Mittelpunkten aus sind dann die betreffenden Kreisbögen zu zeichnen.

Winkel. Der Drehwinkel φ (**211.1**), gebildet von der Strecke $\overline{UM_1}$ und der Stößelmittellinie, zählt vom Punkt U aus bis maximal zum Punkt U'. Der Nockenwinkel φ_N (**211.1** b) entspricht der Nockendrehung vom Punkt U bis zum Nockengipfel W. Der Übergangswinkel $\varphi_ü$ (**211.1** a) ist der Zentriwinkel eines Flankenkreisbogens. Diese Winkel folgen aus dem Dreieck $M_1M_2M_3$ mit dem Kosinussatz

$$\cos\varphi_N = \frac{(\varrho - r_s)^2 - (\varrho - R)^2 - l^2}{2l(\varrho - R)} \qquad (211.1) \qquad \cos\varphi_ü = \frac{(\varrho - R)^2 + (\varrho - r_s)^2 - l^2}{2(\varrho - R)(\varrho - r_s)} \qquad (211.2)$$

Mit dem Sinussatz ergibt sich aus dem Dreieck $M_1M_2M_3$ folgender Zusammenhang:

$$\sin\varphi_ü = \frac{l}{\varrho - r_s}\sin\varphi_N \qquad (211.3)$$

Der Lagewinkel (**215.1**) φ_L wird von der Stößel- und Nockenmittellinie gebildet. Bei einer Steuerung mit mehreren Nocken dient er dazu, deren Lage zueinander festzulegen. Am Anfang und Ende der Stößelbewegung ermöglicht der Spielwinkel φ_{Sp} (**211.1** c) bei einer Ventilsteuerung das zum Dichten der Ventile notwendige Spiel.

Sondernocken. Beim Tangentnocken (**210.1** b) sind die Flankenkreise durch die Tangenten an den Spitzen- und Grundkreis ersetzt. Die Stößelbewegung erfolgt also nur auf dem Spitzenkreis, und der Flankenkreisradius ist unendlich lang. Für den Nockenwinkel gilt $\cos\varphi_N = (R - r_s)/l$ nach dem Dreieck M_1M_2K. Der Rastnocken (**210.1** c) hat eine zusätzliche Rast beim größten Stößelhub. Hierzu liegt zwischen den Hälften des Spitzenkreises beim Punkt W der Rastkreisbogen V_RV_R' mit dem Radius R_R, dem Mittelpunkt M_1 und dem Rastwinkel $\varphi_R = \sphericalangle V_RM_1V_R'$. Für den Nockenwinkel gilt dann $\varphi_N = \sphericalangle UM_1V_R$.

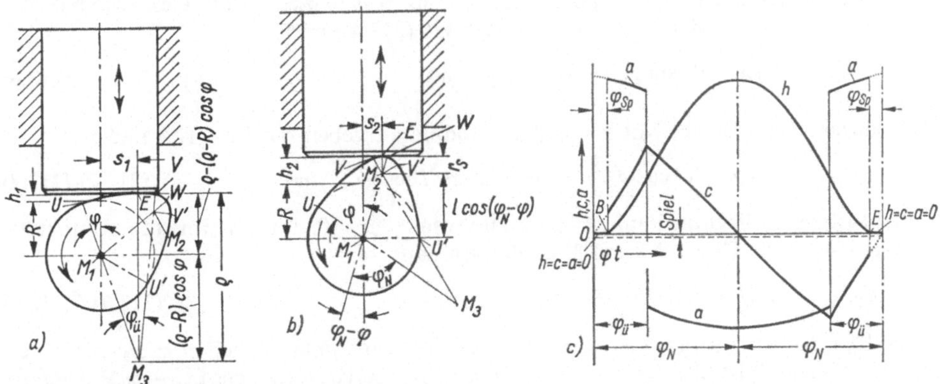

211.1 Kreisbogennocken mit geradem Tellerstößel
a) Hub beim Flankenkreiseingriff $0 \leqq \varphi \leqq \varphi_ü$
b) Hub beim Spitzenkreiseingriff $\varphi_ü \leqq \varphi \leqq 2\varphi_N - \varphi_ü$ c) Bewegungsschaubild mit Spiel

6.2.2. Stößelbewegung

Beim geraden und zentrischen Tellerstößel (**211.1**) geht die Stößelmittellinie durch den Drehpunkt M_1. Sie ist parallel zur Berührungsnormalen, die durch den Eingriffspunkt E und durch den Mittelpunkt des im Eingriff stehenden Kreisbogens geht. Die Bewegung des Stößels zählt positiv, wenn er sich vom Nocken wegbewegt. Für den Index der Bewegungsgrößen, den vom Stößel berührten Kreisbogen und den Drehwinkel ergibt sich dann folgende Einteilung:

Index 1 für ersten Flankenkreis $U \cdots V$ $\quad 0 \leqq \varphi \leqq \varphi_ü$

Index 2 für Spitzenkreis $V \cdots W$ $\quad \varphi_ü \leqq \varphi \leqq 2\varphi_N - \varphi_ü$

Die Bewegung zwischen den Punkten U und W und W und U' ist symmetrisch. So gelten für den zweiten Flankenkreis die Gleichungen mit dem Index 1, wenn hierin φ durch $2\,\varphi_N - \varphi$ ersetzt wird.

Hub (**211.1**a bis c). Er ist der Abstand der Stößelgrundfläche von der zur Stößelmittellinie senkrechten Tangente an den Grundkreis und beträgt

$$h_1 + R = \varrho - (\varrho - R)\cos\varphi \quad \text{bzw.} \quad h_2 + R = l\cos(\varphi_N - \varphi) + r_s$$

Hieraus folgt dann

$$h_1 = (\varrho - R)(1 - \cos\varphi) \qquad h_2 = l\cos(\varphi_N - \varphi) - R + r_S \qquad (212.1)\ (212.2)$$

Der maximale Hub beim Eingriff des Nockengipfels W beim Drehwinkel $\varphi = \varphi_N$ beträgt nach Gl. (212.2) bzw. Bild **210.1**

$$h_{2\,max} = l + r_S - R \qquad (212.3)$$

Geschwindigkeit (**211.1**c). Mit $c = \mathrm{d}h/\mathrm{d}t = \omega\mathrm{d}h/\mathrm{d}\varphi$ folgt aus den Gl. (212.1 und 2)

$$c_1 = \omega(\varrho - R)\sin\varphi \qquad c_2 = \omega l\sin(\varphi_N - \varphi) \qquad (212.4)\ (212.5)$$

Ihr Maximalwert liegt im Punkt V beim Winkel $\varphi = \varphi_ü$, wo die Geschwindigkeitskurve einen Knick aufweist. Er beträgt nach Gl. (212.4 und 5)

$$c_{max} = \omega(\varrho - R)\sin\varphi_ü = \omega l\sin(\varphi_N - \varphi_ü) \qquad (212.6)$$

Beschleunigung (211.1c) Mit $a = \mathrm{d}c/\mathrm{d}t = \omega\mathrm{d}c/\mathrm{d}\varphi$ ergeben die Gl. (212.4 und 5)

$$a_1 = \omega^2(\varrho - R)\cos\varphi \qquad a_2 = -\omega^2 l\cos(\varphi_N - \varphi) \qquad (212.7)\ (212.8)$$

Ihr Maximum liegt im Punkt U beim Drehwinkel $\varphi = 0$, ihr Minimum im Punkt W bei $\varphi = \varphi_N$. Aus Gl. (212.7 und 8) ergibt sich dann

$$a_{1\,max} = \omega^2(\varrho - R) \quad \text{und} \quad a_{2\,min} = -l\omega^2 \qquad (212.9)\ (212.10)$$

Der Beschleunigungssprung bzw. Ruck tritt im Punkt V bei $\varphi = \varphi_ü$ auf. Nach Gl. (212.7 und 8) ist hier $\Delta a = a_1 + |a_2| = \omega^2[(\varrho - R)\cos\varphi_ü + l\cos(\varphi_N - \varphi_ü)]$. Hieraus folgt mit Hilfe der Dreiecke $M_1 M_2 L$ und $M_1 M_3 L$ des Bildes **210.1**a

$$\Delta a = \omega^2(\varrho - r_S) \qquad (212.11)$$

6.2.3. Stößelabmessungen

Der Nocken muß bei seiner seitlichen Bewegung auf der Stößelgrundfläche diese stets in voller Breite berühren, um Eingrabungen und Beschädigungen zu verhindern.

Seitliche Auswanderung (213.1). Sie ist der Weg s des Eingriffspunktes E auf der Stößeloberfläche, gemessen von der Stößelmittellinie aus, und beträgt

$$s_1 = (\varrho - R)\sin\varphi \qquad s_2 = l\sin(\varphi_N - \varphi) \qquad (213.1)\ (213.2)$$

Den Weg s_1 beschreibt die Bahn 1 des ersten Flankenkreises zwischen den Punkten U und V, der Weg s_2 gilt für die Bahn 2 des Spitzenkreises zwischen V und V'. Für die Bahn 3 des zweiten Flankenkreises zwischen $V'\,U'$ gilt dann die Gl. (213.1), wenn der Winkel φ durch $2\,\varphi_N - \varphi$ ersetzt wird.

Kleinster Stößeldurchmesser (213.1). Er ergibt sich aus der größten Auswanderung nach Gl. (213.1 und 2)

$$s_{max} = (\varrho - R)\sin\varphi_ü = l\sin(\varphi_N - \varphi_ü) \qquad (213.3)$$

und beträgt bei der Nockenbreite b

$$D_{min} = \sqrt{b^2 + 4s_{max}^2} \qquad (213.4)$$

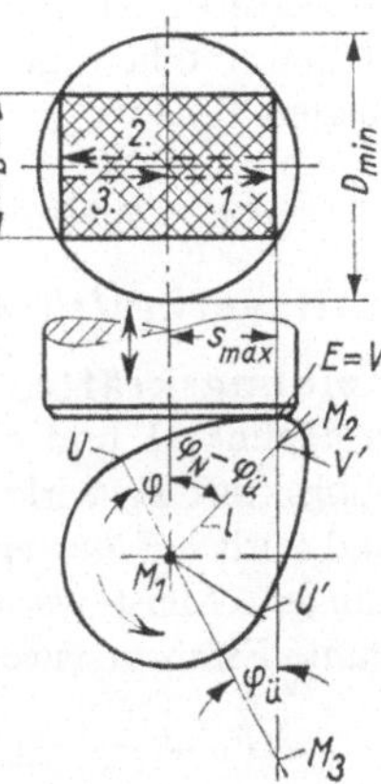

213.1 Kleinster Tellerdurchmesser bei gegebener Nockenbreite für $\varphi = \varphi_ü$ kreuzschraffiert: Gleitfläche des Nockens auf dem Teller

6.2.4. Kräfte am Stößel

Am Stößel (**213.2**) greifen bei Vernachlässigung der Gewichtswirkung folgende Kräfte an: Von den in der Stößelmittellinie wirkenden Kräften zählen diejenigen positiv, die vom Nocken zum Stößel gerichtet sind.

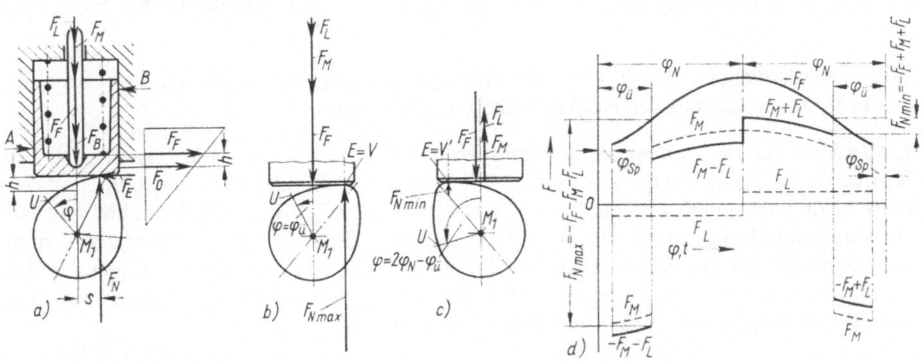

213.2 Kräfte am Stößel
a) Gesamtkräfte
b) max. Nockenkraft bei $\varphi = \varphi_ü$
c) Sicherheit gegen Abheben bei $\varphi = 2\varphi_N - \varphi_ü$
d) Belastung als Funktion des Kurbelwinkels

Betriebskraft F_B. Sie hängt von der äußeren Kraft ab, die auf die angetriebenen Teile wirkt, z. B. bei einer Ventilsteuerung von der Kraft, die zum Öffnen und Schließen der Ventile erforderlich ist.

Federkraft. Für eine Druckfeder mit der Vorspannung F_0 und der Steife c_F ist beim Stößelhub h nach Gl. (212.1 und 2)

$$F_F = F_0 + c_F h \tag{214.1}$$

Massenkraft. Sie ist der Stößelbeschleunigung a nach Gl. (212.7 und 8) entgegengerichtet und beträgt, wenn m_{St} die auf den Stößel reduzierte Masse aller vom Nocken bewegten Teile ist,

$$F_M = m_{St} a \tag{214.2}$$

Auflagerkräfte A und B des Stößels wirken in seiner Führung.

Reibungskräfte. Die Reibungskraft F_E wird zwischen Stößel und Nocken am Eingriffspunkt E und die Reibungskraft F_L in der Lagerung des Stößels erzeugt. Die Reibungskraft F_L wirkt der Geschwindigkeit c des Stößels nach Gl. (212.4 und 5) entgegen und wird auf dessen Mittellinie bezogen. Sie ergibt sich aus den Gleichgewichtsbedingungen. Meist werden jedoch wegen der schwer bestimmbaren Reibungszahlen konstante Erfahrungswerte $|F_R|$ benutzt. Man setzt

$$F_L = - |F_R| \operatorname{sgn} c \tag{214.3}$$

Nockenkraft F_N **(213.2)**. Sie ist der Resultierenden der in der Stößelmittellinie wirkenden Kräfte

$$F_{res} = F_B + F_F + F_M + F_L \tag{214.4}$$

dem Betrage nach gleich, ihnen aber entgegengerichtet; $F_N = - F_{res}$

Ihre Wirkungslinie bildet die Berührungsnormale des eingreifenden Kreisbogens durch den Eingriffspunkt E. Ihr Verlauf hängt von der Größe und Richtung der einzelnen Kräfte ab. So ist die Federkraft immer zum Nocken hin gerichtet, die Massenkraft jedoch nur für die Drehwinkel $0 \cdots \varphi_a$ und $2\varphi_N - \varphi_a \cdots 2\varphi_N$, und die Reibungskraft nur für $\varphi < \varphi_N$.

Nockenbeanspruchung. Hierfür ist die Linienpressung $p_L = F_{N\,max}/b$ bei der maximalen Nockenkraft $F_{N\,max}$ und der Nockenbreite b maßgebend.

Kraftschluß besteht nur, wenn die Resultierende F_{res} zum Nocken hin gerichtet ist. Das Abheben des Stößels tritt bei ihrem Richtungswechsel ein. Dann ist aber keine Nockenkraft mehr vorhanden, und die Resultierende beschleunigt den Stößel unabhängig von der Nockendrehung. Wechselt die Resultierende später wieder ihr Vorzeichen, dann schlägt der Stößel auf den Nocken und beschädigt ihn. Als Sicherheit gegen das Abheben gilt daher die kleinste zum Stößel hin gerichtete Nockenkraft, die das Abheben noch bei Störungen, wie z. B. Überdrehfrequenzen, verhindert.

Beim Kreisbogennocken mit Flachstößel **(213.2)** ist die Betriebskraft vernachlässigbar klein. Zur deutlicheren Darstellung der Summen und Differenzen der Kräfte ist im Bild 213.2d die Federkraft in entgegengesetzter Richtung aufgetragen. Die maximale Nockenkraft **(213.2b** und d) tritt auf, wenn alle Kräfte zum Nocken hin gerichtet sind, und zwar bei $\varphi = \varphi_{\mathrm{u}}$ vor dem Massenkraftsprung. Sie beträgt

$$F_{\mathrm{N\,max}} = -F_{\mathrm{F}} - F_{\mathrm{M}} - F_{\mathrm{L}} \tag{215.1}$$

Das Abheben kann eintreten, wenn die Massen- und die Reibungskraft vom Nocken weg gerichtet sind, und zwar zuerst bei $\varphi = 2\varphi_{\mathrm{N}} - \varphi_{\mathrm{u}}$ vor dem Massenkraftsprung. Die Sicherheit beträgt hier

$$F_{\mathrm{N\,min}} = -F_{\mathrm{F}} + F_{\mathrm{M}} + F_{\mathrm{L}} \tag{215.2}$$

Sie kann nach Gl. (214.1) durch Erhöhen der Vorspannkraft der Feder vergrößert werden.

Beispiel. Ein Kreisbogennocken (**215.1**) mit dem Grundkreisradius $R = 20$ mm ist für eine Rast von der Dauer $T_{\mathrm{U'AU}} = 0{,}04$ s und für den maximalen Hub $h_{\max} = 8$ mm nach der Laufzeit $T_{\mathrm{AW}} = 0{,}025$ s vorzusehen. Die Umlaufzeit betrage $T = 0{,}06$ s. Der gerade Tellerstößel mit der reduzierten Masse $m_{\mathrm{St}} = 1$ kg hat die größte Beschleunigung $a_{1\max} = 425\ \mathrm{m/s^2}$. Die Federkonstante ist $c_{\mathrm{F}} = 40$ N/mm, die Reibungskraft $F_{\mathrm{L}} = 30$ N und die Sicherheit gegen das Abheben $F_{\mathrm{N\,min}} = 60$ N. Gesucht sind die Antriebsdrehzahl, die Abmessungen des Nockens, die Vorspannkraft der Feder und die maximale Nockenkraft.

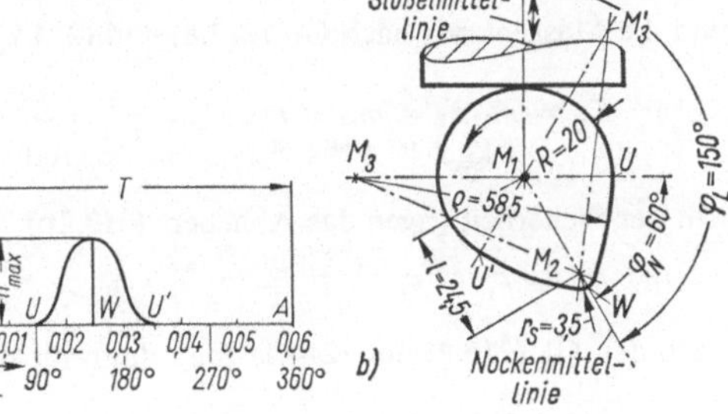

215.1
Kreisbogennocken mit Flachstößel
a) Weg-Zeit-Schaubild
b) Nocken in Ausgangslage

Drehfrequenz. Mit der Umlaufzeit $T = 0{,}06$ s nach Bild 215.1a und der Winkelgeschwindigkeit nach Gl. (170.2) folgt [1])

$$\omega = \frac{2\pi}{T} = \frac{2\pi}{0{,}06\ \mathrm{s}} = 104{,}8\ \mathrm{s^{-1}} \qquad \omega^2 = 1{,}1 \cdot 10^4\ \mathrm{s^{-2}}$$

$$n = \frac{\omega}{2\pi} = \frac{104{,}8\ \mathrm{s^{-1}}}{2\pi}\, 60\ \mathrm{s/min} = 1000\ \mathrm{min^{-1}}$$

Nockenabmessungen. Der Nockenwinkel, um den sich der Nocken vom Rastende bis zum maximalen Hub, also in der Zeit $T_{\mathrm{UW}} = 0{,}5\,(T - T_{\mathrm{U'AU}}) = 0{,}5\,(0{,}06 - 0{,}04)\ \mathrm{s} = 0{,}01$ s, dreht, ist nach Gl. (170.2)

$$\varphi_{\mathrm{N}} = \omega T_{\mathrm{UW}} = 104{,}8\ \mathrm{s^{-1}} \cdot 0{,}01\ \mathrm{s}\ 180°/\pi = 60°$$

Der Flankenkreisradius folgt damit aus der Gl. (212.9)

$$\varrho = R + \frac{a_{1\max}}{\omega^2} = 20\ \mathrm{mm} + \frac{425 \cdot 10^3\ \mathrm{mm\,s^{-2}}}{1{,}1 \cdot 10^4\ \mathrm{s^{-2}}} = 58{,}5\ \mathrm{mm}$$

Für den Mittelpunktsabstand und für den Spitzenkreisradius ergeben die Gl. (212.3) und (211.1)

$$l = h_{\max} + R - r_{\mathrm{s}} = (8 + 20)\,\mathrm{mm} - r_{\mathrm{S}} = 28\ \mathrm{mm} - r_{\mathrm{S}}$$

und
$$\cos 60° = \frac{(58{,}5\ \mathrm{mm} - r_{\mathrm{S}})^2 - (58{,}5 - 20)^2\ \mathrm{mm^2} - (28\ \mathrm{mm} - r_{\mathrm{S}})^2}{2(28\ \mathrm{mm} - r_{\mathrm{S}})(58{,}5 - 20)\ \mathrm{mm}}$$

---

[1]) s. S. 170, Fußnote [1])

Hieraus folgt dann $r_S = 3{,}5$ mm und $l = (28-3{,}5)$ mm $= 24{,}5$ mm. Der Übergangswinkel ist dann nach Gl. (211.3)

$$\sin\varphi_{\ddot{u}} = \frac{l}{\varrho - r_S}\sin\varphi_N = \frac{24{,}5\ \text{mm}}{(58{,}5 - 3{,}5)\ \text{mm}}\sin 60° \qquad \varphi_{\ddot{u}} = 22{,}7°$$

Der Lagewinkel zwischen der Nocken- und der Stößelmittellinie, um den sich der Nocken in der Zeit $T_{AW} = 0{,}025$ s gedreht hat, beträgt nach Gl. (170.2)

$$\varphi_L = \omega T_{AW} = 104{,}8\ \text{s}^{-1} \cdot 0{,}025\ \text{s}\ 180°/\pi = 150°$$

Mit diesen Werten kann der Nocken in seiner Ausgangslage (**215.**1b) nach Abschn. 6.2.1 aufgezeichnet werden.

Federvorspannkraft. Das Abheben kann beim Drehwinkel $\varphi = 2\varphi_N - \varphi_{\ddot{u}}$ zuerst auftreten. Hier beträgt die Zunahme der Federkraft nach Gl. (212.2) und (214.1)

$$\begin{aligned} c_F h_2 &= c_F[l\cos(\varphi_N - \varphi_{\ddot{u}}) - (R - r_S)] \\ &= 40\ (\text{N/mm})[24{,}5\ \text{mm}\cos(60-22{,}7)° - (20 - 3{,}5)\ \text{mm}] = 120\ \text{N} \end{aligned}$$

und die Massenkraft nach Gl. (212.8) und (214.2)

$$\begin{aligned} F_M &= m_{St} a_2 = m_{St}\omega^2 l\cos(\varphi_N - \varphi_{\ddot{u}}) = \\ &= 1\ \text{kg}\ 1{,}1 \cdot 10^4\ \text{s}^{-2}\ 24{,}5\ \text{mm}\cos(60 - 22{,}7°) = 21{,}4 \cdot 10^4\ \text{kg mm s}^{-2} = 214\ \text{N} \end{aligned}$$

Mit der Sicherheit gegen das Abheben (**213.**2c)

$$|F_{N\min}| = F_F - F_M - F_L = F_0 + c_F h_2 - F_M - F_L = 60\ \text{N}$$

nach den Gl. (215.2) und (214.1) folgt dann für die Vorspannkraft

$$F_0 = F_M + F_L + F_{N\min} - c_F h_2 = (214 + 30 + 60 - 120)\ \text{N} = 184\ \text{N}$$

Maximale Nockenkraft (**213.**2b). Sie tritt beim Drehwinkel $\varphi = \varphi_{\ddot{u}}$ auf. Für die Federkraft gilt hier, da der Stößelhub den gleichen Wert wie bei $2\varphi_N - \varphi_{\ddot{u}}$ hat,

$$F_F = F_0 + c_F h_2 = (184 + 120)\ \text{N} = 304\ \text{N}$$

Mit der Massenkraft nach Gl. (212.7) und (214.2)

$$\begin{aligned} F_M &= m_{St} a_1 = m_{St}\omega^2(\varrho - R)\cos\varphi_{\ddot{u}} = \\ &= 1\ \text{kg} \cdot 1{,}1 \cdot 10^4\ \text{s}^{-2}(58{,}5 - 20)\ \text{mm}\cos 22{,}7° = 39 \cdot 10^4\ \text{kg mm s}^{-2} = 390\ \text{N} \end{aligned}$$

ergibt sich dann

$$F_{N\max} = F_F + F_M + F_L = (304 + 390 + 30)\ \text{N} = 724\ \text{N}$$

6.3. Gestaltung

Werkstoffe. Herstellung, Linienpressung an der Eingriffstelle und Gleiteigenschaften bestimmen die Wahl des Werkstoffes. Als Linienpressung ist für Grauguß $\leqq 50$ N/mm, für Stahlguß $\leqq 100$ N/mm und für gehärteten Stahl $\leqq 750$ N/mm zulässig. Bei der Wahl der Pressungen sind übertriebene Breiten zu vermeiden. Sie verursachen Kantenpressung infolge Lagerspiel und Bearbeitungsungenauigkeit. Die Laufeigenschaften hängen von der *Werkstoffpaarung* ab, Stahl und Grauguß haben sich hierfür besonders bewährt. Große Kurvenscheiben bestehen häufig aus Stahlguß, die Stößel aus Grauguß und ihre Rollen und Zapfen aus gehärtetem Stahl. Die Biegebeanspruchung in den Zapfen darf $\leqq 150\ \mathrm{N/mm^2}$ und die Flächenpressung für Lagerbuchsen aus Bronzelegierungen $\leqq 15\ \mathrm{N/mm^2}$ betragen.

Kurvenscheiben und Nocken. Ihre Laufflächen werden häufig von Kopierschleifmaschinen nach einem Musternocken mit hoher Oberflächengüte geschliffen. Schwere Kurvenscheiben mit großer Exzentrizität werden zum Ausgleich der Fliehkräfte mit Gegengewichten oder Aussparungen versehen. Große Kurvenscheiben und Nocken werden geteilt ausgeführt. Ihre Teilfugen liegen in dem geringer belasteten Grundkreis. Die Wellen müssen sehr steif sein, um Verformungen zu vermeiden. *Nocken* werden im allgemeinen mit ihrer Welle vorgeschmiedet und dann gehärtet. Die Nockenwelle läßt sich ohne Teilung der Lager einbauen, wenn die Gipfel der Nocken (**217.1** b) in radialer Richtung die Zapfen nicht überragen.

Stößel. Um Kantenpressung zu verhindern, wird die Lauffläche etwas ballig geschliffen. Stößel erhalten trotz des erstrebten geringen Gewichtes lange Führungen, um ein Klemmen zu verhüten.

Tellerstößel werden meist etwas exzentrisch zur Drehachse des Nockens ausgeführt. Dies hat ein Drehen der Teller zur Folge, wodurch Eingrabungen der Nocken vermieden werden.

Rollenstößel dagegen sind, um den Eingriff zu garantieren, gegen Verdrehen zu sichern. Ihre Zapfen erhalten Gleit- oder Nadellager mit verstärktem Außenkäfig, deren Nadeln auf den gehärteten Zapfen laufen.

Ventilsteuerungen. Zwischen Nocken und Stößel treten hohe Beanspruchungen auf. Es ist zweckmäßig, die Flächenpressung nach den *Hertz*schen Gleichungen zu ermitteln. Pressungen $\leqq 150\ \mathrm{N/mm^2}$ sind zulässig. Da die Ventile [6] für ihre Dichtung ein Spiel erfordern, sind die Nocken und Stößel beim Bewegungsbeginn und -ende Stößen ausgesetzt. Zu ihrer Milderung erhalten die Nocken entweder besondere Anlaufkurven [1], oder die Stößelgeschwindigkeit wird beim Anheben und Aufsetzen der Ventile auf $\approx 0{,}75$ m/s herabgesetzt.

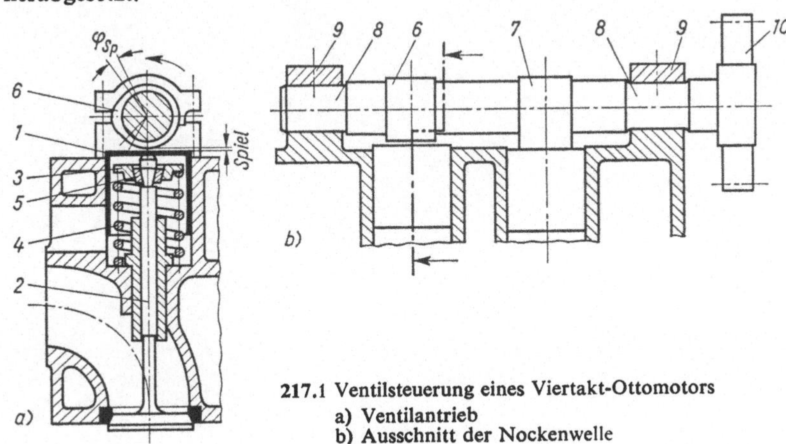

217.1 Ventilsteuerung eines Viertakt-Ottomotors
a) Ventilantrieb
b) Ausschnitt der Nockenwelle

Gestaltungsbeispiel: Bild **217.1** zeigt den Ventilantrieb eines obengesteuerten Kraftfahrzeugmotors mit obenliegender Nockenwelle. Für günstige Herstellung und Montage sind der Stößel 1 und der Schaft 2 des hängenden Ventils getrennt ausgeführt. Hierdurch können geringe Abweichungen ihrer Mittellinien durch Herstellungsfehler oder Wärmedehnungen ohne große Kantenpressungen aufgenommen werden. Zum Einbau des Tellers 3 der Ventilfeder 4 ist das Haltestück 5 geteilt. Bei geöffnetem Ventil stellt die Feder den Kraftschluß zwischen Ventilschaft 2, Stößel 1 und Nocken 6 her; seine Aufrechterhaltung zwischen Nocken und Stößel bestimmt die größte, die Notwendigkeit ein Aufsaugen des Ventils bei Unterdruck zu verhindern, die kleinste Federkraft. Die Nockenwelle trägt die Ein- und Auslaßnocken 6 und 7 und liegt mit den Lagerzapfen 8 in den geteilten Lagern 9. Ihr Antrieb am Rad 10 kann durch Zahnräderketten oder Zahnkeilriemen erfolgen.

Schrifttum

[1] Bensinger, W. D.: Die Steuerung des Gaswechsels in schnellaufenden Verbrennungsmotoren. 2. Aufl. Berlin–Heidelberg–New York 1968

[2] Hagedorn, L.: Konstruktive Getriebelehre. 3. Aufl. Hannover 1976

[3] Jahr, W., und Knechtel, P.: Grundzüge der Getriebelehre. 2 Bde. 4. Aufl. Leipzig 1955–56

[4] Kraemer, O.: Getriebelehre. 7. Aufl. Karlsruhe 1978

[5] Kraus, R.: Getriebelehre und Getriebeaufbau. 3 Bde. 2. Aufl. Berlin 1951

[6] Küttner, K. H.: Kolbenmaschinen. 4. Aufl. Stuttgart 1978

[7] VDJ-Handbuch Getriebetechnik. Ungleichförmig übersetzende Getriebe. Hrsg. VDJ und AWF. Berlin–Düsseldorf 1959

7. Zugmittelgetriebe*)

DIN-Normen (Auswahl)

Flachriemenscheiben	DIN 111
Lastdrehzahlen	112
Riemenscheiben für Schmalkeilriemen	2211
Endlose Keilriemen	2215
Endliche Keilriemen	2216
Keilriemenscheiben	2217
Endlose Keilriemen, Berechnung	2218
Schmalkeilriemen	7753 T 1
Berechnen der Schmalkeilriemenantriebe	7753 T 2
Gallketten, schwer und leicht	DIN 8150, 8151
Buchsenketten	8164
Rollenketten, europäische Bauart	8187
Zahnketten mit Innenführung	8190
Kettenräder für Zahnketten	8191
Berechnung der Kettenantriebe	8195
Kettenräder für Hülsen- und Rollenketten	8196
Hülsenketten	73232

7.1. Einteilung und Verwendung

Im Gegensatz zum Zahn- und Reibradgetriebe berühren sich beim Zugmittelgetriebe die Räder nicht, so daß der Wellenabstand innerhalb gewisser Grenzen beliebig gewählt werden kann. Die Kraftübertragung übernimmt ein die Räder umhüllendes Band, das sog. Zugmittelglied. Die Übertragung der Umfangskraft vom Rad zum Zugmittel kann erfolgen:

1. Durch Kraftschluß (Reibungsschluß) beim Riemen- und Seiltrieb. Als Vorteile ergeben sich Stoßmilderung, Schwingungsdämpfung, große Laufruhe und Überlastungsschutz durch Rutschen des Riemens, als Nachteile eine geringe Schwankung der Übersetzung i und die Notwendigkeit gelegentlichen Nachspannens des Triebes.

2. Durch Formschluß beim Kettentrieb, wobei Stoßmilderung und Schwingungsdämpfung geringer sind, die Übersetzung i jedoch konstant bleibt. Eine Kombination aus Ketten- und Riementrieb stellt der Zahnriementrieb dar, der sowohl stoßmildernd als auch schwingungsdämpfend wirkt und der den Vorteil des Kettentriebs aufweist, nämlich die immer gleichbleibende Übersetzung.

Als Zugmittelglieder werden im wesentlichen Flach-, Keil- und Zahnriemen sowie Gall-, Hülsen-, Rollen- und Zahnketten verwendet. Wird die Breite des Zugmittelgliedes sehr groß gemacht, so wird das Getriebe zum Transportband bzw. zur Förderkette.

Der früher verschiedentlich angewandte Seiltrieb hat heute praktisch keine Bedeutung mehr, da die Reibungszahl verhältnismäßig klein ist und sich nennenswerte Leistungen nicht übertragen lassen.

*) Hierzu Arbeitsblatt 7, s. Beilage S. A62 bis A73, Beispiel S. 230ff.

7.2. Reibschlüssige Zugmittelgetriebe

7.2.1. Berechnen von Riementrieben

Allgemeines

Die vom Drehmoment T_1 eines Motors 5 erzeugte Umfangskraft $F_u = 2T_1/d_1$ an der treibenden Scheibe 1 (220.1) soll durch den Riemen 3 auf die getriebene Scheibe 2 übertragen werden. Zur Übernahme von F_u durch den Riemen muß dieser mit der Normalkraft $F_n = F_u/\mu$ an die Scheiben gedrückt werden. Im Ruhezustand (stillstehender, unbelasteter Trieb) geschieht dies durch die Vorspannkraft F_0 in den beiden Trumms; sie kann durch die Spannfeder 4, durch Eigenfederung des Riemens oder auf andere Weise erzeugt werden und bestimmt die Wellenbelastung F_W.

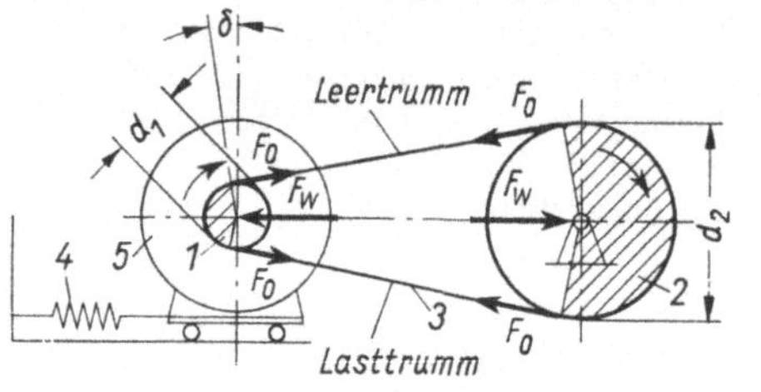

220.1 Riementrieb mit federnder Spannwelle, unbelastet, aber mit Vorspannung

Bei belastetem Trieb (220.2) steigt die Kraft im Lasttrumm auf $F_1\,(> F_0)$ an, während sie im Leertrumm auf $F_2\,(< F_0)$ abfällt.

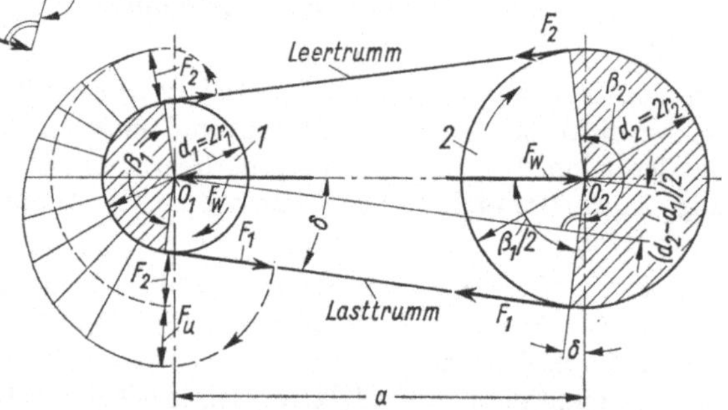

220.2 Kräfte am offenen Riementrieb (parallele Wellen mit gleicher Drehrichtung) bei Belastung

Für die Beziehungen zwischen dem Umschlingungswinkel β, der Reibungszahl μ und den Kräften bzw. Spannungen im Last- und Leertrumm gilt unter Vernachlässigung der Fliehkraft die Eytelweinsche Gleichung

$$F_1 = F_2 e^{\mu\beta} \quad \text{bzw.} \quad \sigma_1 = \sigma_2 e^{\mu\beta} \qquad \text{mit} \quad e = 2{,}718 \quad e^{\mu\beta} = F_1/F_2 = m \qquad (220.1)$$

Bei ungleichen Scheibendurchmessern (Regelfall) ist der kleinere Umschlingungswinkel einzusetzen; die Größe m wird als Spannungsverhältnis bezeichnet.

Der Kräfteunterschied in den Trumms zwischen An- und Ablaufpunkt bewirkt an der treibenden Scheibe 1 eine Stauchung, an der getriebenen Scheibe 2 eine Dehnung des Riemens, so daß sich eine Relativbewegung zwischen Scheibe und Riemen einstellt, der sog. Dehnschlupf. Bei Überlastung tritt hierzu noch ein Gleitschlupf, der Riemen rutscht also auf der Scheibe. Der gesamte Schlupfverlust wird im Schlupfwirkungsgrad η_V erfaßt und bestimmt u. a. die tatsächliche Übersetzung

$$i = \frac{d_2 + s}{d_1 + s} \cdot \frac{1}{\eta_V}$$

mit s als Riemendicke.

Die zur Drehmomentübertragung erforderliche Umfangskraft ergibt sich in Bild **220.2** nach der Gleichgewichtsbedingung für Punkt O_1 bei gleichförmiger Drehbewegung ohne Berücksichtigung der Fliehkräfte aus $F_u r_1 + F_2 r_1 - F_1 r_1 = 0$ zu

$$F_u = F_1 - F_2 = F_2(e^{\mu\beta} - 1) = F_2(m-1)$$

Beim Umlauf des Riemens um die Scheiben treten noch Fliehkräfte F_f bzw. F_z auf, die den Riemen von den Scheiben abheben wollen. Mit den Bezeichnungen aus Bild **221.1**, der Dichte (spez. Masse) ϱ, der Riemenbreite b und dem Riemenquerschnitt $A = sb$ bestimmt sich ihre Größe je Scheibe aus der allgemeinen Fliehkraftgleichung $F_z = mv^2/r$ wie folgt

$$\mathrm{d}F_f = \mathrm{d}F_z \sin\varphi \qquad \mathrm{d}F_z = \mathrm{d}m(v^2/r) \qquad \mathrm{d}m = \varrho A r \mathrm{d}\varphi$$

$$\mathrm{d}F_f = [\varrho A v^2] \sin\varphi \mathrm{d}\varphi$$

$$F_f = [\varrho A v^2] \int_{\delta}^{\delta+\beta} \sin\varphi \mathrm{d}\varphi \qquad \delta + \beta = \pi - \delta$$

$$\int_{\delta}^{\delta+\beta} \sin\varphi \mathrm{d}\varphi = -\cos\varphi \int_{\delta}^{\pi-\delta} = -\cos(\pi - \delta) + \cos\delta = 2\cos\delta$$

$$F_f = \varrho A v^2 2\cos\delta$$

Der Fliehkraftanteil F_f' im Trumm und die Fliehspannung σ_f betragen demnach

$$F_f' = F_f/(2\cos\delta) = \varrho A v^2 \qquad \sigma_f = \varrho v^2$$

Sie sind unabhängig vom Umschlingungswinkel β. Durch die Fliehkraft F_f (bzw. F_z) wird die Reibung vermindert und die Trummkräfte werden gleichzeitig auf $F_1' = F_1 + F_f'$ und $F_2' = F_2 + F_f'$ vergrößert. Die Umfangskraft (Nutzkraft) zur Drehmomentübertragung ist dann

$$F_u = F_1' - F_2' = (F_1 + F_f') - (F_2 + F_f') = F_1 - F_2 = F_1 \frac{m-1}{m}$$

Die Kräfte F_1 und F_2 werden als freie Spannkräfte, das Verhältnis $F_u/F_1 = (m-1)/m$ als Ausbeute bezeichnet. Die Wellenbelastung läßt sich rechnerisch aus

$$F_W = (F_1 + F_2)/\sin(\beta_1/2) \approx 2F_0/\sin(\beta_1/2)$$

oder graphisch bestimmen.

Vom Riemenquerschnitt A müssen die auftretenden Zugspannungen σ_1 und σ_f sowie die infolge des Umlaufs des Riemens um die Scheibe auftretende Biegespannung σ_b

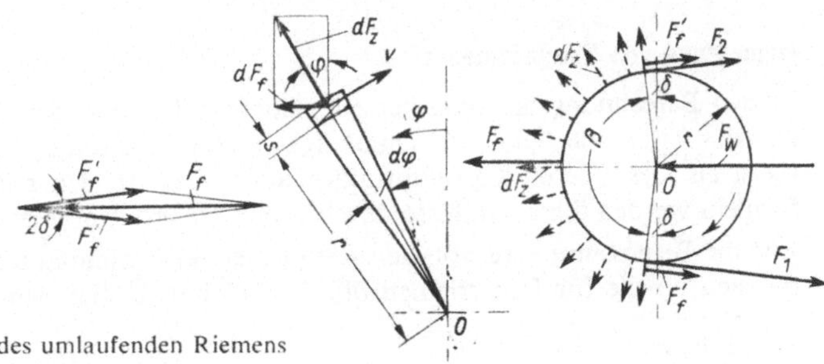

221.1 Fliehkräfte F_f und F_z des umlaufenden Riemens

aufgenommen werden. Die Biegespannung ist abhängig von s/d (bzw. h/d_w bei Keilriemen), dem sog. Biegemaß (s bzw. h Riemendicke, d bzw. d_w kleinstem Scheibendurchmesser des Triebs), dem Elastizitätsmodul E_b des Riemenwerkstoffs und – bezüglich ihrer maximalen Größe – von der Biegefrequenz $f_B = z_u v/L$ (v Riemengeschwindigkeit, z_u Anzahl der Riemenumlenkungen, L Riemenlänge). Die Maximalspannung tritt im Lasttrumm beim Anlaufen gegen die kleinere Scheibe auf und beträgt

$$\sigma_{max} = \sigma_1 + \sigma_f + \sigma_b \leqq \sigma_{zul}$$

mit $\sigma_1 = \frac{F_1}{A} = \frac{F_u}{A} \cdot \frac{m}{m-1} = \sigma_N \frac{m}{m-1}$ $\qquad \sigma_f = \varrho v^2 \qquad \sigma_b = E_b(s/d)$

Zur Übertragung der Umfangskraft F_u (Nutzkraft) steht demnach nur die Nutzspannung σ_N zur Verfügung.

$$\sigma_N = \frac{F_u}{A} \leqq (\sigma_{zul} - \sigma_f - \sigma_b)\,\frac{m-1}{m} \tag{222.1}$$

Die maximale Umfangskraft (Nutzkraft), für die der Riemen ausgelegt werden soll, bestimmt sich aus der Nennleistung P_1, dem Triebwirkungsgrad η und dem Betriebsfaktor φ (Bild **A50.1**) zu

$$F_{u\,max} = \frac{\varphi P_1}{v} = \frac{\varphi P_2}{\eta v} \tag{222.2}$$

Die Reibungszahl μ (bzw. $\mu' \approx 3\mu$ bei Keilriemen) wird als Mittelwert über dem umschlungenen Bogen angegeben und hängt wesentlich auch von der Riemengeschwindigkeit ab. Der Umschlingungswinkel β_1 wird (**220.**2) bestimmt zu

$$\cos(\beta_1/2) = (d_2 - d_1)/(2a) \tag{222.3}$$

Für den sog. offenen Trieb nach Bild **220.**2 beträgt für $\beta_1 = 140° \cdots 180°$ die Riemenlänge

$$L \approx 2a + \frac{\pi}{2}(d_1 + d_2) + \frac{1}{4a}(d_2 - d_1)^2 \tag{222.4}$$

und der Achsabstand $\quad a = p + \sqrt{p^2 - q}$ $\hfill$ (222.5)

mit $\quad p = L/4 - \pi(d_1 + d_2)/8 \quad$ und $\quad q = (d_2 - d_1)^2/8$

Da im Riemen beim Umlauf über die kleinere Scheibe die größte Biegespannung auftritt, geht die Berechnung stets von dieser aus, ohne Rücksicht auf den wirklichen Kraftfluß (Erläuterungen s. Arbeitsbl. 7, S. A63).

Bemessung von Flachriemen[1])

In den Berechnungsangaben der Riemenhersteller bzw. der DIN-Normen wird für die Art des Triebs bezüglich Gleichmäßigkeit, Stoßbelastung, täglicher Betriebsdauer u. a. meist ein besonderer Korrekturfaktor angegeben. In den nachstehenden Berechnungsformeln werden diese Einflüsse durch den Betriebsfaktor φ nach Bild **A50.1** erfaßt.

Für die Bemessung wird von den Riemenherstellern häufig noch eine Methode benutzt, die sich an die für Lederriemen übliche anlehnt. Dabei ermittelt man, ausgehend von

[1]) S. Tafel **A62.1**.

der erforderlichen maximalen Antriebsleistung,

$$P_{1\,\mathrm{max}} = \varphi P_1 = \varphi P_2/\eta \tag{223.1}$$

über eine spezifische Riemenleistung P' in kW je cm Riemenbreite die notwendige Breite des Riemens zu

$$b = P_{1\,\mathrm{max}}/(C\,P') \tag{223.2}$$

Die Tafeln oder Diagramme für P' geben den Zahlenwert für die betreffende Riementype meist in Abhängigkeit von der Riemengeschwindigkeit v an; in C werden durch Einzelfaktoren Umschlingungswinkel β und evtl. andere Einflüsse berücksichtigt.

Der Wert für P' wächst mit steigender Umfangsgeschwindigkeit, obwohl die Umfangskraft dabei nicht konstant bleibt. Die Größenänderung der ertragbaren Umfangsbelastung des Riemens, also der Nutzspannung, wird verursacht durch die auftretenden Fliehkraftspannungen und die Biegespannungen, wie Gl. (222.1) zeigt. Der Fliehkraftanteil steigt dabei mit der Umfangsgeschwindigkeit, wogegen der Biegeanteil mit größer werdendem Scheibendurchmesser und kleiner werdender Riemendicke abnimmt. Obwohl bei den heute größtenteils verwendeten Mehrstoffriemen (Bild **225.1**) das Biegemaß s/d nicht mehr direkt verwendet werden kann – der Querschnitt ist nicht homogen –, läßt sich doch eine maximale spezifische Umfangskraft F'_u für diese Riemen bestimmen.

Für die Bauart EXTREMULTUS 80 gibt der Hersteller[1]) an

$$F'_u = C_1 d_1 \quad \text{in N/mm} \quad \text{mit } d_1 \text{ in mm} \tag{223.3}$$

C_1 berücksichtigt dabei den Einfluß der Fliehkraft (Bild **A66.4**) – sie ist wegen der kleineren Dichte ϱ des Kunststoffes geringer als bei Leder –, und d_1 erfaßt den Anteil der Biegespannung in erster Näherung. Der Zahlenwert von F_u hängt hinsichtlich seiner zulässigen Größe von der Biegefrequenz f_B ab, die zulässige Biegefrequenz wiederum vom Riemenaufbau des Mehrstoffriemens und vom kleinsten Scheibendurchmesser. Nach dieser Kontrolle bzw. Korrektur (s. Taf. **A62.1**) wird die erforderliche Riemenbreite ermittelt aus

$$b = F_{u\,\mathrm{max}}/(C F'_u) \quad \text{mit} \quad C = f(\beta) \tag{223.4}$$

Für die Wellenbelastung gilt

$$F_W \approx 1{,}5 F_{u\,\mathrm{max}} \quad \text{mit} \quad F_{u\,\mathrm{max}} = P_{1\,\mathrm{max}}/v \tag{223.5}$$

Bemessung von Keilriemen[2])

Die Bestimmung der erforderlichen Riemengröße und Riemenzahl z erfolgt auf Grund der Nennleistung des Einzelriemens P_N und der zu übertragenden maximalen Antriebsleistung $P_{1\,\mathrm{max}}$, Gl. (223.1), aus

$$z = P_{1\,\mathrm{max}}/(C_K P_N) \tag{223.6}$$

Der Zahlenwert für P_N wird meist in Abhängigkeit von Drehfrequenz und kleinstem Scheibendurchmesser d_w (also v) sowie der Übersetzung i angegeben (Bild **A68.1**), Umschlingungswinkel und Biegefrequenz werden durch den Korrekturfaktor $C_K = 1/(CC^3)$

[1]) SIEGLING, Hannover [2]) S. Tafel A62.1.

erfaßt; da nur Spannwellentrieb ($z_u = 2$) möglich und v bereits in P_N ausreichend berücksichtigt ist, wird der Längeneinfluß auf f_B durch $C^3 = f(L_w)$ erfaßt.

Die Wellenbelastung F_W wird allgemein zu $F_W \approx (1{,}5 \cdots 2) F_{u\,max}$ angegeben. In neuerer Zeit wird auch die Formel

$$F_W \approx 1{,}7 F_{u\,max} + z K v^2 \text{ in N verwendet,}$$

die mit $K = A\varrho$ in kg/m und v in ms^{-1} die Fliehkraft genauer berücksichtigt.

7.2.2. Bauarten

Die einfachste und auch am meisten verwendete Form ist der sog. offene Trieb mit Spannwelle. Hierbei wird die Vorspannkraft F_0 entweder durch eine Feder (Bild **220**.1) oder mittels Spannschrauben (s. Bild **A64**.1) erzeugt, wobei die Eigenfederung des Riemens ausgenutzt wird. Da bei Mehrstoffriemen die elastische Dehnung – im Gegensatz zu Lederriemen – im Laufe der Zeit nicht nachläßt, erfolgt das Spannen und damit die Erzeugung der Wellenbelastung F_W durch Korrektur des Achsabstandes auf Grund der gemessenen Dehnung des aufgelegten Riemens; für die erforderliche Auflagedehnung geben die Hersteller entsprechende Werte an.

Die Wellenbelastung und damit auch die Lagerbelastung ist konstant und muß für das zu übertragende Maximaldrehmoment ausgelegt werden. Demgegenüber haben die Trummkräfte F_1 und F_2 den in Bild **224**.1 gezeigten Verlauf, bis bei $F_1/F_2 = e^{\mu\beta}$ der Riemen zu gleiten beginnt.

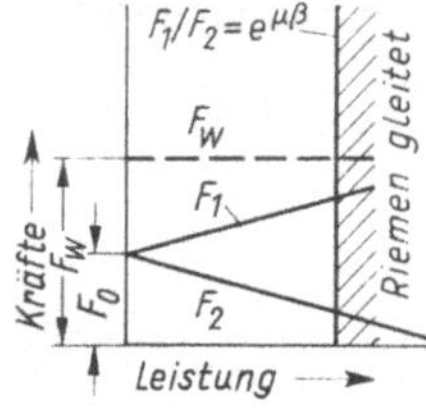

224.1 Trummkräfte F_1, F_2 und Wellenbelastung F_W in Abhängigkeit von der übertragenen Leistung bei offenem Trieb; F_1/F_2 steigt mit wachsender Belastung

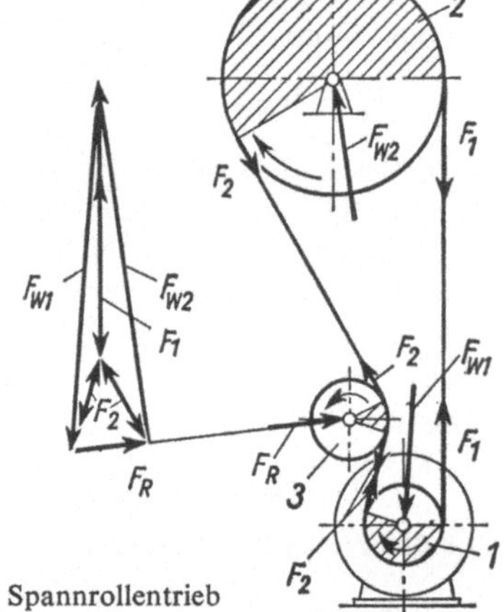

224.2 Kräfte am Spannrollentrieb

Der in Bild **224**.2 gezeigte Spannrollentrieb für Flachriemen verwendet eine mitlaufende, das Leertrumm mit der Andrückkraft F_R nach innen drückende Spannrolle 3, so daß sich der Umschlingungswinkel β vergrößert, wogegen die Wellenbelastungen kleiner werden. Da hierbei jedoch die Zahl der Riemenumlenkungen z_u und damit die Biegefrequenz f_B steigt, wird diese Anordnung heute kaum noch verwendet.

7.2.3. Riemenformen und Werkstoffe

Flachriemen

Die Riemendicke s soll möglichst klein, der kleinste Scheibendurchmesser d möglichst groß sein. Bei Lederriemen liegt die Grenze etwa bei $s/d \leq 0{,}05$ und die zulässige Biegefrequenz bei $f_B = 5 \cdots 10\, s^{-1}$ (bei sehr dünnen Hochleistungsriemen $\leq 25\, s^{-1}$);

die günstigste Umfangsgeschwindigkeit beträgt $v \approx 17 \cdots 25$ m/s. Infolge der geringen Zugfestigkeit von Lederriemen ($\sigma_B \approx 20 \cdots 50$ N/mm²) und der dadurch gegebenen Leistungsgrenze sind heute überwiegend Mehrstoffriemen (**225.1**) in Gebrauch. Hierbei werden die Zugkräfte durch einen Werkstoff hoher Festigkeit, z. B. Polyamidbändern ($\sigma_B \approx 450$ N/mm²) oder Cordfäden aus Polyamid bzw. Polyester ($\sigma_B \approx 850$ N/mm²) aufgenommen. Die Haftreibung wird durch eine besonders aufgebrachte Laufschicht erreicht. Eine Deckschicht schützt vor äußeren Einflüssen. Meist besteht die Laufschicht aus Chromleder mit einem Reibwert von $\mu \approx 0{,}4 \cdots 0{,}6$, der auch bei ölhaltiger Luft oder Ölspritzern erhalten bleibt. Bei Gummi oder speziellen Kunststoffen als Laufschicht ist zur Aufrechterhaltung der Reibung mit $\mu \approx 0{,}8$ trockene Luft erforderlich, da anderenfalls der Reibwert bis $\mu \approx 0{,}1$ absinkt. Bei Polyamidband als Zugmittel bestehen keine Beschränkungen bezüglich Länge und Breite (Standardbreiten bevorzugen), da durch Verschweißen jedes Maß erreicht werden kann. Mit derartigen Riemen, z. B. EXTREMULTUS, werden Umfangsgeschwindigkeiten $\leqq 120$ m/s und Biegefrequenzen $\leqq 100\ s^{-1}$ bei Übersetzungen $i \leqq 20$ und Achsabständen $a \approx 0{,}8 \cdots 5(d_1 + d_2)$ erreicht.

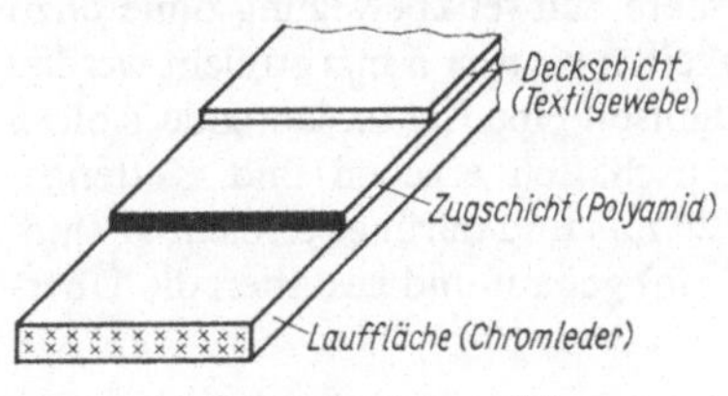

225.1 Aufbau eines Mehrstoffriemens

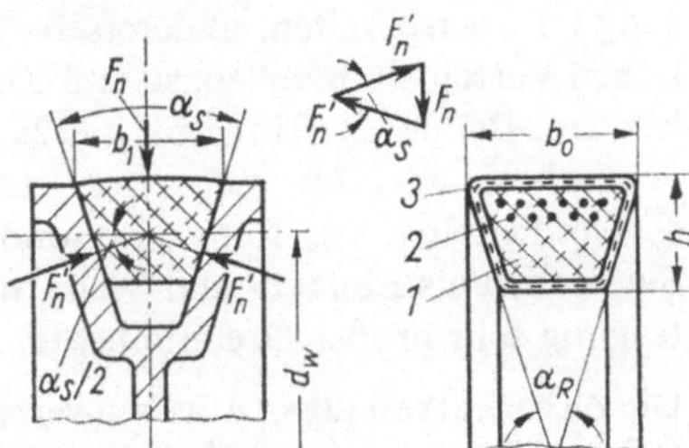

225.2 Kräfte am Keilriemen und Aufbau; Keilwinkel von Scheibe und Riemen $\alpha_s < \alpha_R$

Keilriemen

Er stellt eine schon lange bekannte Sonderform des Mehrstoffriemens dar (**225.2**). Auch hier werden die Zugkräfte durch Cordstränge 2 aufgenommen, die in dem aus Gummi bestehenden Kern 1 eingebettet sind; eine Gummigewebe-Schutzschicht 3 umhüllt den Kern. Die Reibungskräfte ergeben sich infolge der Keilwirkung der Rille zu

$$F_n' = \frac{F_n}{2 \sin(\alpha_S/2)} \qquad F_u = 2\mu F_n' = \frac{\mu}{\sin(\alpha_S/2)} F_n = \mu' F_n \tag{225.1}$$

Die Gleichungen in Abschn. 7.2.1 gelten demnach auch für Keilriementriebe, wenn an Stelle von μ die sog. Keilreibungszahl $\mu' = \mu/(\sin \alpha_s/2)$ und statt d der wirksame Scheibendurchmesser d_w gesetzt werden.

Die frühere Normalbauart mit $b/h = 1{,}6$ ist heute weitgehend von dem Schmalkeilriemen mit $b/h \approx 1{,}2$ abgelöst worden. Der Keilriemen berührt den Grund der Rille nicht, so daß die Haftreibung ausschließlich durch die Flächenpressung an den Flanken entsteht. Als Richtwert für die Keilreibungszahl gilt $\mu' \approx 3\mu \approx 1 \cdots 2{,}5$, für die Flächenpressung $p \approx 0{,}5 \cdots 0{,}9$ N/mm². Mit wachsender Krümmung wird der Keilwinkel des Riemens α_R infolge elastischer Deformation kleiner, so daß der Rillenwinkel α_S mit abnehmendem Scheibendurchmesser ebenfalls kleiner gewählt werden soll ($\alpha_S = 38$ bzw. 34°).

Die erreichbare Riemengeschwindigkeit liegt für Schmalkeilriemen bei $v \leqq 40$ m/s, die Biegefrequenz bei $f_B < 80\ s^{-1}$. Der Achsabstand kann extrem klein sein, $a \approx 0{,}7 \cdots 2$ $(d_{w1} + d_{w2})$. Für die Übersetzung gilt $i \leqq 15$.

7.3. Formschlüssige Zugmittelgetriebe

7.3.1. Kettenbauarten

Die Grundform der Gelenkkette (Laschenkette) bildet die sog. Gall-Kette (**226.1** a), wie sie z. B. in Hebezeugen als Lastkette bei kleinen Kettengeschwindigkeiten ($v \leqq 0{,}3$ m/s) verwendet wird. Sie besteht aus Außen- und Innenlaschen 1, 2, die mit den Bolzen 3 so vernietet sind, daß eine Schwenkbewegung der Laschen möglich ist. Infolge der hohen Flächenpressung zwischen Laschen und Bolzen ist der Verschleiß verhältnismäßig hoch. Günstiger ist die Buchsen- oder Hülsenkette (**226.1** b), bei der die Innenlaschen 2 fest auf den Buchsen 4 sitzen, die sich auf den Bolzen 3 drehen können, wogegen die Außenlaschen 1 fest mit diesen vernietet sind. Durch die große Auflagefläche der Buchse können einerseits größere Kräfte übertragen werden, ohne die zulässige Flächenpressung zu überschreiten, andererseits ist auch eine größere Schwenkbewegung ohne allzu hohen Verschleiß möglich, so daß Kettengeschwindigkeiten bis $v \approx 5$ m/s erreicht werden können. Bei der Rollenkette (**226.1** c) ist über die Hülse 4 eine frei umlaufende Rolle 5 geschoben, wodurch sich noch günstigere Laufeigenschaften ergeben und Kettengeschwindigkeiten $v \leqq 15$ m/s, in Sonderfällen bis $v \approx 25$ m/s und darüber erreichbar sind. Sie werden als Einfach- und Vielfachketten (bis zu 6fach) gebaut und gestatten die Übertragung sehr großer Drehmomente.

Die Zahnketten (**226.1** d) weisen verzahnte Laschen 1 mit geraden Flanken auf, die schwenkbar auf den Bolzen 3 gelagert sind. Die mittlere oder die beiden äußeren Laschen sind als Führungslaschen 2 ausgebildet, die in entsprechende Aussparungen der Kettenräder greifen. Die erreichbare Kettengeschwindigkeit beträgt $v \leqq 8 \cdots 12$ m/s, in Sonderfällen bis $v \approx 20$ m/s. Sie wird

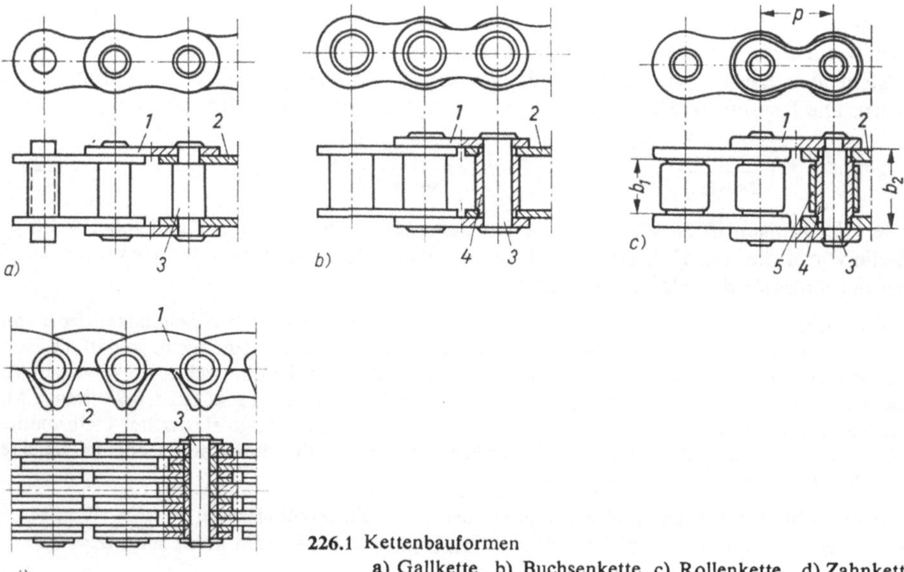

226.1 Kettenbauformen
a) Gallkette b) Buchsenkette c) Rollenkette d) Zahnkette

begrenzt durch das größere Kettengewicht und die auftretenden Biegebeanspruchungen in den Laschen. Die Zahnkette findet Anwendung besonders als Transportkette, wobei beliebige Breiten erreicht und auch höhere Temperaturen, z. B. in Öfen und dgl. ertragen werden können.

Die weiteste Verbreitung im allgemeinen Maschinen- und Kraftfahrzeugbau hat in Europa die Rollenkette gefunden.

7.3.2. Kettenrad und Kette

Im Gegensatz zu den Zahnrädern (s. Abschn. 8) geschieht die formschlüssige Übertragung der Umfangskraft gleichzeitig durch mehrere Zähne des Kettenrades auf einem Umschlingungswinkel von $\beta \approx 100° \cdots 250°$, wobei die Kettenzugkraft allmählich von Zahn zu Zahn abgebaut wird.

Zahnform. Sie ist für das Einlaufverhalten der Kette in das Kettenrad und für die Rückwirkung der durch Verschleiß bedingten Kettenlängung bestimmend. Bild **227.1** a zeigt die theoretische Zahnform; hier sind die Fertigungstoleranzen der einzelnen Kettenglieder sowie die nach längerer Betriebszeit durch Verschleiß zwischen Bolzen und Hülse auftretende Längung der Kette – der Abstand der Innenglieder bleibt dabei konstant – nicht berücksichtigt. Die Anforderungen des Betriebes wurden bei der praktischen Zahnform (**227.1** b) durch zweckmäßige Wahl der Größe des Zahnfußradius r_1 ($\approx 0{,}51\,d_1$), des geraden Übergangs h zur Zahnflanke bzw. des Zahnflankenwinkels γ ($\approx 15° \cdots 19°$) und des Zahnkopfradius r_2($\approx 0{,}8p$) berücksichtigt und führten zu der Zahnform nach DIN 8196.

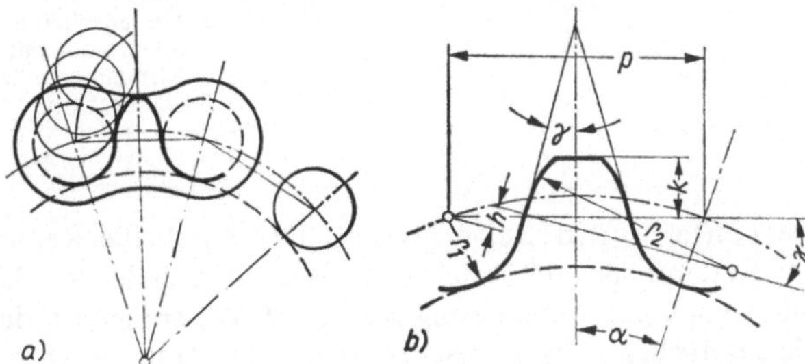

227.1 Theoretische Zahnform (a) und praktische Zahnform nach DIN 8196 (b)

Zähnezahl z. Der z-Wert des kleinsten Kettenrades beeinflußt die Übertragungsgenauigkeit sowie das Ausmaß der Gelenkbewegung, also den Verschleiß, und hängt im wesentlichen von Kettengeschwindigkeit, Kettenlänge und den Betriebsbedingungen ab. Die zulässige Gelenkflächenpressung p_v (Bild **A72.3**) wird bei optimalen Zähnezahlen von $z = 17 \cdots 25$ für das Kleinrad und $i \geqq 3$ erreicht. Die Zähnezahl des Kleinrades soll erfahrungsgemäß ungerade gewählt werden, wobei die Abstufungen nach Tafel **A71.3** einzuhalten sind.

Beim Einlaufen führen die Kettenglieder nacheinander eine Schwingbewegung aus (**227.1** a) und die Kette liegt dann polygonförmig auf den Rädern. Dadurch verändert sich der wirksame Durchmesser am Kettenrad, und es ergibt sich trotz gleichförmiger Drehbewegung eine ungleichförmige Kettengeschwindigkeit. Während diese Ungleichförmigkeit bei $z > 21$ kleiner als 1 % ist, wird sie bei $z < 17$ größer als 1,6 % (bei $z = 11$ bereits 4 %) und kann nicht mehr vernachlässigt werden.

Werkstoffe. Kettenräder werden i. allg. als Fertigteil bzw. als Halbfertigteil mit vorgebohrter Nabe von Spezialfirmen hergestellt. Für die Kleinräder kommen je nach Umfangsgeschwindigkeit C 45 ($v \leqq 7$ m/s), vergütete Stähle ($v \leqq 12$ m/s) oder bei höheren Kettengeschwindigkeiten auch oberflächengehärtete Stähle (HRC = 52 nach Brenn- oder Induktionshärtung) in Frage. Für Großräder werden gewöhnlich GG und GS, bei Geschwindigkeiten von $v \geqq 12$ m/s auch SoGG, Perlitguß und oberflächengehärtete Stähle verwendet. Vielfach wird der Nabenkörper aus Guß hergestellt und das Kettenrad aus St aufgeschraubt oder anderweitig verbunden. Zwei Sonderausführungen zeigen die Bilder **228.1** und 2.

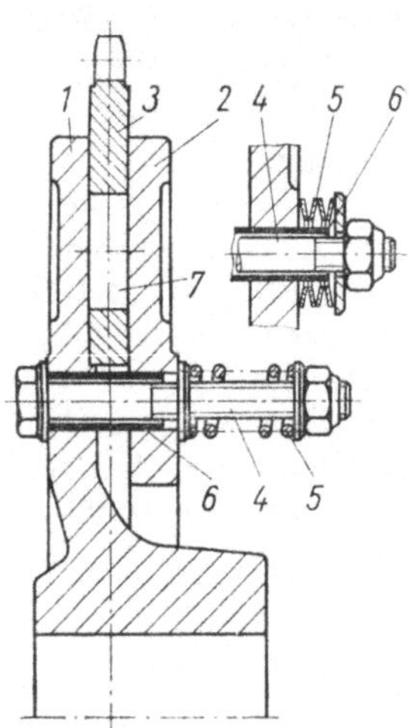

228.1 Kettenrad mit Rutschkupplung
1 Scheibennabe
2 Druckscheibe
3 Kettenscheibe
4 Spannschraube
5 Druckfeder (als Schrauben- oder Tellerfeder)
6 Schubhülse
7 Loch in Kettenscheibe mit Fettfüllung

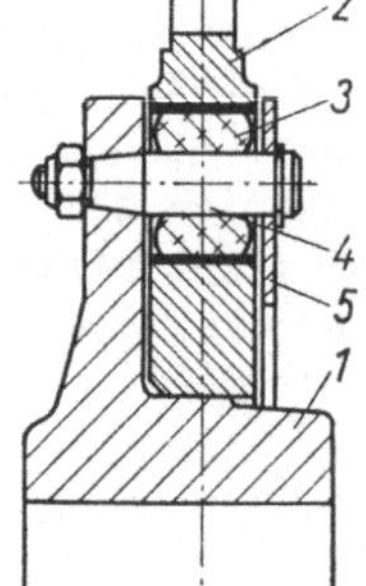

228.2 Elastisches Kettenrad
1 Nabe
2 Kettenscheibe
3 Silentblock mit eingepreßtem Mitnehmerbolzen 4
5 Deckscheibe

Verschleiß und Schmierung. Der durch die Reibung der Rollen am Zahnprofil der Kettenräder und in den Gelenken auftretende Verschleiß bestimmt die Lebensdauer mit, so daß gute Schmierung wichtig ist. Wesentlich ist, daß das Schmiermittel bis zu den Gelenkflächen – also zwischen Bolzen und Hülse – vordringen kann. Außerdem soll es, besonders bei hochbelasteten und Vielfachketten, bei denen Bolzentemperaturen bis 180° auftreten, die Reibungswärme abführen. Die Wärmeabstrahlung ist meist gering, da aus Sicherheitsgründen und gegen Verschmutzung geschlossene Kettenkästen oder weitgehende Abdeckungen verwendet werden.

Bis zu Kettengeschwindigkeiten von $v \approx 1$ m/s genügt häufig Handschmierung (Bild **A63**.3), die aber in gewissen Zeitabständen eine gründliche Reinigung der Kette erfordert. Ölschmierung mittels Tropföler (4···14 Tropfen/min) ist jedoch günstiger und kann bei ≈20 Tropfen/min auch noch bis $v \leqq 7$ m/s verwendet werden. Besser ist Badschmierung (bis $v \leqq 12$ m/s), wobei die Kette nur bis zur Laschenhöhe des untersten Rades eintauchen soll, da sonst zu hohe Planschverluste und vorzeitiges Altern des Öls eintreten. Vielfach taucht auch nur eine Spritzscheibe neben dem unten liegenden Kettenrad in das Öl, wodurch Ölnebelbildung auftritt, die den Schmierstoffaustausch in den Gelenken verbessert. Am günstigsten ist Druck-Umlaufschmierung ($v > 7$ m/s), bei der das Öl durch eine Spritzdüse am einlaufenden Trumm (Leertrumm) zwischen Kette und Großrad mit möglichst hoher Ölgeschwindigkeit eingespritzt wird; bei Umlaufschmierung ist ggf. auch Ölrückkühlung zweckmäßig.

7.3.3. Berechnen von Rollenketten[1])

Die Auswahl der Kette (Kettenteilung) geschieht zunächst auf Grund der sog. Diagrammleistung P_D. Sie bestimmt sich aus $P_1 = P_2/\eta$ mit Hilfe des Leistungsfaktors $k = f(\varphi, z_1)$ zu

$$P_D = P_1/k \tag{229.1}$$

Es ist dies die auf $z_1 = 19$ korrigierte Leistung für Gliederzahl $X = 100$ und Lebensdauer $t_h = 15000$ h. Die Berücksichtigung anderer Werte für X und t_h erfolgt durch den Faktor w bei der Nachprüfung der Gelenkflächenpressung.

Es sollte nach Möglichkeit die Einfachkette gewählt werden; Mehrfachketten ($P_{D\,3fach} = 2{,}5\,P_{D\,1fach}$) nur, wenn es die Platzverhältnisse erfordern oder wegen hoher Drehzahl kleine Teilungen notwendig werden.

Die Gesamtzugkraft der gewählten Kette ergibt sich aus der Umfangskraft $F_u = 2T_1/d_{01}$ und der Fliehkraft $F_f = qv^2$ – mit q als Kettengewicht je m (Masse in kg/m) – zu

$$F_{ges} = F_u + F_f \quad \text{in N} \tag{229.2}$$

Auf Grund der in den Kettennormen festgelegten Mindestbruchkraft der Lasche F_B ergibt sich die vorgeschriebene statische Sicherheit zu

$$S_{stat} = F_B/F_{ges} \geqq 7 \tag{229.3}$$

Die den Verschleiß verursachende rechnerische Gelenkflächenpressung $p_r = F_{ges}/A$ (mit $A = b_2 d_2$) hängt bezüglich ihrer zulässigen Größe im wesentlichen von der Gelenkbewegung ab, also von Kettengeschwindigkeit v, Teilung p, Gliederzahl X, Übersetzung i und Zähnezahl z des kleineren Rades sowie von den Betriebsbedingungen (φ) und der Schmierungsart

$$p_r/y \leqq p_v/y \quad \text{mit} \quad y = f(\varphi) \tag{229.4}$$

Der zulässige Richtwert p_v/y wird in Abhängigkeit von $w = t_v \cdot \lambda_v \cdot c_h$ graphisch ermittelt, wobei $t_v = f(v, p)$, $\lambda_v = f(z_1, X, i)$ und $c_h = f(t_h)$ Tafeln entnommen werden.

Für eine weitergehende Nachprüfung der Kette hinsichtlich dynamischer Sicherheit und Betriebszeitfestigkeit s. DIN 8195.

7.3.4. Bauformen der Kettentriebe

Ein besonderer Vorteil der Kettentriebe liegt darin, daß nicht nur zwei, sondern viele Räder formschlüssig miteinander verbunden werden (**230.1**) und dadurch mit geringem getriebetechnischen Aufwand verschiedene aufeinander abgestimmte Drehfrequenzen verwirklicht werden können, z. B. in Spinnerei- und Verpackungsmaschinen, bei der Papierherstellung, in Werkzeugmaschinen usw. Der häufigste Fall ist der Antrieb von zwei Wellen (**230.2**); dabei hat sich gezeigt, daß größte Laufruhe erreicht wird, wenn die Ketten eine Neigung von 30°···60° zur Waagerechten aufweisen und das Lasttrumm oben liegt. Das Leertrumm (im Gegensatz zum Riementrieb liegt es unten und ist spannungslos) soll einen Durchgang von 1···2 % der Trummlänge aufweisen.

---

[1]) S. Tafel **A69.1**.

Bei mehr als zwei Wellen werden zur Vergrößerung des Umschlingungswinkels oder zur Aufnahme des Eigengewichts der Kette oder zur Vermeidung des Abhebens der Kette vom Rad infolge der Fliehkraft Leit- oder Umlenkräder angeordnet (**230.**1 b, c), wogegen Spannräder (**230.**1a, d) außerdem die Längenzunahme der Kette durch den Verschleiß ausgleichen. Sie werden mittels Feder, Gewicht oder hydraulisch gegen das Leertrumm gedrückt. Für die Zähnezahlen dieser Räder gilt das gleiche wie bei den Kleinrädern; es sollen mindestens drei Zähne eingreifen. Wesentlich für Laufruhe und Lebensdauer des Kettentriebes ist das genaue Fluchten der einzelnen Kettenräder.

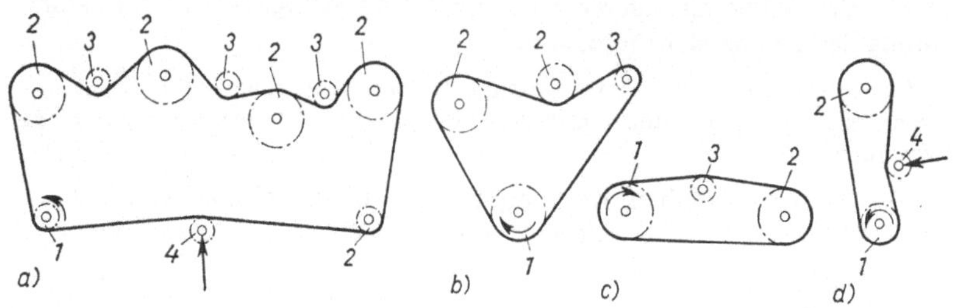

230.1 Kettenradanordnungen
1 treibendes Rad 2 getriebene Räder 3 Leit- oder Umlenkräder 4 Spannräder

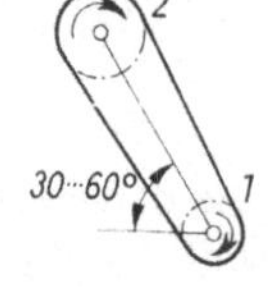

230.2 Optimale Neigung des schrägliegenden Kettentriebes

Beispiel (s. S. A62 bis A72)

Für den Antrieb einer Arbeitsmaschine mit den Werten $P_2 = 16$ kW, $n_2 = 300\ \text{min}^{-1}$ durch einen Drehstrommotor (Stern-Dreieckschaltung) mit $n_1 = 1500\ \text{min}^{-1}$ – also $i = 5$ – soll ein Zugmittelgetriebe als offener Trieb ($z_u = 2$) entworfen werden; Motorwelle $d_{W1} = 50$ mm, Nabendurchmesser $d_{\text{Nabe}} \approx 100$ mm.

Es werden angenommen: Mittlerer Anlauf, Vollast und mäßige Stöße (z. B. Kolbenpumpe), Betriebsdauer 8 Std./Tag; aus Bild A50.1 ergibt sich ein Betriebsfaktor $\varphi = 1{,}6$.

a) Ausgangsgrößen für einen Riementrieb

Für die Motorwelle kommt ein Scheibendurchmesser von $\approx (2 \cdots 2{,}5) D_{\text{Nabe}}$ in Frage; gewählt wird $d_1 = d_{w1} = 224$ mm $= 0{,}224$ m (Tafel A65.1 bzw. A67.1) und $d_2 = d_{w2} = i d_1 = 5 \cdot 224$ mm $= 1120$ mm. Beide Werte sind Normdurchmesser.

Umfangsgeschwindigkeit bei Lastdrehfrequenz $n_1 = 1450\ \text{min}^{-1} = 24{,}16\ \text{s}^{-1}$

$$v = \pi \cdot 0{,}224\ \text{m} \cdot 24{,}16\ \text{s}^{-1} = 17\ \text{m/s} \qquad \text{(A62.1)}$$

Achsabstand, mit Rücksicht auf Schwingungsdämpfung, gewählt zu

$$a \approx 1{,}4\,(d_1 + d_2) = 1{,}4 \cdot 1344\ \text{mm} = 1880\ \text{mm}$$

Riemenlänge

$$L \approx 2 \cdot 1880\ \text{mm} + \frac{\pi}{2}\, 1344\ \text{mm} + \frac{1}{4 \cdot 1880\ \text{mm}}\, 896^2\ \text{mm}^2 = 5978\ \text{mm} \qquad \text{Gl. (222.4)}$$

Korrektur auf Normlänge $L_w = 5600$ mm oder 6300 mm nach Tafel **A 67.1**

Festlegung der Riemenlänge auf $L = L_w = 5600$ mm

endgültiger Achsabstand aus

$$p = \frac{5600\ \text{mm}}{4} - \frac{\pi}{8}(224 + 1120)\ \text{mm} = 872{,}2\ \text{mm} \qquad p^2 = 76{,}07 \cdot 10^4\ \text{mm}^2$$

$$q = (1120\ \text{mm} - 224\ \text{mm})^2/8 = 10{,}04 \cdot 10^4\ \text{mm}^2$$

$$a = 872{,}2\ \text{mm} + 10^2 \sqrt{76{,}07\ \text{mm}^2 - 10{,}04\ \text{mm}^2} = 872{,}2\ \text{mm} + 812{,}8\ \text{mm} = 1685\ \text{mm}$$ Gl. (222.5)

Umschlingungswinkel

$$\cos(\beta_1/2) = \frac{1120\ \text{mm} - 224\ \text{mm}}{2 \cdot 1685\ \text{mm}} = 0{,}266 \qquad \beta_1/2 = 74{,}6° \qquad \beta_1 = 149{,}2°$$ Gl. (222.3)

Biegefrequenz

$$f_B = \frac{2 \cdot 17\ \text{m s}^{-1}}{5{,}6\ \text{m}} = 6{,}07\ \text{s}^{-1}$$ Gl. (A63.1)

Riemenleistung mit $\eta = 0{,}97$

$$P_{1\,max} = 1{,}6 \cdot 16\ \text{kW}/0{,}97 = 26{,}4\ \text{kW} = 26400\ \text{Nm s}^{-1}$$ Gl. (223.1)

Umfangskraft

$$F_{u\,max} = 26400\ \text{Nm s}^{-1}/(17\ \text{ms}^{-1}) = 1553\ \text{N} \approx 1600\ \text{N}$$ Gl. (A63.2)

b) Bestimmung eines Mehrstoffriemens EXTREMULTUS Bauart 80

Riemenvorwahl mit $C_1 = 0{,}09$ aus Bild **A66.2** $F'_{u\,erf} = 0{,}09 \cdot 224 = 20{,}16$ N/mm Gl. (223.3)

gewählte Riementype aus Tafel **A65.3** $20 = F'_{u\,max}$ in N/mm mit $f_{B\,zul} = 20\ \text{s}^{-1} > 6{,}1$ (Bild **A66.3**)

Riemenbreite mit $C = 0{,}92$ aus Tafel **A65.2**

$$b = \frac{1600\ \text{N}}{0{,}92 \cdot 20\ \text{N/mm}} = 87\ \text{mm} \qquad \text{gewählt } b = 90\ \text{mm}$$ Gl. (223.4)

Scheibenbreite $b' = 100$ mm (Tafel **A65.1**)

Wellenbelastung $F_W \approx 1{,}5 \cdot 1600\ \text{N} = 2400\ \text{N}$ Gl. (223.5)

c) Bestimmung eines Keilriemens (endlos); i. allg. wird $z > 1$ gewählt

Riemengröße und spez. Riemenleistung aus Bild **A68.1**
SPA mit $P_N = 10$ kW je Riemen – nicht möglich, da größte Riemenlänge (Bild **A68.2**) nur $L_w = 4500$ mm
Gewählt: SPB mit $P_N = 13$ kW je Riemen

Korrekturfaktor mit $C_3 = 1{,}07$ aus Bild **A68.2** und $C = 0{,}92$ aus Tafel **A65.2**

$$C_K = \frac{1}{0{,}92 \cdot 1{,}07} = 1{,}015$$ Gl. (A64.1)

Riemenzahl $z = 26{,}4\ \text{kW}/(1{,}015 \cdot 13\ \text{kW}) = 2$ Gl. (223.6)

Wellenbelastung $F_W \approx (1{,}5 \cdots 2)\ 1600\ \text{N} = 2400 \cdots 3200\ \text{N}$ Gl. (A64.2)
oder mit $K = 0{,}206$ kg/m aus Tafel **A67.1**)

$$F_W \approx 1{,}7 \cdot 1600\ \text{N} + 2 \cdot 0{,}206\ \text{kg/m} \cdot 17^2\ (\text{m/s})^2 = 2720\ \text{N} + 119\ \text{N} = 2840\ \text{N}$$ Gl. (A64.3)

d) Bestimmung eines Kettentriebs

Für das Kleinrad auf der Motorwelle wird ein d_{01} von 150···200 mm angestrebt. Die Zähnezahl (Abstufungen s. Bild **A71**.3) wird mit $z_1 = 23$ angenommen und k bestimmt zu $k = 0{,}98$ (**A71.2**)

Antriebsleistung mit $\eta = 0{,}99$ $\quad P_1 = 16\,\text{kW}/0{,}99 = 16{,}2\,\text{kW} = 16200\,\text{Nm s}^{-1}$ Gl. (A69.1)

Diagrammleistung $\quad P_{D\,\text{erf}} = 16{,}2\,\text{kW}/0{,}98 = 16{,}53\,\text{kW} = 16530\,\text{Nm s}^{-1}$ Gl. (229.1)

Nach Tafel **A72**.1 ergeben sich folgende Möglichkeiten bei $n_1 = 1450\,\text{min}^{-1} = 24{,}16\,\text{s}^{-1}$:

1fach Kette Nr. 16B mit $P_D > 16\,\text{kW}$ $\quad$ 2fach Kette Nr. 12B mit $P_D \approx 20\,\text{kW}$

Da die 1fach Kette bereits an der Grenze liegt, wird die 2fach Kette Nr. 12B gewählt; als Vergleich werden in der nachstehenden Rechnung die jeweiligen Zahlenwerte für die 1fach Kette Nr. 16B in Klammern angegeben!

Kettenwerte (Tafel **A70**.1)

$F_B = 59000\,\text{N}\ (65000\,\text{N})$ $\quad q = 2 \cdot 1{,}25\,\text{kg/m} = 2{,}5\,\text{kg/m}\ (2{,}7\,\text{kg/m})$

$A = 2 \cdot 89\,\text{mm}^2 = 178\,\text{mm}^2\ (210\,\text{mm}^2)$ $\quad p = 19{,}05\,\text{mm}\ (25{,}4\,\text{mm})$

$\alpha_1 = 360°/(2 \cdot 23) = 7{,}82°$ $\quad \sin\alpha_1 = 0{,}136$ $\quad d_{01} = 19{,}05\,\text{mm}/0{,}136 = 140\,\text{mm}\ (187\,\text{mm})$;
der Wert für d_{01} ist für $d_{W1} = 50\,\text{mm}$ noch möglich

$z_2 = 5 \cdot 23 = 115$ $\quad \alpha_2 = 360°/(2 \cdot 115) = 1{,}566°$ $\quad \sin\alpha_2 = 0{,}0274$ $\quad d_{02} = 19{,}05\,\text{mm}/0{,}0274 = 695\,\text{mm}\ (927\,\text{mm})$

Gewählter Achsabstand (unter Berücksichtigung der Gegebenheiten): $a \approx 1000\,\text{mm}$

Gliederzahl der Kette (Tafel **A70.1**)

$$X = \frac{2 \cdot 1000}{19{,}05} + \frac{23 + 115}{2} + \left(\frac{115 - 23}{2\pi}\right)^2 \frac{19{,}05}{1000} = 175{,}58 \approx 176\ (153)$$

Kettengeschwindigkeit

$v = 0{,}14\,\text{m} \cdot 24{,}16\,\text{s}^{-1} = 10{,}63\,\text{m/s}\ (14{,}2\,\text{m/s})$ $\quad v^2 = 113\,(\text{m/s})^2$ (A62.1)

Umfangskraft $\quad F_u = 16200\,(\text{Nm/s})/10{,}6\,(\text{m/s}) = 1530\,\text{N}\ \ (1140\,\text{N})$ (A63.2)

Fliehkraft $\quad F_f = 2{,}5\,\text{kg/m} \cdot 113\,(\text{m/s})^2 = 288 \approx 300\,\text{N}\ \ (600\,\text{N})$ Gl. (A69.2)

Gesamtzugkraft $\quad F_{ges} = 1530\,\text{N} + 300\,\text{N} = 1830\,\text{N}\ \ (1440\,\text{N})$ Gl. (229.2)

Sicherheit in den Laschen $\quad S_{stat} = 59000\,\text{N}/1830\,\text{N} = 32{,}2 > 7\ \ (45 > 7)$ Gl. (229.3)

Gelenkflächenpressung mit $y = 0{,}79$ aus Bild **A71.2**

$p_r = 1830\,\text{N}/178\,\text{mm}^2 = 10{,}3\,\text{N/mm}^2\ \ (6{,}9\,\text{N/mm}^2)$ Gl. (A69.3)

$p_r/y = 10{,}3\,(\text{N/mm}^2)/0{,}79 = 13\,\text{N/mm}^2\ \ (8{,}7\,\text{N/mm}^2)$ Gl. (229.4)

Schmierungsart nach Bild **A72.2** Druck-Umlaufschmierung, Öl, Viskosität $20 \cdots 50 \cdot 10^{-6}\,\text{m}^2/\text{s}$

Korrekturfaktoren aus Tafel **A71.1**, **A71.3** und Bild **A72.3**

$f_v = 3{,}8\ (3{,}2)$ $\quad \lambda_v = 1{,}49\ (1{,}42)$

angenommene Lebensdauer $\quad t_h = 30000\,\text{h}$ $\quad c_h = 0{,}8$ $\quad w = 3{,}8 \cdot 1{,}49 \cdot 0{,}8 = 4{,}53\ (3{,}63)$

Vergleichswerte aus Bild **A72**.3

2fach Kette Nr. 12B $p_v/y = 38\ \text{N/mm}^2 > 13$ Gl. (229.4)

1fach Kette Nr. 16B $p_v/y = 26\ \text{N/mm}^2 > 8{,}7$

Beide Ketten erfüllen daher die Bedingungen. Aus Platzgründen wird die kleinere Kette gewählt.
Achsabstand für Nr. 12B aus $T = 2 \cdot 176 - 23 - 115 = 214$ $U = 8\,(115 - 23)^2/\pi^2 = 6840$

$$a = \frac{19{,}05\ \text{mm}}{8}\left(214 + \sqrt{214^2 - 6840}\right) = 980\ \text{mm}\ (997\ \text{mm}) \qquad \text{Gl. (A69.4)}$$

Schrifttum

[1] Bauer/Schneider: Hülltriebe und Reibradtriebe. 6. Aufl. Leipzig 1975

[2] Pietsch, P.: Kettentriebe. Einbeck 1965

[3] Rachner, H.-G.: Stahlgelenkketten und Kettentriebe (Konstruktionsbücher Bd. 20). Berlin – Göttingen – Heidelberg 1962

[4] Zollner, H.: Kettentriebe. München 1966

8. Zahnrädergetriebe*)

DIN-Normen (Auswahl)

Verzahnungen, Zahnräder

Darstellung und vereinfachte Darstellung von Zahnrädern	DIN 37
Modulreihe	780
Bezugsprofil für Stirnräder	867
Begriffe, Bezeichnungen, Kurzzeichen	868
Richtlinien für Bestellung von Stirn- und Kegelrädern	869
Bestimmungsgrößen und Fehler an Stirnrädern	3960
Toleranzen für Stirnradverzahnungen	3961 ··· 3963, 3967
Verzahnungen; Angaben Stirnräder in Zeichnungen	3966
Angaben für Stirnräder in Zeichnungen	DIN 3966
Lehrzahnräder zum Prüfen von Stirnrädern	3970
Bestimmungsgrößen und Fehler an Kegelrädern	3971
Bestimmungsgrößen und Fehler an Zylinderschneckentrieben	3975
Zylinderschnecken	3976
Tragfähigkeitsberechnung von Stirn- und Kegelrädern	3990 Bl. 1 ··· 10
Profilverschiebung bei Stirnrädern mit Außenverzahnungen	3992
Geometrische Auslegungen von zylindrischen Innenradpaaren	3993
Geradverzahnte Stirnräder mit 05-Verzahnung	3994, 3995
Benennungen an Zahnrädern	3998
Kurzzeichen für Verzahnung	3999

Verzahnwerkzeuge

Bezugsprofile von Verzahnwerkzeugen	DIN 3972
Scheibenschneidräder	1825 ··· 1829
Wälzfräser	8000 ··· 8002

S Besondere Anwendungsgebiete

Wechselräder für Werkzeugmaschinen	DIN 781, 782
Kegelräder für Kollergänge	8866
Zahnräder für Straßenbahnmotoren	43226, 43233
Zahnräder für Textilmaschinen	64005, 64006, 64150, 64525, 64530

Schmierstoffe

Schmieröle	DIN 51501, 51504, 51505, 51509
SAE-Viskositätsklassen für Kraftfahrzeuggetriebeöle	51512
Stirnradgetriebe der Feinwerktechnik (Entwurf)	58405
Wälzfräser für Stirnräder der Feinwerktechnik mit Modul 0,1 ··· 1,0 mm	58411
Bezugsprofil für Verzahnwerkzeuge der Feinwerktechnik	58412
Toleranzen eingängiger Wälzfräser für Stirnräder der Feinwerktechnik mit Evolventenverzahnung (Entwurf)	58413
Bezugsprofil	58400

* Hierzu Arbeitsblatt 8, s. Beilage S. A73 bis A100.

8.1. Grundlagen

Zwei im Eingriff stehende Zahnräder bilden ein Zahnradgetriebe. Zahnradgetriebe übertragen Bewegungen und Drehmomente formschlüssig.

Räderpaarungen kann man nach Form der Räder und Lage der Wellen zueinander unterscheiden (**235.1**).

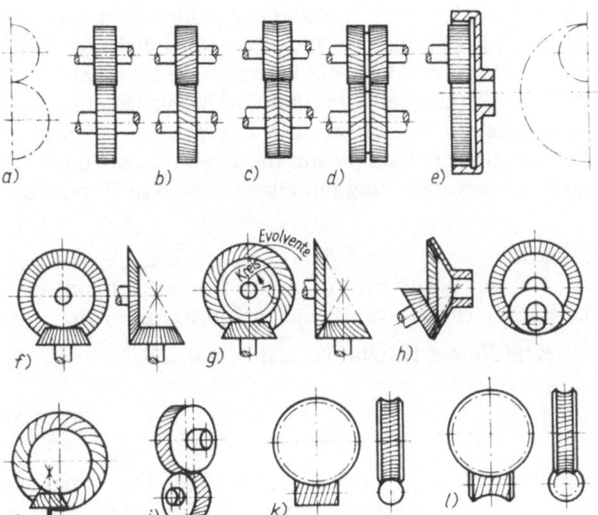

235.1
Zahnräderpaarungen
a) Geradstirnräder
b) Schrägstirnräder
c) Stirnräder mit Pfeilverzahnung
d) Doppelschrägzahnräder
e) Innenzahnradgetriebe, gerad- oder schrägverzahnt
f) Kegelräder, gerad- oder schrägverzahnt
g) Kegelräder, bogen- oder pfeilverzahnt
h) Innenkegelgetriebe
i) Kegelräder mit Achsversetzung
j) Stirnrad-Schraubgetriebe
k) Schneckengetriebe mit Zylinderschnecke
l) Schneckengetriebe mit Globoidschnecke

Begriffe, Bezeichnungen und Kurzzeichen[1]**).** Die Wälzkreise (Wälzzylinder) (**235.2**) sind gedachte Kreise zweier im Eingriff stehender Räder, die bei der Übertragung der Bewegung mit gleicher Umfangsgeschwindigkeit aufeinander abrollen.

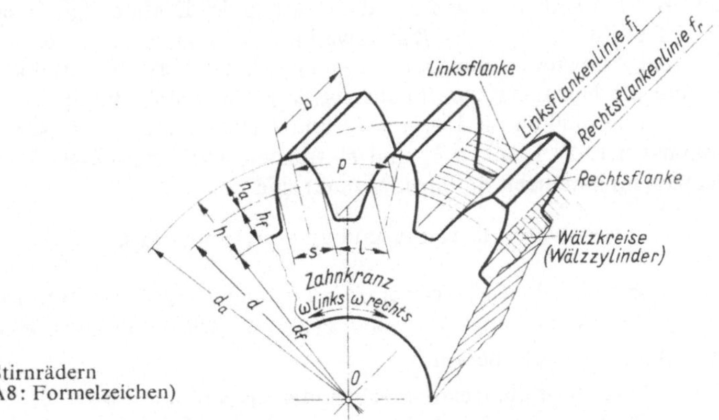

235.2 Bezeichnungen an Stirnrädern (s. auch Arbeitsbl. A8: Formelzeichen)

---

[1]) Begriffe, Bezeichnungen und Kurzzeichen entsprechen grundsätzlich den internationalen Empfehlungen ISO/R 701 und ISO/TC 60 gemäß DIN 3960 und DIN 3990.

Der Wälzpunkt (Wälzachse) ist der Berührungspunkt der Wälzkreise (Betriebswälzkreise d_{w1}, d_{w2}).

Eine Radpaarung mit Außenverzahnung hat in Richtung des Kraftflusses und unter Berücksichtigung der Drehrichtung die Übersetzung

$$i = \frac{+n_{an}}{-n_{ab}} = -\frac{n_1}{n_2} = -\frac{\omega_1}{\omega_2} = -\frac{z_2}{z_1} = -\frac{d_{w2}}{d_{w1}} \tag{236.1}$$

Die Bezeichnungen für das treibende Rad erhalten den (ungeraden) Index 1, 3, 5, ... und für das getriebene Rad den (geraden) Index 2, 4, 6, ... Bei einem Außenradpaar haben die beiden Stirnräder entgegengesetzten Drehsinn. Die Winkelgeschwindigkeiten bzw. Drehfrequenzen erhalten entgegengesetzte Vorzeichen, die Übersetzung ist negativ. Bei einem Innenradpaar haben beide Stirnräder gleichen Drehsinn. Die Winkelgeschwindigkeiten bzw. Drehfrequenzen erhalten gleiche Vorzeichen, die Übersetzung ist positiv. Die Gleichung (236.1) gilt auch für ein Innenradpaar, wenn die Drehfrequenz oder die Zähnezahl bzw. der Durchmesser der Innenverzahnung mit einem negativen Vorzeichen eingesetzt wird.

Ist eine Unterscheidung der Drehrichtung nicht erforderlich, so werden die Vorzeichen in Gl. (236.1) nicht beachtet, d. h. i ist mit positivem Vorzeichen in die Rechnung einzusetzen. Dies trifft aber nicht für die Berechnung von Planetenrädergetrieben zu.

Unabhängig von der Richtung des Kraftflusses besteht das Zähnezahlverhältnis

$$u = \frac{z_{Rad}}{z_{Ritzel}} \geqq 1 \text{ bzw. } < -1 \tag{236.2}$$

Hierin ist z_{Rad} die Zähnezahl des großen und z_{Ritzel} die des kleinen Rades. Die Zähnezahl z_{Rad} des Innenzahnrades wird mit negativem Vorzeichen eingesetzt (s. Beispiel 6). Hiermit wird $u < -1$.

Verzahnungsgesetz. Zahnrädergetriebe sollen in der Regel während der Bewegungsübertragung eine konstante Übersetzung haben. Bild **237.1** zeigt drei Berührungspunkte B, C und B' der Flanken F_1 und F_2, die während der Drehbewegung nacheinander auftreten. Rad 1 treibt mit ω_1. Der Kurvenverlauf der Flanken F_1 und F_2 muß so sein, daß die Normalgeschwindigkeiten c_1 und c_2 im jeweiligen Berührungspunkt gleich sind ($c_1 = c_2 = c$) und die Normalen zur Berührungstangeten $\overline{tt}$ stets durch den Punkt C gehen. Wäre $c_1 > c_2$, so müßten die Flanken F_1 und F_2 ineinander eindringen, und wäre $c_1 < c_2$, so müßten sich die Flanken F_1 und F_2 trennen. Die Umfangsgeschwindigkeiten der Zahnflanken im jeweiligen Berührungspunkt sind

$$v_1 = \omega_1 r_1 \text{ mit } v_1 \perp r_1 \text{ und } v_2 = \omega_2 r_2 \text{ mit } v_2 \perp r_2$$

Die Geschwindigkeitskomponenten zu v_1 und v_2 sind nach Bild **237.1** c_1, c_2 als Normalkomponenten zur Tangente $\overline{tt}$ und w_1, w_2 als Tangentialkomponenten in Richtung $\overline{tt}$.

Aus Bild **237.1** geht hervor:

1. im Punkt B ist die Relativgeschwindigkeit $w = w_1 - w_2 < 0$, d. h., Flanke F_2 arbeitet gegen Flanke F_1, wodurch eine stemmende Gleitbewegung erfolgt

2. im Punkt C ist die Relativgeschwindigkeit $w = w_1 - w_2 = 0$, d. h., im Punkt C (Wälzpunkt) findet reines Abrollen der Wälzkreise (Wälzzylinder) statt

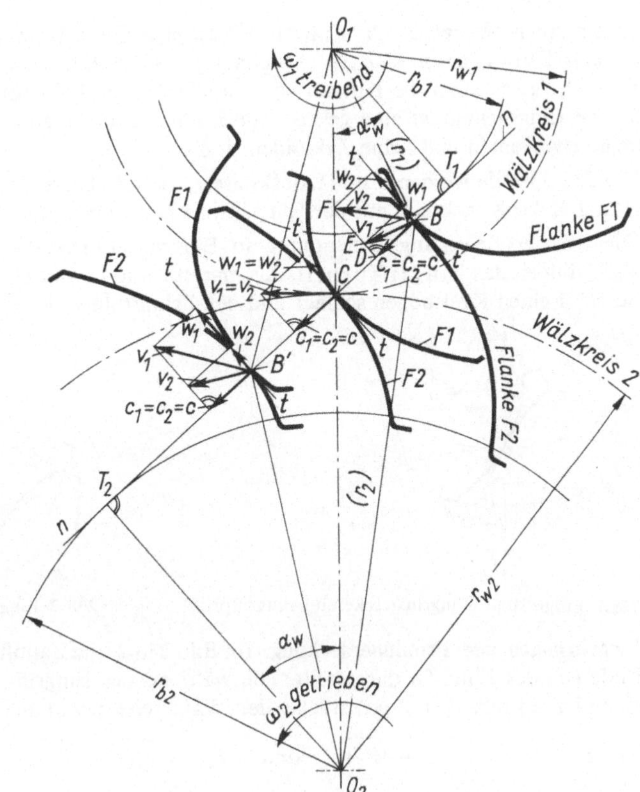

237.1 Zum Verzahnungsgesetz: geometrische Beziehungen

3. im Punkt B' ist die Relativgeschwindigkeit $w = w_1 - w_2 > 0$, d. h., auf der Auslaufseite des Flankeneingriffs erfolgt eine streichende Gleitbewegung.

Aus der Ähnlichkeit der Dreiecke (Punkt B) $\Delta O_1 T_1 B \sim \Delta BDE$ und $\Delta O_2 T_2 B \sim \Delta BDF$ folgen die Proportionen

$$\frac{c_1}{v_1} = \frac{r_{b1}}{r_1} \qquad \text{und} \qquad \frac{c_2}{v_2} = \frac{r_{b2}}{r_2}$$

Damit ergibt sich

$$c = c_1 = c_2 = v_1 \frac{r_{b1}}{r_1} = v_2 \frac{r_{b2}}{r_2} = \omega_1 r_1 \frac{r_{b1}}{r_1} = \omega_2 r_2 \frac{r_{b2}}{r_2} = \omega_1 r_{b1} = \omega_2 r_{b2}$$

also ist

$$i = \frac{\omega_1}{\omega_2} = \frac{r_{b2}}{r_{b1}} = \frac{r_{w2}}{r_{w1}} = \text{konstant} \tag{237.1}$$

Gl. (237.1) beschreibt das Verzahnungsgesetz: Zwei in steter Berührung stehende Zahnflanken übertragen die Drehbewegung mit konstanter Übersetzung i, wenn die gemeinsame Berührungsnormale $\overline{T_1 T_2}$ durch den Wälzpunkt C geht. Wälzpunkt C teilt die Mittelpunktverbindung $\overline{O_1 O_2}$ ($= r_{w1} + r_{w2}$) reziprok zum Verhältnis der Winkelgeschwindigkeiten zweier kämmender Räder.

Eingrifflinie, Eingriffstrecke und Eingriffprofil. Die Eingrifflinie (**238.1**) ist die Bahn (= geometrischer Ort), auf der sich der Berührungspunkt zweier im Eingriff befindlicher

Zahnflanken bewegt. 1. Die Eingrifflinie ist eine Gerade, wenn die Kurven der Zahnflanken Evolventen sind (s. Abschn. 8.3). – 2. Die Eingrifflinie besteht aus zwei Kreisbogen, wenn die Kurven der Zahnflanken Zykloiden sind (s. Abschn. 8.2). – 3. Die Eingrifflinie ist eine gekrümmte Linie, wenn die zusammenarbeitenden Kurven keine Evolventen und keine Zykloiden sind.

Die Zahnprofile werden durch Kopfkreise d_{a1} und d_{a2} begrenzt (**238**.1). Die Schnittpunkte A und E der Kopfkreise mit der Eingrifflinie bestimmen die Eingriffstrecke $g = \overline{AE}$. Die bei der Bewegungsübertragung in Eingriff kommenden Flankenteile $K_1 K_1'$ und $K_2 K_2'$ bilden das Eingriffprofil, das man für Rad 1 ermittelt (**238**.1), indem man um O_1 durch A einen Kreisbogen schlägt und den Schnittpunkt K_1' erhält.

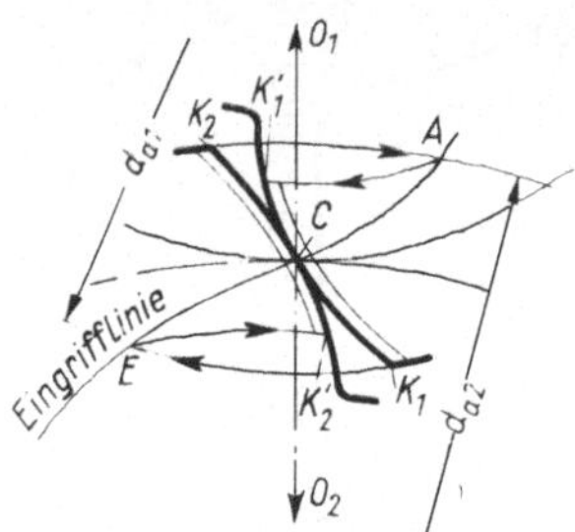

238.1 Eingrifflinie, Eingriffstrecke und Eingriffprofil

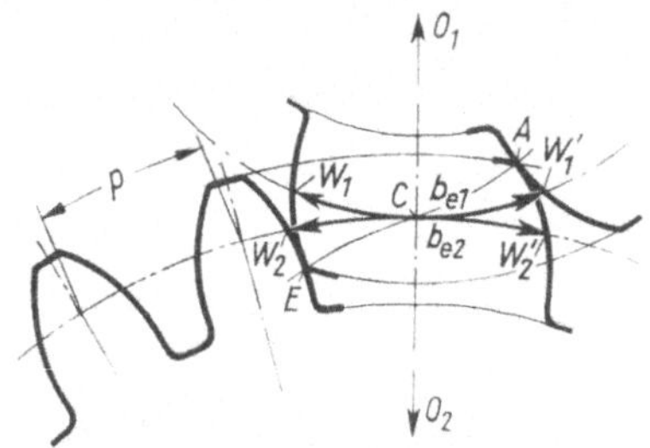

238.2 Eingriffbogen und Teilung

Eingriffbogen und Profilüberdeckung. Im Bild **238**.2 sind Zahnflanken am Anfang (A) und Ende (E) des Eingriffs dargestellt. Die während des Eingriffs zweier Zahnflanken aufeinander abrollenden Bogenstücke der Wälzkreise nennt man Eingriffbogen b_e.

Es ist $b_{e1} = \widehat{W_1 C} + \widehat{W_1' C}$ und $b_{e2} = \widehat{W_2 C} + \widehat{W_2' C}$

Soll eine stete Bewegungsübertragung durch Zahnflanken erfolgen, so darf das Ende des Eingriffs zweier in Berührung stehender Zahnflanken frühestens mit dem Eingriffbeginn der nachfolgenden Zahnflanken zusammenfallen. Darum müssen die Eingriffbogen b_e mindestens gleich der Zahnteilung p auf den Wälzkreisen sein; $b_{e1} = b_{e2} \geqq p$. Damit ist auch das Verhältnis Eingriffbogen b_e zu Wälzkreisteilung p, die Profilüberdeckung $\varepsilon_\alpha = b_e/p \geqq 1$. Praktisch muß $\varepsilon_\alpha = 1{,}1$ sein, damit nicht durch Verzahnungsfehler und Verformungen der Zähne unter Belastung Kanteneingriff, also Eingriff außerhalb der Eingrifflinie eintritt. Anzustreben ist $\varepsilon_\alpha > 1{,}25$; je größer die Profilüberdeckung, um so ruhiger ist der Lauf.

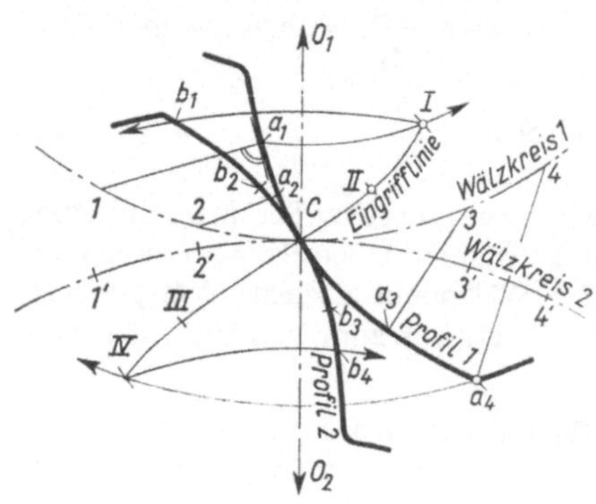

Ermittlung des Gegenprofils zu einem vorgegebenen Zahnprofil. Konstruktion des Profils 2 zum vorgegebenen Profil 1 unter Beachtung des Verzahnungsgesetzes nach Bild **238**.3:

1. Auf Profil 1 beliebige Punkte a_1, a_2, ... festlegen.

2. Normalen errichten zu den Tangenten in den Punkten a_1, a_2, ... Sie ergeben auf Wälzkreis 1 die Schnittpunkte 1,2, ...

238.3 Ermittlung des Gegenprofils für i = const

3. Kreisbogen um O_1 durch $a_1, a_2, \ldots$ und Kreisbogen um C mit Halbmesser $\overline{a_1-1}$, $\overline{a_2-2}, \ldots$ schlagen. Sie ergeben die Schnittpunkte I, II, ... Nach dem Verzahnungsgesetz erfolgt die Berührung der Zahnflanken in den Punkten $a_1, a_2, \ldots$ stets dann, wenn die Normale durch den Wälzpunkt C geht, d. h., wenn beim Abwälzen der Wälzkreise die Punkte 1, 2, ... mit dem Wälzpunkt C nacheinander zusammenfallen. Daher müssen die Punkte I, II, ... Punkte der Eingrifflinie sein.

4. Festlegen der Punkte 1', 2', ... auf Wälzkreis 2 durch Abtragen der Bogenlängen $\widehat{C1} = \widehat{C1'}, \widehat{C2} = \widehat{C2'}, \ldots$

5. Kreisbogen um O_2 durch I, II, ... und Kreisbogen um 1', 2', ... mit Halbmesser $\overline{a_1-1}, \overline{a_2-2}, \ldots$ schlagen. Sie ergeben die Schnittpunkte $b_1, b_2, \ldots$, die auf dem gesuchten Profil 2 liegen.

8.2. Zykloidenverzahnung

Grundbegriffe. Orthozykloide (239.1). Jeder Punkt eines Kreises, der auf einer Geraden abrollt, beschreibt eine Orthozykloide. Bei der Zahnstange sind Kopf- und Fußflanken Orthozykloiden.

Epizykloide (239.2). Jeder Punkt eines Kreises, der auf einem feststehenden Kreis abrollt, beschreibt eine Epizykloide.

Hypozykloide (239.3). Jeder Punkt eines Kreises, der in einem feststehenden Kreis abrollt, beschreibt eine Hypozykloide.

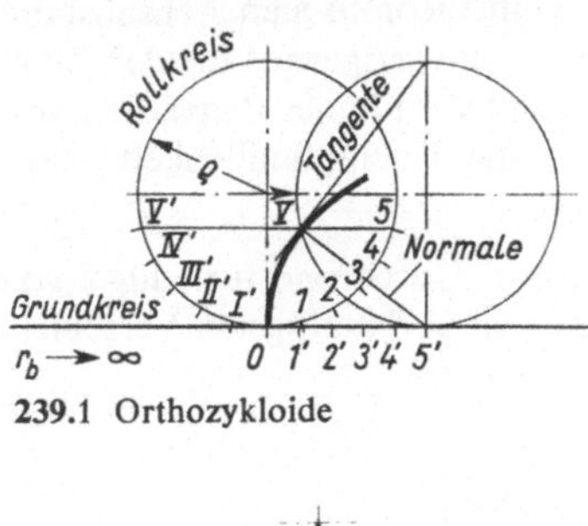

239.1 Orthozykloide

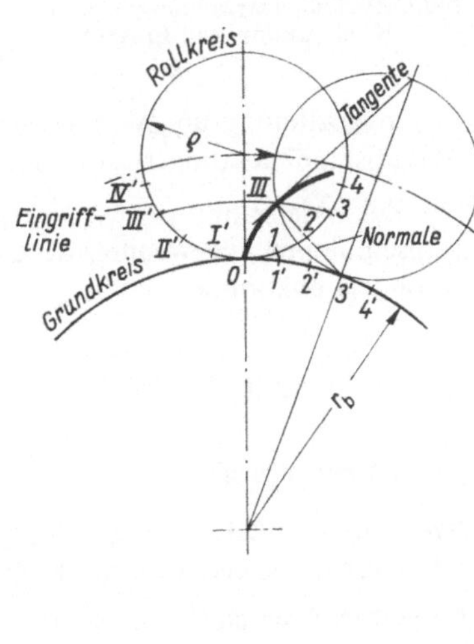

239.2 Epizykloide

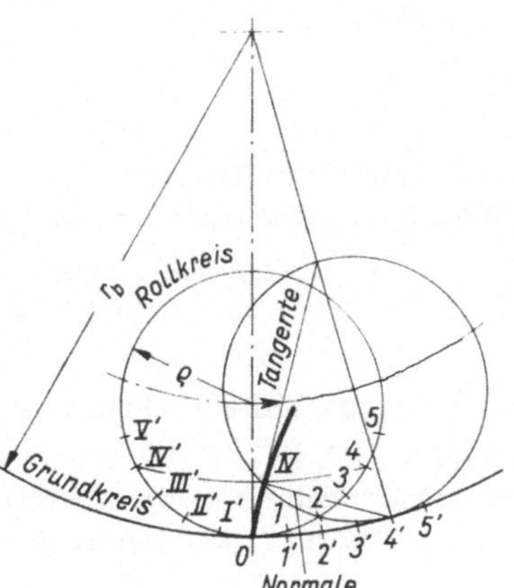

239.3 Hypozykloide

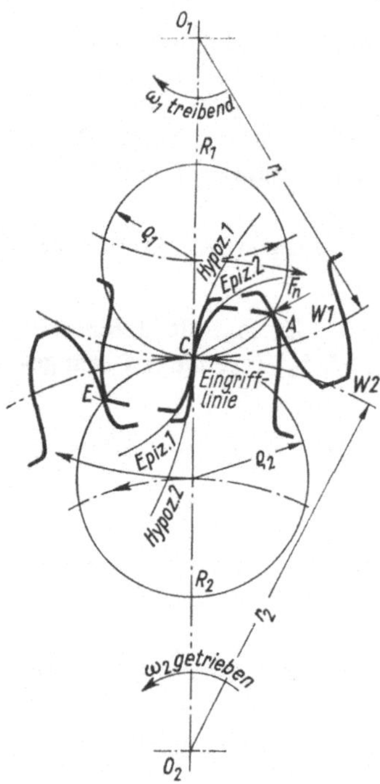

240.1 Zykloidenverzahnung: Konstruktion und Eingriff

Konstruktion der Zykloidenverzahnung. Im Bild **240.1** sind die Wälzkreise $W1$, $W2$ und die Rollkreise $R1$, $R2$ die Erzeugenden der Zykloiden. Bei der Zykloidenverzahnung erhält man günstige Eingriffverhältnisse, wenn die Rollkreishalbmesser $\varrho = (1/3 \cdots 2/5)r$ gewählt werden.

Rollt $R1$ in $W1$ ab, so entsteht die Hypozykloide 1, rollt $R2$ auf $W1$ ab, die Epizykloide 1. Beide Kurven ergeben die Zahnflanken des Rades 1 mit dem Wendepunkt im Wälzpunkt C.

Rollt $R2$ in $W2$ und $R1$ auf $W2$ ab, so entsteht die Zahnflanke des Rades 2. Die Eingrifflinie besteht aus Kreisbogen der Rollkreise. Die Eingriffstrecke g ist durch die Punkte A und E gekennzeichnet.

Eigenschaften und Anwendung. Bei der Zykloidenverzahnung ist stets ein konvexer Zahnkopf mit einem konkaven Zahnfuß im Eingriff. Dadurch wird die Flankenpressung herabgesetzt und der Verschleiß verringert. Jedoch hat der Wendepunkt im Wälzpunkt C zur Folge, daß Zykloidenverzahnungen empfindlich gegen Abweichungen vom theoretischen Achsabstand sind. Die Herstellung ist schwieriger als die der Evolventenverzahnung. Darum wird in der Regel die Evolventenverzahnung angewendet, deren besonderer Vorteil die Unempfindlichkeit gegen Achsabstandänderungen ist (s. Abschn. 8.3.1).

Die Zykloidenzahnform wird vorwiegend bei Zahnrädern in Uhren und für Flügel von Kapselpumpen angewendet, wo es auf bestmöglichen Eingriff und geringsten Verschleiß besonders ankommt.

8.3. Evolventenverzahnung an Geradstirnrädern

8.3.1. Grundbegriffe

Kreisevolvente (241.1). Jeder Punkt einer Geraden, die sich auf einem Kreis abwälzt, beschreibt eine Kreisevolvente (Fadenkonstruktion). Die mathematische Beziehung an den Einheitsevolventen (**241.1**) ist $AC = \overline{DC} = \tan\alpha$ und $\widehat{AB} = \text{inv}\,\alpha = \tan\alpha - \widehat{\alpha} = \widehat{\gamma}$. Die Evolventenfunktion inv α (sprich: involut) ist für Winkel $\alpha = 11° \cdots 50°$ in Tafel **A74.1** tabelliert.

Fadenkonstruktion (**241.2**). Sie erfolgt punktweise, indem man sich einen Faden vom Grundkreis abzuwickeln denkt. Dazu sind die Strecken $\overline{O1} = \widehat{O1'}$, $\overline{12} = \widehat{1'2'}$, ... aufzutragen. Durch 1, 2, ... werden konzentrische Kreise zum Grundkreis gezogen. Kreisbogen mit den Halbmessern $\overline{O1}$, $\overline{O2}$, ... um 1', 2', ... ergeben auf den konzentrischen Kreisen die Punkte I, II, ... der gesuchten Evolvente.

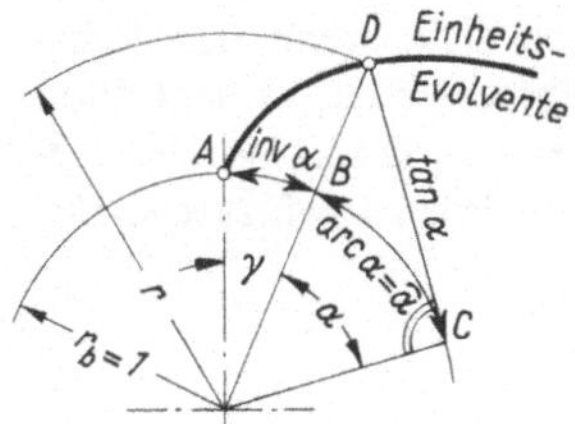

241.1 Einheitsevolvente

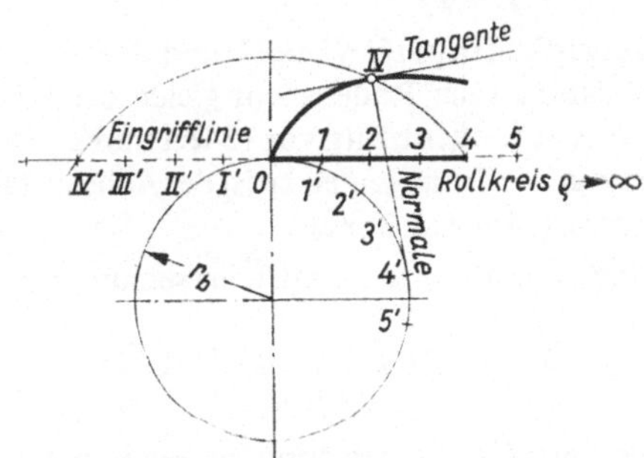

241.2 Fadenkonstruktion der Evolvente

Achsabstandunempfindlichkeit und äquidistante Evolventenscharen. Die Eingrifflinie ist bei der Evolventenverzahnung eine Gerade und tangiert den Grundkreis (**241**.1). Alle Evolventen liegen außerhalb der Grundkreise. Die Äquidistanz der Evolventen (**241**.3) zeigt sich in der Grundkreisteilung p_b und Eingriffteilung p_e. Aus den mathematischen Beziehungen (**241**.1) läßt sich nachweisen, daß $p_b = p_e$ ist.

Da für die Flankenform nur die Grundkreise maßgebend und durch sie die äquidistanten Evolventenscharen eindeutig bestimmt sind, ist die Evolventenverzahnung gegen Achsabstandänderungen unempfindlich. Diese Eigenschaft ist ein besonderer Vorteil (s. Abschn. 8.3.2).

Der Teilkreisdurchmesser d ist in der Verzahnungstechnik eine reine rechnerische Größe und darum fehlerfrei. Man unterscheidet

die Teilkreisteilung

$$p = \frac{\pi d}{z} \qquad (241.1)$$

und die Grundkreisteilung

$$p_b = \frac{\pi d_b}{z} \qquad (241.2)$$

Der Eingriffwinkel α ergibt sich aus der Beziehung in Bild **241**.3

$$\cos\alpha = \frac{r_{b1}}{r_1} = \frac{r_{b2}}{r_2} = \frac{p_b}{p} \qquad (241.3)$$

Der Eingriffwinkel ist mit $\alpha = 20°$ genormt.

Der Modul m ist festgelegt durch das Verhältnis

$$m = \frac{d}{z} = \frac{p}{\pi} \qquad (241.4)$$

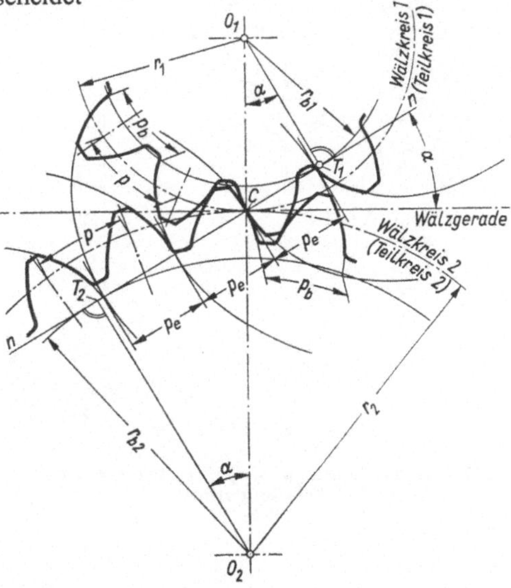

241.3 Evolventenverzahnung: äquidistante Evolventenscharen

Die Moduln für Stirn- und Kegelräder werden in mm angegeben. Sie sind in DIN 780 genormt, s. Tafel A89.1.

Betriebseingriffwinkel und Betriebswälzkreise ergeben sich, wenn der Achsabstand zweier Räder nicht gleich der Summe der Teilkreishalbmesser ist; es liegt dann Achsverschiebung vor (**242.1** und 2). Der Achsabstand $a_R = r_1 + r_2$ (**242.1**) ist eine Rechengröße. Im allgemeinen ist der Achsabstand gleich der Summe der Betriebswälzkreishalbmesser: $a = r_{w1} + r_{w2}$

Sind Achsabstand a und Übersetzung i bekannt, so können mit

$$i = \frac{r_{w2}}{r_{w1}} = \frac{r_2}{r_1} = \frac{z_2}{z_1} \qquad \text{und} \qquad a = r_{w1} + r_{w2}$$

die Betriebswälzkreisdurchmesser errechnet werden

$$d_{w1} = \frac{2a}{1+i} \qquad \text{und} \qquad d_{w2} = \frac{2ai}{1+i} \qquad (242.1)\ (242.2)$$

Aus Bild **242.2** ergibt sich $\cos \alpha_w = \dfrac{r_{b1} + r_{b2}}{a}$

Mit Gl. (241.3 und 4) folgt die Beziehung für den Betriebseingriffwinkel

$$\cos \alpha_w = \frac{d_{b1} + d_{b2}}{2a} = \frac{d_1 + d_2}{2a} \cos \alpha = \frac{z_1 + z_2}{2a} m \cos \alpha \qquad (242.3)$$

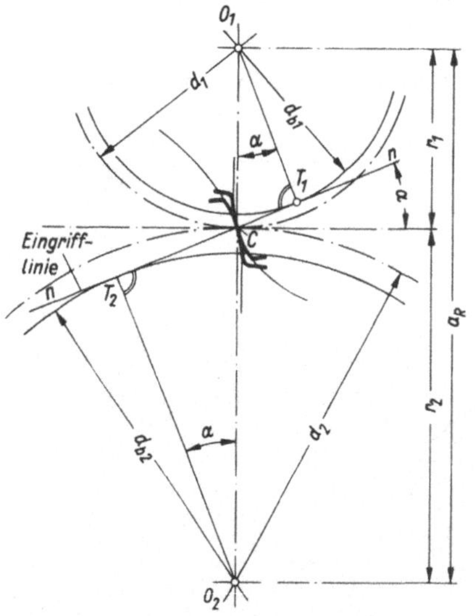

242.1 Achsabstand $a_R = r_1 + r_2$ bei $\alpha = 20°$ Eingriffwinkel (Sonderfall)

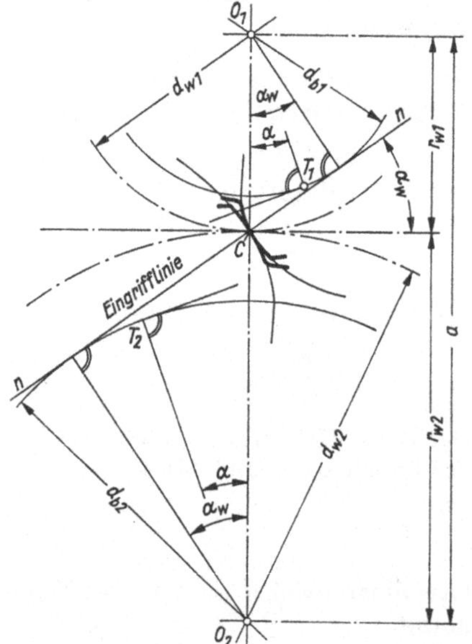

242.2 Achsabstand $a = r_{w1} + r_{w2}$ bei $\alpha_w \neq \alpha$ (allg. Fall)

Eingriffverhältnisse an Geradstirnrädern. Das Zahnstangenprofil, auch Planverzahnung genannt, stellt das Bezugsprofil nach DIN 867 für Stirn- und Kegelräder dar.

Die Zahnflanken der Zahnstange sind gerade, weil die Zahnstange als Zahnrad mit unendlich großem Teilkreis- und Grundkreisdurchmesser anzusehen ist. Die Profilmittellinie

BB (s. Bild 243.1) schneidet das Bezugsprofil so, daß auf ihr die Zahndicke gleich Zahnlücke gleich der halben Teilung ist

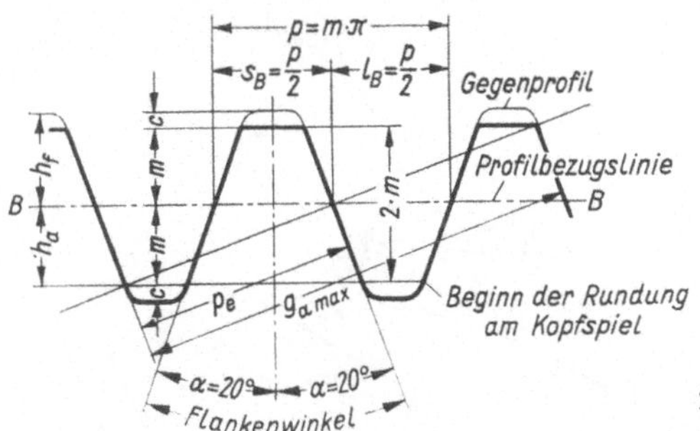

243.1 Bezugsprofil für Stirnräder nach DIN 867

$$s_B = l_B = \frac{p}{2} \tag{243.1}$$

Die Zahnhöhe h (gleich Lückentiefe) ist die Summe aus Kopfhöhe h_a und Fußhöhe h_f

$$h = h_a + h_f = 2m + c \tag{243.2}$$

Hierbei wurde $h_f = 1\,m + c$ mit dem Kopfspiel c eingesetzt, das vom Verzahnungswerkzeug (246.2) abhängt und $(0{,}2 \cdots 0{,}3)\,m$ betragen soll. Die ISO-Empfehlung[1]) (DIN 867) schlägt den Wert $c = 0{,}25\,m$ vor. Beim V-Getriebe ist als kleinstes rechnerisches Kopfspiel $c_{min} = 0{,}12$ m zulässig (s. S. 256).

Die Relativgeschwindigkeit $w = w_1 - w_2$ (s. Abschn. 8.1.1) nimmt proportional dem Abstand $\overline{CB}$ (237.1) zu. Für den Wälzpunkt C ist $w = 0$.

Daraus folgt, daß bei zwei im Eingriff befindlichen Zahnflanken das Gleiten und der dadurch verursachte Verschleiß um so größer wird, je näher der Berührungspunkt B an den Grundkreis herankommt. Die Verhältnisse der Gleitbewegung beim Abwälzen zweier Zahnflanken sind in Bild 244.1 dargestellt. Danach ist Flanke 1 in die Teile $l_1, l_2, \ldots$ aufgeteilt. Auf diesen Teilen gleiten die Teile $l_1', l_2', \ldots$ der Gegenflanke 2. Für die Teile l_1 und l_1' ist der Konstruktionsverlauf mit Pfeilen gekennzeichnet (s. auch Abschn. 8.1). Die relative Gleitgeschwindigkeit kann z. B. für den Berührungspunkt B' aus Bild 244.2 (s. auch Bild 237.1) analytisch ermittelt werden. Aus der Ähnlichkeit der Dreiecke $\Delta O_1 T_1 B' \sim \Delta B' D G$ und $\Delta O_2 T_2 B' \sim \Delta B' D H$ folgen

$$\frac{w_1}{v_1} = \frac{\overline{T_1 B'}}{r_1} = \frac{\varrho_1}{r_1} \quad \text{und} \quad \frac{w_2}{v_2} = \frac{\overline{T_2 B'}}{r_2} = \frac{\varrho_2}{r_2}$$

Hierin sind $\varrho_1 = \overline{T_1 B'}$ und $\varrho_2 = \overline{T_2 B'}$ die Krümmungshalbmesser der Flanken im Berührungspunkt B'. Damit ergibt sich

$$w_1 = v_1 \frac{\varrho_1}{r_1} \quad \text{und} \quad w_2 = v_2 \frac{\varrho_2}{r_2}$$

Mit $v_1 = r_1 \omega_1$ und $v_2 = r_2 \omega_2$ erhält man die Gleitgeschwindigkeiten

$$w_1 = \varrho_1 \omega_1 \quad \text{und} \quad w_2 = \varrho_2 \omega_2$$

und die Relativgeschwindigkeit

$$w = w_1 - w_2 = \varrho_1 \omega_1 - \varrho_2 \omega_2 \tag{243.3}$$

---

[1]) ISO = International Organization for Standardization

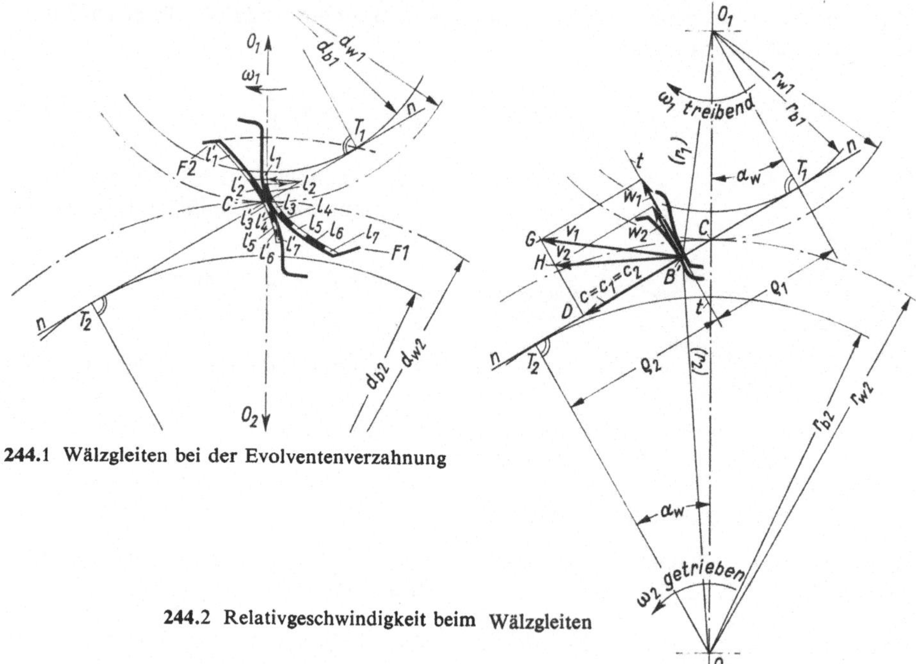

244.1 Wälzgleiten bei der Evolventenverzahnung

244.2 Relativgeschwindigkeit beim Wälzgleiten

Im Wälzpunkt C wechselt die Relativgeschwindigkeit ihre Richtung. Aus Gl. (243.3) und Bild **244.**1 geht hervor, daß mit zunehmender Krümmung der Evolvente das Wälzgleiten zweier Zahnflanken ungünstiger wird. Darum ist das Eingriffprofil so weit wie möglich vom Grundkreis entfernt zu wählen.

Eingriffstrecke und Eingrifflänge (**245.**1) (s. auch Abschn. 8.1). Während der Berührungspunkt zweier im Eingriff stehender Zahnflanken die Eingriffstrecke $g_\alpha = \overline{ACE}$ durchläuft, legen die Wälzkreise auf der Wälzgeraden die Eingrifflänge $e = \overline{A_w C E_w}$ zurück. Die an einer Zahnstange vorhandene Eingrifflänge entspricht danach dem Eingriffbogen am Zahnrad. Durch den Wälzpunkt C wird die Eingrifflänge e in die Teillängen e_1 und e_2 unterteilt.

Damit wird $e = e_1 + e_2 = \dfrac{\overline{AE}}{\cos\alpha} = \dfrac{g_\alpha}{\cos\alpha}$

Profilüberdeckung. Nach Abschn. 8.1 ist die Profilüberdeckung

$$\varepsilon_\alpha = \frac{\text{Eingriffbogen}}{\text{Wälzkreisteilung}}$$

also ist bei der Evolventenverzahnung

$$\varepsilon_\alpha = \frac{\text{Eingrifflänge}}{\text{Teilung}} = \frac{e}{p} = \frac{\text{Eingriffstrecke}}{\text{Eingriffteilung}} = \frac{\overline{AE}}{p_e} = \frac{\overline{AE}}{p\cos\alpha} \tag{244.1}$$

Hierin ist $\quad \overline{AE} = \overline{T_1 E} + \overline{T_2 A} - \overline{T_1 T_2}$

Mit $\overline{T_1E} = \sqrt{r_{a1}^2 - r_{b1}^2}$

$\overline{T_2A} = \sqrt{r_{a2}^2 - r_{b2}^2}$

$\overline{T_1T_2} = a \sin \alpha_w = \sqrt{a^2 - (r_{b1} + r_{b2})^2}$

wird $$\varepsilon_\alpha = \frac{\overline{AE}}{p \cos \alpha} = \varepsilon_1 + \varepsilon_2 - \varepsilon_a$$

$$= \frac{\sqrt{r_{a1}^2 - r_{b1}^2}}{p \cos \alpha} + \frac{\sqrt{r_{a2}^2 - r_{b2}^2}}{p \cos \alpha} - \frac{a \sin \alpha_w}{p \cos \alpha} \tag{245.1}$$

Die theoretisch größte Profilüberdeckung ergibt sich, wenn die Zähnezahlen z_1, z_2 gegen unendlich gehen (**243**.1). Mit

$$g_{\alpha\,\max} = \frac{2\,m}{\sin \alpha} \quad \text{aus } \mathbf{243}.1$$

wird $$\varepsilon_{\alpha\,\max} = \frac{g_{\alpha\,\max}}{p \cos \alpha} = \frac{g_{\alpha\,\max}}{m\pi \cos \alpha}$$

$$= \frac{2\,m}{m\pi \cos \alpha \sin \alpha} = \frac{4}{\pi \sin 2\,\alpha}$$

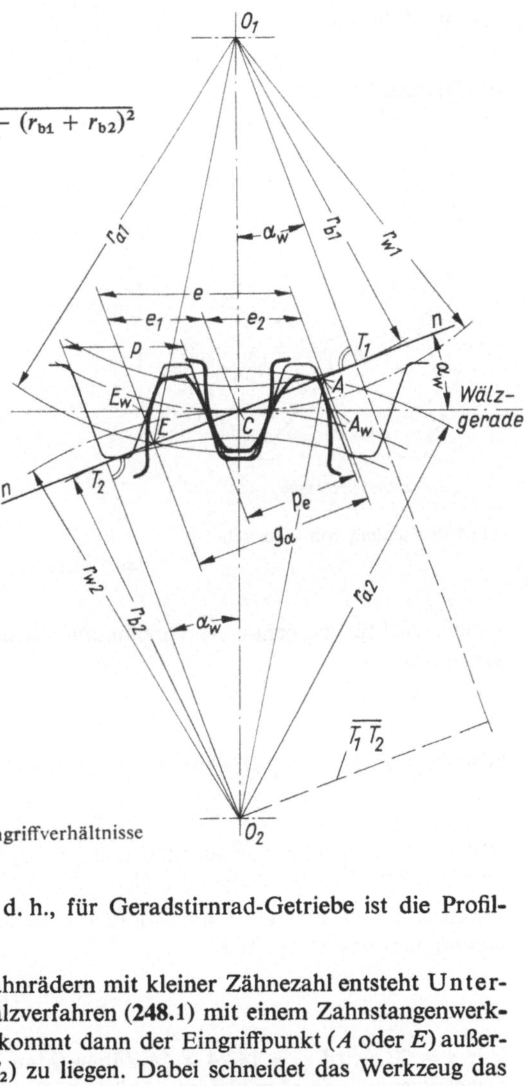

245.1 Eingriffverhältnisse

Für $\alpha = 20°$ ergibt sich $\varepsilon_{\alpha\,\max} = 1{,}98$, d. h., für Geradstirnrad-Getriebe ist die Profilüberdeckung $\varepsilon_\alpha < 1{,}98$.

Unterschnitt und Grenzzähnezahl. Bei Zahnrädern mit kleiner Zähnezahl entsteht Unterschnitt, wenn die Verzahnung im Wälzverfahren (**248**.1) mit einem Zahnstangenwerkzeug hergestellt wird. Nach Bild **246**.1 kommt dann der Eingriffpunkt (A oder E) außerhalb des Normalpunktes T (T_1 oder T_2) zu liegen. Dabei schneidet das Werkzeug das Fußstück FG von der Evolvente ab und höhlt den anschließenden Teil des zum Radmittelpunkt gerade weiterlaufenden Zahnfußes aus. Dadurch wird neben der Schwächung des Zahnfußes die Eingriffstrecke verkürzt und die Profilüberdeckung verringert.

Grenzzähnezahl z_g eines Rades ist die Zähnezahl, bei der noch gerade kein Unterschnitt auftritt, wenn die Verzahnung mit einem Zahnstangenwerkzeug erfolgt (**246**.2). Dabei liegen Kopfeckpunkt K und Normalpunkt T auf einer Parallelen zur Wälzgeraden des Zahnstangenwerkzeuges. Mit $h_a = h^* m$ ergibt sich

$$\sin \alpha = \frac{h^* m}{\overline{TC}} \quad \text{und} \quad \sin \alpha = \frac{\overline{TC}}{r}$$

Hieraus folgt mit $\overline{TC} = \dfrac{h^* m}{\sin\alpha}$ und $r = \dfrac{z_g m}{2}$

die Grenzzähnezahl

$$z_g = \frac{2}{\sin^2\alpha} h^* \tag{246.1}$$

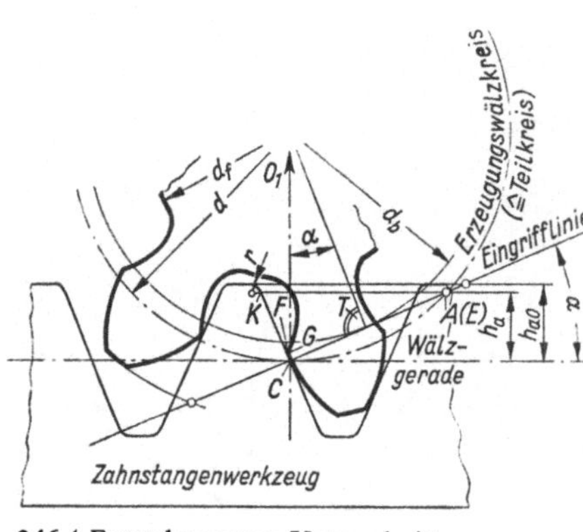

246.1 Entstehung von Unterschnitt

246.2 Grenzrad für genormte Verzahnung (nach DIN 867)

Damit wird für die genormte Verzahnung mit dem Zahnhöhenfaktor $h^* = 1$ die Grenzzähnezahl

$$z_g = \frac{2}{\sin^2\alpha} \tag{246.2}$$

Also beträgt die theoretische Grenzzähnezahl bei

$$\alpha = 20^\circ \qquad z_g = 17{,}097 \approx \mathbf{17\ Zähne}$$

Wählt man für den Entwurf die Zähnezahl $z < z_g$, so ist stets die Profilüberbedeckung ε_α der im Eingriff befindlichen Räder zu prüfen.

Praktisch ist ein geringer Unterschnitt oft bedeutungslos. Darum wählt man als praktische Grenzzähnezahl

$$z_g' \approx (5/6)\, z_g \tag{246.3}$$

Für $\alpha = 20°$ wird $z_g' = 14{,}24 \approx 14$ Zähne. Man kann auch die Kopfhöhe des Zahnstangenwerkzeugs $h_a = h^* m$ kleiner wählen; z. B. für $h^* = 5/6$ wird $z_g \approx 14$, s. Gl. (246.1). Unterschnitt wird durch eine Korrektur der Verzahnung vermieden. Dabei wird das Verzahnungswerkzeug vom Radkörper so weit abgerückt, daß beim nachfolgenden Abwälz-Verzahnen der Kopfeckpunkt K des Werkzeugs höchstens auf der Höhe des Normalpunktes T (**246.**2) wirksam wird. Diesen Verzahnungsvorgang nennt man Profilverschiebung (s. Abschn. 8.3.2).

Satzräder sind Austauschräder gleichen Moduls mit verschiedener Zähnezahl, die zu einem „Satz" gehören und sich zum Zusammenlauf untereinander beliebig paaren lassen. Im Gegensatz hierzu nennt man Räder, die nur mit einem bestimmten Gegenrad kämmen können, Einzelräder.

Man erhält Satzräderverzahnungen mit Hilfe von Bezugsprofilen, bei denen die Eingrifflinien auf 180° Umschlag um den Wälzpunkt C symmetrisch sind. Dann ist die Zahnform am Zahnstangen-, Bezugs- und Werkzeugprofil um 180° gedreht gleich der Lückenform. Für alle herzustellenden Räder gleichen Moduls ist nur ein einziges Werkzeug erforderlich. Das DIN-Bezugsprofil für die Evolventenverzahnung ist mit seinen geraden und symmetrischen Eingrifflinien und mit den daher auch vollkommen symmetrischen Zähnen eine einfache Form eines Satzräder-Bezugsprofils. Mit ihm hergestellte und beliebig gepaarte Null-Räder zeichnen sich aus durch:

1. gemeinsame, durch den Wälzpunkt C gehende Profilmittellinie $\overline{BB}$
2. gleiche Rechnungs-, Herstellungs- und Betriebseingriffwinkel
3. gleiche Grundkreisteilung $p_b = p \cos \alpha$
4. gleiche Zahnhöhen und gleiche Zahndicken sowie Lückenweiten auf den Wälzkreisen
5. symmetrische Zähne

Wenn nicht besondere Gründe für die Null-Verzahnung sprechen, werden Satzräder jedoch mit 05-Verzahnung ausgeführt (s. Abschn. 8.3.2).

Zahnflanken können entweder im Form- oder im Wälzverfahren hergestellt werden. Bezugsprofile von Verzahnwerkzeugen s. DIN 3972.

Formverfahren. Gebräuchlich sind:

1. Die Formgebung der Zahnflanken in Gießformen durch Modelle oder Schablonen; Anwendung bei Zahnrädern aus Gußeisen oder Stahlguß mit gegossenen Zähnen für Umfangsgeschwindigkeiten $v \leqq 1{,}5$ m/s.

2. Die Herstellung der vollständigen Zahnräder in Druckgußformen; Anwendung bei Zahnrädern aus Nichteisenmetallen.

3. Die Herstellung der vollständigen Zahnräder aus Kunstharzpreßstoffen in Spritzgußformen; Anwendung bei Zahnrädern mit geringer Belastung und für große Laufruhe.

4. Die Flankenerzeugung durch spangebende Formung. Sie erfolgt mit Modulwerkzeugen auf Universalfräsmaschinen mit Teilkopf. Die Werkzeuge, wie Profilscheibenfräser, Profilfingerfräser, Profilstoßmeißel, sind nach den Zahnlücken profiliert (**247.1**). Jede Zahnlücke wird längs der Radachse einzeln gefräst. Darum ist die Form des Werkzeugs von der Zähnezahl des Rades abhängig. Man verzichtet beim Formverfahren auf eine theoretisch genaue Flankenform und benutzt jeweils ein Werkzeug für mehrere Zähnezahlen. Die hierfür verwendeten Fräser nennt man Modulfräser, da sie nach den Moduln gestuft und in Sätzen zusammengestellt sind.

Anwendung: Nur dann, wenn keine zu große Genauigkeit an die Flankenform und Teilung gestellt wird.

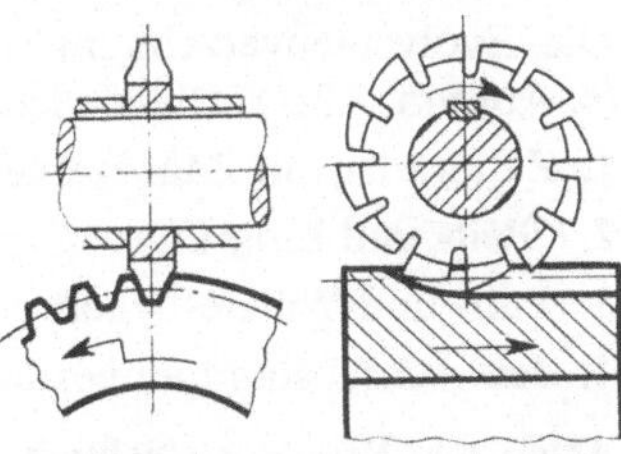

247.1 Fräsen der Zahnlücke mit Profilscheibenfräser

Wälzverfahren. Die spangebende Formung im Wälzverfahren kann durch Hobeln, Fräsen, Stoßen, Schaben und Schleifen erfolgen. Bei diesem Verfahren bestehen während der spangebenden Formung die gleichen kinematischen Verhältnisse wie beim Lauf der Räder im Getriebe.

Wälzhobeln (**248.1**). Das zahnstangenförmige Werkzeug (Kammeißel) ist in seiner Länge begrenzt und erfordert darum während der Verzahnung ein Zurückschieben des Werkstücks in seine Ausgangslage. Beim Verzahnen rollt der (Erzeugungs-)Wälzkreis, der dem Teilkreis mit $d = zm$ entspricht, auf der Wälzgeraden des Werkzeugs ab. Das Werkstück dreht sich und wird parallel zur Wälzgeraden bewegt, wenn das Werkzeug außer Eingriff ist. Während der oszillierenden Schneidbewegung des Kammeißels steht das Werkstück. Dabei entsteht die Zahnflanke als Hüllschnitt (248.2).

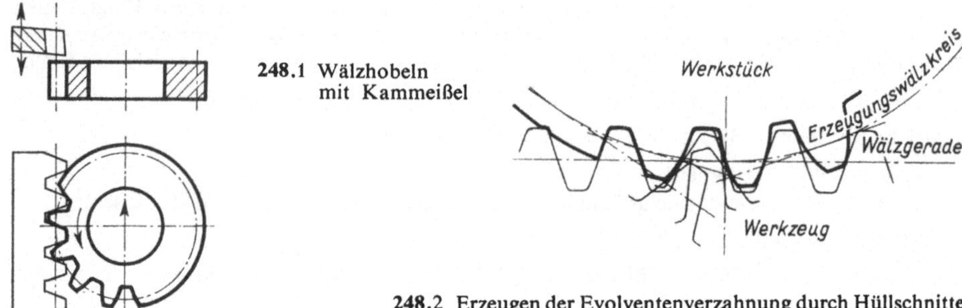

248.1 Wälzhobeln mit Kammeißel

248.2 Erzeugen der Evolventenverzahnung durch Hüllschnitte

Wälzfräsen. Der Wälzfräser kann als Grundzylinder mit mehreren zahnstangenförmigen Werkzeugen angesehen werden. Beim Verzahnen führt das Werkzeug eine Drehbewegung und eine Vorschubbewegung aus. Das Werkstück dreht sich so schnell, daß es nach einer Umdrehung des Wälzfräsers um eine Teilkreisteilung weitergedreht ist.

Wälzstoßen. Anstelle des zahnstangenförmigen Werkzeugs kann ein Schneidrad (= Stoßrad) verwendet werden. Das Stoßrad schneidet bei der Abwärtsbewegung. Ist das Stoßrad nach dem Rückschub außer Eingriff, so führen Werkstück und Werkzeug schrittweise eine Wälzbewegung aus, die dem Vorschub entspricht.

Feinstbearbeitungsverfahren. Um die Genauigkeit des Eingriffs der Zahnräder zu erhöhen, werden die Zahnflanken insbesondere durch Schaben und Schleifen im Wälzverfahren nachbearbeitet. Zahnräder in Schaltgetrieben müssen eine gerundete Zahnstirn haben, damit die Räder leichter in Eingriff zu bringen sind. Das Runden erfolgt auf Sondermaschinen.

Profilwalzen von Zahnrädern und Glattfeinwalzen von Zahnflanken[1]) ist ein wirtschaftliches Fertigungsverfahren, wie es sinngemäß vom Gewindewalzen bekannt ist.

8.3.2. Profilverschiebung an Geradstirnrädern mit Evolventenverzahnung

Die Evolventenverzahnung ist gegen Achsabstandänderungen unempfindlich (s. Abschn. 8.3.1). Diese wichtige Eigenschaft wird genutzt, um

1. Zahnräder mit Zähnezahlen $z < z_g'$ ohne Unterschnitt herzustellen
2. Gleit- und Eingriffverhältnisse zu verbessern
3. Fuß- und Wälzfestigkeit der Zähne zu erhöhen
4. den Achsabstand an bestimmte Einbauverhältnisse anzupassen.

Arten der Profilverschiebung. Je nach Lage der Profilmittellinie *BB* (s. Abschn. 8.3.1) zum Teilkreis unterscheidet man bei der Herstellung von Außenverzahnungen V-Räder und Null-Räder.

V-Räder mit positiver Profilverschiebung werden V_{plus}-Räder genannt. Bei ihnen ist die Profilmittellinie *BB* um den Betrag

$$v = xm \qquad (248.1)$$

[1]) Finkelnburg, H. H.: Über eine interessante Entwicklung zum Profilwalzen von Zahnrädern s. Klebzig Fachberichte 8/1970 (78). Düsseldorf

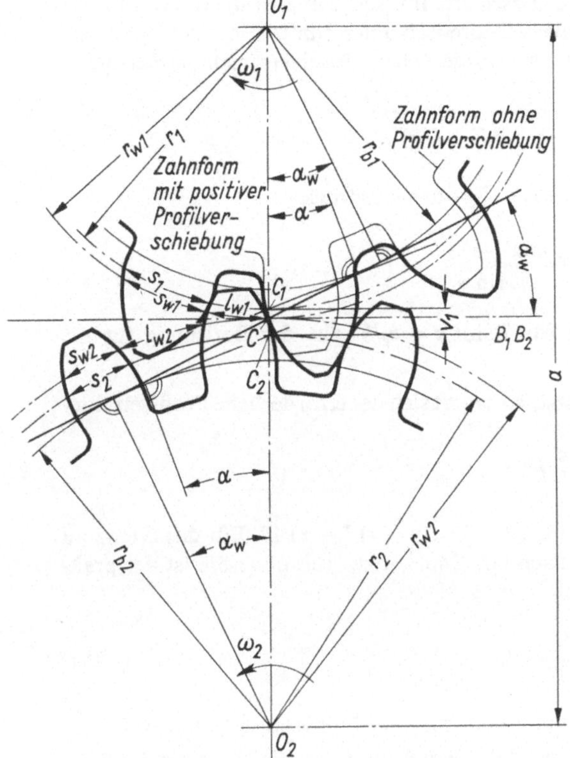

vom Radmittelpunkt radial verschoben. Dadurch wird die Zahndicke größer (**249**.1). Die Profilverschiebung v ist das Produkt aus Profilverschiebungsfaktor x und Modul m (**249**.2).

249.1 Getriebe mit positiver Profilverschiebung des Rades 1 s. auch (**254**.1.)

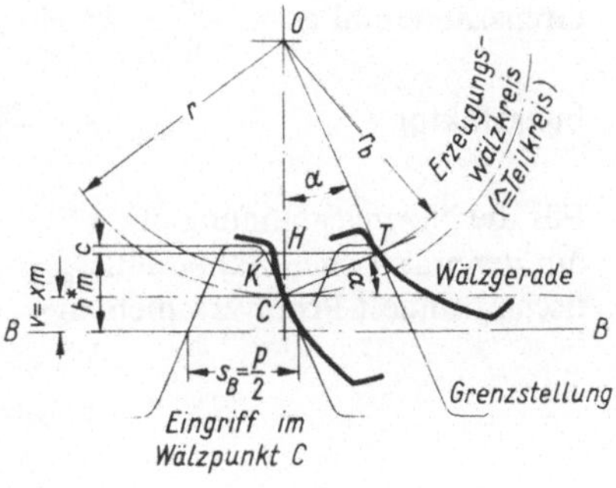

249.2 Entwicklung des Grenzrades

V-Räder mit negativer Profilverschiebung werden V_{minus}-Räder genannt. Bei ihnen ist die Profilmittellinie *BB* um den Betrag v zum Radmittelpunkt hin radial verschoben. Der Profilverschiebungsfaktor x ist negativ.

Null-Räder. Bei ihnen tangiert die Profilmittellinie *BB* den Teilkreis. Null-Räder sind der besondere Fall der V-Räder mit der Profilverschiebung $v = 0$.

V-Räder mit $x = 0,5$ sollten zur Steigerung der Tragfähigkeit anstatt der Null-Räder verwendet werden, wenn kein besonderer Achsabstand vorgeschrieben ist. Diese geradverzahnten Stirnräder mit der Bezeichnung 05-Verzahnung sind in DIN 3994 und 3995 genormt.

Die Verzahnung mit Profilverschiebung erfolgt im Wälzverfahren mit normalen Werkzeugen.

Einfluß der Profilverschiebung auf die Zahnform. Bei der Profilverschiebung ändern sich die Kopf- und Fußkreisdurchmesser des Rades.

Die positive Profilverschiebung ergibt eine größere Zahndicke und einen spitzeren Zahn (s. Bild **249**.1).

Die Profilverschiebung ist durch die Profilüberdeckung $\varepsilon_{\alpha\,min}$ oder durch Spitzenbildung des Zahnes begrenzt. Die Zahndicke am Kopfkreis soll bei ungehärteten Zähnen $s_a \geqq 0,2\,m$ und bei gehärteten Zähnen $s_a \geqq 0,4\,m$ sein.

Profilverschiebung zur Vermeidung von Unterschnitt. Im Bild **249**.2 ist die positive Profilverschiebung $v = xm$ gerade so groß, daß ein theoretisch unterschnittfreies Rad (= Grenzrad) entsteht. Die Berechnung des hierzu erforderlichen Profilverschiebungsfaktors x folgt aus der Beziehung

$$\sin\alpha = \frac{\overline{HC}}{\overline{TC}} = \frac{h^* m - xm}{\overline{TC}}$$

Hieraus ergibt sich mit $\overline{TC} = r \sin\alpha$ und $r = \frac{zm}{2}$ der Ausdruck

$$\sin\alpha = 2\frac{m(h^* - x)}{zm \sin\alpha}$$

Daraus folgt $x = h^* - \frac{z}{2/\sin^2\alpha}$. Wird für $2/\sin^2 a = z_g/h^*$ aus der Beziehung für die Grenzzähnezahl $z_g = \frac{2}{\sin^2\alpha} h^*$ eingesetzt, so ergibt sich der erforderliche Profilverschiebungsfaktor

$$x = \frac{z_g - z}{z_g} h^*$$

Für die Normverzahnung mit $h^* = 1$ und $z_g = 17$ ist $x = (17 - z)/17$. Für das Grenzrad mit der praktischen Zähnezahl $z'_g = 14$ nach Gl. (246.3) bzw. mit $h^* \approx 5/6$ ist der praktische Mindest-Profilverschiebungsfaktor

$$x_{\min} = \frac{14 - z}{17} \tag{250.1}$$

Den Zusammenhang von Profilverschiebungsfaktor x und Zähnezahl z s. Bild **A96**.1.
Je kleiner die Zähnezahl ist, um so größer ist die festigkeitssteigernde Wirkung der positiven Profilverschiebung.

8.3.3. Innenverzahnung

Innenverzahnte Stirnräder nennt man Hohlräder. Die Zahnflanken eines evolventenverzahnten Hohlrades sind konkav. Der Kopfkreis ist kleiner als der Teilkreis (**251**.1.) Beim Innengetriebe haben die Flanken von Hohlrad und Ritzel (als Außenrad) gleiche Krümmungsrichtung. Dadurch ergeben sich gegenüber Außengetrieben Vorteile:

1. größere Profilüberdeckung und damit größere Laufruhe
2. geringere Hertzsche Pressung[1]) (s. Abschn. 8.3.8) an der Flankenberührung und damit größere Belastbarkeit der Flanken
3. größere Zahnfüße und dadurch geringere Beanspruchung im Zahnfuß
4. geringerer Raumbedarf des Getriebes

Damit die Berechnung der geometrischen Abmessungen und der Tragfähigkeiten mit den gleichen Formeln wie für Außenverzahnungen durchgeführt werden können, erhalten bei der Innenverzahnung (gemäß DIN 3960, Neufassung 1970) ein negatives Vorzeichen: die Zähnezahl (z_2) des Hohlrades und alle von ihr abgeleiteten Größen, alle Durchmesser des Hohlrades, der Achsabstand a beim Hohlradgetriebe und das Zähnezahlverhältnis $u = z_{\text{Hohlrad}}/z_{\text{Ritzel}}$. Die Zahnhöhe und die Prüfmaße bleiben positiv.

---

[1]) Hertz, H.: Über die Berührung fester elastischer Körper. Bd. 1 d. Gesam. Werke Leipzig 1895

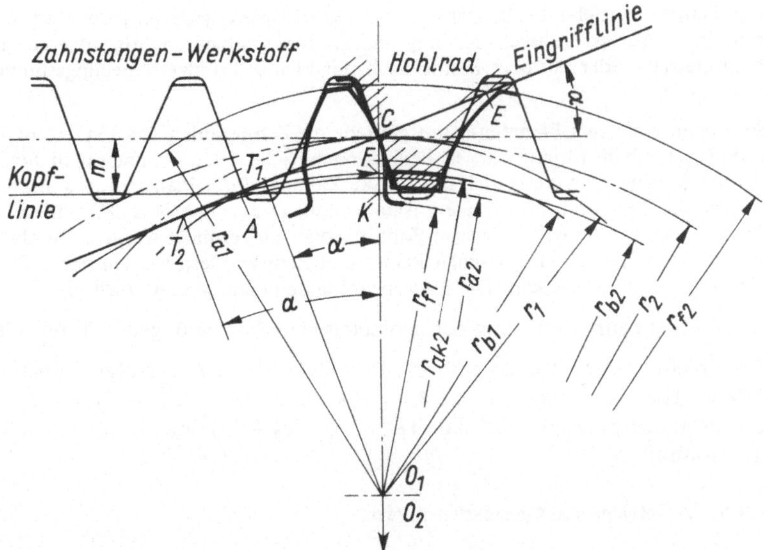

251.1 Kopfkürzung des Hohlrades zur Vermeidung der Eingriffstörung bei der Herstellung bzw. im Betrieb.
Eingriffpunkt A = Schnittpunkt der Zahnstangen-Kopflinie mit der Eingrifflinie
Eingriffpunkt E = Schnittpunkt des Schneidrad- bzw. Ritzelkopfkreises (r_{a1}) mit der Eingrifflinie

Die Herstellung der Innenverzahnung ist teurer als die der Außenverzahnung. Hohlräder werden mit Schneidrädern durch Abwälzstoßen oder Scheibenwälzfräsen hergestellt. Erfolgte die Herstellung des verwendeten Werkzeugs selbst durch ein Zahnstangenwerkzeug, so wird bei der Innenverzahnung der Eingriff der Flanken durch die Kopfkante des Zahnstangenwerkzeugs begrenzt (**251.1**). Der Eingriffpunkt A bestimmt die aktive Profillänge bzw. die Kopfhöhe des Hohlrades h_{a2}, der Halbmesser $\overline{AO_2}$ bestimmt den Kopfpreis des Hohlrades r_{ak2} und die notwendige Kopfkürzung KF. Zur Vermeidung der Eingriffstörung ist die Kopfhöhe h_a des Hohlrades dann bei $|z_2| \geqq z_1 + 10$ mit den Werten der Tafel **A90.1** zu vergleichen.

Bei $|z_2| < z_1 + 10$ ist h_a des Hohlrades (am besten durch zeichnerische Ermittlung) noch kleiner auszuführen.

Damit die Zähne eines Zahnradgetriebes frei austreten können, soll die Zähnezahl des Hohlrades (bei axialer Montage des Ritzels) $|z_2| \geqq z_1 + 10$ betragen. Müssen beide Zahnräder in radialer Richtung montiert werden, soll $|z_2| \geqq z_1 + 15$ sein.

Innenzahnräder können wie Außenzahnräder mit Profilverschiebung ausgeführt werden. Sie ist positiv, wenn (wie bei Außenverzahnungen) die Zahndicke damit vergrößert wird. Dies geschieht durch Verschiebung des Verzahnungswerkzeugs radial zum Radmittelpunkt hin.

Für die Wahl der Profilverschiebung sind folgende Gesichtspunkte maßgebend (DIN 3993): Vermeiden von Eingriffstörungen bei Betrieb und Zusammenbau, Tragfähigkeit und Laufeigenschaften des Radpaares, Vermeiden von Eingriffstörungen bei Erzeugung des Hohlrades.

V-Null-Radpaare sind bei Innenradpaaren vorteilhafter anwendbar als bei Außenradpaaren. Der 0,5-V-Null-Verzahnung mit $x_1 = +0{,}5$ und $x_2 = -0{,}5$ soll hierbei der Vorzug gegeben werden. V-Radpaare sind vorwiegend mit negativer Profilverschiebungssumme vorzusehen.

Für Planetengetriebe der Bauart nach Bild **338**.2a bietet sich an, jedes Rad der Außenradpaarung mit positiver Profilverschiebung und die Innenradpaarung als entsprechend passendes V-Null-Getriebe oder mit dem Betrag nach nur kleiner Profilverschiebungssumme auszulegen (s. Beispiel 6).

Sind beim einfachen Planeten-Minusgetriebe die Zähnezahlen des Sonnen- und des Hohlrades z_1 und z_2 durch die Montierbarkeitsbedingungen nach Gl. (342.1) und durch die geforderte Übersetzung festgelegt, so ergibt sich oft für die Zähnezahl des Planetenrades nach der Bedingung, bei der die Teil- und Wälzkreise zusammenfallen, $z_p = (z_2 - z_1)/2$, ein gebrochener Wert. Dieser kann auf die nächste ganze Zahl ab- oder aufgerundet werden. Die dadurch bedingten ungleichen Achsabstände zwischen Planet und Zentralrädern werden durch Profilverschiebung wieder gleich groß gemacht. Die Räderpaare laufen dann wieder spielfrei.

Die Formeln zur Ermittlung der geometrischen Abmessungen s. Tafel **A76.1**.

Die Ableitung der Gleichung für die Profilüberdeckung ε_α erfolgt ähnlich wie die der Gl. (**244**.1). Hier ist jedoch für die Eingriffstrecke $\overline{AE} = \overline{T_1E} - \overline{T_2A} + \overline{T_1T_2}$ einzusetzen. Die Profilüberdeckung wird damit $\varepsilon_\alpha = \varepsilon_1 - \varepsilon_2 + |\varepsilon_\alpha|$ mit ε_1 für das Ritzel und ε_2 für das Hohlrad.

8.3.4. V-Getriebe mit Geradstirnrädern

Der Achsabstand a eines V-Getriebes ist nicht gleich der Summe der Teilkreishalbmesser $(r_1 + r_2)$.

Ist der Achsabstand a nicht besonders vorgeschrieben, so soll (nach Abschn. 8.3.2) möglichst ein V-Getriebe mit 05-Verzahnung ($x = 0,5$ für beide Räder) ausgeführt werden.

Anwendung der V-Getriebe:

1. Zur Vermeidung von Unterschnitt. Sind die Zähnezahlen $z_1 < z'_g$ und $z_2 < z'_g$ oder $z_1 < z'_g$ und $z_2 > z'_g$, aber $z_1 + z_2 < 2z'_g$, so müssen die Mindestprofilverschiebungsfaktoren x_1 und x_2 nach Gl. (250.1) berücksichtigt werden (Bild A96.1).

2. Zur Einhaltung eines bestimmten Achsabstandes a. Oft ergibt sich nämlich bei vorgegebener Übersetzung für ein Getriebe mit Bezugsprofil nach DIN 867 ein Achsabstand a, welcher der Summe der Teilkreishalbmesser $(r_1 + r_2)$ nicht gleich ist.

3. Zur Paarung eines V-Rades mit einem Null-Rad

4. Zur Verbesserung der Tragfähigkeit und der Gleitverhältnisse

Das V-Null-Getriebe ist ein Sonderfall des V-Getriebes (s. auch Abschn. 8.3.2).

Berechnung der Zahndicke. Die Zahndicke am Teilkreis (= Erzeugungswälzkreis) ergibt sich bei Zahnrädern mit Profilverschiebung nach Bild **252**.1.

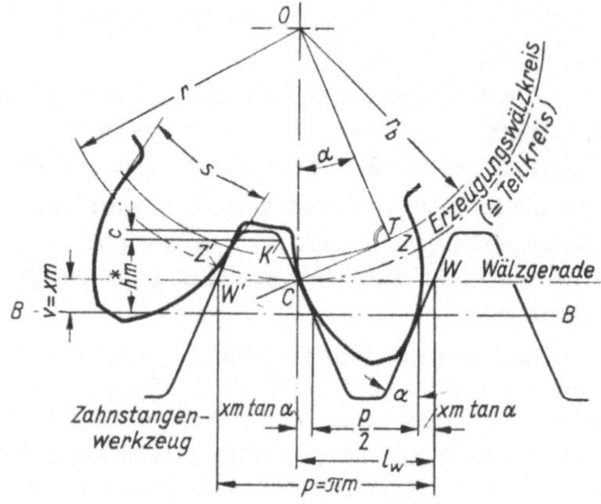

252.1 Zahndicke am Teilkreis bei V-Rädern

Der Erzeugungswälzkreis rollt stets auf der Wälzgeraden des Werkzeugs ab. Also ist das Maß der Zahndicke s am Rad gleich der Zahnlücke l_w auf der jeweiligen Wälzgeraden des Werkzeugs

$$\widehat{CZ} = \overline{CW} \qquad \text{und} \qquad \widehat{ZZ'} = \overline{WW'} = p = \pi m$$

Bei positiver Profilverschiebung $v = xm$ (V_{plus}-Rad) ist die Zahndicke s am Teilkreis (ohne Flankenspiel)

$$s = \frac{p}{2} + 2xm \tan\alpha = m\left(\frac{\pi}{2} + 2x\tan\alpha\right) \tag{253.1}$$

Bei V_{minus}-Rädern ist das Vorzeichen des Profilverschiebungsfaktors x umzukehren.

Die Zahndicke s'' an beliebiger Stelle eines Zahnes erhält man mit Hilfe der Evolventenfunktion (s. Abschn. 8.3.1). Nach Bild **253.1** ist

$$\widehat{AC} = \overline{DC} = r_b \tan\alpha'' \qquad \widehat{AB} = r_b \operatorname{inv}\alpha'' = r_b(\tan\alpha'' - \widehat{\alpha''})$$

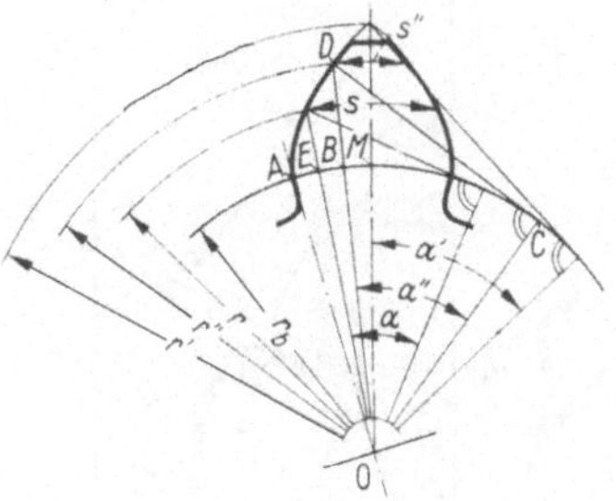

$$\text{und} \qquad \widehat{AE} = r_b \operatorname{inv}\alpha = r_b(\tan\alpha - \widehat{\alpha})$$

Ferner verhalten sich

$$\frac{\widehat{EM}}{\frac{s}{2}} = \frac{r_b}{r} \qquad \text{und} \qquad \frac{\widehat{EM} - \widehat{EB}}{\frac{s''}{2}} = \frac{r_b}{r''}$$

Also ist

$$\frac{s''}{2} = (\widehat{EM} - \widehat{EB})\frac{r''}{r_b}$$

253.1 Anwendung der Evolventenfunktion

Mit $\widehat{EM} = \frac{s}{2}\frac{r_b}{r}$ und $2r = zm$ sowie $\widehat{EB} = r_b(\operatorname{inv}\alpha'' - \operatorname{inv}\alpha)$ folgt

$$s'' = 2r''\left[\frac{s}{zm} - (\operatorname{inv}\alpha'' - \operatorname{inv}\alpha)\right] \tag{253.2}$$

Der Winkel α'' folgt aus $\quad r_b = r\cos\alpha = r''\cos\alpha''$ (253.3)

Die Zahndicke s ist nach Gl. (253.1) zu errechnen.

Die Zahndicke s_b am Grundkreis ergibt sich nach Gl. (253.2) mit $\operatorname{inv}\alpha'' = \operatorname{inv}\alpha_b = 0$

$$s_b = 2r_b\left(\frac{s}{zm} + \operatorname{inv}\alpha\right) \tag{253.4}$$

Für die Zahndicke s_a am Kopfkreis erhält man mit dem Winkel α_a aus $r_b = r_a\cos\alpha_a$, also aus $\cos\alpha_a = r_b/r_a$

$$s_a = 2r_a\left[\frac{s}{zm} - (\operatorname{inv}\alpha_a - \operatorname{inv}\alpha)\right] \tag{253.5}$$

Für die Zahndicke am Kopfkreis s. auch Abschn. 8.3.2. Durch die erforderliche Mindestzahndicke ist die positive Profilverschiebung nach oben begrenzt (Bild **A96.1**; $z = z_n$, $m = m_n$).

Berechnung des Achsabstandes bei Außengetrieben. Der Achsabstand bei Deckung des Bezugsprofils zweier Räder (**254.1** a), bei denen also die Bezugs-Profil-Mittellinien aufeinanderfallen, ergibt sich zu

$$a_p = r_1 + r_2 + \overline{C_1 C_2} = a_R + m(x_1 + x_2) \qquad (254.1)$$

Hierin ist $\overline{C_1 C_2} = v_1 + v_2 = x_1 m + x_2 m$

Bei diesem theoretischen Achsabstand a_p besteht Flankenspiel. Da bis zur Festlegung von Herstellungstoleranzen die Radabmessungen für flankenspielfreien Eingriff berechnet werden, sind die Räder in V-Getrieben auf den Achsabstand $a(< a_p)$ zu verschieben (**254.1** b). Die Bezugs-Profil-Mittellinien B_1 und B_2 fallen hierbei nicht mehr aufeinander.

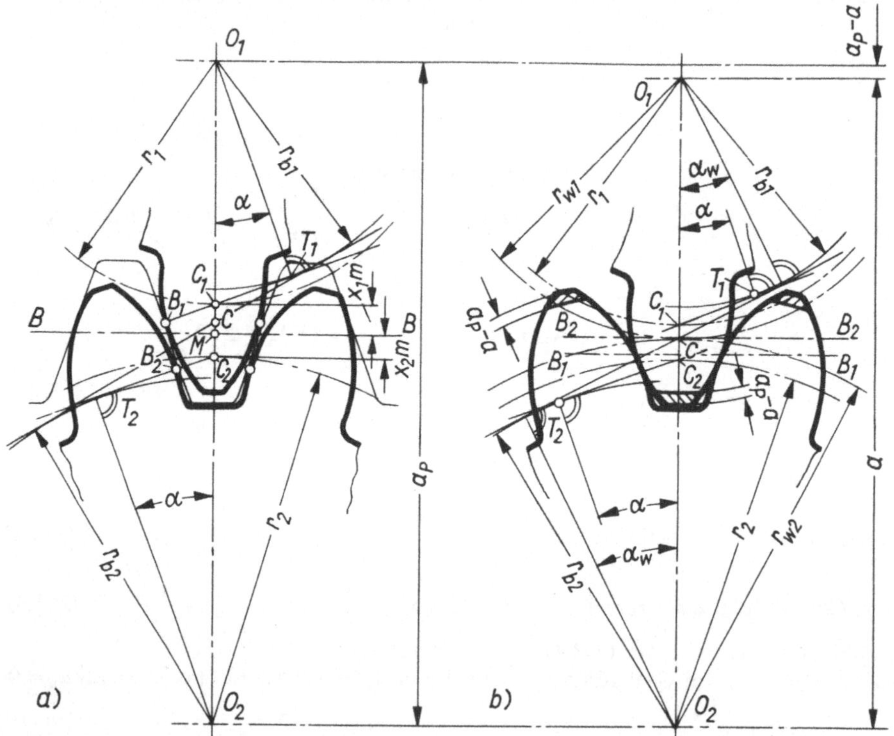

254.1 Ermittlung des Achsabstandes bei V-Getrieben
a) Achsabstand a_p bei Bezugs-Profil-Deckung
b) Achsabstand a bei flankenspielfreiem Eingriff (Die Profilmittellinie B_2 läuft hier zufällig durch C)

Der Achsabstand bei flankenspielfreiem Eingriff (**254.1** b), wie er bis zur Festlegung des Betriebflankenspiels (nach Abschn. 8.3.7) für die Ermittlung der geometrischen Abmessungen stets zugrunde liegt, ist die Summe der Betriebswälzkreis-Halbmesser $a = r_{w1} + r_{w2}$. Nach Gl. (253.3) ist $r \cos \alpha = r_w \cos \alpha_w$; damit ergeben sich die Betriebwälzkreis-Durchmesser

$$d_w = d \frac{\cos\alpha}{\cos\alpha_w} \tag{255.1}$$

Mit Gl. (255.1) errechnet man den Achsabstand

$$a = \frac{d_{w1} + d_{w2}}{2} = \frac{d_1 + d_2}{2} \frac{\cos\alpha}{\cos\alpha_w} = \frac{z_1 + z_2}{2} m \frac{\cos\alpha}{\cos\alpha_w} \tag{255.2}$$

Die Teilung p_w muß bei flankenspielfreiem Eingriff gleich der Summe der Zahndicken ($s_{w1} + s_{w2}$) sein (**249.**1). Mit Gl. (253.2) ergibt sich dann

$$p_w = s_{w1} + s_{w2} = 2r_{w1}\left[\frac{s_1}{z_1 m} - (\text{inv}\,\alpha_w - \text{inv}\,\alpha)\right] + 2r_{w2}\left[\frac{s_2}{z_2 m} - (\text{inv}\,\alpha_w - \text{inv}\,\alpha)\right]$$

Mit $2r_w = \frac{p_w z}{\pi}$ und Gl. (253.1) wird

$$p_w = \frac{p_w z_1}{\pi}\left[\frac{1}{z_1}\left(\frac{\pi}{2} + 2x_1 \tan\alpha\right) - (\text{inv}\,\alpha_w - \text{inv}\,\alpha)\right] +$$

$$+ \frac{p_w z_2}{\pi}\left[\frac{1}{z_2}\left(\frac{\pi}{2} + 2x_2 \tan\alpha\right) - (\text{inv}\,\alpha_w - \text{inv}\,\alpha)\right]$$

Durch Kürzen mit p_w und Ordnen der Klammerausdrücke ergibt sich

$$0 = 2(x_1 + x_2)\tan\alpha - (z_1 + z_2)(\text{inv}\,\alpha_w - \text{inv}\,\alpha)$$

Daraus läßt sich die Summe der Profilverschiebungsfaktoren errechnen

$$x_1 + x_2 = (z_1 + z_2)\frac{\text{inv}\,\alpha_w - \text{inv}\,\alpha}{2\tan\alpha} \tag{255.3}$$

Ist $\Sigma x = x_1 + x_2$ gegeben, so kann die Aufteilung wie folgt vorgenommen werden:

1. Ist $z_1 < z_2$, so erhält Rad 1 $x_1 > x_2$; x_1 ist mindestens x_{min} nach Gl. (250.1) und höchstens bis zum Erreichen der Mindestzahndicke am Kopfkreis nach Abschn. 8.3.2 oder Bild **A96.**1 [s. auch Gl. (253.5)] zu wählen.

2. Näherungsweise kann mit dem reziproken Zähnezahlverhältnis $\frac{x_1}{x_2} = \frac{z_2}{z_1}$ gerechnet werden. Danach sollte geprüft werden, ob beide Räder etwa gleiche Tragfähigkeiten und Gleitverhältnisse haben.

3. Eine graphisch-analytische Ermittlung kann aus DIN 3992 entnommen werden.

Den Betriebseingriffwinkel α_w erhält man bei gegebenem Achsabstand a aus Gl. (255.2)

$$\cos\alpha_w = \frac{z_1 + z_2}{2a} m \cos\alpha \tag{255.4}$$

und bei gegebenen Profilverschiebungsfaktoren aus Gl. (255.3)

$$\text{inv}\,\alpha_w = \frac{2(x_1 + x_2)\tan\alpha}{z_1 + z_2} + \text{inv}\,\alpha \tag{255.5}$$

Für Überschlagrechnungen kann der Betriebseingriffwinkel α_w ($\alpha_{tw} = \alpha_w$ für $\beta = 0°$) aus Bild **A96.**2 [1] entnommen werden, dem Gl. (255.5) zugrunde liegt.

Berechnung des Kopfkreisdurchmessers. Ohne Kopfkürzung erhält man mit Gl. (253.3)

$$d_a = d + 2m + 2xm \tag{255.6}$$

Mit Kopfkürzung ist dann zu rechnen, wenn bei V-Rädern das Kopfspiel c erhalten bleiben soll. Denn durch Verringern des Achsabstandes a_p auf a wegen des geforderten flankenspielfreien Eingriffs verringert sich auch c um $a_p - a = km$, hierbei ist k der Kopfkürzungsfaktor.

Mit Gl. (254.1) erhält man die Kopfkürzung

$$km = a_p - a = a_R + m(x_1 + x_2) - a \tag{256.1}$$

Damit ergeben sich bei Kopfkürzung die Kopfkreisdurchmesser

$$d_{ak} = d + 2m + 2xm - 2km = d_a - 2km \tag{256.2}$$

Vorhandenes Kopfspiel. Für den Fall, daß die Kopfkreisdurchmesser von V-Rädern ohne Kopfkürzung bestimmt wurden, ermittelt man das vorhandene Kopfspiel aus der Beziehung

$$c = a - \frac{d_{a1} + d_{f2}}{2} = a - \frac{d_{a2} + d_{f1}}{2} \geqq c_{min} \tag{256.3}$$

Hierin bedeutet d_f Fußkreisdurchmesser.

Das praktisch vorhandene Spiel darf etwas kleiner sein als es sich aus der Rechnung ergibt. Als kleinstes rechnerisches Kopfspiel ist $c_{min} = 0{,}12\,m$ zulässig. Für die Herstellung des Flankenspiels wird entweder das Verzahnungswerkzeug zur Radmitte zugestellt, d. h., die Zahndicke wird kleiner oder es wird (seltener) der Achsabstand vergrößert. Hat die Summe der Profilverschiebungsfaktoren in einem V-Getriebe einen sehr großen Wert, so kann, damit der Zahnkopf nicht in die Fußausrundung des Gegenrades läuft, außer der Kopfkürzung entsprechend Gl. (256.1), eine zusätzliche Kürzung erforderlich werden.

Formeln zur Ermittlung der geometrischen Abmessungen s. Tafel **A76.1**.

Ermittlung der Profilüberdeckung ε_α. Sie kann durch die Bestimmung der Teilprofilüberdeckungen ε_k aus Bild **A96.3** [9] erfolgen. Hierzu ist die Kennzahl

$$z_k = \frac{2d_w}{d_a - d_w} \tag{256.4}$$

zu berechnen, für die man in Bild **A96.3** als Funktion des Betriebseingriffwinkels α_w für geradeverzahnte Stirnräder die Beiwerte ε_k' findet (es ist $\alpha_w = \alpha_{tw}$ für $\beta = 0°$). Damit erhält man die Teilprofilüberdeckung

$$\varepsilon_k = \varepsilon_k' \frac{z}{z_k} \tag{256.5}$$

und die Profilüberdeckung $\qquad \varepsilon_\alpha = \varepsilon_{k1} + \varepsilon_{k2} \qquad (256.6)$

Null-Getriebe mit Geradstirnrädern. Sind die Profilverschiebungsfaktoren $x_1 = x_2 = 0$, so liegt ein Null-Getriebe vor. Der Achsabstand beträgt

$$a = a_R = r_1 + r_2 = \frac{z_1 + z_2}{2} m \tag{256.7}$$

Das Null-Rad stellt demnach den Sonderfall für $x = 0$ dar. Es gelten daher auch die Formeln, die für die Verzahnung mit Profilverschiebung abgeleitet wurden (s. Taf. **A76.1**).

Anwendung der Null-Getriebe. Nach Abschn. 8.3.2 sollen bei Neukonstruktionen anstatt Null-Räder Zahnräder mit 05-Verzahnung ($x = 0{,}5$) verwendet werden, um bessere Eingriff- und Belastungsverhältnisse zu erhalten.

Damit kein Unterschnitt auftritt, ist für die Herstellung und Paarung von Nullrädern die Bedingung $z_1 \geqq z'_g$ und $z_2 \geqq z'_g$ zu beachten. Null-Räder sind Satzräder (s. Abschn. 8.3.1).

V-Null-Getriebe mit Geradstirnrädern. Sind bei Außengetrieben die Profilverschiebungen $v = xm$ gleich groß aber entgegengesetzt, so liegt ein V-Null-Getriebe vor.

Die Teilkreise berühren sich im Wälzpunkt C. Darum ist der Achsabstand wie beim Null-Getriebe $a = a_R = r_1 + r_2$. S. auch Gl. (**254.1**) bei $x_1 = -x_2$ und Gl. (255.2) bei $\alpha_w = \alpha$. Es gelten die Formeln nach Tafel **A76.1**.

Anwendung der V-Null-Getriebe. Soll die Zähnezahl des Ritzels $z_1 < z'_g$ und die Summe der Zähnezahlen $z_1 + z_2 \geqq 2z'_g$ sein, so kann ein V-Null-Getriebe konstruiert werden. Für die Anwendung des V-Null-Getriebes können die Vorteile der Profilverschiebung maßgebend sein (s. Abschn. 8.3 2).

8.3.5. Flankenspiel bei Geradstirnrad-Getrieben

Das für den Betrieb notwendige Flankenspiel wird entweder bei der Herstellung der Zahnräder durch Zustellung des Werkzeugs zur Radmitte oder (seltener) durch Vergrößern des Achsabstandes erreicht. Hierbei sind die Toleranzen für Stirnradverzahnungen nach DIN 3963 zu beachten. Die geometrischen Beziehungen des Verdrehflankenspiels S_d und Eingriffsflankenspiels S_e sind in den Bildern **257.1** und 2 dargestellt. Im Bild **257.2** sind zwei Bezugsprofile durch gleiche negative Profilverschiebungen ($-v = -v_1 = -v_2$) so weit auseinandergeschoben, daß rechts und links das halbe Eingriffflankenspiel $\frac{S_e}{2} = 2(-v)\sin\alpha$ entsteht. Daraus folgt

$$S_e = 4(-v)\sin\alpha \qquad \text{und} \qquad S_d = \frac{S_e}{\cos\alpha} \qquad (257.1)\ (257.2)$$

Die maximalen und minimalen Flankenspiele $S_{e\,max}$ und $S_{e\,min}$ ergeben sich aus den Zahndicken- und Achsabstands-Abmaßen nach DIN 3963 und 3964.

Bei Zahnrädern aus Kunststoffen ist aufgrund der großen Längenänderungen durch Temperaturzunahme und Quellen (aus der Wasseraufnahme) eine zusätzliche negative Profilverschiebung erforderlich.

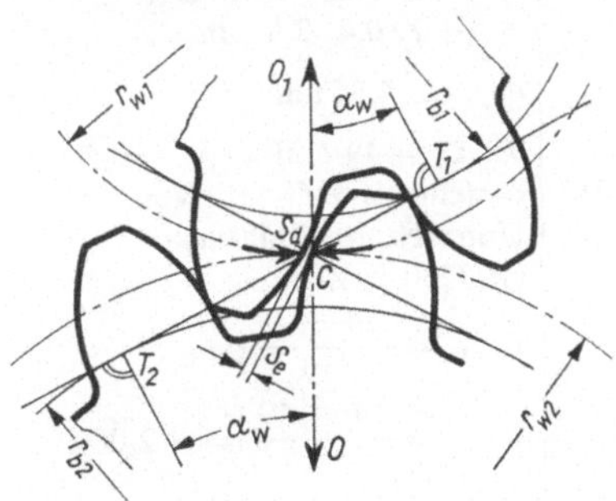

257.1 Eingriffs- und Verdrehflankenspiel

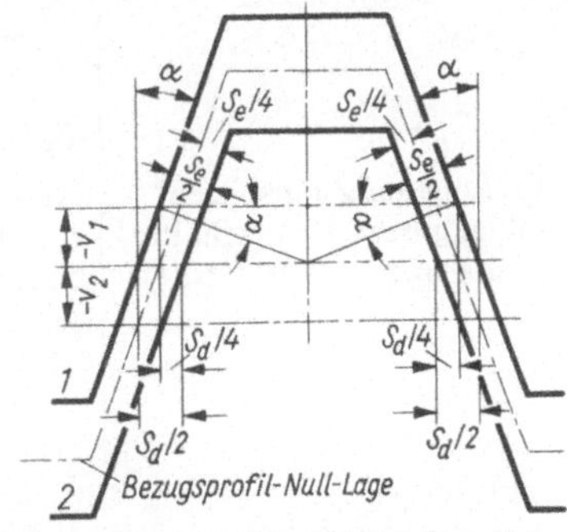

257.2 Erzeugen des Eingriffsflankenspiels durch negative Profilverschiebung

Beispiel 1. Das im Bild **258**.1 dargestellte dreistufige Schaltgetriebe ist zu berechnen.

258.1 Schaltgetriebe

Stufe I: $i_I = -1{,}58 \pm 1\,\%$, Ausführung als V-Null-Getriebe mit $x = 0{,}4$
Stufe II: $i_{II} = -2{,}5 \pm 1\,\%$, Ausführung als V-Getriebe
Stufe III: $i_{III} = -3{,}94 \pm 1\,\%$, Ausführung als V-Getriebe mit Rad 6 als Null-Rad

Verzahnung nach DIN 867, $\alpha = 20°$, Ausführung mit gehärteten Zähnen

Achsabstand $a = 100$ mm, Modul für alle Räder $m = 2{,}5$ mm

Benennung und Bemerkung	Stufe I Rad 1	Stufe I Rad 2
Zähnezahl, Gl. (236.1) (256.7)	aus $i_I = -\dfrac{z_2}{z_1}$ und $a = a_{RI} = \dfrac{z_1 + z_2}{2} m$ folgt	
	$z_1 = \dfrac{2a}{(1 - i_I)m} =$ $= \dfrac{2 \cdot 100 \text{ mm}}{(1 + 1{,}58) \cdot 2{,}5 \text{ mm}}$ $z_1 = 31$	$z_2 = -i_I z_1 = 1{,}58 \cdot 31 = 48{,}98$ gewählt: $z_2 = 49$
Achsabstand, Gl. (256.7) und S. 257	$a_{RI} = \dfrac{z_1 + z_2}{2} m = \dfrac{31 + 49}{2} 2{,}5 \text{ mm} = 100 \text{ mm} = a$	
vorhandene Übersetzung Gl. (236.1)	$i_I = -\dfrac{z_2}{z_1} = -\dfrac{49}{31} = -1{,}58$	
Teilkreisdurchmesser Gl. (241.4)	$d_1 = z_1 m = 31 \cdot 2{,}5 \text{ mm} =$ $= 77{,}5 \text{ mm}$	$d_2 = z_2 m = 49 \cdot 2{,}5 \text{ mm} =$ $= 122{,}5 \text{ mm}$
Kopfkreisdurchmesser Gl. (255.6)	$d_{a1} = d_1 + 2m + 2x_1 m$ $d_{a1} = 77{,}5 \text{ mm} + 2 \cdot 2{,}5 \text{ mm} +$ $+ 2 \cdot 0{,}4 \cdot 2{,}5 \text{ mm}$ $d_{a1} = 84{,}5 \text{ mm}$	$d_{a2} = d_2 + 2m + 2x_2 m$ $d_{a2} = 122{,}5 \text{ mm} + 2 \cdot 2{,}5 \text{ mm} -$ $- 2 \cdot 0{,}4 \cdot 2{,}5 \text{ mm}$ $d_{a2} = 125{,}5 \text{ mm}$
Fußkreisdurchmesser Gl. (243.2) mit $c = 0{,}25\,m$	$d_{f1} = d_1 - 2m - 2c + 2x_1 m$ $d_{f1} = 77{,}5 \text{ mm} - 2 \cdot 2{,}5 \text{ mm} -$ $- 2 \cdot 0{,}25 \cdot 2{,}5 \text{ mm} +$ $+ 2 \cdot 0{,}4 \cdot 2{,}5 \text{ mm}$ $d_{f1} = 73{,}25 \text{ mm}$	$d_{f2} = d_2 - 2m - 2c + 2x_2 m$ $d_{f2} = 125{,}5 \text{ mm} - 2 \cdot 2{,}5 \text{ mm} -$ $- 2 \cdot 0{,}25 \cdot 2{,}5 \text{ mm} -$ $- 2 \cdot 0{,}4 \cdot 2{,}5 \text{ mm}$ $d_{f2} = 114{,}25 \text{ mm}$
Prüfung auf Zahnspitzenbildung bzw. Unterschnitt; Bild A96.1 und Gl. (250.1)	für gehärtete Zähne mit $s_a = 0{,}4\,m$ besteht bei $z_1 = 31$ und $x_1 = 0{,}4$ keine Gefahr der Zahnspitzenbildung	für $z_2 = 49$ und $x_2 = -0{,}4$ besteht keine Gefahr von Unterschnitt, weil nach Gl. (250.1) ist: $x_{2\,min} = \dfrac{14 - z_2}{17} =$ $= \dfrac{14 - 49}{17} = -2{,}06$

(Fortsetzung s. nächste Seite)

Benennung und Bemerkung	Stufe I Rad 1	Rad 2
Profilverschiebung Gl. (248.1)	$v_1 = x_1 m = 0{,}4 \cdot 2{,}5\,\text{mm} = 1{,}00\,\text{mm}$	$v_2 = x_2 m = -0{,}4 \cdot 2{,}5\,\text{mm} = -1{,}00\,\text{mm}$
Profilüberdeckung Gl. (256.6) oder Gl. (245.1)	$\varepsilon_{\alpha I} = \varepsilon_{k1} + \varepsilon_{k2}$	
Kennzahlen für die Teilprofilüberdeckung, Gl. (256.4)	$z_{k1} = \dfrac{2 d_{w1}}{d_{a1} - d_{w1}}$; hier ist $d_{w1} = d_1$ $z_{k1} = \dfrac{2 \cdot 77{,}5\,\text{mm}}{(84{,}5 - 77{,}5)\,\text{mm}} = 22{,}15$	$z_{k2} = \dfrac{2 d_{w2}}{d_{a2} - d_{w2}}$; hier ist $d_{w2} = d_2$ $z_{k2} = \dfrac{2 \cdot 122{,}5\,\text{mm}}{(125{,}5 - 122{,}5)\,\text{mm}} = 81{,}7$
aus Bild **A96.3** folgt für $\alpha_w = \alpha = 20°$	$\varepsilon'_{k1} = 0{,}79$	$\varepsilon'_{k2} = 0{,}91$
Teilprofilüberdeckung Gl. (256.5)	$\varepsilon_{k1} = \varepsilon'_{k1} \dfrac{z_1}{z_{k1}} = 0{,}79 \dfrac{31}{22{,}15} = 1{,}106$	$\varepsilon_{k2} = \varepsilon'_{k2} \dfrac{z_2}{z_{k2}} = 0{,}91 \dfrac{49}{81{,}7} = 0{,}546$
Profilüberdeckung	$\varepsilon_{\alpha I} = 1{,}106 + 0{,}546 = 1{,}652 \approx 1{,}6$	

Benennung und Bemerkung	Stufe II Rad 3	Rad 4
Zähnezahl; wie nach Stufe I	$z_3 = 22$	$z_4 = 55$
vorhandene Übersetzung Gl. (236.1)	$i_{II} = -\dfrac{z_4}{z_3} = -\dfrac{55}{22} = -2{,}5$	
Achsabstand, Gl. (256.7) (Rechengröße)	$a_{RII} = \dfrac{z_3 + z_4}{2} m = \dfrac{22 + 55}{2} 2{,}5\,\text{mm} = 96{,}25\,\text{mm}$	
Teilkreisdurchmesser Gl. (241.4)	$d_3 = z_3 m = 22 \cdot 2{,}5\,\text{mm} = 55\,\text{mm}$	$d_4 = z_4 m = 55 \cdot 2{,}5\,\text{mm} = 137{,}5\,\text{mm}$
Betriebseingriffwinkel bei gegebenem Achsabstand Gl. (242.3) (255.4)	$\cos \alpha_{wII} = \dfrac{z_3 + z_4}{2a} m \cos \alpha = \dfrac{22 + 55}{2 \cdot 100\,\text{mm}} 2{,}5\,\text{mm} \cos 20°$ $\alpha_{wII} = 25° 15' = 25{,}25°$	
Summe der Profilverschiebungsfaktoren Gl. (255.3)	$x_3 + x_4 = \dfrac{(z_3 + z_4)(\text{inv}\,\alpha_{wII} - \text{inv}\,\alpha)}{2 \tan \alpha} = \dfrac{(22 + 55)(\text{inv}\,25{,}25° - \text{inv}\,20°)}{2 \tan 20°} = 1{,}6957$	
Aufteilung von Σx, z. B. im umgekehrten Zähnezahlverhältnis	$\dfrac{x_3}{x_4} = \dfrac{z_4}{z_3} = u_{II}$ und $\Sigma x = x_3 + x_4$ ergeben $x_3 = \dfrac{u_{II} \Sigma x}{1 + u_{II}} = \dfrac{2{,}5 \cdot 1{,}6957}{1 + 2{,}5} = 1{,}211$. Wert zu groß, da	$x_4 = \Sigma x - x_3 = 1{,}6957 - 1{,}211 = 0{,}4847$
Prüfung auf Zahnspitzenbildung, Bild **A96.1**	für gehärtete Zähne mit $s_a = 0{,}4\,m$ bei $z_3 = 22$ $x_{3\,max} = 0{,}71$ betragen darf	für $z_4 = 55$ kann $x_4 > 1$ sein

(Fortsetzung s. nächste Seite

Benennung und Bemerkung	Stufe II Rad 3	Rad 4
Profilverschiebungsfaktor	gewählt: $x_3 = 0{,}71$	$x_4 = \Sigma x - x_3 = 1{,}6957 - 0{,}71 = 0{,}9857$
Profilverschiebung Gl. (248.1)	$v_3 = x_3 m = 0{,}71 \cdot 2{,}5\,\text{mm} = 1{,}775\,\text{mm}$	$v_4 = x_4 m = 0{,}9857 \cdot 2{,}5\,\text{mm} = 2{,}4643\,\text{mm}$
Betriebwälzkreisdurchmesser, Gl. (255.1)	$d_{w3} = d_3 \dfrac{\cos\alpha}{\cos\alpha_{wII}} = 55\,\text{mm}\,\dfrac{\cos 20°}{\cos 25{,}25°}$ $d_{w3} = 57{,}14\,\text{mm}$	$d_{w4} = d_4 \dfrac{\cos\alpha}{\cos\alpha_{wII}} = 137{,}5\,\text{mm}\,\dfrac{\cos 20°}{\cos 25{,}25°}$ $d_{w4} = 142{,}86\,\text{mm}$
Kopfkreisdurchmesser Gl. (255.6)	$d_{a3} = d_3 + 2m + 2x_3 m$ $d_{a3} = 55\,\text{mm} + 2 \cdot 2{,}5\,\text{mm} + 2 \cdot 0{,}71 \cdot 2{,}5\,\text{mm} = 63{,}55\,\text{mm}$	$d_{a4} = d_4 + 2m + 2x_4 m$ $d_{a4} = 137{,}5\,\text{mm} + 2 \cdot 2{,}5\,\text{mm} + 2 \cdot 0{,}9857 \cdot 2{,}5\,\text{mm} = 147{,}42\,\text{mm}$
Fußkreisdurchmesser Gl. (243.2) mit $c = 0{,}25\,m$	$d_{f3} = d_3 - 2m - 2c + 2x_3 m$ $d_{f3} = 55\,\text{mm} - 2 \cdot 2{,}5\,\text{mm} - 2 \cdot 0{,}25 \cdot 2{,}5\,\text{mm} + 2 \cdot 0{,}71 \cdot 2{,}5\,\text{mm}$ $d_{f3} = 52{,}3\,\text{mm}$	$d_{f4} = d_4 - 2m - 2c + 2x_4 m$ $d_{f4} = 137{,}5\,\text{mm} - 2 \cdot 2{,}5\,\text{mm} - 2 \cdot 0{,}25 \cdot 2{,}5\,\text{mm} + 2 \cdot 0{,}9857 \cdot 2{,}5\,\text{mm}$ $d_{f4} = 136{,}18\,\text{mm}$
vorhandenes Kopfspiel Gl. (256.3)	$c_{II} = a - \dfrac{d_{a3} + d_{f4}}{2} = 100\,\text{mm} - \dfrac{(63{,}55 + 136{,}18)\,\text{mm}}{2} = 0{,}135\,\text{mm} < c_{min} = 0{,}12\,m = 0{,}3\,\text{mm}$	
Kopfkürzung sei z. B. nach Gl. (256.1) durchzuführen	$k_{II} m = a_{RII} + (x_3 + x_4) m - a = 96{,}25\,\text{mm} + 1{,}6957 \cdot 2{,}5\,\text{mm} - 100\,\text{mm} = 0{,}4893\,\text{mm}$	
Kopfkreisdurchmesser Gl. (256.2), nach Kürzung	$d_{ak3} = d_{a3} - 2k_{II} m$ $d_{ak3} = 63{,}55\,\text{mm} - 2 \cdot 0{,}4893\,\text{mm} = 62{,}57\,\text{mm}$	$d_{ak4} = d_{a4} - 2k_{II} m$ $d_{ak4} = 147{,}42\,\text{mm} - 2 \cdot 0{,}4893\,\text{mm} = 146{,}44\,\text{mm}$
Grundkreishalbmesser Gl. (253.3)	$r_{b3} = r_3 \cos\alpha = \dfrac{55\,\text{mm}}{2} \cos 20° = 25{,}82\,\text{mm}$	$r_{b4} = r_4 \cos\alpha = \dfrac{137{,}5\,\text{mm}}{2} \cos 20° = 64{,}6\,\text{mm}$
Profilüberdeckung Gl. (245.1) oder Gl. (256.6)	$\varepsilon_{\alpha II} = \dfrac{g_\alpha}{p_e} = \dfrac{g_\alpha}{p \cos\alpha} = \varepsilon_3 + \varepsilon_4 - \varepsilon_{aII}$ $\varepsilon_3 = \dfrac{\sqrt{r_{ak3}^2 - r_{b3}^2}}{\pi m \cos\alpha} = \dfrac{\sqrt{(31{,}29^2 - 25{,}82^2)\,\text{mm}^2}}{\pi \cdot 2{,}5\,\text{mm} \cos 20°} = 2{,}4$ $\varepsilon_4 = \dfrac{\sqrt{r_{ak4}^2 - r_{b4}^2}}{\pi m \cos\alpha} = \dfrac{\sqrt{(73{,}22^2 - 64{,}6^2)\,\text{mm}^2}}{\pi \cdot 2{,}5\,\text{mm} \cos 20°} = 4{,}66$ $\varepsilon_{aII} = \dfrac{a \sin\alpha_{wII}}{\pi m \cos\alpha} = \dfrac{100\,\text{mm} \sin 25{,}25°}{\pi \cdot 2{,}5\,\text{mm} \cos 20°} = 5{,}78$	
Profilüberdeckung	$\varepsilon_{\alpha II} = 2{,}4 + 4{,}66 - 5{,}78 = 1{,}28$	

(Fortsetzung s. nächste Seite)

Benennung und Bemerkung	Stufe III Rad 5	Rad 6
Zähnezahl, wie nach Stufe I	$z_5 = 16$	$z_6 = 63$
vorhandene Übersetzung Gl. (236.1)	$i_{III} = -\frac{z_6}{z_5} = -\frac{63}{16} = -3{,}94$	
Achsabstand, Gl. (256.7) (Rechengröße)	$a_{RIII} = \frac{z_5 + z_6}{2} m = \frac{16 + 63}{2} 2{,}5\,\text{mm} = 98{,}75\,\text{mm}$	
Teilkreisdurchmesser Gl. (241.4)	$d_5 = z_5 m = 16 \cdot 2{,}5\,\text{mm} =$ $= 40{,}0\,\text{mm}$	$d_6 = z_6 m = 63 \cdot 2{,}5\,\text{mm} =$ $= 157{,}5\,\text{mm}$
Betriebseingriffwinkel bei gegebenem Achsabstand Gl. (242.3) (255.4)	$\cos\alpha_{wIII} = \frac{z_5 + z_6}{2a} m \cos\alpha = \frac{16 + 63}{2 \cdot 100\,\text{mm}} 2{,}5\,\text{mm} \cos 20°$ $\alpha_{wIII} = 21°52'45'' = 21{,}879°$	
Summe der Profilverschiebungsfaktoren Gl. (255.3)	$x_5 + x_6 = \frac{(z_5 + z_6)(\text{inv}\,\alpha_{wIII} - \text{inv}\,\alpha)}{2 \tan\alpha}$ $= \frac{(16 + 63)(\text{inv}\,21{,}879° - \text{inv}\,20°)}{2 \tan 20°} = 0{,}52168$	
Aufteilung von Σx	$x_5 = 0{,}52168$	$x_6 = 0$ (lt. Aufgabe)
Prüfung auf Zahnspitzenbildung, Bild A96.1	für gehärtete Zähne mit $s_a = 0{,}4m$ darf bei $z_5 = 16$ $x_{5\,max} \approx 0{,}5$ betragen gewählt: $x_5 = 0{,}52168$	da $x_5 = 0{,}52168$ nur wenig über $x_{5\,max}$ liegt, wird $x_6 = 0$ gemäß Aufgabe gewählt
Profilverschiebung Gl. (248.1)	$v_5 = x_5\, m = 0{,}52168 \cdot 2{,}5\,\text{mm}$ $= 1{,}304\,\text{mm}$	$v_6 = x_6\, m = 0{,}0\,\text{mm}$
Betriebwälzkreisdurchmesser, Gl. (255.1)	$d_{w5} = d_5 \frac{\cos\alpha}{\cos\alpha_{wIII}} =$ $= 40{,}0\,\text{mm} \frac{\cos 20°}{\cos 21{,}879°}$ $d_{w5} = 40{,}51\,\text{mm}$	$d_{w6} = d_6 \frac{\cos\alpha}{\cos\alpha_{wIII}} =$ $= 157{,}5 \frac{\cos 20°}{\cos 21{,}879°}$ $d_{w6} = 159{,}49\,\text{mm}$
Kopfkreisdurchmesser Gl. (255.6)	$d_{a5} = d_5 + 2m + 2x_5 m$ $d_{a5} = 40{,}0\,\text{mm} + 2 \cdot 2{,}5\,\text{mm} +$ $+ 2 \cdot 0{,}52168 \cdot 2{,}5\,\text{mm} =$ $= 47{,}61\,\text{mm}$	$d_{a6} = d_6 + 2m + 2x_6 m$ $d_{a6} = 157{,}5\,\text{mm} + 2 \cdot 2{,}5\,\text{mm} +$ $+ 0 = 162{,}5\,\text{mm}$
Fußkreisdurchmesser Gl. (243.2), mit $c = 0{,}25\,m$	$d_{f5} = d_5 - 2m - 2c + 2x_5 m$ $d_{f5} = 40\,\text{mm} - 2 \cdot 2{,}5\,\text{mm} -$ $- 2 \cdot 0{,}25 \cdot 2{,}5\,\text{mm} +$ $+ 2 \cdot 0{,}52168 \cdot 2{,}5\,\text{mm}$ $= 36{,}36\,\text{mm}$	$d_{f6} = d_6 - 2m - 2c + 2x_6 m$ $d_{f6} = 157{,}5\,\text{mm} - 2 \cdot 0{,}25 \cdot$ $\cdot 2{,}5\,\text{mm} + 0 = 151{,}25\,\text{mm}$
vorhandenes Kopfspiel Gl. (256.3)	$c_{III} = a - \frac{d_{a5} + d_{f6}}{2} = 100\,\text{mm} - \frac{(47{,}61 + 151{,}25)\,\text{mm}}{2} =$ $= 0{,}57\,\text{mm} > c_{min} = 0{,}3\,\text{mm}$ also Kopfkürzung nicht zwingend notwendig!	

(Fortsetzung s. nächste Seite

Benennung und Bemerkung	Stufe III Rad 5	Rad 6
Grundkreishalbmesser Gl. (253.3)	$r_{b5} = r_5 \cos\alpha = \frac{40}{2}\cos 20° = 18{,}78\text{ mm}$	$r_{b6} = r_6 \cos\alpha = \frac{157{,}5}{2}\cos 20° = 74\text{ mm}$
Profilüberdeckung Gl. (256.6) oder Gl. (245.1)	$\varepsilon_{\alpha III} = \varepsilon_{k5} + \varepsilon_{k6}$	
Kennzahlen für die Teilprofilüberdeckung Gl. (256.4)	$z_{k5} = \frac{2d_{w5}}{d_{a5} - d_{w5}} = \frac{2 \cdot 40{,}51\text{ mm}}{(47{,}61 - 40{,}51)\text{ mm}} = 11{,}41$	$z_{k6} = \frac{2d_{w6}}{d_{a6} - d_{w6}} = \frac{2 \cdot 159{,}49\text{ mm}}{(162{,}5 - 159{,}49)\text{ mm}} = 106$
aus Bild A96.3 folgt	$\varepsilon'_{k5} = 0{,}67$	$\varepsilon'_{k6} = 0{,}87$
Teilprofilüberdeckung Gl. (256.5)	$\varepsilon_{k5} = \varepsilon'_{k5}\frac{z_5}{z_{k5}} = 0{,}67\frac{16}{11{,}41} = 0{,}946$	$\varepsilon_{k6} = \varepsilon'_{k6}\frac{z_6}{z_{k6}} = 0{,}87\frac{63}{106} = 0{,}517$
Profilüberdeckung	$\varepsilon_{\alpha III} = 0{,}946 + 0{,}517 = 1{,}463 \approx 1{,}4$ oder nach Gl. (245.1) $\varepsilon_{\alpha III} = \frac{g_\alpha}{p_e} = \frac{g_\alpha}{p\cos\alpha} = \varepsilon_5 + \varepsilon_6 - \varepsilon_{aIII}$ $\varepsilon_5 = \frac{\sqrt{r_{a5}^2 - r_{b5}^2}}{\pi m\cos\alpha} = \frac{\sqrt{(23{,}81^2 - 18{,}78^2)\text{ mm}^2}}{\pi \cdot 2{,}5\text{ mm}\cos 20°} = 1{,}98$ $\varepsilon_6 = \frac{\sqrt{r_{a6}^2 - r_{b6}^2}}{\pi m\cos\alpha} = \frac{\sqrt{(81{,}25^2 - 74{,}0^2)\text{ mm}^2}}{\pi \cdot 2{,}5\text{ mm}\cos 20°} = 4{,}54$ $\varepsilon_{aIII} = \frac{a\sin\alpha_{wIII}}{\pi m\cos\alpha} = \frac{100\text{ mm}\sin 21{,}879°}{\pi \cdot 2{,}5\text{ mm}\cos 20°} = 5{,}06$ $\varepsilon_{\alpha III} = 1{,}98 + 4{,}54 - 5{,}06 = 1{,}46 \approx 1{,}4$	

8.3.6. Tragfähigkeitsberechnung der Geradstirnräder

Allgemeine Grundlagen für die Berechnung. Bei Zahnrädergetrieben treten außer den statischen Umfangskräften, die sich aus den Nenndrehmomenten errechnen, noch zusätzliche dynamische Kräfte auf.

Äußere dynamische Zusatzkräfte. Sie sind abhängig von der Charakteristik der Antriebs- und Arbeitsmaschine, von den bewegten Massen und von der Art der Kupplung. So haben Messungen an Kraftfahrzeuggetrieben ergeben, daß beim plötzlichen Einschalten der Kupplung Stöße auftreten, die das Nenndrehmoment bis um das Vierfache überschreiten können [4] (s. auch Abschn. Kupplungen).

Innere dynamische Zusatzkräfte. Sie sind abhängig von der Zahnform, der Zahnsteifigkeit, von den Verzahnungs- und Achsrichtungsfehlern, von der Profilüberdeckung, der Umfangsgeschwindigkeit, den Drehmassen, von der statischen Belastung des Getriebes und von der Gehäuse-Wellen- und Radkörperverformung.

Die rechnerische Erfassung der dynamischen Zusatzkräfte ist schwierig. Wesentliche Größen dieser Kräfte sind experimentell an Getrieben bestimmt worden [12]. Für den Entwurf eines Getriebes können Richtwerte für die Betriebsbedingungen auf Grund von Erfahrungen, Messungen oder Schätzungen verwendet werden [3]. Richtwerte für den Einfluß des Betriebszustandes durch den Betriebsfaktor (Stoßfaktor) φ, s. Tafel **A50**.1. Besonders ungünstige Betriebszustände sind zusätzlich zu berücksichtigen.

Belastungen am Zahn. Im allgemeinen sind die Nennleistung P, die Drehfrequenz n bzw. die Winkelgeschwindigkeit ω und damit das Nenndrehmoment $T_1 = P_1/\omega_1$ bekannt. Das größte Drehmoment folgt dann unter Berücksichtigung des Betriebsfaktors φ nach Tafel **A50**.1 aus der Zahlenwertgleichung

$$T_{1\,\max} = \varphi T_1 = \varphi \cdot 9{,}55 \cdot 10^6 \, \frac{P_1}{n_1} \text{ in N mm mit } P_1 \text{ in kW und } n_1 \text{ in min}^{-1} \qquad (263.1)$$

Hiermit erhält man die größte Umfangskraft F_t am Teilkreis

$$F_t = \varphi \, \frac{2\,T_1}{d_1} = \frac{2\,T_{1\,\max}}{d_1} \qquad (263.2)$$

Es wird angenommen, daß die gesamte Zahnkraft F_n (Normalkraft) in Richtung der Eingrifflinie als Einzelkraft in der Mitte der Zahnbreite b im Wälzpunkt C wirkt (**263**.1). Dann ist bei Vernachlässigung der Reibung

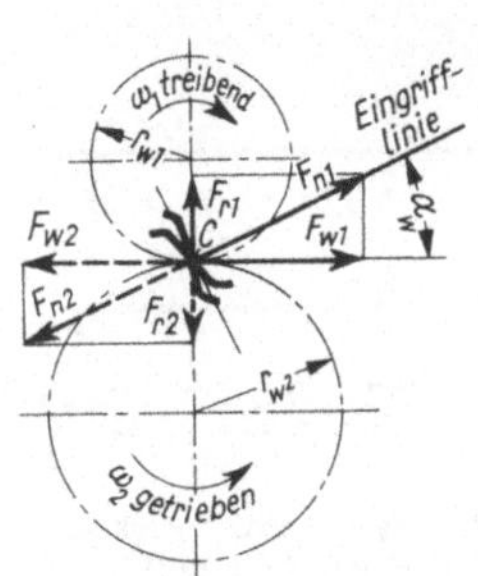

die Normalkraft

$$F_n = F_{n1} = F_{n2} = \frac{F_t}{\cos\alpha} = \frac{F_w}{\cos\alpha_w} \qquad (263.3)$$

die Radialkraft

$$F_r \quad F_{r1} = F_{r2} = F_n \sin\alpha_w = F_t \tan\alpha = F_w \tan\alpha_w \qquad (263.4)$$

Die Komponenten F_t und F_r der Normalkraft F_n sind von der Verzahnung zu übertragen und von den Auflagern der Welle aufzunehmen.

263.1 Zahnkräfte am Geradstirnradgetriebe

Verlustleistung. Die Leistungsübertragung durch ein Zahnrädergetriebe ist mit Verlusten verbunden, die in der Regel bei der Kräfteermittlung berücksichtigt werden müssen. Als Anhaltswert für den Leistungsverlust kann in die Rechnung eingesetzt werden:

1. je Eingriffstelle (je Zahnradpaar) bei guter Ausführung der Verzahnung: 1···2 %
2. je Lagerstelle: bei Wälzlagern 0,5···1 %, bei Gleitlagern: 1···3 %
3. bei Plantschwirkung der Räder im Ölbad und für Wellenabdichtungen: 1···5 %

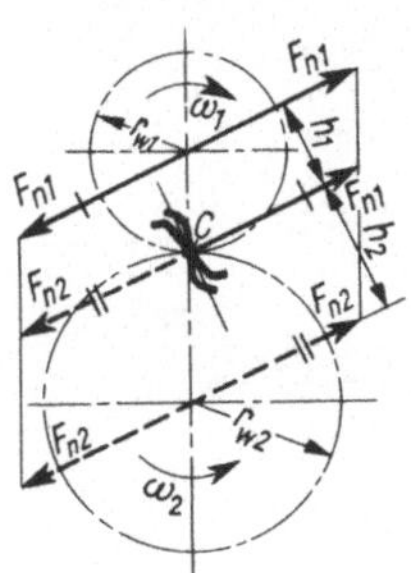

263.2 Ermittlung des Kräftepaares F_n

Auflagerkräfte und Biegemomente an Wellen mit Zahnrädern

Wellen mit einem Zahnrad (**263**.2). Bringt man im Mittelpunkt des Rades parallel zur Normalkraft F_n zwei gleichgroße, aber entgegengesetzt gerichtete Kräfte an, so bilden die mit Querstrich gekennzeichneten Kräfte ein Kräftepaar, das die Welle auf Verdrehung beansprucht. Die übrigbleibende Einzelkraft bestimmt die Auflagerkräfte und damit die Biegungsbeanspruchung der Welle (**264**.1). Mit den Gleichgewichtsbedingungen ergeben sich die Kräfte bzw. Momente an der Welle 1: $F_{A1} = F_{n1} \dfrac{b_1}{l_1}$ und $F_{B1} = F_{n1} \dfrac{a_1}{l_1}$

Kontrolle: $F_{n1} - F_{A1} - F_{B1} = 0$

$M_{b1} = F_{A1} a_1 = F_{B1} b_1$

an der Welle 2: $F_{A2} = F_{n2} \dfrac{b_2}{l_2}$ und $F_{B2} = F_{n2} \dfrac{a_2}{l_2}$

Kontrolle: $F_{n2} - F_{A2} - F_{B2} = 0$

$M_{b2} = F_{A2} a_2 = F_{B2} b_2$

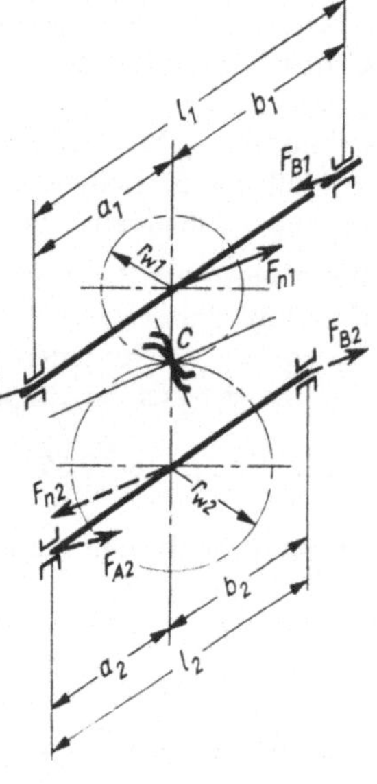

264.1 Ermittlung der Auflagerkräfte bei einer Welle mit einem Zahnrad

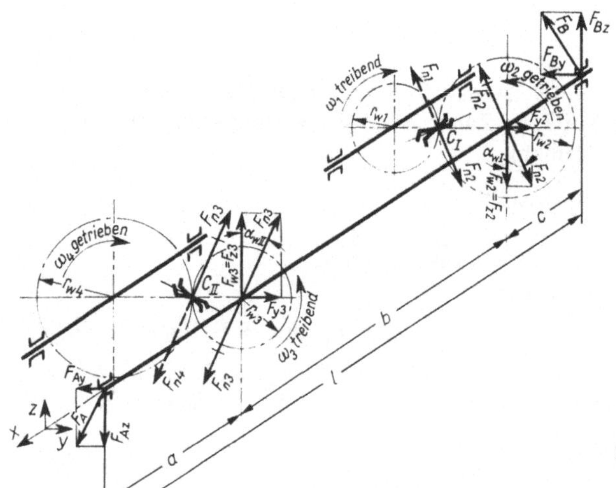

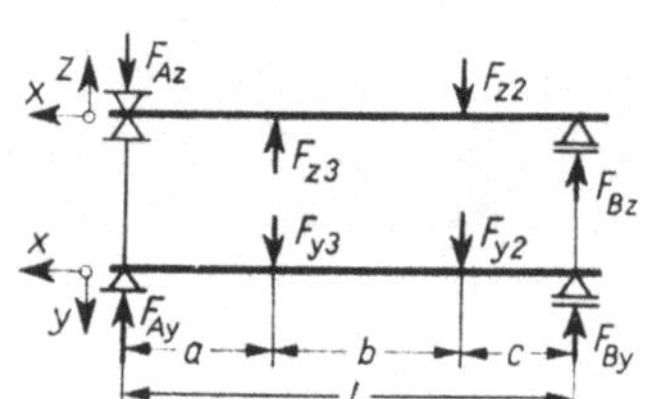

264.3 Darstellung der Auflagerkräfte in den Ebenen $x-z$ und $x-y$

264.2 Ermittlung der Auflagerkräfte bei einer Welle mit mehreren Zahnrädern

Wellen mit mehreren Zahnrädern (264.2). Jede einzelne Zahnkraft F_n kann in ihre Komponenten F_z und F_y zerlegt und in den Ebenen $x-z$ und $x-y$ übersichtlich dargestellt werden (264.3). Für die Zwischenwelle (264.2) ergeben sich dann die Kräfte

am Rad 2: $F_{z2} = F_{w2} = \dfrac{2T_2}{d_{w2}}$ und $F_{y2} = F_{w2} \tan \alpha_{w2}$

am Rad 3: $F_{z3} = F_{w3} = \dfrac{2T_2}{d_{w3}}$ und $F_{y3} = F_{w3} \tan \alpha_{w3}$

am Lager A: $F_{Az} = \dfrac{F_{z3}(b + c) - F_{z2} c}{l}$ und $F_{Ay} = \dfrac{F_{y3}(b + c) + F_{y2} c}{l}$

$F_A = \sqrt{F_{Az}^2 + F_{Ay}^2}$

am Lager B: $F_{Bz} = \frac{F_{z2}(a+b) - F_{z3}a}{l}$ und $F_{By} = \frac{F_{y2}(a+b) - F_{y3}a}{l}$

$$F_B = \sqrt{F_{Bz}^2 + F_{By}^2}$$

und die Biegemomente $M_{b2} = F_B c$ und $M_{b3} = F_A a$

Entwurfsberechnung für Wellendurchmesser. Die Beanspruchung auf Biegung kann zunächst vernachlässigt werden, wenn mit einer niedrigen zulässigen Verdrehspannung gerechnet wird (s. Abschn. 1.2.2). Aus $\tau_t = T/W_t = 16T/(\pi d_{Wl}^3)$ ergibt sich der Wellendurchmesser

$$d_{Wl} \geqq \sqrt[3]{\frac{16\,T_{max}}{\pi \tau_{t\,zul}}}$$

und mit Gl. (263.1) die Zahlenwertgleichung für den Wellendurchmesser

$$d_{Wl} \geqq 365 \sqrt[3]{\frac{\varphi P}{n \tau_{t\,zul}}} \quad \text{in mm} \tag{265.1}$$

mit $\tau_{t\,zul}$ in N/mm², P in kW, n in min⁻¹ und φ aus Tafel **A50.1**
Für St 50 wird mit $\tau_{t\,zul} = 20$ N/mm²

$$d_{Wl} \geqq 135 \sqrt[3]{\frac{\varphi P}{n}} \quad \text{in mm} \tag{265.2}$$

Zahnradwerkstoffe. Ihre Auswahl richtet sich nicht nur nach der Getriebeleistung, Drehzahl und Lebensdauer, sondern auch nach der Wirtschaftlichkeit. Man verwendet 1. Grauguß und schwarzen Temperguß für leichte Beanspruchung, 2. Stahlguß und unlegierten Stahl für mittlere Beanspruchung, 3. Vergütungs- und Einsatzstahl für hohe Beanspruchung, 4. Kunststoffe für leichte Beanspruchung und geräuscharmen Lauf.

Damit bei Rädern aus Stahl mit ungehärteten Zahnflanken der Verschleiß am höher beanspruchten Ritzel nicht zu groß wird, soll die Brinell-Härte des Ritzels betragen [8]

$$HB_{Ritzel} \geqq HB_{Rad} + 50\ \text{N/mm}^2 \tag{265.3}$$

Kunststoffe als Zahnradwerkstoffe nehmen ständig an Bedeutung zu, da sie auf Grund ihres niedrigen E-Moduls besondere Vorteile bieten, wie z. B. niedrige Hertzsche Pressung (s. Flankenbeanspruchung), hohe Profilüberdeckung und gute Lastverteilung wegen der relativ großen Zahnverformungen.

Die Umfangsgeschwindigkeit darf bis 15 m/s betragen. Zu beachten ist die erforderliche niedrige Betriebstemperatur zwischen −40 bis +120 °C, die oft nur durch gute Kühlung erzielt wird.

Das Gegenrad soll möglichst aus Stahl sein und glatte Zahnflanken (Rauhtiefe $R_t \leqq 6$ µm) aufweisen. Stahl leitet die Wärme schneller ab als Kunststoff und verhindert Wärmestau.

Kunststoff-Räder erliegen meistens durch Ermüdungsbruch im Zahnfuß. Grübchen-Bildung (Ausbrüche an den Flanken im Bereich der Wälzkreise) kommt wegen der niedrigen Hertzschen Pressung nur selten vor. Darum ist maximale Profilverschiebung zu empfehlen. Der Modul sollte so klein und die Zähnezahl so groß wie möglich gewählt werden. Dadurch wird eine große Profilüberdeckung und damit gute Lastverteilung erzielt. Damit nimmt auch die Laufruhe zu und der Verschleiß ab.

Von den thermoplastischen Kunststoffen eignen sich für Zahnräder besonders die Polyamid- und Polyoxymethylen-Werkstoffe.

Die Zahnradherstellung erfolgt sehr wirtschaftlich durch Spritzguß oder Zerspanung.

Die Tragfähigkeitsberechnung von Zahnrädern aus Kunststoff darf nicht unbedenklich nach den Methoden der Berechnung von Metallrädern durchgeführt werden. Die besonderen Festigkeitseigenschaften der Kunststoffe, z. B. ihre starke Temperaturabhängigkeit [7], müssen berücksichtigt werden. Gültige Festigkeitswerte sind z. B. nur für Hartgewebe bekannt. Werte für die Zahnfuß- und Zahnflanken-Tragfähigkeit zu den Gl. (270.3) und (273.3) s. Tafel **A93.1**.

Beanspruchungsarten. Die im Eingriff stehenden Zähne werden durch die Normalkraft F_n beansprucht. Durch die Relativbewegung an den Flanken entsteht die Reibungskraft μF_n (μ = Gleitreibungszahl) (**266**.1). Sie hat an der Einlaufseite stemmende und an der Auslaufseite streichende Wirkung (s. Abschn. 8.1).

Diese Kräfte und ihre Komponenten beanspruchen jeden Zahn bzw. jedes Flankenpaar hauptsächlich auf Biegung, Flankenpressung und Verschleiß¹). Die Tragfähigkeit eines Zahnrädergetriebes setzt sich daher zusammen aus

1. der Zahnfuß-Tragfähigkeit. Sie berücksichtigt die Gefahr des Zahnbruchs durch Biegung, Druck und Schub und ist bei Zähnen mit gehärteten Flanken von ausschlaggebender Bedeutung; 2. der Flanken-Tragfähigkeit. Sie berücksichtigt die Gefahr der Grübchenbildung durch muschelförmige Ausbröckelungen an ungehärteten Zahnflanken und 3. der Gleit- und Freßverschleiß-Tragfähigkeit. Bei ungünstigen Kombinationen, z. B. von Belastung, Gleitgeschwindigkeit, Ölviskosität, Oberflächengüte und Zahnform, kann der Schmierfilm entweder zum Teil (bei Mischreibung) oder gänzlich (bei Trockenreibung) unterbrochen werden. Dabei kommt es zu metallischer Berührung der aufeinander gleitenden Zahnflanken, und die Oberflächen werden durch Verschleiß zerstört.

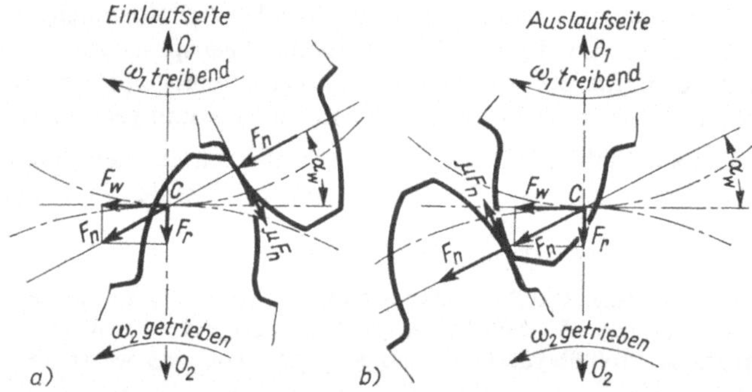

266.1 Wirkung der Reibkraft μF_n
a) stemmend auf der Einlaufseite b) streichend auf der Auslaufseite

Den Gleitverschleiß und das Anfressen oder Ausglühen der Zähne formelmäßig darzustellen, ist bislang noch nicht genau genug gelungen. Praktisch kann die Zahnfreßfestigkeit durch bessere Werkstoffe (Chrom- und Molybdän-Zusätze), durch glatte und gehärtete Oberflächen sowie durch geeignete Schmiermittel erhöht werden. Auch hat der Modul einen großen Einfluß auf die Freßgefahr [6]. So zeigt sich bei $m \leqq 1{,}25$ mm kein Fressen; bei $m > 1{,}25 \cdots 2{,}5$ mm Fressen bei großen Geschwindigkeiten und sehr dünnflüssigen Ölen; bei $m > 2{,}5 \cdots 5$ mm Fressen bei mittleren Geschwindigkeiten und bei $m > 5 \cdots 10$ mm Fressen bei kleinen Geschwindigkeiten und zähflüssigen Ölen.

Für die richtige Dimensionierung der Zahnräder sind neben den genannten Beanspruchungsarten und den dynamischen Zusatzkräften weitere Anforderungen zu beachten, z. B.

¹) Bley, W.: Terminologie der Verschleißformen. Z. Antriebstechnik **15** (1976) Nr. 3

1. Starrheit der Wellen, Radkörper und Lagerungen
2. Lebensdauer; Dauerfestigkeit, Zeitfestigkeit
3. Laufruhe; Schwingungen, Geräuschbildung
4. Austauschbarkeit; Genauigkeit der Einbaumaße

Stand der Forschung. Die Forschung und Entwicklung auf dem Gebiet der Festigkeitsberechnung von Zahnrädern kann z. Z. noch nicht als abgeschlossen angesehen werden. Die rechnerische Beherrschung der Zahnfuß- und Flanken-Tragfähigkeit ist von besonderer Bedeutung und auch rechnerisch zuverlässig. Beide Verfahren werden in den folgenden Abschnitten zur Dimensionierung der Zahnräder benutzt. Darüber hinaus sind weitere Beanspruchungen ggf. durch zusätzliche Faktoren oder durch Erhöhung der Sicherheitsfaktoren bei der Festlegung der Zahnfuß- und Flanken-Tragfähigkeit zu berücksichtigen.

Zahnfußbeanspruchung von Geradstirnrädern mit Außen- und Innenverzahnung (s. Taf. A79.1). Die Nachrechnung der Spannung im Zahnfuß ist stets getrennt für Ritzel und Rad durchzuführen. Im allgemeinen genügt die Ausrechnung auf eine Stelle hinter dem Komma.

Allgemeines. Die durch die Normalkraft F_n im Zahn verursachten Spannungen kann man mit Hilfe der Spannungsoptik an Modellkörpern aus durchsichtigem Kunstharz in polarisiertem Licht sichtbar machen. Die Isochromaten (im Wechsel hell und dunkel auftretende Linien) zeigen, daß auf der Druckseite des gebogenen Zahnes die größten Spannungen auftreten (267.1). Der belastete Zahn wird gleichzeitig auf Biegung, Druck und Schub beansprucht (267.2).

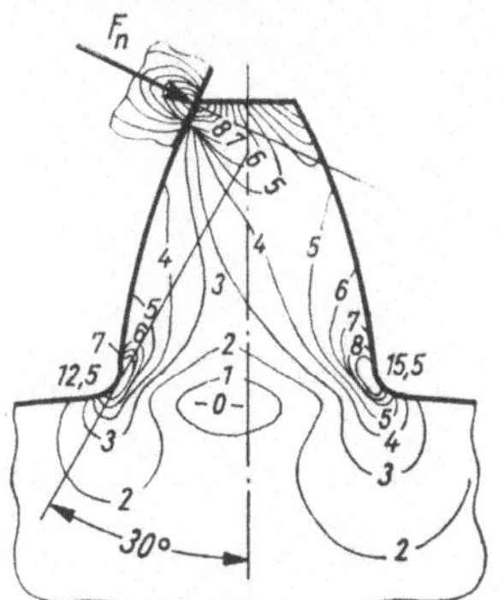

267.1 Spannungsoptische Aufnahme der Zahnfußbeanspruchung (nach Niemann)

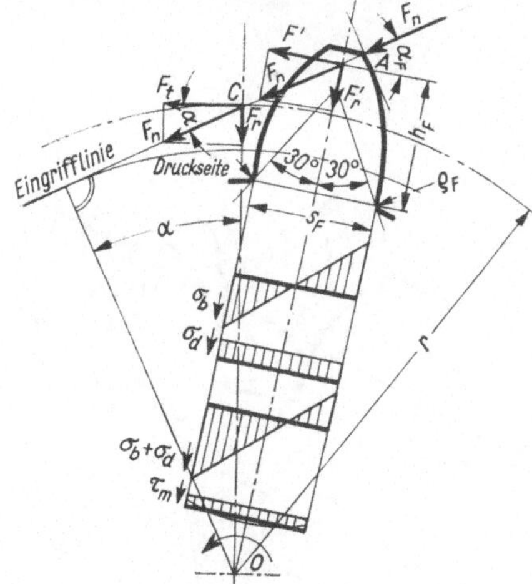

267.2 Spannungen am Zahnfuß bei Belastung am Kopfeingriffpunkt A

Da die Profilüberdeckung $\varepsilon_\alpha > 1$ sein muß, verteilt sich die Normalkraft F_n zeitweise auf zwei Zahnpaare (268.1 a). Diese Lastverteilung läuft bei Geradstirnrädern wie folgt ab (268.1):

A Fußeingriffpunkt des Ritzels; der Eingriff beginnt, also wird F_n von zwei Zahnpaaren aufgenommen

B innerer Einzeleingriffpunkt des Ritzels; ein Zahnpaar geht bei Punkt *E* außer Eingriff, also wird F_n vom Zahnpaar im Punkt *B* allein übertragen

C Wälzpunkt

D innerer Einzeleingriffpunkt des Rades; es erfolgt jetzt der Übergang vom Einzel- zum Doppel-Eingriff, also übertragen zwei Paare die Kraft F_n

E Fußeingriffpunkt des Rades; der Eingriff ist beendet

Der innere Einzeleingriffpunkt des einen Rades ist gleichzeitig der äußere Einzeleingriffpunkt des anderen Rades.

Form- und Teilungsfehler sowie elastische Verformung der Zähne verursachen eine Abweichung der tatsächlichen Lastverteilung von der theoretischen Darstellung (268.1a). Nur für Verzahnungen mit sehr hoher Genauigkeit treffen die Doppeleingriffgebiete $\overline{AB}$ und $\overline{DE}$ nach Bild (268.1a) zu.

Bei Normalverzahnung (DIN 867) wird der Einzeleingriffpunkt am Kopfeingriffpunkt angenommen (267.2), weil die Ermittlung der Einzeleingriffpunkte B und D (268.1) sehr zeitraubend ist und den praktischen Verhältnissen nicht entspricht.

Vielfach wird in der Fachliteratur die Berechnung der Zahnfußfestigkeit auf die Zugseite des Zahnes bezogen, auf der auf Grund der plastischen Verformung nach Überschreiten der Elastizitätsgrenze der Anriß eintritt, obgleich die größten Spannungen auf der Druckseite auftreten (267.1). Bei dieser Betrachtung ist zu beachten, daß mit der plastischen Verformung eine Änderung der Elastizitätsgrenze (Bauschinger-Effekt[1]) [2] erfolgt und aus dem rechteckigen Zahnfußquerschnitt ein trapezförmiger wird, was mit einer Verlagerung der Hauptträgheitsachsen verbunden ist.

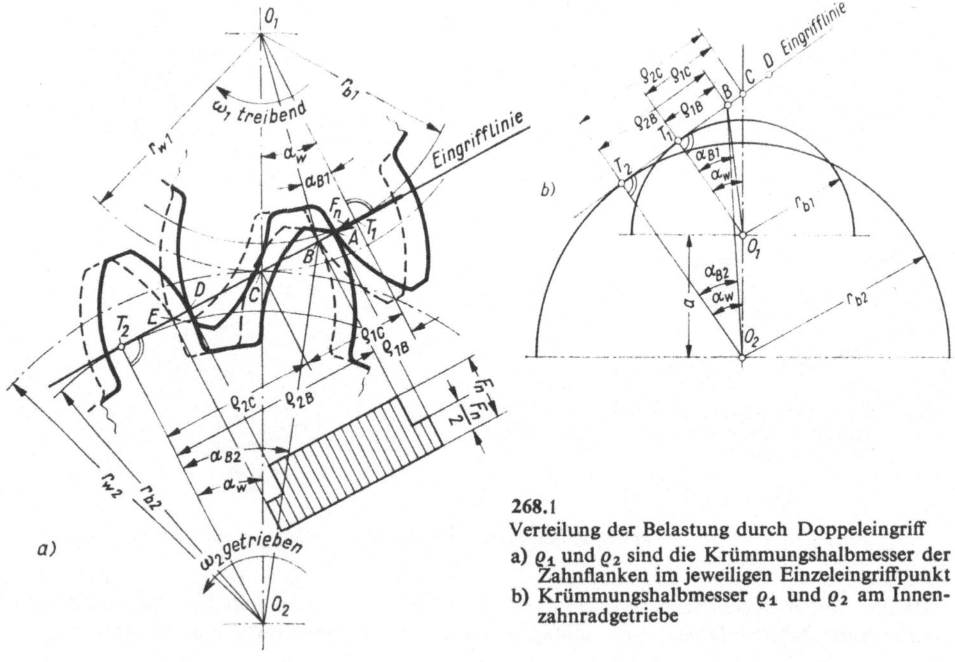

268.1
Verteilung der Belastung durch Doppeleingriff
a) ϱ_1 und ϱ_2 sind die Krümmungshalbmesser der Zahnflanken im jeweiligen Einzeleingriffpunkt
b) Krümmungshalbmesser ϱ_1 und ϱ_2 am Innenzahnradgetriebe

[1]) Bauschinger, I.: Mitteilungen des mechanischen Labors der Technischen Hochschule München (1886) H. 13

Ermittlung der Spannung im Zahnfuß (Zusammenstellung s. Taf. A79.1). Der Berechnungsquerschnitt des Zahnfußes ist durch den Berührungspunkt der 30°-Tangenten an die Fußausrundungen festgelegt (267.2). Man bestimmt

die Biegespannung $$\sigma_b = \frac{F' h_F}{W} = \frac{F' h_F 6}{b s_F^2} = \frac{F_t}{b} \frac{6 h_F \cos \alpha_F}{s_F^2 \cos \alpha}$$

die Druckspannung $$\sigma_d = \frac{F'_r}{b s_F} = \frac{F_t}{b} \frac{\sin \alpha_F}{s_F \cos \alpha}$$

die Schubspannung (mittlere) $$\tau_m = \frac{F'}{b s_F} = \frac{F_t}{b} \frac{\cos \alpha_F}{s_F \cos \alpha}$$

Diese Einzelspannungen ergeben zusammen eine Vergleichspannung. Untersuchungen haben aber gezeigt, daß die Rechnung hinreichend genau ist, wenn der Dimensionierung nur die Biegespannung zugrunde gelegt wird. Damit ergibt sich, erweitert mit Modul m, die Zahnfußspannung

$$\sigma_F = \frac{F_t}{b m} \frac{6 m h_F \cos \alpha_F}{s_F^2 \cos \alpha} = \frac{F_t}{b m} Y_F \tag{269.1}$$

Der Zahnformfaktor Y_F kann für Außenverzahnungen mit Bezugsprofil nach DIN 867 für $z = z_n$, x und $\beta = 0°$ aus Bild A97.1 entnommen werden.

Der Zahnformfaktor für die Innenverzahnung ist gleich dem für eine Zahnstange mit Bezugsprofil nach DIN 867 und mit $c = 0{,}25\, m$, die mit dem Ritzel der Innenverzahnung kämmt und gleiche Zahnhöhe wie die Innenverzahnung hat,

$$Y_F = 2{,}06 - 1{,}18 \left(2{,}25 - \frac{d_{a2} - d_{f2}}{2m}\right) \tag{269.2}$$

In diese Gleichung ist bei Kopfkürzung d_{ak} nach Gl. (256.2) einzusetzen.

Die näherungsweise Umrechnung des Kraftangriffs am Zahnkopf auf den äußeren Einzeleingriffpunkt B (268.1) berücksichtigt der Lastanteilfaktor

$$Y_\varepsilon = \frac{1}{\varepsilon_\alpha} \tag{269.3}$$

Bei hoher Verzahnungsqualität und relativ großer Belastung kann mit einer Lastverteilung auf mehr als einem Zahnpaar gerechnet werden. Diese Einflüsse erfaßt ein Stirnlastverteilungsfaktor $K_{F\alpha}$, der von einem Hilfsfaktor q_L und von der Profilüberdeckung ε_α abhängt. Verzahnungsqualität bzw. der Eingriffteilungsfehler f_{pe} in µm und die Belastung F_t/b in N/mm bestimmen den Hilfsfaktor durch die Zahlenwertgleichung

$$q_L = 0{,}4 \left(1 + \frac{9{,}81\,(f_{pe} - 2)}{F_t/b}\right) \tag{269.4}$$

Erhält man hieraus $q_L < 0{,}5$, so setzt man $q_L = 0{,}5$ bzw. für $q_L > 1$ den Hilfsfaktor $q_L = 1$ in die weitere Berechnung ein. Der Wert $q_L = 0{,}5$ bedeutet, daß die Umfangskraft auf die im Eingriff befindlichen Zahnpaare gleichmäßig verteilt ist; bei $q_L = 1$ überträgt nur ein Zahnpaar die gesamte Umfangskraft. Aus Bild A98.1 kann abhängig vom Teilungsdurchmesser d_2 des größeren Rades, vom Modul $m = m_n$ und von der Verzahnungsqualität der Faktor q_L und auch der zulässige Eingriffteilungsfehler f_{pe} des Rades (DIN 3962) entnommen werden.

Für die Profilüberdeckung $\varepsilon_\alpha \leqq 2$ besteht der Zusammenhang

$$1 \geqq K_{F\alpha} \geqq q_L \cdot \varepsilon_\alpha \tag{270.1}$$

Für $q_L > \frac{1}{\varepsilon_\alpha}$ wird $K_{F\alpha} \geqq q_L \varepsilon_\alpha$ und für $q_L \leqq \frac{1}{\varepsilon_\alpha}$ wird $K_{F\alpha} = 1$ gesetzt. Für grobe Verzahnung und für Überschlagrechnungen wird mit $q_L = 1$ der Stirnlastverteilungsfaktor

$$K_{F\alpha} = \varepsilon_\alpha \tag{270.2}$$

Beim Nachrechnen eines vorhandenen Radpaares mit bekannten (gemessenen) Eingriffteilungsfehlern geht man mit den Werten $f_{pe} = \bar{f}_{pe1} - f_{pe2}$ und F_t/b in das Bild **A98.1** und ermittelt q_L. Dabei sind die Vorzeichen für die mittleren Fehler $\bar{f}_{pe1}$, $\bar{f}_{pe2}$ zu beachten.

Unter Berücksichtigung der genannten Faktoren lautet die allgemeine Gleichung für die Zahnfußspannung

$$\sigma_F = \frac{F_t}{bm} Y_F Y_\varepsilon K_{F\alpha} \leqq \sigma_{FP} \tag{270.3}$$

Die zulässige Zahnfußspannung ergibt sich aus der Schwellfestigkeit $\sigma_{F\mathrm{l}}$ der Zähne (Taf. **A93.1**) unter Beachtung der erforderlichen Sicherheit S_F (Taf. **A90.2**)

$$\sigma_{FP} = \frac{\sigma_{F\mathrm{l}}}{S_F} \tag{270.4}$$

Die Auswahl der Festigkeit und Sicherheit geschieht unter Beachtung der Wirtschaftlichkeit sowie aller Einflußgrößen auf das Getriebe (s. auch Fußnoten zu Taf. **A93.1**). Bei Wechselbeanspruchung der Zähne (z. B. bei Zwischenrädern) wird der 0,6···0,7-fache Wert der Schwellfestigkeit in Gl. (270.4) eingesetzt: $\sigma'_{FL} = (0{,}6 \cdots 0{,}7)\,\sigma_{FL}$.

Herstellungsmängel, wie Randentkohlung, Randoxydation und örtliche Anlaßwirkung durch Schleifen, mindern die Dauerfestigkeit.

Für hochbeanspruchte Zahnräder aus Stahl ist bevorzugt geschmiedetes Ausgangsmaterial zu verwenden, damit die Beanspruchung quer zur Faser im Zahnfuß vermieden wird.

Flankenbeanspruchung von Geradstirnrädern mit Außen- und Innenverzahnung. Es ist die Flankenpressung im Wälzpunkt und in manchen Fällen auch die Pressung in den inneren Einzeleingriffpunkten zu ermitteln (s. Taf. **A79.1**).

Allgemeines. Unter Last stehende Zahnflanken platten sich an der Berührungstelle ab (**270.1**). Bei ungleichmäßiger Pressung können Druckspitzen die Streckgrenze des Werkstoffes überschreiten. An den Zahnflanken entstehen dadurch feine Risse, in die Öl eindringt, das infolge hoher Druckentwicklung kleine muschelförmige Werkstoffteilchen heraussprengt. Es bilden sich Grübchen (Pittings) aus, die nicht mit Rillen, die durch Reibverschleiß entstehen, verwechselt werden können. Grübchenbildung wurde hauptsächlich an ungehärteten und vergüteten Werkstoffen und nur bei Vorhandensein von Schmiermitteln beobachtet. Außer der zu hohen Flächenpressung beeinflussen ungeeignete Schmiermittel, Relativgeschwindigkeit und Oberflächenbeschaffenheit der Zahnflanken die

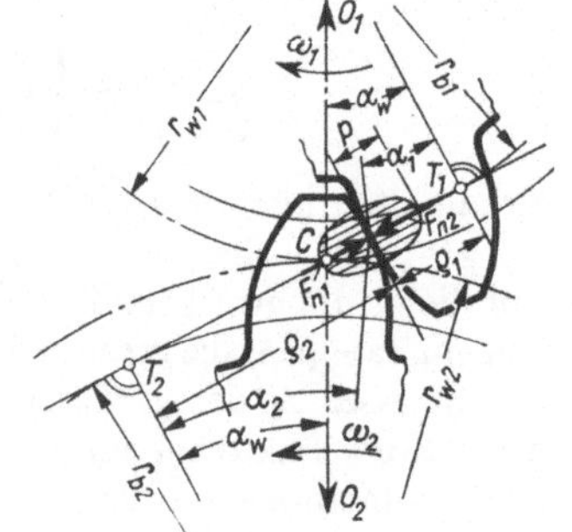

270.1 Wälzpressung an den Zahnflanken

Grübchenbildung maßgebend. Es ist zwischen degressiver (Einlaufgrübchen) und progressiver Grübchenbildung zu unterscheiden. Um Schaden zu vermeiden, soll im Betrieb eine mehrfache Kontrolle vorgenommen werden, von der die erste nicht vor 10^6 Lastwechseln zu erfolgen braucht. Zum Beurteilen der Sicherheit gegen Grübchenbildung wird die Hertzsche Pressung benutzt.

Hertzsche Pressung. Werden zwei Zylinder (**271.1**) mit der Normalkraft F_n zusammengepreßt, so stellt sich im Bereich der Mantellinien eine elliptische Spannungsverteilung ein. Bei dieser ist die maximale Pressung (Hertzsche Pressung)

$$\sigma_H' = \sqrt{\frac{F_n E}{2\pi \varrho b(1-\nu^2)}} = \sqrt{0{,}175\,\frac{F_n E}{\varrho b}} \qquad (271.1)$$

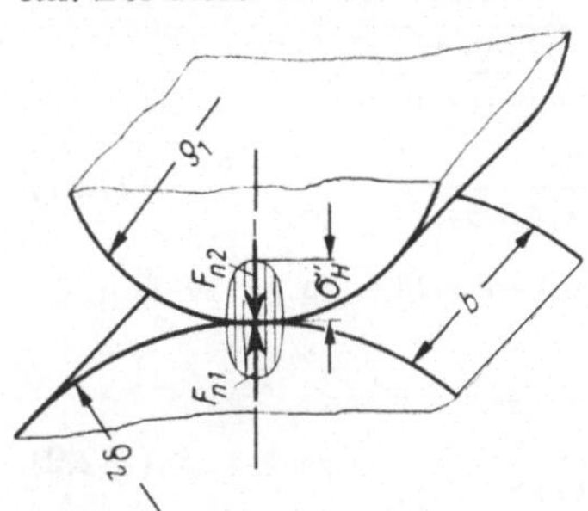

271.1 Hertzsche Pressung σ_H zwischen zwei zusammengepreßten Kreiszylindern

Hierin bedeuten

F_n die Normalkraft am Zahn

E der Elastizitätsmodul; aus $\frac{1}{E} = \frac{1}{2}\left(\frac{1}{E_1} + \frac{1}{E_2}\right)$ folgt $E = \frac{2E_1 E_2}{E_1 + E_2}$

(E_1 = E-Modul des Ritzels und E_2 = E-Modul des Rades)

ϱ der Krümmungshalbmesser; aus $\frac{1}{\varrho} = \frac{1}{\varrho_1} + \frac{1}{\varrho_2}$ folgt $\varrho = \frac{\varrho_1 \varrho_2}{\varrho_2 + \varrho_1}$

b die Wälzbreite

ν die Poissonsche Konstante (Querzahl); für Stahl und Leichtmetall $\approx 0{,}3$

Hertzsche Pressung, angewendet auf Zahnräder. Die Gl. (271.1) ist nur bei ruhig beanspruchten Walzen und bei Druckspannungen unterhalb der Proportionalitätsgrenze anzuwenden. Die Hertzsche Pressung nach Gl. (271.1) erfaßt jedoch die wirkliche Beanspruchung der Zahnräder nur annähernd, weil zusätzlich die Reibkraft μF_n und der hydrodynamische Druck im Ölfilm eine Rolle spielen.

Für den beliebigen Berührungspunkt zweier Flanken (**270.1**) besteht die Beziehung

$$\sin\alpha_w = \frac{\varrho_1 + \varrho_2}{r_{w1} + r_{w2}} \qquad \text{oder} \qquad \varrho_1 + \varrho_2 = (r_{w1} + r_{w2}) \sin\alpha_w$$

Mit dem Zähnezahlverhältnis $u = \frac{z_{Rad}}{z_{Ritzel}} = \frac{z_2}{z_1} = \frac{d_2}{d_1} = \frac{r_{w2}}{r_{w1}} \geqq 1$, Gl. (236.2), ergibt sich

$$\varrho_1 + \varrho_2 = (u r_{w1} + r_{w1}) \sin\alpha_w = r_{w1}(u+1)\sin\alpha_w$$

Mit $\varrho_1 = r_{b1}\tan\alpha_1$ (**270.1**) und $\varrho_2 = r_{b2}\tan\alpha_2 = u r_{b1}\tan\alpha_2$

folgt $$\varrho = \frac{\varrho_1\varrho_2}{\varrho_2+\varrho_1} = \frac{r_{b1}\tan\alpha_1\, u r_{b1}\tan\alpha_2}{r_{w1}(u+1)\sin\alpha_w} = \frac{r_{b1}^2\, u\tan\alpha_1\tan\alpha_2}{(u+1) r_{w1}\sin\alpha_w}$$

und mit $r_{w1} = r_1 \dfrac{\cos\alpha}{\cos\alpha_w}$ und $r_{b1} = r_1 \cos\alpha$

folgt
$$\varrho = \frac{r_1^2 \cos^2\alpha\, u \tan\alpha_1 \tan\alpha_2 \cos\alpha_w}{(u+1) r_1 \cos\alpha \sin\alpha_w} = \frac{d_1\, u \cos\alpha \tan\alpha_1 \tan\alpha_2}{2(u+1)\tan\alpha_w}$$

Damit ergibt sich mit $F_n = \dfrac{F_t}{\cos\alpha}$ entsprechend Gl. (271.1) für einen beliebigen Zahneingriffpunkt die Hertzsche Pressung

$$\sigma_H'' = \sqrt{0{,}175 \frac{F_t E}{b \cos\alpha} \frac{2(u+1)\tan\alpha_w}{d_1 u \cos\alpha \tan\alpha_1 \tan\alpha_2}}$$

oder
$$\sigma_H'' = \sqrt{0{,}35 \frac{u+1}{u} \frac{F_t E}{b d_1} \frac{\tan\alpha_w}{\cos^2\alpha \tan\alpha_1 \tan\alpha_2}} \tag{272.1}$$

Hertzsche Pressung σ_H im Wälzpunkt C. Bei Flankenberührung im Wälzpunkt C ist $\alpha_1 = \alpha_2 = \alpha_w$. Damit folgt aus Gl. (272.1)

$$\sigma_H = \sqrt{0{,}35 \frac{u+1}{u} \frac{F_t E}{b d_1} \frac{1}{\cos^2\alpha \tan\alpha_w}} \tag{272.2}$$

mit $u = z_{Rad}/z_{Ritzel} \geqq 1$ und mit dem Teilkreisdurchmesser des Ritzels d_1.

Zur Vereinfachung der Berechnung werden folgende Faktoren eingeführt:

1. Materialfaktor $\quad Z_M = \sqrt{0{,}35\, E}$ in $\sqrt{\dfrac{N}{mm^2}}$ mit E in $\dfrac{N}{mm^2}$ (272.3)

Vorstehende Gleichung gilt für Stahl und Leichtmetall mit $\nu = 0{,}3$. Für die hauptsächlich vorkommenden Werkstoffpaarungen ist Z_M der Tafel **A95**.1 [13] zu entnehmen.

2. Flankenformfaktor $\quad Z_H = \dfrac{1}{\cos\alpha} \sqrt{\dfrac{1}{\tan\alpha_w}}$ (272.4)

Für Verzahnungen mit $\alpha = \alpha_n = 20°$ (DIN 867) ist Z_H als Funktion von $z_1 + z_2$ und $x_1 + x_2$ mit $\beta = 0°$ dem Bild **A99**.1 [13] zu entnehmen.

Mit den Faktoren Z_M und Z_H erhält man für die Hertzsche Pressung im Wälzpunkt C

$$\sigma_H = Z_M Z_H \sqrt{\frac{u+1}{u} \frac{F_t}{b d_1}} \tag{272.5}$$

Den Einfluß der Profilüberdeckung berücksichtigt der Überdeckungsfaktor (DIN 3990)

$$Z_\varepsilon = \sqrt{\frac{4 - \varepsilon_\alpha}{3}} \tag{272.6}$$

Entsprechend den Ausführungen zu Gl. (269.3), (269.4) und (270.2) wird hier mit einem Stirnlastverteilungsfaktor

$$K_{H\alpha} = 1 + 2(q_L - 0{,}5)\left(\frac{1}{Z_\varepsilon^2} - 1\right) \tag{272.7}$$

gerechnet (s. auch **A98**.1). Bei grober Verzahnung und für Überschlagrechnungen setzt man mit $q_L = 1$ für

$$K_{H\alpha} = \frac{1}{Z_\varepsilon^2} \tag{272.8}$$

Somit lautet die Gleichung für die Hertzsche Pressung im Wälzpunkt C

$$\sigma_H = Z_M Z_H Z_\varepsilon \sqrt{\frac{u+1}{u}\frac{F_t}{bd_1}K_{H\alpha}} \leqq \sigma_{HP} \tag{273.1}$$

Die zulässige Hertzsche Pressung ist stets getrennt für Ritzel und Rad zu berechnen. Sie ergibt sich aus der Dauerfestigkeit σ_{Hl} der Zähne (s. Taf. **A93.1**) unter Beachtung der erforderlichen Sicherheit S_H (s. Taf. **A90.2**).

$$\sigma_{HP} = \frac{\sigma_{Hl}}{S_H} \tag{273.2}$$

Bei Außenverzahnung mit $z_n \leqq 20$ und Innenverzahnung mit $z_n \leqq 30$ ist die Hertzsche Pressung σ_{HB} im inneren Einzeleingriffpunkt B des Ritzels nachzuweisen, da hier der Krümmungshalbmesser ϱ_1 kleiner ist als im Wälzpunkt C (s. Bild **268.1**). Bei Geradverzahnung ist $z_n = z$. Mit den Pressungswinkeln $\alpha_1 = \alpha_{B1}$ und $\alpha_2 = \alpha_{B2}$ folgt aus Gl. (272.1) für die Pressung

$$\sigma_{HB} = \sqrt{0{,}35\,\frac{u+1}{u}\frac{F_t E}{bd_1}\frac{\tan\alpha_w}{\cos^2\alpha\tan\alpha_{B1}\tan\alpha_{B2}}} \tag{273.3}$$

Zur Vereinfachung setzt man [11] $\quad \sigma_{HB} = \sigma_H Z_B \leqq \sigma_{HP}$

Hierbei ist der Ritzel-Eingriffsfaktor

$$Z_B = \sqrt{\frac{\varrho_{1C}\varrho_{2C}}{\varrho_{1B}\varrho_{2B}}} \tag{273.4}$$

Die Krümmungshalbmesser können aus einer graphischen Darstellung (**268.1**) entnommen werden. Berechnung der Faktoren Z_B und Z_D s. auch DIN 3990 Bl. 7.

Hertzsche Pressung σ_{HD} im inneren Einzeleingriffpunkt D des Rades. Entsprechend den Ausführungen für den Einzeleingriffpunkt B setzt man auch für Punkt D

$$\sigma_{HD} = \sigma_H Z_D \leqq \sigma_{HP} \quad \text{mit} \quad Z_D = \sqrt{\frac{\varrho_{1C}\varrho_{2C}}{\varrho_{1D}\varrho_{2D}}} \qquad (273.5)\ (273.6)$$

Laufruhe. Geräuschprüfung und Geräuschmessung an Zahnradgetrieben geben zwar keinen direkten Einblick in die Funktionsfähigkeit, gehören aber im modernen Getriebebau zur Qualitätsprüfung. In der Praxis werden vielfach zwei Methoden angewendet:

1. (Subjektive) Methode durch Abhören. Die Beurteilung erfolgt durch Vergleich der Geräusche von Prüfling und Grenzmuster oder durch Abhören einer bekannten Tonbandaufnahme.

2. Exakte Geräuschmessung mit Schallmeßeinrichtungen. Die Lautstärke in phon ist ein Maß der Schallenergie.

Geräuschursachen an Zahnrädern. Bei der Gleit- und Wälzbewegung der Zahnflanken können Oberflächenschwingungen mit 2000···5000 Hz entstehen. Diese sehr lauten Geräusche beruhen auf Schwingungen, die durch Formabweichungen, Teilungsfehler und elastische Verformung der Zähne verursacht werden. Die Schwingungen der Zähne werden durch die wechselnde Belastung infolge Einzel- und Doppeleingriff angeregt. Um den Einfluß der Teilungsfehler klein zu halten, soll das Zähnezahlverhältnis nicht ganzzahlig sein. Reibgeräusche können durch Verbesserung der Oberflächengüte der Zahnflanken, durch geeignete Schmiermittel und durch kleine Relativgeschwindigkeit ($w = w_1 - w_2$; s. Abschn. 8.3.1) vermindert werden.

Beispiel 2. Für die Getriebestufe II nach Beispiel 1 (258.1) ist die Tragfähigkeitsberechnung für einsatzgehärtete Zahnräder mit der Verzahnungsqualität 7 nach DIN 3962, 3963, 3967 durchzuführen. Die Antriebleistung beträgt $P = 20{,}4$ kW bei $n = 1420\ \text{min}^{-1}$ und der Betriebsfaktor $\varphi = 1{,}2$.

Benennung und Bemerkung	Tragfähigkeitsberechnung der Getriebestufe II Rad 3	 Rad 4
aus Beispiel 1 sind bekannt	$z_3 = 22$; $d_3 = 55$ mm $d_{w3} = 57{,}14$ mm; $x_3 = 0{,}71$	$z_4 = 55$; $d_4 = 137{,}5$ mm $d_{w4} = 142{,}86$ mm; $x_4 = 0{,}9857$
	$m = 2{,}5$ mm; $\alpha_{wII} = 25°15' = 25{,}25°$; $\varepsilon_3 = 2{,}4$; $\varepsilon_4 = 4{,}66$; $\varepsilon_{sII} = 5{,}78$; $\varepsilon_{\alpha II} = 1{,}28$	
Zahnfußspannung Gl. (270.3)	$\sigma_{F3} = \frac{F_{tII}}{b_{II}m} Y_{F3} Y_{\varepsilon II} K_{F\alpha II} \leqq \sigma_{FP3}$	$\sigma_{F4} = \frac{F_{tII}}{b_{II}m} Y_{F4} Y_{\varepsilon II} K_{F\alpha II} \leqq \sigma_{FP4}$
Nenn-Drehmoment Gl. (263.1)	$T_3 = T_1 = 9{,}55 \cdot 10^6 \frac{P_1}{n_1} = 9{,}55 \cdot 10^6 \frac{20{,}4}{1420} = 137\,100$ N mm	
Umfangskraft, Gl. (263.2)	$F_{tII} = \varphi \frac{2T_3}{d_3} = 1{,}2 \frac{2 \cdot 137100\ \text{N mm}}{55\ \text{mm}} = 5980$ N	
Zahnbreite, Taf. A90.3	$b_{II} = 25$ mm gewählt, da Schieberad schmaler als nach Taf. A90.3	
Zahnformfaktor, Bild A97.1	$Y_{F3} = f(z_3; x_3) = 2{,}05$ (für $\beta = 0°$)	$Y_{F4} = f(z_4;\ x_4) = 1{,}97$ (für $\beta = 0°$)
Lastanteilfaktor, Gl. (269.3)	$Y_{\varepsilon II} = \frac{1}{\varepsilon_{\alpha II}} = \frac{1}{1{,}28} = 0{,}78$	
Hilfsfaktor, Bild A98.1 oder Gl. (269.4)	$q_{LII} = f\left(d_4;\ m;\ \text{Qualität};\ \frac{F_{tII}}{b_{II}}\right) = 0{,}585$ d_4, m und Qualität führen zunächst auf den zul. Eingriffteilungsfehler f_{pe} des Rades 4	
Stirnlastverteilungsfaktor Gl. (270.1)	da $q_{LII} = 0{,}585 < \frac{1}{\varepsilon_{\alpha II}} = 0{,}78$ ist, wird $K_{F\alpha II} = 1$	
Zahnfußspannung	$\sigma_{F3} = \frac{5980\ \text{N}}{25\ \text{mm} \cdot 2{,}5\ \text{mm}} 2{,}05 \cdot$ $\cdot 0{,}78 \cdot 1 = 153\ \text{N/mm}^2$	$\sigma_{F4} = \frac{5980\ \text{N}}{25\ \text{mm} \cdot 2{,}5\ \text{mm}} 1{,}97 \cdot$ $\cdot 0{,}78 \cdot 1 = 147\ \text{N/mm}^2$
zul. Zahnfußspannung Gl. (270.4)	$\sigma_{FP3} = \frac{\sigma_{Fl3}}{S_{F3}}$	$\sigma_{FP4} = \frac{\sigma_{Fl4}}{S_{F4}}$
Werkstoff, Taf. A93.1	gewählt: C15 $\sigma_{Fl3} = 230\ \text{N/mm}^2$; $\sigma_{Hl3} = 1600\ \text{N/mm}^2$	gewählt: C15 $\sigma_{Fl4} = 230\ \text{N/mm}^2$; $\sigma_{Hl4} = 1600\ \text{N/mm}^2$
Sicherheitsfaktor gegen Zahnfußdauerbruch Taf. A90.2	$S_{F3} = 1{,}5$ (entsprechend den Betriebsverhältnissen)	$S_{F4} = 1{,}5$ (entsprechend den Betriebsverhältnissen)
zul. Zahnfußbeanspruchung	$\sigma_{FP3} = \frac{230\ \text{N/mm}^2}{1{,}5} =$ $= 153\ \text{N/mm}^2$	$\sigma_{FP4} = \frac{230\ \text{N/mm}^2}{1{,}5} =$ $= 153\ \text{N/mm}^2$

(Fortsetzung s. nächste Seite)

Benennung und Bemerkung	Tragfähigkeitsberechnung der Getriebestufe II — Rad 3	Rad 4
Nachweis der Spannung	$\sigma_{F3} = 153\ \text{N/mm}^2 (\leqq) \sigma_{FP3} = 153\ \text{N/mm}^2$	$\sigma_{F4} = 147\ \text{N/mm}^2 < \sigma_{FP4} = 153\ \text{N/mm}^2$
Hertzsche Pressung im Wälzpunkt *C*, Gl. (273.1)	$\sigma_{HII} = Z_{MII} Z_{HII} Z_{\varepsilon II} \sqrt{\frac{u_{II}+1}{u_{II}} \frac{F_{tII}}{b_{II} d_3} K_{H\alpha II}} \leqq \sigma_{HPII}$	
Materialfaktor Taf. A95.1 oder Gl. (272.3)	für Stahl gegen Stahl: $Z_{MII} = 268 \sqrt{\text{N/mm}^2}$	
Flankenformfaktor Bild A99.1	$Z_{HII} = f\left(\frac{x_3 + x_4}{z_3 + z_4}\right) = f(0{,}022) = 1{,}55$ (für $\beta = 0°$)	
Überdeckungsfaktor Gl. (272.6)	$Z_{\varepsilon II} = \sqrt{\frac{4 - \varepsilon_{\alpha II}}{3}} = \sqrt{\frac{4 - 1{,}28}{3}} = 0{,}95$	
Zähnezahlverhältnis Gl. (236.2)	$u_{II} = \frac{z_4}{z_3} = \frac{55}{22} = 2{,}5$	
Stirnlastverteilungsfaktor Gl. (272.7) oder Tafel A98.1	$K_{H\alpha II} = 1 + 2(q_{LII} - 0{,}5)\left(\frac{1}{Z^2_{\varepsilon II}} - 1\right) = 1 + 2(0{,}585 - 0{,}5)\left(\frac{1}{0{,}95^2} - 1\right) \approx 1$	
Hertzsche Pressung im Wälzpunkt *C*	$\sigma_{HII} = 268 \sqrt{\text{N/mm}^2} \cdot 1{,}55 \cdot 0{,}95 \sqrt{\frac{2{,}5+1}{2{,}5} \frac{5980\ \text{N}}{25\ \text{mm} \cdot 55\ \text{mm}} 1} = 965\ \text{N/mm}^2$	
Sicherheitsfaktor gegen Grübchenbildung Tafel A90.2	gewählt: $S_{H1,2} = 1{,}3$ (entsprechend den Betriebsverhältnissen)	
zul. Hertzsche Pressung Gl. (273.2)	$\sigma_{HP\,3,4} = \frac{\sigma_{H1\,3,4}}{S_{H\,3,4}} = \frac{1600\ \text{N/mm}^2}{1{,}3} = 1230\ \text{N/mm}^2$	
Nachweis der Hertzschen Pressung	$\sigma_{HII} = 965\ \text{N/mm}^2 < \sigma_{HP\,3,4} = 1230\ \text{N/mm}^2$	

8.3.7. Entwurf und Gestaltung von Geradstirnrad-Getrieben

Beim Neuentwurf eines Getriebes sind meistens zuerst einige Annahmen zu machen. Die Hauptabmessungen sind entweder vorgegeben (z. B. in einer bestimmten Maschine) oder zu wählen. Dann sind diese Daten (an Hand der Konstruktion) nachzurechnen und, wenn notwendig, zu verändern.

Richtlinien für den Entwurf. Zähnezahlen. Sie sind so zu wählen, daß die Profilüberdeckung $\varepsilon_\alpha \geqq 1{,}15$ und bei schnellaufenden Getrieben wegen der Laufruhe $\varepsilon_\alpha > 1{,}5$ beträgt. Die Übersetzung soll nicht ganzzahlig sein. Sollen die Zähne ohne Profilverschiebung ausgeführt werden, so muß $z_1 \geqq z'_g$ sein. Die Mindestzähnezahlen für Ritzel nach Tafel A82.1 sind zu beachten [11]. Für Innenverzahnungen s. Abschn. 8.3.3.

Übersetzung. Aus baulichen Gründen ist je Stufe $i \leqq 8$ und in Schaltgetrieben je Stufe $i \leqq 4$ zu wählen.

Teilkreisdurchmesser. Bestehen Ritzel und Welle aus einem Stück (**277.**1) und 2), so soll

$$d_1 \geqq 1{,}2 d_{\mathrm{Wl1}} \tag{276.1}$$

sein. Für den Wellendurchmesser d_{Wl1} s. Gl. (265.1). Ist das Ritzel mit Nabe auf der Welle befestigt, so ist zu wählen

$$d_1 \geqq 2 d_{\mathrm{Wl1}} \tag{276.2}$$

Zahnbreite. Je starrer die Wellen- und Lagerkonstruktionen sind, um so größer darf die Zahnbreite sein. Ist Achsparallelität unter Last gewährleistet, so wählt man

bei beidseitiger Lagerung der Welle

$$b \geqq 1{,}2 d_1 \tag{276.3}$$

bei einseitig (fliegend) gelagertem Ritzel

$$b \leqq 0{,}75 d_1 \tag{276.4}$$

Abhängig von der Lagerart entnimmt man aus Tafel **A90.**3 das Zahnbreitenverhältnis

$$\lambda = b/m \tag{276.5}$$

Modul. Er ist nach oben durch den Teilkreisdurchmesser und die kleinste Zähnezahl festgelegt

$$m_{\max} = d_1 / z_{1\,\min} \tag{276.6}$$

und nach unten durch die Zahnfußfestigkeit und Zahnbreite begrenzt.

Modul-Berechnung unter Beachtung der Zahnfuß-Tragfähigkeit. Sie ist für gehärtete Zahnräder maßgebend und für den Fall, daß der Modul nicht vorgegeben ist. Aus Gl. (270.3) ergibt sich mit Gl. (263.2), (276.5), (276.6) für den Modul

$$m \geqq \sqrt[3]{\frac{2 T_{1\,\max}}{z_1 \lambda \sigma_{\mathrm{FP}}} Y_{\mathrm{F}} Y_{\varepsilon} K_{\mathrm{F}\alpha}} \tag{276.7}$$

Hierin bedeuten:

m	in mm	Modul, Tafel **A89.1**	$T_{1\,\max}$	in N mm	Drehmoment, Gl. (263.1)
z_1		Zähnezahl, auch Tafel **A82.1**	λ		Zahnbreitenverhältnis, Tafel **A90.3**
σ_{FP}	in N/mm²	zulässige Zahnfußspannung, Gl. (270.4)			
Y_{F}		Zahnformfaktor, für Entwurf: $Y_{\mathrm{F}} = 2{,}2$			
Y_{ε}		Lastanteilfaktor, für Entwurf: $Y_{\varepsilon} = 1$			
$K_{\mathrm{F}\alpha}$		Stirnlastverteilungsfaktor, für Entwurf: $K_{\mathrm{F}\alpha} = 1$			

Modul-Berechnung unter Beachtung der Flanken-Tragfähigkeit. Sie ist für ungehärtete Zahnräder maßgebend und für den Fall, daß der Modul nicht vorgegeben ist. Aus Gl. (273.1) ergibt sich mit Gl. (263.2), (276.5), (276.6) für den Modul die Zahlenwertgleichung

$$m \geqq \sqrt[3]{\frac{u+1}{u} \frac{2 T_{1\,\max}}{\lambda z_1^2 \sigma_{\mathrm{HP}}^2} K_{\mathrm{H}\alpha} Z_{\mathrm{M}}^2 Z_{\mathrm{H}}^2 Z_{\varepsilon}^2} \tag{276.8}$$

Hierin bedeuten:

m	in mm	Modul, Tafel **A89.1**	u	Zähnezahlverhältnis, Gl. (236.2)
$T_{1\,\max}$	in N mm	Drehmoment, Gl. (263.1)	z_1	Zähnezahl des kleinen Rades, auch Tafel **A82.1**
λ		Zahnbreitenverhältnis, Tafel **A90.3**		

σ_{HP} in N/mm^2 zulässige Hertzsche Pressung, Gl. (273.2)

$K_{H\alpha}$ Stirnlastverteilungsfaktor, für Entwurf: $K_{H\alpha} = 1$

Z_M in $\sqrt{N/mm^2}$ Materialfaktor, für Entwurf bei St/St oder GS: $Z_M = 270\ \sqrt{N/mm^2}$, bei St/GG: $Z_M = 232\ \sqrt{N/mm^2}$ und bei GG/GG: $Z_M = 204\ \sqrt{N/mm^2}$

Z_H Flankenformfaktor, für Entwurf: $Z_H = 1{,}7$

Z_ε Überdeckungsfaktor, für Entwurf: $Z_\varepsilon = 1$

Gestaltung. Im Zahnräder-Getriebebau werden Guß- und Schweißkonstruktionen verwendet. Kleinere Zahnräder werden geschmiedet, als Scheiben von der Stange abgestochen oder im Gesenk geschlagen. Räder aus Kunstharzpreßstoffen sind möglichst in Formen zu pressen; bei spangebender Herstellung ist besonders auf die Struktur des Grundwerkstoffes zu achten.

Ritzel und Wellen werden oft aus einem Stück (Schaftrad) gefertigt (**277.1**) oder durch Abbrennschweißen (aus wirtschaftlichen Gründen) aus hochwertigem und normalem Werkstoff metallurgisch vereinigt (**277.2**), Kleine Stirnräder können auch auf eine breitere Nabe aufgeschweißt werden (**277.3**).

Räder. In Bild **278.1** sind Ausführungen in Guß und in Bild **278.2** Schweißkonstruktionen dargestellt. Für die Bemessung gegossener Räder gelten die in Tafel **A90.4** angegebenen Richtwerte.

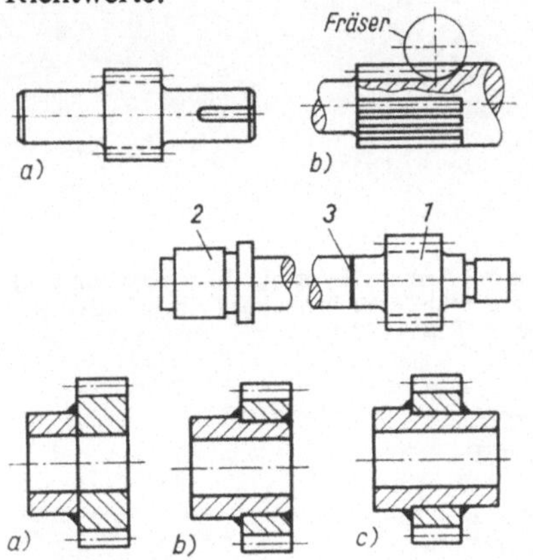

277.1
Ausführungsformen von Ritzelwellen (Schafträder)

277.2
Ritzel 1 aus hochwertigem Werkstoff an Welle 2 mit normaler Festigkeit angeschweißt; 3 Schweißnaht

277.3
Ausführungsformen kleiner geschweißter Stirnräder
a) angeschweißte, b) einseitig durchgehende, c) beidseitig durchgehende Nabe

Getriebegehäuse werden als Guß- und Schweißkonstruktionen hergestellt (s. auch Abschn. 8.8).

Bei der Konstruktion ist zu beachten, daß 1. die Zahnräder dicht an den Lagerstellen angeordnet sind, damit die Durchbiegung der Wellen so klein wie möglich bleibt, 2. die Gehäuse möglichst durch Rippen oder geeignete Formgebung gegen elastische Verformungen und Schwingungen starr sind.

Schmierung. Die für Zahnradgetriebe geeigneten Schmierungsarten sind in Tafel **A90.5** zusammengestellt (s. auch Abschn. 8.8.1).

Angaben in Zeichnungen und Verzahnungsqualitäten. Die für die Herstellung und Prüfung der Verzahnung notwendigen Angaben sind nach DIN 3966 in eine besondere Tabelle (s. Tafel **A99.2** und 3) einzutragen, die oben rechts auf der Zeichnung dargestellt wird. Als Verzahnungstoleranzen (s. DIN 3961 bis 3967) sind die Werte in die Tabelle einzutragen, die die erforderliche Beschaffenheit der Verzahnung und die Abnahmeprüfung festlegen.

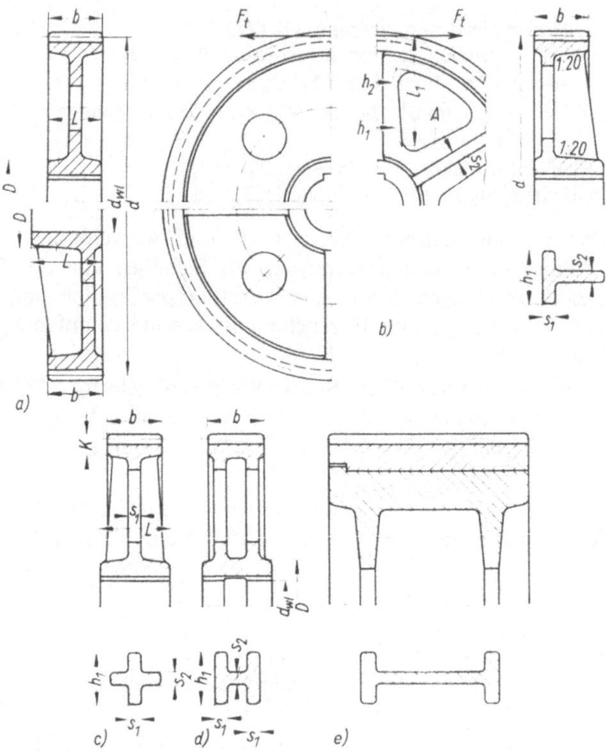

278.1 a bis e Gußräder-Ausführungen mit Scheiben (a) oder mit Armen: T-förmig (b), kreuzförmig (c) H-förmig (d und e). Bei (e) ist der Zahnkranz aus Stahl oder Bronze auf einen Radkörper gepreßt. Abmessungen für gegossene Radkörper s. Tafel **A90**.4

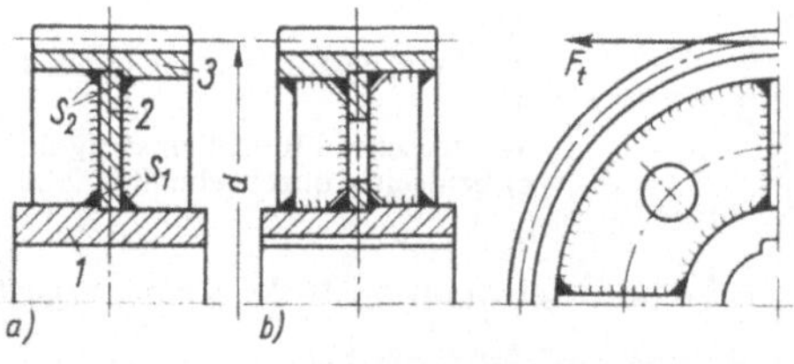

278.2 Ausführungsformen geschweißter Stirnräder
a) Nabe 1 und Zahnkranz 3 mit Scheibe 2 verbunden
b) geschweißtes Stirnrad mit Rippen verstärkt
c) Zahnkranz aus Flachstahl gebogen und stumpf geschweißt

Die Abnahmeprüfung erfolgt durch Einzelfehler- oder Sammelfehler-Prüfung auf Wälzprüfgeräten.

DIN 3960 (Bestimmungsgrößen und Fehler an Stirnrädern) legt die Meßgrößen zur Fehlerbestimmung fest.

Der Konstrukteur muß bei der Wahl der Verzahnungsqualität prüfen, ob sie mit der Wirtschaftlichkeit der Fertigung zu vereinbaren ist (s. Tafel **A91**.1 und Bild **A100**.2)[1].

Art und Umfang der Eintragung in Zeichnungen für Außen- und Innenverzahnungen richten sich ebenfalls nach DIN 3966 (s. Bild **A100**.1)

Beispiel 3. Es ist ein Geradstirnrad-Getriebe aus unlegiertem Stahl zu entwerfen. Getriebe-Daten: Antriebleistung $P = 20{,}4$ kW, Drehfrequenz $n = 1420$ min^{-1}, Übersetzung $i = -2{,}5$, Betriebsfaktor $\varphi = 1{,}2$

Benennung und Bemerkung	Entwurf- und Überschlagrechnung s. Tafel **A82.1** und **A81.1**
da die Zahnflanken ungehärtet sein sollen, gilt Gl. (276.8)	$m \geqq \sqrt[3]{\frac{u+1}{u} \frac{2\,T_{1\,max}}{z_1^2 \lambda \sigma_{HP}^2} K_{H\alpha} Z_M^2\, Z_H^2 Z_\varepsilon^2}$
Zähnezahlverhältnis Gl. (236.2)	$u = \frac{z_{Rad}}{z_{Ritzel}} = \frac{z_2}{z_1} \triangleq i = 2{,}5$ Drehrichtung wird nicht berücksichtigt
maximales Drehmoment Zwgl. (263.1), Gl. (263.2)	$T_{1\,max} = 9{,}55 \cdot 10^6 \frac{P}{n} \varphi = 9{,}55 \cdot 10^6 \frac{20{,}4}{1420} 1{,}2 = 164800\,\text{N mm}$
Zähnezahl, s. auch Taf. **A82.1**	$z_{1\,min} = z_1 = 22$ angenommen
Zahnbreitenverhältnis	$\lambda = \frac{b}{m} = 12$ angenommen, da das Rad ein Schieberad sein soll (sonst Richtwerte nach Taf. **A90.3**)
Werkstoffwahl s. Taf. **A93.1**	Ritzel: St 60 mit $\sigma_{Hl} = 400$ N/mm²; Rad St 50 mit $\sigma_{Hl} = 340$ N/mm²
Sicherheitsfaktor gegen Grübchenbildung s. auch Taf. **A90.2**	$S_H = 1{,}3$ gewählt unter Beachtung der Betriebsbedingungen und der Fußnoten zu Taf. **A93.1**
zul. Hertzsche Pressung Gl. (273.2)	$\sigma_{HP} = \frac{\sigma_{Hl}}{S_H} = \frac{400\,\text{N/mm}^2}{1{,}3} = 308\,\text{N/mm}^2$
Stirnlastverteilungsfaktor	$K_{H\alpha} = 1$ (Richtwerte nach Tafel **A82.1**)
Materialfaktor	$Z_M = 270\,\sqrt{\text{N/mm}^2}$ für Stahl auf Stahl (Richtwerte nach Tafel **A82.1**)
Flankenformfaktor	$Z_H = 1{,}7$ für Entwurf zu wählen (Richtwerte nach Tafel **A82.1**)
Überdeckungsfaktor	$Z_\varepsilon = 1$ (Richtwerte nach Tafel **A82.1**)
Modul	$m \geqq \sqrt[3]{\frac{2{,}5+1}{2{,}5} \frac{2 \cdot 164800\,\text{N/mm}}{22^2 \cdot 12 \cdot (308\,\text{N/mm}^2)^2} 1 \cdot 270^2\,\text{N/mm}^2 \cdot 1{,}7^2 \cdot 1^2} = 5{,}62\,\text{mm}$ gewählt nach Taf. **A89.1** (DIN 780): $m = 6{,}0$ mm
Prüfung des Teilkreisdurchmessers, Gl. (276.2)	$d_1 \geqq 2\,d_{Wt1}$ bei Ausführung für Welle/Nabe-Verbindung
angenäherter Wellendurchmesser, Zwgl. (265.1)	$d_{Wt1} \geqq 365 \sqrt[3]{\varphi \frac{P}{n\,\tau_{t\,zul}}}$; für Welle aus St 50: $\tau_{t\,zul} = 20$ N/mm² $d_{Wt1} \geqq 365 \sqrt[3]{1{,}2 \frac{20{,}4}{1420 \cdot 20}} = 34{,}7$ mm; gewählt $d_{Wt1} = 38$ mm
Teilkreisdurchmesser Gl. (241.4) und (276.2)	$d_1 = z_1\,m = 22 \cdot 6\,\text{mm} = 132\,\text{mm} > 2\,d_{Wt1} = 2 \cdot 38\,\text{mm} = 76\,\text{mm}$

Ergeben diese Abmessungen eine brauchbare konstruktive und wirtschaftliche Lösung, so kann die Getriebestufe endgültig dimensioniert und berechnet werden (s. Beisp. 1 und 2). Anderenfalls sind z. B. Zähnezahlen und Werkstoffe zu verändern, um ggf. besondere Anforderungen, wie bestimmte Baumaße, zu erfüllen.

Beispiel 4. Es ist ein Geradstirnrad-Getriebe aus einsatzgehärtetem Stahl zu entwerfen. Getriebe-Daten: Antriebsleistung $P = 20{,}4$ kW, Drehfrequenz $n = 1420\,\text{min}^{-1}$, Übersetzung $i = -2{,}5$ Betriebsfaktor $\varphi = 1{,}2$

Benennung und Bemerkung	Entwurf- und Überschlagrechnung s. Tafel **A82.1** und **A81.1**
da die Zahnflanken gehärtet sein sollen, gilt Gl. (276.7)	$m \geqq \sqrt[3]{\dfrac{2\,T_{1\,max}}{z_1\,\lambda\,\sigma_{FP}}\,Y_F\,Y_\varepsilon K_{F\alpha}}$
maximales Drehmoment	$T_{1\,max} = 164\,800$ N mm (s. Beisp. 3)
Zähnezahl, s. auch Taf. A82.1	$z_{1\,min} = z_1 = 22$ angenommen
Zahnbreitenverhältnis	$\lambda = b/m = 12$ angenommen, da das Rad ein Schieberad sein soll (sonst Richtwerte nach Taf. **A90.3**)
Werkstoffwahl, s. Taf. A93.1	Ritzel und Rad: C15 mit $\sigma_{Fl} = 230$ N/mm²
Sicherheitsfaktor gegen Zahnfußdauerbruch s. auch Tafel **A90.2**	$S_F = 1{,}5$ gewählt unter Beachtung der Betriebsbedingungen und der Fußnoten zu Taf. **A93.1**
zul. Zahnfußspannung Gl. (270.4)	$\sigma_{FP} = \dfrac{\sigma_{Fl}}{S_F} = \dfrac{230\ \text{N/mm}^2}{1{,}5} = 153\ \text{N/mm}^2$
Zahnformfaktor	$Y_F = 2{,}2$ für Entwurf zu wählen (Taf. **A82.1**)
Lastanteilfaktor	$Y_\varepsilon = 1$ für Entwurf zu wählen (Taf. **A82.1**)
Stirnlastverteilungsfaktor	$K_{F\alpha} = 1$ für Entwurf zu wählen (Taf. **A82.1**)
Modul	$m \geqq \sqrt[3]{\dfrac{2\cdot 164\,800\ \text{N mm}}{22\cdot 12\cdot 153\ \text{N/mm}^2}\,2{,}2\cdot 1\cdot 1} = 2{,}62$ mm; gewählt nach Taf. **A89.1** (DIN 780): $m = 2{,}75$ mm. Damit liegt die Größenordnung des Moduls fest. Ob ein etwas kleinerer Modul zulässig ist, kann nur die Nachrechnung ergeben (s. Beisp. 2).
Prüfung des Teilkreisdurchmessers, Gl. (276.1)	$d_1 \geqq 1{,}2\,d_{Wl1}$ bei Ausführung als Ritzelwelle (s. Bild **277.1**)
angenäherter Wellendurchmesser, Zwgl. (265.1)	$d_{Wl1} \geqq 365\sqrt[3]{\varphi\dfrac{P}{n\,\tau_{t\,zul}}}$; für Welle aus C15: $\tau_{t\,zul} = 24$ N/mm² $d_{Wl1} \geqq 365\sqrt[3]{1{,}2\,\dfrac{20{,}4}{1420\cdot 24}} = 32{,}6$ mm; gewählt $d_{Wl1} = 35$ mm
Teilkreisdurchmesser Gl. (241.4) und (276.1)	$d_1 = z_1\,m = 22\cdot 2{,}75\ \text{mm} = 60{,}5\ \text{mm} > 1{,}2\,d_{Wl1} = 1{,}2\cdot 35\ \text{mm} = 42\ \text{mm}$

(s. auch Bemerkungen zu Beisp. 3

8.4. Schrägstirnräder mit Evolventenverzahnung

8.4.1. Grundbegriffe

Die Flankenlinien der Schrägstirnräder sind Schraubenlinien. Schrägstirnrad-Getriebe laufen geräuscharmer als Geradstirnrad-Getriebe, weil die Zähne allmählich in Eingriff kommen und entsprechend belastet werden. Da stets mehrere Zähne im Eingriff stehen, die gesamte Überdeckung also größer ist, wird die Mindest-Zähnezahl kleiner als bei Geradstirnrädern. Diese erwünschten Eigenschaften kommen besonders bei großen Umfangsgeschwindigkeiten zur Geltung.

Stirn- und Normalschnitt an Schrägstirnrädern. Aus Bild **281**.1 sind die Eingriffverhältnisse zu ersehen. Für den Normalschnitt wurde das Bezugsprofil nach DIN 867 mit $\alpha_n = 20°$ (**243**.1) gewählt. Darum entsprechen die Bezeichnungen und Angaben im Normalschnitt den beim Geradstirnrad. Die Bestimmungsgrößen im Normalschnitt erhalten den Index „n", die im Stirnschnitt „t" (**281**.2).

Der Schrägungswinkel β (**281**.2) ist durch die Tangente der Flankenlinie auf dem Teilzylinder und der Radachse gegeben. Üblich sind $\beta = 10° \cdots 30°$; bei $\beta < 10°$ sind die Vorteile der Schrägverzahnung nur gering, bei $\beta > 30°$ werden die Axialkräfte ungünstig groß.

Stirn- und Normalmodul (**281**.2). Zwischen Stirn- und Normalteilung besteht die Beziehung

$$\cos\beta = \frac{p_n}{p_t} = \frac{\pi m_n}{\pi m_t} = \frac{m_n}{m_t}$$

Demnach ist der Stirnmodul

$$m_t = \frac{m_n}{\cos\beta} \qquad (281.1)$$

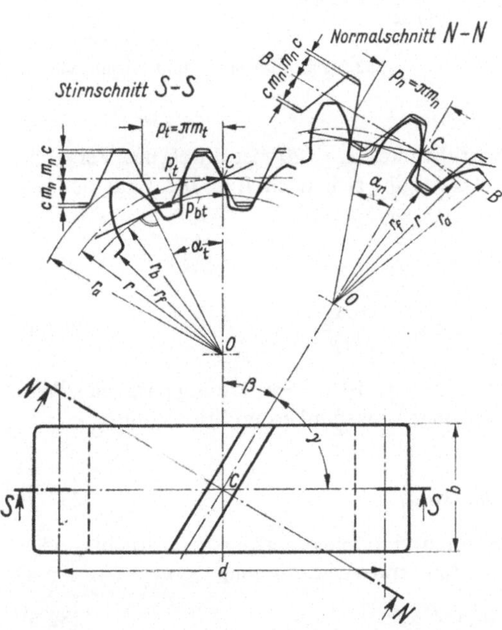

281.1 Eingriffverhältnisse im Stirn- und Normalschnitt

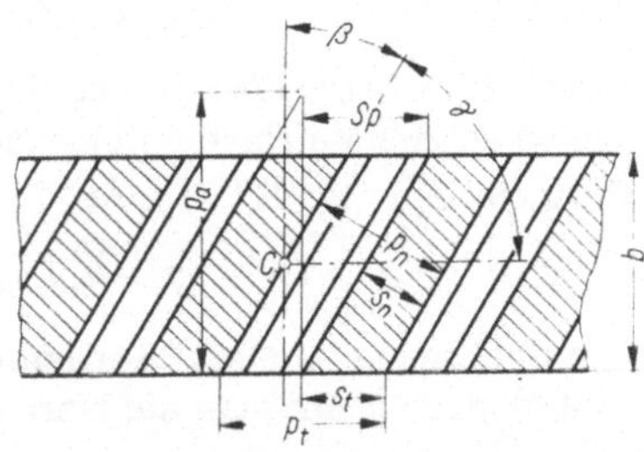

281.2 Abwicklung des Teilzylinders am Schrägstirnrad

Hierbei entspricht m_n ($m = m_n$) dem in DIN 780 genormten Modul, s. Tafel **A89.1**. Nach Gl. (281.1) folgt für den Teilkreisdurchmesser (**281.1** und 2)

$$d = z\,m_t = z\,\frac{m_n}{\cos\beta} \tag{282.1}$$

Entsprechend Gl. (241.3) erhält man mit Gl. (282.1) für den Grundkreisdurchmesser

$$d_b = d\cos\alpha_t = z m_t \cos\alpha_t \tag{282.2}$$

Der Schrägungswinkel β_b am Grundzylinder ergibt sich nach Bild **282.1** aus der Beziehung

$$\tan\beta_b = \frac{d_b\pi}{P} = \frac{d\pi\cos\alpha_t}{P} \quad \text{und} \quad \tan\beta = \frac{d\pi}{P}$$

zu

$$\tan\beta_b = \tan\beta\cos\alpha_t \tag{282.3}$$

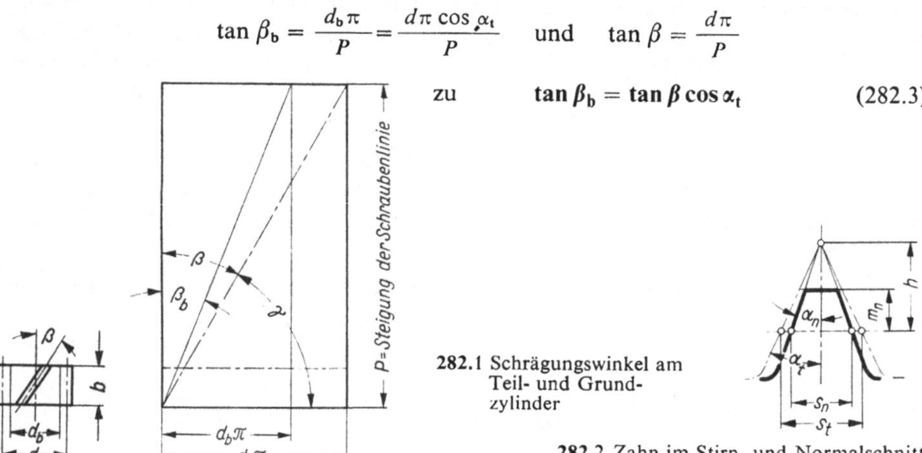

282.1 Schrägungswinkel am Teil- und Grundzylinder

282.2 Zahn im Stirn- und Normalschnitt

Eingriffwinkel (**282.2**). Der Normaleingriffwinkel $\alpha_n = 20°$ ist durch das Verzahnwerkzeug bestimmt. Der Stirneingriffwinkel α_t ergibt sich nach Bild **282.2** aus der Beziehung

$$\tan\alpha_t = \frac{s_t}{2h} \quad \text{und} \quad \tan\alpha_n = \frac{s_n}{2h}$$

Mit der Zahndicke $s_t = \dfrac{s_n}{\cos\beta}$ wird

$$\tan\alpha_t = \frac{\tan\alpha_n}{\cos\beta} \tag{282.4}$$

Eingriffteilung (**281.2**). Die Stirneingriffteilung p_{et} ist die Entfernung paralleler Tangenten an zwei aufeinanderfolgenden Rechts- oder Linksflanken im Stirnschnitt. Entsprechend Gl. (241.3) wird

$$p_{et} = p_t\cos\alpha_t = \pi m_t\cos\alpha_t \tag{282.5}$$

Die Entfernung paralleler Tangentialebenen an zwei aufeinanderfolgenden Rechts- oder Linksflanken nennt man die Normaleingriffteilung mit der Beziehung

$$p_{en} = p_n\cos\alpha_n = \pi m_n\cos\alpha_n \tag{282.6}$$

Beim Prüfen von Schrägstirnrädern wird p_{en} gemessen, da p_{et} schlecht meßbar ist.

Profil- und Sprungüberdeckung. Durch den schraubenförmigen Verlauf der Flankenlinien liegen die Stirnflächen eines Zahnes um den Sprung $Sp = b \tan \beta$ versetzt (**281.2**). Dadurch wird die gesamte Überdeckung eines Radpaares um die Sprungüberdeckung

$$\varepsilon_\beta = \frac{\text{Sprung}}{\text{Stirnteilung}} = \frac{Sp}{p_t} = \frac{b \tan \beta}{p_t}$$

größer. Mit Gl. (281.1) ergibt sich
$$\varepsilon_\beta = \frac{b \tan \beta \cos \beta}{p_n} = \frac{b \sin \beta}{\pi m_n} \tag{283.1}$$

Eine ganzzahlige Sprungüberdeckung ergibt eine gleichmäßige Verteilung der Belastung auf die im Eingriff stehenden Zähne; damit wird der Lauf ruhiger.

Die Profilüberdeckung ε_α entspricht Gl. (245.1), (s. Taf. **A76.1**). Sie kann auch nach Bild **A96**.3 mit den Gleichungen (256.4) bis (256.6) ermittelt werden. Die Summe der Profil- und der Sprungüberdeckung ergibt die gesamte Überdeckung

$$\varepsilon_s = \varepsilon_\alpha + \varepsilon_\beta \tag{283.2}$$

Geradzahn-Ersatzstirnrad

Der ebene Normalschnitt durch ein Schrägstirnrad ist nur näherungsweise eine Ellipse; die exakte Schnittführung durch die Evolventen-Verzahnung unter dem Schrägungswinkel β ergibt als Schnittfläche eine Schraubenfläche. Den praktischen Anforderungen jedoch genügt die Näherung.

Im Normalschnitt $N - N$ (**283.1**) hat die Schnittfläche des Teilzylinders die Halbachsen $r/\cos \beta$ und r (Ellipsenkonstruktion mit den Krümmungshalbmessern in den Scheiteln). Der große Krümmungshalbmesser der Ellipse ist gleich dem Halbmesser r_n des Geradzahn-Ersatzstirnrades im Wälzpunkt C, dessen Teilung gleich der Normalteilung p_n des Schrägstirnrades ist. Damit ergibt sich aus dem Verhältnis

$$\frac{r_n}{r/\cos \beta} = \frac{r/\cos \beta}{r}$$

der Teilkreishalbmesser des Geradzahn-Ersatzstirnrades

$$r_n = \frac{r}{\cos^2 \beta} \tag{283.3}$$

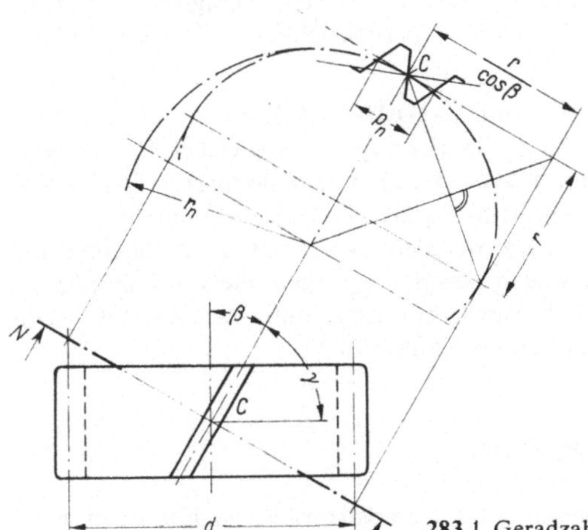

283.1 Geradzahn-Ersatzstirnrad

Die Zähnezahl des Ersatzstirnrades z_n entspricht Gl. (241.4) mit den Gl. (283.3) und (282.1) und ist

$$z_n = \frac{d_n}{m_n} = \frac{d}{m_n \cos^2 \beta} = \frac{z\, m_n}{m_n \cos^2 \beta \cos \beta} = \frac{z}{\cos^3 \beta} \tag{283.4}$$

Die genaue Beziehung lautet für z_n

$$z_n = \frac{z}{\cos^2 \beta_b \cos \beta}$$

Da die Zahnform des Ersatzstirnrades der des Schrägstirnrades im Normalschnitt entspricht, sind Schrägzahnräder kinematisch brauchbar (s. Abschn. 8.3.1), wenn der Zahn des Ersatzstirnrades unterschnittfrei und ohne Spitzenbildung ist. Darum ist ein Schrägzahnrad dann ein Grenzrad, wenn entsprechend Gl. (246.2) und (246.3) für $\alpha_n = 20°$ theoretisch $z_n = z_g = 17$ und praktisch $z_n' = z_g' = 14$ ist.

Die wirkliche Grenzzähnezahl des Schrägstirnrades ergibt sich aus Gl. (283.4). Man unterscheidet:

theoretische Grenzzähnezahl $$z_{gs} \approx z_g \cos^3 \beta \tag{284.1}$$

praktische Grenzzähnezahl $$z_{gs}' \approx z_g' \cos^3 \beta \tag{284.2}$$

Für die genormte Verzahnung mit $\alpha_n = 20°$ ist $z_{gs} \approx 17 \cos^3 \beta$ und $z_{gs}' \approx 14 \cos^3 \beta$. Praktische Grenzzähnezahlen in Abhängigkeit vom Schrägungswinkel β s. Tafel **A91.2**.

Profilverschiebung an Schrägstirnrädern. Ist $z_n < 14$ Zähne, dann ist zur Vermeidung von Unterschnitt eine Profilverschiebung auf die gleiche Art wie bei Geradstirnrädern notwendig (s. Abschn. 8.3.2). Entsprechend Gl. (250.1) gilt mit Gl. (283.4) für den praktischen Profilverschiebungsfaktor

$$x_{min} = \frac{z_g' - z_n}{z_g} = \frac{z_g' - \dfrac{z}{\cos^3 \beta}}{z_g} = \frac{14 - \dfrac{z}{\cos^3 \beta}}{17} \tag{284.3}$$

Die Profilverschiebung im Stirnschnitt ist gleich der im Normalschnitt

$$v = v_t = v_n = x_n m_n = x m_n \tag{284.4}$$

Für die Zahndicke am Kopfkreis gelten mit $m = m_n$ und für die Arten der Profilverschiebung die Ausführungen nach Abschn. 8.3.2. Erfolgt die Herstellung des Schrägstirnrades nicht im Wälzverfahren, so ist bei Verwendung von Formfräsern im Teilverfahren die Zähnezahl des Ersatzstirnrades für die Wahl des Fräsers maßgebend.

Für V-Getriebe mit Schrägstirnrädern gelten die gleichen Bedingungen wie für Geradstirnräder nach Abschn. 8.3.4. Bei Unterschnitt ist stets wenigstens der Mindestprofilverschiebungsfaktor x_{min} nach Gl. (284.3) zu berücksichtigen. Unterschnitt liegt vor bei $z < z_{gs}'$ [s. Gl. (284.2)].

Im übrigen bestehen für Null-Getriebe und V-Null-Getriebe mit Schrägstirnrädern, für Innenverzahnung sowie für das Flankenspiel die gleichen Zusammenhänge wie für Geradstirnräder (s. Abschn. 8.3.3···8.3.5). Die Toleranzen (DIN 3963) für die Zahndicke s_t werden auf den Stirnschnitt bezogen. Die Achsabstandmaße werden nach DIN 3964 mit einem Faktor multipliziert, der dem Normblatt zu entnehmen ist. Bei der Konstruktion von Getrieben ist wegen des Schrägungswinkels auf die Axial-Kräfte zu achten (s. Abschn. 8.4.2). Die Formeln zur Ermittlung der geometrischen Abmessungen für Außen- und Innenverzahnung s. Tafel **A76**.1.

8.4.2. Tragfähigkeitsberechnung der Schrägstirnräder

Die Überlegungen zur Tragfähigkeitsberechnung für Geradstirnräder nach Abschn. 8.3.6 lassen sich auch auf den Normalschnitt (**285**.1) übertragen, jedoch ist zu beachten, daß bei der Schrägverzahnung wegen der Sprungüberdeckung ε_β stets mehrere Zahnpaare im Eingriff stehen (extrem schmale Räder ausgenommen). Im Bild **285.**2 sind in die ebene Eingriffsfläche (Eingriffsfeld) der Schrägstirnräder die als gerade Linien auftretenden Flankenberührungen eingezeichnet. Danach beträgt die gesamte Länge der Flankenberührung $l = l_1 + l_2 + l_3$. Ist die Zahnbreite b gleich einem ganzen Vielfach der Achsteilung p_a, so ist die Länge der Flankenberührung in jeder Eingriffstellung konstant, (**281.**2, **285.**2). In den anderen Fällen erreicht die Länge der Flankenberührung ihr Minimum (l_{min}) dann, wenn ein Zahnpaar bei A neu in Eingriff geht (**285.**2).

Längs der Berührungslinien ist die Last nicht gleichmäßig verteilt, weil sich die Steifigkeit der Zähne laufend ändert.

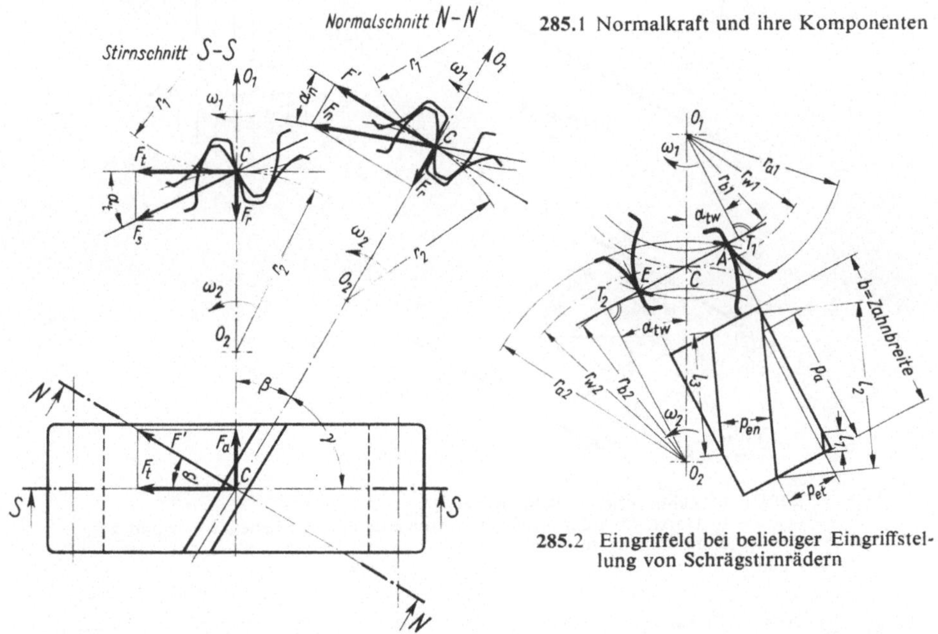

285.1 Normalkraft und ihre Komponenten

285.2 Eingriffeld bei beliebiger Eingriffstellung von Schrägstirnrädern

Belastung am Zahn (**285.**1). Ausgehend von der im allgemeinen nach Gl. (263.2) bekannten Umfangskraft erhält man über die Komponente F' bzw. über die Normalkraft F_n

die Axialkraft $\quad F_a = F_t \tan\beta \quad$ (285.1)

bzw. die Radialkraft $\quad F_r = F_t \dfrac{\tan\alpha_n}{\cos\beta} \quad$ (285.2)

Auflagerkräfte und Biegemomente an Wellen mit Zahnrädern

Wellen mit einem Zahnrad (**286.**1). Ergänzend zu Wellen mit Geradstirnrädern (**263.**2) kommt der Einfluß der Axialkraft hinzu. In Bild **286.**1 sind $F_{t1} = F_{t2}$, $F_{r1} = F_{r2}$ und $F_{a1} = F_{a2}$. Nach dem Belastungsschema (**286.**1) ergeben sich die Auflagerkräfte

$$F_{Az1} = \frac{F_{r1} b_1 - F_{a1} r_{b1}}{l_1} \qquad F_{Ay1} = F_{t1} \frac{b_1}{l_1} \qquad F_{A1} = \sqrt{F_{Az1}^2 + F_{Ay1}^2}$$

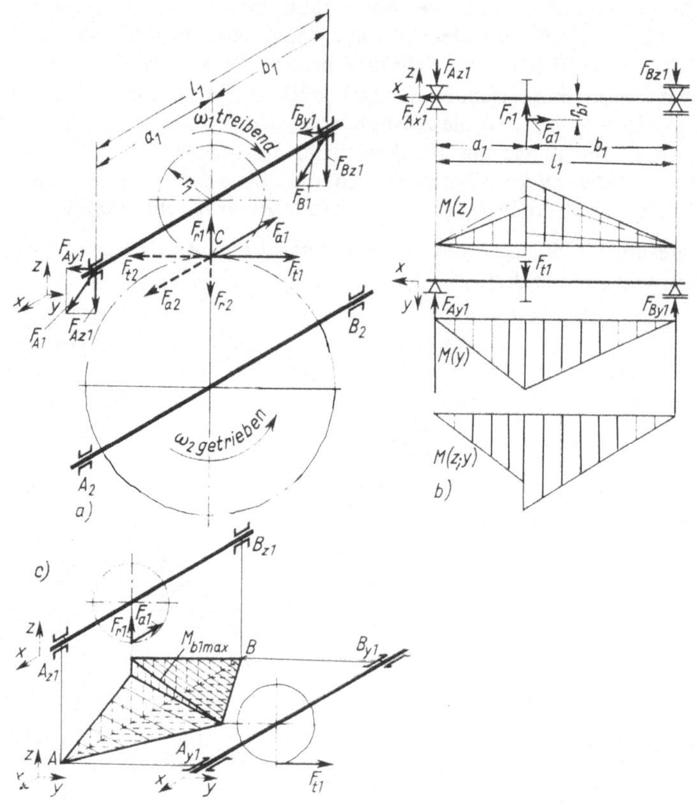

286.1 a) Zahnkräfte am Schrägstirnrad
b) Darstellung der Kräfte und Momente in den Ebenen $x - z$ und $x - y$
c) räumliche Darstellung

$$F_{Bz1} = \frac{F_{r1} a_1 + F_{a1} r_{b1}}{l_1} \qquad F_{By1} = F_{t1} \frac{a_1}{l_1} \qquad F_{B1} = \sqrt{F_{Bz1}^2 + F_{By1}^2}$$

die Biegemomente $M_{b1} = F_{A1} a_1$ sowie $M'_{b1} = F_{B1} b_1$

und als resultierendes Biegemoment $M_{b1} = \sqrt{M_{z1}^2 + M_{y1}^2}$

Für die Wellenberechnung ist das größte Moment maßgebend

$$M_{b1\,max} = \sqrt{M_{z1\,max}^2 + M_{y1\,max}^2}$$

mit $M_{z1\,max} = F_{Az1} a_1 + F_{a1} r_{b1} = F_{Bz1} b_1$ und mit $M_{y1\,max} = F_{Ay1} a_1 = F_{By1} b_1$

Die Axialkraft F_{a1} verursacht in der Ebene $x - z$ den Sprung im Biegemoment $M_{z1} = F_{a1} r_{b1}$

Wellen mit mehreren Zahnrädern (s. auch Geradstirnräder). Die Flankenrichtungen der Schrägstirnräder sind so zu wählen, daß sich die Axialkräfte am Festlager annähernd aufheben (**286.**1). Für Entwurfsberechnungen kann der Wellendurchmesser d_{W1} nach Gl. (265.1) ermittelt werden.

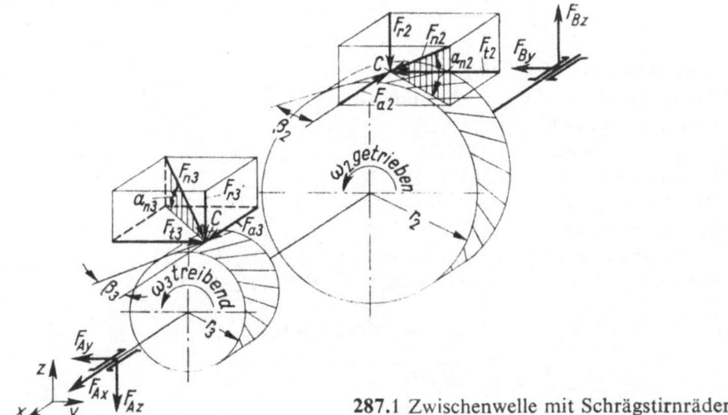

287.1 Zwischenwelle mit Schrägstirnrädern (s. auch Bild 264.2)

Zahnfußbeanspruchung von Schrägstirnrädern mit Außen- und Innenverzahnung (hierzu s. Tafel **A79.1**). Auf den Normalschnitt bezogen lautet Gl. (270.3) für die Zahnfußspannung

$$\sigma_F = \frac{F_t}{b m_n} Y_F Y_\varepsilon Y_\beta K_{F\alpha} \leqq \sigma_{FP} \tag{287.1}$$

Hierin bedeuten:

F_t	in N	Umfangskraft am Teilzylinder, Gl. (263.2)
b	in mm	Zahnbreite, Gl. (276.3) bis (276.5) mit $m = m_n$
m_n	in mm	Modul, Tafel **A89**.1 mit $m = m_n$
Y_F		Zahnformfaktor, Bild **A88**.1, Gl. (269.2) mit $m = m_n$
Y_ε		Lastanteilfaktor, Gl. (269.3)
Y_β		Schrägungswinkelfaktor, Gl. (287.2)
$K_{F\alpha}$		Stirnlastverteilungsfaktor, Bild **A98**.1, Gl. (270.1) und (270.2)
σ_{FP}	in N/mm²	zulässige Zahnfußspannung, Gl. (270.4)

Der Schrägungswinkelfaktor Y_β (s. DIN 3990) berücksichtigt den Einfluß des Schrägungswinkels β auf die Verteilung der Zahnfußspannung und kann nur angewendet werden, wenn auf die Dauer ein gleichmäßiges Tragen der Flanken über die ganze Breite zu erwarten ist. In der Praxis ist diese Voraussetzung häufig dann nicht erfüllt, wenn der Nabensitz auf der Welle durch die Axialkraft der Schrägverzahnung infolge Bildung von Reibungsrost lose wird. Diese Gefahr ist um so größer, je schmaler der Nabensitz und je größer der Schrägungswinkel ist. Der Schrägungswinkelfaktor berechnet sich aus

$$Y_\beta = 1 - \frac{\beta}{120} \tag{287.2}$$

Auf Grund von Meßergebnissen ist $Y_\beta = 0{,}75$ für $\beta \geqq 30°$ zu setzen.

Flankenbeanspruchung von Schrägstirnrädern mit Außen- und Innenverzahnung (hierzu s. Bild **A99**.1). Die Hertzsche Pressung ist wie bei Geradstirnrädern für den Wälzpunkt C und die inneren Einzeleingriffpunkte B und D nachzuweisen. Entsprechend Gl. (273.1) ergibt sich für Schrägstirnrad-Getriebe im Wälzpunkt C die Hertzsche Pressung

$$\sigma_H = Z_M Z_H Z_g \sqrt{\frac{u+1}{u} \frac{F_t}{b d_1} K_{H\alpha}} \leqq \sigma_{HP} \tag{287.3}$$

Hierin bedeuten:

Z_M	in $\sqrt{N/mm^2}$	Materialfaktor, Tafel **A95**.1
Z_H		Flankenformfaktor, Gl. (288.1) oder Bild **A99**.1
Z_ε		Überdeckungsfaktor, Gl. (288.2)
u		Zähnezahlverhältnis, Gl. (236.2)
F_t	in N	Umfangskraft am Teilzylinder, Gl. (263.2)
b	in mm	Zahnbreite, Gl. (276.3) bis (276.5) mit $m = m_n$
σ_{HP}	in N/mm²	zul. Hertzsche Pressung, Gl. (273.2)
d_1	in mm	Teilkreisdurchmesser, des kleinen Rades, Gl. (241.4)
$K_{H\alpha}$		Stirnlastverteilungsfaktor, Bild **A98**.1, Gl. (272.7) und (272.8)

Entsprechend Gl. (272.4) errechnet sich der Flankenformfaktor aus

$$Z_H = \frac{1}{\cos \alpha_t} \sqrt{\frac{\cos \beta_b}{\tan \alpha_{tw}}} \tag{288.1}$$

Die Einflüsse der Profilüberdeckung ε_α und Sprungüberdeckung ε_β erfaßt der Überdeckungsfaktor Z_ε [13] durch die Beziehung

$$Z_\varepsilon = \sqrt{\left[\frac{4 - \varepsilon_\alpha}{3}(1 - \varepsilon_\beta) + \frac{\varepsilon_\beta}{\varepsilon_\alpha}\right] \cos \beta_b} \tag{288.2}$$

Für $\varepsilon_\beta > 1$ ist $\varepsilon_\beta = 1$ zu setzen. Dann wird $$Z_\varepsilon = \sqrt{\frac{1}{\varepsilon_\alpha} \cos \beta_b} \tag{288.3}$$

Für die Ermittlung der Hertzschen Pressung in den inneren Einzeleingriffpunkten B und D gelten sinngemäß die Ausführungen für Geradstirnräder unter Beachtung der Zähnezahl des Ersatzstirnrades mit $z_n \leqq 20$ für Außenverzahnung und $z_n \leqq 30$ für Innenverzahnung, s. Gl. (273.1) bis (273.6), und für z_n die Gl. (283.4). Formeln für die Flankentragfähigkeit s. Tafel **A79**.1.

Laufruhe. Da bei Schrägstirnrädern stets mehrere Zahnpaare im Eingriff sind und die Zähne allmählich in Eingriff kommen, haben sie einen wesentlich ruhigeren Lauf als Geradstirnrad-Getriebe. Schrägstirnrad-Getriebe werden besonders bei großen Umfangsgeschwindigkeiten angewendet.

8.4.3. Entwurf und Gestaltung von Schrägstirnrad-Getrieben

Richtlinien für den Entwurf (s. auch Abschn. 8.3.7), **Zähnezahlen** (s. auch Tafel **A82**.1). Aus den Angaben für $z_{1\,min}$ der Geradstirnräder erhält man näherungsweise für Schrägstirnräder die Mindestzähnezahlen

$$z_{1\,min\,s} \approx z_{1\,min} \cos^3 \beta \tag{288.4}$$

Zahnbreite. Es gelten die Gl. (276.3) bis (276.5) mit $m = m_n$ und die Werte der Tafel **A90**.3 für das Zahnbreitenverhältnis

$$\lambda = b/m_n \tag{288.5}$$

Modul. Analog zu Gl. (276.6) wird mit Gl. (282.1)

$$m_{n\,max} = d_1 \cos \beta / z_{1\,min\,s} \tag{288.6}$$

Modul-Berechnung unter Beachtung der Zahnfuß-Tragfähigkeit. Entsprechend Gl. (276.7) wird aus Gl. (287.1) mit Gl. (263.1), (282.1) und (288.6)

$$m_n \geqq \sqrt[3]{\frac{2\,T_{1\,max}\cos\beta}{z_1\,\lambda\,\sigma_{FP}}\,Y_F\,Y_\varepsilon\,Y_\beta\,K_{F\alpha}} \qquad (289.1)$$

Hierin bedeuten:

m_n	in mm	Modul, Tafel **A89**.1	$T_{1\,max}$	in N mm	Drehmoment, Gl. (263.1)
z_1		Zähnezahl, Gl. (288.4) und Tafel **A82**.1			
λ		Zahnbreitenverhältnis, Gl. (288.5) und Tafel **A90**.3			
σ_{FP}	in N/mm²	zulässige Zahnfußspannung, Gl. (270.4)			
Y_F		Zahnformfaktor, für Entwurf $Y_F = 2{,}2$			
Y_ε		Lastanteilfaktor, für Entwurf $Y_\varepsilon = 1$			
Y_β		Schrägungswinkelfaktor, für Entwurf $Y_\beta = 1$			
$K_{F\alpha}$		Stirnlastverteilungsfaktor, für Entwurf $K_{F\alpha} = 1$			

Modul-Berechnung unter Beachtung der Flanken-Tragfähigkeit. Entsprechend Gl. (276.8) wird aus Gl. (287.3) mit Gl. (263.1), (282.1) und (288.6)

$$m_n \geqq \sqrt[3]{\frac{u+1}{u}\;\frac{2\,T_{1\,max}\cos^2\beta}{z_1^2\,\lambda\,\sigma^2_{HP}}\;K_{H\alpha}Z_M^2 Z_H^2 Z_\varepsilon^2} \qquad (289.2)$$

Hierin bedeuten:

m_n	in mm	Modul, Tafel **A89.1**	u	Zähnezahlverhältnis, Gl. (236.2)
$T_{1\,max}$	in Nmm	Drehmoment, Gl. (263.1)		
β		Schrägungswinkel am Teilkreis, möglichst ganzzahlig wählen		
z_1		Zähnezahl des kleinen Rades, Gl. (288.4) und Tafel **A82**.1		
λ		Zahnbreitenverhältnis, Gl. (288.5) und Tafel **A90**.3		
σ_{HP}	in N/mm²	zulässige Hertzsche Pressung, Gl. (273.2)		
$K_{H\alpha}$		Stirnlastverteilungsfaktor, für Entwurf $K_{H\alpha} = 1$		
Z_M	in $\sqrt{N/mm^2}$	Materialfaktor, für Entwurf bei St/St oder GS: $Z_M = 270\,\sqrt{N/mm^2}$ St/GG: $Z_M = 232\,\sqrt{N/mm^2}$; GG/GG: $Z_M = 204\,\sqrt{N/mm^2}$		
Z_H		Flankenformfaktor, für Entwurf $Z_H = 1{,}7$		
Z_ε		Überdeckungsfaktor, für Entwurf $Z_\varepsilon = 1$		

Gestaltung. Die Hinweise zur Konstruktion von Geradstirnrädern gelten auch für Schrägstirnräder, jedoch ist zusätzlich zu beachten, daß die Axialkraft eine erhöhte Lagerbelastung sowie ein Kippen der Räder und damit einseitiges Tragen der Flanken verursacht. Die Verzahnungsgeometrie s. Tafel **A76.1**; die Tragfähigkeitsberechnung kann vereinfacht nach Tafel **A79.1** erfolgen.

Pfeilzahnräder (**290.1**a) und Doppel-Schrägzahnräder (**290.1**b) mit Axialkraftausgleich lassen sich herstellen, wenn folgende Bedingungen eingehalten werden: 1. spiegelbildlich genaue Herstellung der Zähne, 2. starre Ausführung aller Getriebe-Elemente, 3. genauer achsparalleler Einbau der Wellen, 4. das Ritzel muß sich gegen das auf der Welle axial festgelegte Rad selbsttätig axial einstellen können.

Laufen die Räder vorwiegend in einer Drehrichtung, so soll aus Gründen der Festigkeit die Winkelspitze der Zähne in Drehrichtung laufen. Dann tritt auch kein Ölstau auf, weil das Öl aus der Winkelspitze herausgedrängt wird.

Die Schrägungswinkel für Pfeilzahnräder betragen $\beta = 30° \cdots 45°$. Damit lassen sich sehr kleine Zähnezahlen und große Übersetzungen erreichen. Bei beidseitiger Lagerung kann die Radbreite $b \leqq 3d_1$ betragen.

Die Herstellung der Pfeilräder erfordert einen größeren Aufwand als die der Schrägstirnräder. Daher werden Pfeilräder hauptsächlich bei großen Kräften und stoßweise wechselnder Belastung verwendet. Für extrem große wechselnde Kräfte eignet sich die Doppel-Pfeilverzahnung (**290.1** c), Getriebe mit Pfeilverzahnung ergeben gedrängte Bauweise und große Laufruhe.

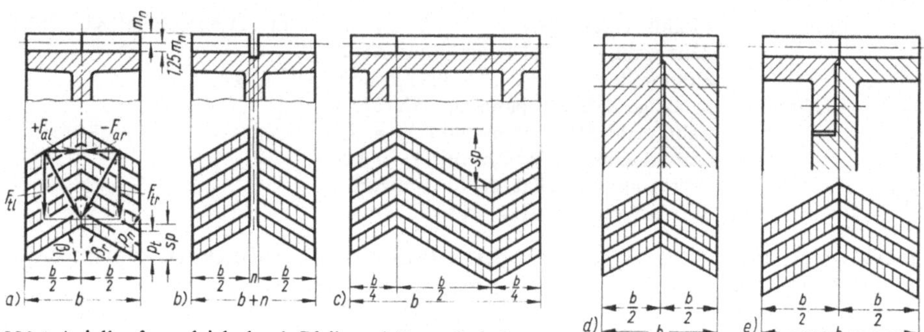

290.1 Axialkraftausgleich durch Pfeil- und Doppelschrägung

a) Pfeilschrägung
b) Doppelschrägung
c) Doppel-Pfeilschrägung
d und e) zusammengeschraubte Halbradscheiben

Beispiel 5. Ein Stirnradgetriebe (**290.**2) ist zu entwerfen und zu berechnen. Der Antrieb erfolgt durch einen Elektromotor mit $P = 20{,}4$ kW und $n = 1420\ \text{min}^{-1}$. Die Abtriebdrehzahl des Getriebes beträgt $n_3 = 300\ \text{min}^{-1}$ und der Betriebsfaktor $\varphi = 1{,}2$. Die Ausführung soll als Schrägstirnradgetriebe mit großen Profilverschiebungsfaktoren und mit der Verzahnungsqualität 7 nach DIN 3962, 3963, 3967 erfolgen (Verzahnungsgeometrie siehe Tafel **A76.**1).

Stufe I: $m_{nI} = 2{,}5$ mm, $i_I = -2{,}5$, $\beta_I = 20°$, Zähne einsatzgehärtet
Stufe II: $m_{nII} = 3{,}0$ mm, $\beta_{II} = 20°$, Rad 3 aus St 60, Rad 4 aus GG-25. (Die Drehrichtung wurde in der Rechnung berücksichtigt.)

290.2 Schrägstirnradgetriebe

Benennung und Bemerkung	Entwurf- und Überschlagrechnung zur Vordimensionierung	
	Getriebestufe I: $i_I = -\dfrac{z_2}{z_1}$	Getriebestufe II: $i_{II} = -\dfrac{z_4}{z_3}$
Befestigung des Ritzels	Ritzel mit z_1 sei mit Paßfeder auf Wellenende des Motors befestigt	Ritzel mit z_3 sei als Ritzelwelle auszuführen
Mindest-Teilkreisdurchmesser Gl. (276.1) und (276.2)	$d_1 \geqq 2 d_{W1I}$ $d_{W1I} = 45$ mm nach Motor-Katalog	$d_3 \geqq 1{,}2 d_{W12}$ $d_{W12} \geqq 365 \sqrt[3]{\dfrac{\varphi P}{\tau_{t\,zul}\,\lvert n_2 \rvert}}$ Gl. (265.1) Für Wellenwerkstoff St 50 wird gewählt: $\tau_{t\,zul} = 20\ \text{N/mm}^2$

(Fortsetzung s. nächste Seite)

Benennung und Bemerkung	Entwurf- und Überschlagrechnung zur Vordimensionierung	
	Getriebestufe I: $i_I = -\frac{z_2}{z_1}$	Getriebestufe II: $i_{II} = -\frac{z_4}{z_3}$
		$n_2 = \frac{n_1}{i_I} = \frac{1420\ \text{min}^{-1}}{-2{,}5} =$ $= -568\ \text{min}^{-1}$ $d_{wt2} \geqq 365 \sqrt[3]{\frac{1{,}2 \cdot 20{,}4}{2 \cdot 568}} = 47\ \text{mm}$ gewählt: $d_{wt2} = 50\ \text{mm}$
Mindest-Teilkreis-durchmesser	$d_1 \geqq 2 \cdot 45\ \text{mm} = 90\ \text{mm}$	$d_3 \geqq 1{,}2 \cdot 50\ \text{mm} = 60\ \text{mm}$
Zähnezahl, Gl. (282.1)	$z_1 \geqq \frac{d_1 \cos\beta_I}{m_{nI}} =$ $= \frac{90\ \text{mm} \cos 20°}{2{,}5\ \text{mm}} = 33{,}8$ gewählt: $z_1 = 34$ $z_2 = -i_I z_1 = 2{,}5 \cdot 34 = 85$	$z_3 \geqq \frac{d_3 \cos\beta_{II}}{m_{nII}} =$ $= \frac{60\ \text{mm} \cos 20°}{3{,}0\ \text{mm}} = 18{,}8$ gewählt: $z_3 = 19$ $z_4 = -i_{II} z_3 = -\frac{i}{i_I} z_3 =$ $= -\frac{\frac{1420\ \text{min}^{-1}}{300\ \text{min}^{-1}}}{-2{,}5} 19 = 36$
vorhandene Übersetzung	$i_I = -\frac{z_2}{z_1} = -\frac{85}{34} = -2{,}5$	$i_{II} = -\frac{z_4}{z_3} = -\frac{36}{19} = -1{,}9$
Zahnbreite, Tafel **A90**.3	$\lambda_I = \frac{b_I}{m_{nI}} = 15$; also $b_I = 15 m_{nI}$ $b_I = 15 \cdot 2{,}5\ \text{mm} = 37{,}5\ \text{mm}$ gewählt: $b_I = 40\ \text{mm}$	$\lambda_{II} = \frac{b_{II}}{m_{nII}} = 25$; also $b_{II} = 25 m_{nII}$ $b_{II} = 25 \cdot 3{,}0\ \text{mm} = 75\ \text{mm}$ (gewählt)

Benennung und Bemerkung	Abmessungen der Getriebestufe I	
	Rad 1	Rad 2
Teilkreisdurchmesser Gl. (282.1)	$d_1 = z_1 \frac{m_{nI}}{\cos\beta_I} = 34 \frac{2{,}5\ \text{mm}}{\cos 20°} =$ $= 90{,}5\ \text{mm}$	$d_2 = z_2 \frac{m_{nI}}{\cos\beta_I} = 85 \frac{2{,}5\ \text{mm}}{\cos 20°} =$ $= 226{,}1\ \text{mm}$
Teilkreishalbmesser des Ersatzstirnrades, Gl. (283.3)	$r_{n1} = \frac{r_1}{\cos^2\beta_I} =$ $= \frac{90{,}5\ \text{mm}}{2\cos^2 20°} = 51{,}2\ \text{mm}$	$r_{n2} = \frac{r_2}{\cos^2\beta_I} =$ $= \frac{226{,}1\ \text{mm}}{2\cos^2 20°} = 128\ \text{mm}$
Zähnezahl des Ersatzstirn-rades, Gl. (283.4)	$z_{n1} = \frac{z_1}{\cos^3\beta_I} =$ $= \frac{34}{\cos^3 20°} = 41$	$z_{n2} = \frac{z_2}{\cos^3\beta_I} =$ $= \frac{85}{\cos^3 20°} = 102$
größter Profilverschiebungs-faktor	$x_1 = 1{,}0$ gewählt (nach Bild **A96**.1) (extrapoliert)	$x_2 = 1{,}0$ gewählt (s. auch Bild **A96**.1)

(Fortsetzung s. nächste Seite)

Benennung und Bemerkung	Abmessungen der Getriebestufe I Rad 1	Rad 2
Stirneingriffwinkel Gl. (282.4)	$\tan \alpha_{tI} = \dfrac{\tan \alpha_n}{\cos \beta_I} = \dfrac{\tan 20°}{\cos 20°}$; $\alpha_{tI} = 21°10'22'' = 21{,}1726°$	
Schrägungswinkel am Grundkreis, Gl. (282.3)	$\tan \beta_{bI} = \tan \beta_I \cos \alpha_{tI} = \tan 20° \cos 21{,}1726°$; $\beta_{bI} = 18°44'50'' = 18{,}747°$	
Betriebseingriffwinkel gegeben Σx, Gl. (255.5)	$\operatorname{inv} \alpha_{twI} = \dfrac{2 \tan \alpha_n (x_1 + x_2)}{z_1 + z_2} +$ $+ \operatorname{inv} \alpha_{tI} = \dfrac{2 \tan 20° (1 + 1)}{34 + 85} + \operatorname{inv} 21{,}1726°$ $\operatorname{inv} \alpha_{twI} = 0{,}012\ 234 + 0{,}017\ 793 = 0{,}030\ 027$; $\alpha_{twI} = 25{,}0108$	
Betriebswälzkreisdurchmesser, Gl. (255.1)	$d_{w1} = d_1 \dfrac{\cos \alpha_{tI}}{\cos \alpha_{twI}}$ $d_{w1} = 90{,}5\ \text{mm} \dfrac{\cos 21{,}1726°}{\cos 25{,}0108°} =$ $= 93{,}12\ \text{mm}$	$d_{w2} = d_2 \dfrac{\cos \alpha_{tI}}{\cos \alpha_{twI}}$ $d_{w2} = 226{,}1\ \text{mm} \cdot$ $\cdot \dfrac{\cos 21{,}1726°}{\cos 25{,}0108°} = 232{,}65\ \text{mm}$
Kopfkreisdurchmesser Gl. (255.6)	$d_{a1} = d_1 + 2 m_{nI} + 2 x_1 m_{nI}$ $d_{a1} = (90{,}5 + 2 \cdot 2{,}5 +$ $+ 2 \cdot 1 \cdot 2{,}5)\ \text{mm}$ $d_{a1} = 100{,}5\ \text{mm}$	$d_{a2} = d_2 + 2 m_{nI} + 2 x_2 m_{nI}$ $d_{a2} = (226{,}1 + 2 \cdot 2{,}5 +$ $+ 2 \cdot 1 \cdot 2{,}5)\ \text{mm}$ $d_{a2} = 236{,}1\ \text{mm}$
Fußkreisdurchmesser Gl. (243.2) $c = 0{,}25\, m_n$	$d_{f1} = d_1 - 2 m_{nI} - 2c +$ $+ 2 x_1 m_{nI}$ $d_{f1} = (90{,}5 - 2 \cdot 2{,}5 - 2 \cdot$ $\cdot 0{,}25 \cdot 2{,}5 + 2 \cdot 1 \cdot 2{,}5)\ \text{mm}$ $d_{f1} = 89{,}25\ \text{mm}$	$d_{f2} = d_2 - 2 m_{nI} - 2c +$ $+ 2 x_2 m_{nI}$ $d_{f2} = (226{,}1 - 2 \cdot 2{,}5 - 2 \cdot$ $\cdot 0{,}25 \cdot 2{,}5 + 2 \cdot 1 \cdot 2{,}5)\ \text{mm}$ $d_{f2} = 224{,}85\ \text{mm}$
Stirnmodul, Gl. (281.1)	$m_{tI} = \dfrac{m_{nI}}{\cos \beta_I} = \dfrac{2{,}5\ \text{mm}}{\cos 20°} = 2{,}66\ \text{mm}$	
Achsabstand (Rechengröße) Gl. (256.7)	$a_{RI} = \dfrac{d_1 + d_2}{2} = \dfrac{(90{,}5 + 226{,}1)\ \text{mm}}{2} = 158{,}3\ \text{mm}$	
Achsabstand, Gl. (255.2)	$a_I = \dfrac{d_{w1} + d_{w2}}{2} = \dfrac{(93{,}12 + 232{,}65)\ \text{mm}}{2} = 162{,}885\ \text{mm}$	
vorhandenes Kopfspiel Gl. (256.3)	$c_I = a_I - \dfrac{d_{a1} + d_{f2}}{2} = \left(162{,}885 - \dfrac{100{,}5 + 224{,}85}{2}\right) \text{mm} =$ $= 0{,}21\ \text{mm}$	
praktisches Mindestkopfspiel, s. Taf. A82.1	$c_{I\,min} = 0{,}12 m_{nI} = 0{,}12 \cdot 2{,}5\ \text{mm} = 0{,}3\ \text{mm}$	
Kopfkürzung	$c_I = 0{,}21\ \text{mm} < c_{I\,min} = 0{,}3\ \text{mm}$; Mindest-Kopfkürzung: $c_{I\,min} - c_I = 0{,}3 - 0{,}21 = 0{,}09\ \text{mm}$ maximale Kopfkürzung n. Gl. (256.1)	
gewählte Kopfkürzung Gl. (256.1)	$k m_{nI} = a_{RI} + m_{nI}(x_1 + x_2) - a_I = 158{,}3\ \text{mm} +$ $+ 2{,}5\ \text{mm}\,(1 + 1) - 162{,}885\ \text{mm} = 0{,}415\ \text{mm}$	

(Fortsetzung s. nächste Seite)

Benennung und Bemerkung	Abmessungen der Getriebestufe I	
	Rad 1	Rad 2
Kopfkreisdurchmesser mit Kopfkürzung, Gl. (256.2)	$d_{ak1} = d_{a1} - 2km_{nI}$ $d_{ak1} = (100{,}5 - 2\cdot 0{,}415)$ mm $= 99{,}67$ mm	$d_{ak2} = d_{a2} - 2km_{nI}$ $d_{ak2} = (236{,}1 - 2\cdot 0{,}415)$ mm $= 235{,}27$ mm
Grundkreishalbmesser Gl. (282.2)	$r_{b1} = r_1 \cos \alpha_{tI}$ $r_{b1} = \frac{90{,}5\text{ mm}}{2} \cos 21{,}1726° =$ $= 42{,}195$ mm	$r_{b2} = r_2 \cos \alpha_{tI}$ $r_{b2} = \frac{226{,}1\text{ mm}}{2} \cos 21{,}1726° =$ $= 105{,}42$ mm
Profilüberdeckung Gl. (256.6)	$\varepsilon_{\alpha I} = \varepsilon_{k1} + \varepsilon_{k2}$	
Kennzahlen für Teil-Profilüberdeckung Gl. (256.4)	$z_{k1} = \frac{2d_{w1}}{d_{ak1} - d_{w1}}$ $z_{k1} = \frac{2\cdot 93{,}12\text{ mm}}{(99{,}67 - 93{,}12)\text{ mm}} =$ $= 28{,}45$	$z_{k2} = \frac{2d_{w2}}{d_{ak2} - d_{w2}}$ $z_{k2} = \frac{2\cdot 232{,}65\text{ mm}}{(235{,}27 - 232{,}65)\text{ mm}} =$ $= 177{,}7$
aus Bild A 96.3	$\varepsilon'_{k1} = 0{,}72$ $\varepsilon_{k1} = \varepsilon'_{k1} \frac{z_1}{z_{k1}} =$ $= 0{,}72 \frac{34}{28{,}45} = 0{,}873$	$\varepsilon'_{k2} = 0{,}81$ $\varepsilon_{k2} = \varepsilon'_{k2} \frac{z_2}{z_{k2}} =$ $= 0{,}81 \frac{85}{177{,}7} = 0{,}388$
Profilüberdeckung	$\varepsilon_{\alpha I} = 0{,}873 + 0{,}388 \approx 1{,}24$	
Profilüberdeckung Gl. (245.1) (Nachrechnung)	$\varepsilon_{\alpha I} = \varepsilon_1 + \varepsilon_2 - \varepsilon_{aI}$ $\varepsilon_1 = \frac{\sqrt{r_{ak1}^2 - r_{b1}^2}}{\pi m_{tI} \cos \alpha_{tI}} = \frac{\sqrt{(49{,}83^2 - 42{,}2^2)\text{ mm}^2}}{\pi \cdot 2{,}66\text{ mm} \cos 21{,}17°} = 3{,}41$ $\varepsilon_2 = \frac{\sqrt{r_{ak2}^2 - r_{b2}^2}}{\pi m_{tI} \cos \alpha_{tI}} = \frac{\sqrt{(117{,}64^2 - 105{,}42^2)\text{ mm}^2}}{\pi \cdot 2{,}66\text{ mm} \cos 21{,}17°} = 6{,}68$ $\varepsilon_{aI} = \frac{a_I \sin \alpha_{twI}}{\pi m_{tI} \cos \alpha_{tI}} = \frac{162{,}9\text{ mm} \sin 25{,}01°}{\pi \cdot 2{,}66\text{ mm} \cos 21{,}17°} = 8{,}86$ $\varepsilon_{\alpha I} = 3{,}41 + 6{,}68 - 8{,}86 = 1{,}23$	
Sprungüberdeckung Gl. (283.1)	$\varepsilon_{\beta I} = \frac{b_I \sin \beta_I}{\pi m_{nI}} = \frac{40\text{ mm} \sin 20°}{\pi \cdot 2{,}5\text{ mm}} = 1{,}74$	
Gesamtüberdeckung Gl. (283.2)	$\varepsilon_{sI} = \varepsilon_{\alpha I} + \varepsilon_{\beta I} = 1{,}23 + 1{,}74 = 2{,}97$	

Benennung und Bemerkung	Tragfähigkeitsberechnung der Getriebestufe I	
	Rad 1	Rad 2
Zahnfußspannung, Gl. (287.1)	$\sigma_{F1} = \frac{F_{tI}}{b_I m_{nI}} Y_{F1} Y_{sI} Y_{\beta I} K_{F\alpha I} \leqq$ $\leqq \sigma_{FP1}$	$\sigma_{F2} = \frac{F_{tI}}{b_I m_{nI}} Y_{F2} Y_{sI} Y_{\beta I} K_{F\alpha I} \leqq$ $\leqq \sigma_{FP2}$
Nenn-Drehmoment Zwgl. (263.1)	$T_1 = 9{,}55 \cdot 10^6 \frac{P}{n_1} = 9{,}55 \cdot 10^6 \frac{20{,}4}{1420} = 137\,100$ N mm	

(Fortsetzung s. nächste Seite)

Benennung und Bemerkung	Tragfähigkeitsberechnung der Getriebestufe I Rad 1	Rad 2
Umfangskraft am Teilzylinder, Gl. (263.2)	$F_{tI} = \varphi \dfrac{2\,T_1}{d_1} = 1{,}2 \dfrac{2 \cdot 137\,100\ \text{N mm}}{90{,}5\ \text{mm}} = 3640\ \text{N}$	
Zahnformfaktor Bild A 97.1	$Y_{F1} = f(z_1; x_1; \beta_I) = 1{,}95$	$Y_{F2} = f(z_2; x_2; \beta_I) = 2{,}01$
Lastanteilfaktor, Gl. (269.3)	$Y_{\varepsilon I} = \dfrac{1}{\varepsilon_{\alpha I}} = \dfrac{1}{1{,}23} = 0{,}813$	
Schrägungswinkelfaktor Gl. (287.2)	$Y_{\beta I} = 1 - \dfrac{\beta_I}{120} = 1 - \dfrac{20}{120} = 0{,}833$	
Hilfsfaktor Bild A98.1 oder Gl. (269.4)	$q_{LI} = f\left(d_2;\ m_{nI};\ \text{Qualität};\ \dfrac{F_{tI}}{b_I}\right) = 0{,}95$	
Stirnlastverteilungsfaktor Gl. (270.1)	da $q_{LI} = 0{,}95 > \dfrac{1}{\varepsilon_{\alpha I}} = 0{,}813$ ist, gilt:	
oder Bild A98.1	$K_{F\alpha I} = q_{LI}\,\varepsilon_{\alpha I} = 0{,}95 \cdot 1{,}23 = 1{,}17$	
Zahnfußspannung	$\sigma_{F1} = \dfrac{3640\ \text{N}}{40\ \text{mm} \cdot 2{,}5\ \text{mm}}\ 1{,}95 \cdot 0{,}813 \cdot 0{,}833 \cdot 1{,}17$ $\sigma_{F1} = 56{,}3\ \text{N/mm}^2$	$\sigma_{F2} = \dfrac{3640\ \text{N}}{40\ \text{mm} \cdot 2{,}5\ \text{mm}}\ 2{,}01\ 0{,}813 \cdot 0{,}833 \cdot 1{,}17$ $\sigma_{F2} = 57{,}9\ \text{N/mm}^2$
zul. Zahnfußspannung Gl. (270.4)	$\sigma_{FP1} = \dfrac{\sigma_{Fl1}}{S_{F1}}$	$\sigma_{FP2} = \dfrac{\sigma_{Fl2}}{S_{F2}}$
Werkstoff, Taf. A93.1	gewählt: C15 $\sigma_{Fl1} = 230\ \text{N/mm}^2$ $\sigma_{Hl1} = 1600\ \text{N/mm}^2$	gewählt: C15 $\sigma_{Fl2} = 230\ \text{N/mm}^2$ $\sigma_{Hl2} = 1600\ \text{N/mm}^2$
Sicherheitsfaktor gegen Zahnfußdauerbruch Taf. A90.2	$S_{F1} = 2{,}0$ (entsprechend den Betriebsverhältnissen und unter Beachtung der Fußnoten nach Taf. A93.1)	$S_{F2} = 2{,}0$ (entsprechend den Betriebsverhältnissen und unter Beachtung der Fußnoten nach Taf. A93.1)
zul. Zahnfußspannung	$\sigma_{FP1} = \dfrac{230\ \text{N/mm}^2}{2} = 115\ \text{N/mm}^2$	$\sigma_{FP2} = \dfrac{230\ \text{N/mm}^2}{2} = 115\ \text{N/mm}^2$
Nachweis der Spannung	$\sigma_{F1} = 56{,}3\ \text{N/mm}^2 < \sigma_{FP1} = 115\ \text{N/mm}^2$	$\sigma_{F2} = 57{,}9\ \text{N/mm}^2 < \sigma_{FP2} = 115\ \text{N/mm}^2$
Hertzsche Pressung im Wälzpunkt *C*, Gl. (287.3)	$\sigma_{HI} = Z_{MI}\,Z_{HI}\,Z_{\varepsilon I} \sqrt{\dfrac{u_I + 1}{u_I}\ \dfrac{F_{tI}}{b_I\,d_1}\ K_{H\alpha I}} \leqq \sigma_{HPI}$	
Materialfaktor Taf. A95.1 oder Gl. (272.3)	für Stahl gegen Stahl: $Z_{MI} = 268\ \sqrt{\text{N/mm}^2}$	

(Fortsetzung s. nächste Seite)

Benennung und Bemerkung	Tragfähigkeitsberechnung der Getriebstufe I — Rad 1	Rad 2
Flankenformfaktor Bild **A99**.1	$Z_{HI} = f\left(\frac{x_1 + x_2}{z_1 + z_2};\ \beta_I\right) = f\left(\frac{1 + 1}{34 + 85};\ 20°\right) = 1{,}53$	
Überdeckungsfaktor Gl. (288.3)	da $\varepsilon_{\beta I} \geqq 1$: $Z_{\varepsilon I} = \sqrt{\frac{1}{\varepsilon_{\alpha I}} \cos\beta_{bI}} = \sqrt{\frac{1}{1{,}23} \cos 18{,}747°} = 0{,}88$	
Zähnezahlverhältnis Gl. (236.2)	$u_I = \frac{z_2}{z_1} = \frac{85}{34} = 2{,}5$	
Stirnlastverteilungsfaktor Gl. (272.7) oder Bild **A98**.1	$K_{H\alpha I} = 1 + 2(q_{LI} - 0{,}5)\left(\frac{1}{Z_{\varepsilon I}^2} - 1\right) =$ $= 1 + 2(0{,}95 - 0{,}5)\left(\frac{1}{0{,}88^2} - 1\right) = 1{,}262$	
Hertzsche Pressung im Wälzpunkt *C*	$\sigma_{HI} = 268\ \sqrt{\text{N/mm}^2} \cdot 1{,}53 \cdot$ $\cdot 0{,}88 \sqrt{\frac{2{,}5 + 1}{2{,}5} \frac{3640\,\text{N}}{40\,\text{mm} \cdot 90{,}5\,\text{mm}} 1{,}262} = 481\,\text{N/mm}^2$	
Sicherheitsfaktor gegen Grübchenbildung Taf. **A90**.2	$S_{HI} = 1{,}8$ (entsprechend den Betriebsverhältnissen und unter Beachtung der Fußnoten nach Taf. **A93**.1)	
zul. Hertzsche Pressung Gl. (273.2)	$\sigma_{HP1,2} = \frac{\sigma_{Hl1,2}}{S_{H1,2}} = \frac{1600\,\text{N/mm}^2}{1{,}8} = 890\,\text{N/mm}^2$	
Nachweis der Hertzschen Pressung	$\sigma_{HI} = 481\,\text{N/mm}^2 < \sigma_{HP1,2} = 890\,\text{N/mm}^2$	

Die Getriebestufe II ist sinngemäß wie Stufe I zu berechnen.

Beispiel 6. Ein Schrägstirnrad-Getriebe eines Trommel-Antriebes mit den Stufen I und II (**295**.1) ist zu berechnen. Die Umfangsgeschwindigkeit der Trommel (Fördergeschwindigkeit) soll $v = 5 \cdots 6$ m/s und der Trommeldurchmesser $d_{Tr} = 250$ mm betragen. Arm *S* mit Achse steht gegenüber Welle 1 und Lager *L* still. Der Antrieb erfolgt durch einen Elektromotor mit $P_1 = 19$ kW bei $n_1 = 1450\ \text{min}^{-1}$. Betriebsfaktor φ. Verzahnungsqualität 8 nach DIN 3962, 3963, 3967

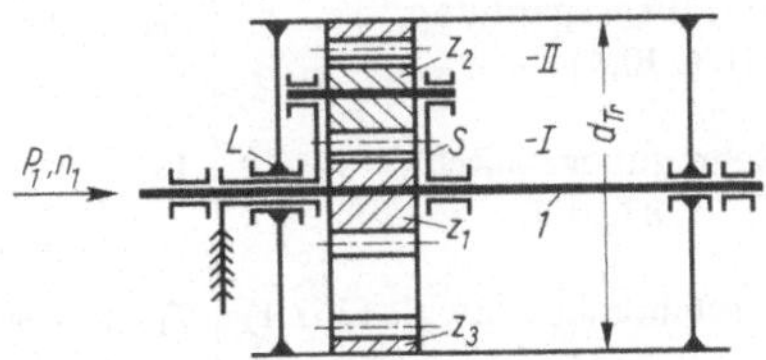

295.1 Antriebstrommel eines Förderbandes

Benennung und Bemerkung	Überschlagsrechnung zur Vordimensionierung s. auch Tafel **A81**.1 und **A82**.1
Wahl des Moduls, wenn Räder 1 und 2 gehärtet sein sollen, Gl. (289.1)	$m_n \geqq \sqrt[3]{\frac{2\,T_{1\,max} \cos\beta}{z_1 \lambda \sigma_{FP1}} Y_{F1} Y_{\varepsilon I} Y_{\beta I} K_{F\alpha I}}$ nach Taf. **A82**.1: $Y_{F1} = 2{,}2$, $Y_{\varepsilon I} = 1$, $K_{F\alpha I} = 1$ $Y_{\beta I} = f(\beta)$ s. Gl. (287.2)

(Fortsetzung s. nächste Seite)

Benennung und Bemerkung	Überschlagsrechnung zur Vordimensionierung s. auch Tafel **A81**.1 und **A82**.1
Annahmen: Schrägungswinkel Durchmesser der Welle 1 aus Werkstoff 20MnCr5 (Tafel **A5**.2)	$\beta = 20°$ mit $\tau_{t\,zul} = 50\ \text{N/mm}^2$ für 20MnCr5 folgt nach Zwgl. (265.1) $d_{wt1} \geqq 365 \sqrt[3]{\dfrac{\varphi P}{\tau_{tzul}\, n_1}}$ $d_{wt1} \geqq 365 \sqrt[3]{\dfrac{1{,}5 \cdot 19}{50 \cdot 1450}} = 26{,}7\ \text{mm}$; gewählt: $d_{wt1} = 30\ \text{mm}$
nach Gl. (276.2) ist	$d_1 \geqq 2 d_{wt1} = 2 \cdot 30\ \text{mm} = 60\text{mm}$
Mindestzähnezahl Gl. (288.4) und Taf. **A82**.1	$z_{1\,mins} \approx z_{1\,min} \cos^3 \beta = 16 \cos^3 20° = 13{,}3$ gewählt: $z_{1\,mins} = z_1 = 14$
Einfluß der Art der Lagerung, Taf. **A90**.3	gewählt: $\lambda = \dfrac{b}{m_n} = 15$
Werkstoffe nach Taf. **A93**.1	
Rad 1 (Ritzel)	C 15 mit $\sigma_{Fl1} = 230\ \text{N/mm}^2$ und $\sigma_{Hl1} = 1600\ \text{N/mm}^2$
Rad 2 (Zwischenrad)	C 15 mit Beanspruchung auf Biegewechselfestigkeit $\sigma'_{Fl2} = 0{,}65\, \sigma_{Fl2} = 0{,}65 \cdot 230\ \text{N/mm}^2 = 150\ \text{N/mm}^2$, s. S. 270
Rad 3 (Hohlrad)	GS-60 mit $\sigma_{Fl3} = 170\ \text{N/mm}^2$ und $\sigma_{Hl3} = 420\ \text{N/mm}^2$ da Rad 3 gegen gehärtete Zahnflanke von Rad 2 läuft, ist $\sigma'_{Hl3} = 1{,}2 \cdot 420\ \text{N/mm}^2 = 504\ \text{N/mm}^2$ (s. Taf. **A93.1**, Fußnote 4)
Sicherheitsfaktor gegen Zahnfußdauerbruch Taf. **A90**.2	$S_F = 1{,}6$, da Dauerbetrieb vorausgesetzt wird
zul. Biegespannung Gl. (270.4)	$\sigma_{FP1} = \dfrac{\sigma_{Fl1}}{S_F} = \dfrac{230\ \text{N/mm}^2}{1{,}6} = 143{,}8\ \text{N/mm}^2$
Schrägungswinkelfaktor Gl. (287.2)	$Y_{\beta 1} = 1 - \dfrac{\beta}{120} = 1 - \dfrac{20}{120} = 0{,}833$
Drehmoment, Zwgl. (263.1)	$T_{1max} = \varphi\, 9{,}55 \cdot 10^6 \dfrac{P_1}{n_1} = 1{,}5 \cdot 9{,}55 \,.\, 10^6 \dfrac{19}{1450} \approx 188000\ \text{N mm}$
Normalmodul	$m_n \geqq \sqrt[3]{\dfrac{2 \cdot 188000\ \text{N mm} \cos 20°}{14 \cdot 15 \cdot 143{,}8\ \text{N/mm}^2}\, 2{,}2 \cdot 1 \cdot 0{,}833 \cdot 1} = 2{,}72\ \text{mm}$ gewählt nach Tafel **A89.1**: $m_n = 3{,}0\ \text{mm}$
Teilkreisdurchmesser Gl. (282.1)	$d_1 = z_1 \dfrac{m_n}{\cos \beta} = 14 \dfrac{3{,}0\ \text{mm}}{\cos 20°} = 44{,}7\ \text{mm} < 2 d_{wt1} = 60\ \text{mm}$ Darum werden neu festgelegt: $z_1 = 15$ und $m_n = 3{,}5\ \text{mm}$ $d_1 = 15 \dfrac{3{,}5\ \text{mm}}{\cos 20°} = 55{,}87\ \text{mm}$ (Rad 1 z. B. durch Preßpassung auf Welle 1 befestigt)

(Fortsetzung s. nächste Seite)

Benennung und Bemerkung	Überschlagsrechnung zur Vordimensionierung s. auch Tafel **A81**.1 und **A82**.1
Übersetzung, Gl. (236.1)	$i = \dfrac{n_1}{-n_{Tr}}$ $n_{Tr} = \dfrac{v\,60}{\pi d_{Tr}} = \dfrac{(5\cdots6)\text{ m/s}\cdot 60\text{ s/min}}{\pi\cdot 0{,}25\text{ m}}$ gewählt: $n_{Tr} = -420\text{ min}^{-1}$ $i = \dfrac{1450\text{ min}^{-1}}{-420\text{ min}^{-1}} = -3{,}45$
Zahnbreite	$b = \lambda m_n = 15\cdot 3{,}5\text{ mm} = 52{,}5\text{ mm}$; gewählt: $b = 55\text{ mm}$

Verzahnungsgeometrie (s. Tafel **A76**.1) für $m_n = 3{,}5\text{ mm},\ \beta = 20°,\ z_1 = 15,\ d_1 = 55{,}87\text{ mm}$	
Zähnezahl von Rad 3	$z_3 = iz_1 = -3{,}45\cdot 15 = -51{,}8$; gewählt: $z_3 = -51$
Teilkreisdurchmesser von Rad 3, (s. Abschn. 8.3.3)	$d_3 = z_3\dfrac{m_n}{\cos\beta} = -51\dfrac{3{,}5\text{ mm}}{\cos 20°} = -189{,}96\text{ mm}$ d_3 ist nun anhand der Konstruktion für d_{Tr} zu prüfen
Teilkreisdurchmesser von Rad 2, (s.Abschn. 8.3.3)	$d_2 \leqq \dfrac{d_3 - d_1}{2} = \dfrac{(189{,}96 - 55{,}87)\text{ mm}}{2} = 67{,}04\text{ mm}$
Zähnezahl von Rad 2	$z_2 \leqq \dfrac{67{,}04\text{ mm}\cos\beta}{m_n} = \dfrac{67{,}04\text{ mm}\cos 20°}{3{,}5\text{ mm}} = 18$ gewählt: $z_2 = 17$
Teilkreisdurchmesser von Rad 2	$d_2 = z_2\dfrac{m_n}{\cos\beta} = 17\dfrac{3{,}5\text{ mm}}{\cos 20°} = 63{,}32\text{ mm}$
Zähnezahl des Ersatzstirnrades, Gl. (283.4)	$z_{n1} = \dfrac{z_1}{\cos^3\beta} = \dfrac{15}{\cos^3 20°} = 18{,}1$ $z_{n2} = \dfrac{z_2}{\cos^3\beta} = \dfrac{17}{\cos^3 20°} = 20{,}5$
Profilverschiebungsfaktoren für Rad 1 und Rad 2	nach Bild **A96**.1 kann gewählt werden: für $z_{n1} = 18,\ z_{n2} = 20$ $x_1 = 0{,}57$ bei $s_{a1} = 0{,}4\,m_n$ $x_2 = 0{,}65$ bei $s_{a2} = 0{,}4\,m_n$ Zur Verbesserung der Eingriffverhältnisse und Tragfähigkeit werden gewählt: $x_1 = 0{,}5$ und $x_2 = 0{,}6$
Stirneingriffwinkel Gl. (282.4)	$\tan\alpha_{t1} = \dfrac{\tan\alpha_n}{\cos\beta_1} = \dfrac{\tan 20°}{\cos 20°}$ $\alpha_{t1} = 21°10'22'' = 21{,}1728°$
Schrägungswinkel am Grundkreis, Gl. (282.3)	$\tan\beta_{b1} = \tan\beta_1\cos\alpha_{t1} = \tan 20°\cos 21{,}1728°$; $\beta_{b1} = 18°44'49''$
Betriebseingriffwinkel bei gegebener Σx, Gl. (255.5)	$\operatorname{inv}\alpha_{tw1} = \dfrac{2\tan\alpha_n(x_1 + x_2)}{z_1 + z_2} + \operatorname{inv}\alpha_{t1}$ $\operatorname{inv}\alpha_{tw1} = \dfrac{2\tan 20°(0{,}5 + 0{,}6)}{15 + 17} + \operatorname{inv} 21{,}1728° = 0{,}042817$ $\alpha_{tw1} = 27°57'33'' = 27{,}9591°$

(Fortsetzung s. nächste Seite)

Verzahnungsgeometrie (s. Tafel A76.1) für $m_n = 3{,}5$ mm, $\beta = 20°$, $z_1 = 15$, $d_1 = 55{,}87$ mm	
Betriebswälzkreisdurchmesser, Gl. (255.1)	$d_{w1} = d_1 \dfrac{\cos \alpha_{tI}}{\cos \alpha_{twI}} = 55{,}87\,\text{mm}\,\dfrac{\cos 21{,}1728°}{\cos 27{,}9591°} = 58{,}982\,\text{mm}$ $d_{w2I} = d_2 \dfrac{\cos \alpha_{tI}}{\cos \alpha_{twI}} = 63{,}32\,\text{mm}\,\dfrac{\cos 21{,}1728°}{\cos 27{,}9591°} = 66{,}847\,\text{mm}$
Achsabstand, Gl. (255.2)	$a_I = \dfrac{d_{w1} + d_{w2I}}{2} = \dfrac{(58{,}982 + 66{,}847)\,\text{mm}}{2} = 62{,}914\,\text{mm}$
Betriebseingriffwinkel bei gegebenem Achsabstand Gl. (255.4) (Fußnote von Taf. A76.1 beachten)	$\cos \alpha_{twII} = \dfrac{z_2 + z_3}{2a_{II}} \dfrac{m_n}{\cos \beta_{II}} \cos \alpha_{tII}$ Es ist $\beta_{II} = \beta_I$, also ist $\alpha_{tII} = \alpha_{tI}$ Bedingung: $a_I = -a_{II}$ $\cos \alpha_{twII} = \dfrac{17 - 51}{2(-62{,}914)\,\text{mm}} \dfrac{3{,}5\,\text{mm}}{\cos 20°} \cos 21{,}1728°$ $\alpha_{twII} = 20°12' = 20{,}2°$
Summe der Profilverschiebungsfaktoren Gl. (255.3)	$x_2 + x_3 = \dfrac{(z_2 + z_3)(\text{inv}\,\alpha_{twII} - \text{inv}\,\alpha_{tII})}{2 \tan \alpha_n}$ $x_2 + x_3 = \dfrac{(17 - 51)(\text{inv}\,20{,}2° - \text{inv}\,21{,}1728°)}{2 \tan 20°} = 0{,}11312$
Profilverschiebungsfaktor für Rad 3	$x_3 = 0{,}11312 - x_2 = 0{,}11312 - 0{,}6 = -0{,}48688$
Betriebswälzkreisdurchmesser, Gl. (255.1)	$d_{w2II} = d_2 \dfrac{\cos \alpha_{tII}}{\cos \alpha_{twII}} = 63{,}32\,\text{mm}\,\dfrac{\cos 21{,}1728°}{\cos 20{,}2°} = 62{,}914\,\text{mm}$ $d_{w3} = d_3 \dfrac{\cos \alpha_{tII}}{\cos \alpha_{twII}} = -189{,}96\,\text{mm}\,\dfrac{\cos 21{,}1728°}{\cos 20{,}2°} =$ $= -188{,}742\,\text{mm}$
Bedingung: $a_I = -a_{II}$ Achsabstand (Kontrolle)	$a_{II} = \dfrac{d_{w2II} + d_{w3}}{2} = \dfrac{(62{,}914 - 188{,}742)\,\text{mm}}{2} = -62{,}914\,\text{mm}$
Achsabstand (Rechengröße), Gl. (256.7)	$a_{RI} = \dfrac{d_1 + d_2}{2} = \dfrac{(55{,}87 + 63{,}32)\,\text{mm}}{2} = 59{,}595\,\text{mm}$ $a_{RII} = \dfrac{d_2 + d_3}{2} = \dfrac{(63{,}32 - 189{,}96)\,\text{mm}}{2} = -63{,}32\,\text{mm}$
Kopfkreisdurchmesser Gl. (255.6)	$d_{a1} = d_1 + 2m_n + 2x_1 m_n = 55{,}87\,\text{mm} + 2 \cdot 3{,}5\,\text{mm} +$ $+ 2 \cdot 0{,}5 \cdot 3{,}5\,\text{mm} = 66{,}37\,\text{mm}$ $d_{a2} = d_2 + 2m_n + 2x_2 m_n = 63{,}32\,\text{mm} + 2 \cdot 3{,}5\,\text{mm} +$ $+ 2 \cdot 0{,}6 \cdot 3{,}5\,\text{mm} = 74{,}52\,\text{mm}$ $d_{a3} = d_3 + 2m_n + 2x_3 m_n = -189{,}96\,\text{mm} + 2 \cdot 3{,}5\,\text{mm} +$ $+ 2 \cdot (-0{,}48688) \cdot 3{,}5\,\text{mm} = -186{,}368\,\text{mm}$
Fußkreisdurchmesser Gl. (243.2), $c = 0{,}25\,m_n$	$d_{f1} = d_1 - 2m_n - 2c + 2x_1 m_n$ $d_{f1} = 55{,}87\,\text{mm} - 2 \cdot 3{,}5\,\text{mm} - 2 \cdot 0{,}25 \cdot 3{,}5\,\text{mm} +$ $+ 2 \cdot 0{,}5 \cdot 3{,}5\,\text{mm} = 50{,}62\,\text{mm}$ $d_{f2} = d_2 - 2m_n - 2c + 2x_2 m_n$ $d_{f2} = 63{,}32\,\text{mm} - 2 \cdot 3{,}5\,\text{mm} - 2 \cdot 0{,}25 \cdot 3{,}5\,\text{mm} +$ $+ 2 \cdot 0{,}6 \cdot 3{,}5\,\text{mm} = 58{,}77\,\text{mm}$

(Fortsetzung s. nächste Seite)

Verzahnungsgeometrie (s. Tafel A76.1) für $m_n = 3{,}5\,\text{mm}$, $\beta = 20°$, $z_1 = 15$, $d_1 = 55{,}87\,\text{mm}$	
	$d_{f3} = d_3 - 2m_n - 2c + 2x_3 m_n$ $d_{f3} = -189{,}96\,\text{mm} - 2\cdot 3{,}5\,\text{mm} - 2\cdot 0{,}25\cdot 3{,}5\,\text{mm} + 2(-0{,}48688)\,3{,}5\,\text{mm} = -202{,}12\,\text{mm}$
vorhandenes Kopfspiel Gl. (256.3)	$c_I = a_I - \frac{d_{a1} + d_{f2}}{2} = 62{,}914 - \frac{(66{,}37 + 58{,}77)\,\text{mm}}{2} = 0{,}344\,\text{mm}$ $c_{II} = a_{II} - \frac{d_{a2} + d_{f3}}{2} = -62{,}914 - \frac{(74{,}52 - 202{,}12)\,\text{mm}}{2} = 0{,}886\,\text{mm} > c_{min}$
praktisches Mindest-Kopfspiel, Taf. **A82.1**	$c_{min} = 0{,}12 m_n = 0{,}12\cdot 3{,}5\,\text{mm} = 0{,}42\,\text{mm}$ da $c_I = 0{,}344\,\text{mm} < c_{min} = 0{,}42\,\text{mm}$ ist, muß d_{a1} mindestens um $c_{min} - c_I = 0{,}42 - 0{,}344 = 0{,}076 \approx 0{,}1\,\text{mm}$ gekürzt werden
Kopfkreisdurchmesser bei Kopfkürzung	Also wird: $d_{ak1} = d_{a1} - 2\cdot 0{,}1\,\text{mm} = 66{,}37\,\text{mm} - 2\cdot 0{,}1 = 66{,}17\,\text{mm}$ $d_{ak2} = d_{a2} - 2\cdot 0{,}1\,\text{mm} = 74{,}52\,\text{mm} - 0{,}2\,\text{mm} = 74{,}32\,\text{mm}$ Zur Vermeidung der Eingriffstörung wird mit $h_{a3} = 0{,}8\,m_n$ nach Taf. **A90.1** $d_{ak3} = d_{a3} - 2\cdot 0{,}2\,m_n = -186{,}368 - 2\cdot 0{,}2\cdot 3{,}5\,\text{mm} = -187{,}768\,\text{mm}$
Kopfspiel nach Kopfkürzung zwischen d_{ak2} und d_{f3}	$c_{II} = a_{II} - \frac{d_{ak2} + d_{f3}}{2} = -62{,}914 - \frac{(74{,}32 - 202{,}12)}{2} = 0{,}986$
und zwischen d_{ak3} und d_{f2}	$c_{II} = a_{II} - \frac{d_{ak3} + d_{f2}}{2} = -62{,}914 - \frac{(-187{,}768 + 58{,}77)}{2} = 1{,}585\,\text{mm}$
Profilüberdeckung Gl. (256.6)	$\varepsilon_{\alpha I} = \varepsilon_{k1} + \varepsilon_{k2}$ und $\varepsilon_{\alpha II} = \varepsilon_{k2} + \varepsilon_{k3}$
Kennzahlen für die Teil-Profilüberdeckung Gl. (256.4) und Bild **A96.3** für α_{twI} bzw. α_{twII}	$z_{k1} = \frac{2d_{w1}}{d_{ak1} - d_{w1}} = \frac{2\cdot 58{,}98\,\text{mm}}{(66{,}17 - 58{,}98)\,\text{mm}} = 16{,}4;\ \varepsilon'_{k1} = 0{,}655$ $z_{k2I} = \frac{2d_{w2I}}{d_{a2} - d_{w2I}} = \frac{2\cdot 66{,}85\,\text{mm}}{(74{,}52 - 66{,}85)\,\text{mm}} = 17{,}43;\ \varepsilon'_{k2I} = 0{,}665$ $z_{k2II} = \frac{2d_{w2II}}{d_{a2} - d_{w2II}} = \frac{2\cdot 62{,}91\,\text{mm}}{(74{,}52 - 62{,}91)\,\text{mm}} = 10{,}82;\ \varepsilon'_{k2II} = 0{,}70$ $z_{k3} = \frac{2d_{w3}}{d_{ak3} - d_{w3}} = \frac{2(-188{,}74)\,\text{mm}}{[-187{,}77 - (-188{,}74)]\,\text{mm}} = -389;$ $\varepsilon'_{k3} = 1{,}05$
Teil-Profilüberdeckung Gl. (256.5)	$\varepsilon_{k1} = \varepsilon'_{k1}\frac{z_1}{z_{k1}} = 0{,}655\,\frac{15}{16{,}4} = 0{,}60$ $\varepsilon_{k2I} = \varepsilon'_{k2I}\frac{z_2}{z_{k2I}} = 0{,}665\,\frac{17}{17{,}43} = 0{,}65$

(Fortsetzung s. nächste Seite)

	Verzahnungsgeometrie (s. Tafel A76.1) für $m_n = 3{,}5$ mm, $\beta = 20°$, $z_1 = 15$, $d_1 = 55{,}87$ mm
	$\varepsilon_{k2II} = \varepsilon'_{k2II} \dfrac{z_2}{z_{k2II}} = 0{,}7 \dfrac{17}{10{,}82} = 1{,}10$
	$\varepsilon_{k3} = \varepsilon'_{k3} \dfrac{z_3}{z_{k3}} = 1{,}05 \dfrac{-51}{-389} = 0{,}14$
Profilüberdeckung	$\varepsilon_{\alpha I} = \varepsilon_{k1} + \varepsilon_{k2I} = 0{,}60 + 0{,}65 = 1{,}25$
	$\varepsilon_{\alpha II} = \varepsilon_{k2II} + \varepsilon_{k3} = 1{,}10 + 0{,}14 = 1{,}24$
Sprungüberdeckung Gl. (283.1)	$\varepsilon_{\beta I} = \varepsilon_{\beta II} = \dfrac{b \sin \beta_I}{\pi\, m_n} = \dfrac{55 \text{ mm} \sin 20°}{\pi \cdot 3{,}5 \text{ mm}} = 1{,}71$
Gesamtüberdeckung Gl. (283.2)	$\varepsilon_{sI} = \varepsilon_{\alpha I} + \varepsilon_{\beta I} = 1{,}25 + 1{,}71 = 2{,}96$ $\varepsilon_{sII} = \varepsilon_{\alpha II} + \varepsilon_{\beta II} = 1{,}24 + 1{,}71 = 2{,}95$

	Tragfähigkeitsberechnung Rad 1	Rad 2
Zahnfußspannung Gl. (287.1)	$\sigma_{F1} = \dfrac{F_{tI}}{b\, m_n} Y_{F1} Y_{\varepsilon I} Y_{\beta I} K_{F\alpha I} \leqq \sigma_{FP1}$	$\sigma_{F2} = \dfrac{F_{tI}}{b\, m_n} Y_{F2} Y_{\varepsilon I} Y_{\beta I} K_{F\alpha I} \leqq \sigma_{FP2}$
Drehmoment Zwgl. (263.1)	$T_{1\max} = \varphi\, 9{,}55 \cdot 10^6 \dfrac{P_1}{n_1} = 1{,}5 \cdot 9{,}55 \cdot 10^6 \dfrac{19}{1450} \approx 188\,000$ N mm	
Umfangskraft am Teilzylinder, Gl. (263.2)	$F_{tI} = \dfrac{2\, T_{1\max}}{d_1} = \dfrac{2 \cdot 188000 \text{ N mm}}{55{,}87 \text{ mm}} = 6730$ N	
Zahnformfaktor, Bild A97.1	$Y_{F1} = f(z_1; x_1; \beta_I) = 2{,}26$	$Y_{F2} = f(z_2; x_2; \beta_I) = 2{,}14$
Lastanteilfaktor, Gl. (269.3)	$Y_{\varepsilon I} = \dfrac{1}{\varepsilon_{\alpha I}} = \dfrac{1}{1{,}25} = 0{,}8$	
Schrägungswinkelfaktor Gl. (287.2)	$Y_{\beta I} = 1 - \dfrac{\beta_I}{120} = 1 - \dfrac{20}{120} = 0{,}833$	
Hilfsfaktor Bild A98.1 oder Gl. (269.4)	$q_{LI} = f\left(d_2;\ m_n;\ \text{Qualität};\ \dfrac{F_{tI}}{b}\right) = 0{,}86$	
Stirnlastverteilungsfaktor Gl. (270.1) oder Bild A98.1	da $q_{LI} = 0{,}86 > \dfrac{1}{\varepsilon_{\alpha I}} = 0{,}8$ ist, gilt $K_{F\alpha I} = q_{LI}\, \varepsilon_{\alpha I} = 0{,}86 \cdot 1{,}25 = 1{,}07$	
Zahnfußspannung	$\sigma_{F1} = \dfrac{6730 \text{ N}}{55 \text{ mm} \cdot 3{,}5 \text{ mm}} 2{,}26 \cdot 0{,}8 \cdot 0{,}833 \cdot 1{,}07$ $\sigma_{F1} = 56{,}3$ N/mm²	$\sigma_{F2I} = \dfrac{6730 \text{ N}}{55 \text{ mm} \cdot 3{,}5 \text{ mm}} 2{,}14 \cdot 0{,}8 \cdot 0{,}833 \cdot 1{,}07$ $\sigma_{F2I} = 53{,}4$ N/mm²
zul. Spannung	$\sigma_{FP1} = \dfrac{\sigma_{Fl1}}{S_{F1}} = 143{,}8$ N/mm²	$\sigma_{FP2} = \dfrac{\sigma_{Fl2}}{S_{F2}} = 93{,}7$ N/mm²
Nachweis der Spannung	$\sigma_{F1} = 56{,}3 \text{ N/mm}^2 < \sigma_{FP1} = 143{,}8 \text{ N/mm}^2$	$\sigma_{F2I} = 53{,}4 \text{ N/mm}^2 < \sigma_{FP2} = 93{,}7 \text{ N/mm}^2$

(Fortsetzung s. nächste Seite)

	Tragfähigkeitsberechnung Rad 1	Rad 2
Hertzsche Pressung im Wälzpunkt C_I, Gl. (287.3)	$\sigma_{HI} = Z_{MI} Z_{HI} Z_{\varepsilon I} \sqrt{\frac{u_I + 1}{u_I} \frac{F_{tI}}{b d_1} K_{H\alpha I}} \leqq \sigma_{HP1,2}$	
Materialfaktor, Taf. **A95.1**	für Stahl gegen Stahl: $Z_{MI} = 268 \sqrt{\text{N/mm}^2}$	
Flankenformfaktor Bild **A99.1**	$Z_{HI} = f\left(\frac{x_1 + x_2}{z_1 + z_2}; \beta_I\right) = f\left(\frac{0{,}5 + 0{,}6}{15 + 17}; 20°\right) = 1{,}435$	
Überdeckungsfaktor Gl. (288.3)	da $\varepsilon_{\alpha I} \geqq 1$; $Z_{\varepsilon I} = \sqrt{\frac{1}{\varepsilon_{\alpha I}} \cos \beta_{bI}} = \sqrt{\frac{1}{1{,}25} \cos 18°45'} = 0{,}87$	
Zähnezahlverhältnis Gl. (236.2)	$u_I = \frac{z_2}{z_1} = \frac{17}{15} = 1{,}13$	
Stirnlastverteilungsfaktor Gl. (272.7) oder Bild **A98.1**	$K_{H\alpha I} = 1 + 2(q_{LI} - 0{,}5)\left(\frac{1}{Z_{\varepsilon I}^2} - 1\right) = 1 + 2(0{,}87 - 0{,}5)\left(\frac{1}{1{,}13^2} - 1\right) = 1{,}16$	
Hertzsche Pressung im Wälzpunkt C_I	$\sigma_{HI} = 268 \sqrt{\text{N/mm}^2} \cdot 1{,}435 \cdot 0{,}87 \sqrt{\frac{1{,}13 + 1}{1{,}13} \frac{6730\ \text{N}}{55\ \text{mm} \cdot 55{,}87\ \text{mm}} 1{,}16} = 732\ \text{N/mm}^2$	
Sicherheitsfaktor gegen Grübchenbildung Taf. **A90.2**	$S_{H1} = 1{,}8$ und $S_{H2} = 2{,}0$ (Betriebsverhältnisse und Fußnoten auf Taf. **A93.1** beachten)	
zul. Hertzsche Pressung Gl. (273.2)	$\sigma_{HP1} = \frac{\sigma_{Hl1}}{S_{H1}} = \frac{1600\ \text{N/mm}^2}{1{,}8} = 890\ \text{N/mm}^2$	$\sigma_{HP2} = \frac{\sigma_{Hl2}}{S_{H2}} = \frac{1600\ \text{N/mm}^2}{2{,}0} = 800\ \text{N/mm}^2$
Nachweis der Hertzschen Pressung	$\sigma_{HI} = 732\ \text{N/mm}^2 < \sigma_{HP1} = 890\ \text{N/mm}^2$	$\sigma_{HI} = 732\ \text{N/mm}^2 < \sigma_{HP2} = 800\ \text{N/mm}^2$
Hertzsche Pressung in den inneren Eingriffpunkten B und D Gl. (273.3) und (273.5)	$\sigma_{HB} = \sigma_H Z_B \leqq \sigma_{HP}$ und $\sigma_{HD} = \sigma_H Z_D \leqq \sigma_{HP}$ sind nachzuweisen (s. Abschn. 8.3.6); hier nicht durchgeführt ($z_{n1} > 20$; $z_{n2} = 18$)	

	Tragfähigkeitsrechnung Rad 2	Rad 3
da Rad 3 ungehärtet, zuerst Nachweis der Hertzschen Pressung im Wälzpunkt C_{II}, Gl. (287.3)	$\sigma_{HII} = Z_{MII} Z_{HII} Z_{\varepsilon II} \sqrt{\frac{u_{II} + 1}{u_{II}} \frac{F_{tII}}{b d_2} K_{H\alpha II}} \leqq \sigma_{HP2,3}$ $F_{tII} = F_{tI} = 6730$ N, da Rad 2 als Zwischenrad wirkt	
Materialfaktor, Taf. **A95.1**	für Stahl gegen Stahlguß: $Z_{MII} = 267 \sqrt{\text{N/mm}^2}$	
Flankenformfaktor Bild **A99.1**	$Z_{HII} = f\left(\frac{x_2 + x_3}{z_2 + z_3}; \beta_{II}\right) = f\left(\frac{0{,}6 - 0{,}48688}{17 - 51}; 20°\right) = 1{,}72$	
Überdeckungsfaktor Gl. (288.3)	da $\varepsilon_{\alpha II} \geqq 1$: $Z_{\varepsilon II} = \sqrt{\frac{1}{\varepsilon_{\alpha II}} \cos \beta_{bII}} = \sqrt{\frac{1}{1{,}24} \cos 18°45'} = 0{,}87$	

(Fortsetzung s. nächste Seite)

	Tragfähigkeitsberechnung	
	Rad 2	Rad 3
Zähnezahlverhältnis Gl. (236.2)	$u_{II} = \frac{z_3}{z_2} = \frac{-51}{17} = -3$	
Hilfsfaktor Bild A98.1 oder Gl. (269.4)	$q_{LII} = f\left(\lvert d_3 \rvert;\ m_n;\ \text{Qualität};\ \frac{F_{tII}}{b}\right) = 0{,}93$	
Stirnlastverteilungsfaktor Gl. (272.7) oder Bild A98.1	$K_{H\alpha II} = 1 + 2(q_{LII} - 0{,}5)\left(\frac{1}{Z_{\varepsilon II}^2} - 1\right) =$ $= 1 + 2(0{,}93 - 0{,}5)\left(\frac{1}{0{,}87^2} - 1\right) = 1{,}276$	
Hertzsche Pressung im Wälzpunkt C_{II}	$\sigma_{HII} = 267\sqrt{\text{N/mm}^2} \cdot 1{,}72 \cdot$ $0{,}87\sqrt{\frac{-3+1}{-3}\,\frac{6730\ \text{N}}{55\ \text{mm} \cdot 67{,}04\ \text{mm}}\,1{,}276} = 498\ \text{N/mm}^2$	
Sicherheitsfaktor gegen Grübchenbildung, Taf. A90.2	$S_{H2} = 2{,}0$	$S_{H3} = 1{,}5$
zul. Hertzsche Pressung Gl. (273.2)	$\sigma_{HP2} = 800\ \text{N/mm}^2$	$\sigma_{HP3} = \frac{\sigma'_{Hl\,3}}{S_{H3}} = \frac{504\ \text{N/mm}^2}{1{,}5}$ $= 336\ \text{N/mm}^2$
	Da $\sigma_{HII} = 498\text{N/mm}^2 > \sigma_{HP3} = 336\ \text{N/mm}^2$ ist, muß für Rad 3 ein Vergütungsstahl gewählt werden; nach Taf. A93.1: 42CrMo4 mit $\sigma_{Fl3} = 430\text{N/mm}^2$, $\sigma_{Hl3} = 1220\ \text{N/mm}^2 + 20\%$ $\sigma'_{Hl3} = 1{,}2 \cdot \sigma_{Hl3} = 1{,}2 \cdot 1220 = 1464\ \text{N/mm}^2$	
		$\sigma_{HP3} = \frac{1464\ \text{N/mm}^2}{1{,}5} =$ $= 976\ \text{N/mm}^2$
Nachweis der Hertzschen Pressung	$\sigma_{HII} = 498\ \text{N/mm}^2 < \sigma_{HP2} =$ $= 800\ \text{N/mm}^2$	$\sigma_{HII} = 498\ \text{N/mm}^2 < \sigma_{HP3} =$ $= 976\ \text{N/mm}^2$
Zahnfußspannung Gl. (287.1)	$\sigma_{F2II} = \frac{F_{tII}}{b\,m_n} Y_{F2}\,Y_{\varepsilon II}\,Y_{\beta II}\,K_{F\alpha II}$ $\leqq \sigma_{FP2}$	$\sigma_{F3} = \frac{F_{tII}}{b\,m_n} Y_{F3}\,Y_{\varepsilon II}\,Y_{\beta II}\,K_{F\alpha II}$ $\leqq \sigma_{FP3}$
Zahnformfaktor für Innenverzahnung Gl. (269.2)	$Y_{F2} = 2{,}14$, da $\beta_{II} = \beta_I$	$Y_{F3} = 2{,}06 -$ $- 1{,}18\left(2{,}25 - \frac{d_{ak3} - d_{f3}}{2 m_n}\right)$ $Y_{F3} = 2{,}06 - 1{,}18\left(2{,}25 -\right.$ $\left.- \frac{-187{,}77 + 202{,}12}{2 \cdot 3{,}5}\right)$ $Y_{F3} = 1{,}824$
Lastanteilfaktor, Gl. (269.3)	$Y_{\varepsilon II} = \frac{1}{\varepsilon_{\alpha II}} = \frac{1}{1{,}24} = 0{,}806$	
Schrägungswinkelfaktor Gl. (287.2)	$Y_{\beta II} = Y_{\beta I} = 0{,}833$, da $\beta_{II} = \beta_I$ ist	
Stirnlastverteilungsfaktor Gl. (270.1)	$K_{F\alpha II} = q_{LII}\,\varepsilon_{\alpha II} = 0{,}93 \cdot 1{,}24 = 1{,}15$	

(Fortsetzung s. nächste Seite)

	Tragfähigkeitsberechnung Rad 2	Rad 3
Zahnfußspannung	$\sigma_{F2II} = \dfrac{6730\ \text{N}}{55\ \text{mm} \cdot 3{,}5\ \text{mm}} \cdot$ $\cdot\, 2{,}14 \cdot 0{,}806 \cdot 0{,}833 \cdot 1{,}15$ $\sigma_{F2II} = 57{,}8\ \text{N/mm}^2$	$\sigma_{F3} = \dfrac{6730\ \text{N}}{55\ \text{mm} \cdot 3{,}5\ \text{mm}} \cdot$ $1{,}824 \cdot 0{,}806 \cdot 0{,}833 \cdot 1{,}15$ $\sigma_{F3} = 49{,}2\ \text{N/mm}^2$
Sicherheitsfaktor gegen Zahnfußdauerbruch Taf. A 90.2		$S_{F3} = 1{,}6$
zul. Zahnfußspannung Gl. (270.4)	$\sigma_{FP2} = 93{,}7\ \text{N/mm}^2$	$\sigma_{FP3} = \dfrac{\sigma_{Fl3}}{S_{F3}} = \dfrac{430\ \text{N/mm}^2}{1{,}6} =$ $= 268\ \text{N/mm}^2$
Nachweis der Spannung	$\sigma_{F2II} = 57{,}8\ \text{N/mm}^2 < \sigma_{FP2} =$ $= 93{,}7\ \text{N/mm}^2$	$\sigma_{F3} = 49{,}2\ \text{N/mm}^2 < \sigma_{FP3} =$ $= 268\ \text{N/mm}^2$

8.5. Kegelräder

Kegelräder dienen zur Übertragung der Drehbewegung in Wälzgetrieben mit sich schneidenden Achsen. Getriebe mit sich kreuzenden Achsen sind Schraubgetriebe (s. Abschn. 8.6 und 8.7).

8.5.1. Grundbegriffe für geradverzahnte Kegelräder

Die Kegelradverzahnung ist festgelegt durch den Teilkegelwinkel und die zugehörige Planverzahnung. Das Planrad (mit planer Teilebene $\delta = 90°$) hat für das Kegelrad die gleiche kinematische Bedeutung wie die Zahnstange für das Stirnrad (303.1).

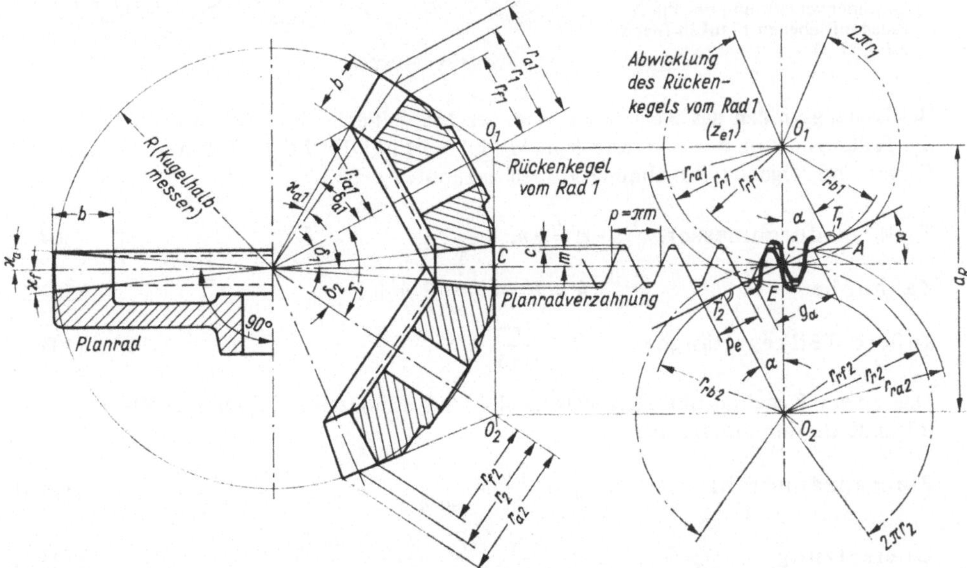

303.1 Geradzahn-Kegelradgetriebe mit Planrad und Abwicklung der Rückenkegel

Erzeugung der Geradverzahnung. Rollt eine Wälzscheibe auf einem Grundkegel ab (**304.**1), so entsteht eine Kugelevolvente. Da die Kugeloberfläche und damit die sphärische Verzahnung nicht in der Ebene abzuwickeln ist, ersetzt man sie im Näherungsverfahren durch eine Kegeloberfläche (Rückenkegel), deren Abwicklung ein Kreissektor ist (**303.**1). Die Abwicklung kann als Ersatz-Stirnrad bezeichnet werden, auf dem alle am Rückenkegel vorhandenen Maßgrößen unverändert bleiben. Die Planverzahnung ergibt dabei eine Zahnstange (**303.**1).

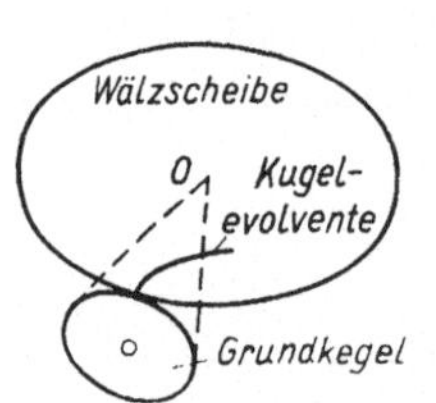

304.1 Entstehung der sphärischen Evolvente

Die Herstellung des doppelt gekrümmten Profils der Zahnflanke eines Planrades mit Kugelevolvente (**304.**2a) kann nur im Schablonenverfahren mit einem Spitzstichel erfolgen. Allgemein wird das wirtschaftlichere Verfahren mit Oktoidenverzahnung angewendet (**304.**2b), die eine 8förmige, auf der Kugeloberfläche verschlungene Eingrifflinie und am Planrad ebene Zahnflanken hat. Diese Verzahnung wird mit geradflankigem Werkzeug im Wälzverfahren hergestellt.

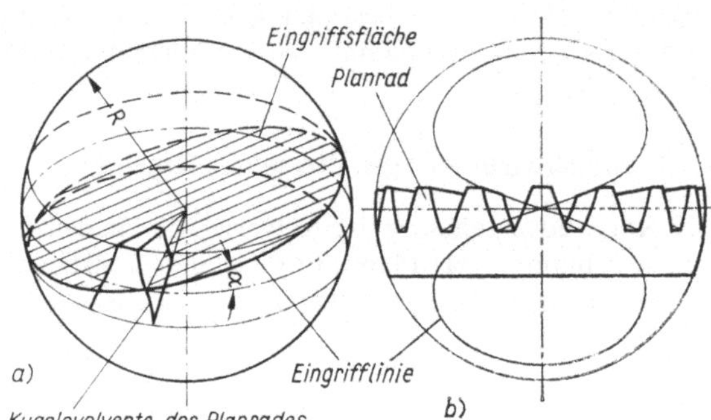

304.2
a) Kugelevolventen-Verzahnung des Planrades mit Neigung der Eingriffsfläche unter $\alpha = 20°$ zur Teilebene des Planrades
b) Oktoidenverzahnung des Planrades mit ebenen Flanken (nach DIN 3971)

Bestimmungsgrößen des Kegelrades. Auf der Mantelfläche des Rückenkegels (**303.**1) ist die Teilkreisteilung $p = \pi m$ festgelegt. Modul m ist in DIN 780 (s. Taf. **A89.**1) tabelliert. Damit sind folgende Verzahnungsgrößen bekannt:

Teilkreisdurchmesser $$\boldsymbol{d} = z\boldsymbol{m} = \frac{pz}{\pi} \qquad (304.1)$$

Zahnhöhe $$\boldsymbol{h} = \boldsymbol{h}_a + \boldsymbol{h}_f = 2\boldsymbol{m} + \boldsymbol{c} \qquad (304.2)$$

äußere Teilkegellänge $$\boldsymbol{R} = \frac{r}{\sin\delta} \qquad (304.3)$$

Das einem Kegelrad mit Teilkegelwinkel δ und Zähnezahl z zugehörige Planrad hat folgende Bestimmungsgrößen:

Planradzähnezahl $$z_p = \frac{2R}{m} = \frac{z}{\sin\delta} \qquad (304.4)$$

Übersetzung $$i = \frac{n_1}{n_2} = \frac{r_2}{r_1} = \frac{z_2}{z_1} = \frac{\sin\delta_2}{\sin\delta_1} \qquad (304.5)$$

Zähnezahlverhältnis $$u = \frac{z_{\text{Rad}}}{z_{\text{Ritzel}}} = \frac{z_2}{z_1} = \frac{\sin\delta_2}{\sin\delta_1} \tag{305.1}$$

Achsenwinkel $$\Sigma = \delta_1 + \delta_2 \tag{305.2}$$

Mit Gl. (304.5) und (305.2) erhält man aus

$$u = \frac{\sin\delta_2}{\sin\delta_1} = \frac{\sin(\Sigma - \delta_1)}{\sin\delta_1} = \frac{\sin\Sigma\cos\delta_1 - \cos\Sigma\sin\delta_1}{\sin\delta_1} = \sin\Sigma\cot\delta_1 - \cos\Sigma$$

den Teilkegelwinkel δ_1 $$\cot\delta_1 = \frac{u + \cos\Sigma}{\sin\Sigma} = \frac{\dfrac{z_2}{z_1} + \cos\Sigma}{\sin\Sigma} \tag{305.3}$$

Mit dem Halbmesser

$$r_r = r/\cos\delta \tag{305.4}$$

aus dem Rückenkegel des Ersatzstirnrades (303.1) ergibt sich aus der Beziehung $2\pi r_r = z_e \pi m = 2\pi r/\cos\delta = \pi m z/\cos\delta$ die Zähnezahl des Ersatzstirnrades

$$z_e = \frac{z}{\cos\delta} \tag{305.5}$$

Die Profilüberdeckung $$\varepsilon_\alpha = \frac{g_\alpha}{p_e} = \varepsilon_1 + \varepsilon_2 - \varepsilon_a \tag{305.6}$$

setzt sich entsprechend Gl. (245.1) aus den Faktoren

$$\varepsilon_1 = \frac{\sqrt{r_{ra1}^2 - r_{rb1}^2}}{p\cos\alpha} \qquad \varepsilon_2 = \frac{\sqrt{r_{ra2}^2 - r_{rb2}^2}}{p\cos\alpha} \qquad \text{und} \qquad \varepsilon_a = \frac{a_R\sin\alpha_w}{p\cos\alpha}$$

zusammen, für die alle Größen auf die Ersatz-Stirnräder (303.1) bezogen sind.

Grenzzähnezahl. Die kleinste unterschnittfreie Zähnezahl ist (wie beim Schrägstirnrad) auf das Ersatz-Stirnrad (303.1) bezogen. Darum darf die Zähnezahl $z_{e1} = z_1/\cos\delta$, Gl. (305.5), die praktische Grenzzähnezahl z_g' für Geradstirnräder nicht unterschreiten. Damit ergibt sich aus Gl. (305.5) für den Eingriffwinkel $\alpha = 20°$ die praktische unterschnittfreie Mindestzähnezahl

$$z_{gk1}' \approx z_g' \cos\delta_1 = 14\cos\delta_1 \tag{305.7}$$

Die Profilverschiebung an geradverzahnten Kegelrädern kann erfolgen als Profil-Seitenverschiebung, Profil-Höhenverschiebung oder Profil-Seiten- und Profil-Höhenverschiebung (s. DIN 3971).

Profil-Seitenverschiebung (306.1). Die Flanken sind auf dem Planradteilkreis um xm seitlich verschoben. Bei Verschiebung von der Zahnmitte weg ist der Seitenverschiebungsfaktor x positiv und entgegengesetzt negativ. Damit beträgt die Zahndicke am Teilkreis $s = \dfrac{\pi m}{2} + 2xm$.

Profil-Höhenverschiebung (306.2). Sie liegt vor, wenn Zahnkopf- und Zahnfußhöhe nicht mehr gleich den Höhen im Bezugsprofil sind. Bei positiver Profil-Höhenverschiebung wird der Kopfwinkel $\varkappa_a$ des Bezugsprofils um den Höhenverschiebungswinkel $\varkappa_x$ (306.2a) größer, wogegen der Fußwinkel $\varkappa_f$ um $\varkappa_x$ verkleinert wird. Die entgegengesetzte Beziehung besteht bei negativer Verschiebung. Damit wird $\varkappa_a = \varkappa_{a\,\text{Bezugsprofil}} \pm \varkappa_x$ und $\varkappa_f = \varkappa_{f\,\text{Bezugsprofil}} \pm \varkappa_x$.

Die Zahndicke am Teilkreis beträgt $s = \dfrac{\pi m}{2}$. Die am Halbmesser R gemessene Höhenverschiebung ist $x_h m$. Ist die Profilmitte aus dem Teilkegel herausgeschoben, dann zählt x_h positiv (V_{plus}-Rad; Zahnfuß wird dicker), im umgekehrten Falle ist x_h negativ (V_{minus}-Rad).

Mit einer Profil-Höhenverschiebung ist allgemein eine Profil-Seitenverschiebung verbunden (306.2b).

V-Getriebe mit geradverzahnten Kegelrädern entstehen, wenn zwei Kegelräder gepaart werden, deren Erzeugungs- und Betriebswälzkreise nicht gleich sind. Entsprechend der geringen allgemeinen Bedeutung werden V-Getriebe hier nicht näher behandelt.

Bei **Null-Getrieben mit geradverzahnten Kegelrädern** sind die Erzeugungs- und Betriebswälzkreise theoretisch gleich. Für die Anwendung von Null-Getrieben gelten sinngemäß die Ausführungen des Abschn. 8.3.5 und, um Unterschnitt zu vermeiden, die Bedingungen

$$z_1 \geqq z'_{gk1} = z'_g \cos \delta_1 \quad \text{und} \quad z_2 \geqq z'_{gk2} = z'_g \cos \delta_2$$

Für **V-Null-Getriebe mit geradverzahnten Kegelrädern** gelten sinngemäß die Bedingungen nach Abschn. 8.3.4. Danach ist ein V-Null-Getriebe nur möglich, wenn bei $z_1 < z'_{gk1}$ die Bedingungen erfüllt sind ($z'_g = 14$)

$$z_1 < z'_g \cos \delta_1 = z'_{gk1} \quad \text{und} \quad \frac{z_1}{\cos \delta_1} + \frac{z_2}{\cos \delta_2} \geqq 2 z'_g$$

Formeln zur Verzahnungsgeometrie für Null- und V-Null-Getriebe s. Tafel A84.1.

Das **Eingriffsflankenspiel** S_e bei geradverzahnten Kegelrädern ist im Abstand R von der Kegelspitze entsprechend Abschn. 8.3.5 zu bestimmen (s. auch DIN 3971).

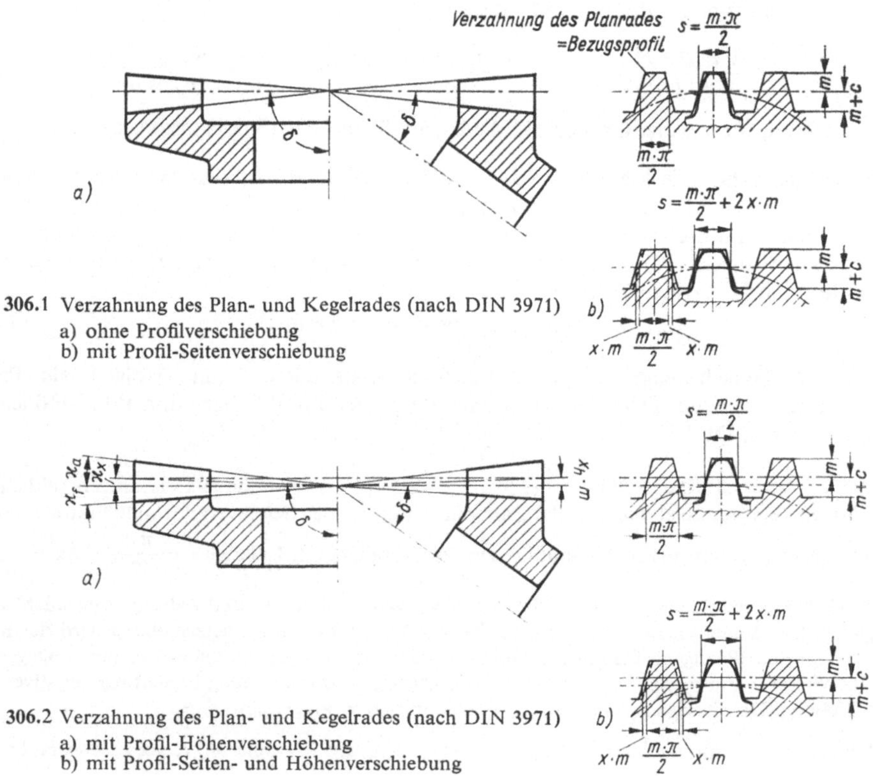

306.1 Verzahnung des Plan- und Kegelrades (nach DIN 3971)
a) ohne Profilverschiebung
b) mit Profil-Seitenverschiebung

306.2 Verzahnung des Plan- und Kegelrades (nach DIN 3971)
a) mit Profil-Höhenverschiebung
b) mit Profil-Seiten- und Höhenverschiebung

8.5.2. Tragfähigkeitsberechnung der geradverzahnten Kegelräder

Der Tragfähigkeitsberechnung werden mittlere Ersatzstirnräder mit äquivalenten Stirnverzahnungen (virtuelle Stirnräder) zugrunde gelegt (**307.1**). Die Berechnung gleicht daher im Grundsätzlichen der für Geradstirnräder (s. Abschn. 8.3.6). Das mittlere Ersatzstirnrad hat die gleiche Zahnbreite wie das Kegelrad. Aus dem mittleren Durchmesser des Kegelrades

$$d_{\text{m}} = d - b \sin \delta \tag{307.1}$$

ergibt sich der Teilkreisdurchmesser des mittleren (virtuellen) Ersatzstirnrades

$$d_{\text{vm}} = \frac{d_{\text{m}}}{\cos \delta} = \frac{z m_{\text{m}}}{\cos \delta} \tag{307.2}$$

und hieraus der Modul des mittleren Ersatzstirnrades (Rechengröße)

$$m_{\text{m}} = \frac{d_{\text{m}}}{z} \tag{307.3}$$

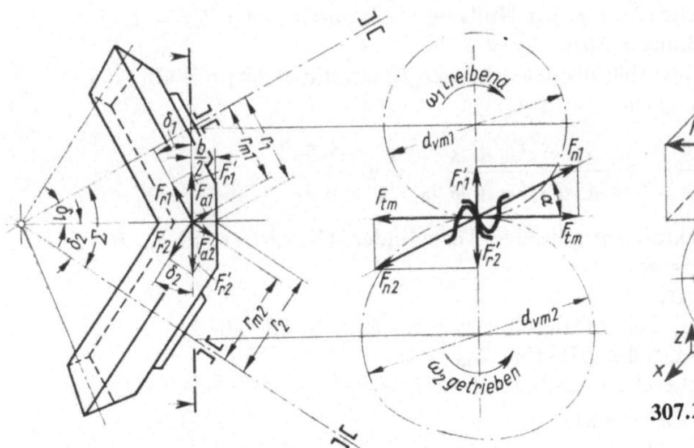

307.1 Kräfte am geradverzahnten Kegelrad

307.2 Räumliche Darstellung der Kräfte am geradverzahnten Kegelradgetriebe

Belastung am Zahn (307.1 und 2). Setzt man in Gl. (263.2) $d_1 = d_{\text{m}1}$, so erhält man mit der bekannten Umfangskraft $F_{\text{t}} = F_{\text{tm}}$ die Komponenten der Normalkraft F_{n}

die Radialkraft $$F_{\text{r}} = F_{\text{tm}} \tan \alpha \cos \delta \tag{307.4}$$

und die Axialkraft $$F_{\text{a}} = F_{\text{tm}} \tan \alpha \sin \delta \tag{307.5}$$

Mit diesen Kräften werden sinngemäß wie bei Schrägstirnrädern 286.1 und **287.1**) die Auflagerkräfte und Biegemomente an Wellen mit geradverzahnten Kegelrädern bestimmt (s. auch Beisp. 9).

Zahnfußbeanspruchung von geradverzahnten Kegelrädern. Wie für Gerad- und Schrägstirnrädern ist auch hier die Spannung im Zahnfuß für Ritzel und Rad getrennt nachzuweisen

$$\sigma_{\text{F}} = \frac{F_{\text{tm}}}{b m_{\text{m}}} Y_{\text{F}} Y_{\varepsilon\text{v}} K_{\text{F}\alpha} \leqq \sigma_{\text{FP}} \tag{307.6}$$

Hierin bedeuten:

F_{tm}	in N	Umfangskraft am Teilzylinder, Gl. (263.2) mit $F_{tm} \triangleq F_t$ und $d_{m1} \triangleq d_1$
b	in mm	Zahnbreite, Gl. (308.3)
m_m	in mm	Modul (Rechengröße), Gl. (307.3)
Y_F		Zahnformfaktor, Bild **A88.1** mit $z_e = z_n$, $m_m \approx m_n$ und $\beta = 0°$
$Y_{\varepsilon v}$		Lastanteilfaktor, $Y_{\varepsilon v} = 1$
$K_{F\alpha}$		Stirnlastverteilungsfaktor, $K_{F\alpha} = 1$
σ_{FP}	in N/mm²	zulässige Zahnfußspannung, Gl. (270.4)

Formeln für Ritzel und Rad s. Tafel **A84.1**.

Flankenbeanspruchung von geradverzahnten Kegelrädern. Hier genügt der Nachweis der Hertzschen Pressung im Wälzpunkt C

$$\sigma_H = Z_M Z_{Hv} Z_{\varepsilon v} \sqrt{\frac{u_v + 1}{u_v} \frac{F_{tm}}{b d_{vm1}} K_{H\alpha}} \leqq \sigma_{HP} \tag{308.1}$$

Hierin bedeuten:

Z_M	in $\sqrt{N/mm^2}$	Materialfaktor, Tafel **A95.1**
Z_{Hv}		Flankenformfaktor; für Null- und V-Null-Getriebe $Z_{Hv} = 1{,}76$
$Z_{\varepsilon v}$		Überdeckungsfaktor, $Z_{\varepsilon v} = 1$
u_v		Zähnezahlverhältnis der mittleren Ersatzstirnräder; mit Gl. (305.1) und (307.2) ist

$$u_v = \frac{z_{v2}}{z_{v1}} = \frac{d_{vm2}}{d_{vm1}} = \frac{d_{m2}\cos\delta_1}{d_{m1}\cos\delta_2} = u\frac{\cos\delta_1}{\cos\delta_2}$$

F_{tm}	in N	Umfangskraft am mittleren Teilzylinder, Gl. (263.2) mit $F_{tm} \triangleq F_t$ und $d_{m1} \triangleq d_1$
b	in mm	Zahnbreite, Gl. (308.3)
d_{vm1}	in mm	(virtueller) Teilkreisdurchmesser des Ritzels, Gl. (307.2)
$K_{H\alpha}$		Stirnlastverteilungsfaktor, $K_{H\alpha} = 1$
σ_{HP}	in N/mm²	zul. Hertzsche Pressung, Gl. (273.2)

Formeln für Ritzel und Rad s. Taf. **A84.1**.

8.5.3. Entwurf und Gestaltung von geradverzahnten Kegelrädern

Richtlinien für den Entwurf. Zähnezahlen. Die nach Gl. (305.5) zu ermittelnden Zähnezahlen z_e sollen die in Taf. **A82.1** gegebenen Richtwerte nicht unterschreiten

$$z_{e1} = \frac{z_1}{\cos\delta_1} \geqq z_{1\,min} \tag{308.2}$$

Zahnbreite. Unter Berücksichtigung des Zahnbreitenverhältnisses nach Taf. **A90.3** ist für geradverzahnte Kegelräder zu setzen

$$b \leqq \frac{\lambda}{2} m_m \leqq \frac{R}{3} \tag{308.3}$$

Modul (Rechengröße). Aus Gl. (308.3) folgt $\quad m_m \geqq \frac{2b}{\lambda} \quad$ (308.4)

In erster Näherung kann gesetzt werden $\quad m_m \approx \frac{4}{5} m \quad$ (308.5)

Modul m s. DIN 780 oder Taf. **A89.1**.

Modul-Berechnung unter Beachtung der Zahnfuß-Tragfähigkeit. Entsprechend Gl. (276.7) errechnet man aus Gl. (307.6) mit den Gl. (263.2), (308.3), (307.2), (308.5) den Modul

$$m \geqq 2 \sqrt[3]{\frac{T_{1\,\max} \cos \delta_1}{z_1 \lambda \sigma_{FP}} Y_F} \qquad (309.1)$$

Hierin bedeuten:

m	in mm	Modul, Taf. **A89.1**	$T_{1\,\max}$	in N mm Drehmoment, Gl. (263.1)
δ_1	in ° (Grad)	Teilkegelwinkel, Gl. (305.3)	z_1	Zähnezahl, Gl. (304.1) und Taf. **A82.1**
λ		Zahnbreitenverhältnis, Gl. (308.3) und Taf. **A90.3**		
σ_{FP}	in N/mm²	zul. Zahnfußspannung, Gl. (270.4)		
Y_F		Zahnformfaktor; für Entwurf $Y_F = 2{,}2$		

Modul-Berechnung unter Beachtung der Flanken-Tragfähigkeit. Entsprechend Gl. (276.8) errechnet man aus Gl. (308.1) mit den Gl. (263.2), (308.3), (307.2), (308.5) den Modul

$$m \geqq 2 \sqrt[3]{\frac{u_v + 1}{u_v} \frac{T_{1\,\max} \cos^2 \delta_1}{z_1^2 \lambda \sigma_{HP}^2} Z_M^2 Z_{Hv}^2} \qquad (309.1)$$

Hierin bedeuten:

m	in mm	Modul, Taf. **A89.1**	u_v	Zähnezahlverhältnis, s. zu Gl. (308.1)
$T_{1\,\max}$	in N mm	Drehmoment, Gl. (263.1)	δ_1	in ° (Grad) Teilkegelwinkel, Gl. (305.3)
z_1		Zähnezahl, Gl. (304.1) und Taf. **A82.1**		
λ		Zahnbreitenverhältnis, Gl. (308.3) und Tafel **A90.3**		
σ_{HP}	in N/mm²	zul. Hertzsche Pressung, Gl. (273.2)		
Z_M	in $\sqrt{\text{N/mm}^2}$	Materialfaktor, für Entwurf bei St/St oder GS: $Z_M = 270\sqrt{\text{N/mm}^2}$; St/GG: $Z_M = 232\sqrt{\text{N/mm}^2}$; GG/GG: $Z_M = 204\sqrt{\text{N/mm}^2}$		
Z_{Hv}		Flankenformfaktor, für Entwurf $Z_{Hv} = 1{,}76$		

Gestaltung. Bei der Kegelradherstellung müssen die Zähne zur in Wirklichkeit nicht vorhandenen Teilkegelspitze fehlerfrei stehen. Beim Zusammenbau müssen die Teilkegelspitzen zur Deckung gebracht werden. Um das zu erreichen, sind die in DIN 3971 Abs. 3.9 aufgestellten Grundsätze über Bezugsflächen der Kegelradverzahnung zu beachten (**309.1**).

Bezugsfläche der Verzahnung (309.1). Die Bezugsfläche ist eine frei wählbare, zur Radachse senkrechte Ebene. Sie ist an Stelle der am Rad nicht vorhandenen Teilkegelspitze diejenige Fläche, auf die die Verzahnung beim Herstellen, Messen und Einbauen bezogen wird. Die Lage der Bezugsfläche zur Teilkegelspitze wird als fehlerfrei angenommen. Die am Zahnrad vorhandenen Fehler werden von der Bezugsfläche aus als wirksame Fehler der Verzahnung erfaßt.

Spitzenabstand k_b der Bezugsfläche (309.1). Er ist die Entfernung der Teilkegelspitze von der Bezugsfläche.

Kopfkreisabstand k_k (309.1). Er ist die Entfernung des Kopfkreises von der Bezugsfläche.

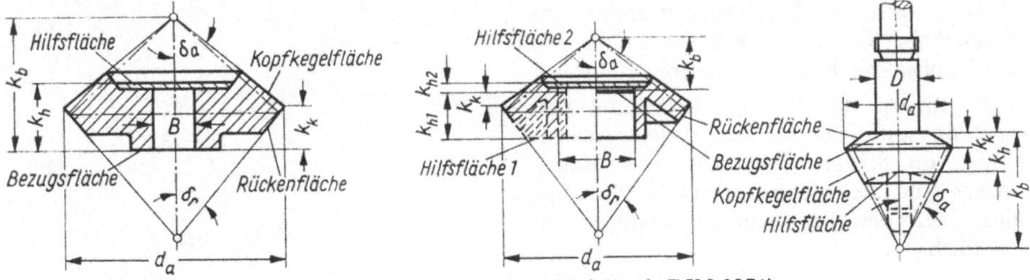

309.1 Wahl der Bezugs- und Hilfsfläche an einem Kegelrad (nach DIN 3971)

Hilfsflächenabstand k_h (309.1). Er ist die Entfernung einer frei wählbaren, zur Radachse rechtwinklig ebenen Hilfsfläche von der Bezugsfläche.

Beim Einbau von Kegelrädern können die Axiallagen der Räder durch Distanzteile gesichert werden (310.1). Die Distanzteile, z. B. Paßringe, werden nach dem Ausmessen der Spaltdicken zwischen den Rad- und Lagerbezugsflächen auf die genauen Dicken s_1 und s_2 hergestellt und eingebaut. Die Lagerbezugsflächen können direkt Lagerstirnflächen, indirekt auch Wellenabsätze oder Gehäuseflächen sein.

Zur konstruktiven Gestaltung geschweißter Kegelräder s. Bild 310.2.

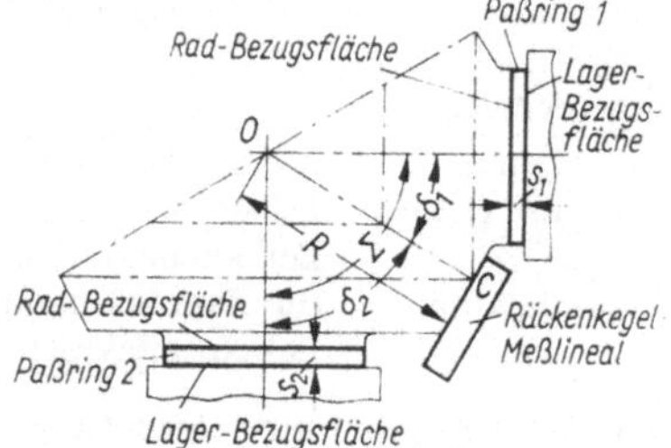

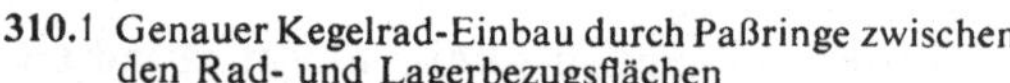

310.1 Genauer Kegelrad-Einbau durch Paßringe zwischen den Rad- und Lagerbezugsflächen

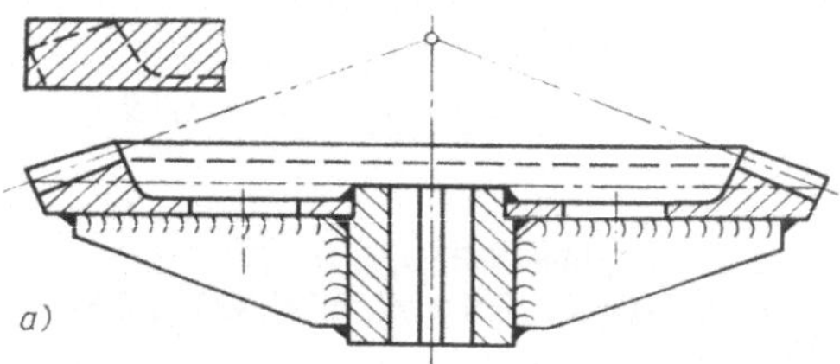

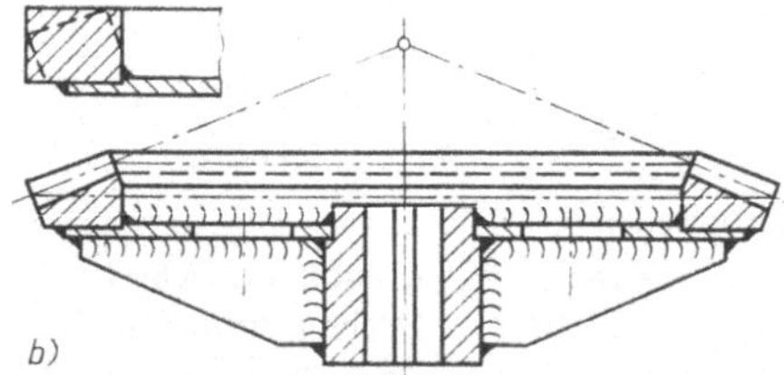

310.2 Geschweißte Kegelräder
a) Herstellung des Zahnkranzes aus dem Vollen
b) Herstellung des Zahnkranzes aus gebogenem Flachstahl

Schrägzahn- und Bogenzahn-Kegelräder (310.3). Ähnlich den Schrägstirnrädern haben Kegelräder mit Schräg- oder Bogenverzahnung erheblich bessere Betriebseigenschaften als Kegelräder mit geraden Zähnen.

Die Achsen der Kegelräder können sich schneiden oder kreuzen [Hypoidgetriebe, (235.1 i)].

Man unterscheidet die Herstellungsverfahren nach der Flankenlinie: 1. Kontinuierliches Abwälzschraubenfräsen mit kegeligem oder zylindrischem Fräser (Klingelnberg-Verzahnung). Die Flankenlinien haben die Form der Evolvente oder Palloide (griech. pallein, d. h. schwingen).

2. Kontinuierliches Abwälzspiralfräsen mit Messerkopf (Oerlikon-Verzahnung). Die Flankenlinien haben die Form der Epi- oder Hypozykloide. 3. Teilabwälzverfahren mit Messerkopf (Gleason-Verfahren). Hier hat die Flankenlinie Kreisbogenform.

Zur genauen Berechnung, Herstellung und Prüfung sowie der wirtschaftlichen Anwendung von Schräg- und Bogenzahn-Kegelrädern sind die Erfahrungen und Sachkenntnisse der Verzahnmaschinen-Hersteller unerläßlich.

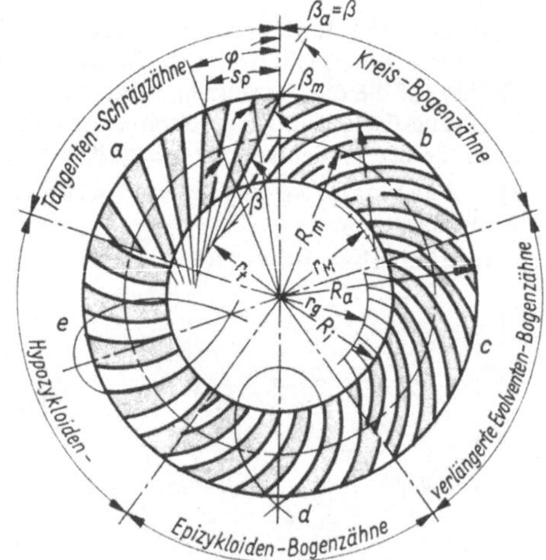

310.3 Fünf wichtige Kegelrad-Schräg- und Bogenzahnformen

Beispiel 7. Ein Kegelradgetriebe (311.1) mit Geradverzahnung (ungehärtet) ist zu berechnen. Die Ausführung soll als V-Null-Getriebe mit $x_1 = 0{,}4$ und $x_2 = -0{,}4$ erfolgen.

Gegeben: Modul $m = 5$ mm; Eingriffwinkel $\alpha = 20°$; Achsenwinkel $\Sigma = 90°$; Drehfrequenzen $n_1 = 940\ \text{min}^{-1}$, $n_2 \approx 300\ \text{min}^{-1}$

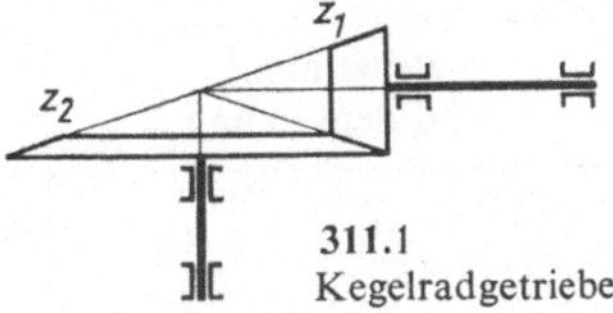

311.1 Kegelradgetriebe

Benennung und Bemerkung	Rad 1	Rad 2
Zähnezahlen Gl. (304.5), Taf. **A82.1** Gl. (236.1)	z_1 gewählt: $z_1 = 10$ (s. auch Bild **A96.1**)	$z_2 = iz_1 = \frac{n_1}{n_2} z_1 = \frac{940\ \text{min}^{-1}}{300\ \text{min}^{-1}} 10 = 31{,}3$ gewählt: $z_2 = 31$
vorhandene Übersetzung Gl. (304.5)	$i = \frac{z_2}{z_1} = \frac{31}{10} = 3{,}1$ ohne Beachtung der Drehrichtung	
Teilkreisdurchmesser Gl. (304.1)	$d_1 = z_1 m = 10 \cdot 5\ \text{mm} = 50\ \text{mm}$	$d_2 = z_2 m = 31 \cdot 5\ \text{mm} = 155\ \text{mm}$
Teilkegelwinkel Gl. (305.3)	$\cot \delta_1 = \frac{\frac{z_2}{z_1} + \cos \Sigma}{\sin \Sigma}$ $\cot \delta_1 = \frac{3{,}1 + \cos 90°}{\sin 90°}$ $\delta_1 = 17°50'3''$	$\delta_2 = \Sigma - \delta_1$ $\delta_2 = 90° - 17°50'3''$ $\delta_2 = 72°9'57''$
Zahnkopfhöhe	$h_{a1} = (1 + x_1)m$ $h_{a1} = (1 + 0{,}4)\ 5\ \text{mm} = 7{,}0\ \text{mm}$	$h_{a2} = (1 + x_2)\text{m}$ $h_{a2} = (1 - 0{,}4)\ 5\ \text{mm} = 3{,}0\ \text{mm}$
Kopfkreisdurchmesser Gl. (A84.2)	$d_{a1} = d_1 + 2h_{a1} \cos \delta_1$ $d_{a1} = (50 + 2 \cdot 7{,}0)\ \text{mm} \cdot \cos 17°50'3''$ $d_{a1} = 63{,}327\ \text{mm}$	$d_{a2} = d_2 + 2h_{a2} \cos \delta_2$ $d_{a2} = (155 + 2 \cdot 3{,}0)\ \text{mm} \cdot \cos 72°9'57''$ $d_{a2} = 156{,}837\ \text{mm}$
äußere Teilkegellänge Gl. (304.3)	$R = \frac{d_1}{2 \sin \delta_1} = \frac{50\ \text{mm}}{2 \sin 17°50'3''} = 81{,}63\ \text{mm}$	
Kopfwinkel Gl. (A84.3)	$\tan \varkappa_{a1} = \frac{h_{a1}}{R} = \frac{7{,}0\ \text{mm}}{81{,}63\ \text{mm}}$ $\varkappa_{a1} = 4°54'5''$	$\tan \varkappa_{a2} = \frac{h_{a2}}{R} = \frac{3{,}0\ \text{mm}}{81{,}63\ \text{mm}}$ $\varkappa_{a2} = 2°6'17''$
Kopfkegelwinkel Gl. (A84.4)	$\delta_{a1} = \delta_1 + \varkappa_{a1}$ $\delta_{a1} = 17°50'3'' + 4°54'5''$ $\delta_{a1} = 22°44'8''$	$\delta_{a2} = \delta_2 + \varkappa_{a2}$ $\delta_{a2} = 72°9'57'' + 2°6'17''$ $\delta_{a2} = 74°16'14''$
Zahnbreite, Gl. (308.3)	$b \leqq \frac{1}{3} R = \frac{1}{3}\ 81{,}63\ \text{mm} = 27{,}2\ \text{mm}$ gewählt: $b = 25$ mm	
innerer Kopfkreisdurchmesser, Gl. (A84.5)	$d_{ia1} = d_{a1} - 2 \frac{b \sin \delta_{a1}}{\cos \varkappa_{a1}}$	$d_{ia2} = d_{a2} - 2 \frac{b \sin \delta_{a2}}{\cos \varkappa_{a2}}$

(Fortsetzung s. nächste Seite)

Benennung und Bemerkung	Rad 1	Rad 2
	$d_{ia1} = 63{,}327\,\text{mm} - 2\,\dfrac{25\,\text{mm}\sin 22°44'8''}{\cos 4°54'5''}$ $d_{ia1} = 43{,}933\,\text{mm}$	$d_{ia2} = 156{,}837\,\text{mm} - 2\,\dfrac{25\,\text{mm}\sin 74°16'14''}{\cos 2°6'17''}$ $d_{ia2} = 108{,}677\,\text{mm}$
Teilkreisdurchmesser am Ersatz-Stirnrad Gl. (305.4)	$d_{r1} = \dfrac{d_1}{\cos\delta_1}$ $d_{r1} = \dfrac{50\,\text{mm}}{\cos 17°50'3''} = 52{,}52\,\text{mm}$	$d_{r2} = \dfrac{d_2}{\cos\delta_2}$ $d_{r2} = \dfrac{155\,\text{mm}}{\cos 72°9'57''} = 506{,}09\,\text{mm}$
Kopfkreisdurchmesser am Ersatz-Stirnrad, Gl. (A85.1)	$d_{ra1} = d_{r1} + 2h_{a1}$ $d_{ra1} = (52{,}52 + 2\cdot 7{,}0)\,\text{mm} = 66{,}52\,\text{mm}$	$d_{ra2} = d_{r2} + 2h_{a2}$ $d_{ra2} = (506{,}09 + 2\cdot 3{,}0)\,\text{mm} = 512{,}09\,\text{mm}$
Grundkreisdurchmesser am Ersatz-Stirnrad Gl. (A85.2)	$d_{rb1} = d_{r1}\cos\alpha$ $d_{rb1} = 52{,}52\,\text{mm}\cos 20° = 49{,}4\,\text{mm}$	$d_{rb2} = d_{r2}\cos\alpha$ $d_{rb2} = 506{,}09\,\text{mm}\cos 20° = 475{,}5\,\text{mm}$
Achsabstand (Rechengröße) Gl. (A85.3)	$a_R = \dfrac{d_{r1} + d_{r2}}{2} = \dfrac{(52{,}52 + 506{,}09)\,\text{mm}}{2} = 279{,}30\,\text{mm}$	
Profilüberdeckung Gl. (305.6)	$\varepsilon_\alpha = \dfrac{g_\alpha}{p_e} = \dfrac{g_\alpha}{p\cos\alpha} = \dfrac{g_\alpha}{\pi m\cos\alpha} = \varepsilon_1 + \varepsilon_2 - \varepsilon_a$ $\varepsilon_1 = \dfrac{\sqrt{r_{ra1}^2 - r_{rb1}^2}}{\pi m\cos\alpha} = \dfrac{\sqrt{(33{,}26^2 - 24{,}7^2)\,\text{mm}^2}}{\pi\cdot 5\,\text{mm}\cos 20°} = 1{,}51$ $\varepsilon_2 = \dfrac{\sqrt{r_{ra2}^2 - r_{rb2}^2}}{\pi m\cos\alpha} = \dfrac{\sqrt{(256{,}04^2 - 237{,}75^2)\,\text{mm}^2}}{\pi\cdot 5\,\text{mm}\cos 20°} = 6{,}38$ $\varepsilon_a = \dfrac{a_R\sin\alpha_w}{\pi m\cos\alpha} = \dfrac{279{,}3\,\text{mm}\sin 20°}{\pi\cdot 5\,\text{mm}\cos 20°} = 6{,}47$ $\varepsilon_\alpha = 1{,}51 + 6{,}38 - 6{,}47 = 1{,}42$	

Beispiel 8. Für das geradverzahnte Kegelradgetriebe nach Beispiel 7 ist die Tragfähigkeitsberechnung durchzuführen. Geforderte Verzahnungsqualität 9 nach DIN 3962, 3963, 3967. Die Antriebsleistung beträgt $P = 0{,}612$ kW bei $n = 940\,\text{min}^{-1}$. Der Betriebsfaktor $\varphi = 1$.

Der Berechnung von Beispiel 7 und 8 ist z. B. eine Entwurfsberechnung (s. Beisp. 3 und 4) vorausgegangen.

Benennung und Bemerkung	Tragfähigkeitsberechnung	
	Rad 1	Rad 2
aus Beisp. 7 sind bekannt	$z_1 = 10$; $d_1 = 50\,\text{mm}$; $x_1 = 0{,}4$ $\delta_1 = 17°50'3''$	$z_2 = 31$; $d_2 = 155\,\text{mm}$ $x_2 = -0{,}4$ $\delta_2 = 72°9'57''$

(Fortsetzung s. nächste Seite)

Benennung und Bemerkung	Tragfähigkeitsberechnung Rad 1	Rad 2
Bedingung: ungehärtete Zahnräder, St/GGG	$m = 5\,\text{mm};\ b = 25\,\text{mm};\ \Sigma = 90°;\ \varepsilon_\alpha = 1{,}42$	
Hertzsche Pressung im Wälzpunkt C, Gl. (308.1)	$\sigma_H = Z_M Z_{Hv} Z_{\varepsilon v} \sqrt{\frac{u_v + 1}{u_v} \frac{F_{tm}}{b\,d_{vm1}} K_{H\alpha}} \leqq \sigma_{HP}$ $Z_{Hv} = 1{,}76;\ Z_{\varepsilon v} = 1;\ K_{H\alpha} = 1$	
Materialfaktor, Taf. A95.1	für Stahl gegen Gußeisen mit Kugelgraphit: $Z_M = 256\sqrt{\text{N/mm}^2}$	
Zähnezahlverhältnis Gl. (308.1)	$u_v = \frac{z_{v2}}{z_{v1}} \quad z_{v1} = \frac{z_1}{\cos\delta_1} = \frac{10}{\cos 17°50'3''} = 10{,}5$ $z_{v2} = \frac{z_2}{\cos\delta_2} = \frac{31}{\cos 72°9'52''} = 101{,}1$ $u_v = \frac{101{,}1}{10{,}5} = 9{,}63$	
mittlerer Durchmesser des Kegelrades, Gl. (307.1)	$d_{m1} = d_1 - b\sin\delta_1 = 50\,\text{mm} - 25\,\text{mm}\sin 17°50'3'' = 42{,}34\,\text{mm}$	
Modul des mittleren Ersatzstirnrades (Rechengröße), Gl. (307.3)	$m_m = \frac{d_{m1}}{z_1} = \frac{42{,}34\,\text{mm}}{10} = 4{,}234\,\text{mm}$	
(virtueller) Teilkreisdurchmesser, Gl. (307.2)	$d_{vm1} = \frac{z_1 m_m}{\cos\delta_1} = \frac{10 \cdot 4{,}234\,\text{mm}}{\cos 17°50'3''} = 44{,}4\,\text{mm}$	
Nenn-Drehmoment Zwgl. (263.1)	$T_1 = 9{,}55 \cdot 10^6 \frac{P}{n_1} = 9{,}55 \cdot 10^6 \frac{0{,}612}{940} = 6210\,\text{N mm}$	
Umfangskraft, Gl. (263.2)	$F_{tm} = \varphi \frac{2\,T_1}{d_{m1}} = \frac{2\,T_{1\,max}}{d_{m1}} = \frac{2 \cdot 6210\,\text{N mm}}{42{,}34\,\text{mm}} = 293\,\text{N}$	
Hertzsche Pressung	$\sigma_H = 256\sqrt{\frac{\text{N}}{\text{mm}^2}} \cdot 1{,}76 \cdot 1\sqrt{\frac{9{,}63 + 1}{9{,}63} \frac{293\,\text{N}}{25\,\text{mm} \cdot 44{,}4\,\text{mm}} 1} =$ $= 243\,\text{N/mm}^2$	
Sicherheitsfaktor gegen Grübchenbildung Taf. A90.2	$S_{H1} = 1{,}6$	$S_{H2} = 2{,}0$
Werkstoff, Taf. A93.1	St 60: $\sigma_{Hl} = 400\,\text{N/mm}^2$ $\sigma_{Fl} = 200\,\text{N/mm}^2$	GGG-60: $\sigma_{Hl} = 490\,\text{N/mm}^2$ $\sigma_{Fl} = 220\,\text{N/mm}^2$
zul. Hertzsche Pressung Gl. (273.2)	$\sigma_{HP1} = \frac{\sigma_{Hl1}}{S_{H1}} = \frac{400\,\text{N/mm}^2}{1{,}6} =$ $= 250\,\text{N/mm}^2$	$\sigma_{HP2} = \frac{\sigma_{Hl2}}{S_{H2}} = \frac{490\,\text{N/mm}^2}{2{,}0} =$ $= 245\,\text{N/mm}^2$
Nachweis der Hertzschen Pressung	$\sigma_H = 243\,\text{N/mm}^2 < \sigma_{HP1} =$ $= 250\,\text{N/mm}^2$	$\sigma_H = 243\,\text{N/mm}^2 < \sigma_{HP2} =$ $= 245\,\text{N/mm}^2$
Zahnfußspannung Gl. (307.6)	$\sigma_{F1} = \frac{F_{tm}}{b\,m_m} Y_{F1} Y_{\varepsilon v} K_{F\alpha} \leqq \sigma_{FP1}$ $Y_{\varepsilon v} = 1;\ K_{F\alpha} = 1$	$\sigma_{F2} = \frac{F_{tm}}{b\,m_m} Y_{F2} Y_{\varepsilon v} K_{F\alpha} \leqq \sigma_{FP2}$ $Y_{\varepsilon v} = 1;\ K_{F\alpha} = 1$
Zahnformfaktor, Bild A97.1	$Y_{F1} = f(z_{v1};\ x_1;\ \beta = 0°) = 2{,}68$	$Y_{F2} = f(z_{v2};\ x_2;\ \beta = 0°) = 2{,}34$

(Fortsetzung s. nächste Seite)

Benennung und Bemerkung	Tragfähigkeitsberechnung Rad 1	Rad 2
Zahnfußspannung	$\sigma_{F1} = \frac{293\text{ N}}{25\text{ mm}\cdot 4{,}23\text{ mm}} 2{,}68 \cdot 1 \cdot 1 = 7{,}4\text{ N/mm}^2$	$\sigma_{F2} = \frac{293\text{ N}}{25\text{ mm}\cdot 4{,}23\text{ mm}} 2{,}34 \cdot 1 \cdot 1 = 6{,}5\text{ N/mm}^2$
Sicherheitsfaktor gegen Zahnfußdauerbruch Taf. A 90.2	$S_{F1} = 1{,}8$	$S_{F2} = 2{,}0$
zul. Zahnfußspannung Gl. (270.4)	$\sigma_{FP1} = \frac{\sigma_{Fl1}}{S_{F1}} = \frac{200\text{ N/mm}^2}{1{,}8} = 111\text{ N/mm}^2$	$\sigma_{FP2} = \frac{\sigma_{Fl2}}{S_{F2}} = \frac{220\text{ N/mm}^2}{2{,}0} = 10\text{ N/mm}^2$
Nachweis der Spannung	$\sigma_{F1} = 7{,}4\text{ N/mm}^2 < \sigma_{FP1} = 111\text{ N/mm}^2$	$\sigma_{F2} = 6{,}5\text{ N/mm}^2 < \sigma_{FP2} = 110\text{ N/mm}^2$

Beispiel 9. Für das Kegelradgetriebe nach Beispiel 7 und 8 (**311.**1) sind für Welle 1 die Auflagerkräfte und Biegemomente zu bestimmen (**286.1**).
$l_1 = 40$ mm $l_2 = 80$ mm

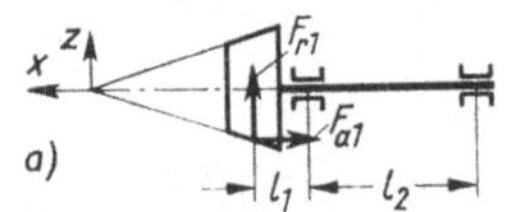

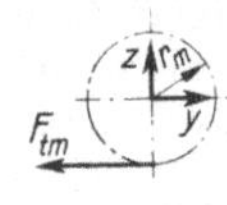

314.1 Kegelradlagerung

Benennung und Bemerkung	Auflagerkräfte und Biegemomente
aus Beispiel 7 und 8 sind bekannt	$z_1 = 10$; $m = 5$ mm; $d_{m1} = 42{,}34$ mm; $\delta_1 = 17°50'3''$ $\alpha = 20°$; $F_{tm} = 293$ N
Radialkraft, Gl. (307.4)	$F_{r1} = F_{tm} \tan\alpha \cos\delta = 293\text{ N} \tan 20° \cos 17°50'3'' = 120\text{ N}$
Axialkraft, Gl. (307.5)	$F_{a1} = F_{tm} \tan\alpha \sin\delta = 293\text{ N} \tan 20° \sin 17°50'3'' = 32\text{ N}$ Aus $\Sigma M = 0$ ergibt sich $F_{Az} = \frac{1}{l_2}[F_{r1}(l_1 + l_2) - F_{a1} r_m]$ $F_{Az} = \frac{1}{80\text{ mm}}[120\text{ N}(40 + 80)\text{ mm} - 32\text{ N}\cdot 21{,}17\text{ mm}]$ $F_{Az} = 172$ N $F_{Bz} = \frac{1}{l_2}(F_{r1} l_1 - F_{a1} r_m)$ $F_{Bz} = \frac{1}{80\text{ mm}}(120\text{ N}\cdot 40\text{ mm} - 32\text{ N}\cdot 21{,}17\text{ mm})$ $F_{Bz} = 52$ N $\Sigma F(z) = 0 = F_{r1} - F_{Az} + F_{Bz}$

(Fortsetzung s. nächste Seite)

Benennung und Bemerkung	Auflagerkräfte und Biegemomente
Auflagerkräfte: Teilauflagerkräfte in Ebene $x-z$ und graphische Darstellung der Biegemomentenfläche (314.1b): $M(z)$	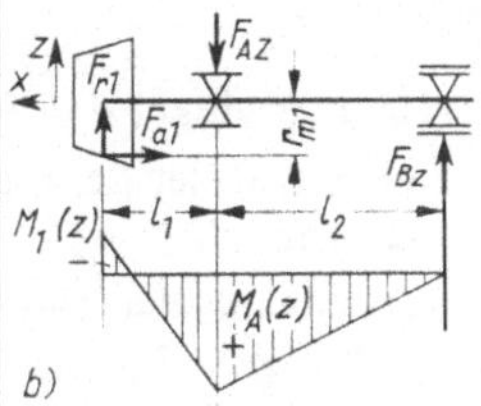 b)
Teilauflagerkräfte in Ebene $x-y$ und graphische Darstellung der Biegemomentenfläche (314.1c): $M(y)$	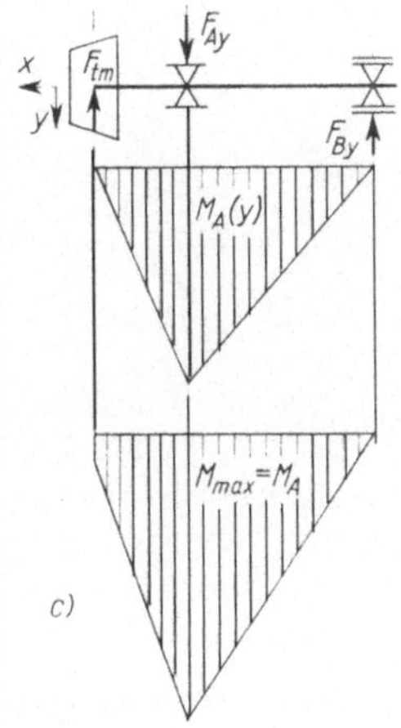 $F_{Ay} = \frac{1}{l_2}[F_{tm}(l_1 + l_2)]$ $F_{Ay} = \frac{1}{80\text{ mm}}[293\text{ N}(40 + 80)\text{ mm}] = 440\text{ N}$ $F_{By} = \frac{1}{l_2}F_{tm}l_1$ $F_{By} = \frac{1}{80\text{ mm}}293\text{ N}\cdot 40\text{ mm} = 147\text{ N}$ $\Sigma F(y) = 0 = -F_{tm} + F_{Ay} - F_{By}$
Auflagerkraft F_A	$F_A = \sqrt{F_{Az}^2 + F_{Ay}^2}$ $F_A = \sqrt{(172\text{ N})^2 + (440\text{ N})^2} = 472\text{ N}$
Auflagerkraft F_B	$F_B = \sqrt{F_{Bz}^2 + F_{By}^2}$ $F_B = \sqrt{(52\text{ N})^2 + (147\text{ N})^2} = 156\text{ N}$
Biegemomente in Ebene $x-z$ a) am Lager A	$M_A(z) = F_{Bz}l_2 = 52\text{ N}\cdot 80\text{ mm} = 4160\text{ N mm}$
b) in Mitte Rad	$M_1(z) = -F_{a1}r_{m1}$ $M_1(z) = -32\text{ N}\cdot 21{,}17\text{ mm} = -677\text{ N mm}$
Biegemoment in Ebene $x-y$	$M_A(y) = F_{tm}l_1 = 293\text{ N}\cdot 40\text{ mm} = 11720\text{ N mm}$
resultierende Biegemomente a) am Lager A	$M_A = \sqrt{M_A^2(z) + M_A^2(y)} = \sqrt{4160^2 + 11720^2}\text{ N mm} = 12436\text{ Nmm}$
b) in Mitte Rad	$M_1 = \sqrt{M_1^2(z) + 0} = \sqrt{(-677)^2}\text{ N mm} = 677\text{ N mm}$
größtes Biegemoment	$M_{max} = M_A = F_B l_2 = 156\text{ N}\cdot 80\text{ mm} = 12480\text{ N mm}$

c)

8.6. Stirnrad-Schraubgetriebe

8.6.1. Grundbegriffe

Bringt man zwei Schrägstirnräder mit gleichem Modul m_n und gleichem Eingriffwinkel α_n, aber mit Schrägungswinkeln $\beta_1 \neq \beta_2$ in Eingriff, so entsteht ein Stirnrad-Schraubgetriebe (nur bei $\beta_1 = -\beta_2$ liegt ein Schrägstirnradgetriebe vor), dessen Achsen sich unter dem Winkel δ schneiden (**316.**1). Die meistens gleichsinnigen Schrägungswinkel beider Räder ergeben als Summe den Kreuzungswinkel

$$\delta = \beta_1 + \beta_2 \tag{316.1}$$

Oft werden Schraubgetriebe mit dem Kreuzungswinkel $\delta = 90°$ ausgeführt.

Um einen besseren Wirkungsgrad zu erzielen, soll der Schrägungswinkel des treibenden Rades größer als der des getriebenen Rades sein, $\beta_1 \geqq \beta_2$.

Wälzzylinder und Zahnflanken berühren sich auf der Eingrifflinie im Normalschnitt nur punktförmig (**316.**2). Die Profilüberdeckung ist für die Geradzahn-Ersatzstirnräder (im Normalschnitt) zu ermitteln (**319.**1) (s. auch Taf. **A76.**1). Stirnrad-Schraubgetriebe werden für Übersetzungen $i \leqq 5$ angewendet. Für $i > 5$ werden Schneckengetriebe gewählt (s. Abschn. 8.7).

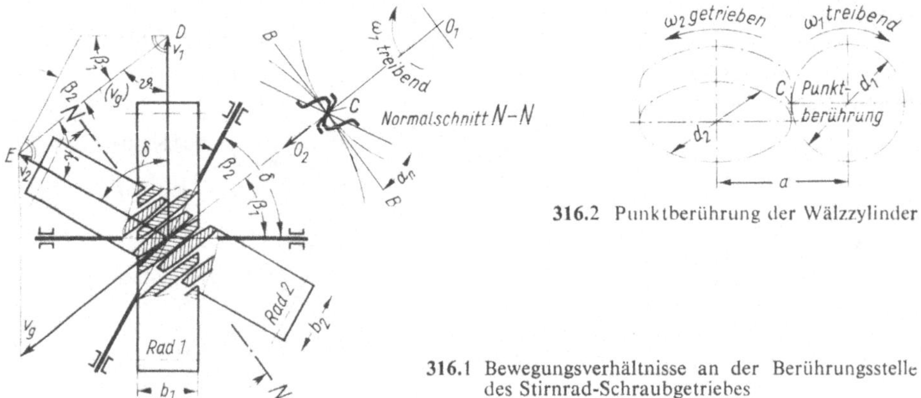

316.2 Punktberührung der Wälzzylinder

316.1 Bewegungsverhältnisse an der Berührungsstelle des Stirnrad-Schraubgetriebes

Bestimmungsgrößen (Taf. **A83.**1). Für die Radabmessungen gelten im grundsätzlichen die geometrischen Beziehungen der Schrägstirnräder.

Übersetzung
$$i = \frac{n_1}{n_2} = \frac{z_2}{z_1} = \frac{d_2 \cos\beta_2}{d_1 \cos\beta_1} \tag{316.2}$$

Für $\delta = \beta_1 + \beta_2 = 90°$ wird mit $\cos\beta_2 = \sin\beta_1$ die Übersetzung $i = d_2/(d_1 \tan\beta_1)$.

Achsabstand
$$a = \frac{d_1 + d_2}{2} = \frac{m_n}{2}\left(\frac{z_1}{\cos\beta_1} + \frac{z_2}{\cos\beta_2}\right) \tag{316.3}$$

Stirnrad-Schraubgetriebe sind (im Gegensatz zu Schrägstirnradgetrieben) gegen größere Achsabstandänderungen empfindlich, da sich mit den Betriebswälzkreisdurchmessern die Schrägungswinkel auf den Betriebswälzzylindern ändern. In axialer Richtung kann man sie gegeneinander verschieben (leicht zu montieren).

Bei V-Getrieben mit Schraubenrädern ist zu beachten, daß die Summe der Schrägungswinkel auf den Betriebswälzzylindern gleich dem Kreuzungswinkel δ (= $\beta_{w1} + \beta_{w2}$) ist. Dann ist aber die Summe der Schrägungswinkel auf den Teilzylindern ungleich dem Kreuzungswinkel. Die Berechnung der V-Getriebe ist darum etwas umständlich und wird auch entsprechend der praktischen Bedeutung hier nicht behandelt.

Gleitgeschwindigkeit. Bei Wälzgetrieben (Stirnradgetrieben) erfolgt außer der Wälzbewegung ein Wälzgleiten in Richtung der gemeinsamen Tangente, s. Gl. (243.3).

Bei Schraubgetrieben gleiten die Zahnflanken zusätzlich längs der Flankenlinie in Richtung der Zahnschräge mit der Gleitgeschwindigkeit v_g aufeinander (**316.1**). Sind v_1 und v_2 die Umfangsgeschwindigkeiten der Räder, so ergibt sich für das Dreieck CDE nach dem Sinussatz

$$\frac{v_g}{v_1} = \frac{\sin\delta}{\sin\gamma} = \frac{\sin\delta}{\cos\beta_2} \quad \text{und} \quad \frac{v_g}{v_2} = \frac{\sin\delta}{\sin\vartheta} = \frac{\sin\delta}{\cos\beta_1}$$

und damit die

Gleitgeschwindigkeit $$v_g = v_1 \frac{\sin\delta}{\cos\beta_2} = v_2 \frac{\sin\delta}{\cos\beta_1} \tag{317.1}$$

Für den Kreuzungswinkel $\delta = 90°$ ist $$v_g = \frac{v_1}{\cos\beta_2} = \frac{v_2}{\cos\beta_1} \tag{317.2}$$

Hierin sind $$v_1 = \pi d_1 10^{-3} \frac{n_1}{60} = \frac{\pi z_1 m_n 10^{-3}}{\cos\beta_1} \frac{n_1}{60} \quad \text{in m/s} \tag{317.3}$$

und $$v_2 = v_1 \frac{\cos\beta_1}{\cos\beta_2} = \pi d_2 10^{-3} \frac{n_2}{60} \quad \text{in m/s} \tag{317.4}$$

mit d, m_n in mm und n in min^{-1}. (Zahlenwertgleichung aus $v = r\omega$ entwickelt).

Wirkungsgrad am Schraubgetriebe. Vernachlässigt man die Reibung, so gilt für die Leistung $F_{t1} v_1 = F'_{t2} v_2$

Hierin bedeuten:

F_{t1} Umfangskraft des treibenden Rades nach Gl. (263.2)
F'_{t2} Umfangskraft des getriebenen Rades
v_1, v_2 Umfangsgeschwindigkeiten nach Gl. (317.3) und (317.4)

Unter Berücksichtigung des Wirkungsgrades η_s für den Gleitverlust folgt

$$F_{t1} v_1 \eta_s = F_{t2} v_2 \tag{317.5}$$

Vernachlässigt man die Reibung, so ist die normal zur Schrägung wirkende Kraft (**318.1**) $F' = F_{t1}/\cos\beta_1 = F'_{t2}/\cos\beta_2$.

Daraus folgt die Umfangskraft des getriebenen Rades $F'_{t2} = F_{t1} \cos\beta_2/\cos\beta_1$

Mit dem Reibungswinkel ϱ[1]) erhält man für die unter dem Winkel α_n geneigte Fläche

$$\tan\varrho' = \frac{\tan\varrho}{\cos\alpha_n} = \frac{\mu}{\cos\alpha_n} = \mu' \tag{317.6}$$

Damit ergibt sich die um den reduzierten Reibungswinkel ϱ' zur Normalen geneigte Zahnkraft (**318.1**)

$$F'_R = F'_{R1} = F'_{R2} = \frac{F_{t1}}{\cos(\beta_1 - \varrho')} = \frac{F_{t2}}{\cos(\beta_2 + \varrho')} \tag{317.7}$$

---

[1]) Vgl. Teil 1, Abschn. Schrauben.

Daraus folgt die tatsächliche Umfangskraft $F_{t2} = F_{t1} \dfrac{\cos(\beta_2 + \varrho')}{\cos(\beta_1 - \varrho')}$ (318.1)

und mit F'_{t2} der **Wirkungsgrad** der Schraubung

$$\eta_s = \frac{F_{t2}}{F'_{t2}} = \frac{F_{t1}\cos(\beta_2 + \varrho')\cos\beta_1}{\cos(\beta_1 - \varrho')F_{t1}\cos\beta_2} = \frac{\cos\beta_1\cos(\beta_2 + \varrho')}{\cos\beta_2\cos(\beta_1 - \varrho')}$$

Unter Anwendung der Additionstheoreme und $\tan\varrho' = \mu'$ (reduzierte Reibungszahl) ergibt sich für den Wirkungsgrad die Formel

$$\eta_s = \frac{\cos\beta_1(\cos\beta_2\cos\varrho' - \sin\beta_2\sin\varrho')}{\cos\beta_2(\cos\beta_1\cos\varrho' + \sin\beta_1\sin\varrho')} = \frac{\cos\varrho' - \tan\beta_2\sin\varrho'}{\cos\varrho' + \tan\beta_1\sin\varrho'}$$

$$\eta_s = \frac{1 - \tan\beta_2\tan\varrho'}{1 + \tan\beta_1\tan\varrho'} = \frac{1 - \mu'\tan\beta_2}{1 + \mu'\tan\beta_1} \qquad (318.2)$$

Bei guter Schmierung der Zahnflanken setzt man die Reibungszahl $\mu' = \tan\varrho' \approx 0{,}1$ bzw. den Reibungswinkel $\varrho' \approx 5{,}8°$ ein. Für den Kreuzungswinkel $\delta = 90°$ ist der Wirkungsgrad

$$\eta_s = \frac{\tan(\beta_1 - \varrho')}{\tan\beta_1} \qquad (318.3)$$

Setzt man den Winkel $\beta_1 = 30° \cdots 60°$ ein, so ergeben sich günstige Wirkungsgrade.
Ist Rad 2 treibend, so sind die Indizes in den Gl. (317.5) bis (318.3) zu vertauschen.

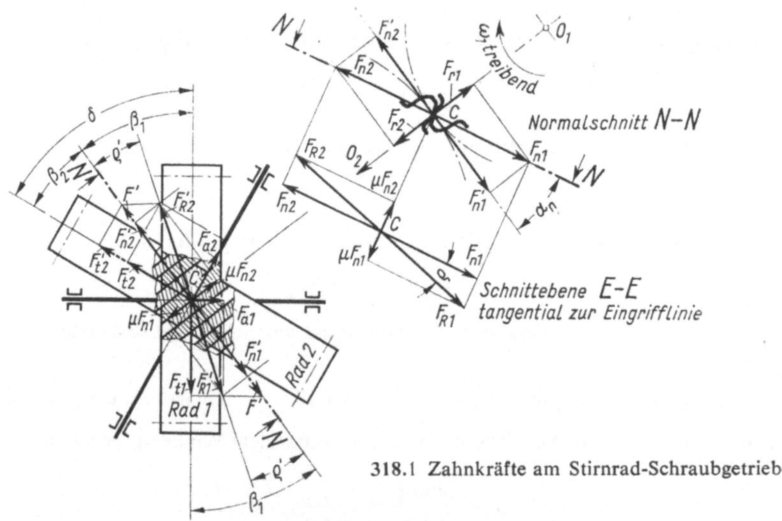

318.1 Zahnkräfte am Stirnrad-Schraubgetriebe

Zahnbreite. Der punktförmige Zahneingriff kann sich nur im Durchdringungsbereich beider Kopfkreiszylinder (Überschneidungslinsen) abspielen (319.1). Die Halbmesser der Geradzahn-Ersatzstirnräder sind entsprechend Gl. (283.3) $r_{n1} = r_1/\cos^2\beta_1$ und $r_{n2} = r_2/\cos^2\beta_2$.

Sie legen die Eingriffstrecke $\overline{AE}$ fest. Die in der Projektion verkürzt erscheinende Eingriffstrecke $\overline{A'E'}$ bestimmt die Mindest-Radbreiten $b_{1\,min}$ und $b_{2\,min}$ (319.1). Ausgeführt wird die Zahnbreite in der Regel mit $b \approx 10 m_n$.

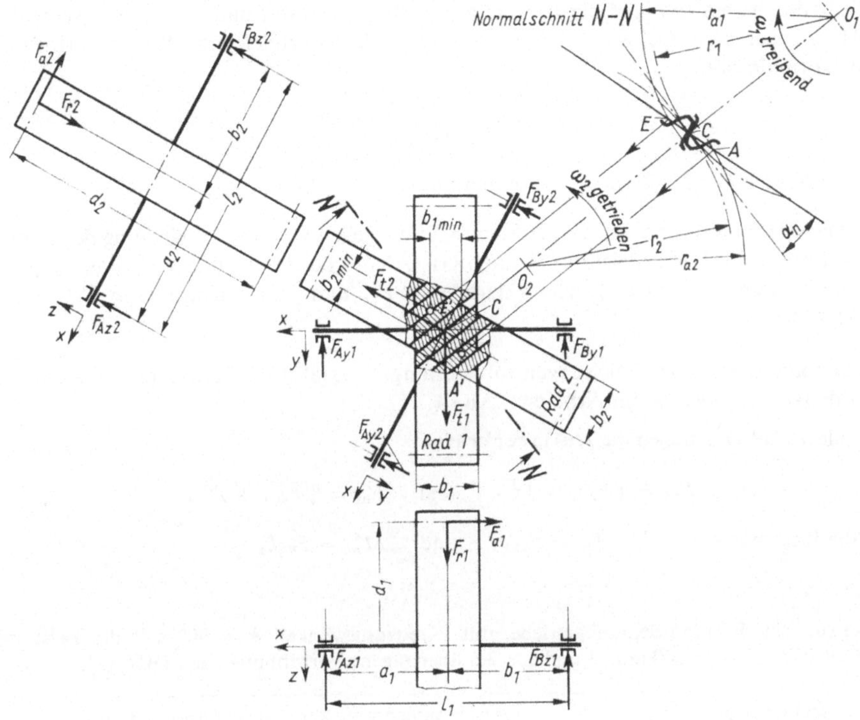

319.1 Lagerkräfte am Stirnrad-Schraubgetriebe; Ersatzstirnräder und Mindestzahnbreiten

8.6.2. Tragfähigkeitsberechnung der Stirnrad-Schraubgetriebe

Schraubgetriebe werden meistens nur für kleine Leistungsübertragungen verwendet. Die Punktberührung der Flanken und die großen Gleitgeschwindigkeiten verlangen eine besondere Werkstoffauswahl. Häufig verwendet man gehärtete Räder und Hypoidöl als Schmiermittel.

Bezieht man die Umfangskraft F_t nach Gl. (263.2) auf die Normalteilung $p_n = \pi m_n$ und auf die Mindest-Radbreite b, die am bequemsten zeichnerisch über b_{min} geprüft wird, so erhält man den Belastungsfaktor $c = F_t/(bp_n)$. Mit den Werten für c_{zul} aus Tafel **A91**.3 ermittelt man die am Teilkreiszylinder übertragbare Umfangskraft

$$F_t = c_{zul}\, b p_n \qquad (319.1)$$

Mit der übertragbaren Umfangskraft F_{t1} des Rades 1 in N erhält man die maximal übertragbare Leistung

$$P_{max} = \frac{F_{t1} v_1}{1000} = \frac{b \pi m_n c_{zul} v_1}{1000} \quad \text{in kW} \qquad (319.2)$$

In dieser Zahlenwertgleichung bedeuten b in mm vorhandene Zahnbreite ($b \geqq 10\, m_n$), m_n in mm Normalmodul (Taf. **A89**.1), c_{zul} in N/mm² zulässiger Belastungswert (Taf. **A91**.3) und v_1 in m/s Umfangsgeschwindigkeit von Rad 1 nach Gl. (317.3).

Wird für den ersten Entwurf die Radbreite $b \approx 10 m_n$ gewählt und mit diesem Wert die Gl. (319.1) nach m_n aufgelöst, so ergibt sich die Zahlenwertgleichung für den erforderlichen Normalmodul

$$m_n \geqq \sqrt{\frac{F_{t1}}{10 \pi c_{zul}}} \quad \text{in mm} \tag{320.1}$$

mit F_{t1} in N nach Gl. (263.2) und c_{zul} in N/mm² aus Tafel **A91**.3 [5].

Abnutzungsfestigkeit. Sie wird als die Sicherheit S_T gegen zu hohe Erwärmung der Zahnflanken infolge der Verlustleistung P_v nach Gl. (A83.6) bestimmt. Die Verlustleistung P_v besteht aus den Verlusten durch Wälzreibung P_{vz} und Längsgleitreibung P_{vg}, siehe Gl. (A83.5).

Belastung am Zahn. Die Gleichungen für Umfangs-, Axial- und Radialkraft, wie sie sich aus Bild **318**.1 ergeben, s. im Arbeitsbl. **A83.1**.

Für Welle 1 (**319**.1) betragen die Auflagerkräfte

$$F_{A1} = \sqrt{F_{Az1}^2 + F_{Ay1}^2} \quad \text{und} \quad F_{B1} = \sqrt{F_{Bz1}^2 + F_{By1}^2}$$

sowie die Biegemomente $\quad M_{b1} = F_{A1} a_1 \quad$ und $\quad M'_{b1} = F_{B1} b_1$

Beispiel 10. Ein Stirnrad-Schraubgetriebe mit Kreuzungswinkel $\delta = 90°$ soll die Leistung $P_1 = 3{,}06$ kW bei $n_1 = 900$ min⁻¹ übertragen; Verzahnung nach DIN 867.

Benennung und Bemerkung	Überschlagrechnung zur Vordimensionierung (s. auch Tafel **A83.1**)	
Zähnezahl	$z_1 = 15$ gewählt ggf. prüfen nach Tafel **A79**.1 Gl. (278.4)	$z_2 = i z_1 = 2{,}5 \cdot 15 = 37{,}5$ $z_2 = 37$ gewählt
Schrägungswinkel, Gl. (316.1)	$\beta_1 = 50°$ gewählt	$\beta_2 = \delta - \beta_1 = 90° - 50° = 40°$
Normalmodul, Zwgl. (320.1)	$m_n \geqq \sqrt{\dfrac{F_{t1}}{10 \pi c_{zul}}}$	
Umfangskraft, Gl. (263.2)	$F_{t1} = \varphi \dfrac{2 T_1}{d_1}$	
Teilkreisdurchmesser	$d_1 = 90$ mm vorläufig geschätzt	
Betriebsfaktor	$\varphi = 1$ gesetzt	
Nenndrehmoment Zwgl. (263.1)	$T_1 = 9{,}55 \cdot 10^6 \dfrac{P_1}{n_1} = 9{,}55 \cdot 10^6 \dfrac{3{,}06}{900} = 32460$ N mm	
Umfangskraft	$F_{t1} = \dfrac{2 \cdot 32460 \text{ N mm}}{90 \text{ mm}} = 720$ N	
zul. Belastungswert Taf. **A91**.3	$c_{zul} = \dfrac{6}{2 + v_g}$ für GG/St$_{\text{gehärtet}}$ (+ 25 %)	

(Fortsetzung s. nächste Seite)

Benennung und Bemerkung	Überschlagrechnung zur Vordimensionierung	
Gleitgeschwindigkeit Gl. (317.1)	$v_g = v_1 \dfrac{\sin\delta}{\cos\beta_2}$	
Umfangsgeschwindigkeit Zwgl. (317.3)	$v_1 = d_1 10^{-3}\pi \dfrac{n_1}{60} = 90\cdot 10^{-3}\cdot\pi \dfrac{900}{60} = 4{,}24\ \text{m/s}$	
Gleitgeschwindigkeit	$v_g = 4{,}24 \dfrac{\sin 90°}{\cos 40°} = 5{,}53\ \text{m/s}$	
zul. Belastungswert	$c_{zul} = \dfrac{6}{2 + 5{,}53}\ 1{,}25 \approx 1\ \text{N/mm}^2$	
Normalmodul	$m_n \geqq \sqrt{\dfrac{720\ \text{N}}{10\cdot\pi\cdot 1\ \text{N/mm}^2}} = 4{,}79\ \text{mm}$ gewählt $m_n = 5$ mm aus Taf. A 89.1	
Zahnbreite, Gl. (319.1)	$b \approx 10 m_n = 10\cdot 5\ \text{mm} = 50\ \text{mm}$; gewählt $b = 45$ mm	
	Abmessungen und Kräfte des Stirnrad-Schraubgetriebes	
	Rad 1	Rad 2
Teilkreisdurchmesser Gl. (282.1)	$d_1 = \dfrac{z_1 m_n}{\cos\beta_1}$ $d_1 = \dfrac{15\cdot 5\ \text{mm}}{\cos 50°} = 116{,}6\ \text{mm}$	$d_2 = \dfrac{z_2 m_n}{\cos\beta_2}$ $d_2 = \dfrac{37\cdot 5\ \text{mm}}{\cos 40°} = 241{,}5\ \text{mm}$
Kopfkreisdurchmesser Gl. (255.6)	$d_{a1} = d_1 + 2m_n$ $d_{a1} = 116{,}6\ \text{mm} + 2\cdot 5\ \text{mm} =$ $= 126{,}6\ \text{mm}$	$d_{a2} = d_2 + 2m_n$ $d_{a2} = 241{,}5\ \text{mm} + 2\cdot 5\ \text{mm} =$ $= 251{,}5\ \text{mm}$
Stirnmodul, Gl. (281.1)	$m_{t1} = \dfrac{m_n}{\cos\beta_1}$ $m_{t1} = \dfrac{5\ \text{mm}}{\cos 50°} = 7{,}7787\ \text{mm}$	$m_{t2} = \dfrac{m_n}{\cos\beta_2}$ $m_{t2} = \dfrac{5\ \text{mm}}{\cos 40°} = 6{,}5271\ \text{mm}$
Umfangsgeschwindigkeit Zwgl. (317.3) (317.4)	$v_1 = d_1 10^{-3}\cdot\pi \dfrac{n_1}{60}$ $v_1 = 11{,}66\cdot 10^{-3}\cdot\pi \dfrac{900}{60} =$ $= 5{,}49\ \text{m/s}$	$v_2 = d_2 10^{-3}\cdot\pi \dfrac{n_2}{60}$ $v_2 = 24{,}15\cdot 10^{-3}\cdot\pi \dfrac{900\cdot 15}{60\cdot 37} =$ $= 4{,}61\ \text{m/s}$
Achsabstand, Gl. (316.3)	$a = \dfrac{d_1 + d_2}{2} = \dfrac{(116{,}6 + 241{,}5)\ \text{mm}}{2} = 179{,}05\ \text{mm}$	
Umfangskraft, Gl. (263.2)	$F_{t1} = \varphi \dfrac{2\,T_1}{d_1} = 1\ \dfrac{2\cdot 32460\ \text{N mm}}{116{,}6\ \text{mm}} = 556\ \text{N} \qquad \varphi = 1$	
Umfangskraft, Gl. (A83.1)	$F_{t2} = F_{t1} \dfrac{\cos(\beta_2 + \varrho')}{\cos(\beta_1 - \varrho')} \qquad \varrho' \approx 5{,}8°$ aus $\tan\varrho' = \mu' = 0{,}1$ $F_{t2} = 556\ \text{N}\ \dfrac{\cos(40° + 5{,}8°)}{\cos(50° - 5{,}8°)} = 541\ \text{N}$	

(Fortsetzung s. nächste Seite)

Benennung und Bemerkung	Abmessungen und Kräfte des Stirnrad-Schraubgetriebes Rad 1	Rad 2
Axialkräfte, Gl. (A83.2) (A83.3)	$F_{a1} = F_{t1} \tan(\beta_1 - \varrho')$ $F_{a1} = 556\ \text{N} \tan(50° - 5{,}8°)$ $F_{a1} = 541\ \text{N}$	$F_{a2} = F_{t2} \tan(\beta_2 + \varrho')$ $F_{a2} = 541\ \text{N} \tan(40° + 5{,}8°)$ $F_{a2} = 556\ \text{N}$
Radialkräfte, Gl. (A83.4)	$F_{r1} = F_{t1} \dfrac{\tan \alpha_n \cos \varrho'}{\cos(\beta_1 - \varrho')}$ $F_{r1} = 556\ \text{N} \dfrac{\tan 20° \cos 5{,}8°}{\cos(50° - 5{,}8°)}$ $F_{r1} = 281\ \text{N}$	$F_{r2} = F_{r1} = 281\ \text{N}$
übertragbare Leistung Zwgl. (319.2)	$P_{max} = \dfrac{b \pi m_n c_{zul} v_1}{1000}$ in kW mit $\begin{cases} b,\ m_n \text{ in mm} \\ c_{zul} \text{ in N/mm}^2 \\ v_2 \text{ in m/s} \end{cases}$	
Gleitgeschwindigkeit Gl. (317.1)	$v_g = v_1 \dfrac{\sin \delta}{\cos \beta_2} = 5{,}49\ \text{m/s} \dfrac{\sin 90°}{\cos 40°} = 7{,}17\ \text{m/s}$	
zul. Belastungswert Taf. A91.3	$c_{zul} = \dfrac{10}{2 + v_g} = \dfrac{10}{2 + 7{,}17} = 1{,}09\ \text{N/mm}^2$	
übertragbare Leistung	$P_{max} = \dfrac{40 \cdot \pi \cdot 5 \cdot 1{,}09 \cdot 5{,}49}{1000} = 3{,}76\ \text{kW} > P_1 = 3\ \text{kW}$	
Sicherheit gegen zu hohe Temperatur, Zwgl. (A83.6)	$S_T = \dfrac{d_1 b}{1360 P_v q_T} \geqq 1$	
Verlustleistung, Gl. (A83.5)	$P_v \approx P_1 \left(\dfrac{i + 1}{7 z_2} \dfrac{h_a}{m_n} + 1 - \eta_s \right)$	
Übersetzung, Gl. (316.2)	$i = \dfrac{z_2}{z_1} = \dfrac{37}{15} = 2{,}47$	
Wirkungsgrad der Schraubung, Gl. (317.7)	$\eta_s = \dfrac{1 - \mu' \tan \beta_2}{1 + \mu' \tan \beta_1} = \dfrac{1 - 0{,}1 \tan 40°}{1 + 0{,}1 \tan 50°} = 0{,}819$	
Verlustleistung	$P_v \approx 3\ \text{kW} \left(\dfrac{2{,}47 + 1}{7 \cdot 37} \cdot \dfrac{5\ \text{mm}}{5\ \text{mm}} + 1 - 0{,}819 \right) = 0{,}194\ \text{kW}$	
Temperaturbeiwert Taf. A91.3	$q_T = 4$	
Sicherheit gegen zu hohe Temperatur	$S_T = \dfrac{116{,}6 \cdot 45}{1360 \cdot 0{,}194 \cdot 4} = 4{,}97 > 1$ gefordert	

8.7. Schneckengetriebe

Schneckengetriebe sind Schraubgetriebe, deren Achsen in der Regel unter einem Winkel von 90° gekreuzt sind. Schnecke und Rad berühren sich in einer Linie. Im Normalfall wird die Schnecke in der zylindrischen Grundform und die Verzahnung des Rades in Globoidform hergestellt (**235.1** k). Besondere Hochleistungsschneckentriebe bestehen aus einer Globoidschnecke mit Globoidrad. (**235.1** l)

8.7.1. Grundbegriffe

Besondere Merkmale der Schneckentriebe mit Zylinderschnecke (DIN 3975 und 3976) sind:

1. die hohe Belastbarkeit im Vergleich zu Stirnrad-Schraubgetrieben, da Linienberührung besteht
2. der geräuscharme Lauf und die gute Schwingungsdämpfung
3. der große Übersetzungsbereich ins Langsame, $i \leqq 110$
4. der hohe Wirkungsgrad bei großer Übersetzung; ein hoher Wirkungsgrad ($\eta \leqq 98\,\%$) läßt sich mit besonders ausgereiften Konstruktionen und unter guten Betriebsbedingungen erreichen; mit abnehmendem Steigungswinkel (mit größerer Übersetzung) und bei kleineren Geschwindigkeiten nimmt der Wirkungsgrad (bis unter 50 %) ab
5. die Selbsthemmung. Für selbsthemmende Schnecken soll der Steigungswinkel $\gamma \leqq 3{,}5°$ und die Schnecke im Stillstand erschütterungsfrei sein
6. die kleinere und leichtere Bauweise im Vergleich zu Stirn- und Kegelrad-Getrieben mit größerer Übersetzung

Zylinderschnecke. Nach DIN 3975 unterscheidet man die Zylinderschnecken nach der Flankenform, die durch das Werkzeug (Drehmeißel, Wälzfräser, Schneidrad) gegeben ist.

Flankenform A (ZA-Schnecke). Die Flanke hat im Achsschnitt Trapezprofil, im Stirnschnitt (⊥ zum Achsschnitt) eine archimedische Spirale (323.1 a). Die Form der Spiralschnecke entspricht dem Trapezgewinde. Größere Steigungswinkel ergeben ungünstige Schnittverhältnisse am Drehmeißel (selten ausgeführt).

Flankenform N (ZN-Schnecke). Die Flankenform entsteht durch einen trapezförmigen Drehmeißel, der in Achshöhe eingestellt wird und in der Mitte der Zahnlücke um den Mittensteigungswinkel geschwenkt ist (323.1 b). Die Flankenform kann angenähert mit einem Fingerfräser oder mit einem kleinen Scheibenfräser erzeugt werden.

Flankenform K (ZK-Schnecke). Fräser oder Schleifscheibe haben ein Trapezprofil und werden im Normalschnitt senkrecht zum Lückenverlauf angestellt (323.1 c). Das Fräsverfahren mit den leicht herzustellenden Scheibenfräsern ist wirtschaftlich.

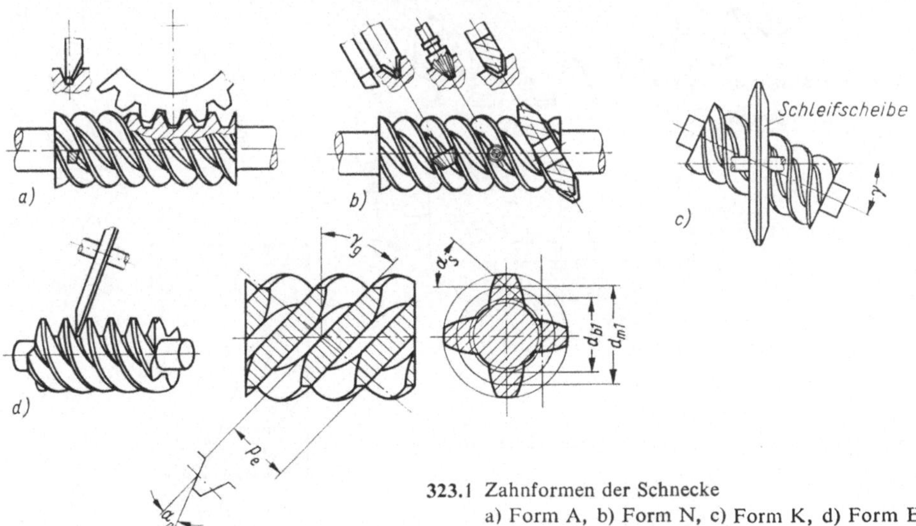

323.1 Zahnformen der Schnecke
a) Form A, b) Form N, c) Form K, d) Form E

Flankenform E (ZE-Schnecke). Die Flanke entspricht der eines Schrägstirnrades mit Evolventenverzahnung (**323.**1 d). Der Stirnschnitt weist eine Evolvente auf. Das Erzeugen des Profils erfolgt mit einem Wälzfräser oder mit Drehmeißel.

Bestimmungsgrößen für Getriebe mit Kreuzungswinkel $\delta = 90°$

DIN 3976 enthält in zwei Tabellen Zahlenwerte für geometrische Größen an Zylinderschnecken; Tabelle 1: Abmessungen der Zylinderschnecke in Abhängigkeit vom Modul; Tabelle 2: Empfohlene Zuordnung der Achsabstände zu den Schnecken.

Aus den Gleichungen der Schrägzahnräder und Schraubengetriebe lassen sich mit den Bezeichnungen in den Bildern **324.**1 und 2 Gleichungen für das Schneckengetriebe ableiten, die in Tafel **A86.**1 zusammengestellt sind.

Zylinderschnecken (324.1 und 2) werden ohne Profilverschiebung ausgeführt. Die Steigungshöhe P ist der Abstand zweier Windungen von Rechts- oder Linksflanken ein und desselben Teilkreisdurchmessers. Für Schnecken im Achsschnitt und für Schneckenräder im Stirnschnitt gelten die Moduln (Achsmoduln) nach DIN 780.

Die Formzahl $z_F = d_1/m$ ist eine Kenngröße für die Gestalt der Schnecke. Im Mittel soll $z_F \approx 10$ sein.

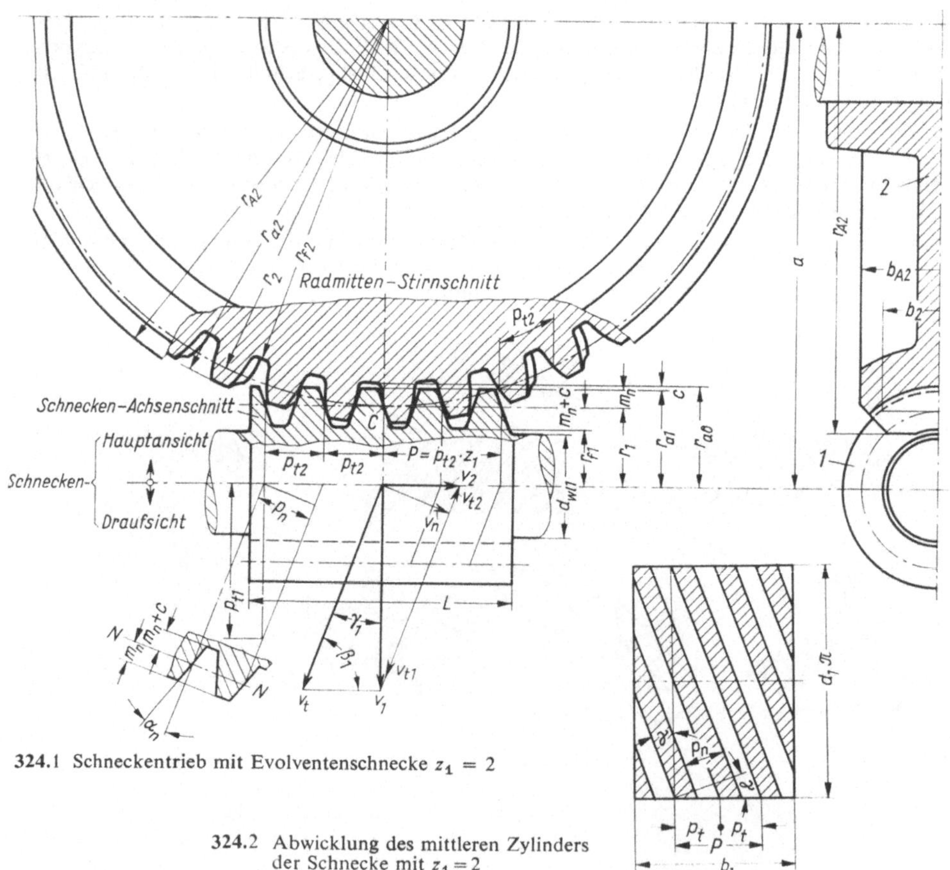

324.1 Schneckentrieb mit Evolventenschnecke $z_1 = 2$

324.2 Abwicklung des mittleren Zylinders der Schnecke mit $z_1 = 2$

Schneckenrad. Die Gleichungen zur Ermittlung der geometrischen Abmessungen mit den Bezeichnungen in Bild 324.1 sind in Tafel A86.1 zusammengestellt.

Profilverschiebung wird beim Schneckenrad erforderlich, wenn 1. ein bestimmter Achsabstand erzielt werden muß und 2. Unterschnitt zu vermeiden ist; s. auch Gl. (246.2), also bei Zähnezahlen $z_2 < z_g = 2/\sin^2\alpha_t$. Für Eingriffwinkel $\alpha_t = 20°$ ist $z_g = 17$ und für $\alpha_t = 15°$ ist $z_g = 30$. Der Profilverschiebungsfaktor x ist positiv, wenn durch die Profilverschiebung der Zahnfuß dicker wird (s. auch Abschn. 8.3.2).

8.7.2. Wirkungsgrad

Wirkungsgrad der Schraubung

Treibende Schnecke (326.1). Während einer Umdrehung der Schnecke beträgt die Nutzarbeit am Rad $W_n = F_{t2} P = F_{t2} z_1 p_t$ und die in der gleichen Zeit an der Schnecke aufgewendete Arbeit $W_a = F_{t1} d_1 \pi$. Damit ergibt sich der Wirkungsgrad

$$\eta_s = \frac{W_n}{W_a} = \frac{F_{t2}}{F_{t1}} \tan\gamma = \frac{\tan\gamma}{\tan(\gamma + \varrho')} \qquad (325.1)$$

mit $\tan\varrho' = \mu' = \dfrac{\mu}{\cos\alpha_n}$

Treibendes Rad (326.1). Erfolgt der Antrieb vom Rad aus, dann ist der Wirkungsgrad

$$\eta_s' = \frac{\tan(\gamma - \varrho')}{\tan\gamma} \qquad (325.2)$$

Bei Evolventenschnecken mit $\gamma \approx 45°$ kann man $\eta_s \leqq 0{,}97$ erreichen. Für Selbsthemmung ist $\eta_s < 0{,}50$ anzustreben; ein Antrieb über das Rad ist dann nicht möglich.

Die Reibung zwischen Schnecke und Rad soll im Gebiet der Flüssigkeitsreibung erfolgen, was bei ununterbrochenem Betrieb im allgemeinen zu erreichen ist (vgl. Abschn. Gleitlager). Als Reibungszahl setzt man je nach Oberflächenbeschaffenheit der Werkstoffe bei der Paarung Stahl gegen Bronze $\mu = 0{,}01 \cdots 0{,}03$ in die Rechnung ein.

Wirkungsgrad der Lagerung

Der gesamte Wirkungsgrad für Schnecken- und Rad-Wellenlagerung beträgt bei

Wälzlagern $\eta_{l12} \approx 0{,}99$ und bei Gleitlagern $\eta_{l12} \approx 0{,}97$

Gesamtwirkungsgrad

Die getrennte Erfassung der Verluste am Zahneingriff, der Reibungsverluste in Lagern und an Dichtungen sowie der Verluste durch Plantschwirkung ist schwierig. Versuche ergaben Beziehungen für eine ideelle Reibungszahl, die alle Verluste bei Wälzlagerung annähernd erfaßt und durch folgende Zahlenwertgleichung dargestellt wird:

$$\mu_i = \tan\varrho_i \geqq \frac{0{,}051}{q_3\sqrt{0{,}4 + v_g}} \qquad (325.3)$$

Hierbei bedeuten:

q_3		Werkstoff-Paarungsbeiwert nach Tafel A92.1 [5]
v_g	in m/s	Gleitgeschwindigkeit, Gl. (A88.3). Bei Gleitlagern ist μ_i etwas zu erhöhen.

Damit ist der Gesamtwirkungsgrad bei treibender Schnecke $\eta_s = \tan\gamma/\tan(\gamma + \varrho_i)$ und der Gesamtwirkungsgrad bei treibendem Rad $\eta_s' = \tan(\gamma - \varrho_i)/\tan\gamma$. An der Radwelle kann somit die Leistung $P_2 = \eta_s P_1$ abgenommen werden.

8.7.3. Tragfähigkeitsberechnung und Konstruktion

Die Tragfähigkeitsberechnung erfolgt durch Bestimmung der Sicherheiten gegen die durch verschiedene Einflüsse begrenzte Leistung. Die übertragbare Leistung ist begrenzt durch:

1. Erwärmung: Sicherheit S_T gegen Verschleiß und Gefahr des Fressens
2. Wälzpressung: Sicherheit S_H gegen Gefahr der Grübchenbildung
3. Biegung: Sicherheit S_F gegen Zahnfußbruch am Rad
4. Durchbiegung: Sicherheit S_D gegen Verformung der Schneckenwelle

Kräfte am Schneckentrieb. Nach Bild 326.1 wirken die Normalkräfte F_{n1} und F_{n2} im Wälzpunkt C normal zur Flanke unter dem Eingriffwinkel α_n. Senkrecht zu F_{n2} wirkt die Reibkraft μF_{n2}. Die Resultierende F_{R2} ist um den Reibungswinkel ϱ geneigt. Die Komponenten von F_{n2} sind die Radialkraft $F_{r2} = F_{n2} \sin\alpha_n$ und $F_{n2}' = F_{n2} \cos\alpha_n$. In der Draufsicht ergeben sich die Projektionen von F_{n2} und F_{R2}: F_{n2}' und F_{R2}'. Damit folgt

$$\tan\varrho' = \frac{\mu F_{n2}}{F_{n2}'} = \frac{\mu F_{n2}}{F_{n2}\cos\alpha_n} = \frac{\mu}{\cos\alpha_n} = \mu'$$

Mit

$$F_{R2}' = \frac{F_{n2}'}{\cos\varrho'} = \frac{F_{n2}\cos\alpha_n}{\cos\varrho'}$$

ergibt sich die Umfangskraft des Rades

$$F_{t2} = F_{R2}'\cos(\gamma + \varrho') = \frac{F_{n2}\cos\alpha_n}{\cos\varrho'}\cos(\gamma + \varrho') \quad (326.1)$$

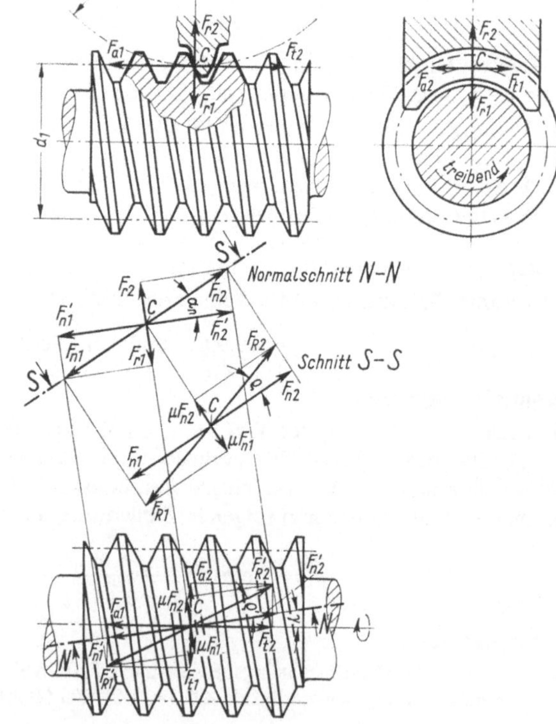

326.1 Kräfte am Schneckentrieb

Die Radialkraft des Rades ist

$$F_{r2} = F_{n2} \sin \alpha_n \tag{327.1}$$

und die Axialkraft des Rades

$$F_{a2} = F'_{R2} \sin(\gamma + \varrho') = \frac{F_{n2} \cos \alpha_n}{\cos \varrho'} \sin(\gamma + \varrho') \tag{327.2}$$

Aus Gl. (326.1) und Gl. (327.2) erhält man

$$F_{n2} = F_{t2} \frac{\cos \varrho'}{\cos \alpha_n \cos(\gamma + \varrho')} = F_{a2} \frac{\cos \varrho'}{\cos \alpha_n \sin(\gamma + \varrho')} \tag{327.3}$$

Ferner ist die Umfangskraft der Schnecke gleich der Axialkraft des Rades (**326.**1)

$$F_{t1} = F_{a2} = \frac{2\,T_{1\,\max}}{d_1} \tag{327.4}$$

Mit Gl. (327.1) und Gl. (327.3) und mit $F_{t1} = F_{a2}$ ergibt sich die Radialkraft der Schnecke gleich der Radialkraft des Rades

$$F_{r1} = F_{r2} = F_{t2} \frac{\tan \alpha_n \cos \varrho'}{\cos(\gamma + \varrho')} = F_{t1} \frac{\tan \alpha_n \cos \varrho'}{\sin(\gamma + \varrho')}$$

Anstelle des schwer zu bestimmenden Reibungswinkels ϱ' kann man den ideellen Wert ϱ_i nach Gl. (325.3) einführen, der Ergebnisse mit genügender Genauigkeit liefert. Damit wird die Radialkraft der Schnecke

$$F_{r1} = F_{r2} \approx F_{t2} \frac{\tan \alpha_n \cos \varrho_i}{\cos(\gamma + \varrho_i)} = F_{t1} \frac{\tan \alpha_n \cos \varrho_i}{\sin(\gamma + \varrho_i)}\,. \tag{327.5}$$

Die Axialkraft der Schnecke ist gleich der Umfangskraft des Rades (**326.**1). Mit Gl. (327.3) und mit $F_{t1} = F_{a2}$ wird

$$F_{a1} = F_{t2} = \frac{F_{t1}}{\tan(\gamma + \varrho')} \approx \frac{F_{t1}}{\tan(\gamma + \varrho_i)} \tag{327.6}$$

Sicherheit gegen Verschleiß. Für Getriebe mit Kühlrippen am Gehäuse im Bereich des Ölstandes errechnet sich die Sicherheit gegen zu hohe Temperaturen, wenn als Temperaturerhöhung $\approx 55\,°C$ zugelassen wird, aus der Zahlenwertgleichung

$$S_T = \frac{\vartheta_{zul}}{\vartheta_{max}} \approx \left(\frac{a}{100}\right)^2 \frac{q_1 q_2 q_3 q_4}{1{,}36\,P_1} \geqq 1 \tag{327.7}$$

Hierin bedeuten:

ϑ_{zul}	in °C	Höchsttemperatur des Öles; allg. $\vartheta_{zul} = 80\,°C$
ϑ_{max}	in °C	Betriebstemperatur des Öles
a	in mm	Achsabstand
q_1		Kühlbeiwert, Gl. (328.2) ··· Gl. (328.4)
q_2		Übersetzungsbeiwert, Taf. **A91.**6 [8]
q_3		Werkstoff-Paarungsbeiwert, Taf. **A92.**1
q_4		Beiwert für Bauart des Getriebes, Taf. **A92.**2 [8]
P_1	in kW	Eingangsleistung des Getriebes

Aus Gl. (327.7) ergibt sich die Zahlenwertgleichung für den erforderlichen Achsabstand

$$a \geqq 100 \sqrt{\frac{1{,}36\, P_1}{q_1 q_2 q_3 q_4}} \quad \text{in mm} \tag{328.1}$$

Für Getriebe in Räumen mit genügender Luftzirkulation ermittelt man den Kühlbeiwert q_1 aus der Beziehung

$$q_1 = \left(1 + \frac{y}{1 + y}\right)\left(\frac{100}{D_E} + y\right) \tag{328.2}$$

Hierin bedeuten:

y		der Beiwert nach den Zahlenwertgleichungen (328.3) bzw. (328.4)
D_E	in %	die Einschaltdauer in Prozent vom Dauerbetrieb je Stunde; z. B. $D_E = 50\,\%$, wenn das Getriebe während einer Stunde durchschnittlich 30 Minuten unter Vollast läuft

Für Ausführung ohne Blasflügel auf der Schneckenwelle ist

$$y = 1{,}4 \sqrt[3]{\left(\frac{n_1}{1000}\right)^2} \tag{328.3}$$

mit der Drehfrequenz der Schneckenwelle n_1 in $\min^{-1}$ und für Ausführung mit Blasflügel auf der Schneckenwelle

$$y = 3{,}1 \sqrt[3]{\left(\frac{n_1}{1000}\right)^2} \tag{328.4}$$

Die Sicherheit gegen Gefahr der Grübchenbildung wird durch das Verhältnis der zulässigen zur vorhandenen Wälzpressung gebildet

$$S_H = \frac{k_{zul}}{k_{max}} = \frac{k_{zul} d_1 d_{m2} q_5}{F_{t2\,max}} = 0{,}6 \cdots 2{,}2 \tag{328.5}$$

Hierin bedeuten:

k_{zul}	zulässige Wälzpressung, Taf. **A92.**4 [8]
k_{max}	vorhandene maximale Wälzpressung
d_1	Mittenkreisdurchmesser der Schnecke, zu wählen: $d_1 = (0{,}25 \cdots 0{,}6)\, a$
d_{m2}	Mittenkreisdurchmesser des Rades, $d_{m2} = d_2 + 2xm = 2a - d_1$
q_5	Beiwert für mittleren Steigungswinkel nach Taf. **A92.**3 [8]; diese Werte sind für Achsmodul $m = 0{,}1\, d_1$ und Radbreite $b_2 = 0{,}8\, d_1$ genau
$F_{t2\,max}$	Umfangskraft des Schneckenrades, Gl. (327.6)

Die Sicherheit gegen Zahnfußbruch am Rad durch die Biegebeanspruchung ist

$$S_F = \frac{c_{zul}}{c_{max}} = \frac{\pi m_n \hat{b}_2 c_{zul}}{F_{t2\,max}} \geqq 1 \text{ (bis 2)} \tag{328.6}$$

Hierin bedeuten:

c_{zul}	zulässige Beanspruchung für den Radwerkstoff, Taf. **A92.**4 [8]
c_{max}	vorhandene maximale Zahnfußspannung
m_n	Normalmodul, Gl. (A87.1)
$\hat{b}_2$	Zahnbreite (Zahnwurzelbogen), Gl.(A87.20)
$F_{t2\,max}$	maximale Umfangskraft am Rad, Gl. (327.6)

Der Zahnwurzelbogen (**329.**1) folgt aus der Beziehung $\hat{b}_2 = \pi r_{a0} \varphi/180°$ mit $r_{a0} = c + d_{a1}/2$, wobei $c = 0{,}2\,m$ ist, und mit dem Zentriewinkel φ aus $\sin \varphi/2 = b_2/(2 r_{a0})$ Gl. (A87.20) (A87.21).

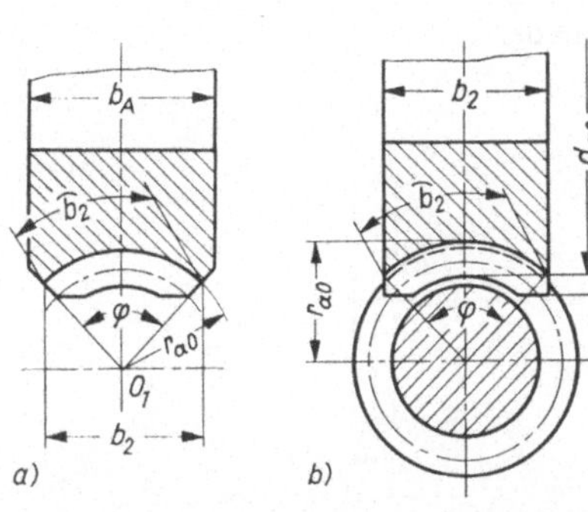

329.1 Zahnkranzformen der Schneckenräder
a) Leichtmetallrad b) Bronzerad

Sicherheit gegen Durchbiegung der Schneckenwelle. Damit die Formänderung der Schnekkenwelle möglichst klein bleibt, sind der Durchmesser der Schneckenwelle groß und der Lagerabstand klein zu halten. Als Sicherheit gegen Durchbiegung setzt man

$$S_D = \frac{f_{D\,zul}}{f_D} \geqq 1 \tag{329.1}$$

wobei $f_{D\,zul} = \dfrac{d_1}{1000}$ und f_D bzw. auch d_1 in mm einzusetzen sind. (329.2)

Bei Belastung der Schneckenwelle in der Mitte zwischen den Lagern ist die Durchbiegung

$$f_D = \frac{F_1 l_1^3}{48 E I} \tag{329.3}$$

Hierin bedeuten:

$F_1 = \sqrt{F_{t1}^2 + F_{r1}^2}$ die resultierende Kraft aus Bild 329.2
l_1 Lagerentfernung der Schneckenwelle; $l_1 \approx 1{,}5a$
E Elastizitätsmodul des Schneckenwellen-Werkstoffs
I Flächenträgheitsmoment der Schneckenwelle

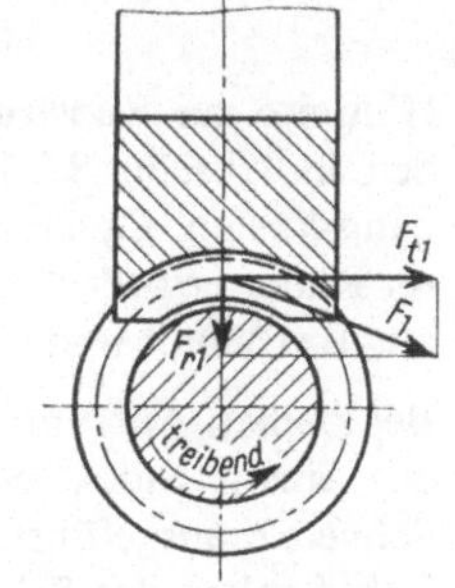

329.2 Ermittlung der resultierenden Kraft am Schneckenrad

Auflagerkräfte am Schneckengetriebe

Nach Bild 330.1 ergeben sich für die Schneckenwelle

$$F_{Az1} = \frac{F_{a1} r_1 + F_{r1} b_1}{l_1} \qquad F_{Ay1} = F_{t1}\frac{b_1}{l_1} \qquad F_{A1} = \sqrt{F_{Az1}^2 + F_{Ay1}^2}$$

$$F_{Bz1} = \frac{F_{r1} a_1 - F_{a1} r_1}{l_1} \qquad F_{By1} = F_{t1}\frac{a_1}{l_1} \qquad F_{B1} = \sqrt{F_{Bz1}^2 + F_{By1}^2}$$

und für die Radwelle

$$F_{Az2} = \frac{F_{a2} r_2 + F_{r2} b_2}{l_2} \qquad F_{Ay2} = F_{t2}\frac{b_2}{l_2} \qquad F_{A2} = \sqrt{F_{Az2}^2 + F_{Ay2}^2}$$

$$F_{Bz2} = \frac{F_{a2} r_2 - F_{r2} b_2}{l_2} \qquad F_{By2} = F_{t2}\frac{a_2}{l_2} \qquad F_{B2} = \sqrt{F_{Bz2}^2 + F_{By2}^2}$$

Zur Ermittlung der Biegemomente s. Abschn. Schrägstirnräder.

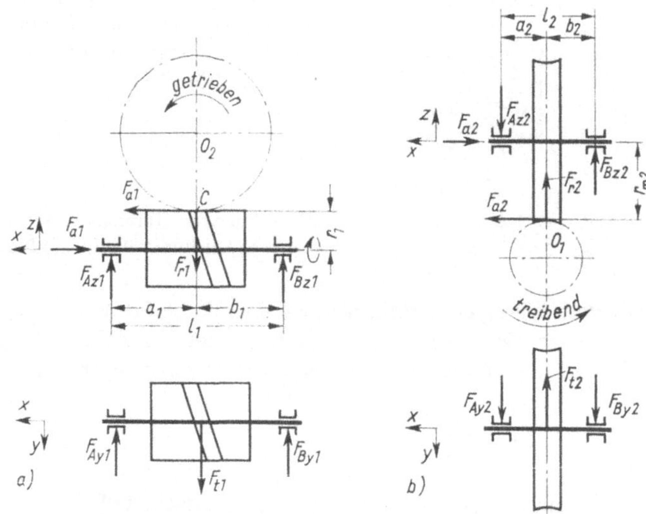

330.1 Auflagerkräfte am Schneckentrieb
a) Schneckenwelle b) Schneckenrad

Hinweise zur Konstruktion. Die Gestaltung und Bemessung der Radkörper kann nach den in Abschn. 8.3.7 angegebenen Gesichtspunkten und Richtwerten erfolgen. Fertigungskosten, Genauigkeits- und Einbau-Anforderungen können die Zweiteilung größerer Räder erforderlich machen, z. B. Radscheibe aus GG, GS oder St und Radzahnkranz aus Bz (**330.**2) und (**330.**3).

Bei kleinen Ausführungen ($d_1 = 4 \cdots 10 m_n$) kann die Schnecke zusammen mit der Welle aus einem Stück oder bei größeren Ausführungen ($d_1 = 10 \cdots 50 m_n$) als Aufsteck-Schnecke ausgeführt werden. Bei der Aufsteck-Schnecke ist auf einwandfreie Lage der Zahnflanken der Schnecke zur Wellenachse zu achten, daher ist der Flankenschliff erst nach dem Aufstecken der Schnecke auf die Welle durchzuführen.

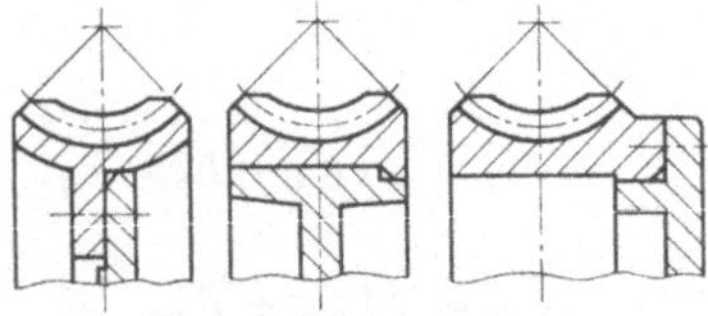

330.2 Ausführungsformen von Schneckenrad-Zahnkränzen bei geteilten Rädern

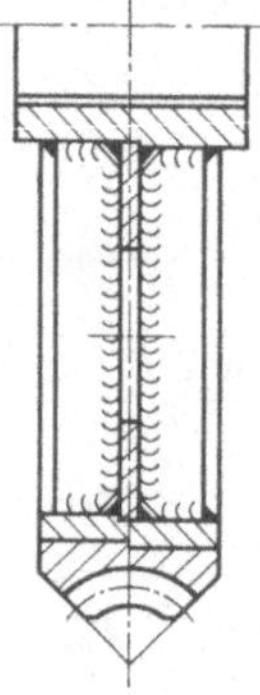

330.3 Schneckenrad mit geschweißtem Radkörper mit Zahnkranz aus Bronze

Beispiel 11. Ein stationärer Schneckentrieb mit der Übersetzung $i \approx 19$ soll die Leistung $P_1 = 15$ kW bei $n_1 = 1450\,\text{min}^{-1}$ übertragen. Als Ausführung ist ein Getriebe mit unten liegender Schnecke der Flankenform K und mit Blasflügel auf der Schneckenwelle vorgesehen.
Die Einschaltdauer beträgt $D_E = 75\,\%$. Betriebsfaktor $\varphi = 1$.

Benennung und Bemerkung	Überschlagrechnung zum Vorentwurf
Achsabstand Taf. **A86.1**, Zwgl. (328.1)	$a \geqq 100 \sqrt{\dfrac{1{,}36 P_1}{q_1 q_2 q_3 q_4}}$
Kühlbeiwert, Gl. (328.2)	$q_1 = \left(1 + \dfrac{y}{1+y}\right)\left(\dfrac{100}{D_E} + y\right)$
Beiwert für Ausführung mit Blasflügel, Zwgl. (328.4)	$y = 3{,}1 \sqrt[3]{\left(\dfrac{n_1}{1000}\right)^2} = 3{,}1 \sqrt[3]{\left(\dfrac{1450}{1000}\right)^2} = 3{,}97$
Kühlbeiwert	$q_1 = \left(1 + \dfrac{3{,}97}{1 + 3{,}97}\right)\left(\dfrac{100}{75} + 3{,}97\right) = 9{,}53$
Übersetzungsbeiwert Taf. **A91.6**	$q_2 = 0{,}706$
Werkstoffwahl Taf. **A92.1**	Schnecke: Stahl gehärtet und geschliffen Rad: Al-Legierung
Werkstoff-Paarungsbeiwert Taf. **A92.1**	$q_3 = 0{,}87$
Beiwert für Bauart des Getriebes, Taf. **A92.2**	$q_4 = 1{,}0$
Achsabstand	$a \geqq 100 \sqrt{\dfrac{1{,}36 \cdot 15}{9{,}53 \cdot 0{,}706 \cdot 0{,}87 \cdot 1{,}0}} = 187\,\text{mm}$ nach DIN 3976, Tab. 2 wird gewählt: $a = 200\,\text{mm}$
Mittenkreisdurchmesser der Schnecke, Gl. (A86.1)	$d_1 \approx 0{,}35\,a = 0{,}35 \cdot 200\,\text{mm} = 70\,\text{mm}$ nach DIN 3976, Tab. 2 wird gewählt: $d_1 = 80\,\text{mm}$
Schneckenwellendurchmesser, Zwgl. (265.2)	$d_{Wl1} \geqq 135 \sqrt[3]{\dfrac{\varphi P}{n_1}}$; für St 50 mit $\tau_{t\,zul} = 20\,\text{N mm}^2$ $d_{Wl1} \geqq 135 \sqrt[3]{\dfrac{15}{1450}} = 29{,}4\,\text{mm}$; gewählt $d_{Wl1} = 45\,\text{mm}$
Zähnezahl, Taf. **A91.4**	$z_1 = 2$ bei $i \approx 19 = \dfrac{z_2}{z_1}$; $z_2 = i \cdot z_1 = 19 \cdot 2 = 38$
Modul, Gl. (A86.3)	$m \geqq 0{,}1\,d_1 = 0{,}1 \cdot 80\,\text{mm} = 8\,\text{mm}$
	Abmessungen des Schneckentriebs für $a = 200\,\text{mm}$, $d_1 = 80\,\text{mm}$, $z_1 = 2$, $z_2 = 38$, $m = 8\,\text{mm}$
Mittensteigungswinkel Gl. (A86.2)	$\tan\gamma = \dfrac{z_1 m}{d_1} = \dfrac{2 \cdot 8\,\text{mm}}{80\,\text{mm}} = 0{,}2$; $\gamma = 11{,}31°$
Normalmodul, Gl. (A87.1)	$m_n = m\cos\gamma = 8\,\text{mm} \cos 11{,}31° = 7{,}852\,\text{mm}$

(Fortsetzung s. nächste Seite)

Benennung und Bemerkung	Abmessungen des Schneckentriebs für $a = 200$ mm, $d_1 = 80$ mm, $z_1 = 2$, $z_2 = 38$, $m = 8$ mm
Teilkreisdurchmesser Gl. (A87.13)	$d_2 = z_2 m = 38 \cdot 8\,\text{mm} = 304\,\text{mm}$
Mittenkreisdurchmesser Gl. (A87.14)	$d_{m2} = d_2 + 2xm = 2a - d_1 = 2 \cdot 200\,\text{mm} - 80\,\text{mm} = 320\,\text{mm}$
Profilverschiebungsfaktor s. Gl. (A87.14)	$x = \dfrac{d_{m2} - d_2}{2m} = \dfrac{320\,\text{mm} - 304\,\text{mm}}{2 \cdot 8\,\text{mm}} = 1{,}00$
Kopfkreisdurchmesser Gl. (A87.4) (A87.6) Gl. (A87.15) Gl. (A87.17)	$d_{a1} = d_1 + 2h_{a1} = 80\,\text{mm} + 2 \cdot 8\,\text{mm} = 96\,\text{mm}$ mit $h_{a1} = m$ $d_{a2} = d_2 + 2h_{a2} = 304\,\text{mm} + 2(8 + 1{,}0 \cdot 8)\,\text{mm} = 336\,\text{mm}$ mit $h_{a2} = m + xm$
Fußkreisdurchmesser Gl. (A87.5) (A87.6) Gl. (A87.16) (A87.17)	$d_{f1} = d_{a1} - 2h_1 = 96\,\text{mm} - 2(8 + 1{,}2 \cdot 8)\,\text{mm} = 60{,}8\,\text{mm}$ mit $h_1 = h_{a1} + h_{f1}$ $d_{f2} = d_{a2} - 2h_2 = 336\,\text{mm} - 2(8 + 1{,}2 \cdot 8)\,\text{mm} = 300{,}8\,\text{mm}$ mit $h_2 = h_1$
Steigungshöhe, Gl. (A87.3)	$P = z_1 \pi m = 2 \cdot \pi \cdot 8\,\text{mm} = 50{,}24\,\text{mm}$
Schneckenlänge, Gl. (A87.11)	$b_1 \approx \sqrt{d_{a2}^2 - d_2^2} = \sqrt{(336^2 - 304^2)\,\text{mm}^2} = 140\,\text{mm}$
Zahnbreite, Gl. (A87.24)	$b_2 \approx 0{,}45\,(d_{a1} + 4m) + 1{,}8m = 0{,}45(96\,\text{mm} + 4 \cdot 8\,\text{mm}) +$ $+ 1{,}8 \cdot 8\,\text{mm} = 72\,\text{mm}$ gewählt für Al-Legierung: $b_2 = 70$ mm
Außendurchmesser Gl. (A87.22)	$d_A \approx d_{a2} + m = (336 + 8)\,\text{mm} = 344\,\text{mm}$; gewählt $d_A = 345$ mm
Rad-Außenbreite Gl. (A87.26)	$b_A \approx b_2 + m = (72 + 8)\,\text{mm} = 80\,\text{mm}$
Zahnwurzelbogen Gl. (A87.20)	$\hat{b}_2 = r_{ao}\pi \dfrac{\varphi}{180°}$ $\quad r_{ao} = \dfrac{d_1}{2} + 1{,}2\,m = \dfrac{80\,\text{mm}}{2} + 1{,}2 \cdot 8\,\text{mm} =$ $= 49{,}6\,\text{mm}$
Zentriewinkel, Gl. (A 87.21)	$\sin \dfrac{\varphi}{2} = \dfrac{b_2}{2r_{ao}} = \dfrac{70\,\text{mm}}{2 \cdot 49{,}6\,\text{mm}}$ $\quad \dfrac{\varphi}{2} = 44{,}8°;\ \varphi = 89{,}6°$
Zahnwurzelbogen	$\hat{b}_2 = 49{,}6\,\text{mm} \cdot \pi \dfrac{89{,}6°}{180°} = 77{,}6\,\text{mm}$
	Tragfähigkeitsberechnung des Schneckentriebs
max. Drehmoment Zwgl. (263.1)	$T_{1\,max} = \varphi \cdot 9{,}55 \cdot 10^6 \dfrac{P_1}{n_1} = 1 \cdot 9{,}55 \cdot 10^6 \dfrac{15}{1450} = 98\,800\ \text{N mm}$
Umfangskraft der Schnecke = Axialkraft des Rades Gl. (327.4)	$F_{t1} = F_{a2} = \dfrac{2\,T_{1\,max}}{d_1} = \dfrac{2 \cdot 98\,800\ \text{N mm}}{80\ \text{mm}} = 2470\ \text{N}$
Axialkraft der Schnecke = Umfangskraft des Rades Gl. (327.6)	$F_{a1} = F_{t2} \approx \dfrac{F_{t1}}{\tan(\gamma + \varrho_1)}$

(Fortsetzung s. nächste Seite)

Benennung und Bemerkung	Tragfähigkeitsberechnung des Schneckentriebs
ideeller Reibungswinkel Zwgl. (325.3)	$\tan \varrho_l \geqq \dfrac{0{,}051}{q_3 \sqrt{0{,}4 + v_g}}$ $\quad q_3 = 0{,}87$ nach Tafel A92.1
Gleitgeschwindigkeit Gl. (A88.3)	$v_g = \dfrac{v_1}{\cos \gamma} = \dfrac{d_1 \pi n_1}{60 \cos \gamma} = \dfrac{0{,}08 \cdot \pi \cdot 1450}{60 \cos 11{,}31°} = 6{,}21$ m/s
ideeller Reibungswinkel	$\tan \varrho_l \geqq \dfrac{0{,}051}{0{,}87 \sqrt{0{,}4 + 6{,}21}} = 0{,}0228 \quad \varrho_l = 1°17' = 1{,}28°$
Axialkraft der Schnecke = Umfangskraft des Rades	$F_{a1} = F_{t2} \approx \dfrac{2470\text{ N}}{\tan(11{,}31° + 1{,}28°)} = 11060\text{ N}$
Radialkräfte, Gl. (327.5)	$F_{r1} = F_{r2} \approx F_{t1} \dfrac{\tan \alpha_n \cos \varrho_l}{\sin(\gamma + \varrho_l)}$ nach Tafel A91.5: $\alpha_n = 20°$ $F_{r1} = F_{r2} \approx 2470 \dfrac{\tan 20° \cos 1{,}28°}{\sin(11{,}31° + 1{,}28°)} = 4120\text{ N}$
Gesamtwirkungsgrad Gl. (A88.5)	$\eta_g = \dfrac{\tan \gamma}{\tan(\gamma + \varrho_l)} = \dfrac{\tan 11{,}31°}{\tan(11{,}31° + 1{,}28°)} = 0{,}897$
Leistung an der Radwelle Gl. (A88.7)	$P_2 = \eta_g P_1 = 0{,}897 \cdot 15\text{ kW} = 13{,}47\text{ kW}$
Sicherheit gegen Verschleiß Gl. (327.7)	$S_T \approx \left(\dfrac{a}{100}\right)^2 \dfrac{q_1 q_2 q_3 q_4}{1{,}36 P_1} \geqq 1$ gefordert $S_T \approx \left(\dfrac{200}{100}\right)^2 \dfrac{9{,}53 \cdot 0{,}706 \cdot 0{,}87 \cdot 1{,}0}{1{,}36 \cdot 15} = 1{,}15 > 1{,}0$
Sicherheit gegen Grübchenbildung, Gl. (328.5)	$S_H = \dfrac{k_{zul} d_1 d_{m2} q_5}{F_{t2\,max}} \geqq 1{,}5$ gefordert $k_{zul} = 3{,}2\text{ N/mm}^2$ nach Taf. A92.4 $q_5 = 0{,}32$ nach Taf. A92.3 $S_H = \dfrac{3{,}2\text{ N/mm}^2 \cdot 80\text{ mm} \cdot 320\text{ mm} \cdot 0{,}32}{11060\text{ N}} = 2{,}37 > 1{,}5$
Sicherheit gegen Zahnbruch am Rad, Gl. (328.6)	$S_F = \dfrac{\pi m_n \hat{b}_2 c_{zul}}{F_{t2\,max}} \geqq 1$ gefordert $c_{zul} = 14{,}3\text{ N/mm}^2$ nach Taf. A92.4 $S_F = \dfrac{\pi \cdot 7{,}852\text{ mm} \cdot 77{,}6\text{ mm} \cdot 14{,}3\text{ N/mm}^2}{11060\text{ N}} = 2{,}48 > 1$
Sicherheit gegen Durchbiegung, Gl. (329.1)	$S_D = \dfrac{f_{D\,zul}}{f_D} \geqq 1$ gefordert
zul. Durchbiegung, Gl. (329.2)	$f_{D\,zul} = \dfrac{d_1}{1000} = \dfrac{80\text{ mm}}{1000} = 0{,}08\text{ mm}$
vorhandene Durchbiegung Gl. (329.3)	$f_D = \dfrac{F_1 l_1^3}{48 EI}$
resultierende Kraft am Schneckenrad, Gl. (A89.1)	$F_1 = \sqrt{F_{t1}^2 + F_{r1}^2} = \sqrt{(2470^2 + 4120^2)\text{ N}^2} = 4800\text{ N}$

(Fortsetzung s. nächste Seite)

Benennung und Bemerkung	Tragfähigkeitsberechnung des Schneckentriebs
Lagerentfernung der Schneckenwelle, Tafel A86.1	$l_1 \approx 1{,}5a = 1{,}5 \cdot 200\,\text{mm} = 300\,\text{mm}$
Trägheitsmoment der Schneckenwelle	$I = \dfrac{\pi d_{\text{W}11}^4}{64} = \dfrac{\pi \cdot 45^4\,\text{mm}^4}{64} = 201\,288\,\text{mm}^4$
vorhandene Durchbiegung	$f_\text{D} = \dfrac{4800\,\text{N} \cdot 300^3\,\text{mm}^3}{48 \cdot 210\,000\,\text{N/mm}^2 \cdot 201\,288\,\text{mm}^4} = 0{,}0639\,\text{mm}$
Sicherheit gegen Durchbiegung	$S_\text{D} = \dfrac{0{,}08\,\text{mm}}{0{,}0639\,\text{mm}} = 1{,}25 > 1$

8.8. Aufbau der Zahnrädergetriebe

8.8.1. Gestaltung der Getriebe

Die Gestaltung der Zahnrädergetriebe kann nach den in den vorangegangenen Abschnitten über die Gestaltung angegebenen Gesichtspunkten und Richtlinien erfolgen. Für Getriebegehäuse aus Gußeisen sollten folgende Wanddicken gewählt werden: für das Gehäuse-Unterteil $s \approx 0{,}01L + 6\,\text{mm}$ mit L in mm als die Gehäuse-Innenlänge (334.1), für das Gehäuse-Oberteil $s' \approx 0{,}9s$, für den Gehäuse-Flansch $s_g \approx 1{,}5s$ und für den Fußflansch $s_f \approx 2s$.

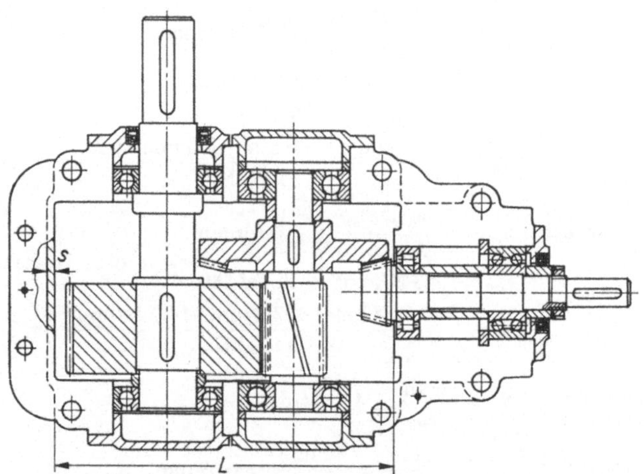

334.1 Schrägstirnrad- und Kegelradgetriebe

Die Lagerung der Getriebewellen im Gehäuse (335.1) erfolgt meistens mittels Wälzlager, deren Lebensdauer in der Regel $L_h \geqq 16000$ Betriebsstunden betragen soll. Bei sehr schnell laufenden Getriebewellen verwendet man hydrodynamisch geschmierte Gleitlager, die erheblich ruhiger laufen als Wälzlager.

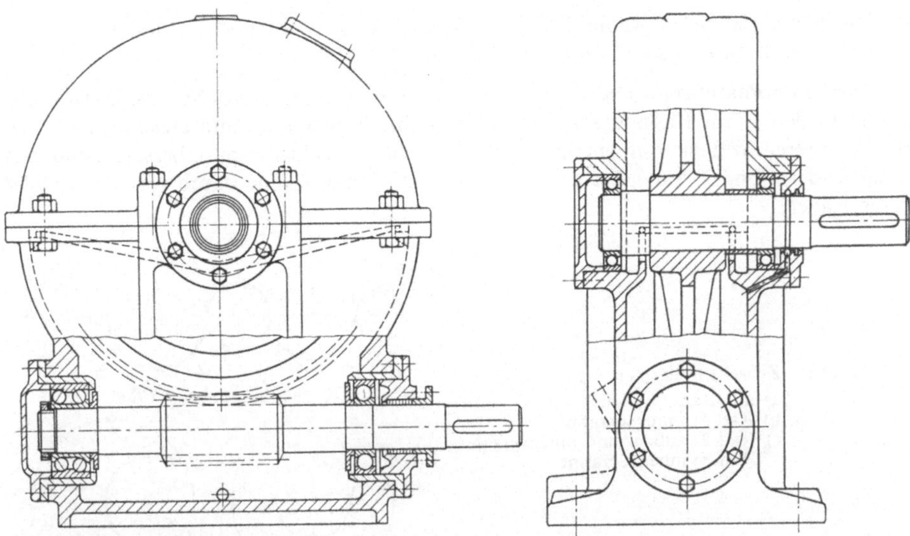

335.1 Schneckenradgetriebe

Besonderheiten der Zahnflanken. Fertigungsungenauigkeiten der Getriebeelemente und Montagefehler führen dazu, daß Zahnräder unter Last nicht auf der ganzen Zahnbreite tragen. Zu große elastische Verformungen der belasteten Zähne (besonders bei Zahnrädern aus Kunststoffen) wirken sich wie Teilungsfehler aus, die zu Kanteneingriff (Stößen) führen. Dieses kann bei Stirn- und Kegelrädern verhindert werden, indem man die Flankenflächen etwas ballig nacharbeitet. Dabei wird unterschieden zwischen 1. Höhenballigkeit; eine Zurücknahme von Zahnkopf und Zahnfuß verglichen zum theoretischen Profil, und 2. Breitenballigkeit; eine Zurücknahme der Enden des Zahnes verglichen zur theoretischen Flankenlinie.

Schmierung und Kühlung. Die wichtigsten Aufgaben der Schmierung und Kühlung sind bei Zahnrädern die Verringerung von Flankenreibung, Flankenverschleiß und Erwärmung. Bei Getrieben mit höchster Laufgenauigkeit (wie bei Zahnflanken-Schleifmaschinen) muß der Schmierfilm so stabil sein, daß die Arbeitsgenauigkeit konstant bleibt und sich nicht durch kurzzeitiges Abreißen des Ölfilms sprunghaft ändert.

Im Dauerbetrieb unter Höchstlast soll die Schmiermitteltemperatur weniger als 80 °C betragen. Hochleistungsgetriebe und Getriebe mit Zahnrädern aus Kunststoffen sind zusätzlich mit Luft oder Wasser zu kühlen. Es ist darauf zu achten, daß die zur Schmierung der Zahnräder verwendeten Schmiermittel nicht an Lager und Kupplungen gelangen, wenn dadurch deren besondere Funktion beeinträchtigt wird. Tafel A90.5 gibt Richtwerte für verschiedene Schmierarten an. Die geeigneten Schmiermittel sind abhängig von den Betriebsbedingungen und am besten nach den Angaben der Schmiermittelhersteller zu bestimmen (s. auch DIN 51501 und DIN 51509).

8.8.2. Räderpaarungen

Die wichtigsten Zahnrädergetriebe (235.1) sind Mehrwellengetriebe mit Zwischenräder-, Stufenräder- und Umlaufräder-Paarungen. Die gewünschten Bewegungen und Leistungen sollen mit möglichst wenig Teilen bei kleinstem Gewicht und Volumen sowie bei niedrigsten Energieverlusten übertragen werden.

Zwischenräder-Paarungen. Die durch Zwischenräder entstandenen Mehrwellengetriebe (336.1) dienen 1. zur Erzielung wechselnder Drehrichtungen, 2. zum gleichzeitigen Antrieb mehrerer Wellen von einem Antriebsrad bei verschiedenen Übersetzungen mit wenig Rädern, und 3. zur Überbrückung größerer Achsabstände durch verhältnismäßig kleine Räder.

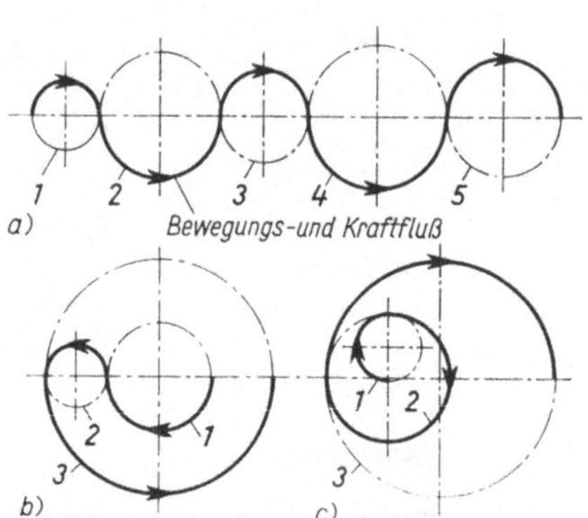

336.1 Zwischenräderpaarungen
a) alle Räder außenverzahnt
b) Rad 3: innenverzahnt
c) Rad 2: außen- und innenverzahnt
Rad 3: innenverzahnt

Stufenräder-Paarungen. Stufenrädergetriebe gestatten große Übersetzungen durch mehrere kleine Stufen. Das Getriebe mit Doppelräderpaar (336.2a) baut, verglichen zum rückkehrenden Doppelräderpaar (336.2b), groß. Beide Getriebe sind auch als Wechselrädergetriebe gebräuchlich, bei denen verschiedene Übersetzungen durch Auswechseln der Räder erreicht werden.

Das zweistufige Zweiwellengetriebe mit Verschieberäderblock (336.3a) ist in der Konstruktion einfach, da es aus wenigen Bauteilen besteht. Nur die unter Last stehenden Räder kämmen. Das Schaltgetriebe (336.3b) läßt sich im Vergleich zum Getriebe mit Verschieberädern leichter umschalten (z. B. durch Elektromagnet-Kupplung).

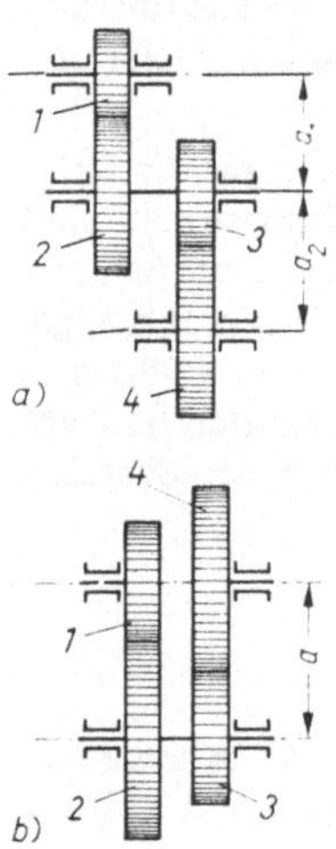

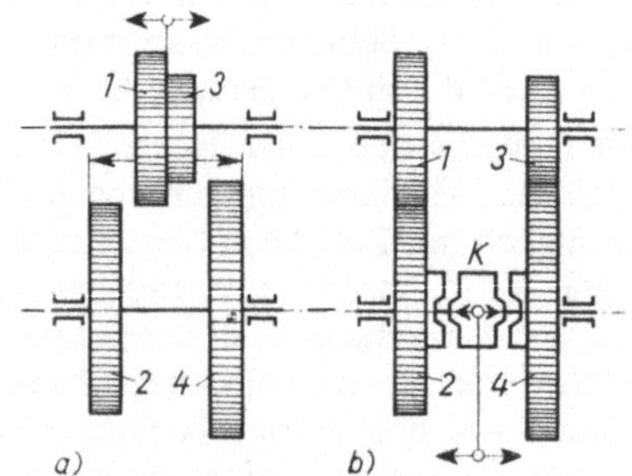

336.3 Zweistufengetriebe
a) mit Stufenschieberäder-Schaltung
b) mit Schaltkupplung *K*

336.2 Stufenrädergetriebe
a) Doppelräderpaar b) rückkehrendes Doppelräderpaar

Stufenräderpaarungen (**336.**2 und 3; **337.**1) können zu beliebigstufigen Mehrwellengetrieben weiterentwickelt werden (**337.**2). Auch lassen sich Zwischenräderpaarungen mit Stufenräderpaarungen vereinigen, indem man bestimmte Wellen als Zwischenräderwellen benutzt. Es entstehen dann die gebundenen Stufengetriebe in ein- oder mehrfach gebundener Form.

Gebundene Getriebe, bei denen jeweils ein Rad mit zwei anderen Rädern im Eingriff steht, haben weniger Räder und bauen kürzer als einfache Getriebe mit gleicher Stufenzahl.

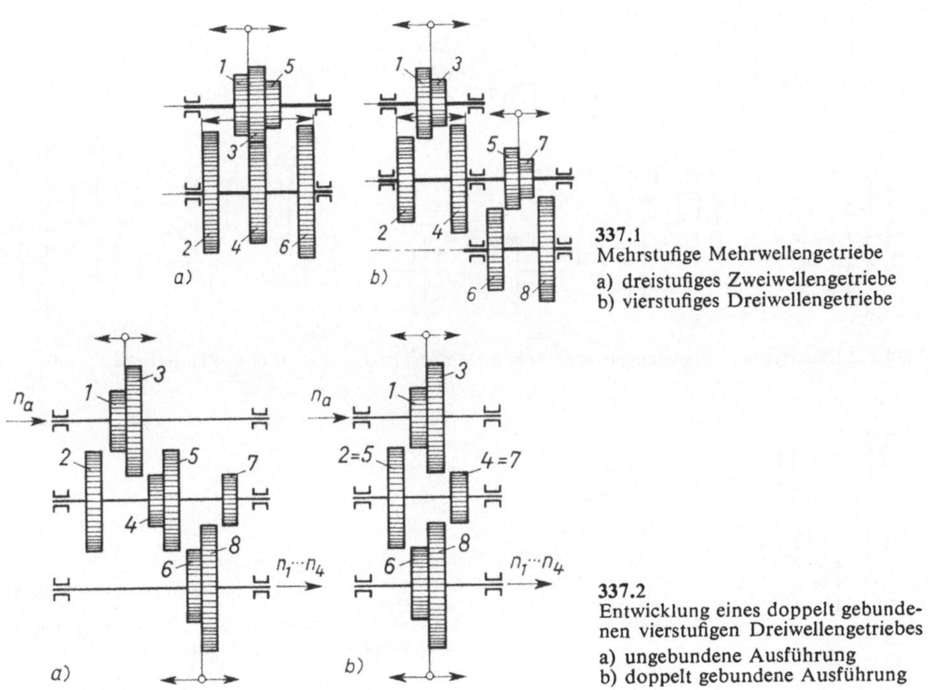

337.1
Mehrstufige Mehrwellengetriebe
a) dreistufiges Zweiwellengetriebe
b) vierstufiges Dreiwellengetriebe

337.2
Entwicklung eines doppelt gebundenen vierstufigen Dreiwellengetriebes
a) ungebundene Ausführung
b) doppelt gebundene Ausführung

Umlaufräder-Paarungen. Umlaufräder (Planetenräder) sind Räder, die sich um ihre eigene Achse drehen und wobei diese Achse eine Drehung um eine Zentralachse durchführen kann.

Die Entstehung eines Umlaufräder- oder Planetengetriebes läßt sich aus einem koaxialen Standgetriebe ableiten, dessen Gehäuse drehbar gelagert wird, so daß eine dritte Anschlußwelle s entsteht (**338.**1). Die An- und Abtriebswellen 1 u. 2 werden zu Zentralwellen, um die sich die Planetenräder unter gleichzeitiger Eigenrotation drehen. Das ursprüngliche Gehäuse schrumpft konstruktiv auf einen drehbaren Planetenträger oder Steg s zusammen. Das Drehmoment dieser dritten Welle s stimmt mit dem Reaktionsmoment überein, mit dem sich das Standgetriebe (Steg s feststehend) auf seinem Fundament abstützt.

Einfache Planetengetriebe (**338.**2) lassen sich beliebig zu zusammengesetzten Planetengetrieben (Koppelgetriebe) vereinigen (**338.**3). Wird bei solchen Getrieben der Bauaufwand durch Vereinigung von Stegen, gleich großen Zentralrädern und gleich großen Planetenrädern vereinfacht, so bezeichnet man diese als reduzierte Planetengetriebe (338.4).

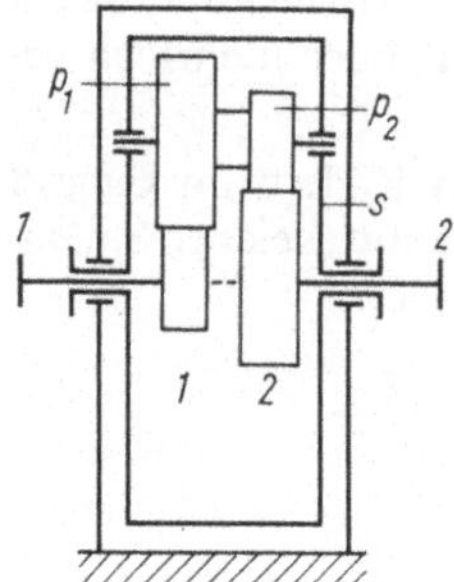

338.1 Umlaufgetriebe (Plusgetriebe)
1,2 Zentralwellen bzw. Zentral- oder Sonnenräder
p_1, p_2 Planetenräder
s Steg

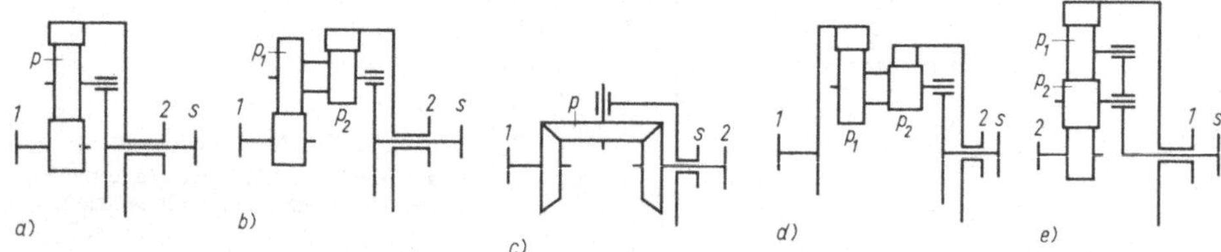

338.2 2 Bauarten von Planetengetrieben a, b, c) Minusgetriebe, $i_0 < 0$; d, e) Plusgetriebe, $i_0 > 0$

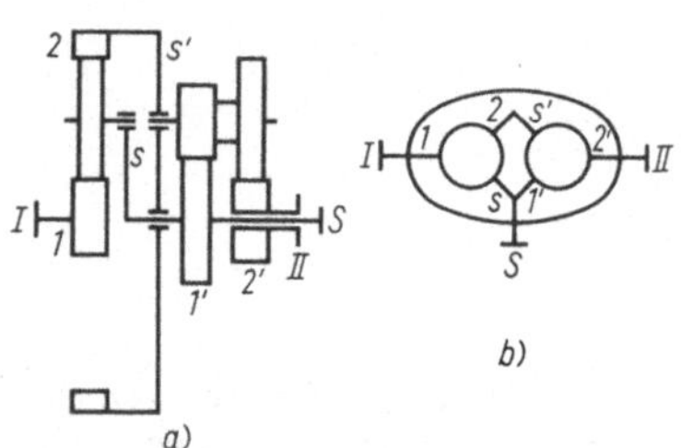

338.3 Einfaches Planeten-Koppelgetriebe
a) Getriebe mit Bezeichnung der Wellen und äußeren Anschlüsse
b) Symbol dieses Getriebes mit Übertragung der Bezeichnungen aus dem Schema

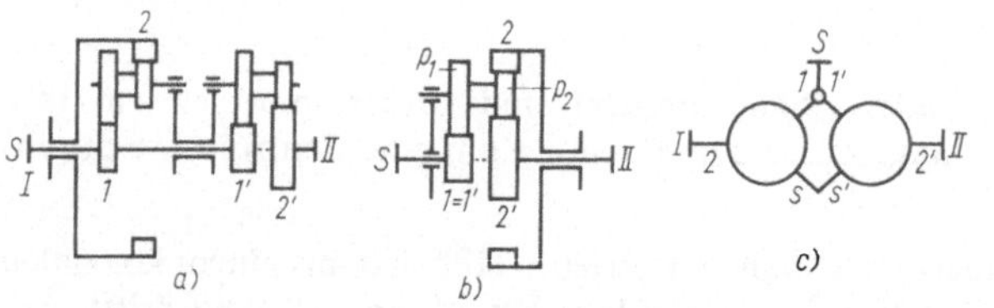

338.4 Reduziertes Koppelgetriebe
a) einfaches Koppelgetriebe
b) das aus a) entstandene reduzierte Koppelgetriebe
c) symbolische Darstellung

Ausgehend von der Standardübersetzung i_0 und dem Standwirkungsgrad η_0 lassen sich aus den gegebenen Drehfrequenzen, Drehmomenten und Reibungsverlusten alle weiteren Größen wie Drehfrequenzverhältnisse, Relativdrehfrequenzen, Übersetzungen, Drehmomente, Leistungen und Wirkungsgrade ermitteln[1]). Sind die Wellen 1 und 2 An- und

---

[1]) Müller, H. W.: Einheitliche Berechnung von Planetengetrieben, antriebstechnik 15 (1976) Nr. 1, 2 und 3

Abtrieb, so ist bei stillstehendem Steg s die Standübersetzung s. Gl. (236.1)

$$i_0 = \frac{n_{an}}{n_{ab}} = \frac{n_1}{n_2} \gtrless 0 \qquad (339.1)$$

Hierbei muß die Drehrichtung der Wellen durch das Vorzeichen ihrer Drehfrequenz gekennzeichnet werden. Alle parallelen Wellen eines Getriebes, welche im gleichen Drehsinn rotieren, haben Drehfrequenzen mit gleichem Vorzeichen.

Für ein Plusgetriebe ($i_0 > 0$), bei dem An- und Abtriebswelle des Standgetriebes im gleichen Drehsinn rotieren (**338.**1), ist die Ableitung der Standübersetzung nach Gl. (339.1) bzw. nach Gl. (236.1).

$$i_0 = \frac{+n_1}{+n_2} = \left(-\frac{z_2}{z_{p2}}\right)\left(-\frac{z_{p1}}{z_1}\right) > 0 \qquad (339.2)$$

Für ein Minusgetriebe ($i_0 < 0$), bei dem An- und Abtriebswelle des Standgetriebes gegenläufig drehen (**338.**4a), ist (s. Gl. (339.1 bzw. 236.1)

$$i_0 = \left(\frac{+n_1}{-n_p}\right)\left(\frac{-n_p}{-n_2}\right) = -\frac{n_1}{n_2} \text{ bzw. } i_0 = \left(-\frac{z_p}{z_1}\right)\left(-\frac{-z_2}{z_p}\right) = -\frac{z_2}{z_1} < 0 \qquad (339.3)$$

Hierbei wurde die Zähnezahl z_2 des Hohlrades mit negativem Vorzeichen eingesetzt.

Den Standwirkungsgrad η_0 kann man aus den Übertragungswirkungsgraden der einzelnen Zahneingriffe berechnen. Mit der Annahme von $\eta = 0,99$ je Zahneingriff ergibt sich für das Getriebe nach Bild **338.**2a:

$$\eta_0 = \eta_{12} = \eta_{1p}\,\eta_{p2} = 0,99 \cdot 0,99 = 0,98.$$

Eine genauere Berechnung von η_0 berücksichtigt die Zähnezahlen und den Unterschied zwischen Stirnrad- und Hohlradstufen.

Für die Drehzahlverhältnisse aller Bauarten gilt die von **Willis** 1841 angegebene Gleichung, die wie folgt abgeleitet werden kann:

Vom rotierenden Steg aus gesehen, erkennt der Beobachter die Relativdrehfrequenz $(n_1 - n_s)$ des Rades 1 und $(n_2 - n_s)$ des Rades 2 gegenüber dem Steg. Der Steg selbst scheint für den Beobachter stillzustehen wie ein Standgetriebe. Somit stimmt für den Beobachter das Verhältnis der Relativdrehfrequenzen mit dem Drehfrequenzverhältnis i_0 des Standgetriebes überein:

$$\frac{n_1 - n_s}{n_2 - n_s} = i_0 \quad \text{bzw.} \quad n_1 - i_0 n_2 - (1 - i_0) n_s = 0 \qquad (339.4)$$

In diese Gleichung wird bei Plusgetrieben i_0 mit positivem und bei Minusgetrieben mit negativem Vorzeichen eingesetzt.

Aus der Grundgleichung Gl. (339.4) geht hervor, daß jedes Umlaufgetriebe mit zwei laufenden Wellen, bei dem also die dritte Welle stillgesetzt ist, sechs verschiedene Übersetzungen verwirklichen kann.

$$i_{12} = i_0 = \frac{n_1}{n_2} \qquad i_{1s} = \frac{n_1}{n_s} = 1 - i_0 \qquad i_{2s} = \frac{n_2}{n_s} = 1 - \frac{1}{i_0} \qquad (339.5)\ (339.6)\ (339.7)$$

$$i_{21} = \frac{1}{i_0} = \frac{n_2}{n_1} \qquad i_{s1} = \frac{n_s}{n_1} = \frac{1}{1 - i_0} \qquad i_{s2} = \frac{n_s}{n_2} = \frac{1}{1 - \frac{1}{i_0}} \qquad (339.8)\ (339.9)\ (339.10)$$

Bei drei laufenden Wellen eines Planetengetriebes, das auch als Überlagerungsgetriebe bezeichnet wird, müssen zwei Drehfrequenzen gegeben sein, um die dritte mit der Grundgleichung Gl. (339.4) bestimmen zu können. Dabei ist zu beachten, daß in der Regel das Verhältnis $n_1/n_2 \neq i_0$ ist, wenn z. B. n_s und n_1 beliebig vorgegeben werden. Man darf also in Gl. (339.4) die Standübersetzung i_0 nicht gegen n_2/n_1 kürzen. Die Standübersetzung i_0 ist hier durch das Zähnezahl- oder Durchmesserverhältnis bei stillstehendem Steg festgelegt, s. z. B. Gl. (339.2 u. 339.3).

Die Relativdrehfrequenz der Planetenräder gegenüber dem Steg, $n_{ps} = (n_p - n_s)$, welche für die Auslegung der Planetenradlager erforderlich ist, erhält man ähnlich wie Gl. (339.4) mit der Absolutdrehfrequenz der Planetenräder n_p (bezogen auf die Zentralachse) aus

$$(n_p - n_s) = \pm i_{p1}(n_1 - n_s) = \pm \frac{z_1}{z_p}(n_1 - n_s) \tag{340.1}$$

oder aus

$$(n_p - n_s) = \pm i_{p2}(n_2 - n_s) = \pm \frac{z_2}{z_p}(n_2 - n_s) \tag{340.2}$$

mit positivem Vorzeichen für Hohlradstufen und mit negativem Vorzeichen für Stirnradstufen.

Die graphische Bestimmung der Drehfrequenzen nach **Kutzbach** gibt einen guten Überblick über die gesamte Drehbewegung. In den Dreh- und Wälzpunkten der Glieder eines maßstäblich dargestellten Getriebes wird über dem jeweiligen Radius r die zugehörige Umfangsgeschwindigkeit $v = r\omega$ aufgetragen (Geschwindigkeitsplan) (**340.1**). Die Umfangsgeschwindigkeiten sind den Drehfrequenzen proportional, wenn sie auf gleichen Polabstand h (Meßstabgröße) und gemeinsamen Pol Po bezogen werden (Drehfrequenzplan); $\tan \alpha_1 = r_1\omega_1/r_1 = OA/h$. Die Drehfrequenzen n_p und n_{ps} des Planetenrades können auch im Drehfrequenzplan ermittelt werden. Zu diesem Zweck wird eine Parallele zum Geschwindigkeitsstrahl des Planetenrades durch den Pol gelegt und mit der Drehfrequenzgeraden GG zum Schnitt gebracht.

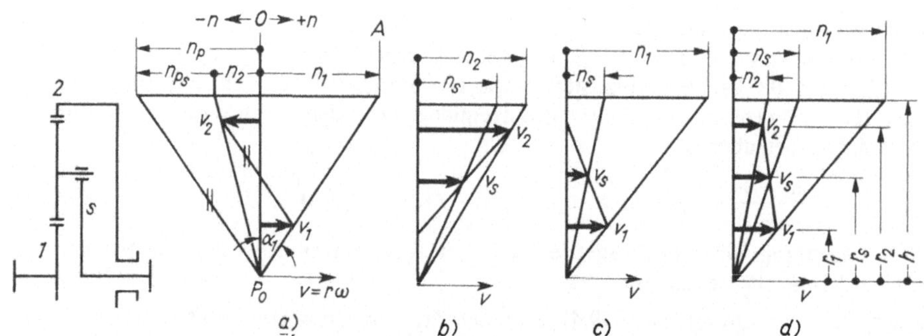

340.1 Geschwindigkeits- und Drehfrequenzplan für einfache Planetengetriebe
a, b, c) mit unterschiedlichen Festgliedern, a) $n_s = 0$, b) $n_1 = 0$, c) $n_2 = 0$
d) mit drei laufenden Wellen

Drehmomente und Leistungen. Nach der Gleichgewichtsbedingung ist die Summe aller drei von außen auf das Getriebe wirkenden Wellendrehmomente gleich Null

$$T_1 + T_2 + T_s = 0 \tag{340.3}$$

Damit diese Gleichung erfüllt werden kann, muß eines der drei Momente das entgegengesetzte Vorzeichen der anderen besitzen und damit gleich deren Summe sein. Diese Summenwelle ist bei Minusgetrieben die Stegwelle.

Ein Drehmoment, welches in der bereits als positiv festgelegten Drehrichtung auf das Getriebe wirkt, ist positiv, die entgegengesetzte Wirkungsrichtung ist negativ. Daraus folgt, daß eine Antriebsleistung positiv und eine Abtriebsleistung negativ ist.

Aus der Leistungsbilanz des Standgetriebes ergeben sich: Antrieb bei Welle 1 $T_2\omega_2 = -\eta_{12} T_1 \omega_1$; Antrieb bei Welle 2 $T_2\omega_2 = -(1/\eta_{21}) T_1 \omega_1$.

Diese Gleichungen können zusammengefaßt werden, indem man $\eta_{21} \approx \eta_{12}$ setzt und einen Exponenten w1 $= \pm 1$ an den Wirkungsgrad schreibt. Man erhält mit Hilfe der Gl. (339.1) die Drehmomentverhältnisse

$$\frac{T_2}{T_1} = -i_0 \eta_0^{\mathrm{w1}} \qquad \frac{T_s}{T_1} = i_0 \eta_0^{\mathrm{w1}} - 1 \qquad \frac{T_s}{T_2} = \frac{1}{i_0 \eta_0^{\mathrm{w1}}} - 1 \qquad (341.1)\ (341.2)\ (341.3)$$

Das Vorzeichen von w1 kann aus der Wälzleistung der Welle 1, $P_{\mathrm{W1}} = T(\omega_1 - \omega_s)$, bestimmt werden w1 $= \dfrac{P_{\mathrm{W1}}}{|P_{\mathrm{W1}}|} = +1$ oder -1.

Arbeitet das Umlaufgetriebe ohne Relativbewegung zwischen Steg und Zahnrädern, d. h. bei $n_1 = n_2 = n_s$, dann wirkt es wie eine Kupplung. Die Leistung wird ohne Reibungsverluste im Zahneingriff übertragen. Die so übertragene Leistung heißt Kupplungsleistung. Die Leistung jeder Welle ist gleich der Summe ihrer Kupplungsleistung P_{K} und ihrer Wälzleistung P_{W}

$$P_1 = P_{\mathrm{K1}} + P_{\mathrm{W1}} = T_1\omega_s + T_1(\omega_1 - \omega_s) = T_1\omega_1$$
$$P_2 = P_{\mathrm{K2}} + P_{\mathrm{W2}} = T_2\omega_s + T_2(\omega_2 - \omega_s) = T_2\omega_2$$
$$P_s = P_{\mathrm{Ks}} + 0 = T_s\omega_s$$

Wird der Energiesatz auf die Teilbewegungen angewendet, so ergibt sich, daß die Summe der Wälzleistungen einschließlich der Verlustleistung P_{V} ebenso wie die Summe der Kupplungsleistungen gleich Null sind. Die Kupplungsleistungen $P_{\mathrm{K1}} + P_{\mathrm{K2}} + P_{\mathrm{Ks}} = 0$ addiert zu den Wälzleistungen $P_{\mathrm{W1}} + P_{\mathrm{W2}} + P_{\mathrm{V}} = 0$ ergeben die Wellenleistungen $P_1 + P_2 + P_s + P_{\mathrm{V}} = 0$.

Bei Umlaufgetrieben mit drei laufenden Wellen (Überlagerungsgetriebe) müssen entweder eine davon Antriebswelle, die anderen beiden Abtriebswellen sein oder umgekehrt. In beiden Fällen führt eine der drei Wellen als Gesamtleistungswelle die gesamte Leistung allein zu oder ab, wogegen die anderen beiden Teilleistungswellen nur je einen Teil der Gesamtleistung übertragen.

Sobald bei einem Überlagerungsgetriebe zwei Drehzahlen vorgegeben werden, ist die Gesamtleistungswelle und damit der äußere Leistungsfluß nicht mehr frei wählbar. Ist die Gesamtleistungswelle Antriebswelle, so erfolgt im Getriebe eine Leistungsteilung, ist sie Abtriebswelle, so erfolgt eine Leistungssummierung der beiden Antriebsleistungen.

Der Gesamtwirkungsgrad $\eta = -\Sigma P_{\mathrm{ab}}/\Sigma P_{\mathrm{an}}$ hängt von den Reibungsverlusten an den Zahneingriffstellen und somit von der Wälzleistung der Wellen 1 und 2 ab. Je nach Drehzahl und Drehrichtung des Steges kann diese Wälzleistung größer oder kleiner als die durchgesetzte Gesamtleistung sein. Somit ist der Gesamtwirkungsgrad größer oder kleiner als der Standwirkungsgrad η_0. Bei Minusgetrieben ist der Gesamtwirkungsgrad stets höher als der Standwirkungsgrad. Bei Plusgetrieben sinken die Wirkungsgrade bei Annäherung von i_0 an $+1$ bis zur Möglichkeit der Selbsthemmung ab.

Durch Einbau mehrerer Planeten am Umfang wird die übertragbare Leistung erhöht. Um die vorgesehene Anzahl p von Planeten am Stegumfang gleichmäßig verteilen und einbauen zu können, müssen die folgenden Gleichungen (342.2 bis 342.4) jeweils eine beliebige positive oder negative ganze Zahl f ergeben. Hierbei bedeutet q den größten gemeinsamen Teiler der Zähnezahlen z_{p1} und z_{p2} eines Stufenplaneten. Der Teiler wird gleich 1, wenn sich der Bruch z_{p1}/z_{p2} nicht kürzen läßt.

Bild **338.**2a (Minusgetriebe)
$$\frac{|z_2| + |z_1|}{p} = f \tag{342.1}$$

Bild **338.**2c (Plusgetriebe)
$$\frac{|z_2| - |z_1|}{p} = f \tag{342.2}$$

Bild **338.**2b (Minusgetriebe)
$$\frac{|z_{p1}\, z_2| + |z_1\, z_{p2}|}{pq} = f \tag{342.3}$$

Bild **338.**1 und **338.**2d (Plusgetriebe)
$$\frac{|z_{p1}\, z_2| - |z_1\, z_{p2}|}{pq} = f \tag{342.4}$$

Die Berechnung von zusammengesetzten Planetengetrieben wird durch die Verwendung einer symbolischen Darstellung von **Wolf** übersichtlicher (**338.**3 und **338.**4). Damit läßt sich das zusammengesetzte Getriebe analog mit den Gleichungen der einfachen Planeten-Getriebe berechnen, wenn für die Standübersetzung i_0 die Reihenübersetzung $i_{\mathrm{I\,II}}$ und für den Standwirkungsgrad η_0 der Reihenwirkungsgrad $\eta_{\mathrm{I\,II}}$ eingeführt wird (s. [1]) S. 338).

Die Gleichungen (339.4 und 340.3 bis 341.3) erhalten an Stelle der Auszeichnung 1, 2 und s die Indizes I, II und S. Für das Koppelgetriebe im Bild **338.**3 sind $i_{\mathrm{I\,II}} = i_{12}\, i_{s'2'}$ und $\eta_{\mathrm{I\,II}} = \eta_{12}\, \eta_{s'2'}$ und für das Koppelgetriebe im Bild **338.**4 gilt $i_{\mathrm{I\,II}} = i_{2s}\, i_{s'2'}$ und $\eta_{\mathrm{I\,II}} = \eta_{2s}\, \eta_{s'2'}$. Zur Aufstellung dieser Gleichungen stellt man sich den Steg S feststehend vor.

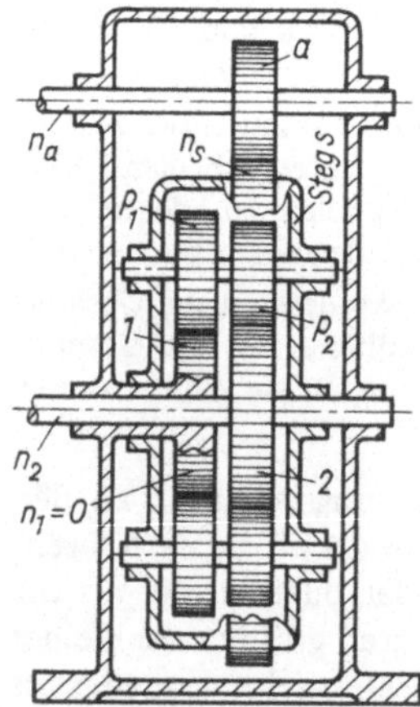

342.1 Stirnrädergetriebe mit angetriebenem kastenförmigen Steg s

Beispiel 12. Bild **342.**1 zeigt den Aufbau eines rückkehrenden Umlaufgetriebes mit Stirnrädern. In dem kastenförmigen Steg s sind die Mittenräder 1 und 2 zentral gelagert. Zwecks Massenausgleich sind die Umlaufräder p_1 und p_2 auf der Planetenbahn zweifach gegenüber angeordnet. Der kastenförmige Steg wird von außen über ein Steg-Stirnrad durch ein Rad a angetrieben. Rad 1 ist mit dem Getriebegehäuse fest verbunden (s. Schraffur im Bild **342.**1), so daß $n_1 = 0$ ist.

Es ist die Übersetzung $i_{a2} = i_{as}\, i_{s2}$ des im Bild **342.1** dargestellten Umlaufrädergetriebes zu ermitteln, das die Zähnezahlen $z_1 = 31$ $z_{p1} = 30$ $z_{p2} = 29$ $z_2 = 30$ $z_s = 120$ und $z_a = 30$ hat.

Mit der Standübersetzung nach Gl. (339.2)

$$i_0 = \left(-\frac{z_2}{z_{p2}}\right)\left(-\frac{z_{p1}}{z_1}\right) = \left(-\frac{30}{29}\right)\left(-\frac{30}{31}\right) = 1{,}00111$$

wird nach Umformung aus Gl. (339.4) oder nach Gl. (339.10) die Übersetzung von Steg zur Abtriebswelle 2

$$\frac{n_s}{n_2} = i_{s2} = \frac{1}{1 - \dfrac{1}{i_0}} = \frac{1}{1 - 0{,}99889} = 900$$

und die gesamte Übersetzung

$$i_{a2} = i_{as}\ i_{s2} = \left(-\frac{z_s}{z_a}\right) i_{s2} = -\frac{120}{30} \cdot 900 = -3600$$

Das negative Vorzeichen zeigt an, daß die Abtriebswelle 2 entgegengesetzt der Antriebswelle a dreht.

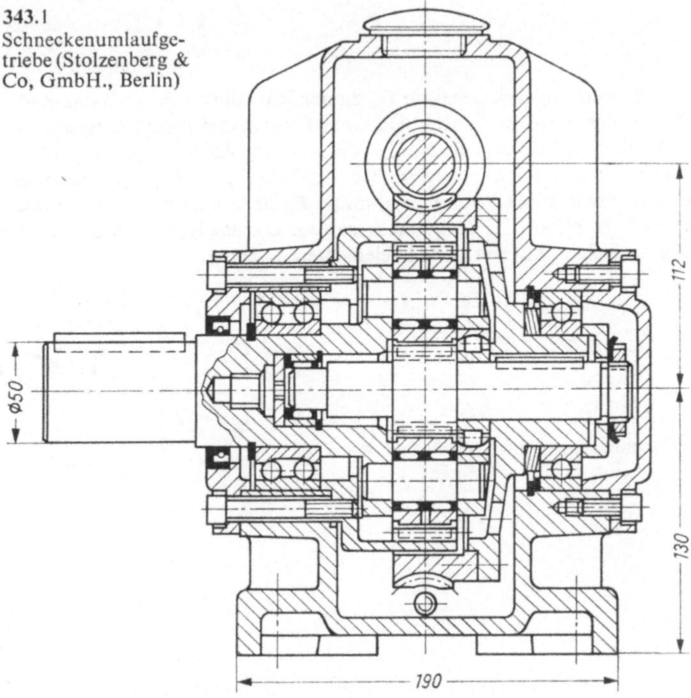

343.1 Schneckenumlaufgetriebe (Stolzenberg & Co, GmbH., Berlin)

Mit einem Schneckenumlaufgetriebe (**343.1**), bei dem das Umlaufgetriebe in das topfförmig ausgebildete Schneckenrad eingebaut ist, lassen sich große Übersetzungen von $i = 50 \cdots 500$ erreichen.

8.8.3. Gefährliche Zahnkräfte in Mehrwellengetrieben

Bei einem Zahnräderpaar streben die beiden Wellen infolge der Normalkräfte F_n und der daraus sich ergebenden Radialkräfte F_r auseinander. Dadurch werden Achsabstand und Flankenspiel vergrößert, deren Werte sich für einfache Getriebe leicht berechnen und bei der Konstruktion berücksichtigen lassen. Dagegen ist die Ermittlung und geometrische Addition der Zahnkräfte in Mehrwellengetrieben schwieriger, weil sich bei den verschiedenen Belastungszuständen die theoretisch möglichen und praktisch auftretenden Verrückungen der Räder durch Lagerspiel und elastische Verformungen der Zähne, Radkörper, Wellen, Lager und Gehäuse überlagern. Die gefährlichen Folgen solcher Verrückungen sollen am Beispiel eines Mehrwellengetriebes (**344.**1) erläutert werden.

Liegen die Drehpunkte (**344.**1) von drei im Eingriff stehenden Rädern nicht auf einer Geraden, sondern bilden sie ein flaches Dreieck $O_1O_2O_3$, so wirken bei Antrieb durch Rad 1 auf Rad 2 nach Gl. (263.2) und (263.3) die Normalkräfte $F_{n2} = F_{n2r} = F_{tw}/\cos\alpha_w = 2\,T_{1\,max}/(d_1 \cos\alpha_w)$.

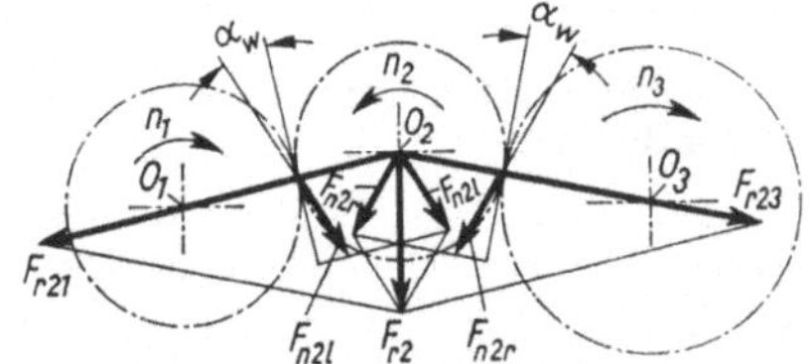

344.1 Entstehung gefährlicher Zahnkräfte in Mehrwellengetrieben bei flankenspielfreiem Lauf unter Last

Diese Kräfte addieren sich geometrisch (vektoriell) in O_2 zu der Radialkraft F_{r2}, die das Rad 2 zwischen die Räder 1 und 3 hineinzuziehen sucht. Dadurch können besonders aufgrund der elastischen Bewegung der Welle von Rad 2 in Richtung von F_{r2} nach Aufhebung der Flankenspiele die Zähne aller Räder mit den stark anwachsenden Kräften $F_{r21} = F_{r23}$ gegeneinander gepreßt werden, die ihrerseits sehr große Zahnnormalkräfte F_n hervorrufen. Diese Normalkräfte F_n (**344.**2) können in kurzer Zeit das Getriebe zerstören. Darum ist besonders auf die Anordnung der Wellenlage und die Steifigkeit der Bauelemente zu achten.

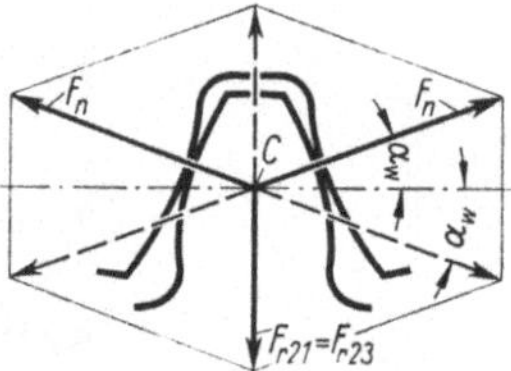

344.2 Gefährliche Erhöhung der Normalkräfte durch zusätzliche Radialkräfte

Schrifttum

[1] Apitz, Budnick, Keck und Krumme: Die DIN-Verzahnungstoleranzen und ihre Anwendung. 3. Aufl. Braunschweig 1958
[2] Brandenberger, H.: Neue Theorie der Elastizität und Festigkeit. Zürich 1950
[3] Brugger, H.: Laufversuche an gehärteten Zahnrädern als Grundlage für ihre Bemessung. ATZ 5 (1955) S. 128–132
[4] Dietrich, G.: Berechnung von Stirnrädern mit geraden und schrägen Zähnen. Düsseldorf 1952
[5] Dubbel, Taschenbuch für den Maschinenbau. Bd. I. 13. Aufl. S. 744. Berlin–Göttingen–Heidelberg 1970/74
[6] Dudley, D. W.: Zahnräder. Berlin–Göttingen–Heidelberg 1961
[7] Hachmann, H., und E. Strickle: Polyamide als Zahnradwerkstoffe. Z. Konstruktion 3 (1966)
[8] Hütte. Des Ingenieurs Taschenbuch. Bd. II, Tl. A. 28. Aufl. S. 154. Berlin 1954/63
[9] Klingelnberg: Technisches Hilfsbuch. 15. Aufl. (Abschn. Zahnräder und Getriebe) Berlin–Heidelberg–New York 1967
[10] Loomann, J.: Zahnradgetriebe. Konstruktionsbücher Bd. 26. Berlin–Heidelberg–New York 1970
[11] Müller, H. W.: Die Umlaufgetriebe. Konstruktionsbücher Bd. 28. Berlin–Heidelberg–New York 1971
[12] Richter, W., und H. Ohlendorf: Kurzberechnung von Leistungsgetrieben. Z. Konstruktion **11** (1959) S. 421
[13] Thomas, A. K., und W. Charchut: Die Tragfähigkeit der Zahnräder. 7. Aufl. München 1971
[14] VDI-Richtlinien 2157: Planetengetriebe. Düsseldorf 1975

Sachverzeichnis

Arbeitsblatt 1: Achsen und Wellen

Formelzeichen

b	Größenbeiwert, Breite	S_D	Sicherheitszahl
c', c	Dreh- bzw. Biegesteifigkeit der Welle	S_{kD}	Sicherheitszahl einschl. Kerbwirkung
D	Außendurchmesser	s	tragende Wanddicke
d	Achs- bzw. Wellendurchmesser	T	Drehmoment, Torsionsmoment
E	Elastizitätsmodul	T_m	mittleres Drehmoment
F	Belastung, Kraft	W_b, W_x	Widerstandsmoment auf Biegung (äquatoriales)
F_A, F_B	Auflagerkraft bei A, B	W_p	polares Widerstandsmoment
Fg	Eigengewichtskraft	α	Neigungswinkel der Biegelinie
f, f_1, f_2	Durchbiegung, zulässige Durchbiegung	α_0	Anstrengungsverhältnis nach Bach
f_g	Durchbiegung infolge Fg	β_{kb}	Kerbwirkungszahl bei Biegung
G	Schubmodul	σ_B	Zugfestigkeit (Bruchfestigkeit)
g	Fallbeschleunigung	σ_b	Biegebeanspruchung
I, I_x	äquatoriales Flächenträgheitsmoment	σ_{bW}, $\sigma_{b\,Sch}$	Biegewechsel-, Biegeschwellfestigkeit
I_p	polares Flächenträgheitsmoment	σ_l	Lochleibungsdruck
J_p	polares Massenträgheitsmoment	σ_v	Vergleichsspannung
l	Lagerentfernung	τ_t	Drehbeanspruchung (Torsionsbeanspruchung)
l_1	Buchsenlänge	$\tau_{t\,Sch}$	Drehschwellfestigkeit (Torsionsschwellfestigkeit
M_b, M_v	Biege-, Vergleichs-Moment	φ	Betriebsfaktor
m	Masse	ψ	Drehwinkel
n, n_k	Betriebs- und kritische Drehzahl	ω, ω_0	Winkelgeschwindigkeit
P	Leistung	ω_e, ω_k	Eigen-Kreisfrequenz, kritische Kreisfrequenz
p	Flächenpressung		
R_e	Zugfestigkeit		
R_m	Zugfestigkeit		
$R_{p0,2}$	0,2-Grenze		

Tafel **A1.1**

	Formel	Kenn- und Richtwerte
feststehende Achsen		
Biegung	$\sigma_{b\,max} = M_{b\,max}/W_b \leqq \sigma_{b\,zul}$ Gl. (3.1) Für Kreisquerschnitt mit $W_b = \pi d^3/32$: $d \geqq \sqrt[3]{10 M_{b\,max}/\sigma_{b\,zul}}$ Gl. (4.2) Für St 50 mit $\sigma_{b\,zul} = 100\ \mathrm{N/mm^2}$: $d \geqq \sqrt[3]{0{,}1 M_{b\,max}}$ in mm Gl. (4.3) mit $M_{b\,max}$ in N mm	$\sigma_{b\,zul} = \dfrac{\sigma_{b\,Sch}}{3 \cdots 5} = \dfrac{\sigma_{b\,Sch}}{S_{kD}}$ Gl. (3.2) $\sigma_{b\,Sch}$ Tafel A5.2 Für St 50 und Hebezeuge: $\sigma_{b\,zul} = 80 \cdots 120\ \mathrm{N/mm^2}$
Flächenpressung in Buchsen	$p = \dfrac{F}{l_1 d} \leqq p_{zul}$ Gl. (4.4)	Für Rotguß und Bronze: $p_{zul} = 6 \cdots 10\ \mathrm{N/mm^2}$
Lochleibungsdruck in Achslagern	$\sigma_l = \dfrac{F}{ds} \leqq \sigma_{l\,zul}$ Gl. (5.1)	Für St 37: $\sigma_{l\,zul} = 80 \cdots 120\ \mathrm{N/mm^2}$

(Fortsetzung s. nächste Seite)

Fortsetzung Tafel **A1.1**

	Formel	Kenn- und Richtwerte
umlaufende Achsen		
Biegung	$\sigma_{b\,max} = \frac{M_{b\,max}}{W_b} \leqq \sigma_{b\,zul}$ Gl. (3.1) $W_b = \frac{\pi d^3}{32}$ genau: $\sigma_{b\,zul} = \frac{b\,\sigma_{bW}}{S_D\,\beta_{kb}}$ Gl. (6.2)	überschläglich: $\sigma_{b\,zul} = \frac{\sigma_{bW}}{4\cdots 6}$ Gl. (6.1) Tafel **A5.2** $= \frac{\sigma_{bW}}{S_{kD}}$ b Bild **A7.2** β_{kb} Tafel **A7.1** $S_D = 1{,}5\cdots 2$ Für St 50 und Hebezeuge: $\sigma_{b\,zul} = 40\cdots 60\ \text{N/mm}^2$
Wellen		
Drehbeanspruchung allein (vorhandene Biegebeanspruchung nicht berücksichtigt)	$\tau_t = T_{max}/W_p \leqq \tau_{t\,zul}$ Gl. (9.1) $W_p = \pi d^3/16$ $d \geqq \sqrt[3]{5\,T_{max}/\tau_{t\,zul}}$ Gl. (9.3) Für $\tau_{t\,zul} = 15\ \text{N/mm}^2$ wird $d \geqq 0{,}7\sqrt[3]{T_{max}}$ in mm oder Gl. (9.4) $d \geqq 148\sqrt[3]{\varphi P/n}$ in mm Gl. (10.1) Für $\tau_{t\,zul} \approx 35\ \text{N/mm}^2$ wird $d \geqq 0{,}53\sqrt[3]{T_{max}}$ in mm oder $d \geqq 112\sqrt[3]{\varphi P/n}$ in mm mit T_{max} in Nmm, P in kW und n in min^{-1}	überschläglich, vorhandene Biegung durch große „Sicherheit" berücksichtigt[1]): $\tau_{t\,zul} = \frac{\tau_{t\,Sch}}{10\cdots 15}$ Gl. (9.2) Für St 50 ist[1]): $\tau_{t\,zul} = 12{,}5\cdots 19\ \text{N/mm}^2$ bei reiner Drehbeanspruchung: $\tau_{t\,zul} = \frac{\tau_{t\,Sch}}{4\cdots 6}$ $\tau_{t\,Sch}$ Tafel **A5.2** Für St 50 ist[1]): $\tau_{t\,zul} = 30\cdots 47{,}5\ \text{N/mm}^2$ $T_{max} = \varphi T_m$ φ Tafel **A50.1**
Dreh- und Biegebeanspruchung	$\tau_t = T_{max}/W_p \quad \sigma_b = M_{b\,max}/W_b$ Gl. (11.1) Gl. (10.3) $\sigma_v = \sqrt{\sigma_b^2 + 3(\alpha_0\tau_t)^2} \leqq \sigma_{b\,zul}$ Gl. (11.2) $\alpha_0 = \frac{\sigma_{b\,grenz}}{1{,}73\,\tau_{t\,grenz}} \quad \alpha_0 \approx \frac{\sigma_{bW}}{1{,}73\,\tau_{t\,Sch}}$ Tafel **A5.2** $\sigma_v = \frac{1}{W_b}\sqrt{M_b^2 + \frac{3}{4}(\alpha_0 T_{max})^2}$ Gl. (11.4)	$\sigma_{b\,zul} = \frac{b\,\sigma_{bW}}{\beta_{kb}\,S_D}$ Gl. (12.1) Bild **A5.1** normale Bemessung: $S_D = 1{,}5\cdots 2\cdots 3$ Leichtbau: $S_D = 1{,}2\cdots 1{,}5$ σ_{bW} Tafel **A5.2** b Bild **A7.2** β_{kb} Tafel **A7.1**

[1]) unter Einschluß der Kerbwirkung

Fortsetzung Tafel **A1.1**

	Formel	Kenn- und Richtwerte
elastische Verdrehung	$\psi = \frac{180\, T l}{\pi G I_p}$ in ° Gl. (16.2) mit T in Nmm, G in N/mm², I_p in mm⁴ und l, d in mm entspr. für Stahl $G = 8 \cdot 10^4$ N/mm²: $\psi = 7{,}3 \cdot 10^{-3}\, Tl/d^4$ in ° $d \geqq \sqrt[4]{\frac{5760\, T_{max} l}{\pi^2 G \psi_{zul}}}$ in mm Gl. (17.2) mit ψ_{zul} in °, T in Nmm, G in N/mm² und l in mm Für $\psi_{1m\,zul} = 0{,}25°$ und Stahl ist $d \geqq 2{,}32 \sqrt[4]{T_{max}}$ in mm mit T in Nmm oder Gl. (17.4) $d \geqq 129 \sqrt[4]{\varphi P/n}$ in mm, Einheiten wie Gl. (10.1)	Für lange Fahrwerkswellen von Hebezeugen ist für die Länge $l = 1$ m $\Psi_{1m\,zul} \leqq 0{,}25°$ bei normalen Wellen $\Psi_{1m\,zul} = (0{,}25 \ldots 0{,}5)°$ Für Kreisquerschnitt $I_p = \pi d^4/32$ φ Tafel **A50.1**
elastische Durchbiegung	Für **nicht abgesetzte Welle** (I = const) und mittige Punktlast F ist $f_1 = \frac{F l^3}{48 E I}$ Gl. (18.2) Bild **18.1** a bei Streckenlast F ist $f_2 = \frac{5 F l^3}{384 E I}$; $f_1 = 1{,}6 f_2$; $I = \pi d^4/64$ (Gl. 18.3) Bild **18.1** b Für $f_{zul}/l = 1/3000$ und $E = 2{,}1 \cdot 10^5$ N/mm² = sind erforderlich: $d \geqq \sqrt[4]{F l^2/165}$ in mm und Gl. (27.1) $l \leqq 12{,}85 d^2/\sqrt{F}$ in mm Gl. (27.2) mit F in N, d und l in mm Für **abgesetzte Welle** mit geschätztem mittlerem I und Gesamtlast F ist $f \approx \frac{1}{60} \cdot \frac{F l^3}{E I}$ S. 18f. genau: Mohrsches Verfahren Bild **21.1**	allgemeiner Maschinenbau $f_{zul} \leqq (1/3000)\, l$ Werkzeugmaschinenbau $f_{zul} \leqq (1/5000)\, l$ zul. Neigungswinkel am Lager $\alpha_{zul} \leqq (1/1000)$ rad $E_{Stahl} = 2{,}1 \cdot 10^5$ N/mm² = = $2{,}1 \cdot 10^4$ kN/cm²

(Fortsetzung s. nächste Seite)

Fortsetzung Tafel **A1.1**

	Formel	Kenn- und Richtwerte
Wellen (Fortsetzung)		
Dreh-schwingungen (torsionskritische Drehfrequenz n_k)	Für ein Zwei-Massen-System ist $\omega_e = \sqrt{c'(1/J_{p1} + 1/J_{p2})}$ Gl. (29.3) $n_k = 30\omega_e/\pi$ in min^{-1} mit ω_e in s^{-1} $c' = T/\psi$ in Nm/rad mit ψ in rad J_p in $\text{kgm}^2 = \text{Nm s}^2$ Gl. (29.1)	Für Zylinder $J_p = \frac{\pi}{32}\,\varrho D^4 b$ Gl. (29.2) für Eisen $\varrho = 7850\ \text{kg/m}^3$ $n \neq n_k$ (s. auch Abschn. Kupplungen)
Biege-schwingungen (biegekritische Drehfrequenz n_k)	Welle mit Einzelmasse $\omega_e = \sqrt{c/m}$ Gl. (30.4) hierin ist $c = F_g/f_g$ $F_g = mg$ $n_k \approx 300\sqrt{1/f_g}$ in min^{-1} mit f_g in cm Gl. (31.1) Welle mit mehreren Massen $1/\omega_e^2 = 1/\omega_{e0}^2 + 1/\omega_{e1}^2 + 1/\omega_{e2}^2 + \cdots$ Gl. (32.3) $n_k = 30\omega_e/\pi$ in min^{-1} mit ω_e in s^{-1}	Betriebsdrehfrequenz n $n \leqq (0{,}90\cdots0{,}95)n_k$ $n \geqq (1{,}10\cdots1{,}15)n_k$ $n = (1{,}6\cdots1{,}8)n_k$ für Gelenkwellen $n \neq 2n_k$ oder $3n_k$ usw.

Erläuterungen

Achsen. Maßgebend ist meist die Bemessung auf Biegung; auf Flächenpressung bzw. Lochleibungsdruck wird nur bei kleinem Lagerabstand oder kurzer Auflagerbreite bemessen.

Wellen. Entscheidend für die Bemessung ist gewöhnlich neben der Drehbeanspruchung die Biegebeanspruchung. Eine erste überschlägliche Berechnung kann – mit sehr niedrigen Werten für $\tau_{t\,zul}$ – nach dem Drehmoment allein erfolgen. Genaues Nachrechnen auf Drehung *und* Biegung muß sich anschließen. Großer Wert ist auf günstige Gestaltung mit geringer Kerbwirkung zu legen (s. Abschn. 1.3).

Bei hohen Anforderungen an die Genauigkeit der Drehbewegung sind die elastischen Verformungen zu untersuchen, so z. B. bei Fahrwerkswellen die Verdrehung und bei Wellen von Getrieben, Werkzeug- und Kraftmaschinen usw. Durchbiegung und Neigungswinkel, z. B. an Lagern.

Bei schnellaufenden Wellen muß schließlich die Betriebsdrehfrequenz von den kritischen Drehfrequenzen – den Eigenfrequenzen der Welle – abweichen, wobei in jedem Falle die biegekritische Drehfrequenz, die torsionskritische Drehfrequenz jedoch nur bei rhythmisch veränderlichem Drehmoment zu beachten ist.

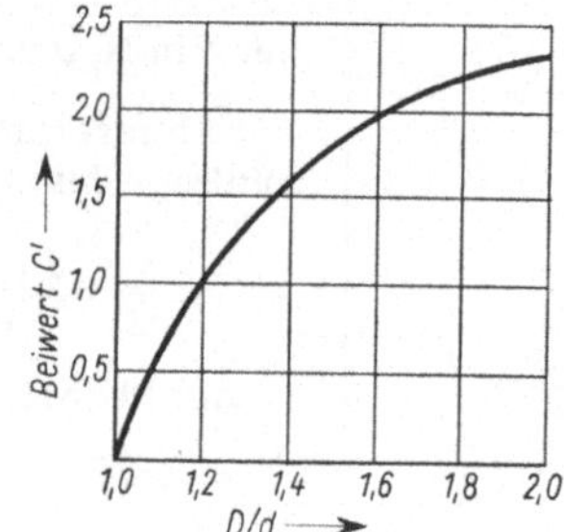

A4.1 Beiwert C' zum Umrechnen von β_{kb} auf β'_{kb} bei anderen Werten D/d als in Bild **A5.1** (nach Lehr)
Umrechnungsformel: $\beta'_{kb} = 1 + C'(\beta_{kb} - 1)$

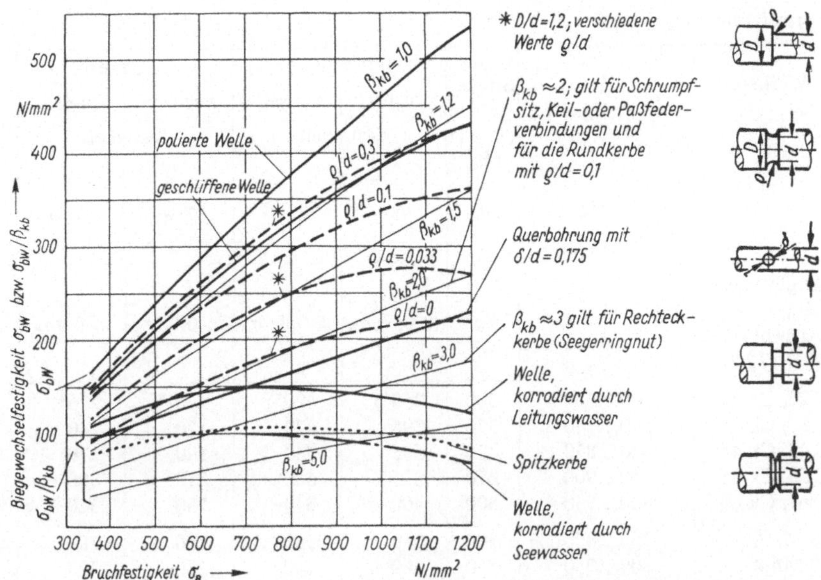

A5.1 Biegewechselfestigkeit σ_{bW} bzw. σ_{bW}/β_{kb} in Abhängigkeit von der Bruchfestigkeit (Zugfestigkeit) σ_B für Wellen von 10 mm Durchmesser und verschiedene Kerbformen (s. auch Bild **A4**.1)

Tafel A5.2 Festigkeitswerte für verschiedene Stahl- und Eisenwerkstoffe (für > 16···40 mm Durchmesser)[1])

Werkstoff	Zug-festigkeit (R_m) σ_B	Streck-grenze (R_e) σ_S	Biege-wechsel-festigkeit σ_{bW}	Biege-schwell-festigkeit σ_{bSch}	Verdreh-wechsel-festigkeit τ_{tW}	Verdreh-schwell-festigkeit τ_{tSch}	zul. Biegebean-spruchung $\sigma_{b\,zul}$
	N/mm²		N/mm²		N/mm²		N/mm²
unleg. Stähle DIN 17100 DIN 1652 SH[2])		≧	Dauerfestigkeitswerte nach[3])				$\approx \frac{\sigma_{bW}}{4\cdots6}$
St 37−2	370···450	230	170	260	100	140	28···43
St 42−2	420···500	250	190	300	110	160	32···47
St 50−2	500···600	290	240	370	140	190	40···60
St 60−2	600···720	330	280	430	160	220	47···70
St 70−2	700···850	360	320	500	190	260	53···80

(Fortsetzung s. nächste Seite)

[1]) Festigkeitswerte für andere Durchmesser sind in DIN 1652, 17100, 17200 und 17210 enthalten

[2]) SH = Kurzzeichen für Behandlungszustand geschält. Festigkeitswerte für andere Behandlungszustände sind z. T. niedriger (bei K + G, SH + G) oder höher (K) (s. DIN 1652).

[3]) Fachausschuß für Maschinenelemente beim VDI: Berücksichtigung der wirklichen Spannungsverteilung bei der Festigkeitsberechnung. Beilage zur VDI-Z. (1934) H. 34.

Fortsetzung Tafel **A5**.2

Werkstoff	Zugfestigkeit (R_m) σ_B	Dehn-, Streckgrenze ($R_{p0,2}$) (R_e) $\sigma_{0,2}$ σ_S	Biege-wechsel-festigkeit σ_{bW}	Biege-schwell-festigkeit $\sigma_{b\,Sch}$	Verdreh-wechsel-festigkeit τ_{tW}	Verdreh-schwell-festigkeit $\tau_{t\,Sch}$	zul. Biegebeanspruchung $\sigma_{b\,zul}$
	N/mm²	N/mm²	N/mm²	N/mm²	N/mm²	N/mm²	N/mm²
Vergütungsstähle (Auswahl) DIN 17200		$\geqq$	$\approx 0{,}5 \cdot \sigma_B$	$\approx 0{,}8 \cdot \sigma_B$	$\approx 0{,}28\,\sigma_B$	$\approx 0{,}4\,\sigma_B$	$\approx \frac{\sigma_{bW}}{4\cdots 6}$
C 22, Ck 22	500...650	300	250[4])	420[4])	160[4])	220[4])	42...63
C 35, Ck 35	590...740	370	295	470	170	240	50...74
C 45, Ck 45	670...820	420	335	540	190	270	56...84
C 55, Ck 55	750...900	470	375	600	210	300	63...95
C 60, Ck 60	800...950	500	400	640	230	320	67...100
28 Mn 6	700...850	500	350	560	200	280	58...88
40 Mn 4	800...950	550	400	640	230	320	67...100
25 CrMo 4	800...950	600	400	640	230	320	67...100
34 CrMo 4	900...1100	680	450	720	250	360	75...113
42 CrMo 4	1000...1200	780	500	800	280	400	84...125
32 CrMo 12	1250...1450	1050	630	1000	350	500	105...160
Einsatzstähle (Auswahl) DIN 17210	Festigkeitswerte im Kern für ∅ 30 mm	$\geqq$	$\approx 0{,}5 \cdot \sigma_B$	$\approx 0{,}8 \cdot \sigma_B$	$\approx 0{,}28\,\sigma_B$	$\approx 0{,}4\,\sigma_B$	$\approx \frac{\sigma_{bW}}{4\cdots 6}$
C 10, Ck 10	500...650	300	250	400	130	200	42...63
15 Cr 3	700...900	450	320[4])	450[4])	200[4])	270[4])	53...80
16 MnCr 5	800...1100	600	440[4])	820[4])	260[4])	370[4])	74...110
20 MnCr 5	1000...1300	700	500	800	280	400	84...125
15 CrNi 6	900...1200	650	450	720	250	360	75...113
18 CrNi 8	1200...1450	800	640[4])	1050[4])	370[4])	510[4])	107...160
Gußeisen mit Kugelgraphit (Auswahl) DIN 1693	Zug- | Biege-festigkeit	$\geqq$	σ_{bW}	$\approx 1{,}5\,\sigma_{bW}$	$\approx 0{,}58 \cdot \sigma_{bW}$	$\approx 0{,}82 \cdot \sigma_{bW}$	$\approx \frac{\sigma_{bW}}{4\cdots 6}$
GGG−38	380 | 750... 900	250	190[3])	280[5])	110	160	32...47
GGG−45	450 | 800...1100	350	200	295	120	170	33...50
GGG−60	600 | 900...1100	420	240[3])	380[5])	140	190	40...60
GGG−70	700 | 1100...1200	500	250	400	150	200	42...63

[4]) Dauerfestigkeitsdiagramme in Hänchen: Neue Festigkeitsberechnung für den Maschinenbau (1956) S. 72 f.

[5]) Dauerfestigkeitsdiagramme für GGG 40 und GGG 60 in Z. technica **19**, H. 11, S. 958

Tafel A7.1 Kerbwirkungszahlen β_{kb} für Biegung bei verschiedenen Kerbformen und zwei Werten der Werkstoffestigkeit $\sigma_B \approx$ 500 bzw. 1000 N/mm²; β_{kt} für Torsion s. Teil 1, A41ff. ($\beta_{kt} \approx 1{,}1 \cdots 2 \cdots 4$)

Kerbform	β_{kb} $\sigma_B \approx 500$ N/mm²	$\sigma_B \approx 1000$ N/mm²
polierte Oberfläche	1,0	1,0
geschliffene Oberfläche	1,15	1,25
Oberfläche korrodiert durch Leitungswasser	1,8	3,4
Oberfläche korrodiert durch Seewasser	2,5	5,4
umlaufende Halbkreiskerbe	2,0 2,6 4,5 (für ϱ/d = 0,1; 0,05; 0,01)	–
umlaufende Spitzkerbe (z. B. bei scharf geschnittenem Gewinde) (60°)	2,5	4,6
Rechteckkerbe (z. B. Ringnut)	≈ 2,5···3	–
Querbohrung	≧ 1,8 (für D/d = 5,7)	2,3 (für D/d = 5,7)
Rundungshalbmesser ϱ am Wellenabsatz D/d = 1,2	1,1 1,2 1,4 1,8 [1] (für ϱ/d = 0,3; 0,1; 0,03; 0)	1,16 1,35 1,7 2,2 [1] (für ϱ/d = 0,3; 0,1; 0,03; 0)
Verbindung mit Paßfeder oder Einlegekeil	> (1,8)···2,0	–
Welle mit Auslaufnut (ohne Keil)	1,4	1,65 (für σ_B = 700 N/mm [2])
Schrumpfsitz, Nabe zylindrisch („steif“)	> 1,9···2,0 [2]	–
Schrumpfsitz, Nabe kegelig („elastisch“)	> 1,55 [2]	–

[1]) Werte sind nach Bild **A4.1** umgerechnet aus Versuchswerten mit D/d = 2.

[2]) Zahlenwert ist eigentlich die sog. Spannungssteigerungszahl β_{Nb} für Nabenspitze. Sie wird in Berechnungen wie die β_{kb}-Werte eingesetzt.

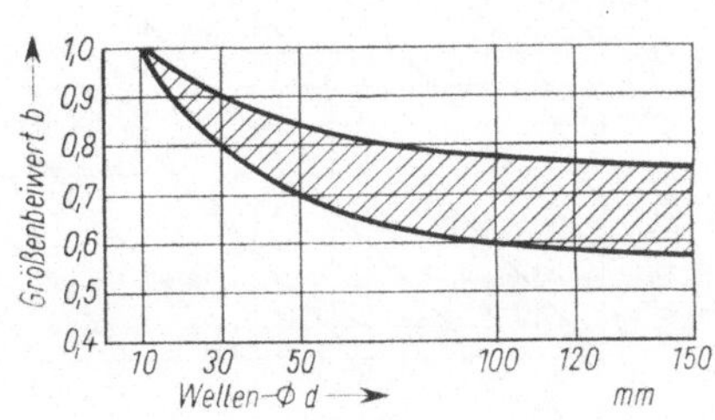

A7.2 Größenbeiwert b in Abhängigkeit vom Wellendurchmesser d (Streubereich schraffiert)

Tafel **A8.1** Zulässige Drehmomente bei $\tau_{t\,zul} = 15\ \text{N/mm}^2$ für Vorzugs-Wellendurchmesser nach DIN 668···671. $T_{zul} = \pi d^3 \tau_{t\,zul}/16$ Gl. (9.3)

d in mm	16	18	20	22	25	28	30	32	36	40	45
T_{zul} in Nm	12,1	17,2	23,6	31,3	46,0	64,7	79,5	96,4	137,5	188,5	268
d in mm	50	56	60	63	70	80	90	100	125	140	160
T_{zul} in Nm	368	517	635	735	1010	1510	2140	2945	5750	8090	12050

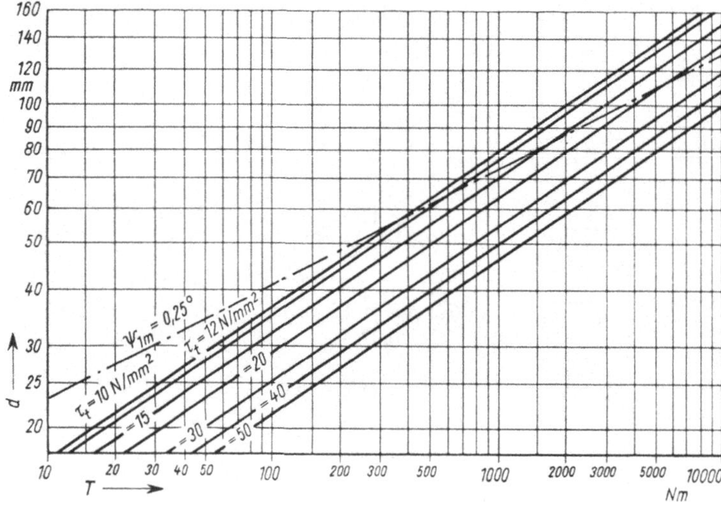

A8.2 Wellendurchmesser d in Abhängigkeit von Drehmoment T und Drehbeanspruchung τ_t
$d = \sqrt[3]{16\,T/(\pi \tau_t)}$

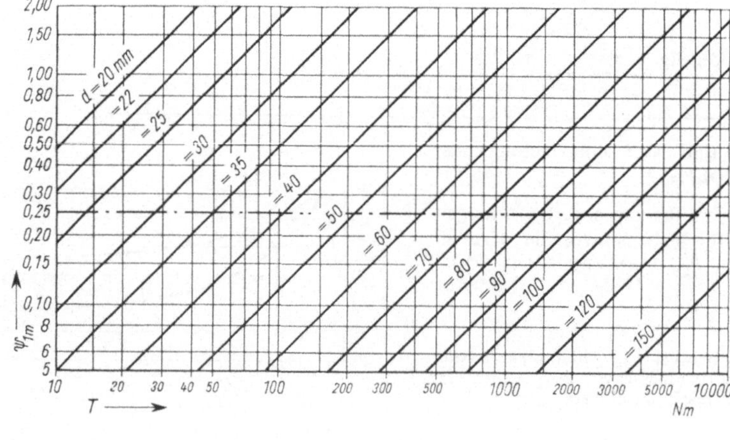

A8.3 Verdrehwinkel ψ_{1m} in Winkelgrad einer Welle von der Länge $l = 1$ m in Abhängigkeit von Drehmoment T und Wellendurchmesser d nach Gl. (16.2 bzw. 17.1)

Tafel **A9.**1 Abmessungen und übertragbare Drehmomente für zylindrische Wellenenden nach DIN 748

Die zylindrischen Wellenenden sind bestimmt für die Aufnahme von Riemenscheiben, Kupplungen und Zahnrädern. Nicht angegebene Maße und Einzelheiten, z. B. Paßfeder, Anfasung, Zentrierbohrung und Oberflächengüte sind entsprechend zu wählen.

Bezeichnung eines Wellenendes z. B. von $d = 140$, Passung m6 und $l = 250$: Wellenende 140 m6 × 250 DIN 748

Toleranzfeld k6 für d = 6...50 mm und m6 für d > 55 mm. Nach ISO bis d = 30 mm Toleranzfeld j6

Durchmesser und Längen der Wellenenden nach DIN 748 T1

d	*l* lang	*l* kurz	r^2) max.	d	*l* lang	*l* kurz	r^2) max.
6	16	–		48			1
7				50	110	82	
8	20	–		55			
9				60			
10	23	15		65	140	105	1,6
11				70			
12	30	18	0,6	75			
14				80			
16	40	28		85	170	130	
19				90			
20				95			2,5
22	50	36		100			
24				110	210	165	
25	60	42		120			
28				(130)			
30				140	250	200	
32	80	58		(150)			
35			1	160			4
38				(170)	300	240	
40				180			
42	110	82		(190)	350	280	
45				200			6

(Fortsetzung s. nächste Seite)

Zylindrische Wellenenden nach DIN 748

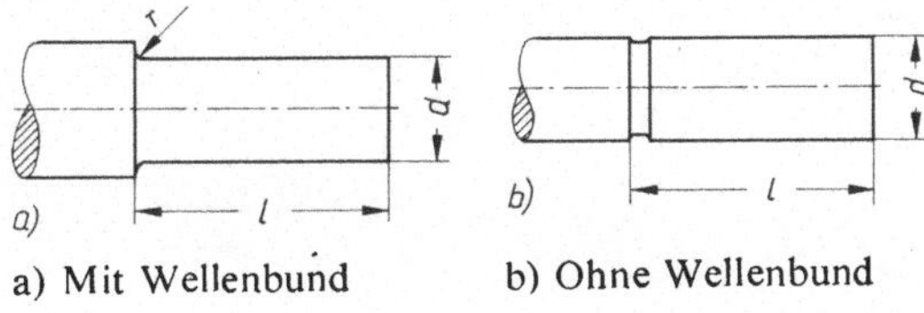

a) Mit Wellenbund b) Ohne Wellenbund

Fortsetzung Tafel **A9.1**

Übertragbare Drehmomente (Anhaltswerte) nach DIN 748

d	*T* N m Spalte a	*T* N m Spalte b	*T* N m Spalte c	*d*	*T* N m Spalte a	*T* N m Spalte b	*T* N m Spalte c
6	–	0,307	0,145	55	1 280	730	345
7	–	0,53	0,25	60	1 650	975	462
8	–	0,85	0,4	65	2 120	1 280	600
9	–	1,28	0,6	70	2 650	1 700	800
10	–	1,85	0,875	75	3 250	2 120	1 000
11	–	2,58	1,22	80	3 870	2 650	1 250
12	–	3,55	1,65	85	4 750	3 350	1 550
14	–	6	2,8	90	5 600	4 120	1 900
16	–	9,75	4,5	95	6 500	4 870	2 300
19	–	17,5	8,25	100	7 750	5 800	2 720
20	–	21,2	9,75	110	10 300	8 250	3 870
22	–	29	13,6	120	13 200	11 200	5 150
24	–	40	18,5	130	17 000	14 500	–
25	–	46,2	21,2	140	21 200	19 000	–
28		69	31,5	150	25 800	24 300	–
30	206	87,5	40	160	31 500	30 700	–
32	250	109	50	170	37 500	37 500	–
35	325	150	69	180	45 000	–	–
38	425	200	92,5	190	53 000	–	–
40	487	236	112	200	61 500	–	–
42	560	280	132	220	82 500	–	–
45	710	355	170	240	106 000	–	–
48	850	450	212	250	118 000	–	–
50	950	515	243	260	136 000	–	–

Spalte a: Übertragung eines reinen Drehmomentes
Spalte b: Gleichzeitige Übertragung eines Drehmomentes und eines bekannten Biegemomentes
Spalte c: Gleichzeitige Übertragung eines Drehmomentes und eines nicht bekannten Biegemomentes

Tafel **A11.1** Kegelige Wellenenden mit Außengewinde, nach DIN 1448 T 1, (Maße in mm)

Großer Kegel-∅ d_1	Außen-gewinde d_2	Längen l_1 lang	l_1 kurz	l_2 lang	l_2 kurz	l_3	Großer Kegel-∅ d_1	Außen-gewinde d_2	Längen l_1 lang	l_1 kurz	l_2 lang	l_2 kurz	l_3
6 7	M 4	16	–	10	–	6	25 28	M 16 ×1,5	60	42	42	24	18
8 9 10 11	M 6	20	–	12	–	8	30 32 35	M 20 ×1,5	80	58	58	36	22
		23	–	15	–	8							
12 14	M 8 ×1	30	–	18	–	12	38 40 42	M 24 ×2					
16 19	M 10 ×1,25	40	28	28	16		45 48	M 30 ×2	110	82	82	54	28
20 22 24	M 12 ×1,5	50	36	36	22	14	50 55	M 36 ×3					

Bezeichnung eines Wellenendes, z. B. von d_1 = 100 mm und Länge l_1 = 210 mm:
Wellenende 100 ×210 DIN 1448

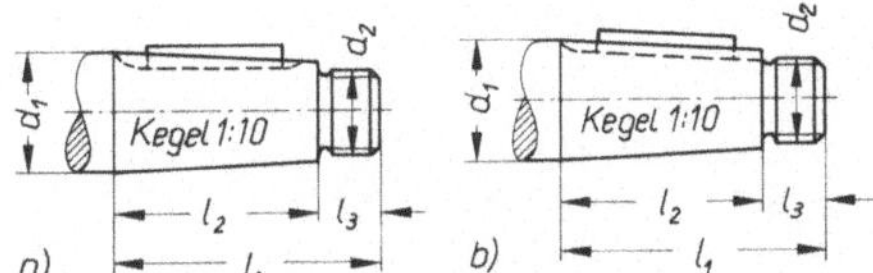

a) Paßfeder parallel zur Achse bis d_1 = 220 mm

b) Paßfeder parallel zum Kegelmantel von d_2 = 240 bis 630 mm

Tafel **A11.2** Wellendurchmesser biegsamer Wellen d in mm, abhängig von Drehfrequenz n und Leistung P (GEMO, Krefeld-Uerdingen)

Leistung P in kW	Drehfrequenz n in min⁻¹ 100	200	500	800	1000	1400	2000	2800	4000	5000	10000	20000	30000
0,04	13	10	10	8	8	6	6	5	5	3,2			
0,075	20	15	13	12	10	10	8	6	6	3,2	3,2		
0,18	25	25	20	15	15	13	12	10	8	5	4	3,2	3,2
0,37	35	30	25	20	20	15	13	12	10	6	5	4	3,2
0,75	40	35	30	30	25	20	20	15	13	10	6	5	5
1,1	45	40	35	35	30	25	20	15	15	12	8	5	5
1,5	50	45	40	35	35	30	25	20	15	13	10	6	–
2,2	60	55	50	45	40	35	30	25	20	20	12	7	–
3,7...4,4	–	60	55	50	50	45	40	35	30	25	–	–	–
6...7,3	–	–	60	60	55	50	45	40	35	–	–	–	–

Tafel **A12.1** Blanke Stellringe, leichte Reihe nach DIN 705 (Auswahl, Maße in mm)

d_1 H 8	b	d_2	Form A Gewindestift DIN 553	Form B d_4 für Kegelstift
12		22		4×26
14 15	12	25	M 6×8	4×30
16		28		4×32
18 20	14	32		5×36
22		36	M 6×10	5×40
24 25 26		40	*M* 8×10	6×45
28 30	16	45		6×50
32 34		50	M 8×12	8×55
35 36 38		56		8×60
40 42	18	63	M 10×15	8×70
45 48		70		8×80

Form A Befestigung durch Gewindestifte

Form B Befestigung durch Kegelstift DIN 1 oder Kegel-Kerbstift DIN 1471

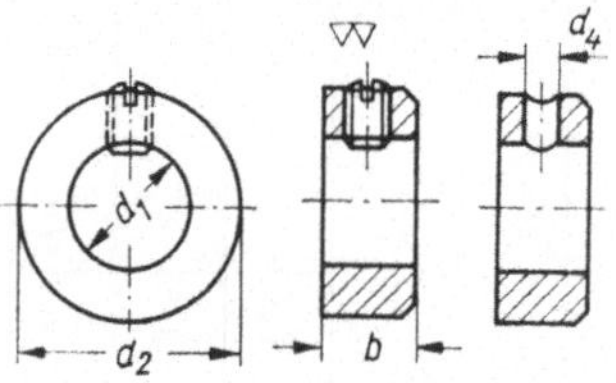

d_1 = 2···70 ein Gewindestift

d_2 = 72···200 zwei Gewindestifte um 135° versetzt

Weitere Stellringe s. Normblätter (leichte Reihe DIN 705, schwere Reihe DIN 703).

Tafel **A12.2** Lineare Wärmeausdehnungszahlen α in 10^{-6}/K

Stahl	Grauguß	Rotguß, Messing	Al-Legierungen	Kunststoffe
12	9	19···20	22···25	15···30

Arbeitsblatt 2: Gleitlager

Formelzeichen

A wärmeabgebende Oberfläche des Lagers
a_1, a_2 Maße in Bild 66.1
b Lagerbreite
c spezifische Wärme des Schmier- oder Kühlmittels
c_w spezifische Wärme des Wassers
D_a Lagerschalen-, Lagerbuchsen-Außendurchmesser
d Radiallager-Nenndurchmesser
d_1 Wellendurchmesser
d_2 Lagerbohrungsdurchmesser
e Zahlenwert für Engler-Viskosität E
E Elastizitätsmodul der Werkstoffpaarung
E_W, E_L Elastizitätsmodul von Welle und Lagerschale
F_n Lagerkraft (Belastungskraft)
h_0 kleinste Schmierfilmdicke im Betrieb
h_{min} kleinste Schmierfilmdicke an der unteren Drehfrequenzgrenze
$h_{0ü}$ kleinste Schmierfilmdicke bei Übergangsdrehfrequenz
k Faktor der Reibungszahl
n Betriebsdrehfrequenz
n_{min} untere Drehfrequenzgrenze bei Flüssigkeitsreibung
$n_ü$ Übergangsdrehfrequenz
M_b Biegemoment am Lagerdeckel, Grundkörper
P_R Reibungsleistung
$\bar{p}$ mittlerer Lagerdruck, mittlere Flächenpressung
pu Rechengröße für zul. spezif. Reibungsleistung
p_0 Hertzsche Pressung
Q_s Schmierstoffdurchsatz (Volumen je Zeiteinheit)
Q_k Kühlmitteldurchsatz
Q_w Kühlwasserdurchsatz
R_t Rauhtiefe der Gleitflächen
s Lagerspiel (bei Betriebstemperatur)
s_0 Fertigungsspiel
So Sommerfeldzahl
T_f Formtoleranz beim Zylinder (DIN 7182, Blatt 4)
u Umfangsgeschwindigkeit
$u_ü$ Umfangsgeschwindigkeit bei Übergangsdrehfrequenz
V Lagerzapfen-Volumen
w Luftgeschwindigkeit
W Erwärmungsfaktor beim Radiallager im Bereich So > 1
W' Erwärmungsfaktor beim Radiallager im Bereich So < 1
z Anzahl der Staufelder
α Längenausdehnungskoeffizient
α^* Wärmeabfuhrzahl
β Lagerbreitenverhältnis beim Radiallager
δ relative Schmierfilmdicke
η Betriebsviskosität (dynamische Viskosität)
ϑ Betriebstemperatur (mittlere Schmierfilmtemperatur)
ϑ_0 Umgebungstemperatur
ϑ_1 Schmierstoff-Eintrittstemperatur
ϑ_2 Schmierstoff-Austrittstemperatur
ϑ_{w1} Wasser-Eintrittstemperatur
ϑ_{w2} Wasser-Austrittstemperatur
μ Reibungszahl
ϱ Dichte
σ_b Biegespannung
τ Schubspannung
ψ relatives Lagerspiel (bei Betriebstemperatur)
ψ_0 relatives Lagerspiel (Fertigungsspiel)
ω Winkelgeschwindigkeit

Tafel A13.1

Formel			Kenn- und Richtwerte
Rechnungsgang für Radiallager			
Lagerbreitenverhältnis	$\beta = \frac{b}{d}$		
mittlerer Lagerdruck	$\bar{p} = \frac{F_n}{bd}$	Gl. (42.1)	
Umfangsgeschwindigkeit	$u = \pi d n$		

(Fortsetzung s. nächste Seite)

Fortsetzung Tafel A13.1

	Formel	Kenn- und Richtwerte
Lagerzapfenvolumen	$V = \frac{\pi d^2}{4} b$	
relatives Lagerspiel (falls s gegeben)	$\psi = \frac{s}{d}$	

Gesucht: Betriebstemperatur ϑ, Lagerspiel s (falls nicht vorgegeben), Reibungsleistung P_R, kleinste Schmierfilmdicke h_0, untere Drehfrequenzgrenze n_{min}, Übergangsdrehfrequenz $n_{ü}$, Schmierstoffdurchsatz Q_s, Kühlöldurchsatz Q_k, Wasserdurchsatz bei Ölrückkühlung Q_w, Hertzsche Pressung p_0

Rechnungsgang: Fall 1: Lagerspiel s nicht vorgegeben

Erwärmungsfaktor		s. S. 48
für So > 1	$W = \frac{30V\sqrt{\bar{p}n^3}}{\alpha^* A}$ Gl. (A14.1)	normal $\alpha^* = 20$ Nm/(m² s K)
für So < 1	$W' = \frac{75Vn^2}{\alpha^* A\psi}$ Gl. (60.1)	$\alpha^* = 7 + 12\sqrt{w}$ mit w in m/s (s. S. 48)
Betriebstemperatur ϑ für So > 1 mit W für ein gewähltes Öl mit der Zähigkeit in Pa s/50°C aus Bild A23.1 Falls ϑ höher als Grenztemperatur (70···90°C), zusätzliche Kühlung erforderlich (hierfür $\vartheta = 60$°C annehmen)		Bild A23.1 gilt nur für $\vartheta_0 = 20$°C. Für höhere Werte von ϑ_0 muß η aus Gl. (57.1) mit Gl. (A14.1) bestimmt werden. Für So < 1 aus Bild A23.2
Betriebsviskosität		
für So > 1	$\eta = \left(\frac{\vartheta - \vartheta_0}{W}\right)^2$ Gl. (57.1)	oder aus Bild A22.2
für So < 1	$\eta = \left(\frac{\vartheta - \vartheta_0}{W'}\right)^2$	
Ordinatenwert für Bild A24.1	$\frac{\eta n}{\bar{p}} \cdot \frac{2\beta}{1+\beta}$ Gl. (57.7)	
relative Schmierfilmdicke		
bei So = 1	$\delta_{(So=1)} = 0{,}5\,\frac{2\beta}{1+\beta}$ Gl. (57.6)	$\delta = \frac{2h_0}{s}$
relatives Lagerspiel ψ		Aus Bild A24.1 bei relativer Schmierfilmdicke $\delta = 0{,}2\cdots0{,}4$; für So > 1 muß ψ links von der Senkrechten für $\delta_{(So=1)}$ liegen.
Lagerspiel	$s = \psi d$	Ergibt sich für s ein Wert, der aus funktionellen Gründen nicht zulässig ist, so muß s festgelegt werden.

(Fortsetzung s. nächste Seite)

Fortsetzung Tafel **A13.1**

Formel	Kenn- und Richtwerte
Fall 2: Lagerspiel s vorgegeben	
relatives Lagerspiel $\psi = \frac{s}{d}$	
Sommerfeldzahl (vorläufiger Wert) $\mathrm{So} = \frac{\bar{p}\psi^2}{\eta 2\pi n}$ Gl. (44.2)	überschlägig rechnen unter Annahme einer Betriebstemperatur ($\approx 60\,°C$) und mit η_{60} feststellen, ob So > 1 oder So < 1 ist
Erwärmungsfaktor für So > 1 $W = \frac{30 V \sqrt{\bar{p} n^3}}{\alpha^* A}$ Gl. (A14.1) für So < 1 $W' = \frac{75 V n^2}{\alpha^* A \psi}$ Gl. (60.1)	
Betriebstemperatur ϑ Falls ϑ höher als Grenztemperatur (70···90 °C), zusätzliche Kühlung erforderlich; hierfür $\vartheta = 60\,°C$ annehmen	für So > 1 aus Bild **A23.1** für So < 1 aus Bild **A23.2**
Betriebsviskosität η für So > 1 $\eta = \left(\frac{\vartheta - \vartheta_0}{W}\right)^2$ Gl. (57.1) für So < 1 $\eta = \frac{\vartheta - \vartheta_0}{W'}$	oder aus Bild **A22.2**
Weiterer Rechnungsgang gilt für Fall 1 und Fall 2.	
Sommerfeldzahl $\mathrm{So} = \frac{\bar{p}\psi^2}{\eta 2\pi n}$ Gl. (44.2)	
Reibungszahl für So > 1 $\mu = \frac{3\psi}{\sqrt{\mathrm{So}}} = 7{,}5 \sqrt{\frac{\eta n}{\bar{p}}}$ Gl. (45.5) für So < 1 $\mu = \frac{3\psi}{\mathrm{So}} = 18{,}85 \frac{\eta n}{\psi \bar{p}}$ Gl. (45.4)	
Reibungsleistung $P_R = \mu F_n u$ Gl. (47.3)	
kleinste Schmierfilmdicke für So > 1 $h_0 = \frac{s}{2}\left(\frac{1}{2\mathrm{So}} \cdot \frac{2\beta}{1+\beta}\right) = \frac{s}{2}\delta$ Gl. (46.1) für So < 1 $h_0 = \frac{s}{2}\left(1 - \frac{\mathrm{So}}{2} \cdot \frac{1+\beta}{2\beta}\right)$ Gl. (46.2)	$\beta = b/d$

(Fortsetzung s. nächste Seite)

Fortsetzung Tafel **A13.1**

Formel	Kenn- und Richtwerte
Drehfrequenz bei So = 1 $n_{(So=1)} = \frac{\bar{p}\psi^2}{\eta 2\pi}$ Gl. (44.2)	nur zu rechnen, falls So < 1
Schmierfilmdicke bei So = 1 $h_{0(So=1)} = \frac{s}{4} \cdot \frac{2\beta}{1+\beta}$ Gl. (46.1)	nur zu rechnen, falls So < 1
untere Drehfrequenzgrenze bei Flüssigkeitsreibung Gl. (47.1)	
für So > 1 $n_{min} = \frac{h_{min}}{h_0} n$	Werte für h_{min} aus Bild **A24.2**
für So < 1 $n_{min} = \frac{h_{min}}{h_{0(So=1)}} n_{(So=1)}$	
Übergangsdrehfrequenz Gl. (47.2)	
für So > 1 $n_ü = \frac{h_{0ü}}{h_0} n$	Werte für $h_{0ü}$ aus Bild **A24.2**
für So < 1 $n_ü = \frac{h_{0ü}}{h_{0(So=1)}} n_{(So=1)}$	
Schmierstoffdurchsatz $Q_s \approx 0{,}75 h_0 b u$ Gl. (49.2)	
Kühlöldurchsatz bei zusätzlicher Kühlung $Q_k = \frac{P_R}{c\varrho(\vartheta_2 - \vartheta_1)}$ Gl. (49.1)	$c\varrho \approx 1670 \cdot 10^3$ Nm/(m³ K) $\vartheta_2 - \vartheta_1 \approx 10$K bis max 20K
erford. Kühlwasserdurchsatz für Ölrückkühlung $Q_w = \frac{P_R}{c_w \varrho_w(\vartheta_{w2} - \vartheta_{w1})}$ Gl. (49.1)	$c_w \varrho_w \approx 4189 \cdot 10^3$ Nm/(m³ K) $\vartheta_{w2} - \vartheta_{w1} \approx 5$ K
result. Elastizitätsmodul $E = \frac{2E_L E_W}{E_L + E_W}$ Gl. (50.1)	E_L = Elastizitätsmodul des Lagerwerkstoffes (s. VDI - Richtl. 2203) E_L für LgSn80 $\approx 6 \cdot 10^{10}$ N/m² E_L fürG-SnBz12 $\approx 11 \cdot 10^{10}$ N/m E_W für Stahl $= 21 \cdot 10^{10}$ N/m²
Hertzsche Pressung $p_0 = 0{,}591 \sqrt{E\bar{p}\psi}$ Gl. (50.1)	
relatives Fertigungsspiel $\psi_0 = \psi + [\alpha_w(\vartheta - \vartheta_0) - \alpha_L\ 0{,}7\ (\vartheta - \vartheta_0)]$ Gl. (58.2)	Längenausdehnungskoeffizient des Wellenwerkstoffes α_W des Schalenkörpers α_L
Fertigungsspiel $s_0 = \psi_0 d$ Gl. (58.3)	Tafel **A12.2**

(Fortsetzung s. nächste Seite)

Fortsetzung Tafel A13.1

	Formel		Kenn- und Richtwerte
Grundkörper, Deckel			
Grundkörper	$\sigma_{b1} = \frac{M_{b1}}{W_{b1}} \leqq \sigma_{b\,zul}, \quad M_{b1} = \frac{F}{2} a_1$	Gl. (66.1) Bild **66.1**	$\sigma_{b\,zul} \approx 30$ N/mm² (GG) $\sigma_{b\,zul} \approx 50$ N/mm² (GS)
	$\sigma_{b2} = \frac{M_{b2}}{W_{b2}} \leqq \sigma_{b\,zul}, \quad M_{b2} = \frac{F}{2} a_2$	Gl. (66.2)	
Deckel	$\sigma_b = \frac{M_b}{W_b} \leqq \sigma_{b\,zul}$ mit $M_b = \frac{F}{2}\left(\frac{e}{2} - \frac{d}{4}\right)$	Gl. (67.1) Bild **67.1**	$\sigma_{b\,zul} \approx 30$ N/mm² (GG) $\sigma_{b\,zul} \approx 50$ N/mm² (GS)
Schalen, Ausguß			
Dicken von Lagerbuchse	$D_a = 1{,}1\, d_2 + 5$ in mm mit d_2 in mm	Gl. (63.1)	Buchsen oder Schalen aus GG wenige Millimeter dicker, als nach Gl. (63.1) ermittelt
Lagerschale	$D_a = 1{,}1\, d_2 + 6$ in mm mit d_2 in mm		
Ausguß			Weißmetall 0,1···3 mm Bleibronze 0,2···3 mm
Anordnung der Schmiernuten			Abschn. 2.4.1

Rechnungsgang für Axiallager:

Gegeben: Belastungskraft F, zul. mittlerer Lagerdruck $\bar{p}_{zul}$ (s. Tafel **A19.1**) Betriebsdrehzahl n, Drehrichtung links rechts beide, Werkstoffpaarung, Umgebungstemperatur ϑ_0, Öl dyn. Viskosität bei 50°C η_{50}

Annahmen: Verhältnis $l/b = 0{,}7 \cdots 1{,}2$, Keilspaltverhältnis $\varepsilon = 0{,}8 \cdots 1{,}25 \cdots 2$, Segmentzahl z. Für kippbewegliche Segmente Faktor $\xi = f(\varepsilon)$; (optimale Tragfähigkeit des Lagers für $\varepsilon = 1{,}25$ mit $\xi = 0{,}42$),

Faktor $\xi = f(\varepsilon)$

ε	0	0,5	0,8	1,0	1,25	1,5	2,0	2,5
ξ	0,5	0,462	0,445	0,432	0,420	0,408	0,390	0,378

Berechnete Größen:	z Anzahl der Staufelder
Keilspaltlänge $l = \sqrt{\frac{F}{\bar{p} z} \frac{l}{b}}$	Radiale Ringbreite $b = l \left(\frac{b}{l}\right)$

(Fortsetzung s. nächste Seite)

Fortsetzung Tafel **A13.1**

Formel		Kenn- und Richtwerte
Mittl. Durchmesser	$d_m = (1{,}25 \cdots 1{,}5)\ l\ \frac{z}{\pi}$	Außendurchmesser $d_a = d_m + b$
Schwerpunktdurchmesser	$d_s = \sqrt{0{,}5\,(d_a^2 + d_i^2)}$	Innendurchmesser $d_i = d_m - b$
Mittlere Umfangsgeschwindigkeit	$u = \pi d_m n$	
Lage des Unterstützungspunktes bei kippbeweglichen Segmenten von der ablaufenden Kante bezogen auf d_s	bei einer Drehrichtung $x = \xi l d_s/d_m$; bei zwei Drehrichtungen $x = 0{,}5\ l d_s/d_m$	
Segmentdicke bei punktförmiger Unterstützung kippbew. Segmente	$h_{seg} = 0{,}25 \sqrt{b^2 + l^2}$	Wärmeabgebende Oberfläche A (nur erford., wenn keine zusätzliche Kühlung vorgesehen)

Gesucht:
Betriebstemperatur ϑ, Reibungsleistung P_R, kleinster Schmierspalt h_0, Keiltiefe t, Lage des Unterstützungspunktes x, untere Drehzahlgrenze n_{min}, Übergangsdrehzahl $n_ü$, Schmierstoffdurchsatz Q_s, Kühlöldurchsatz Q_k, Wasserdurchsatz bei Ölrückkühlung Q_w

Formel	Kenn- und Richtwerte
Erwärmungsfaktor $W_{ax} = \frac{ku\sqrt{Fluz}}{\alpha^* A} = \frac{\Phi_{ax}}{\alpha^* A}$ Gl. (A18.1) (Ableitung von W_{ax} und Φ_{ax} vgl. S. 47 u. 48)	Faktor k der Reibungszahl aus Bild **A24.4** als Funktion von l/b und ε $k \approx 3$ $\alpha^* = 20$ N m/(m²sK) oder s. S. 48
Betriebstemperatur ϑ aus Bild **A23.1** Falls ϑ höher als Grenztemperatur (70···90 °C), zusätzliche Kühlung erforderlich (hierfür $\vartheta = 60$ °C annehmen und mit η_{60} aus Bild **A23.1** weiterrechnen)	ϑ aus Bild **A23.1** wie für Radiallager mit So > 1, weil für die Reibungszahl die Wurzelgleichung wie für Radiallager mit So > 1 gilt, da keilförmiger Reibraum.
Betriebsviskosität $\eta = \left(\frac{\vartheta - \vartheta_0}{W_{ax}}\right)^2$ Gl. (57.1)	oder η aus Bild **A22.2**
Reibungszahl $\mu = k\sqrt{\frac{\eta u}{b\bar{p}}}$ Gl. (A18.2)	(Vergleiche $\mu = k\sqrt{\eta\omega/\bar{p}}$ in der Stribeck-Kurve Bild **44.1**) Faktor k aus Bild **A24.4** als Funktion von l/b *und* ε
Reibungsleistung $P_R = \mu F u = ku\sqrt{Fluz\eta}$ Gl. (A18.3)	
Tragzahl So_{ax} aus Bild **A24.3** $So_{ax} = \frac{\bar{p}h_0^2}{\eta u b}$ Gl. (A18.4)	Die Tragzahl So_{ax} ist sowohl von dem Keilspaltverhältnis ε als auch von l/b abhängig
Kleinster Schmierspalt $h_0 = \sqrt{So_{ax}\frac{\eta u b}{\bar{p}}}$ Gl. (A18.5)	

(Fortsetzung s. nächste Seite)

Fortsetzung Tafel **A13.1**

Formel		Kenn- und Richtwerte
Keiltiefe für eingearbeitete Keilflächen $t = \varepsilon h_0$	Gl. (A19.1)	t s. Bild **69.2**
Untere Drehzahlgrenze bei Flüssigkeitsreibung (h_{min} aus Rauhtiefe abschätzen) $n_{min} = \dfrac{\bar{p} h^2_{min}}{So_{ax} \eta d_m b \pi} = \left(\dfrac{h_{min}}{h_0}\right)^2 n$	Gl. (47.1)	
Übergangsdrehzahl ($h_{0ü}$ aus Rauhtiefe abschätzen) $n_ü = \dfrac{h_{0ü}}{h_0} n$	Gl. (47.2)	
Schmierstoffdurchsatz $Q_s = \varphi b h_0 u z$	Gl. (49.2)	Durchsatzfaktor $\varphi = 0{,}7$
Kühlöldurchsatz bei zusätzlicher Kühlung $Q_k = \dfrac{P_R}{c \varrho (\vartheta_2 - \vartheta_1)}$	Gl. (49.1)	$c\varrho \approx 1670 \cdot 10^3$ N m/(m³ K) $\vartheta_2 - \vartheta_1 \approx 10$ K bis max. 20 K
Kühlwasserdurchsatz bei Ölrückkühlung $Q_w = \dfrac{P_R}{c_w \varrho_w (\vartheta_{w2} - \vartheta_{w1})}$	Gl. (49.1)	$c_w \varrho_w \approx 4189 \cdot 10^3$ N m/(m³ K) $\vartheta_{w2} - \vartheta_{w1} \approx 5$ K

Tafel **A19.1** Erfahrungswerte für p_{zul} und u_{zul}[1])

Die geeignete Wahl der Zahlenwerte für p und u ist in hohem Maße von der Gesamtkonstruktion sowie von der Oberflächengüte von Zapfen und Lagerlauffläche wie auch von den Betriebsbedingungen abhängig und wird in der Praxis häufig durch Versuche bestimmt.

Umrechnung: $1\,\text{N/mm}^2 = 1\,\text{MN/m}^2 = 1\,\text{MPa} = 10\,\text{bar} \approx 0{,}1\,\text{kp/mm}^2 = 10\,\text{kp/cm}^2$

Anwendungsgebiet			p_{zul} bzw. $p_{m\,zul}$[2]) in N/mm²	u_{zul} in m/s	Werkstoff der Lagerlauffläche[3])
Radiallager					
Lager in	Langsamläufer	Pleuel	12		WM
Kraftfahrzeug-		Kurbelwelle	8		WM
und Flugmotoren	Schnelläufer	Pleuel	20		Pb Bz
		Kurbelwelle	18		Pb Bz

Fußnoten Tafel **A19.1**

[1]) Nach Hütte. Des Ingenieurs Taschenbuch. Bd. II A, 28. Aufl. Berlin 1958, und Niemann, G.: Maschinenelemente. Band I. 6. Neudruck. Berlin – Heidelberg – New York 1963.

[2]) Bei Kolbenmaschinen ist p_m Mittelwert des Lagerdrucks, der während einer Umdrehung schwankt.

[3]) Lagerlauffläche: WM Weißmetall nach DIN 1703; Pb Bz Bleibronze nach DIN 1716; GG Graues Gußeisen nach DIN 1691.

Zapfen-Gegenwerkstoff richtet sich nach der Maschinenart, Beispiele: Allgemein blanke Stahlwellen DIN 1651, DIN 1652; warmgewalzter Stahl St 50-1; St 50-2 oder St 60-1; St 60-2 DIN 17100; Dampfturbinenvergüteter CrNiMoV-Stahl (nicht genormt); große Kurbelwellen St 50 bis St 60, z. T. mit von der Norm abweichender (verschärfter) Gewährleistung, in Einzelfällen Oberfläche flammengehärtet; Kraftfahrzeug- und Flugmotore legierter Vergütungsstahl DIN 17200.

(Fortsetzung s. nächste Seite)

Fortsetzung Tafel **A19.1**

Anwendungsgebiet			p_{zul} bzw. $p_{m\,zul}$ [2]) in N/mm²	u_{zul} in m/s	Werkstoff der Lagerlauffläche[3])
Radiallager					
Lager in Kolben-Dampfmaschinen, -verdichtern und -pumpen	Kreuzkopf- und Kolbenbolzen		12		WM, Pb Bz
	Stirnkurbel	Pleuel	9	2,5	WM, Pb Bz
		Wellenlager	3,5	3,5	WM, Pb Bz
	gekröpfte Kurbel	Pleuel	7,5	3,5	WM, Pb Bz
		Wellenlager	4,5	3,5	WM, Pb Bz
	Kreuzkopf	Gleitschuh	0,4		WM
			0,3		GG
	Außenlager (Schwungrad)		2,5	3	WM
Lager in Turbomaschinen, auch Dampfturbinen			0,8	60	WM
			1,5	60	Pb Bz
Transmissionslager			0,2	3,5	GG
			0,8	1,5	GG
			0,5	6	WM
			1,5	2	WM
Kunststofflager	Zahlenwerte aus Versuchen[4]) mit Polyamid: Ultramid B[5])		a) 1	0,75	Ultramid-B-Gleitschicht 0,3 mm dick, aufgesintert auf Stahlbuchse[6])
			b) 0,4	1,5	
			c) 0,175	2,5	
Axiallager					
Segmentlager			1···8	60	Pb Bz
Segmentlager			1···4	40	WM

[4]) Versuche wurden nach 1200 h mit weniger als 0,06 mm Verschleiß abgebrochen.

[5]) VDI-Nachrichten (1963), Nr. 16, S. 5. Weitere Angaben über artverwandte Kunststofflager: Haudenschild, H.: Gleitlager aus Kunststoff. Neue Zürcher Zeitung 1. März 1961, Nr. 743. Wegen der sehr schnellen Entwicklung im Kunststoffbereich wird auf die Beratungsstelle für Kunststoffe Frankfurt/Main verwiesen, die die neuesten Werte zur Verfügung stellen kann.

[6]) Gegenwerkstoff Stahl, gehärtet und geschliffen

Tafel **A21**.1 Werte für das Produkt $(pu)_{zul}$ bzw. $(p_m u)_{zul}$[1]) in $Nm/(s\,mm^2)$ (zur Kontrolle, ob Lager ohne künstliche Kühlung gefahren werden kann)

Radiallager	
übliche Gleitlager mit Flüssigkeitsreibung in ruhender Luft, Raumtemperatur 20 °C	$pu_{zul} = 0{,}8 \cdots 2$
Achsen von Eisenbahnwagen, Kühlung durch Fahrwind	$pu_{zul} = 3{,}5 \cdots 5$
Kurbelzapfen ortsfester Kolbenmaschinen	$p_m u_{zul} = 2 \cdots 6$
Kurbelzapfen von Schiffskolbenmaschinen	$p_m u_{zul} = 5 \cdots 7$
luftgekühlte Kurbelzapfen von Lokomotiven	$p_m u_{zul} = 7 \cdots 10$
Lagerversuche mit Polyamid nach Tafel **A19**.1	a) $pu_{zul} = 0{,}75$
	b) $pu_{zul} = 0{,}6$
	c) $pu_{zul} = 0{,}44$
Axiallager[2])	
Umlaufschmierung	$pu_{zul} \leqq 2$
Druckschmierung	$pu_{zul} \leqq 6$
Bundlager	$pu_{zul} \leqq 4$

[1]) Tafel **A19**.1 Fußnote 2
[2]) In Einzelfällen auch wesentlich höhere Werte

Tafel **A21**.2 Richtwerte für $\beta = b/d$ bei Gleitlagern

b/d	Verwendung	Bemerkungen
$0{,}5 \cdots 0{,}8$	Kurbelwellen von Kraftfahrzeug- und Flugmotoren	Flüssigkeitsreibung gesichert, Kühlwirkung des Schmieröls zweckmäßig, kurze Baulänge der Welle aus konstruktiven Gründen erforderlich
$0{,}8 \cdots 1{,}0$	allgemein, z. B. Pumpen, Kolbendampfmaschinen, Dampfturbinen, Werkzeugmaschinen, Transmissionen	Flüssigkeitsreibung gesichert, nur bei sehr biegungsweichen Wellen Einstellbarkeit erforderlich
$1{,}0 \cdots 1{,}2$	Transmissionen, Kranbau, Pressen, Landmaschinen, Werkzeugmaschinen mit Umfangsgeschwindigkeiten $u \leqq 1$ m/s	geringe Umfangsgeschwindigkeit, hohe Belastung. Kantenpressung muß sorgfältig vermieden werden

Tafel **A21**.3 Relatives Lagerspiel $\psi = s/d$ in Gleitlagern; Werte sollen nicht unterschritten werden

Weißmetallager $0{,}0004 \cdots 0{,}0006$	Leichtmetallager $0{,}0013 \cdots 0{,}0017$	Kunststofflager $0{,}003 \cdots 0{,}004$
Bleibronzelager $0{,}002 \cdots 0{,}003$	Graugußlager $0{,}001 \cdots 0{,}002$	Ultramid-B 0,0075
	Sintermetallager $0{,}002 \cdots 0{,}004$	

Tafel **A22.1** Bezeichnung, Verwendung, Viskosität[1]) von Schmierölen

Bezeichnung, Verwendung		Viskosität in E	in Pa s	bei der Temperatur in °C
Spindelöl		1,8···12	0,008···0,078	20
Feinmechanikeröl		1,8	0,008	20
Lageröl für	schnellaufende Zapfen	1,8···4	0,008···0,025	50
	normal belastete Zapfen	4 ···7,5	0,025···0,048	50
	hoch belastete Zapfen	über 7,5	über 0,048	50
Motorenöl (Sommer)		über 8	über 0,051	50
Motorenöl (Winter)		4,5···8	0,028···0,051	50
Dampfturbinenöl		2,5···7	0,015···0,044	50

[1]) Einheit für die dynamische Viskosität:
1 Pa s = 1 Ns/m^2 = 1 kg/(sm) = 10^3 cP (Centipoise; bisher gebräuchlich)
Einheit für die kinematische Viskosität:
1 m^2/s = 1 Pa s m^3/kg = 10^4 St = 10^6 cSt (Centistokes; bisher gebräuchlich)

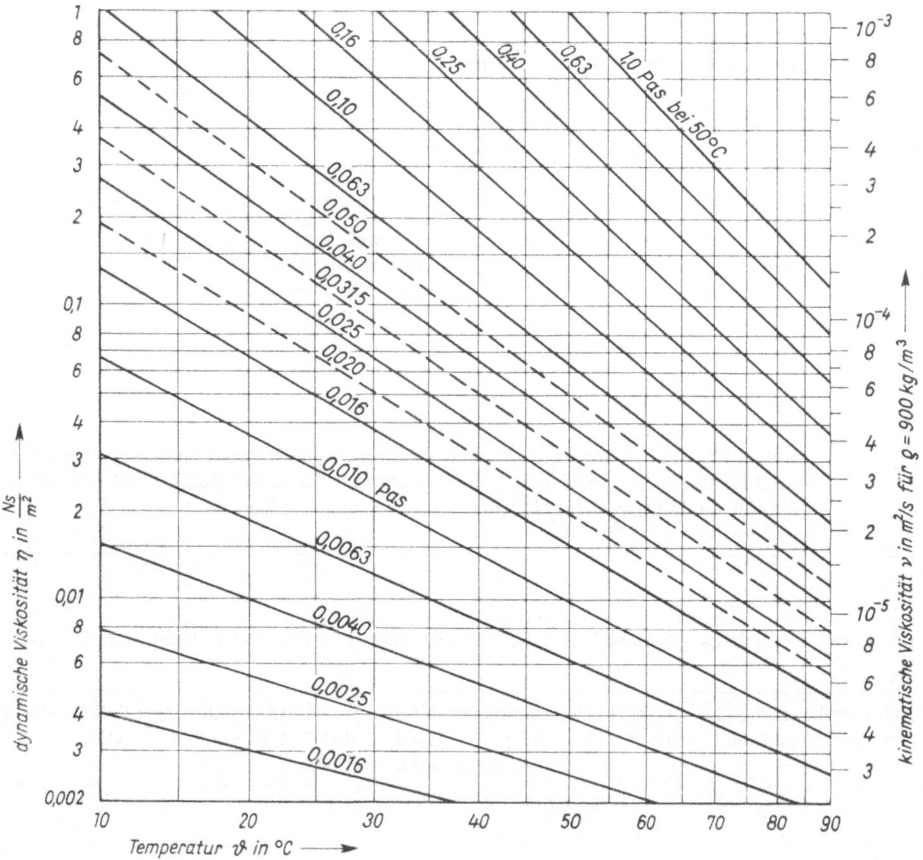

A22.2 Normöle für die Lagerberechnung im Viskositäts-Temperatur-Diagramm nach G. Niemann

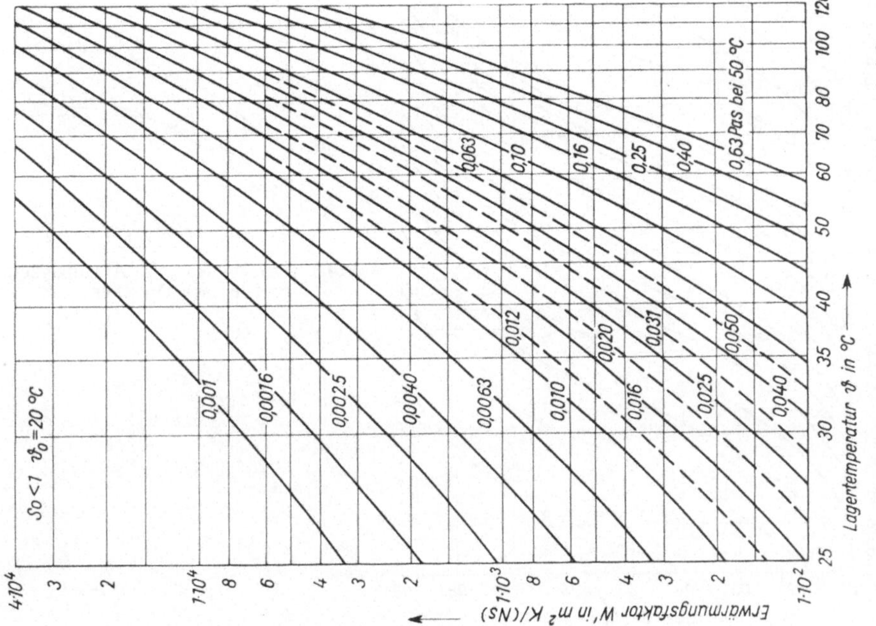

A23.2 Diagramm zur Bestimmung der Lagertemperatur bei So < 1 und $\vartheta_0 = 20°C$

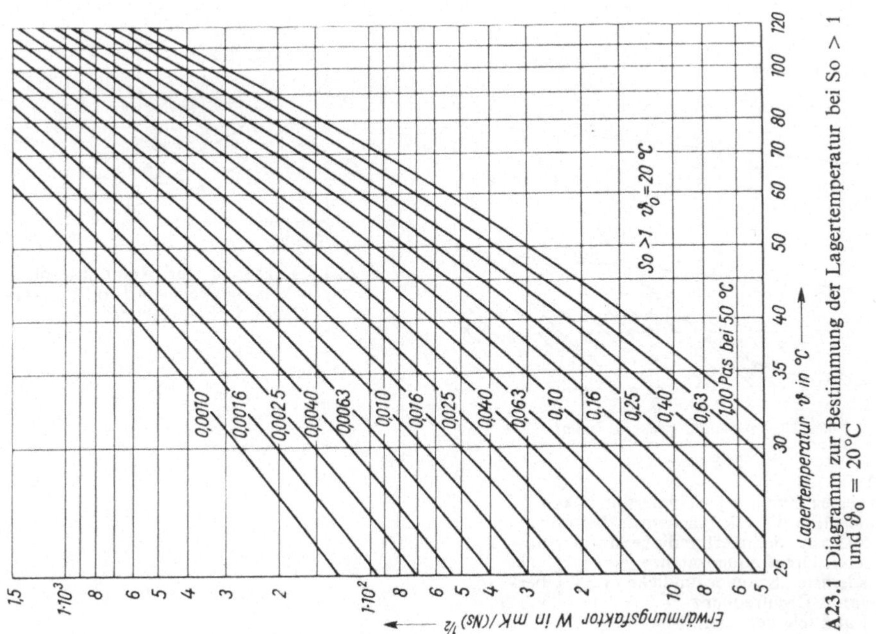

A23.1 Diagramm zur Bestimmung der Lagertemperatur bei So > 1 und $\vartheta_0 = 20°C$

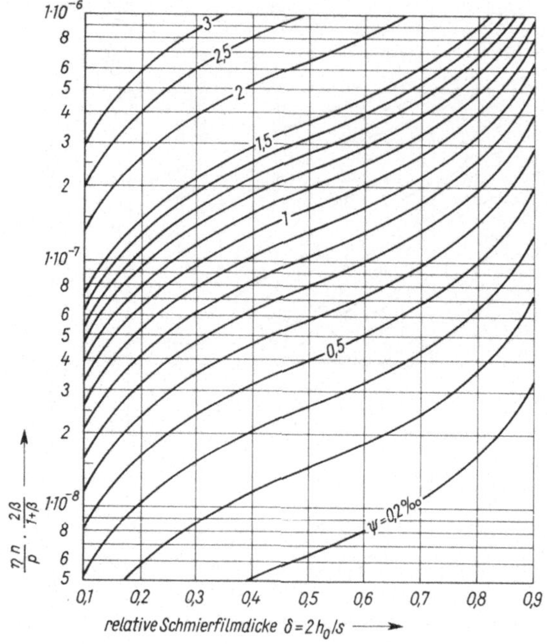

A24.1 Zusammenhang zwischen Lagerspiel und relativer Schmierfilmdicke; gilt für $\beta = 1$ exakt und für $\beta \neq 1$ im Bereich $\beta = 0{,}5 \cdots 2{,}0$ mit ausreichender Näherung

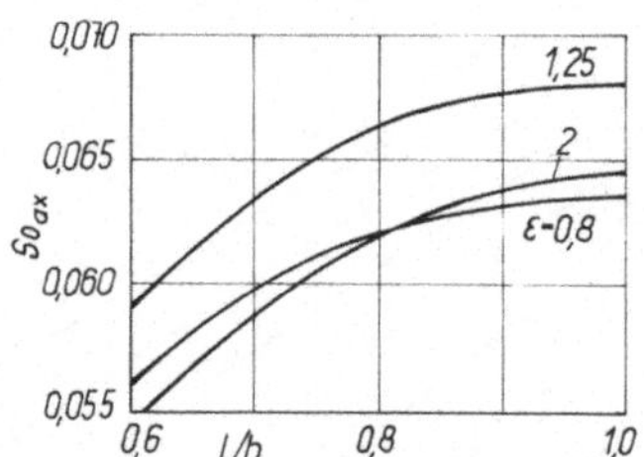

A24.3 Tragzahl So_{ax} in Abhängigkeit von L/b nach Drescher

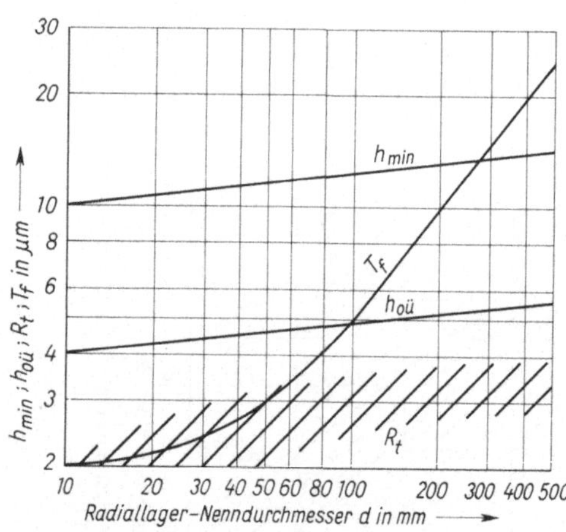

A24.2
Richtwerte für zulässige Schmierfilmdicken und die Güte der Gleitflächenbearbeitung
h_{min} Kleinste Schmierfilmdicke an der unteren Drehfrequenzgrenze
$h_{oü}$ Kleinste Schmierfilmdicke bei Übergangs-Drehfrequenz
R_t Rauhtiefe der Gleitflächen
T_f Formtoleranz beim Zylinder

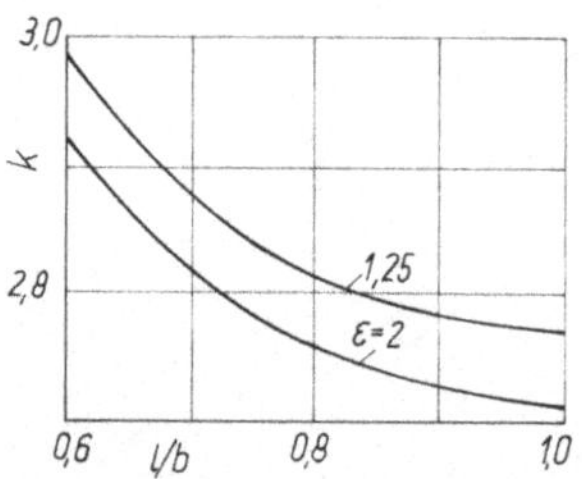

A24.4 Faktor k der Reibungszahl in Abhängigkeit von L/b für Axiallager nach A. Steller

Arbeitsblatt 3: Wälzlager

Formelzeichen

B (und T)	Lagerbreite	L_0	nominelle Lebensdauer in 10^6 Umdrehungen
C	Ringbreite; dynamische Tragzahl	L_u	wirkliche Lebensdauer in Umdrehungen
C_0	statische Tragzahl	L_{500}	Lebensdauer 500 Betriebsstunden
D	Lageraußendurchmesser	n	Drehfrequenz der Welle
D_g	Außendurchmesser der Gehäusescheibe	n_0	Drehfrequenz $33^1/_3$ min^{-1}
d	Wellendurchmesser	$n_1 \cdots n_i$	zu den Belastungen $F_1 \cdots F_i$ gehörige Drehfrequenzen
d_g	Innendurchmesser der Gehäusescheibe	P, P_a	äquivalente Belastung in radialer bzw. axialer Richtung
d_w	Innendurchmesser der Wellenscheibe	P_V	Verlustleistung
e_0	optimales Lagerspiel	p	Exponent
$F, F_1 \cdots F_i$	Belastungen	$q_1 \cdots q_i$	Anteil der Wirkungsdauer von $F_1 \cdots F_i$
F_a	Axiallast	r, r_1	Kantenabstand
F_c	konstante Grundbelastung	T (und B)	Lagerbreite
F_r	Radiallast	T_R	Reibungsmoment
f_L	Lebensdauerfaktor	V	Vergrößerung des Lagerspiels durch Verschleiß
f_n	Drehfrequenzfaktor	v	Umfangsgeschwindigkeit
f_v	Verschleißfaktor	X, X_0	Radialfaktor
f_z	Stoßfaktor	Y, Y_0	Axialfaktor
f_ϑ	Temperaturfaktor	α	Berührungswinkel
H	Einbaubreite des vollständigen Axiallagers	μ	Reibungszahl
L	Lebensdauer in 10^6 Umdrehungen bei Belastung F bzw. P	ω	Winkelgeschwindigkeit

Tafel A25.1

Formel			Kenn- und Richtwerte
dynamische Belastung			
Lebensdauergleich.	$L_u/L_0 = (C/F)^p$	Gl.(81.1)	C Tafel A33.1[1])
Lebensdauer	$L = (C/F)^p$ in 10^6 Umdreh.	Gl.(81.2)	Kugellager $p = 3$
zulässige Belastung	$F = C\sqrt[p]{1/L}$ in N	Gl.(81.2)	Rollenlager $p = 10/3$
Tragzahl	$C = F\sqrt[p]{L}$ in N	Gl.(81.2)	
	$\dfrac{C}{F} = \dfrac{f_L}{f_n f_\vartheta}$	Gl.(82.4)	f_L, f_n, f_ϑ Tafel A27.1

[1]) S. a. Unterlagen der Wälzlager-Hersteller.

(Fortsetzung s. nächste Seite)

Fortsetzung Tafel **A25**.1

Formel			Kenn- und Richtwerte
äquivalente Belastung (dynamisch)			
Radiallast, zusätzlich Axiallast	$P = XF_r + YF_a$	Gl. (83.1)	X, Y Tafel **A28**.1, **A29**.1
Axiallast, zusätzlich Radiallast	$P_a = XF_r + YF_a$	Gl. (83.1)	
Belastung zwischen F_{min} und F_{max}	$P = (F_{min} + 2F_{max})/3$	Gl. (83.2)	
verschiedene Belastungen jeweils mit anderer Drehfrequenz	$P = \sqrt[p]{F_1^p \frac{n_1}{33^1/_3} \cdot \frac{q_1}{100} + \cdots F_i^p \frac{n_i}{33^1/_3} \cdot \frac{q_i}{100}}$	Gl. (83.3)	
Tragzahl hierzu	$C = f\sqrt[p]{F_1^p \frac{n_1}{33^1/_3} \cdot \frac{q_1}{100} + \cdots F_i^p \frac{n_i}{33^1/_3} \cdot \frac{q_i}{100}}$ mit F in N, n in min^{-1}, q in %	Gl. (83.4)	
konstante Grundbelastung mit Stößen	$P = F_c f_z$	Gl. (83.5)	f_z Tafel **A27**.1
äquivalente Belastung (statisch)			
Radiallast, zusätzlich Axiallast	$P_0 = X_0 F_r + Y_0 F_a$	Gl. (84.1)	X_0, Y_0 Tafel **A30**.1
Axiallast, zusätzlich Radiallast	$P_0 = F_a + 2{,}3 F_r \tan\alpha$	Gl. (84.2)	
Verschleiß	Ermittlung der Gebrauchsdauer	Tafel **A30**.1	
Reibung			
Reibungsmoment	$T_R = \mu F_r d/2$	Gl. (79.1)	μ Tafel **A38**.2
Reibungsverlustleistung	$P_V = T_R \omega$	Gl. (79.2)	

Erläuterungen (s. a. Beispiele 1 bis 9 S. 102f. und Einbauspiele S. 104ff.)

I. Für den **Wellendurchmesser** ist meist der Mindestwert vorgeschrieben (s. Abschn. 1 und Arbeitsbl. 1).

II. Bestimmend für die **Lagerbauart** (Abschn. 3.3.4) sind

1. Lastrichtung	radial, axial, beides (Berührungswinkel)
2. Höhe der Last	Maßgruppe
3. Festlager oder Loslager	Führungslager, Stützlager oder Einstellager; Passung
4. Schwenkbarkeit	Schwenkwinkel
5. Drehfrequenz	bei hoher Drehfrequenz Sonderkäfig
6. Radial- und Axialspiel	Lagerart, Einstellung bei geteilten Lagern, Genauigkeitslager
7. Ausbau, Einbau	Erleichterung durch geteilte Lager, Spannhülse, Abziehhülse

(Fortsetzung s. nächste Seite)

Fortsetzung Tafel **A25**.1

III. Passung (Tafel A37.1)

1. Umfangslast auf den Innen- oder Außenring
2. Verschiebemöglichkeit bei Loslagern
3. Wärmeausdehnung
4. Erschütterungen
5. Spielfreiheit im Betrieb
6. E-Modul des Gegenwerkstoffs

IV. Schmierung und Schmiermittel

Meist mit Fett; mit Öl bei hoher Umfangsgeschwindigkeit, bei Lagern von Meßeinrichtungen und in ölgeschmierten Räumen (Getriebegehäuse). Schutz vor Überschmierung konstruktiv vorsehen

V. Abdichtung

Gegen Schmiermittelaustritt und Eintritt von Schmutz, Wasser, Staub (Gefahr stark, mäßig, gering)

VI. Nachrechnung bzw. Bestimmung der Lagergröße nach Tafel **A25.1**, **A33.1**, **A34.1**, **A35.1** und **A36.1**

Tafel **A27**.1 Drehfrequenz und Lebensdauer-Faktor für $p = 3$ in Gl. (82.1) und (82.2). Temperaturfaktor in Gl. (82.4)

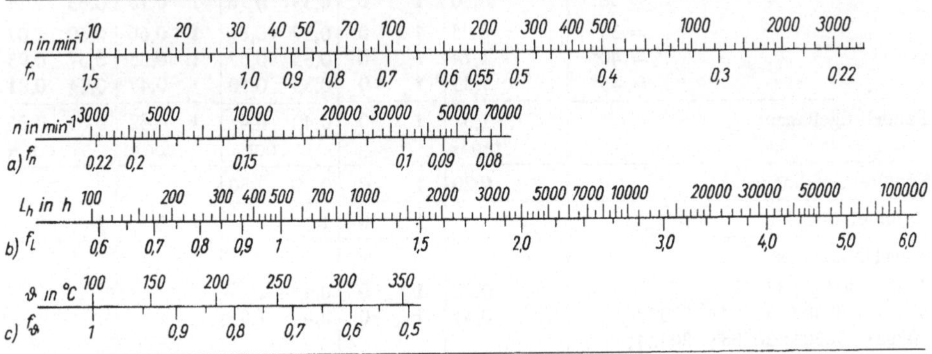

Tafel **A27**.2 Zuschlagfaktor f_z, Gl. (83.5)

Anwendung	f_z	Anwendung		f_z
Riemenantriebe		Zahnräder		
Keilriemen, Geweberiemen	2···3	unbearbeitet	1···3 m/s	1,6···2,3
Lederriemen, Stahlbänder	3···4	gehobelt, gefräst	2···10 m/s	1,2···1,6
Rad- und Achslager		geschliffen	4···50 m/s	1,0···1,4
Schienenfahrzeuge, gefedert	1,3	elektrische Maschinen		
Schienenfahrzeuge, ungefedert	1,5···1,7	Stationäre Maschinen		2,0···2,5
Straßenfahrzeuge, luftbereift		Fahrzeugmotoren		2,5···3,0
Pkw bis 13 kN	1,3	sonstige Maschinen		
Pkw über 13 kN; Lkw bis 15 kN	1,4	stoßfrei		1,0···1,2
Lkw über 15 kN	1,0[1]	starke Stöße		1,5···3,0
Fahrzeuggetriebe	1,0[1]			

[1]) Weil nur zeitweise mit max. Drehmoment belastet

Tafel A28.1 Radialfaktor X und Axialfaktor Y für dynamisch belastete Radiallager[1])

Lagerart	$\frac{F_a}{C_0}$	e[2])	einreihig $\frac{F_a}{F_r} \leqq e$ X	Y	$\frac{F_a}{F_r} > e$ X	Y	zweireihig $\frac{F_a}{F_r} \leqq e$ X	Y	$\frac{F_a}{F_r} > e$ X	Y
Rillenkugellager[3])	0,014	0,19	1	0	0,56	2,30	1	0	0,56	2,30
	0,028	0,22	1	0	0,56	1,99	1	0	0,56	1,99
	0,056	0,26	1	0	0,56	1,71	1	0	0,56	1,71
	0,084	0,28	1	0	0,56	1,55	1	0	0,56	1,55
	0,11	0,30	1	0	0,56	1,45	1	0	0,56	1,45
	0,17	0,34	1	0	0,56	1,31	1	0	0,56	1,31
	0,28	0,38	1	0	0,56	1,15	1	0	0,56	1,15
	0,42	0,42	1	0	0,56	1,04	1	0	0,56	1,04
	0,56	0,44	1	0	0,56	1,00	1	0	0,56	1,00
Schrägkugellager mit Berührungswinkel $\alpha = 20°$		0,57	1	0	0,43	1,00	1	1,09	0,70	1,63
$= 25°$		0,68	1	0	0,41	0,87	1	0,92	0,67	1,41
$= 30°$		0,80	1	0	0,39	0,76	1	0,78	0,63	1,24
$= 35°$		0,95	1	0	0,37	0,66	1	0,66	0,60	1,07
$= 40°$		1,14	1	0	0,35	0,57	1	0,55	0,57	0,93
$= 45°$		1,33	1	0	0,33	0,50	1	0,47	0,54	0,81
Pendelkugellager		1,5 tan α	1	0	0,40	0,4 cot α	1	0,42 cot α	0,65	0,65 cot α
Schulterkugellager		0,20	1	0	0,50	2,50				
Zylinderrollenlager			1	0	1	0	1	0	1	0
Kegelrollenlager										
30302; 30303; 32303		0,28	1	0	0,4	2,1				
30304···30307; 32304···32307		0,31	1	0	0,4	1,95				
30203···30204; 30308···30324; 32308···32324		0,34	1	0	0,4	1,75				
30205···30208; 32206···32208		0,37	1	0	0,4	1,6				
30209···30222; 32209···32222		0,41	1	0	0,4	1,45				
30224···30230; 32005···32024; 32224		0,44	1	0	0,4	1,35				
31305···31318		0,82	1	0	0,4	0,73				

(Fortsetzung s. nächste Seite)

[1]) Für Kugellager nach DIN 622 Bl. 2, für Kegelrollen- und Pendelrollenlager nach SKF-Wälzlagerliste. Zwischenwerte für X, Y, e und α durch Interpolieren. C_0 s. Tafel A34.1.

[2]) e Bereichsgrenze für das angegebene Verhältnis F_a/F_r.

[3]) Angaben gelten nur für Lager ohne Füllnut. Bei Lagern mit Füllnut sollen keine Kraftkomponenten zugelassen werden, welche die Wälzkörper auf die Füllnut hin verschieben würden.

Fortsetzung Tafel **A28**.1

Lagerart	e[2])	einreihig $\frac{F_a}{F_r} \leqq e$		einreihig $\frac{F_a}{F_r} > e$		zweireihig $\frac{F_a}{F_r} \leqq e$		zweireihig $\frac{F_a}{F_r} > e$	
		X	Y	X	Y	X	Y	X	Y
Pendelrollenlager									
21320···21322	0,18					1	3,7	0,67	5,5
21311···21319; 22210···22215	0,20					1	3,4	0,67	5,0
21306···21310	0,21					1	3,2	0,67	4,8
22208···22209; 23092···230/500	0,23					1	2,9	0,67	4,4
21304···21305	0,24					1	2,8	0,67	4,2
23024···23088	0,25					1	2,7	0,67	4,0
22216···22220	0,26					1	2,6	0,67	3,9
23022	0,27					1	2,5	0,67	3,7
22222···22264; 23120C···23128C	0,28					1	2,4	0,67	3,6
23130C···23184CA; 24024C···24072C	0,29					1	2,3	0,67	3,5
23218C···23220C	0,31					1	2,2	0,67	3,3
22205C···22207C	0,33					1	2,0	0,67	3,0
23222C···23248C	0,34					1	2,0	0,67	3,0
22344···22356; 24122C···24128C	0,35					1	1,9	0,67	2,9
22313···22340; 24130C···24160C	0,37					1	1,8	0,67	2,7

[2]) S. S. A28 Fußnote 2

Tafel **A29**.1 Radialfaktor X und Axialfaktor Y für dynamisch belastete Axiallager[1])

Lagerart		e	X	Y
einseitig wirkende Axial-Rillenkugellager mit Berührungswinkel	$\alpha = 45°$	1,25	0,66	1
	$= 60°$	2,17	0,92	1
	$= 75°$	4,67	1,66	1
	$= 90°$	–	0	1
Axial-Pendelrollenlager		0,55	1,2	1

[1]) $F_a/F_r > e$

Tafel **A30**.1 Radialfaktor X_0 und Axialfaktor Y_0 für Radial- und Schräglager bei statischer Belastung (nach DIN 622 Bl. 3)

		einreihige Lager[1]) X_0	Y_0	zweireihige Lager[2]) X_0	Y_0
Rillenkugellager[1])[3])		0,6	0,5	0,6	0,5
Schräg-kugellager[4])	$\alpha = 20°$	0,5	0,42	1	0,84
	$= 25°$	0,5	0,38	1	0,76
	$= 30°$	0,5	0,33	1	0,66
	$= 35°$	0,5	0,29	1	0,58
	$= 40°$	0,5	0,26	1	0,52
Pendelkugellager		0,5	0,22 cot α	1	0,44 cot α
Pendelrollenlager und Kegelrollen-lager $\alpha \neq 0°$		0,5	0,22 cot α	1	0,44 cot α

[1]) Es muß stets $P_0 \geqq F_r$ sein.

[2]) Symmetrische Bauart ist vorausgesetzt.

[3]) Zulässiger Höchstwert von F_a/C_0 hängt von der Lagerbauart ab, s. Tafel **A28**.1.

[4]) Für zwei gleiche einreihige Schrägkugellager, die paarweise unmittelbar nebeneinander so angeordnet sind, daß sie Axialkräfte wechselnder Richtung aufnehmen können, gelten die gleichen Werte wie für zweireihige Schrägkugellager; für zwei oder mehr gleiche unmittelbar nebeneinander angeordnete einreihige Schrägkugellager sind für X_0 und Y_0 die gleichen Werte wie für einreihige Schrägkugellager zu verwenden.

Tafel **A30**.2 Maßplan für einseitig wirkende Axiallager mit ebener Gehäusescheibe (Bezeichnungen s. Bild **87**.1) (Auszug aus DIN 616) (Maße in mm)

	Durchmesserreihe 1			Durchmesserreihe 2				Durchmesserreihe 3				Durchmesserreihe 4			
			Höhenreihe 1, Maßreihe 11			Höhenreihe 9, Maßreihe 92	Höhenreihe 1, Maßreihe 12			Höhenreihe 9, Maßreihe 93	Höhenreihe 1, Maßreihe 13			Höhenreihe 9, Maßreihe 94	Höhenreihe 1, Maßreihe 14
d_w	D_g	r	H	D_g	r	H	H	D_g	r	H	H	D_g	r	H	H
20	35	0,5	10	40	1	–	14	47	1,5	–	18	–	–	–	–
25	42	1	11	47	1	–	15	52	1,5	–	18	60	1,5	21	24
30	47	1	11	52	1	–	16	60	1,5	–	21	70	1,5	24	28
35	52	1	12	62	1,5	–	18	68	1,5	–	24	80	2	27	32
40	60	1	13	68	1,5	–	19	78	1,5	22	26	90	2	30	36
45	65	1	14	73	1,5	–	20	85	1,5	24	28	100	2	34	39
50	70	1	14	78	1,5	–	22	95	2	27	31	110	2,5	36	43
55	78	1	16	90	1,5	21	25	105	2	30	35	120	2,5	39	48
60	85	1,5	17	95	1,5	21	26	110	2	30	35	130	2,5	42	51
65	90	1,5	18	100	1,5	21	27	115	2	30	36	140	3	45	56
70	95	1,5	18	105	1,5	21	27	125	2	34	40	150	3	48	60
75	100	1,5	19	110	1,5	21	27	135	2,5	36	44	160	3	51	65
80	105	1,5	19	115	1,5	21	28	140	2,5	36	44	170	3,5	54	68
85	110	1,5	19	125	1,5	24	31	150	2,5	39	49	180	3,5	58	72
90	120	1,5	22	135	2	27	35	155	2,5	39	50	190	3,5	60	77
100	135	1,5	25	150	2	30	38	170	2,5	42	55	210	4	67	85

Tafel A31.1 Maßplan für Radiallager (Bezeichnungen s. Bild 87.1) (Auszug aus DIN 616), *) genormte Lagerreihe

Durchmesser d in mm	Kennzahl	Durchmesserreihe 9			Durchmesserreihe 0						Durchmesserreihe 2					Durchmesserreihe 3					Durchmesserreihe 4		
				Breitenreihe 4 Maßreihe 49				Breitenreihe 0 / 1 / 3 Maßreihe 00 / 10 / 30					Breitenreihe 0 / 2 / 3 Maßreihe 02 / 22 / 32					Breitenreihe 0 / 2 / 3 Maßreihe 03 / 23 / 33					Breitenreihe 0 Maßreihe 04
		D	r	B	D	r für Maßreihen 00	r für Maßreihen 10;30	B 60*)	B	B	D	r	B 62*)	B	B	D	r	B 63*)	B	B	D	r	B 64*)
20	04	37	0,5	17	42	0,5	1	8	12	16	47	1,5	14	18	20,6	52	2	15	21	22,2	72	2	19
22	/22	39	0,5	17	44	0,5	1	8	12	16	50	1,5	14	18	20,6	56	2	16	21	25	—	—	—
25	05	42	0,5	17	47	0,5	1	8	12	16	52	1,5	15	18	20,6	62	2	17	24	25,4	80	2,5	21
28	/28	45	0,5	17	52	0,5	1	8	12	18	58	1,5	16	19	23	68	2	18	24	30	—	—	—
30	06	47	0,5	17	55	0,5	1,5	9	13	19	62	1,5	16	20	23,8	72	2	19	27	30,2	90	2,5	23
32	/32	52	1	20	58	0,5	1,5	9	13	20	65	1,5	17	21	25	75	2	20	28	32	—	—	—
35	07	55	1	20	62	0,5	1,5	9	14	20	72	2	17	23	27	80	2,5	21	31	34,9	100	2,5	25
40	08	62	1	22	68	0,5	1,5	9	15	21	80	2	18	23	30,2	90	2,5	23	33	36,5	110	3	27
45	09	68	1	22	75	1	1,5	10	16	23	85	2	19	23	30,2	100	2,5	25	36	39,7	120	3	29
50	10	72	1	22	80	1	1,5	10	16	23	90	2	20	23	30,2	110	3	27	40	44,4	130	3,5	31
55	11	80	1,5	25	90	1	2	11	18	26	100	2,5	21	25	33,3	120	3	29	43	49,2	140	3,5	33
60	12	85	1,5	25	95	1	2	11	18	26	110	2,5	22	28	36,5	130	3,5	31	46	54	150	3,5	35
65	13	90	1,5	25	100	1	2	11	18	26	120	2,5	23	31	38,1	140	3,5	33	48	58,7	160	3,5	37
70	14	100	1,5	30	110	1	2	13	20	30	125	2,5	24	31	39,7	150	3,5	35	51	63,5	180	4	42
75	15	105	1,5	30	115	1	2	13	20	30	130	2,5	25	31	41,3	160	3,5	37	55	68,3	190	4	45
80	16	110	1,5	30	125	1	2	14	22	34	140	3	26	33	44,4	170	3,5	39	58	68,3	200	4	48
85	17	120	2	35	130	1	2	14	22	34	150	3	28	36	49,2	180	4	41	60	73	210	5	52
90	18	125	2	35	140	1,5	2,5	16	24	37	160	3	30	40	52,4	190	4	43	64	73	225	5	54
95	19	130	2	35	145	1,5	2,5	16	24	37	170	3,5	32	43	55,6	200	4	45	67	77,8	240	5	55
100	20	140	2	40	150	1,5	2,5	16	24	37	180	3,5	34	46	60,3	215	4	47	73	82,6	250	5	58

Tafel A32.1 Maßplan für Kegelrollenlager (Bezeichnungen s. Bild 87.1) (Auszug aus DIN 616)

Durchmesser d in mm	Kennzahl	Durchmesserreihe 2									Durchmesserreihe 3												
					Breitenreihe 0			Breitenreihe 2						Breitenreihe 0			Breitenreihe 1			Breitenreihe 2		
					Maßreihe 02			Maßreihe 22						Maßreihe 03			Maßreihe 13			Maßreihe 23		
		D	r	r_1	B	C	T	B	C	T	D	r	r_1	B	C	T	B	C	T	B	C	T
20	04	47	1,5	0,5	14	12	15,25	–	–	–	52	2	0,8	15	13	16,25	–	–	–	21	18	22,25
25	05	52	1,5	0,5	15	13	16,25	–	–	–	62	2	0,8	17	15	18,25	17	13	18,25	24	20	25,25
30	06	62	1,5	0,5	16	14	17,25	20	17	21,25	72	2	0,8	19	16	20,75	19	14	20,75	27	23	28,75
35	07	72	2	0,8	17	15	18,25	23	19	24,25	80	2,5	0,8	21	18	22,75	21	15	22,75	31	25	32,75
40	08	80	2	0,8	18	16	19,75	23	19	24,75	90	2,5	0,8	23	20	25,25	23	17	25,25	33	27	35,25
45	09	85	2	0,8	19	16	20,75	23	19	24,75	100	2,5	0,8	25	22	27,25	25	18	27,25	36	30	38,25
50	10	90	2	0,8	20	17	21,75	23	19	24,75	110	3	1	27	23	29,25	27	19	29,25	40	33	42,25
55	11	100	2,5	0,8	21	18	22,75	25	21	26,75	120	3	1	29	25	31,5	29	21	31,5	43	35	45,5
60	12	110	2,5	0,8	22	19	23,75	28	24	29,75	130	3,5	1,2	31	26	33,5	31	22	33,5	46	37	48,5
65	13	120	2,5	0,8	23	20	24,75	31	27	32,75	140	3,5	1,2	33	28	36	33	23	36	48	39	51
70	14	125	2,5	0,8	24	21	26,25	31	27	33,25	150	3,5	1,2	35	30	38	35	25	38	51	42	54
75	15	130	2,5	0,8	25	22	27,25	31	27	33,25	160	3,5	1,2	37	31	40	–	–	–	55	45	58
80	16	140	3	1	26	22	28,25	33	28	35,25	170	3,5	1,2	39	33	42,5	–	–	–	58	48	61,5
85	17	150	3	1	28	24	30,5	36	30	38,5	180	4	1,5	41	34	44,5	–	–	–	60	49	63,5
90	18	160	3	1	30	26	32,5	40	34	42,5	190	4	1,5	43	36	46,5	–	–	–	64	53	67,5
95	19	170	3,5	1,2	32	27	34,5	43	37	45,5	200	4	1,5	45	38	49,5	–	–	–	67	55	71,5
100	20	180	3,5	1,2	34	29	37	46	39	49	215	4	1,5	47	39	51,5	–	–	–	73	60	77,5

Tafel A33.1 Dynamische Tragzahlen C (Auswahl nach Listen der Hersteller)

Dynam. Tragzahl C in kN (Skala)	6 – 7 – 8 – 9 – 10 – 15 – 20 – 25 – 30 – 40 – 50 – 60 – 70 – 80 – 90 – 100 – 150 – 200 – 250 – 300 – 400 – 500 – 600

Lagerart	Reihe	Zeichen für die Lagerbohrung (s. Abschn. 3.3.3) – in Reihenfolge steigender Tragzahl C
Radialkugellager	60	04, 05, 06, 07, 08, 09, 10, 11, 12, 13, 14, 15, 16, 17, 18, 19, 20, 21, 22, 24, 26, 28, 30, 32, 34, 36, 38, 40
	62	02, 03, 04, 05, 06, 07, 08, 09, 10, 11, 12, 13, 14, 15, 16, 17, 18, 19, 20, 21, 22, 24, 26, 28, 30, 32, 34, 36, 38, 40
	63	00, 01, 02, 03, 04, 05, 06, 07, 08, 09, 10, 11, 12, 13, 14, 15, 16, 17, 18, 19, 20, 21, 22, 24, 26, 28, 30, 32, 34
	64	03, 04, 05, 06, 07, 08, 09, 10, 11, 12, 13, 14, 15, 16, 17, 18
Pendelkugellager	12	02, 03, 04, 05, 06, 07, 08, 09, 10, 11, 12, 13, 14, 15, 16, 17, 18, 19, 20, 21, 22
	22	02, 03, 04, 05, 06, 07, 08, 09, 10, 11, 12, 13, 14, 15, 16, 17, 18, 19, 20, 21, 22
	13	01, 02, 03, 04, 05, 06, 07, 08, 09, 10, 11, 12, 13, 14, 15, 16, 17, 18, 19, 20, 21, 22
	23	02, 03, 04, 05, 06, 07, 08, 09, 10, 11, 12, 13, 14, 15, 16, 17, 18, 19, 20, 21, 22
Schrägkugellager	32	00, 01, 02, 03, 04, 05, 06, 07, 08, 09, 10, 11, 12, 13, 14, 15, 16, 17, 18, 19, 20, 21, 22
	33	02, 03, 04, 05, 06, 07, 08, 09, 10, 11, 12, 13, 14, 15, 16, 17, 18, 19, 20, 21, 22
Zylinderrollenlager	NU 10	10, 11, 12, 13, 14, 15, 16, 17, 18, 19, 20, 21, 22, 24, 26, 28, 30, 32, 34, 36, 38, 40, 44, 48, 52
	N 2, NU 2, NJ 2, NUP 2	03, 04, 05, 06, 07, 08, 09, 10, 11, 12, 13, 14, 15, 16, 17, 18, 19, 20, 21, 22, 24, 26, 28, 30, 32, 34, 36, 38, 40, 44
	NU 22, NJ 22, NUP 22	05, 06, 07, 08, 09, 10, 11, 12, 13, 14, 15, 16, 17, 18, 19, 20, 22, 24, 26, 28, 30
	N 3, NU 3, NJ 3, NUP 3	04, 05, 06, 07, 08, 09, 10, 11, 12, 13, 14, 15, 16, 17, 18, 19, 20, 21, 22, 24, 26, 28, 30, 32, 34, 36
	NU 23, NJ 23, NUP 23	05, 06, 07, 08, 09, 10, 11, 12, 13, 14, 15, 16, 17, 18, 19, 20, 22, 24, 26, 28
	N 4, NU 4, NJ 4, NUP 4	06, 07, 08, 09, 10, 11, 12, 13, 14, 15, 16, 17, 18, 19, 20, 21, 22, 24, 26
Kegelrollenlager	302	03, 04, 05, 06, 07, 08, 09, 10, 11, 12, 13, 14, 15, 16, 17, 18, 19, 20, 21, 22, 24, 26, 28, 30
	322	06, 07, 08, 09, 10, 11, 12, 13, 14, 15, 16, 17, 18, 19, 20, 21, 22, 24
	303	02, 03, 04, 05, 06, 07, 08, 09, 10, 11, 12, 13, 14, 15, 16, 17, 18, 19, 20, 21, 22, 24
	323	04, 05, 06, 07, 08, 09, 10, 11, 12, 13, 14, 15, 16, 17, 18, 19, 20, 21, 22, 24
Axialkugellager	511	00, 01, 02, 03, 04, 05, 06, 07, 08, 09, 10, 11, 12, 13, 14, 15, 16, 17, 18, 20, 22, 24, 26, 28, 30, 32, 34, 36, 38, 40, 44, 48, 52, 56, 60, 64, 68, 72
	512, 522	00, 01, 02, 03, 04, 05, 06, 07, 08, 09, 10, 11, 12, 13, 14, 15, 16, 17, 18, 20, 22, 24, 26, 28, 30, 32, 34, 36, 38, 40, 44, 48, 52, 56, 60, 64, 68, 72
	513, 523	05, 06, 07, 08, 09, 10, 11, 12, 13, 14, 15, 16, 17, 18, 20, 22, 24, 26, 28, 30, 32, 34, 36, 38, 40
	514, 524	05, 06, 07, 08, 09, 10, 11, 12, 13, 14, 15, 16, 17, 18, 20, 22, 24, 26, 28, 30, 32, 34, 36

Tafel **A34.1** Statische Tragzahlen C_0 (Auswahl nach Listen der Hersteller)

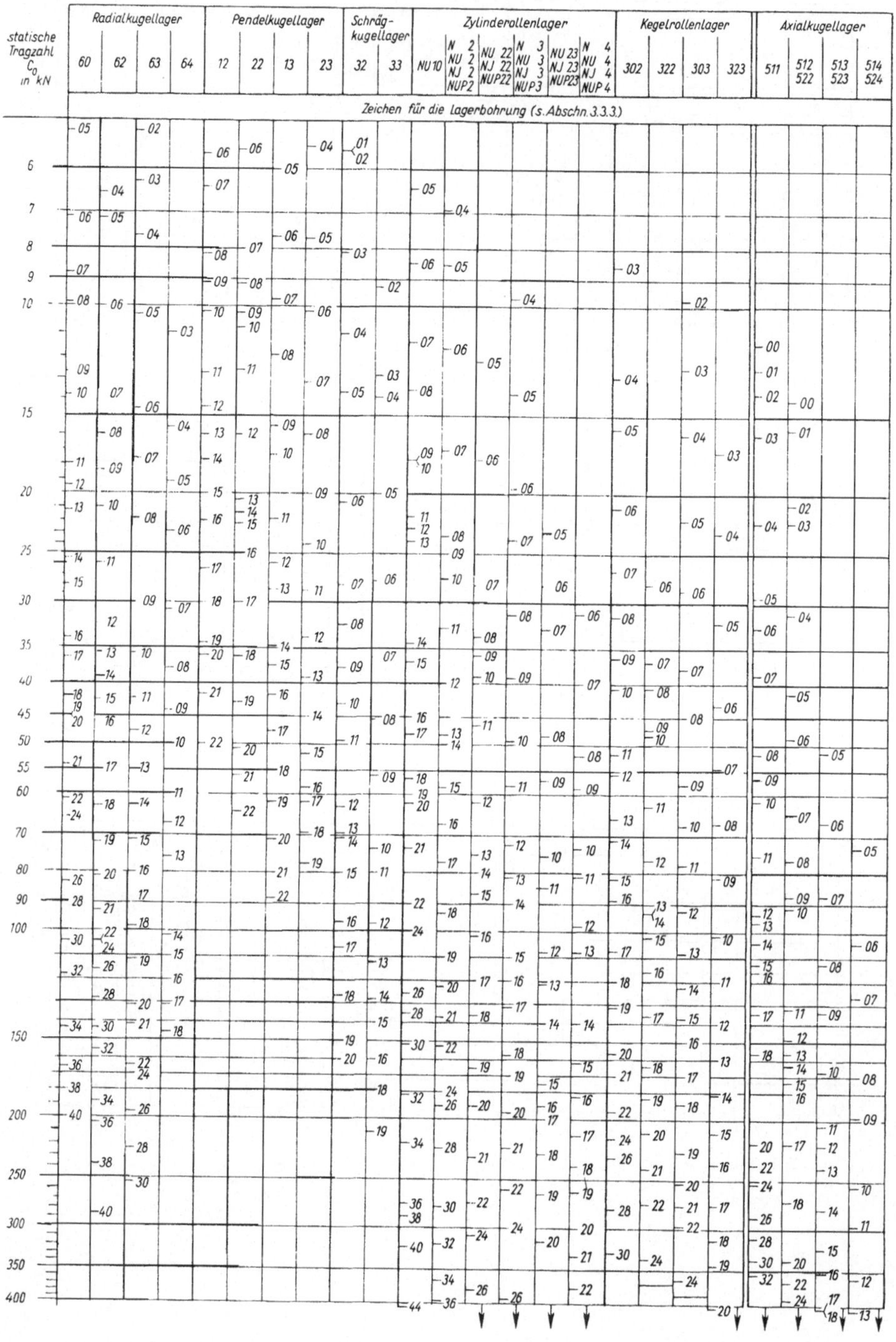

statische Tragzahl C_0 in kN	Radialkugellager				Pendelkugellager				Schrägkugellager		Zylinderrollenlager						Kegelrollenlager				Axialkugellager			
	60	62	63	64	12	22	13	23	32	33	NU 10	N 2 NU 2 NJ 2 NUP 2	NU 22 NJ 22 NUP 22	N 3 NU 3 NJ 3 NUP 3	NU 23 NJ 23 NUP 23	N 4 NU 4 NJ 4 NUP 4	302	322	303	323	511	512 522	513 523	514 524
	Zeichen für die Lagerbohrung (s. Abschn. 3.3.3.)																							
	05		02		06	06		04	01, 02															
6		04	03		07		05				05													
7	06	05	04				06	05				04												
8	07				08	07			03		06	05					03							
9					09	08	07			02				04										
10	08, 09, 10	06, 07	05, 06	03	10, 11, 12	09, 10, 11	08	06, 07	04, 05	03, 04	07, 08	06	05	05			04		02, 03		00, 01, 02	00		
15	11, 12	08, 09	07	04, 05	13, 14	12	09, 10	08			09, 10	07	06	06			05		04	03	03	01		
20	13	10	08	06	15, 16	13, 14, 15	11	09, 10	06	05	11, 12, 13	08		07	05		06		05	04	04	02, 03		
25	14, 15	11			17	16	12, 13	11	07	06		09, 10	07		06		07	06	06					
30	16	12	09	07	18, 19	17		12	08		14	11	08	08	07	06	08			05	05, 06	04		
35	17	13, 14	10	08	20	18	14, 15	13	09	07	15		09, 10	09			09	07	07		07			
40	18, 19	15	11	09	21	19	16		10			12				07	10	08		06		05		
45	20	16	12				17	14	11	08	16, 17	13	11		08			09, 10	08					
50	21			10	22	20		15				14		10		08	11				08	06	05	
55		17	13			21	18	16		09	18	15		11	09	09	12		09	07	09			
60	22, 24	18	14	11, 12		22	19	17	12, 13		19, 20	16	12				13	11	10	08	10	07	06	
70		19	15	13			20	18, 19	14	10	21	17	13	12	10	10	14	12	11		11	08		05
80	26	20	16, 17				21, 22		15	11			14, 15	13	11	11	15, 16			09		09	07	
90	28	21	18						16	12	22	18		14		12		13, 14	12		12, 13	10		
100	30, 32, 34	22, 24, 26, 28, 30	19, 20, 21	14, 15, 16, 17, 18					17, 18	13, 14, 15	24, 26, 28	19, 20, 21	16, 17, 18	15, 16, 17	12, 13, 14	13, 14	17, 18, 19	15, 16, 17	13, 14, 15	10, 11, 12	14, 15, 16, 17	11	08, 09	06, 07
150	36, 38	32, 34	22, 24, 26						19, 20	16, 18	30, 32	22, 24, 26	19, 20	18, 19, 20	15, 16	15, 16	20, 21, 22	18, 19	16, 17, 18	13, 14	18	12, 13, 14, 15, 16	10	08
200	40	36, 38	28							19	34	28	21	21	17, 18	17, 18	24, 26	20, 21	19	15, 16	20, 22	17	11, 12, 13	09
250		40	30								36, 38	30	22	22	19	19	28	22	20, 21	17	24, 26	18	14	10
300											40	32	24	24	20	20, 21	30	24	22	18	28, 30	20	15	11
350												34	26	26		22			24	19	32	22	16	12
400											44	36								20		24	17, 18	13

Tafel **A35.**1 Abmessungen der Nadellager NA 48, NA 49 DIN 617 und Tragzahlen in kN nach DIN 622. Lagerreihe NA 69 nach INA

Für Zylinderrollenlager NU 49 00···28 DIN 5412 s. Maße NA 49, außer für d, ab NU 4920.

Kenn-			Lagerreihe NA 49				Lagerreihe NA 69			
zahl	d	d_r	D	B	C	C_0	D	B	C	C_0
00	10	14	22	13	7,2	5,3				
01	12	16	24	13	8,0	6,2	24	22	13,4	11,6
02	15	20	28	13	9,2	7,5	28	23	15,3	14,3
03	17	22	30	13	9,3	8,0	30	23	16,5	16
04	20	25	37	17	17,0	13,4	37	30	30	27
05	25	30	42	17	19,3	16,3	42	30	33	31
06	30	35	47	17	20,4	18,3	47	30	37	37,5
07	35	42	55	20	26,5	26,0	55	36	72	94
08	40	48	62	22	35,5	34,5	62	40	98	128
09	45	52	68	22	37,5	37,5	68	40	101	135
10	50	58	72	22	40	41,5	72	40	106	146
11	55	63	80	25	49	52	80	45	131	186
12	60	68	85	25	51	56	85	45	137	201
13	65	72	90	25	52	57	90	45	139	208
14	70	80	100	30	71	80	100	54	191	290
15	75	85	105	30	72	83	105	54	194	300
16	80	90	110	30	75	88	110	54	202	320
17	85	100	120	35	93	120	120	63	248	430
18	90	105	125	35	96,5	127	125	63	255	455
19	95	110	130	35	98	129	130	63	260	465
20	100	115	140	40	110	140				
22	110	125	150	40	114	150				
24	120	135	165	45	143	200				
26	130	150	180	50	170	236				
28	140	160	190	50	173	255				

NA 69 ab 07 doppelreihig

Kenn-			Lagerreihe NA 48			
zahl	d	d_r	D	B	C	C_0
22	110	120	140	30	72	110
24	120	130	150	30	75	120
26	130	145	165	35	88	150
28	140	155	175	35	91,5	160
30	150	165	190	40	112	190
32	160	175	200	40	116	200
34	170	185	215	45	143	245
36	180	195	225	45	150	260
38	190	210	240	50	173	315
40	200	220	250	50	176	325
44	220	240	270	50	183	360
48	240	265	300	60	260	530
52	260	285	320	60	275	570
56	280	305	350	69	345	640
60	300	330	280	80	475	880
64	320	350	400	80	480	930
68	340	370	420	80	490	965
72	360	390	440	80	500	1000
76	380	415	480	100		

[1])

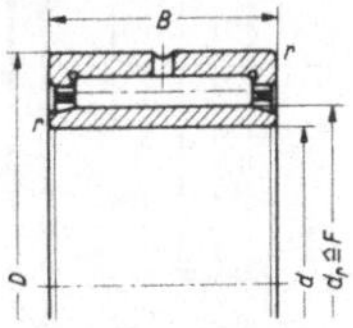

[1]) Die Maßangabe d_r bezieht sich auf ein Lager ohne Innenring. Sie stimmt mit dem Maß F für den Außendurchmesser des Innenringes überein.

Tafel A36.1 Diagramm zur Verschleißrechnung nach Eschmann (zur Anwendung s. Abschn. 3.2.6.3 entsprechend den Konstruktionspunkten 1 bis 9)

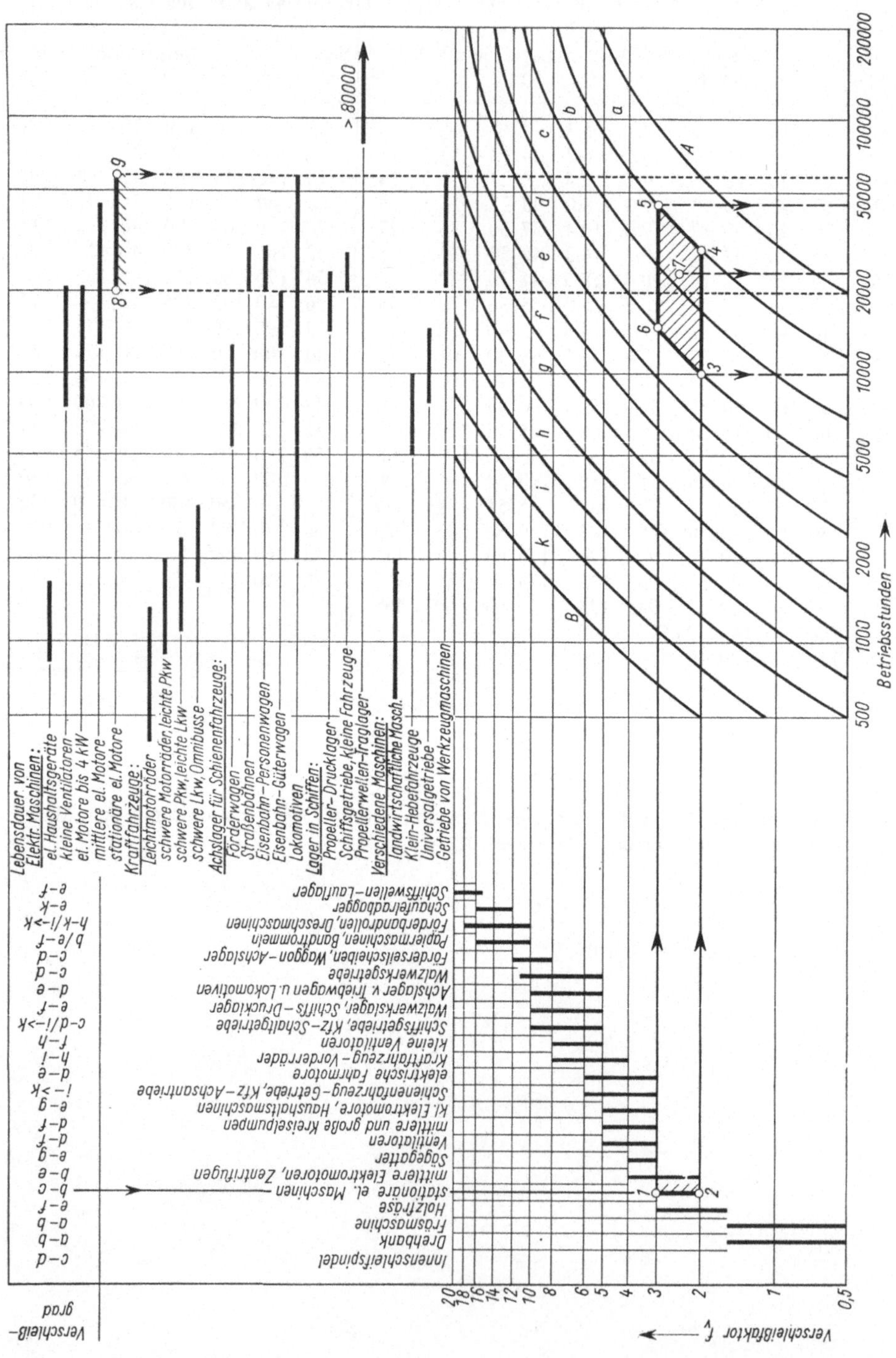

Tafel A37.1 Richtwerte für die Passung der Gegenstücke im Wälzlagersitz (s. a. DIN 5425)

Wellenpassung

	Passung	Verschiebbarkeit des Innenrings auf der Welle	Belastung	Drehzahl	Lagerart
Punktlast für Innenring	g 6 g 5 h 6	leicht ⋮ schwer	normal ⋮ hoch	niedrig ⋮ hoch	beliebig
Umfangslast für Innenring	h 5 j 5 j 6	leicht auszubauen	gering	mittel bis hoch	Kugellager bis 80 mm ⌀
	k 5 k 6	Abziehvorrichtung erforderlich	normal	beliebig	größere Kugellager und Zylinderlager Durchmessergruppe 0···2 ⋮ Zylinderlager Durchmessergruppe 4
	m 5 m 6		hoch oder stoßartig		
	n 5 n 6		hoch und stoßartig		

Gehäusepassung

	Passung	Verschiebbarkeit des Außenrings im Gehäuse	Belastung	Drehzahl	Lagerart
Punktlast für Außenring	H 8 H 7	leicht	gering ⋮ hoch stoßfrei	niedrig	beliebig
	H 6			mittel ⋮	
	J 7	verschiebbar	mittel, stoßartig ⋮		Zylinder- u. Kegellager
	J 6				Kugellager
	K 7	meist nicht verschiebbar			Zylinder- u. Kegellager
	K 6		hoch	hoch	Kugellager
Umfangslast für Außenring	M 7	Abziehvorrichtung erforderlich	gering ⋮ hoch	beliebig	Zylinder- u. Kugellager
	N 7 P 7				Zylinder- u. Kegellager

Tafel **A38.1** Optimales Radialspiel e_0 in µm als Funktion des Lagerdurchmessers d in mm (nach Eschmann)

d	5	10	20	30	40	50	70	100	150	200	250	300	400	500
e_0	1,5	2,0	3,5	4,5	5,5	6,5	8,0	10	13	16	19	22	26	30

Tafel **A38.2** Richtwerte für die Reibungszahlen μ von Wälzlagern

Rillenkugellager	0,0015	Zylinderrollenlager	0,0011	Kegelrollenlager	0,0018
Pendelkugellager	0,0010	Nadellager	0,0025	Axial-Rillenkugellager	0,0018
Schrägkugellager, einreihig	0,0020	Pendelrollenlager	0,0018	Axial-Pendelrollenlager	0,0013
Schrägkugellager, zweireihig	0,0024				

Arbeitsblatt 4: Kupplungen und Bremsen

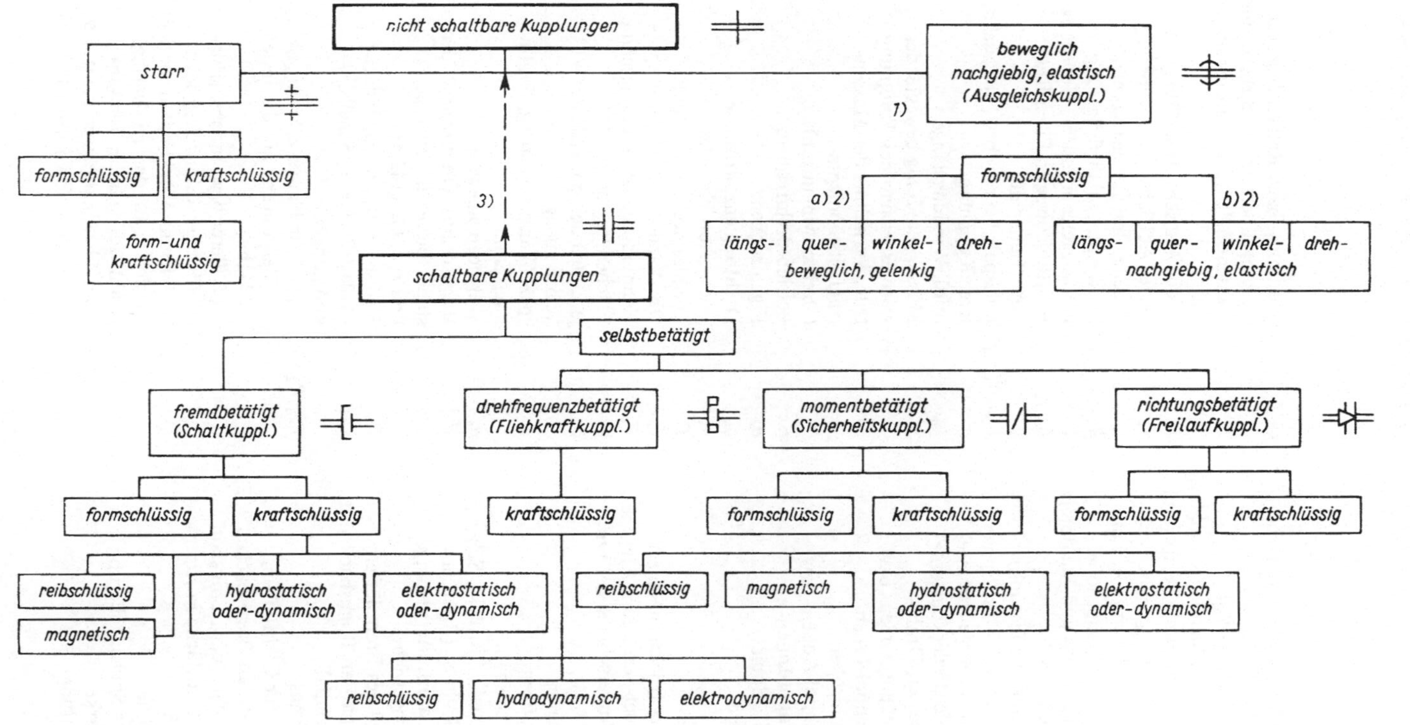

A39.1 Systematische Einteilung nicht schaltbarer und schaltbarer Kupplungen nach ihren Eigenschaften; Kupplungssymbole.

[1]) Der Begriff nachgiebig beinhaltet hier Elastizitäts- und Dämpfungseigenschaft im Gegensatz zu beweglich oder gelenkig.

[2]) Eigenschaften von a) und b) lassen sich in einer Kupplung vereinigen.

[3]) Im geschalteten Zustand können schaltbare Kupplungen auch Eigenschaften der starren oder (und) beweglichen bzw. der elastisch nachgiebigen Kupplung aufweisen.

Formelzeichen

Zeichen	Bedeutung
A	Reibfläche, gesamte Polfläche
A_O	Spulenoberfläche
A_P	$= A/2$, Fläche je Pol
$A_{\text{ä}}$	Oberfläche, kühlende (Kupplung)
a	Tiefe (Spulenraum), Temperaturleitzahl, Hebellänge (Bremse),
B_E, B_L	Flußdichte in Eisen bzw. Luft
b	Wickel-,Kegelstumpfhöhe (Kegelkupplung) und Bandbreite (Bremsen)
b_1, b_2	Breite (Spulenisolierung)
c	spezif. Wärme, Höhe (Spulenraum), Hebellänge (Bremse)
c'	Drehsteife (Federkonstante)
D	Durchmesser, Draht-
D_a, D_i	–, Außenpol-Außen- bzw. Außenpol-Innen-
d	–, Klemmrollen-
d_a, d_i	–, Innenpol-Außen- bzw. Innenpol-Innen-
d_m	–, mittl. (Spule)
d_w	–, Wellen-
F	Kraft
F_F	–, Feder-
F_M	–, Halte- (Elektromagnet)
$F_{M\,aus,\,ein}$	–, Magnet-, erf., zum Anziehen der Ankerscheibe bei Luftspalt $l_{L\,aus,\,ein}$
F_R	–, Reibungs-
F_S	–, Schrauben-
F_{S1}, F_{S2}	– im Bremsband
F_a	Kraft, Axial-, Einrück-, Scher-
F_g	–, der Senklast (Bremsen)
F'_g	–, Zug- am Lüftergestänge
F_{g1}	–, Bremsgewichts-
F_{g2}	–, Anteil des Bremslüfters
F_n, F_{n1}, F_{n2}	–, Normal- an Bremsbacken 1, 2
F_{t1}, F_{t2}	–, Tangential-
F_u	–, Umfangs-
F'_u	–, – in der Gleitführung
F_1, F_2	Bremskraft, an Bremsbacken 1, 2
F_r, F_l	– für Rechts- bzw. Linkslauf
H_E, H_L	magnet. Feldstärke in Eisen bzw. Luft
h	Wickelhöhe
h_1, h_2	Höhe der Spulenisolierung
I	Stromstärke
Iw	Durchflutung
i	Ordnungs- bzw. Reibflächenzahl Gestängeübersetzung, Stromdichte
J	Massenträgheitsmoment umlauf. Teile
J_1	– der Antriebs- bzw. Erregerseite
J_2	– der Abtriebs- bzw. Kupplungsseite ohne Erregermomente
k'	Faktor für Anfahrtbelastung
l	Draht-, Klemmrollen-, Hebellänge
l_E, l_L	Kraftlinienweg in Eisen bzw. Luft (Luftspalt)
$l_{L\,ein}$, $l_{L\,aus}$	Luftspalt bei ein- bzw. ausgeschalteter Kupplung
l_m	mittl. Windungslänge
m	Masse, geradlinig bewegte, der wärmespeichernden Kupplungsteile, Verhältnis der Massenträgheitsmomente (Drehschwingungen)
n	Betriebsdrehfrequenz
n_e	Eigenfrequenz
n_k	Drehfrequenz, kritische
n_1	– der Antriebswelle
P	Leistungsaufnahme (Spule)
P_O	Oberflächenbelastung der Spule
P_n	Nennleistung (Antriebsmaschine)
p	Flächenpressung
Q_s	je Zeiteinheit entwickelte Wärmemenge
q	spez. Wärmebelastung, Drahtquerschnitt
q_a	Wärmeabgabewert
R	Bremsradius, Ohmscher Widerstand, Beziehung zwischen r_i und r_a s. Gl. (142.4)
R_m	Radius, mittl., der Reibfläche (Anlagefläche bei Scheibenkupplungen)
R_1, R_2	–, –, der Planverzahnung bzw. Gleitführung auf der festen Nabe
r_a, r_i	–, äußerer bzw. innerer (ringförmige Reibfläche; beim Klemmrollen-Freilauf bezieht sich r_a auf den Außenring)
r_ϑ	Drahtwiderstand je Längeneinheit bei Betriebstemperatur ϑ
r_{20}	– je Längeneinheit bei 20 °C

Formelzeichen (Fortsetzung)

Zeichen	Bedeutung
T	Drehmoment
T_{AS}, T_{SL}	–, maximales beim Anfahren mit antriebs- bzw. lastseitigem Stoß
$T_{A\,360}$	–, – bei 360 Lastwechseln je Min.
T_B	–, Beschleunigungs-
T_{Br}, T'_{Br}	–, Brems-, wirkliches bzw. aufzubringendes
T_K	–, v. d. Kupplung übertragbares
$T_{K\,max}$	–, – Maximal-
T_L	–, Last-
T_M	–, Motor-
T_R	– durch Triebwerksreibung
$T_{S\,zul}$	–, zulässiges beim Anfahren
T_V	–, Verzögerungs-
T_{WK}	–, Dauerwechselfestigkeit
$T_{WK(10Hz)}$	–, – bei 10 Lastwechseln je Sek.
$T_{a\,i}$	– ausschlag *i*ter Ordnung der Kraft- od. Arbeitsmaschine
T_{aK}	–, Wechsel- der Kupplung
T_m	–, Dreh-, mittl.
T_{max}	–, max. Betriebs-
T_{max}	–, maximales, bei Diesel- bzw. Elektromotoren
T_n	–, Nenn-
T_{nK}	–, Kupplungsnenn-
T_{st}	–, Dauerstand- (drehnachgiebige Kupplung)
t_A	Anlaufzeit
t_{Br}	Bremszeit
U	Spulengleichspannung
u	Hebellänge
V	Vergrößerungsfaktor
v	Geschwindigkeit, Umfangsgeschw. des äußeren Kupplungs- bzw. Bremsendurchmessers
W_V	ges. Verlustarbeit (Anlaufvorgang)

Zeichen	Bedeutung
w	Windungszahl (Spule)
w_1, w_2	– je Lage (Breite *b* bzw. Höhe *h*)
z	Schraubenzahl auf An- bzw. Abtriebseite (Schalenkupplung), Zahl der Schaltungen je Zeiteinheit (Schaltkupplung), Klemmrollenzahl (Freilauf)
α	Winkel, Umschlingungswinkel (Bandbremse), Temperaturfaktor,
α'	Eingriffswinkel der Gleitführung
ε	Klemmbahn-Schrägungswinkel ($= 2\alpha$)
ζ	verhältnismäßige Dämpfung
η	Umsetzungsgrad des Gestänges
ϑ_e	Temperatur, Kupplungsend-
ϑ_{max}	–, größte Reibflächen-
ϑ_{sp}	– spitze
ϑ_u	–, Umgebungs-
ϑ_{zul}	–, zul. mittl. Kupplungs- bzw. Reibflächen-
$\varkappa$	Korrekturfaktor
μ	Reibungszahl, allg. (der Ruhe- oder Gleitreibung bzw. nur der Gleitreibung)
μ'	– der Gleitführung
μ_r	– der Ruhereibung
μ_{gr}	–, Grenzwert
ϱ	Dichte, spezif. Drahtwiderst., Reibungswinkel
φ	Betriebsfaktor (Stoßzahl)
ω	Winkelgeschwindigkeit
ω_e	Eigenkreisfrequenz
$\omega_{rel\,0}$	Relativwinkelgeschwindigkeit (Anlauf)
$\omega_{1,2}$	Winkelgeschwindigkeit (An- bzw. Abtriebswelle)

Tafel **A42.1** Starre Kupplungen (Schraubenkräfte)

Formel			Kenn- und Richtwerte
Schalenkupplung (Bild **112.1**)	$F_s = \dfrac{2\,T}{\pi\,\mu_r\,d_w\,z}$	Gl. (112.3) Bild 113.1	Schraubenberechnung s. Teil 1 Arbeitsbl. Schrauben
Scheibenkupplung (Bild **113.2**)	$F_s = T/(\mu_r\,R_m\,z)$	Gl. (113.1) Bild 113.3	$\mu_r = 0{,}2\cdots0{,}25$
	$F_a = T/(R_m\,z)$	Gl. (113.2)	$R_m = \dfrac{(r_a + r_i)}{2}$ Gl. (146.3)

Tafel **A42.2** Drehnachgiebige Kupplungen

Formel			Kenn- und Richtwerte, Einheiten
drehelastisches Zweimassensystem			
Eigenfrequenz	$\omega_e = \sqrt{c'\left(\dfrac{1}{J_1} + \dfrac{1}{J_2}\right)} = \sqrt{\dfrac{c'}{J_1}}\sqrt{m+1}$	Gl. (126.1)	$m = J_1/J_2$ = Massenverhältnis
Eigenfrequenz	$n_e = \dfrac{30}{\pi}\,\omega_e$ in min^{-1}	Gl. (126.2)	ω_e in s^{-1}
kritische Drehfrequenz i-ter Ordnung	$n_k = \dfrac{n_e}{i}$	Gl. (126.3)	für Vollzylinder $J = (\pi/32)\varrho d^4 b = m\,d^2/8$ $\varrho = 7850\ \text{kg/m}^3$ für Stahl m = Masse des Zylinders
Auswahl der Kupplungsgröße			
Nenn- und größtes Betriebsmoment	$T_{nK} = (0{,}5\cdots0{,}3)\,T_{K\,max}$	Gl. (A42.1)	φ Bild **A50.1**
	$T_{max} = \varphi\, 9550\,\dfrac{P_n}{n}$ in Nm mit P_n in kW und n in min^{-1}	Gl. (124.1)	Für die gewählte Kupplung muß sein $T_{max} \leqq T_{K\,max}$ s.S.125 und, bei Belastung mit einem Wechseldrehmoment
Wechseldrehmoment	$T_{aK} = \pm T_{ai}\,\dfrac{J_2}{J_1 + J_2}\,V = \pm T_{ai}\,\dfrac{1}{m+1}\,V$	Gl. (126.4)	$\pm T_{aK} \leqq \pm T_{WK}$ bei Resonanz $\pm\, T_{aK} \leqq T_{K\,max}$
Drehmoment bei Betriebsdrehfrequenz n	$T = T_m \pm T_{ai}\,\dfrac{1}{m+1}\,V$	Gl. (126.5)	T_{ai} Tafel **A50.2** J aus Bild **A53.2** $m = J_1/J_2$ $V, \zeta, n/n_k$ Tafel **A51.1**

(Fortsetzung s. nächste Seite)

Fortsetzung Tafel A42.2

Formel	Kenn- und Richtwerte, Einheiten
Auswahl der Kupplungsgröße	
Vergrößerungsfaktor $V = \sqrt{\dfrac{1 + \dfrac{\zeta^2}{4\pi^2}}{\left[1 - \left(\dfrac{n}{n_k}\right)^2\right]^2 + \dfrac{\zeta^2}{4\pi^2}}}$ Gl. (126.6)	$T_{WK(10\,Hz)}$ in Nm, n in min^{-1}; $T_{WK(10\,Hz)}$ durch Versuche ermittelt
Wechselfestigkeit (Kupplungskörper aus Gummi) $T_{WK} = \pm T_{WK(10Hz)} \sqrt{\dfrac{600}{in}}$ in Nm Gl. (123.1)	$k' = 1{,}5 \cdots 2{,}0$; zul. ist für T_{AS} $T_{S\,zul} \leqq (0{,}75 \cdots 1)\, T_{K\,max}$
Anfahrt-belastung $T_{AS} = k'\, T_{max} \dfrac{J_2}{J_1 + J_2}$ Gl. (125.1)	T_{max} Tafel A50.2 (bei Kompressoranlagen für T_{max} das größte Moment des Elektromotors einsetzen)

Tafel A43.1 Schaltbare kraftschlüssige (Reibungs-)Kupplungen

Formel		Kenn- und Richtwerte, Einheiten
Verlustarbeit bzw. -wärme beim Anlauf		
wenn $T_K > T_L$ und T_K, T_L, ω_1 = const	$W_V = \dfrac{T_K\, \omega_{rel\,0}\, t_A}{2}$ Gl. (132.4) Gl. (133.3)	für $\omega_{20} = 0$ ist $\omega_{rel\,0} = \omega_{10}$ bzw. ω_1 t_A n. Gl. (132.2) bzw. (133.2)
wenn ω_1 = const, $T_M = T_K$ = const und $T_L = 0$	$W_V = \dfrac{J_2\, \omega_1^2}{2}$ Gl. (127.2)	
	$W_V = \dfrac{J_2\, n_1^2}{182{,}4}$ in Nm Gl. (127.3)	J_2 in kgm^2 = Nms^2 n in min^{-1}
Wärme, wenn $T_K > T_L$ und T_K, T_L = const	$Q_s = \dfrac{T_K\, \omega_{rel\,0}\, t_A\, z}{2}$ in Nm/s = W Gl. (133.5)	T_K in Nm, $\omega_{rel\,0}$ in rad/s t_A in s, z in s^{-1} für die gewählte Kupplung muß sein $Q_s \leqq Q_{s\,zul}$
Beschleunigungs-moment	$T_B = T_K - T_L = J_2 \dfrac{d\omega_2}{dt}$ Gl. (129.1)	
Anlaufzeit, wenn ω_1, T_K, T_L = const und $T_K > T_L$	$t_A = \dfrac{J_2\, \omega_1}{T_B}$ Gl. (132.2)	
	$t_A = \dfrac{J_2\, n_1}{9{,}55\, T_B}$ in s Gl. (132.3)	J_2 in kgm^2 Bild A53.2 n_1 in min^{-1}, T_B in Nm
Anlaufzeit, wenn $\omega_1 \neq$ const, T_M, T_K, T_L = const	$t_A = \dfrac{\omega_{rel\,0}}{\dfrac{T_K - T_M}{J_1} + \dfrac{T_K - T_L}{J_2}}$ Gl. (133.2)	Einheit für J: 1 kgm^2 = 1 Nms^2

(Fortsetzung s. nächste Seite)

Fortsetzung Tafel **A43.1**

	Formel		Kenn- und Richtwerte, Einheiten
Verlustarbeit bzw. -wärme beim Anlauf			
zulässige Wärme je Schaltung	$Q_{zul} = mc(\vartheta_{zul} - \vartheta_u)$	Gl. (133.6)	für St: $c = 420$ J/(kgK)
zulässige Wärme für die Kühlfläche A_a	$Q_{s\,zul} = q_a A_a(\vartheta_{zul} - \vartheta_u)$	Gl. (134.1)	$q_a \approx 5 \cdots 9$ W/(m²K) für $v < 1$ m/s bzw. $q_a = 9v^{0,2} \ldots 9v^{0,7}$ für $v > 1$ m/s — Bild A52.2
Temperaturspitze bei kurzer Anlaufzeit (bzw. Bremszeit) für Ein- oder Zweiflächen-Reibscheibenkupplungen, Kegelkupplungen, Backen- oder Bandbremsen	$\vartheta_{sp} = 0{,}266 \times \dfrac{R\varkappa\, T_K \omega_1}{i\varrho c A}\sqrt{\dfrac{t_A}{a}}$ in °C mit $R = \dfrac{3(1 - r_i^2/r_a^2)}{2(1 - r_i^3/r_a^3)}$	Gl. (146.6)	für Paarung St-Asbest-Reibbelag $\varkappa = 1{,}946$ für Stahl: $a = 0{,}139$ cm²/s $\varrho = 7{,}85 \cdot 10^{-3}$ kg/cm³ $c = 465$ J/(kgK)
Temperaturspitze für Ein- oder Zweiflächen-Reibscheibenkupplungen, aus Gl. (146.6) mit $R = 1{,}1$	$\vartheta_{sp} = 2{,}63\, \dfrac{T_K n}{iA} \sqrt{t_A}$ in °C	Gl. (147.1)	T_K in Nm, ω_1 in rad/s r_i, r_a in cm, A in cm² t_A in s, n in s⁻¹
Temperatur in der Reibfläche	$\vartheta_{max} = \vartheta_e + \vartheta_{sp}$	Gl. (146.5)	für die gewählte Werkstoffpaarung muß sein $\vartheta_{max} \leqq \vartheta_{zul}$ ϑ_{zul} — Tafel **A51.2**

Auswahl der Kupplungsgröße			
Reibscheibenkupplung (Bild **149.1** und **144.1**)			
übertragbares Drehmoment	$T_K = i\mu F_n R_m = i\mu p A R_m$	Gl. (146.1)	μ — Tafel **A51.2**
Flächenpressung	$p = \dfrac{F_n}{A} = \dfrac{F_n}{\pi(r_a^2 - r_i^2)}$	Gl. (146.2)	p_{zul} — Tafel **A52.1**
mittl. Halbmesser der Reibfläche	$R_m = \dfrac{(r_a + r_i)}{2}$	Gl. (146.3)	
spezif. Wärmebelastung der Reibfläche	$\dfrac{Q_s}{iA} \leqq q_{zul}$	Gl. (146.4)	q_{zul} — Tafel **A52.1**

(Fortsetzung s. nächste Seite)

Tafel **A43.1** Fortsetzung

Formel			Kenn- und Richtwerte
Kegelreibungskupplung (Bild **152.1**)			
übertragbares Drehmoment	$T_K = \dfrac{i \mu F_a R_m}{\sin \alpha}$	Gl. (152.1)	Einfachkegel $i = 1$ Doppelkegel $i = 2$
Reibfläche	$A = \dfrac{2\pi R_m b}{\cos \alpha}$	Gl. (152.2)	$\alpha = 10° \cdots 20°$
Flächenpressung	$p = \dfrac{F_n}{A} = \dfrac{F_a}{2\pi R_m b \tan \alpha}$	Gl. (152.3)	
Klemmrollen-Freilauf (Bild **156.3**)			für Sicherheit gegen Durchrutschen
übertragbares Drehmoment	$T = z F_{t2} r_a = z F_{n2} \tan \alpha \; r_a$	Gl. (A45.1)	$\tan \alpha < \mu_r$ bzw. $\alpha < \varrho$; für St-St $\tan \alpha = \mu_r \approx 0{,}1$
zulässige Belastung einer Rolle	$F_{n2\,zul} = p_{zul} d l$	Gl. (A45.2)	$p_{zul} = 70$ Nmm^2 (handelsübliche Rollen, Klemmbahnhärte HB 700 bzw. HRc 62⋯70)
erf. Schrägungswinkel der geraden Klemmbahn	$\varepsilon = 2\alpha < 2\varrho$	Gl. (A45.3)	für $\mu_r \approx 0{,}1$ ist $\varepsilon < 12°$

Tafel **A45.1** Schaltbare formschlüssige Kupplungen. Kräfte an einer Zahnkupplung (Bild **135.1**, **136.1** und **136.2**)

Formel			Kenn- und Richtwerte
Umfangskraft an der Planverzahnung	$F_u = T/R_1$	Gl. (136.1)	
Axialkraft an der Planverzahnung	$F_a \approx F_u (\tan \alpha - \mu)$	Gl. (137.1)	für $\alpha \leqq 25°$
Umfangskraft in der Gleitführung	$F'_u = T/R_2 = F_u R_1/R_2$	Gl. (137.2)	
Reibungskraft in der Gleitführung	$F_R = \mu' F'_u / \cos \alpha'$	Gl. (137.3)	bei Evolventenverzahnung z. B. $\alpha' = 20°$
erf. Federkraft zum Lüften der unter Vollast laufenden Kupplung nach Abschalten der Erregerspule	$F_F = F_R - F_a = F_u \left[\dfrac{R_1}{R_2} \cdot \dfrac{\mu'}{\cos \alpha'} - (\tan \alpha - \mu) \right]$	Gl. (137.4)	für den Entwurf $\mu' = \mu > \mu_{gr}$

(Fortsetzung s. nächste Seite)

Fortsetzung Tafel **A45.1**

	Formel		Kenn- und Richtwerte
Grenzwert der Reibungszahl	$\mu_{gr} = \dfrac{\tan\alpha}{\left(1 + \dfrac{R_1}{R_2 \cos\alpha'}\right)}$	Gl. (137.5)	μ_{gr} Bild A52.3
erf. Haltekraft des Elektromagneten zur Drehmomentübertragung	$F_M = F_a - F_R + F_F =$ $= F_u\left(\tan\alpha - \mu - \dfrac{R_1}{R_2} \cdot \dfrac{\mu'}{\cos\alpha'}\right) + F_F$	Gl. (137.6)	für den Entwurf $\mu' = \mu < \mu_{gr}$

Tafel **A46.1** Berechnung des Erregerkreises

	Formel		Kenn- und Richtwerte, Einheiten
magnetischer Kreis bei eingeschalteter Kupplung („ein")			
erf. Gesamtpolfläche	$A = \dfrac{F_{M\,ein}}{40\,B_L^2}$ in cm^2	Gl. (138.1)	$B_L = 0{,}65...1{,}4$ T (Tesla) gewählt $F_{M\,ein}$ in N, B_L in T
erf. Fläche je Pol	$A_P = A/2$	Gl. (138.2)	
Außenpol-Innen-Durchmesser	$D_i = \sqrt{\dfrac{4}{\pi}\left(\dfrac{\pi D_a^2}{4} - A_P\right)}$	Gl. (140.1)	D_a gewählt
Innenpol-Außen-Durchmesser	$d_a = \sqrt{\dfrac{4}{\pi}\left(\dfrac{\pi d_i^2}{4} + A_P\right)}$	Gl. (141.1)	d_i gewählt
magnetische Feldstärke in Luft[1])	$H_L \approx 0{,}8 \cdot 10^3\, B_L$ in A/cm	S. 138	Bild A52.4 B_L in T
Luftspalt	$l_L = l_{L\,ein} + 0{,}01$ cm	Gl. (141.2)	
Flußdichte im Eisen[1])	$B_E \approx B_L/0{,}75$	Gl. (138.4)	$B = f(H)$
Durchflutung im „Ein"-Luftspalt[1])	$Iw = H_L 2 l_L$	S. 138f.	[1]) gilt entsprechend auch für ausgeschaltete Kupplung
im Eisen[1])	$= H_E l_E$	S. 141	
erf., bei Betriebstemperatur[1])	$Iw = H_L 2 l_L + H_E l_E$	Gl. (138.3) Gl. (141.3)	maximale Betriebstemperatur kurzzeitig 80···120 °C

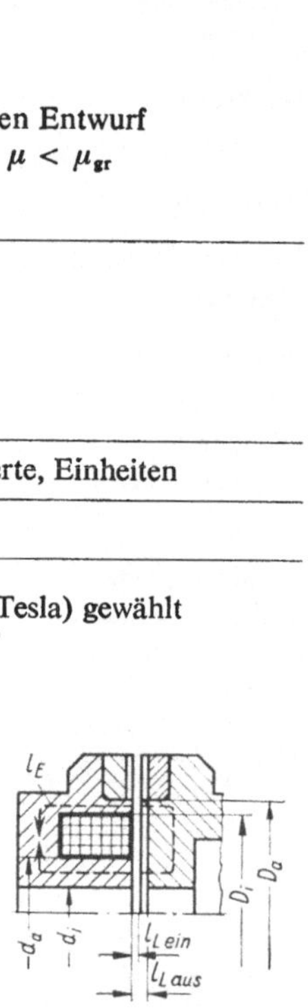

(Fortsetzung s. nächste Seite)

Tafel A46.1 Fortsetzung

Formel		Kenn- und Richtwerte
magnetischer Kreis bei ausgeschalteter Kupplung („aus")		
erf. Magnetkraft	$F_{M\,aus} = 1{,}1\,F_{F\min}$ Gl. (141.4)	$F_{M\,aus}$ in N, A in cm²
Flußdichte in Luft	$B_L = \sqrt{\dfrac{F_{M\,aus}}{40\,A}}$ in T Gl. (141.5)	
Erregerspule		
mittl. Durchmesser und Windungslänge der Spule	$d_m = (D_i + d_a)/2$ Gl. (141.6) $l_m = \pi d_m$	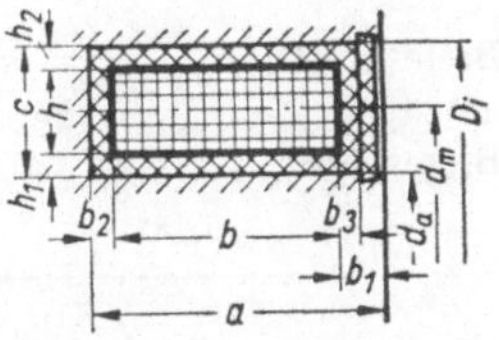
erf. Drahtwiderstand je Längeneinheit bei Betriebstemperatur ϑ	$r_\vartheta = \dfrac{\varrho}{q} = \dfrac{U}{I w l_m}$ Gl. (138.5)	
Drahtwiderstand bei 20 °C	$r_{20} = \dfrac{r_\vartheta}{1 + \alpha(\vartheta - 20)}$ in Ω/m Gl. (139.1) mit r_ϑ nach Gl. (134.5) in Ω/m, α in 1/K, ϑ in °C	Kupfer $\alpha = 0{,}0039$/K r_{20} gewählt nach Tafel A53.1 ($r_{20} \approx 0{,}8\,r_\vartheta$)
Spulenraum, Höhe	$c = (D_i - d_a)/2$	
Wicklung, Breite	$b = a - (b_1 + b_2)$	
Höhe	$h = c - (h_1 + h_2)$	
Windungszahl einer Lage, Breite b	$w_1 = b/D$	
Höhe h	$w_2 = h/(D + 0{,}05\text{ mm})$	
Windungszahl der Spule	$w = w_1 w_2$	
Drahtlänge	$l = w l_m$	
Widerstand	$R = lr$ Gl. (139.2)	bei 20 °C ist $r = r_{20}$, bei Betriebstemperatur $r = r_\vartheta$ einzusetzen
Stromstärke	$I = U/R$ Gl. (139.3)	$i_{zul} = 3{,}6 \cdots 8$ A/mm²
Stromdichte	$i = I/q$ Gl. (139.5)	
Leistungsaufnahme	$P = UI$ Gl. (139.4)	
Spulenoberfläche	$A_O = 2(a + c)l_m$	$P_{O\,zul} = 10 \cdots 15$ Watt/dm²
Oberflächenbelastung	$P_O = P/A_O$ Gl. (139.6)	

Spulen-Innen-Ø d_m in mm	mittl. Windungslänge l_m in m	b_1	b_2	b_3	h_1	h_2
		in mm				
bis 80	bis 0,25	3,5	1	1	0,8	0,8
80···100	0,25···0,35	3,5	1	1	0,9	0,9
100···130	0,35···0,44	3,5	1	1	1,0	1,0
130···200	0,44···0,68	3,7	1,2	1,2	1,2	1,2
200···350	0,68···1,17	4,0	1,5	1,5	1,5	1,5
350···500	1,17···1,65	5,5	2	2	2	2
über 500	über 1,65	5,5	3	3	3	3

Tafel **A48.1** Bremsen[1])

	Formel		Kenn- und Richtwerte
aufzubringendes Bremsmoment	$T'_{Br} = T_V - T_L = J\dfrac{\omega}{t_{Br}} + m\dfrac{v}{t_{Br}}R - T_L$	Gl. (161.1)	bei Getriebeübersetzung Massenträgheitsmomente auf Bremswelle reduzieren (s. **A53.2**)
aufzubringendes Bremsmoment bei Hubwerken	$T'_{Br} = T_V + T_L - T_R$ mit $T_L = F_g R$	Gl. (161.2)	
Backenbremsen			
einfache Backenbremse (Bild **163.1**)			bei Anordnung nach Bild **163.1** a: Pluszeichen Rechtsdrehung, Minuszeichen Linksdrehung
Bremskraft am Bremshebel	$F = F_n\dfrac{a \pm \mu c}{l} = F_R\dfrac{a}{l}\left(\dfrac{1}{\mu} \pm \dfrac{c}{a}\right)$	Gl. (163.2)	erf. Bremskraft $F_R \geqq F_u = T'_{Br}/R$
Doppelbackenbremse (Bild **164.2**)			
Bremsmoment	$T_{Br} = 2\mu F_n R = 2\mu i\eta F'_g R$	Gl. (163.3)	
Bremsgewichtskraft	$F_{g1} = \dfrac{(F'_g - F_{g2})\,u}{u_1}$	Gl. (164.1)	
Übersetzung des Gestänges	$i = \dfrac{l}{a}\cdot\dfrac{a_2}{a_1}\cdot\dfrac{u}{u_2}$	Bild **165.1**	erf. Bremsmoment $2\mu F_n \geqq F_u = T'_{Br}/R$
Simplex-Innenbackenbremse (Bild **165.2** a) und Duplex-Innenbackenbremse (Bild **165.2** b)			
Bremsmoment	$T_{Br} = \mu(F_{n1} + F_{n1})R$	Gl. (166.2)	es muß sein $T_{Br} \geqq T'_{Br}$
Bremskraft für Simplex-Bremse	$F_1 = F_{n1}\dfrac{a \mp \mu c}{l}$ $F_2 = F_{n2}\dfrac{a \pm \mu c}{l}$	Gl. (166.1)	oberes Vorzeichen Linksdrehung der Bremstrommel (Vorwärtsfahrt), unteres Vorzeichen Rechtsdrehung (Rückwärtsfahrt)
Bremskraft für Duplex-Bremse	$F_1 = F_2 = F_{n1,2}\dfrac{(a \pm \mu c)}{l}$	Gl. (166.3)	Minuszeichen Linksdrehung (Vorwärtsfahrt), Pluszeichen Rechtsdrehung (Rückwärtsfahrt)

(Fortsetzung s. nächste Seite)

Fortsetzung Tafel **A48.1**

Bandbremsen				
Kräfte im Bremsband	$F_{S1} = F_{S2} e^{\mu\alpha}$	S. 167	$e^{\mu\alpha}$	Bild **A53.3**
Reibungskraft am umspannten Teil der Scheibe	$F_R = F_{S1} - F_{S2}$	Bild **167.1**	erf. Reibungskraft $F_R \geqq F_u = T'_{Br}/R$	
Flächenpressung am auflaufenden Bandende	$p_{max} = \frac{F_R}{bR} \cdot \frac{e^{\mu\alpha}}{(e^{\mu\alpha} - 1)}$	Gl. (167.1)	$p_{max} \leqq p_{zul}$	Tafel **A52.1**
einfache Bandbremse (Bild **167.1**	$F_r = F_{S2} \frac{a}{l} = F_R \frac{a}{l(e^{\mu\alpha} - 1)}$	Gl. (A49.1)[2]		
	$F_l = F_{S1} \frac{a}{l} = F_R e^{\mu\alpha} \frac{a}{l(e^{\mu\alpha} - 1)}$	Gl. (A49.2)[2]		
Differentialbandbremse (Bild **167.1** b)	$F_r = \frac{F_{S2} a_2 - F_{S1} a_1}{l} = F_R \frac{a_2 - a_1 e^{\mu\alpha}}{l(e^{\mu\alpha} - 1)}$	Gl. (A49.3)[2]		
	$F_l = \frac{F_{S1} a_2 - F_{S2} a_1}{l} = F_R \frac{(e^{\mu\alpha} \cdot a_2) - a_1}{l(e^{\mu\alpha} - 1)}$	Gl. (A49.4)[2]		
Summenbandbremse (Bild **167.1** c)	wenn $a_1 = a_2 = a$ ist $F_r = F_l = (F_{S1} + F_{S2}) \frac{a}{l} = F_R \frac{a(e^{\mu\alpha} + 1)}{l(e^{\mu\alpha} - 1)}$	Gl. (A49.5)[2]		

[1]) Einteilung der Bremsen nach ihrem Verwendungszweck und Vergleich mit Kupplungsbauarten s. Abschn. 4.5 und Tafel **161.1**; Berechnung der zulässigen Wärme und der Temperaturspitze s. Abschn. 4.4 (insbesondere 4.4.2.1); Reibungszahlen s. Tafel **A51.2**

[2]) Aus Bild **167.1** entwickelt

Erläuterungen zum Diagramm **A50.1**

Der Betriebsfaktor φ berücksichtigt das bei den verschiedenen Maschinen auftretende größte Drehmoment T_{max} gegenüber dem Nenndrehmoment T_n (bzw. T_1). Es ist $\varphi = T_{max}/T_n$ (bzw. $\varphi = T_{1\,max}/T_1$). Er erfaßt den Ungleichförmigkeitsgrad der An- und Abtriebsmaschine sowie die Bedingungen von Anlauf, Belastung, Empfindlichkeit der Kupplungen bzw. Getriebe und Laufzeit.

Bei Rechnungsgängen, in denen Betriebsdauer bzw. Laufzeit bereits anderweitig berücksichtigt wird, empfiehlt es sich, unabhängig von der wirklichen Laufzeit für die Ermittlung des Betriebsfaktors nach dem Diagramm eine 8stündige tägliche Laufzeit zugrunde zu legen. Der so gefundene Wert entspricht der bekannten Stoßzahl.

Die bisher in der Praxis bekannten Verfahren zur Ermittlung des Betriebsfaktors bzw. der Stoßzahl führen zu sehr unterschiedlichen Ergebnissen.

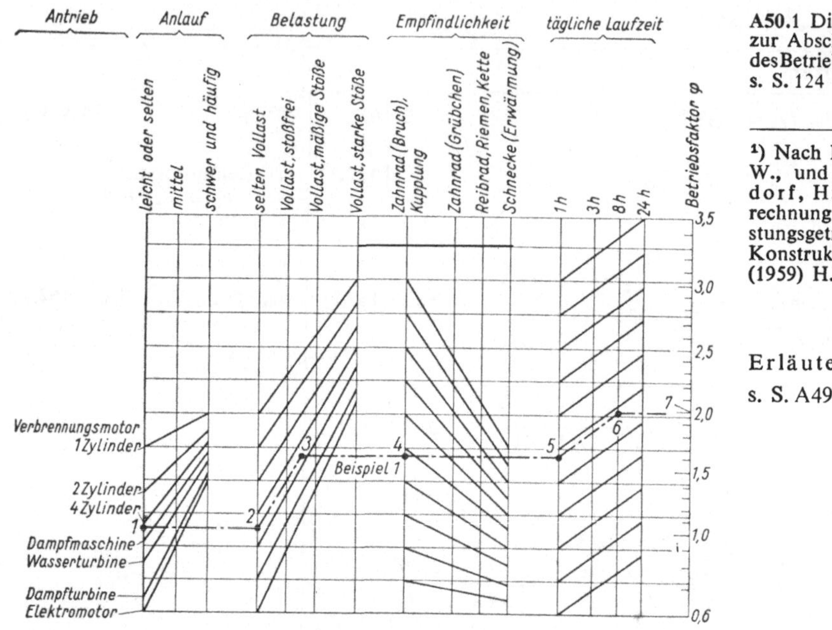

A50.1 Diagramm zur Abschätzung des Betriebsfaktors φ; s. S. 124 und [1])

[1]) Nach Richter, W., und Ohlendorf, H: Kurzberechnung von Leistungsgetrieben. Z. Konstruktion **11** (1959) H. 11

Erläuterungen s. S. A49

Die Ermittlung von φ ist für Beispiel 1 S. 127 eingetragen:

Antrieb. Sechszylinder-Verbrennungsmotor: Antriebspunkt 1 für Sechszylinder (interpoliert) 1

Anlauf leicht (unbelasteter Generator): Anlaufpunkt und Antriebspunkt sind für Beispiel S. 127 identisch

Belastung. Vollast mit geringen Stößen: Hilfspunkt 2, Belastungspunkt 3

Empfindlichkeit. Kupplung: Empfindlichkeitspunkt 4

Laufzeit. 8 Stunden täglich: Hilfspunkt 5, Laufzeit 6

Betriebsfaktor. Ablesepunkt 7, hier $\varphi \approx 2$

Tafel **A50.**2 Anhaltswerte für den Drehmomentausschlag (Wechseldrehmoment) $\pm\, T_{al}$ und das größte Drehmoment T_{max} beim Dieselmotor und Kompressor in Abhängigkeit vom mittleren Drehmoment T_m bei Nennleistung P_n ohne Berücksichtigung der Massendrehkräfte (i Ordnungszahl)

Zylinderzahl	Zweitaktmotor			Viertaktmotor			Kompressor, einstufig einfachwirkend, einreihig		
	i	$\frac{T_{al}}{T_m}$	$\frac{T_{max}}{T_m}$	i	$\frac{T_{al}}{T_m}$	$\frac{T_{max}}{T_m}$	i	$\frac{T_{al}}{T_m}$	$\frac{T_{max}}{T_m}$
1	1	3,8	11,6	0,5	3,3	19	1	2,3	5,15
2	2	3,3	5,8	0,5	2,3	9,5	2	0,66	2,30
2				2	2,9	9,5	4	0,77	2,30
3	3	2,3	3,8	1,5	2,9	6,3	3	0,92	2,15
4	4	1,5	2,9	2	2,9	4,7	4	0,72	1,88
5	5	0,9	2,4	2,5	2,4	3,8			
6	6	0,67	2,0	3	2,0	3,1			
7	7	0,46	1,8	3,5	1,6	2,7			
8	8	0,33	1,6	4	1,3	2,3			

Tafel A51.1 Vergrößerungsfaktor V in Abhängigkeit von der verhältnismäßigen Dämpfung ζ und dem Verhältnis der Betriebsdrehfrequenz n zur kupplungskritischen Drehfrequenz n_K

$\frac{n}{n_k}$	Vergrößerungsfaktor V für $\zeta = 1$	$\zeta = 1{,}2$	$\zeta = 1{,}5$	$\zeta = 2{,}0$	$\zeta = 2{,}5$	$\frac{n}{n_k}$	Vergrößerungsfaktor V für $\zeta = 1$	$\zeta = 1{,}2$	$\zeta = 1{,}5$	$\zeta = 2{,}0$	$\zeta = 2{,}5$
0,4	1,184	1,182	1,177	1,168	1,158	1,6	0,646	0,648	0,651	0,659	0,669
0,5	1,321	1,315	1,306	1,288	1,268	1,7	0,534	0,536	0,540	0,548	0,557
0,6	1,535	1,524	1,505	1,468	1,428	1,8	0,451	0,453	0,456	0,464	0,473
0,7	1,895	1,869	1,826	1,746	1,664	1,9	0,387	0,389	0,392	0,399	0,408
0,8	2,573	2,498	2,380	2,184	2,006	2,0	0,337	0,339	0,342	0,348	0,356
0,9	4,085	3,779	3,370	2,831	2,441	2,2	0,263	0,265	0,267	0,272	0,279
1,0[1])	6,362	5,331	4,307	3,297	2,705	2,4	0,213	0,214	0,216	0,220	0,225
1,1	3,843	3,587	3,234	2,752	2,392	2,6	0,176	0,177	0,178	0,182	0,186
1,2	2,164	2,122	2,054	1,932	1,814	2,8	0,148	0,149	0,150	0,153	0,157
1,3	1,430	1,422	1,408	1,381	1,351	3,0	0,127	0,127	0,128	0,131	0,134
1,4	1,041	1,040	1,039	1,038	1,036	3,4	0,096	0,096	0,097	0,099	0,102
1,5	0,804	0,805	0,808	0,814	0,820						

[1]) Bei $n/n_k = 1$ fällt die Betriebsdrehfrequenz n mit der kritischen Drehfrequenz n_K der Anlage zusammen.

Tafel A51.2 Reibungszahlen für glatte und genutete Reibscheiben[1]); μ_r Reibungszahl der Ruhereibung, μ Reibungszahl der Gleitreibung[2]), ϑ_{zul} zulässige Reibflächentemp. in °C

Werkstoffpaarung	trocken μ_r	μ	ϑ_{zul}	ölbenetzt μ_r	μ	ϑ_{zul}	ölberieselt μ_r[3]) 17 °C	μ_r[3]) 80 °C	μ	ϑ_{zul}
Sinterbronze glatt – St geläppt	0,17 ⋮ 0,20	0,15 ⋮ 0,25	400 ⋮ 450	0,17 ⋮ 0,20	0,08	180	0,25	0,14 ⋮ 0,20	0,05	180
Sinterbronze glatt – St geschliffen	0,20 ⋮ 0,25	0,15 ⋮ 0,25	400 ⋮ 450	0,20 ⋮ 0,25	0,09	180	0,17 ⋮ 0,20	0,25 ⋮ 0,35	0,06	180
Sinterbronze mit Spiral- und Radialnuten – St geläppt				0,17 ⋮ 0,20	0,1	180	0,25	0,14 ⋮ 0,20	0,08	180
Sinterbronze mit Radialnuten – St geläppt	0,17 ⋮ 0,20	0,17 ⋮ 0,35	400 ⋮ 450	0,17 ⋮ 0,20	0,08	180	0,25	0,14 ⋮ 0,20	0,02	180
St geläppt – St geläppt				0,17	0,09	100	0,23	0,18	0,06	120
St geschliffen – St geschliffen				0,25	0,1	100	0,20	0,27 ⋮ 0,35	0,07	120
Werkstoffe aus Asbest o. ä. – St bzw. GG	0,20 ⋮ 0,35	0,20 ⋮ 0,30 ⋮ 0,40	180 ⋮ 200 ⋮ 350							

[1]) Pokorny, J.: Untersuchung der Reibungsvorgänge in Kupplungen mit Reibscheiben aus Stahl und Sintermetall. Diss. TH Stuttgart 1960

[2]) μ gibt hier mittlere Werte an. [3]) Werte gelten für ein Öl von 0,022 Ns/m² (4,2 °E/50 °C).

Tafel **A52.1** Richtwerte für Flächenpressung p_{zul} [1]) und spezifische Wärmebelastung q_{zul} [2]) der Reibfläche

Bauart	Werkstoffpaarung	p_{zul} in N/cm²	q_{zul} in W/cm²
Ein- oder Zweiflächen-Reibscheibenkuppl. bzw. -bremse[3]),	Werkstoffe aus Asbest o. ä. – St trocken	20···80	0,2···1···4
Bandbremse	Sinterwerkstoff – St trocken	20···100	1,0···3
Scheibenbremse[4])	Reibwerkstoff – St	200···800	2···12
Vielflächen-Reibscheibenkupplung (Lamellenkupplung) bzw.	Werkstoffe aus Asbest o. ä. – St trocken	20···60	0,2···0,25···0,3
Bremse	St – St geölt (im Getriebe)	20···50	0,1···0,3···0,6
	Sinterwerkstoff – St geölt (im Getriebe)	20···100	0,5···0,9
Backenbremse	Werkstoff aus Asbest o ä. – St bzw. GG	20···120	0,2···1,0···3,0
	Sinterwerkstoff – St bzw. GG	20···150	1,5···3,5

[1]) Maßgebend für die Wahl der Flächenpressung sind Erwärmung [s. Gl. (146.6)] und Verschleiß. Für Kupplungen mit geringer Wärmeentwicklung sind höhere Flächenpressungen zulässig.
[2]) Wärmeberechnung s. S. 146. [3]) s. **144.1**, **145.2**, **162.1**. [4]) s. **162.2** o. ä.

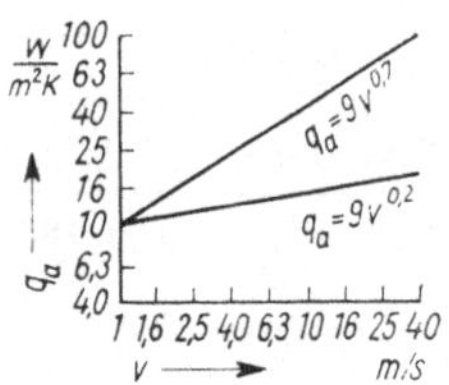

A52.2 Wärmeabgabewert q_a an Luft, abhängig von der Umfangsgeschwindigkeit v

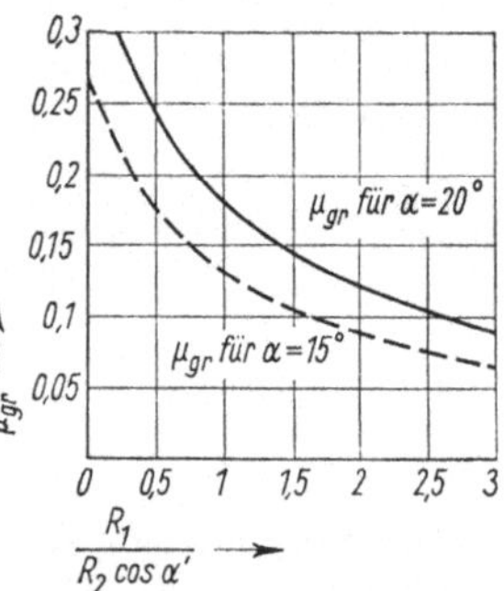

A52.3 Grenzwert der Reibungszahl μ_{gr} nach Gl. (137.5) für Selbsthemmung bei elektromagnetisch betätigten Zahnkupplungen und für $\mu' \approx \mu$ als Funktion von $R_1/(R_2 \cos \alpha')$; μ', μ Reibungszahl in der Gleitführung bzw. Planverzahnung, α Flankenwinkel der Planzähne, α' Eingriffswinkel der Gleitführung, R_1, R_2 mittlerer Radius der Planverzahnung bzw. der Gleitführung nach Bild **136.1**

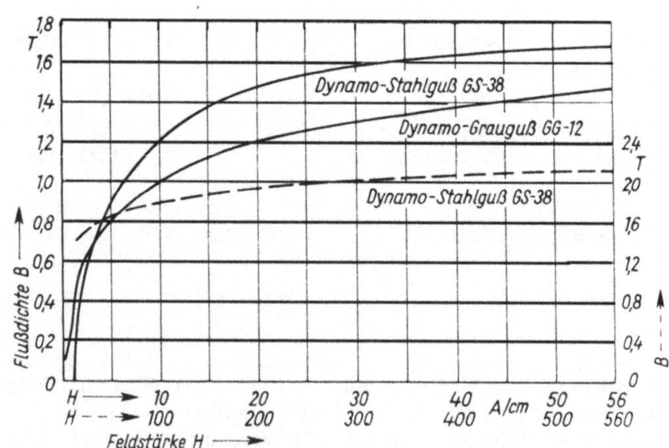

A52.4 Magnetisierungskennlinien $B = f(H)$
$1\,T = 1\,Vs/m^2 = 1\,Nm/(m^2 A)$

Tafel **A53.1** Zahlenwerte für Dynamodraht (nach DIN 46431, 46435 Bl. 1, 46436 Bl. 2)

Stromdichte i	Drahtdurchmesser blank	Durchmesser des isolierten Drahtes in mm				Querschnitt blank	Gewicht	Widerstand bei 20 °C r_{20}
		Lack	Lack und Seide (LS)	Lack und Baumwolle (LB)	Lack und 2mal Baumwolle (L2B)			
A/mm²	mm					mm²	g/m	Ω/m
≦ 8,0	0,14	0,169	0,204	0,269	0,329	0,01539	0,137	1,14
≦ 6,5	0,18	0,210	0,245	0,310	0,37	0,02545	0,226	0,689
	0,22	0,255	0,295	0,355	0,415	0,03801	0,338	0,4615
≦ 5,6	0,26	0,297	0,337	0,397	0,457	0,05309	0,473	0,3304
	0,30	0,337	0,377	0,437	0,497	0,07069	0,629	0,2482
	0,34	0,384	0,424	0,504	0,604	0,09079	0,808	0,1932
≦ 5,2	0,38	0,424	0,464	0,544	0,644	0,1134	1,01	0,1547
	0,45	0,501	0,571	0,621	0,721	0,1590	1,42	0,1103
	0,50	0,551	0,699	0,671	0,771	0,1964	1,75	0,0894
≦ 4,4	0,60	0,659	0,799	0,779	0,879	0,2827	2,52	0,0621
≦ 4,0	0,80	0,872		0,992	1,092	0,5027	4,47	0,0349
≦ 3,6	1,00	1,072		1,192	1,292	0,7854	6,99	0,02234

A53.2
Massenträgheitsmoment J für zylindrische Körper aus Stahl mit Durchmesser d und Breite b
Zur Umrechnung auf andere Werkstoffe bzw. auf das Massenträgheitsmoment einer Erregerspule im Polkörper einer Kupplung sind die Zahlenwerte mit den folgenden Faktoren zu multiplizieren:
0,92 für GG 0,76 für Al
0,35 für die Spule

$J = \frac{\pi}{32}\, \varrho\, d^4 b = m d^2/8$
für Vollzylinder

Dichte $\varrho = 7850$ kg/m³ für Stahl
m = Masse des Zylinders

Das von einer Welle a auf eine andere Welle b reduzierte Trägheitsmoment ist $J_b = J_a\, \omega_a^2/\omega_b^2$. Das Ersatz-Trägheitsmoment einer linear bewegten Masse ist $J_{Ers} = m v^2/\omega^2$

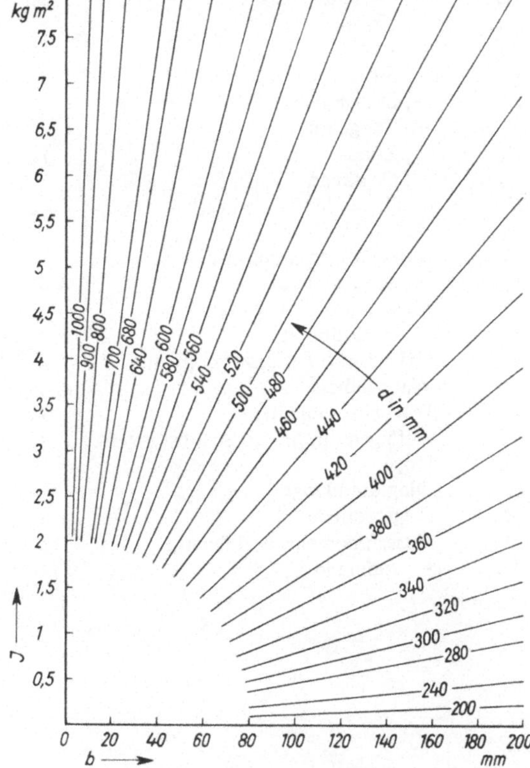

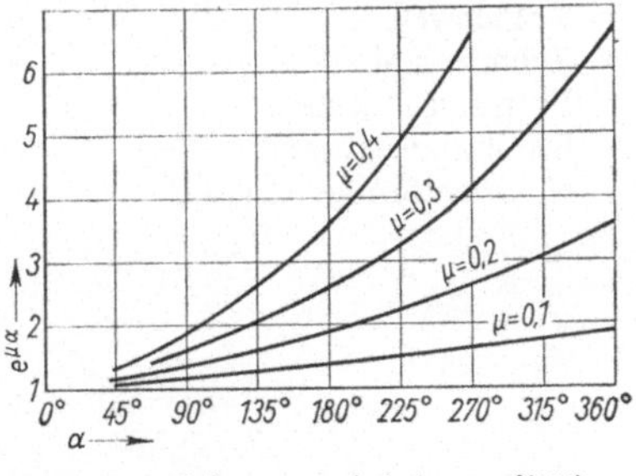

A53.2 Umschlingungswinkel $\alpha = f(e^{\mu\alpha})$

Arbeitsblatt 5: Kurbeltriebe

Formelzeichen

A	Fläche, Querschnitt
A_D	–, Indikatordiagramm
A_K	–, Kolben
A_S	–, Arbeitsvermögen
A_{St}	–, Schubstangenschaft
a_K	Kolbenbeschleunigung
a_{OT}	–, im oberen Totpunkt
a_{UT}	–, im unteren Totpunkt
b	Wangenbreite
c_K	Kolbengeschwindigkeit
c_m	–, mittlere
c_{max}	–, maximale
D, d	Durchmesser
D_I	Amplitude Massenmoment I. Ordnung
D_{II}	–, II. Ordnung
e	Abstand Hohlkehle Lagermitte
F	Kraft, Belastung
F_B	–, Kolbenbolzen
F_{BL}	–, Kolbenbolzenlager
F_K	–, Kolben-
F_{KL}	–, Kurbelzapfenlager-
F_{KZ}	–, Kurbelzapfen-
F_M	–, Wellenzapfen-
F_N	–, Normal
F_R	–, Radial-
F_S	–, Stoff-
F_{St}	–, Stangen-
F_T	–, Tangential-
F_Z	–, Zünd-
F_{max}	–, Gestänge-
F_o	oszillierende Massenkraft
F_{oK}	–, Kolben
F_r	rotierende Massenkraft
F_{rSt}	–, Schubstange
F_I	Massenkraft I. Ordnung
F_{II}	–, II. Ordnung
h	Hebelarm für Massenmomente, Wangendicke
J	Trägheitsmoment
l	Auflagerentfernung, Schubstangenlänge
l_D	Diagrammlänge
M_b	Biegemoment
M_o	Massenmoment, oszillierend
M_r	–, rotierend
M_I	–, I. Ordnung
M_{II}	–, II. Ordnung
m	Masse
m_K	–, Kolben-
m_{Ks}	–, Kolbenstangen-
m_{Kr}	–, Kreuzkopf-
m_{St}	–, Schubstangen-
m_W	–, Kurbelwangen-
m_Z	–, Kurbelzapfen
m_o	oszillierende Masse
m_{oSt}	–, Schubstange
m_r	rotierende Masse
m_{rKW}	–, Kurbelwelle
m_{rSt}	–, Schubstange
$\bar{m}_T$	Maßstab, Drehmoment
$\bar{m}_\varphi$	–, Kurbelwinkel
n	Drehfrequenz
P_e	effektive Leistung
P_I	Amplitude, Massenkraft I. Ordnung
P_{II}	–, II. Ordnung
p	Druck, Flächenpressung
p_Z	–, Zünd-
p_a	–, atmosphärisch
p_e	–, effektiv
p_i	–, indiziert
p_{max}	–, maximal
r	Kurbelradius
r_S	Schwerpunktradius, Schubstangenkopf
r_{St}	Schwerpunktsabstand, Schubstange
r_W	–, Kurbelwange
S	Knicksicherheit
s	Kolbenhub, Stärke
T	Drehmoment
T_m	–, mittleres
T_Z	Umlaufzeit
u	Überschneidung
V_h	Hubvolumen
W_b	Widerstandsmoment
W_S	Arbeitsvermögen
x_K	Kolbenweg
z	Zylinderzahl
α_b	Formzahl, Biegung
β	Schubstangenwinkel
δ	Ungleichförmigkeitsgrad

λ	Schubstangenverhältnis	σ_z	Zugspannung
λ_s	Schlankheitsgrad	φ	Kurbelwinkel, Federmaßstab
ϱ	Radius, Hohlkehle, Kurbelzapfen	φ_P	Drehmomentenperiode
σ_b	Biegespannung	ω	Winkelgeschwindigkeit
σ_d	Druckspannung	ω_{max}	–, maximale
σ_k	Knickspannung	ω_{min}	–, minimale

Tafel A55.1 Hauptabmessungen der Kolbenmaschine

Bezeichnung	Formel		
Kolben	$A_K = \frac{\pi}{4} D^2$	$V_h = A_K s = \frac{\pi}{4} D^3 \left(\frac{s}{D}\right)$	Gl. (171.4) (171.6)
Schubstange Kurbel	$\lambda = l/r \quad r = s/2$		Gl. (171.7)
Drehfrequenz	$n = \omega/2\pi \quad \omega = 2\pi/T_z$		Gl. (170.1) (170.2)
Kolbengeschwindigkeit	$c_m = 2sn$		Gl. (171.2)
Leistung	$P_e = z p_e V_h n$	Zweitakt	Gl. (171.8)
	$P_e = z p_e V_h n/2$	Viertakt	Gl. (171.9)
Drehmoment	$T = P_e/2\pi n$		Gl. (171.10)

Anhaltswerte für Kraftfahrzeugmotoren

$s/D = 0{,}8 \cdots 1{,}4 \quad \lambda = 1/3{,}3 \cdots 1/5 \quad c_m = 7 \cdots 12$ m/s $\quad p_e = 8 \cdots 10$ bar

$n = 4000 \cdots 6000\ \text{min}^{-1}$

Tafel A55.2 Bewegungsgleichungen des Kurbeltriebes (Näherungswerte)

Bezeichnung	Bild	Formel	
Schubstangenwinkel	173.1a	$\sin\beta = \lambda \sin\varphi$	Gl. (173.2)
Kolbenweg	173.1	$x_K = r\left(1 - \cos\varphi + \frac{\lambda}{2}\sin^2\varphi\right)$	Gl. (173.5)
		$x_{K\,max} = s = 2r$	
Kolbengeschwindigkeit	176.1	$c_K = r\omega\left(\sin\varphi + \frac{\lambda}{2}\sin 2\varphi\right)$	Gl. (175.5)
		$c_{max} \approx r\omega\sqrt{1+\lambda^2}$	Gl. (176.1)
Kolbenbeschleunigung	178.1	$a_K = r\omega^2(\cos\varphi + \lambda\cos 2\varphi)$	Gl. (177.5)
		$a_{OT} = r\omega^2(1+\lambda) \quad a_{UT} = -r\omega^2(1-\lambda)$	Gl. (178.3) (178.4)

Tafel **A56.1** Massenkräfte und Momente im Kurbeltrieb (s. Bild **182.**1 und **183.**1)

Bezeichnung	Formel	
Massen		
oszillierend		
Stange	$m_{oSt} = m_{St} r_{St}/l$	Gl. (181.6)
Kurbeltrieb	$m_o = m_K + m_{Ks} + m_{Kr} + m_{oSt}$	Gl. (182.5)
rotierend		
Stange	$m_{rSt} = m_{St}(l - r_{St})/l$	Gl. (181.7)
Kurbel	$m_{rKW} = m_Z + m_W r_W/r$	Gl. (182.3)
Kurbeltrieb	$m_r = m_{rKW} + m_{rSt}$	Gl. (182.4)
Massenkräfte		
oszillierend	$F_o = m_o r \omega^2 (\cos\varphi + \lambda \cos 2\varphi)$	Gl. (182.6)
I. Ordnung	$F_I = m_o r \omega^2 \cos\varphi$	Gl. (182.7)
II. Ordnung	$F_{II} = \lambda m_o r \omega^2 \cos 2\varphi$	Gl. (182.8)
Amplituden	$P_I = m_o r \omega^2 \quad P_{II} = \lambda P_I$	Gl. (182.7) (182.8)
rotierend	$F_r = m_r r \omega^2$	Gl. (183.1)
Massenmomente		
oszillierend	$M_o = m_o r \omega^2 h (\cos\varphi + \lambda \cos 2\varphi)$	
I. Ordnung	$M_I = m_o r \omega^2 h \cos\varphi$	Gl. (184.1)
II. Ordnung	$M_{II} = \lambda m_o r \omega^2 h \cos 2\varphi$	Gl. (184.2)
Amplituden	$D_I = m_o r \omega^2 h = P_I h \quad D_{II} = \lambda D_I$	Gl. (184.1) (184.2)
rotierend	$M_r = m_r r \omega^2 h$	Gl. (184.3)

Tafel **A56.2** Kräfte im Kurbeltrieb (s. Bild **186.**1a)

Bezeichnung	Formel	
Stoffkraft	$F_S = (p - p_a) A_K$	Gl. (180.1)
Gestänge-, Zündkraft	$F_{max} = (p_{max} - p_a) A_K \quad F_Z = (p_Z - p_a) A_K$	Gl. (180.2) (180.3)
Massenkraft	s. Tafel A56.1	
Kolbenkraft	$F_K = F_S - F_o$	Gl. (185.1)
Stangenkraft	$F_{St} = F_K/\cos\beta = F_K/\sqrt{1 - \lambda^2 \sin^2\varphi} =$	Gl. (186.1)
	$= \sqrt{F_K^2 + F_N^2} = \sqrt{F_T^2 + F_R^2}$	Gl. (186.3) (187.3)
Normalkraft	$F_N = F_K \tan\beta = \lambda F_K \sin\varphi / \sqrt{1 - \lambda^2 \sin^2\varphi}$	Gl. (187.2)

Fortsetzung Tafel **A56.2**

Bezeichnung	Formel
Tangentialkraft	$F_T = F_K \sin(\varphi + \beta)/\cos\beta = F_K \left(\sin\varphi + \frac{\lambda}{2} \frac{\sin 2\varphi}{\sqrt{1 - \lambda^2 \sin^2\varphi}}\right)$ Gl.(187.1)
Radialkraft	$F_R = F_K \cos(\varphi + \beta)/\cos\beta = F_K \left(\cos\varphi - \frac{\lambda \sin^2\varphi}{\sqrt{1 - \lambda^2 \sin^2\varphi}}\right)$ Gl.(187.2)
Drehmoment	$T = F_T r$ Gl.(187.4)

Anhaltswerte für Brennkraftmaschinen

$p_Z = 70 \cdots 90$ bar bei Dieselmotoren

$p_Z = 50 \cdots 60$ bar bei Ottomotoren

$F_Z/F_o = 1{,}5 \cdots 2{,}5$ Zünd-Massenkraftverhältnis

Tafel **A57.1** Schwungradberechnung (s. Bild **188.1**)

Bezeichnung	Formel
Ungleichförmigkeitsgrad	$\delta = 2 \frac{\omega_{max} - \omega_{min}}{\omega_{max} + \omega_{min}}$ Gl.(188.1)
Momentenperiode	$\varphi_P = \frac{360°}{z}$ für Zweitakt $\quad \varphi_P = \frac{720°}{z}$ für Viertakt
mittleres Drehmoment	$T_m = \frac{1}{\varphi_P} \int_0^{\varphi_P} T \mathrm{d}\varphi = \bar{m}_T \bar{m}_\varphi \frac{A_M}{\varphi_P}$ Gl.(188.3)
indizierter Druck	$p_i = A_D/(l_D \varphi)$ Gl.(181.1)
Momentenkontrolle	$T_m = \frac{p_i z V_h}{2\pi}$ für Zweitakt $\quad T_m = \frac{p_i z V_h}{4\pi}$ für Viertakt Gl.(188.4)
Arbeitsvermögen	$W_S = \max \int (T - T_m) \mathrm{d}\varphi = \bar{m}_T \bar{m}_\varphi A_S$ Gl.(189.1)
Schwungradgröße	$J = \frac{W_S}{4\pi^2 \delta n^2}$ Gl.(189.2)

Anhaltswerte

$\delta = 1/30 \cdots 1/300$ für Fahrzeugmotoren $\quad \delta = 1/50 \cdots 1/100$ für Verdichter

$\delta = 1/250 \cdots 1/300$ für Drehstromantriebe

Tafel A58.1 Festigkeitsberechnung der Triebwerksteile

Bezeichnung	Bild	Formel				Kenn- und Richtwerte
Kolbenbolzen	203.1a	$M_b = \frac{1}{4} F_B \left(l - \frac{b}{4}\right)$	$W = \frac{\pi}{32} \cdot \frac{D^4 - d^4}{D}$	$\sigma_b = \frac{M_b}{W_b}$	Gl. (203.1)	$\sigma_{b\,zul} = 100 \cdots 200$ N/mm²
oberer Stangen-kopf	203.1b	$M_b = \frac{F^{1)} r_s}{2}$	$W_b = \frac{hs^2}{6}$	$\sigma_b = \frac{M_b}{W_b}$	Gl. (203.2)	$\sigma_{b\,zul} = 60 \cdots 80$ N/mm²
			$A_B = hs$	$\sigma_z = \frac{F^{1)}}{2A_B}$	Gl. (203.3) (206.1)	$\sigma_{zul} = 20 \cdots 30$ N/mm²
Stangenschaft		$\lambda_S = l/\sqrt{J_y/A_{St}}$	$\sigma_d = F_{St}/A_{St}$	$S = \sigma_k/\sigma_d$	Gl. (206.3) (206.6)	
EULER		für $\lambda_S > 90$	$\sigma_k = \pi^2 E/\lambda_S^2$		Gl. (206.4)	$S = 5 \cdots 8$
TETMAJER		für $\lambda_S < 90$	$\sigma_k = 335 - 0{,}62\,\lambda_S$ in N/mm²		Gl. (206.5)	
Stangendeckel	203.1c	$M_b = \frac{F^{2)}}{4}\left(l - \frac{d}{2}\right)$	$W_b = \frac{hs^2}{6}$	$\sigma_b = \frac{M_b}{W_b}$	Gl. (206.2)	$\sigma_{b\,zul} = 40 \cdots 60$ N/mm²
Kurbelwelle	207.1	$M_b = Fe/2$	$F = F_R - F_r$	$\sigma_b = \alpha_b \frac{M_b}{W_b}$	Gl. (207.1) (208.1)	$\sigma_{b\,zul} = 150 \cdots 200$ N/mm²
		$\alpha_b = 11{,}0 f\left(\frac{\varrho}{d}\right) f\left(\frac{h}{d}\right) f\left(\frac{b}{d}\right) f\left(\frac{u}{d}\right)$			Gl. (207.2)	

[1]) Zweitaktmotor: oszillierende Massenkraft der oberen Kopfhälfte; Viertaktmotor: zusätzlich Bolzenkraft F_B im *OT* Ansaugen

[2]) Zweitaktmotor: Fliehkraft des Deckels; Viertaktmotor: zusätzlich Lagerkraft F_{KL} im *UT* Ansaugen, bei schräger Teilung $F \cos \alpha$

Tafel A59.1 Belastung der Triebwerksteile (s. Bild 190.1)

Bezeichnung	Formel	
Kolbenboden	$F_S = (p - p_a) A_K$	Gl. (180.1)
Kolbenmantel	$F_N = F_K \tan \beta$	Gl. (186.2)
Kolbenbolzen	$F_B = \sqrt{(F_S - F_{oK})^2 + F_N^2}$	Gl. (189.3)
Kolbenbolzenlager	$F_{BL} = \sqrt{F_K^2 + F_N^2} = -F_{St}$	Gl. (189.4)
Schubstangenschaft	$F_{St} = F_K / \cos \beta$	Gl. (186.1)
Kurbelzapfen	$F_{KZ} = \sqrt{F_T^2 + (F_R - F_r)^2}$	Gl. (190.1)
Kurbelzapfenlager	$F_{KL} = \sqrt{F_T^2 + (F_R - F_{rSt})^2}$	Gl. (189.5)
Wellenzapfen	$F_M = -F_{KZ}$	Gl. (190.1)

Tafel A59.2 Flächenpressungen für die Lagerberechnung von Verbrennungsmotoren

Lager	Flächenpressung p in N/mm²		Längenverhältnis l/D
	Ottomotoren	Dieselmotoren	
Kolbenbolzen	35⋯45	40⋯45	0,7⋯1
Kurbelzapfen	15⋯25	20⋯35	0,35⋯0,6
Wellenzapfen	10⋯15	15⋯20	0,4⋯0,7

Arbeitsblatt 6: Kurvengetriebe

Formelzeichen

a	Beschleunigung
Δa	–, Sprung-
b	Nockenbreite
c	Stößelgeschwindigkeit
D_{min}	kleinster Tellerdurchmesser
F_B	Betriebskraft
F_F	Federkraft
F_L	Reibungskraft der Lagerung
F_M	Massenkraft
F_N	Nockenkraft
F_{res}	resultierende Kraft
h	Stößelhub
l	Mittelpunktsabstand
p	Flächenpressung
p_L	Linienpressung
R	Grundkreisradius
r_S	Spitzenkreisradius
T	Umlaufzeit
t	Zeit
ϱ	Flankenkreisradius
σ_b	Biegebeanspruchung
φ	Drehwinkel
φ_N	Nockenwinkel
φ_{Sp}	Spielwinkel
$\varphi_{\ddot{u}}$	Übergangswinkel
ω	Winkelgeschwindigkeit

Indizes

1	für Bewegung auf dem Flankenkreis
2	für Bewegung auf dem Spitzenkreis

Tafel **A60.1** Entwurf des Kreisbogennockens mit Stößel

Festlegen der Kenngrößen der Stößelbewegung
(Nach Ermittlung des Nockenwellendurchmessers sind für die Stößelbewegung noch folgende drei Größen frei wählbar: Bewegungsbeginn und -ende, max. Hub und max. Beschleunigung, größte Beschleunigungsänderung oder die Geschwindigkeit beim Bewegungsende unter Berücksichtigung des Spieles).

Bestimmen der Abmessungen von Nocken und Stößel s. Tafel **A60.2**.

Kontrolle des Bewegungsablaufes: Nocken mit Tellerstößel s. Tafel **A60.2**, Bild **211.1**.

Ermitteln der Kräfte und Beanspruchungen s. Tafel **A60.2**, Bild **213.2**.

Tafel **A60.2** Berechnung des Kreisbogennockens und des Tellerstößels

Abmessungen

Nockenwinkel $\cos\varphi_N = \dfrac{(\varrho - r_s)^2 - (\varrho - R)^2 - l^2}{2l\,(\varrho - R)}$ Gl. (211.1)

Übergangswinkel $\cos\varphi_ü = \dfrac{(\varrho - R)^2 + (\varrho - r_s)^2 - l^2}{2(\varrho - R)(\varrho - r_s)}$ $\sin\varphi_ü = \dfrac{l}{\varrho - r_s}\sin\varphi_N$

Gl. (211.2) Gl. (211.3)

Tellerdurchmesser $D_{min} = \sqrt{b^2 + 4(\varrho - R)^2\sin^2\varphi_ü}$ Gl. (213.3) (213.4)

Bewegungsgesetze	Flankenkreis $\varphi \leqq \varphi_ü$	Spitzenkreis $\varphi_ü \leqq \varphi \leqq 2\varphi_N - \varphi_ü$	
Hub	$h_1 = (\varrho - R)(1 - \cos\varphi)$	$h_2 = l\cos(\varphi_N - \varphi) - R + r_s$	Gl. (212.1) (212.2)
Geschwindigkeit	$c_1 = \omega\,(\varrho - R)\sin\varphi$	$c_2 = \omega\,l\sin(\varphi_N - \varphi)$	Gl. (212.4) (212.5)
Beschleunigung	$a_1 = \omega^2(\varrho - R)\cos\varphi$	$a_2 = -\omega^2 l\cos(\varphi_N - \varphi)$	Gl. (212.7) (212.8)

Bewegungskenngrößen

max. Hub	$h_{2\,max} = l + r_s - R$ (Spiel vernachlässigt)	$\varphi = \varphi_N$	Gl. (212.3)
max. Geschwindigkeit	$c_{max} = \omega(\varrho - R)\sin\varphi_ü = \omega\,l\sin(\varphi_N - \varphi_ü)$	$\varphi = \varphi_ü$	Gl. (212.6)
Endgeschwindigkeit bei vorhand. Spiel	$c = \omega(\varrho - R)\sin\varphi_{Sp}$	$\varphi = \varphi_{Sp}$	
extreme Beschleunigung	$a_{1\,max} = \omega^2(\varrho - R)$ bei $\varphi = 0$	$a_{2\,min} = -l\omega^2$ bei $\varphi = \varphi_N$	Gl. (212.9) (212.10)
Beschleunigungssprung	$\Delta a = \omega^2(\varrho - r_s)$	$\varphi = \varphi_ü$	Gl. (212.11)

(Fortsetzung s. nächste Seite)

Fortsetzung Tafel **A60.2**

Kräfte	Formel	Drehwinkel	
resultierende Nockenkraft[1])	$F_N = -(F_B + F_F + F_M + F_L) = -F_{res}$		Gl. (214.4)
maximale Nockenkraft[2])	$F_{N\,max} = -F_F - F_M - F_L$	$\varphi = \varphi_ü$	Gl. (215.1)
Sicherheit gegen Abheben[2])	$F_{N\,min} = -F_F + F_M + F_L < 0$	$\varphi = 2\varphi_N - \varphi_ü$	Gl. (215.2)

[1]) Gewichtskraft vernachlässigt [2]) Betriebs- und Gewichtskraft vernachlässigt

Festigkeit

Zulässige Liniendrücke für Kurventräger: Stahlguß $p_l \leqq 100$ N/mm; gehärteter Stahl $p_l \leqq 750$ N/mm; zulässige Flächenpressung im Lager der Laufrolle: bei Stahlzapfen und Bronzebüchsen $p \leqq 15$ N/mm²; maximale Biegebeanspruchung des Rollenzapfens (Biegemomentverlauf s. Bild 203.1 a): $\sigma_b \leqq 150$ N/mm²

Arbeitsblatt 7: Zugmittelgetriebe

Formelzeichen

allgemein

a	Achsabstand
F_W	Wellenbelastung
F_u	Umfangskraft
f_B	Biegefrequenz
g	Fallbeschleunigung
i	Übersetzung
n	Drehfrequenz
P_1, P_2	Antriebs-, Abtriebsnennleistung
v	Umfangsgeschwindigkeit
z_u	Anzahl der Riemenumlenkungen
β	Umschlingungswinkel
γ	spezifisches Gewicht
η	Wirkungsgrad des Triebs
φ	Betriebsfaktor

Indizes

1, 2 s. Erläuterungen S. A55

Flachriemen

b, b'	Riemen-, Scheibenbreite
C, C_1	Korrekturfaktoren
d	Scheibendurchmesser
F'_u	spezifische Umfangskraft
L	Riemenlänge
P'	spezifische Riemenleistung

Keilriemen

C, C_3, C_K	Korrekturfaktoren
d_w	Wirkdurchmesser
L_w	genormte Wirklänge
P_N	Nennleistung eines Riemens
z	Anzahl der parallelen Riemen

Ketten

A	tragende Gelenkfläche
d_0	Teilkreisdurchmesser
F_B	Mindestbruchlast der Laschen
F_f	Fliehkraft in der Kette
F_{ges}	Gesamtzugkraft
P_D	Diagrammleistung
p_r, p_v	rechnerische Vergleichsflächenpressung
q	Kettengewicht (Masse in kg) je m
S_{stat}	statische Sicherheit in den Laschen
p	Kettenteilung
z..	Zähnezahl des Kettenrades

Korrekturfaktoren

c_h, k, t_v, y, λ_v

Tafel **A62.1** Riementriebe

	Formel		Kenn- und Richtwerte
Bestimmung bzw. Wahl der Ausgangsgrößen (s. Erläuterungen S. A64)			
			Wahl von d_1 (kleinere Scheibe, meist treibend) auf Grund von Wellen- bzw. Nabendurchmesser
Riemengeschwindigkeit	$v = \pi d_1 n_1$ in m/s mit d_1 in m, n_1 in s^{-1}	Gl. (A62.1)	Anzustreben sind große Werte für v, weil damit große Riemenleistungen erreicht werden Bild A66.1; A68.1
Scheibendurchmesser	getriebene Scheibe $d_2 = i d_1$	Gl. (A62.2)	Festlegen von d_1 und d_2 nach DIN 111 Flachriemen d_1, d_2 DIN 2211 Schmalkeilriemen d_{w1}, d_{w2} Tafel A65.1, A67.1

(Fortsetzung s. nächste Seite)

Fortsetzung Tafel A62.1

	Formel	Kenn- und Richtwerte
Bestimmung bzw. Wahl der Ausgangsgrößen (s. Erläuterungen S. A64)		
Riemenlänge bei offenem Trieb	$L \approx 2a + \frac{\pi}{2}(d_1 + d_2) + \frac{1}{4a}(d_2 - d_1)^2$ Gl. (222.4)	Wahl des Achsabstandes aus den konstruktiven Gegebenheiten bzw. der Antriebsanordnung Richtwert $a/(d_1 + d_2) \approx 0{,}8 \cdots 5$ für EXTREMULTUS $\approx 0{,}7 \cdots 2$ für Keilriemen
genaue Riemenlänge	$L = 2a\cos\alpha + \frac{\pi}{2}(d_1 + d_2) + \frac{\pi\alpha}{180°}(d_2 - d_1)$ mit α in Grad	
Umschlingungswinkel (Kleinstwert)	$\cos(\beta_1/2) = (d_2 - d_1)/(2a) = \sin\alpha$ Gl. (222.3)	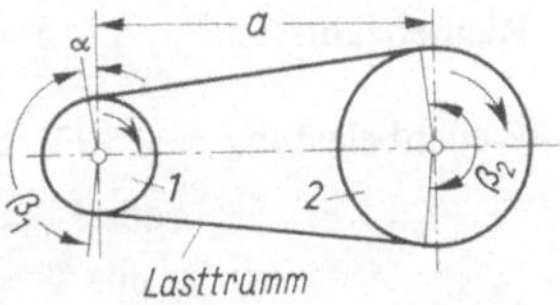 offener Trieb
Biegefrequenz	$f_B = z_u v/L$ Gl. (A63.1)	Grenzwerte für f_B Tafel A64.1 φ Bild A50.1
Riemenleistung	$P_{1\,max} = \varphi P_1 = \varphi P_2/\eta$ Gl. (223.1)	$\eta \approx 0{,}96 \cdots 0{,}98$ 1 kW = 1000 Nms^{-1}
Umfangskraft (Nutzkraft in im Riemen)	$F_{u\,max} = P_{1\,max}/v$ Gl. (A63.2)	zweckmäßig: P in Nms^{-1}, v in ms^{-1}
Achsabstand	$a = p + \sqrt{p^2 - q}$ Gl. (222.5) mit $p = L/4 - \pi(d_1 + d_2)/8$ $q = (d_2 - d_1)^2/8$	rechnerische Ermittlung von a, wenn Riemenlänge L auf Normlängen (z. B. L_w bei Schmalkeilriemen) korrigiert werden muß
Berechnung des Flachriemens		
	für Mehrstoffriemen EXTREMULTUS Bauart 80	
Riemenvorwahl	$F'_{u\,erforderlich} = C_1 d_1$ in N/mm Gl. (223.3) mit d_1 in mm	$C_1 = f(v)$ Bild A66.2 auf Grund der spez. Umfangskraft $F'_{u\,erf}$ wird der Riementyp ($F'_{u\,max}$) ermittelt und auf Grund von $f_{B\,zul}$ überprüft; bei $f_B > f_{B\,zul}$ ist die nächstkleinere (dünnere) Type zu wählen (b wird dann entsprechend größer) Tafel A65.2, Bild A66.3
Riemenbreite	auf Grund der spez. Riemenleistung $b = P_{1\,max}/(CP')$ Gl. (223.2) oder	
Riemenbreite	auf Grund der spez. Umfangskraft $b = F_{u\,max}/(CF'_{u\,max})$ Gl. (223.4)	$C = f(\beta)$ Tafel A65.2 $P' = f(v, \text{Type})$ Bild A66.1
Wellenbelastung	$F_w \approx 1{,}5 F_{u\,max}$ Gl. (223.5)	

(Fortsetzung s. nächste Seite)

Fortsetzung Tafel **A62.1**

Formel			Kenn- und Richtwerte
Berechnung des Keilriemens			
			Korrektur der aus Gl. (222.4) errechneten Riemenlänge L auf genormte Wirklänge L_w Tafel **A67.1**
Korrekturfaktor	$C_K = \frac{1}{C C_3}$	Gl. (A64.1)	$C = f(\beta)$ $C_3 = f(L_w, \text{Profil})$ Tafel **A65.2**, Bild **A68.2**
Riemenzahl	$z = \frac{P_{1\,max}}{C_K P_N}$	Gl. (223.6)	$P_N = f(d_1, n, \text{Profil})$ Bild **A68.1**
Wellenbelastung	$F_W \approx (1{,}5 \cdots 2) F_{u\,max}$	Gl. (A64.2)	
	oder $F_W \approx 1{,}7 F_{u\,max} + zKv^2$ mit $K = A\varrho$ in kg/m und v in m/s	Gl. (A64.3)	$K = f$ (Profil) Tafel **A67.1** $1\ \text{N} = 1\ \text{kgm/s}^2$

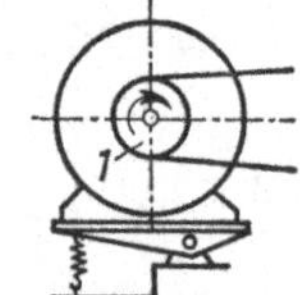

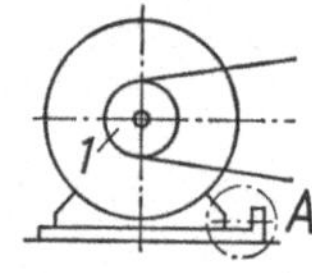

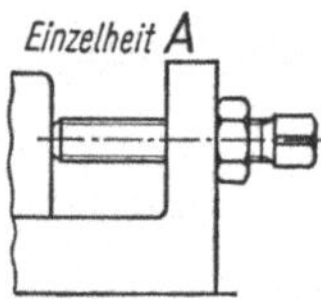

A64.1 Spannwelle mit Feder   Spannwelle mit Eigenfederung

Erläuterungen

Die Rechnung wird stets am kleineren Rad und mit der vollen Antriebsleistung durchgeführt. Die Räder werden jedoch in Richtung des Kraftflusses beziffert (s. Abschn. 8.1), so daß sich mitunter die Indizes 1, 2 vertauschen. Unabhängig von der wirklichen Übersetzung $i_w = n_1/n_2$ gilt für die Rechnung stets die Übersetzung vom kleineren zum größeren Rad, also $i \geqq 1$. Der Durchmesser des kleinen Rades richtet sich zunächst nach dem Wellen- bzw. Nabendurchmesser; außerdem versucht man, einen möglichst großen Scheibendurchmesser zu verwirklichen, um große Umfangsgeschwindigkeiten v und damit kleine Umfangskräfte F_u zu erreichen. Platzverhältnisse und Achsabstand begrenzen die Scheibendurchmesser. Bei Schmalkeilriemen tritt an Stelle von d der wirksame Durchmesser d_w. Das Arbeitsblatt ist für Spannwellentrieb aufgestellt.

Tafel **A64.1** Kennwerte von Riemenarten

	i $\leqq$	v m/s $\leqq$	f_B s^{-1} $\leqq$	σ_{zul} N/mm²	ϑ °C $\leqq$
Lederriemen HGL		50	25	5,0	40
Mehrstoffriemen					
EXTREMULTUS Bauart 80	20	80	80	50	80
Bauart 81	20	120	100	50	80
Schmalkeilriemen	15	40	80		

Tafel A65.1 Flachriemenscheiben nach DIN 111 (Auswahl; alle Maße in mm)

d	h
40	0,3
50	
63	
71	
80	
90	
100	
112	
125	0,4
140	
160	0,5
180	
200	0,6
224	
250	0,8
280	
315	1,0
355	
400	
weiter nach Normreihe	
R 20	*)

d ≧	b'	b_{max}
40	25	20
	32	25
	40	32
	50	40
50	63	50
	80	71
	100	90
80	125	112
	140	125
90	160	140
	180	160
	200	180
200	224	200
	280	250
	315	280
450	355	315
	400	355
	450	400
weiter nach Normreihe		
	R 20	R 20

Armscheibe

*) ab $d = 400$ $h = f(b')$

Tafel A65.1 Umschlingungswinkel β in °

β	C	β	C	β	C
100	0,73	130	0,86	160	0,95
110	0,78	140	0,89	170	0,98
120	0,82	150	0,92	180	1,0

Tafel A65.2 Mehrstoffriemen EXTREMULTUS Bauart 80

Riementyp ≙ $F'_{u\,max}$ in N/mm	6	10	14	20	28	40	54	80
Zugfestigkeit in N/mm	135	225	315	450	630	900	1220	1800

Bruchdehnung ≈ 22 % Auflagedehnung ≈ 1,5 ··· 3 %

$F'_{u\,max}$ übertragbare Umfangskraft je mm Riemenbreite

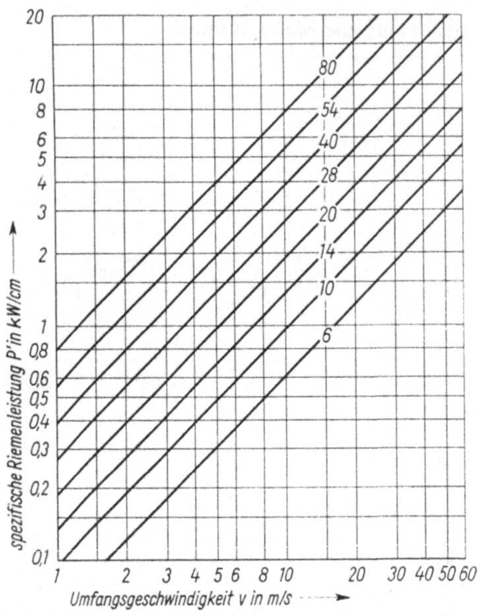

A66.1 Spezifische Riemenleistung P' in Abhängigkeit von Umfangsgeschwindigkeit v und Riementype[1])

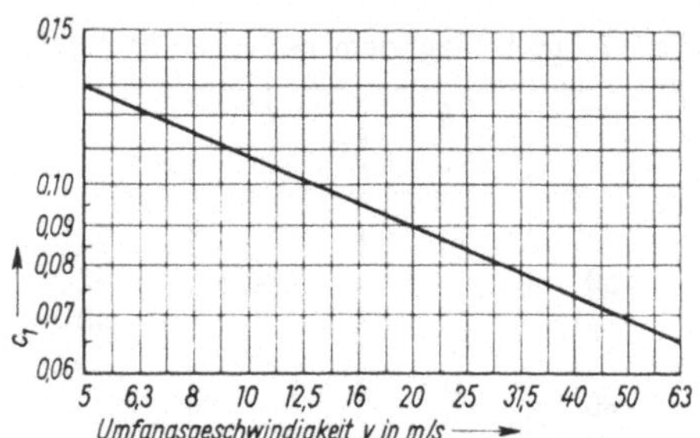

A66.2 Beiwert C_1 zur Bestimmung der spezifischen Umfangskraft F_u eines Mehrstoffriemens[1])

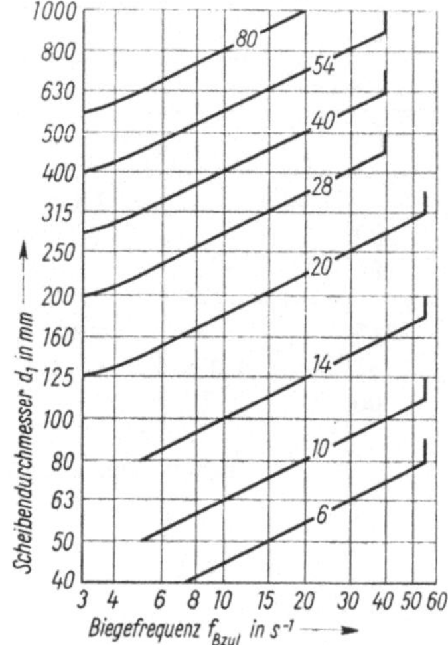

A66.3 Grenzwerte der Biegefrequenz f_B in Abhängigkeit vom kleinsten Scheibendurchmesser d_1 und vom Riementyp[1])

---

[1]) Diagrammwerte gelten nur für Mehrstoffriemen EXTREMULTUS Bauart 80

Tafel A67.1 Schmalkeilriemen- und Scheibenabmessungen nach DIN 2211 und 7753 (Auswahl; alle Maße in mm)

Profil		SPZ	SPA	SPB	SPC
$b_0 = b_1$	≈	9,7	12,7	16,3	22
b_w		8,5	11	14	19
h	≈	8	10	13	18
h_w		2	2,8	3,5	4,8
c		2	2,8	3,5	4,8
e		12	15	19	25,5
f		8	10	12,5	17
t	≧	11	14	18	24
d_w	$\alpha = 34°$	63	90	140	224
		71	100	160	250
		80	112	180	280
	$\alpha = 38°$	90	125	200	315
		100	140	224	355
		weiter nach Normreihe R 20			
L_w		630	800	1250	2000
		710	900	1400	2240
		800	1000	1600	2500
		900	1120	1800	2800
		1000	1250	2000	3150
		weiter nach Normreihe R 20 bis			
		3550	4500	8000	12500
$K = A\varrho$ in kg/m		0,069	0,128	0,206	0,373

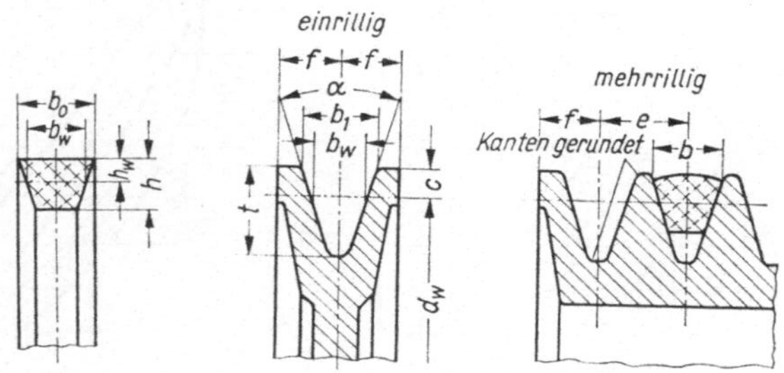

Rechengrößen

b_w wirksame Riemenbreite
d_w wirksamer Scheibendurchmesser
L_w Wirklänge des Riemens

Meßgrößen

L_a Außenlänge des Riemens $= L_w + 2\pi h_w$

Fliehkraftanteil pro Keilriemen
$F_f = \varrho A v^2 = K v^2$ in kg ms^{-2} = N

In die Scheiben passen auch jeweils die Normprofile 10, 13, 17 und 22 nach DIN 2215.

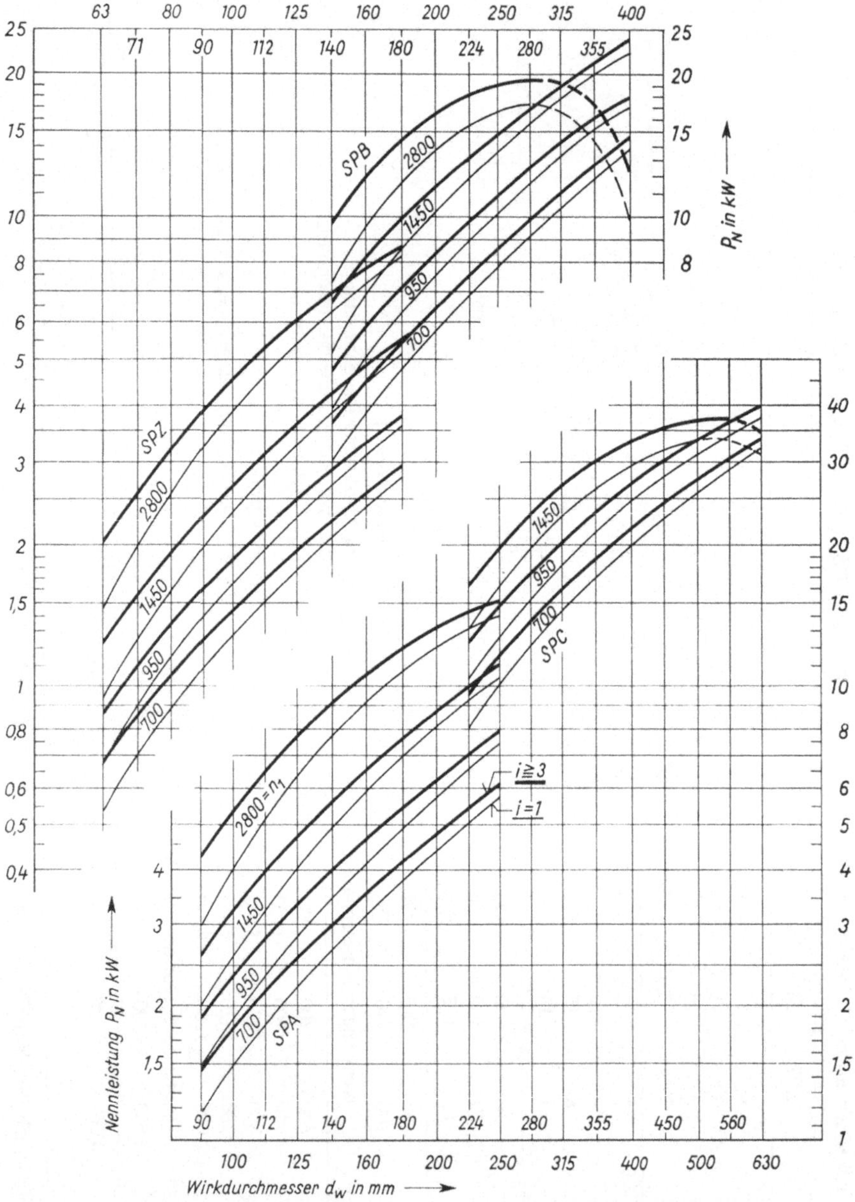

A68.1 Nennleistung P_N je Schmalkeilriemen für die Profile SPZ, SPA, SPB, SPC in Abhängigkeit vom Wirkdurchmesser der kleineren Scheibe (d_{w1}), der Lastdrehzahl n_1 und der Übersetzung i. Im Drehzahlfeld gilt: ——— $i \geqq 3$ ——— $i = 1$

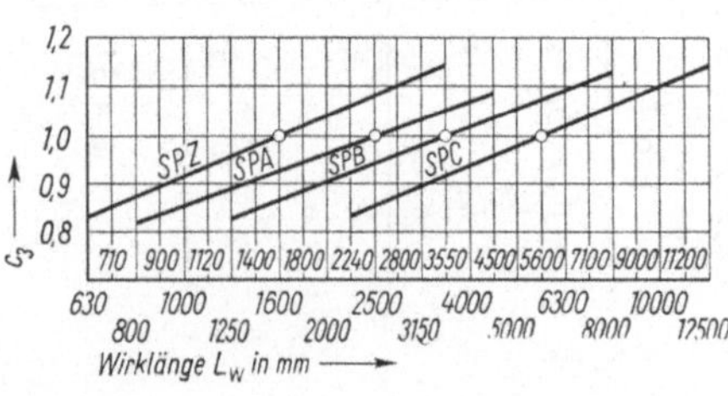

A68.2 Längenfaktor C_3 in Abhängigkeit von Wirklänge L_w und Schmalkeilriemenprofil

Tafel A69.1 Kettentrieb

Formel			Kenn- und Richtwerte
Vorwahl der Kette			Wahl von z_1 (Kleinrad) auf Grund der konstruktiven Gegebenheiten $z_{min} = 17 \cdots 19$
Antriebsleistung	$P_1 = P_2/\eta$	Gl. (A69.1)	$\eta = 0{,}97 \cdots 0{,}99$
Diagrammleistung	$P_D = P_1/k$	Gl. (229.1)	$k = f(\varphi, z_1)$ Bild A71.2 Wahl der Kette auf Grund von n_1 und P_D Bild A72.1
Nachrechnen der Kette			Kettendaten F_B, q, A, p, X und Bestimmung von α_1, d_{01} Tafel A70.1
Kettengeschwindigkeit	$v = \pi\, d_{01} n_1$ in m/s mit d_{01} in m, n_1 in s^{-1}	Gl. (A62.1)	$v \leqq 40$ m/s bei $v > 16$ m/s Anfrage beim Hersteller zweckmäßig
Umfangskraft	$F_u = P_1/v$	Gl. (A63.2)	1 kW = 1000 Nms^{-1} zweckmäßig:
Fliehkraft	$F_f = qv^2$	Gl. (A69.2)	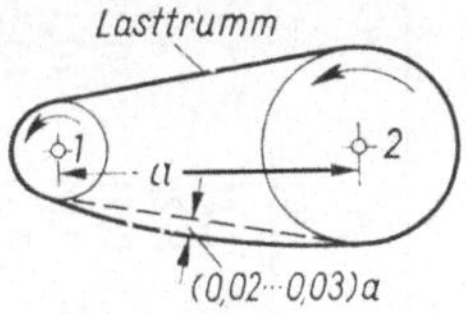 P in Nms^{-1}, v in ms^{-1}
Gesamtzugkraft	$F_{ges} = F_u + F_f$	Gl. (229.2)	Lasttrumm 1 2 a (0,02···0,03)a
Sicherheit in den Laschen	$S_{stat} = F_B/F_{ges} \geqq 7$	Gl. (229.3)	
Gelenkflächenpressung	$p_r = F_{ges}/A$	Gl. (A69.3)	Kettentrieb $y = f(\varphi)$ Bild A71.2 $t_v = f(v,p)$ Tafel A71.1 $\lambda_v = f(z_1, i, X)$ Tafel A71.3
Vergleichswert	$\frac{p_r}{y} \leqq \frac{p_v}{y}$	Gl. (229.4)	$\frac{p_v}{y} = f(w = t_v \cdot \lambda_v \cdot c_h)$ Bild A72.3
			Schmierungsart Bild A72.2
Achsabstand	$a = \frac{p}{8}\left(T + \sqrt{T^2 - U}\right)$ mit $T = 2X - z_1 - z_2$ $U = 8(z_2 - z_1)^2/\pi^2$	Gl. (A69.4)	rechnerischer Achsabstand, ohne Laufspiel u. Durchhang Bestimmung des Gegenrades aus $z_2 = i z_1$ d_{02} aus Tafel A70.1

Erläuterungen

Die Erläuterungen zu Tafel A62.1 gelten hier ebenfalls. Im Gegensatz zu den Riemenscheiben wird d_{01} auf Grund der Zähnezahl des kleinen Rades z_1 und der gewählten Teilung p bestimmt Weitere Größen werden auf Grund der in Tafel A70.1 angegebenen Gleichungen ermittelt. $i_{max} \approx 7$.

Tafel A70.1 Rollenketten nach DIN 8187, Kettenräder nach DIN 8196 (Auswahl; Maße in mm)

Ketten-Nr. Reihe 1	1fach-Kette											Mehrfach-Kette	
	p	b_1 $\geqq$	b_2 $\leqq$	d_1 $\leqq$	d_2 $h9$	g_1 $\leqq$	h' $\geqq$	a_1 $\leqq$	A mm²	q kg/m	F_B N	F_B in N 2fach	3fach
05 B	8	3	4,77	5	2,31	7,11	7,37	8,6	11	0,18	4600	8000	11400
06 B	9,525	5,72	8,53	6,35	3,28	8,26	8,52	13,5	28	0,41	9100	17300	25400
081	12,7	3,3	5,8	7,75	3,66	9,91	10,17	10,2	21	0,28	8200	–	–
082	.	2,38	4,6	7,75	3,66	9,91	10,17	8,2	16	0,26	10000	–	–
083	.	4,88	7,9	7,75	4,09	10,3	10,56	12,9	32	0,42	12000	–	–
084	.	4,88	8,8	7,75	4,09	11,15	11,41	14,8	35	0,59	16000	–	–
085	.	6,38	9,07	7,77	3,58	9,91	10,17	14	32	0,38	6800	–	–
08 B	12,7	7,75	11,3	8,51	4,45	11,81	12,07	17	50	0,70	18200	31800	45400
10 B	15,875	9,65	13,28	10,16	5,08	14,73	14,99	19,6	67	0,95	22700	45400	68100
12 B	19,05	11,68	15,62	12,07	5,72	16,13	16,39	22,7	89	1,25	29500	59000	88500
16 B	25,4	17,02	25,45	15,88	8,28	21,08	21,34	36,1	210	2,7	65000	124000	185000

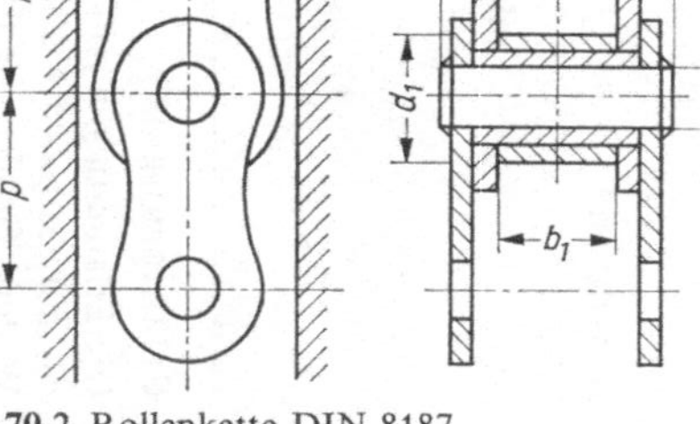

A70.2 Rollenkette DIN 8187

$d_0 = p/\sin\alpha$ $\quad$ $h, k, r_1, r_2, r_4, \gamma$ s. DIN 8196

$2\alpha = 360°/z$ $\quad$ $d_k = p \cot\alpha + 2k$

$d_f = d_0 - d_1$

$d_s = p\cot\alpha - g_1 - 2r_4$

$B_1 = 0{,}9\, b_1$ $\quad$ $c = 0{,}13\, d_1$

$r_3 = 1{,}5\, d_1$ $\quad$ $u = 0{,}02\, P$

F_B Ketten-Mindestbruchkraft

q Kettengewicht je Längeneinheit

$A = b_2 d_2$ Fläche der Gelenkflächenpressung

$$X = 2\frac{a}{p} + \frac{z_1 + z_2}{2} + \left(\frac{z_2 - z_1}{2\pi}\right)^2 \frac{p}{a}$$

= Gliederzahl der Kette mit Achsabstand a in mm

Bezeichnung der Kette durch „Ketten-Nr." und „Art × Gliederzahl", z. B. Rollenkette 10B – 1 × 100 DIN 8187 (Einfachrollenkette Nr. 10B mit 100 Gliedern)

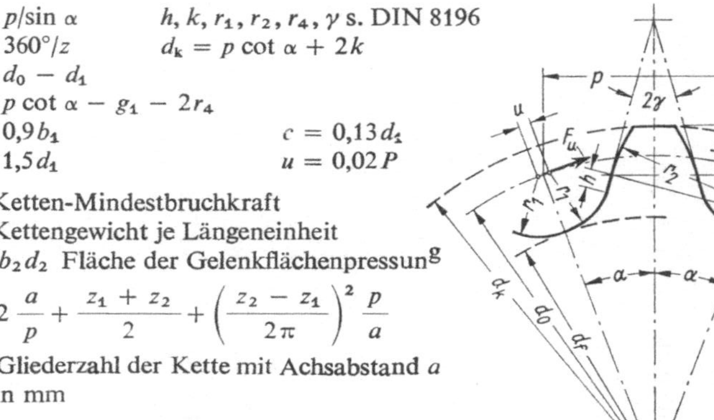

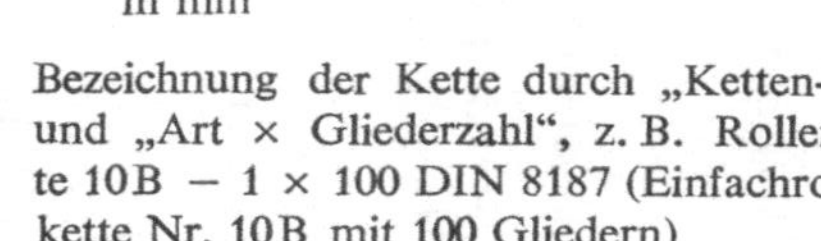

A70.3 Kettenrad DIN 8196

Tafel A71.1 Teilungs-Geschwindigkeitsfaktor t_v nach DIN 8195 (Auswahl)

v m/s	Kettenteilung p in mm				
	9,525	12,7	15,875	19,05	25,4
0,2	16,8	16,2	15,0	14,2	13,2
0,4	13,3	12,9	11,9	11,3	10,5
0,8	10,5	10,2	9,4	9,0	8,3
1	9,8	9,5	8,8	8,3	7,7
2	7,8	7,5	6,95	6,6	6,11
4	6,22	6,0	5,54	5,26	4,87
6	5,43	5,24	4,85	4,51	4,28
8	4,94	4,76	4,4	4,17	3,88
10	4,56	4,4	4,07	3,86	3,57
16	3,9	3,76	3,48	3,3	3,06
20	3,62	3,49	3,23	3,06	2,84
30	3,16	3,05	2,82	2,68	2,48
40	2,88	2,77	2,56	2,42	2,25

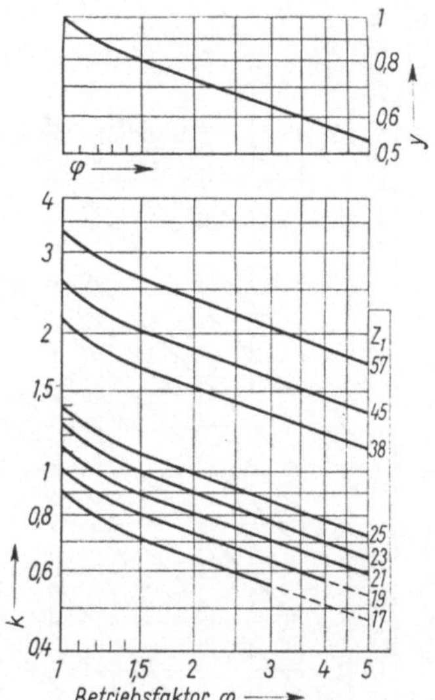

A71.2 Leistungsfaktor k und Stoßbeiwertfaktor y in Abhängigkeit von den Betriebsbedingungen, d. h. von Betriebsfaktor φ nach Bild A50.1

Tafel A71.3 Reibwegfaktor λ_v nach DIN 8195 (Auswahl)

X	i \ z	17	19	21	23	25	38	45	57
70	1	0,83	0,89	0,92	0,95	0,97	1,12		
	2	0,91	0,98	1,01	1,04				
	3	0,95	1,01						
100	1	0,93	1,0	1,03	1,07	1,1	1,26	1,33	1,44
	2	1,03	1,1	1,14	1,17	1,21	1,39		
	3	1,07	1,14	1,18	1,22	1,25			
	5	1,09	1,17						
200	1	1,17	1,26	1,3	1,34	1,38	1,58	1,67	1,81
	2	1,29	1,38	1,43	1,47	1,51	1,74	1,84	1,99
	3	1,34	1,43	1,48	1,52	1,57	1,81		
	5	1,37	1,47	1,52	1,57	1,61			

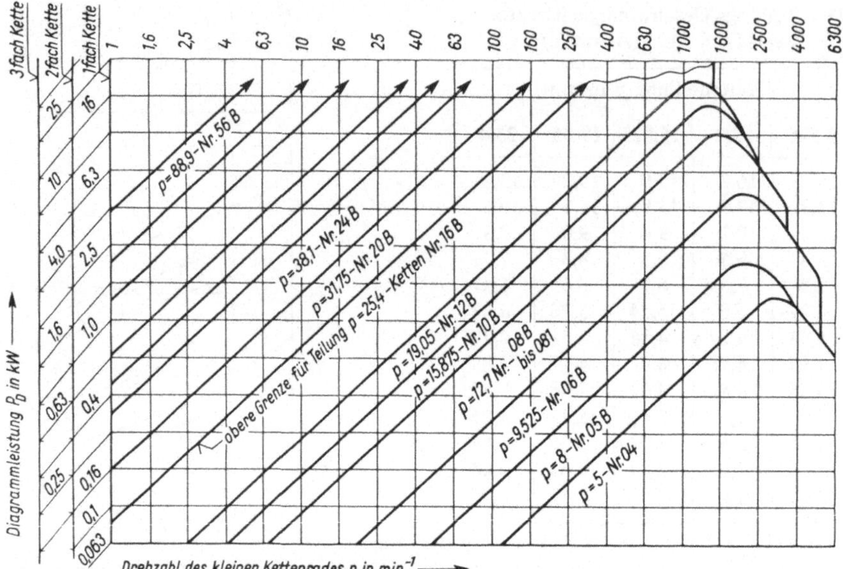

A72.1 Leistungs- und Drehzahlbereich für Ketten nach DIN 8187 für Kettentrieb mit $z_1 = 19$ $X = 100$, $t_h = 15000$ h (aus DIN 8195)

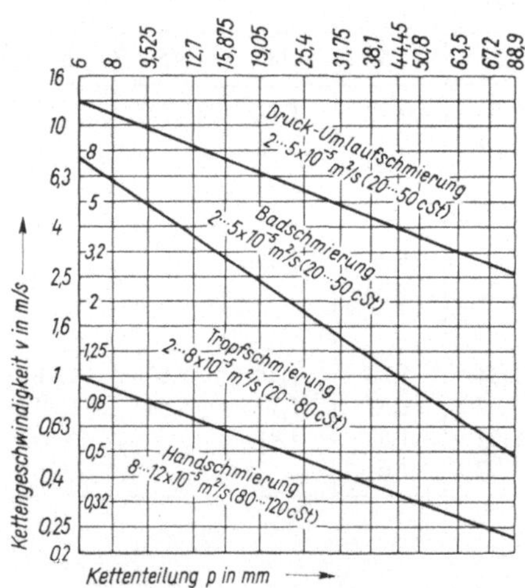

A72.2 Günstigste Schmierungsart in Abhängigkeit von Kettenteilung p und Kettengeschwindigkeit v
(Kinematische Viskosität: $1 \cdot 10^{-6}$ m²/s = 1 cSt)

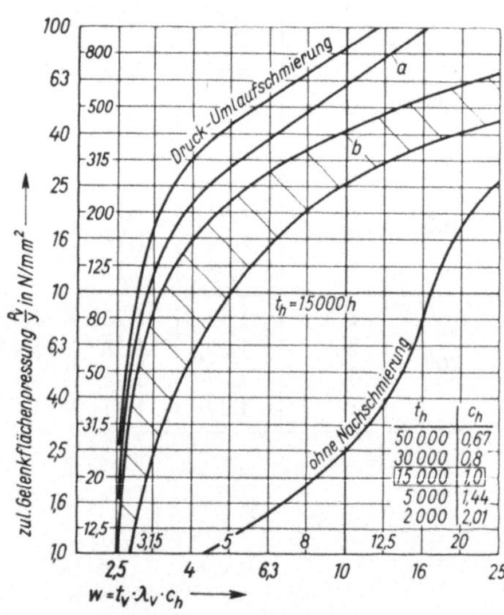

A72.3 Richtwert für zul. Gelenkflächenpressung p_v/y nach DIN 8195; bei $t_h \neq 15000$ h ist w nach Tafel zu korrigieren

a Linie für Bad-, Tropf- und Handschmierung innerhalb der Grenzen nach Bild A72.2

b Bereich bei Überschreitung der Grenzlinien nach Bild A72.2

Arbeitsblatt 8: Zahnrädergetriebe

Formelzeichen[1])

Zeichen	Bedeutung
a	Achsabstand
a_R	Achsabstand (Rechengröße)
b	Zahnbreite
c	Kopfspiel einer Radpaarung
c_{zul}	Belastungswert
d	Teilkreisdurchmesser
d_a	Kopfkreisdurchmesser
d_f	Fußkreisdurchmesser
d_b	Grundkreisdurchmesser
d_w	Betriebswälzkreisdurchmesser
d_m	mittlerer Durchmesser, Mittenkreisdurchmesser
d_n	Teilkreisdurchmesser des Ersatzstirnrades
d_v	Teilkreisdurchmesser (virtuell)
d_A	Außendurchmesser
d_{Wl}	Wellendurchmesser
$\mathrm{inv}\,\alpha$	Evolventenfunktion von α (involut α)
f_{pe}	Eingriffteilungsfehler
g	Eingriffstrecke
h	Zahnhöhe
h_a	Zahnkopfhöhe
h^*	Zahnhöhenfaktor
h_F	Biegehebelarm am Zahn (**262**.2)
k	Wälzpressung
l	Zahnlücke
m	Modul ($m = m_n$; m_n = Normalmodul)
m_t	Stirnmodul
m_m	mittlerer Modul (Rechengröße)
n	Drehfrequenz
p	Teilung
p_e	Eingriffteilung
p_b	Grundkreisteilung
p_n	Normalteilung
p_t	Stirnteilung
q_L	Hilfsfaktor
q_1	Kühlbeiwert
q_2	Übersetzungsbeiwert
q_3	Werkstoff-Paarungsbeiwert
q_4	Beiwert für Bauart
q_5	Beiwert für Steigungswinkel
q_T	Temperatur-Beiwert
s	Zahndicke am Teilkreis
s_a	Zahndicke am Kopfkreis
s_b	Zahndicke am Grundkreis
s_F	Zahndicke (**267**.2)
u	Zähnezahlverhältnis
v	Umfangsgeschwindigkeit am Teilkreis
v_g	Gleitgeschwindigkeit
x	Profilverschiebungsfaktor
y	Beiwert für Kühlung
z	Zähnezahl
z_F	Formzahl
z_k	Kennzahl für Profilüberdeckung
z_n	Ersatzzähnezahl für Schrägstirnrad
z_v	Ergänzungszähnezahl (virtuell)
z_p	Planradzähnezahl
D_E	Einschaltdauer
E	Elastizitätsmodul
F_t	Umfangskraft am Teilzylinder
F_n	Zahnnormalkraft
F_r	Radialkraft am Teilzylinder
F_a	Axialkraft am Teilzylinder
$K_{F\alpha}$	Stirnlastverteilungsfaktor für die Zahnfußspannung
$K_{H\alpha}$	Stirnlastverteilungsfaktor für die Hertzsche Pressung
M_b	Biegemoment
P	Leistung, Steigung
R	Teilkegellänge
S_d	Verdrehflankenspiel
S_e	Eingriffflankenspiel
S_F	Sicherheitsfaktor gegen Zahnfußdauerbruch
S_H	Sicherheitsfaktor gegen Grübchenbildung
S_T	Temperatur-Sicherheit
S_D	Durchbiegungs-Sicherheit
T	Drehmoment (Torsionsmoment)
Y_F	Zahnformfaktor
Y_ε	Lastanteilfaktor
Z_H	Flankenformfaktor
Z_M	Materialfaktor
Z_ε	Überdeckungsfaktor
W	Arbeit
α	Eingriffwinkel am Teilkreis
α_w	Betriebseingriffwinkel
β	Schrägungswinkel am Teilkreis
β_b	Schrägungswinkel am Grundkreis
γ	Steigungswinkel
δ	Kreuzungswinkel
ε_α	Profilüberdeckung
ε_β	Sprungüberdeckung
ε_k	Teilprofilüberdeckung
ϑ	Wirkungsgrad
η	Temperatur des Öles

λ	Zahnbreitenverhältnis
μ'	Reibbeiwert
μ	reduzierter Reibbeiwert
ϱ	Krümmungshalbmesser
ϱ	Reibungswinkel
ϱ'	reduzierter Reibungswinkel
ν	Poissonsche Konstante
σ_F	Zahnfußspannung
σ_{FP}	zulässige Zahnfußspannung
σ_{Fl}	Dauerfestigkeitswert für Zahnfußspannung
σ_H	Hertzsche Pressung im Wälzpunkt C
σ_{HP}	zulässige Hertzsche Pressung
σ_{Hl}	Dauerfestigkeitswert für Hertzsche Pressung
τ_t	Verdrehspannung (Torsionspannung)
Σ	Achsenwinkel
φ	Zentrierwinkel, Betriebsfaktor
ω	Winkelgeschwindigkeit

[1]) Indizes: 1, 3, 5, ... für treibende Räder; 2, 4, 6, ... für getriebene Räder; n auf Normalschnitt, t auf Stirnschnitt, w auf Betriebswälzkreis, o auf Werkzeug bezogene Größen; keinen Index haben auf Teilkreis bezogene Größen.

Tafel A74.1 Evolventenfunktion $\text{inv}\,\alpha = \tan\alpha - \hat{\alpha}$

α in °	,0	,1	,2	,3	,4	,5	,6	,7	,8	,9
11	0,0023941	0,0024607	0,0025285	0,0025975	0,0026678	0,0027394	0,0028123	0,0028865	0,0029620	0,0030389
12	0,0031171	0,0031966	0,0032775	0,0033598	0,0034434	0,0035285	0,0036150	0,0037029	0,0037923	0,0038831
13	0,0039754	0,0040692	0,0041644	0,0042612	0,0043595	0,0044593	0,0045607	0,0046636	0,0047681	0,0048742
14	0,0049819	0,0050912	0,0052022	0,0053147	0,0054290	0,0055448	0,0055524	0,0057817	0,0059028	0,0060254
15	0,0061498	0,0062760	0,0064039	0,0065337	0,0066652	0,0067985	0,0069337	0,0070706	0,0072095	0,0073501
16	0,007493	0,007637	0,007784	0,007932	0,008082	0,008234	0,008388	0,008544	0,008702	0,008863
17	0,009025	0,009189	0,009355	0,009523	0,009694	0,009866	0,010041	0,010217	0,010396	0,010577
18	0,010760	0,010946	0,011133	0,011323	0,011515	0,011709	0,011906	0,012105	0,012306	0,012509
19	0,012715	0,012923	0,013134	0,013346	0,013562	0,013779	0,013999	0,014222	0,014447	0,014674
20	0,014904	0,015137	0,015372	0,015609	0,015850	0,016092	0,016337	0,016585	0,016836	0,017089

(Fortsetzung s. nächste Seite)

Fortsetzung Tafel A74.1

α in °	,0	,1	,2	,3	,4	,5	,6	,7	,8	,9
21	0,017345	0,017603	0,017865	0,018129	0,018395	0,018665	0,018937	0,019212	0,019490	0,019770
22	0,020054	0,020340	0,020629	0,020921	0,021217	0,021514	0,021815	0,022119	0,022426	0,022736
23	0,023049	0,023365	0,023684	0,024006	0,024332	0,024660	0,024992	0,025326	0,025664	0,026005
24	0,026350	0,026697	0,027048	0,027402	0,027760	0,028121	0,028485	0,028852	0,029223	0,029598
25	0,029975	0,030357	0,030741	0,031130	0,031521	0,031917	0,032315	0,032718	0,033124	0,033534
26	0,033947	0,034364	0,034785	0,035209	0,035637	0,036069	0,036505	0,036945	0,037388	0,037835
27	0,038287	0,038742	0,039201	0,039664	0,040131	0,040602	0,041076	0,041556	0,042039	0,042526
28	0,043017	0,043513	0,044012	0,044516	0,045024	0,045537	0,046054	0,046575	0,047100	0,047630
29	0,048164	0,048702	0,049245	0,049792	0,050344	0,050901	0,051462	0,052027	0,052597	0,053172
30	0,053751	0,054336	0,054924	0,055518	0,056116	0,056720	0,057328	0,057940	0,058558	0,059181
31	0,059809	0,060441	0,061079	0,061721	0,062369	0,063022	0,063680	0,064343	0,065012	0,065685
32	0,066364	0,067048	0,067738	0,068432	0,069133	0,069838	0,070549	0,071266	0,071988	0,072716
33	0,073449	0,074188	0,074932	0,075683	0,076439	0,077200	0,077968	0,078741	0,079520	0,080306
34	0,081097	0,081894	0,082697	0,083506	0,084321	0,085142	0,085970	0,086804	0,087644	0,088490
35	0,089342	0,090201	0,091067	0,091938	0,092816	0,093701	0,094592	0,095490	0,096395	0,097306
36	0,09822	0,09915	0,10008	0,10102	0,10196	0,10292	0,10388	0,10484	0,10581	0,10679
37	0,10778	0,10878	0,10978	0,11079	0,11180	0,11283	0,11386	0,11490	0,11595	0,11700
38	0,11806	0,11913	0,12021	0,12129	0,12238	0,12348	0,12459	0,12571	0,12683	0,12797
39	0,12911	0,13025	0,13141	0,13258	0,13375	0,13493	0,13612	0,13732	0,13853	0,13974
40	0,14097	0,14220	0,14344	0,14469	0,14595	0,14722	0,14850	0,14979	0,15108	0,15239
41	0,15370	0,15503	0,15636	0,15770	0,15905	0,16041	0,16178	0,16317	0,16456	0,16596
42	0,16737	0,16879	0,17022	0,17166	0,17311	0,17457	0,17604	0,17752	0,17901	0,18051
43	0,18202	0,18355	0,18508	0,18662	0,18818	0,18975	0,19132	0,19291	0,19451	0,19612
44	0,19774	0,19938	0,20102	0,20268	0,20435	0,20603	0,20772	0,20942	0,21114	0,21286
45	0,21460	0,21635	0,21812	0,21989	0,22168	0,22348	0,22530	0,22712	0,22896	0,23081
46	0,23268	0,23456	0,23645	0,23835	0,24027	0,24220	0,24415	0,24611	0,24808	0,25006
47	0,25206	0,25408	0,25611	0,25815	0,26021	0,26228	0,26436	0,26646	0,26858	0,27071
48	0,27285	0,27501	0,27719	0,27938	0,28159	0,28381	0,28605	0,28830	0,29057	0,29286
49	0,29516	0,29747	0,29981	0,30216	0,30453	0,30691	0,30931	0,31173	0,31417	0,31663
50	0,31909	0,32158	0,32408	0,32661	0,32915	0,33171	0,33428	0,33688	0,33949	0,34212

Tafel A76.1 Stirnrädergetriebe[1]): Verzahnungsgeometrie

	Formeln für Geradverzahnung		Formeln für Schrägverzahnung	
Teilkreisdurchmesser	$d = zm$	Gl. (241.4)	$d = zm_t = z \dfrac{m_n}{\cos\beta}$	Gl. (282.1)
Betriebwälzkreisdurchmesser	$d_w = d \dfrac{\cos\alpha}{\cos\alpha_w}$	Gl. (255.1)	$d_w = d \dfrac{\cos\alpha_t}{\cos\alpha_{tw}}$	
Kopfkreisdurchmesser ohne Kopfkürzung	$d_a = d + 2m + 2xm$	Gl. (255.6)	$d_a = d + 2m_n + 2x\,m_n$	
mit Kopfkürzung	$d_{ak} = d_a - 2km$	Gl. (256.2)	$d_{ak} = d_a - 2km_n$	
Fußkreisdurchmesser	$d_f = d - 2m - 2c + 2xm$	Gl. (243.2)	$d_f = d - 2m_n - 2c + 2xm_n$	
Teilkreishalbmesser des Ersatzstirnrades			$r_n = \dfrac{r}{\cos^2\beta}$	Gl. (283.3)
Zähnezahl des Ersatzstirnrades			$z_n = \dfrac{z}{\cos^3\beta}$	Gl. (283.4)
Schrägungswinkel am Grundkreis			$\tan\beta_b = \tan\beta\cos\alpha_t$	Gl. (282.3)
Zahndicke am Teilkreis im Normalschnitt	$s = m\left(\dfrac{\pi}{2} + 2x\tan\alpha\right)$	Gl. (253.1)	$s_n = m_n\left(\dfrac{\pi}{2} + 2x\tan\alpha_n\right)$	
im Stirnschnitt			$s_t = \dfrac{s_n}{\cos\beta}$	
Mindest-Profilverschiebungsfaktor	$x_{min} = \dfrac{14 - z}{17}$	Gl. (250.1)	$x_{min} = \dfrac{14 - \dfrac{z}{\cos^3\beta}}{17}$	Gl. (284.3)
Profilverschiebung	$v = xm$	Gl. (248.1)	$v = xm_n$	Gl. (284.4)
Grundkreishalbmesser	$r_b = r\cos\alpha$	Gl. (253.3)	$r_b = r\cos\alpha_t$	Gl. (282.2)

(Fortsetzung s. nächste Seite)

Fortsetzung Tafel **A76.1**

	Formeln für Geradverzahnung	Formeln für Schrägverzahnung
Teilprofilüberdeckung	$\varepsilon_k = \varepsilon_k' \dfrac{z}{z_k}$ ε_k' aus **A96.3** Gl. (256.5)	$\varepsilon_k = \varepsilon_k' \dfrac{z}{z_k}$ ε_k' aus **A96.3**
Kennzahlen für die Teil-Profilüberdeckung	$z_k = \dfrac{2d_w}{d_a - d_w}$ bzw. mit d_{ak} Gl. (256.4)	$z_k = \dfrac{2d_w}{d_a - d_w}$ bzw. mit d_{ak}
Profilüberdeckung	$\varepsilon_\alpha = \varepsilon_{k1} + \varepsilon_{k2}$ Gl. (256.6)	$\varepsilon_\alpha = \varepsilon_{k1} + \varepsilon_{k2}$
Profilüberdeckung[2])	$\varepsilon_\alpha = \dfrac{g_\alpha}{p_e} = \dfrac{g_\alpha}{p \cos\alpha} = \varepsilon_1 + \varepsilon_2 - \varepsilon_a$ Gl. (245.1) $\varepsilon_1 = \dfrac{\sqrt{r_{a1}^2 - r_{b1}^2}}{\pi m \cos\alpha}$ $\varepsilon_2 = \dfrac{\sqrt{r_{a2}^2 - r_{b2}^2}}{\pi m \cos\alpha}$ bzw. mit r_{ak} $\varepsilon_a = \dfrac{a \sin\alpha_w}{\pi m \cos\alpha}$	$\varepsilon_\alpha = \dfrac{g_\alpha}{p_{et}} = \dfrac{g_\alpha}{p_t \cos\alpha_t} = \varepsilon_1 + \varepsilon_2 - \varepsilon_a$ $\varepsilon_1 = \dfrac{\sqrt{r_{a1}^2 - r_{b1}^2}}{\pi m_t \cos\alpha_t}$ $\varepsilon_2 = \dfrac{\sqrt{r_{a2}^2 - r_{b2}^2}}{\pi m_t \cos\alpha_t}$ bzw. mit r_{ak} $\varepsilon_a = \dfrac{a \sin\alpha_{tw}}{\pi m_t \cos\alpha_t}$
Sprungüberdeckung		$\varepsilon_\beta = \dfrac{b \sin\beta}{\pi m_n}$ Gl. (283.1)
Gesamtüberdeckung		$\varepsilon_s = \varepsilon_\alpha + \varepsilon_\beta$ Gl. (283.2)
Stirnmodul		$m_t = \dfrac{m_n}{\cos\beta}$ Gl. (281.1)
Stirneingriffwinkel		$\tan\alpha_t = \dfrac{\tan\alpha_n}{\cos\beta}$ Gl. (282.4)
Kopfkürzung	$k m = a_R + m(x_1 + x_2) - a$ Gl. (256.1)	$k m_n = a_R + m_n(x_1 + x_2) - a$
Übersetzung[2])	$i = \dfrac{\omega_1}{\omega_2} = \dfrac{n_1}{n_2} = \dfrac{r_{b2}}{r_{b1}} = \dfrac{r_2}{r_1} = \dfrac{r_{w2}}{r_{w1}} = \dfrac{z_2}{z_1}$	$i = \dfrac{\omega_1}{\omega_2} = \dfrac{n_1}{n_2} = \dfrac{r_{b2}}{r_{b1}} = \dfrac{r_2}{r_1} = \dfrac{r_{w2}}{r_{w1}} = \dfrac{z_2}{z_1}$
	Zur Beachtung der Drehrichtung Vorzeichen einsetzen. Gl. (236.1) (237.1)	

(Fortsetzung s. nächste Seite)

Fortsetzung Tafel **A76**.1

	Formeln für Geradverzahnung	Formeln für Schrägverzahnung
Achsabstand (Rechengröße)	$a_R = \frac{d_1 + d_2}{2} = \frac{z_1 + z_2}{2} m$ Gl. (256.7)	$a_R = \frac{d_1 + d_2}{2} = \frac{z_1 + z_2}{2} \frac{m_n}{\cos \beta}$
Achsabstand	$a = \frac{d_{w1} + d_{w2}}{2} = \frac{z_1 + z_2}{2} m \frac{\cos \alpha}{\cos \alpha_w}$ Gl. (255.2)	$a = \frac{d_{w1} + d_{w2}}{2} = \frac{z_1 + z_2}{2} \frac{m_n}{\cos \beta} \frac{\cos \alpha_t}{\cos \alpha_{tw}}$
Betriebseingriffwinkel bei gegebener $\Sigma x = x_1 + x_2$	$\text{inv}\, \alpha_w = \frac{2\,(x_1 + x_2) \tan \alpha}{z_1 + z_2} + \text{inv}\, \alpha$ Gl. (255.5)	$\text{inv}\, \alpha_{tw} = \frac{2\,(x_1 + x_2) \tan \alpha_n}{z_1 + z_2} + \text{inv}\, \alpha_t$
bei gegebenem Achsabstand	$\cos \alpha_w = \frac{z_1 + z_2}{2a} m \cos \alpha$ Gl. (255.4)	$\cos \alpha_{tw} = \frac{z_1 + z_2}{2a} \frac{m_n}{\cos \beta} \cos \alpha_t$
Summe der Profilverschiebungsfaktoren[1])	$x_1 + x_2 = \frac{(z_1 + z_2)(\text{inv}\, \alpha_w - \text{inv}\, \alpha)}{2 \tan \alpha}$ Gl. (255.3)	$x_1 + x_2 = \frac{(z_1 + z_2)(\text{inv}\, \alpha_{tw} - \text{inv}\, \alpha_t)}{2 \tan \alpha_n}$
vorhandenes Kopfspiel[2])	$c = a - \frac{d_{a1} + d_{f2}}{2} = a - \frac{d_{a2} + d_{f1}}{2} \geqq c_{min}$ zul $c_{min} = 0{,}12\, m$ Gl. (256.3)	$c = a - \frac{d_{a1} + d_{f2}}{2} = a - \frac{d_{a2} + d_{f1}}{2} \geqq c_{min}$ zul $c_{min} = 0{,}12\, m$

[1]) Bei den Profilverschiebungsfaktoren ist auf das Vorzeichen zu achten (s. Abschn. 8.3.2): wird durch die Profilverschiebung der Zahnfuß dicker, so ist der Profilverschiebungsfaktor x positiv.

[2]) Bei Hohlradgetrieben (s. Abschn. 8.3.3) ist: $\varepsilon_\alpha = \varepsilon_1 - \varepsilon_2 + |\varepsilon_a|$; das Kopfspiel ist positiv. ε_1 für Ritzel (Planetenrad), ε_2 für Hohlrad.

Bei Innenverzahnungen (s. Abschn. 8.3.3) erhalten (abgesehen vom Profilverschiebungsfaktor x) folgende Formelgrößen ein negatives Vorzeichen: Zähnezahl (z_2) des Hohlrades und alle von ihr abgeleitete Größen, alle Durchmesser des Hohlrades, Kennzahl (z_{k2}) und Achsabstand (a) beim Hohlradgetriebe

Tafel A79.1 Stirnrädergetriebe: Tragfähigkeitsberechnung

	Formeln für Geradverzahnung		Formeln für Schrägverzahnung	
Umfangskraft am Teilzylinder	$F_t = \varphi \frac{2\,T_1}{d_1} = \frac{2\varphi P_1}{d_1\omega_1} = \frac{2\,T_{1\,max}}{d_1}$	Gl. (263.2)	$F_t = \varphi \frac{2\,T_1}{d_1} = \frac{2\,T_{1\,max}}{d_1}$	φ s. Tafel A50.1
Normalkraft	$F_n = \frac{F_t}{\cos\alpha} = \frac{F_w}{\cos\alpha_w}$	Gl. (263.3)	$F_n = \frac{F_t}{\cos\alpha_n \cos\beta}$	
Radialkraft	$F_r = F_n \sin\alpha = F_t \tan\alpha$	Gl. (263.4)	$F_r = F_t \frac{\tan\alpha_n}{\cos\beta}$	Gl. (285.2)
Axialkraft			$F_a = F_t \tan\beta$	Gl. (285.1)
Zahnfußspannung	$\sigma_F = \frac{F_t}{b\,m} Y_F Y_\varepsilon K_{F\alpha} \leqq \sigma_{FP}$	Gl. (270.3)	$\sigma_F = \frac{F_t}{b\,m_n} Y_F Y_\varepsilon Y_\beta K_{F\alpha} \leqq \sigma_{FP}$	Gl. (287.1)
Zahnformfaktor für Außenverzahnung	$Y_F = f\,(z = z_n;\, x;\, \beta = 0°)$ nach Bild A97.1		$Y_F = f\,(z_n;\, x;\, \beta)$ nach Bild A97.1	
für Innenverzahnung	$Y_F = 2{,}06 - 1{,}18\left(2{,}25 - \frac{d_{a2} - d_{f2}}{2m}\right)$	Gl. (269.2)	$Y_F = 2{,}06 - 1{,}18\left(2{,}25 - \frac{d_{a2} - d_{f2}}{2m_n}\right)$	
Lastanteilfaktor	$Y_\varepsilon = \frac{1}{\varepsilon_\alpha}$	Gl. (269.3)	$Y_\varepsilon = \frac{1}{\varepsilon_\alpha}$	
Schrägungswinkelfaktor			$Y_\beta = 1 - \frac{\beta}{120}$	Gl. (287.2)
Stirnlastverteilungsfaktor	$1 \geqq K_{F\alpha} \geqq q_L \varepsilon_\alpha$; s. Bild A98.1	Gl. (270.1)	$1 \geqq K_{F\alpha} \geqq q_L \varepsilon_\alpha$; s. Bild A98.1	
Hilfsfaktor	$q_L = f\,(d_2;\, m;$ Verzahnungsqualität) s. Bild A98.1	Gl. (269.4)	$q_L = f\,(d_2;\, m_n;$ Verzahnungsqualität) s. Bild A98.1	
zul. Zahnfußspannung	$\sigma_{FP} = \frac{\sigma_{Fl}}{S_F}$; s. Tafel A90.2 und A93.1	Gl. (270.4)	$\sigma_{FP} = \frac{\sigma_{Fl}}{S_F}$; s. Tafel A90.2 und A93.1	
Hertzsche Pressung im Wälzpunkt *C*	$\sigma_H = Z_M Z_H Z_\varepsilon \sqrt{\frac{u+1}{u} \frac{F_t}{b\,d_1} K_{H\alpha}} \leqq \sigma_{HP}$	Gl. (273.1)	$\sigma_H = Z_M Z_H Z_\varepsilon \sqrt{\frac{u+1}{u} \frac{F_t}{b\,d_1} K_{H\alpha}} \leqq \sigma_{HP}$	Gl. (287.3)

(Fortsetzung s. nächste Seite)

Fortsetzung **Tafel A79.1**

	Formeln für Geradverzahnung	Formeln für Schrägverzahnung
Materialfaktor	$Z_M = \sqrt{0{,}35E}$ in $\sqrt{\text{N/mm}^2}$ mit E in N/mm² s. Tafel **A95.1** Gl. (272.3)	$Z_M = \sqrt{0{,}35E}$ in $\sqrt{\text{N/mm}^2}$ mit E in N/mm² s. Tafel **A95.1**
Flankenformfaktor	$Z_H = \frac{1}{\cos\alpha}\sqrt{\frac{1}{\tan\alpha_w}}$; s. Bild **A99.1** für $\beta = 0°$ Gl. (272.4)	$Z_H = \frac{1}{\cos\alpha_t}\sqrt{\frac{\cos\beta_b}{\tan\alpha_{tw}}}$; s. Bild **A99.1** Gl. (288.1)
Überdeckungsfaktor	$Z_\varepsilon = \sqrt{\frac{4-\varepsilon_\alpha}{3}}$ Gl. (272.6)	$Z_\varepsilon = \sqrt{\left[\frac{4-\varepsilon_\alpha}{3}(1-\varepsilon_\beta)+\frac{\varepsilon_\beta}{\varepsilon_\alpha}\right]\cos\beta_b}$ Gl. (288.2)
Teilkreisdurchmesser bei Gerad- u. Schrägverzahnung	in die Gl. (273.1) den Teilkreisdurchmesser des Ritzels einsetzen: hier d_1	für $\varepsilon_\beta \geqq 1$ wird $Z_\varepsilon = \sqrt{\frac{1}{\varepsilon_\alpha}\cos\beta_b}$ Gl. (288.3)
Zähnezahlverhältnis[2])	$u = z_2/z_1 = z_{Rad}/z_{Ritzel} \geqq 1$ Gl. (236.2)	$u = z_2/z_1 = z_{Rad}/z_{Ritzel} \geqq 1$
Stirnlastverteilungsfaktor	$K_{H\alpha} = 1 + 2(q_L - 0{,}5)\left(\frac{1}{Z_\varepsilon^2} - 1\right)$ Gl. (272.7) **A98.1**	$K_{H\alpha} = 1 + 2(q_L - 0{,}5)\left(\frac{1}{Z_\varepsilon^2} - 1\right)$ **A98.1**
	$K_{H\alpha} = \frac{1}{Z_\varepsilon^2}$ für $q_L = 1$ Gl. (272.8)	$K_{H\alpha} = \frac{1}{Z_\varepsilon^2}$ für $q_L = 1$
zul. Hertzsche Pressung	$\sigma_{HP} = \frac{\sigma_{Hl}}{S_H}$; s. Tafel **A90.2** und **A93.1** Gl. (273.2)	$\sigma_{HP} = \frac{\sigma_{Hl}}{S_H}$; s. Tafel **A90.2** und **A93.1**
Hertzsche Pressung im Einzeleingriffpunkt *B*	$\sigma_{HB} = \sigma_H Z_B \leqq \sigma_{HP}$; $Z_B = \sqrt{\frac{\varrho_{1C}\varrho_{2C}}{\varrho_{1B}\varrho_{2B}}}$ Gl. (273.3) Gl. (273.1)	$\sigma_{HB} = \sigma_H Z_B \leqq \sigma_{HP}$; $Z_B = \sqrt{\frac{\varrho_{1C}\varrho_{2C}}{\varrho_{1B}\varrho_{2B}}}$
Hertzsche Pressung im Einzeleingriffpunkt *D*	$\sigma_{HD} = \sigma_H Z_D \leqq \sigma_{HP}$; $Z_D = \sqrt{\frac{\varrho_{1C}\varrho_{2C}}{\varrho_{1D}\varrho_{2D}}}$ Gl. (273.5) Gl. (273.6)	$\sigma_{HD} = \sigma_H Z_D \leqq \sigma_{HP}$; $Z_D = \sqrt{\frac{\varrho_{1C}\varrho_{2C}}{\varrho_{1D}\varrho_{2D}}}$

Tafel **A81**.1 Stirnrädergetriebe: Entwurf- und Überschlagrechnung[1])

<table>
<tr><th></th><th>Formeln für Geradverzahnung</th><th>Formeln für Schrägverzahnung</th></tr>
<tr><td>Teilkreisdurchmesser
für Schaftzahnrad (277.1)</td><td colspan="2">$d_1 \geqq 1{,}2 d_{Wl1}$ Gl. (276.1)</td></tr>
<tr><td>für Welle/Nabe-Verbindung</td><td colspan="2">$d_1 \geqq 2 d_{Wl1}$ Gl. (276.2)</td></tr>
<tr><td>Wellendurchmesser</td><td colspan="2">$d_{Wl1} \geqq 365 \sqrt[3]{\frac{\varphi P}{n \tau_{t\,zul}}}$ in mm; $\tau_{t\,zul}$ in N/mm², P in kW, n in min⁻¹,
φ s. Tafel **A50.1** Gl. (265.1)</td></tr>
<tr><td>Zahnbreite
bei beidseitiger Lagerung des Rades</td><td colspan="2">$b \leqq 1{,}2 d_1$ Gl. (276.3)</td></tr>
<tr><td>bei einseitiger Lagerung des Rades</td><td colspan="2">$b \leqq 0{,}75 d_1$ Gl. (276.4)</td></tr>
<tr><td>Zahnbreitenverhältnis</td><td>$\lambda = \frac{b}{m}$; s. Tafel A90.3 Gl. (276.5)</td><td>$\lambda = \frac{b}{m_n}$; s. Tafel **A90.3** Gl. (288.5)</td></tr>
<tr><td>Modul bei kleinster Zähnezahl</td><td>$m_{max} = \frac{d_1}{z_{1\,min}}$; $z_{1\,min}$ s. Tafel **A82.1** Gl. (276.6)</td><td>$m_{n\,max} = \frac{d_1 \cos\beta}{z_{1\,mins}}$; $z_{1\,mins}$ s. Tafel **A82.1** Gl. (288.6)</td></tr>
<tr><td>Modul-Berechnung bei Zahnfuß-Tragfähigkeit</td><td>$m \geqq \sqrt[3]{\frac{2\,T_{1\,max}}{z_1 \lambda \sigma_{FP}} Y_F Y_\varepsilon K_{F\alpha}}$ in mm
Gl. (276.7)
$T_{1\,max}$ in N mm; σ_{FP} in N/mm²; s. Tafel **A82.1**</td><td>$m_n \geqq \sqrt[3]{\frac{2\,T_{1\,max} \cos\beta}{z_1 \lambda \sigma_{FP}} Y_F Y_\varepsilon Y_\beta K_{F\alpha}}$ in mm
Gl. (289.1)
$T_{1\,max}$ in N mm; σ_{FP} in N/mm²; s. Tafel **A82.1**</td></tr>
<tr><td>Modul-Berechnung bei Flanken-Tragfähigkeit</td><td>$m \geqq \sqrt[3]{\frac{u+1}{u} \frac{2\,T_{1\,max}}{z_1^2 \lambda \sigma_{HP}^2} K_{H\alpha} Z_M^2 Z_H^2 Z_\varepsilon^2}$ in mm
Gl. (276.8)
$T_{1\,max}$ in N mm; σ_{HP} in N/mm²; s. Tafel **A82.1**</td><td>$m_n \geqq \sqrt[3]{\frac{u+1}{u} \frac{2\,T_{1\,max} \cos^2\beta}{z_1^2 \lambda \sigma_{HP}^2} K_{H\alpha} Z_M^2 Z_H^2 Z_\varepsilon^2}$ in mm
Gl. (289.2)
$T_{1\,max}$ in N mm; σ_{HP} in N/mm²; s. Tafel **A82.1**</td></tr>
</table>

[1]) Fußnoten von Tafel A76.1 beachten

Tafel **A82.1** Stirnrädergetriebe: Richtwerte für den Entwurf von Gerad- und Schrägverzahnung

	Formel	
Zahndicke am Kopfkreis	$s_a \geqq 0{,}2\, m_n$ für ungehärtete Zähne	Abschn. 8.3.2
	$s_a \geqq 0{,}4\, m_n$ für gehärtete Zähne	Abschn. 8.3.2
Kopfspiel ohne Kopfkürzung	$c = 0{,}25\, m_n$ nach ISO-Empfehlung	Abschn. 8.3.1
praktisches Mindest-Kopfspiel	$c_{min} = 0{,}12\, m_n$	Gl. (256.1)
Kopfhöhe des Verzahnungswerkzeugs	$h_{a0} = 1 m_n + c = 1{,}25 m_n$	
Mindest-Profilüberdeckung	$\varepsilon_\alpha \geqq 1{,}15$	
Zähnezahlen	$z_{1\,min} = 16$ bei Rädern mit $v = 12 \cdots 60$ m/s	
für Geradstirnräder	$z_{1\,min} = 12$ bei Rädern mit $v = 4 \cdots 12$ m/s	
	$z_{1\,min} = 10$ bei Rädern mit $v = 0{,}8 \cdots 4$ m/s	
für Schrägstirnräder	$z_{1\,mins} \approx z_{1\,min} \cos^3 \beta$	Gl. (288.4)
Zahnräder im Präzisionsgetriebebau für Geradstirnrad-Getriebe [8]	$z_{1\,min} = 20 \cdots 25$ für die erste Stufe	
	$z_{1\,min} = 14 \cdots 17$ für die weiteren Stufen	
	$z_{1\,min} = 33$ für Hochleistungsgetriebe (z. B. Turbinenbau)	
Übersetzungen bei Geradstirnrad-Getrieben	$i \leqq 8$ je Stufe	
	$i \leqq 4$ je Stufe in Schaltgetrieben	
Zahnformfaktor	$Y_F = 2{,}2$	Gl. (276.7) (289.1)
Lastanteilfaktor	$Y_\varepsilon = 1$	Gl. (276.7) (289.1)
Schrägungswinkelfaktor	$Y_\beta = 1$ oder nach Gl. (287.2)	Gl. (289.1)
Stirnlastverteilungsfaktor	$K_{F\alpha} = 1$	Gl. (276.7) (289.1)
Stirnlastverteilungsfaktor	$K_{H\alpha} = 1$	Gl. (276.8) (289.2)
Materialfaktor		
für St/St oder GS	$Z_M = 270 \sqrt{N/mm^2}$	Gl. (276.8) (289.2)
für St/GG	$Z_M = 232 \sqrt{N/mm^2}$	Gl. (276.8) (289.2)
für GG/GG	$Z_M = 204 \sqrt{/Nmm^2}$	Gl. (276.8) (289.2)
Flankenformfaktor	$Z_H = 1{,}7$	Gl. (276.8) (289.2)
Überdeckungsfaktor	$Z_\varepsilon = 1$	Gl. (276.8) (289.2)
Schrägungswinkel		
für Schrägzahnräder	$\beta = 10° \cdots 30°$	
für Pfeilzahnräder	$\beta = 30° \cdots 45°$	
Zahnbreite bei Pfeilverzahnung	$b \leqq 3 d_1$	

Tafel A83.1 Stirnrad-Schraubgetriebe

	Formel
Verzahnungsgeometrie (s. auch Tafel **A76.1**)	
Umfangsgeschwindigkeit	$v = d 10^{-3} \pi \dfrac{n}{60}$ in m/s; d in mm, n in min^{-1} Gl. (317.3)
Gleitgeschwindigkeit	$v_g = v_1 \dfrac{\sin \delta}{\cos \beta_2} = v_2 \dfrac{\sin \delta}{\cos \beta_1}$ Gl. (317.1)
Kreuzungswinkel	$\delta = \beta_1 + \beta_2$ Gl. (316.1)
Übersetzung	$i = \dfrac{n_1}{n_2} = \dfrac{z_2}{z_1} = \dfrac{d_2 \cos \beta_2}{d_1 \cos \beta_1}$ Gl. (316.2)
Achsabstand	$a = \dfrac{d_1 + d_2}{2} = \dfrac{m_n}{2} \left(\dfrac{z_1}{\cos \beta_1} + \dfrac{z_2}{\cos \beta_2} \right)$ Gl. (316.3)
Reibungswinkel (reduziert)	$\tan \varrho' = \dfrac{\tan \varrho}{\cos \alpha_n} = \dfrac{\mu}{\cos \alpha_n} = \mu'$ Gl. (317.6) μ = Reibungszahl s. Abschn. 8.7.2
Wirkungsgrad der Schraubung	$\eta_s = \dfrac{1 - \mu' \tan \beta_2}{1 - \mu' \tan \beta_1}$ Gl. (318.2)
Tragfähigkeitsberechnung	
Umfangskraft am Teilzylinder vom Rad 1	$F_{t1} = \varphi \dfrac{2 T_1}{d_1} = \dfrac{\varphi P}{v_1}$ Gl. (263.2) φ s. Tafel **A50.1**
Umfangskraft am Teilzylinder vom Rad 2	$F_{t2} = F_{t1} \dfrac{\cos(\beta_2 + \varrho')}{\cos(\beta_1 - \varrho')}$ Gl. (A83.1)
Axialkraft am Rad 1	$F_{a1} = F_{t1} \tan(\beta_1 - \varrho')$ Gl. (A83.2)
Axialkraft am Rad 2	$F_{a2} = F_{t2} \tan(\beta_2 + \varrho')$ Gl. (A83.3)
Radialkräfte	$F_{r1} = F_{r2} = F_{t1} \dfrac{\tan \alpha_n \cos \varrho'}{\cos(\beta_1 - \varrho')}$ Gl. (A83.4)
übertragbare Leistung	$P = \dfrac{b \pi m_n c_{zul} v_1}{1000}$ in kW Gl. (319.2) b und m_n in mm, c_{zul} in N/mm^2, v_1 in m/s. Für m_n s. Tafel **A89.1**
Verlustleistung	$P_v = P_{vz} + P_{vg} \approx P_1 \left(\dfrac{i+1}{7 z_2} \dfrac{h_a}{m_n} + 1 - \eta_s \right)$ in kW Gl. (A83.5) P_1 in kW Eingangsleistung, h_a und m_n in mm (Zahnkopfhöhe h_a vom Wälzkreis aus gemessen)
Sicherheit gegen zu hohe Temperatur	$S_T = \dfrac{d_1 b}{1360 P_v q_T} \geqq 1$ Gl. (A83.6) d_1 und b in mm, P_v in kW. Temperaturbeiwert q_T aus Taf. **A91.3**

(Fortsetzung s. nächste Seite)

Fortsetzung Tafel **A83.1**

	Formel	
Überschlagsrechnung		
übertragbare Umfangskraft am Teilzylinder	$F_{t1} = c_{zul}\, b\, p_n \qquad b \approx 10 m_n \qquad p_n = \pi m_n$	Gl. (319.1)
Normalmodul	$m_n \geqq \sqrt{\dfrac{F_{t1}}{10\,\pi\, c_{zul}}}$ in mm mit F_{t1} in N nach Gl. (263.2) c_{zul} in N/mm² nach Tafel **A91.3**	Gl. (320.1)
Übersetzung	$i \leqq 5$; für $i > 5$ Schneckentrieb nach Abschn. 8.7 wählen	
Schrägungswinkel des treibenden Rades	$\beta_1 \geqq \beta_2 \qquad \beta_1 = 30° \cdots 60°$	Gl. (A84.1)
für maximalen Wirkungsgrad	$\beta_1 = 0{,}5(\delta + \varrho') \qquad \tan \varrho' = \mu' \approx 0{,}1$ $\varrho' \approx 5{,}8°$ bei guter Schmierung	

Tafel **A84.1** Geradverzahnte Kegelräder

	Formel		
Verzahnungsgeometrie			
Teilkreisdurchmesser	$d = zm = \dfrac{pz}{\pi}$		Gl. (304.1)
Zahnhöhe	$h = 2m + c = h_a + h_f$ $h_f = h - h_a$	$h_a = m + xm$	Gl. (304.2)
Kopfkreisdurchmesser	$d_a = d + 2h_a \cos \delta$		Gl. (A84.2)
Kopfwinkel	$\tan \varkappa_a = \dfrac{h_a}{R}$		Gl. (A84.3)
Kopfkegelwinkel	$\delta_a = \delta + \varkappa_a$		Gl. (A84.4)
Innerer Kopfkreisdurchmesser	$d_{ia} = d_a - 2\,\dfrac{b \sin \delta_a}{\cos \varkappa_a}$		Gl. (A84.5)
Teilkegelwinkel	$\cot \delta_1 = \dfrac{\dfrac{z_2}{z_1} + \cos \Sigma}{\sin \Sigma}$	$\delta_2 = \Sigma - \delta_1$	Gl. (305.3)
Planradzähnezahl	$z_p = \dfrac{2R}{m} = \dfrac{z}{\sin \delta}$		Gl. (304.4)
Planradhalbmesser (äußere Teilkegellänge)	$R = \dfrac{r}{\sin \delta}$		Gl. (304.3)
Zähnezahl des Ersatz-Stirnrades	$z_e = z_v = \dfrac{z}{\cos \delta}$		Gl. (305.2)

(Fortsetzung s. nächste Seite)

Fortsetzung Tafel **A84**.1

	Formel	
Verzahnungsgeometrie		
Teilkreisdurchmesser am Ersatz-Stirnrad (Rückenkegel)	$d_r = \frac{d}{\cos\delta}$	Gl. (305.4)
Kopfkreisdurchmesser am Ersatz-Stirnrad (Rückenkegel)	$d_{ra} = d_r + 2h_a$	Gl. (A85.1)
Grundkreisdurchmesser am Ersatz-Stirnrad (Rückenkegel)	$d_{rb} = d_r \cos\alpha$	Gl. (A85.2)
Achsabstand (Rechengröße)	$a_R = \frac{d_{r1} + d_{r2}}{2}$	Gl. (A85.3)
Profilüberdeckung	$\varepsilon_\alpha = \frac{g_\alpha}{p_e} = \frac{g_\alpha}{p\cos\alpha} = \varepsilon_1 + \varepsilon_2 - \varepsilon_a$ $\varepsilon_1 = \frac{\sqrt{r_{ra1}^2 - r_{rb1}^2}}{\pi m \cos\alpha}$ $\quad \varepsilon_2 = \frac{\sqrt{r_{ra2}^2 - r_{rb2}^2}}{\pi m \cos\alpha}$ $\varepsilon_a = \frac{a_R \sin\alpha_w}{\pi m \cos\alpha}$	Gl. (305.6)
mittlerer Durchmesser des Kegelrades	$d_m = d - b\sin\delta$	Gl. (307.1)
Teilkreisdurchmesser des mittleren Ersatzstirnrades	$d_{vm} = \frac{d_m}{\cos\delta} = \frac{z\,m_m}{\cos\delta}$	Gl. (307.2)
Modul des mittleren Ersatzstirnrades (Rechengröße)	$m_m = \frac{d_m}{z}$	Gl. (307.3)
Tragfähigkeitsberechnung		
Umfangskraft am Teilzylinder	$F_{tm} = \varphi\,\frac{2\,T_1}{d_{m1}} = \frac{2\,T_{1\,max}}{d_{m1}}$ $F_{tm} \mathrel{\hat{=}} F_t$ und $d_{m1} \mathrel{\hat{=}} d_1$ in Gl. (263.2)	Gl. (263.2)
Radialkraft	$F_r = F_{tm}\tan\alpha\cos\delta$	Gl. (307.4)
Axialkraft	$F_a = F_{tm}\tan\alpha\sin\delta$	Gl. (307.5)
Zahnfußspannung	$\sigma_F = \frac{F_{tm}}{b\,m_m} Y_F Y_{\varepsilon v} K_{F\alpha} \leqq \sigma_{FP}$ $\quad Y_{\varepsilon v} = 1,\ K_{F\alpha} = 1$	Gl. (307.6)
Zahnformfaktor	$Y_F = f(z_v = z_n;\ x;\ \beta = 0°)$; s. Bild A97.1	
zul. Zahnfußspannung	$\sigma_{FP} = \frac{\sigma_{Fl}}{S_F}$ s. Tafel A90.2 und A93.1	Gl. (270.4)

(Fortsetzung s. nächste Seite)

Fortsetzung Tafel **A84.1**

	Formel	
Tragfähigkeitsberechnung		
Hertzsche Pressung im Wälzpunkt C	$\sigma_H = Z_M Z_{Hv} Z_{\varepsilon v} \sqrt{\frac{u_v + 1}{u_v} \frac{F_{tm}}{b\, d_{vm1}} K_{H\alpha}} \leqq \sigma_{HP}$	Gl. (308.1)
	$Z_{Hv} = 1{,}76 \quad Z_{\varepsilon v} = 1 \quad K_{H\alpha} = 1$	
Materialfaktor	$Z_M = \sqrt{0{,}35\, E}\ \sqrt{\text{N/mm}^2}$ s. Tafel **A95.1**	Gl. (272.3)
Zähnezahlverhältnis	$u_v = \frac{z_{v2}}{z_{v1}} \geqq 1$	Gl. (308.1)
(virtueller) Teilkreisdurchmesser des Ritzels	$d_{vm1} = \frac{d_{m1}}{\cos \delta_1} = \frac{z_1 m_m}{\cos \delta_1}$	Gl. (307.2)
zul. Hertzsche Pressung	$\sigma_{HP} = \frac{\sigma_{Hl}}{S_H}$ s. Tafel **A90.2** und **A93.1**	Gl. (273.2)
Überschlagsrechnung		
Zähnezahl	$z_{e1} = z_{v1} = \frac{z_1}{\cos \delta_1} \geqq z_{1\,min}$ $z_{1\,min}$ s. Tafel **A82.1**	Gl. (308.2)
Zahnbreite	$b \leqq \frac{\lambda}{2} m_m \leqq \frac{R}{3}$ λ s. Tafel **A90.3**	Gl. (308.3)
Modul (mittlerer) (Rechengröße)	$m_m \geqq \frac{2b}{\lambda}$; $m_m \approx \frac{4}{5} m$ s. Tafel **A89.1**	Gl. (308.4) Gl. (308.5)
Modul-Berechnung bei Zahnfuß-Tragfähigkeit	$m \geqq 2 \sqrt[3]{\frac{T_{1\,max} \cos \delta_1}{z_1 \lambda \sigma_{FP}} Y_F}$ in mm	Gl. (309.1)
	$T_{1\,max}$ in N mm $\quad \delta_1$ s. Gl. (305.3) $\quad Y_F = 2{,}2$	
Modul-Berechnung bei Flanken-Tragfähigkeit	$m \geqq 2 \sqrt[3]{\frac{u_v + 1}{u_v} \frac{T_{1\,max} \cos^2 \delta_1}{z_1^2 \lambda \sigma_{HP}^2} Z_M^2 Z_{Hv}^2}$ in mm	
	Z_M s. Tafel **A95.1** $\quad Z_{Hv} = 1{,}76$	Gl. (309.2)

Tafel **A86.1** Schneckengetriebe

	Formel	
Verzahnungsgeometrie (s. Bild 324.1 und 2)		
Schnecke		
Mittenkreisdurchmesser	$d_1 = 2 r_1$	Gl. (A86.1)
Mittensteigungswinkel	$\tan \gamma = \frac{z_1 m}{d_1}$	Gl. (A86.2)
Modul (Achsmodul)	$m = \frac{p_t}{\pi}$ (s. auch Tafel **A89.1 b**)	Gl. (A86.3)

(Fortsetzung s. nächste Seite)

Fortsetzung Tafel **A86.1**

	Formel	
Verzahnungsgeometrie		
Normalmodul	$m_n = m \cos \gamma$	Gl. (A87.1)
Normalteilung	$p_n = p_t \cos \gamma$	Gl. (A87.2)
Steigungshöhe	$P = z_1 p_t = z_1 \pi m = d_1 \pi \tan \gamma$	Gl. (A87.3)
Kopfkreisdurchmesser	$d_{a1} = d_1 + 2h_{a1}$	Gl. (A87.4)
Fußkreisdurchmesser	$d_{f1} = d_{a1} - 2h_1$	Gl. (A87.5)
Zahnhöhe	$h_1 = h_{a1} + h_{f1}$	Gl. (A87.6)
	für $\gamma \leqq 15°$: $h_{a1} = m$ und $h_{f1} = 1{,}2m$	Gl. (A87.7)
	für $\gamma > 15°$: $h_{a1} = m_n$ und $h_{f1} = 1{,}2m_n$	Gl. (A87.8)
Eingriffwinkel im Achsschnitt	$\tan \alpha_t = \frac{\tan \alpha_n}{\cos \gamma}$ $\gamma = f(\alpha_n)$ nach Tafel **A91.5** [8] vorzugsweise $\alpha_n = 20°$	Gl. (A87.9)
Formzahl (Kenngröße)	$z_F = \frac{d_1}{m}$ $z_F = 6 \cdots 15$	Gl. (A87.10)
Schneckenlänge		
allgemeiner Fall	$b_1 \approx \sqrt{d_{a2}^2 - d_2^2}$	Gl. (A87.11)
ohne Profilverschiebung	$b_1 \approx 2m\sqrt{z_2 + 1}$	Gl. (A87.12)
Schneckenrad		
Teilkreisdurchmesser	$d_2 = z_2 m$	Gl. (A87.13)
Mittenkreisdurchmesser	$d_{m2} = d_2 + 2xm = 2a - d_1$	Gl. (A87.14)
Kopfkreisdurchmesser	$d_{a2} = d_2 + 2h_{a2}$	Gl. (A87.15)
Fußkreisdurchmesser	$d_{f2} = d_{a2} - 2h_2$; $h_2 = h_1$	Gl. (A87.16)
Zahnkopfhöhe	für $\gamma \leqq 15°$: $h_{a2} = m + xm$	Gl. (A87.17)
	für $\gamma > 15°$: $h_{a2} = m_n + xm$	Gl. (A87.18)
Zähnezahl	$z_2 \geqq z_g = \frac{2}{\sin^2 \alpha_t}$	Gl. (A87.19)
Zahnwurzelbogen	$\hat{b}_2 = r_{a0} \pi \frac{\varphi}{180°}$	Gl. (A87.20)
Zentriewinkel	$\sin \frac{\varphi}{2} = \frac{b_2}{2r_{a0}}$	Gl. (A87.21)
Außendurchmesser	$d_A \approx d_{a2} + m$ für $\gamma \leqq 15°$	Gl. (A87.22)
	$d_A \approx d_{a2} + m_n$ für $\gamma > 15°$	Gl. (A87.23)
Zahnbreite für		
Bronzerad	$b_2 \approx 0{,}45(d_{a1} + 4m)$	Gl. (A87.24)
Leichtmetallrad	$b_2 \approx 0{,}45(d_{a1} + 4m) + 1{,}8m$	Gl. (A87.25)
Rad-Außenbreite	$b_A \approx b_2 + m$	Gl. (A87.26)

(Fortsetzung s. nächste Seite)

Fortsetzung **Tafel A86.1**

	Formel		
Schneckengetriebe			
Übersetzung	$i = \frac{n_1}{n_2} = \frac{z_2}{z_1}$		Gl. (A88.1)
Achsabstand	$a = \frac{d_1 + d_2}{2} + xm = \frac{m}{2}(z_F + z_2 + 2x)$		Gl. (A88.2)
Tragfähigkeitsberechnung			
Umfangskraft der Schnecke = Axialkraft des Rades	$F_{t1} = F_{a2} = \frac{2\,T_{1\,\max}}{d_1}$	s. auch Gl. (263.2)	Gl. (327.4)
Axialkraft der Schnecke = Umfangskraft des Rades	$F_{a1} = F_{t2} \approx \frac{F_{t1}}{\tan(\gamma + \varrho_i)}$		Gl. (327.6)
Radialkräfte	$F_{r1} = F_{r2} \approx \frac{\tan\alpha_n \cos\varrho_i}{\cos(\gamma + \varrho_i)} = F_{t1}\frac{\tan\alpha_n \cos\varrho_i}{\sin(\gamma + \varrho_i)}$		Gl. (327.5)
ideelle Reibungsziffer	$\mu_i = \tan\varrho_i \geqq \frac{0{,}051}{q_3\sqrt{0{,}4 + v_g}}$	q_3 s. Tafel A92.1, v_g in m/s	Gl. (325.3)
Gleitgeschwindigkeit	$v_g = \frac{v_1}{\cos\gamma} = v_1\sqrt{1 + \left(\frac{z_1}{z_F}\right)^2}$		Gl. (A88.3)
Umfangsgeschwindigkeit	$v = \frac{\pi d n}{60}$	in m/s mit d in m, n in $\min^{-1}$	Gl. (A88.4)
Gesamtwirkungsgrad bei treibender Schnecke	$\eta_s = \frac{\tan\gamma}{\tan(\gamma + \varrho_i)}$	Abschn. 8.7.2	Gl. (A88.5)
bei treibendem Rad	$\eta_s' = \frac{\tan(\gamma - \varrho_i)}{\tan\gamma}$	Abschn. 8.7.2	Gl. (A88.6)
Leistung an der Radwelle	$P_2 = \eta_s P_1$	Abschn. 8.7.2	Gl. (A88.7)
Sicherheit gegen Verschleiß	$S_T = \frac{\vartheta_{zul}}{\vartheta_{\max}} \approx \left(\frac{a}{100}\right)^2 \frac{q_1 q_2 q_3 q_4}{1{,}36 P_1} \geqq 1$		Gl. (327.7)
Sicherheit gegen Grübchenbildung	$S_H = \frac{k_{zul}}{k_{\max}} = \frac{k_{zul} d_1 d_{m2} q_5}{F_{t2\,\max}} = 0{,}6 \cdots 2{,}2$		Gl. (328.5)
Sicherheit gegen Zahnbruch am Rad	$S_F = \frac{c_{zul}}{c_{\max}} = \frac{c_{zul}\pi m_n \hat{b}_2}{F_{t2\,\max}} \geqq 1$ (bis 2)		Gl. (328.6)
Sicherheit gegen Durchbiegung der Schneckenwelle	$S_D = \frac{f_{D\,zul}}{f_D} \geqq 1$		Gl. (329.1)
zul. Durchbiegung	$f_{D\,zul} = \frac{d_1}{1000}$	d_1 in mm	Gl. (329.2)
Durchbiegung der Schneckenwelle	$f_D = \frac{F_1 l_1^3}{48\,EI}$		Gl. (329.3)

(Fortsetzung s. nächste Seite)

Fortsetzung Tafel **A86.1**

	Formel	
Entwurfsberechnung und Richtwerte		
resultierende Kraft am Schneckenrad	$F_1 = \sqrt{F_{t1}^2 + F_{r1}^2}$	(Bild **329**.2); Gl. (A89.1)
Achsabstand	$a \geqq 100 \sqrt{\dfrac{1{,}36 P_1}{q_1 q_2 q_3 q_4}}$ in mm	Gl. (328.1)
	P_1 in kW, q_1 s. Gl. (328.2), q_2, q_3, q_4 s. Tafel **A91.6**, **A92.1**, **A92.2**	
Kühlbeiwert	$q_1 = \left(1 + \dfrac{y}{1+y}\right)\left(\dfrac{100}{D_E} + y\right)$ D_E in %	Gl. (328.2)
Beiwert für Ausführung ohne Blasflügel	$y = 1{,}4 \sqrt[3]{\left(\dfrac{n_1}{1000}\right)^2}$ n_1 in min^{-1}	Gl. (328.3)
mit Blasflügel	$y = 3{,}1 \sqrt[3]{\left(\dfrac{n_1}{1000}\right)^2}$ n_1 in min^{-1}	Gl. (328.4)
Mittenkreisdurchmesser	$d_1 = (0{,}25 \cdots 0{,}6)\, a$; im Mittel $d_1 \approx 0{,}45\, a$	Gl. (A89.2)
Zähnezahl des Rades	$z_2 \geqq z_g = \dfrac{2}{\sin^2 \alpha_t}$; sonst Profilverschiebung erforderlich	Gl. (A89.3)
Modul	$m \geqq 0{,}1 d_1$	
Zähnezahl der Schnecke	$z_1 = 1 \cdots 6$ s. Tafel **A91.4**	
Zähnezahl des Rades	$z_2 = i z_1$, anzustreben: $z_2 \geqq 25$	
Übersetzung	$i \leqq 110$	
Ausführung der Schnecke mit Welle aus einem Stück	bei Mittenkreisdurchmesser $d_1 = (4 \cdots 10)\, m_n$	
als Aufsteckschnecke	bei Mittenkreisdurchmesser $d_1 = (10 \cdots 50)\, m_n$ s. auch Gl. (265.1)	
Lagerentfernung der Schneckenwelle	$l_1 \approx 1{,}5 a$	
Steigungswinkel bei Selbsthemmung	$\gamma \leqq 3{,}5°$ bei absolut ruhiger Schnecke	

Tafel **A89.1** Modul $m(m_n)$ in mm nach DIN 780

a) für Stirn- und Kegelräder (Reihe 1: Vorzugsreihe)

0,20	0,5	0,9	2	5	12	32
0,25	0,6	1,0	2,5	6	16	40
0,3	0,7	1,25	3	8	20	50
0,4	0,8	1,5	4	10	25	60

b) für Schnecken und Schneckenräder

1,0	2,5	6,3	16
1,25	3,15	8	20
1,6	4	10	
2,0	5	12,5	

Tafel **A90.1** Zahnkopfhöhe h_{a2} für Innenverzahnung mit $|z_2| \geqq z_1 + 10$ zur Vermeidung der Eingriffstörung

z_2	20···22	23···26	27···31	32···39	40···51	52···74	75···130	> 130
h_{a2}	0,6 m	0,65 m	0,7 m	0,75 m	0,8 m	0,85 m	0,9 m	0,95 m

Tafel **A90.2** Erforderliche Sicherheiten (Mindestwerte)

Sicherheit gegen	Dauergetriebe	Zeitgetriebe
Zahnbruch S_F	1,5···3,5	1,3···2,0
Grübchenbildung S_H	1,3···3,0	1,0···1,5

Tafel **A90.3** Einfluß der Art der Lagerung $\lambda = b_{max}/m_n$

Verzahnung	Art der Lagerung	λ
sauber gegossen		10
geschnitten oder geschliffen	Lagerung auf Stahlkonstruktionen, Trägern usw.	15
	Ritzel einseitig gelagert	15
	gute Lagerung in Getriebegehäusen	25
	Wälz- oder sehr gute Gleitlager auf starrem Unterbau	30

Tafel **A90.4** Richtwerte für Abmessungen gegossener Radkörper

Benennung	Abmessung	Benennung	Abmessung
Zahnkranz	$K = (3{,}85 \cdots 4{,}25)\,m$	Armdicke	$s_1 \approx 1{,}6\,m$
Nabendurchmesser bei Grauguß bei Stahlguß	 $D = 1{,}8\,d_{Wl} + 20\,\text{mm}$ $D = 1{,}6\,d_{Wl} + 20\,\text{mm}$	Armhöhe	$h_1 = (5 \cdots 7)\,s_1$ $h_2 \approx 0{,}8\,h_1$
Nabenlänge	$L \geqq 1{,}5\,d_{Wl}$	Armzahl	$n = (\frac{1}{7} \cdots \frac{1}{8})\sqrt{d}$ d in mm
Sitz langer Naben	$l_1 = (0{,}4 \cdots 0{,}5)\,d_{Wl}$		

Tafel **A90.5** Richtwerte für Schmierung

Umfangs-geschwindigkeit v in m/s	Schmierung	Verzahnung	Verzahnungs-Qualität DIN 3962
0···0,8	Fett aufgetragen	gegossen geschruppt	12 11 10
0,8···4	Fett- oder Öltauch-schmierung	geschlichtet	9 8
4···12	Öltauchschmierung	feingeschlichtet, geschabt	7 6
12···60	Spritzschmierung	feingeschliffen (Lehrzahnrad)	5 4

Tafel A91.1 Richtwerte für die Wahl der Verzahnungsqualität

Umfangsgeschwindigkeit am Teilkreis v in m/s	$\leqq 3$	$> 3 \cdots 6$	$> 6 \cdots 20$	$> 20 \cdots 50$	> 50
ungehärtete Zahnflanken	$12 \cdots 10$	$> 10 \cdots 8$	$> 8 \cdots 6$	$> 6 \cdots 5$	$> 5 \cdots 4$
gehärtete Zahnflanken	$12 \cdots 9$	$> 9 \cdots 7$	$> 7 \cdots 5$	$> 5 \cdots 4$	–

Tafel A91.2 Praktische Grenzzähnezahlen für $\alpha_n = 20°$ und $h^* = 1$ (nach DIN 3960)

z'_{gs}	14	13	12	11	10	9	8	7	6	5
$\beta \approx$	0°	13°	19°	23°	28°	32°	35°	39°	43°	47°

Tafel A91.3 Stirnrad-Schraubgetriebe: Belastungswert c_{zul} und Temperaturbeiwert q_T

Werkstoff-Paarung	Gleitgeschwindigkeit v_g in m/s	c_{zul} in N/mm²	q_T	Bemerkung
Gußeisen/Gußeisen Gußeisen/Stahl, ungehärtet	$\leqq 5$	$\frac{6}{2 + v_g}$	7	bei gehärtetem und geschliffenem Gegenrad zu Gußeisen oder Gußbronze ist c_{zul} um 25 % größer
Gußeisen/Gußbronze Gußbronze/Stahl ungehärtet	$> 5 \cdots 10$	$\frac{10}{2 + v_g}$	4	
Stahl/Stahl gehärtet gehärtet beide geschliffen	> 10	$\frac{20}{2 + v_g}$	2	sehr gute Schmierung vorausgesetzt

Tafel A91.4 Schneckengetriebe: Richtwerte für Wahl der Zähnezahl z_1

z_1	4	3	2	1
$i = \frac{n_1}{n_2}$	$> 5 \cdots 10$	$> 10 \cdots 15$	$> 15 \cdots 30$	> 30

Tafel A91.5 Schneckengetriebe: Richtwerte für die Wahl des Eingriffwinkels $\alpha_n = f(\gamma)$ (vorzugsweise $\alpha_n = 20°$)

γ	$\leqq 15°$	$> 15° \cdots 25°$	$> 25° \cdots 35°$	$> 35°$
α_n	20°	22,5°	25°	30°

Tafel A91.6 Schneckengetriebe: Übersetzungsbeiwert q_2 bei treibender Schnecke

$i = \frac{n_1}{n_2}$	5	7,5	10	15	20	25	30	40	50	60
q_2	1,16	1,10	1,00	0,81	0,68	0,59	0,52	0,41	0,32	0,28

Tafel A92.1 Schneckengetriebe: Werkstoff-Paarungsbeiwert q_3 für Schneckenformen A, E, K, N

Werkstoff		Beiwert q_3
Schnecke	Rad	
Stahl gehärtet und geschliffen	Cu-Sn-Schleuderbronze Al-Legierung Gußeisen	1,00 0,87 0,80
Stahl vergütet nicht geschliffen	Cu-Sn-Bronze, Zn-Legierung Al-Legierung, Sintereisen Gußeisen	0,67 0,58 0,55
Gußeisen nicht geschliffen	Cu – Sn-Schleuderbronze Gußeisen	0,87 0,8

Tafel A92.2 Schneckengetriebe: Beiwert q_4 für Bauart

$q_4 = 1{,}0$	bei unten liegender Schnecke (Schnecke fördert Öl)
$q_4 = 0{,}8$	bei anders liegender Schnecke (Rad fördert Öl)
$q_4 > 1{,}0$	bei zusätzlicher Ölkühlung (Strahlschmierung)

Tafel A92.3 Schneckengetriebe: Beiwert q_5 für mittleren Steigungswinkel

$\tan \gamma$	0,0	0,1	0,2	0,3	0,4	0,5	0,6	0,7	0,8	0,9
q_5	0,41	0,36	0,32	0,29	0,265	0,248	0,233	0,223	0,215	0,213

Tafel A92.4 Schneckengetriebe: Wälzpressung k_{zul} und Beanspruchung c_{zul} in N/mm²

Werkstoff des Radkranzes	Schnecke aus Stahl			
	k_{zul} in N/mm²		c_{zul} in N/mm²	
	ungehärtet	gehärtet und geschliffen	Flankenform	
			A und N	E und K
Cu – Sn-Schleuderbronze	3,6	6,0	24,0	30,0
Al-Legierung	1,5	3,2	11,5	14,3
Al – Si-Legierung	–	3,4	7,6	9,5
Zn-Legierung, Erwärmung $\leqq 60\,°C$	1,3	–	7,6	9,5
Sintereisen $v_g \leqq 2$ m/s	1,2	2,5	–	–
Gußeisen $v_g \leqq 2$ m/s	1,8	3,0	12,0	15,0

Tafel A93.1 Werkstoffe für Zahnräder, Richtwerte für die Festigkeiten nach Prüfstandversuchen [1])

Werkstoffgruppe	Kurzzeichen nach DIN	Behandlungszustand	mittlere Rauhtiefe R_{tm} [2])	Härtewerte am Zahnrad: Kernwerkstoff	Härtewerte am Zahnrad: Flankenoberfläche	Dauerfestigkeitswerte für Hertzsche Pressung σ_{Hl}	Dauerfestigkeitswerte für Zahnfuß-Festigkeit Schwellast [3]) σ_{Fl}	statische Festigkeit für Zahnfuß σ
			µm	N/mm²	N/mm²	N/mm²	N/mm²	N/mm²
Gußeisen mit Lamellengraphit	GG-25	–	6	HB = 2100	HB = 2100	310	60	260
	GG-35		6	HB = 2300	HB = 2300	360	80	350
Gußeisen mit Kugelgraphit	GGG-42	–	6···7	HB = 1700	HB = 1700	360	200	800
	GGG-60		6···7	HB = 2500	HB = 2500	490	220	1000
	GGG-100		6···7	HB = 3000	HB = 3000	610	240	1300
schwarzer Temperguß	GTS-35	–	6	HB = 1400	HB = 1400	360	190	800
	GTS-65		6···7	HB = 2350	HB = 2350	490	230	1000
Stahlguß	GS-52	–	4···5	HB = 1500	HB = 1500	340[4])	150	470
	GS-60		4···5	HB = 1750	HB = 1750	420[4])	170	520
allgemeine Baustähle	St 50	–	6	HB = 1500	HB = 1500	340[4])	190	550
	St 60		6	HB = 1800	HB = 1800	400[4])	200	650
	St 70		6	HB = 2080	HB = 2080	460[4])	220	800
Vergütungsstähle	Ck 45	normalisiert	3	HV 10 = 1850	HV 10 = 1850	590[4])	200	800
	Ck 60	vergütet	3	HV 10 = 2100	HV 10 = 2100	620[4])	220	900
	37 Cr 4	vergütet	3	HV 10 = 2600	HV 10 = 2600	650[4])	270	950
	34 Cr Ni Mo 6	vergütet	3	HV 10 = 3100	HV 10 = 3100	770[4])	320	1300
Vergütungsstähle, brenn- oder induktionsgehärtet	Ck 45	umlaufgehärtet, einschließlich Zahngrund	3	HV 10 = 2200	HV 10 = 5600	1100	270	1000
	37 Cr 4		3	HV 10 = 2700	HV 10 = 6100	1280	310	1150
	42 Cr Mo 4		3	HV 10 = 2750	HV 10 = 6500	1360	350	1300

(Fortsetzung s. nächste Seite)

Fortsetzung Tafel **A93.1**

Werkstoffgruppe	Kurzzeichen nach DIN	Behandlungszustand	mittlere Rauhtiefe R_{tm} [2]	Härtewerte am Zahnrad: Kernwerkstoff	Härtewerte am Zahnrad: Flankenoberfläche	Dauerfestigkeitswerte für: Hertzsche Pressung σ_{Hl}	Dauerfestigkeitswerte für: Zahnfuß-Festigkeit Schwellast [3] σ_{Fl}	statische Festigkeit für Zahnfuß σ
			µm	N/mm²		N/mm²		
Vergütungsstähle nitriert	Ck 45	badnitriert	3	HV 10 = 2200	HV 1 = 4000	1100	350	1100
	42 Cr Mo 4	badnitriert	3	HV 10 = 2750	HV 1 = 5000	1220	430	1450
	42 Cr Mo 4	gasnitriert	3	HV 10 = 2750	HV 1 = 5500	1220	430	1450
Einsatzstähle	C 15	einsatzgehärtet	3	HV 10 = 1900	HV 1 = 7200	1600	230	900
	16 Mn Cr 5		3	HV 10 = 2700	HV 1 = 7200	1630	460	1400
	20 Mn Cr 5		3	HV 10 = 3300	HV 1 = 7200	1630	480	1500
	15 Cr Ni 6		3	HV 10 = 3100	HV 1 = 7200	1630	500	1600
	18 Cr Ni 8		3	HV 10 = 4000	HV 1 = 7400	1630	500	1700
Duroplast-Schichtstoffe	Hartgewebe, grob		bei Lauf gegen gehärtetes, feingeschliffenes Stahlrad Ölschmierung ≦ 60 °C Umfangsgeschwindigkeit $v \leqq 5$ m/s			110 [5]	50	–
	Hartgewebe, fein					130 [5]	60	–

Bei der Festlegung der Dauerfestigkeitswerte (oder der Sicherheiten) sind die folgenden Fußnoten zu beachten:

[1]) Die Verwendung der Dauerfestigkeitswerte an der oberen Grenze erfordert große Sorgfalt in der Wahl des Werkstoffes, der Werkstoffprüfung, der Wärmebehandlung und der werkstoff- und wärmebehandlungsgerechten Gestaltung der Zahnräder.
Die Dauerfestigkeitswerte der Werkstoffe von GG-25 bis GS-60 ergaben sich an gefrästen Rädern der Qualitäten 7 bzw. 8 und die der Werkstoffe von St50 bis 18CrNi8 mit geschliffenen bzw. geschabten Rädern der Qualitäten 5 bzw. 6.

[2]) Die Rauhtiefe der Zahnflanken beeinflußt die zulässige Hertzsche Pressung σ_{HP}. Setzt man bei $R_{tm} \leqq 3$ µm den Rauheitsfaktor gleich 1, so ist bei $R_{tm} \approx 6$ µm σ_{HP} um 15···20% zu reduzieren.

[3]) Herstellungsmängel, wie Randentkohlung, Randoxydation, Anlaßwirkungen durch Schleifen, Schleifkerben und Härterisse am Zahnfuß, können die Dauerfestigkeit erheblich mindern.

[4]) Bei Lauf gegen Stahlzahnrad mit gehärteten und feingeschliffenen Flanken können die Werte bis um 20 % erhöht werden.

[5]) Gültig für $\approx 10^8$ Überrollungen.

Tafel **A95**.1 Materialfaktor Z_M in $\sqrt{N/mm^2}$

Rad Werkstoff	Rad Kurzzeichen	Rad Elastizitätsmodul N/mm²	Gegenrad Werkstoff	Gegenrad Kurzzeichen	Gegenrad Elastizitätsmodul E N/mm²	Materialfaktor Z_M $\sqrt{N/mm^2}$
Stahl	St	210000	Stahl	St	210000	268
Stahl	St	210000	Stahlguß	GS-60	205000	267
Stahl	St	210000	Stahlguß	GS-52	205000	258
Stahl	St	210000	Gußeisen mit Kugelgraphit	GGG-50	176000	257
Stahl	St	210000	Gußeisen mit Kugelgraphit	GGG-42	175000	256
Stahl	St	210000	Guß-Zinnbronze	G-SnBz 14	105000	219
Stahl	St	210000	Kupfer-Zinn (Zinnbronze)	CuSn 8	115000	226
Stahl	St	210000	Gußeisen mit Lamellengraphit (Grauguß)	GG-25	128000	234
Stahl	St	210000	Gußeisen mit Lamellengraphit (Grauguß)	GG-20	120000	229
Stahlguß	GS-60	205000	Stahlguß	GS-52	205000	265
Stahlguß	GS-60	205000	Gußeisen mit Kugelgraphit	GGG-50	176000	255
Stahlguß	GS-60	205000	Gußeisen mit Lamellengraphit (Grauguß)	GG-20	120000	228
Gußeisen mit Kugelgraphit	GGG-50	176000	Gußeisen mit Kugelgraphit	GGG-42	175000	246
Gußeisen mit Kugelgraphit	GGG-50	176000	Gußeisen mit Lamellengraphit (Grauguß)	GG-20	120000	221
Gußeisen mit Lamellengraphit (Grauguß)	GG-25	128000	Gußeisen mit Lamellengraphit (Grauguß)	GG-20	120000	206
Gußeisen mit Lamellengraphit (Grauguß)	GG-20	120000	Gußeisen mit Lamellengraphit (Grauguß)	GG-20	120000	203

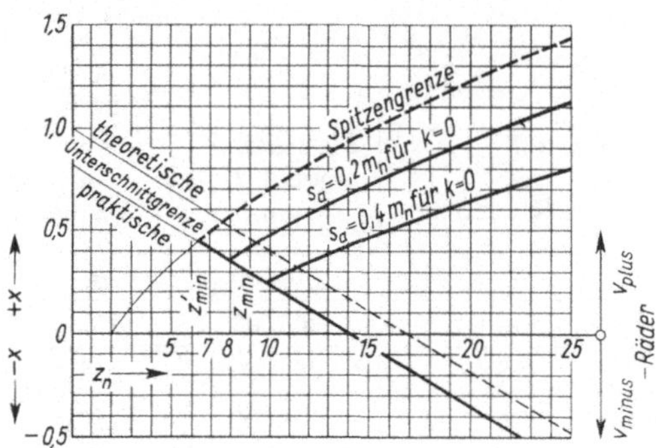

A96.1 Unterschnitt- und Spitzengrenze
Zahndicke am Kopfkreis für $\alpha = 20°$ und $h^* = 1$
$s_a = 0{,}4\ m_n$ für gehärtete,
$s_a = 0{,}2\ m_n$ für ungehärtete Zähne

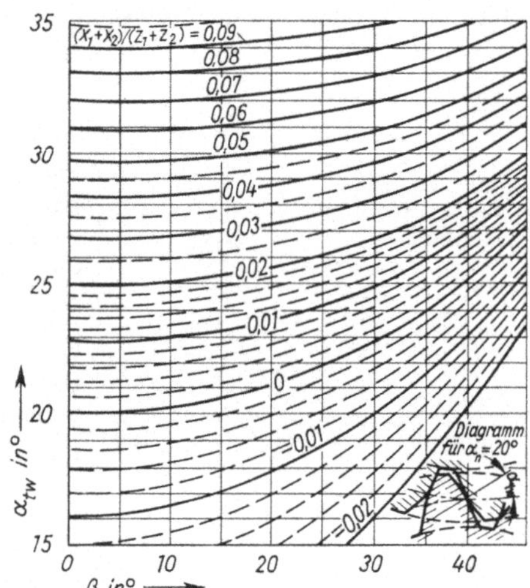

A96.2 Betriebseingriffwinkel im Stirnschnitt für $\alpha = \alpha_n = 20°$ und $\alpha_w = \alpha_{tw}$

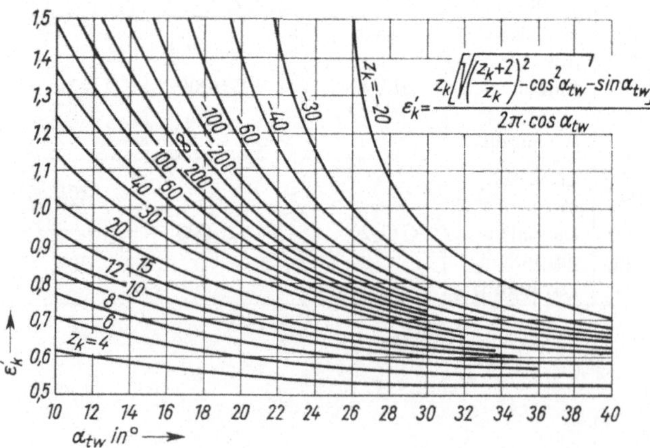

A96.3 Beiwerte ε_k für die Teil-Profilüberdeckung mit $\alpha_w = \alpha_{tw}$
$z_k = 2d_w / (d_a - d_w)$

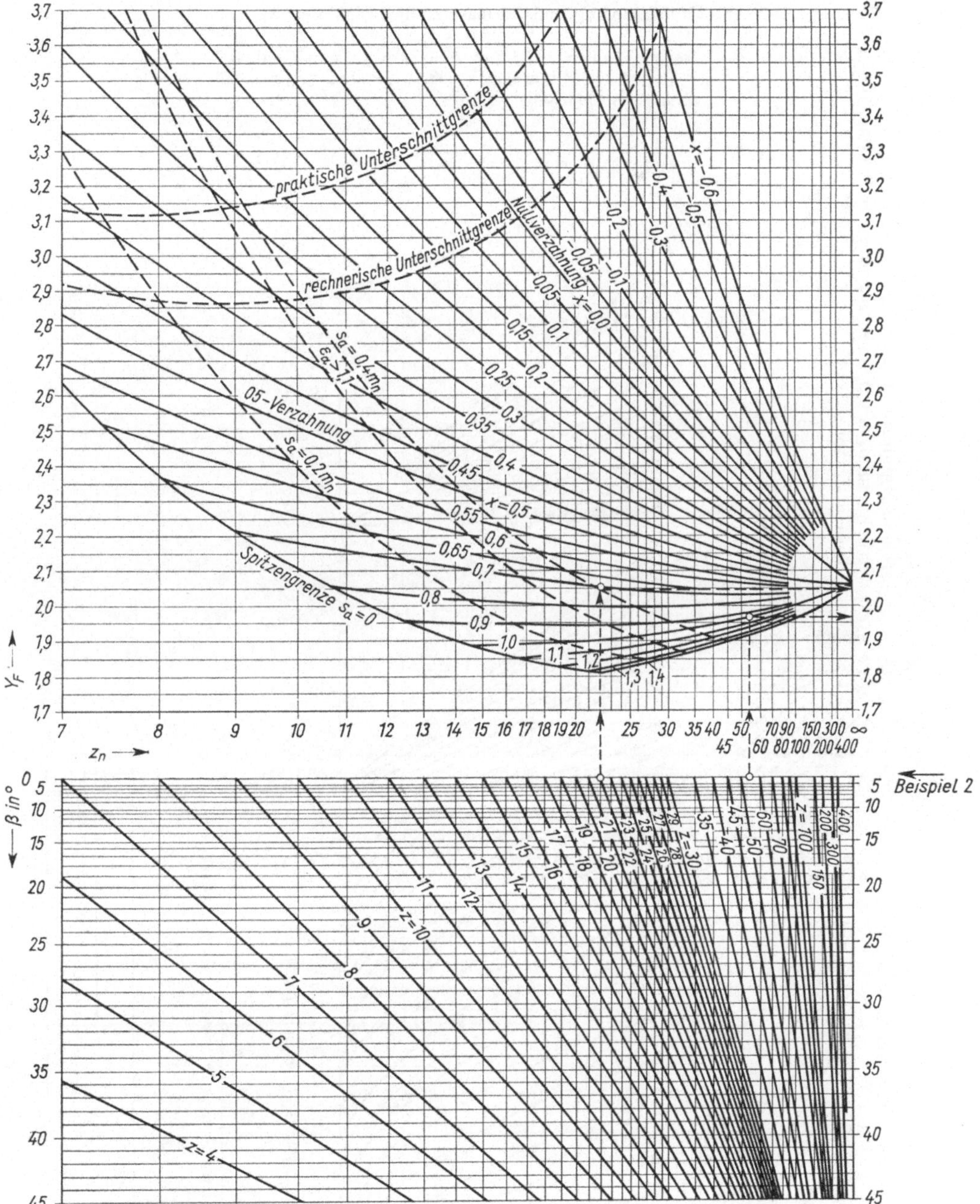

A97.1 Zahnformfaktor Y_F für Außenverzahnung

Geltungsbereich: Bezugsprofil nach DIN 867 mit $\alpha_n = 20°$, Werkzeugkopfhöhe $h_{a0} = 1{,}25\,m_n$, Werkzeugkopfabrundung $\varrho_{a0} = 0{,}25\,m_n$ und für $d_a \approx d_{ak}$

für Beispiel 2: $z_3 = 22$ $x_3 = 0{,}71$ $Y_{F3} = 2{,}05$ $z_4 = 55$ $x_4 = 0{,}9857$ $Y_{F4} = 1{,}97$

A98.1 Hilfsfaktor q_L und Stirnlastverteilungsfaktoren $K_{F\alpha}$ und $K_{H\alpha}$

Beispiel 2: $d_4 = 137{,}5$ mm, $m = m_n = 2{,}5$ mm, Qualität 7, $F_{tII}/b_{II} = 239$ N/mm $\varepsilon_{\alpha II} = 1{,}28$, $Z_{\varepsilon II} = 0{,}95$: $q_{LII} = 0{,}585$, $K_{F\alpha II} = 1$, $K_{H\alpha II} \approx 1$

F_t/b in N/mm einsetzen.
Erhält man $q_L < 0{,}5$, so setzt man $q_L = 0{,}5$ bzw. für $q_L > 1$ den Hilfsfaktor $q_L = 1$.

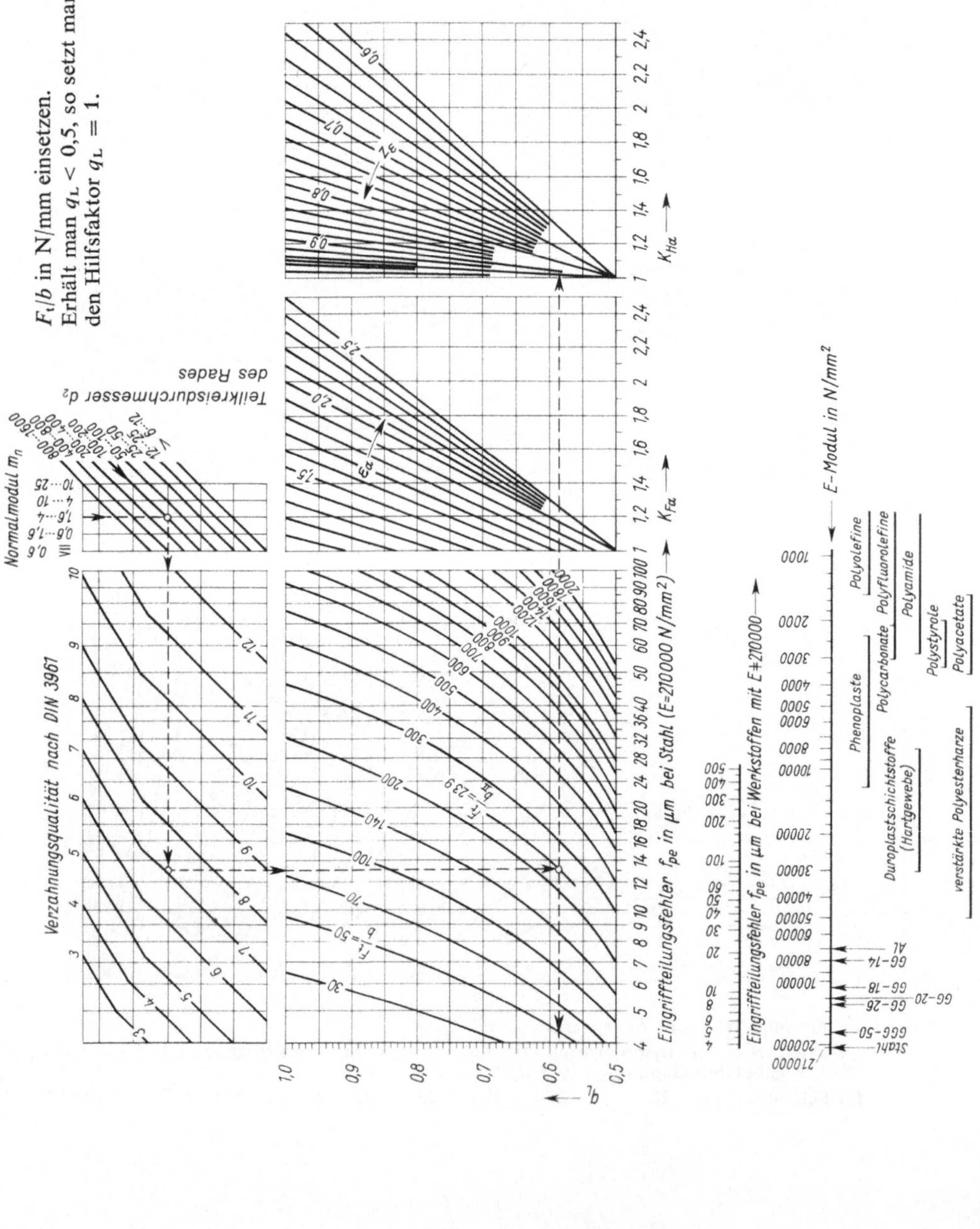

Verzahnungsqualität nach DIN 3961

Normalmodul m_n

Teilkreisdurchmesser d_2 des Rades

Eingriffteilungsfehler f_{pe} in µm bei Stahl (E=210000 N/mm²) ⟶

Eingriffteilungsfehler f_{pe} in µm bei Werkstoffen mit E≠210000 ⟶

E-Modul in N/mm²

q_L ⟵

$K_{F\alpha}$ ⟶

$K_{H\alpha}$ ⟶

Stahl, GGG-50, GG-26, GG-20, GG-18, GG-14, Al, Phenoplaste, Duroplastschichtstoffe (Hartgewebe), verstärkte Polyesterharze, Polycarbonate, Polystyrole, Polyacetate, Polyolefine, Polyfluorolefine, Polyamide

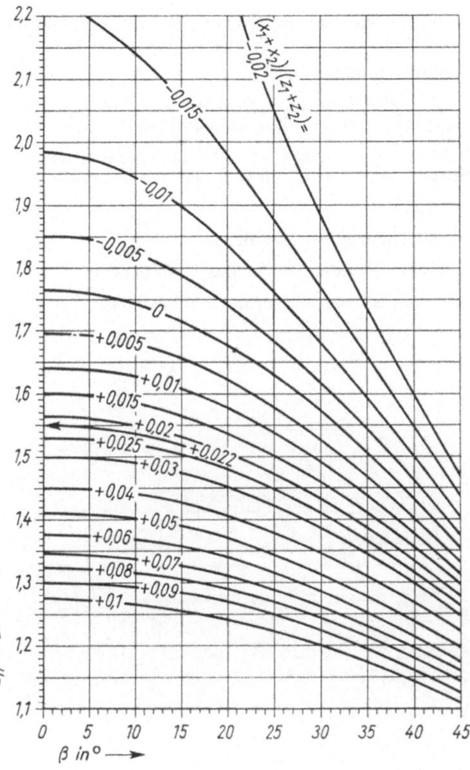

A 99.1
Flankenformfaktor Z_H
Geltungsbereich: Bezugsprofil nach DIN 867 mit $\alpha_n = 20°$

Beispiel 2: $\frac{x_3 + x_4}{z_3 + z_4} = \frac{0,71 + 0,9857}{22 + 55} = 0,022$

$\beta = 0° \quad Z_H = 1,55$

Tafel A99.2 Mindestumfang der Angaben für Geradstirnräder (DIN 3966) mit Beispiel

Geradstirnrad		
Zähnezahl	z	17
Modul	m	3,5
Bezugsprofil		DIN 867
Profilverschiebungsfaktor	x	+ 0,518
Zahnhöhe	h	7,4
Qualität, Toleranzfeld		6 db S′ DIN 3967
Nummer des Gegenrades		R 712
Zähnezahl des Gegenrades	z_2	33
Achsabstand im Gehäuse und Abmaße	a A_a	90,06 ± 0,02

Tafel A99.3 Mindestumfang der Angaben für Schrägstirnräder (nach DIN 3966) mit Beispiel

Schrägstirnrad		
Zähnezahl	z	28
Normalmodul	m_n	3
Bezugsprofil		DIN 867
Profilverschiebungsfaktor	x	0
Zahnhöhe	h	6,5
Schrägungswinkel	β	13°
Flankenrichtung		links
Qualität, Toleranzfeld		8 fe S″ DIN 3967
Größte Drehzahl des Rades in min^{-1}	n	900
Nummer des Gegenrades		4770322/2
Zähnezahl des Gegenrades	z_2	45
Achsabstand im Gehäuse und Abmaße	a A_a	112,38 ± 0,05

A100 Arbeitsblatt 8: Zahnrädergetriebe

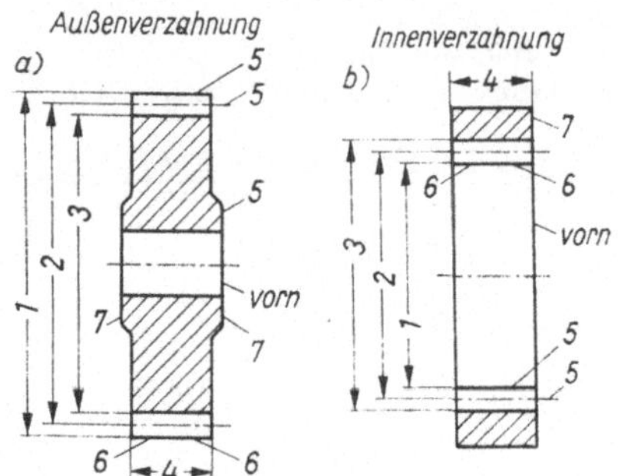

1 Kopfkreisdurchmesser d_a bei Bedarf mit Toleranzangabe

2 Teilkreisdurchmesser d

3 Fußkreisdurchmesser d_f jedoch nur, wenn das Bezugsprofil von DIN 867 abweicht oder

Fußkreisdurchmesser mit Toleranzangabe, wenn ein bestimmtes Maß eingehalten werden muß

4 Zahnbreite

5 Oberflächenzeichen bei Bedarf

6 zulässiger Rundlauffehler des Radkörpers

7 zulässiger Stirnlauffehler des Radkörpers

A100.1 Maßeintragungen in Zeichnungen
a) Außenverzahnung
b) Innenverzahnung

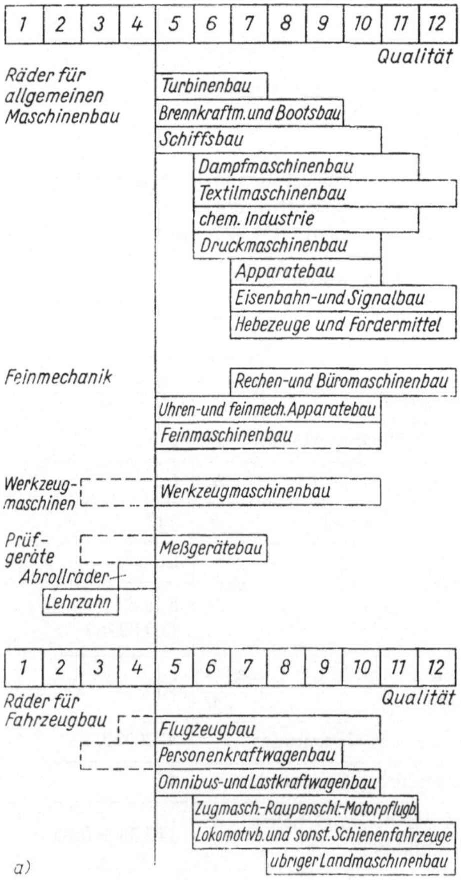

Qualität 1 2 3 4 5 6 7 8 9 10 11 12

Räder für allgemeinen Maschinenbau: Turbinenbau; Brennkraftm. und Bootsbau; Schiffsbau; Dampfmaschinenbau; Textilmaschinenbau; chem. Industrie; Druckmaschinenbau; Apparatebau; Eisenbahn- und Signalbau; Hebezeuge und Fördermittel

Feinmechanik: Rechen- und Büromaschinenbau; Uhren- und feinmech. Apparatebau; Feinmaschinenbau

Werkzeugmaschinen: Werkzeugmaschinenbau

Prüfgeräte: Meßgerätebau

Abrollräder: Lehrzahn

Räder für Fahrzeugbau: Flugzeugbau; Personenkraftwagenbau; Omnibus- und Lastkraftwagenbau; Zugmasch.-Raupenschl.-Motorpflugb.; Lokomotivb. und sonst. Schienenfahrzeuge; übriger Landmaschinenbau

a)

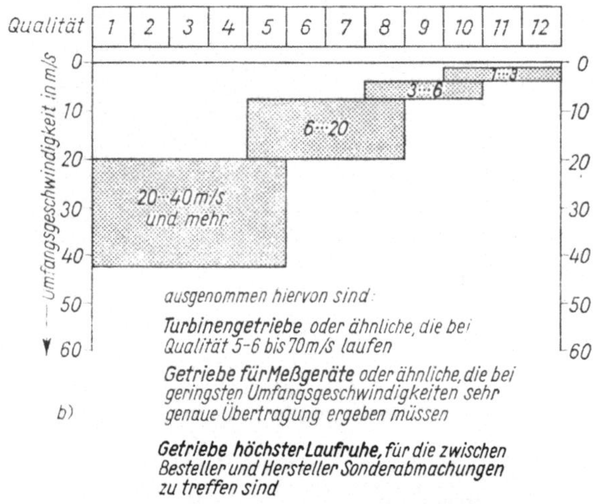

Qualität 1 2 3 4 5 6 7 8 9 10 11 12

Umfangsgeschwindigkeit in m/s: 0, 10, 20, 30, 40, 50, 60

20 ··· 40 m/s und mehr; 6 ··· 20; 3 ··· 6; 1 ··· 3

ausgenommen hiervon sind:

Turbinengetriebe oder ähnliche, die bei Qualität 5–6 bis 70 m/s laufen

Getriebe für Meßgeräte oder ähnliche, die bei geringsten Umfangsgeschwindigkeiten sehr genaue Übertragung ergeben müssen

Getriebe höchster Laufruhe, für die zwischen Besteller und Hersteller Sonderabmachungen zu treffen sind

b)

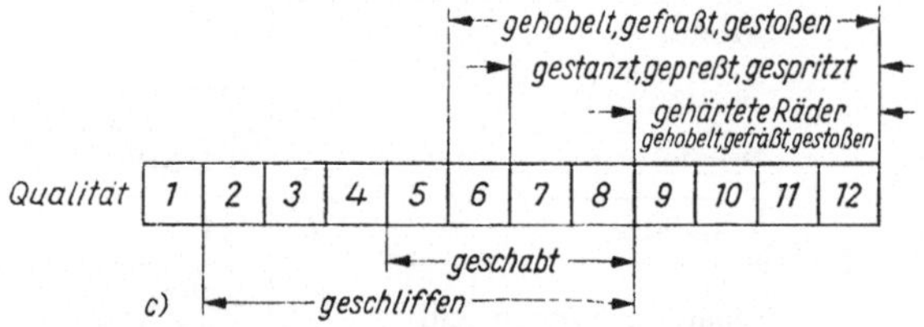

gehobelt, gefräst, gestoßen
gestanzt, gepreßt, gespritzt
gehärtete Räder gehobelt, gefräst, gestoßen

Qualität 1 2 3 4 5 6 7 8 9 10 11 12

geschabt
geschliffen

c)

A100.2 Verzahnungsqualität
a) Einteilung nach Verwendungsgebieten
b) Einteilung nach Umfangsgeschwindigkeiten
c) Einteilung nach Herstellungsverfahren